分節幻想

Metamerie des Kopfes

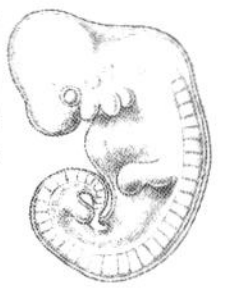

動物のボディプランの起源をめぐる
科学思想史

倉谷 滋

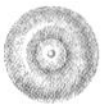

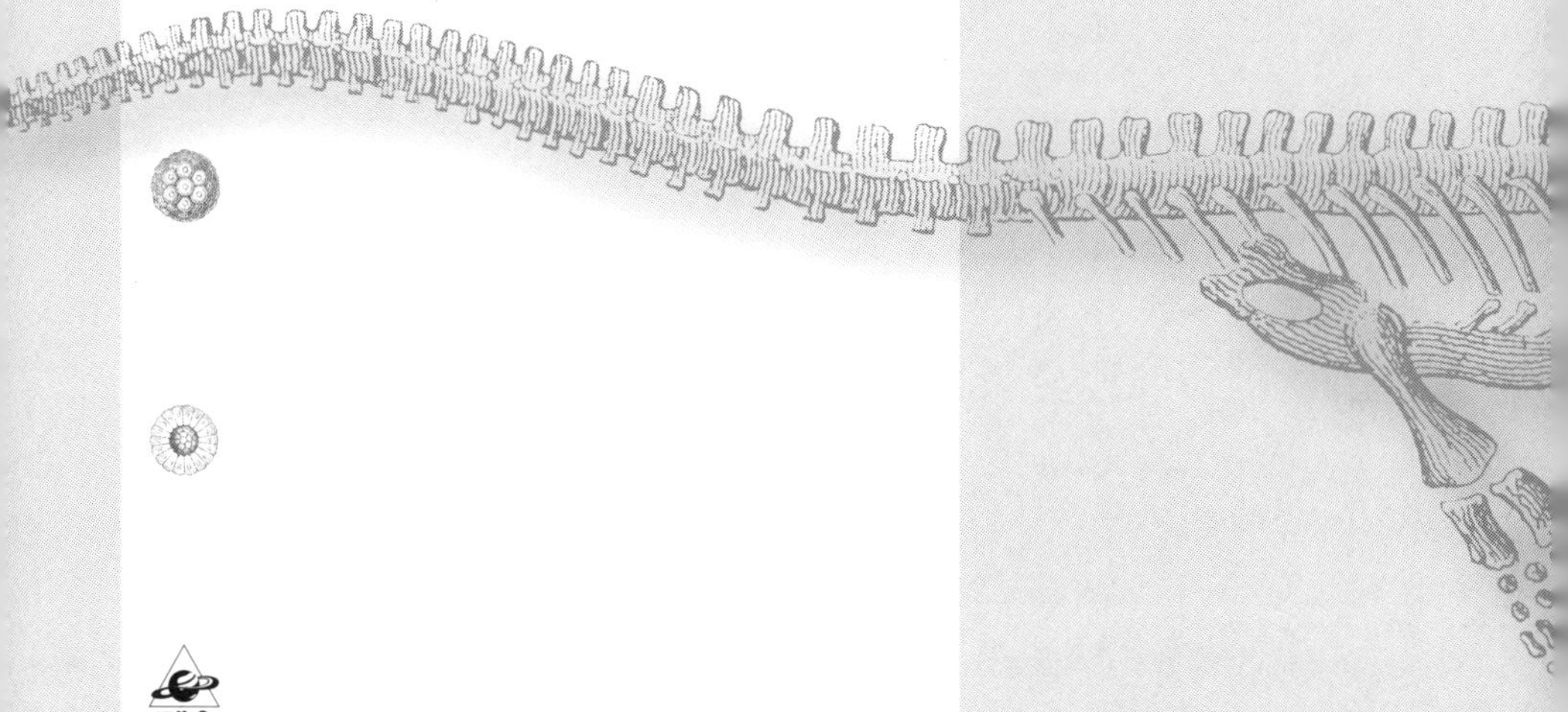

工作舎

はじめに――地上に降り立つイデア

「何という奇妙な時代だろう！　実証主義が殷盛を極めている最中に、一方では神秘説が台頭して、幻術の狂気沙汰が始まろうというのだからなあ」

「だが、いつもそうだよ。世紀の尻尾は似たりよったりさ。なにもかも動揺し、混乱するものさ。唯物主義が猛威をたくましゅうするときには、かえって魔術が復活するんだね。こうした現象は百年ごとにおこるよ」

――ユイスマンス『彼方』（田辺貞之助訳、桃源社版）

試しにインターネット上で「arthropod、ancestor、segment」の語をキーワードに、画像検索をかけてみて欲しい。驚くほど多くの模式図がヒットするはずだ。そのほとんどは節足動物の多様性と進化の歴史を明らかにしようという科学的試みの賜物であり、決してSFやファンタジーのイラストをみているわけではない。これらは歴とした研究成果であり、しかも現在進行中の「仮説のコレクション」、地球の自然を相手にした「知の探検」の記録でもある。ここには、節足動物の全歴史を明らかにしようという、様々な研究者の考察、そして互いに少しずつ異なった様々な学説が現れている。

次に、最初のキーワードを「vertebrates」に変えてリターンキーを押してみよう。すると、先ほどの結果とよく似たイメージの一覧が現れる。これは、同様の問題を脊椎動物に問いかけた研究の足跡である。ちなみに脊椎動物とは、リンネの分類学における哺乳類、両生類、鳥類そして魚類の四綱が総じて「背骨を持つこと」を指標とし、最初にバーチュが定義した分類群だが(Batsch, 1788)、一般的には、ラマルクが「animaux avertébrés」とそれを呼んだことに始まるとされる(Lamarck, 1801, 1816)(この場合、両生類は爬虫類に含められている)。我々自身が属する大きな分類群が、この脊椎動物なのである。一方で節足動物は、比較形態学的には脊椎動物とはまったく異なった体制を持った、遠くかけ離れた動物群であると理解されてきた。にもかかわらず、それらの形をみる人間の形態学的視座はこれほどまでによく似ている。なぜか。我々の思考の幅に限りがあるからか。はたして、それだけだろうか。

動物や植物の姿は特定の形を持ち、様々に変貌を遂げている。とはいえ、それらをいくつかのカテゴリーにまとめ上げ、区別し、体系化できる。雑多きわまりない動植物の類縁関係や生命史を再構築することがそもそもなぜ可能かといえば、そこに保存された形の「プラン」をみることができるからである。つまるところ、それを追求し理解しようとする学問がすなわち、ゲーテやオーケンによって創始された「形態学(Morphologie)」なのである。その形態学が何ゆえことさら「分節性」や「繰り返しパターン」という特定のテーマにこだわったのかと問うならば、それは形を理解するための最も深淵、かつ一次的なパターンが「分節的繰り返し構造(メタメリズム)」であると思われたからにほかならない。文化人類学者、グレゴリー・ベイトソンも、その著書『精神と自然(*Mind and Nature*)』において、「それが生物であることを納得させる、最も生々しい形態的パターンは分節と螺旋である」という意味のことを述べている。生物学者は、動物や植物の持つ、根源的な原初の姿として、貝殻のような螺旋形か、さもなければ何らかの分節性を考えずにはおれない。

「形態学」と呼ばれる学問の真髄は、植物においては「花」、動物においては「頭部」のような特殊な構造を、それ以外のからだの部分と同じ基本構成要素の変形としてみることにつきる。動物体や植物体の形の多様性を、分節という同一要素の連なりの変形(メタモルフォーゼ)として考え、そのことによって生物全体の成り立ち、すなわちボディプランを、簡単な法則や設計思想で説明するという認識の方針にそれが最もよく現れている。形のデフォルト(初期設定状態)は、動物の体幹や、植物の茎や葉に見出され、頭部や花はそれらが二次的に、極端に特殊化したものとみなされる。つまり、頭部は体幹の派生物とされる。たとえば、昆虫や甲殻類(エビやカニ)を考えるならば、現在目のあたりにする彼らの多様な姿が進化する以前には、おそらく同じ恰好をした単調な分節が体軸方向にいくつも並び、その後、分節や分節に生えた附属肢が二次的に形を変え、触角や顎などを作り出すような変化過程があったと説明できる。その結果として身体の前方には後方(つまり、胸や腹)とは区別できる「頭」という特殊な区画が分化したのだろうと想像されるのである。最近、すべての節足動物を導いたかもしれないと考えられる祖先的な化石、ディアニア(*Diania cactiformis*)も発見されたところである(Liu et al., 2011)。それは、からだのすべてが単調な分節からなるような、不思議な恰好をした生き物であった。

このような説明は、形態進化という時間に沿った変形過程をなぞっている。さもなければ、発生初期の胚の中に分節原基が縦に並び、それが徐々に形を変えてゆく発生の時間軸に沿ったダイナミズムとしても説明できる。が、最初からこのような理解の仕方が可能というわけではなかった。実際、観念論が支配した自然哲学の時代、進化を考えない初期の先験論的形態学者たちは、この世に生きるすべての節足動物がそのからだの内部に「分節の繰り返し」という、最も基本的にして普遍的な構築パターン(右に述べたデフォルトに相当する)を備えていると考えた。そして、個々の動物が「創造」されるにあたり、その基本構築パターンが一種の雛形とされたのだと説明した。造物主が手にする「形の基本設計プラン」として分節的原型に思いを馳せていたのである。そのような思考にあって、永遠不滅の「原型」はいわば、一種のプラトン的イデア、つまり「架空の理想型」として機能しており、この極めて抽象化されたパターンそのものが、実体として見出せるとは考えられていなかった。分節パターンはあくまで、人間の認識の中で理想化され、「秘められたパターン」だった。

分節問題とはすなわち、動物形態学では「頭部問題」を指し、進化論者にすれば、ボディプランを構成する祖先形質の中でも最も重要な部分、進化発生学者にすれば、発生プログラムのうちで最も保守的であったと考えられる部分、さらに非進化論者にすれば、造物主の発想の根源を問う本質を扱うものであった。分類学の祖、リンネが神の英知を理解すべく、この世のすべての動植物を手にしようと目論んだように、形態学者も原型という神々しい知恵を自ら感得するために、動物頭部の観察を止めることがなかった。そうやって感知された造物主の知恵とおぼしきパターンは、すべて実際のところ、経験を通じて学者自身の頭脳に生まれた「幻想」なのである。つまり、頭部分節という考えは幻想としてまず生まれたのである。分節性への指向は、一八世紀末に産声を上げた形態学の始まりであったと同時に、二一世紀を迎えたいま、進化や発生という時間プロセスの本質をえぐり、それを突き動かす分子（遺伝子）機構を理解するために解かねばならない難題として、今日でも未解決の多くの謎を我々に突きつけている。進化を信じようが信じまいが、いまみているこの複雑な生き物の形を、より単純なパターンの二次的変形、何か、より簡単な原理でもって説明しようと目論むものが形態学であり、その単純な基本パターンとして仮定されたものの多くが、生物の形に頻繁に現れる「分節の繰り返しパターン」だったのである。

「幻想」など、およそ科学にはふさわしからぬ響きの単語を、あえて本書のタイトルに据えたのは、ヘッケルが「聖書に代わる書」として著した『自然創造史（*Natürliche Schöp-*

fungsgeschichte）』（1868）に、「創造」を冠した顰《ひそ》みに倣《なら》ったわけではない。むしろ、本書における「幻想」は隠喩などではなく、実際に研究者の頭脳に去来し、生物学の歴史に根づいた正真正銘の「幻想」の意である。科学者は理論を構築し、発見し、仮説を検証する。その際、つねに何らかの「かたち」をあらかじめ頭の中に描いている。それは、原始的な体制を持った動物の成体の姿を、頭の中で徐々に現生脊椎動物の成体の姿に変換しようという、無謀な試みであったかもしれない（むしろ変更したのは、ゲノムや発生機構である）。自身の視覚的イメージが実験結果や考察の過程を経ることによって、頭の中で変形し、その結果として頭の中のイメージが実物と整合性を持ったときに初めて、観察者は「何かを理解した」と感じる。いまだ証明されていないそのイメージは、したがってとりあえずは今後証明すべき仮説という名の「幻想」にほかならず、その幻想を足がかりに学者は、動植物の姿の深層に原初のパターンを見抜こうとした。しかも、その幻想は観察者の認識のうちに、何の根拠も脈絡もなく、一挙に定立するという。そのパターンが示唆に富み、含蓄を備えていればいるほど、形態学者は実際の生物の形をそのイメージに無理矢理にでも重ね合わせようとする（それを、読者は本書の随所において目のあたりにするはずだ）。このことは、発生機構の研究においてもまったく変わるところはない。頭部がいかに複雑な形態パターンであれ、それを作り出している「からくり」の中には、おそらく理解可能なものがあるに相違ない。ならば、それを単純なスキームとして表すことができるであろう。その希望的観測はしかし、決して保証されてはいない。

　以上のようにして得られた幻想は、非常にしばしば裏切られてきた。それが、幻想の幻想たるところを証明している。それはたとえば、我々脊椎動物や、あるいは様々な昆虫や甲殻類を含めた、高度な体制を持つ左右相称動物すべてを派生した究極の仮想的祖先を思えば明らかであろう。たとえ、その進化のある一時期に、分節パターンが明瞭な段階を経ていたとしても、それがすべての始まりであるわけもない。進化過程を考えれば、分節が最初からあったはずはなく、我々の祖先は過去のある時期には、分節の片鱗も作りえない単細胞生物であったはずなのだ。しかも、それが多細胞体制を獲得したからといって、すぐさま前後軸と分節的パターンが獲得されたわけがない。まず三種の胚葉を獲得することが必要であり、そのようにして出来た中胚葉、もしくは体腔が前後軸に沿って伸長しなければならず、そのあとにようやくそれを分節化する意義が生ずる。分節幻想の指向する理想的な「分節的祖先」はしたがって、たとえそれが本当にあったとしても、せいぜいのところ進化の一里塚を反映したものでしかなく、動植物の示すあらゆる形の進化的源泉とはなりえないのである。では、形態学者たちは何ゆえにこれほどまでに分節性にこだわったのか?

おそらく形態進化の謎は、分節性そのものではなく、それが可能にする多様化の凄まじさに見出されている。逆に、多様化の果てにまだそこにみえている「分節の兆し」、消すことのできない「分節の痕跡」があるからこそ、形態学者は執拗に分節パターンを求める。ならば分節幻想は、動植物の進化的多様化の中でも決して変わることのできない「変化の限界」を反映し、それがゲーテやオーウェンに「原型(archetype)」を想起せしめたのであろう。一方、進化発生学はそれを「発生拘束(developmental constraints)」の概念で説明しようとしてきた(Maynard-Smith et al, 1985)。昆虫はなぜ二対を超えた翅を、三対を超えた歩脚を持つことができないのか、脊椎動物はなぜ、二対を超える対鰭や足を持つことができないのか、等々……。このように、形態変化に限界を定めているのが拘束である。拘束は、進化を超えて保存される器官構造の同一性、すなわち、「相同性(ホモロジー)」をも帰結する。相同性の基盤となる形態素の最もシンプルなものが、分節と呼ばれる発生のモジュール、あるいはそれから派生した諸要素であり、我々は再び、形態をいくつかの単位に分けて認識することを自覚する。かくして形態的相同性もまた、分節幻想に立脚する。

ほかの多くの学問分野がそうであったように、形態学も思想としてその産声を上げた。それが科学へと変貌したのは、思想に胚胎した幻想が科学的方法論と体裁を得始めた一九世紀末、私の愛するルドン、モロー、そしてベックリーンといった異端の画家たちが、印象派の台頭と隆盛をよそに独自の感性を豊かに開花させていたヨーロッパを舞台にしてのことであった。その同じ舞台で、バルフォー、ヴァン=ヴィージェ、ヘッケル、ゲーゲンバウアー、ゼヴェルツォッフ、プラット、フロリープなどに代表される研究者たちが犇《ひし》めいていた。それもまたツァイト・ガイスト（時代精神）というのだろうか、科学の大きなうねりの中で、形態学を舞台に息を潜めていたのがこの「頭部問題」なのである。私はかつて、この頭部問題の歴史を三期に分けて解説したことがある（『動物進化形態学』）。一八世紀末、ドイツ自然哲学としての第一期、一九世紀末、比較発生学の問題としての第二期、そして、いま我々が目にしている、二〇世紀末に始まった進化発生学としての第三期、である。しかし本書を読み進めてゆくうちに明らかになるように、この思想と研究の歴史はつねに同じ形態学的理想を保ちつつ、そこに徐々に科学的吟味を加えていった、単一の連続的過程ともみることもできる。実際、興味深いのは、それが明示されるにせよ、されないにせよ、フランスの科学アカデミーに胚胎し、一八世紀末ドイツに生まれた形態学思想が様々に表現を変えながらも、現代の進化発生学研究にまだ息づいているということなのである。このことは否定すべくもない。動物の祖先の姿や、原初の発生プログラムに言及しながらも、普遍的で永遠不滅の法則や、不可侵の形象がどこかにあるに違いないといったゆえなき憧れを、誰も隠すことができないでいる。多くの学問が思想から科学へ、科学から技術へと変貌し、分子生物学と遺伝学の華々しさなどまったくあずかり知らぬとでもいった風情でただ独り、進化にとり残された「生きる化石」

のように大時代的な黒装束に身を包み、何メートルも伸びる裳裾を引きずりながらゆっくりと歩むその姿は、最も神々しく、手強く、また華麗ですらある。それは難問を自ら体現し、いまなおそれを我々に突きつけている。まさに乱歩の小説に登場する女賊のような存在……、私が彼女に魅せられて、もうかれこれ四〇年にもなる。

おそらく、よく知られたモデル動物を材料として扱う多くの発生生物学研究者は、本書を読んで遭遇する、聞いたこともない数々の名辞の奔流に当惑されるであろう。しかしそれらはみな、つい一〇〇年前まではあたり前のように、脊椎動物を専門とする欧米の比較発生学者たちが口にし、議論していた対象なのである。当時は屠殺場で得られた牛やブタの胎児、漁港や魚市場で入手したサメやエイの胚を用いるのが一般的で、現在よりもはるかに多くの動物種の発生が観察され、その共通性と相違を記載する多数の論文が書かれていた。さて、それをどのようにまとめたらよいのか、私は散々悩んだ末、思いつくままに章を立て、気儘《きまま》に書き進めることにした。いずれ何らかのパターンらしきものも自ずと浮かび上がってくるだろうと……。私はできる限り、著名な研究者の名を小見出しに用い、各セクションをエッセーかコラムのように書くことを心がけた。したがって、適度にページを開き、私同様気の向くままに読み進めていただければよいと思う。脊椎動物の頭部問題はある意味、形態学そのものであると同時に、動物の形をめぐる最も刺激的な思考と言語のゲームでもある。このパズルを解くために、どのような学者たちがどのようなことを考えてきたか、本書の中でそれをなぞってゆくことは、動物の形態進化や、生物学の持つ隠れた歴史に興味を持つものにとって、きっと刺激的な旅となるに違いない。

平成二七年二月、神戸・北野にて　　著者記す

【目次】

【第1章】観念論の時代

【第2章】

比較発生学と比較解剖学の時代

――比較発生学の興隆からグッドリッチまで

【第3章】

もう一つの流れ、神経系の分節理論

【第4章】

グッドリッチ以降——混迷の時代

【第5章】実験発生学の時代

【第6章】進化発生学の興隆

【追補】

試論——形態的相同性を記述するための、網目状円環モデル化の試み

＊——本文中の学名表記は、基本的に出典論文におけるものを使用した。

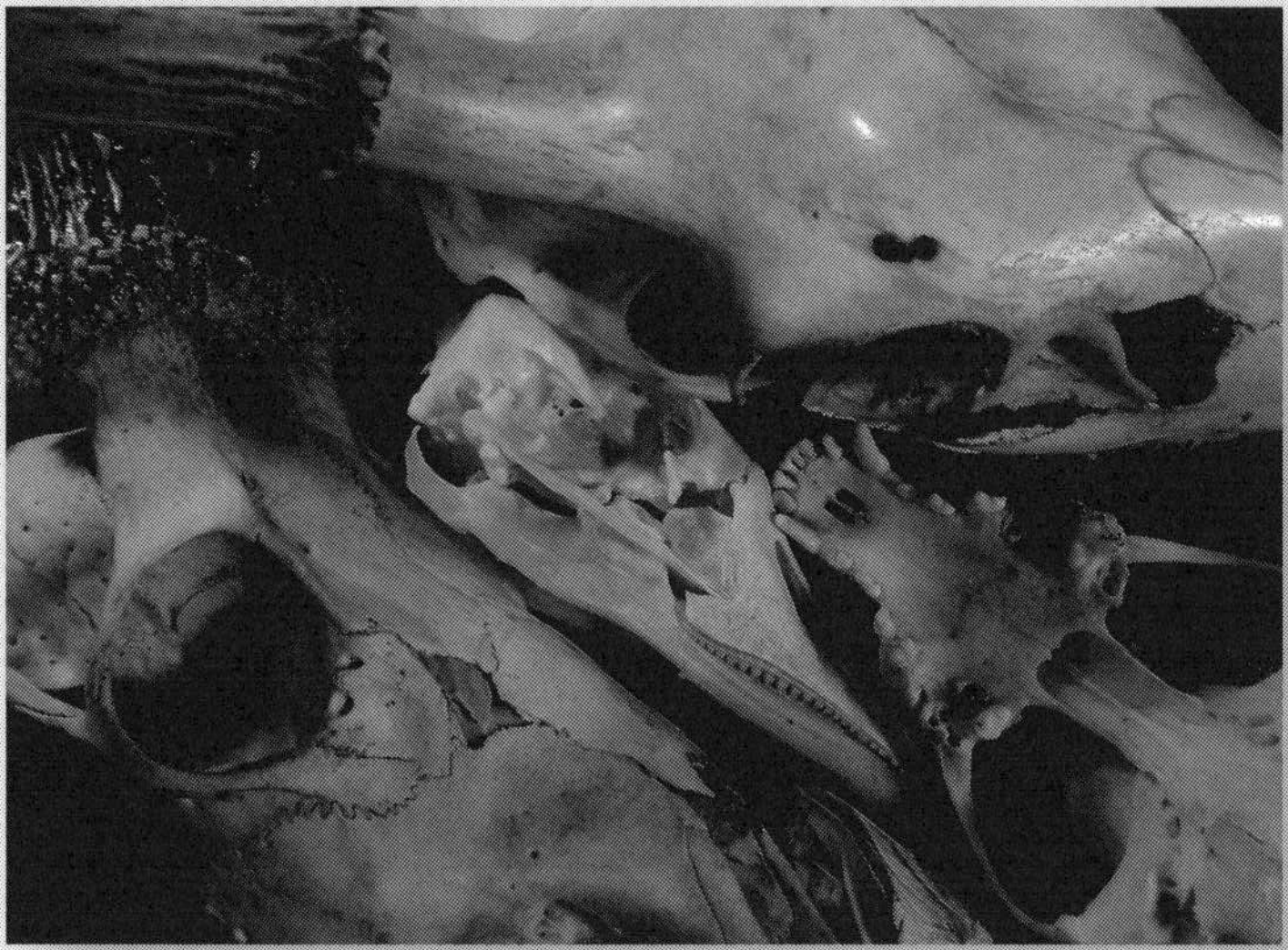

【第1章】

観念論の時代

ゲーテからオーウェンへ

「つまるところ、ヒトのからだは一本の脊柱にほかならない」

——オーケン(1807)より

「私は、我々がふつう葉と呼んでいる植物の器官が、あらゆる形をとって現出する力を持った本物のプロテウスを宿していると考えるに至った」

——一七八七年五月一七日、ゲーテのヘルダー宛手紙より

◎——「羊」をめぐる思考実験と椎骨説の誕生

それはいったい誰だったのか? そして、いつだったのか? 一八世紀末期から一九世紀初頭にかけて、ほぼときを同じくして二人のドイツ人学者、ゲーテとオーケンが互いに独立に、しかも驚くほどよく似た経験をし、そしてほとんど同じ仮説にゆき着いた。記録は錯綜するが、一七九〇年、ゲーテはヴェニスにあったユダヤ人墓地の砂丘で、砂に埋まった若いヒツジの死体を発見したという[101](図1-1)。それを拾い上げたとき、「頭蓋後部の三つの骨が、紛《まぎ》れもない椎骨であると確信した」と、ゲーテは『形態学について(*Zur Morphologie*)』の中に書いた(Goethe, 1824)。それは哺乳類の頭蓋のうちでも後方で頸椎(頸の骨)に連なる、いわゆる「後頭骨(occipital)」と呼ばれる骨を構成する、底後頭骨、二つの外後頭骨、そして上後頭骨の四骨のうち、いずれか三つのことではなかったかと思われる。

オーケンもまた若いヒツジの死体に遭遇し、その経験をもとに「頭蓋が四つの椎骨から出来上がっている」[102]とい

う考えを発表したのが一八〇七年（図1-2）（Oken, 1807）、オーケンがイェナ大学に赴任した、まさにその年のことであった。その発見の感激をオーケンは自ら記しており、それによると、同伴していた二人の学生の前で彼は、「これは、背骨じゃないか！」と叫んでしまったという（Peyer, 1950）。そして、その骨もまた、頭蓋骨要素の中でとりわけ椎骨とよく似た形態を持つ「後頭骨」であったらしい（図1-2）。オーケンはその骨と椎骨を並べて図示し、それぞれの骨の各部がどのように対応しているのかを示した。後述してゆくように、確かに哺乳類の後頭骨は、椎骨と同等の骨格要素が二次的に頭蓋にとり込まれたものにほかならない。だからこそ、それは椎骨に似ていて当然だった。しかし、それより前の部分はどうなのか？　オーケンが提示した頭蓋全体の分節的組成とは次のようなものである。後頭骨はそのうち四番目の分節をなす。

第一分節（＝第一頭部椎骨）……鼻骨、前上顎骨、上顎骨、涙骨、篩骨、鼻甲介
第二分節……前頭骨、眼窩蝶形骨、前蝶形骨
第三分節……頭頂骨、蝶形骨の残り

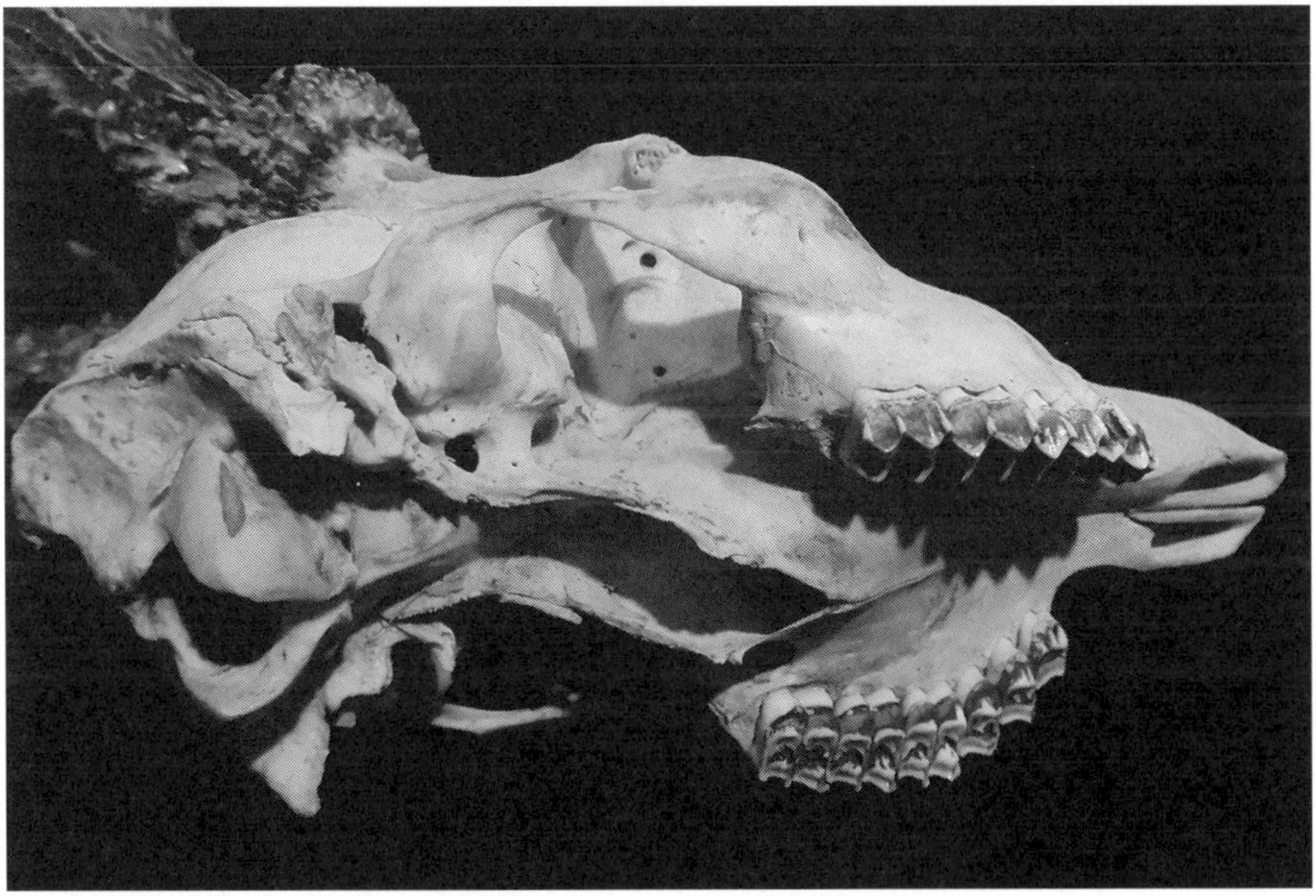

図1-1▶偶蹄類（シカ）の頭蓋。すべてはここから始まった。ゲーテやオーケンがみたものは、砂の中に埋まった若いヒツジの頭蓋であり、そこには脊柱も一緒に落ちていたはずである。

第四分節……側頭骨、底後頭骨、外後頭骨、上後頭骨

オーケンは、晒《さら》し骨《ぼね》状態の哺乳類の頭蓋骨にみえる縫合線を、椎骨と椎骨との間にある境界になぞらえ、それを通して頭蓋骨の構成をみてとった（図1-2）。実際、頭蓋骨を腹面から眺めると、頭蓋底には椎骨同士の関節を思わせるような境界があり、その部分が椎体の間に存在する「椎間板」に見えないこともない。底後頭骨と底蝶形骨、底蝶形骨と眼窩蝶形骨の間にみられる境界がそのようなものの典型であり、これらの境界は、個体が充分に若ければ若いほど明瞭に現れている[103]（図1-3）。

頭蓋底に椎骨の「椎体」に相当する構造の列を見出せば、その次は神経弓（リング状をなした椎骨の側方部・後述）に相当する要素を探索しなければならない。確かに、頭蓋底からはいくつかの支柱のような骨要素が伸び出している。たとえば、底後頭骨には外後頭骨が、底蝶形骨には翼蝶形骨が対応する（図1-3）。同様に、頭蓋の天井（頭蓋冠）にもいくつかの要素骨が前後に並ぶ。このような形態パターンをみれば確かに、頭蓋全体を、「椎骨要素が前後に連なったもの」として記述してみようという気にもなろう。

オーケンはこの、まるで初心者の描いたような模式図（図1-2C）で終わることはなく、さらに考えを発展させ、のちに英国の解剖学者、リチャード・オーウェン（次節）が定義することになる、いわゆる「系列相同物（serial homologues）」をからだ全体にわたって見出そうと試みた。すなわち、オーケンによれば、鼻部の骨格は骨化した「頭部の肺」を示すのであり、側頭骨はいわば頭部における肩甲骨であり、顎は「頭部に生えた脚」とみるべきであり、さらに顎に生えた歯は、四肢の指に相当するという（Veit, 1947に要約）。明らかにこの試みには、動物のからだを統一的で単純化された、一種の設計図（プラン）として記述しようという方針の萌芽がある[104]。ちなみに、オーケンがゲーテの推薦を得て赴任したその大学、イェナ大学（Friedrich-Schiller-Universität Jena）医学部といえば、オーケンの学説から十数年前、ゲーテが解剖学を学び、形態学に「モルフォロギー（Morphologie）」という特定の名を与え、その基礎を築いたまさに同じ場所なのであった[105]。

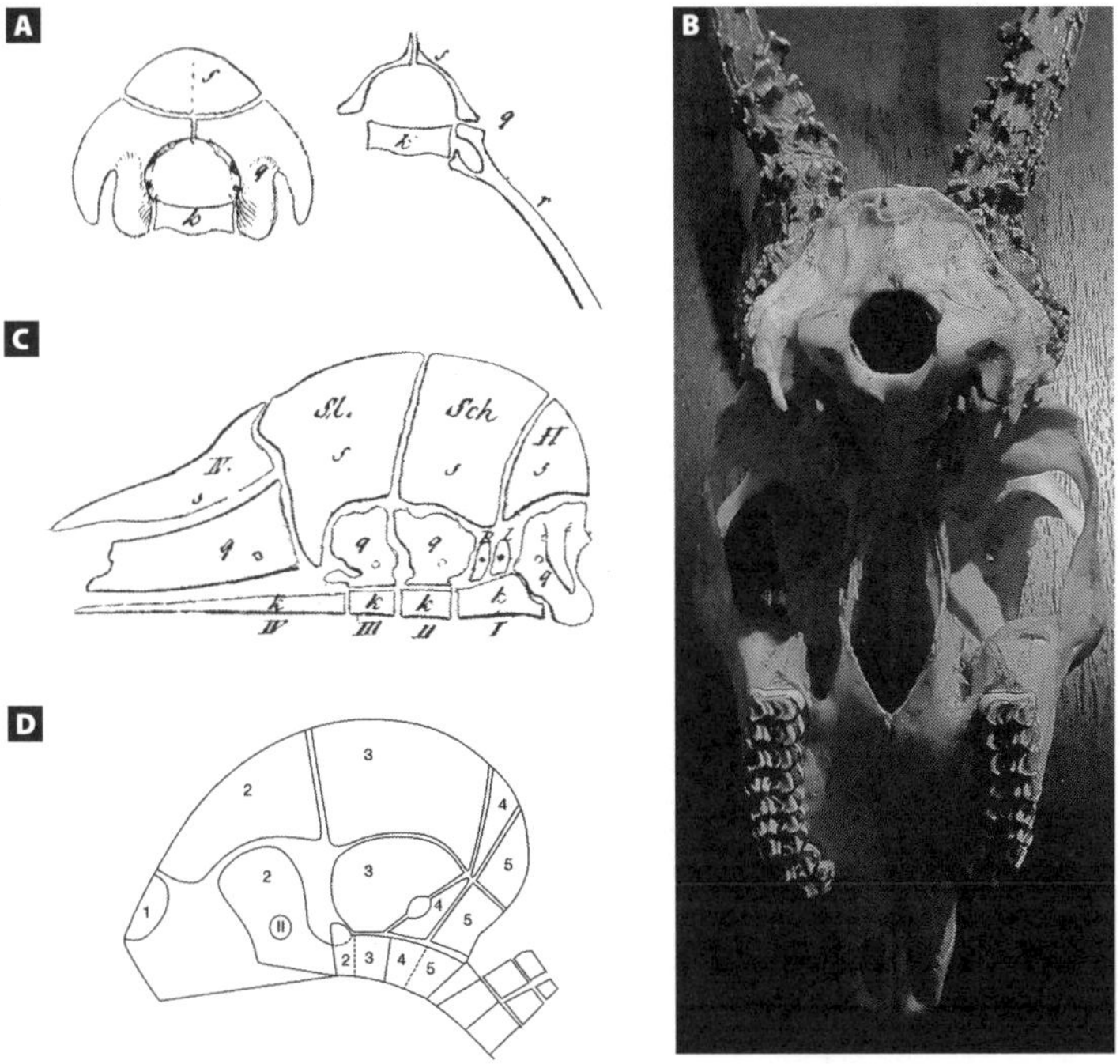

図1-2▶A:オーケンの描いたヒツジの後頭骨(左)と典型的な椎骨としての胸椎(右)。対応する要素が同じ記号で示されている。Peyer(1950)より改変。

B:図1-1に示したものと同じシカの頭蓋の腹面観。オーケンの描いた後頭骨をみることができる。

C:頭蓋が4つの椎骨からなるということを示すためにオーケンが描いた模式図。Peyer(1950)より改変。

D:自身の頭蓋骨椎骨説を模式図として描かなかったゲーテに代わり、ジョリーが描いた頭蓋の分節的模式図。この図には、ゲーテ本人の椎骨説ではなく、むしろジョリー本人の見解が一部入り込んでいる。たとえば、頭蓋冠において「4」と付された骨はおそらく間頭頂骨であると思われるが、ゲーテはこの骨を認識しておらず(おそらく、一部の哺乳類にしか存在しないためだろうと思われる)、にもかかわらずゲーテはここに2つの椎骨があると考えていた。Jollie(1977)より改変。

オーケンとゲーテの両者がゆき着いた学説は、確かに互いによく似ている。彼等の見つけたヒツジが若い白骨化した遺骸であったもので、頭蓋を構成する諸骨の間の縫合線がまだ閉じておらず、個々の骨がその場で遊離し、全体としてその様子が、まるで背骨の連続を思わせた。そこで、「頭蓋とは、いくつかの椎骨が変形し、寄せ集まって出来たものではないか」という考えに、二人の学者がほぼ同時にゆき着いたのである。かくして、この学説の先取権をめぐり、一時期双方にとって不愉快な論争があったという（Kimura, 1980）。この「頭蓋椎骨説（英：vertebral theory／独：Wirbeltheorie）」を、文書の形で最初に世に問うたのは紛れもなくオーケンが先であった（1807）。冒頭に引用したように、「ヒトのからだは、所詮《しょせん》一本の背骨にすぎない」と、実に気の利いたアフォリズムをオーケンが発明したのもこのときのことであり、彼は論文「頭蓋骨の意義について（Über die Bedeutung der Schädelknochen）」の第一章一段落目の最後の文章としてこれを書いている。

一方、ゲーテはといえば、そのときまでこの自然哲学的発想についてただ知人と語り合うのみであり、上に紹介したオーケンの形態学的理解に関しては、それを極めて不完全で、まだ論文にして発表するほどのレヴェルに達してはいないと考えていた（Goethe, 1824）。そして彼はその後、一八一八年に発表されたカールスの論文（Carus, 1818）をより好んだ。そこでは四つではなく、六つの椎骨が想定されていた（図1-5）。そのカールスもまたゲーテの友人であり、ドレスデン大学の産婦人科の教授でもあった。

ゲーテ本人は一八二〇年になってようやく自著『自然科学一般、とりわけ形態学について（*Zur Naturwissenschaften überhaupt, besonders zur Morphologie*）』を世に問い、その中に「六つの椎骨から出来た頭蓋（Das Schädelgerüst aus sechs Wirbelknochen aufgebaut）」という論文を書き記すことになる（Goethe, 1820）。が、一八九八年にこれを総説の中で引用した比較解剖学者のガウプ（後述）は、どういうわけかそれを一七九〇年の発表としている。[●106] いずれにせよ、ゲーテのこの一八二〇年の書は、頭蓋椎骨説を紹介する上で引用されることが多い。この論文のタイトルにある「Schädel」とは頭蓋、「Gerüst」はおそらく「屋台骨」といったような意味であろうが、私は過去にこれを「Schädelgrüt」と誤記してしまったことが何度かある。それはおそらくほかの誰かの論文にあった文献リストでのスペルミスが気になり、わざわざそれにならって直してしまったのである。奇《く》しくも、ドイツ語の「Gurt」も「Gürtel」も、からだをとり囲む「帯」という意味を持ち、日本語の解剖学用語である肩帯（Schultergürtel：肩甲骨と鎖骨からなる）、腰帯（骨盤のこと）も、一種の帯、もしくは「輪」とみなされる。穿《うが》ちすぎかもしれないが、おそらくその「誰か」とは、ドイツ人か、さもなければドイツ語に堪能な研究者で、ゲーテの形態学的方法を熟知していたもので、間違って覚えてしまっていたということはありうる。というのも、ゲーテは骨格構造を「輪」になぞらえるという発想を、確かに頭蓋にあてはめていたのである。彼にしてみれば、頭蓋を構成する「輪」のそれぞれは側壁、底部と天井とからなるもので、頭蓋の中でそれらは以下のように並んでいた。

①頭蓋底構成要素として……前上顎骨（premaxilla）、上顎骨（maxilla）、口蓋骨（palatine）
②顔面構成要素として……頬骨（jugal）、涙骨（lacrymal）
③前方の頭蓋冠要素として……鼻骨（nasal）、前頭骨（frontal）
④頭蓋底構成要素として……前蝶形骨（presphenoid）
⑤嗅覚器の要素として……篩骨（ethmoid）、鼻甲介（chon-

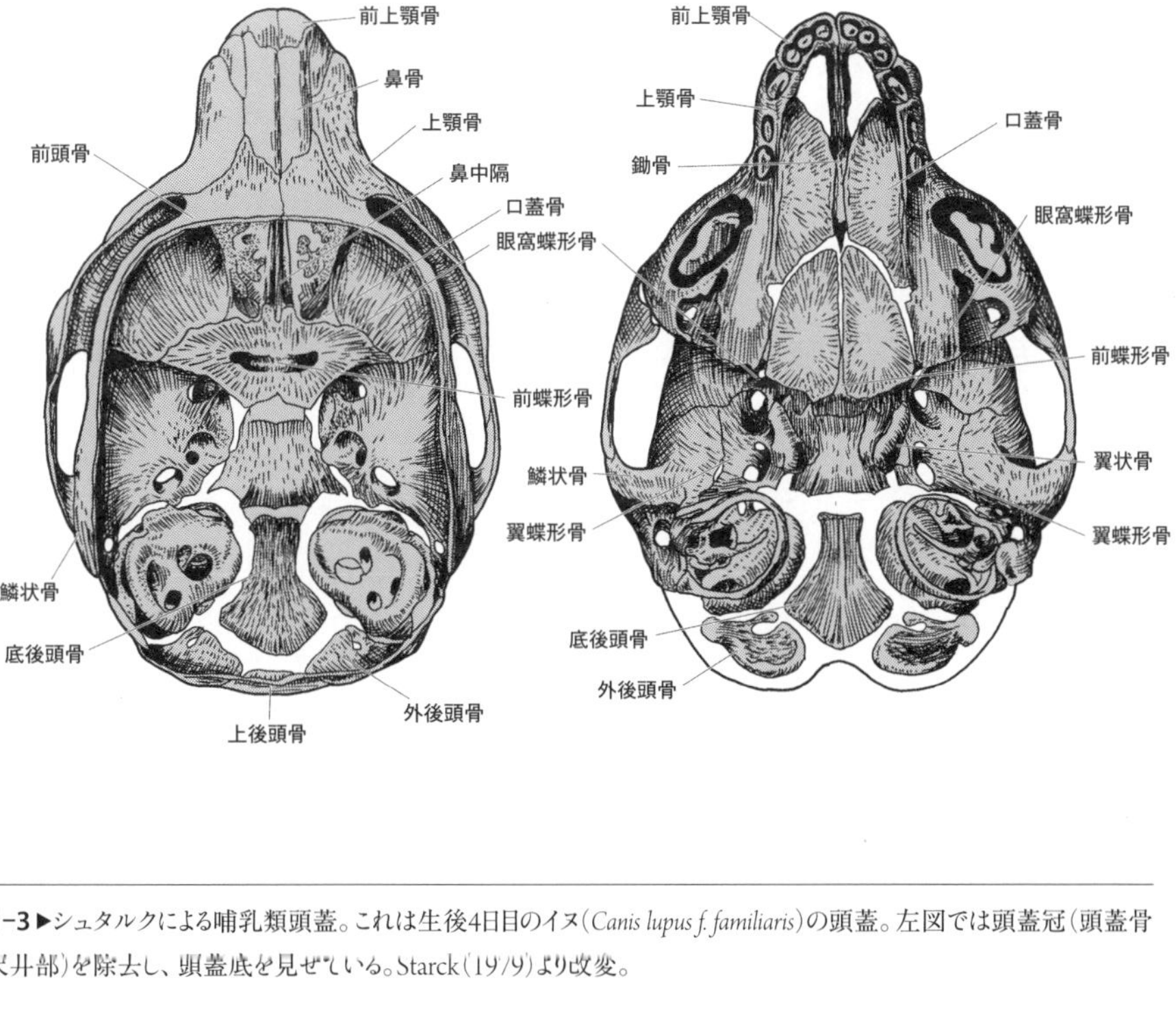

図1-3▶シュタルクによる哺乳類頭蓋。これは生後4日目のイヌ（*Canis lupus f. familiaris*）の頭蓋。左図では頭蓋冠（頭蓋骨の天井部）を除去し、頭蓋底を見せている。Starck（1979）より改変。

cae)、鋤骨(vomer)
⑥頭蓋底構成要素として……底蝶形骨(basisphenoid)
⑦神経頭蓋の側壁要素として……鱗状骨(squamosal)
⑧頭蓋冠の要素として……頭頂骨(parietal)
⑨頭蓋底構成要素として……底後頭骨(basioccipital)
⑩神経頭蓋の側壁要素として……外後頭骨(exoccipital)
⑪頭蓋冠の要素として……上後頭骨(supraoccipital)
⑫耳殻として……岩骨(petrosal)
⑬中耳骨として……耳小骨(middle ear ossicles)

それを表にすると、表1のようになる。ただし、ここには期待されるすべての骨要素が記入できておらず、ゲーテの感知した原型が、現実の頭蓋に不完全にしか現れていないことがわかる。

一八〇七年に発表された『形態学について』によれば、ゲーテ本人は少なくとも一七八六年までには、椎骨説を着想していたという。そこで、例のヒツジの話が登場するのだが、ゲーテがこのイタリア旅行での経験を通じ、「頭蓋の前方部が三つの部分に分割できる」という確信を得たというからには、ヒツジに遭遇することによって突如として椎骨説が閃《ひらめ》いたなどということではなかったらしい。むしろ、頭蓋にいくつの椎骨が含まれていたのか、そしてそれがどのように繋がっているのかについて、じっくりと吟味する時間が彼には必要であった。だからこそ、早々と「四つの椎骨を含む」と結論したオーケンの態度に、ゲーテは歯痒い思いをさせられていたと理解できる。この経緯が本当であるなら、ゲーテにこそ「椎骨説の祖」たる栄誉がふさわしいという見方もできよう。が、最初の着想から上に掲げた論文発表までの間、ゲーテがいったい何をしていたのかといえば、上記のように彼はもっぱら知人とのみこの問題について語り合っていたらしい。それが理由となってゲーテは、オーケンの剽窃を疑うまでに至ったという話がいまに残るが、実際にはそのような事実はなかったともいう。いずれにせよ、それはいまとなってはどちらでもかまわない。というのも、この二人の学者が世にいう「ゲーテとオーケンの椎骨説」を問うより前に、フランスの解剖学者であったヴィクダジールが、やはり同じ発見をしていたことが明らかになっているからだ（Vicq d'Azyr, 1780; Peyer, 1950に要約）。思えば、頭蓋骨椎骨説それ自体、形態学の歴史にあっていかに大きな意味のある学説であったとしても、それは機会さえあれば誰でも思いつきがちな、ある意味極めて自然な発想でもあったということなのである。

◎——メタメリズムとメタモルフォーゼ

頭蓋椎骨説の骨子となる概念は、「メタメリズム（metamerism）」（すなわち、分節繰り返し性）と「メタモルフォーゼ（metamorphose）」（変形、変態）である。メタメリズムは、同じ構造を持つ要素が「連続的に」、何らかの軸の上を並んでいる状態、もしくは形態パターンを指す（たとえばNeal, 1898aをみよ）。つまり、分節繰り返しパターンのことである。ただ分節が並んでいるだけでは充分ではない。軸の上で異なった種の分節が単に隣り合うだけで

頭部椎骨	1st	2nd	3rd	4th	5th	6th
頭蓋底要素 basal elements	前上顎骨 premaxilla	上顎骨 maxilla	口蓋骨 palatine	前蝶形骨 presphenoid	底蝶形骨 basisphenoid	底後頭骨 basioccipital
顔面要素 Facial elements	?	涙骨? lachrymal?	頬骨? jugal?	?	?	?
側壁要素 Lateral wall elements	?	?	?	?	鱗状骨 squamosal	外後頭骨 exoccipital
頭蓋冠要素 dorsal roof elements	鼻骨 nasal	前頭骨 frontal	頭頂骨 parietal	?	?	上後頭骨 upraoccipital

表1▶ゲーテによる頭部椎骨の分節的配列。

は、それを「分節性」と呼ぶことはできない。[107] 同じもの、もしくは同質のものが少しずつ形を変えながら並んでいることが必要なのだ。確かに背骨（脊柱）は、椎骨という要素が繰り返し並ぶことによって構成されている。

一方、メタモルフォーゼは、その各要素がそれぞれに独特の方法で変形していることを指す。椎骨説によれば、「頭蓋は、いくつかの椎骨が特殊なやり方で変形して出来ている」というのであった。ゲーテの形態学の究極的な目標は、「永遠不滅の原型（*Urtyp* もしくは *Typus*）」、すなわち、すべての動物の形をそこから「導出（動詞：ableiten／名詞：Ableitung）」できるような、最も基本的にして含蓄の深い形象を見出すことである。ゲーテのいい方を真似れば、原型とは、「ギリシャ神話に登場する変幻自在の神、プロテウスのようなもの」であり、その原型は観察者の経験を通じ、認識の中に一挙に、無根拠に生まれ出ずる。

ゲーテは、もし実際の動物の形が得られた原型にそぐわないのであれば、それは彼（ゲーテ）の頭の中の原型がまだ不完全だからであり、それを是正し、正しい原型を得るためには、観察という経験を通じて行うしかない、という意味のことを述べている。このような原型論は、いわば、哺乳類の頭蓋に椎骨的な分節パターンが表出する経緯や、ある種の機構を説明するための、一つの上位の論理として働いていた。したがって思想の内容や是非はともかく、原型論は先験論的形態学の議論においては、現在の進化論や発生機構が果たしているのと同じレヴェルの、多様性を解釈するための説明原理を提供していたということになる。

一方でゲーテは、経験至上主義とは一見逆のことも述べている。つまり、すべての動物は本来的に同じセットの要素が正しい位置関係を保ちつつ繋がっているのであり、それゆえに、どれか一つの要素が勝手に消失したり、追加したりすることはないと。無論、これは原型が正しい普遍的パターンとして確立し、それを確認したときになって初めていえることである。実際ゲーテは、この原理を応用して、上顎部に上顎骨という一種の骨しか持たないヒトも、胎児の頃にはほかの動物と同じく前上顎骨（顎間骨（Zwischenkiefer）ともいう）が現れる（成長に従い二次的に前上顎骨と上顎骨の間の縫合線が消失し、両者は融合してしまう）ことを発見している。つまりゲーテの探求の方針においては、通常の科学におけるような「帰納」や「演繹」というよりも、むしろすべてが整合的に導き出されるような、ゲーテいうところの「ある一点」に到達する経験こそが重要とみなされている。このような視覚的整合性を見出す方法が形態学の実践であり、それ自体は原型論とは関係がない。しかし、この発見方法が、比較形態学や比較発生学において必要とされるものであり、それを支える相同性という概念の定立には、本来進化論の受容が必要であった。この意味においても、原型論は当時において進化論の不在を埋めていたとおぼしい。

◎――構造主義的形態学

進化や発生についての多くの情報を得、とりわけ祖先と子孫の関係をあたり前のものとして受け入れている現代の我々からすれば、ゲーテのいう原型を実感として体験することは少々難しい。実際のところ原型論は、いまでいう構造主義的なものの見方、あるいは認識の方法を代表していると私はつねづね考えている。つまり、ゲーテが原型と呼んだものは、最も理想的で基本的なパターン、あるいは「純粋無垢の形象」とでもいえるものであり、それは直感とか、観念論的「イデア」としてしか存在しない、ある種抽象的な概念でもある。いうなれば、説明の屋台骨となる基本構造である。一方で、実際に目にみえている具象としての生物の形は、多かれ少なかれ何らかの変形や特殊化を経ているものであり、その変形が構造論でいうところの、いわゆる「布置変換」に相当する。つまり、具体的な動物の多様性を捨象したところに浮かび上がる不変の認識論的形象が「原型」であり、したがってそれを抽出するためには、個々の頭蓋形態を観察するという経験を経なければならない。形態学的に頭蓋を成立させているのは、要素骨と要素骨の繋《つな》がりにほかならず、それを何度も認識することによって原型のイメージの純化を図るのである。決して、形態をなしている組織や細胞、果ては分子など、要素の還元によって理解するのではなく、それら形態的要素群が互いに連関し合っているさま、すなわちリンケージが観察の対象となる。このような、一種脱中心化した思考の方法がすなわち、形態学の構造主義的な性格を最もよく物語っている。ゲーテは「植物のメタモルフォーゼ・第二試論」の中で次のようにいう。

「有機組織を持った様々な被造物の形態が相互に非常にへだたっているにしても、それらはやはりある種の特性を共有し、ある種の部分は相互に比較されることができる。正しく用いるならば、これは導きの糸であって、これを手がかりにわれわれは、生きている諸形態の迷宮を通り抜けることができる」（木村訳）

ゲーテはここで、比較形態学の基本的手法である相同性決定について述べている。被造物とは要するに生物一般を指すが、実際、形態学的アプローチが可能な対象には、分岐生成する様々な対象がありうる。たとえば、言語がそのような例である。いずれにせよ、比較の方法がわかれば、物事の本質がわかるということである。また、そののち彼は次のようにもいう。

「……多くの植物の中空の管を満たしている組織をあながち不当ではないにしても髄と呼び、動物の骨の髄と比較した。しかしながら、ここから、髄が植物体の本質的な部分であるという誤った推論を引き出した」（木村訳）

これは、相同性と異なった性格を持つ「相似（アナロジー）」という類似性についての注意書きである。椎骨でないものが実は椎骨である一方で、椎骨のようにみえながら椎骨ではないものがあるということである。形態学的同一性を保持しつつ、その外観と機能が変容するのが生物の本質的な能力なのである。ここで例として挙げられている「髄」は、もとのドイツ語では「Mark」である。日本語においても、「脊髄」や「骨髄」に用いられる「髄」は、堅い鞘で覆われた、中身の柔らかい部分をいい、ドイツ語でも同じ発想でこれら両者に「Mark」を用い、それぞれRückenmark、Knochenmarkなどという。しかし、脳髄と骨髄は組織学的にはまったく異なったものである。[●108] ゲーテは、正しいものの繋がりを見出すにあたって、見掛けに騙されず、日常的な記号論から脱し、形態の本質的な部分に注目することの重要性を謳《うた》っている。

科学的方法が確立していない時代において、概念の定義が行われず、体験の方法やそれによって得られる経験によってその内容を語る、自然学としての形態学の様相は、現代の比較形態学とかなり異なったものである。たとえば、「骨学から出発する比較解剖学総序論の第一草案」において、原型を把握する方法についてゲーテは、原型の探求方法を定義するのではなく、次のようにいう。

「……われわれは、固執するものとともに固執しながら、同時に変化するものとともに自分の見解を変え、多種多様な可動性を学ばねばならない。われわれが原型をそのすべての変幻自在性において追求する柔軟性を保ち、このプロテウスがわれわれからどこへも逃れてしまわないようにするためである」(木村訳)

ここでゲーテは、自分の感知した椎骨モデルに徒《いたず》らに固執するのではなく、実際の形態パターンをよく観察して柔軟に自分の先入観を修正すべしと述べる。そして、その検証作業については、同じ草案において「個々の骨の記述に際してとりあえず注意すべき事項」という章を設け、次のように述べている。

「二つの問いに答える必要がある。1：原型の中で設定された骨の区分はすべての動物において見出されるであろうか。2：それらが同一であることを、われわれはいつ認識するであろうか」(木村訳)

これは形態要素の相同性の基準や検証に相当する事項であり、その定式化については後代の学者たち、とりわけフランスのジョフロワ＝サンチレールによる「結合一致の法則」であるとか、ランケスターによる相同性の進化的定義、レマーネやド＝ビアによる相同性の基準の考察、そして種々のより現代的な系統的解析方法にみていくことになる。後代の形態学者たちが動物の諸形態を徹底して対象化しつつ考察したのとは異なり、ゲーテの形態学における概念は、観察者の経験として現象しているのだ。このような、科学の本来の方向性と一見逆を向いた感のあるゲーテ形態学の性質を、ゲーテ本人が述懐した極めて興味深い文章が、論文「上顎骨の間骨は人間とほかの動物に共通であること」の中に見つかるので、少々長いが引用しておく。

「……このような着想、このような知覚・把握・観念。概念・理念には、そのほかいかなる名称で呼ぼうとも、またどのような態度をとろうと、つねに何か秘教的な特性がある。全体としてはいい表しうるが証明できない。個々に提示しうるが、完全にまとめることはできない。同じ思想を心に抱いている二人のひとも、個々に適用することになると意見が一致しないであろう。自然の友である孤独で寡黙な個々の観察者も自分自身とつねに一致しているとは限らず、問題をはらんだ研究テーマに対して日々、精神の力がそのさい純粋かつ完全に発揮されるかどうかに従って、明るいあるいは暗い態度をとるのである」(木村訳)

どうもゲーテ形態学は、対象を完全に客観的かつ即時的なものとはみず、それを観察し、何かを感知する自分自身の心の内、あるいは認識論的過程をみつめてしまうようだ。あるいは、相同性や形態のパターンを感知し、原型的形象を獲得してしまう人間の側の形態学的発想の心理メカニズムを理解しようとしているとでもいおうか。それはもはや、言語学や心理学の領域にあるというしかない。が、いずれにせよ、このような経験主義的な形態学の方法は、機械論的還元論によって要素の理解を目ざし、その理解された要素の統合によって系全体を再構築するという、通常の自然科学やエンジニアリングの方法論と逆方向を向いているといってよい。一般に「構造」が歴史や体系をなさないように、西洋形而上学の伝統にのっとった体系の権化ともいうべき系統進化と、形態学的原型の折り合いはあまりよくはない。原型が系統進化的な意味での祖先(型)とどのような関係を持ちうるのかについては、のちに考察する。

◎──原型と祖先

ゲーテやオーケンのいう椎骨説が正しいというのであれば、「変形する前の原初の（祖先の）頭の姿はいったいどのようなものであったのだろうか」と、いまの我々ならば考える。しかし、当時はまだ進化思想が形をなしてはいなかった。したがって、「原初の姿」は個々の動物の形態を理解するための、いわば「思考のテンプレート」とでもいうべきものか、あるいは、いまだ出会ったことのない何らかの未分化な祖先種を示唆しうる。つまり、「原型」が観念なのか、実在の何か、すなわち今流にいえば、基本的発生プログラム、もしくは祖先的形態パターンなのか、当時は明瞭な区別がまだできていなかった。実際、次のような逸話が残っている。

ゲーテは動物（といっても、ゲーテのいう動物はほとんど哺乳類のことであったが）の観察だけではなく、植物における生殖器官、すなわち「花」の由来についても椎骨説と同様の考えを持っていた。つまり、「植物のからだは基本的に葉の繰り返しであり、それが形を変えていくつか寄り集まったものが花にほかならない」と述べていた。葉のメタメリズムと、そのメタモルフォーゼによる花、によって植物を説明していたのである。[109] さらに、すべてが葉の繰り返しとして出来ている植物の形象として、ゲーテは「原植物」を考えていた。ある日、ゲーテが知り合いの詩人であるシラーに、「自分は原植物が実在していると思うので、それを採集しにゆこうと思う」と述べたところ、その詩人は、「それは君の頭の中に観念としてしか存在しないものだろう」といって、これを諌《いさ》めたという。

いうまでもなく、このときゲーテ自然学の認識論的性格を正しく理解していたのは、ゲーテ本人ではなくシラーの方である。しかし、それではゲーテが思想家として劣っていたのかといえば、むしろ自然学者の感性でもって、祖先的な形態を残している植物系統の生き残りをかすかに感知していたのではないかとも思える。この意味で、ゲーテは暗示的に進化に言及していたといえば、それは穿《うが》ちすぎだろうか。そのときのゲーテの頭の中では、「メタモルフォーゼの時間」はどのように流れていたのだろう。悠久の進化の歴史の中で、植物系統の示す、徐々に変形してゆくさまか、それとも、ゲーテがイデアとして頭の中に持っていた形象が、徐々に変形し個別の植物を作ってゆくという認識の時間か。いずれ後者がなければ、前者の進化思想が生まれないことだけは確かである。[110]

ゲーテはまた、個別的な動物の形が生まれる理屈を、「内なる力」と「外なる力」の相克として、これら二つの力の境界に出来上がると述べている。つまり、内なる力とは原型を作り出す原動力、すなわち「ウルクラフト」とでもいうべきもので、永遠不滅のものである。ほおって置けば、それは自ずから原型の指向するメタメリズムを表出する。しかし、この世に生きるすべての動物は、それぞれの環境に応じて適応し、特殊化しているものであり、その要請は外なる力として動物体に及んでくる。そして、いま目にする動物の形態は、原型という内なる力と外界からの機能的必要性の間に生ずる、一種の妥協の産物なのであるとゲーテはいう。「魚は水のために存在するというよりも、魚は水の中で水によって存在するといった方がずっと含蓄が深い」とゲーテがいうのは、「魚に魚の形を与えているのは、一面外なる力の源泉であるところの水なのだ」ということなのである。これと極めてよく似た視点を持ったのが、一九六〇年代の形態学者、ポルトマンである。ポルトマンはその著書『動物の形態（*Die Tiergestalt*）』の第一章「外部と内部」において、動物が外界と相互作用する形を「形態（Gestalt）」、動物体が即自的に有している形を「形状（Form）」と呼ぶべきことを提唱しているが、まったく同じではないにせよ、ここにはゲーテ形態学の影響が現れていると私はみる。現在の進化発生学においては、個々の動物に特異的なゲシュタルトの表出に相当する遺伝発生機構の一部を、実験発生学的に特定しようという研究もなされるようになった。アヒルとウズラの顔の形の差が表出する発生機構や遺伝子セットを特定する実験などはその典型といえる（第5章に詳述）。

ゲーテが右のようなことを述べた当時よりも、むしろ現代の方がその言い分はある意味現実的に聞こえるのではなかろうか。なぜといって、現代の進化発生学者たちは、保存された発生制御遺伝子群のアミノ酸配列と、器官形成におけるその共通した機能から、すべての左右相称動物を生み出した共通祖先、すなわち「ウルバイラテリア（後述）」の姿を思い描き、その祖先の形態形成に機能していた主要な発生制御遺伝子のセットを「ツールキット遺伝子」と呼び、分節を作り出す動物共通の分子機構としてNotchシグナルを（第6章）、各分節原基に位置価を与え、メタモルフォーゼを起こさせる機構としてＨｏｘコードを知っており（第5章、第6章）、それらすべてを動物の「ボディプラン」の基本構成要素として理解しているのであるから（第6章参照）。そして、多かれ少なかれ外的要因として認識することのできる何らかの淘汰が、発生プログラムを徐々に変化させてきたのだと確信しているのである。かくして「ボディプラン」の思想的出自は、とりもなおさず、ゲーテの原型なのである。そしていま、多くの動物に確認されているその機構は、遺伝子や形態に相同性をもたらす要因として理解され、それを、たとえばファイロティピック段階の胚の形を作り出す発生拘束の正体ともみなしている。ゲーテのいう「内なる力」の「内」とは、細胞や胚の変形を突き動かすプログラム、つまり核の中にあるゲノムや、そこに保存されている遺伝子群か、もしくはそれらの織りなす制御ネットワークをいっているようにすら聞こえる。

一方で、「外なる力」は何かといえば、胚体の中や個体の外にある、あらゆるタイプの「環境」ということになろうか。いずれ、動物にとって、淘汰の源となるあらゆる外的要因を指すように思えてならない。内なる淘汰としての内部淘汰が、発生途上のあらゆる段階における胚形態に働き、それを通じて発生プログラムを選別し、ひいてはボディプランを維持するための安定化機構として働くのであれば、外部淘汰は動物の個別的形態とその機能を作りだした要因、ということになろう。この「内と外」という二元的理解は、本来進化発生学的視座でこそ読み解くべきものである。同時

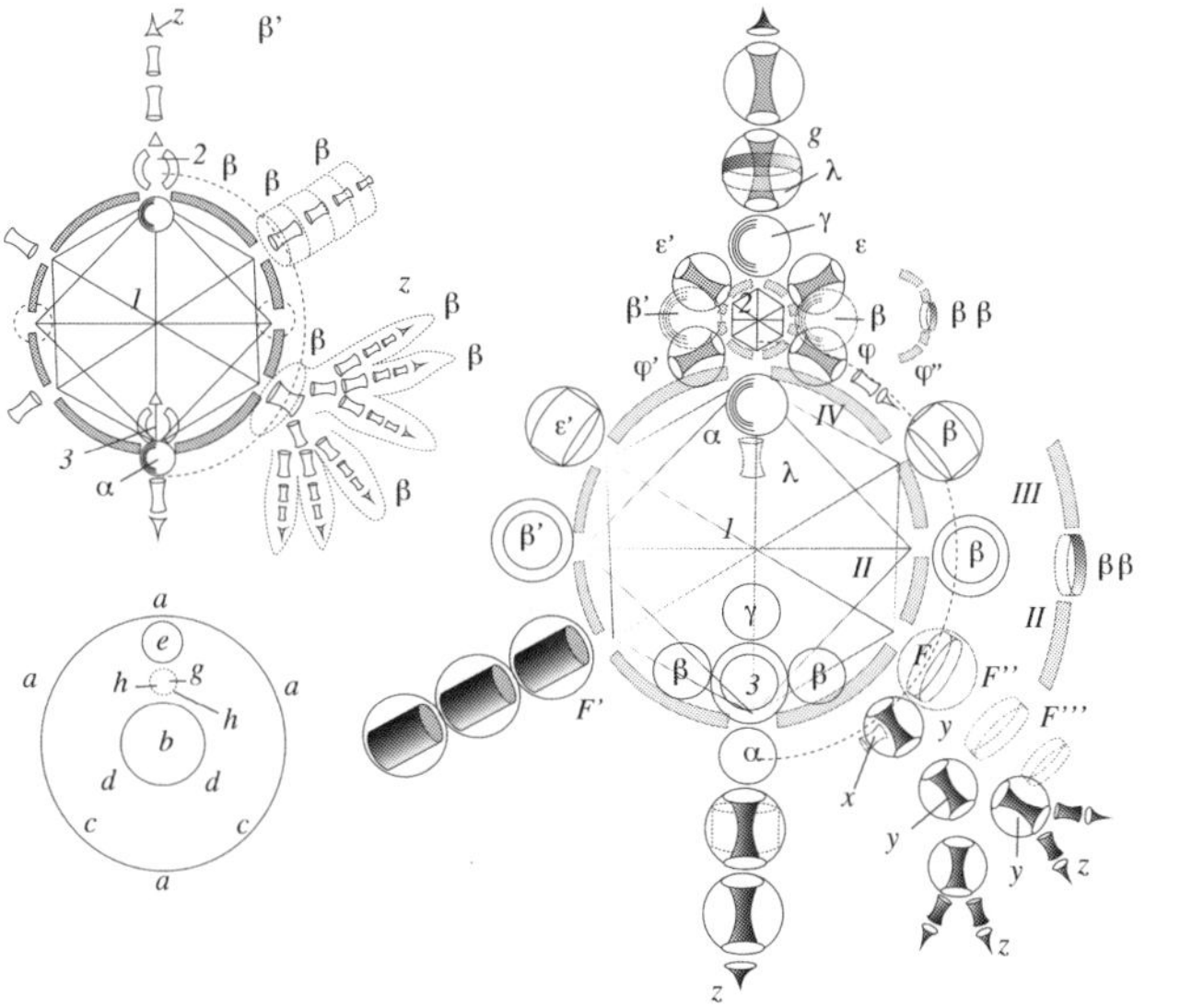

図1-4▶カールス(Carus, 1828)による動物の原型。あらゆる動物のからだを構成するとされる分節単位を示すこれらの神々しいリングが、前後軸上に繰り返し連なって様々な動物のからだが出来上がると考えられた。ある意味、原型論の極致である。突起や鰭、四肢は、このリングの一定の場所から放射状に伸びると考えられた。Peyer(1950)より改変。

にこれは、ドイツ自然的哲学の頃の思想家たちと、現代の生物学研究にいそしむ我々との間に共通した思考のベクトルがあることを示している。脊椎動物頭部の分節性は、その概念が生まれた頃はまだ形而上学的思想であり、観念であり、かつまた視覚的な幻想であった。その幻想は「骨の形」から生まれ、そして骨の形に投影されていたのである。

「ゲーテとオーケンの椎骨説」は、一九世紀前半のカールスの研究へと引き継がれてゆく。ある意味、椎骨説よりもさらに過激にイデア論的なモデルをカールスは提出しており、そこでは脊椎動物のみならず、あらゆる動物の骨格系を球体、もしくはそれより派生した「輪」の連なりとして表現するという、やや奇抜な試みが示されている[11](図1-4〜6)。この頃すでに、ドイツを中心に比較発生学的な実体としての原型が模索されていたのであればなおさらのこと、この考察は奇抜というしかない。その輪は放射相称パターンに沿って生え出した突起をその周囲に備え、それぞれの突起が変形して、たとえば脊椎動物では正中鰭や対鰭を、昆虫では羽根や付属肢を形成するという。すなわち、脊椎動物も節足動物も同じ輪の変形として表現され、驚くべきことに棘皮動物の五放射相称のボディプランまでもがこの輪によって説明される。

カールスの試みからわかるように、このような原型論的解釈はもはや単なる頭蓋骨の記述にとどまらず、あらゆる動物のボディプランを一つの「型」として記述しようとさえするものである。その点で、カールスの形態学は椎骨を単位として、その変形によって脊椎動物すべてを説明しようとしたオーウェンよりも(後述)、節足動物を背腹、内外に反転して脊椎動物と重ねようとしたジョフロワの比較とも、そしてボディプランの統一的理解を目指そうとする我々自身のパトスとさえ通ずるところがある。いや、むしろ頭部の分節的記述はつねに、この高度に複雑なからだの部分をより単純な体幹へと形態学的に還元する試みとなりがちなのであり、それと同時により大きな分類単位(タクサ)を指向するものなのであり、それゆえに半ば不可避的に大きく異なったボディプラン同士の比較へとゆき着いてしまう性格のものなのだ。それは、比較発生学者たちが頭部分節性を極めた上で、脊椎動物の祖先を特定の無脊椎動物に探し始めた二〇世紀初頭の状況と驚くほどよく似ている。

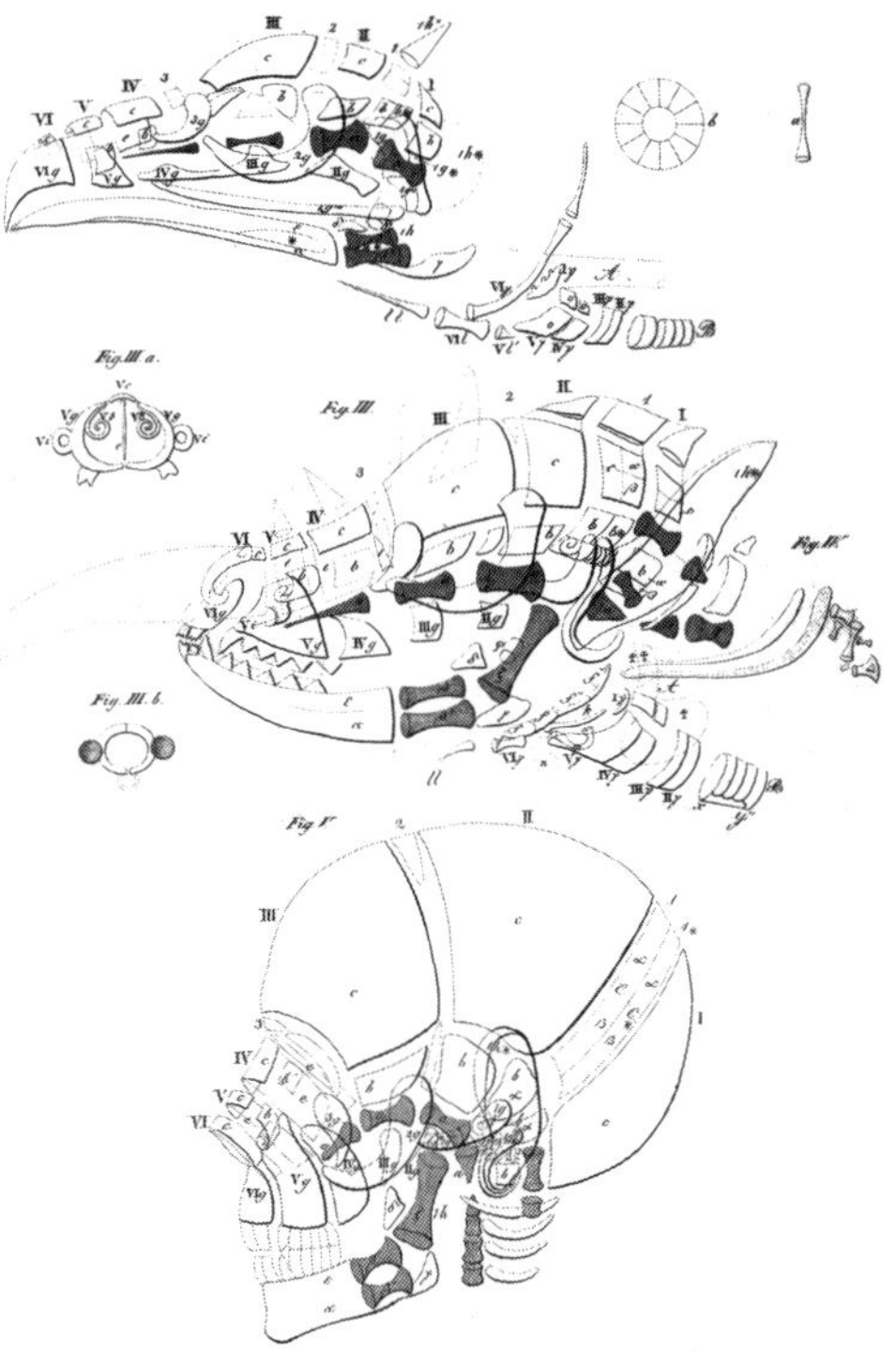

図1-5▶カールスによる鳥類、食肉類、ヒトの頭蓋の原型論的解釈。ゲーテに従って6つのリングから頭蓋が構成されている。Carus (1828) より。

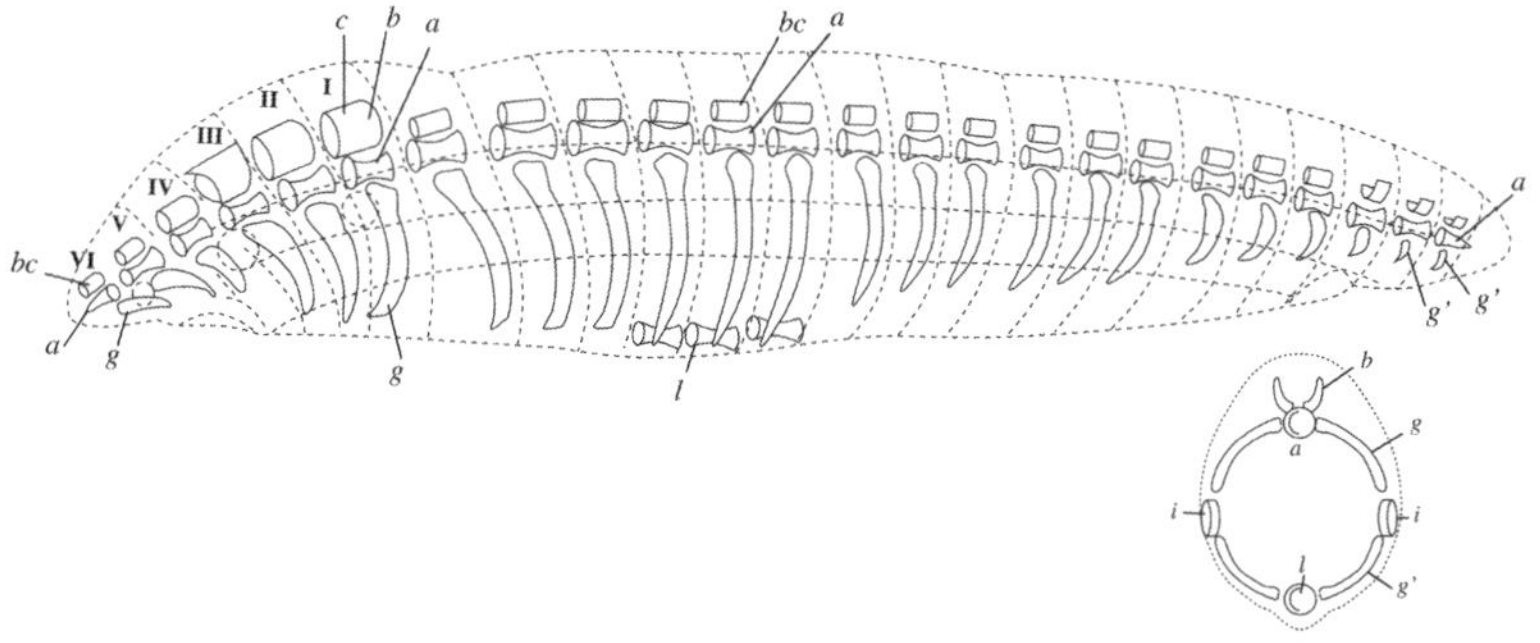

図1-6▶カールスによる脊椎動物の原型。オーケンの言明そのものの姿として描かれており、のちにこれはオーウェンに大きな影響をもたらした。Carus (1828) より改変。

進化論なき一八世紀末から一九世紀前半は、動物のボディプランが形態学的抽象化という実践を通じて、積極的・本格的に探索され始めた時代であった。古くは一六世紀のブロンに始まる比較形態学的抽象化は、ゲーテとオーケンが戦ったこのクリティカルな時代にあって、「相同性」という明確な中心概念を生物学にもたらし、それがのちの比較発生学や進化論の台頭にとって大きな礎となっていった（図1-7）（Belon, 1555）。そして、多くの形態学者たちが脊椎動物の頭蓋に椎骨を探し始めた。すでに述べたようにカールスやゲーテはそこに六つの椎骨を見、オーケンはそれを四つだと考え、一方、ボヤヌスやスピックスはわずか三つのみを認め、ジョフロワに至っては何と七つもの椎骨を見出している（Peyer, 1950に要約）。

椎骨の数それ自体が問題なのではない。頭蓋を椎骨の並びとしてみるという、形態学の認識論的方法論が成立したことこそがすべての始まりだった。それは、我々の前にいまだ消えずに残っている進化発生学の難問としていまでもその姿をみることができる。我々が遺伝子を見、発生する胚と、生成する形をいくら目のあたりにしても、進化的変遷がすぐさま目の前に現れることは決してない。それが進化的であれ、原型論的であれ、意味を伴った繋がりとしての相同性、それは単なる類似性や連続性では済まされない。多様性のみを謳《うた》っても空《むな》しく、その中の視覚的類似性をいくら強調しようと、それがただちに系統的類縁性になるというわけではない。相同性は、類似性の中に必然的な繋がりを見出す、ゲーテいうところの深遠な含蓄を伴った、特定の方法での抽象化の産物なのである。換言すれば、因果的にも物質的に連続していない個別の事物に、紛れもない同一性を確認し、その示唆するところを受け入れるという、発想の大きな跳躍、無理難題を受け入れずしては、進化という認識もまた生じえない。[112]

特殊相同性と系列相同性の形態学的認識は、まずはその超越論的経験なしには決して観察者の前には立ち現れること能《あた》わず、ゲーテ、ならびにオーケンの椎骨説は、まさにそのようなものとしてのイデアの誕生を我々に示している。それはある意味、必然であったかもしれない。動物の形態形成が、つねにある種の雛形を有し、それに見合った遺伝子発現機構をベースにし、それを可能にしてきたゲノムの構造やその進化が控えている限り、それをもとにして作られた種々の動物体の諸形態が、人間の認識能力をしてある種の保守性を感知せしめること自体、そもそも極めて自然ななりゆきであった。つまるところそれは、以降に扱ってゆく初期胚の中の細胞同士のシグナル伝達による分節化の過程であったかもしれず、あるいはＨｏｘ遺伝子群の得意とする位置価決定によるホメオティックセレクターとしての機能かもしれず、あるいはまた、そのような分子・細胞間の相互作用が織りなす発生のネットワークと、その進化的堅牢さに起因する発生拘束のゆえであったかもしれない。それが学者たちの思考に訴え、半ば受動的にその考えは受け入れられたのかもしれない。しかし、形の中に法則を見出した初期の形態学者たちはそのような生物学的背景は露知らず、生物の形の変容を通じて、形而上学としての原型的「型」を、確かにそこに積極的に見出していたのだ。しかし、そこからさらに進んでこれをまっとうな「学」とするには、比較の方法論と相同性の形式化が何より必要であった。形態学はまず、まっとうな比較解剖学にならねばならなかった。

図1-7▶ブロンによるヒトと鳥類の骨格の比較。
Wikipediaより。

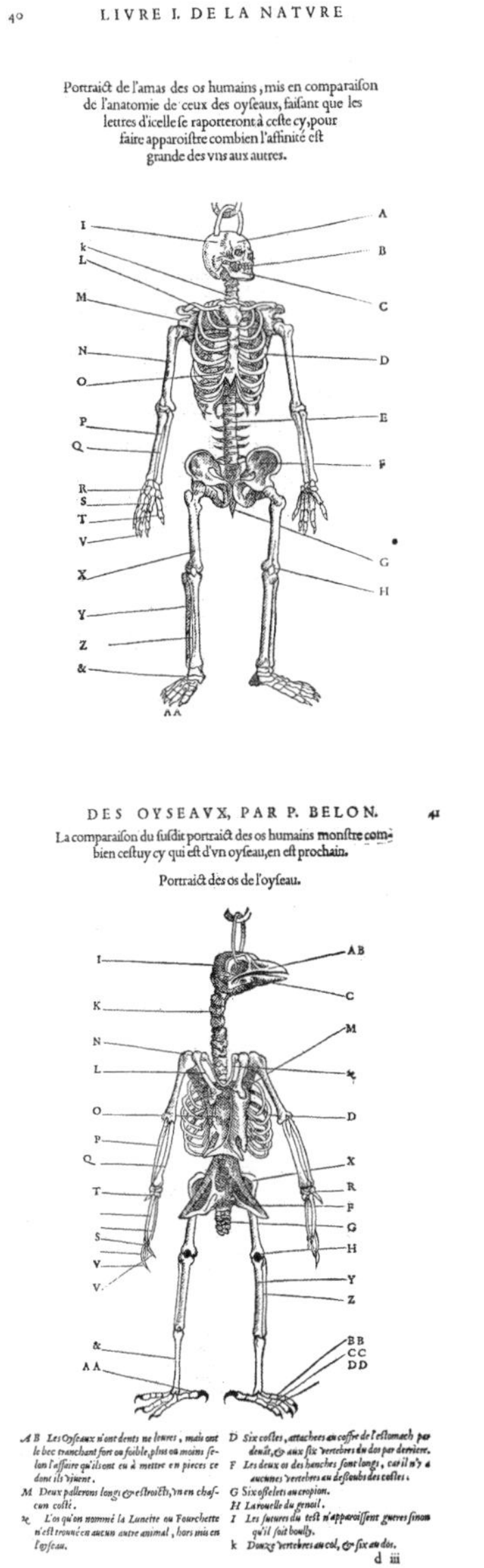

オーウェン

医学部で解剖実習を教えていると必ず毎年一人か二人、人体解剖の虜《とりこ》になってしまう学生がいる。おそらく、リチャード・オーウェンもそのタイプの学生であったに違いない。そして、比較形態学的吟味がボディプランの謎を解く唯一の方法であったとしたら、その熱意にもいまとは比較にならないものがあったことだろう。脊椎動物の比較形態学上の業績では、おそらく最大の貢献をなした人物の一人であり、「恐竜(dinosaurs)」の名を作ったのも彼だが、現在ではおそらくダーウィンの仇敵としてのオーウェンの方がより知られているであろう。[●113] その人間性に関し何かと毀誉褒貶《きよほうへん》の激しいオーウェンだが、比較形態学の歴史においても、とりわけ頭部問題の解説にあたってこの解剖学者を避けて通ることはできない。オーウェンはフランス語を能《よ》くし、キュヴィエに心酔していた。そのことからもわかるように、彼は「イギリスのキュヴィエ」とも呼ばれた反進化論者であり、よくも悪くも古典的な比較解剖学者であった。のちに、チャールズ・ダーウィンの「ブルドッグ」、トマス・ハクスレーと激論を繰り返すことになるのも、いわば当然のなりゆきであった。

オーウェンの人生を開いたのは、稀代の外科医、ジョン・ハンターの遺物、いわゆる「ハンテリアン・コレクション」の目録作製であった(Owen, 1853; Hall, 1998に要約)。それはハンターが集めた膨大な脊椎動物の骨格のコレクションを整理し、種を同定するという作業である。これを通じ、彼は大英博物館自然史分館の初代支部長となる。この目録は、いわばオーウェンにとっての知識の源泉となり、それは現在の形態学者にとっても大きな重要性を持つことになった。というのも、動物ごとに歯の種類と数を記載した「歯式(dental formula)」、そして椎骨の種類と数を記した「椎

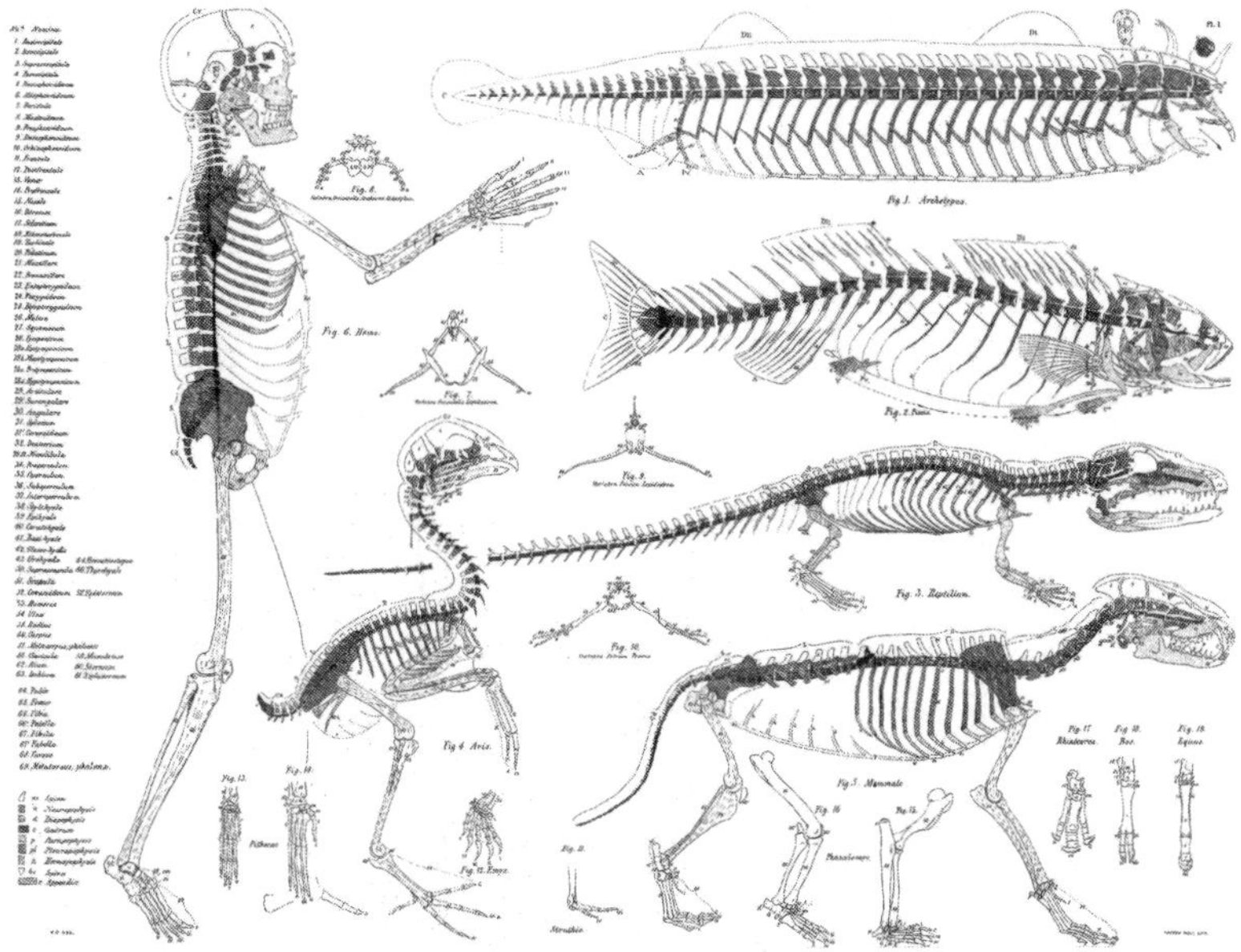

図1-8▶オーウェンの1849年の論文「On the nature of limbs」に付された図版。右上に原動物が示される。Owen(1849)より。

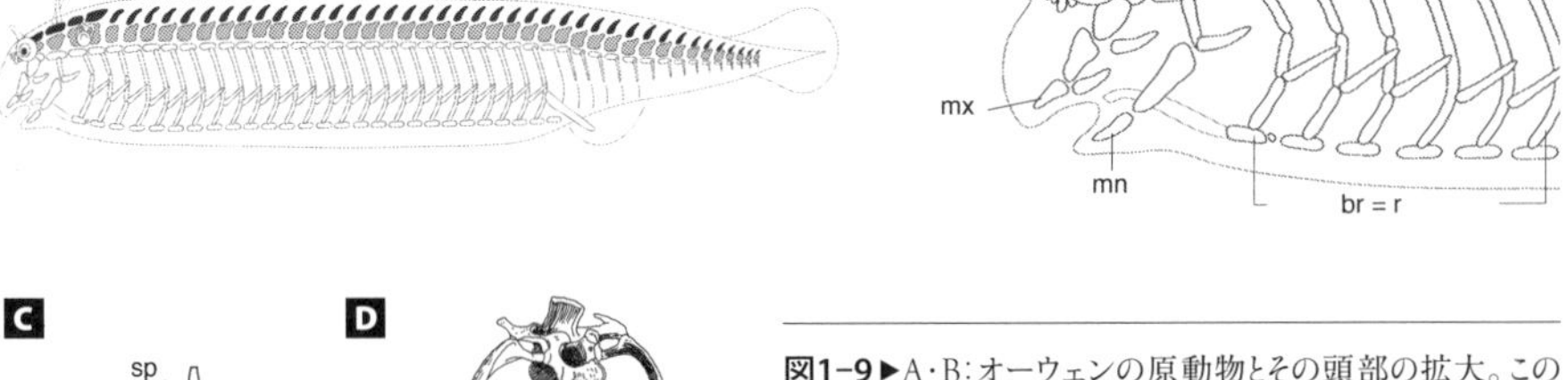

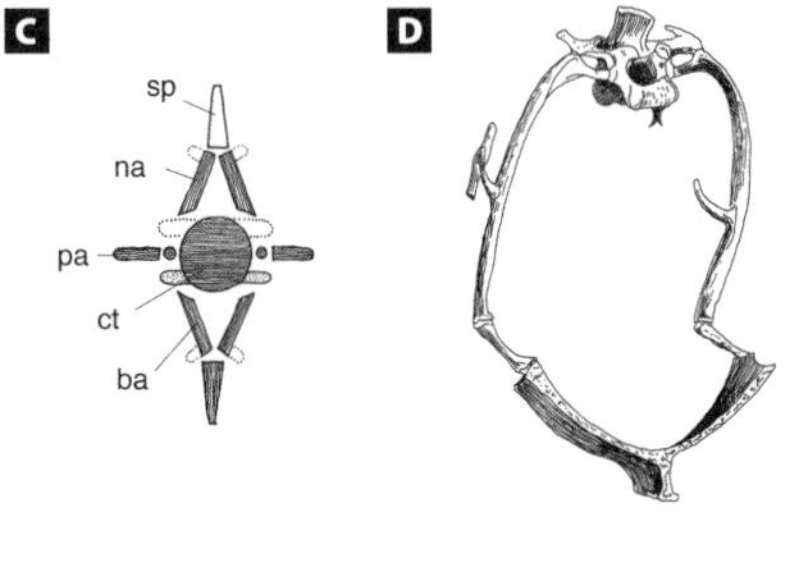

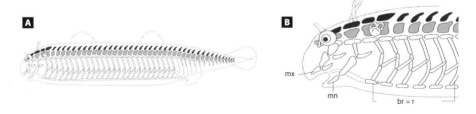

図1-9▶A・B：オーウェンの原動物とその頭部の拡大。この20年前にカールスによって描かれた原型的脊椎動物の骨格と酷似するが、それよりもはるかに複雑なものがここでは想定されている。この図は1848年の図に改変を加え、のちにオーウェンの教科書に再録されたもの。Owen(1866)より改変。C：オーウェンによる「理想化された椎骨」。D：鳥類の胸椎(肋骨と胸骨の一部が付随)。Owen(1848)より改変。

式（vertebral formula）」を含め、その骨格の示すありとあらゆる形態学的特徴がそこに記されているからである。同じ哺乳類であるからといって、つねに同じ数の胸腰椎を持つわけではない。発生プログラムはそこまで意固地なのではなく、特定の骨の数を変化させる程度には器用にシフトできる。のちにも述べることになるが、オーウェンのものした比較形態学目録は、脊椎動物の体軸の上でどのように位置価決定システムが変化し、それを特異化するためのＨｏｘ遺伝子群の発現制御の変遷を知るために必要な、最も重要で基礎的なデータなのである。この目録作成作業は彼に職と伴侶を与えただけではなく、ゲーテが原型にゆき着くために必要だと述べた認識経験を、おそらく誰も享受したことのない程の効率と物量でもって、自家薬籠中のものとすることに役立ったとおぼしい（Hall, 1998に要約）。ならば、進化擁護派のハクスレー一派と一戦交えるためにドイツ自然学を学んだオーウェンが、原型論に辿《たど》り着いたのは当然の帰結であった。

◎――原動物

脊椎動物の分節的原型を描いたものとして最もインパクトがあり、かつ最も有名なものの一つが、ここに示すオーウェンによる模式図である。一八四九年に「四肢の本質（On the nature of limbs）」と題された論文に発表されたこの模式図（それは「原動物」と呼ばれている）は、もともとヒトを含むいく種かの脊椎動物の骨格に加えて描かれたもので、いわば「この原型を出発点とすれば、ありとあらゆる脊椎動物の骨格を導き出すことができる」ということを示すためのものであった[114]（図1-8・9）。その視覚的類似性から明らかなように、オーウェンはこの作図にあって、とりわけオーケンやカールスにその概念を頼っていた（Richards, 2002に要約）。実際ここでもまた、個々の動物の形が原型から「導出」できるとされた。ならば、オーウェンの原型もまたゲーテ的原型論の色彩が強いイデア的パターンであり、認識論的に動物形態を理解するためのツールとして機能している[115]。

この場合、「導出」は、祖先が進化して子孫の形態を得るということでは決してなく、頭の中にある原動物の形が徐々に変形し、特定の動物の形を得るという形態学的思考における変化プロセスをいい、それを可能にするのがすなわち、形態学的思考の中心に位置し、すべての骨要素が変形を経験する前の状態を示す、理想化されたイメージとしての「原型」なのである。オーウェンがゲーテと似るのは（あるいは、ゲーテに影響を受けたのは）その原型の実在性に関するジレンマと、現実にみる動物の具体的形状の非進化論的意義づけであった。オーウェンは、原型がプラトン的イデアの一つであるということに関しては意識的であったが、同時にそれは「vital property」と彼が呼ぶ、「特殊な形態形成の原理原則（specific organizing principle）」のことでもあり、単なる概念的原型ではなく、明瞭に発生現象に潜む、何らかの保守的な「形態形成上のバイアス」を指していたとおぼしい。●116

つまり、動物の形態形成は、そのイデア的原型というシンプルな原理原則、もしくは形をある一定の「型」（それが、脊椎動物を定義する）に押さえ込もうという何らかの「力」に絡めとられ、どのように形が変容しようと、決してそこから逃れることはできない。しかし、同時に動物がそれぞれの適応の力（adaptive force）を持つため、その原型的パターンに一種の味つけが施され、眼にみえる具体的な形が現れるのであると……。このような二種の異なった力の相克（counter-operation）として成立す

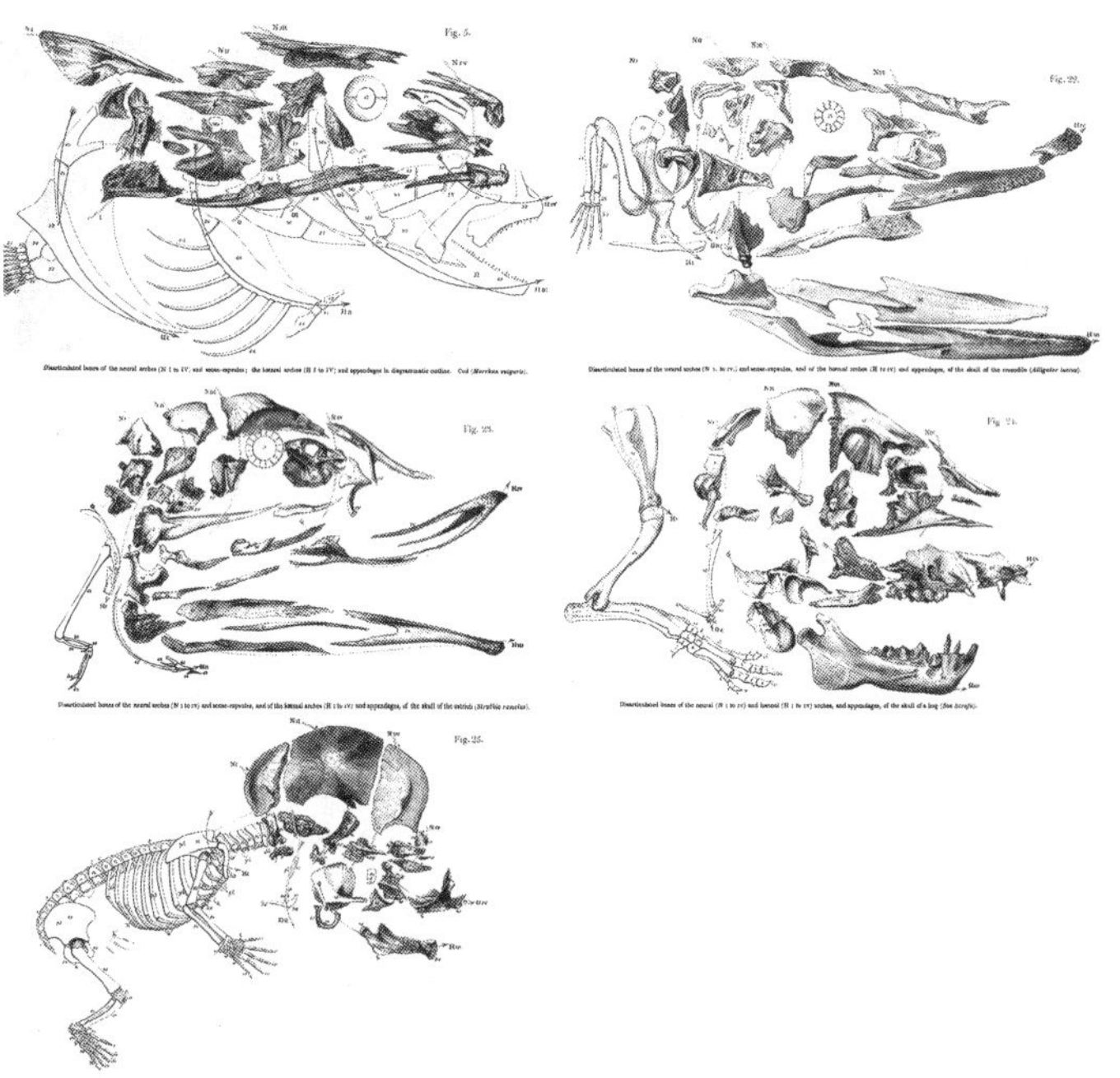

図1–10▶オーウェンが1848年の論文において、各脊椎動物の骨格を椎骨単位に分割し配列したもの。左上より、真骨魚、ワニ、ダチョウ、イノシシ、そしてヒト。Owen（1848）より。

る動物の形という考え方は、ゲーテによる観念的形態学の機構論的表現と酷似する。が、オーウェンの解釈は確かにより生物学的で、具体的でもあった。それでも、この「適応の力」は、そしてゲーテの「外なる力」はそれぞれ、進化的に成立した二次的な適応のための変形、そして、特定の適応的変化へと誘う外的淘汰を本来は指すのであり、原型論が本来的に「進化論と相容れないわけではない」可能性を示していて興味深い。[117] 少なくともオーウェンは、自らの形態学研究のうちに、進化を積極的に否定するだけの材料は見出さなかったはずである。

進化を考えなかったゲーテやオーウェンの頭の中には、いつも不滅の原型が鎮座している。そして、ありとあらゆる動物の様々に変容する骨格形態は、その原型を中心にして全方位に放射する、一種適応的な変形運動の帰結として与えられる。それが、思考実験として想像された「メタモルフォーゼ」の中身である。そこでは、系統的進化の枝分かれの序列を考える必要はなく、むしろすべての動物の個別的、具体的形態が、原型の連続的な「変形」として与えられる。それは、「主題と変奏」の関係とも、構造主義的な原型の布置変換による形態的多様性の解釈ともいえる。ところが、実のところ原型は決して実体験として得られたものではなく、具体的で様々な形態を持った動物の観察の経験を通して、二次的に観察者の認識の中に浮かび上がってきたものにほかならない。つまり認識の経緯として導出されたものは、高度に抽象化された原動物の形象であり、その発見、より適切には「原動物」という名の観念的モデルにゆき着いた形態学的思考の体験を、時間的に逆回しに眺めたものが、つまりは「導出」、もしくはメタモルフォーゼの内訳ということになる。つまるところ、それぞれの動物形態は導出されたものなどではなく、初めからそこにあった本来の出発点としての形態的多様性だったはずなのだ。

◎——原型と相同性

原動物のようなモデルを設定する際には、いくつかの問題が浮上する。まず、現在の動物にみるあらゆる個別的特徴は、すでに原型の中に「雛形《ひながた》(primordium)」として現れていなければならない。さもなければ、変形によってその諸特徴を作り出すことができないからである。単なる変形をいくら繰り返しても、無から有は生じない。いわばそれは、変形を通じても変わることのない構造が示す同一性、すなわち相同性[118]という関係が、原則的に約束することでもある。オーウェンは、ゲーテのように経験主義を持ち出すことはなく、むしろ本来は認識論の問題であったものを、形式的に科学的手続きとして表現することには長《た》けていた。

その作業の中で、オーウェンは動物の示す器官の類似性において「相同」と「相似」を区別した最初の一人となった。[119] 現代の生物学者ならば、「祖先における同じ器官に由来する器官同士の関係」を「相同」と呼び、対して類似の機能や類似の形態を備えていても、異なった進化的由来を持つ構造は互いに相同ではなく「相似」の関係にあると表現することであろう。オーウェンも、「同じ由来を持つこと」をもってそれを相同性の根拠としたが、その「由来」とは決して進化的由来のことではない。むしろ、相同な構造は同じ発生原基か、さもなければ同じ原型の中にある同一の形態学的雛形という要素が変形して出来たということなのである。

いうまでもなく、原型から個々の動物へと至る認識的変形の過程それ自体は、決して進化に比するべきものではない。しかも、進化を意識せず、自覚のないままに進化に言及してしまったゲーテとは異なり、オーウェンは進化論に真っ向から反対さえしていた。ならば、なおのこと原動物の効用は、「相同性（homology）」を確認するための万能のツールとしてのそれにとどまるべきであり、決して現実の進化史における祖先の復元を指向したものであってはならない。逆のいい方をすれば、相同性を発見するという形態学的体験においては、進化という歴史は必ずしも必要ない。

ここは、非常に誤解を導きやすいところである。相同性はダーウィンやランケスターが考察したような進化論的枠組みの中では、「祖先における同一の器官から派生した構造同士の関係」と定義され、その限りにおいて相同性は進化の証拠となりうるが、相同性という概念それ自体の定義は、進化の認識なしでも充分に可能なのであり、それを如実に示すのが、まさにオーウェンの形態学なのである。事実、オーウェンは相同性の基準として、

①器官構造の占める場所の一致（これはジョフロワによる相同性の基準に近い）、

②器官構造の組織学的構築の一致、そして
③器官構造の発生学的由来の一致、

の三点を挙げているが、これらのどれをとっても進化と直接の関係はない（Padian, 2007）。したがって、進化は相同性以外の、何か別のものによって証明されねばならない。このことは進化発生学が興隆した現在にあって、再び誤解されがちとなったところであり、相同器官が見つかること自体は進化の証拠とはならないと気づかねばならない。[120] いうなれば、「進化を仮定することによって相同性を解釈することも可能だ」という以上のことではないのだ。

さらにいえば、進化の過程においては、祖先に存在しなかった、非相同的な新しいパターン（進化的新規形質：evolutionary novelty）も生まれうる。ならば、なおのこと相同性は進化を証明などしてはくれない。[121] さらに逆説的問題を指摘するのであれば、様々なパターンを伴う進化的変化の中にあって、決して変化しない部分を我々は相同性として感知するのである。ならば、相同性は進化不可能性の証拠になりこそすれ、変化を反映するものではありえない、という議論すら導く。

事実、相同性の意義に関するこの混乱は一九世紀においても顕著であった（Padian, 2007）。また、先験論的原型論と科学的進化論という二極対立でもって、オーウェンの形態学が理解できるわけでもない。たとえば、オーウェンの原動物が「そこからあらゆる脊椎動物を導くことができる」というものである限りは、脊椎動物以外の動物までをも導いてしまうようなものであっては困るのである。つまり、実際の進化の過程で生じた変容をとり込むと、脊索動物以前の祖先的動物から脊椎動物が生まれてきたように、オーウェンの定義した相同性（特殊相同性）を逸脱する危険性を孕《はら》む。したがって、「ある定まった型から、すべての多様性を変形によって導く」というオーウェンの作業には、我々が現在「発生拘束」と呼ぶ、ある種の「変形の限界」にも似た、何らかの分類学的範囲が設定されねばならない。

つまり同じ原型論といっても、形態学者のイメージする原型の中身は、形態学者ごとに異なっている。オーウェンが、ジョフロワによる「型の統一（unity of type）」を受け入れなかった背景にも、これとまったく同じ理由が控えている（Padian, 1995）。節足動物と脊椎動物を重ね合わせようとしたジョフロワの形態学を認めると、原型は必然的に脊椎動物をはみ出してしまうのだ。したがって、たとえ「認識論的変形による型の一致」という形態学の思想的原理を共有していたとしても、動物の形態学的多様性についてのオーウェンの認識は、ジョフロワよりも、オーウェン自身が心酔していたキュヴィエの方に近かった。オーウェンが理想的な脊椎動物の原型のモデル化に成功したそのときには、すべての動物が、ある「一定の型」に嵌《は》まっているということは自然に理解でき、すべての動物のすべての構造器官が過不足なく相同性決定できる。オーウェンの形態学的世界においては、あらゆる「脊椎動物の形」を導いた絶対不変の原型的テンプレートがあればそれでことたり、造物主がつねにそのテンプレートに従って多様な動物を作り出したと考えれば、この世は逐一説明できる。しかし、本当にそうだろうか。

実際には動物は系統的に分岐し、比較対象を脊椎動物に限定してもなお、特定の動物グループにしか共有されない構造が確かにあり、いくつもの新しいパターンが、「綱」、「目」、「科」、「属」と、分類学的階層（＝タクサのヒエラルキー）を降りてゆくとともに段階的につけ加わってゆく（共有派生形質（synapomorphy）が増えてゆく）。古典的な自然観でこれを眺めれば、「下等動物」になかった極性や分節が、明らかに「高等動物」には生じているのである（後述）。つまり、進化においてバウプランという名の「構造」もまた変化する。サメの胸鰭には、ヒトの腕にみられる上腕骨、橈骨、尺骨や上腕二頭筋に相当するような、すべての解剖学的要素やパターンを見出すことができず、四肢動物の四肢が成立したあとの進化的変容も、系統の分岐に応じて様々なのである。であるから、変化は決して、原型から一直線に導かれるものではなく、相同性もまた階層的な入れ子構造、もしくは系統的な深度を反映することになり、一対一の対応関係だけでは済まなくなる。そのために生ずる形態パターンの複雑な変容のパターンを形式化し、比較可能にするために、オーウェンは右のような入れ子式のパターンの一致を「不完全相同性」と呼ぶことを余儀なくされた。そして、それを「不完全」と呼ぶ背景には、「すべての形態パターンが、つねに原型の定める範疇に収まっているとは限らない」という前提がある。

◎——原型の内容

具体的に、オーウェンの原動物はどのような内容のモデルとして提示されたのだろうか。簡単にいえば、この原動物は頭の先から尻尾の終わりまで、文字通り徹頭徹尾、背骨で出来ている(図1-8〜10)。まるで、オーケンのいった通りの形象である(図1-9)。そして、オーウェンによれば、椎骨はさらにいくつかの構成要素(棘突起、神経弓、椎体、横突起、血道弓など)から出来た基本形に従って作られ、それには基本的に一対の肋骨(オーウェンによれば、血道弓の系列相同物)が付随し、これらすべての構成要素が変形することによって、椎骨一つの形も変わる(図1-9)。そして表2にみるように、四つの椎骨が頭蓋を作るとオーウェンは考えた。オーウェンが鳥類の胸椎を参考に描いた「Ideal typical vertebra」をどのように訳出すべきか、悩むところである(図1-9D左)。本来は、オーウェンにとってそれは確かに「理想の椎骨」だったのだろう。が、我々からみれば、それは認識論的に「理想化された(イデアとしての)」椎骨であるともいうことができる。

一見してわかるように、オーウェンの形態学的理解(あるいは形式化)の方針はゲーテやカールスのものに酷似する。しかも、どの要素とどの要素が系列として等価なのかということが、椎骨の基本形態を標準として定められている。この表にみるのは、分節繰り返し構造を示す要素の対応関係、比較形態学の用語でいえば、「系列相同物」の関係にある要素の並びということになる。◉122 頭部という特殊で分化の激しい構造を理解するために、体幹(脊柱)の構造をデフォルトとして考えるという方針が、ここではよく表現されている。が、この「デフォルト」とはいったい何だろうか。

◎——デフォルトとしての椎骨

ゲーテやオーケンについてもいえることだが、体幹の構造が原初の構造そのものではないにしろ、ある程度オリジナル状態を反映しているとか、形態的変化があったとしても頭部に比して形態的変化をより少なく経験しただろうという無根拠な仮定（多かれ少なかれ、現代の我々も共有している形態学的センスというべきか）は、どのようにして正当化できるのだろう。形態学的意味における「基本型」とは、とりあえずは観念としてのそれであり、現在の我々でも思考しがちな直感的な仮定にもとづくものでしかない。非常にしばしば誤解されがちなのは、「魚類の鰾《うきぶくろ》から肺が進化した」という進化シナリオであり、それは「魚の方が陸上脊椎動物より原始的だ」という「常識」に由来する。が、事実はその逆で、初期の硬骨魚類に獲得された空気呼吸のための肺が、一部の系統（真骨類）において鰾に変化したのである。つまり、生物学的実体としての基本型があるとするならば、それは祖先的形質状態か、その前駆体か、さもなければ個体発生過程における原基に言及するしかない。現代の生物学ではそのように考える。

一方、ゲーテの場合、一七九〇年の『植物の変態（*Die Metamorphose der Pflanzen*）』（Goethe, 1790b）にあるように、原型の基本的な考え方はそもそも彼の植物研究に由来する。植物にみる子葉、普通葉、苞、萼、花弁などは決して異なった構造ではなく、それぞれが明瞭な境界を伴わずに変形して出来たものであるため、ゲーテはそれら

頭部椎骨 Vertebrae (segments)	後頭骨分節 (occipital)	頭頂骨分節 (parietal)	前頭骨分節 (frontal)	鼻骨分節 (nasal)
椎体要素 (centra)	底後頭骨 (basioccipital)	底蝶形骨 (basisphenoid)	前蝶形骨 (presphenoid)	鋤骨 (vomer)
神経弓要素 (neuroapophysis)	外後頭骨 (exoccipital)	翼蝶形骨 (alisphenoid)	眼窩蝶形骨 (orbitosphenoid)	前前頭骨 (prefrontal)
棘突起要素 (Neural spines)	上後頭骨 (supraoccipital)	頭頂骨 (parietal)	前頭骨 (frontal)	鼻骨 (nasal)
傍突起 (parapophysis)	傍後頭骨 (paroccipital)	乳様突起 (mastoid)	後前頭骨 (postfrontal)	なし (none)
横突起 (pleurapophysis)	肩甲骨 (scapular)	茎舌突起 (stylohyal)	鼓骨 (tympanic)	口蓋骨 (palatal)
血道弓要素 (haemapophysis)	烏口骨 (coracoid)	角舌節 (ceratohyal)	関節骨 (articular)	上顎骨 (maxillary)
血道突起要素 (Haemal spines)	上胸骨 (episternum)	底舌節 (basihyal)	歯骨 (dentary)	前上顎骨 (premaxillary)
付属物 (appendage)	前肢、胸鰭 (Forelimb, -fin)	鰓条骨 (brachiostegals)	鰓蓋骨 (operculum)	翼状骨と頬骨 (Pterygoid and zygomaticus)

表2▶オーウェンによる頭蓋の椎骨的組成。Veit（1947）より改変。

すべてを包括するための用語を必要とし、「葉(leaf)」という言葉を意図的に用いた。ゲーテによれば、すべての器官に変わることのできる能力を持った「根本葉(primal leaf)」とは、彼の直感によって体得できたものなのであり、それゆえにそれは一種の観念なのである。このような植物形態の理解が形態発生学的根拠を得たのは、一八世紀におけるC・F・ウォルフの観察を通じてであり、栄養シュートと花シュート両者において一連の葉状付属器官が発生する位置や順序が同一であることをもって、それらが連続相同、もしくは系列相同物をなすとされたのである。[123] つまりここでは、比較発生学的事実が相同性の根拠とされている。

それでもまだ、「花よりも『普通葉』が一次的」であることの根拠は示されていない。それは、ゲーテのいうように、非生物学的な「直感」によって把握するよりなかった。発生学的プロセスが充分でないのなら、進化における変化のポラリティが一つのヒントを与えるであろう。もし、化石植物における花器官が、現生の植物におけるよりも普通葉の集まりによく似た状態にとどまっているのなら、それが先祖返りなどの二次的状態でない限りにおいて、花は普通葉に比して明らかに変形の度合いを大きくしてきたのであり、普通葉のあり方に基本型を肩代わりさせてもよいかもしれない。つまり、花が葉になったのではなく、葉が花に変化したのであると……。

しかし、形態進化のプロセスとパターンは、それ以上に複雑な様相を示す。そして、それは我々の認識論的観念をたやすく受け入れないことすらあるかもしれない。たとえば、昆虫のからだをみると、一つの分節に一対の附属肢があり、それが場所に応じて形を変えると一般的には説明される。現生の多くの昆虫は二対の飛翔翅が第二、第三胸部分節に付随する。一説には、「翅はかつてすべての分節に付随していた」ともいわれ、そうなると翅は、多くの昆虫の基本的ボディプランの構成要素ということになる。ならば、昆虫のからだを作るメタメア(metamere)の基本型には、翅を加えるべきなのか。遺伝発生学的実験では、これはある程度正しい。つまり、分節の位置価を定める遺伝子の発現を変化させれば、第一胸部分節にも翅を発生させることができるからだ(Tomoyasu et al. 2005)。ならば、昆虫の分節のデフォルトは、第二、もしくは第三胸部分節の形態に求められることになる。ところが、原始的な昆虫の系統ではそもそも翅が存在しない。つまり、形態学的な意味での原型的形態は、しばしば発生学的にも進化的にも、定義できないことになる。おそらく、ここには分類学的な認識論も関係してくるのであろう、「翅を伴った昆虫の分節」は有翅昆虫についてのみあてはまる形質であり、これはこの動物群の共有派生形質となる。ならば、この範疇でとらえることのできる昆虫の一般形態に限って、「分節は翅を備えている」と言ってよいのだろうか。

残念ながら、これもうまくいかない。というのも、たとえ進化のある時点で翅、もしくはそれと同等の突起が、体軸にわたって多くの分節レヴェルで繰り返し並んでいたような祖先的昆虫、もしくはその幼虫がいたとしてもなお、その頭部を構成していた分節に翅があったとは考えにくいからだ。●124 昆虫の進化史において、頭部に翅を生やしていたような祖先がいたと考えることは、不可能ではないにしろ困難なのだ。とはいえ、胸部分節の発生プログラムの中に、「翅か、もしくはそれと同等の突起を、外骨格の蓋板と側壁の接合部に伸長させる」というサブプログラムを書き込んだ影響で、頭部分節発生プログラムが胸部のそれに同化してしまうことはありえない話ではない。そうすれば、すべての分節が本当に翅を生やす能力を「潜在的に」持つことになる。事実、何らかの突然変異で、そのような表現型が出現してしまうことはありうる。しかしそれは、せいぜいのところ昆虫全体の系統の一部にしかあてはまらない、進化のどこかでもたらされた二次的で派生的な進化イベントの一つにすぎない。観察者の認識の中で、原型をそれたらしめているのはつまるところ、相同性の深度や系統的原始性などではなく、一義的に日常的偏在性なのである。オーウェンが椎骨に、ゲーテが葉に一次性を見出したことも、等しくその範疇にある。通常、「花」よりも「葉」が多く、頭部を構成する仮想的椎骨は、脊柱全体の椎骨よりもはるかに少ない。これと同様のセンスで、生物グループの内部で少数派として認識される形質状態が、通常より派生的とみなされる傾向が正当化されることも、つけ加えておいてよいかもしれない。しかし問題は、派生的な形質状態がしばしば、適応放散において拡散し、あたかもそれが原理原則を構成するかのように偏在することもまた多いという事実である。

原型論的な意味でのデフォルト形態は、右にみたような系統進化的な相同物の分布状況も、発生機構も、進化的ポラリティも無縁のところに定義されるよりほかはなく、それがまさにゲーテが直感的に得たものなのである。我々が、「動物」や「植物」と呼ばれる存在の一般的姿を無根拠に思い浮かべるときに動員されるイメージは、ゲーテ的直感に多くを頼っている。その直感に比べ、天の邪鬼でものわかりの悪い現代の生物学者たちは、つねに明確な判断基準を必要とする。そして、そのイメージを論理的仮説で置き換えるべく運命づけられている（ちょうど、ウルバイラテリアの姿を復元しようとするように）。とはいえ、その直感とて、生物学的な現象としての分節的発生と変形の結果としてこの世に現象した多様性を通じて体得されたものにすぎない。ならば、形態学を越えるためには、生物学的姿勢を貫くよりほかはない。

◎——原型的構成

オーウェンにとっての原型論は、脊椎動物の頭部をどのように形態学的に解釈したのか。オーウェンによれば、脊椎動物の頭部には椎骨と同等の、すなわち系列相同的な要素が四つ並び、そのそれぞれに椎体、神経弓、棘突起そのほかの、体幹の椎骨にみられる構成要素が付随するという。これによれば、我々の鼻骨、前頭骨、頭頂骨、上後頭骨はすべて棘突起の系列相同物であるということになる。このように、場所に応じて形を変えた椎骨が連なって出来たものが脊椎動物頭部であり、ここから実際の脊椎動物種すべての頭蓋を導くことができる、と彼は考えた（図1−9B・10）。これもまた、ゲーテやオーケンの説とほとんど変わるところのない、典型的な原型論である。それもそのはず、オーウェンはそもそもキュヴィエを信奉する比較形態学者だったが、自分と敵対する進化論者のトマス・ハクスレーをやり込めるため、[125]自らドイツ形態学を学ぶうち、いつしかゲーテ流形態学に心酔してしまい、かくのごとき原動物の案出に至ったのである。しかも、オーウェンは当時、比較骨学に最も秀《ひい》でていた学者である。観念として提出されていた頭部椎骨説を、具体的で本格的な「解剖図」として提出することができたのは、オーウェンが確かに最初であった。

この原動物は決して祖先の姿を復元したものではなく、逆に、様々な動物の形態を観察することによってオーウェンの認識の中に浮かび上がってきた共通パターンとして与えられている。ならば、オーウェンのいう「由来」もまた、進化的変形運動を指すのではなく、むしろ観察を通じて共通パターンにゆき着いた彼の個人的認識経験を逆回しにしたものにすぎない。これは、進化的認識と似ているようで、あくまで非なるものである。であるから、オーウェンの原動物は、実際の動物が示すありとあらゆる骨格要素の「もと」を含まねばならず、そういった骨格系の連続的変形を通じ、実際ヘビが四肢の骨格を失っているように、ときおり要素のいくつかが二次的に消えてしまうのは仕方がないとしても、新しい骨格要素が勝手に付加することは原則的にできないのであった。

形態学的思考に耽溺するオーウェンの頭脳の中でいったい何が起こっていたにせよ、実際の動物の進化においては「無から有が生ずる」ようにみえる事象はいくつか知られる。いや、むしろそういったものはかなり多い。たとえば、カブトムシの雄における「角」がその一つであり、コウモリの翼の皮膜も、イルカや魚竜の背鰭も、イモムシの腹部体節に現れる疣足も同じカテゴリーに属する。海棲爬虫類や哺乳類における「新しい背鰭」については、オーウェンの原型論においては、系統進化の道筋を無視できるのであるから、「原型的動物にもともと備わっていた背鰭の一つが、そのまま変形してイルカや魚竜に用いられているのだ」と説明される。実際、オーウェンはさらに過激な論を展開し、「原型に備わっている前後二つの背鰭がそのまま残ったものがフタコブラクダの二つの瘤《こぶ》であり、前方のものだけを残しているのが、バイソンの背中の瘤なのだ」とさえ説明している（無論、ここで「残す」というのは、「瘤を持った特定の祖先からの進化の帰結」ではなく、「どこか遠く雲の上あたりを漂っている脊椎動物の原型的イデアが地上に舞い降り、個別の哺乳類の形を伴ってこの地上に具現化する」、というような意味にとらえた方がよい）。しかし、現代の進化生物学者はこれをよしとしない。なぜなら、イルカは哺乳類であり、その祖先が背鰭らしきものを、かつて完璧に失っていたことがあるからである。

それでも説明が難しいのが、鳥類や主竜類、ムカシトカゲなどの肋骨に付随する「鉤状突起」であり、魚類の肋骨には（哺乳類においても）、これに相当するようなものは存在しない。ということは、この構造はトリに至る脊椎動物の進化の途中でいきなり出現したことになり、そう考えないと、進化のシナリオを整合的に組み上げることができなくなる。このような特徴を現在では「進化的新規形態」と呼ぶ。それはまた、派生形質（apomorphy）でもある。それに対して、脊椎動物であれば誰でも持っているような特徴は「原始形質（plesiomorphy）」である。たとえば、「背骨」がそれにあたる。

原型というのであれば、本来的にそれは原始形質の集合体として考えるのが妥当であろうし（実際、オーウェンの宿敵であったトマス・ハクスレーにとって、原型とは原始形質の集合体そのものであった）、それ以外に我々は、脊椎動物の原始的状態を考えることなどできない。つまり、生物学的リアリティとしては、たとえば頭索類ナメクジウオのような、極めて単純で原始的な動物が、すべての脊椎動物種を導き出した実体として納得できる。そして、そこから様々に特殊化した動物を導くには、系統特異的な新規形質、あるいは派生形質と呼ぶことのできる多くの発明をつけ加えてやらねばならず、それなくして実のある進化の実像とはならない。しかし、悲しいかな、先験論的な比較形態学は、「何もないところに新しいパターンを作り出す」ことを嫌う。相同性の理想に従えば、ある一つの動物におけるある構造は、別の動物においても同等の位置に同定できなければならない。すべての動物が、同じ種類の器官パーツを一セット、同じ順序で結合させて出来上がっていると考えられるからである。[126]

原型を、比較解剖学的な方法論に適った理想的なツールにしようというのであれば、それを、すべての脊椎動物にみることのできる、ありとあらゆる原始形質のみならず、派生形質もすべてとり込んだ複雑怪奇な代物にしてしまうよりほかはなかった。それがオーウェンの目指した原型だった。その結果として彼の原動物は、サイズもかなり大きく（これだけの数の骨を備えているとしたら当然だろう）、不格好で怪物めいた印象を持ち、それは我々が抱いている、現実の「脊椎動物の共通祖先」のイメージからはほど遠い。無理もない。これは進化的祖先ではなく、比較形態学の、いわば「教材」として、進化を信じないキュヴィエに連なる、ほかならぬオーウェンによって案出されたものだったのだから……。かくして、オーウェンによって案出された原動物は、たとえばテュルパンの創案した原植物と共通する問題を抱えている[127]（図1-11）。後者もまた、ゲーテ的原植物を具現化したものとして引かれることがよくあるが、実際のところこれは、ゲーテ本人が述べたこととはほど遠い。むしろそれは、現在みることのできる植物のありとあらゆる特殊化した部分と原始的な部分を同時に併せ持った、キメラを思わせるような奇怪な姿にほかならない。

形態学的原型とよく似た概念装置は、分子生物学においても現れている。いまはもう、ほとんどいわれることが

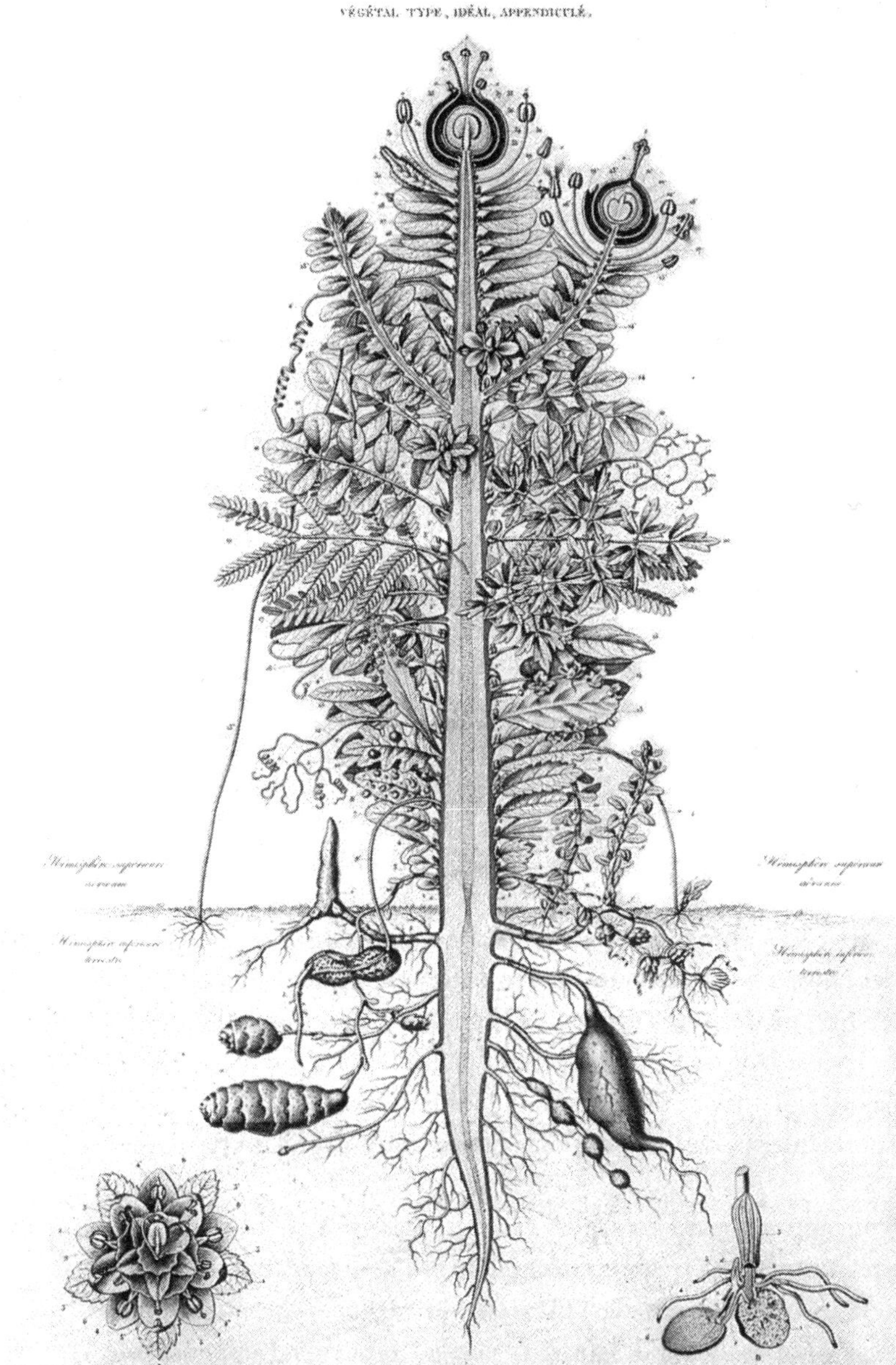

図1-11▶テュルパンによる原初の植物の模式図。すべての植物が持つあらゆる要素を備えたこのようなイメージはゲーテ的原型ではなく、むしろオーウェンの原動物に近い。Turpin(1837)より。

なくなったが、様々な動物の相同遺伝子（オーソローグやパラローグ）のコードするアミノ酸配列の比較において、すべての座位において最も頻繁に現れるアミノ酸を並べた、ある種「理想化された配列」という意味で、「コンセンサス配列」というものがかつて使われていた。いうなれば、「多数決による一般配列」である。これが、共通祖先における想像上の祖先的アミノ酸配列であるためには、派生的な特徴がつねにマイノリティでなければならないという法則が成り立つ必要がある。確かに局所的な特徴であれば、そのような傾向が生まれることもあるだろう。が、同時に脊椎動物の顎にみるように大多数の生物が新しい特徴を共有しているケースも多い。すなわち、コンセンサス配列は純粋に比較のためだけの道具であり、祖先的配列とは本来的に無関係なのである。無論、現在では分岐論にのっとった系統樹が描かれるため、コンセンサス配列が用いられることはもはやない。しかし、比較遺伝子学の黎明にあって、分子生物学にまだ系統進化の方法論が充分に浸透していなかったあの時代（一九九〇年代前半）、比較と多様性の把握のために持ち出された装置が、比較形態学における原型と非常によく似たものであったということは、記憶に留めておいてよい。

オーウェンが原動物を問うた頃、動物学者たちはすでに進化を徐々に容認し始めていた。誰もが祖先の姿を具体的イメージとして思い描くようになっていた。事実、この原動物の処遇については、後年、オーウェン自身が手をこまねいていたという話も残っている。原型論はかくして、比較の「よすが」としてはなかなかに便利なものではあったが、それは実際に起きた進化の理解を深めてくれるものではなかった。何よりも、彼の原動物のような動物が仮に過去に存在していたとして、我々はそんな動物がどのようにしてどこから生まれてきたのか、まったく見当もつかないのだ。無理もない。構造主義的な認識論における原型とは、ゲーテがそもそも経験したように、観察者の頭脳の中に無根拠に、一挙に定立するものなのだ。しかし、進化論は何もないところからいきなり降って湧《わ》いたような祖先を認めない。原型論は、その原型パターンがどのように出来上がったのかを説明できない。オーウェンの原動物もこれと同じ問題を抱えていた。

ここで現代の発生学や解剖学の観点から付記するならば、オーウェンの原動物にはほかにもいくつかの（比較的小さな）問題がある。まず、原動物において肋骨の系列相同物とされている鰓弓骨格は、実のところ肋骨とはかなり性質の違ったものである。肋骨は体壁の中に生ずるが、鰓弓は体壁の変形したものではない。また、肋骨は中胚葉から生ずるが、鰓弓骨格のほとんどは、頭部に独特の神経堤細胞(neural crest cells)から由来する。また、骨格に付随する筋、末梢神経も、鰓弓と肋骨では際だって異なる。つまり、これら二種の棒状骨格は、発生と進化における由来が異なっている可能性が大きいのである。●128 加えて、原動物においては、上顎と下顎が相前後する二つの鰓弓骨格に由来するが、このような顎の作り方は節足動物のものであって、脊椎動物のものではない。あるいは、脊椎動物の中では、

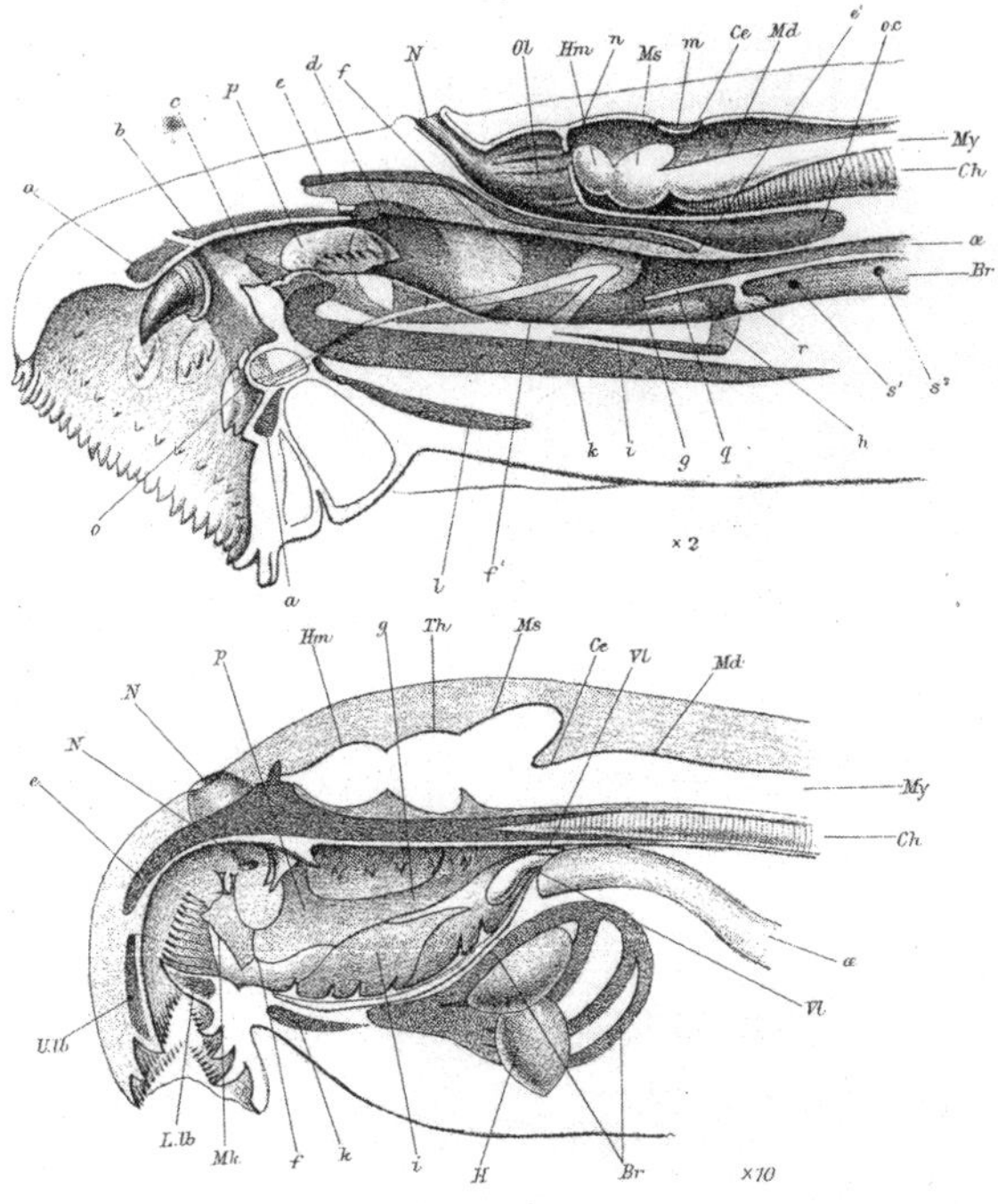

図1-12▶ハクスレーの1876年の論文にみえる、ヤツメウナギ成体とカエルのオタマジャクシの口器の類似性。実は、この比較形態学的指摘は大筋としては正しく、しかも皮肉なことには、オーウェンの頭部分節理論の間違っている部分を擁護しているのである。Huxley(1876)より。

ヤツメウナギの幼生（アンモシーテス）における顎ならぬ「口器（oral apparatus）」が、顎前領域（premandibular region）の間葉と、顎骨弓の間葉の両者からそれぞれ上唇と下唇が由来するパターンを思わせないではない（Shigetani et al., 2002, 2005）。また、それに近い状態が無尾両生類の幼生（オタマジャクシ）に現れる（図1-12）（Huxley, 1876）。が、これは決して脊椎動物に普遍的なものではなく、上顎の一部を除けば、顎は顎骨弓の上下の分割によって生ずる。

次章で述べるように、この原動物のオリジナルの論文が発表されてから約一〇年ののちに、ハクスレーがクルーニアン・レクチャーにおいてオーウェンの頭蓋椎骨節を粉砕することになる。が、さらにその八年後の一八六六年、オーウェンは全三巻からなる『脊椎動物の解剖について（*On the Anatomy of Vertebrates*）』を出版し、その第一巻において、原動物の基本的構成要素にさらに明確な、そして徹底した「理想化」を施《ほどこ》す（図1-13）。そこでは、椎体の上下に二つの環が描かれ、神経弓と血道弓が上下鏡像対象となっており、肋骨と鰓弓骨がともに血道弓の派生物とみなされている。オーウェンは、どうやらカールスのそれをも思わせるような、理論の昇華を果たしたらしい。しかし、この教科書ではもはや、すべての形態要素が過不足なく導出できるような原型は求められていない。たとえば、オーウェンは真骨魚類のニシンをとり上げ、この魚の体幹にすべての肋骨が揃《そろ》っていると述べ、それによって様々な硬骨魚類における肋骨の分布を記述したり、あるいは背鰭と尻鰭が拡大した魚類においては、椎骨に付随した要素として、内骨格性の担鰭骨（pterygiophore）や外骨格である鱗状鰭条（lepidotrichia）を記述している（図1-14）。オーウェンはどうやら、すべての相同物を一つの原動物に書き入れるべきではないと、このときすでに考えていたらしい。その認識もまた「不完全相同性」の概念と深くかかわっている。形態的相同性はタクサの入れ子関係と同じ階層を示す、いや、相同性の入れ子関係が感知されることにより体系づけられたのが、そもそもタクサだったのである。

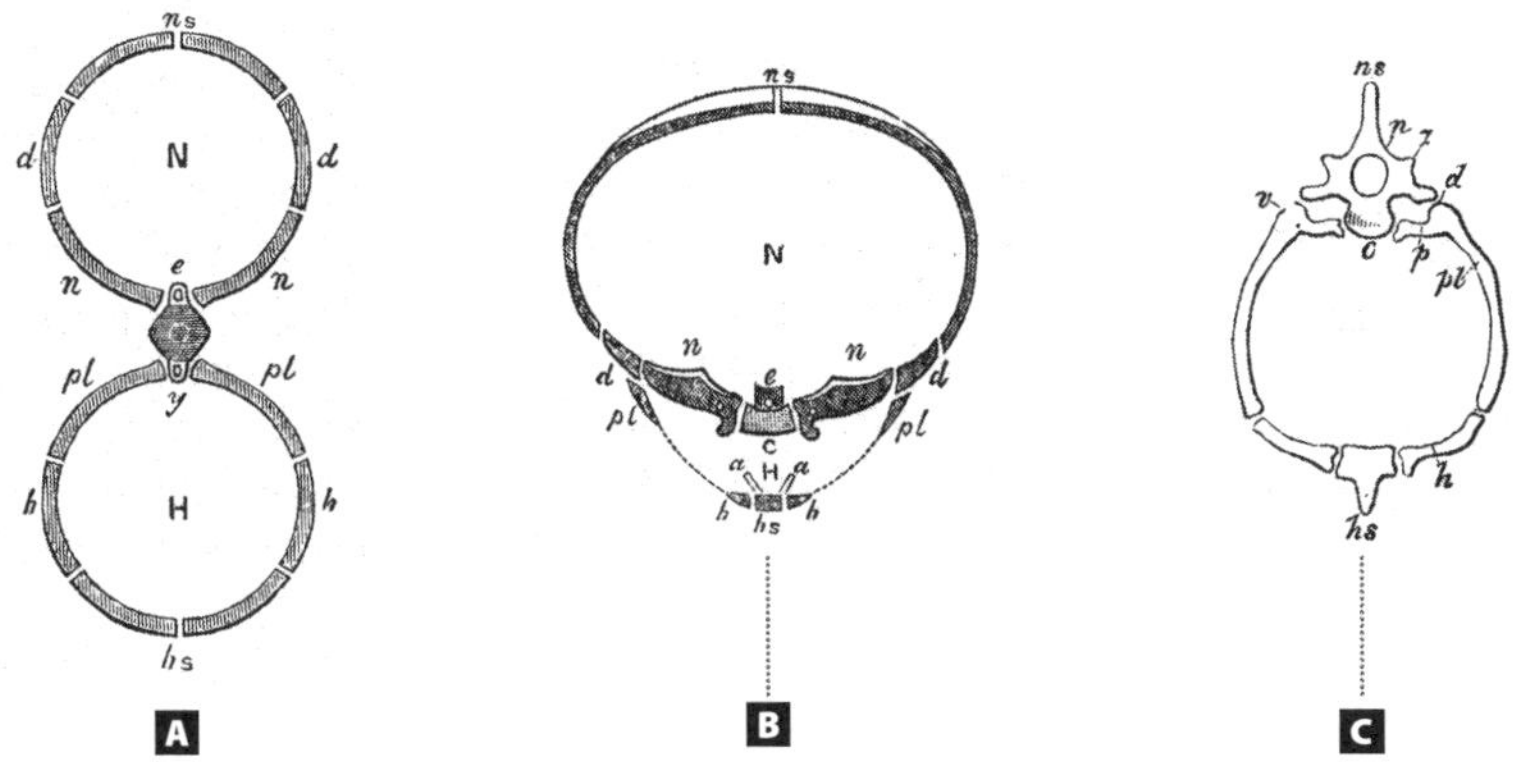

図1-13▶オーウェンの椎骨2。

A：オーウェンが1866年の教科書において示した、いっそう模式化された椎骨の基本形。この基本形においては、椎体が上下に環を持つとされる。上の環は神経弓と棘突起からなる脊柱管であり、下の環は血道弓である。肋骨や鰓弓骨格は、この血道弓の変形した系列相同物であるとされた(いまではこの考えは認められていない)。

B：椎骨の基本形が頭蓋(ここに示すのはオーウェンによるヒト頭蓋の第三分節)においてどのように変形しているのかを示す。神経弓が拡大して脳を収めるようになったとされる。C：より一般的な形を残している胸椎。Owen(1866)より。

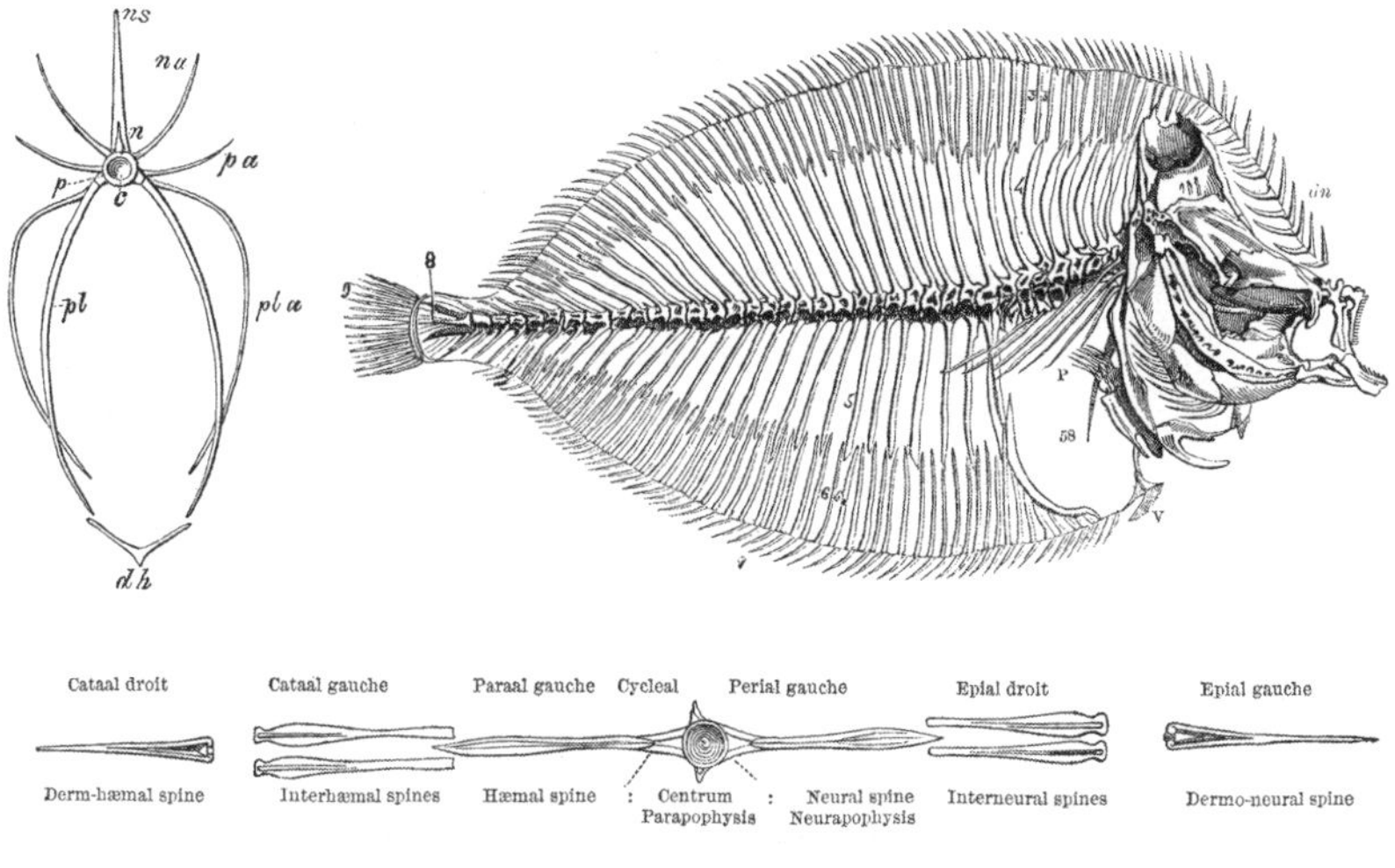

図1-14▶左上はニシンを例にとり上げることによって、真骨魚類にみることのできる肋骨のレパートリーを説明したもの。右上図はカレイ(*Pleuronectes solea*)の全身骨格。頭部の上にも担鰭骨と鰭条が発達する。

下図：オーウェンによる真骨魚類の中軸骨格の原型。各骨の命名は、上がジョフロワによるもので、下がオーウェンによる改訂。ジョフロワはこれと似た図を、ロブスターの外骨格と比較したことがあった。無論、このような方向性の一致しないなぞらえをオーウェンはよしとしなかった。器官構造の連結の一致はジョフロワにとって相同性の最も重要な基準であったが、オーウェンは結合(場所)の一致のみならず、さらに2つの要件(組織学的一致、発生学的起源の一致)を重視していたことを思い出すべきであろう。Owen(1866)より。

原型と相同性、グレードとクレード

生物学の歴史を通じ、様々な形をとって多くの学者の頭に去来した原型論は、つねに自然を整合的に理解するためのロジックとして機能してきた。それがどのような視覚的「かたち」を伴っていたのか、あるいはどのような視覚言語的法則でもって語られてきたのか、微妙に異なった複数の原型論を比較してみることは極めて重要で、かつ興味深い試みでもある。とりわけその思考の形が、進化系統樹とどのような整合性を持ってきたか、そしてそこにどのような修正が加わっていまに至るのかということの理解が、形態学の流れを知る上での鍵となる。なぜなら、観察者に原型を与えた布置の全体像が、タクサごとに異なった拘束の所在を明らかにするからだ。そもそもその問題を作り出しているのが、原型と相同性の関係なのである。

進化系統樹の最初の概念的視覚化はダーウィンによってもたらされ、動物各グループを系統樹の形で関係づけた最初はヘッケルである。ただし、系統樹それ自体はラマルクの『動物哲学（*Philosophie zoologique*）』における階段的進化の概念図の中にも登場している（Lamarck, 1809）。形態的特徴を配列するときに、動物を単一の梯子状の序列に並べるのは無理な相談であり、いずれどこかで何らかの枝分かれを想定しなければならなくなる。これは当然、ゲーテからオーケンに至る初期の形態学にもあてはまってしかるべきであった。が、彼らは哺乳類や顎口類といった一定の枠を超えて考えることはせず、進化というアイデアも存在しなかったか、もしくは提示されることがあってもそれを拒絶した。したがって原型論においては、原型的パターンから個別の動物が導出されるということは、進化や発生の過程によって出来ることを指すのではなく、観察者の認識の過程の中に動物の形態が立ち現れることを指していたのであり、創造説云々の議論はそのあとに生起する問題でしかなかったのである。原型論的形態学にあっては、原型という形のデフォルトは常に観察者の思考の中心に据えられ、そこから個別の哺乳類の形へと、一直線の矢印がいくつも放射状に伸びているようなものだったのだ。が、真相はといえば、矢印の方向はむしろ逆であるべきであり、多様な動物形態の観察を通じ、経験的にゲーテのいうところの「ある一点」に相当する認識の中心に基本形が無根拠に、そして突如として浮かび上がってくるのである。いずれこのような思想の中には、進化系統的プロセスに比較することのできる認識上の動きはない。

そのゲーテが賛同していたというパリ王立植物園の解剖学者、ジョフロワ＝サンチレールの思考は、進化系統樹に言及しなければ解決しない問題に関するものである。そして、それは系統進化の性質を実によく象徴している。動物の進化とは、祖先的動物からただ闇雲に、無方向に多様化するのではなく、進化の跡づけとして階層的な体制の類似性を動物のからだに刻み込んでゆく。このようにして、一見階層的な入れ子関係をなしたボディプランの多様化にもとづいた分類学が成立する。たとえば、イエネコがネコ科の動物である以前に食肉類であり、食肉類である以前に哺乳類であり、哺乳類である以前に脊椎動物であるといったように……。しかし同時に、このような分類システムを完璧にしようとすれば、種の不変性や不可侵性を仮定する必要がどうしても生じ、ひいては進化的連続性を否定せざるをえないという、困った状況になる。現代的感覚でいえば、進化の事実なしに種の類縁性を認めることがどうしてできるのかと考えるところだが、当時の形態学者にはそれは充分可能だった。類縁性は、「同じ型」のよく似た亜型にもとづいて創造された動物に、必然として立ち現れるものだった。それは、現代の分子遺伝学者が、「充分によく似たゲノムから発生する動物は、互いに見分けのつかないほどよく似るだろう」と考えるのとあまり変わらない。キュヴィエが実際に反進化論者であったのは、何よりも種の不可侵性を主張せんがためであり、それはまた、比較形態学や比較解剖学が進化思想なしに成立できることを物語っている。かくして、キュヴィエは動物界に「枝分かれ（embranchements）」という大きなまとまり（およそ現代の分類学の動物門に相当する）を四つ設定し、それらの間にいっさいの類縁関係を認めなかった。この基本的な考え方はドイツの発生学者、フォン＝ベーアに影響を与え、彼はそれぞれの「枝」が、それ独自の「原型＝主型（Haupttyp）」をベースに多様化し[129]、その原型的形態パターンが発生の一時期現れると主張したのであった（von Baer, 1828）。それと同様の内容を持つ胚発生ステージを現在では「ファイロティピック段階」と呼ぶ[130]。

ところがジョフロワは、キュヴィエの設定した四グループの間にもまた連続的な繋がりがあり、各グループを特徴づける原型的パターンをさらにまとめ上げる、より深い「型の統一」をみることができると主張した。実は、フォン＝ベーアは、この考えにも部分的に賛意を示しており、発生のごく初期にはすべての動物が同じ胚形態をとりうる可能性を認めている。ここで、議論を「進化か反進化か」という文脈でとらえると、かえってその本質を見失う。ジョフロワもキュヴィエもここでは進化を問題にしておらず、原型論における形式化の「かたち」のあり方を問題にしているのである。煎じつめれば、程度の差こそあれ両者とも等しく非進化論者にして原型論者なのであり、動物群の大きなグループをまとめあげる特徴や、形の規則性のことは了解しているのである[131]。だからこそジョフロワは、器官の連結の仕方が共有されることによって、個々の器官が異なった動物同士の間で同一性を示すという「結合一致の法則」、つまりボディプランを支える相同性の定義を問うたのだが、この法則それ自体は、たとえそれがキュヴィエの発案であったとしてもそれほど違和感はない。むしろ、見ようによっては「結合一致の法則」が「型の統一」理論と矛盾する可能性を内包していたことにさえ気づく。しかも興味深いことに、客観科学的にみる限り、ゲーテの原型論にむしろ近いのは、扱われたタクサの広がりにみるように、脊椎動物の範疇で形の統一性を見出し、主張したキュヴィエの方なのである。であるから、双方の主張を一見しただけでは、ゲーテがジョフロワの肩を持っていた理由はすぐにはわからない。

キュヴィエの世界においては、形の統一性を示す「型」は四つ存在している。その型はみなそれぞれに独立の存在であり、互いに無関係である。したがって、昆虫の形をいくら比べても、脊椎動物のことがわかるとは思えない[132]。そして、ゲーテやオーケンも、節足動物と哺乳類を同列で語ろうとはしていない。となれば、原型思想を共有しているかどうかが問題なのではない。その原型がどのような進化的「深さ」、分類学的なタクサの広がりを持っているかが問題なのだ。どんな原型でもよいというなら、脊柱と頭蓋がほどよく分化し、それらが本質的に異なったものであると認識するよりないような動物個体のみを観察し、「脊椎動物は無分節の頭蓋と分節的な脊柱からなる」という原型を設定してもかまわない。しかし、その頭蓋が実は脊柱と同じ分節の寄せ集めであると看破することが、形態のより深いところに潜むべき原型の本質に到達することなのであると、ゲーテならばおそらくそれに類したことを言ったであろう。

　ボディプランが進化の産物である限り、いまみている動物が成立するまでには様々な祖先の系列が背後にあり、そのつど少しずつ異なったボディプランが類似の系統と共有されていたはずである。ならば、原型として感知されるべき何らかの形態形成の仕組みも、同じような進化的変化の系列を隠し持っているのは当然なのである。すると、進化論以前の初期の形態学者にしてみれば、扱う動物の種類や分類学的広がりによって、少しずつ異なった原型が立ち現れざるをえない。そして、それを広くとればとるほど、より由来の古い原型にゆき着く。結果、進化というアイデアのないところでは、その「古さ」が「原型の中の原型」であるとか、「より含蓄の深い原型」、あるいは「統一された型」として感知されることになる。つまり、ゲーテがジョフロワに共感したのは、キュヴィエが拒絶し、ジョフロワが指向したその含蓄の深さ、あるいはその深さに到達しようという、抽象化された形態学的思考のベクトルにおいてなのだ。ジョフロワが動物門を統合しようとしたように、ゲーテが哺乳類の比較のみから脊椎動物以前の存在を見ようとしたように、原型論は観察対象を超えた一般化を指向するのである。

　同じ原型を認める態度においても、その原型がどのような「かたち」や分布をしているかが問題なのである。頭部分節性という思想は、多かれ少なかれ、何らかの原型を共感できる認識論からしか生まれない。とりわけ進化論なき時代にあってはそうである。ジョフロワもまた例外ではなく、彼は脊椎動物の頭部に分節を認め、のちにキュヴィエがそれを否定している。これは少なくとも部分的には、両者が抱いていた原型の形の違いに由来する。キュヴィエの時代には、まだホヤもナメクジウオも、脊椎動物に近縁の動物とは思われておらず、ホヤは軟体動物に分類され、ナメクジウオに至っては、その分類学的位置が時代とともに二転三転していた。したがって、キュヴィエにしてみれば、脊椎動物はつねによく発達した頭部を持ち、体幹と明らかに異なった様相を示し、だからこその脊椎動物なのである。一方、四つの原型の間につねに中間形が存在すると考えていたジョフロワにしてみれば、「よく発達した頭部」よりも深い原型を設定する動機が充分にあった。つまり、脊椎動物を「背腹反転、ならびに裏返しになった節足動物」としてみることができると考えた彼は、当然ボディプランの中に一次的重要性を持った要素をいくつか見分けていた。「内骨格と外骨格の違い」、「体軸を統べる分節性」といったような要素である（それが妥当かどうかは別問題として）。

この二人の学者の関係はまるで、その五〇年後に起こるハクスレーとオーウェンの論争の雛形のようにもみえようが、その論争の内容はだいぶ異なっている。ハクスレーは、オーウェンの信じていた原型そのものに対して懐疑的で、進化的に変容する発生プログラムの中に分節的パターンが現れてこないことを、実際の胚の中に示そうとしていた。ジョフロワとキュヴィエの違いは、原型の数と分布に関するものだったのだ。決してそれは、進化と原型論の戦いではなかった。ジョフロワが四つの原型の間にありとあらゆる中間型を見出していたからには、それは系統分岐によって多様化したボディプランとしてではなく、この世に充満する多様性のネットワークとしてのそれなのである。そんなものは実際の生物界にはないばかりか、我々のイメージする動物種間の進化系統関係から最もかけ離れてさえいる。したがって、当時の「型」という原型は、似ているようでも厳密には、進化の結果として立ち現れてくるグレードとは異なった性質のものなのである。

進化論を受け入れたのちの形態学は、形態的変容を説明する二種類のスタイルを生み出した。一つは、以下に述べてゆくことになる比較発生学者のグッドリッチやド゠ビアに代表されるグレード系列としてのそれであり、そこではナメクジウオ、もしくは円口類から哺乳類へ至る階段状の進化系列が示される。同じ英国人のダーウィンがあれほど系統の分岐を強調したにもかかわらず、これは奇妙な話である。ただし、このようなグレードの階層として進化を語ることを正当化する方法はある。脊椎動物のあるグループ（たとえば、哺乳類）の仮想的な祖先（たとえばナメクジウオと脊椎動物が分岐する前の祖先的動物）を指で摘まみ、ピンと伸ばすと、そこには祖先から哺乳類に至る「幹系列（stem lineage)」が立ち現れる。その系列は所々に大きな動物系統の分岐点を載せており、それを基底側（祖先側）へ辿るたびに哺乳類を成立させる要件（派生形質）が順次失われてゆくことになる。こうして「原始形質でまとめ上げられた動物群（グレード）の系統」が順序よく現れ、それを辿《たど》ることで進化の経緯が示される、というわけである。現代の進化発生学研究でも、比較対象として用いられる動物はこの同じ認識のもとに「原始的」と評価される。

グレードにもとづく序列の中では、板鰓類が脊椎動物を代表する基本的グレードとして描かれることが多く、グッドリッチの模式図もまたその一つである。そこに示された脳神経は、明らかに脊髄神経とは異なった形態を持つものとして描かれ、体幹の筋節と系列的に相同であるとしても頭腔（後述）は外眼筋の原基として描かれる。つまり、これは原始的な脊椎動物の特徴を示すと同時に、ナメクジウオ的祖先が持っていたであろう、単調な中胚葉ベースの分節の痕跡をも示すという、いわば（グレードを上る途中の）中間的な移行状態を示す図なのである。ナメクジウオから哺乳類への進化の途中にサメを見出すというこの表現が、グッドリッチの進化的発想であると同時に、サメから先には原型論的な説明が控えている。

一方で、系統が分岐する進化過程、すなわちクラドゲネシスとしての進化をより受け入れたのはドイツ語圏の形態学者であった。分岐系統学の方法論を立ち上げたヘーニックがドイツ人であったことも興味深い事実である。何よりヘッケルがまずその筆頭であり、発生過程の中に系統的分岐の跡づけを求めた。[●133] 頭部の形態進化に関して、分岐的進化を明確に打ち出したのは、のちに詳しく述べることになるゼヴェルツォッフである。一九三〇年代までにはしたがって、頭部分節性が語られるべき進化的議論のベースはすでに完備されていたはずなのだ。しかし、そう簡単にことは進まなかった。動物の系統関係が無根拠に与えられるものではなく、それ自体が形質状態の分布から推測されるべき仮説でしかないからである。つまり、頭部形態を進化系統的に説明しなければならないというのは理念や理想でしかなく、系統樹の樹形もまた、頭部形態をベースに構築されねばならない仮説なのである。そこに再び原型論の入り込む「隙《すき》」が生ずる。そして、それがもたらす数々の混乱をこれからみてゆくことになる。

たとえば、脊椎動物を棘皮動物の内群（！）とする学説を一九八〇年代に発表した英国のジェフリーズは、独特の形態進化史観を有する学者であり、脊椎動物の祖先としてウミユリに似た「石灰索類」と呼ばれる化石動物群を仮定したが、その進化シナリオは極めて分岐論的な系統樹の解析に基礎を置いている（類似の議論は第6章を参照）。無論、彼によって得られた樹形は独特のものだが、一般に受け入れられているものとの違いは、根幹のわずかな枝分かれの位置にすぎない。一方、これと真っ向から対立していたように見受けられるスウェーデン学派のジャーヴィックは、分岐論の方法論そのものを否定しており、「肘掛け椅子に座って形態的特徴を一つずつ数えてゆくような安易な方法で進化を解明できるわけがない」と、比較形態学的な考察の重要性を強調している。[●134] そして彼は、「分節論ここに極まれり」ともいえる過激な分節論を展開した（第4章を参照）。かくして、頭部形態の進化をグレードの序列としてみるやり方も、系統樹の分岐に沿ってみるやり方も、原型論的認識の経験を通じてボディプランの構成要素を吟味することも、それぞれに正当化されうるのである。進化を直接にみることのできない我々は、様々な観察と思考から壮大な仮説体系を組み上げる。その営みはまさしく、全世界の歴史を編纂する作業にも似、人は神秘主義の誘うままに、ことあるごとに出口のない原型論の冥界に漕ぎ出でようとする。その無謀な試みにわずかでも希望があるとするならば、「現実の進化に合致する正しい答えはただ一つしかない」という、その一点につきるのである。

【コラム】——頭部分節性事始め

京都大学での私の卒業研究は、マウス胎児の骨と軟骨をアリザリン・レッドとアルシアン・ブルーという、いまではすっかり有名になったあの染色液で染め、骨格の発生を丸ごと観察、スケッチして「何か言う」というものだった。観察までは誰にでもできる。論文を紐解《ひもと》けば、解剖学用語もマスターできる。が、「何か言う」というのは簡単なようでなかなか難しい。私と同じテーマを貰って「何か言う」ことになっていたMという名の学生がもう一人いて、彼は手や足や背骨や肋骨など、要するに「postcranial skeleton」と一括して呼ばれているものを一手に引き受けていた器用な男で、一方私はというと、以前から頭蓋が気になって仕方なかったもので、この複雑で最も面白そうな構造を、我儘言って申しわけなかったが、独り占めさせてもらっていたのだ。

かくして、私はできるだけ複雑にみえるところをわざわざ好んで描き、「何か言うことはないか」と日夜考えあぐねていた。その傍らには、骨格発生に関する退屈な論文のコピーや教科書が何冊かあり、いまから思えば大した量ではないのだけど、「これを全部読むのか」と暗澹たる気持ちにさせられていた。「現代を生きる我々の悩みは、モノがないことではなく、ありすぎることなのだ」などと、いったいそこに何か深遠な意味があるのかないのかわからないようなことを二人で言い合っていたのを思い出す。たぶん、そんな文献の山の中のどこかに書かれてあったのだろう、「動物の頭蓋は椎骨列と同等の分節を基盤にした構造である」と、そんな酔狂な考えに触れ、マウスの頭蓋底をみているうちにそれを応用することを思いついた。みると、発生途上のマウス頭蓋底構成要素は、後ろから前に向かって、底後頭骨、底蝶形骨、前蝶形骨と、行儀よく一直線に並んでいる。それぞれの要素は軟骨を介して互いに連結しており、その軟骨が椎間板の原基のようにもみえる。いわば、椎骨の椎体に相当する要素が、脊索に沿って前後に繰り返して配列しているわけである。ならば、椎骨の神経弓に相当する要素はないか……。あるある。後ろから、外後頭骨、翼蝶形骨、眼窩蝶形骨がそれぞれの椎体要素の両側に結合しているではないか。最初に椎体を同定してから、すぐさま神経弓を探したところなど、オーウェン翁の方法論をそのままなぞっているようで我ながら頼もしいが、さてさてこれで「何か言った」ことになるのやら……。

で、卒論発表会でこの考えを披露すると、指導教官の田隅本生先生は、「これはこれは、ゲーテ椎骨説の再来かぁ」と、さも嬉しそうに笑われるのであった。これがきっかけとなって私はその後ドイツ語の特訓を拝受することになるのだが、結局それがだいぶ研究の役に立ったのだから、言いたいことは言いたいときに言っておくものだとつくづく思う。実際、私と同じ考えに至った学生や研究者は昔から大勢いたに違いない（実際いたし、いまでもいる）。しかし、「それに興味があるなら是非ドイツ語はやっといた方がいいな」と、自ら講師を買って出てくれる指導教官などいまでは、いや当時ですらほとんどいなかっただろうから、それこそが私にとって非常に幸運で、かつありがたいめぐり合わせであったといつも思っている。

ともかく、一九七〇年代後半に私のやったような染色法は確立していたわけだから、以来、独自の頭蓋骨椎骨説に至った研究者はますます増えたことだろう。特に哺乳類、とりわけマウスの研究者にそれは多かっただろう。少なくとも、これまでそのような研究発表や新着論文を数回目にしたことがある。みな、自然発生的に生まれ出たゲーテの再来なのだ。おそらくそれほどまでに、形態学的思考というのはごくごく自然なことなのだ。ゲーテでなくともたかが頭部分節説、見るべきものを見れば自前で思いついて当然なのである。ラマルクの進化論のように、恒常的にあちこちから先験論的形態学はボコボコと勝手に生まれてきたはずなのである。実際、ゲーテとオーケンは、ほぼ同時期に互いに独立に同じ説に到達した。それよりもっと難しいのは、研究を通してその説の嘘を見抜き、人に納得させることなのである。形態学の観念は、どこか雲の上に居座っているありがたいものではなく、むしろ進化が必然的に生み出した一定の傾向を人間の認識が勝手に純化したものにほかならない。必要以上に単純化された説明は人を納得させやすく、受けもよいが、そこに安住したら出口はない。そして気がつけば、何か言うためにこんな本まで書いてしまったが、議論が収束しているとは到底思えない。頭部問題を扱うために考察すべき事項は、いつも膨大である。

【注】

●**101**――ゲーテ本人の記述には一七九一年とあるが、おそらくゲーテ自身三四年も前のことに関して記憶があやふやになっており、実際には一七九〇年であったとリチャーズは断言している。というのも、ゲーテはこの一七九〇年のイタリア滞在中、ヴェニスからカロリーヌ・ヘルダーに宛てて手紙を出しており（本章冒頭）、その中で「自分が何か大変な発見をしたらしい」という意味のことを書いているのである（Richards, 2002）。

●**102**――のちに、ゲーテはこれを六つだとした。

●**103**――あまりに若い胚の頭蓋は、不定形の軟骨で出来ており、背骨のイメージはむしろ不鮮明である。これについては第2章で考察する。

●**104**――ただし、ゲーテ本人は、「動物哲学の諸原理」において述べたように、建築や都市の設計に本来用いられる「プラン」という言葉を、生物のからだの成り立ちに対し、比喩としてさえ、用いることには批判的であった。

●**105**――ちくま文庫の『ゲーテ形態学論集・植物編』を編訳された木村直司氏によれば、「モルフォロギー」の語を公的に初めて用いたのは医学者カール・フリードリッヒ・ブルダッハであり、それは一八〇〇年のことであったというが、一七八六年九月二五日のゲーテの日記にすでにその語が書き記されている。

●**106**――それがオーケンではなく、ゲーテを贔屓《ひいき》するためであったかどうかは未確認。

●**107**――それに似た状況は、現在の発生生物学者の扱う神経分節にみることができる。これについては第3章に後述。

●**108**――仏語と日本語・中国語にも同様のアナロジーが存在し、「物事の中心にある要」の意で「心臓」や果実の中のタネ、すなわち「芯」を、ともに「cœur」という。

●**109**――「変形した葉の集合としての花器官」という考えが基本的に正しいということについては古くから認められていた（現代的な知見の要約はRodriguez-Mega et al., 2015）。しかし、ゲーテのもう一つのセオリーである「体幹のように分節した頭部」が正しいかということについては問題が多く、一九世紀から二〇世紀初頭にかけての形態学の主たる問題としてとらえられていた（Neal, 1898a）。

●**110**――それから一〇〇年ののちにこの「偉大なシラー」の頭蓋骨を発見・同定したと、チュービンゲンの解剖学者、アウグスト・フロリープが発表した。その真偽は未解決の問題として残り、いまでも定かではない。が、フロリープが脊椎動物頭蓋の後端、すなわち後頭骨が、二次的に椎骨が参入して出来た要素であることを初めて本格的に示した学者であったことは象徴的である。これについては第2章にて詳述した。少なくとも後頭骨部分についてのみいえば、椎骨説は正しかったのである。しかし、フロリープはそれより前方の頭蓋部分に椎骨を見出してはいない。初期のハクスレーと同様、このフロリープもまた脊椎動物頭蓋の非分節論者として知られている。形態発生学者としてのフロリープの業績ついては第2章と第4章を。

●**111**――その試みは、ゲーテよりもむしろオーケンの影響を強く受けていた（Russell, 1916）。

●**112**――ドゥルーズとガタリは彼らの著書『千のプラトー（*Mille Plateaux*）』の中で、同様の類似性の認識を論じ、それを「互いに対応しないのに形式の同形性があり、組成された実質には同一性がないのに、要素、あるいは成分に同一性がある」と表現している。そうすることで、相同性を認識するにあたっての超越論的認識の重要性を謳《うた》いあげている。この議論は後述するレマーネのものとよく似ている。

●113——オーウェンの生い立ち、経歴と進化論に対する立場、加えて一九世紀半ばまでの進化思想については、松永(2005)を参照。

●114——ちなみにこの論文の扉には、牛を屠殺する勝利の女神(女性なので「天使」ではないが、翼を持つ)の彫刻のスケッチが付されていた。これについて、ウィンソーとコゴンは、スケッチのもととなった大英博物館の大理石の彫刻について報告し、正式の職に就く前のオーウェンが、一般聴衆に向けて自説をわかりやすく解説し、彼の講演能力をアピールするために用いたのではないかと想像したが(Winsor & Coggon, 2007)、論文の中にはいっさいその説明はなされておらず、ただラテン語とギリシャ語のアフォリズムが付されているのみである。この図にみえる女神と牛には骨格も描き込まれているが、女神の翼に骨格は描かれてはいない。筆者が考えるに、これはヒトもウシも哺乳類として同じ形態学的プランのもとに構築されており、そのため女神の翼は実際にはありえない構造なのだということを強調するためのものであったのではないか。背中の翼が哺乳類の型に填《はま》っていないことを示すために、むしろこれは好都合な素材だったのではあるまいか。詳細は、Winsor & Coggon (2007) を参照。

●115——「導出」を意味するためのドイツ語、「ableiten」が適切な語であることには間違いない。が、その表現が、一八六六年のオーウェンの解剖学書においては、多様な骨格形態をこの原型に「還元する」という表現に変わっている。それは多様性の中から抽出され、単純化されたモデルなのであり、個々の動物の形態は、このモデルに特殊性を加えることによって得られるという。

●116——現在ならばさしずめ、相同的な遺伝子機能や、ツールキット遺伝子と呼ばれる制御遺伝子群のなす遺伝子制御ネットワークの保守性、それによって成立する細胞間の相互作用や、画一的な細胞型の分化経路などが思い浮かぶ。

●117——この「力」、もしくは「駆動力(motive force)」は、一八世紀末から二〇世紀初頭にかけての生物学を理解するためのキーワードの一つである。一八世紀末に始まる初期の反復説における変化過程の駆動力も三位一体の「力」であり、それを多くため込んだ有機体がそもそも、複雑な形態にまで発生することのできる高等動物なのだと説明された。無論、それは一種のアナロジーとして理解できようが、我々自身もそれと同質の「フォース」を、「発生拘束」や「相同性」や「ツールキット遺伝子の保守性」に見出しているのではないだろうか。

●118——すなわち、ホモロジー(homology)。より厳密には、オーウェンが理想的な関係として思い描いた、「完全相同性」というべきか。

●119——器官の相対的位置関係から導かれる相同性を最初に強調したということであれば、ジョフロワ=サンチレール、さもなければヒトと鳥の骨格の繋《つな》がりの類似性を最初に強調したブロン(図1—7)がその最初ということになろう。

●120——筆者自身、「カメの甲羅が肋骨と椎骨の相同物であることが、まさしく進化の動かぬ証明だ」と息巻いた欧米の進化論擁護派の雑誌記者を相手に当惑したことがある。進化を証明しようという気持ちはまったく同感で、理解もできるのだが、「面倒臭がりの創造者が、同じプランにもとづいて多様な動物を設計した」と創造論者にいわれれば論破できないのである。欧米社会における進化論の受容にあたっての困難は、これまでのパラダイム・シフトにまつわるものの中でも最大のものであろう。

◉121――ここで、一つの興味深い符合がある。ダーウィンの『種の起源（*On the Origin of Species*）』においては、進化の証拠として発生過程における胚の類似性や、そのことに由来する形態の相同性が掲げられているが、そこで用いられている例は、おそらくオーウェンの講釈によってダーウィンが学んだと思われる哺乳類の手の多様なパターンであり、五本の指を持つ「手」という、互いに相同な形態パターンが機能に応じてどのように変形しているかが訥々と語られている。しかし上に述べたように、これは系統進化的に発生プログラムがどのように変化していったのかという事実を示すよりも、むしろ形態的多様性の背景に、たった一つの不変の「手の原型」がイデア論的に存在し、様々な手の具体的形状は、その原型的パターンから、それぞれ一直線に導かれるといっているようにしか聞こえない。まさに脊椎動物の「手」は、観念論形態学を説明するためにこそふさわしい例なのである。それは、必ずしも進化過程がなくても理解可能なことなのであり、ダーウィンが強調した、系統の分岐の繰り返しとしての進化パターンとは、えらく矛盾した話のようにさえ聞こえる。それこそが、ダーウィンの進化論に忍び込んだオーウェンの影響を如実に示すものと私は考えている。

◉122――そもそも「系列相同（serial homology）」は、オーウェン自身が一般相同性の一項目として定義づけた概念である。

◉123――以上の内容は、Gifford & Foster（1989）に要約。

◉124――これと同じ問題については、顎口類の頭蓋において二次的に神経頭蓋の形成に参与したとされる、梁軟骨について再び悩むことになる。これについては第4章をみよ。

◉125――ハクスレーは当時の英国の学者にしては珍しくドイツ語を読み、ゲーテに始まるドイツ先験論的自然学の思想に大きく影響されていた。

◉126――思えばそれは、キュヴィエのライバルであった、ジョフロワの結合一致の法則が主張するところであった。

◉127――Goethe（1837）をみよ。総説はSchmitt（2004）、Friedman & Diggle（2011）をみよ。

◉128――少なくとも、肋骨が進化する遥か以前から鰓弓骨格は存在していたとおぼしい。鰓の進化的起源は思いのほか古いのである。

◉129――むしろ、「そこに属する多様な動物が、その独自の主型をベースに創造されている」といった方が適切であろう。

◉130――Duboule（1994）、Irie & Kuratani（2011, 2014）に要約。

◉131――ゲーテの論文、「動物哲学の諸原理」をみる限り、ゲーテがこのことを正しく理解していたようには思えない。

◉132――二〇世紀の末期まで、Hox遺伝子発見前夜の発生生物学者にとっても、同じセンスが共有されていたことを認めないわけにはゆかないだろう。

◉133――とはいえ、ヘッケルがその系統樹の中にグレード的進化系列を同時に忍び込ませていたことは注意すべきであろう。

◉134――心情的には、私はこの考え方に好感を持つことしきりであり、そこに私は胚発生過程の機構的理解の重要さをも加えたいところだと記しておく。

【第2章】

比較発生学と比較解剖学の時代

——比較発生学の興隆からグッドリッチまで

大きな動物群を定義する一般的特徴は、特殊な特徴よりも早く形をなすのである。

——カール・エルンスト・フォン＝ベーア『動物の発生について——観察と反照』(1828)(p. 224)

「型(type)」とはしたがって、動物体における(器官同士の)位置的関係をいうのである。

——同上(p. 208)

一五世紀末から一六世紀初頭(室町時代)に描かれたとされる、雪舟の山水画、「秋冬山水図」の「冬」が、私は昔から滅法気になっていた。これとほぼ同じ構図で描かれたものとして、同じ雪舟による「四季山水図」があるが、これはごく普通の中華風のもので、それほど不思議でもない。おそらくこれが「秋冬……」の祖型になったのであろう。一方、「冬」は、四季山水図と似ているようで、描かれた地形がどこか不可解なのである。絵の中央に切り立った崖はいったいどこに繋がっているのか、山々の重なり方はわかるが、見た目の距離と大きさが一致しない。視覚的にあれこれと、様々なものが互いに矛盾した配置で描かれている。おそらく、この「冬」を説明する方法の一つは、この絵の中に描かれている一人の男が歩く時間に沿って出会う風景を、一枚の絵の中にコラージュしたとみなすとではなかろうか。おそらく雪舟は、道を進むにつれて変わってゆく景色を、異なったスケールで重ね合わせている。ときには、目の前に切り立った崖が現れ、視界を大きく遮る。かと思うと突然視界が広がり、村の風景が姿を示す。そのつど、異なった位置と角度から見える、移りゆく風景の畳《たた》みかけが一見、遠近法を無視したこの絵画の構成であり、それはある意味キュビズム的ともいえる。

実はこの手法、一八世紀イタリアの画家、カナレットが描いたヴェネツィア景観画「カナル・グランデヴェネツィア」(1738)や「リアルト橋」などに施された、意図的な「都市の改造」と比較できるのではと密《ひそ》かに思っている。小澤京子氏の著書、『都市の解剖学』で述べられているところによれば、カナレットの用いた「カプリッチョ(capriccio)」と呼ばれる手法は、運河を船で渡る際に、旅人であるところの絵描き自身の眼前に次々に現れては消えてゆく風景を再構成することにより、現実には不可能な景観を絵の形で表現するものだという。この画家の描いた風景は現実のヴェネツィアではなく、この世のどこにも存在しない架空のものなのだ。そして、おそらく雪舟の「冬」は、その点において日本版のカプリッチョというべきではないか。中華風の構図を探し出すことの困難な日本の自然風土を用い、かつ画面の構築において中国の山水画と同等のダイナミズムを作り出すためのトリックであったのかもしれない。

なぜこのような話から始めるかといえば、このカプリッチョのもたらす現実性と非現実性の重ね合わせによって得られる効果に、自然哲学の賜《たまもの》としての原型と現実の動物形態の間に生ずる乖離と同様のクオリティをみる思いがするからである。形態学者が手にする脊椎動物の頭蓋は、とりあえずは「骨」という実体で出来ているが、そこに形態学者が見出した原型的パターンの中には、生物学的に様々な示唆が同居している。たとえばそれは、骨要素をも含めた動物頭部諸器官の解剖学的配置を理想化したものであるかもしれず、その頭蓋の持ち主であった動物が発生過程に示した、特殊化する前の軟骨頭蓋(chondrocranium)や前成頭蓋(primordial cranium)の姿であるかもしれず、さらにそれ以前、咽頭胚期の分化する前の、由来が様々に異なる間葉の分布状態であるかもしれない。いや、およそ動物胚にもとづいた概念的模式図というものは、その現実性に関して同じ問題を孕《はら》まずにはおれない。これと同じことが、本章の最後に紹介するグッドリッチの分節的模式図についても指摘できる。

多くの分節模式図に共通する問題とは、一見それが、分節的原基の配置が本来ありうべき規則性を保持した、咽頭胚期の解剖学的内容を示しているともみることができようが、同時にそこに成体の姿を完成しようとする直前の軟骨頭蓋の基本形態や、出来たばかりの中胚葉分節(mesomeres)、そして出来上がった末梢神経の経路までもが描き込まれているということである。そこに示されたいくつかの器官構造はすでに、発生上一過性に具現化するボディプランの代弁者としての「ファイロタイプ(phylotype)」として理解されるがしかし、一般化され、進化的に保存された胚形態というには、あまりにも育ちすぎている。かと思えば、発生直後の美しい分節繰り返しパターンをみせる中胚葉もそこに相変わらず存在している。それらすべてが同時に存在する瞬間などないにもかかわらず……。つまり、頭部分節性という仮説は、それ自体が時間を超え、抽象化され、高度に認識論的に統合されたその性格を露わにせずにはおれず、その中に形態学者は、進化的祖先の形を幻視しもすれば、同時にありとあらゆる発生諸段階における胚頭部の形を重ね合わせようともする。原型それ自体が、実時間を超越し、複数の時間的過程を自らの内《うち》に固定しているのである。

◎——脊椎動物の咽頭胚

「個体発生が系統発生を反復する」という指摘で知られる反復説が、原型論的自然哲学としての形態学と親和性を持つのは右のような文脈においてであり、ゲーテが探し求めた「ある一点」が完璧な原型を示したものであったとすれば、二〇世紀初頭までの比較発生学者は、現実には存在しえない、理想化された咽頭胚の姿を完璧なスキームの形で何とか表現しようとしていた。初期胚の分節パターンで足らなければ、必要に応じ、すべての枝を発生し終えた脳神経の姿や、一揃いの軟骨原基を発生し終わった直後の軟骨頭蓋の姿など、咽頭胚期では早すぎて決して望めない諸構造をそこに足していった。その試みにおいて、発生の時間は本来の進み方を止め、胚体の各所、各器官において分節的パターンを最も明瞭に示す複数の時間が同じ一つの模式図の上に留められている。

確かに形態学的な意味において典型的、理想的な状態が現れる瞬間など、発生過程のどこにもない（図2–1）。それが理想の理想たるところである。脊椎動物の胚発生過程において、神経胚の次の段階が「咽頭胚（pharyngula）」と呼ばれるのは、胚の頭部腹側に、魚類の鰓と同様の構造である「咽頭弓（pharyngeal arches）」が現れるからである（図2–1）。そして、このステージの胚にある特別の意味が付与されるのは、咽頭弓が明瞭な繰り返しパターンを示し、その咽頭弓の一つひとつが、末梢神経、神経節、筋、動脈弓、鰓弓骨格などの要素のセットを含み、確かにこれらが理想的なメタメリズムの要件をある程度満たしているためでもある。同様のことは体節列についてもいうことができ、体幹の背側部には傍軸中胚葉が分節した「体節（somites）」が現れ、これもまた分節的繰り返しパターンを示す（図2–1）。

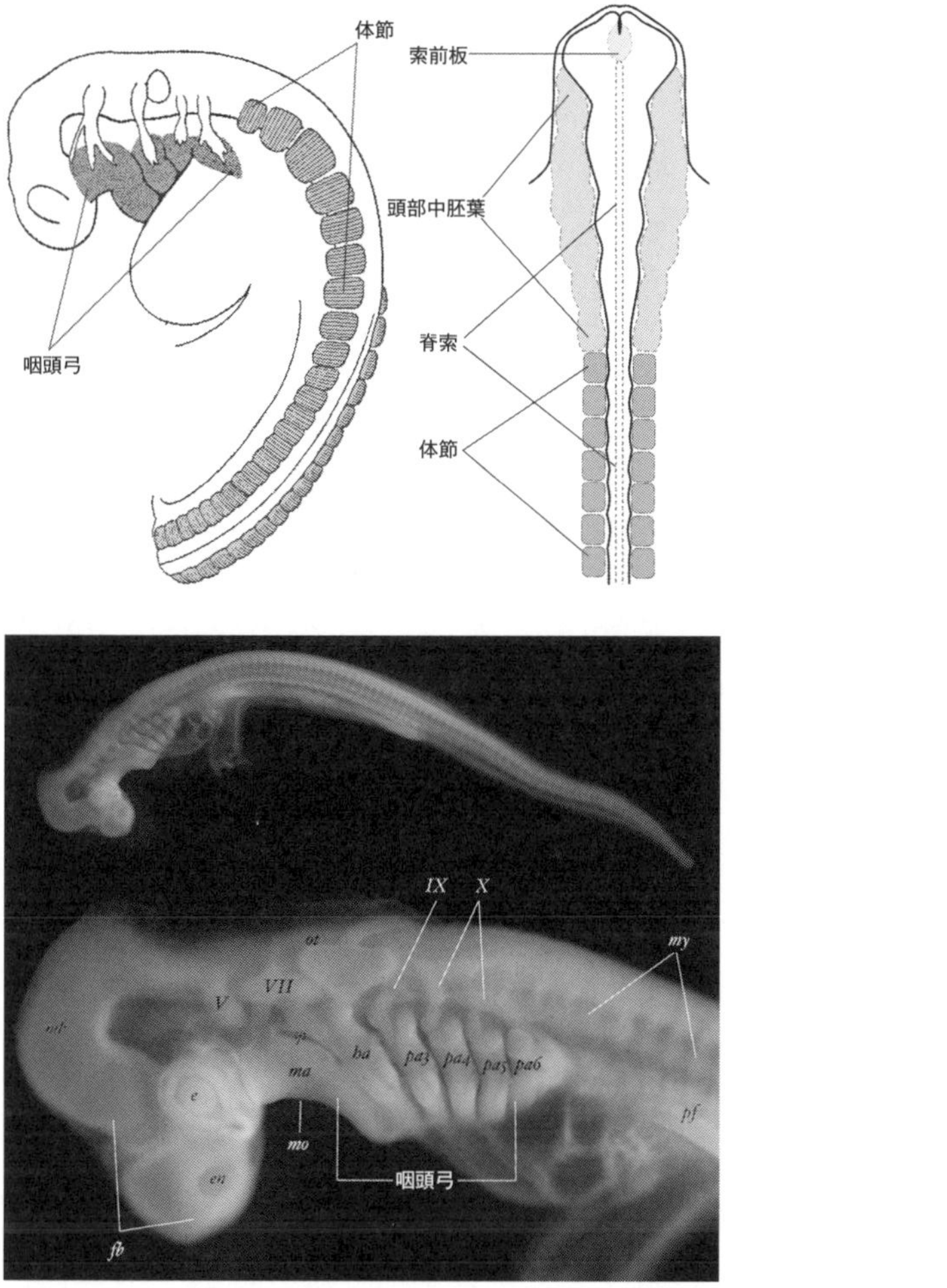

図2-1▶左上：脊椎動物（羊膜類）の初期咽頭胚。咽頭弓と体節がそれぞれ繰り返しパターンを伴い、互いに離れて現れている。体節の系列相同物が頭部にも存在し、しかも咽頭弓の並びと対応すると考えたのが典型的な分節論者である。右上はノーデンによって描かれたニワトリ2日目胚の模式図。「前咽頭胚期」と呼ぶべきか。実際の頭部中胚葉は、ここにみるような繰り返しのくぼみ（頭部ソミトメア・後述）を伴うことはないとされる。体節と頭部中胚葉の境界は、おおよそのちの内耳の発するレヴェルに相当する。pcpは脳の腹側にある索前板（もしくは脊索前板：prechordal plate）を示し、これはのちに、脊椎動物における頭部中胚葉の最前方の要素となり、そこから外眼筋や神経頭蓋の一部が発する。
下はトラザメの咽頭胚とその頭部の拡大。倉谷（2004）より改変。

まだ形態分化を経ていない分節的ブロックが、背中に沿って典型的な繰り返しパターンを示している。続く発生段階において、各咽頭弓のそれぞれは、場所に応じて別の構造へと分化してゆく、つまり位置特異的なメタモルフォーゼを示す。それは、体節列についても同様である。このように咽頭と脊柱は、「分節的繰り返しと変形」という同様な形の規則性を示し、その基本形が一過性に現れる時期が、漠然と「咽頭胚期」と呼ばれているのである。咽頭弓列が椎骨列と同じ性質の繰り返しかどうかについては、以下に繰り返し議論してゆくことになる。それ自体が本書の大きなテーマの一部であり、その意味でも脊椎動物の典型的なボディプランの構成要素として、咽頭弓の並びを避けて通ることはできないのである。

　胚の形が現実にそこにあり、そして咽頭胚が脊椎動物のボディプラン理解において確かに意味ありげな時期であるにせよ、すべての器官系が理想化された未分化な状態を示す瞬間はない。明瞭な例を挙げるなら、咽頭弓には基本的に一本の動脈弓が発するが、それがすべての咽頭弓に現れている瞬間も存在しない。つまり、羊膜類の咽頭胚において、第三咽頭弓の動脈弓（＝内頸動脈の原基）が現れようとしている頃、顎骨弓の中にある第一動脈弓はすでに崩壊を始めている。体節の発生と分化においても同じような状況をみることができ、体節が前から順番に現れてくるため、後方の体節であるほど、出現してから分化するまでの時間が短い。加えて、オーウェンが理想とした椎骨の基本形が現れるのは、硬節（sclerotome）が体節に分化し、その間葉細胞が充分に広がって胚環境各所で然るべき相互作用を果たしたのちのことであり、やはり咽頭胚期には期待できない。

　このように、形態学的原型に近い内容を持つ段階が実際の胚にあるとすれば、それは確かに咽頭胚なのだが、形態学者の理想とするパターンは、すべての分節原基が同じ格好をし、すべて揃《そろ》っているような、現実にはありえない発生段階を思い描いた架空の「何ものか」なのであり、その意味で形態学者は、刻々と姿を変える胚の形さえ、理想化せずしては活用できないのである（図2-1・2）。どれか特定の時期に的を絞って胚形態を記述するぐらいなら、サメの成体を解剖する方がよほど理にかなう。

　形態学者が理想的な分節を見出そうとする発生段階は咽頭胚期に限らない。成体の解剖学的形態が出来る少し前の、「前成段階」にも求められる。現代の発生生物学において扱われることの少ないこの前成段階は、グッドリッチやガウプが得意とした、形態学的相同性を決定する「手がかり」としての段階であり、それは明らかに成体の形態的組成、あるいは一次構築プランを理解するために、成体の形態を原型へと引き戻そうとするベクトルを伴うものであった。このような後期発生段階は、二〇世紀初頭の比較発生学においては必ずしも、特定の進化段階を反映する必要はなかった。むしろ、それは発生的プランと解剖学的パターンの「橋渡し」として機能していた。成体になってしまうとわからなくなる形の本質も、それが完成する前の発生途上段階であったならわかるであろうと……。それは、まさにゲーテやオーケンが椎骨説を思いついたとき働いていた効果そのものなのである。ならば、頭部分節性の問題は、その誕生のときから、発生学的根拠をある程度得ていたことになる。

かくして、発生段階を追跡するということは、その目的によって原型を純化するための「禊《みそ》ぎ」ともなれば、祖

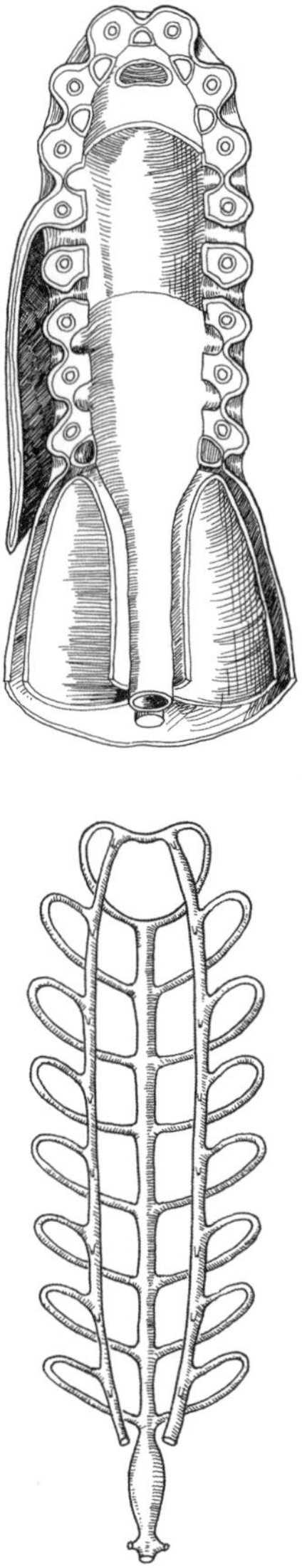

図2-2▶ビエリングによって描かれた、「理想化された咽頭」(上)と理想化された鰓弓動脈弓。Bierring(1977)より改変。

先形質を検証するための材料ともなる。そして、その発生プログラム自体が進化するとなれば、その扱いはさらに困難なものとなるしかない。このように、比較発生学の役割を定義することは難しいが、それが与えた影響と困惑の大きさだけは計りしれない。それを、一九世紀の後半から二〇世紀初頭の比較発生学にみることができる。

⊙——原型と発生

思えば、一九世紀初頭は、進化系統樹の漠然としたイメージがラマルクによって示され（Lamarck, 1809）、分類学的階層と発生段階とのアナロジーも、ドイツの比較発生学者、フォン＝ベーアによって問われていた。いまでも引用されることの多い、フォン＝ベーアの発生原則（von Baer's Law of Embryology; von Baer, 1828）は、本来キールマイヤー（Kielmeyer, 1793）やメッケル（Meckel, 1821）の想定した単純な反復説、すなわち、動物の個体発生中の胚が、下等な動物（の成体）から高等な動物（の成体）に似てゆくという考えを否定する目的で述べられたものだった。[201]が、現代的な視点からみると、フォン＝ベーアの説はむしろ、積極的に進化と発生の並行性を考えさせる内容のものであった。それは以下のようにまとめることができる。

①大きなグループに属する動物すべてを定義する一般的な特徴は、発生過程のより早期に現れる。
②一般的でない特徴は、一般的な特徴よりも遅く現れる傾向があり、結果として最も特殊な特徴が最後に現れる。
③ある動物種の胚は、他種の動物の発生段階を経ることはなく、むしろ発生が進むにつれて他種からかけ離れてゆく。
④したがって、高等な動物の胚は、下等な動物の成体に似ることは決してなく、むしろその胚に似る。

つまり発生早期には、その動物が属する分類群にとって最も一般的な形質が先に生じ、より特殊化した、小さな分類群を定義する特徴であればあるほど、その出現は遅い。このように、分類の階層構造を次第に狭めてゆくような発生過程の傾向が認知されていたからには、発生と進化の間に平行性をみてとろうという動機は、ヘッケルを待たずとも一九世紀中葉までには充分に醸成されていたのである。実際、チェインバースによって出版された悪名高き著作『痕跡（*Vestiges of the Natural History of Creation*）』においても、のちのヘッケルの反復説を彷彿とさせる考えが述べられており（Chambers, 1844）、個体発生の中に祖先的状態がうかがえるという観測は、一九世紀半ばまでには多くの学者によって共有されていたばかりでなく、文字通り世に蔓延《はびこ》っていた（Russel, 1916）。現代の我々も頼ることがしばしばであるこの推論を、最も効果的に、そして最初に行ったのがこの章に述べるハクスレーであり、その矛先は紛れもなくオーウェンの分節論に向けられていた。

　しかし、進化論以前の比較発生学についてはどうであったか。そこにはフォン＝ベーアも含まれるのだが、実は彼の見出した発生の並行性は、形態学の歴史において実に特異な位置を占めている（倉谷、2015）。なぜなら、彼が胚と成体ではなく、胚と胚を比べることによって発生的原型に直接言及しながら、それが同時に先験論から進化論的反復説への離脱の可能性を秘めていたからだ[◉202]。それが結果的にはヘッケルの反復説を生み出し、さらにそれを土台としてハクスレー的な比較発生学の方法が確立する。その伏線となったのは紛《まぎ》れもなくチャールズ・ダーウィンの『種の起源（*On the Origin of Species*）』である（Darwin, 1959）。このようにして、進化論的比較発生学は、すっかり衣替えをした頭蓋椎骨説、すなわち頭部分節説をおもな問題としてとり上げ、それは一九世紀末期に英国とドイツを中心に発展することになるが、このような移行がなぜ起こったのかを理解する鍵は、実はあまり顧みられることのない比較発生学の黎明期に存在する。その舞台はフランスとドイツであった。そして、先験論として頭蓋椎骨説が比較発生学において実践されていた時代が、すなわち一九世紀前半の姿だった。

先験論的比較発生学

生物学的な経験則、そして何よりベーアの法則をもたらしたような、発生と進化についての理想化された関係から我々は、祖先の発生プログラムや形態パターンの残滓を、化石か、さもなければ初期胚の中で起こっている諸現象に見出そうとする。その科学的妥当性は別に吟味する必要があるとしても、少なくとも経験則としてそのような比較が行われることは多い。たとえば、もし頭蓋が本当に椎骨の寄せ集めであるとするなら、変形や成長が完了してしまった成体の頭蓋よりも、発生途上の頭蓋原基をみることによって、より直接的な証拠を得ることができると考えがちである。しかし、そのような推論は発生機構や系統進化についての知識が発展、蔓延した結果として可能となるものであり、『種の起源』以前の時代、一九世紀前半においては、それは必ずしもあたり前のことではなかった。一九世紀の前半と後半で比較発生学の様相が大きく異るのは、組織学的観察が可能であったかなかったかの違いだけに起因するのではない。これら二つの時代を隔てているのは、紛《まぎ》れもなくダーウィンとヘッケルである。そして、一九世紀前半の形態学の歴史は、ドイツとフランスで動いていた。当時これらの国では、オーケンの著作以降、椎骨説が充分に広まり、半ば当然の教養として受け入れられていた(Russel, 1916)。

話は、一九世紀前半(一八三〇年代)、パリ王立植物園を舞台に、キュヴィエとジョフロワの間で戦わされたアカデミー論争(Great Academy Debate)にまで遡る。その詳細はほかの著書に詳述されているのでそちらに譲るが、[203] 動物が進化せず、異なった一般型を持つ互いに無関係なグループが存在すると考えたキュヴィエに対し、ジョフロワは、すべての動物の姿を記述することを可能にするような、統一的な「型」がどこかに存在するはずだと考えた。いうまでもなく、この「型」とは、ボディプランや基本的解剖学的構築を指すが、時代的背景からすれば、むしろゲーテ的な意味での原型を指向するイデア的なものであったと理解した方がよい。つまり、あらゆる動物のからだは（観察者の頭の中での）変形を通じて互いに重ね合わせることができると、ジョフロワは考えたのである。

　無論、ドイツ自然学の流れを汲みとっていたジョフロワは、ゲーテと同じ形態学的センスでもって脊椎動物頭蓋の中に椎骨の並びを見出そうとしたし、相同性の重要な側面を掴むことにも成功していた。しかしすでに触れたように、そこに系統進化的ヴィジョンはなかった。したがって、いまでいう「動物門」に等しい四つのまとまり（それは、そもそもキュヴィエが設定したものだった）の間に繋がりをみるといっても、ジョフロワは決してそれを系統樹の上に載せていたわけではない。節足動物（当時は関節動物と呼ばれた）と脊椎動物を連結し、それらを共通の型の変形として理解しようとしただけではなく、同時に脊椎動物を背中の方向へ折り曲げ、軟体動物頭足類（タコ・イカの仲間）と哺乳類を直接に重ね合わせようともしていた。[●204]

　このような比較をするとき、現代の進化発生学者であれば、どれとどれを姉妹群として置き、どれを外群とするかとか、どの動物群が最も祖先型を反映するのかと考え、重ね合わせの背景にある進化の道筋、すなわち進化系統樹の形を、分岐の序列という形で理解しようと努めるであろう。しかし、ジョフロワにとっては任意の動物の間にはつねにありとあらゆる形のヴァリエーションがスペクトラムをなして存在すると想定され、彼はありとあらゆる変異の可能性で充満された、漠然とした多様性の自然観を持っていた。つまり、多様性は、経時的な「枝分かれ」の結果とはみなされなかったのだ。この頃、とりわけジョフロワのような学者にとってはしたがって、動物形態の多様性は、潜在的にあらゆる可能な中間型を含みうるものであり（そうすると、そもそも体系立った分類学が存立しなくなる）、強《し》いてそこにヒエラルキーを見出そうとするのであれば、それはいわゆる「高等動物」と「下等動物」の違いを際立たせる、漠然とした体制の変化、もしくは複雑化のベクトルでしかなかった。現代の生物学においては、「原始的」、「派生的」という区別や極性は認められても、「高等」や「下等」といった主観・直感的評価は忌避されている。その直感が確固とした概念として認められていたのが、反復という観念的思想においてなのであり、一九世紀から二〇世紀前半に用いられることの多かった「反復的発生（palingenesis）」の概念は、子孫の発生過程に、祖先の発生過程が含められ、繰り返されることを指していた。子孫は祖先より豊かな発生過程を内包し、発生過程の最後の部分が新しく、かつより強大な部分であり、したがって「反復的発生」は「新生」の意に通ずるのである。同様の思想的背景にあってオーウェンですら、一部の動物群に特殊な（高等な）派生的相同性をもたらす、発生学的な「力」を想定していた。そして、一九世紀末期にこれを「終末付加」と表現したのがヘッケルなのであった。いまになってようやく、その「新しい何か」が、発生における遺伝子制御プログラムの形で記述される時代が到来しつつある。

◎――メッケルとセール

アカデミー論争は何年も続くことになったが、ジョフロワと同様、オーケンの影響を強く受けることによってドイツロマン派形態学の思想を引き継ぎ、のちにジョフロワの後継者となっていったのが発生学者のセールであった。[205] 彼は一八二七年から一八三〇年にかけ、解剖学や器官発生学の一連の論文を発表し、その中で相同性決定における手続きの困難さを論じたが、そこに用いられていた方法論が反復説の祖先型ともいうべき、「メッケル・セールの法則[206]（Meckel-Serres Law）」であり、そのもととなったセールの考え方は一八二四年から一八二六年にかけて発表された論文に詳細に述べられている。

一方で、ドイツの解剖学者メッケル[207]は一八一一年、「高等」動物の胚発生をほかの動物と比較する大著をものしており、その中でヒトを含む動物の器官原基の膨大な比較を行った。かくして、比較骨学として始まった先験論的形態学は、一九世紀初頭にはすでに比較発生学的検証を受け入れつつあったということになる。その背景にあったパトスが、原型を同定し、構築するために必要であった相同性の確認であったとすれば、その結果として生まれた反復説は、紛れもなく原型論の落とし子と呼ぶことができ、それゆえにメッケルはドイツ自然哲学の伝統の中に確実に位置づけられているのである。

「メッケル・セールの法則」とはすなわち、様々な「下等」脊椎動物の構造が、「高等」脊椎動物（とりわけヒト）の発生途上の初段階と似るという、漠然とした並行性を謳ったもので、基本的にそれは胚全体についてのものではなく、胚の中にみられる器官ごとの観察をベースとしていた。つまり、発生中の胚の中の器官原基が、別の動物群の「成体の器官」と比較されていた。そして、理解すべき対象としては明らかに、高等動物の解剖や発生の仕組みが主体となっていた。それが当時の比較発生学の特徴でもある。つまるところ、「この発生段階のヒト胚は、魚類に似る」という結論は導かれず、「この段階のヒト胚の心臓原基はサカナの心臓に似る」といわれたのである。

　このように、形態学の歴史における最初期の反復説は、系統進化と個体発生の間の並行関係を示したものではなかった。これを、進化と発生の関係に焼き直すためには、系統進化や、それにもとづく健全な分類学が必要となり、「下等から高等へ」という主観的変化のベクトルが明確な進化段階の系列として設定されねばならず、何より動物間の系統的分類関係が整備されなければならなかった。それが、この時代にはまだ存在しなかったのである。つまり、先験的形態学がまず認識論的な「原型」という概念を生み出し、それが比較形態学における相同性の本質性を呼び覚まし、そして相同性を正しく認識するために胚発生が観察されたというのが実際の経緯だったのである。この歴史的経緯において「進化」という認識が何らかの役割を演ずることはついぞなく、少々乱暴ないい方をするなら、先験論的形態学が半ば必然的に非進化論的反復説を生み出したとみるべきであり、その中心には多かれ少なかれ「頭蓋の中の椎骨」というイメージがつねにこびりついていた。相変わらず、椎骨説は時代の駆動力の一つだった。

　無論、「ヒトの心臓の発生初期の状態が、サカナの心臓に似る」といった言明は、現在の我々が考える相同性とは趣がかなり異なる。[◉208] 少なくとも発生生物学においては、このような物いいは単なるアナロジーの範疇を超えることがない。しかし、器官構造が発生する過程において、一過性にほかの動物の状態を繰り返し、進化の系列をなぞるとしたらどうか。セールにしてみれば、高等脊椎動物の胚は、高等である分、それだけパワフルな形態形成能力を持っており、したがって下等脊椎動物には及ばないレヴェルにまで発生することができると説明することができた。このように、変化の原動力として「力」を一種のアナロジーとして用いることは、すでにみたように一九世紀前半と、オーウェンに共通してみられる先験論科学の特徴でもあった。「下等から高等へ」という変化の系列、すなわち「自然の階梯（scala naturae）」が系統的進化系列と一致しがちなことは誰もが認めることであり[209]、それと同じ系列に明示的に言及していたのがセールやメッケルであった[210]。

しかし実際には、進化的に新しく生まれた派生的な動物群（系統）が複雑な体制や器官構造を示すのは、進化の結果として改変した発生プログラムの中に、祖先的に保存された部分と、進化の途上で新しくつけ加わり、パターンに新しい極性や分割をもたらしたものがあるために起こることであり、その結果得られた新しい形質状態（しばしば新規形質と呼ばれる）を、我々は「高等（本来的には派生的クォリティ）」の内容として感知している。したがって、高等動物を高等たらしめている付加的部分を除去するということは、新しい発生プログラムだけを部分的に無効化することを意味し、その種の突然変異、もしくは遺伝子改変や様々な分子遺伝学的実験によってもたらされる「機能欠失に伴う表現型」は、メッケル・セールの枠組みの中では多かれ少なかれ下等動物のものに似ることになる。つまり、進化的文脈ではそれは一種の「先祖返り」をもたらす。遺伝学者リヒャルト・ゴルトシュミットがのちに「表現型模写（phenocopy）」として解釈することになるこのような現象をも、メッケル・セールの法則は当時の解釈においてある意味とり込んでいたといえる。実際セールは一八三二年と一八六〇年の論文において、奇形を下等動物の状態になぞらえることができると明確に述べている。いうまでもなく、奇形を発生過程の可塑性や後成説（エピジェネシス）的原理、そしてあらゆる変形を通じても最後まで守られる「型」の認識に用いようとしたのはジョフロワが最初であった。加えていうなら、奇形学（teratology）それ自体の創始者はメッケルであり、この時代、変容する動物の形をめぐって科学の時代が大きなうねりの中にあったことがあらためてうかがえる。

◎――ラトケ、ベーア、ライヘルト

同じ一九世紀前半の比較発生学であっても、様々な動物の胚同士の比較を行ったのが、当時にあって比較的若い世代の発生学者たちであり、彼らの中にはラトケやフォン＝ベーアのように、およそ目につくありとあらゆる動物の胚発生を観察しつくしたような真の学者も存在した。なかでも、ラトケは「現代発生学の祖」といわれ[211]、下垂体原基であるラトケ嚢（Rathke's pouch）にその名を残すほか、鳥類や哺乳類のような、当時でいう「高等脊椎動物」の胚に鰓弓（むしろ咽頭弓と呼ぶべき）や鰓裂（咽頭裂）を最初に発見したことでも知られる。●212 この発見が端緒となり、ゲーゲンバウアーは一九世紀中葉、頭部分節説に解剖学的精密さを加えることになる（後述）。

ラトケによる咽頭弓の発見は、頭部椎骨説にとって最初の打撃であった。ことによると、彼はその主張のゆえにハクスレーと並び称された可能性すらある。というのも、ゲーテやオーケンの椎骨説は、本来高等脊椎動物の頭蓋形態に大きく影響されており、様々な哺乳類の頭蓋骨から導かれる原型は、それが仮に何らかの一次的パターンを示しているものであっても、脊椎動物すべてに及ぶ一般性を決して反映するものではなかったからだ。つまりラトケは一八二九年、本来あるべき原型が、椎骨の並びというよりむしろ鰓の並びからなる、より原初的な（サカナを思わせるような）パターンにこそ求められるべきだと主張したのである。そして、その単純な鰓の並びが、高等な動物においては中耳腔、口蓋扁桃、胸腺、副甲状腺などに分化（メタモルフォーゼ）し、同様に単純な鰓弓動脈系が、内頸動脈、外頸動脈、

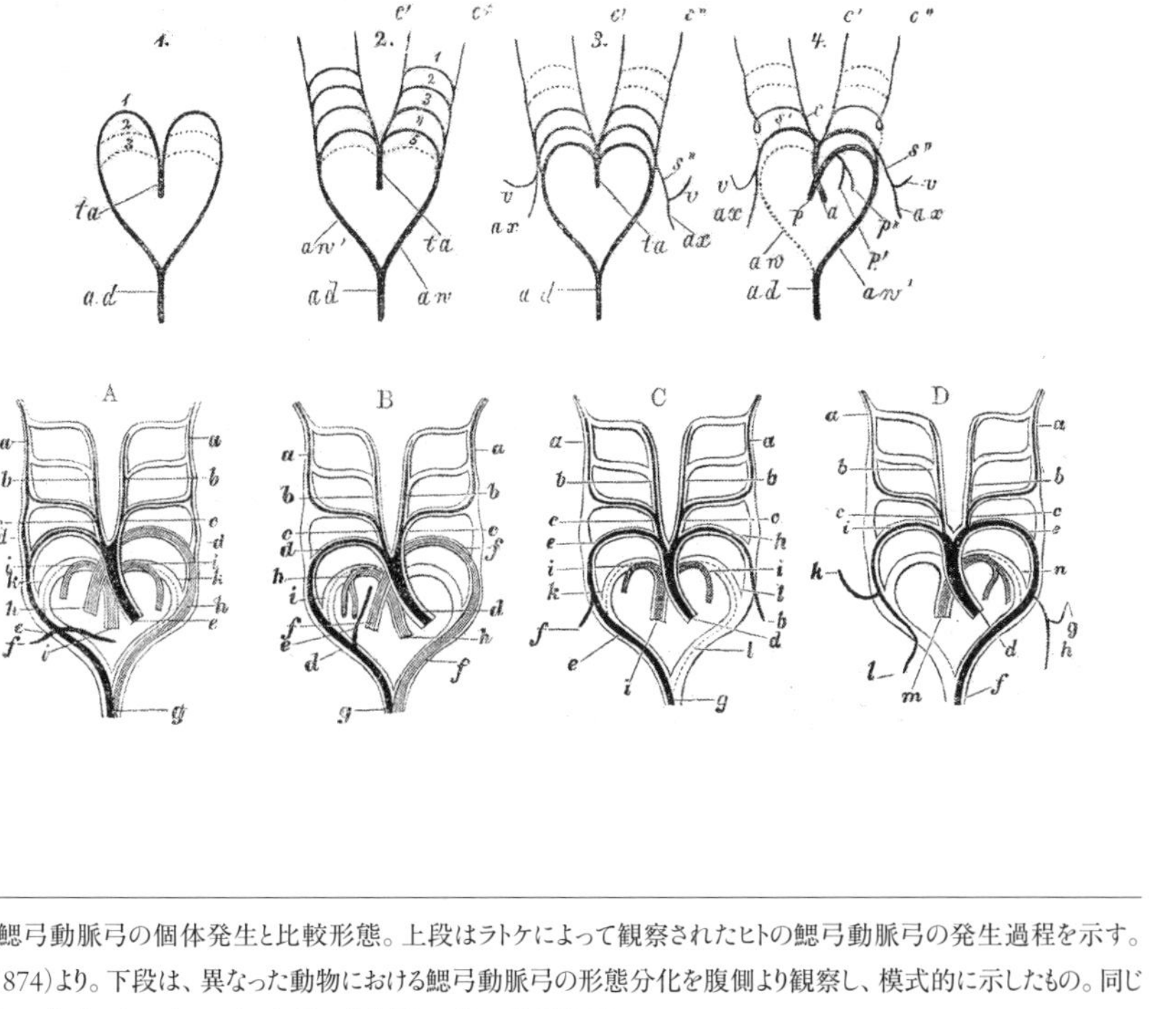

図2-3▶鰓弓動脈弓の個体発生と比較形態。上段はラトケによって観察されたヒトの鰓弓動脈弓の発生過程を示す。Heckel（1874）より。下段は、異なった動物における鰓弓動脈弓の形態分化を腹側より観察し、模式的に示したもの。同じくラトケによる。左より、トカゲ、ヘビ、鳥類、哺乳類。Balfour（1881）より。

肺動脈などに変貌してゆくと指摘した。この、咽頭弓の変形に関する教義は、いまではどんな教科書にも解説される定番だが、それは実際、このラトケの考えをベースにし、ゲーゲンバウアーによって完備されたセオリーだったのである（図2–3）。

先にも述べたように、ラトケの時代にはまだ、正確な組織学的観察が可能ではなく、発生学者たちは丸ごとの動物胚を顕微鏡の下で、針を使って突き崩しながら、文字通り「解剖」していた。こうして、ラトケはいくつかの脊椎動物種において頭蓋の発生過程を観察した。彼の当初の観察によれば、「頭蓋底には脊索に沿って三つの椎骨様の原基があるようにみえる」のであったが、おそらく観察が不正確だったのだろう、彼自身はのちにこれを否定している。むしろ頭蓋発生におけるラトケの最大の功績は、ヘビ胚頭部の脊索前端のさらに前方に位置し、下垂体原基をとり囲むように発生する一対の「梁軟骨[213]（trabecula cranii）」の記述を含めた、脊椎動物軟骨頭蓋の形成機序の最初の記載であろう（Rathke, 1839）（図2–4を参照）。我々が現在、脊椎動物の頭蓋原基を観察する際に用いる、半ば標準的な教科書としていまでも有用なド＝ビアの著作をはじめ（第4章）、いまではすっかり確立された脊椎動物頭蓋発生学の基盤はまさに、ラトケによってもたらされたのである。それは、ヘビ頭蓋の発生を記した論文と同じ年に出版された、脊椎動物の頭蓋発生についての総説にまとめられている。

ラトケは、その人生最後の著作の中で、脊椎動物の頭蓋原基の中に、「せいぜい四つの椎骨を認めることができるのみ」と記した。「しかし、その頭蓋椎骨はいくぶん変形や修飾を受け、その程度は頭蓋の前方へゆくに従って顕著となる」とも述べている。これは、彼の友人であったフォン＝ベーアの記述とも近い。フォン＝ベーアもまた胚発生の中に原型を見出そうとし、椎骨説をある程度受け入れていたが、彼自身の観察において明瞭な椎骨的要素とみえたものは、実のところ後頭骨のみであり（のちに述べるハクスレーは、それすら認めなかった）、ほかの要素はつねに何らかの変形を経たのちのものでしかなかった。発生初期であればあるほど、原始的な姿を素直に残しているであろうという、経験と先入観に根ざした当時の反復論的思考からすれば、これは具合の悪いことであっただろう。実際、フォン＝ベーアはこの「第一期反復説」を覆すに至っている。

ラトケと同時代の発生学者として記憶されるべきは、ヨハネス・ミュラーの弟子、ライヘルトである。ライヘルトの名はおそらく、哺乳類の耳小骨の相同性を明らかにした「ライヘルト説（Riechertsche Theorie）」において最も広く知られるが、この功績はいわば、彼の一連の咽頭弓研究の一環として得られた副産物にすぎない。同時に、解剖学者にして比較発生学者でもあったフシュケによって最初に問われた、「第一咽頭弓からの派生物としての上顎と下顎」を確かめたのもライヘルトの研究の成果であった[214]。そしてライヘルトは、胚頭部を解剖しつつ、その中に「ゲーテ的原型」の表出を確かめようとしていた。このような研究態度は、ラトケやフォン＝ベーアといった、同時代の比較発生学者たちに共通する、極めて明瞭な傾向であった。そしてそれこそが、彼らとハクスレー（次節）を隔てる一線であった。

興味深いことにライヘルトは、自身が集中的に観察を行った第一から第三咽頭弓を、鰓弓と同質のものではなく、むしろ肋骨に近いものと考えた[215]。そして、これらの咽頭弓の中に現れる軟骨、すなわち竿《さお》状の鰓弓骨格原基がそれぞれどのように分割、変形し、動物の間でどのような対応関係を示すかということが、ライヘルトの主たる興味の対象だった。つまりは、鰓弓骨格のメタモルフォーゼとして脊椎動物の形態的変容を認識していたのである。葉の繰り返しが変容し、植物体に花をもたらすように、脊椎動物においては、鰓弓列のメタモルフォーゼが頭部をもたらす。哺乳類の耳小骨の相同性は、いわばその研究の延長上に位置していた（Reichert, 1837）。

ライヘルトは、頭蓋原基の中の椎骨様要素について多くを語ってはいない（Russell, 1916に要約）。しかし、彼の扱った三咽頭弓が本当に肋骨に相当するものであったとしたら、それらが背側において関節していたであろう、三つの椎骨要素が頭蓋に期待できるはずである。しかし、初期の軟骨頭蓋には、いかなる分節的な痕跡も見つからない。完全に平坦で連続的な軟骨の板が見つかるのみである。しかし、この軟骨に骨化が始まれば状況は変わる。すなわち、頭蓋底の中央に沿って後方から前方にかけて、底後頭骨、底蝶形骨、前蝶形骨となるべき骨化点が現れ、その外側にはあたかも神経弓のように、外後頭骨、翼蝶形骨、眼窩蝶形骨の骨化点が出現し、頭蓋の天井にも、上後頭骨、頭頂骨、前頭骨が分節的対応を示しながら配列するといった具合に、見掛け上の椎骨的分節性（らしきもの）をみてとることができるのである。[216] そこでライヘルトは、この三つ組みの骨性の「環」を椎骨になぞらえ、そのそれぞれに三つの咽頭弓が付随すると考えた。同様に、後頭骨を椎骨の系列相同物と考えた初期の形態学者には、ゲーゲンバウアー、フロリープ、ヘルトヴィッヒらがいる。ライヘルトが三つの咽頭弓を鰓《えら》ではなく、肋骨と考えた背景に、頭蓋椎骨説との整合性を模索しようという意図を明瞭にみることができる。しかしこれらの骨化点は、必ずしも胚発生においてのみ明らかになるパターンなのではなく、基本的に哺乳類の新生児や成体の頭蓋にみられる骨の並びと変わりはない。

　重要なことは、のちに述べるハクスレーの頭蓋発生観察において、以上の議論にみるような骨化点や骨原基が、頭蓋椎骨説を支持する根拠としてまったく重視されず、むしろ反証として用いられていたということである。ハクスレーほどの学者がまさか骨化点に気がつかなかったというわけはない。実際、彼はそれについて明瞭に記している。むしろ、ハクスレーが拘泥したのは骨格要素の発生機序であり、これら三つの骨化点がいくら椎骨の椎体を思わせる形態を示しているとしても、その最初の姿、つまり軟骨原基が頭蓋と脊柱で著しく異なっていること、それ自体が問題とされたのである。頭蓋底においては最初無分節な「板」として原基が発し、二次的にそこに分節を思わせる骨化点が現れるのに対し、脊柱の椎骨原基は、最初から分節的に別れた軟骨原基として発生する。のちにも述べてゆくように、ハクスレーにとってこれこそが脊椎動物の祖先が椎骨様の原基からなる頭蓋を持たなかったことの証しであった。ハクスレーは、骨化点がいくら椎骨の並びを思わせるものであったとしても、それに先立つ軟骨性の原基がそもそも無分節であることをもって椎骨説を退けたのである（次節）。しかし、一九世紀前半の比較発生学者は、発生プロセスよりも、明瞭に分節を伴ったパターンを重視し、（期待された姿とかけ離れた変形に当惑しながらも）そこに原型を見出そうとしたのである。この違いは、動物の個体発生中に一時期、原型を思わせる保存された基本形（現在、我々はそれをファイロタイプと呼ぶ）が存在すると述べたフォン＝ベーアと、個体発生が漸次的に系統的進化の分岐過程をなぞると考えたヘッケルの反復説のイメージとの対比と相似形をなすのであり、それこそが一九世紀の前半に生じた、反復という思想における、進化論的裏づけの有無に起因するのである。

もし、メッケル・セールの法則をあてはめるのであれば、ライヘルトは分節を持たない初期軟骨頭蓋を下等な軟骨魚類の成体の頭蓋底と比較したことであろう。しかし、ライヘルトはそうしなかった。ライヘルトにしてみれば、成体において軟骨性の頭蓋底を持つ円口類や軟骨魚類は、みなそれぞれに特殊化しており、原型的パターンを示すものではないと考えた。ここで、「原型と祖先はどう違うか」という問題が問われているようにもみえるが、むしろライヘルトが述べていることは、一つの原型からあらゆる動物の形が導かれるとしても、一つの動物の形態が、そのままさらに変形して高等な動物を作るわけではないという、一直線に進むグレード的変形プロセスの否定だったのではあるまいか。それが一見、原型論的多様化に対し、あたかも分岐的考察を加えているようで興味深い。つまり、たとえメッケル・セールの法則という反復説が原型理論の申し子であれ、原型論的な形態学はここに至って、「下等から高等へ」と進む自然の階梯と齟齬をきたし始めていたのである。

次節で述べるハクスレーとオーウェンの戦いは、ジョフロワやドイツ観念形態学者の提唱した椎骨説とキュヴィエの機能主義的形態学の戦いにおける第二幕の様相を呈している。この幕間に活躍した、第一世代比較発生学者たちの考察を右にみてきたが、それは彼らにとって、初めて脊椎動物の胎児の頭蓋をまのあたりにした当惑と驚きと興奮に満ちたものだったのだろうと想像する。いまでは、アルシアン・ブルー、ならびにアリザリン・レッドという、どの研究室にも置いてあるような染料を用い、胚の骨組織と軟骨組織を丸ごと染め出すことができるが、グリセリン水溶液中で透明化されたこのような染色標本をピンセットの先で摘まみながら、初めて目にする骨格要素の並びに想像を逞《たくま》しくし、そこに何とか蘊蓄の深い解釈を与えようとする現代の進化発生学の初心者の持つような、大胆さと不器用さをそこにみる思いがするのである（卒業研究時や大学院在籍時の筆者自身がまさにそうであった）。これ以降、発生学が組織学を得て精密化してゆくとともに、頭蓋椎骨説は頭部分節説に変貌し、それは骨格だけでなく、あらゆる組織器官系を巻き込んだ壮大な学問の伽藍として成長してゆくのである。

頭部分節の否定、そして「前成頭蓋発生学」の誕生

もし……、カエルの頭蓋の発生過程をナメクジウオ、ヤツメウナギそしてサメの成体の頭部とそれぞれ比べるならば、我々は前者の中に後者の型が現れるのを見出すに違いない。ナメクジウオの頭蓋は、カエルの頭蓋原基においては頭蓋壁がいまだ膜性で、脊索が軟骨の中に埋まっているような姿の段階を変形させたものであるし、ヤツメウナギの頭蓋はすなわち、ただちにオタマジャクシのそれに重ね合わせることができる。最後にサメの頭蓋は、より進んだ段階のカエルの幼生、または成体の頭蓋底をみればすぐさま理解できるのである。

——トマス・H・ハクスレー「クルーニアン・レクチャー——脊椎動物の理解について」(1858)より

一九世紀の前半はまだ、自然哲学の申し子たる形態学がその先験論的性格を露《あら》わにしていた時代である。その中、「動物学の父」にしてジョフロワの宿敵としても知られるジョルジュ・キュヴィエが、頭部分節理論の反対者としてまず立ち上がった(Cuvier, 1828, 1836)。彼は何より、形而上学的議論よりも、観察が重要であると説き、「頭蓋のうち、後頭骨は確かに椎骨と類似した形状をみせるが、それより前方の頭蓋諸骨については、椎骨列を思わせる兆候はいっさいない」と、当時の比較発生学者によって認識されていた事実を指摘したのだった。これはみようによっては、のちのハクスレーよりも、かなり正確に真実を言い当てた見解であった。一八四二年にはフォークトが同様に、「後頭骨のみが椎骨に相当し、それより前の頭蓋部分に椎骨はない」と述べている(Vogt, 1842)。これらは、オーウェンが

原動物を問う以前の話である。

いまから思えば実に正確な観察をなしたキュヴィエやフォークトの指摘は、のちにシュテール、ザーゲメール、フロリープのような比較形態学者や比較発生学者たちに支持されてゆくことになる。[217] つまり、キュヴィエは最初の非椎骨説論者の一人になったのである。そして実際、キュヴィエはゲーテやオーケンに始まる椎骨説を事実上、黙らせることになったわけだが、[218] こともあろうに、キュヴィエの熱心な追随者であったはずの英国のリチャード・オーウェンが（前章にみたように）、先験論的形態学がドイツ、フランスで潰《つい》えて久しいという時代に、英国でそれを復活させてしまったのである。したがって、オーウェンの椎骨説や原動物という原型論は、その始まりからしてすでに裏切りであると同時にディレッタンティズムであり、形態学の歴史の中では明らかに傍流であることを自ら体現していた。オーウェンが原型の深みに填《は》まってしまった経緯については既述の通りであり、彼の宿敵、トマス・ハクスレーにとってのアイドルともいうべきゲーテの自然学を最初は疑いながらも、とりわけオーケンとカールスの学説にいつしか打ちのめされてしまったオーウェンは、ついに自ら分節論を信奉し、原動物を描いてしまう（第1章）。ここから始まる英国の形態学の歴史は、したがって本家であるところの大陸の学者たちのあずかり知らぬ、まったくもって時代遅れの諍《いさか》いとなるはずだった。しかし、そうならなかったのはハクスレーの科学精神の賜物であったと筆者は考えている。

頭部分節問題をめぐる戦いの歴史の中で、トマス・ハクスレーこそは最初に、議論の実証主義的形式において「科学的」と呼んでもよい武器を手にした学者であった。というのも彼が、分節論を極めて生物学的に、先験論の埒外で、しかも純粋に発生と進化の観点から粉砕した最初の人物であったからだ。ただしその論拠は、到底現在の科学の基準を満たすことはできないものだった。ハクスレーは、英国において最初に「科学者」を職業とした世代に属し、当時の英国の博物学者としては珍しくドイツ語を能《よ》くし、ゲーテ的な自然哲学にも精通していた上、同時に、祖先と子孫の連なりを進化的にとらえる思考も有していた。つまり、原型論と進化生物学が、ハクスレーの中では同居していたのだ。そしてちょうどフォン＝ベーアが時代の狭間を生きたように、形態学の歴史の中でこのような時代にしかハクスレーのような学者は生まれようがなかったのである。

◎——ハクスレーの原型

たとえば、脊椎動物を専門にする以前は軟体動物を扱う古生物学者であったハクスレーは、ゲーテいうところの「ある一点」に相当する、「軟体動物の原型」のありうべき具体的な姿について考察したことがある。ハクスレーはこの問題の考察において、当時にしては科学的な吟味を試みている。つまり、原型を明瞭に祖先動物としてとらえ、軟体動物各種においてみられる、ありとあらゆる特殊で派生的な形質を除去しつくし、その果てに普遍的な形質のみが寄せ集まった未分化な動物としてそれを仮定したらどうかと考えたのである。そのようにして特異性をすべて剥ぎとったあとに残るのは、すなわち、想像上の原始的軟体動物の、ある意味理想化された形象である。

現代の用語でいえば、それはさしずめ「共有原始形質の集まり」であろうし、また一方で「コンセンサス軟体動物」が導かれる可能性もある（前章）。実際に近年、進化発生学者によって唱えられている、すべてのバイラテリア（bilateria：左右相称動物、前口動物と後口動物をともに含む）の共通祖先、つまり「ウルバイラテリア（urbilateria）」の分子発生生物学的形象がこれとよく似た方針で復元されていることを指摘しておくべきであろう。ウルバイラテリアとは、多くの動物系統で用いられている共通の遺伝子のセットと、それが作り出す共通の器官の寄せ集めとして案出された最大公約数的形象であり、それはある考え方によれば、前後軸方向に相並ぶ分節さえ備えていた可能性がある（後述）。つまり、ハクスレーにとっての原型は、先にみたオーウェンによる原（脊椎）動物よりも、進化生物学的な意味ではるかに現代的で、かつ科学的であった。少なくとも、ハクスレーが考えた「原型」は、具体的な形象を伴った科学的な仮説であり、決して抽象的な観念などではなかった。それでも、ハクスレーは同時に、純粋にプラトン的イデアたる「原型」の有用さをも認識し、それを考察に用いることもあったという。まことに彼は、この時代にしか棲息しえなかった学者なのである。

そのハクスレーが軟体動物から脊椎動物へと転向したのが一八五〇年頃のこと、それが彼に古生物学への興味を

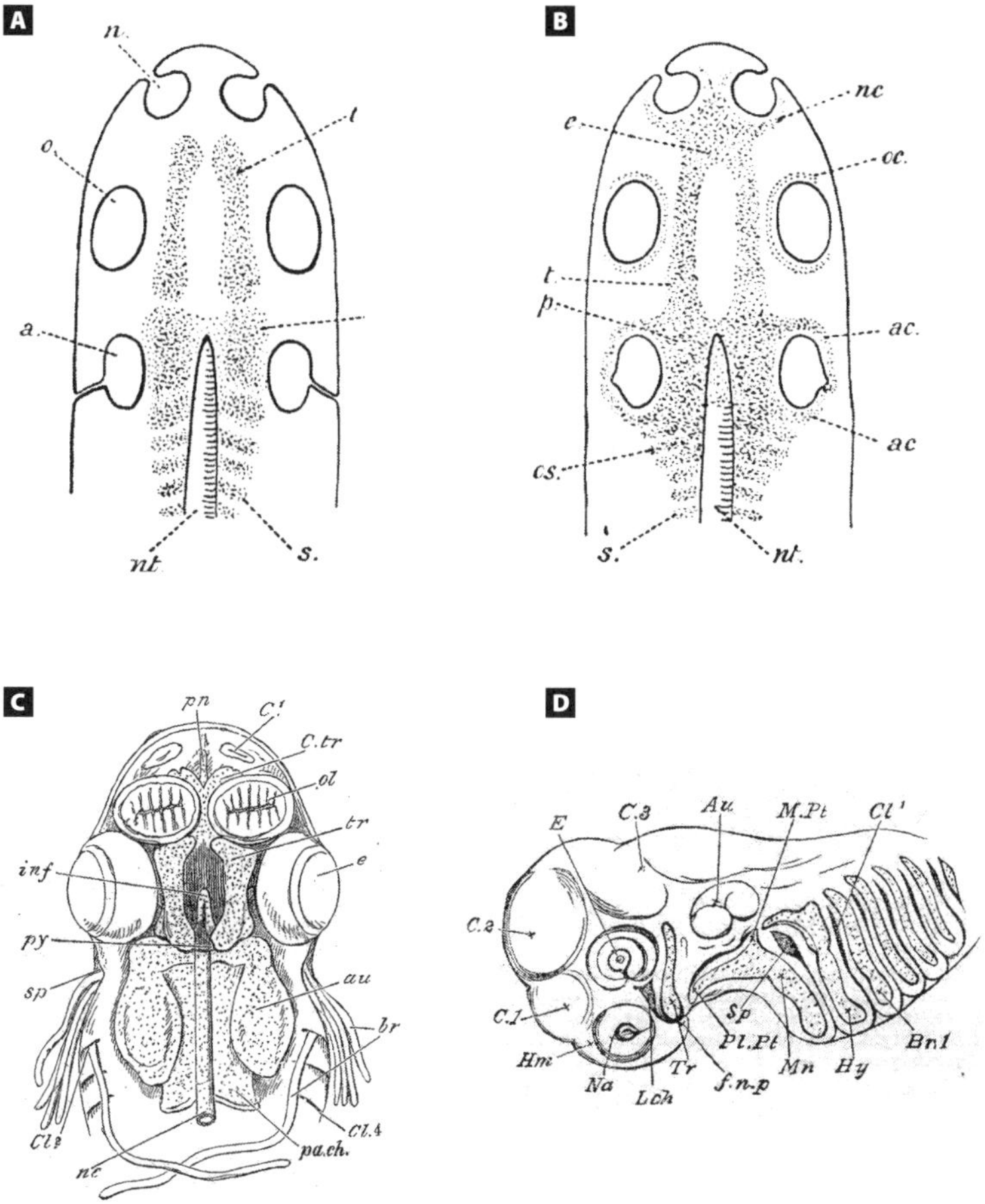

図2-4▶A・B：真骨魚（マス）の初期軟骨頭蓋。かつて、比較発生学においては、真骨魚類の体表としてサケ科魚類を用いるのが定番であった。ここに示した発生ステージの頭蓋は、前方の一対の梁軟骨（*tr*）と、その後方に位置する脊索の両側に現れる傍索軟骨（*p*）からなる。傍索軟骨の後端は後頭骨になる部分であり（*oa*は後頭弓：occipital archを示す）、ここには椎骨と同様の体節に由来する原基が参入している。しかし、分節的な軟骨がみられることはなく、その出現の最初から、傍索軟骨は無分節の軟骨となってしまっている。つまり、たとえ進化的にかつて椎骨であったものが2次的に頭蓋にとり込まれたのが事実であったとしても、軟骨原基の段階では後頭骨の領域に椎骨的痕跡（分節状態）はいっさい現れない。一方で、梁軟骨は索前頭蓋（後述）の前駆体として知られ、ハクスレーがのちに頭蓋骨椎骨説ならぬ「頭部分節節」を受け入れてのち、これを顎骨弓の前方にかつて存在した鰓弓骨（顎前弓）の一部と考えた。Goodrich（1909）より。
C・D：サメ初期胚の軟骨頭蓋原基の背面観（C）と側面観（D）をParkerが描いたもの。*Au*：耳胞、*Bn1*：第一鰓弓、*Hy*：舌骨弓、*inf*：下垂体、*Mn*：顎骨弓、*ol*：嗅上皮、*pach*：傍索軟骨、*tr*：梁軟骨。Balfour（1881）より。

かき立たせ、ひいてはのちの「クルーニアン・レクチャー(On the Theory of the Vertebrate Skull)」へと連なってゆく。ときまさに、オーウェンの原動物理論が登場した頃、この時代は確かに学問の流れを画していた。また、ダーウィンの『種の起源』や、ヘッケルの「反復説」以前からハクスレーにはすでに、個体発生過程を系統進化になぞらえる萌芽が認められる。このような理解の図式はハクスレーに限ったことではなく、すべての「科学者」が同意していなかったとはいえ、一九世紀中葉までにはある程度の市民権を得ていたものである。ハクスレーは一八五八年、[219]世にいう「クルーニアン・レクチャー」において、個体発生上、脊椎動物の胚における頭蓋の原基が椎骨を思わせる分節を示すことがないと明解に述べ、事実上、ゲーテのそれをも含めた椎骨説全般を論破したが、これはもちろんオーウェンに対しての攻撃としてそもそも目論まれたものであった。しかし、なぜ動物胚をみることによってそれがいえるというのか。前節に述べた通り、同じ試みはすでに進化論以前のドイツの比較発生学者によってなされていたのである。

◎——原型から祖先へ［椎骨説の否定］

ここで、ハクスレーの論破すべき対象が、そもそも比較骨学の問題として提示された椎骨説であったことを思い出さねばならない。ハクスレーが依《よ》って立っていたのは、進化的祖先の状態を示すであろう脊椎動物の胚をみれば、椎骨原基がかつて存在していたのかどうかを判定できるはずだという仮説であり、それは端的にいえば、反復説がまさに主張する、「進化と発生の間に並行がみてとれる」という理論だった。つまり、骨組織からなる頭蓋の前駆体をみれば、その原基が軟骨として現れており、あたかも軟骨魚類の頭蓋を思わせる状態を示すであろうし、さらにそれに遡る発生段階では、脳を包み込む結合組織性の[220]鞘《さや》としてそれをみることができるであろう。この鞘は、軟骨すら出来ていない、たとえばナメクジウオのような祖先の段階を示すはずである。[221]ならば、ナメクジウオに等しい段階の祖先状態から、骨頭蓋を持つに至った現在までの進化過程の中で、椎骨が頭蓋を構成した瞬間もまた、同じ発生過程の中にきっと刻印されているであろう。もし、そういった段階がみられないのであれば、頭蓋が椎骨より構成されるという椎骨説も棄却されねばならないのであると(本節冒頭引用を参照)。

このような論理の展開は、それまで構造論的認識論の産物でしかなかった原型、すなわちイデアを、特定の具体的な進化イベントにまで引きずり下ろし、その実在の証拠を発生過程の中に求めるという、極めて科学的な作法にのっとったものといえる。共有原始形質の集合体としての軟体動物の「原型」を考えたときと同じく、ハクスレーにとって原型として表現されるものは、決して観察者の認識のうちに、あるいは観念論的形象というイデアとしてどこか遠い空の果てに漂っていたり、あるいは認識の奥底に沈んでいてよいようなものではなかった。むしろそれは、明確にその実在が検証されるべき実体でなくてはならず、多かれ少なかれ原型と呼べるものは、具体的な進化

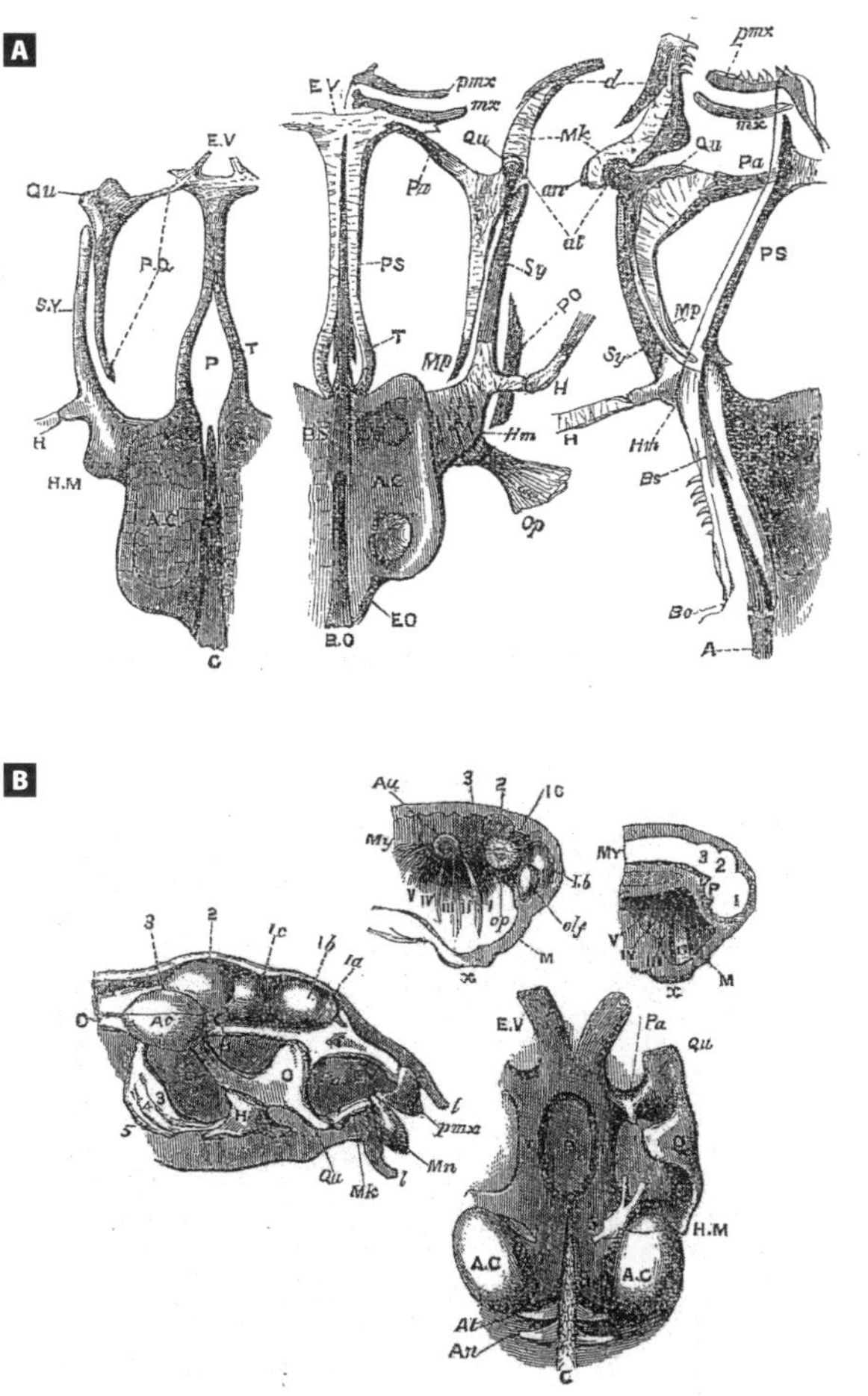

図2-5▶A:ハクスレーが観察した真骨魚類の前成頭蓋。この段階ではすでに、傍索軟骨は内耳を包む耳殻(AC)と融合してしまっている。EOは外後頭骨を示すが、ハクスレーはこれを椎骨と同等のものとは考えていなかった。Huxley(1858)より。

B:カエルのオタマジャクシにおける頭蓋の発生。右上図、正中断から左半分をみる図においては、脳胞が3つ観察されている。右下の背面図においては耳殻(AC)の後方にすぐさま一対の環椎、すなわち第一頸椎の原基が脊索(C)の両側にみえ、後頭骨が見出されていない。Huxley(1858)より。

上の出来事か、さもなければ特定の「共通祖先」に求められなければならなかった。そしてそれを教えてくれる実体が、ハクスレーにとって「胚」だったのである。これはラトケやライヘルトが、フォン＝ベーアの理想に従って、胚の頭蓋の中に原型的プランを求めていたことと著しい対照を示す。ハクスレーとは異なり、彼らは発生途上の頭蓋をみれば、それは特殊な分類群の特徴を発生させてしまったあとの成体の頭蓋よりもはるかに原型に近い姿をしているはずだと考えていたのである。その点、ハクスレーの比較発生学は、いち早く、ヘッケルやダーウィン以降の時代を先どりしていたといえる。

発生上、頭蓋が椎骨の寄せ集めとして出来ているようにみえる瞬間はない、[222]といい切ったハクスレーであったが[223](図2–5)、ここにはいくつかの問題が残っている。一つは、ハクスレーの考えたように、頭蓋が椎骨の寄せ集めで出来ていた頃の状態が、本当に素直に発生プロセスの途中に再現されるのかどうかということ――これはもちろん、反復説それ自体の検証として考えられなければならない。第二に、進化の過程で二次的に頭蓋形成に参与した椎骨が本当に存在したにもかかわらず、ハクスレーがそれを見逃したのではないかということ、そして第三に、ハクスレーのとった検証の方法と論理でもって、本当に椎骨説が論破されているのかどうか、ということである。

◎――ハクスレーの誤り

第一の問題は、椎骨説ではなく反復説の是非に関係する。のちにヘッケルやゼヴェルツォッフ、そしてド＝ビアといった比較発生学者たちが考察してゆくように、発生過程は必ずしも進化をそのままの形で繰り返すものではない。では、本来は繰り返すのが発生プロセスの自然な姿なのかと問われれば、それに対してもまだ明確な回答は得られていない。この問題は本書の守備範囲を超えるが、実際の発生過程がかなり高速化、効率化されたものになりがちだということは認識しておいてよい。つまり、たとえ進化のある段階で頭蓋が椎骨の寄せ集めで作られたことがあったとしても、それに相当するイベントを現在の動物胚の中で観察することが本来的に無理だという可能性はつねにある。

図2-6▶ヒト胚における椎骨と後頭骨の発生。A: 7.5mm胚。B: 11mm胚。C: 20mm胚。c、t、l、sはそれぞれ、頸椎、胸椎、腰椎、仙椎原基を示す。「o」で示されたものが後頭骨原基であり、椎骨と同様体節に由来する。AとBでは、後頭骨と椎骨が系列相同物であることがよくわかる。が、後頭骨が数個の体節に由来することが知られている。後頭骨原基は前方で頭蓋底に至る。前後に伸びるこの軟骨は傍索軟骨と呼ばれるが、厳密には傍索軟骨の後端が後頭骨原基とみなされるべきであり、したがって傍索軟骨には、無分節の頭部中胚葉に由来する部分と、後方の体節由来の部分の両者が含まれることになる。Cでは後頭骨が頭蓋の一部として大きく広がっている。舌下神経孔（canalis hypoglossi）と脊索（chordal dorsalis）の走行に注目。Keibel & Mall（1910）より。

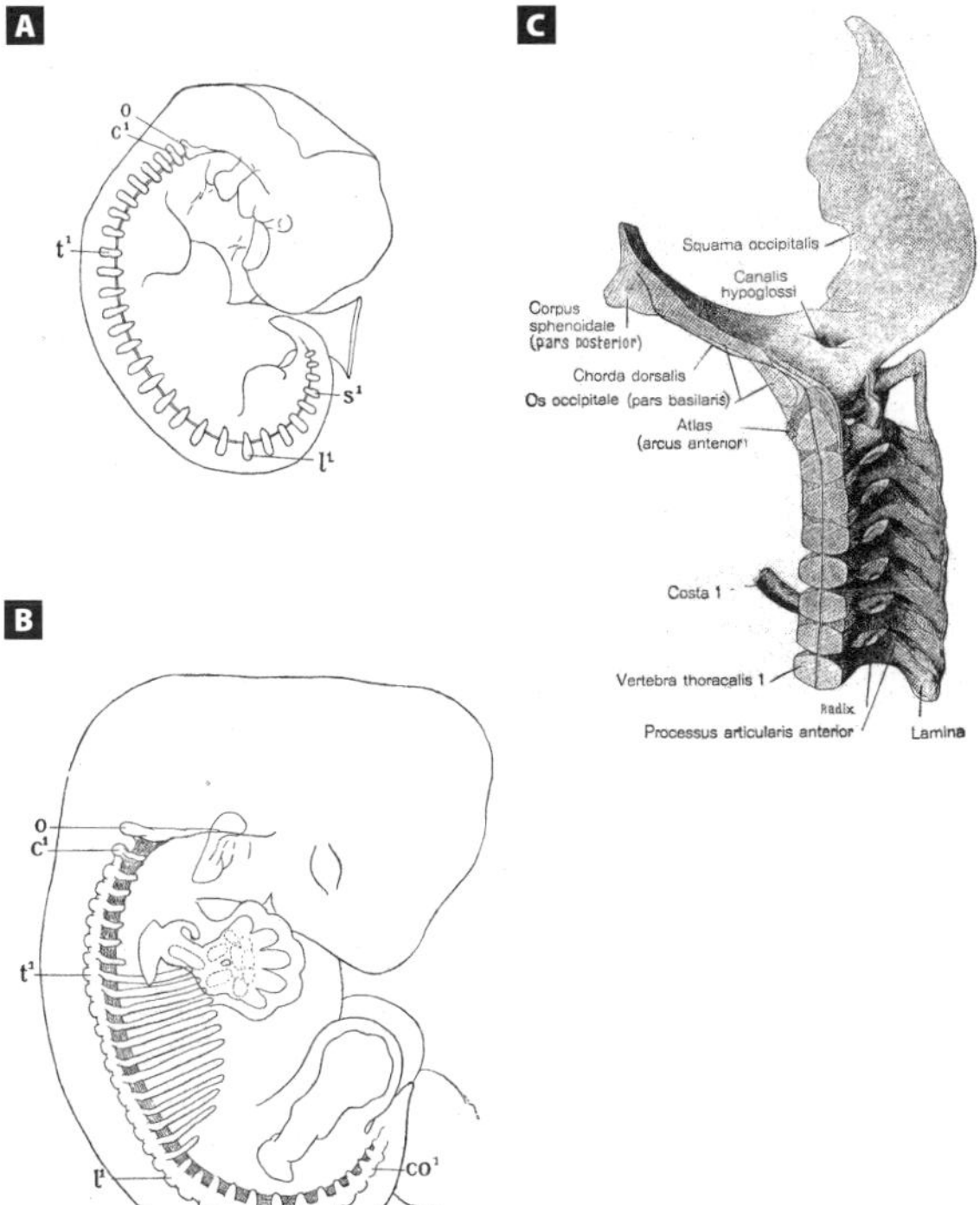

第二の問題は、ハクスレーの観察の及ばなかったところではなかろうかと私は考えている。[224] というのも、多くの顎口類の頭蓋において、それが後方で脊柱と連なる部分を「後頭骨（occipital）」と呼ぶが、これは傍索軟骨の一部として一見、無分節な軟骨素材のようにみえながら、骨化ののちに明らかになるように、それは紛《まぎ》れもなく「変形した椎骨」なのである（図2-4・6）。なるほど発生初期の軟骨性の頭蓋底のみを観察するならば、確かに底後頭骨は分節的に発しない。[225] が、骨要素となった外後頭骨は後続する頸椎の神経弓と明らかな形態的類似性を示す。後頭骨の椎骨的出自については、胚の組織学的観察が精緻化した二〇世紀以降、多くの証拠が蓄積している。そして、後頭骨

の正体についてはもはや、それが「変形した椎骨」であることについて疑いはなく、動物系統ごとにいったいいくつの椎骨がそこに参入しているかが問題とされるようになった（後述）。つまり頭蓋椎骨説は、少なくとも頭蓋の一部については正しいのだ。思えば、この後頭骨の形態こそが、オーケンをして椎骨説を思いつかせたのであり、その説をのちに棄却したキュヴィエは、後頭骨と椎骨の類似性を機能上の類似性に帰せしめたのであった。

後頭骨をもたらす椎骨原基は、とりわけ羊膜類の胚においてはあたかも頚の前方に位置した椎骨原基のような顔をして発生してくる。しかし、それは神経弓の形状についてのみいうことができ、さらにその神経弓様の軟骨（後頭弓：occipital arch）とても、そこにいくつの椎骨成分が含まれているのか、並みの観察ではわからない（図2-4・5）。発生のある時期、相並ぶ椎骨原基の間から発する脊髄神経[226]の通る孔が、椎骨原基の境界線を間接的に示しているのだともいわれるが[227]、その孔の数も融合を繰り返すことで発生の時間とともに変化する。

かくして、後頭軟骨の分節性は不明瞭であり、その分節的パターンも二次的にしかうかがい知ることはできない。それは現在でもそうである。それをはっきりさせるには、細胞を遺伝的に標識した体節を移植するような実験をするしかないが、いずれにしても、ハクスレーの時代にそのようなことができた道理もない。したがって、ハクスレーは理論構築の上では分節論の棄却に成功はしたが、データの現代的評価としてはとてもそれは成功と呼べるものではなく、結果、のちの世において組織学的観察方法が進歩し、様々な発生現象が報告されることによって、かえって分節論を盛り上げる結果となってしまった（後述）。むしろ、それこそがハクスレーの功績であったというべきかもしれない。そのことにより、形態を作り出す様々なダイナミズムやパターンの中に、研究者たちは分節やその相同性、そしてその変容の背景にある機構的要因に思いをめぐらすようになっていったのだから。

おそらく、第三の問題点が最も重要なところである。というのも、原型が観念である以上、「椎骨からなる頭蓋」という理解もまた一種の「なぞらえ」であり、それは頭蓋が椎骨そのものでなくとも、「ある見方をもってすれば、椎骨の寄せ集めともみることができる」という以上のことはいっていないからだ。それが椎骨でなくとも、「椎骨をもたらす原基と同等のものから頭蓋が出来れば、アナロジーとして頭蓋は椎骨の寄せ集め」ということができる。

無論、脊椎動物のある祖先において、もし、実際に脊椎動物の中軸骨格が椎骨だけからなっていたような状態が存在し、その前方のいくつかの椎骨が徐々に頭蓋に変形していったという経緯があり、化石系列の中にそれを追跡できるなら、それ以上に椎骨説を支持するものはない。しかし、進化を考えない観念論としての頭蓋椎骨説にとって、そのような決定的証拠ははたして必要だろうか。以降の章に示してゆくように、骨格形成が始まるはるか以前の頭部中胚葉が、初期胚において分節していたとしたらどうか。そして、そのような頭部分節が、椎骨原基と極めてよく似ているとしたらどうか。このようなことがあったとすれば、椎骨説の認識の背景には、前後軸に沿ってまず中胚葉分節が並ぶという、より深層のどこかに、骨や軟骨とは別の形を伴って分節パターンが成就していることになり、それがあるからこそ、頭蓋と椎骨には類似の分節パターンが現れるのだという理屈も確かに成り立つ。実際にこれ以降、サメ胚において発見される頭腔であるとか、一九八〇年代に物議を醸《かも》した「頭部ソミトメア」(後述)という、初期中胚葉にみられる「頭部分節類似物」はゲーテの椎骨説を蘇らせ、発生学バージョンの「頭部分節説」を盛り上げ、同時にいわゆる「頭部問題(head problem, Kopfproblem)」を世に定着させてゆく。分節的原型が観念であるからこそ、それは様々な形をとって我々の眼前に現象する可能性をつねに秘め、だからこそそのイデア論なのである。さらに、形態の下部構造となる様々な現象、つまり初期胚の細胞群の分布、それら細胞群における意味ありげなパターンを伴った遺伝子発現や、ほかの深層の発生プログラムを指し示すとおぼしき様々な分子細胞発生学データはみな等しく、分節性という同じ構造を備えたイデアとしての原型を孕《はら》む素地を有している。それは、一九九〇年代に生まれた進化発生学の歴史において、まさに実現することになる。たとえば、後述するＨｏｘコードやそれをもたらすゲノムの中のＨｏｘ遺伝子クラスターに、研究者は原型と同じレヴェルの絶対性、永遠性、普遍性をみてしまっている。が、「ツールキット遺伝子」や「マスターコントロール遺伝子群」と仰々しく呼ばれるものは、最初に造物主によって選ばれ、特別の機能を授けられた覚えめでたき遺伝子群などでは決してなく、むしろ安定化淘汰に代表される進化過程を通じ、二次的にその重要性を増したはずのものなのである。

頭部問題はつねに原型論という迷妄とともにあり、つねにイデアと実在の間で戦われる。しかも、その戦いは個々の形態学者の頭脳の中でも起こっている。ハクスレーは、形態学の歴史の中でも、最も早くこの迷妄から意識的に抜け出そうとした学者の一人だった。そしてまた、ハクスレーの功績は、頭部分節性の問題を思弁的な比較骨学の世界から、発生生物学の世界へと引き込んだことにこそ見出すべきである。それまで、骨と骨の間に形成される縫合線に分節の境界を見出そうと四苦八苦していた議論に、より一次的で本質的な発生プログラムのデコーディングという目的が加わったのである。いまや分節は、明瞭な「発生原基」として見出されねばならなくなった。分節の境界は、上皮の明瞭な折れ曲がりや細胞集塊の限界として見つけ出さねばならなくなった。形態をもたらす下部構造としての発生プログラム以上に、原型の実体としてふさわしいものがあろうか。ヘッケルが発生と系統進化の平行性を説き、ボディプランの変化と分類学の根幹が結合したことにより、頭部分節性は明瞭に、脊椎動物の祖先が持っていたであろう発生プログラムに言及しようとしていたのである。

ハクスレーの「クルーニアン・レクチャー」は、比較発生学による進化理解という新しい道を切り開いたが、それは比較形態学にも新しい息吹を与えた。すなわち、いま我々が比較発生学という名で理解している教養とはやや異なった分野を開拓したのである。のちに述べるように、比較発生学の主たる研究方法はいわゆる組織学、もしくは組織切片にもとづく三次元立体復元によるのであったが、一九世紀末まではそのような方法はまだ完備していなかった。したがって、それ以前の研究者は、ちょうどハクスレーが行ったのと同じように、胚をそのまま「解剖」することによるしかなく、実際そのようにして哺乳類の耳小骨の正体も明らかにされたのである。かくして形態学者たちは、比較骨学の問題として発した頭蓋骨椎骨説の検証に、発生学の力を導入すべく、脊椎動物後期胚の頭蓋、つまり「前成頭蓋（primordial cranium）」を観察の対象とし、様々な動物胚の頭部を丸ごと解剖し始め、そしてハクスレーの行ったように、神経頭蓋の中に椎骨を思わせる要素が発するかどうか、様々な動物において繰り返し観察したのだった。脊椎動物の前成頭蓋は、皮骨成分以外は、軟骨性の「脳を入れる器」としてみることができ、これを一般に「軟骨頭蓋（chondrocranium）」と呼ぶ。この語はそもそも胚の頭蓋のみを指していうものではなかったが、場合によっては軟骨頭蓋と前成頭蓋がほぼ同義で用いられるようになっていった。

椎骨説の生還

ハクスレーの「クルーニアン・レクチャー」の一時的な勝利にもめげず、頭蓋椎骨説は生き延びた。オーウェンは、レクチャーののちの一八六六年にもしつこく原動物の頭部を強調して教科書に再録し（図1–8）、綿密な比較解剖学から板鰓類[228]の鰓弓系に繰り返し構造があることを示したドイツの比較解剖学者ゲーゲンバウアーが、明瞭な進化思想に裏づけられた論文を発表し、比較発生学者ラーブルがのちにこれを支持した（Rabl, 1892）（後述）。これらの学説は、必ずしも進化論とともに生まれた分節論の発展型というわけでもない。それ以前においても、非進化論的な自然観においてではあったが、ラトケ、メッケル、ライヘルト、フォン＝ベーアらは、発生学的観察を通じて、脊椎動物胚頭部の中に咽頭弓や後頭骨原基を見出し、その分節パターンを強調してきたのであった。それが系統進化的意味での反復説の形式を借り、現代的な科学的議論に変貌したことこそ、ハクスレーの意義とみるべきなのである。

ハクスレー本人もまた、後頭骨と椎骨の類似性（それは正真正銘の系列相同性である）を否定しきれず、以前とは方針を一八〇度転換し、自ら頭蓋の耳の前の領域に四つの分節があることを認める説を発表するに至った。しかし、ハクスレーはこれらを「椎骨」とは呼んでいない。椎骨であった試《ため》しのない、何か別の分節だと考えていた。この「分節」状態を、体幹の椎骨も発生上経るのかもしれないのである。現代の観点からすれば、このような物いいは、最後まで自分の負けを認めない欧米研究者独特の典型的な悪あがきのようにもみえるが、進化形態学の議論においては、「頭部に椎骨が潜在的に存在するか」という問いと、「頭部は椎骨と同様の分節原基から発生するのか」という問いは、確かにまったく別のものなのである。かくして、「椎骨説信奉者」と「頭部分節論者」は厳密には同じではないということになり、続く数十年間にそれは証明されてゆくことになる。

一八六九年、ハクスレーは、椎骨ならぬ何らかの分節を実証するために注目すべきことは、骨格ではなく末梢神経であると説いた。彼にしてみれば、嗅神経と視神経は脳の一部にほかならず（これは、視神経についてのみ正しい）、それより後方にみえる神経が分節パターン、とりわけ咽頭弓の繰り返しパターンを反映するというのであった。典型的には、舌咽神経や迷走神経の枝が鰓裂をとり囲むように、三叉神経の第二、第三枝も口の上と下に対応し、そして上顎骨や梁軟骨に付随するのが三叉神経第一枝の内外の枝なのであるという。ここに、脳神経の中に鰓弓神経という特定のグループを区別する第一段階が印されている。そして、このような考察が、顎前弓としての梁軟骨の位置づけにも繋がってゆく(後述)。つまり、ハクスレーによれば、脊椎動物の頭蓋には腹側に咽頭弓が付随し、口の前には上顎骨と梁軟骨、口の後方には下顎突起や舌骨弓、そして鰓弓が並び、これらを支配する三叉神経、顔面神経、舌咽神経、迷走神経が咽頭弓や咽頭裂に対応した繰り返しパターンを示す。その翌々年に発表されるゲーゲンバウアーの頭部分節セオリーはある意味、このハクスレーによる鰓弓神経の繰り返しの発展型ということができる(後述)。

いわばハクスレーは、頭蓋分節説として生まれた頭部問題を、頭部中胚葉分節説として変貌させた学者の一人である。この意味で、ハクスレーは、頭蓋分節説として生まれた頭部問題を、頭部中胚葉分節説として変貌させた学者の一人である。この意味で、ハクスレーはラトケやライヘルトなどの、ドイツ比較発生学派の系譜にある。それは、組織切片を作る技術が確立していなかった頃の論文の描画をみれば自ずと明らかだが、この一九世紀前半、脊椎動物の比較形態学と比較発生学においてパラダイム・シフトが徐々に生じていたことに気をつけねばならない。つまりは、進化論にもとづいた検証、もしくは証明すべき対象と、その手続きに変化が生じているのだ。ロマン派自然哲学の範疇にある、比較骨学としての椎骨説においては、実際の頭蓋骨をばらしては、提示されたイデアとしての原型が適切なものであるかどうかをめぐる検証が行われていた。目の前の頭蓋が手持ちの原型と合致しないのであれば、そのモデルは棄却されるという、経験にもとづいた比較がその本分であった。先にも書いたように、比較形態学の問題を比較発生学へと導いたのは、反復説という、いまだ証明されていない仮説体系であった。この危うい進化系統学的パラダイムの上に当時の比較発生学は乗っており、以下にみてゆくようにそれはときとして胚を対象とした新たな原型論をも生み出していった。

このようなパラダイム・シフトは、実験を行う者にとって本来的にはつねに意識しておくべきことである。形態進化を理解する形態学的方法として、頭部問題はあらゆる時代、つねに先陣を切って突っ走ってきたが、それは実は現在でも、進化発生学における「ボディプラン進化の理解」というテーマとして生き残っている。それは、「脊椎動物における頭部中胚葉の分節性の有無」、「ナメクジウオ胚における索前板の有無」、「分節形成シグナリングの最も原始的な姿は何か」、などなど、実に種々様々な形をまとっている。そして、「左右相称動物における体節性が単一起源のものか、あるいは複数回独立に生じたのか」という問題にその典型をみることができる。ここで重要なのは、進化発生学が必ずしもかつての比較形態学発生学の流れの中で発展したものではなく、本来、比較発生学と袂《たもと》を分《わ》かった実験発生学（発生機構学）が分子遺伝学の技術を得、その副産物として生まれてきたという経緯である。したがって、それら異分野の申し子としての進化発生学にも、検証のための「実験」という作法が不可避的に存在せざるをえない。しかし留意すべきは、それが本来実験発生学のスピリットにおいてこそ不可分に機能していた作法だということなのである。

正常発生において働いているであろう機構についての仮説を立て、発生の特定の擾乱を与えることにより、その仮説を検証するという典型的な行為は、いうまでもなく正常発生の機構を知るためにある。ならば、進化の証明にはそれは本来使えない。実験発生学の実験スピリットと同じアナロジーを用いるのであれば、進化発生学は、祖先の発生プログラムに生じた何らかの（予想される）変化が、子孫の形態を斯《か》く斯《か》く云々《しかじか》のごとくに変化させたという何らかの仮説を検証できなければならない。しかしながら、実験発生学と分子生物学の手法によって遂行することができるのは、発生プログラムのシフトがもたらす、「個体における表現型の変異」でしかない。これを進化的文脈に読み替えるために必要となるのは、同様の表現型のシフトの背景に、当該表現型を正常に発生させるために機能している、同じ一つの遺伝子群からなる特定同一の作用機序に変化が生じたためであるとする、いわゆる「表現型模写」の概念であり、これがなければ、進化発生学はそもそも成立しない。その意味で、現在の進化発生学者にとっての表現型模写は、当時のハクスレーにとっての反復説と同じく、パラダイムの橋渡しをする概念装置として機能している。いうまでもなく、反復説が「形態学的認識にもとづく、諸現象からの類推」であったように、表現型模写も、その実体をすべて記述しえていない、ゲノムの持ちうる、一つの予想される作用の仕方にすぎない。つまるところ、我々はまだ、このシフトを脱しえてはいない。それをこそ、ハクスレーの業績にみるべきなのである。

【コラム】——パーカーと軟骨頭蓋解剖学

ハクスレーと同様、脊椎動物前成頭蓋の比較形態学を行った初期の学者の中でも、草分け的存在といえるのが英国の比較解剖学者、パーカーであり、ドイツの解剖学者、ヴィーダースハイムとともに教科書を著したほか、原始的ないくつかの哺乳類や円口類の頭蓋、軟骨頭蓋の記述で名を知られ、特に円口類の成体の軟骨頭蓋に関して、この時代のものとしては極めて緻密な記載を彼は行っている（図2−7）（Parker, 1883a,b）。一八七七年、パーカーはベタニーとともに『頭蓋の形態学（*The Morphology of the Skull*）』というモニュメンタルな教科書を出版している。平明に書かれ、のちのド＝ビアによる大著『脊椎動物頭蓋の発生（*The Development of the Vertebrate Skull*）』（1937）や、ジョリーによる『脊索動物の形態（*Chordate Morphology*）』（1962）の雛形となったこの教科書は、そのタイトルにそぐわず比較発生学的な内容のものであり、全体的にはハクスレーの反復論的進化論にもとづいた科学精神を範としており、動物の系統樹を意識しながらも段階的に並べられた動物群それぞれを代表する種の後期胚における前成頭蓋が順次記載され、当時の頭蓋形態学の規範ともなっている。が、末尾に至って自然神学的ニュアンスの極めて濃厚な美辞が連なり始める。そのいうところによれば、「胚はそれ自体が歴史の凝集を代表すると同時に、自然の偉大な力を学ぼうとするものに対しては大いなる形態形成の秘密を明かしてくれる存在でもあり、そうすることによって進化の歴史の最初から最後までを作り上げたもうた造物主の壮大で深遠な英知を教えてくれてもいる」。そしてまた、「これまで観察されていない新しい動物胚の観察を行うことにより、造物主の偉大な技がもたらした完璧さと美にさらに一歩近づき、それをさらに深く知ることになる」という。現代の科学のスタイルに慣れきった我々は当惑と失笑を禁じえないが、おそらくそれが当時の標準的な英国科学者というものであったのだろう。神を想定するか否かにかかわらず、進化論が成立しうることはすでにラマルクが証明している

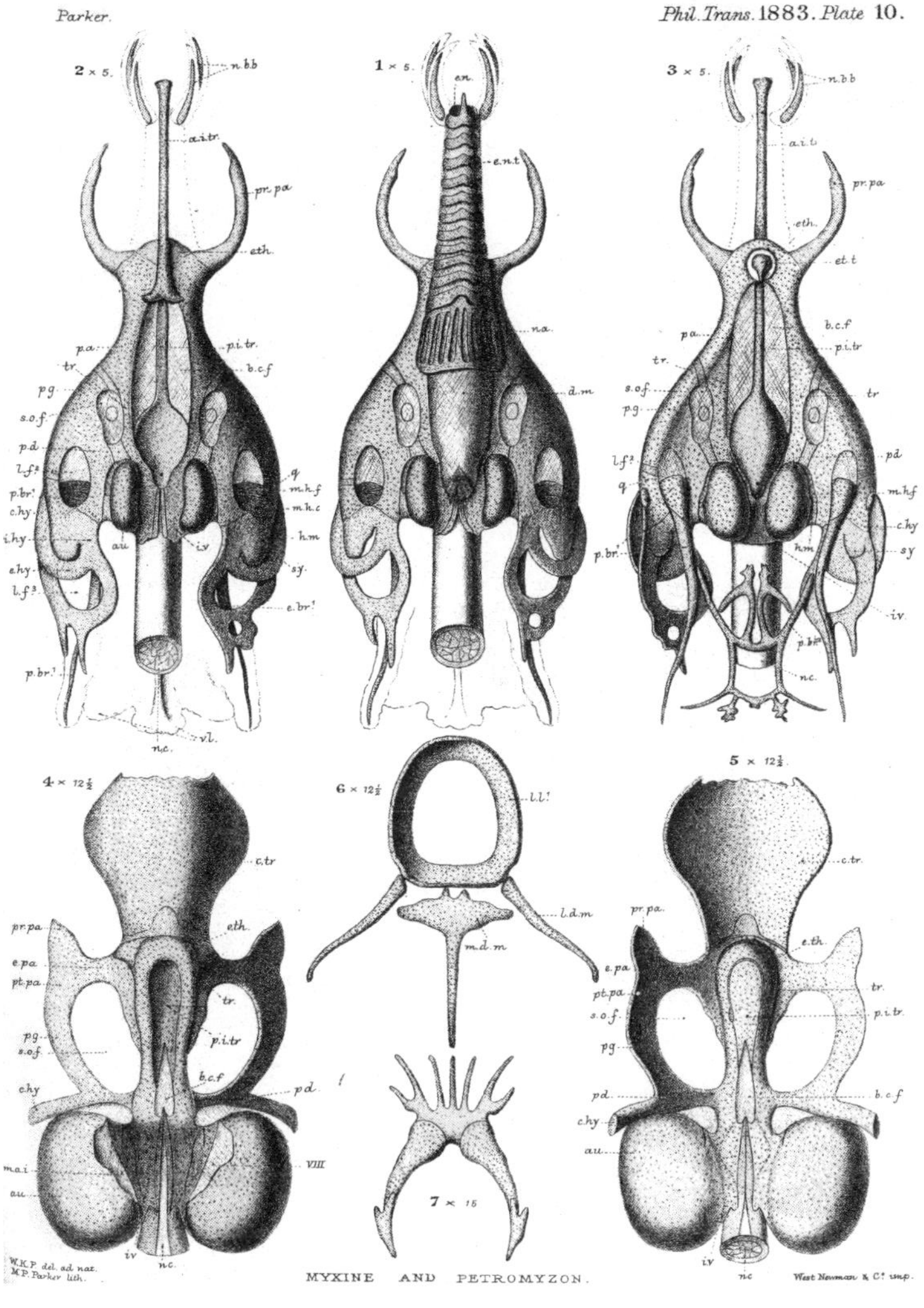

図2-7▶パーカーの円口類の軟骨頭蓋についての論文より。上はヌタウナギ成体の軟骨頭蓋、下はヤツメウナギのアンモシーテス幼生の軟骨頭蓋を示す。Parker（1883b）より。

ことである。

とはいえ、確かに頭蓋の形態学には、ほかの比較形態学や比較発生学にはない、何か曰くいいがたい独特の「美学」が付随しているという思いだけは禁じえない。それこそが、この学問分野を成立させているといっても決して過言ではあるまい。なぜ、ことさらに頭蓋なのか？　なぜ、ゲーテやオーケンは動物の死骸から頭蓋を拾い上げたのか？　なぜ、頭蓋の特殊な形態に対し、体幹のそれが無根拠に「デフォルト」として置かれるのか？　比較形態学のようでいて典型的な形態学ではなく、さりとて比較発生学でありながらそれを明白に「形の学」だといい切るこの書は、間違いなく「脊椎動物前成頭蓋の進化形態学」という独特の研究分野の成立を声高らかに宣言している。そして、ここでなされている発生観察は、特定の骨や軟骨要素が、初期胚のどの細胞から由来するかという問題に答えることではまったくなく（それは所詮、当時の技術では無理な相談であった）、むしろ脊椎動物各種の成体において多様に特殊化した骨格形態を、発生時間を少しだけ遡ることでタクサごとに一般化したタイプとして認識することが可能となり、そのような観察を通じて骨格要素の相同性を確認するということであった。つまり、そのままでは奇妙な形のオブジェとしかみえなかった軟骨の塊に区画を設け、意味のある塊を抽出し、統一的な名を与えて相同性の基盤とするためには、成体の頭蓋ではなく、出来上がる一歩手前の状態が理想的なのである。このような意味で用いられている「発生（Development）」という言葉は、おそらく現代の発生生物学者からみれば、極めて奇異なものと映ずるに違いない。

成体の頭蓋をみるだけでは明確ではなかった進化的変容も、軟骨頭蓋の段階では確認することができることが多い。この事実もまた、反復説という半ば先験論的感覚に根ざした発生と進化の関連を、形態学的経験として当時の形態学者に定着させるのに役立っていたことであろう。これと比べたとき、理論や考察のみをもって反復説を論破したと豪語する現代の生物学者の態度こそ、むしろ滑稽に映る。このような作業を通じて成立した各種軟骨塊に与えられた名称、すなわち、いまでも用いる「梁軟骨」、「傍索軟骨」、「口蓋方形軟骨」、「耳前柱」などの名辞はこの書において定着し、それらによって示された骨格要素が脊椎動物後期胚におけるほかの主要な器官構造（動静脈、脊索、感覚器、筋原基などなど）と、どのような相対的位置関係にあるかということが確認された。つまり、頭蓋という不定形の骨格構造が、科学的に「言分《ことわ》け」されたのだ。ジョフロワ以来、相対的位置関係こそは、諸構造の形態学的同一性を約束する最も重要な要因であったし、それを基盤として形態学は誕生したのであった。このような作業を通じた相同性の発見が目的である以上、それは確かに典型的な発生学ではなく、むしろ形態学といった方がよりふさわしい。この基本的姿勢は、それから六〇年後に執筆されるド＝ビアの著書において寸分違わない形で繰り返された。その意味においてこの書は、頭部分節性の謎を「椎骨の有無」という、その本来の問題として扱うものなのであり、それがこの書と同年に発見されたサメ胚の中胚葉分節（後述）をめぐる比較発生学と一線を画する理由ともなっている。

美しい頭蓋骨の形を発生過程の上でほんの少しだけ遡り、秘密のベールを剥いで形態学の神の知恵に触れる……それがこの独特の分野、「頭蓋形態発生学」誕生の動機であった。そしてそれが形態学と発生学の橋渡しとなった。なぜなら、我々が細胞や遺伝子のレヴェルで理解する発生現象が、実際に目にする動物の姿となってゆく形態の論理を約束するのがこの、「変容する形に通底する最も基本的なパターンを抽出して記述し、骨格モジュールの関係性として留める」ことを目論んだ頭蓋形態学なのであるから……。かくして、頭蓋発生学は発生学の名に反して「静的」である。それは、後期咽頭胚期以降に出現する骨格原基を相手にするからにほかならない。咽頭胚期以前であれば、細胞の移動や成長により、原基と原基の相対的位置関係が変化するイベントがいくつも生ずる。しかし、後期咽頭胚以降は、その意味では成体と同じレヴェルで静的なのであり、比較形態学的なアプローチが応用可能なのである。

時代を下り、この学問の流れは、ガウプ、ハイマン、グッドリッチ、ド＝ビア、シュタットミュラー、ジョリー、プレスリー、スウェーデン学派のホルムグレン、ジャーヴィック、ビエリングらに引き継がれてゆく。かくして軟骨頭蓋は、相同性の適用範囲を明確にするほどには充分に形態学的なのであると同時に、そこで認識される骨格モジュールが、そしてその形態や配置が、成体にみる形態的多様性の出発点となる、という意味においては充分に発生学的でもあるような、そのような両義的存在なのである。このようなわけで、

当時、比較発生学には二種のものが同時に存在していた。我々がいま、広義の「比較形態学」と呼んでいるものと、そしていまでもあたり前のように「比較発生学」と呼んでいるもの、である。そして頭部分節性の問題に関する限り、ハクスレーはいわばその両者の生みの親と呼んでも差しつかえない。

分節の起源

ゲーテやオーケンの第一期頭部分節論争が比較骨学の問題であったとするなら、比較解剖学と比較発生学を舞台にしたその第二期は、紛れもなく発生する胚における「中胚葉」を問題の中心に据えていた。そしてそれはいまや、明確に進化的ヴィジョンとともにあった。つまり、頭部にみられる椎骨の原基を見出そうというなら、それは頭部中胚葉の分節として見出されねばならず、それを最初に獲得した祖先を特定せねばならない。それから派生する二次的要素として、筋や、それを支配する末梢神経、そして果ては中枢神経の分節性までをも問題としてとり込んでゆくことになるのだが、つねにその根幹には頭部中胚葉の分節性の問題が控えていた。中胚葉が主役になった背景には、当初、外胚葉に由来する頭部神経堤細胞も骨格を作るということが広く知られていなかったことも手伝っているが、同時に、中胚葉がしばしば周囲の構造に対して分節パターンを与えることのできる一種の誘導原、あるいはプレパターンを示すものとして漠然と認識されていたことがおそらくは大きな要因となっている。無論、後者の問題は、実験発生学の助けなしには理解できない（第5章）。

◉——分節と体腔

そもそも比較動物学において「分節」とは、「中胚葉性体腔（mesodermal coelomic cavities）」のことだと考えられていた。つまり、動物のからだの中に浮いている中胚葉の膜で包まれた風船のような構造としての分節である。したがって、サメの胚に見つかった「頭腔」（後述）が脊椎動物の頭部分節理論において注目されたのは偶然ではない。むしろ、左右相称動物の分節性の本質が上皮性体腔であるという基本概念は与えられていた。[229] 中胚葉そのものは、もともと外胚葉と内胚葉の間に挟《はさ》まれた間葉として発し、そこから二次的に上皮性体腔が発したと思われていたため、とりわけ無脊椎動物の比較形態学において、「間葉（ばらばらの細胞の塊）」と「中胚葉」がほぼ同義として用いられることが多くあった。その傾向はいまでも残っており、脊椎動物の神経堤に由来する間葉を「外胚葉性間葉（ectomesenchyme）」と呼ぶことがあるのは、そのような慣習の名残である。

脊椎動物の組織学においては、「間葉」の語に胚葉の意味はない。それはむしろ細胞のあり方についての一般的な呼び名であり、細胞が強く結合してシート状となった「上皮」に対比される、不規則でバラバラの細胞集団の状態をいうにすぎない。中胚葉性の分節や、その前駆体としての体腔の起源、あるいは発生様式の分類についてはほかにも様々な説がある。たとえば、動物のボディプランの進化をグレード的にとらえ、間葉状の中胚葉が、上皮性体腔へと進化する傾向を見出して、後者のような動物を「真体腔動物」と、グレードの高い動物群として認識した時代もあったが、現在ではこれは認められてはいない。むしろ、中胚葉が最初から体腔上皮としてもたらされたという説もある。いずれにせよ、混乱していた中胚葉の形成過程を最初に整理しようとした学者の一人は、再びあのトマス・ハクスレーである。

ハクスレーは一八七五年、動物界に見られる体腔には総じて三つの型があると論じた。それは、発生様式によって分類されるもので、中胚葉のシートから葉裂や脱上皮化を経て作られる「裂体腔（schizocoel）」、原腸上皮からの突出によって作られる「腸体腔（enterocoel）」、そしてとりわけ原索動物の囲鰓腔に伴って発生する「上体腔（epicoel）」である。[230] 現在では、これらのうち裂体腔と腸体腔がまだ一般的に用いられる。同年に比較動物学者、レイ・ランケスター[231]は、進化的に起源の古い「一次胚葉」としての内胚葉から二次的に生ずる中胚葉性体腔が、一種のグレード的進化段階の表徴であると論じた（Lankester, 1875）。中胚葉を持つことは、それを持たない動物に対して進歩的だというこの考えは、そののち二〇世紀中盤までの比較動物学を支配した。

ランケスターにしてみれば、体腔を生ずる脊椎動物の側板中胚葉だけではなく、脊索や体節なども原腸から生ずる二次的な上皮性の構造物であり、そのそれぞれが別のタイプの体腔を示していた[232]。つまり彼は、外胚葉や、その陥入によって作られる内胚葉が一次的な胚葉を示すのに対し、中胚葉はあくまで二次的に原腸より派生した新しい胚葉であると言い、この中にいわゆる中胚葉だけではなく、脊索動物（脊索が出現する動物：ヘッケルが命名）（Haeckel, 1874）の脊索をも含めていた。このように、分節性の獲得に先立ち、分節より一次的で、より重要なものが「体腔の獲得」であるとされた。そして、ハクスレーと同様、分節や体節というものはそもそも体腔性の構造として獲得されていたと考えられた[233]。が、体腔の起源それ自体について、それが最初に現れた明確な祖先や、体腔がもたらされるに至った何らかの変形の過程が説明されることはなかった。このような理解が、バルフォーによる板鰓類胚の「頭腔発見」前夜の状況であった。

◎――バルフォー、マスターマン、セジウィック

ハクスレーやランケスターのあとを継いだのは、バルフォー（後述）やマスターマンなど若い世代の学者であった。フォン＝ベーアの顰《ひそ》みに倣《なら》い、あらゆる動物の発生を自分の目で観察したバルフォーは、それまで誰もゆき着かなかったような極端な考えを持つに至った（Balfour, 1881）。つまり彼は、すべてのボディプランをもたらすような、一般的・根源的なパターンを持つ動物胚を考えたのである。この考えは、ジョフロワの「型の統一理論」に類似するばかりか、ヘッケルのガストレア説、すなわち動物の共通祖先として二胚葉性の刺胞動物的パターンを想定した仮説さえ彷彿《ほうふつ》とさせる。バルフォーによれば、それは刺胞動物のような形状の動物であり、腹側に口の開いた放射相称のパターンを持ち、丸いからだの周囲には繊毛帯を備えていたという。このような動物の口が二次的に口と肛門に分離し、前後方向性を付与された消化管の両極にそれらが開き、さらにこうして出来た腸管がからだの左右に一対の体腔をもたらしたと考えた。このような状態は実際に、環形動物のトロコフォア幼生や、後口動物にみられるディプリュールラ幼生にみることができる。このような移行に際しての中間形として、バルフォーは腸腔に四つの隔壁を持つクラゲのような動物を考え、この隔壁が腸体腔へと変化し[234]、それに伴って左右相称動物が成立するとした（西村

1983に要約)。ちなみに、このような議論を可能にする系統的関係として、いわゆる動物(metazoans)が、原生生物のいずれかの系統に発した単系統群であることはいまでは認められていることである(Ruiz-Trillo et al., 2008)。

このバルフォーの考えにもとづき、同時にランケスターの比較形態学や、ヘッケルによって発展させられたガストレア説に大きく影響を受けたセジウィックは、中胚葉性の分節的体腔の起源を、腸管からの「くびれ」に求めている。この考えは、もともと渦虫類の観察から体節の起源を考えたラングの説に祖型を求めることができよう(当時、ヒモムシ類から脊椎動物を導こうとしてヒュプレヒトのユニークなセオリーについては、第6章のコラムを参照のこと)。セジウィックによれば、祖先的動物としてヒントにすべきはむしろ、刺胞動物のうち、サンゴやイソギンチャクを含む花虫類(Actinozoa)であり、しかも系統的な考えに沿って、花虫類そのものではなく、花虫類とほかの左右相称動物をともにもたらした共通祖先を考えるべきであると述べている。そのような祖先がまさに、ヘッケルの考えたガストレアそのものなのである。そして、最初にヘッケルが想定したように、このガストレアの口が左右相称動物の胚に現れる「原口」に相当すると、セジウィックは考えた。

左右相称動物のからだを導く上で、セジウィックはガストレアの原腸が前後に引き延ばされ、亜鈴状となり、その中央の縁が融合して前後に口と肛門をもたらしたと想定した。そのような発生過程が実際に存在することについては、カギムシ(*Peripatus*)を例に引いて図示している。つまり、脊椎動物を含む左右相称動物の口と肛門は、刺胞動物的状態の祖先における口から由来したというのである(図2-8)。さらに、ナメクジウオを含む多くの左右相称動物における中胚葉性の分節が、発生的に原腸からのくびれとして生ずることと、花虫類の腸に複数の「袋(嚢状構造:gut pouches)」が膨出している状態を比較したのである。つまり、体節はガストレアにおける原腸に生じた袋に由来するというのである。端的にこの説の骨子を表現すれば、「三胚葉動物(すなわち左右相称動物)の分節は、非分節的な左右相称動物からではなく、二胚葉動物の腸管から生じた」ということになる。動物の系統進化に厳格であったセジウィックは、「すべての左右相称動物が腔腸動物(いまでいう刺胞動物)から導かれるというのではなく、腔腸動物と左右相称動物をともにもたらしたのがガストレアなのだ」と強調している。

上のような分節の進化的起源を考えたセジウィックにとって、中胚葉分節の成立は動物体における酸素の供給、栄養の循環、老廃物の排出がどのように論理的に導かれるかという、機能的変遷の上から極めて整合的なものである。つまり、この考えは、血管系や独立した呼吸器、排出系を持たず、口と肛門を兼ねた単一の孔しか持たない動物が、いかに精緻なボディプランを獲得できたかを説明する、優れた仮説である。これは以下に述べるマスターマンのモデルと類似するだけでなく、細胞形態学的、分子生物学的な根拠を得て、現代のデトレフ・アレントら（Arendt et al, 2015）の研究に受け継がれている。彼らはとりわけ、エディアカラ動物群に属する化石動物、ディッキンソニア（*Dickinsonia*）に注目し、それが嚢状構造を発達させた、ヘッケルの想定したガストレアに次ぐ段階の動物である可能性を問うている（図2−9）。これが正しければ、「ガストレア説」に代わる、新たな動物起源論となるであろう。

箒虫動物のアクチノトロカ幼生の観察から分節の起源を問うたマスターマンは、セジウィックと同様、バルフォ

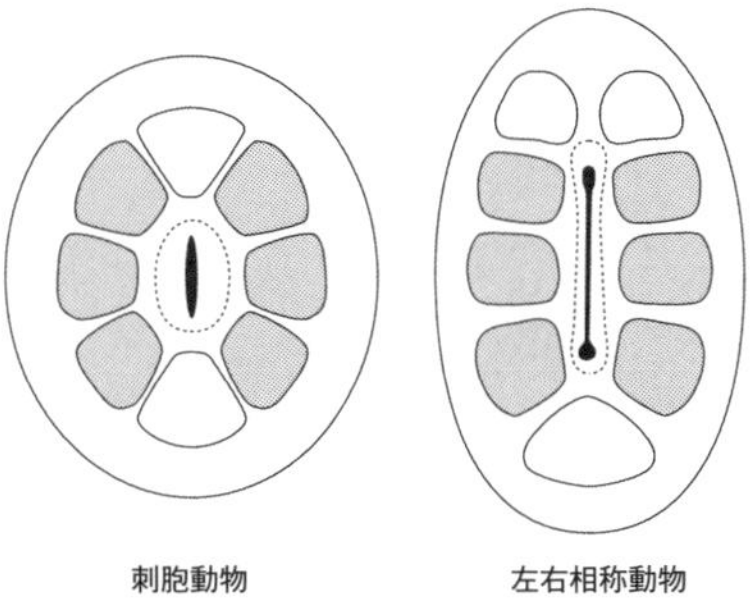

図2−8▶刺胞動物と左右相称動物を繋ぐ。左は刺胞動物の発生パターン。イソギンチャクの仲間、*Namatostella*の後期プラヌラ幼生にこのような形がみられる。右は左右相称動物における一般化された胚発生パターン。原口から前後軸の両極に口と肛門が作られることを示す。このような形態パターンは実際にカギムシの発生に現れる。灰色に塗った「gut pouches」は対をなし、*gbx*遺伝子を発現する。Arendt et al.(2015)より改変。

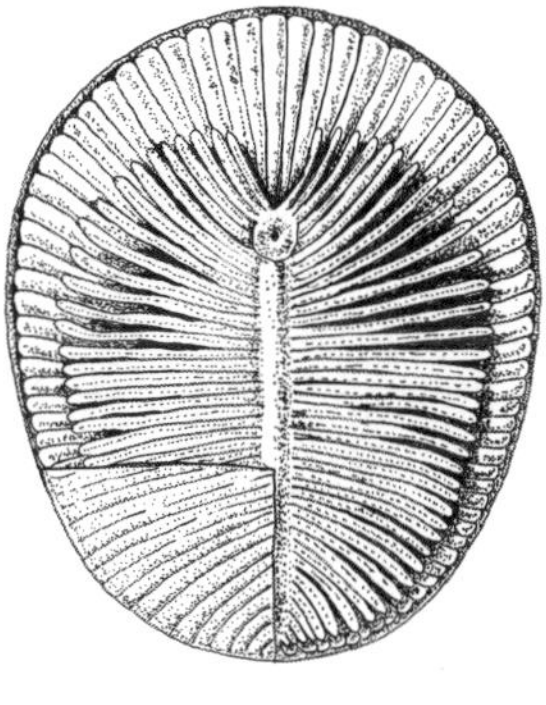

図2−9▶ディッキンソニア。Dzik(2003)より改変。

ーによる説に大きなヒントを得ている（Masterman, 1898）。二〇世紀の比較発生学研究以前の段階では、アクチノトロカ幼生と、半索動物ギボシムシのトルナリア幼生との類似性が強調されることが多かった（いまでは、これらの系統関係は認められてはいない）。マスターマンによれば、前後方向に伸びる原腸の両側に出来る体腔は三対ある（図2−10・11）。そして、このようなパターンが実際にバルフォーの考えた仮想的なクラゲから導出できると指摘し（図2−12）、多くの無脊椎動物の胚に三対の体腔が存在することも示した。バルフォーやマスターマンの進化シナリオでは、刺胞動物と体腔性動物の間に扁形動物的段階が挿入されることはない。

マスターマンはまた、動物グループごとに異なった体腔やその隔壁があることにも気がついていた。たとえば、筋が明瞭な分節的筋節のパターンを示していても、体腔が同じようにつねに分節しているとは限らない。脊椎動物についていうならば、体腔は原則的に側板中胚葉の由来物であり、その一方で骨格筋や体幹の骨格要素はほぼすべてが、分節的に分断された「体節」に由来する。マスターマンによれば、進化の上で最初に生じた分節性は体腔の分節化であり、ディプリュールラ幼生に典型的な形をみる三体腔型幼生の、前後に並んだ「前体腔（protocoel）」、「中体腔（mesocoel）」、「後体腔（metacoel）」は二次的にクラゲにもたらされた前後軸上に出来たとされた（Masterman, 1897, 1898）（しかし実際には脊椎動物の体節も体腔の一種である）（図2−12）。ちなみに、コワレフスキーギボシムシ（*Saccoglossus kowalevskii*）での発生研究によれば、これら中胚葉上皮性体腔は原腸上皮に局在したFGFシグナル応答能領域として、すでに初期内胚葉の上にパターンされている。つまり脊索動物と同様、半索動物においてもFGFシグナルは「permissive inducer」、つまり許容的誘導の源として、中胚葉の成立に中心的役割を担うのである（Green et al., 2013）。

マスターマンは右に述べた三体腔の中でも特に、後体腔が二次的に前後方向に分節化し、環形動物にみるような、からだをすっかり充填し分断するような体節を生み出したと考えた（図2−12）。このような体節はグートマンいうところの「静水力学的骨格系」を構成するであろう、そしてこの完璧な隔壁は、現在みる多くの動物では二次的に消失してしまっているであろうと考えた。脊索動物も同じように進化したが、ここではとりわけナメクジウオの側憩
●235 室（anterior gut diverticulum）が前体腔と相同であるとされ、ナメクジウオの第一体節（マスターマンによる第二体節）は中体腔と

相同とされた。[236]

ここに要約した体腔に起源する分節と、体腔それ自体の起源は、シュタルク（Starck, 1978）やレマーネ（Remane, 1950）など、ドイツの動物形態学者を中心に二〇世紀後半になってあらためて紹介された[237]（図2-12）。総じて「腸体腔説」と呼ばれるこの考えにはいくつかの亜流があるが、基本的には二胚葉性の刺胞動物のような体性からどのように前後軸を作り出し、分節化した体腔をもたらすかという説明になっている。それによると、放射相称のパターンを持つ有櫛動物の腸には実際に四つの隔壁があり、これが三対の体腔を作り出すことも可能だという。するとこれはマスターマ

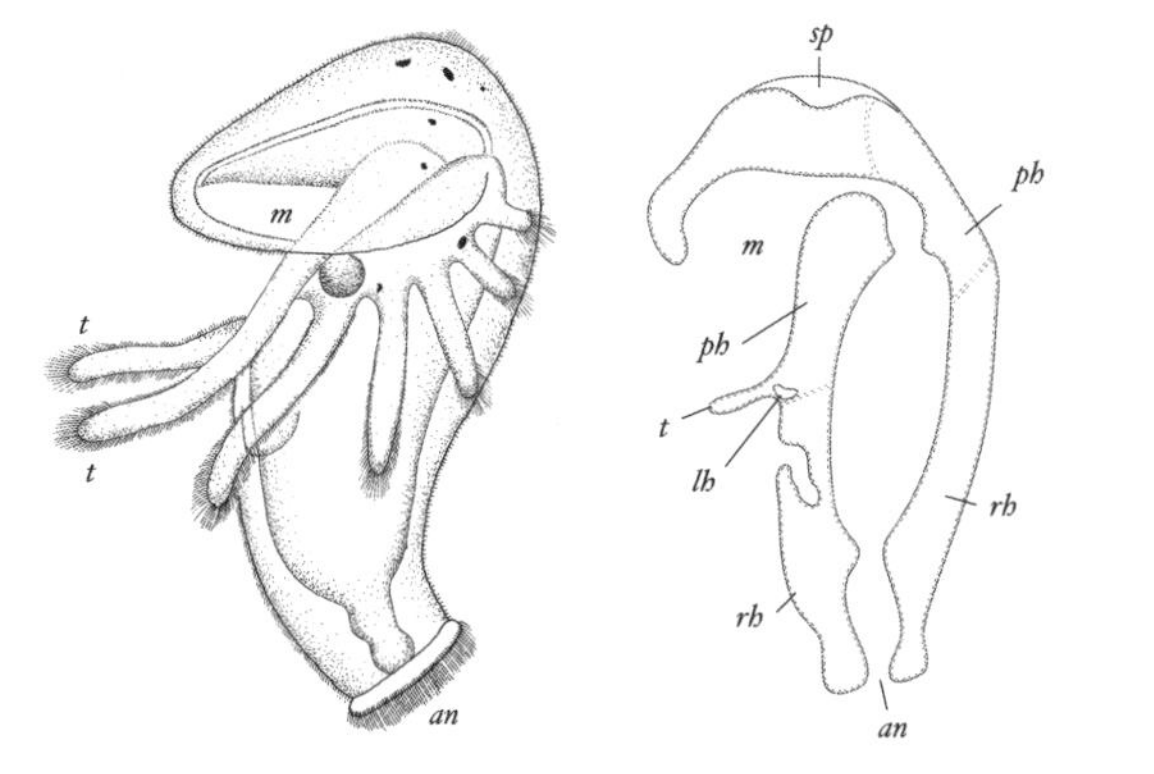

図2-10▶箒虫のアクチノトロカ幼生。外観（左）と断面図（右）。

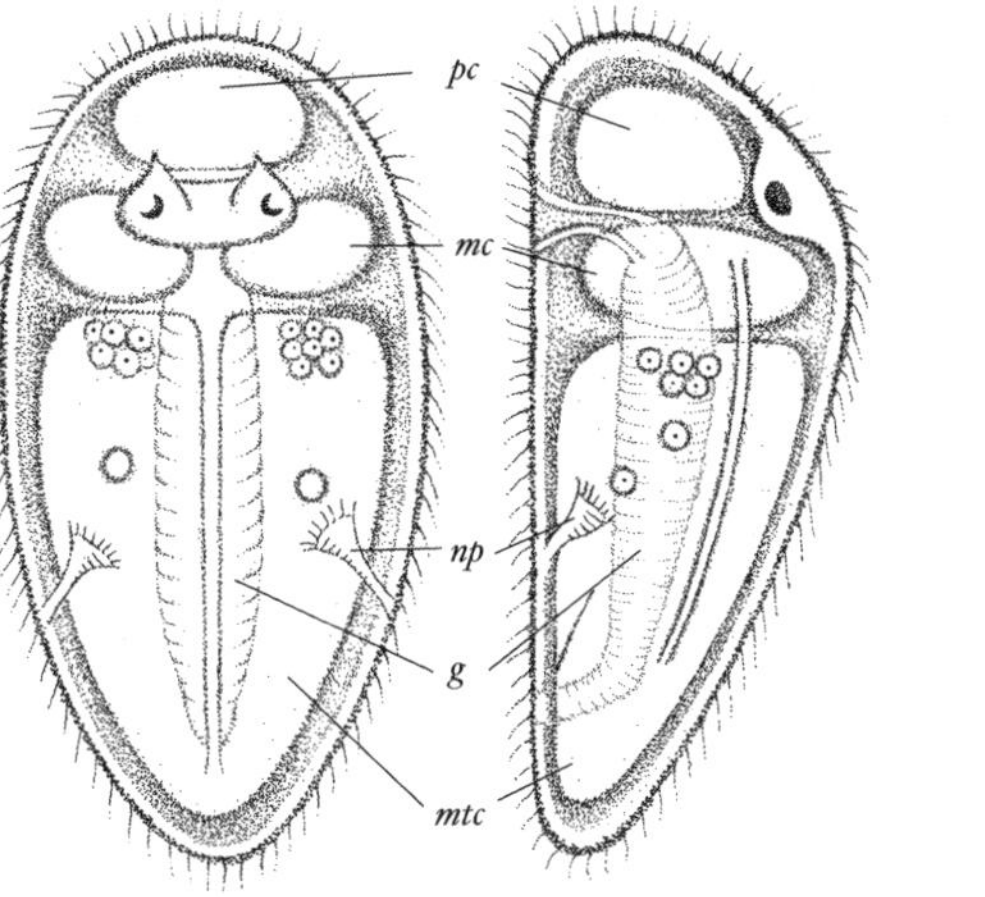

図2-11▶3種の中胚葉体腔を備えた左右相称動物の仮想的祖先。レマーネによる原初の左右相称動物。前から後ろへ3対の体腔、前体腔（*pc*）、中体腔（*mc*）、後体腔（*mtc*）が存在する。Remane（1967）より改変。

ンのいう通り、ディプリュールラ幼生（後口動物に本来特徴であると考えられる幼生型）にみられる典型的な三体腔と同じものということになる。一般にそのうちの前方の二つが退化消失し、後方の体腔、すなわち後体腔、が二次的に分節化して出来たものが後口動物における体節だと説明される。ここでは、第三の体腔の後方に成長点（幹細胞）が形成され、体節が後方に追加されてゆく。さらに、環形動物のボディプランにおいては、幹細胞のみが分節的体腔の形成に関与し、当初の三対の体腔からなる幼生の身体は頭部にすっかり残されていると解される（Remane, 1950, 1963ab）。すなわち、マスターマンとは異なり、レマーネによれば、分節的体腔というものは二次的な状態にすぎない。その印象は右に述べた実際の環形動物における体節の発生にもとづいている。そして、それは脊椎動物についても同じことである[238]。それでもレマーネは、すべての体腔動物を導き出したと思われる仮想的な祖先を描いた（Remane, 1967）。それは繊毛帯こそ持ってはいないが、あたかもディプリュールラ幼生から由来したもののようにみえる（図2-11）。

レマーネの学説は、彼の同時代人のウルリッヒのものによく似る（Ulrich, 1950）。ウルリッヒは体腔と分節性の観点から後生動物の系統樹を復元した研究者である。この図式によると、最も原始的な体腔は、現生のクラゲを思わせる放射相称の祖先を想定していた。ここから直接導かれた原始的な体腔動物としては、棘皮動物、半索動物、箒虫動物、そして毛顎動物が含められる。そして、脊椎動物のように背側に中枢神経を持つ動物と、環形動物や節足動物のように腹側にそれを持つ動物群は、これら原始的な体腔動物のいずれかから、それぞれ独立に発したと考えられた。このような系統的図式は、拮抗的な分子対、ＢＭＰ／ＤＰＰ（Chordin/Sog）の作用にもとづいた、共通の背腹軸特異化機構が祖先に存在していたという、現在の理解ともある程度整合的である。

少なくとも、現在認められている動物門の系統関係と、右に紹介した体腔の起源に関する学説との間に大きな矛盾はない。これに基づけば、刺胞動物のような祖先から、新しい二次胚葉として、上皮性体腔という形をとった中胚葉が得られ、それが左右相称動物の共通の祖先となっていったというシナリオを描くことができる。実際この説は、先に言及したウルバイラテリアの形態パターンとも矛盾しない。そして、環形動物の体節と脊索動物の体節は相同ということになるのかもしれない。それでも、このシナリオにはまだ埋まらない謎が残っている。歩帯動物

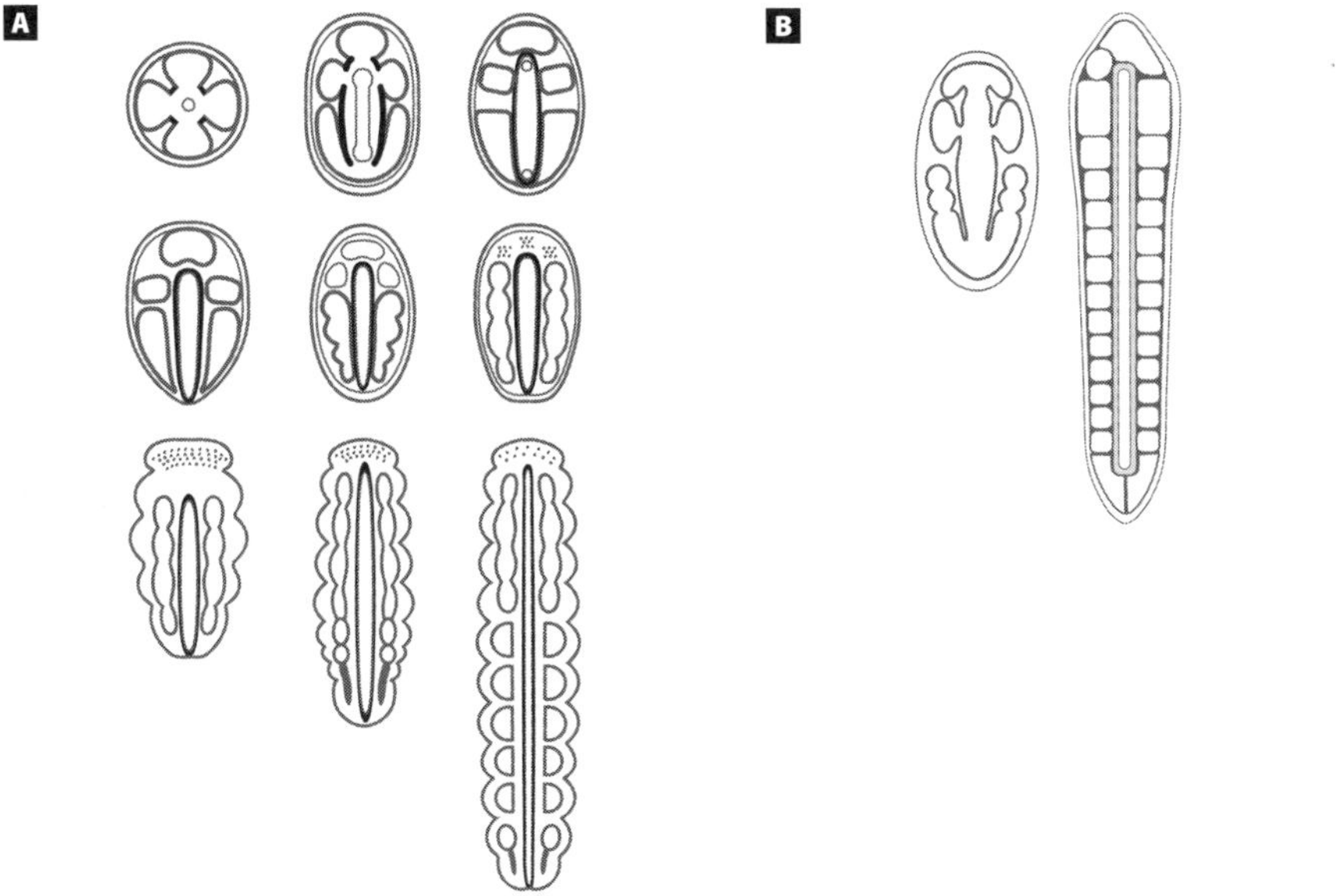

図2-12▶Aはクラゲから脊椎動物の分節性を導く試み。レマーネによる分節的動物の起源。マスターマンの三体腔起源説にもとづいて、クラゲ(左上)から分節的左右相称動物を導いたもの。四放射状のクラゲの腸の隔壁が腸体腔になり、前後軸の付加に伴って、それが3対の体腔となった(トロコフォア・ディプリュールラ幼生的段階:右から2番目の図もみよ)。このうち、後方の体腔が二次的に分断し、体幹の体節をもたらしたとする。
Bは、すべての体腔が残った左右相称動物のイメージとその進化。Starck(1979)より改変。

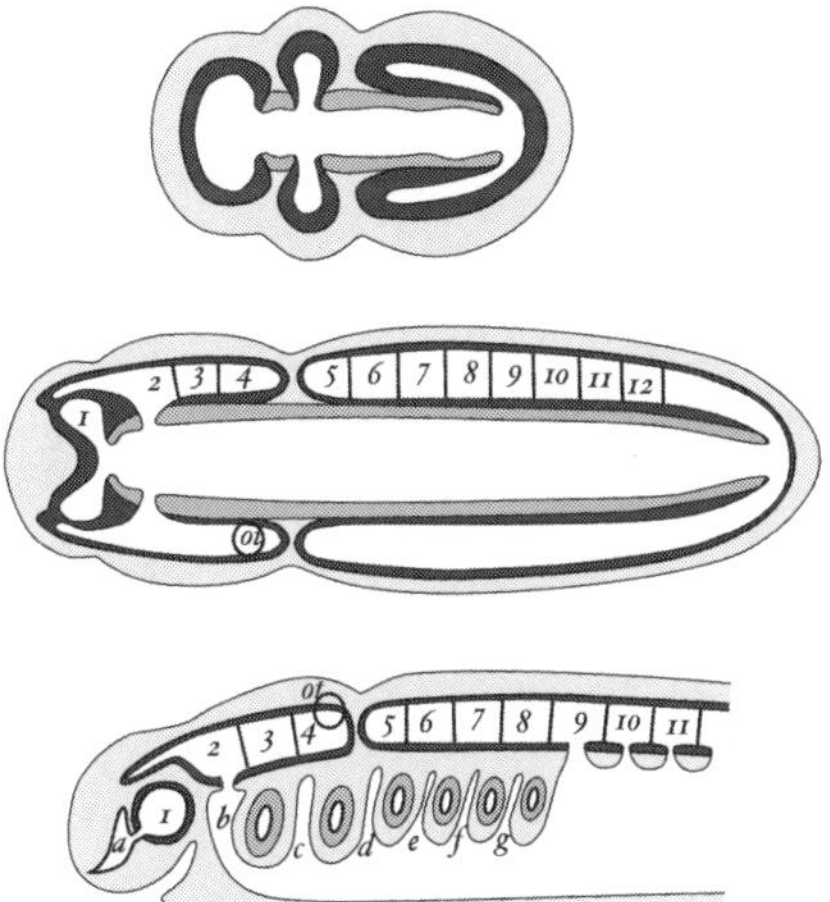

図2-13▶ヴァン=ヴィージェによる脊椎動物の中胚葉の進化。マスターマンの三体腔起源説にもとづき、脊椎動物にみられる3種の中胚葉、すなわち顎前中胚葉(顎前腔:1)、それ以外の頭部中胚葉(2～4:そのうち4は痕跡的)、そして体幹の体節(5～)を説明した。顎前腔にも本来もう1つの内臓弓(顎前弓:a)が存在し、それと顎骨弓(b)の間に口が開口すると考えられた。ヴァン=ヴィージェは一般には分節論者として知られているが、この図にみるように、中胚葉の分節性を完全に連続した繰り返しパターンとはみなしていなかったことがこの図からわかる。ここでは、前頭腔(a)が、顎前腔(1)の一部として描かれている。また、体腔のうち、顎前腔とディプリュールラ幼生の前体腔とを相同と主張する向きは極めて多かった。van Wijhe(1901)より改変。

（Ambulacraria：棘皮動物と半索動物を併せた単系統群）における、見掛け上の分節の不在、そして脊椎動物における背腹逆のボディプランの起源がそれである。しかし、そもそもこのような、複数の大分類群を「統一的な型」として理解する方法は本当に現実的なのだろうか。それもまた検証しなければならない問題である。もしそれが現実的な比較であるのなら、我々はジョフロワの夢と誤謬を同時に、発生学と遺伝子のレヴェルで実現してしまうことになる。

右のような説明は、少なくとも体腔の起源を脊椎動物に直接に結びつける限り、それに先立つヴァン＝ヴィージェによる解釈とも整合性を持つ（van Wijhe, 1901）（図2–13）。すなわち、ヴァン＝ヴィージェは、脊椎動物の傍軸中胚葉に、顎前中胚葉、それ以外の頭部中胚葉、体節の三種を認めている。しかも、本書で主張するように、前体腔が顎前中胚葉と相同である公算がある限りは、残る二種の中胚葉は中体腔、後体腔にそれぞれ対応することになり、二次的に分節化したとされる後体節のある場所に、実際に体節が描かれているのである。しかし、系統的にはこの考えにも問題はある。すなわちこの理解はそもそも、側憩室の後方に一様の体節を発生するナメクジウオのような動物の中胚葉パターンを説明しないのだ。ナメクジウオの発生パターンにもとづいて考えるなら、前体腔と後体腔はこの動物に存在するが、中体腔に相当する領域が見つからないということになる。無論、これを二次的な消失で説明することは可能である（これと似た問題は、中枢神経の進化において再び遭遇する）。さもなければ、ナメクジウオの前方の体節のいくつかが脊椎動物の頭部中胚葉により近く、それはもともと中体腔に由来したのだ、というシナリオもありうるかもしれない。しかし、脊椎動物の頭部中胚葉と体節における顕著な遺伝子発現の相違は、どちらの説とも整合的ではない（第4章：図4–54を参照）。

第二に、脊索動物にはディプリュールラ幼生が現れず、しかもそれを持つ歩帯動物（ここでは、脊索動物の姉妹群として持ち出されている）（第6章）においては通常の意味での体節（分節性）が一見存在しないという矛盾が挙げられる。これを説明する方法にもいくつかのものがあるだろうが、まず、

①ヴァン＝ヴィージェ／マスターマンの仮説がともに正しいとすると、ディプリュールラ幼生の後体腔は本来分節

化していたが、歩帯動物の系統ではその分節性が二次的に失われ、その以前に分岐した脊索動物は分節性のみ引き継いで、ディプリュールラ幼生期を二次的に失ったか、あるいは、
②脊索動物の祖先が備えていたディプリュールラ幼生に分節化が新規に獲得され、そののちにこの幼生期が失われた、というシナリオが考えられる。この場合、脊索動物にみられる分節性と、前口動物におけるそれは厳密には相同ではないという可能性が浮上する（このとき、分節化の機構に同じ遺伝子制御ネットワークが用いられているなら、それはいわゆる深層の相同性（deep homology）ということになる）。
これらのことから第三の選択として、
③ヴァン＝ヴィージェとマスターマンの仮説はともに相容れない、
ということもありうる。

「個体発生は系統発生を繰り返す」という、発生反復説で有名なヘッケルも、脊椎動物の祖先として架空の分節的動物を描いている。ただしここでは、脊椎動物に特有の頭部がどのような経緯で出来てきたのかについて、入念な議論はなされていない。むしろこれは、ハクスレーが考えた、原始形質だけでできた祖先的原型と同様のものを、簡単に描いたものとみてよい。

この概念的な動物の模式図が描かれたのは、ヘッケルの主要著書の一つであり、同時に最も有名なものとしても知られる『人類創成史（*Anthropogenie*）』の初版（1874）においてであり、これが英訳された、『人類の起源（*The Evolution of Man*）』（1910）では、この図の改訂版だけでなく、そこに「プロトスポンディルス（*Protospondylus*）」という名称が与えられている[◉239]（図2–14）。訳せば、「原初の背骨」ということになる。が、それはかならずしも、この動物が背骨を持っていたということを意味するわけではない。当時、コワレフスキーの研究により、脊椎動物に近いということが理解され始めたナメクジウオ（この動物には脊索はあるが、そのまわりに脊椎は発生しない）（Kowalevsky, 1866）は、ヘッケルにとっては紛れもなく脊椎動物の一種であった（図2–15・16）。したがって、彼にとって脊椎動物の起源を考えることは、ナメクジウオを何らかの無脊椎動物から導くことと等価であり、実際彼はそれをクラゲ様の二胚葉動物と比較している。同様の理由で、ヘッケルはこの架空の動物を「原初の脊椎動物」と呼んだとおぼしい。

ちなみに、プロトスポンディルスという名は、スコットランドから産出する化石、「パレオスポンディルス（*Palaeospondylus*）」を想起させる。これは、古生物学において大きな謎となってきた化石として有名なものである。その名は

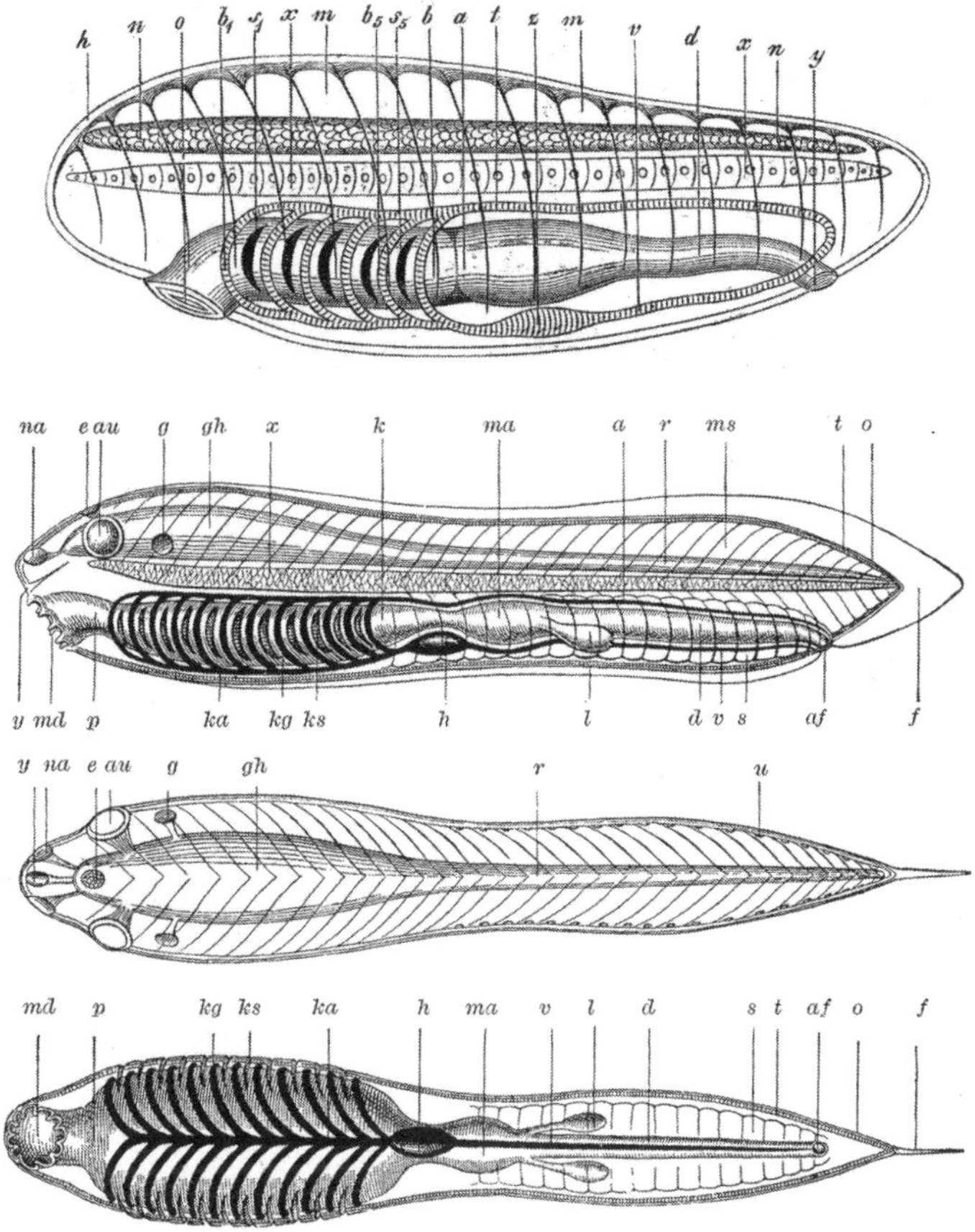

図2-14▶ヘッケルの想像したプロトスポンディルス(*Protospondylus*)。上図はヘッケルの『人類創成史』(初版)(Haeckel, 1874)に掲載された脊椎動物の祖先の想像図。残りの図は、その英訳(Heckel, 1897)に用いられた第2版以降に収められたもので、プロトスポンディルスの名はこの動物の姿に対して初めて与えられた。抽象的に描かれた初版のものは明瞭な頭部を欠き、意図的にナメクジウオ的原始的な段階を誇張したか(実際にはナメクジウオにも脳に相当する部分はある)、もしくは動物としてはいささか非現実的なものなので、厳密には同じものと呼ぶべきではないのであろう。対して、プロトスポンディルスの方は脳の拡大、感覚器の獲得など、明らかに有頭動物(Craniata)の特徴を有している。が、ヘッケル本人はこのイメージにもナメクジウオの姿を重ねてみている。そのほかの筋節、動脈、内臓諸器官の状態はほとんど変わらない。

さしずめ、「古代の背骨」といった意味となるが、それがいったいどのような動物だったのかについてはいまだわかってはいない。パレオスポンディルスは明確な「頭部」を持ち、脊柱があり、明らかに脊椎動物としてまっとうな解剖学的構造を持っていたとおぼしい。対して、ヘッケルの考えたプロトスポンディルスは、現生のナメクジウオに似て明瞭な頭部を欠き、極めて単純な体制を持つ動物として描かれた（図2-14）。

実際ヘッケル自身が著書の中で独白しているように、この動物は現生のナメクジウオとほとんど変わらないような架空の動物として考えられていた。すなわち、そのからだの中央には、前後軸を貫く「脊索」があり、そして脊索の背側には（脊椎動物におけるような）中空の神経管があり、それらの両側には分節化した中胚葉、すなわち体節が繰り返しパターンを伴って並んでおり、しかもそれが頭の先端から尻尾の先まで連なっている。ヘッケルは決して、脊椎動物を専門的に扱う比較形態学者ではなかったが、だからこそ、脊椎動物のからだの中で、どの特徴が本質的で、進化的に由緒正しいものであるかということについての、当時の通念をそこに表現することができたのである。つまり、背側の神経管や、体節、そして脊索は、いまでも脊索動物を定義する諸特徴としてあげられるが、それは当時の比較発生学においてすでにそうだったのであり、この通念の上に頭部問題が議論されていたことには疑いがない。おそらくヘッケルは、脊椎動物の頭部の原初の姿を、迷わずナメクジウオのからだの前方に求めたことであろう。

確かにナメクジウオのからだを特徴づける最も顕著なものは、途切れのない体節の繰り返しである。一方、脊椎動物の頭部には中胚葉は存在するが、体幹にみるような体節は一見出来てはいない。そして実際、この「分節の見掛け上の不在」が比較発生学においては大きな問題になってゆく。脊椎動物頭部に特異的な、この無分節の中胚葉を「頭部中胚葉（head mesoderm）」と呼ぶ。いわば、それが脊椎動物の頭部を頭部たらしめているのである。そして、ナメクジウオはといえば、からだの先端まで体幹のような性質がみえているのであるから、あたかもそこには「頭部が存在しない」ようにみえ、それがこの動物に「無頭類」の名をもたらしている。再びここに、「人のからだはつまるところ、背骨だけで出来ている」といったあのオーケンの言葉が谺《こだま》してくる。いわば、脊椎動物においては不明

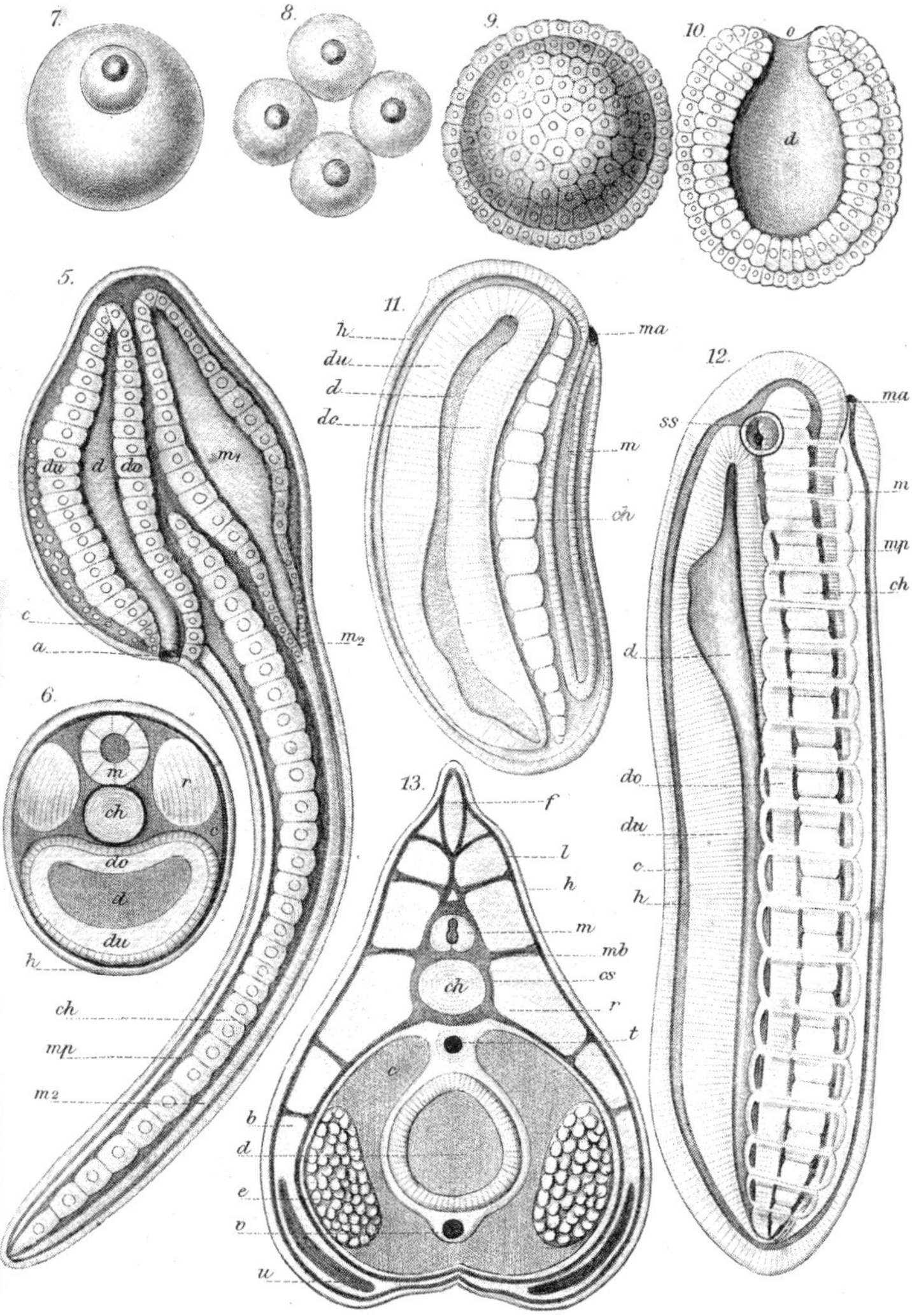

図2–15▶ヘッケルの『人類創成史』に現れる原索動物の図版。左に尾索類、右に頭索類の模式化された発生段階が示される。これらの動物が、生涯、あるいは発生の一時期、脊索を持つことにより、脊椎動物との類縁性を初めて示唆したのはコワレフスキーであり(Kowalevsky, 1866, 1867)、ヘッケルはその学説を早々と受け入れ、これらの動物を以降、脊椎動物と認識するようになった。Haeckel(1874)より。

瞭な、本来の頭部分節を具現化したような原型的、もしくは祖先的動物として、ナメクジウオはとらえられ、これが二〇世紀初頭の頭部分節説における標準的な考え方になってゆくのである。そして、頭部分節論の最も極端な考え方は、頭部に付随した特殊性や派生形質を捨象することによって、頭部それ自体を否定する傾向を内包せざるをえない。つまり、体幹しか存在しないナメクジウオと比べるということは、頭部が二次的に生じたものにすぎない（記号論的に体幹へと還元される）と認めることなのだ。

ヘッケル自身はといえば、頭部問題にそれほど関心はなかった。むしろ、彼のヴィジョンにあっては、基本的体制を共有するだけでナメクジウオを脊椎動物の一員として遇するにやぶさかではなく、さらにナメクジウオの存在は、クラゲやイソギンチャクのような二胚葉動物から脊椎動物をそのまま導出するのに好都合であった。[●240] なぜなら、発生の初期、原腸の形成と同時に軸形成や神経誘導が起こってしまう脊椎動物とは異なり、ナメクジウオの原腸胚はあたかも胚が二胚葉段階を示しているようなパターンを経るからである。発生が進化過程を繰り返すと考えていたヘッケルにとって、ナメクジウオの存在が最も意味深長であったのは、この初期胚発生過程であった。だからこそ逆に、脊椎動物頭部の原初の姿として、ナメクジウオがいとも簡単に思い浮かべられたことにあらためて気づく。つまり、なぜ、頭部の原型として体幹が比較されたのか、なぜ体幹にみる椎骨や体節の分節性がデフォルトでなければならなかったのか。なぜその逆ではいけなかったのか。本書の後半部で問いかけることになる分節問題の本質的起源は、一九世紀後半に明瞭にみることができるのである。

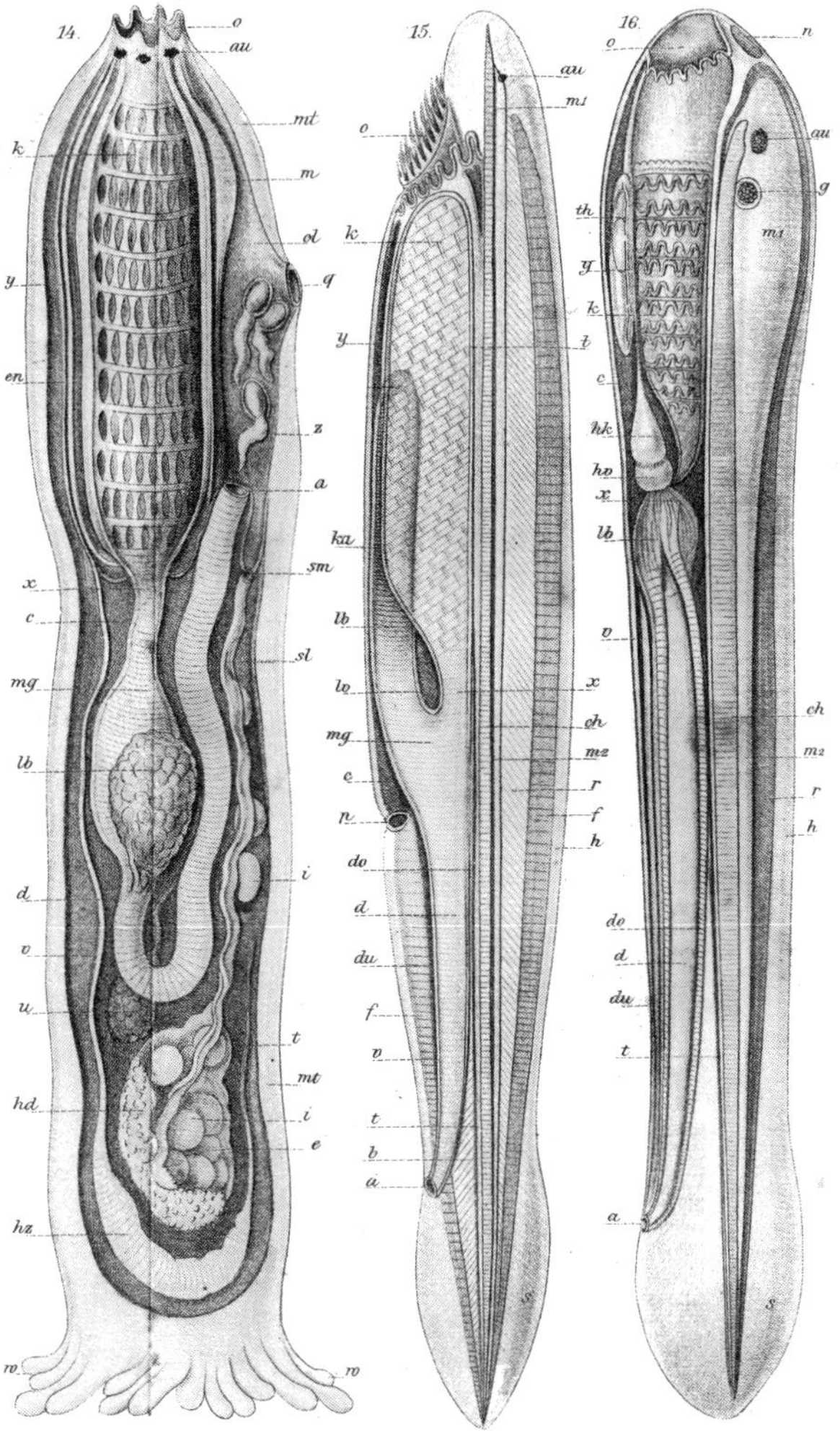

図2-16▶同様に、ヘッケルの『人類創成史』より。左に尾索類（Monascidia）の成体、中央にナメクジウオの成体、右にヤツメウナギ（ドイツ語でPricka）（*Petromyzon planeri*：ヨーロッパスナヤツメ）のアンモシーテス幼生の模式図が示される。最後のものは、孵化直後の幼生をマックス・シュルツェが解剖したスケッチをもとにしている。これら三者の解剖学的類似性が強調されている。Haeckel（1874）より。

ゲーゲンバウアーと比較解剖学

ゲーゲンバウアーは、『形態学雑誌（*Morphologischer Jahrbücher*）』の創始者であり、比較形態学と進化論を結合した最初の学者の一人でもある。が、ゲーゲンバウアー本人は観念形態学とともに育った学者であり、その影響が彼の教義の中には色濃く残っている（とりわけ、相同性の形式化はオーウェンのものに準じている）。重要なのは、ゲーゲンバウアーが盟友ヘッケルとともに、ドイツの伝統である比較形態学を、ダーウィンの進化理論の上に再構築したことであり、それはハクスレーがお膳立てをした論理的基盤の上に構築されたもののようにもみえる。いわば、観念形態学を系統進化の上に再解釈し、あらためて体系化したのがゲーゲンバウアーだったのである。

ゲーゲンバウアーは、顎を持つ脊椎動物（これを一般に「顎口類（gnathostomes）」という）のなかで、最も原始的な形態を示すと彼が考えた板鰓類（サメ、エイの仲間）を用い、脊柱と頭蓋が、とりわけ脊索との関係において基本的な類似性を示していることを確認した（Gegenbaur, 1871, 1872）。つまり、脊索が脊柱を形作る椎骨のうち、椎体の中を通るように、頭蓋底の中にも脊索が見出され、中枢神経が位置する頭蓋腔と脊柱管が連続し、そしてこのような骨格の覆いから末梢神経（脳神経と脊髄神経）が出る。そもそも末梢神経はつねに脊柱か、さもなければ頭蓋から出るのである。このような形態パターンは、円口類（ヤツメウナギとヌタウナギ）には確かによくあてはまる。つまり円口類では、脊索と（脳を含めた）神経管の範囲が概《おおむ》ね一致する。対して顎口類では、脊索のさらに前に、「索前頭蓋（prechordal cranium）」と呼ばれる付属的な神経頭蓋前半部があり、前脳が脊索よりも大きく前方へ広がるだけでなく、頭蓋の後方には二次的に椎骨が同化され、後頭骨となる。

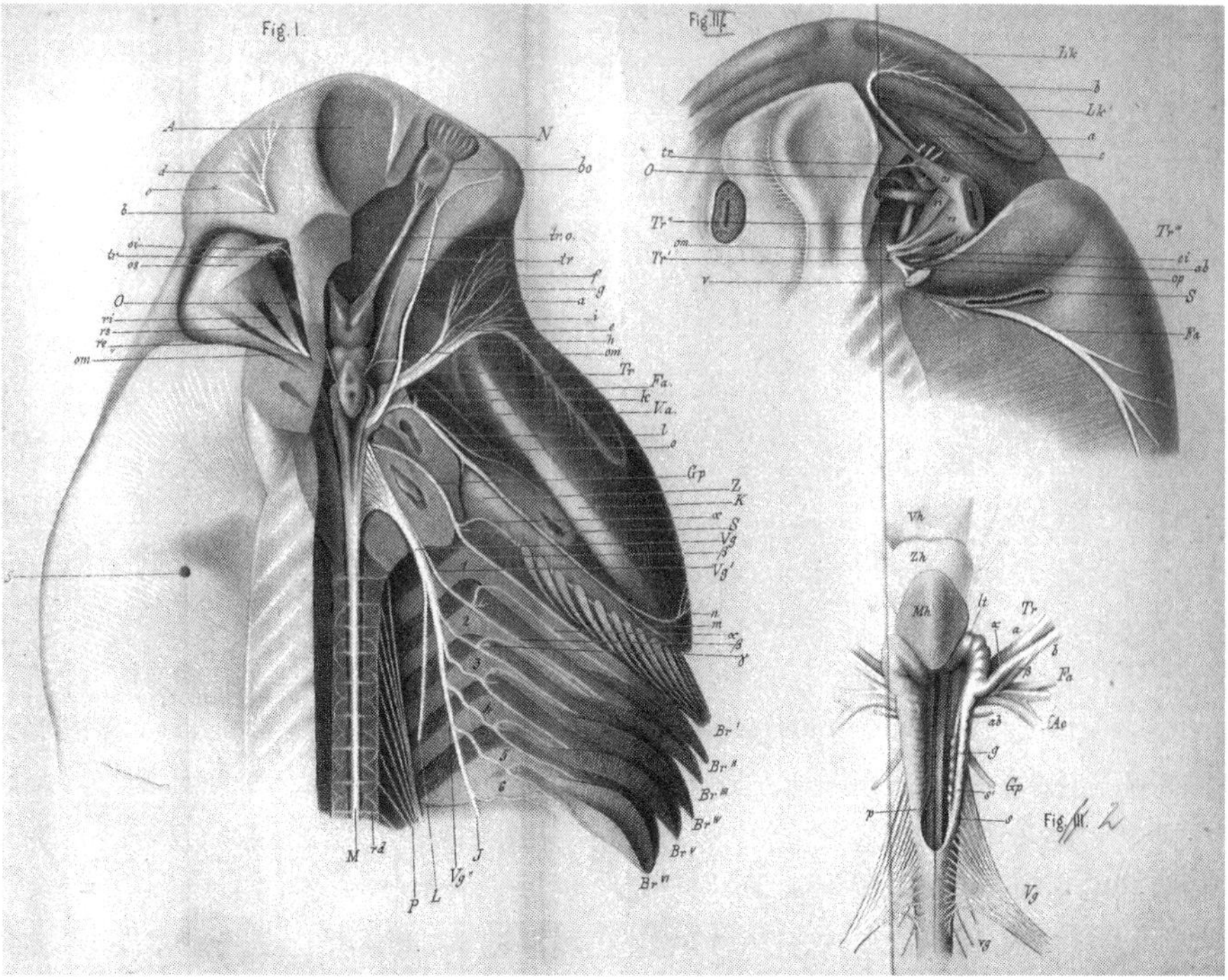

図2-17▶ゲーゲンバウアーが剖出した板鰓類の鰓弓神経。Gegenbaur (1871)より。

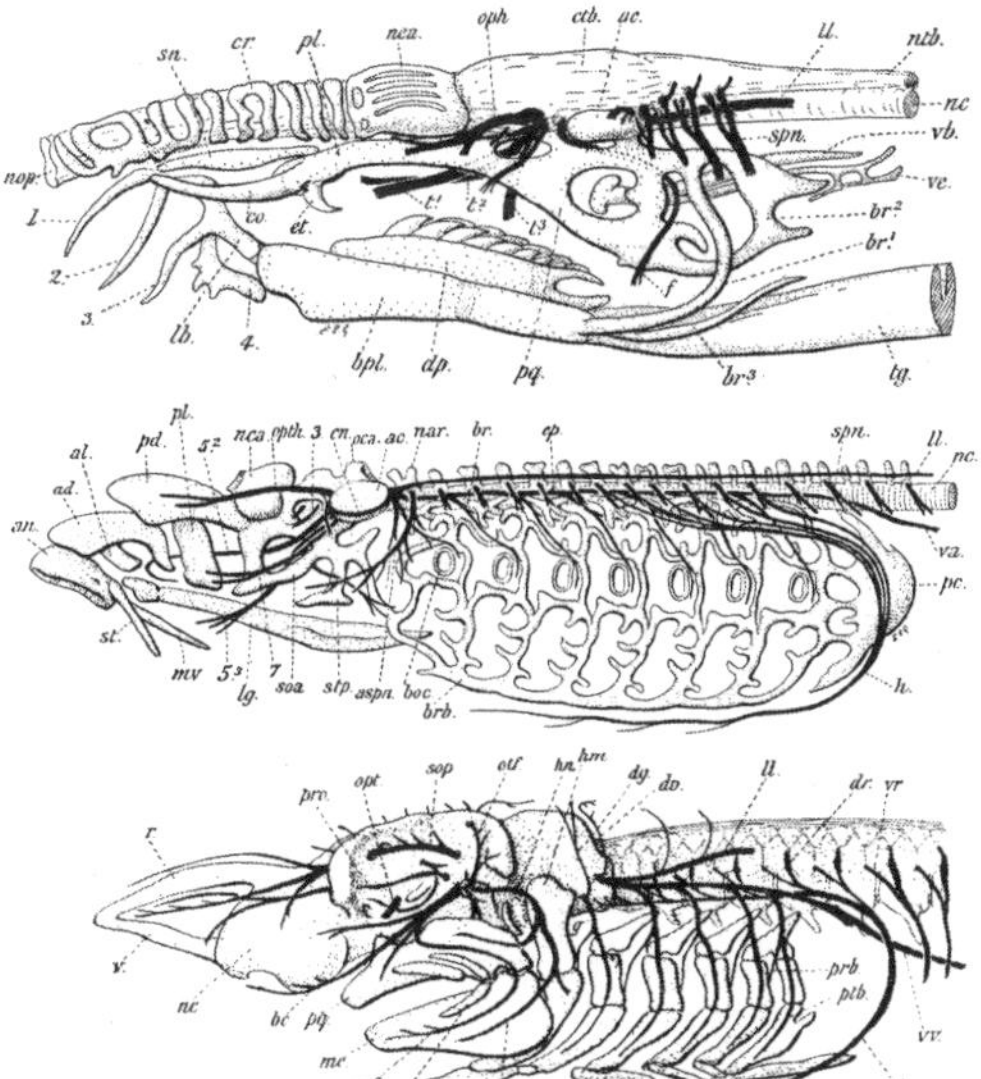

図2-18▶頭蓋と脳神経。上からヌタウナギ、ヤツメウナギ、サメの成体の頭蓋と脳神経の出口を示す。サメの舌下神経（*hy*）が頭蓋の後方部、後頭骨から出るのに対し、それと同様の神経（*h*）が、ヤツメウナギでは頭蓋ではなく、脊柱から出ることに注意。これに相当する神経はヌタウナギでは不明瞭である。ヌタウナギの舌下神経についての詳細は、Oisi et al., 2015をみよ。Goodrich (1909)より。

◎——脊柱部分と非脊柱部分・脳神経と脊髄神経

顎を持つ脊椎動物の頭蓋において、右に述べたような「脊柱的」な形態が見出される根拠となるのが脊索であり、それが見出されるのは、いわゆる神経頭蓋の後半部のみに限られる。一方、その前半部に脊索は存在しない。脊索の前端は腺性下垂体の後ろで終わり、それより前に脊索は伸びない。そして、このような基本構造の違いをいわば指標として用い、ゲーゲンバウアーは頭部における末梢神経と筋を分節的に配列させ、統一的に記述した。したがって、円口類を正しく観察せず、顎口類のみを観察に用いたゲーゲンバウアーにとって、脊椎動物の頭蓋は、

①後半にあって脊索を伴う「脊柱的部分（vertebrale Region）」と、
②前半の「非脊柱的部分（evertebrale Region）」

に分けられる。ちなみにいまでは、これら二者の関係は脊索が伴うかどうかだけではなく、その頭蓋部（神経頭蓋）が中胚葉に由来するか、神経堤細胞に由来するかの違いに対応することが判明している（一方、円口類の非常に貧弱な神経頭蓋、もしくは頭蓋底は、もっぱら中胚葉のみからできている）。しかし、もちろんこの時代にこれら二つの細胞系譜の存在は充分には認識されてはいなかった。

むしろ、ゲーゲンバウアーにとって重要であったのは、二次的に（外胚葉系細胞系譜から）出来たとおぼしい頭蓋前方の非分節的部分ではなく、椎骨的な要素からなる後方部分であり、彼は後者の椎骨の一つひとつに鰓《えら》（つまりは咽頭弓）が付随し、したがって鰓の数を数えることによって頭部に含まれているはずの椎骨の数も推測できると考えた。ゲーゲンバウアーはそれを「九」か、あるいはそれ以上とみていた。つまり、ハクスレーがそうしたように、ゲーゲンバウアーも脳神経の分布を基盤として頭部分節性を考えていたのだ。そしてそれは、ゲーゲンバウアーが解剖学的知識を総動員して立てた、頭部椎骨の仮想的組成にもとづいたものだった。

このような仮説は、ハクスレーが結局は棄却したものであり、このときのゲーゲンバウアーの思考もまた、旧来の椎骨説と、新しい頭部分節説の間をゆき来していたようにみえる。また、ゲーゲンバウアーは、椎骨一つにつき一つの鰓弓神経（鰓に分布する脳神経・後述）が存在すると仮定していたわけであるから、彼にとって脊髄神経と鰓弓神経は等価なもの（つまり、系列相同物）でなければならなかった（図2-17・18）。そして、それは

①三叉神経群（ここには、外眼筋神経群と顔面神経、ならびに後者の枝として認識されることのある内耳神経が含まれる）と、
②迷走神経群（迷走神経と舌咽神経を含む）

の二群からなる。ちなみに、迷走神経はその根こそ単一ではあるが、複数の枝が複数の咽頭弓を支配し、そのゆえに二次的に複数の鰓弓神経が融合したものと解された。ハクスレーとゲーゲンバウアーが最初に提唱したこのような脳神経の分類とその形態学的意義は、現在に至るまで、脊椎動物の形態理解に大きな影響を与え続けている。とりわけ、頭部分節説においては、仮想的な分節への脳神経の割りあてが大きな問題として扱われることが多かったが、その傾向はまさにこの二人の学者に始まったのである。ただし繰り返すように、ゲーゲンバウアーにとって、統一的な分節プランを考慮すべきなのは下垂体の後方、脊索、傍軸中胚葉、そして脳神経の大半が存在する部分であり、前脳を囲む前方部には、分節的規則があてはまらない。この解釈は現在の、中胚葉性分節をめぐる実験発生学的議論にも通ずる（第5章参照）。

◎——脳神経の概観

ここで、脊椎動物に一般にみられる脳神経について解説しておく。ある意味、脳神経とは脊髄神経の対語である。なぜなら、（すでに述べたように）脊柱を出る神経を「脊髄神経」と呼ぶことに対し、頭蓋から出る神経をおしなべて（それが何であれ）「脳神経」と呼ぶからである。したがって、これら二つの訳語は、本来の語義からすれば、「頭蓋神経」と「脊

柱神経」とせねばならない。いずれ、昔、ある医学生が、神経の名前を一々覚えるのが面倒だったもので、脳神経に前から順に番号をつけたものが定着し、いまでも脳神経はローマ数字で示すことになったという。それを順に記せば、

嗅神経(I)　視神経(II)　動眼神経(III)　滑車神経(IV)
三叉神経(V)　外転神経(VI)　顔面神経(VII)　内耳神経(VIII)
舌咽神経(IX)　迷走神経(X)　副神経(XI)　舌下神経(XII)

となる。これに、終神経(0)を加えて、一三対の脳神経が存在するという見方もある。

これらのうち、動眼神経、滑車神経、外転神経は、眼球を動かすための六つの筋(外眼筋)を支配するため、「外眼筋神経群」と呼ばれるが(図2-20)、外眼筋が体幹の骨格筋に似るため、後者を支配する脊髄神経の腹根と比較されることが多い(後述)。

一方、三叉神経、顔面神経、舌咽神経、迷走神経の四脳神経は、みなそれぞれ咽頭弓に付随して発生し、咽頭弓の派生物を支配するため、「鰓弓神経群[241](branchiomeric nerves)」と呼ばれる(図2-20)。これらは、本来、鰓を専門的に支配する神経の変形したものである。

脊椎動物の迷走神経には、腸枝という、副交感神経の繊維を運ぶ大きな枝が存在するが、それは迷走神経の特徴の一つを示すにすぎない。副神経については、それが迷走神経のさらに後ろにある咽頭弓を支配する、もう一つの鰓弓神経、もしくは迷走神経の枝が変形したものと考えられるか、あるいは極度に変形した脊髄神経とされることがあるというように、いくつかの異なった解釈があった。その性質を進化形態学的に理解することはいまでも容易ではない。この神経が、いまだ明瞭に理解されていない、第三のカテゴリーを示すという可能性もある(Tada & Kuratani, 2015)。いずれ、副神経は、僧帽筋群を専門的に支配する運動性の神経であり、僧帽筋を欠く円口類にはこの神

経もない。したがって、副神経は脊椎動物の進化史において、比較的新しい神経だということになりそうである。いずれにせよ、それが頭部と体幹の接合部に発する、独特の神経であることだけは間違いない。舌下神経はすでに示したように、脊髄神経のうち前方のいくつかが束ねられて新たに頭部に参入した、二次的な性格のものである。つまり、これは本来的に体幹の要素として解すべきものである。

◎——末梢神経系と頭部分節性

ゲーゲンバウアーは、頭蓋の後半から始まる動物体全体を分節の並びとして形式化するために二つの仮説を立てた。その一つは、「菱脳に発するすべての脳神経は、系列的に脊髄神経と相同」ということであり、いま一つは、「内臓弓骨格（鰓弓骨格系）は、系列的に肋骨と相同」だというものであった。ここでいう内臓弓(visceral arches)とは、胚期の咽頭弓に由来するすべての弓構造を指す。対して、「鰓弓(branchial arches)」は原則として魚類において実際に呼吸に用いられる器官であるから、胚の咽頭弓に発したからといって自動的にそれが機能的な意味での鰓弓になるとはいえない。哺乳類は

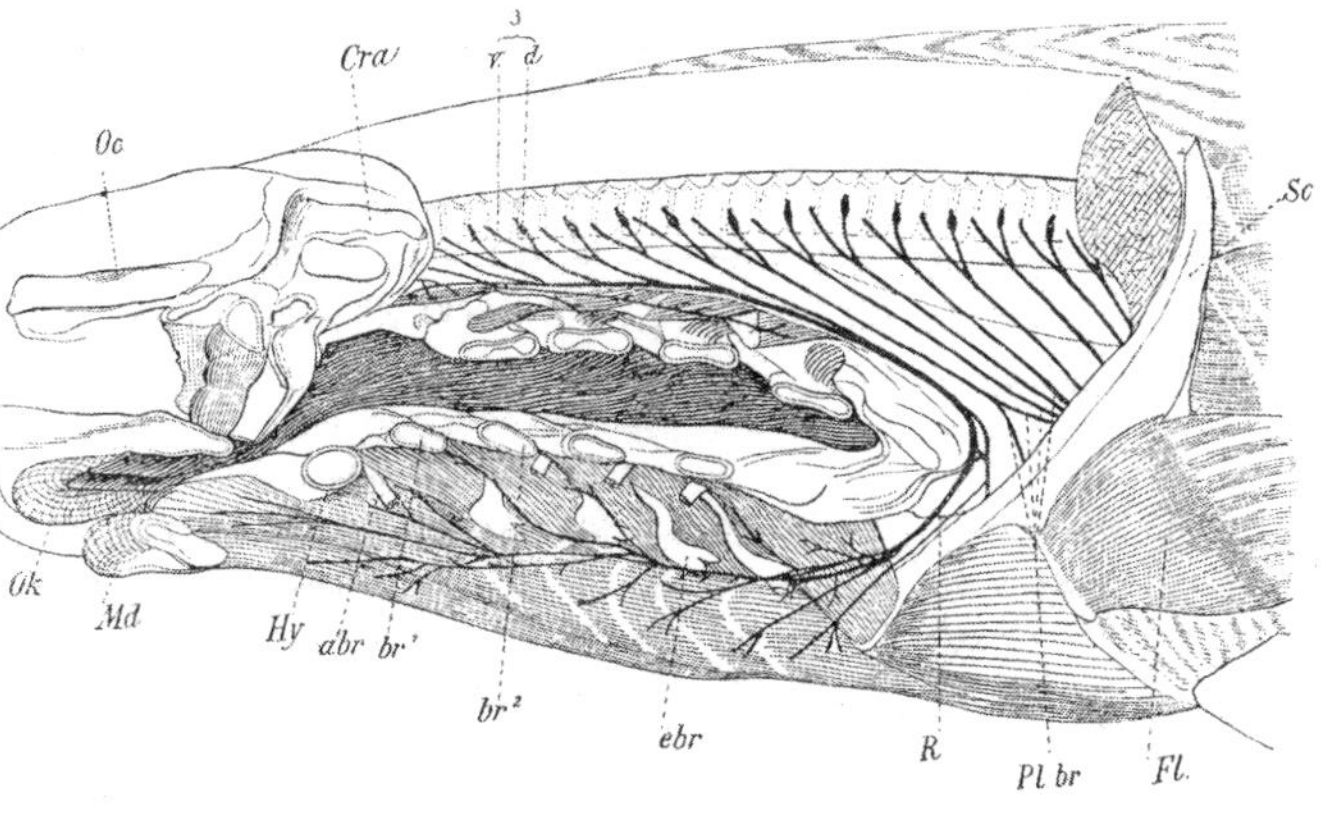

図2-19▶サメの舌下神経を示す。胸鰭（*Fl*）を支配する腕神経叢（*Pl.br*）の前方にある複数の脊髄神経根が束となり、口腔底へ回り込んで鰓下筋系を支配する神経である。Gegenbaur（1898）より。

したがって、「咽頭弓は発生するが、鰓弓は持たない」ことになる。

第一咽頭弓は、顎口類においては顎の主体をなし、そのため顎骨弓（mandibular arch）とも呼ばれる。一方、第二咽頭弓は顔面神経に支配され、いわゆる舌骨を発生するので舌骨弓（hyoid arch）ともいう。つまり、舌咽神経によって支配される魚類における呼吸用の第一鰓弓は、三番目の咽頭弓に由来するのである。これはすべて内臓弓だが、鰓弓は内臓弓より狭い概念であり、その番号づけの序列も、咽頭弓、内臓弓のそれと二つ分ずれる。いずれにせよ、ゲーゲンバウアーは、広い意味での「エラ」を肋骨とみなした。エラには菱脳から発した脳神経が分布するのであるから、必然的にこれら脳神経は、体幹の脊髄神経と同じものだということになるわけである。

この誤った仮説は、オーウェンの原動物理論にみたものによく似る。オーウェンも、鰓弓骨格を肋骨と同じもの（系列相同物）として並べていた。鰓の示す繰り返しパターン、すなわちブランキオメリズムと、椎骨、もしくはその前駆体である体節の繰り返しパターン（ソミトメリズム）は、ゲーゲンバウアーによって基本的に同一のものと考えられたのである。[242] 脊髄神経と脳神経（ここでは、脳神経のうち、とりわけ鰓弓神経群）を系列相同物とみなすとは、すなわち、解剖学的構築すべてにわたって、単一の規則性をみてとるということである。そして、サメ頭部においては口の横に見出される唇軟骨（labial cartilage）も含め、全部で九つの内臓弓が存在する（ようにみえる）ため、頭部には九分節が存在するとゲーゲンバウアーは結論した（Gegenbaur, 1887）。

さらにゲーゲンバウアーは、個体発生過程において、椎骨列と鰓弓列が異なった早さで成長するため、後方の鰓弓が大きく後方へ張り出し、それを支配する迷走神経が脊髄神経を押しのけ、その結果、舌下神経が後方へ湾曲するアーチ状の形をなしていると説明した（図2-19）。また、サメにみるようなパターンはあくまで二次的に鰓の数が減少した結果のものであり、祖先的な動物においては（たとえばナメクジウオにみるように）はるかに数多くの鰓弓が見出されたはずだとも述べた。オーウェンの原型理論と極めてよく似た内容のこの分節論は、相同性の概念やボディプラン理解それ自体が、本来的に進化論の是非とかかわらず成立することをよく示している。つまり、形の規則性というものは、進化の歴史の帰結としてそれを理解できるように、個体発生の機構やルールとして、からだの中の諸

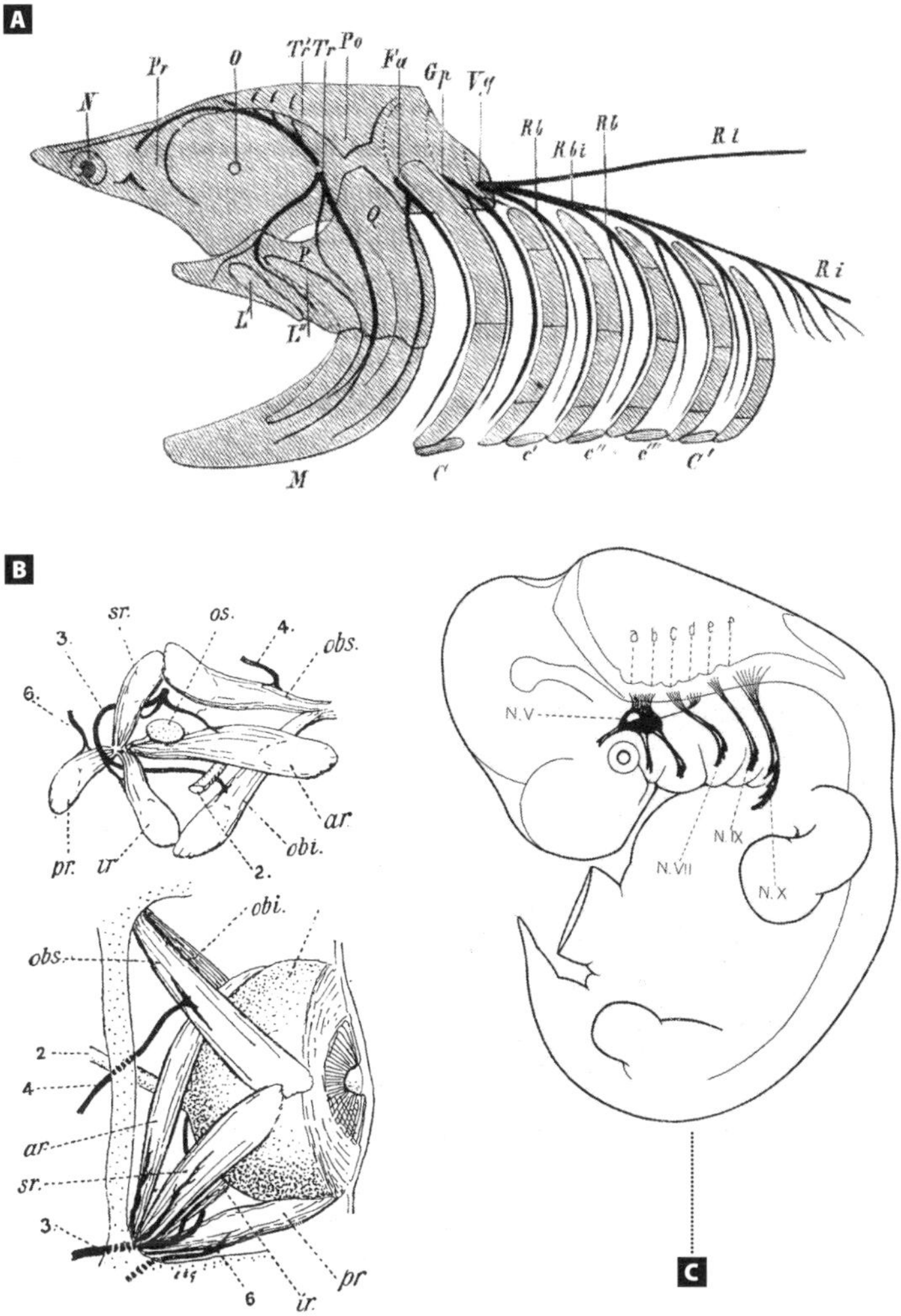

図2–20▶A:サメの成体にみる鰓弓神経。Fr:顔面神経、Gp:舌咽神経、Tr:三叉神経、Vg:迷走神経。Gegenbaur(1872)より。

B:顎口類(サメ)の外眼筋群とそれを支配する脳神経。これらは眼球を動かす骨格筋であり、2つの斜筋と4つの直筋からなる。このパターンは現生顎口類のすべてに共通するものとされる。ar:内直筋、ir:下直筋、obi:下斜筋、obs:上斜筋、pr:外直筋、sr:上直筋、2:視神経、3:動眼神経、4:滑車神経、6:外転神経。Goodrich(1909)より。

C:ヒト咽頭胚(10mm)の鰓弓神経群原基を示す。後脳における分節構造(ロンボメア:a〜f)と神経根の規則的な関係に注目。Keibel & Mall(1910)より。

器官の示す一定のパターンの中にもみてとることができ、とりわけ解剖学と発生の理解の方法において、ゲーゲンバウアーとオーウェンは互いによく似ていたのである。

◉——頭蓋［新生部分と変形部分］

　頭部分節性をめぐるゲーゲンバウアーの一八八七年の論文は、極めて広範な解剖学的研究と考察に及び、それまでの過去の研究者によって提出されたありとあらゆる分節セオリーを網羅するものでもあった。この論文において、ゲーゲンバウアーは脊椎動物の（脊索を伴う、分節的な領域としての）頭部を、前方の「反復的部分（palingenetic part）」と後方の「変形部分（caenogenetic part）」に分け[◉243]、そのうち新生部分は六分節からなり、そこに迷走神経とそれが支配する鰓弓以外の、すべての鰓弓神経と内臓弓が含められるとした（表3）。この命名の仕方の背景に、ヘッケルの「プロトスポンディルス」の姿をみる思いがする（前節、図2-14）。原初の脊椎動物にもともと備わっていた部分が変形して体幹と、そこから派生した頭部後方部となり、頭の前方は「祖先の発生プログラムを単に反復して出来た部分」として存在しているのだ。したがって、反復的な頭蓋の前方部は、祖先でも同じ姿をしていたはずであり、すなわち椎骨的分節を見出すことの出来る頭部があるとすれば、それは変形部分でなければならず、そこに限られるはずだった。この変形部分は三もしくは四分節からなり、これはもともと体幹要素であったものが二次的に頭部に融合し、変形することによって頭蓋の一部となったのだと説明された。後頭骨や、そこに発する舌下神経が、その追加部分に相当する。いい換えれば、ゲーゲンバウアーにとって、迷走神経、後頭骨、舌下神経という頭部後方の要素は、「頭」になる以前の状態が偲《しの》ばれる、体幹的性質を色濃く残す部分だったのである。

　かくして、変形部分の領域から出る脳神経、つまり舌下神経は、脊髄神経背根の変形とされた迷走神経に対応するところの腹根と考えられたが、このような比較は、サメの胚発生を観察したヴァン＝ヴィージェの研究に始まる（後述）。その際に生じたメタモルフォーゼをここでは「変形発生的（caenogenetic）」と表現しているわけである。確かに、椎骨の変形によって後頭骨ができたことに関しては、進化の歴史の中で生じた現象のようである。そしてこの後頭骨

<table>
<tr><td></td><td></td><td colspan="2">椎骨前領域
Pre-vertebral part</td><td colspan="2">嗅神経と視神経
Olfactorius and opticus</td><td></td></tr>
<tr><td></td><td></td><td colspan="2">椎骨領域
Vertebral part</td><td colspan="2"></td><td></td></tr>
<tr><td></td><td></td><td></td><td>内臓頭蓋
Visceral skeleton</td><td colspan="2"></td><td></td></tr>
<tr><td></td><td></td><td>一次
primary</td><td>二次
secondary</td><td>腹枝
r. ventralis</td><td>背枝
r. dorsalis</td><td></td></tr>
<tr><td rowspan="8">椎骨ならびに神経弓＝頭蓋
Vertebrae & upper arches = cranium</td><td>I</td><td>第一弓
1st arch</td><td>第一上唇軟骨
1st upper labial cartilage</td><td></td><td></td><td></td></tr>
<tr><td>II</td><td>第二弓
2nd arch</td><td>唇軟骨
Labial cartlage</td><td>上上顎神経
r. maxillaris superior</td><td>眼神経
r. ophthalmicus</td><td rowspan="2">三叉神経
trigeminus</td></tr>
<tr><td>III</td><td>第三弓
3rd arch</td><td>顎骨弓
Mandibular arch</td><td>下上顎神経
r. maxillaris inferior</td><td>背枝
r. dorsalis</td></tr>
<tr><td>IV</td><td>第四弓
4th arch</td><td>舌骨弓
Hyoid arch</td><td>顔面神経
facialis</td><td>内耳神経
acusticus</td><td></td></tr>
<tr><td>V</td><td>第五弓
5th arch</td><td>第一鰓弓
1st gill arch</td><td>鰓枝
r. branchialis</td><td>舌咽神経背枝
r. dorsalis IX</td><td></td></tr>
<tr><td>VI</td><td>第六弓
6th arch</td><td>第二鰓弓
2nd gill arch</td><td>第一鰓枝
r. branchialis 1</td><td rowspan="3">迷走神経背枝
r. dorsalis</td><td rowspan="6">迷走神経
vagus</td></tr>
<tr><td>VII</td><td>第七弓
7th arch</td><td>第三鰓弓
3rd gill arch</td><td>第二鰓枝
r. branchialis 2</td></tr>
<tr><td>VIII</td><td>第八弓
8th arch</td><td>第四鰓弓
4th gill arch</td><td>第三鰓枝
r. branchialis 3</td></tr>
<tr><td rowspan="3"></td><td>IX</td><td>第九弓
9th arch</td><td>第五鰓弓
5th gill arch</td><td>第四鰓枝
r. branchialis 4</td><td></td></tr>
<tr><td rowspan="2">X</td><td rowspan="2">第一〇弓
10th arch</td><td rowspan="2">第六鰓弓
6th gill arch</td><td>第五鰓枝
r. branchialis 5</td><td></td></tr>
<tr><td>腸枝
r. intestinalis</td><td>側線枝?
r. lateralis?</td></tr>
</table>

表3▶ゲーゲンバウアーによる頭部形態の分節的形式化においては、鰓弓系の分節性に重点が置かれている。Veit（1947）より改変。

はサメや我々を含む顎口類には存在するが、ヤツメウナギ類とヌタウナギ類からなる円口類には存在しない。つまり、脊椎動物の進化の初期、円口類が分岐したのちに、この後頭体節の二次的な頭部への結合と、それに引き続く変形が生じたということになる。まとめていえば、ゲーゲンバウアーにとって、脊椎動物の頭部は、分節を認めることのできない前脳の部分、最初に変形し肋骨がエラになった、いわゆる頭部、そして進化した脊椎動物において、最近まで体幹であった部分が変形、付加した二次的部分の三部からなるというわけである。[244] 奇しくもこの理解は、二〇世紀末のシュタルクのものに一部よく似る（第5章）。

このように、旧世代の学者たちがもっぱら比較骨学の問題として頭部分節性を考えたのとは異なり、軟部組織構造をも加えて考察したゲーゲンバウアーの分節理論は極めて解剖学的で、なおかつ包括的でもある。加えて、ゲーゲンバウアーは明瞭に「進化の歴史において順次生じた変化」としてメタモルフォーゼをとらえようとしていた。つまり、ここに示された分節スキームは観念論というより、進化の帰結によってもたらされた頭蓋を、解剖学的に読み解き、本来の形態形成プランへと分解してみせている。彼による分析は、当時にしてすでに想像力を受け入れる余地のないほど緻密なものに変貌しようとしていた（Neal & Rand, 1946）。おそらく、ゲーゲンバウアーのこの仕事がなかったならば、頭部分節性というテーマが動物の形態学にとって重要なものとみなされることもなかったであろうし、ゲーテからオーウェンに至る最初の分節理論が、ハクスレーの一八五八年の論文によって打破されたまま、掘り起こされることもなかったであろう。

ゲーゲンバウアーの分節理論は、頭部の椎骨というより、もっぱら鰓弓列のそれ、すなわちブランキオメリズムを中心に考察されている。そして、ブランキオメリズムの認識と発見のために、神経と筋の結合が指標として用いられている。一方で、ゲーゲンバウアーが鰓の並びと同じリズムを想定した後頭骨の分節数は、同じ体節（後頭体節）に由来する舌筋を支配する舌下神経の根の数によって推測された。[245] ゲーゲンバウアーはこのようにして最終的に耳の前に四、耳の後ろに六の、合計一〇分節を頭部に見出し、頭部の統一的なスキマタイゼーションを試みた（表3）。この解剖学的観察は、のちに発生学的な強い支持を得ることになる（後述）。

このゲーゲンバウアーの業績は、ヴァン＝ヴィージェの発生学とともに、頭部分節をめぐるのちの研究に大きく影響を及ぼした。その第一は、この期を境として明らかに板鰓類の成体や胚を観察の材料として用いるという偏重の傾向が生じたことであり、[246]さらに、もとはといえば骨の問題として始まった頭部分節説が、中枢、末梢神経系の解剖学へと変貌してゆく兆しをみせ始めたということである。

バルフォーと頭部分節

……私の観察した神経と頭腔が、これら諸問題に光明を射しているようである。したがって、ここでこれら諸器官の考察からもたらされた結果について述べるのが有意義であるように思われる。つまり、その発生を吟味した器官は三セットあり、そのそれぞれが多かれ少なかれ、明瞭な分節繰り返しの配列を示すのだ。それらは第一に脳神経、第二に咽頭裂、そして第三に頭腔の分節なのである。

――フランシス・バルフォー（1878a）（p. 478.）

筆者がまだ駆け出しの形態学者であった頃、当時新潟大におられ、何かと私の面倒をみてくださっていたH先生がよく、「発生学というのはね、要するに組織学のことだよ」とおっしゃっていた（コラム参照）。無論、科目としては別のものなのであるのだから完璧に同じものであるはずもない。が、要するに「動物の胚発生を観察するのは、一から十まで組織学的技術に頼るしかない」というのがそのメッセージであった。確かにその通りである。私自身が過去に書いた論文を見返すたびにそれを実感する。いったい、組織切片なしで、胚の何をどう観察すればよいというのか……。

このことが、一九世紀末における比較発生学の興隆をよく物語る。ゲーテ、オーケンからオーウェンに至る観念論としての形態学が、一九世紀中盤、ダーウィンの自然選択説を見、それがヘッケルの比較発生学やゲーゲンバウアーの創始した進化解剖学にとって代わられ、脊椎動物の頭部分節理論が、ハクスレーの発生学的実証主義によって粉砕されてから、比較発生学が本格的に動物の形態進化を相手にするようになるまでのあの数十年のタイムラグは、組織学的テクニックの基盤が形作られるまでの休眠期間として説明できる。それまでの発生学者は、すでに紹介したライヘルトの行ったように、顕微鏡下の胚を針先でつつくことしかできなかった。いまではどの研究室でも行われている、パラフィン切片による組織観察が本格的に可能になったのは、二〇世紀を目前に控えた頃のことだったのだ。そしてそのとき、脊椎動物のからだの成り立ちを最もよく教えてくれると期待されたのが、サメやエイなど、板鰓類の胚なのであった。

現生の脊椎動物のうち、確かに板鰓類は比較的原始的な動物群を代表し、基本的な脊椎動物の解剖学的構築をよく教えてくれるとみられているが、脊椎動物全体の中では、すでに充分特殊化を経た系統であることをまず認識せねばならない。現生脊椎動物の中で、最も初期に分岐したのは円口類であり、それはまだ顎や対鰭や骨組織を持たないヌタウナギとヤツメウナギを含む。この円口類の姉妹群が顎口類であり、この中にはやはり、顎を獲得していない、いわゆる「ステムグループ」が多く含まれる。そして、顎を備えた最初期の脊椎動物の雑多なグループが化石動物群の板皮類であると思われているが、現生の軟骨魚類と硬骨魚類は、ともにこの板皮類の中の比較的近縁なグループから派生してきたらしい。つまるところ、円口類以外のすべての現生脊椎動物は、板皮類の内群と考えてよい。したがって、我々硬骨魚の祖先がかつてサメであったことはおそらくない。しかし、それでも当時、板鰓類の胚は大変人気だった。

何しろ、板鰓類の胚は極めて観察しやすい組織構築を示す。サイズが充分に大きく、上皮と間葉の別が明瞭なのである。現代の我々ならば、顎を持たないヤツメウナギのような円口類の方が、サメなどよりもはるかに原始的な系統を代表し、そのため原始的な胚の構築をそこに期待しがちである。確かに系統的にはその通りなのだが、サイズが小さく、卵黄顆粒を多量に含むヤツメウナギ胚の組織学標本作製とその観察には非常な困難を伴う。加えて、円口類のもう一つのグループ、ヌタウナギ類に関しては、それが深海性の動物であるため、近年になるまでその胚を得ること自体ほとんど不可能であった。かくして、間葉と上皮構造が明瞭に弁別でき、どこに何が発生しているのかがただちにわかる板鰓類が、比較発生学ではことのほか重宝がられることになった。ほかの動物胚では見逃しがちな構造も、サメの胚ではたやすくその存在を確認できるであろう。今風にいえば、比較発生学にとっての「モデル脊椎動物」がほかならぬ板鰓類であったというわけである。そして実際、一九世紀の終わりに、サメの頭部に中胚葉性の分節が生ずることが発見されたのである。

◉――頭腔

脊椎動物の後期神経胚から咽頭胚にかけての形態をみると、我々のからだが基本的に「分節性（メタメリズム）」を基調として構成されていることがよくわかる（図2−1）。皮膚の上からではよくわからないが、脊椎動物は紛れもなく分節的動物なのだ。この点において、ジョフロワの行った甲殻類と脊椎動物の比較は、そのレヴェルでは当を得ていたというべきであろう。

脊椎動物胚に繰り返しパターンを与えている最も大きな要素は、体幹の背側を前後に並ぶ中胚葉性のブロック、すなわち「体節（somites）」である。神経管の真横に対をなして前後に並ぶこの中胚葉素材は、のちの骨格筋や真皮、そして椎骨をはじめとする内骨格要素の多くをもたらしてゆく。そのため体節はかつて、ドイツの発生学者によって「原椎骨（provertebrae）」とも呼ばれていた。しかし、体節から分化するのは椎骨だけではないので、この呼称はあまり推奨できない。いずれにせよ、比較骨学における椎骨と同じ重要な地位を発生学において占めるのが、この体節なのである。

よくみると、脊椎動物の初期胚（後期神経胚から初期咽頭胚にかけて）において明瞭に体節がみえるのはのちの内耳の後ろの、いわゆる「体幹（trunk）」と呼ばれている部分に限られ、頭部には一見それがない（図2−1）。一方で、神経管は尾方から頭部の先端まで一続きに軸を貫いている。つまり、中枢神経は基本的に一本の神経上皮の管に由来し、頭部ではそれが大きく広がり、複雑化して脳を作る。しかし体節は、体幹にしかない。ならば、やはり頭部の間葉構造、とりわけ頭蓋は、椎骨素材を変形させたものではないということなのだろうか。

そこで、サメ胚である。英国の若き比較発生学者、フランシス・バルフォー[247]はサメの胚発生を記載し、それを一八七六年から一八七八年にかけて、『*Journal of Anatomy and Physiology*』に分割して発表した。それによれば、サメ咽頭胚の頭部には驚くべきことに、中胚葉性の上皮性体腔が前後に並んで三対現れるという（図2-21）。バルフォーによれば、この腔所は彼が「ステージF」と呼んだ段階から現れ始め、頭部中胚葉が内外の二層に葉裂することによってできる。しかも彼は、この二層が、体幹の外側中胚葉における臓側板と体側板の延長にあると考えた。つまり、背中に出来る体節ではなく、腹にある腹膜腔にその類似物を見出したのである。確かに、体幹の腹側に生じるこの腔所は典型的な「体腔（からだの中に出来る、中胚葉性の袋）」であり、バルフォーはこれら頭部の腔所をそれになぞらえ、「頭腔[248]（head cavities）」と呼んだのであった。頭腔は、よくみると背中の体節よりも下方に広がり、あたかも頭部に出来ていた体腔が、二次的に咽頭嚢の膨出によって分断され、各咽頭弓に一つずつ分布し、繰り返しているようにみえる。そして、結

図2−21▶バルフォーが1878年の論文と同年のモノグラフに掲載したサメ胚の頭腔。*1pp*、*2pp*と記された腔所が、3対の頭腔のうちの第1、第2のものに相当する。本書での呼称に従えば*1pp*は顎前腔、*2pp*は顎骨腔。口との位置関係から、バルフォーはこれらをそれぞれ口前節、口後節と呼んだ。三叉神経原基が顎骨腔をとり囲むように発生していることに注目。バルフォーにしてみれば、この関係が頭部第2体節と脳神経の関係であった（表4を参照）。三叉神経の第1枝と上下顎神経原基が顎骨腔を挟み込むこのパターンは、すべての顎口類胚における顎骨腔（もし、それがあれば）にみることができる。Balfour（1878a）より。

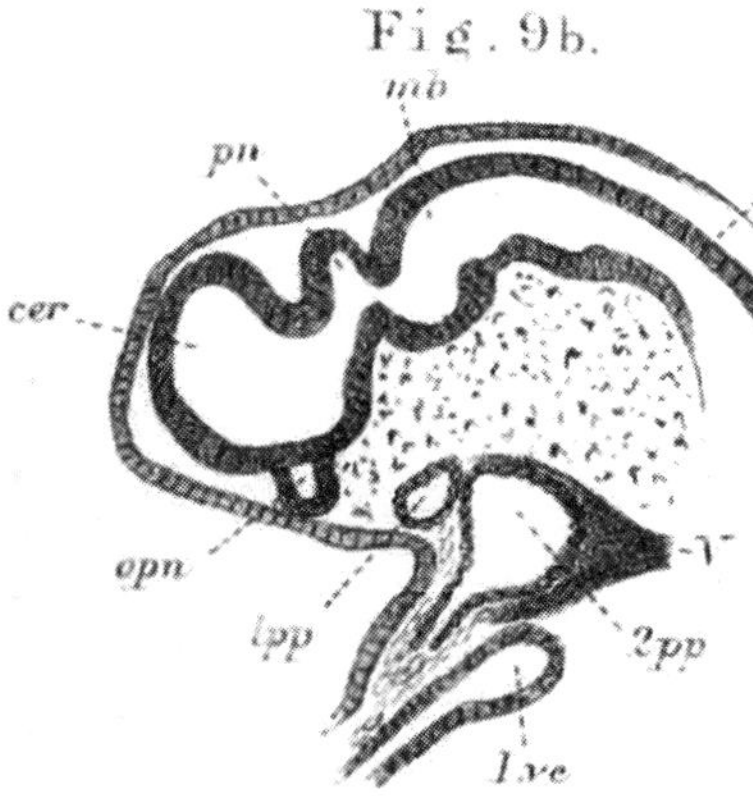

果として咽頭弓の中に発生した頭腔とは別に、もう一つ独立した一対の腔所が前方に現れた。現在、「顎前腔」といわれているものがそれである。発生が進むと、この顎前腔は間葉を生産しながら消えてゆき、彼はその間葉がすべての外眼筋(眼球を動かす六つの筋)を分化すると考えた。[249]

断面のみみれば、これらの体腔は一見、動脈のようにもみえる(図2–21)。しかし、単層扁平上皮からなる血管とは異なり、頭腔は明瞭に丈の高い細胞数層からなり、基底膜もときとして不明瞭である。事実それは、場所によって脱上皮化を示し、筋やそのほかの頭部間葉を分化する兆候をみせる。これを発見したバルフォーは、それら体腔が、体幹にみられる体節の系列相同物であろうと述べた。つまり、体幹にみられる、「分断された体腔」としての体節と同じものが、サメのような原始的な脊椎動物の胚頭部では形を伴って現れ、ほかの動物ではそれが不明瞭になっているだけだと考えられたのである。しかも同時に、バルフォーはこの三対の頭腔に、前から「顎前腔(premandibular head cavity)」、「顎骨腔(mandibular head cavity)」、「舌骨腔(hyoid head cavity)」という名称を与えた。「顎前」はともかく、「顎骨」と「舌骨」は、もともと咽頭弓につけられた名前である。つまり、右に述べたようにバルフォーは(彼以前の比較発生学者と同じように)、頭腔の分節繰り返し性と咽頭弓の分節繰り返し性を区別していなかったのである。そしてまた、頭部における中胚葉を、体幹の体節から体腔へ至る、全体的な一連なりの中胚葉と比べている。それは表4をみればよくわかる。

この表に明らかなように、バルフォーは外眼筋(図2–20B)を支配する脳神経(動眼神経、滑車神経、外転神経)と、内臓弓を支配する脳神経を区別せず、すべてを一直線に並べた。そして、すべての脊椎動物において三本みることのできる外眼筋神経群を、一つ分の頭部分節に属する神経であるかのようにまとめて扱っている。つまり、彼はすべての外眼筋が、たった一つの頭腔に由来すると考えていたのである。

バルフォーにとって、脳神経とは咽頭弓の繰り返しに分節的に対応する神経だった。ならば、体幹において分節的な分布を示し、一神経が一体節に規則的に対応する脊髄神経は、脳神経の系列相同物、あるいは脳神経は脊髄神経の変形したものであるはずだった。では、その図式の中で、外眼筋神経群はどう位置づけられるのか。いずれに

分節 Segments	脳神経 Nerves	内臓弓 Visceral arches	頭部体節 Head somites (head cavities)
口前節 (第一頭部体節) Preoral 1	動眼神経、滑車神経、 外転神経? Oculomotor (III), trochlear (IV), abducens (VI)?	(?)	第一頭腔 1st head cavity
口後節 (第二頭部体節) Postoral 2	三叉神経 Trigeminal	顎骨弓 Mandibular	第二頭腔 2nd head cavity
- 3	顔面神経 Facial	舌骨弓 Hyoid	第三頭腔 3rd head cavity
- 4	舌咽神経 Glossopharyngeal	第一鰓弓 1st branch. arch	第四頭腔 4th head cavity
- 5	迷走神経第一枝 1st branch of vagus	第二鰓弓 2nd branch. arch	第五頭腔 5th head cavity
- 6	迷走神経第二枝 2nd branch of vagus	第三鰓弓 3rd branch. arch	第六頭腔 6th head cavity
- 7	迷走神経第三枝 3rd branch of vagus	第四鰓弓 4th branch. arch	第七頭腔 7th head cavity
- 8	迷走神経第四枝 4th branch of vagus	第五鰓弓 5th branch. arch	第八頭腔 8th head cavity

	分節	脳神経	咽頭裂	内臓弓
1	口前節 (preoral)	I	嗅裂 (Olfactory)	
2	同上	III IV	涙裂 (Lachrymal)	上顎弓
3	口節(oral)	V	口腔裂 (Buccal)	下顎弓
4	後口節 (postoral)	VII VI	呼吸孔・舌顎裂 (Spiracular/yomandibular)	舌骨弓
5	同上	IX	第一鰓裂	第一鰓弓
6	同上	X1	第二鰓裂	第二鰓弓
7	同上	X2	第三鰓裂	第三鰓弓
8	同上	X3	第四鰓裂	第四鰓弓
9	同上	X4	第五鰓裂	第五鰓弓
10	同上	X5	第六鰓裂	第六鰓弓
11	同上	X6	第七鰓裂	

上・表4▶バルフォー(1877)による頭部分節性。Veit(1947)より。

下・表5▶マーシャルによる頭部分節。Veit(1947)より。

せよ、バルフォーが単純な胚原基の繰り返しに、体節のみならず、脊髄神経の繰り返しをもみようとしていたのだということはわかる。だからこそ、彼は頭腔の並ぶ順序を、眼神経、三叉神経、顔面神経という、咽頭弓を専門的に支配する脳神経の並びと対応づけたのである。そしてこの発見を機に、脊椎動物の頭部分節をめぐる議論は、比較発生学を新しい舞台として再燃することになったのである。

もちろん、頭腔についてのすべての知見がバルフォーに帰するわけではない。実は、頭腔はいまでも外眼筋（図2-20B）の原基であると考えられており（組織学的観察による示唆は山のように報告されているが、その推論自体はいまだかつて、実験的に証明されたことはない）、そのそれぞれに外眼筋神経が付随するのである。顎口類の眼球を動かす筋、すなわち外眼筋は全部で六つある。それは、

下斜筋（III）　内直筋（III）　上直筋（III）　下直筋（III）　上斜筋（IV）　外直筋（IV）

であり、それらが三本の脳神経によって支配される（ローマ数字は支配神経を示す）。これら三つのグループに分けられる外眼筋が、顎前腔、顎骨腔、舌骨腔のそれぞれから分化する。つまり、顎前腔は動眼神経によって支配される、上直筋、内直筋、下斜筋、下直筋の原基であり、動眼神経はこれらの筋が分化する前から顎前腔に近接して現れる（図2-23D）。同様に、滑車神経は顎骨腔より発する上斜筋を支配し、外転神経は舌骨腔より発する外直筋を支配する。このように、随意骨格筋を支配する神経が前後に並ぶ様子こそ、脊髄神経と骨格筋、もしくは筋節の繰り返しパターンとの一致をよりよくみせると思われるのだが、それが理解されるには一八八一年のマーシャルによる発見を待たねばならなかった（外眼筋発生の総説についてはNeal, 1918aを）。

ちなみに、外転神経と滑車神経がそれぞれ、唯一の外眼筋を支配するのに対し、動眼神経だけが四つの筋を支配するという、このアンバランスについて、一般には筋の数が二次的に変化しただけであり、これら三本の脳神経がそれぞれに単一の分節単位を代表していたに違いないという考えが、比較発生学的な頭部分節論の主流であった。

が、そうではなく、動眼神経が四つかそれ以上の分節的神経の融合の産物なのであるという考えも、それまで決してないわけではなかった。そのような考えの唱道者の一人は、ヘッケルの弟子で、脊椎動物が環形動物から進化したという説を唱えていたドールンであり、もう一人は、古生代のウミサソリのような節足動物から脊椎動物が起源したと述べたガスケルであった（ガスケルの頭部分節論については後述）。

マーシャルがみたという頭腔からの外眼筋の由来も、純粋に組織学的観察にもとづくものであった。ここで付記しておくならば、マーシャルは顎前腔が脊索の先端、ならびに下垂体の原基であるラトケ嚢と極めて近い関係を持って発生することを見出し、その原基が中胚葉の最前端の要素に対応するという認識を導き、またほかの二つの頭腔については、それらが咽頭嚢とは無関係に出来ると考えていた（Marshall, 1881）。つまり彼は、最先端の中胚葉としての顎前腔の一風変わった性質に気がつき、かつ、体節の並びと咽頭弓の並びが別物であると思っていたのである。どうやら、比較発生学的な頭部分節研究においては、鰓の並びと体節の並びを区別する「二重分節説」という考え方は極めて早く生まれていたらしい。この点で、マーシャルはバルフォーとも、次に述べるヴァン＝ヴィージェとも一線を画していた。

図2-22▶ゲッテによるカエル胚の頭部体節（?）。この図において*is*、*as*と記されているのが、それぞれ頭部体節の内側部と外側部に相当する。この内外に分離したコンパートメントが合わさって1つの体節相当物とみなされた。後方では脊索の両側に2対の体節がみえているが、これもまた内外2層の構造を持つという。Götte（1875）より。

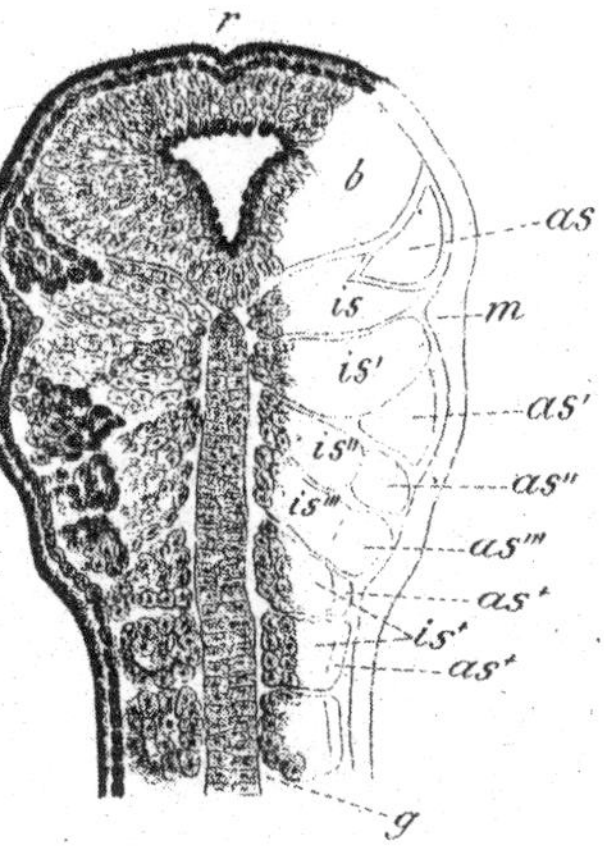

いずれにせよ、バルフォーはドイツ比較発生学の伝統にならい、様々な動物胚を自分の眼で観察した、（ラトケやフォン＝ベーアのような）本物の比較発生学者であった。三〇代の若さで登山の最中に転落死しなかったら、世界最高の比較発生学者になっていただろうとはよくいわれることである。一八七四年に彼はナポリの海洋生物研究所に留学し、ドチザメ（*Triakis scyllium*）の発生研究を開始し、そのとき、かつてヘッケルの弟子であったアントン・ドールンの指導の下で頭腔を発見したのである。脊椎動物の進化的起源を無脊椎動物に求めようとしていたドールンは、この発見にいたく感激し、サメの体軸を貫く中胚葉分節のパターンを環形動物の形態になぞらえ、脊椎動物のボディプランを考える下地とすべく、バルフォーをしきりに扇動したようだ。が、バルフォー本人はこのような方針に対してかなり慎重であった。ちなみに同じ頃、同研究所に留学していたのが若き日本人動物学者の箕作佳吉《みつくりかきち》であり、バルフォーの影響を大きく受けた箕作は、帰国後東京帝国大学において日本人初の動物学教授となり、のちの日本の動物学の先駆者たち（現在の日本動物学会の創設者たちでもある）となる数人の学生たちに比較発生学を教えることになった。しかし、箕作もまた、比較的若くしてこの世を去ってしまった。「箕作が長生きしていたら、日本の動物学は大きく変わっていただろう」というのもまた、いまでもよく聞かれることではある。

バルフォー以来、比較発生学者たちは様々な動物の頭部発生を観察し、そこに中胚葉性の分節の存在と、その分化を記述し、脊椎動物のからだの基本的構築を単純な分節的プランに還元しようと躍起になった。そして、二〇世紀の初め、英国の比較形態学者、グッドリッチがサメ胚の頭部形態パターンをもとに統一的な概念図を提出し、それが脊椎動物の頭部を構成する基本的で深層的な形態プランであり、それが原始的な脊索動物、ナメクジウオの形態パターンと比較可能なものであると述べるに至ったのである（後述）。

◎——サメ以外

実は、脊椎動物の胚頭部に中胚葉性分節を最初に見出し、報告したのは、バルフォーではない（「頭腔」を最初に見出したというなら、確かにそれはバルフォーであったが）。バルフォーにわずか先立って、アレグザンダー・ゲッテが一八七五年、

図2-23▶頭腔は板鰓類以外にも発生する。

A～C:筆者の研究室で行ったチョウザメ(ベステル)の頭部発生の観察。この動物には顎前腔と顎骨腔の2種の頭腔だけが発生する。頭腔の発生に際して多数の小胞が付随すること、顎骨腔はつねに三叉神経の第1枝と第2、3枝に挟まれて存在することなどが、この研究から明らかにされた。

A:後期神経胚における顎前腔。この動物では顎前腔の出現が早く、脊索の前に上皮性のブリッジは形成されない。初期の顎前腔には小胞がいくつも付随しており、サメの場合におけるように、小胞の集合によって大きな頭腔が出来る。すなわち、頭腔は腸体腔的な様式でできるのではなく、むしろ二次的な中胚葉上皮である。同様な現象は羊膜類においても観察されている。Bにみる顎骨腔は、腹部前方へ伸びる体腔の突起を持つが、これはある種の板鰓類においては前頭腔(プラットの小胞)として独立する場合があると考えられる。Kuratani et al.(2000)より。

D:外眼筋を分化する前のアミア(*Amia*)咽頭胚の顎前腔(pmc)と、それに接触する動眼神経(III)。外眼筋神経群の特徴は、それらが外眼筋分化以前の頭腔と接触することである。de Beer(1924)より改変。

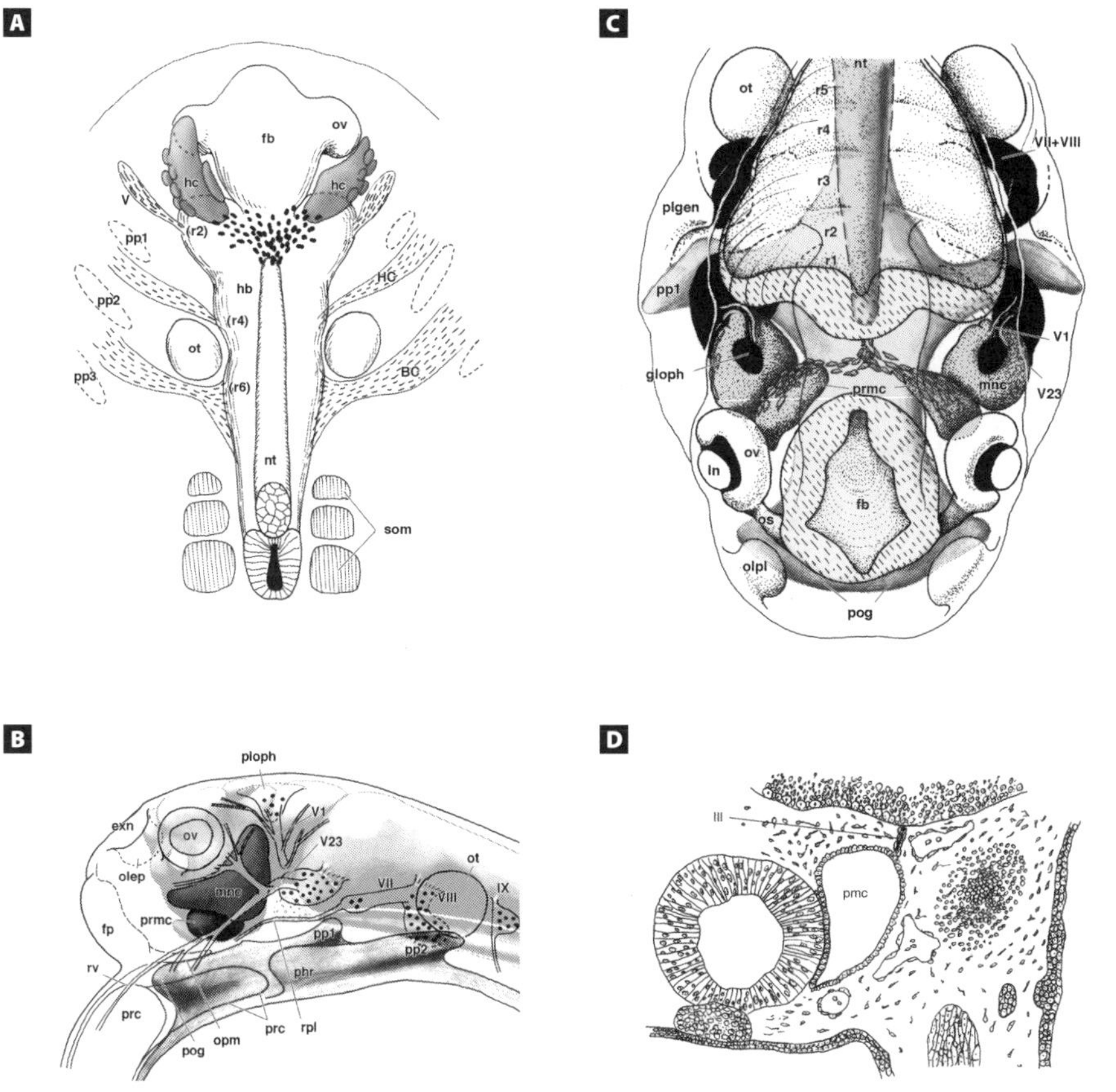

両生類（カエル）胚の中に同様の分節を見出しているのである（図2–22）。ゲッテによれば、カエルの胚頭部には、内耳の前に二つ、後ろに二つの、合計四対の中胚葉の塊があり、これらのそれぞれが内部と外部に細分できるという。これが本当だとすると、耳の後ろの分節は後頭骨の原基でなければならず、ならばそれは頭部体節ではなく、歴とした（ゲーゲンバウアー流にいえば、「caenogenetic」な）体節であるはずである。いずれにせよ、これが頭部分節性の確たる証拠として有名になることはなかった。

私自身、ゲッテの論文を見たが、三次元構築を伴わないその組織切片の図版と記述だけでは、どうにも頭部中胚葉の広がりと、問題の分節の存在が判然としない。しかも、耳の前の二分節というその数は、頭腔のそれと一致しない。ゲッテのいう「細胞塊」はときとして中胚葉のようにもみえるのだがしかし、それはまた咽頭嚢の膨出によって分断された神経堤細胞と咽頭弓中胚葉の複合体のようにもみえる。無論、当時は神経堤に由来する細胞が頭部の間葉をなすことは知られていない。いずれにせよ、その中胚葉の塊が、バルフォーいうところの頭腔に近い位置を占めることについては間違いない。とはいえ、やはり立体的な復元図がないと、形態学的な判断ができないといわざるをえない。当時の論文のうち、立体復元なくして説得力を持ちえたのは、組織構築が極めて明瞭な板鰓類のみであった。[250] つまるところ、イメージングが重要なのは、いまも昔も変わらないのである。これ以降、両生類の発生学が頭部分節性研究に用いられることは結局なかった。それについても状況はいまでも変わっていない。

ついでに、板鰓類以外の動物を用いた研究についてここで触れておくのであれば、アールボーンはヤツメウナギ（*Petromyzon*）やヒキガエル（*Bombinator*）を用い、ゲッテの発見した数以上の分節をそこに見出すに至っている（Ahlborn, 1883, 1884）。彼は、動物種を超えて分節の相同性を確立しようとし、耳の後ろにはつねに三つの中胚葉性の分節が存在するとしたが、耳の前にはたった一つの大きな中胚葉の塊しか見出せないとした。それは、アールボーンにしてみれば、「サメにみられる六つの分節（?）が二次的に融合したもの」ということであった。いずれにせよ、現在我々がニワトリやマウスにみてとるように、サメ以外の脊椎動物に限っていうならば、当時の学者にも耳の前の頭部中胚葉が一般に無分節であるように考えられていたわけである。しかし、実際には頭腔を発生する動物の方が、顎口類では一般的なのである(図2-23・24)。

同じく両生類を用いた研究として、シュテールは後頭骨原基が、それに後続する椎骨の神経弓に酷似することを見出し、頭蓋の原基の中でも耳の後ろの部分がほかの部分と際立っていることを強調した。彼によれば頭蓋は、梁軟骨、傍索軟骨、後頭軟骨の三部からなり、そのうち梁軟骨だけは、脊索が付随していないという(Stöhr, 1881)。このような観察結果だけをみると、学者によって、あるいは観察された動物種によって、報告がまちまちであるかのような印象を受ける。実際、当時の頭部分節理論はまさに混乱そのものであった。ただ、シュテールの観察は、頭腔やそれに類する構造をみるには遅すぎ、むしろ軟骨頭蓋の初期発生をみている感があり、それをバルフォーの観察と比較することは困難である。最後に、ゼヴェルツォッフもまた、スキアシガエル(*Pelobates*)において頭腔を報告しているが、それもまた極めて不完全で不明瞭な記載である(Sewertzoff, 1895)。これはむしろ、サメ胚の記述をもとに、脳神経の位置からそれを推測したもののように思える。かくして、比較発生学においては両生類胚が最初に、耳の前の頭部における中胚葉分節の存在を予言したが、

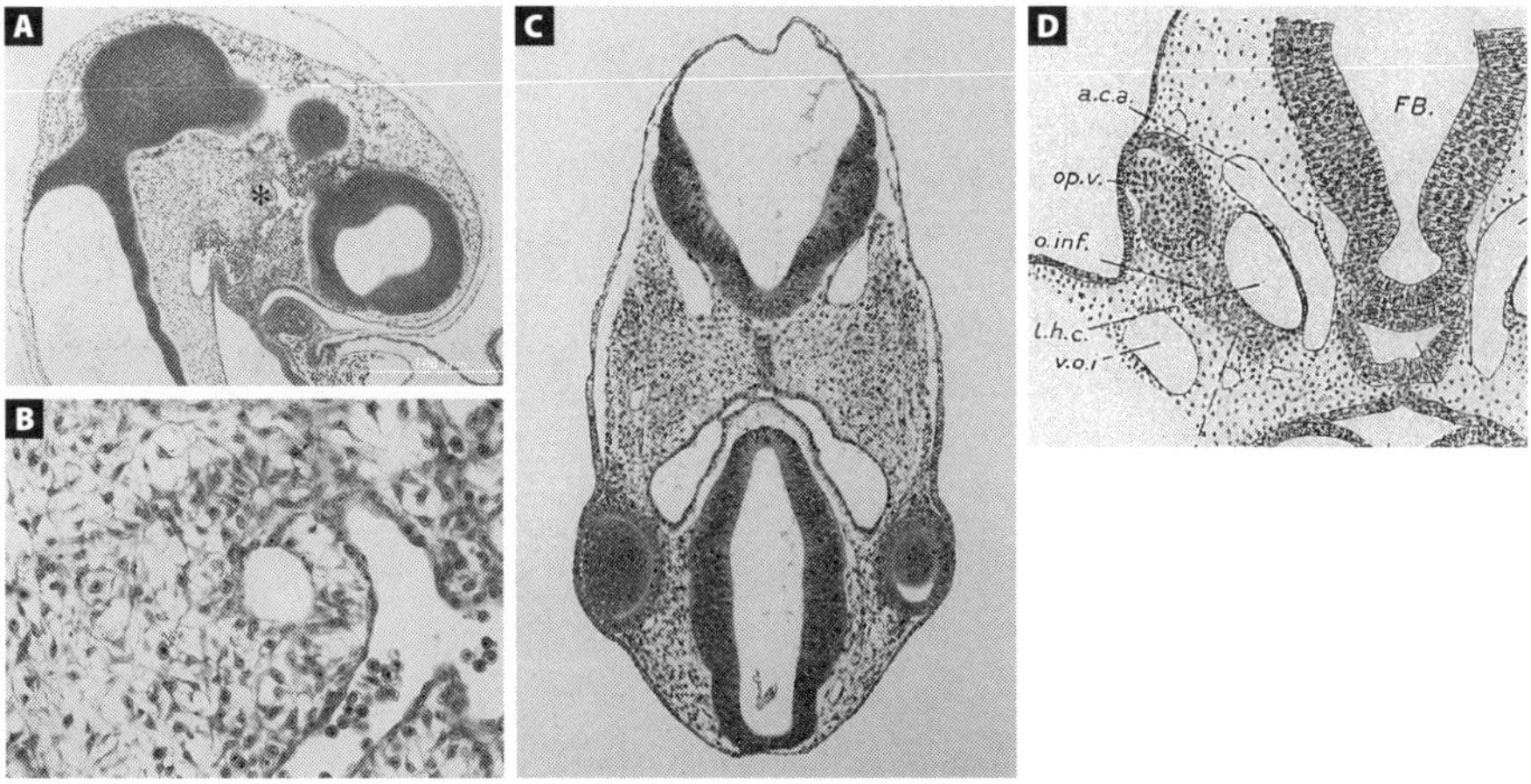

図2-24▶羊膜類胚にも頭腔は現れる。AとBは筆者が自ら観察したニワトリ初期咽頭胚における顎前腔。上図の「＊」で示された頭腔の拡大図がB。となりにみえている血管のそれとは異なった上皮構造を持つことに注意。また、頭腔の中には血球は存在しない。このような構造から実際に外眼筋が分化するのかどうかを検証した実験はない。

C:スッポン咽頭胚における顎前腔はニワトリのものより顕著に発生する。多くの羊膜類においては、このように顎前腔のみが発する。写真は足立礼孝博士による。

D:哺乳類にも頭腔は存在する。これは有袋類のフクロギツネ(*Trichosurus vulpecula*)。Fraser(1915)より。

それが主流になることはついぞなかった。

バルフォーの観察のようにサメの初期咽頭胚を用いた発生学は、一九世紀末から二〇世紀初頭にかけての進化形態学において半ば主導的位置を占めていた。サメのように明瞭な中胚葉体腔を示さない動物の胚でも、あたかもそれがあるかのように記述した論文が、当時はいくつか見受けられた。すでに触れた通り、このような当時の流行を、ジーは「板鰓類崇拝」と呼び、頭部分節セオリーそれ自体に、観察された動物群の偏《かたよ》りに由来するバイアスがありうることに注意を喚起している（Gee, 1996）（現代的要約としてGillis & Shubin, 2009をみよ）。それはちょうど、脊椎動物のオーガナイザー研究におけるアフリカツメガエル（*Xenopus laevis*）や、多くの分子遺伝学研究におけるマウスの影響にも似たものであった。ホールも同様のことを述べ、とりわけ現代の生物学において用いられる、いわゆるモデル動物において世代が極端に短いことをとり上げ、世代時間の短縮によるゲノムの安定化が脊椎動物の形態発生戦略についての我々の理解や洞察力を曇らせる可能性について注意を喚起している（Hall, 1999）。しかし、実際のところはどうなのだろうか。サメの咽頭胚にみられる頭腔は、本当に体節と同じものなのだろうか。さらに、それが確かに体節の系列相同物であると仮定して、脊椎動物の頭部を分節的プランとして図示することの意義は何なのだろうか。

ヴァン＝ヴィージェ――体性と臓性

バルフォーの見出した頭腔は、一つの咽頭弓に一つ発し、それ自体が体節と等価であり、頭部の頭腔と体幹の体節が、同じリズムで前後軸上に並んでいると考えられた。これは、頭部に一種の分節性しかなく、咽頭の並びと体節の並びに違いはないという基本的理解を示している。そして、バルフォーのいうところの頭腔は神経管のレヴェルから咽頭弓の底部にわたる、丈《たけ》の高い中胚葉の分節を指すものであった。マーシャルはそれを発展させ、外眼筋神経と頭腔の対応関係を正確な観察によって明らかにした。以下に述べるヴァン＝ヴィージェの理解は、この両者の発見に大きく依存するものであった。

一八八二年、バルフォーに遅れること約五年、このオランダの発生学者も板鰓類（トラザメ（*Scyllium*）とヤモリザメ（*Pristiurus*））の胚を用い、バルフォーの観察したものよりも少し発生の進んだ段階において、位置的に体節と同じ背腹レヴェル、神経管と脊索の脇（これを傍軸部という）に生ずる中胚葉の膨らみがあることを示し、これをあらためて「頭腔」と命名した（図2-25〜30）。これが現在、頭腔（head cavity; Kopfhöhle）の名前で知られる構造なのである。[●251]

体幹では、中胚葉は背内側から腹外側にかけ、体節（傍軸中胚葉）、中間中胚葉、外側中胚葉（側板中胚葉）と分化する。これが中胚葉に生ずる内外の極性である。体節は体壁中の骨格筋や軸部の椎骨をもたらし、一方で側板は消化管の平滑筋をもたらしつつ、内臓を包む。つまり、「動物性」、もしくは「体性」の構造と、「植物性」、すなわち「臓性」の構造が、それぞれ別の領域の中胚葉と関係を持つ。中胚葉の極性が、内外の軸に沿って体性・臓性の別（somata vs. viscera）をもたらすわけである。では、頭部ではどうか。

ヴァン＝ヴィージェは、頭部にも体幹におけるのと同様の極性分化が中胚葉に生じ、頭腔がそのうちでも最も背内側に生ずる傍軸性のものであり、それゆえに体幹における体節に相当し、その腹側が咽頭弓中の中胚葉（咽頭弓中胚葉：鰓弓筋に分化する）に連なり、さらにその遠位で中胚葉は囲心腔（pericardium）という内臓性の構造に移行するということを指摘した。ならば、咽頭という、消化管の前方に相当する構造に属する咽頭弓中胚葉は、体幹でいえば、腹膜腔を作る「側板中胚葉」により近いのではないか。骨格筋（横紋筋）と平滑筋の違いはあるが、消化管に付随するという意味では鰓弓筋も内臓筋も似たようなものなのではないのか。一方で、咽頭弓の背側に位置している頭腔は、眼球を動かす外眼筋を分化する。これは紛れもなく傍軸部に生ずる骨格筋の特殊なものとしてみることができる。ならば、それは体節から骨格筋が生ずることと比べることができるのではないのか。

つまり、話はこうである。体幹と同様、頭部にも体性・臓性の区別があり、それは頭部中胚葉の傍軸部（頭腔）・咽頭弓部（咽頭弓中胚葉）にそれぞれ対応する。その点で、頭部と体幹は「連続」している。では、ほかの構造はどうか。たとえば、末梢神経はどのようにみたらよいのだろうか。体幹の骨格筋や皮膚は脊髄神経によって支配される。この脊髄神経もまた、筋や骨格と同じような分節性を示し、一つの分節に一対の脊髄神経が附属している。脊髄神経は背腹二本の根によって脊髄と繋がるが、そのうち背根は知覚繊維の束であり、神経節を備え、腹根は運動繊維の束であり、それは神経節を伴わない。つまり、運動神経の細胞体は脊髄の中にある（図2–31）。

一方、頭部に発する末梢神経を脳神経と一般にはいうが、これはすでに述べたように、ゲーゲンバウアー以来の比較解剖学や人体解剖学においては、頭蓋に出口を持つ神経の総称であり、いくつか性質の異なるものを含む。いずれ、先にも述べたように脳神経は大きく二つのグループからなる。外眼筋を支配する三つの脳神経（外眼筋神経群）である、動眼神経、滑車神経、外転神経と、咽頭弓を支配する鰓弓神経群がそれであり、後者は第一咽頭弓、すなわち顎骨弓と、それより前方の領域を支配する三叉神経、第二咽頭弓（舌骨弓）を支配する顔面神経、第三咽頭弓を支配する舌咽神経、第四咽頭弓とそれ以降の咽頭弓に加え、腸管を支配する迷走神経からなる。つまり、咽頭弓の並びにも整然とした繰り返しが認められるのである（図2–32）。

さて、これら二つの脳神経群のうち、外眼筋神経群は、中脳と後脳の境界背側から出る滑車神経を例外として、脳幹の腹側から出る。したがって、それらは脊髄神経の腹根に似るのであり、確かにそれは体節に比較される頭腔から由来する外眼筋を支配する。一方、鰓弓神経はというとその根は神経節を伴い、背側に位置している。したがって、視覚的な形態だけからいえば、これは脊髄神経の背根によく似る。[●252] つまり、ヴァン=ヴィージェによれば、これら二つの脳神経のグループは、もともと脊髄神経と同じ形状をしていた末梢神経の背根と腹根が分離したものにほかならず、一本の外眼筋神経と一本の鰓弓神経からなるセットが、体幹の脊髄神経一セットに比肩するという。そして、体性・傍軸性の繰り返し単位である頭腔は、鰓弓神経と直接関係を持つのではなく、むしろその腹根成分（と、ヴァン=ヴィージェが考えたところの）が外眼筋神経群と関連する。そしてまさにここが、バルフォーとヴァン=ヴィージェの形態学的解釈の最も異なる部分である。

ヴァン=ヴィージェの分節論を表にすると、表6のようになる。これと比べれば、バルフォーの理解が解剖学的にいかに初歩的なものであったかということが

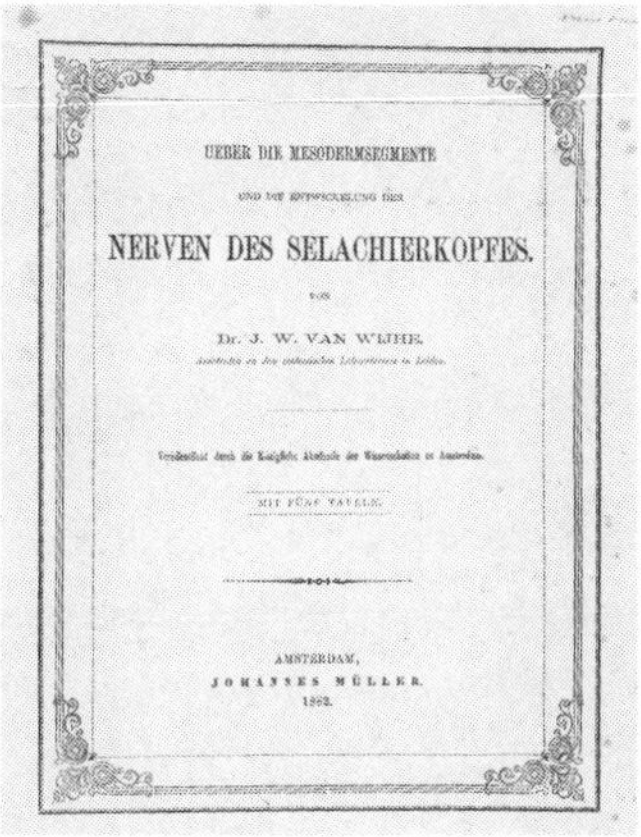
UEBER DIE MESODERMSEGMENTE
UND DIE ENTWICKELUNG DER
NERVEN DES SELACHIERKOPFES.
VON
Dr. J. W. VAN WIJHE.
MIT FÜNF TAFELN.
AMSTERDAM,
JOHANNES MÜLLER.
1882.

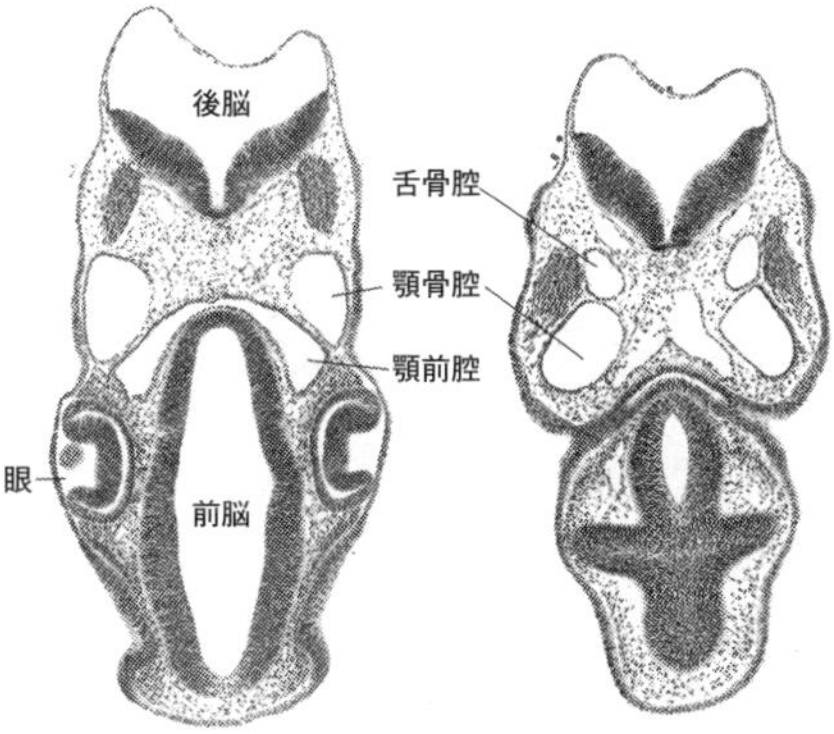

図2-25▶左：ヴァン=ヴィージェによるサメの頭部発生を記した論文の独語訳別刷（van Wijhe, 1882）。筆者がアムステルダムの古書店で購入したもの。
右：筆者の研究室で用いているトラザメ咽頭胚に現れた3対の頭腔。

図2-26▶上段はヨーロッパトラザメ(*Scyllium catulus*)のステージI初期咽頭胚。矢状断を示す。頭部中胚葉が咽頭嚢によって分断され、その内部に腔所を発生しつつあることに注意。後方では、中胚葉は体幹の体節へと続くが、確かに体節もまた体腔であることがわかる。ヴァン=ヴィージェは、この腔所でもって体節に相当する分節を頭部中胚葉の中に求め、番号を付した(2、3、4、5……)。「1」が付されるべき最前方の頭部体節は、前脳直下にある顎前腔に求められるが、この発生段階ではその細胞塊はまだ体腔を形成してはいない。耳プラコードはまだ表皮外胚葉の肥厚としてみえ、耳胞の形成に至ってはいない。左図にみるように、咽頭弓に閉じ込められた咽頭弓中胚葉は、腹方で囲心腔上皮(pc)へと至る。中段は、左よりステージHのハナカケトラザメ(*Scyllium canicula*)初期咽頭胚の横断面。耳プラコードの直後のレヴェル。後耳咽頭弓中胚葉と囲心腔上皮の連絡に注目。中央は前者と同じ胚の前脳レヴェルでの横断面。脊索の前方に索前板より由来した細胞塊が広がり、この一部が顎前腔となる。脊索の両側にみられるのは顎骨腔。右は、ステージJのヤモリザメ(*Pristiurus*)咽頭胚。上皮化したばかりの顎前腔がみえる。下段左と右はステージJ末期のヤモリザメ咽頭胚。van Wijhe(1882)の図版1よりの抜粋。

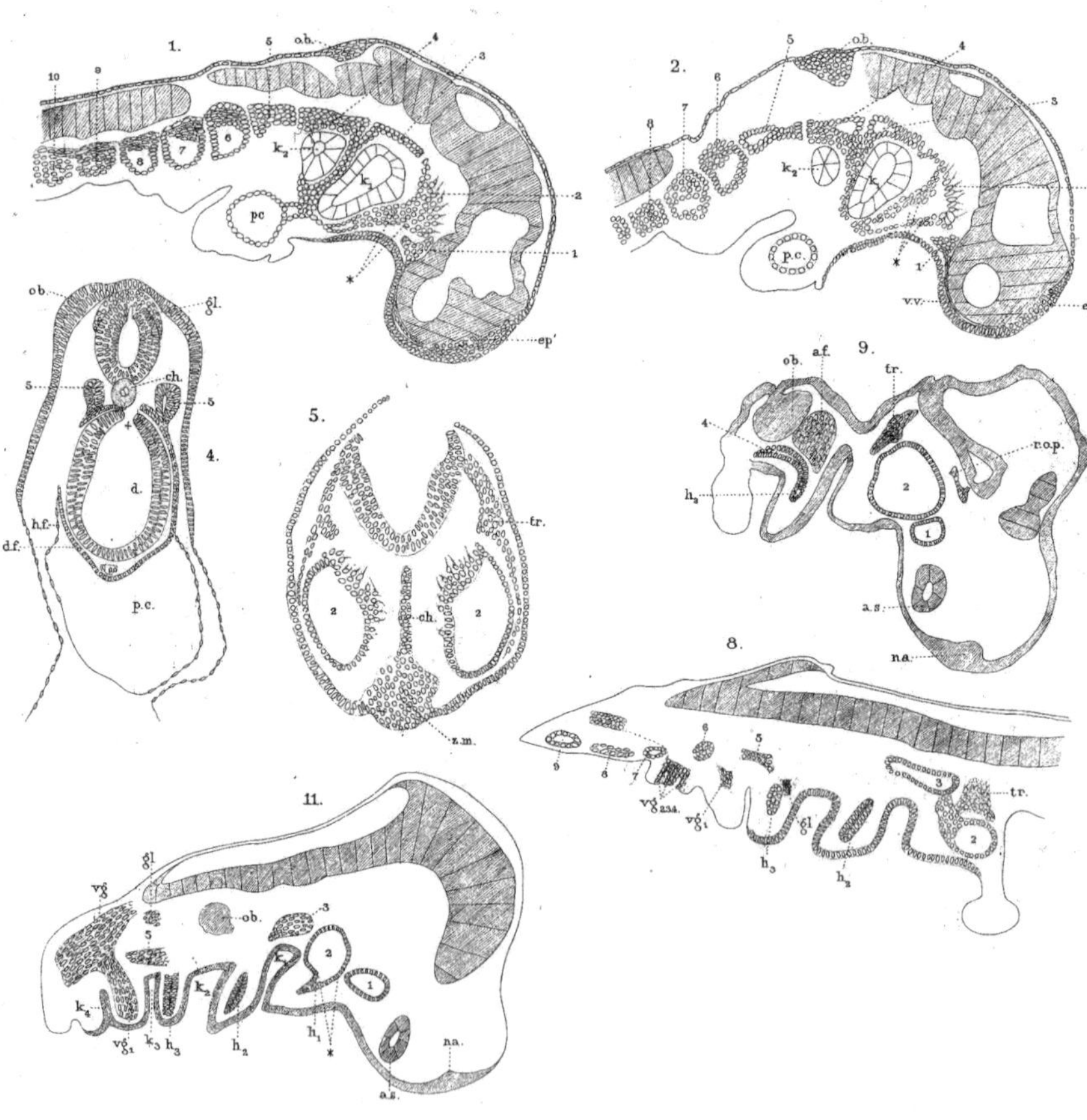

図2–27▶上段左はステージKのイコクエイラクブカ(*Galeus canis*)咽頭胚。矢状断を示す。顎前腔の前方に、筋原基(vv:ヴァン=ヴィージェはこれを筋節と呼んだ)が付随している。後方では、中胚葉は体幹の体節へと続くが、体節もまた体腔であることがわかる。その右はステージK相当のヤモリザメ(*Pristiurus*)咽頭胚。顎骨腔(2)が三叉神経の第1枝と、第2＋3枝に挟まれていることがわかる。これは、顎口類に発生する顎骨腔のすべてにみられる共通性である。中段は左右とも前図と同じ胚より。とりわけ右図では、一般の板鰓類にみるすべての頭腔が同一切片上にみられる。ocは動眼神経を示す。下段は、ステージLのハナカケトラザメ(*Scyllium canicula*)咽頭胚。耳プラコードであったものが、この胚ではすでに耳胞(ob)を形成している。咽頭弓と脳神経原基(上鰓プラコード)の対応に注目。van Wijhe(1882)の図版2よりの抜粋。

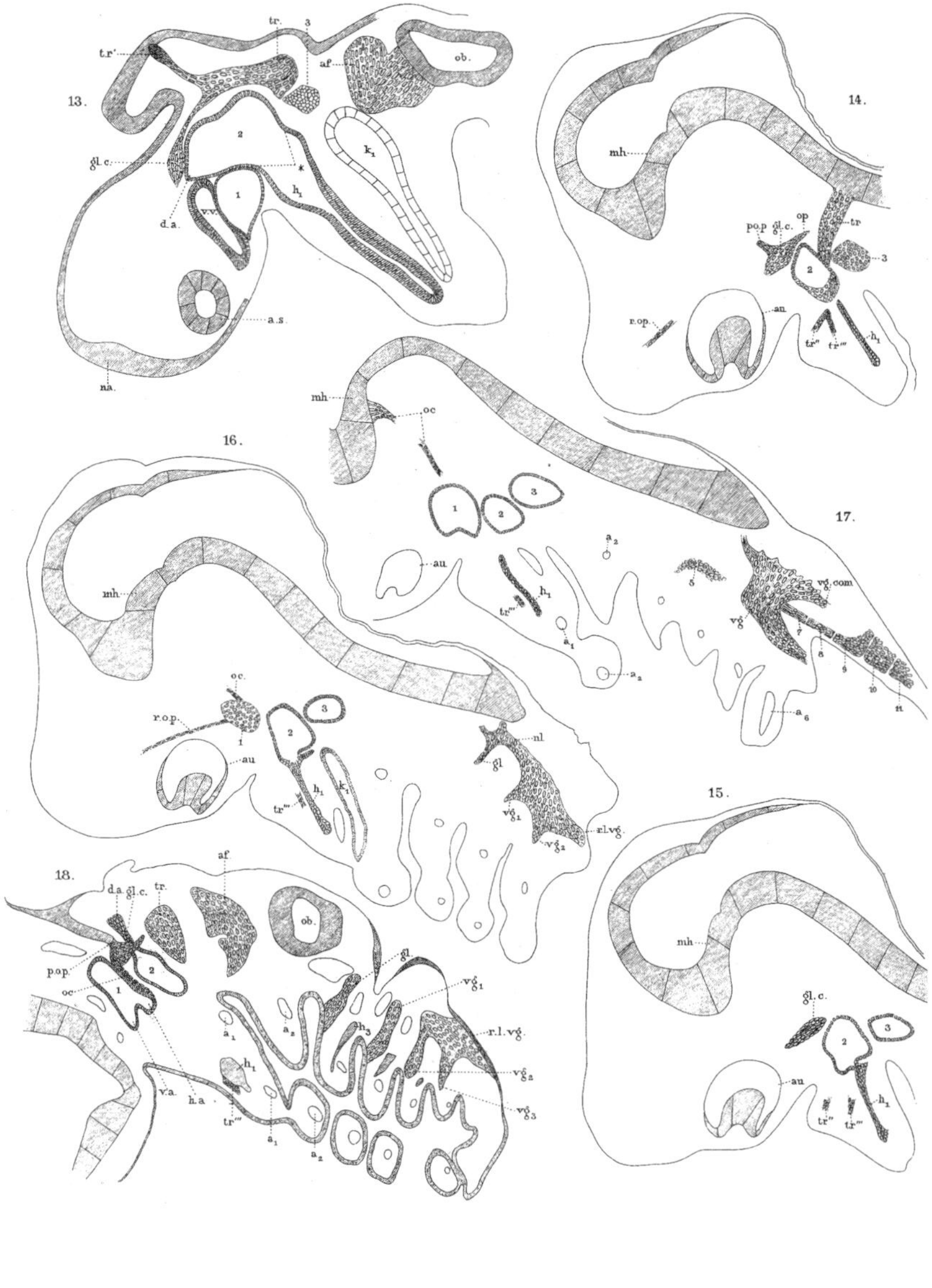

よくわかる。と同時にそれが、ゲーゲンバウアーの理論とも似ていることに気づくであろう。とはいえ、それはヴァン＝ヴィージェのセオリーがすべて正しいということをまったく保証はしていない。また、ヴァン＝ヴィージェが脊椎動物の背腹軸に体性・臓性の極性をみていたことがいかに妥当であったとしても、それでも彼はマーシャルのように、体節性と咽頭弓の繰り返しを別のものとはしなかった。いい換えるなら、ヴァン＝ヴィージェにとって、一つの完璧な分節単位は、臓性の要素と体性の要素をともに含んでいてしかるべきであった。それについてはヴァン＝ヴィージェはバルフォーと同様の意味で、脊椎動物の体軸にただ一種の分節繰り返し性しか認めない、典型的な分節論者であった。そもそも、形態学的に理想とされるメタメアには、すべての構造が一揃い存在しているべきであるのだから、この分節論は頭腔の有無や、その体節との系列相同性に拘泥する議論というより、むしろ「脊椎動物メタメリズム論」と呼ぶ方がふさわしいのである。

上に述べたようなヴァン＝ヴィージェの考えが、のちの神経分節論にも大きな影響を与え、引き継がれてゆくことになる。ヴァン＝ヴィージェのこの図式では、頭部の構造すべてが体幹と過不足なく比較され、脊椎動物のからだが単一の分節スキームとして表現されている。その意味でこれは画期的なものであり、単に「胚の中には、成体において失われている中胚葉分節が一過性に現れる」というレヴェルをはるかに超えている。加えて、脳神経の分類も、現在の我々の理解の根幹をなすものとなっている。この点で、ヴァン＝ヴィージェの説明は解剖学的にバルフォーをはるかに凌ぐものだった。そしてこの頃から、分節幻想は傍軸中胚葉性の体節と、臓性の咽頭弓をともに考察しなくてはならないことになった。そして、中胚葉の構成を反映する末梢神経に、重要な形態学的意義をみてとる傾向が次第に強まっていった。

典型的な分節性を信奉する学者たち、現在では「分節論者（segmentalists）」と呼ばれている一派は、頭部分節が体節（頭腔）と咽頭弓からなり、したがって両者は前後軸方向に同じリズムを刻んで繰り返し、末梢神経の形態もそれを反映しているのだと考えた。しかし当時から、これをよしとしない研究者も多く、彼等は総じて「非分節論者（nonsegmentalists）」ともいわれるが、そのうち最も典型的な、頭部傍軸中胚葉に分節を認めない典型的な非分節論者と、ヴァ

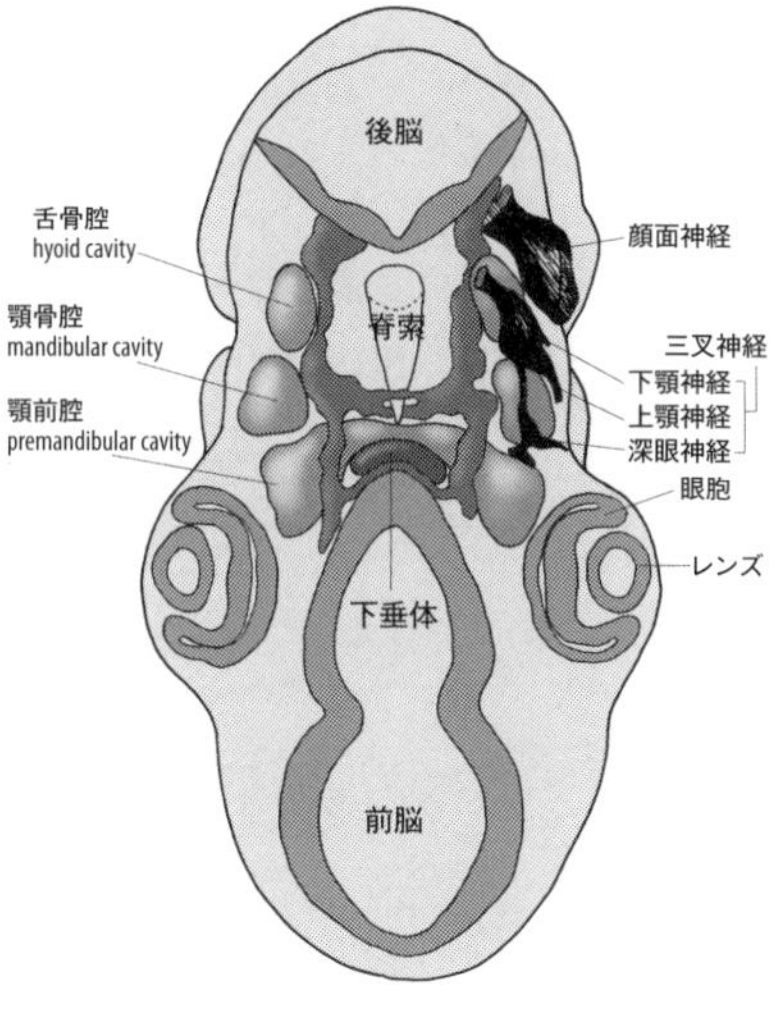

図2-28▶サメ咽頭胚の頭腔。組織切片から復元した頭部を前からみる。脳褶曲のため、前脳は図の下方に描かれている。ヴァン=ヴィージェが示した傍軸位置を占める頭腔（顎前腔、顎骨腔、舌骨腔）が見える。顎前腔は脊索（nt）の前端で両側のものが連なり、下垂体（hy）の後方でブリッジを形成している。Goodrich（1930）より改変。

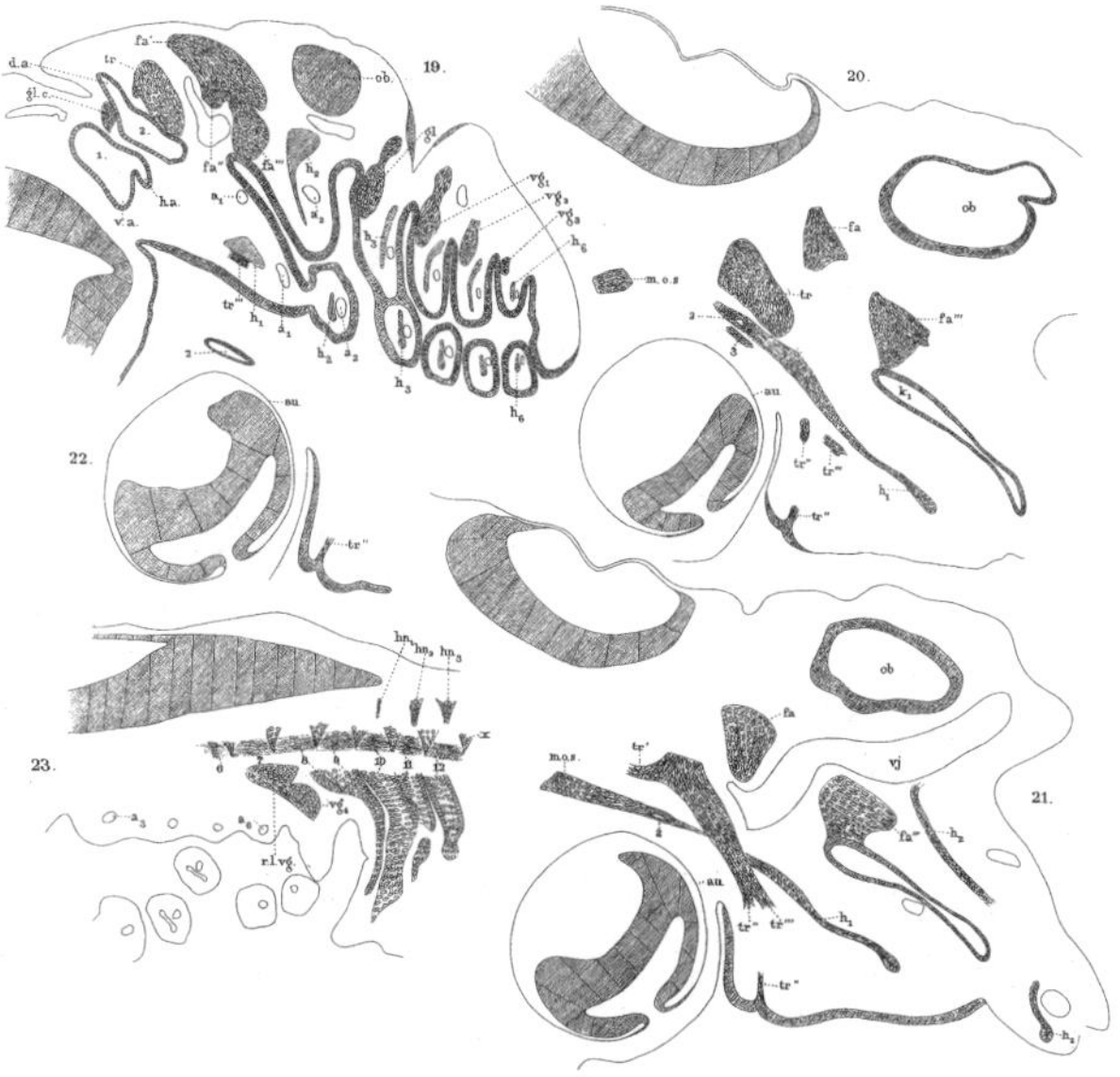

図2-29▶ヴァン=ヴィージェの論文中のFig. 19：ステージLのハナカケトラザメ（*Scyllium canicula*）咽頭胚矢状断。各咽頭嚢と鰓弓神経原基の分節的関係がよくわかる。顎骨腔（2）の前方には、毛様体神経節原基（gl.c.）がみえる。
Fig. 20～22：同種のサメのステージO咽頭胚矢状断。Fig. 23：ステージK末期のヤモリザメ（*Pristiurus*）咽頭胚。後耳領域における筋節と脊髄神経原基の分節的配列が明瞭である。これらの筋節の腹方部は鰓下筋系原基として伸長し、咽頭を下方で回り込んで口腔底に達する。van Wijhe（1882）図版3より抜粋。

図2-30▶ヴァン=ヴィージェの論文中のFig. 26：ハナカケトラザメ(*Scyllium canicula*)ステージO咽頭胚矢状断。顎前腔(1)には動眼神経が達し、顎前腔の下方部は下斜筋原基として分化しつつある。

Fig. 32～34：ステージK初期におけるヤモリザメ(*Pristiurus*)咽頭胚頭部の横断面。三叉神経第一枝(p.op)、動眼神経(oc)、毛様体神経節(glc)ならびに顎骨腔(2)の位置関係がよくわかる。

Fig. 31：ヨーロッパトラザメ(*Scyllium catulus*)ステージI初期咽頭胚。矢状断。三叉神経節原基が顎骨腔(2)をとり囲んでいるところを示す。

Fig. 35：ハナカケトラザメ(*Scyllium canicula*)ステージO咽頭胚矢状断。顎前腔(1)よりの、内直筋(mri)、ならびに下斜筋(moi)の分化を示す。van Wijhe(1882)図版4より。

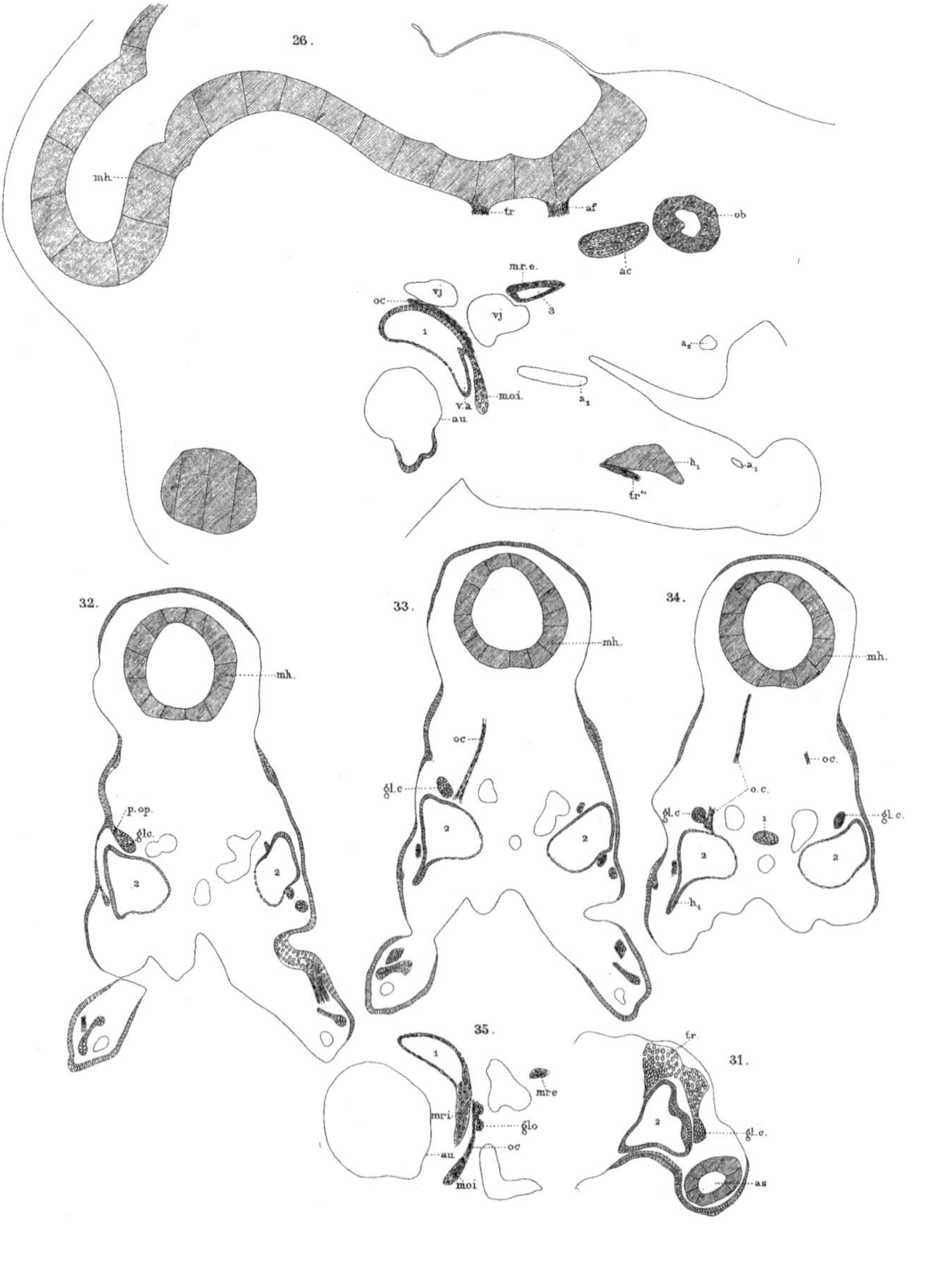

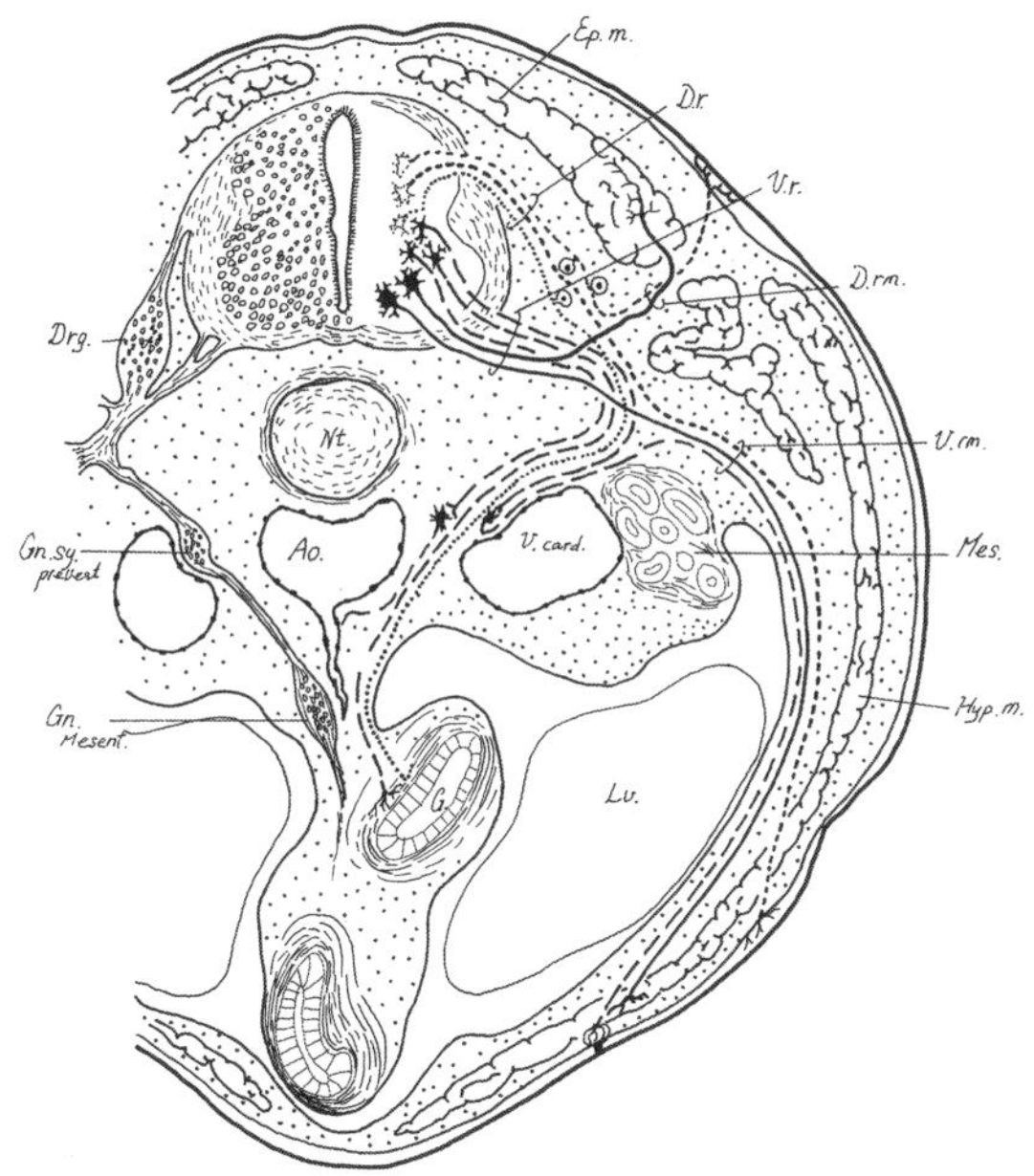

図2-31▶パッテンの発生学より、脊髄神経。脊髄神経は背根（Dr）と腹根（Vr）を持ち、前者は知覚神経繊維、後者は運動神経繊維が束ねられたものである。これら両者は合一したのちに再び背腹の混合神経、背枝（Drm）、腹枝（Vrm）となり、からだの軸上部と軸下部をそれぞれ支配する。このような明瞭な形態パターンは顎口類になって成立したものとされるが、これに似たパターンはヤツメウナギにも存在する。脊髄内では、背側から体性知覚、臓性知覚、臓性運動、体性運動のニューロンの細胞体が配列し、知覚部と運動部を分けるのが境界溝である。詳細は第3章をみよ。Patten（1958）より改変。

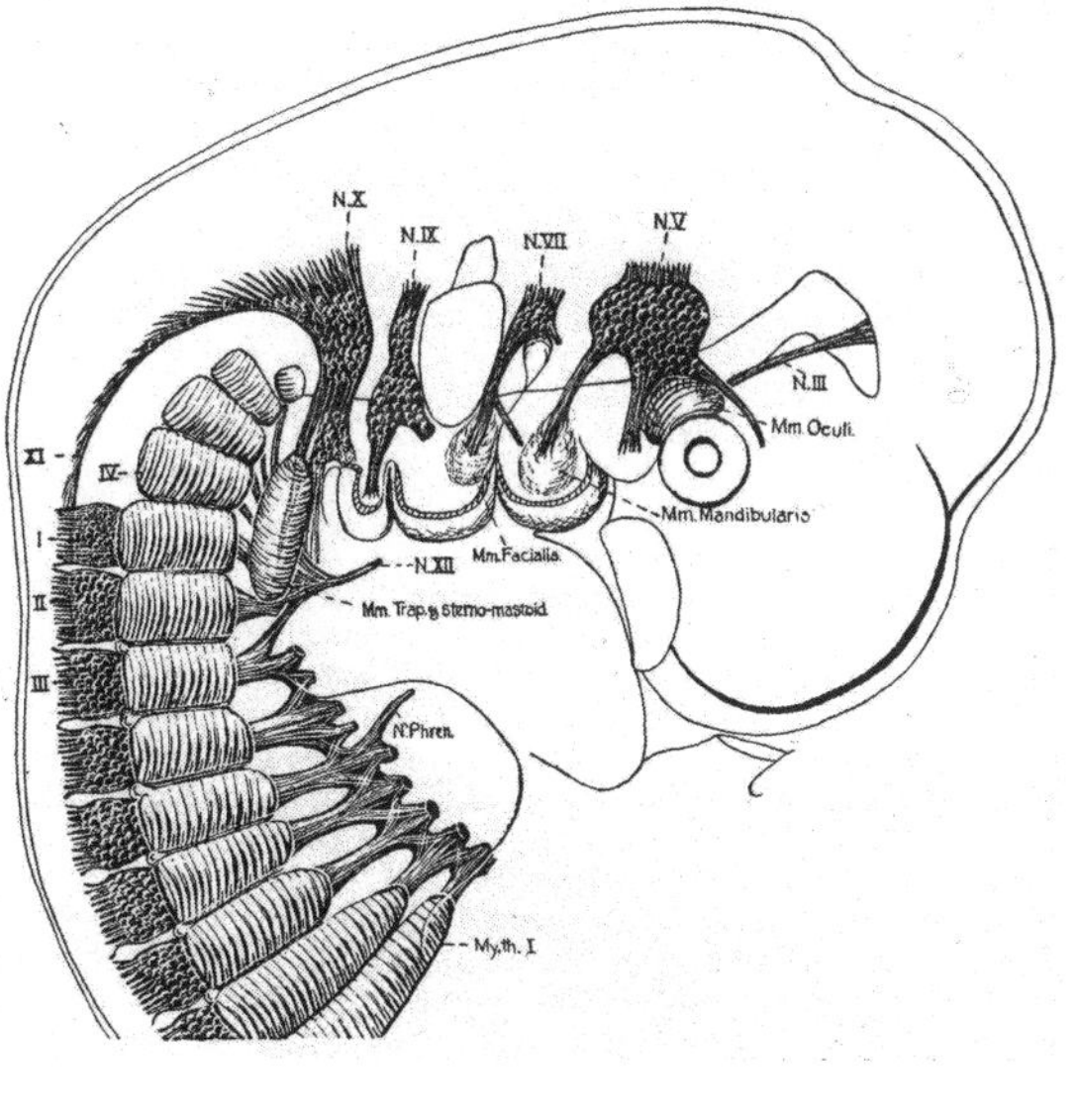

図2-32▶ヒト咽頭胚（7mm）における末梢神経と筋原基。鰓弓神経系（N、V、VII、IX、X）が咽頭弓の筋を支配し、脊髄神経が体節に由来する筋節を支配することに注意。これら2系統の筋の発する位置が違うことに注意（体性の体節筋は背側、臓性の咽頭弓筋は腹側）。この胚では、頭腔は描かれていない。Keibel & Mall（1910）より。

ン=ヴィージェに代表される分節論者の間には、様々に異なった見解のスペクトラムがある。その中には、傍軸部と咽頭の両者に明瞭な分節をみながらも、両者がまったく独立した別の分節性を示すとみる向きもあった。

前述のゲーゲンバウアーも活躍したこの時期以降、ドイツを中心として展開される分節論は、末梢神経と中胚葉分節を基調とした頭部の分節的構成を明らかにすることを至上の目的とし、それはあたかも、発生生物学において一時期、前成説(preformation theory)が至上命題となった経緯を彷彿とさせる。そして、頭部分節論をめぐる研究史の牽引役となったのは、疑いもなく、最も明瞭に上皮性体腔としての頭腔を発生させる、サメやエイなどの板鰓類であった。ヤツメウナギやヌタウナギからなる円口類のように、板鰓類よりもはるかに原始的な位置で分岐し、それだけ原始的な体制を保持していると期待される系統が知られていたにもかかわらず、[◉253]板鰓類の咽頭胚が、脊椎動物の一次構築プランや原型を最も明瞭、理想的に具現すると信じられていたのである。当時のこの異常な事態を板鰓類崇拝と呼ぶことについてはすでに述べた。

右にみたように、脊椎動物のボディプランは背内・腹外側に分極し、それが頭の先から体幹の終わりまで、より厳密には総排泄孔、もしくは肛門まで追跡できるということになり、それが前から同じリズムで分節しているというのがヴァン=ヴィージェの形式的理解なのであった。この基本的なものの見方は、アールボーンのような発生学者に影響し、体性の分節性と内臓弓の分節性がまったく無関係のものであるという、今日一般に認められることの多い、「反分節論」的考え方をも導いてゆく。また一方で、ヴァン=ヴィージェの説は発生学と形態学に解剖学的な精密さを与え、ゲーゲンバウアーの頭部分節性のスキマタイゼーションとともに、頭部の理解における、いわば規範をなしてゆくことにもなるのである(Veit, 1947)。それは、二一世紀にまで持ち越される頭部問題の基盤と呼ぶことができ、その影響下にあったことに関しては、現在でも有名なグッドリッチの頭部理論もまた、例外ではない(後述)。

<table>
<tr><th>体節
Somites</th><th>頭部体節筋
Cephalic somitic muscles</th><th>神経腹根
Ventral nerve root</th><th>分節
segments</th><th>頭腔、あるいは傍軸中胚葉分節</th><th>内臓弓筋Visceral（arch）muscles</th><th>神経背根
Dorsal nerve roots</th></tr>
<tr><td>1</td><td>動眼神経支配の外眼筋
Extrinsic eye muscles innervated by Cn III（mm. rect. sup., int., inf., et obl. inf.）</td><td>動眼神経
Oculomotor（III）</td><td>1</td><td>顎前腔
Premandibular cavity</td><td>?</td><td>三叉神経第一枝
Ophthalmic nerveof the trigeminus</td></tr>
<tr><td>2</td><td>上斜筋m. obl. sup.</td><td>滑車神経
Trochlear（IV）</td><td>2</td><td>顎骨腔
Mandbular cavity</td><td rowspan="8">咽頭弓、鰓弓
Pharygeal and gill arches</td><td>上下顎神経
Maxillomandibular nerve of the trigeminus</td></tr>
<tr><td>3</td><td>外直筋m. rect. ext（lat）.</td><td>外転神経
Abducens（VI）</td><td>3</td><td rowspan="2">舌骨腔
Hyoid cavity</td><td rowspan="2">顔面内耳神経
Acustico-facialis</td></tr>
<tr><td>4</td><td>-</td><td>-</td><td>4</td></tr>
<tr><td>5</td><td>-</td><td>-</td><td>5</td><td>第三体節
3rd somite</td><td>舌咽神経
Glosso-pharyngeus</td></tr>
<tr><td>6</td><td>痕跡的
Rudimentary</td><td>?</td><td>6</td><td>第四体節
4th somite</td><td rowspan="3">迷走神経
Vagus</td></tr>
<tr><td>7</td><td rowspan="3">後頭体節に由来する鰓下筋系
Hypobranchial muscular system derived from occipital somites</td><td rowspan="3">舌下神経
Hypoglossal（XII）</td><td>7</td><td>第五体節
5th somite</td></tr>
<tr><td>8</td><td>8</td><td>第六体節
6th somite</td></tr>
<tr><td>9</td><td>9</td><td>未分化で囲心腔の形をとるもの
Undifferentiated from pericardium</td><td></td></tr>
</table>

表6▶ヴァン＝ヴィージェ（1883）による頭部分節性を形式的に示す。外眼筋神経（III、IV、VI）が、背根としての鰓弓神経に対するところの腹根として扱われていることに注意。Veit（1947）より改変。いくつかの語句は現代風にあらためてある。

【コラム】——組織学研究法

私の学生時代の大きな課題の一つは、「いかにして美しい組織切片標本を作るか」ということであった。簡単なようで、これがなかなかにコツがいることなのだ。何しろ、昔のスライドグラスは、安物になるとただの硝子の切り離しで、断面が加工されていないもので、下手に触ると指を切ってしまいかねない。さらに、機械油をはじめとする様々な油脂で汚れていたから、そのまま使うとせっかく貼りつけたパラフィン切片が剥がれ落ちてしまうような、いい加減なものであった。だから、使う前にはよく洗剤で洗って流水に浸け、さらに高濃度のエタノールで油脂を溶かし去るという、面倒臭い下準備をしなければならないのであった。その点、最近のスライドグラスは正確な平面を持ち、透明度も高く、油などついていないから、購入したらそのまま使うことができる。つくづくよい時代になったと思う。それはスライドグラスに限った話ではない。パラフィン切片がはげ落ちるのは、スライドグラスの品質ばかりが理由ではないのだ。硝子に切片を貼りつけるのに使う、「卵白グリセリン」もまた大問題なのだ。

卵白グリセリンの粘着性を利用して組織切片を硝子に貼りつけるこの方法は、「日本法」とも呼ばれ、おそらくどこかの日本人研究者が発明したものなのであろうが、いずれにせよ、これは限界まで指で引き延ばさなければ逆効果であり、多いと水で洗ったときに卵白が溶け始め、むしろ切片を剥がす理由になってしまう。かといって、ほとんど拭きとってしまうぐらいに何度も何度も指でのばすと、硝子の断面で指を切りそうになるし、おまけに指の油をつけてしまうことになる。元も子もない。そんなわけで、大学院生の頃私は何度も切片作製に失敗し、途方に暮れていたのである。あの頃、何度切片を失っただろう。パラフィンを溶かし去るキシレンの中で失い、組織をアルコール系列で水に戻す最終段階で失い、染色のあとで失い……。一見、簡単な組織学テクニックを、しかもそのうちの最も初歩的(にして、最も究極)

なへマトキシリン・エオシン（ＨＥ）染色を、そうやって私は何度も失敗していたのである。

そんなある日のこと、佐野豊という、確かかつて京都府立医大におられた先生の書かれた、『組織学研究法』（南山堂）なる教科書に私は遭遇した（現在でも復刻出版されている）。のちに琉球大学に助手として勤務した頃、たまたま御本人と会う機会があり、『組織学研究法』出版に漕ぎ着けるまでの実に興味深い苦労話を拝聴したのであった。パーソナルコンピュータのない時代、あれだけ分厚い教科書の原稿一セットを抱え、佐野先生が雨の降る中駆けずり回った話をいまでもよく覚えている。いや、この本の中にちりばめられた、ありとあらゆる組織学テクニックこそ、私にとって何枚も目から鱗が剥がれ落ちるような、それはそれは素晴らしいものなのであった。

まず、卵白グリセリンの作り方。新鮮な生卵の卵白とグリセリンを一対一に混ぜ、よく攪拌し、防腐剤としてアジ化ナトリウムを少量加え、冷蔵庫にて保存する。ここまではよい。すでに知っている話である。さて、この卵白グリセリンの用い方だが、一〇〇mlの蒸留水を沸騰直前まで煮沸、中の細かい気泡をすべてとり除いたのちに室温になるまで放置、そこに先の卵白グリセリンを一滴だけ滴下し、泡立てないように静かに攪拌する。この液をスライドグラスの上に盛るように載せ、そこへパラフィン切片を載せるというのである。なるほど、これで卵白グリセリンがごく少量グラス全体に広がるわけである。で、切片が温熱器（伸展器）の上で充分に乾いたところで余分な水分をティッシュペーパーで吸いとり、あらためて別の温熱器でしつこく乾燥させる。

次は、キシレンによる脱パラフィンということになるが、ここから先のテクニックはポスドク先であったジョージア医科大学解剖学研究室でコツを教えてもらった。つまり、切片つきのスライドグラスを籠に入れ、それをパラフィンを溶融するオーブンの中に二〇分ほど放置するのである。すると、パラフィンだけが熱で溶け、オーブンの中の吸取紙に吸いとられ、あとには生物組織にわずかだけパラフィンのついたものが硝子の上に残る。そして、オーブンからとり出したその籠を常温に戻してから（私の場合、

「わずかにぬくもりを感ずる程度まで」というのが好みだが）おもむろにキシレンの壺に浸ける。すると、キシレンが残ったパラフィンをすべて溶かし去ってくれるのだが、オーブンに放置する過程を経たおかげで、キシレンも長持ちするし、脱パラフィンにかかる時間も通常よりはるかに少なくなるというわけだ。誰が思いついたのか知らないが、私が勝手に「ジョージア法」と呼んでいるこのやり方もかなり賢い。

しかし、組織学標本を作る上で最も重要な過程はといえば、何といってもそれは組織をパラフィンの中に包埋することだろう。これもまた、『組織学研究法』に数々の秘伝が書かれていた。まず、ブアン固定液に勝る固定液はないとのこと。これはピクリン酸と酢酸を用いた固定液で、指につくと真っ黄色に変色するので、扱うときはゴム手袋をした方がよい。何しろ、酢酸を用いているので、組織が変形する時間を与えず、短時間でばっちり固めるのである。しかし、このピクリン酸の黄色い色は通常染色に先立つ「アルコール系列で自然に落ちる」と書いてあるものの、つねにというわけではなく、のちの染色の邪魔をするので、何とか組織の脱水に先立って落としたいというのが本音のところ。そこで、組織片をアルコールで洗うとき、九五％エタノールに、炭酸リチウムの飽和水溶液を滴下しておくと、組織から黄色い色がみるみるうちに溶け出し、真っ白になる。そこで、一気に一〇〇％エタノールで脱水と思いきや、佐野先生の方法においてはそんな危ないものは使わない。

およそ生物組織において、一〇〇％アルコールというのは禁断の薬剤である。生物組織に最も大量に含まれている水分を暴力的に絞り出してしまうわけだから、その際に起こる組織の変形もまた凄まじい。実際、組織切片のうまい下手のほとんどはこの脱水過程によるのだから、一〇〇％エタノールなど使わなくてもよいのなら使わずに済ませるに越したことはない。しかし、脱水しなければ包埋できない。さてどうするか。

そこで、佐野先生は潔くエタノールを捨て、安息香酸メチルを用いるのである。これは一応有機溶媒だが、いくぶん極性を持つ分子でもある。すなわち、少しぐらいなら水と混合できるのである。つまり、この溶媒は、媒介剤としてのみならず、同時に脱水の最終段階にも用いることができるわけだ。というわけで、九五％のエタノールまで脱水できた組織は、そのまま安息香酸メチルに浸けることができる。そうした組織片はしばらく浮いているが、エタノールが徐々に安息香酸メチルに置換されるにつれ瓶の底に沈んでゆく。そうしたら次の安息香酸メチルに浸け、置換をより完璧なものにする。と、この過程を三度ほど繰り返すと組織片中の水分はほぼ完璧に（一〇〇％エタノールなどでは到底望むべくもないほどに）除去され、パラフィンを溶かしたキシレンを受け入れる準備が整うのである。しかし、キシレンもまた極めて暴力的な溶媒であり、パラフィンが解ける六〇℃ほどの熱キシレン中に長く組織を置いておくと、「天ぷら」のようになってしまう。そんなものは標本として使い物にならない。だからキシレンもできれば使いたくはない。そこで、キシレンの代わりに、組織に優しいベンゼンを使うがよい、というのが佐野先生の教えなのである。

さて、実はパラフィンもまた研究者が各人で調整すべきものだったのだが、ここにそれを書いても意味はない。なぜといって、現在市販されているパラフィンは人工的な分子で出来ており、昔の職人的技術が入り込めるような隙がまったくないからだ（と、私は聞かされている）。昔やっていたように、蜜蝋を加えて煮沸したり、ゴミを入れて黄色くなるまで煮込んだりなどということをやると、分子構造が変化して台なしになってしまうという。同様に、「皮砥」を用いて（昔の床屋がやっていたように）ミクロトームの刃を研ぐなどということも、最近ではすっかりやらなくなってしまった。いまはステンレスの替え刃があり、そっちの方がずっと優れている。それでもなお、いまは廃《すた》れてしまったか、忘れ去られてしまったか、あるいは流布することもなく、劣った方法が何か知らない理由で流布し、どこかのプロ集団だけが恩恵に浴しているような優れものの秘法というのは思いの外多くあるもので、昔の指南書を読むと、思わぬ解決法が見つかる可能性は実は極めて高い。いずれ、いろいろなところで仕入れてきたテクニカルチップを寄せ集めては改良し、最終的に自分にとって最高の方法を構築するのがよい。お陰で、私のラボの出身者たちは、私が若い頃に味わったような情けない失敗をいっさい繰り返さずにすんでいる。

プラットの小胞と頭部分節の数

ヴァン＝ヴィージェはサメ（ヤモリザメ（*Pristiurus*）とトラザメ（*Scyllium*））の胚に九つの中胚葉性分節、すなわち分節論者いうところの「頭部体節」を見出し、それが体幹において椎骨を作る体節と系列的に相同であると考えた。頭部体節のうち、前方の三つは顎前腔、顎骨腔、舌骨腔の名で知られる頭腔であり、これらは特別に三対の脳神経によって支配される六対の外眼筋をもたらす。ところが、のちに主流となってゆくこの基本的な分節図式に、前に一つ、後ろに一つ（か、それ以上）の分節が新たに加わることになった。

「後ろ」とは、ヒトにも存在するいわゆる後頭骨という頭蓋要素をもたらす真の体節（後耳体節）のことであり、それはホフマンによって別のサメ、アブラツノザメ（*Acanthias*：現*Squalus acanthias*）の胚に発見された（Hoffmann, 1884）。一方で、前の一対というのは、顎前腔のさらに前にあると考えられた（こともある）頭腔であり、それ、すなわち「前頭腔」、もしくは「プラットの小胞（Platt's vesicle）」と広く呼ばれる分節様構造の発見者が、アメリカ人女性発生学者、ジュリア・プラットなのである。[●254]

ドイツ比較発生学が最も輝いていた時代、ドイツ留学中のプラットは、大御所と呼ばれていたいく人かの学者たちより薫陶を受け、文字通りヨーロッパ形態学の歴史を動かすことになった。現在、彼女はもっぱら、脊椎動物の頭蓋の大部分が中胚葉ではなく、頭部神経堤性間葉から分化することを最初に指摘した学者として名を残している（Platt, 1893）。このような頭部神経堤細胞の分化能は、現在の発生学においては基本中の基本ともいえる事項となっているが、それが広く認められるには、彼女の発見の数十年後、両生類を用いた実験発生学の成果を待たねばならなかった（第5章に詳述）。ちなみに、当時は脊椎動物の骨格はすべて中胚葉に由来すると、ごく常識的に考えられており、プラットのこの発見はいわば、フォン＝ベーアによって唱えられた胚葉説、つまり「相同な組織、器官はすべて同じ胚葉から作られる」という原則の反証となった。これは、のちにド＝ビアが、形態的相同性を同じ発生現象に還元できないと、悲観的に考えるようになった理由の一つでもあった（de Beer, 1958）。

いまにして思えば、プラットはいくつもの重要な発見をなしている。頭蓋の由来や、以下に示してゆく前頭腔だけではなく、頭部神経堤が中脳・後脳境界（mid-hindbrain boundary：MHB）に付着し、滑車神経と何らかの関係があるのではないかとも指摘している。それが哺乳類の間頭頂骨（interparietal）や、三叉神経第一枝の本来の神経根を示す可能性はまだ残されているのである。プラットの業績の発掘はまだ充分ではないのだ。

現在の発生生物学的感性からは、右に挙げた「神経堤に由来する頭蓋」がプラットの最も重要な発見とされがちだが、彼女が存命であった当時は、むしろ別の発見の方がはるかに重要であると思われていた。それが本書のテーマにも深くかかわる、顎前腔の前に存在するもう一つの頭腔、一般に「プラットの小胞」とか、「前頭腔（anterior head cavity）」と呼ばれる頭腔なのである（図2-33）。当時彼女が用いていたサメはアブラツノザメ（*Acanthias*）であり、このサメにおいては確かに形態学的に顎前腔の前にもう一つの頭腔が発生するようにみえる。しかし、ほかの板鰓類、すなわちバルフォーの用いたトラザメ（*Scyllium*）では、このような頭腔は決して見出されない。

「頭部にいくつの分節が存在するか」という問題は本来、「頭部にはたして分節が存在するか否か」という問題の次に問われるべきものである。が、先にみたように、先験論的に幻視された頭部分節の受容ののちには、とりあえずその数が問題とされ、それについて最初に争ったのがそもそもゲーテとオーケンであった。そしてその状況は、手法が比較発生学になってもあまり変わることがなかった。実際、プラット以前にも、頭部体節が三つ以上あるという考えは多く提出されていたのである（詳細は第4章）。

バルフォーとヴァン＝ヴィージェは、考え方こそ大きく異なってはいたものの、どちらも耳の前に三つの分節を見出していた。そして、そのカウントは頭腔の存在に依存し、そしてそれをとり巻くほかの構造（とりわけ末梢神経）

図2–33▶A：アブラツノザメ(*Acanthias*)の咽頭胚頭部の横断面。プラットの小胞(＝前頭腔：a)、顎前腔(1)、顎骨腔(2)がみえている。プラットの小胞と顎骨腔が近接して発生していることに注意。ヴァン＝ヴィージェもヤモリザメ(*Galeus*)胚において同様の前頭腔をみているが、彼はそれが顎前腔からくびりでたものと考えていた。プラットは、彼女の発見した頭腔が本来、顎前腔、顎骨腔の両者と近接していることを見抜いていた。Platt(1890)より。

B・C：プラットがヴィーダースハイム(当時のドイツ比較解剖学における主導的学者の一人)の研究室を訪れ、カイベルの指導を受けながら観察したアブラツノザメ胚の頭部中胚葉。背側面と矢状断を示す。索前板(脊索の前方への延長で、左右に大きく広がった部分)が下垂体原基である漏斗(もしくは視床下部)の発達によって前後に二分し、そのうち前半分が前頭腔になり、後ろ半分が顎前腔になるとしたヴァン＝ヴィージェの仮説が示されている。Platt(1891b)より。

D・E：アブラツノザメ咽頭胚の矢正面。初期咽頭胚の2段階を示す。左は体腔出現前の背。眼胞の後方腹側に伸びた細胞策が前頭腔の原基。一方で、脊索の前方にある膨らみが索前板であり、ここから最終的な顎前腔が分化する。右は、左右が逆になるが、体腔が出来たばかりの胚。顎前腔(1)と前頭腔(a)の相対的位置関係が、前の発生ステージと似ていることに注意。この頃の発生学は、ステージを追いつつ観察し、原基の同一性を確かめながら分節的位置を同定していた。私見だが、とりわけ初期胚における組織学的観察はやや正確さを欠くようである。板鰓類の頭腔は実際には細胞塊の腔所が広がるのではなく、無数の小胞(シスト)が融合して出来るのであり、その発生学的特徴は硬骨魚類や羊膜類にもみることができる。詳細は第4章をみよ。Platt(1891b)より。

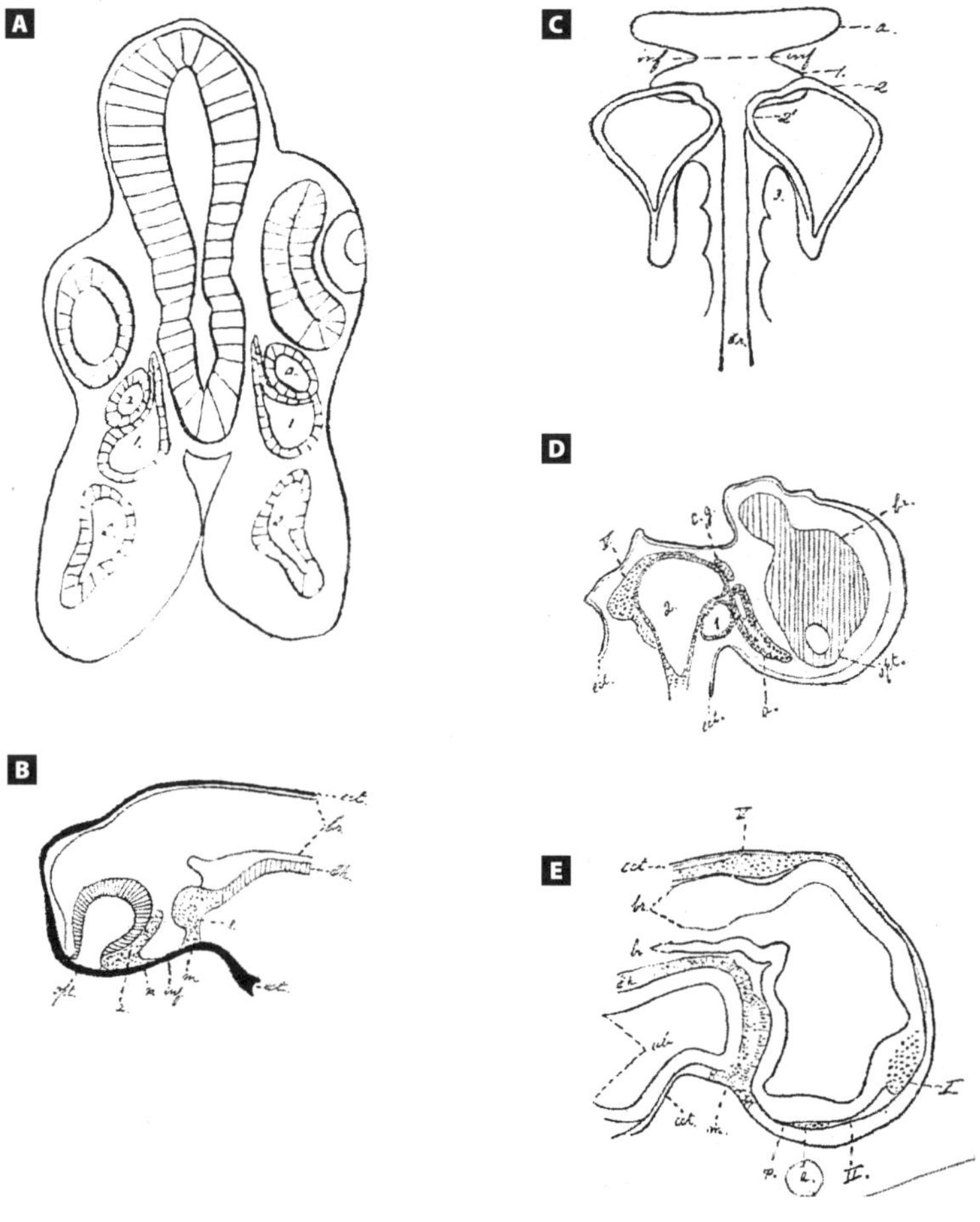

との関係から、頭腔がなくてもそれが二次的に消失したと考えられ、そこに仮想的頭腔が数えられた。その頭腔はといえば、典型的な場合には頭部の間葉中に浮かぶ明瞭な上皮性体腔として認識されるのがいわば理想型であり、完璧なセットの頭腔（三対）を持つのは軟骨魚類のみと考えられていた。事実、全頭類（ギンザメ）の胚においても三対の頭腔は記載されている（Dean, 1906）。いうまでもなく、理想的な胚形態の体現を軟骨魚類に求めようとする姿勢も、あの板鰓類崇拝の特徴であったが、むしろ、この頭腔の発見こそがこの崇拝を決定づけたといってよい。そして、のちに多くの研究者が報告してゆくように、頭腔は軟骨魚類を越えて様々な動物群の胚に報告され、基本的に頭腔はどの脊椎動物にもあると考えられるようになったのである（第4章に詳述）。つまり、頭部分節論の原型論的性格を最もよく現し、そして象徴していたのが、この頭腔だったのである。それは単なる比喩ではなく、頭腔をめぐる議論が、かつての比較骨学的、頭蓋椎骨説と同じ論争を呼んだことからもうかがうことができる。「頭蓋にいったいいくつの椎骨が存在するか」という初期の問題が、再びその対象を上皮性中胚葉体腔に変え、比較発生学の土俵で再現されたからである。

理想的には頭腔がみな、原腸からの直接的な膨出として現れると、比較発生学者たちは考えたかった。が、実際にそれが観察されることは希《まれ》であった。むしろ、主として羊膜類において推測されたように、頭腔は無脊椎動物における裂体腔的な形成様式をとるものが多かった（Wedin, 1949; Kundrat et al., 2009）（図2–23A）。そして、観察する時期によっては、最終的な頭腔を形成する前段階として、その前駆体、つまり多数の小胞がみえることは多く、これを頭部体節と考えるか、もしくは真の体節相同物とすることもあった。のちに述べてゆくように、これは頭腔の成立過程としては、極めて正確な観察なのである。

たとえば、ナポリ海洋動物研究所の創設者であったドールンは、板鰓類に属するシビレエイ（*Torpedo marmorata*）において一二から一五に及ぶ数の、やや不鮮明な上皮性体腔を記載したが（Dohrn, 1890）、これは発生によって徐々に融合する頭腔の前駆体を示したものであるらしく、頭腔との対応関係が表7に示されている（第4章）。

ここで、大文字のアルファベットで示されているのが、ドールンによるところの「本来の」頭部体節であり[255]、それゆえ、バルフォーによって最初に見出された頭腔は二次的産物にすぎず、本物の体節の系列相同物ではないという。つまり、ヴァン＝ヴィージェやバルフォーによって観察された板鰓類胚の発生段階は遅すぎて、観察に適さないとドールンは考えたわけなのである。

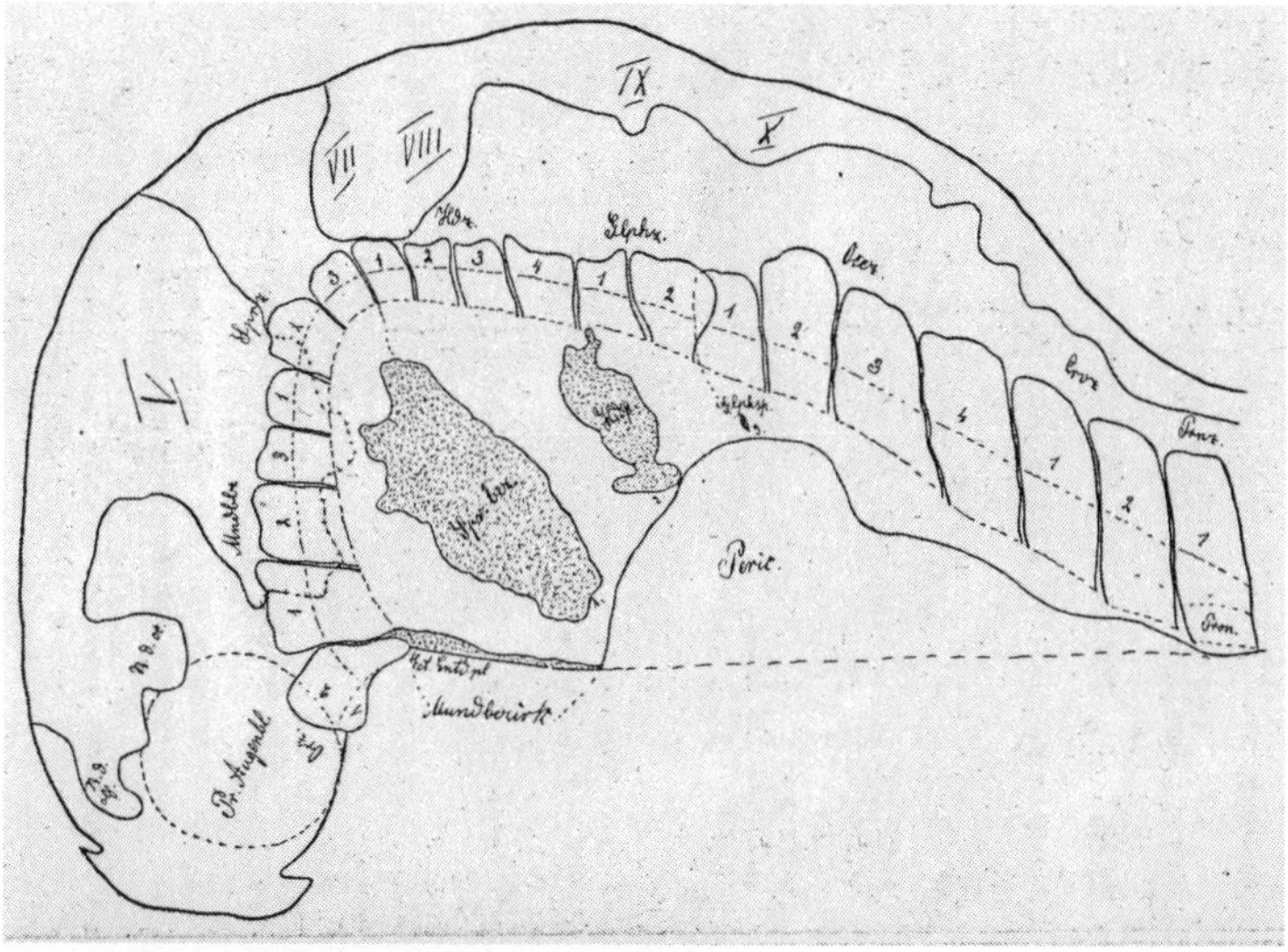

ドールン（1890）の見出した中胚葉性の小胞 Dohrn（1890）		ヴァン＝ヴィージェ（1882）による頭腔 Van Wijhe（1882）
Torpedo marmorata		*Scyllium & Pristiurus*
X	1	I
W	2	
V	3	
U	4	
T	5	II
S	6	
R	7	
Q	8	III
P	9	
O	10	
N	11	IV
M	12	
L	13	
K	14	
I	15	

上・図2-34▶キリアンによるシビレエイ（*Torpedo*）胚の中胚葉分節。眼方の直下から後方へ向かってアーチを描きながら体幹へ至るのがわかる。この時代の観察にしては珍しく、2つの頭部神経堤細胞が描かれている。咽頭では、咽頭裂が2つ出来始めている。咽頭裂との位置関係から、キリアンの描いた体節様の構造が確かに傍軸部に位置することがわかる。ヴァン＝ヴィージェの頭腔は確かに、これより進んだステージにしか現れない。Rabl（1892）より。

下・表7▶ドールンの小胞とヴァン＝ヴィージェの頭腔の対応を示す。

これと似た観察はフロリープによってもなされている（第4章）。少なくとも、いまこの段階においていえることは、ヴァン＝ヴィージェの頭腔と体幹の体節の間には、発生のタイミングと形態パターン、そしてサイズや組織学的特徴において、明瞭な差異が存在するということである。そして、頭腔、もしくは前耳領域の分節数については、プラットの発見した前頭腔の有無を無視すれば、咽頭胚中期以降におけるその数と分布は比較的一致しがちである。いずれにせよ、ドールンは論文ごとに異なった見解を述べることで当時は有名で、そのために彼の分節理論を結論づけるのは難しく、それについてはラーブルも困惑を露わにしている（Rabl, 1892）。しかしそれにはドールン自身の問題だけではなく、実際に脊椎動物胚、とりわけ板鰓類の頭部中胚葉が、発生段階ごとに、あるいは動物種ごとにめまぐるしく様相を変える事実をそのまま反映しているという一面もある。

ドールンと似た観察をしながらも、キリアンはさらに多く、一七から一八に及ぶ頭腔前駆体をシビレエイ（*Torpedo*）の胚に観察した（図2–34）（Killian, 1891）。そしてキリアンはそれらを、彼が「ゾーン」と呼ぶいくつかの領域に分け、そのそれぞれをヴァン＝ヴィージェの頭腔と同列のものとした（表8）。ただし、キリアンは、ドールンがみたような「小胞の融合による頭腔の形成」という過程は観察していない。これに関しては、ドールンの方が正確な観察をしており、それが実際に起こっていることは、いまでは通説になっている。二一世紀になり、進化発生学の興隆と相俟《あいま》って比較発生学の重要性が再認識されるに及び、過去の記述をより精緻な観察で検証しようという研究者がいく人か登場してきたからである。それによると、板鰓類やチョウザメ、そして羊膜類においても、明瞭な上皮性頭腔は、つねに不定形の小胞の融合によって生ずるらしい[◉256]（図2–23A・後述）。これら、小型の体節的構造については第4章において詳細に考察する。

◎――前頭腔の謎

さて、プラットによって発見された頭腔は、いったい何だったのだろうか。これもまた、ドールンやキリアンの示したような不定形の頭腔前駆体の一つにすぎないのだろうか。後者のような多数の小胞は、中胚葉に重きを置いた当時の頭部分節説に混乱しかもたらさなかった。それに輪をかけて、動物種により分節数が異なるような印象があったことが、これら小胞の形態学的重要性を疑問視させる原因ともなった（Sewertzoff, 1895）。が、プラットの見出した「前頭腔」に関しては、どうやらそういったものではなかったらしい。実際に、ほかの三対の頭腔が完璧に形をなしている頃、このプラットの小胞が現れる動物は板鰓類の中に確かに複数種いる。[257] それには、アブラツノザメ（*Acanthias*）のほか、ヤモリザメ（*Galeus*）やツノザメ（*Squalus*）も含められる。そして実際、彼女の発見の正しさは、ホフマンやツィンマーマンによって確かめられた（Hoffmann, 1894, 1986; Zimmerman, 1891）。複雑な経緯になるが、このプラットの小胞に類したものの候補として、ヴァン=ヴィージェもまた、*Galeus*胚の顎前腔に付随して生ずる上皮性の袋の突起を認め、これが独立の原基である可能性をみていた。したがって、ことによると当のヴァン=ヴィージェこそが、前頭腔の真の発見者ともなりかねない（第4章、ウェディンの項で考察）。が、ヴァン=ヴィージェは、それが仮にあった

キリアンの中胚葉性小胞 Killian		ヴァン=ヴィージェによる頭部体節列 van Wijhe
口領域 Oral zone	1	I
	2	
顎骨弓領域 Mandibular zone	1	II
	2	
	3	
呼吸孔領域 Spiracle zone	1	III
	2	
	3	
舌骨弓領域 Hyoid zone	1	IV
	2	
	3	
	4	
舌咽領域 Glossopharyngeal zone	1	V
	2	
後頭領域 Occipital zone	1	VI VII VIII IX
	2	
	3	
	4	
頚領域 Cervical zone	1	1
	2	2
前腎領域 Pronephric zone	1	3
	2	4
	.	.
	.	.

表8▶キリアンとヴァン=ヴィージェの頭部分節スキームを比較する。

としても、それが顎前腔の一部にすぎないのだろうと結論していた（図2–13）。

前頭腔は顎前腔の前方に出現し、ヴァン＝ヴィージェの組織学的観察によれば、それは動眼神経によって支配される外眼筋の一つ、「下斜筋」を支配すると示唆される。この筋は通常、ほかの脊椎動物においては顎前腔から発すると目されている。ならば前頭腔は、分節的な意義を伴ったものではなく、単に顎前腔の一部が遊離しただけのものとも考えられる。それは実際、比較的最近ジェフリーズが採用した考えでもあり（Jefferies, 1986）、グッドリッチも少し異なった形式においてではあるが似たような見解をとっていた（Goddrich, 1930）。いずれ、動物により分節数が異なるのはどうにも具合が悪い。それが原型であれ、共通祖先に存在していた原初の発生プログラムであれ、すべての脊椎動物の頭部の成り立ちを分節的図式としてとらえようというのが、この頭部問題の最重要課題であった。それが、動物種によって変化するというのであれば、そのような分節説は変幻自在で、いくらでも分節を増減しがちな、まったくありがたみのないものになってしまう。それとも、出来上がった頭腔が変幻自在であっても、それに先立つ前駆体の小胞の方が形態学的により一次的なパターンを示すということなのだろうか。●258 その動物が属する大きな分類群の本質的な特徴であればあるほど、それは発生の早期に現れるという、あのフォン＝ベーアの原則に従えば、確かにそれはそうかもしれない。しかし同時に、末梢神経の支配パターンや、中胚葉における体性と臓性の別が明瞭となり、脊椎動物の解剖学的成り立ちが明らかになるには、やはり、咽頭胚まで待たねばならないのである。発生段階のどこに形態の一次性をみるのか、それ自体、比較発生学においては意見の一致をみていなかった。

ヴァン＝ヴィージェの模式図に従い、頭腔が完成した時点において顎骨腔の示す形態パターンをいわば基準として考えるなら、顎骨腔より前にもう一つの頭腔（顎前腔）があると仮定せねばならなくなる。実際、分節論者にしてみれば、間接的に顎の前にもう一つの内臓弓が存在していたという前提は必然であった。たとえば三叉神経の第一枝は、しばしばほかの枝とは独立に生じ、本来存在していた顎の前の咽頭弓を専門的に支配していた神経の名残を示すようにみえる（第3章）。そして顎の前にあって前脳の頭蓋底をもたらす梁軟骨が、「顎前弓（premandibular arch）」と呼ばれるべき構造のなれの果てだという、ハクスレーに始まる考えは、確かにこの「顎前弓仮説」と整合的であった（第

4章「ド＝ビア」の項にて詳説）（図2−35）。しかし、いまやプラットの小胞の存在によって、さらにその前にもう一セットの分節、すなわち頭部体節（プラットの小胞そのもの）と、いまではなくなってしまい、ほとんどみることのできなくなったもう一つの「顎前弓2」を仮定せねばならなくなった。●259

すでにオーウェンの章で議論したように、原型論的分節論の概念的枠組みにおいては、何もないところからいきなり何かが出現することは好まれない。しかし、ゲーテも自分の理解の中で認めざるをえなかったように、本来は存在していたが、具現することの能《あた》わなかった形態要素は許容される。かくして、すべてを整合的に説明しようとする限り、頭部分節理論はできるだけ多くの分節を頭部にみようとする。そして、それは実際に多くの分節論者に共通する傾向でもあった。かくして、プラット以降の頭部分節論においては、とりわけ頭腔派の分節論者の間で、顎の前に二分節を認める向きが多くなり、その最後の唱道者であるジャーヴィックやビエリングが、実に微に入り細を穿《うが》った頭部分節論を提出する一九八〇年代まで、この傾向は永く続いてゆくのであった（第4章）。

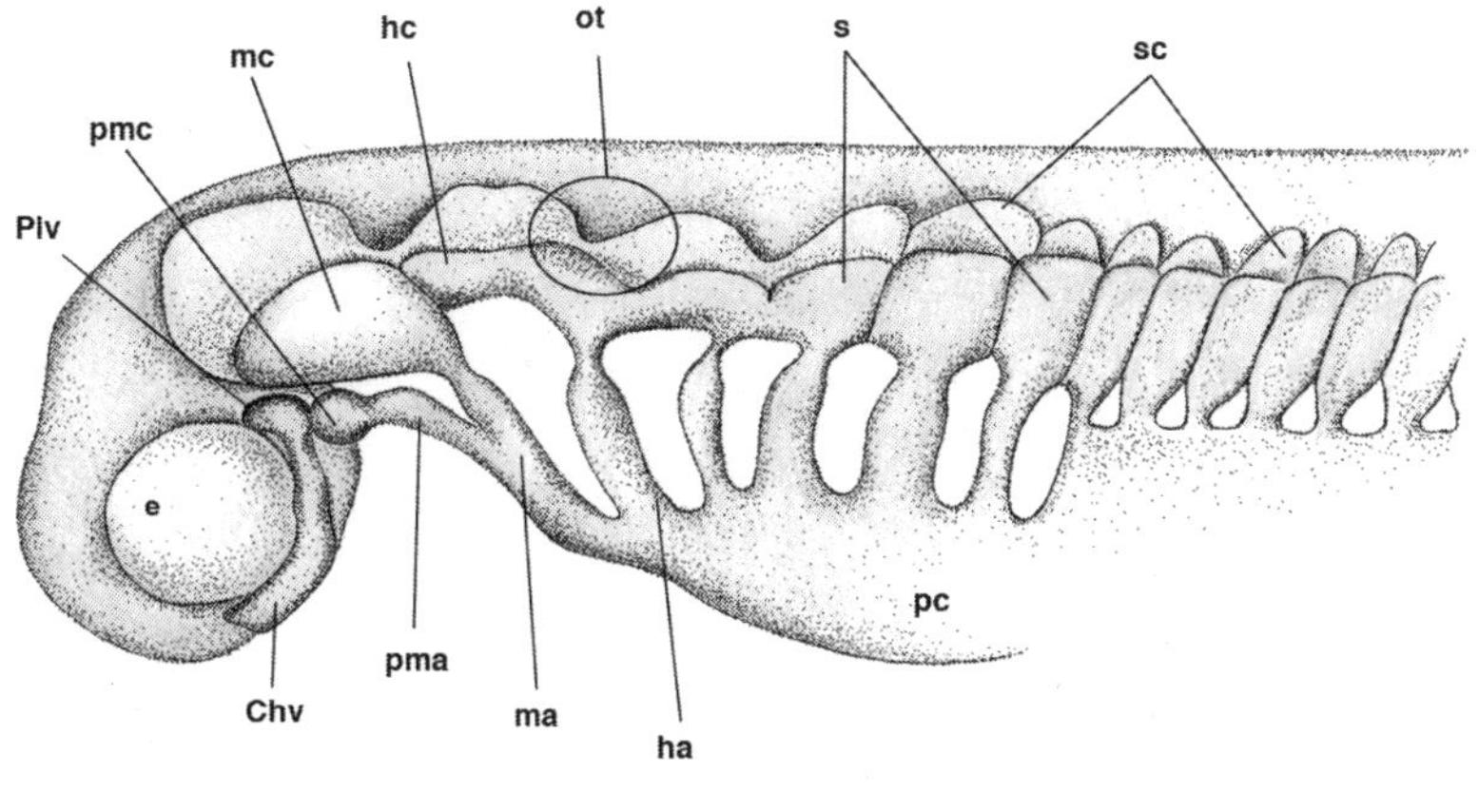

図2−35▶ジャーヴィックの著書にみる、サメ咽頭胚の中胚葉性分節を示した模式的概念図。19世紀末から20世紀初頭にかけての様々な「頭腔説」に現れた頭腔（以前に頭腔として認められたか、頭腔に準ずると考えられていたすべての中胚葉性体腔）をほぼ網羅しているので、あえてここに掲げた（ジャーヴィックのセオリーに関しては、第4章を参照）。中脳のレヴェルにまで分節的中胚葉が硬節をもたらすという考えが反映されている。端体節としてのプラットの小胞、プラットの小胞に付随すべき端咽頭弓の体腔管、チアルキの小胞、などがこの図に描き込まれているが、このようなものの多くは想像の産物、もしくは誇張にすぎない。その形態学的意義については4章をみよ。Jarvik（1980）より改変。

頭腔の発見により、当時の多くの比較発生学者は、成体の頭蓋はともかく胚発生のレヴェルでは頭部に分節があるという認識が正しく、そして板鰓類の限られた種にみられる分節の数と種類が、すべての脊椎動物の頭部発生を説明しうると信じてしまった。が、それは同じ板鰓類の中でも種により変化しうることがすぐさま露見してしまった。この状況についてゼヴェルツォッフはとりわけサメとエイにおける顕著な違いに言及し、頭部を作る分節が、

①種を通じて同じものなのか、それとも基本図式そのものが種ごとに異なるのか、そして、
②もし種ごとに異なるのだとすれば、数の多いものが祖先的なのか、あるいは逆に、数の少ないものが祖先的なのか、

と、その問題の本質を要約している（Sewertzoff, 1898a）。

板鰓類の頭部、それも、後頭骨を含まない耳の前の領域に頭腔が発見されるのと軌を一にして、いく人かの比較発生学者たちが、耳の後ろの領域（後耳領域：postotic region）に椎骨と同等の原基が二次的に参入し、後頭骨と呼ばれる部分が形成されるということを、組織学的観察を通じて確認していた。すでに紹介した通り、ハクスレーは最初こそれを確認することができなかったわけだが（Huxley, 1858）、個体発生の過程で確かに椎骨と同様の原基が二次的に頭蓋に同化されることは、遅まきながら確認されたのである。[260] 二〇世紀に入っても同様の観察は引き続き行われ、舌筋や舌下神経の発生が明らかになってゆき、さらには細胞系譜の標識による詳細な発生地図の作製が羊膜類胚を用いて行われるようになった。[261] つまり、円口類を例外とすれば、そして脊椎動物の後耳領域についてのみに限れば、いくつかの椎骨が二次的に頭蓋の一部、後頭骨として、実際に頭部に同化しているのである。すなわち頭蓋の後方部、変形発生部分に限るなら、ゲーゲンバウアーの予想した通り、ゲーテやオーケンの椎骨説は進化的、発生的事実として、正しかったことになる。そして、後頭骨原基と頭腔を最も積極的に系列相同物とみなしていた発生学者たちにしてみれば、当時のこういった状況は、あたかも頭蓋骨椎骨説に発生学的根拠が次々に与えられつつあると

いった様相を呈し、それ自体極めて歓迎すべき出来事だったことだろう。

しかし、頭腔の存在も後頭体節の参与も認めながら、これらを系列相同と認めない学者も多くいた。つまり、中胚葉の分節と呼べるにしても、頭腔と体節の間には「不連続面（discontinuity）」があると考えられたのである。[262] その見解をとる研究者の中には私自身も入っており（Kuratani, 1997, 2003a, 2008）、次節に詳述するフロリープは、厳密な議論を展開したことで知られる。頭腔の正体はさておき、後者の立場をとる形態学者は総じて、明瞭に「非分節論者」と呼ばれるべきであろう。こういった、「体節相同物としての頭腔」に否定的であった学者たちの論点は以下のようなものであった。すなわち……

①組織形態学的に明らかに頭腔と後頭体節の間には不連続性が認められること、
②体節に比して、サイズと形態に関して頭腔が極めて不規則であること、
③分節の境界、とりわけ咽頭中胚葉との境界が明瞭ではないこと、
④真の筋節や硬節へのコンパートメント化が生じないこと（これは、体節と頭腔の相同性を否定する、ラーブルの主たる論拠であった）、

そして、

⑤各頭腔において同等の場所が同等の構造へと分化しないこと、
などである。これに筆者自身の見解を加えるなら、
⑥頭腔もしくは頭部中胚葉が、体節と同様のパターン形成能を発揮しないこと（第5章）、
も数えられる。

このように、脊椎動物の頭部は内耳の前後で際だった差、つまり不連続性をみせる。単純にいえば、非分節論者たちはこの差異を強調して頭部を体幹ではないと、あるいは頭部には体幹にはない「何か」があると説明した。し

かし同時に、この差異は一面、極端なメタモルフォーゼの結果とみることもできる。確かに、脊柱から後頭骨に至る椎骨列は比較的なだらかな形態的変形を示す。対して、椎骨列と前耳領域(preotic region)の神経頭蓋(頭腔や頭部中胚葉に由来する頭蓋)は極端に異なっている。したがって、椎骨列のみを連続的なメタモルフォーゼを伴う繰り返し構造とみなすことができ、そのような連続性が椎骨と頭腔の間にはみられない。それでもなお、頸椎と後頭骨の間にみられる違いは、ほかにはないほど顕著であり、そのため一種の不連続性がそこに示唆されるのである。哺乳類の頸椎に、環椎(第一頸椎)や軸椎(第二頸椎)、椎骨動脈の通る前突起を伴う第六頸椎など、一見不連続ともいえる急激な形態変化を示す場合がある。そこで、頸椎や仙骨、そして後頭骨をも含めたすべての椎骨列のメタメリズムに連続性と一貫性を確認しようというのであれば、体節や硬節の段階にまで発生を遡り、その段階では確かに発生原基が連続的に配列していることが観察できる。ならば、体節と頭腔の間にも、さらに早い段階の中胚葉においてのみ確認できるような、より深層の、何らかの繰り返しパターンがありうるのだろうか。それがまだ見つかっていないというだけで……。そして、それに類する何らかの兆候が、初期胚に確認される可能性があるのだろうか。このような議論は、中胚葉の分節を認識する上でつねに付随するものである。そして極端ないい方をすれば、それはいまに至るまで解消されていない。これと同様の議論は、ナメクジウオの特定の体節と脊椎動物のいずれかの頭腔か、もしくは頭部中胚葉の一部を比較する試み、あるいは種々の脊椎動物における一見無分節の頭部中胚葉に存在するかもしれない疑似分節構造を体節と比較する際に再び遭遇することになる(後述)。

フロリープ――頭部と体幹の境界

チュービンゲンの解剖学者、フロリープも、頭部分節性について熱心に研究した学者であり、当時の形態学にあってはかなり大きな影響力を持っていた。彼もやはり板鰓類の胚頭部を観察したが、羊膜類の研究も怠《おこた》らず、それを通じてすべての脊椎動物を統一的に理解する方法を目指していたのである。

この、ひときわ精緻な観察で知られる学者の立場をはたして分節論者と呼ぶべきか、あるいは非分節論者と呼ぶべきか、見極めは容易ではない。というのも彼が、「体節の系列相同物としての中胚葉上皮構造を頭部の中に追うことができる」と述べたことは確かで、その限りにおいて分節論者と共通する主張をしていたことになるのだが、彼は決して原型のような固定化された不変のパターンを主張することはなく、刻々とパターンを変える胚発生過程を正確に記述し、領域ごとに変わる組織分化の違いを頭部発生の中に明瞭にみようとしていたからだ。また、フロリープにとって頭部中胚葉性分節とは、板鰓類(*Torpedo*)の頭部に多く現れる中胚葉性の小さな塊(小分節、あるいは小胞)をこそ単位とするものであり、したがって頭腔に依存したヴァン＝ヴィージェや、脳神経の形態的分布に基盤を置いたゲーゲンバウアーの分節理論とはまったく噛み合っていない(Froriep, 1902)。しかも、意味深長なことに、彼のデータはドールンのそれと一見、よく似ている(第4章に詳述)。フロリープは、板鰓類初期胚にみられるそれらの小体節の一つひとつが胚の中でつねに特定の位置を占め、それゆえに小胞それ自体が同定可能であるとも思っていた。[263] そしてフロリープはそれら体節の相同物が、前方では第一咽頭嚢のレヴェルまで伸びていると述べた(この問題については第4章に詳述)。

が、形態学的にはそのような仮説は混乱を招く。というのも、西洋形而上学としての伝統的形態学におけるメタメリズムとは本来、完璧な器官構造のセットがすべて揃った形態的区画が、繰り返して前後に並んだ静的な解剖学的状態を指す「べきもの」だからだ。ところが、この小体節には骨格要素も、肝心の神経も付随していない。つまり、解剖学的なメタメリズムの要件を満たしていない。かくして、「小胞」は形態学というより、極めて組織学的な形態単位であり、また発生学的な存在なのである。外眼筋をもたらす頭腔の存在を重要視していた発生学者たちとは異なり、フロリープと同様、前耳領域に多数の中胚葉小胞を見出した学者たちは、形態学的な問いとしての頭部問題に対し、「頭部には体幹のそれに対応するような、明瞭なメタメリズムは存在しない」と答えることしかできなかったであろう。たとえ、体節と小分節が系列相同物であるとしてもなお、そのように答えるしかなかったはずである。その意味で一面、ドールンやキリアン、そしてフロリープは、それぞれに独自の分節論を唱えていながら、こぞって非分節論者を代表していたようにもみえるのである[264]（詳細は第4章を）。

◎——後頭骨

以上のことは、のちにみるようにグッドリッチや、スウェーデン学派のジャービックの提唱する頭部分節理論を主流派と考えると、なおさら際立って見える。彼ら、典型的な分節論者たちは共通して、耳の前に三対、もしくは四対の「体節系列相同物」を仮定し、しかもそのそれぞれに、脊髄神経と比較することのできる末梢神経を付随させている。それぞれにわずかの違いはあったが、彼らは基本的に同じ形態学的フォーマットに従った説を展開しているのである。そして、いく人かの形態学者がいまでも認めるように、サメ胚を実際に観察すれば、発生のある時期、グッドリッチやヴァン＝ヴィージェのいう分節パターンが実現しているようにみえないことはない[265]。そこでは、一つの体節と一つ咽頭弓の組み合わせからなるメタメア、すなわち「繰り返し単位」に、筋や神経や血管が一揃い付随し、確かにあるリズムを伴って繰り返しているように配列している。対して、フロリープのように中胚葉性の小体節（小分節）を見出した学者には、そのような気の利いた解剖学的スキームを提示することなど決してできなか

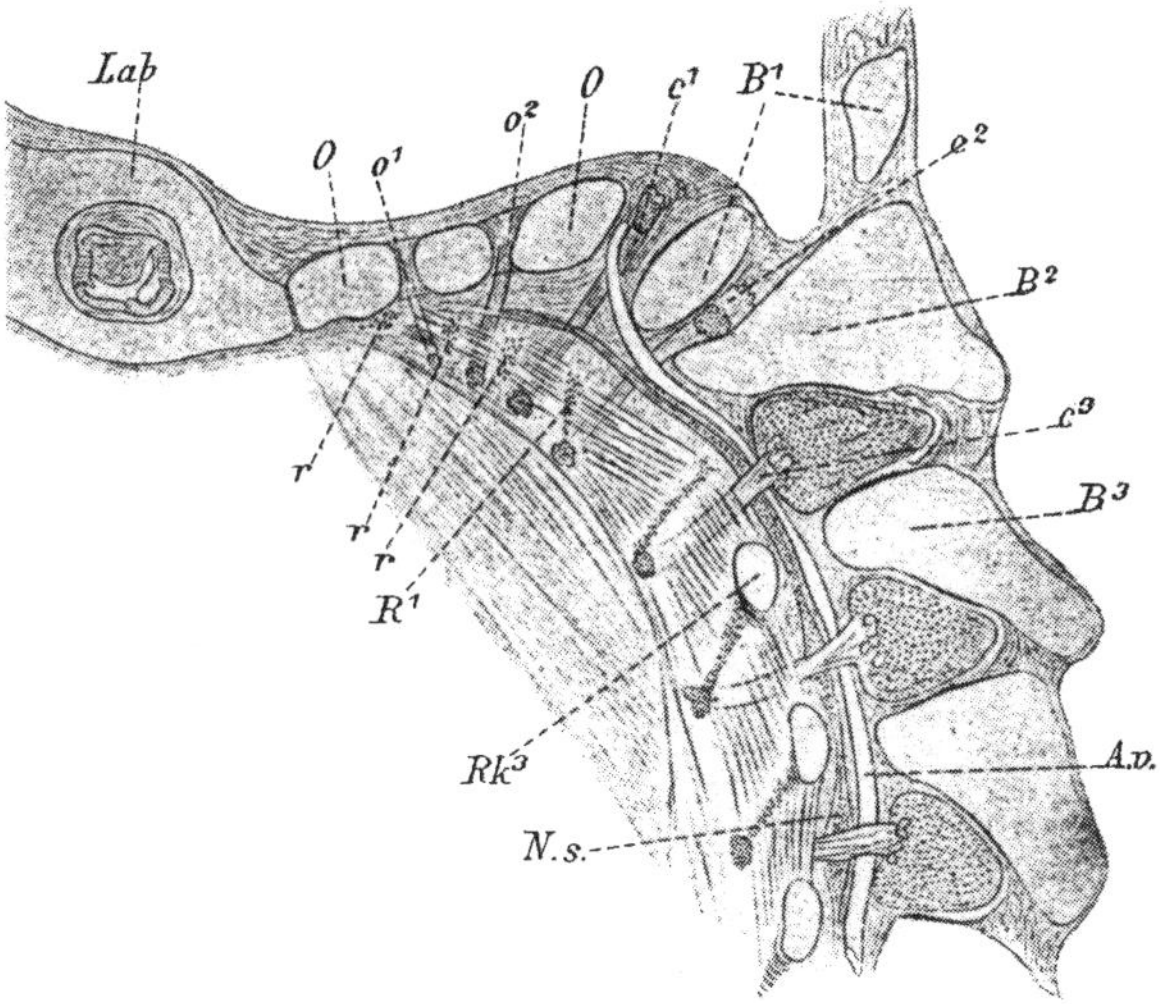

図2–36▶フロリープが観察したニワトリ胚における後頭骨と舌下神経の発生。ここでは後頭骨を作る3つの原基（O）が、椎骨の系列相同物としてみえている。B1～3：椎骨の神経弓部分の軟骨原基、c1～3：頸神経根、o1・o2：舌下神経の根。Froriep（1883）より。

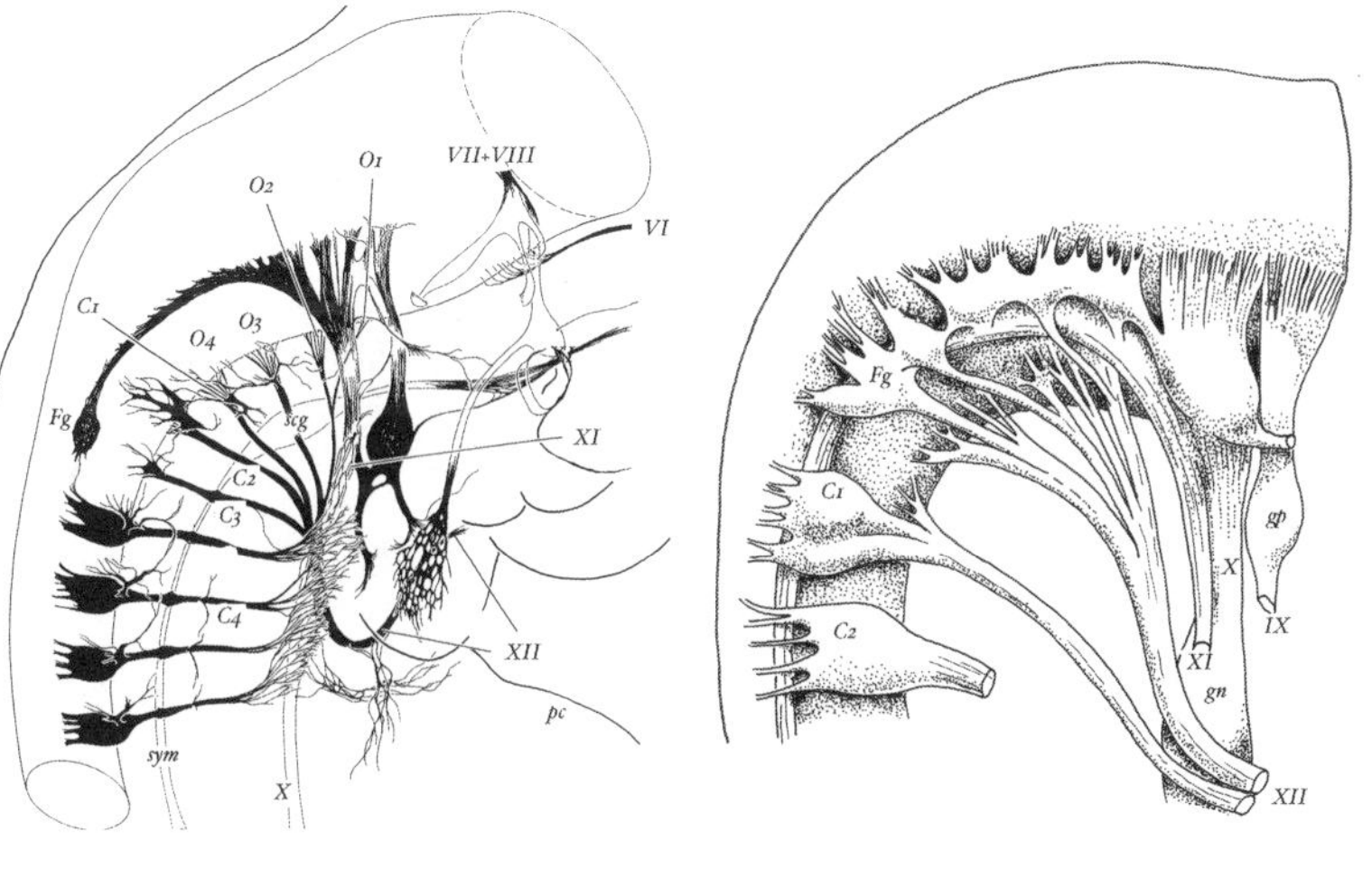

図2–37▶フロリープの神経節。左はHHステージ27 ニワトリ胚の頸部の末梢神経系。Kuratani et al.（1988a）より改変。右は哺乳類胚にみるフロリープの神経節（*Fg*）。Goodrich（1930）より改変。C1～4：頸神経、*gn*：節神経節、*gp*：岩様神経節、*IX*：舌咽神経、*O1*～*4*：後頭神経、*pc*：囲心腔、*scg*：上頸神経節、*sym*：交感神経幹、*VI*：外転神経、*VII*：顔面神経、*VIII*：内耳神経、*X*：迷走神経、*XI*：副神経、*XII*：舌下神経。

った。彼らはただ、ひたすら中胚葉分節だけを追いかけていた。この意味で、歴史的結果としてみるなら、フロリープはやはり「非分節論者」と呼ぶべきなのである。そして、現代的視点から振り返るのであれば、フロリープには、パターンの整合性を求める形態学者というよりも、形態形成のプロセスを注視する発生学者的なセンスが目立っている。

一方で、フロリープの初期の研究は極めて比較解剖学的であり、彼は、顎口類の頭蓋にみられる後頭骨が、二次的に頭蓋に参与した数個の（羊膜類においては四つの）椎骨要素と同じものであると考え（Froriep, 1883）（図2–36）、同時に脊髄神経の腹根のみからなるとされる舌下神経に、一過性の脊髄神経節が付随することを報告した。後者が、いわゆる「フロリープの神経節」と呼ばれる痕跡的神経原基であり、この発見はフロリープに舌下神経がもともと脊髄神経であったことを確信させた、まさに通りすがりの「証人」となった（図2–37、4–11も参照）。つまり、頭蓋の中でも後頭骨は、椎骨を作るのと同じ体幹の分節が二次的に頭部に同化したものなのであり、その発生原基の姿は、そこから出る神経とともに、その出自を一瞬だけ垣間見せるのである（Froriep, 1882）。これはいまでは定説となっている考え方である。のちにみるように、後耳領域に頭蓋の一部として参入する椎骨相当原基の数は脊椎動物の系統ごとにまちまちである。軟骨頭蓋において示される舌下神経の出口（舌下神経孔）の数は、発生上減少してゆくためあてにはならない。が、羊膜類では基本的に五・五個の体節要素が参入していると考えられている。ちなみに、円口類には後頭骨はない。したがって、円口類における傍索軟骨は正真正銘の頭部的な、つまり、非分節的な軟骨原基である。

そこまではよかった。が、しかし、ゲーゲンバウアーやヴァン＝ヴィージェの頭部分節説に従うなら、脊髄神経腹根としての舌下神経に対するところの背根は、むしろ迷走神経に求められるべきではなかったか。あるいは、フロリープの神経節はむしろ、迷走神経の知覚神経節が孤立したものとみるべきではないのか。フロリープはこれに関し、明確に迷走神経と舌下神経には何の関係もない、といい切っている。そして彼は、これら二つの脳神経が本来、前後に並ぶ関係にある独立したものと考えていたようだ。[◉266] 一八八五年の論文において、フロリープはヒツジとニワトリの胚を観察し、舌下神経が迷走神経の後方にあって、本物の椎骨様原基から発生する領域に属することを見出した。やはり、ここからできる後頭骨は椎骨の変形したものなのである。そしてこのことは、ゲーゲンバウアーが椎骨からなると考えていた脊索頭蓋（chordal cranium）部分に、ある種の変更を迫ることになる。つまり、ゲーゲンバウアーのいう脊索頭蓋は、本物の椎骨の変形によってもたらされた「舌下神経領域」と、その前方にあって咽頭弓のみによって分節性を露《あら》わにし、それ自体は明瞭な分節を示さない「動眼神経から副神経にかけての領域」に分けられるというのである。

ゲーゲンバウアーの索前頭蓋と脊索頭蓋が、現代の発生生物学でいうところの神経堤由来部分と中胚葉由来部分の区別をたまたま反映していたとすれば、フロリープによる頭蓋の二分は、頭部中胚葉由来の（非分節的な）部分と体節由来の（分節的な）部分の差異に合致しているといえよう（Couly et al., 1993）。これら二つの分類は似ているようでも、同じものではない（第5章に詳述）。フロリープの設定した境界（内耳レヴェルに相当）の方が、ゲーゲンバウアーのそれ（下垂体レヴェルに相当）より後方に位置している。無論、これらの境界の背景にある発生学的事実を、フロリープもゲーゲンバウアーも知るよしはなかった。発生生物学的に、細胞系譜や組織分化のための誘導作用に明瞭な差異が存在するからこそ、胚は形態的差異を露《あら》わにし、観察眼の鋭い比較解剖学者や比較発生学者はそれを見逃すことがなかったということなのである。

すでに少しく述べたように、肉眼解剖学的レヴェルではゲーゲンバウアー本人は、耳の前（前耳領域）にいかなる分節の痕跡も見出してはいない。むしろ、頭部腹側にあって鰓弓神経系によって支配される内臓弓の繰り返しをみただけである。[●267] しかし、みえないからといってそこに決して椎骨的な原基がなかったとはいえない。フロリープは、頭蓋における真の椎骨的要素が、後方部においてしか明らかでないと以前から述べていた（Froriep, 1882）。しかし、たとえ脳領域が分節的であったとしても、このような区別を設けること自体が分節性の否定ではなかったか。フロリープはゲーゲンバウアーの解剖学的セオリーを鑑み、統合的見解として、頭蓋原基を前方の神経頭蓋、もしくは「脊髄前部分（praespinale Region）」と、後方の「脊髄部（spinale Abteilung）」に分けた。そのうち前者はさらに、分節していない「非椎骨部（evertebrale Region）」と、後方の疑椎骨部もしくは「脊索部（pseudovertebrate Region, chordale Region）」に分けられる。後者は独立した、実際に分節的な部分であり、多くの脊椎動物ではそれを後頭骨としてみることができる。

脊索部においては、現在でもよく知られているように発生時にのみ体節に相当する構造をみることができる。つまり、それが第一咽頭嚢より後方の前耳領域に発する体節様中胚葉分節というわけなのである。そして、脊髄部と前脊髄部の境界に相当するのが舌咽ならびに迷走神経の出口なのであるという。これはほぼ、内耳の発生する位置に相当する。フロリープによれば、前脊髄領域の中胚葉と脊髄領域のそれは、互いに顕著な相違をみせており、前者がそれ独自の（*sui generis*）分節性を持つのに対し、後者は後頭骨として融合してしまう運命にあるという。いうまでもなく、この「独自」という言葉が何を意味するのかによって、分節論争におけるフロリープの立場も変わってくる。ちなみに、この領域の発生学の現状を述べるならば、板鰓類（*Scyliorhinus*：トラザメ）初期胚の前耳領域の後方に一過性に発する体節的構造は確認されていないが、ドールンとフロリープが同種の板鰓類、シビレエイ（*Torpedo marmorata*）においてほとんど同じ分節的組織構築を正確に観察しているというのであれば、プラットの小胞に見たように、板鰓類胚の頭部中胚葉が種ごとに多様な様相を示す可能性は大きい。前脊髄部における小体節の有無については、あらためて検証する必要があろう（第4章）。

フロリープはまた、比較的後期の脊椎動物胚において、とりわけ後頭骨と脊柱の境界に集中して研究を進め、その境界が進化的に確固としたものかどうか、羊膜類において観察される体節に由来する後頭骨が、サメやエイのような板鰓類にも同様のやり方で発生するかどうかを検証している。一つの考えとしては、後頭骨に含まれる体節の数が動物種により異なり、系統進化の過程において、頭部頸椎の境界が自由に変異しうるというものがあった。[268] 一九〇二年と一九〇五年の論文において、フロリープはヘビ、トカゲ、ヒツジ、ニワトリを含む羊膜類胚と、アブラツノザメ（*Acanthias*）、シビレエイ（*Torpedo*）を含む板鰓類の発生を観察している（Froriep, 1902, 1905b）。その結果、彼は板鰓類（*Torpedo*：シビレエイ）の頭蓋に当初含まれる椎骨原基の数が非常に多く、2ミリ胚においてそれは一三にも上るが、[269] それは次第に数を減じ、12ミリ胚においては五つしか認められなくなることを見出した（第4章に詳述）。発生生物学的に、このような言明をどのように解釈すべきか判断に迷うが、最もありそうなシナリオとしては、頭蓋の発生過程において、後頭骨の後縁それ自体が動くことはなく、後頭骨に含まれる中胚葉分節の見掛け上の数が、融合によって減じていくと理解するべきなのであろう。フロリープにとっての中胚葉分節は、現代の我々が体節について持っているイメージより、はるかにダイナミックに変化しうるものだったらしい。

ちなみに、初期胚に認められる体節数（後頭骨に含まれるもの）は、フロリープによれば爬虫類においては五、哺乳類においては三つしかない。しかも、五つに減ったサメの頭部体節は、さらにのちに三つに数を減ずる。そして、最終的には、この三つが板鰓類の後頭骨を構成してゆくと考えられた。つまりフロリープによれば、この最後の三つが後頭体節ということになる。また、羊膜類においてもサメにおいても、頭部にとり込まれる運命にある五つの体節のうち、前方の二つは発生途上で消失するため、結局どの脊椎動物でも三つの体節が後頭体節として同定でき、したがって後頭骨–頸椎境界はこれらの動物において保存され、比較可能であると述べた。つまり、フロリープは、

図2–38▶フロリープによるウシ咽頭胚の（体表の）観察。SZLが頭部と体幹をわけていることがわかる。KNWはフロリープによれば、胚頭部における体幹的部分であり、ここを体節由来の舌筋やそれを支配する脊髄神経由来の舌下神経が通り、それを後方へ伸ばせばウォルフ稜に至り、その一部として肢芽が出来ることが強調された。一方で、SZLは頭部の最後部を示し、それゆえに最後方の咽頭弓ともみることができ、この中に出来る僧帽筋はしたがって、鰓弓筋の最後の要素なのであるとフロリープは説いた。e：眼、KNW：頭頸根、lb：肢芽、ha：骨弓、ma：顎骨弓、my：筋節（正確には皮筋節）、ot：耳胞、pa3：第3咽頭弓、per：囲心腔、SZL：肩舌稜、ts：横中隔、Wr：ウォルフ稜。Froriep（1885）より改変。
比較のため、相対的により若いニワトリ胚における頭部神経堤細胞（頭部独特の間葉：詳細は第5章）の分布域を示した。Froriep（1885）より改変。

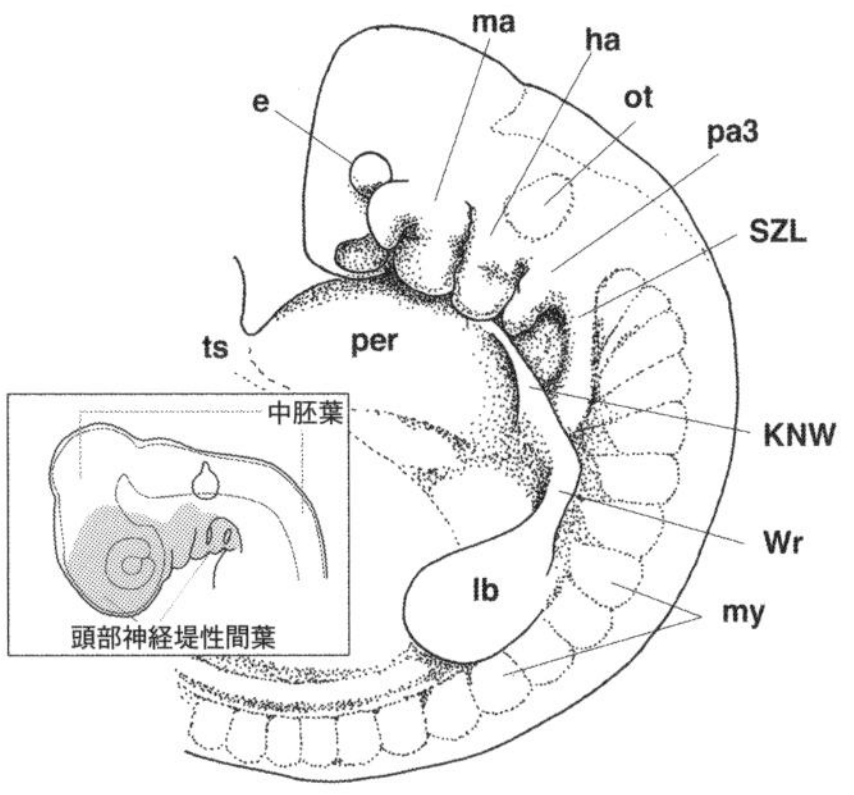

自身の観察結果にもとづく限りにおいて、脊椎動物の後頭骨から脊柱へかけての領域で、分節数の増減は生じていない。

以上のことからただちにわかるように、フロリープにとって体節と頭腔は形態学的にも発生学的にも等価ではない。彼にとって、本来的に体節は、脊椎動物胚の頭部から体幹にかけて、連続的に存在しているものなのであり、それは羊膜類のような「高等な」脊椎動物にはもはやみることはできないが、板鰓類においてはそれが初期胚にのみ残り、胚頭部においては無数の小胞として一過性に並ぶのをみることができる。それは発生とともに間葉化し、後方の後頭体節のみが比較的明瞭な分節性を後期発生まで残し、体幹のそれとともに典型的な「体節」となる。したがって、フロリープは、初期胚における頭部体節の有無という視点からすれば分節論者でありうる。しかしまた一方で、フロリープにとって、「頭腔は体節ではない」のである。

典型的な定義をするのであれば、非分節論者は、頭部を体幹の変形としてみることを拒否し、それが体幹とは異なった特別なものであるという立場をとる。[270] 脊椎動物の頭部が、神経堤とプラコードから分化する構造を多く持つため、脊索動物の祖先においては存在しなかった新しいものではないかという見解は確かに多く、そのような非分節論的な考え方が勢いを得るには一般に実験発生学のあと押しが必要であった（第5章）。フロリープは神経堤間葉と中胚葉性間葉の分布の違いを知らなかったが、無意識のうちにその差を感知し、結果的に非分節論者と呼ぶにふさわしい論を展開している。というのも、彼は一八八五年に発表した論文の中で、哺乳類胚において頭部神経堤細胞の存在する限界に対応する胚体表の「畝《うね》」を強調し、それをある意味、頭部と体幹の境界線に見立てているからだ（図2-38）。無論、フロリープの活躍していた時代には、頭部神経堤細胞の分布領域など知られてはいない。しかし、彼が示した頭部と体幹のS字状の境界は、実際、頭部神経堤細胞の初期咽頭胚での存在限界に対応するのである。[271]

フロリープは、この境界のS字の下半分にある背側の根と腹側の根をそれぞれ「Kopfnickerwurst（強いて訳せば、「頭頸根」）」、「Schulterzungenleiste（強いて訳せば、「肩舌稜」）」と呼び、前者は頭部における臓性部の一部、つまり、鰓弓系の最後方部に相当し、それゆえに最も後方の鰓弓筋である僧帽筋がこの位置に発するのであり、[272]後者に関してはそこに舌筋原基とそれを支配する舌下神経が通るということを正しく指摘した。さらに、Schulterzungenleisteが後方に至ってウォルフ稜へと連なり、ウォルフ稜から肢芽がのちに発するように、[273]Schulterzungenleisteを通る舌筋が二次的に頭部にとり込まれた体性・体幹性の要素なのであることと整合的なのだと適切に述べた。かくしてSchulterzungenleisteとウォルフ稜は、フロリープによれば連続した体幹要素の一連なりの分布を示すのである（図2-38）。この考察はつまるところ脊椎動物胚に、（体節の分布する）ソミトメリックな部分と（咽頭弓の分布する）ブランキオメリックな部分の間の境界を引くことに等しい。このようなフロリープの理解は、頭部後方における体性と臓性の違いを強調するものであり、だからこそこのような視点から「迷走神経と舌下神経は互いに何の関係もない」という言明が導かれ、その結果としてフロリープの神経節は、一過性に現れた本来の舌下神経に対する背根の残遺としての地位を獲得するというわけなのである。

ちなみに、私自身は以上に述べられたS字境界が、頭部神経堤細胞の後方の限界であることを指摘し、フロリープの発生学的観察との整合性を指摘したことがある[274]（Kuratani, 1997）。この境界を重視するということは、体幹と頭部における胚構造の違いを積極的に見出してゆこうということであり、このような発想からは、頭部を椎骨の変形としてみるような方針は到底生まれてはこない。どうやら、どのような意味においても、フロリープを分節論者と考えることは妥当ではないようである。

ガウプと軟骨頭蓋の比較解剖学

エルンスト・ガウプ（図2−39）は解剖学者にして比較発生学者であり、その業績はもっぱら脊椎動物の頭部の理解に捧げられている（図2−40）。学位論文は形態測定学的なヒトの四肢の研究、教科書としては『カエルの解剖（*Anatomie des Frosches*）』を残すのみだが（Gaupp, 1887）、彼の研究の神髄は、脊椎動物頭蓋について記された数十の研究論文に見出されるべきである。私見では、若くしてこの世を去ったにもかかわらずガウプは古今東西最も頭脳の冴えた形態学者の一人であり、彼の類い希《まれ》な発見なくしては、脊椎動物頭蓋の形態学など、ただの無味乾燥な記載学に堕してしまったに違いない。ガウプこそは、頭部問題において伝統的なドイツ形態哲学の精神を最も有効に実践できた学者であり、そのことによって彼はいくつもの難解な謎を解くに至ったのであった。

◎——耳小骨

ガウプの功績において最も際立つのは、比較形態学の金字塔ともいうべき、ライヘルトに始まる「哺乳類の中耳問題」の解明であろう。◉275 脊椎動物のうち、一部の無尾両生類や羊膜類においては鼓膜が獲得され、鼓膜の振動を伝える骨、すなわち耳小柱や耳小骨を納める中耳が出来ている。興味深いのは、鼓膜と内耳を繋ぐ音響伝達装置としての中耳骨が、両生類や鳥類、爬虫類ではただ一つ（耳小柱）しかないのに対し、哺乳類ではそれが三つある（鼓膜側から内耳に向かい、ツチ骨、キヌタ骨、アブミ骨）ということである。形態学的には、何もないところに新しい構造がいきなり出てくることは認めがたく（第2章「オーウェン」の項目を参照）、それゆえ哺乳類の三耳小骨の正体は長らく謎とされ、それを説明するための様々な案が提出された。[276]

上の問題に対し、いまでも大筋としては正しいとされている解決を最初に与えたのは、一九世紀前半のドイツの比較発生学者、ライヘルトであった。彼は、発生途上のブタの胎児を顕微鏡の下で解剖し、哺乳類に特有のツチ骨の原基が、下顎軟骨（メッケル軟骨）の後端に発することを見出した。つまり、ツチ骨は下顎《あご》の一部なのである。これが意味するのは、哺乳類以外の顎口類において顎の関節を構成している二つの骨、すなわち方形骨と関節骨、が二次的に顎本体から遊離し、中耳に移行することで哺乳類型の中耳が完成したということである。しかし、顎関節が耳小骨として転用されてしまったら、哺乳類はいったいどうやって顎を動かせばよいのか。いや、哺乳類にも存在するようにみえるこの顎関節は、いったいどの骨から出来ているのか。この問いに答えるためには、正確な比較発生学的検索が必要になる。

ライヘルトが活躍していた一九世紀前半には、まともな組織学的観察ができるような手法がまったく完成していなかった。しかし、ガウプの時代には、パラフィンを用いる画期的な方法が完成している。ガウプは、様々な動物の発生中の頭蓋原基を切片にし、それから三次元復元モデルを作製し（我々は現在、コンピュータを用いてそれを行っている）、

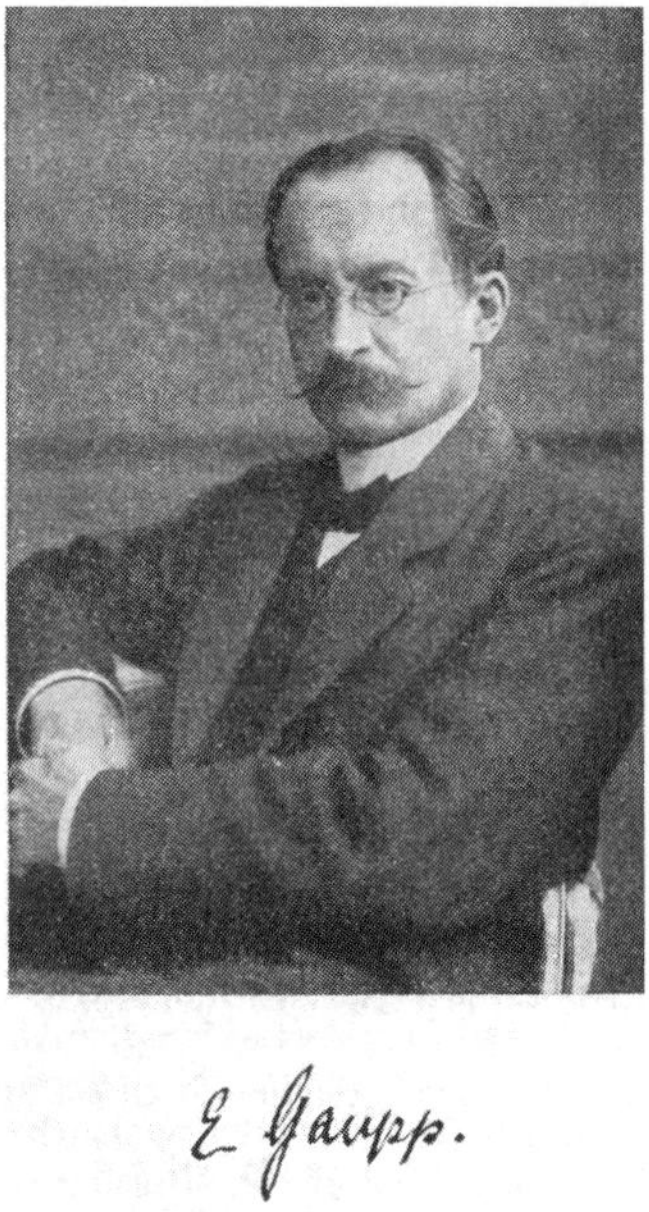

図2-39▶エルンスト・ガウプ（Ernst Wilhelm Theodor Gaupp, 1865–1916）。Wikipediaより。

ライヘルトの説が正しいことを証明したことに加え（図2−41・42）、哺乳類において機能している顎関節が、哺乳類にしか認められない、極めてユニークな皮骨性の、鱗状骨−歯骨関節であることを指摘した。

なぜ中耳の比較形態学が重要かといえば、オーウェンに絡めて述べたように、理想化された形態の変容が、不変の型のメタモルフォーゼとして生じなければならないからだ。さもなければ、いくつかの形態要素は不完全相同として説明されてしまい、何かよっぽどの不可解な要因がその新規形質を作り出したとせねばならなくなる。あるいは、哺乳類の耳小骨は、いわば一連なりに繋がった三つの骨から構成されているので、最初一本の骨として、さらにその前段階には顎の懸架装置として機能していた舌顎骨（hyomandibular）が三つに縦裂したという考えが可能かもしれず、実際にそのように述べた学者も過去に何人かいた。

先験論的形態学が好んで想定していた「不変の型」においては、一セットの骨格要素がつねに基本形（デフォルト状態）として存在していなければならなかった。いい換えれば、体節の派生物や椎骨がみせる明瞭な繰り返しパターンと、一つひとつの繰り返し要素に共通してみられる一セットの構成要素、すなわち椎骨における神経弓、椎体、傍突起等々、がすべての分節において見出されねばならなかった。同じことは、咽頭弓の形にも求められる。ゼヴェルツォッフに始まる鰓弓骨格の一般形態の模索はそのような試みの一つであり、あらゆる鰓弓は同じセットの骨格要素の変形として説明されていたのである（第4章）。

かくして哺乳類における耳小骨問題は、本来、「頭部分節性」の中に組み入れられるべき問題であり、それは鰓弓列の繰り返しパターンを知るための、メタモルフォーゼ理解の一例とみなすことができるのである。先に示唆したように、実際の脊椎動物の進化においては（昆虫など、ほかの動物系統においてもそうであるように）、いわゆる進化的新規形質の出現をしばしばみることができ、その場合は、個々の形態素の相同性決定が必ずしもうまくいかないことがある。祖先になかったものが、あるときいきなり現れたようにみえるのだ。しかし、ガウプの行ったような、比較形態学にもとづいた哺乳類の中耳の説明によると、面白いように各骨要素の相同性が完結していることがわかる。すなわち、哺乳類のツチ骨は爬虫類の関節骨に、キヌタ骨は方形骨に、アブミ骨は耳小柱（舌顎軟骨の派生物）に相同で

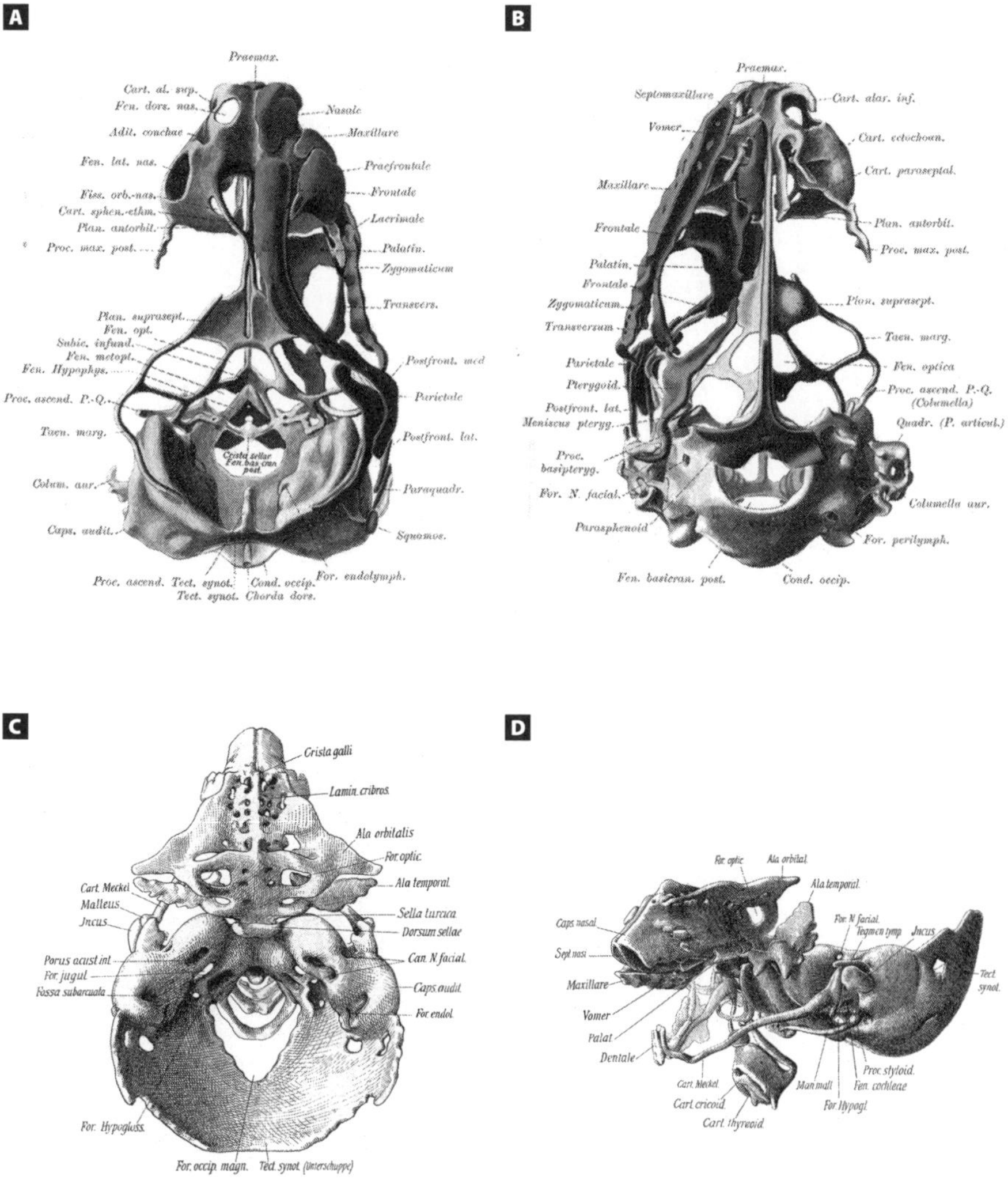

図2-40▶A・B：カナヘビ（*Lacerta*）の軟骨頭蓋。ガウプの一連の論文のうち、クオリティの高い記載がなされている一編。Gaupp（1900）より。

C・D：ガウプによるヒト胎児の軟骨頭蓋。Gaupp（1906）より。

あり、哺乳類の顎関節は鱗状骨（人体解剖学における側頭骨の鱗状部に相当）と歯骨（下顎骨）に相同なのである[277]（図2−41・42）。どうやら、哺乳類の中耳においては、真の意味で新しい要素の付加は生じていないらしい。いい換えれば、すべての変化が「変形」によって説明できる。顎の関節を用いて中耳骨を作ってしまったといって、また新しい骨を発明して顎関節を作るようなことはなかったのである。それまで頭部の表層を覆っていた別の骨を転用し、それを変形させ、再構成することによって新しくもたらされた哺乳類の顎関節は、ガウプ以来、「二次顎関節（secondary jaw joint）」と呼ばれることになり、今日に至っている。

　相同性を決定するということは、ありとあらゆる進化的変容をとり除き、いわば、骨の形を祖先的、もしくは発生的デフォルトに還元することに等しい。このようにして、中耳にみることのできるすべての骨は、連続する鰓弓骨格の構成要素のいずれかに還元され、頭部における鰓弓骨格系の繰り返しパターンは完璧に理解されることになる。ライヘルトの与えた解答は、オーウェンの言葉を借りるなら、いわば、耳小骨の完全な特殊相同性を明らかにする作業であり、その後、末梢神経と筋、耳小骨との関係[278]を形式化した比較発生学者のラーブル、そして第一、第二咽頭弓由来の骨格要素を過不足なく整理することに成功したこのガウプによって一応の解決を見、メタメリズムとメタモルフォーゼをともに扱う、ゲーテ以来の形態学の神髄を代表する研究となり、以来、哺乳類の中耳問題は「比較形態学の金字塔」とも呼ばれることになった（Moore, 1981）。無論、ガウプの理論には異論も多く、ドイツの解剖学雑誌『*Anatomischer Anzeiger*』においては、哺乳類の顎関節に方形骨と関節骨が残存すると主張するフュークスとの激論が戦わされ、さらに一九八〇年代、ジャーヴィックら、スウェーデン学派が『脊椎動物の基本構造と進化（*Basic Structure and Evolution of Vertebrates*）』において異論を唱えたが（第4章）、一九九三年のリジリらによる分子遺伝学的実験が、ライヘルト＝ラーブル＝ガウプ説の正しさを最終的に証明することになった（Rijli et al., 1993）。このことからも、当時の比較形態学において頭部分節性の問題が、あたかも数学における公理系のように、一種の「規範」として君臨していたことがわかる。

　ちなみに中耳問題に関し、ガウプの眼力の鋭さを証明する一つの興味深い事実がある。鼓膜はいうまでもなく中

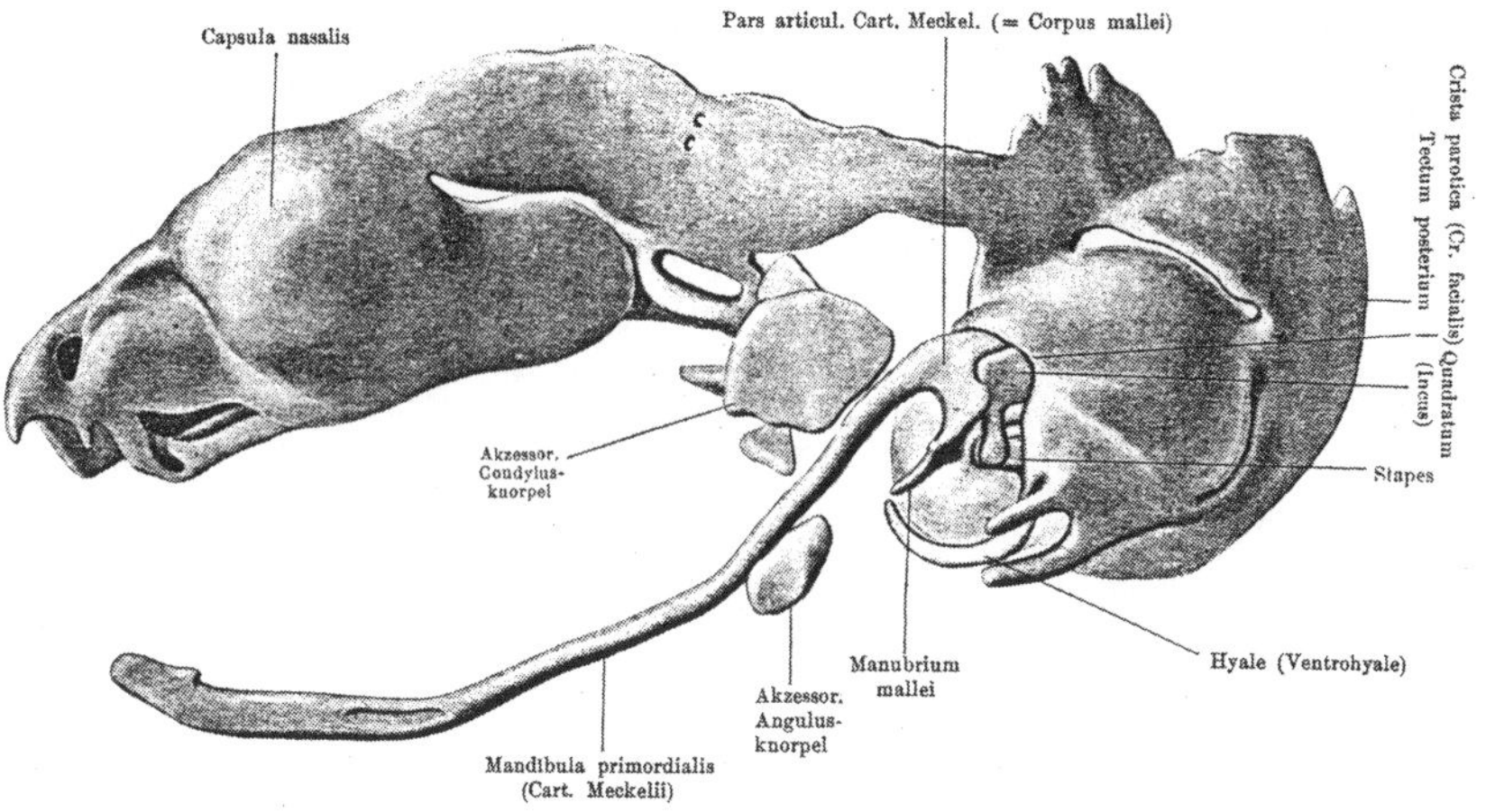

図2–41▶ライヘルト説にもとづいた、哺乳類軟骨頭蓋のガウプによる解釈。ここでは、哺乳類独自の骨格要素であるキヌタ骨やツチ骨、そして鼓骨などに、ほかの脊椎動物種における名称があてられている。これらの相同性は、ライヘルト(Reichert, 1837)以来認められている。Gaupp(1912)より。

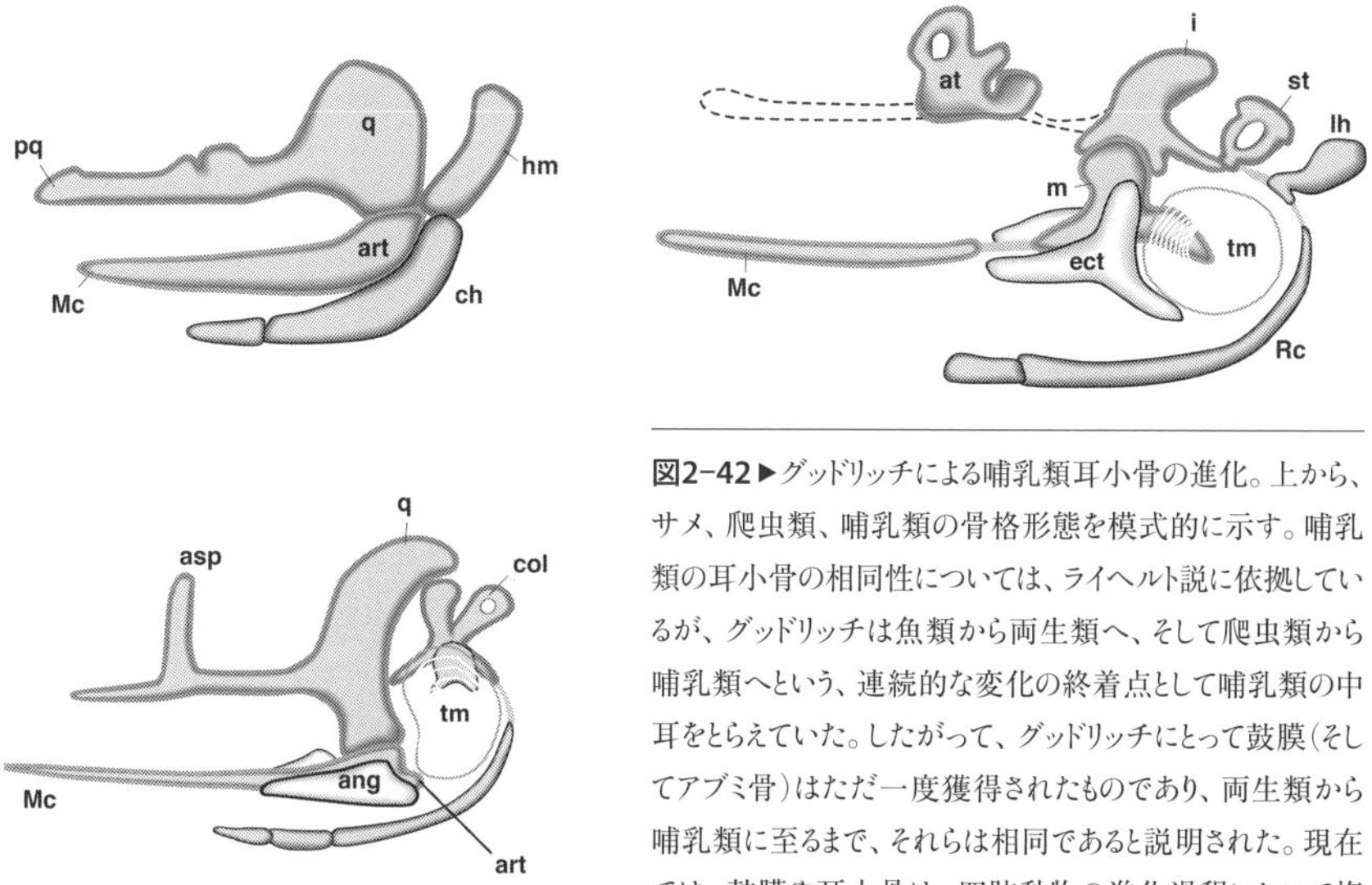

図2–42▶グッドリッチによる哺乳類耳小骨の進化。上から、サメ、爬虫類、哺乳類の骨格形態を模式的に示す。哺乳類の耳小骨の相同性については、ライヘルト説に依拠しているが、グッドリッチは魚類から両生類へ、そして爬虫類から哺乳類へという、連続的な変化の終着点として哺乳類の中耳をとらえていた。したがって、グッドリッチにとって鼓膜(そしてアブミ骨)はただ一度獲得されたものであり、両生類から哺乳類に至るまで、それらは相同であると説明された。現在では、鼓膜や耳小骨は、四肢動物の進化過程において複数回、独立に生じたと考えられている。Goodrich(1930)より改変。

耳の成立に付随して、咽頭嚢内胚葉と表皮外胚葉の組み合わせによって獲得される、二種の上皮からなる膜構造だが、爬虫類のそれと哺乳類のそれは、互いに形態学的に比較不可能な位置にある。すなわち、爬虫類の鼓膜は上顎部（方形骨）に張るが、哺乳類のそれは角骨という、ほかの脊椎動物では下顎の一部として発生する骨に張るのである。この鼓膜の位置の違いについてはウェストールがかつて指摘し、私も耳管と鼓膜張筋の位置関係が、爬虫類における相同物と異なっているという事実から同様の結論を導いたことがある。この解剖学的不一致に関し、陸上脊椎動物において鼓膜がただ一度しか獲得されなかった（すべての陸上脊椎動物において鼓膜は相同である）と信じていたグッドリッチは、爬虫類的な鼓膜が徐々にその位置を下方へ移動させ、哺乳類の鼓膜になったと説明した（図2-42）（Goodrich, 1930）。しかしガウプは、これら二型の鼓膜が別の由来を持つものであり、したがって互いに相同ではないと想像したのである。

最近得られた化石記録によれば、おそらくガウプが正しく、鼓膜が陸上脊椎動物のいくつかの系統で独立に獲得された証拠が挙がり、そのことはいまや一般に認められるところとなっている。それだけではなく、筆者の研究グループと東京大学の北沢らとの共同研究では、発生機構の点からもガウプが正しいことが示された。すなわち、第一咽頭弓骨格（顎骨弓）の背腹の形態的特異化機構、つまり、下顎と上顎を分け、それぞれ別のものとして分化させる発生機構は、一連のホメオボックス遺伝子（後述）の発現を介してなされるが、それは、腹側から分泌されるある因子の下流において成立することが、いまでは発生遺伝学的に証明されている（Takechi & Kuratani, 2010に要約）。そこで、この腹側化因子（つまり、顎骨弓の細胞に対し、下顎の形態的同一性を付与する因子）を阻害する薬剤を投与すると、マウスとニワトリの両者において上顎が二重に形成されてしまうに至るが、鼓膜に関しては、両者においてまったく正反対の結果が得られるのである。すなわち、マウスでは鼓膜がなくなり、ニワトリでは鼓膜のサイズが二倍になる。このことは、確かに鼓膜の発生が哺乳類では下顎を特異化する発生機構の一部としてプログラムされており、一方、ニワトリ（あるいは鳥類と現生の爬虫類）では、それが上顎の発生プログラムの一部に組み入れられていることを強く示唆する。どうやら、一次顎関節に対し、中耳腔それ自体が発生する背腹の位置が、爬虫類と哺乳類では微妙に異なっているらしい。そのために、哺乳類の鼓膜と鳥類＋爬虫類の鼓膜は別の遺伝子にもとづいた、異なった発生機構のもとに獲得されたと、いまでは理解されている（Kitazawa et al., 2015）。

◉——神経頭蓋

ガウプはまた、一九〇六年に刊行された発生学叢書、ヘルトヴィッヒ編による『脊椎動物比較、ならびに実験発生学（*Handbuch der vergleichenden und experimentellen Entwicklungslehre der Wirbelthiere*）』の中で一章を割き、脊椎動物の頭蓋形成を扱っているが、

図2-43▶ガウプによる神経頭蓋の一般形態と、脳神経の出口。ここでは神経頭蓋の分節パターンは強調されてはおらず、むしろ頭蓋底のみが示されている。頭蓋底は後方の基底部と、前方の梁軟骨部よりなる。Gaupp（1906）より。

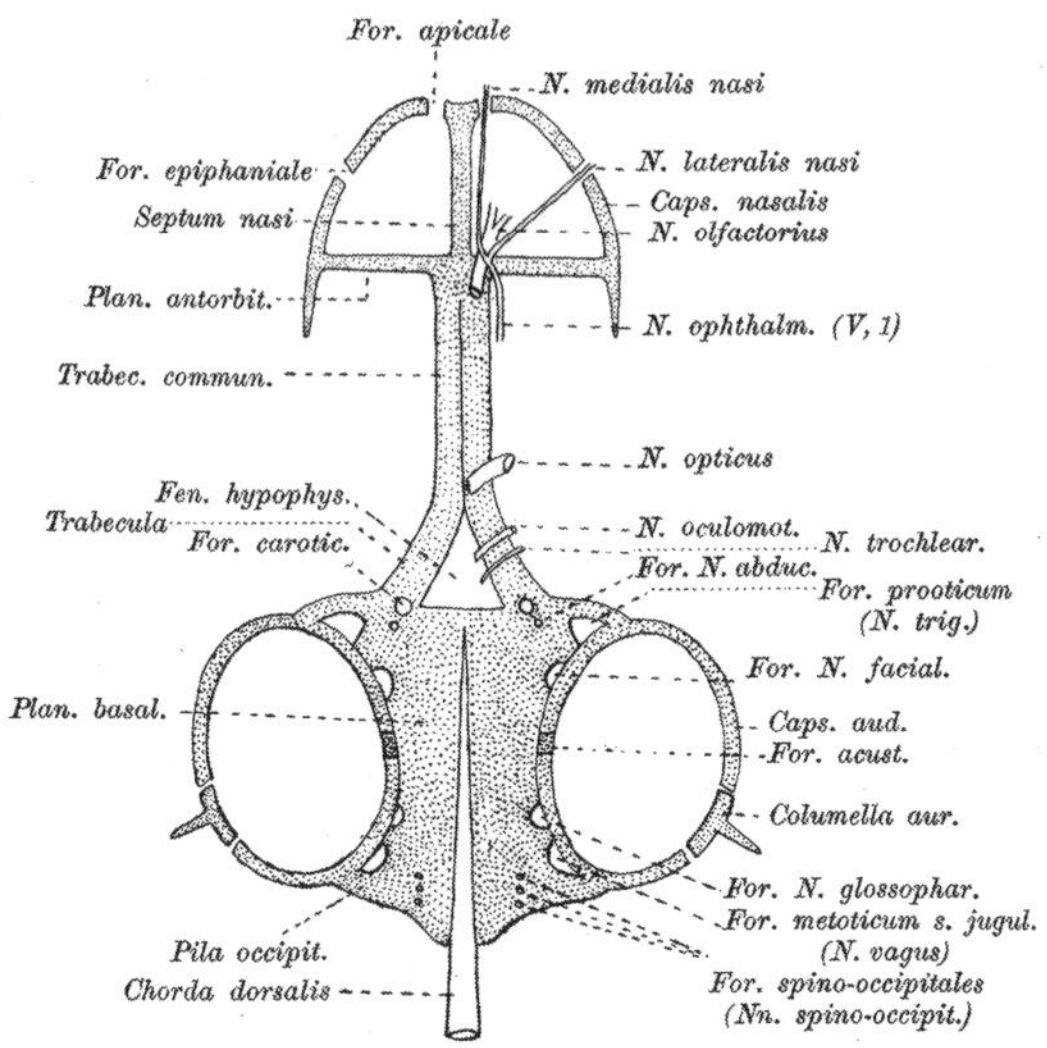

当時の新世代の学者によって編まれたこの発生学書において、ガウプの古色蒼然とした比較形態学は確かに異彩を放っている。彼はそこで、神経頭蓋を一つの「お椀」として描き、そこを脳神経が通り抜ける孔の位置にこだわりをみせている（図2−43）。はたして、このお椀は、神経頭蓋そのものを描いたものなのか。もしこれが椎骨列の変形なのであれば、各動物における軟骨構造の相同性を通してそれを記述せねばなるまい。そして、そのためにはこの器の本来の形を知り、そしてそのどこに脳神経の出口が見出されるかを見極めなければならない。

とりわけガウプが爬虫類の神経頭蓋、それも、眼窩側頭領域（orbitotemporal region）と呼ばれる部分の発生過程をつぶさに観察したのは、神経と神経の間にみられる軟骨要素を過不足なく同定し、それを脊椎動物すべてにわたって定式化する必要があったからである。つまり、神経頭蓋の一次構築プランがわからないと、頭蓋骨分節説や、頭部分節理論の吟味はできない。ガウプにとって神経頭蓋とは、骨頭蓋をみてただちにそれとわかるものではなく、発生上様々に姿を変え、進化の過程で骨の広がりが二次的に変化してしまった複雑際まりないもので、そのため彼には、いま目のあたりにしている神経頭蓋が決して単純な「器《うつわ》」などではないことが、誰よりもよくみえていたのである。

ガウプにとって、神経頭蓋の「壁」（これを「一次頭蓋壁：Primäre Schädelseitenwand（独）」と呼ぶ）は本来、中枢神経（神経管）のすぐ外側に出来る間葉性の、ちょうど、硬膜や軟膜（meninges）があるべき場所に見出されるものである（図2−44）。しかし、進化の過程でそれは様々なところで消失してしまう。したがって、出来上がった頭蓋や、軟骨で出来た原基としての軟骨頭蓋をいくら正確にみたところで、その形態学的本質を言い当てることはできない（頭蓋の中に隠れた椎骨を探し出せない）ということを、ガウプは強調したのである。ガウプは発生後期の前成頭蓋を組織学的に観察し、我々哺乳類の頭蓋において「蝶形骨（sphenoid bone）」と呼ばれる骨の一部、「翼蝶形骨」が、三叉神経節の外側（腹側）に位置していることを指摘した（図2−44）。

哺乳類の頭蓋底の形態は、確かに奇妙である。神経頭蓋が、本当に中枢神経のすぐ外側に出来るべき「器《うつわ》」なのであれば、末梢神経の途中に発する神経節は、つねに頭蓋壁の「外に」形成されねばならない。ところが、ヒトの三叉神経節は、見掛け上、頭蓋腔の「中に」発生する。そしてこの神経節を外から覆《おお》っている骨が、「翼蝶形骨」である。ガウプは、この翼蝶形骨、もしくはその原基が、爬虫類の頭蓋において明瞭に口蓋方形軟骨（palatoquadrate：上顎を形成する軟骨）の一部として発生する上翼状骨と相同であることを示した。[279] つまり、本来の神経頭蓋の外側に位置しているエラの骨格要素が、哺乳類では二次的に神経頭蓋に組み入れられているのである。本物の神経頭蓋は翼蝶形骨（蝶形骨の大翼、側頭翼（ala temporalis）を原基とする）のずっと内側にあるのだが、しかし哺乳類ではそれが退化しているため、そこにはもはや髄膜しか残ってはいない。しかし、哺乳類のあるものにおいては、この髄膜に沿って、いくつかの小豆《あずき》様の軟骨塊が生ずることがある。ガウプは、それこそが、祖先が持っていたはずの一次頭蓋壁を構成していた軟骨の名残《なごり》を示し、それが、何かの弾みで軟骨化することがあると説いたのである（詳細は、倉谷 2004を参照）。

　このように、神経頭蓋はその機能を強化するために、本来神経頭蓋の外にあった内臓頭蓋の一部をリクルートしている。ガウプは、本来頭蓋腔の外にあった、一次頭蓋壁と上翼状骨の間の空間を[280]「上翼状腔（cavum epiptericum）」と呼び、

図2-44▶上翼状腔の概念を示す模式図。哺乳類では上翼状腔が頭蓋腔内にあるようにみえる。Starck（1979）より改変。

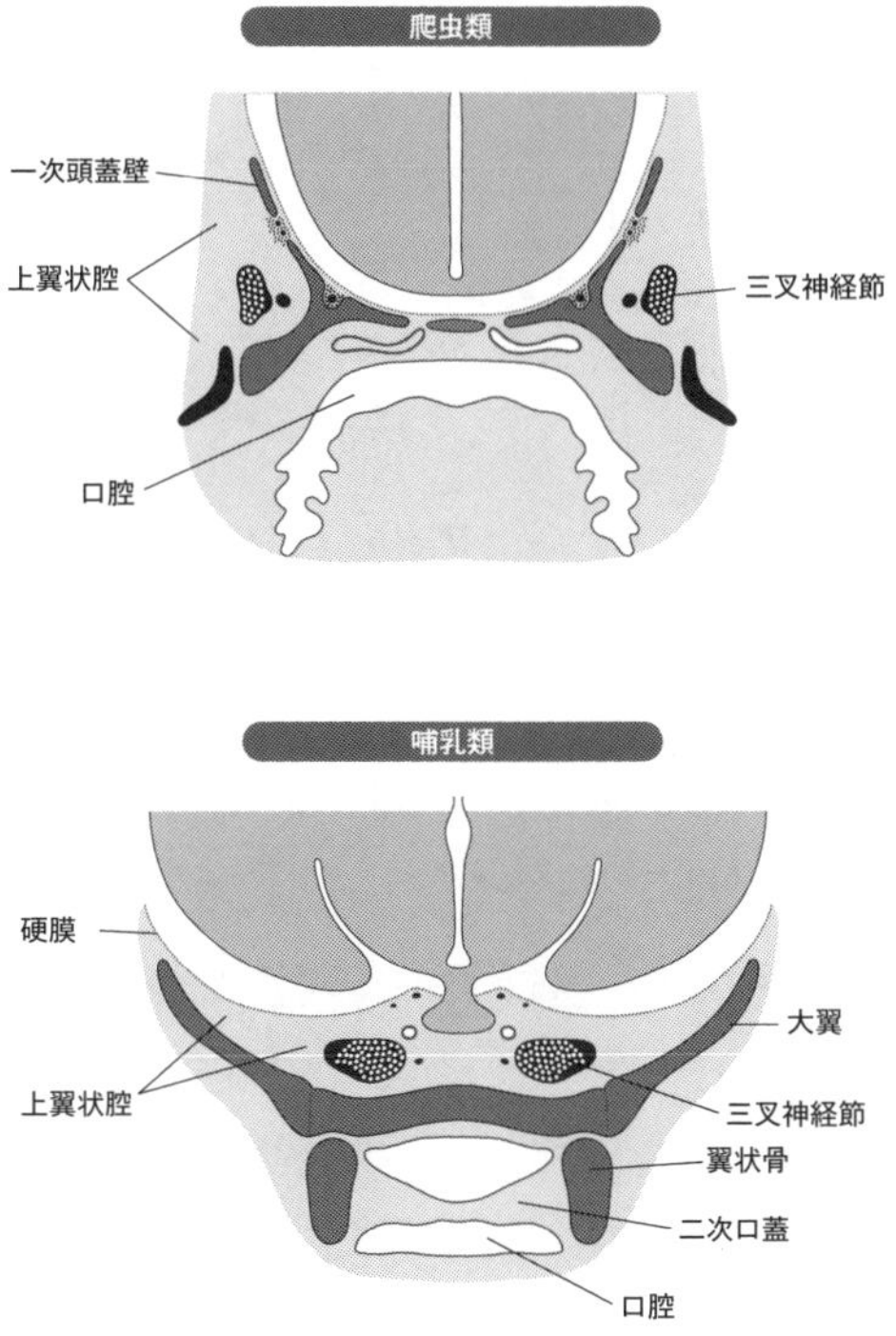

祖先が持っていた本物の頭蓋腔と区別した。ちなみにこれは、魚類の頭部における「三叉顔面腔（trigemino-facial chamber）」とほぼ等しく、かつて筆者はその空間が脳褶曲（cephalic flexure）のために誇張され、湾曲した頭蓋底の外に平坦な頭蓋底をもたらした結果、二次的に頭蓋腔に参与することになった経緯を推測した（Kuratani, 1989）。

ガウプの業績の中でも、私の学位論文のテーマにも通ずる一次頭蓋腔の再定義は、個人的に思い入れが深い。それを差し引いてもなお、頭部分節問題を考えるにあたって、これは決して避けては通ることのできない問題でもある。なぜなら、はるか前から、アルシアン・ブルーやアリザリン・レッドのような、骨格原基を丸ごと染色できるような染料が発明されるはるか前から、多くの形態学者たちが、前成頭蓋にこれほどまでにこだわった理由はといえば、それは神経頭蓋の原基において本来の脳神経の出口を探す必要があったためである。体幹において、脊柱の神経弓と神経弓の間から脊髄神経が出るように、本来体幹的要素の連なりになぞらえられた神経頭蓋は、神経弓の系列相同物を持つと期待され、そしてそれは、脊髄神経の相同物である（と考えられた）ところの脳神経の出口によってうかがい知ることができる。そして、そのような軟骨性の支柱を最も明瞭に発生させる動物の一つが、ガウプ自身が記載したトカゲの類であると考えられた。この方法論はのちの頭蓋発生研究の進むべき道を決定づけ、グッドリッチもまたそれを踏襲した一人となった。

実際に、軟骨頭蓋にはいくつかの支柱状の構造がある。視神経の前には「pila preoptica」という名の棒状軟骨があり、視神経の後ろには、「pila metoptica」という支柱ができる。すると、これら二つの支柱様の軟骨を担った前蝶形骨という骨（蝶形骨のうち、小翼を担った前半部）は二対の神経弓を備えた二分節に相当するのだろうか。同様に三叉神経根の後方には「pila antotica」という支柱がある。また、外転神経は「鞍背（dorsum sellae）」という、頭蓋底の真ん中に突き出した突起の両側を通る。これらのうち、本当に神経弓と比較できるのはどれだろうか。

残念ながら、これらは脊柱の神経弓などとは似ても似つかない。ここに見たほとんどの構造は、発生の初期、神経管の底部に蓄積した間葉に由来し、それは二次的に位置を変えたものにすぎない。そればかりか、脳下垂体（もしくは脊索の前端に相当する位置）より前方の骨格要素はすべて頭部神経堤細胞に由来するものであり、蝶形骨の前半部には椎骨に類似したものなどはなから期待できないのである（第5章）。実際、この試みは不首尾に終わったというしかないようだ。最大の問題は、軟骨頭蓋における頭蓋側壁の構造が極めてタクサ特異的なやりかたで放散してしまっていることであり、脊椎動物の中の比較的小さなグループ同士の類縁関係の推定には多少役立つが、頭部分節理論の解決には役に立ちそうもない。むしろ、真に神経弓に比較できる構造があるとすれば、それは後頭骨の外側部であり、のちの外後頭骨となる後頭弓は紛れもない神経弓である。しかし、そこにいくつの椎骨要素が含められているのかについては必ずしも明瞭ではない。

ガウプやグッドリッチ、そしてのちに述べるド＝ビアをはじめ、当時の比較発生学者に共通する特徴は、解剖学的構築の理解から始まり、後期発生過程を逆回しに眺めることにより、形態パターンを原基の配置という形で説明するという方針である。「発生学者」といっても、卵やゲノムから始まる目的論的機械論としての説明を行わないのが、当時の比較発生学者の際《きわ》だった姿勢であり、この点で彼らは発生学者である以前に、明瞭に形態学者なのであった。そして、それゆえに彼らにとっての本質的目標は、脊椎動物の分節的ボディプランの記述であったといっても過言ではない。かくしてこの頃、頭部分節性問題の研究は大きく二つの姿を持っていた。形態学を引きずった、頭蓋の後期発生学と、問題それ自体を発生要素の問題に還元した比較発生学である。それが当時は混在していたのである。

その中で、やはりガウプの形態学的センスは、当時の形態学者の中で最高の水準を誇っていたと私は考えている。彼の下には、日本人医学生も留学していたが[◉281]、ガウプより受けた薫陶を日本へ持ち帰り、名を挙げた学者が出なかったのは、まことに残念というしかない。

後頭骨のホメオティックシフト——フュールブリンガーからグッドリッチへ

ゲーゲンバウアーとほぼ同世代のフュールブリンガーは、とりわけ四肢動物の筋骨格系について極めて精緻な記載を行った当時一流の比較解剖学者であり、多くのモノグラフを残したことで知られている。そして、本書のテーマに極めて近い研究を一九世紀の終わりに一つ残している。それが、後頭骨の問題なのである。

ゲーテの形態学においては、一連《ひとつら》なりの椎骨的な分節が、場所に応じて独特の形態変化(メタモルフォーゼ)を遂げ、それを通じて形態が多様化すると説明される。ならば、脊椎動物の進化の過程で、二次的に体幹前方の椎骨が頭蓋に同化し、後頭骨を形成するのであるから、その時点でこれら椎骨のみならず、それに付随した筋節や脊髄神経は、後続する体幹の分節要素とは異なった、一種独特の形態学的特殊性(同一性)を付与されているはずである。そして、後頭骨に含められる分節数は、後頭骨から出る舌下神経を形成する根の数で推測できるはずであり、ゲーゲンバウアー以来、頭部に含められる中胚葉分節の数は一〇(もしくは九)であると信じられ、それをヴァン=ヴィージェが発生学的に支持していた(Gegenbaur, 1887; van Wijhe, 1882)。そこまではよかったのだが、実際にそうやって後頭骨を形成する分節数を動物間で比べてみると、それが種によってかなりふらつくことが発覚してしまった[282](図2-45)。中でもフロリープは、はっきりと、後頭骨を作ることになる後耳体節(内耳の後ろに発する体節)の数が種ごとに変わると報告している。

◎——分節番号と相同性

形態学的にはこれは由々しき事態である。なぜといって、それは頭部を記述する統一的なスキームが描けないと

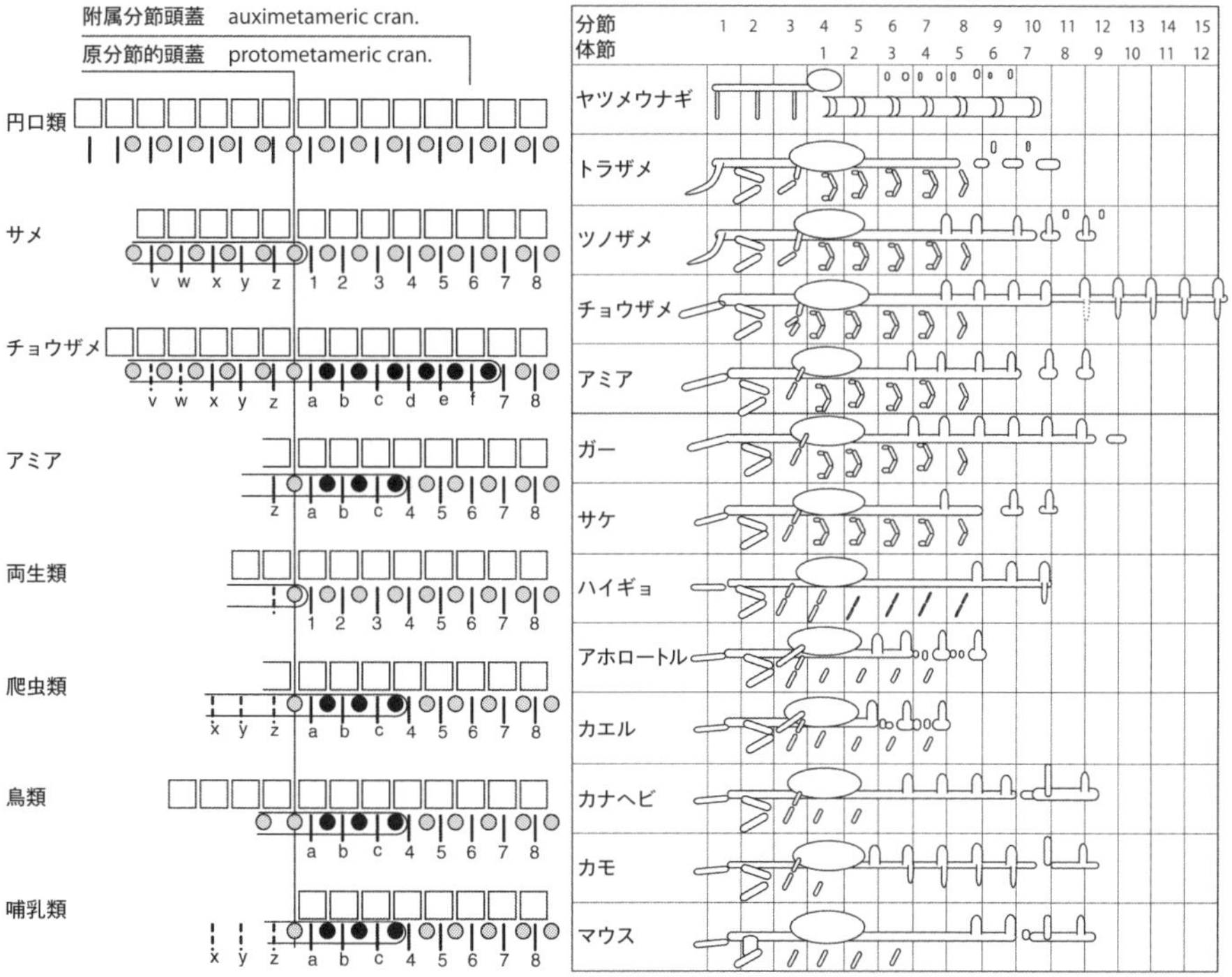

図2-45▶後頭体節の進化的な数の変遷をめぐる解釈。左はフュールブリンガーによる理解を描き直したもので、進化を通じてつねに同じ通し番号の体節が、同じ形態学的同一性（=相同性）を伴う構造に分化するという前提にもとづいて考案されている。この条件を満たすために、様々な概念的装置が組み入れられている。詳細は本文を。右は、ド=ビアやグッドリッチによる、後頭骨として頭蓋に組み入れられる後頭体節のホメオティックシフトを示したもの。形態学的同一性と分節の通し番号が、互いに乖離したシステムであることが述べられている。De Beer（1937）より改変。

いうだけではなく、形態学を成立させていた相同性の基盤まで揺るがしてしまうからだ。頭腔や咽頭弓であれば、それらはつねに形態学的同一性と一致する。たとえば、第一咽頭弓は円口類を含めたあらゆる脊椎動物においてつねに三叉神経の支配する顎骨弓に分化し、同様に第二咽頭弓はつねに舌骨弓になる。そしてこれらとの位置関係でもって頭腔にも同様の名称が与えられ、それぞれの頭腔は、特定の外眼筋を派生し、それらは特定の脳神経によって支配される。このように、分節の番号とその形態学的同一性は、前方の四つの鰓弓（咽頭弓）については固定しており、この保守性は脊椎動物に限った話ではなく、節足動物の形態的多様化についてもある程度みることができる。

ところが、分節の通し番号と形態学的同一性が必ずしも一致しないのが、後頭骨とそれに付随した構造群なのである。その結果として、後頭骨に続く頸椎の第一の要素が始まる分節の通し番号が、やはり動物群ごとにまちまちだということになる。すなわち、形態学的相同性は分節の番号と一致しないらしい。そればかりか、羊膜類に至っては後頭骨に続く頸椎の数が分類群ごとに多様化を示し、哺乳類においてほぼそれが「七」に決まっているという程度なのである。つまり、問題は後頭骨に限らず、体節列において分節の通し番号と、各分節が分化してゆく形態構造の相同性が一致しないということなのだ（進化的にずれる）。すべての脊椎動物における頭部を単一の原型によって記述しようという、ゲーテ以来の形態学の基本方針にとって、この事実が大打撃となったことは容易にうかがえる。仮に、頭部が何とか定式化できたとしても、それより後方の体幹部では、明らかに多様な「ずれ」が動物系統のあちこちで、しばしば独立に生じている。

◎——フュールブリンガー

この問題に対し、柔軟かつ晦渋なアイデアを思いついた最初の形態学者がマックス・フュールブリンガーであった（図2–45左）。彼はイェナにおいて、かつてゲーゲンバウアーの助手を務めていたことがある。フュールブリンガーによれば、神経頭蓋の仮想的祖先部分には、体幹部の体節が参与したことなどはなく、いまではそのような状態が円口類だけに残ると考えた。そして、そのような原始的な神経頭蓋を彼は「古頭蓋（paleocranium）」と呼んだ。ただし、脊椎動物が分節的な動物である限りにおいて、古頭蓋の中にもいくつかの中胚葉分節が含まれているはずであり、それは脳神経や内臓弓の分布によって間接的に推測できるものの、その分節がかつて椎骨であった試しはないと、フュールブリンガーは考え、そしてそのような、頭蓋のうちの「原分節的部分（protometameric part）」は、つねにあらゆる脊椎動物種において同定できると述べた。さらに、サメやハイギョ、そして両生類においては、ある一定数の椎骨要素が古頭蓋に融合し、その様子は個体発生上の現象としてか、あるいは舌下神経（後頭脊髄神経：spino-occipital nerve）を構成する根の数でもって推測できるという。このとき同化された神経根は「…v, w, x, y, z」のように数えられ、そのうち「z」で示される根はすべての動物において確認できる。フュールブリンガーによれば、この「神経z」は一種の基準点の役割を果たし、後頭骨を欠く動物においてもこの神経だけは確認できるという。この「z」に後続する脊髄神経は前から順に、「1, 2, 3, 4, …」とカウントでき、それらは元来体幹に属するものであって、頭部形成のために用意されたものではないという。したがって、後頭骨を獲得したことのない円口類においても、脊髄神経は（フュールブリンガーによれば）「…x, y, z, 1, 2, 3…」のように並んでおり、そのため円口類においても、のちの「後頭骨–脊柱関節（cranio (occipito)-vertebral joint）」となる部分は特定できるというのであった（図2–45左）。つまり、フュールブリンガーの頭部分節理論によれば、この関節の位置はいわば進化的に固定しており（分節番号と潜在的な関節としての相同性は一致し）、それはいくつの分節が後頭骨として頭蓋に参入していようと関係のないことだという。換言すれば、「z」で終わる分節を持つ頭蓋が、彼のいうところの原分節神経頭蓋（protometameric neurocranium）なのである。◉283

しかし、この「仮想的な関節」（まるでそれは、潜在的相同物の議論でもしているかのようだ）が、すべての脊椎動物種において関節として機能しているわけではない。真骨魚類や軟骨魚類では、この原分節頭蓋に加え、さらに多くの体節がとり込まれている（あるいは、挿入されている）ようにみえる。フュールブリンガーは、そのようにして出来た神経頭蓋を「附属分節神経頭蓋（auximetameric neurocranium）」と呼ぶべきだとした。この場合、本来普通の脊髄神経であったはずのものが、いまや舌下神経に変貌し、そのような神経はあらためて「a, b, c, d, …」のようにカウントして区別しなければならないことになる。とすると、全体として脊髄神経の並びは、「a, b, c, d, 5, 6, 7, …」のように表記される。このタイプの分節の二次的同化は、複数の動物系統において独立に生じたようである。こうして、フュールブリンガーは、分節の通し番号と形態的アイデンティティーの関係を固定化し、しかも進化的な頭蓋の整備（後頭骨の参入を通しての後方への拡大）を段階的進化のプロセスとして説明しえたのである（Führbringer, 1897）。しかし、すでに指摘したように、分節の通し番号を操作することですべての形態学的同一性が通し番号の上に担保されたわけではなく、椎式のフレキシブルな「ズレ」はまだ、一向に説明されてはいない。

以上のようなフュールブリンガーの説明はその後改良を加え、いく人かの形態学者に影響を与えた（Gaupp, 1898, 1906; Vialleton, 1911）。発生学の分野でも、たとえばカッチェンコは、フュールブリンガーの述べたような体節の同化のプロセスを胚発生に確認することができると述べ、ゼヴェルツォッフもこれと同様の見解を示した。このような説明原理の背景にあるのは、いうまでもなく進化と発生を繋《つな》いだ、フォン＝ベーアやヘッケル以来の反復説である（Haeckel, 1874, 1875, 1891）。

◎――トランスポジション

右のようなフュールブリンガーの説明がやや難解にすぎたことは否めない。実際、それを理解し、研究に応用できるものは少なかったし、「ある特定の番号の体節が、すべての脊椎動物種において比較可能である」という言明が持つ意味も、形態学の混迷を経験したことのない動物学者にとっては理解不可能であったことだろう。実際、この問題はよりシンプルで、しかもより一般性を持った発生と進化の現象、つまり形態的同一性の「ホメオティックシフト」であるとか、「形態価のトランスポジション」という考え方で焼き直されねばならなかったのだ（図2–45右）。それに似た考えは、ローゼンバーグやザーゲメールにみるように一九世紀から確かに存在してはいた（Rosenberg, 1884; Sagemehl, 1885, 1891）。

同様に、二〇世紀前半にこの領域の形態学の牽引役となったグッドリッチやド＝ビアも、「分節番号の上を動く形態価」というコンセプトを極めて明確に打ち出し（図2–45右）（Goodrich, 1910, 1913; 1930a; de Beer, 1922, 1937）、比較発生学者デルスマンも、脊椎動物の頭部の成立という文脈において同様の見解を示している（図2−46）（Delsman, 1918）。とりわけグッドリッチは、一九一三年に発表した論文の中でこの後頭骨の問題を、「椎骨の並びに生ずる形態的同一性の進化的シフト現象」へと拡張して扱い、相同性が、特定の番号を持つ分節や、その数に縛られないことを明確に述べた。その中で彼は、哺乳類と両生類の頭部を描いたが、その模式図にはすでに脊椎動物頭部分節性を示すあの有名な図版（以下で解説する図2−48）と同じスタイルが現れており、この論文に先立って一九一一年に発表されたメキシコサンショウウオ（*Ambystoma mexicanum*）胚後頭部の形態発生学的記載がその礎《いしずえ》となっている。[284] いずれにせよ、この図によってグ

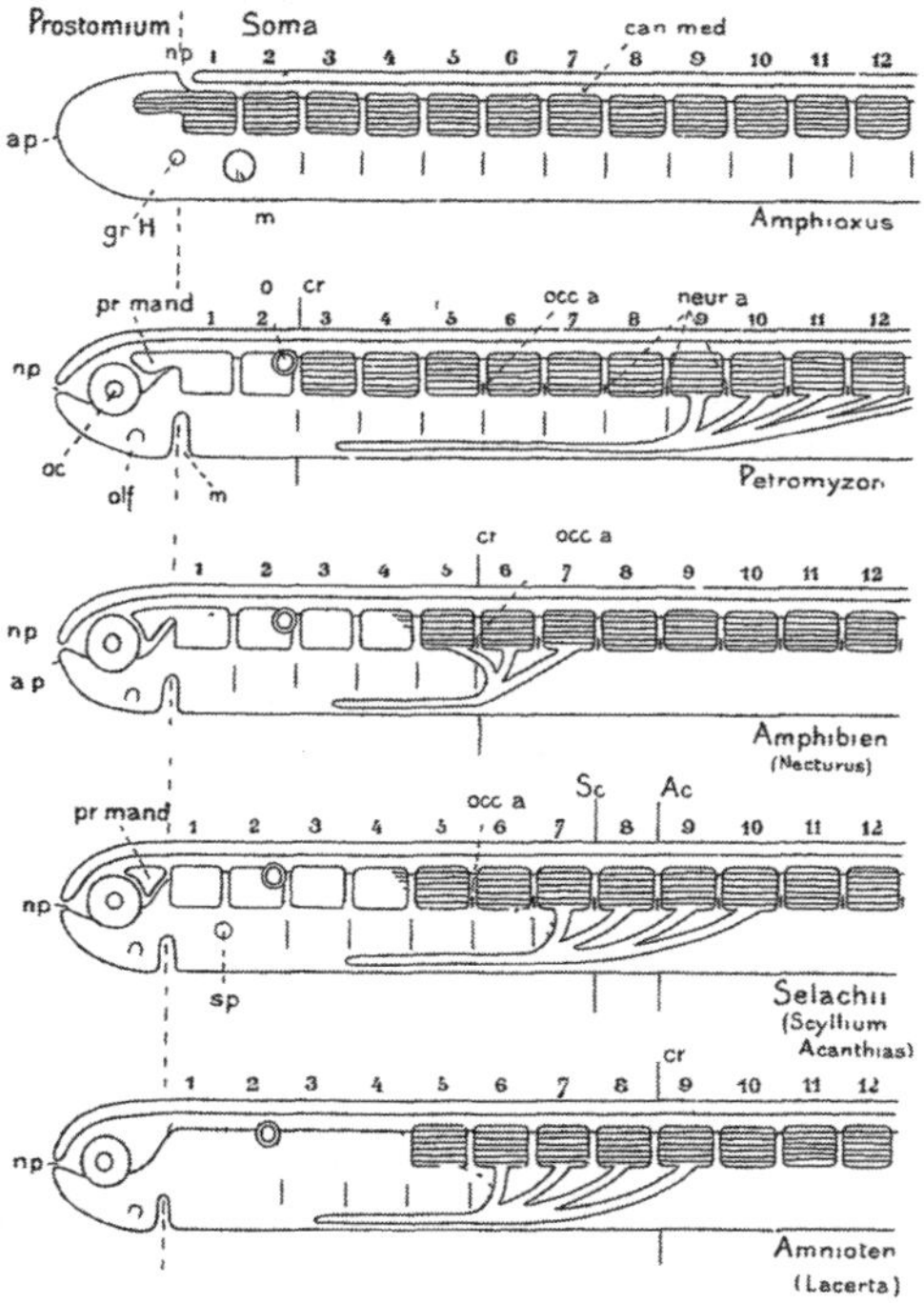

図2−46▶鰓下筋と後頭体節のメタモルフォーゼから、デルスマンは脊椎動物頭部の分節的進化パターンを表現した。Delsman（1918）より。

ッドリッチは、動物によって頭部にとり込まれ、後頭骨に分化する椎骨要素の有無や数が変異すること、そして後頭骨を作る分節数と舌下神経として特異化する前方の脊髄神経根の数にも変異があるが、それは後頭骨の変異とは独立であるということを示している。つまるところ、フュールブリンガーのように、分節番号と形態的同一性を恒久的に一致させることは空《むな》しい試みにすぎず、分節列の上を形態的に特異化した同一性が前後に自由に、しかも骨格要素と神経要素がしばしば互いに独立に動き回ることを想定するしかないのである。が、その本当の理解を得るには、二〇世紀に花開く遺伝学と分子生物学の助けが必要だった。

観念論的形態学の時代、脊椎動物は単純な前後軸の上に並ぶ分節の寄せ集めであると理解されていた。しかし、発生学的に胚の構造が理解されるにつれて、そこにいくつか別の軸や極性、そしてその折れ曲がりをも考慮しなければならなくなってきた。脊椎動物の形態進化とは、つまるところ、分節の遊離や融合、そして極性の付加なのである。

たとえば、脊椎動物の解剖学的な構成が定まる咽頭胚期、頭部において神経堤と中胚葉に由来する間葉がどのように分布しているかみてみよう。すると、中胚葉が神経管の両脇を中心に頭部の胚側部を占める一方、神経堤間葉がもっぱら咽頭弓の中を充填することがわかる（図2-47）。米国の実験発生学者、ノーデンが神経堤と中胚葉の標識実験を通じ、一九八〇年代に最初に強調したこのような図式は、「神経頭蓋は中胚葉に由来し、内臓頭蓋は神経堤に由来する」というシンプルな理解を当初我々にもたらした。つまり、細胞系譜と形態の間で一致する「二元性」の原則があるというわけである。しかし、それが厳密にあてはまるのは円口類のみであり、すでにみたように、顎口類の神経頭蓋についてはそれほど簡単ではない。その内部に「前後の差」が存在している。一方、咽頭弓の中の神経堤細胞が、内臓（鰓弓）頭蓋を作るという理解はいまでも正しい。

◉――鰓の進化

そもそも脊椎動物頭部の進化は、ある意味「鰓の進化」ともみなすことができる。発生上、顎が由来するのも、鰓の前駆体と同等の咽頭弓からである（厳密にはそれだけではないが……）。無論、機能的な鰓は呼吸に用いられるものであるから、形態的、発生的に同等であっても、「顎は鰓から進化した」とは、厳密にはいうことはできない。したがって、鰓と同じ原基から発した構造を、機能的に分化した「呼吸用の鰓」から区別するため、呼吸に用いられようが用いられまいが、咽頭弓から由来した系列相同物はすべて「内臓弓」と呼称することになっている。もともと、呼吸と濾過食のため機能していたフィルター、つまり、孔の開いた咽頭壁が咽頭弓の起源であり、これは後口動物に独特の構造である。現生の後口動物では、脊索動物のほかにも、半索動物のギボシムシがこれに似たものを持つが、発生において、のちに鰓孔となる内胚葉上皮が脊椎動物胚と共通の遺伝子発現を示すことが、進化におけるこれら後口動物の鰓の単一起源を物語ると一般には理解されている。ギボシムシの鰓孔に発現する*Pax1/9*遺伝子の相同物が、ナメクジウオ（頭索類）、ホヤ[◉285]（尾索類）に加え、ヤツメウナギ（円口類）を含めた、すべての脊椎動物胚において確認されているのである。

　ナメクジウオの鰓孔には、脊椎動物の鰓裂を思わせるものがあるが、ここにはまだ明瞭な骨格は発達していない。またそれは、呼吸にも機能していない。そもそも鰓に明瞭な軟骨が現れるのは脊椎動物においてのみであり、円口類の咽頭弓には、ワイヤーフレーム状の軟骨が発生する。しかし、ここにはまだ明瞭な背腹の形態学的差異は存在せず、関節によって繋がった、分化した骨格要素もない。

　我々のものと直接に比較可能な内臓弓骨格の形態は、軟骨魚類や原始的な硬骨魚類にみることができる。これらは系列相同物であるため、内臓弓はみな基本的に同等の形態パターンをみせるが、それぞれの内臓弓はその発生位置によって微妙に形と機能を変えている。すなわち、第一内臓弓であるところの顎骨弓は上顎と下顎に分化し、一次的には摂食に機能する。続く第二内臓弓は、呼吸に機能することもあるが、顎の機能の補佐として、多かれ少なかれ後続する第三内臓弓とそれ以降のものと比べて多少の形態的変異を示している。典型的には顎を神経頭蓋に繋ぎ止めるための「顎懸架装置」として、また鰓下筋系（hypobranchial muscles）から分化した舌筋の起始として機能することが多い。そして、本来の呼吸の機能を司る典型的な鰓としての内臓弓が第三以降のものであり、これら合わせて三種の形態的アイデンティティの別を内臓頭蓋（＝内臓弓骨格系）にみることができる。このような形態的分化の傾向は極めて原始的な由来を持つらしく、同様の三種の変化パターンをヤツメウナギの内臓骨格にも認めることができる。

メタメリズムと鰓

古典的な教科書的記述に従うのであれば、このような内臓頭蓋の進化の頂点は、哺乳類の中耳にみることができる。すなわち、すでに述べたように哺乳類の中耳にはツチ骨、キヌタ骨、アブミ骨という三つの耳小骨があるが、ほかの四肢動物には耳小柱という単一の骨しか存在しない。哺乳類の耳小骨のうち、アブミ骨がこの耳小柱と相同である。一八三七年、ブタ胎児を顕微鏡下で観察していたライヘルトは、ツチ骨の原基が下顎軟骨の後端に由来することを見出し、これにより件の二耳小骨、ツチ骨とキヌタ骨が、実はほかの羊膜類の顎関節を構成する関節骨と方形骨と相同であることを看破したのであった。一見、何もないところからいきなり出現してきたようにみえる構造の出自を説明したこのライヘルト説は、すでに述べたように比較形態学者のガウプや比較発生学者のラーブルによる補強を得、脊椎動物頭部の分節性を説明する金字塔としての地位を得るに至った。なぜ、哺乳類の中耳問題が、

図2-47▶ニワトリ胚における頭部間葉の分布。頭部神経堤細胞（灰色）は、咽頭弓と顎顔面領域を充填する。Noden（1988）より改変。

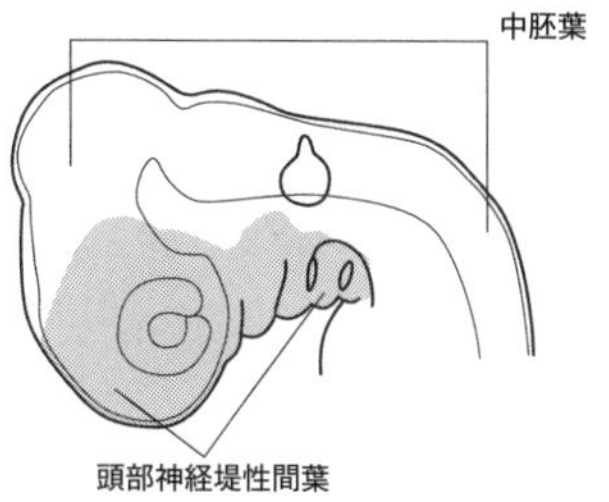

脊椎動物頭部分節説の解釈となりうるのか。それは、この説が鰓弓型分節性（ブランキオメリズム）の変容の姿を暴き出し、哺乳類の頭部を作り出している分節的一次パターンを明らかにしたものとみなされているからだ。

すなわち脊椎動物の頭部には、顎骨弓に始まる内臓弓の並びがあり、それぞれには一セットの骨格要素と、鰓弓神経、鰓弓筋が付随している。内臓弓の並びを、

第一内臓弓（＝顎骨弓）　第二内臓弓（＝舌骨弓）　第三内臓弓（＝鰓弓）　第四内臓弓以降（＝鰓弓）

と書き並べれば、そこにはそれぞれ、

三叉神経のうちの　上下顎神経（V2＋3）　顔面神経（VII）　舌咽神経（IX）　迷走神経（X）

が分布し、それらは

咀嚼筋　顎下制筋、そのほかの第二内臓弓筋　第三内臓弓筋　第四内臓弓以降の鰓弓筋

をそれぞれ支配する。たとえそれが哺乳類におけるように高度に変形していても、発生過程と解剖学的パターンを詳細に解析することにより、その本来の繰り返しパターンに還元することができるというのが、比較形態学や比較発生学の基本的方針であった。さらに極端な分節説を指向する研究者たちは、これら内臓弓の一つひとつが、背側でサメの頭腔、もしくは仮想的な「頭部体節」と関係していると考えた。つまり、サメ胚に三対（ときとして四対）現れる頭腔は前方から、

0（前頭腔）　1 顎前腔　2 顎骨腔　3 舌骨腔

と名づけられ、このうち、顎前腔は祖先において存在していた顎の前のもう一つの内臓弓に対応する体節であると考えられたのである。そして、これらに一対一の関係で対応する脳神経が、

動眼神経（III）　滑車神経（IV）　外転神経（VI）

であり、ヴァン＝ヴィージェはこれを脊髄神経の腹根になぞらえたのであった。

頭腔に内臓弓の名前に従った名称が頭腔に与えられているのは、頭部の中胚葉が咽頭弓とともに、体節と同じリズムを刻んで繰り返していると考えられていたことの反映であり、それが当時の頭部分節説の主流であった。つまり、頭部の理解は、分節的構築パターンの発見によるメタメア（分節）の記述を旨《むね》としていた。つまり、ライヘルト説は、理想的な頭部メタメリズム論を指向していたのである。

上のことからわかるように、形態的に整合性をみせつつ分布する発生素材や神経は、せいぜいのところ二つか三つの仮想的分節を説明するものでしかない。いや、むしろそれらの少数派のメタメア自体、本来の分節的対応関係を示すものではなく、純粋に偶発的に形態的関係を獲得したことによって、とりあえずの「頭部分節性の鏡」としての体裁を示すだけなのかもしれない（二次的に成立した、副産物としてのメタメア）。したがって、頭部分節性を説明する模式図を完全に描こうとすれば、どうしてもこの少数派に理想型を見出し、多かれ少なかれ誇張された表現を用いながら、その理想化された関係を頭部全体にまで拡張しなければならなくなる。二〇世紀初頭の比較発生学的分節論は、つねにこのような解釈論に終始するしかなく、そしてその最後に現れたものが英国の比較発生学者、グッドリッチだったのである。

グッドリッチと頭部分節説の二〇世紀的結論

エドウィン・S・グッドリッチは、英国の動物学者、レイ・ランケスターの薫陶を受けた比較解剖学者であり、一九四六年に七七歳でこの世を去るまでオクスフォード大教授、ならびに動物比較形態学の雑誌、『*Quarterly Journal of Miscroscopic Science*』の編集長を務めた。世界中を旅し、もっぱら海洋生物を専門とした。グッドリッチは多くの論文を残したが、何らかの「繰り返し構造」にかかわるものが多い。また特筆すべきこととして、彼はスケッチを能くし、講義の際に黒板に描いたその見事な図が消される前に、学生があわてて写真に撮ることが普通だったらしい。グッドリッチによる頭部分節性の模式図(図2-48)が最初に発表されたのは、彼の一九〇九年の板鰓類の頭部発生の記述においてであったが、おそらくそれを再録した彼の一九三〇年の教科書、『脊椎動物の構造と発生の研究(*Studies on the Structure and Development of Vertebrates*)』における模式図として、それはより有名であろう。[286] この図は、英米のみならずドイツの教科書に引用されることも多く、とりわけ発生生物学が形態学の問題を扱うようになった一九八〇年代以来リバイバルし、この図式が、一般に認められた頭部分節性の理解として流布してきたといって過言ではない。

グッドリッチが英国オクスフォード大に在籍し、活躍した一九世紀末から二〇世紀初頭というのは、比較形態学や比較発生学の黄金期がすでに過ぎ去っていた頃のことであるから、当時彼が奇矯なディレッタントとして揶揄されていたとしてもさして驚くほどのことはない。[287] 比較形態学者というだけで「いやぁ、古いものを大事になさっておられるんですなぁ」といわれるような鬱陶《うっとお》しい思いを、どうやらグッドリッチもあの時代にあって、すでに経験していたということになる。脊椎動物の具体的祖先の姿を提示するのならともかく、頭部の共通一次プランを示し

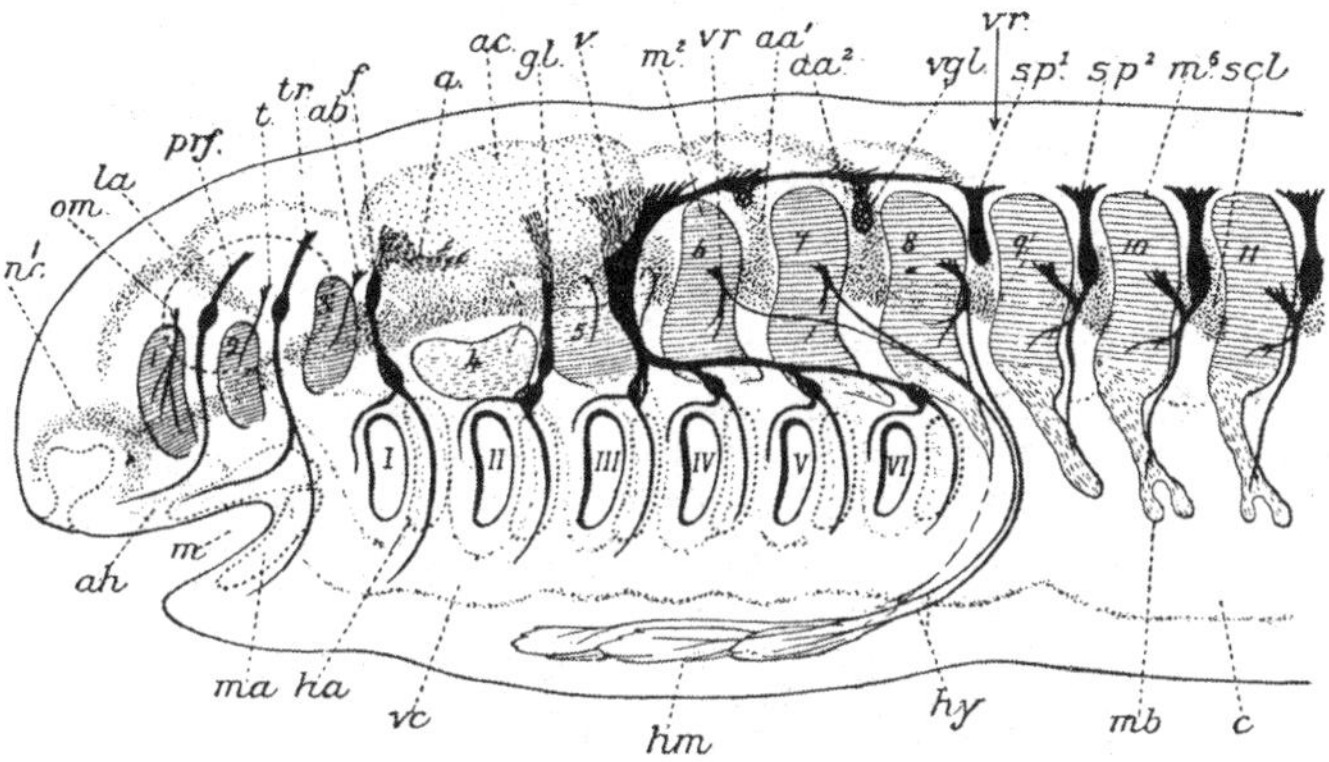

図2-48▶サメ咽頭胚の形状をもとにして発表された、グッドリッチの頭部分節スキーム。中胚葉分節（番号が振られている）の繰り返しを基調として描かれている。ローマ数字は咽頭裂。耳殻の拡大によって、第四、第五体節は消失するといわれている。主要な略号のみ記す。a：内耳神経、ab：外転神経、ac：耳殻、f：顔面神経、gl：舌咽神経、ha：舌骨弓、hm：舌筋原基、hy：舌下神経、m：口、ma：顎骨弓、om：動眼神経、prf：深眼神経、scl：硬節（椎骨原基）、t：滑車神経、tr：三叉神経、v：迷走神経、vgl：迷走神経節と書かれているが、これはフロリープの神経節に相当。Goodrich（1909）より。

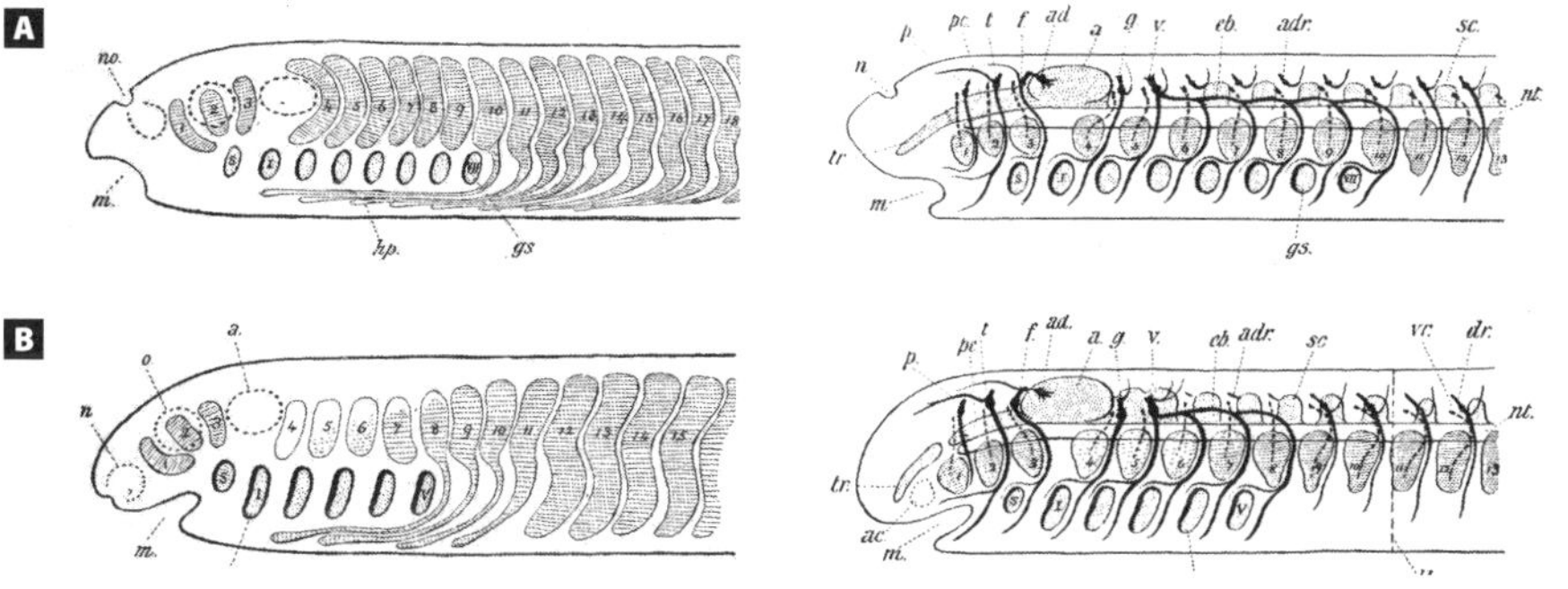

図2-49▶グッドリッチによる、筋節の並びとしての脊椎動物頭部形態プランの進化（左）と末梢神経系の脊椎動物頭部形態プラン（右）。グッドリッチにとって脊椎動物のボディプランは、体節、もしくは筋節の並びであった。そしてAに示されたヤツメウナギのパターンも、Bに示された顎口類（サメ）のパターンも、同じ中胚葉分節のスキームから導き出すことが出来ると説明された。1909年の段階ではすでに構想されていたこのような分節的理解から、あらためてグッドリッチの頭部分節概念図が、板鰓類をベースにしたものであったということがよくわかる。脊椎動物の末梢神経はすべて、脊髄神経の変形したものであると考えられ、ここでは背根は実線で、腹根は破線で描かれている。これは、ヴァン＝ヴィージェの解釈を踏襲したものと考えてよい。Goodrich（1909）より。

てどのような意味があるのか、というのだ。

実際、グッドリッチの同時代人には、節足動物から脊椎動物を導こうとしたガスケルやパッテンという比較形態学者がいた（第6章）。ガスケルは、節足動物の中の蛛形類が脊椎動物を導いたという説をすでに展開し、一九〇八年に一冊の単行本を出版している。まるで、かつてジョフロワが甲殻類と脊椎動物を重ね合わせようとしたような試みだが、ガスケルはこの比較において背腹の反転は行っていない。その代わり、節足動物の消化管が、脊椎動物の中枢神経の中心管になり（！）、脊椎動物の腸管が附属肢の折れ曲がりを通じて新たに作り出されたという、大胆なモデルを提唱している。加えて、ガスケルの比較は、ジョフロワ以上に微に入り細を穿《うが》ったレヴェルにまで及び、節足動物の口が閉塞して視床下部を形成するとまで述べている。発生学者のパッテンも、一九世紀から二〇世紀への移り変わりにおいて、脊椎動物を蛛形類の内群としてとらえ、ジョフロワと同様、背腹反転を通じて、原始的な板皮類の形態をクモ型の動物から導き出している。同じ「導出」であっても、観念から導き出すのと、実際の動物から導き出すのとでは、その科学理論としての内容はかなり異なる。とりわけパッテンによる導出は、明らかに進化過程としての変形のステップであり、それはとりもなおさずその変形自体が進化であるということを、成体の系列でもって示しているのである（第6章）。

実際の系統において存在しない祖先・子孫関係を、無理矢理あてはめようとしても、正解にゆき着かないのでは、と多くの人は考えるであろう。しかし、それがうまくいくことの方が多いのだ。これはのちにも述べることになる、左右相称動物全般に共有される原始形質によるところが大きい。したがって、実際の進化過程としては存在しなかったにもかかわらず、思考実験として環形動物や節足動物と脊椎動物の「成体」の解剖学的パターンを結びつけることができるということ、両者の間にあったと仮定された中間形を示すことができたということが、厄介な誤謬を生み出しながらも、整合的な学説としては優れていたのである。しかし、発生プログラムの変化系列として進化を考える我々からすれば、皮肉とはいえグッドリッチの頭部分節プランのほうがはるかに意義深く、はるかに現実的に、「脊椎動物の起源について何かを語っている」と認識されている。

さて、問題のグッドリッチの模式図だが（図2−48）、これは模式図というにはちょっと生々しい。さりとて、特定の動物の形態にしてはまだ未熟（primordial）であり、また胚形態にしては、分化が進みすぎているという印象がある。結論からいえば、これはサメやエイのような板鰓類の形態発生プランを示しつつ、成体の板鰓類におけるサメ独自の特徴を剥《は》ぎとったものなのである。それが何であれ、このスキームが極めて複雑なものであることは間違いがない。こういったことのすべては、あたかもオーウェンの示した、あの「原動物」を思わせるかのようである。その理由の大半は、グッドリッチの模式図の中に、骨格要素や筋素材に加え、末梢神経や感覚器などが描かれ、極めて解剖学的な内容を備えているからである。試しに、この図の中から末梢神経と骨格をとり除いてみると、そこには整然とした筋節の並びが浮かび上がってくる。つまり、この図は基本的に筋を生み出す中胚葉分節の並びとして、脊椎動物の頭部から体幹前方部を図示したものなのである。

「分節スキーム」というものが本来的にゲーテ的観念と同質の要素を含んでしまうということをこの図はよく示している。それは、基本的に体節の系列相同物が前後軸上に繰り返して並び、それが場所に応じて「変容（メタモルフォーゼ）」するという、その二点においてである。思えば、カールスの模式図がそうであり、オーウェンの原動物がまさにその通りのものであった。しかも、グッドリッチのそれは、発生プランとしては妥当な推論でもある。この図では、頭部に痕跡的な体節が描かれ、それがのちの外眼筋に分化してゆく。後頭部の体節は、後頭骨を作るのみならず（ここでは、ゲーテの看破した通り、椎骨と同等の素材が頭蓋に同化している）、変形した骨格筋を分化し、それが口腔底へ回り込んで舌筋を作る。このような、位置特異的な形態分化がほとんど起こらないのが、ナメクジウオだと一般には思われている。すでに述べたように、そのような未分化な状態を最初に図示したのはヘッケルであった。

確かに派生的特徴を剥ぎとってゆくと、脊椎動物の頭部が次第にナメクジウオのようにみえてくる。ナメクジウオは無頭類の名にふさわしく、体の前方に明瞭な頭部を分化させておらず、分節的な中胚葉[288]が、体軸の先端まで伸びている。したがって、グッドリッチの模式図は、「脊椎動物を、変形したナメクジウオ的分節動物として見立てたなら、このように描くことができる」という性格のものとみることができる。いうなれば、脊椎動物のからだの中に現れている原始形質（plesiomorphy）を強調して描き、頭腔が体節の系列相同物であるという仮説に立てば、このようなものになるという解釈なのである。

一方で、「ナメクジウオには存在しないが、すべての脊椎動物には存在する」という形質もある。それは、「頭部における明確な分節パターンの不在」である。脊椎動物の頭部には、通常典型的な体節は存在せず、頭腔もまた、体幹の体節ほどには規則的な配列を示さない。体幹においては、体節と脊髄神経が見事に同じ繰り返しリズムを刻《きざ》んでいるが、[289] 頭部においてはむしろ、咽頭弓と同じリズムを刻む脳神経群が目立つ。

咽頭弓の系列に付随して発生する脳神経群を、「鰓弓神経群」と呼ぶことについてはすでに述べた。これには、三叉神経、顔面神経、舌咽神経、迷走神経が含められる。体幹において、体節の存在が脊髄神経のパターン形成にとって決定的な重要性を持つのに対し、頭部中胚葉には、そのような神経のパターン形成能はないと考えられている。また、これに関し、脊椎動物には、体節の存在に依存した分節性であるソミトメリズムと、鰓弓系に依拠したブランキオメリズムの二種の分節性が存在し、これを脊椎動物のボディプランの大きな特徴とするという考えがあり、これに沿った説の有名なものが、米国の古生物学者、ローマーによる「二重分節（ボディプラン）説」であるとされることが多い（詳細は第4章参照）。このラインに沿った考え方によれば、脊椎動物のボディプランは、椎骨の並びだけでは説明できないことになる。一方、すでにオーウェンにみたように、椎骨の並びと鰓弓の並びを同一の分節性の現れとして解釈しようという形態学者も多かった。ここに挙げたグッドリッチの模式図においても、頭腔や体節のそれぞれが、一つの鰓と対応するように描かれている（図2−48）。そして、顎骨腔は第一咽頭弓たる顎骨弓に、舌骨腔はその後方の第二咽頭弓、すなわち舌骨弓に連続しており、顎前腔はといえば、それに付随するとおぼしき咽頭弓の残存が腹側に結合している。つまり、プラットの小胞は、グッドリッチによれば、顎前分節（premandibular segment; premandibular metamere）の咽頭弓要素だということになる。しかし、これではヴァン＝ヴィージェの理解における体性と臓性の区別、そしていく人かの研究者によって示された、下斜筋（臓性ではなく、体性骨格筋）の属性（Holmgren, 1940; Wedin, 1949; Jarvik, 1980）と合致しない。これについて、グッドリッチは多くを語ってはいないが、彼が顎骨弓の前にたった一つの分節しか仮定していなかったことだけは、図中に確認することができる。

特定の動物グループに共有されている形質には、古い形質（原始形質）と新しい派生的な形質（派生形質：apomorphy）があり、動物群を定義できるのはそのグループにのみ共有される共有派生形質のみである。たとえば、哺乳類は四肢を持つが、この形質は原始形質であり、爬虫類にも両生類にも共有されているので、哺乳類だけを特徴づけるものではない。しかし、中耳に三小骨をもつという形質は哺乳類だけのものであり、哺乳類を定義することのできる共有派生形質（synapomorphy）とみなすことができる。同様に、脊椎動物を特徴づける鰓、体節、脊索、神経堤細胞、頭部、などの形質のうち、脊椎動物の共有派生形質とみなすことができるのは、一般に神経堤細胞と頭部であるとされており、脊索はナメクジウオやホヤにもあり、鰓に至っては、半索動物のギボシムシや、本来棘皮動物にも備わっていたのではないかと考えられている。脊椎動物の頭部では、体幹における典型的なリズムが存在せず、逆にそこには、明瞭に肥大した脳[●290]や、よく発達した感覚器が目立つ。このような、脊椎動物に共有されている新しい形質（syn-apomorphy）によって、脊椎動物の頭部は、「ナメクジウオには存在しない新しい何か」として表現される。では、グッドリッチの描いたスキームは、いったい何を語っているのだろうか。

ここで想い出すべきは、ハクスレーとオーウェンの戦いの狭間にあって翻弄された「原型」の概念である。オーウェンの原動物が怪物じみていたのは、何よりもそれが祖先の形質の寄せ集めではなく、特定の派生的な系統（たとえば鳥類）にしか存在しないような新しい形質をも同時にとり込み、すべての動物種が一直線に導き出されるべく、「原始形質」と「派生形質」のいわば「ごった煮」として描かれていたからである。これが正当化できるとすれば、それはどんな動物にでも変貌できるよう待ちかまえているプロテウスのような観念的形象、もしくは形而上学的な議論の基盤としてであり、必ずしも原型それ自体が特定の祖先的状態を示すのではない。認識論的な「導出」は、進化過程とは何の関係もないのである。

以上のことに関して明瞭に意識的であったハクスレーは、原始形質のみからなるような形象を考えるのであれば、それは事実上、扱っている動物すべてを生み出した共通祖先そのものではないかと考えた。さもなければ彼にとって「分節的な頭部」とは、発生上胚が垣間見せる、形態形成の一次的プランであるはずだった。重要なのは、ハクスレーが否定したのが、頭蓋と脊柱の系列相同性という、ゲーテ以来の命題であったことで、頭部の発生的構築が分節的かどうかについては、当時の段階ではまだ決着をみていなかった。これは決してこじつけではない。進化論なき時代にあって、ゲーテが頭蓋の本質に脊柱と同等のものを見出したとき、それは間接的には、軟骨化が始まる以前の中胚葉素材の分節性に言及していたかもしれない。しかし、ハクスレーにとって、「頭蓋が椎骨から作られている」という命題は、明瞭に「椎骨的頭蓋を持っていた祖先がいた」ことを意味していたはずなのだ。だからこそ、そのような時代にあって、原型的パターンを世に問うたオーウェンは、時代に大きく逆行していたと評されるのである。

一九世紀半ばにおいてオーウェンが陥っていた迷妄、あるいは自然哲学の徒花《あだばな》に、二〇世紀初頭のグッドリッチも片足を突っ込んでいる。脊椎動物が明瞭な頭部を持つということは、からだの前方において、体幹的諸要素が大きく失われていることを意味する。それを共有することによってこそ脊椎動物たりえている存在に「原型」、すなわち、このような脊椎動物の最低限の形質を明瞭に持つ祖先的動物を反映した形態プランにおいてはしたがって、体幹と頭部を明瞭に区別できなくてはならない。にもかかわらず、「それがナメクジウオを思わせる」とはいったいどういう意味なのだろう。それは、脊椎動物をさらに遡った原始的段階にまで貶《おとし》めて表現する行為に等しく、いきおいその模式図は脊椎動物のみならず、ナメクジウオまで導出してしまう。また一方で、このスキームは脊椎動物の頭部を椎骨の連なりとしてみるゲーテ的ヴィジョンを、発生学的に正当化しもする。では、はたしてこのようなスキームを、「脊椎動物の構築プラン」と呼んでしまってよいのであろうか。それを吟味するまもなく、生物学はそののち、本格的に実証主義偏重の波に押し流されてゆくことになる。つまり二〇世紀初頭、ヘッケルの思弁的な進化発生学から実験発生学が袂《たもと》を分かったあの革命の影響が、一足遅れでこの業界にもやってきたのである。そして、ごく一部の比較形態学者を除き、この「頭部問題・比較発生学バージョン」も顧みられなくなってゆく。しかし、新しい発生生物学や実験発生学は、予期せぬところから脊椎動物頭部の分節の証《あか》しを様々に示し始めたのであった（第5章）。

誰が分節論者か？

脊椎動物の頭部に分節パターンをみる立場を単に「分節論者」と呼ぶとしても、その中には多くの異なった見解があり、しばしばそれらの見解は相反さえしている。同様に、「頭部は、それ自体無分節の、非常に特殊な単体なのである」という主張にも傾聴に値する理屈はありえない。頭部が分節しているか否か（Jollie, 1977）、という単純な問いは、すでに頭部問題の誕生のときに終わってしまっているのである。

形態学者の中で分節論者と呼ばれる研究者は、多かれ少なかれ脊椎動物胚頭部、もしくは成体の頭蓋に椎骨か、さもなければ体節と同等の原基が並んでいると想定していたのであり（図2–50上）、その意味ではバルフォー、ヴァン=ヴィージェ、ケリカー、キリアン、コルツォッフ、フュールブリンガー、ラム、ガウプ、ツィーグラー、ヴィーダースハイム、エジワース、グッドリッチ、ド=ビア、ジョリーなどを典型的な例として認識することができる[●291]（図2–51）。彼らは板鰓類を対象とすることが多く、そしてバルフォーに始まる頭腔の研究に大きく影響されていた。これらの研究思想の始祖は、ゲーテ、オーケン、オーウェンなどの形態学者に見出すことができ、分節論者の原型的思想もそこに始まっており（Goethe, 1820; Oken, 1807; Owen, 1848）、それを最初に進化解剖学的に高めたのが、ゲーゲンバウアーなのであった（Gegenbaur, 1871, 1872, 1887）。

一九世紀末から二〇世紀初頭にかけての比較発生学における板鰓類崇拝や頭部体節の存在に対して、異議を唱えた最初はザーゲメールや、フロリープといった学者たちであり、とりわけフロリープはサメやエイの胚形態が、いつでもほかの脊椎動物と比較可能というわけではないと指摘し、さらにしばしば彼は頭腔の分節としての意義その

ものを否定していた。◉292

右に挙げた学者たちが体節の系列相同物としての頭腔を否定する根拠としては、それらが咽頭嚢の膨らみによって二次的に出来た領域にすぎないということや、体幹の体節と同じタイミングで生じないなどの事実が挙げられた(Neal & Rand, 1936に要約)。これらの学者は非分節論者というべきであろうし、実際そのようにいわれることも多い。が、すでに述べたようにフロリープは頭部に一連の小胞が出来ることは観察しており、それを体幹の体節になぞらえていたことは確かである。いずれにせよ、フロリープは当時にして、組織切片から三次元復元模型を作製して緻密な観察を行っていた数少ない発生学者の一人であった。さらに頭腔からは、体節にみるような硬節や皮筋節(dermomyotome)が分化しないという指摘もあった。これには異論も存在するが、頭腔を体節とみなすための発生学的な根拠、もしくは必須条件としてこれがとらえられたことは確かであり、このような体節的分化を示そうと多くの分節論的比較発生学者が組織切片を観察していたことは事実である。二〇世紀になってからも、この指標は重要と考えられ、スウェーデン学派のビエリングやジャーヴィックも、組織分化の点から頭腔を分節と認めた上で、包括的な分節理論を展開している。

脊椎動物の頭部筋の研究で有名なエジワースも頭部分節を認めながら、その数が進化的に変わりうることを指摘した一人であった。彼のいうところによれば、板鰓類ではなく、両生類こそが、頭部中胚葉の中に顎前体節、顎骨体節、舌骨体節、第一および第二鰓弓体節よりなる、祖先的な状態を示す五分節を持つという。さらに彼は、脊椎動物における外眼筋がそもそも、顎前中胚葉より生じ動眼神経によって支配される四筋のみであり、滑車神経と外転神経によって支配される二筋は、のちの進化過程において追加され、そのことによって現在みることのできる六つの外眼筋が成立したのだという。加えて彼は、頭腔が進化の系列に沿って次第に後方から前方へ向かって消失してゆく傾向を指摘した。これについては私自身も以前同じことを指摘したが、それは哺乳類へ至る幹系列においてのみいえることであり、進化の一般的傾向とは認められない。

傍軸中胚葉にみられる分節、すなわち体幹の体節と同等のものを頭部に認めるかどうかということと、その分節

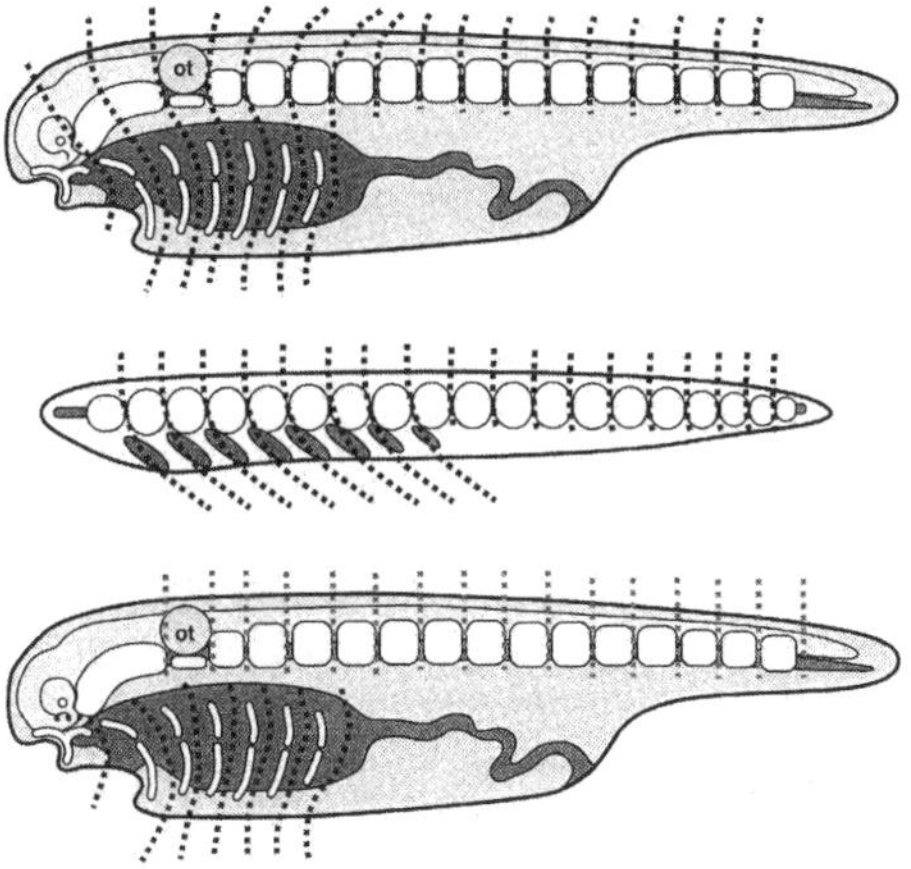

図2–50▶この図はある意味極端な分節論の分類を示している。すなわち、上図は体軸にわたって傍軸中胚葉の分節が連続しており、それは腹側で（一次的には）内臓弓のメタメリズムと一致しているという立場を示す。ヴァン=ヴィージェ、グッドリッチ、ゴールドシュミットらは発生学的レヴェルでこの形式化を主張し、頭蓋骨でその考えを示したのがジョリーである。それに対して下図は非分節論者の立場を示し、体節的メタメリズムは体幹背側（傍軸部）にしかなく、頭部にそれがあるかは否定するか、もしくは保留する。そして、体節と内臓弓のメタメリズムは独立しているとする。この立場に立ったのが、アールボーン、フロリープや筆者ということになる。これら2つの極端な立場の間には様々な亜流が存在し、フュールブリンガー、キリアン、ドールンなどがその第3の立場に属するといってよい。中央の図は、分節論者が理想とするナメクジウオ的な祖先の分節性を模式化したもの。これは必ずしも実際のナメクジウオの形態と発生を反映するとは限らない。Kuratani（2003）より改変。

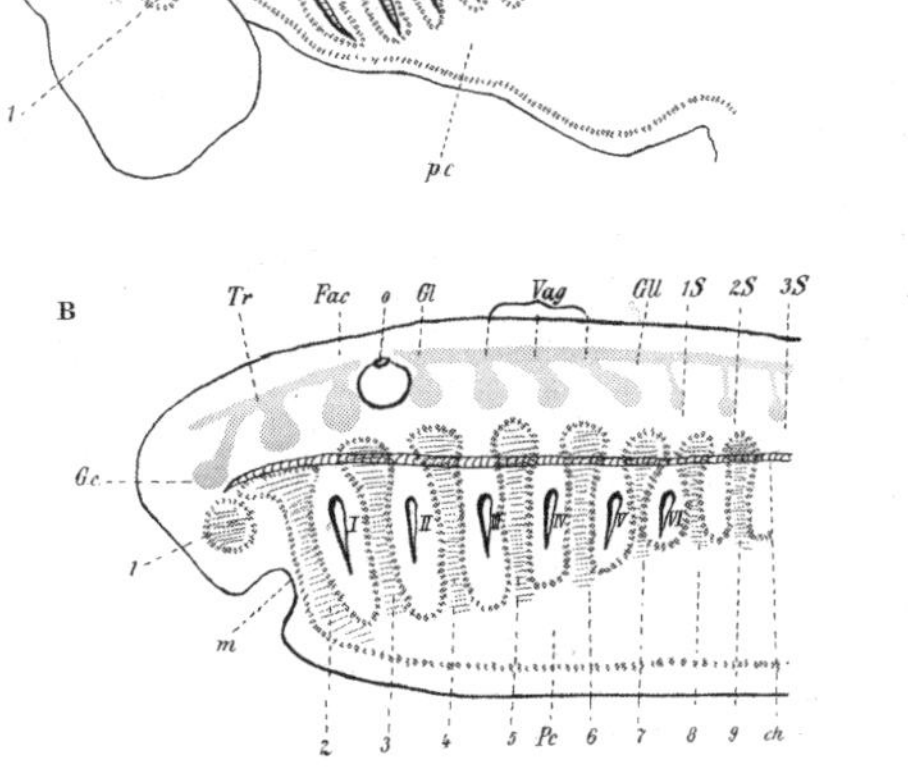

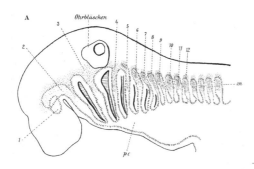

図2–51▶ヴィーダースハイムによるサメ胚頭部の構築プラン（上）と、それを形式化した模式図（下）。これはヴィーダースハイムの比較解剖学書の第1版に掲載されたもの（第3章もみよ）。下図の背側にあるのは知覚神経節。脳神経節が脊髄神経節の前方への連続（系列相同物）として描かれている。この図にみるように、体幹における体節の分節性はそのまま前方で咽頭弓へと連なり、典型的な分節論の考え方がここに示されている。Wiedersheim（1909）より。

リズムが内臓弓のものと一致するかということは別のレヴェルに属する問題である。すでに強調したように、ヴァン=ヴィージェ以前はこの問題自体が非常に曖昧であり、バルフォーは少なくともそれを区別してはいなかった。典型的な分節論者は、オーケンのアフォリズムやオーウェンの原動物が予測する通り、脊椎動物の体軸を貫くたった一種のメタメリズムが存在すると信じがちであり、そもそもヴァン=ヴィージェがその一人であった。このカテゴリーに属する学説を「狭義の分節論」と呼ぶべきであろう。しかし一方で、実際当時の、頭腔や頭部体節を認める比較発生学者の中には、傍軸中胚葉の分節が明瞭に内臓弓の繰り返しとは異なるものであることを表明したものが多かったのである（図2–50下）。その中には、アールボーン、マーシャル、再びフロリープ、ラーブル、ファイト、カッチェンコ、ダーマスらが数えられる。[293]

比較的最近の研究者でも、体節列に対して鰓弓系が独自の振る舞いを示すことを強調した研究例は多い。[294] そのうち、頭部中胚葉の中に体節の系列相同物を認めた学者がいた一方、[295] それを認めない向きもあった。[296] 中でも、頭部における中胚葉の分節を咽頭嚢の残存と考えたクプファーの位置づけは困難かもしれない。いずれにせよ、これら後続の発生学者の一部は、新しい観察の技術を用い、板鰓類以外の胚を用いて柔軟な考えを持つに至り、みなそれぞれにフロリープの影響を受けていた。また、アーデルマンやキングスベリーは、その半世紀前にハクスレーが頭部分節性に対して果たしたのと同様の役割を担っていた（Kingsbury & Adelmann, 1924; Kingsbury, 1926）。

右の考察から、最も典型的な分節論者は、オーケンの言葉をほぼそのままなぞるように、前後軸のすべてにわたって体節と等価な分節単位が並び、頭部をその変形とみなすばかりでなく、この傍軸中胚葉の分節性と軌を一にして、内臓弓と神経分節（neuromeres）が繰り返しているという立場をとることになる。これが解剖・形態学的レヴェルでの典型的な分節論であり、この仮想的なメタメリズムに現実の動物や動物胚の形態を合わせてゆこうというのが、多かれ少なかれ原型論を思考した分節論者に共通する傾向であった。まとめるならば、板鰓類崇拝は、サメやエイの胚が右の目的に最も適っていたということなのである。板鰓類の胚を眺め続けていれば、発生のある時期、確かにこの、理想化された脊椎動物の分節的形態パターンを彷彿とさせる瞬間が現れるというわけなのである。骨格と筋節、内臓弓と神経系すべてを一つのスキームにまとめ上げたようなものは存在しなかったが[297]、このような原型論的考え方は、すでに一九世紀の初めに存在していた考え方と大差ない。

しかし、『種の起源』をみてのちの発生学者、個体発生と系統発生の並行関係、もしくは反復について少しでも関心を持っていた発生学者であれば、発生パターンやプログラムもまた、それ自体進化する可能性に気がついていたはずなのである。頭部中胚葉が本来的に分節的であるかどうかにかかわらず、そこにはしばしば何らかの局所化が明らかであり、そのいくつかは種を超えて保存されている。それに関しても間違いはない。その点から、「やや分節論者」とでも呼ぶことのできるいく人かの発生学者を再認識するのも有意義であろう。

右にみた「極度に理想化された厳格な分節論者たち」とは異なり、たとえば椎骨や体節のような、特定の分節の繰り返しパターンを、ボディプランという全体論的な文脈ではなく、ごく局所的な現象として受け入れようという立場もあった。ちなみに、比較形態学的教義の失われた現代における進化発生学研究では、分節研究はすべてこの範疇に入ってしまう。咽頭弓がどうだろうが、頭部中胚葉がどのようにコンパートメント化されているかどうかにかかわらず、たとえば菱脳の神経上皮性分節単位である「菱脳分節（rhomnomeres：ロンボメア）」（第3章）が頭部における分節性を代表していると説明され、同時に、菱脳分節の研究を通じて神経管の分節性が語られる。しかしこのような傾向は、以前は決してあたり前のことではなかった。そういった、研究の姿勢においてどちらかといえば現代的なスタイルを踏襲していた学者として、すでに紹介したドールン、キリアン、ツィンマーマン、プラット、ホフマン[298]らが思い浮かぶが、彼らのうちいく人かは、前述のように自らの発見を信じながらもそれを何とか、ヴァン＝ヴィージェのプランに重ね合わせようと試みていた。そのような傾向の果てに、グッドリッチのスキームが、半ば受け入れられた二〇世紀の結論として今日に至るまで残存してきたことは明らかである。しかし同時に、当時の少なからぬ発生学者たちは、たとえ中胚葉に原初の分節パターンがあろうと、それが素直にそのまま胚の形に反映されないこと、発生プログラムそれ自体が進化し、一次的なプランをあらゆる動物の胚に見出すことの困難さを認識し始めていた。

もう一つの問題は、分節に見る連続性についてである。すでに少しく触れたように、理想的なメタメリズムとは、すべての分節が同じ調子で繰り返しているさまをいい、ただ単にそこに分節があることのみを強調するものではない。たとえ、頭部における分節が特殊化していたとしても、分化が起こる前の段階で、後続する分節と同じ未分化な状態が認識される必要がある。だからこそ、胚形態の中に分節を探そうとするのであり、ハクスレーが進化的かつ反復的文脈で行った胚の観察も、まさにそれを意識してのことであった。その結果として、体幹から頭部にかけて同じ形をした単調な分節が存在することを証明できれば問題はない。ここに、「体軸上における分節の連続性」が明らかになり、メタメリズム論は支持される。このような分節パターンを「完璧なメタメリズム」と呼ぶ。しかし、頭部と体幹の両方に分節があったとしても、その両者の間に消しがたい境界が存在するなら、分節の並びに不連続性があることになり、これを完璧なメタメリズムと呼ぶことはできなくなる。むしろこれは、「不完全なメタメリズム」なのである。この区別は当時の比較発生学者の間でも充分に意識されており、ドールンや、キリアン、フローリープといった学者たちは、連続な分節の並びとして頭部中胚葉に現れる小胞（それが実際に体節と等価な分節であるかどうかはさておき）に体幹と連続した分節を見出したのであり、一方でヴァン＝ヴィージェに始まる頭腔の支持者たちは、「頭腔にこそ、体節との連続性を見出せる」と主張したのであった。

つまり、頭部分節性の本来の形態学的意義を鑑みれば、分節論か否かという区別よりも、胚のどの構造に体節の系列相同物を見出すべきかという議論の方が本質だった。そして、それは少なくともきたるべき発生生物学の理念からすれば、当時にして充分に正しい問題意識だったのである。発生のタイミングや形態パターン、そして可能性としては神経分節の存在は小胞支持者に軍配を上げるであろうし、脳神経との対応関係をみれば、外眼筋神経群を脊髄神経の系列相同物とみなす限りにおいて、頭腔支持者の方が優勢である。この、「分節の連続性を定義する問題」は、頭部分節論をめぐる議論の中でも本質的、かつ深遠な問題といえるだろう。

右の「連続性の問題」は様々なレヴェルで議論を呼んだ。すでに述べた、頭蓋の前後軸方向での二分割がその一つである。発生の最初から神経頭蓋には「梁軟骨」と「傍索軟骨」という二部の軟骨原基が現れる。このうち、原始的な神経頭蓋を代表するものとして傍索軟骨をあげ、対して梁軟骨を、「脳の拡大に応じて二次的に獲得された頭蓋底」とする見解があった。後者については、「二次的に頭蓋底に参入した本来の内臓頭蓋である」という説が、ハクスレー以来広く受け入れられた。現生顎口類に特徴的なこの二者の境界は、時代が下って鳥類胚を用いた精密な標識実験が可能となるに及び、後方の（脊索を伴った）「中胚葉部分（chordal part）」と、前方の、脊索を伴わない、神経堤由来の「索前頭蓋部分（prechordal part）」が接する境界に等しいことがわかっている（第4章に詳述）。この同じ境界には、各時代に異なった研究者によって様々な意義づけがなされてきた。◉299

さらに、傍索軟骨の後方は（軟骨原基の段階では）後頭軟骨に連続的に移行し、ここには本物の体節に由来する硬節が参与している。したがって、これは進化的には椎骨だったと考えられ、その原基にもある程度の分節的パターンがみてとれる。しかし、これより前方の傍索軟骨にはいかなる分節性の痕跡もみられないため、後頭軟骨とそれより前方の無分節領域が対比されることもあった。いうまでもなく、この違いは体節が存在するという意味での体幹と、一見無分節な頭部中胚葉の存在する前耳領域との間の境界を明らかにする。そして、前耳領域に何らかの分節らしき構造が見出されたとしても、非分節論者はそれをほかの組織との関係において生じた二次的な性格のものとみなすことがあった（Kastschenko, 1888; Kuratani et al., 1999）。つまり、単に未分化な中胚葉原基が分節的に並んでいるだけでは頭部分節として不充分であり、体幹における体節と同じような自律的分節化に代表される、何らかの発生上の特徴が求められるわけである。そこで、一部の最も極端な非分節論者は、脊椎動物頭部をむしろ積極的に「傍軸中胚葉性の分節がないことによって成立している何ものか」として、定義していこうと努めるのである。が、このような細胞群や組織の性質は、組織学的観察からだけではしばしばうかがい知ることはできない。とりわけ、あるパターンをもたらしている背景に、別のプレパターンが存在するか、あるいは別の胚組織との相互関係、すなわち典型的には細胞同士の接触により惹起されるシグナリングや拡散因子にもとづく誘導作用が関与している場合には、必ず何らかの実験的操作を施すことによってその実在を示すことが必要になる。無論、その果てには、特定の遺伝子の関与であるとか、その遺伝子をあるパターンに従って発現させた遺伝子制御機構へと、分節現象は機械論的に還元されてゆく運命にある。この運命はしかし、つねにゲーテの求めた根源的パターンに直接言及する可能性を秘めているということを忘れてはならない。

問題を整理すれば、頭部問題の解答例は次のように分類できる。

椎骨説の問題として……

1 頭蓋内椎骨を潜在的に肯定（しかし、ここには椎骨の分節境界の位置や、頭蓋に含まれる椎骨の数について異論あり）

2 頭蓋内椎骨を否定

頭部分節説として……

3 頭部中胚葉に分節がある

3a 頭部中胚葉の小胞が体節と連続する（その数に異論あり）

3b 頭腔が体節と連続する

3b 1 頭腔と内臓弓に分節的対応がある

3b 1' 頭蓋に含まれるべき後頭体節数が一定

3b 1" 頭蓋に含まれるべき後頭体節数が可変

3b 2 頭腔と内臓弓が最初から独立した分節性を示す

4 耳の前の領域において頭部中胚葉に分節がみられない

これだけ分類してもなお、頭部問題は中胚葉の分節が最大の命題であり、ほかの構造が示す分節性は二次的なものか、さもなければ関係のない分節だと思われた。そして、それがどの動物に近いものであれ、脊椎動物の遠い祖先においては、つねに理想的な分節パターンが存在していたに違いないという先入観、もしくは思考のバイアスが

あった。そこには、

5　鰓弓性分節性が一次的なもの

6　体節性が一次的なもの

という選択肢があった。これが発生機構学（実験発生学）の洗礼を受けたのちの時代となると、さらに、

7　祖先においては頭部と体幹を貫く分節性があった例しはなく、頭部と体幹においてそれぞれ独立のオーガナイゼーションが進化した

という説が登場することになるのである（第4章、第5章）。

ゲーテの構造論的認識論としての形態学は、対象の要素還元的扱いを断固として拒否し、要素と要素のなす関係のあり方に本質を見出すことによって生まれてきた。現代の発生生物学において明らかにされたいくつもの現象は、ゲーテの感知した本質と近いところにある一次的要因であるところの分節化のパターンジェネレーターであるとか、相同性を保証する遺伝子制御ネットワーク（gene regulatory networks: GRN）の構造的堅固さを、そのありのままの姿で掘り起こそうとしている。そのような機構の中から胚の形は生まれてきているのであり、進化的に保存されたパターンとして、分節も一定の機能を担いながら胚に表出し、さらにそれに依存して成立した形態パターンが内部、外部の淘汰の作用を通じて温存されることを通じ、ボディプランを構築する、極めて保守的な発生プログラムが確立してきた。このようなパターンは、動物の形態をある限界のうちに閉じ込め、我々に相同性と名づけることのできるいくつもの形態学的保守性を垣間見せる、一種の境界条件であるとか、何らかの拘束としての作用を持たずにはおれない。次章以降において紹介してゆく、形態形成的発生拘束による分節性の吟味は、まさにそのような発生機構学的な文脈にのっとった考え方であり、それが現代生物学にまで引き継がれている。

いずれ、このような考え方へと発展してゆく二一世紀の進化発生学誕生のそのときまで、生物学は頭部問題をほ

とんど忘れることになってしまう。そして、かろうじて生き残ったのはグッドリッチを媒介とした頭部分節論であった。かくして頭蓋骨椎骨説は、多かれ少なかれ解剖学的、発生学的な洗練を経て頭部分節論へと形を変え、この流れ自体が頭部問題として認識されてゆくことになる。しかし、それは頭部分節論が必ずしも正しいということを意味はしない。すでにみたように、脊椎動物頭部の構築をみるやり方には様々なものがあり、組織発生学的にはあらかたみるべきものはほとんど観察しつくされ、それに解釈も出揃っていた。にもかかわらず、分節論が生き残ったのは様々な学説の中から蒸留抽出されたというより、それが最もわかりやすかったからにほかならない。決定的な検証を欠くときの科学コミュニティーの反応は、えてして最も受け入れられやすい仮説を選ぶ。それは感性に訴え、しかも単純で明解な表現をより好む。同じような現象はそれ以降も、いや、いまでも続いている。そして、新しい舞台に古い命題が引っ張り出されるたびに、研究者は過去と同じ戦いと過ちを繰り返すことになる。

まこと、歴史は繰り返すのである。

【注】

●201——これについては後述する。Law of Embryology については Richards（1992）、Abzhanov（2013）に要約。

●202——詳しくは拙著『形態学——形づくりに見る動物進化のシナリオ』を参照のこと。

●203——Russell（1916）、Appel（1987）、Hall（1998）をみよ。要約は倉谷（2015）を。

●204——このアイデアはパリの二人の市民によってアカデミーに提出された論文に書かれていたものであり、それをジョフロワが唱道したことから論争が始まったのである。

●205——彼はまた、研究においてキュヴィエの影響をも同時に受けていた。

●206——これは、メッケルやセールに加え、ティーデマン、キールマイヤー（Kielmeyer, 1793）らの見解もとり入れた、一八世紀末から一九世紀初期にかけての第一期反復説（これをまとめてしばしば、メッケル–セールの並行の法則（Meckel - Serres Law of Parallelism）ということもある）に相当する。これを、フォン=ベーアがのちに退けたのである（Richards, 1992 に要約）。

●207——メッケルはいまでも、下顎軟骨を意味する「メッケル軟骨（Meckel's cartilage）」、小腸に生ずる膨らみである「メッケル憩室（Meckel's diverticulum）」などにその名を残す。

●208——強いていえば、三木成夫による『胎児の世界』がこれに近い。

●209——それが決して科学的言明ではないにしろ、少なくとも直感としてその傾向それ自体はいまでも漠然と認められている。

●210——ただし、メッケルはラマルクの進化思想を受け入れており、彼が反復説的発生過程の中にある程度進化をみていた可能性は厳密には否定できない（筆者はこれを検証していない）。同時に、メッケルは若い頃に非進化論者のキュヴィエに師事したこともある。これに関しラッセルは、明瞭にメッケルを先験論者として位置づけており、その根拠としてメッケルの相同性についての議論の中に、実証主義より思弁が重きをなし、それが空想的でもあったということを根拠としている（Russell, 1916）。

●211——無論、比較を旨とした形態学的研究の交流はすでに一七世紀からみられ、ラトケ以前にもファブリキウス、ハーヴェイ、マルピーギ、ウォルフなど、胚の観察を行ったものもいた。Singer（1931）をみよ。

●212——実際、ラトケ嚢の発見は、この咽頭の発生学研究の副産物として見出されたものである。

●213——この軟骨について、ハクスレーはのちに独自の解釈を加えてゆくことになる。

●214——ラトケとフォン=ベーアは、上顎と下顎が別の原基に由来すると考えていた。したがって、厳密にいえば、顎口類の顎が第一咽頭弓に由来すると最初に述べたのは、一般に信じられているラトケではなく、むしろフシュケだということになる。ちなみに、フシュケの娘、アグネスは、エルンスト・ヘッケルの二人目の妻となり、一男二女をもうけている。

●215——このライヘルトの考察は、のちのオーウェンのものと似る。

●216——このような頭蓋原基の骨化パターンから頭蓋椎骨説を謳う研究は、いまでも跡を絶たない。

●217——Stör（1882）、Sagemehl（1885, 1891）、Froriep（1905）をみよ。総

説としてはVeit (1942) をみよ。

●218——しかし、その一方で舞台を比較発生学に移し、ドイツを中心に研究が続けられていたことは、すでに述べた通りである。

●219——それは、オーウェンが原動物を図示した一〇年後、そしてダーウィンの『種の起源』の出版の一年前に相当する。

●220——当時の比較発生学では、「膜性 (membranous)」と表現されることが多かった。

●221——ナメクジウオは脊椎動物を導いたと考えられることの多かった、単純な分節性を備えた動物。頭索類として分類される。頭索類の命名はオーウェンによるが、当初この名は別の動物にも用いられていた (Owen, 1846)。正式にナメクジウオを指すものとしてこの名をあらためて定義したのはヘッケルである (Haeckel, 1866)。

●222——すでにラトケがみていたように、そこには梁軟骨と傍索軟骨という、無分節の棒状の軟骨しかない。

●223——初期の軟骨頭蓋がどの脊椎動物のものであっても、非分節的で、よく似た少数の軟骨塊から出来ることについては、Goodrich (1930)、de Beer (1937)、Jollie (1977) などをみよ。

●224——あまり喧伝されることはないが、たとえば第4章で紹介するJollie (1977) をみよ。

●225——しかし、椎骨の形態を左右するホメオボックス遺伝子の一つを操作した変異マウスにおいてはこれが分節的に発生する。第6章に後述。

●226——脳神経のうち、舌下神経と呼ばれるもので、これは脊髄神経が何本か束ねられ、二次的に変形したものと解されている。

●227——たとえばCouly et al. (1993) をみよ。

●228——サメやエイを含む軟骨魚類は、板鰓類と全頭類に分類される。サメもエイも板鰓類の仲間であり、全頭類に含まれるのはギンザメの仲間のみである。

●229——これについては、Lang (1881)、Masterman (1897)、およびLankester (1900)、Tautz (2004) に要約。

●230——Lankester & Willey (1890)、van Beneden & Julin (1886)、Remane (1963b) に要約。

●231——ランケスターは主として無脊椎動物を研究し、『動物学論集 (*A treatise on zoology*)』を編纂した。それまでの観念形態学の概念であった「相同」と「相似」を、進化的文脈でとらえ直した一人が、このランケスターであり、「相似」に代わり、相同でないあらゆる類似性は彼によって、「homoplasy」と呼ばれた (Lankester, 1870)。つまり、このような定式化と解釈によって初めて、相同性は進化の証拠となりうるのである。また、進化的に同一の由来を持つことによる形質の一致は特に、「homogeny」と呼ばれたが、「派生形質 (apomorphy)」とほぼ同じ内容を持つこの概念は広く用いられることはなかった。

●232——Lankester (1900) により要約。

●233——これに対してClark (1964) はその総説の中で、分節的体腔の起源として「生殖体腔 (gonocoel) 説」、「腎体腔 (nephrocoel) 説」、そして「裂体腔 (schizocoel) 説」を問うたが、これらが現在顧みられることはない。

●234——このような、原腸から由来した体腔、もしくは原腸から体腔への遷移状態を「gastric cavity」、あるいは「coelenterons」という。

●235——初期の比較発生学ではナメクジウオの第一体節といわれたこともある。脊椎動物の顎前腔、顎前中胚葉などと相同であるともしばしばいわれる。

◉236——側憩室の相同性については第6章をみよ。ならびに、Kuratani et al. (1999) も参照。

◉237——レマーネは形態学理論の有名な教科書、『自然の体系と比較解剖学、ならびに系統分類学の基礎——理論形態学と系統学（*Die Grundlagen des Natürlichen Systems, der Vergleichenden Anatomie und der Phylogenetik-Theoretische Morphologie und Systematik. 2te Auflage Academische Verlaggesellschaft*）』を一九五六年に出版しており、そこで「相同性の概念と定義」という有名な章を設けている。ここには、相同性が発生学的に還元不可能であること、相対的位置関係だけでは掬えない数々の例外が存在することが強調され、相同性がボディプランの共有や、動物の系統関係、分類群の認識と不可分であることが述べられている。私見によれば、これは形態学の還元論からの離反、観念論的形態学や伝統的西洋形而上学への回帰とも受けとることができる。

◉238——ただし、脊椎動物における顎前中胚葉と、ナメクジウオの側憩室に関してはその限りではない。

◉239——ドイツ語版ののちの版にこの名称が用いられているかどうかは未確認。

◉240——しかも、現在の分子系統学的理解は、その考えとさほど大きく隔たっていない。

◉241——これは本来、内臓弓神経群と呼ぶ方が理に適っている。

◉242——本書の以降の部分に非常にしばしば登場する「ソミトメリズム」と「ブランキオメリズム」の対概念を最初に形態学に持ち込んだのはアールボーン（Ahlborn, 1884）である。前者は椎骨、もしくは体節の分節性、後者は咽頭弓、もしくは内臓弓の分節性を指す。これらに別の語を与えたアールボーンはもちろん、それぞれ別のタイプの繰り返し性であると考えていた。彼の分節スキームもまた、この時代の分節論者のものとよく似ていたが、それでも彼はこの二種の分節性が互いに独立したものだと考えていた。そして、その考えは、彼が自分で行ったヤツメウナギの発生観察を通じて得たものであった。

◉243——ゲーゲンバウアーのように神経頭蓋を前後の二部に分けた学者は多く、「脳部（cerebral、あるいはprespinal part）」と「脊髄部（spinal part）」、「caducichordate part」と「caducichordate part」など、難解な名称がいくつも作られている。そのうち、フロリープの区別した「鰓弓部（branchial part）」と「原脊柱部（protovertebral part）」は、ヴァン＝ヴィージェの臓性部と体性部の違いに近く、神経頭蓋だけを比べるものではない。また、フュールブリンガーによる、後頭骨の獲得を意識した「原頭蓋部（paleocranial part）」と「新頭蓋部（neocranial part）」の違いについては後述する。ジョンストンの「前分節部（premetameric part）」と「分節部（metameric part）」は、神経解剖を基盤に想定されたものである（Johnston, 1923）。これらはみな、互いに似ているようで、その分割の基盤となっている形態発生学的根拠はそれぞれに異なっている。しかし、このような違いがたいてい、初期胚の耳プラコード近辺に境界線を持ち、それゆえに頭部中胚葉と体節の違いが多かれ少なかれ反映しているということはできる。さらに、これに加え、神経頭蓋の前方部には、神経堤細胞と中胚葉の境界が下垂体孔の近辺に存在するが、古典的な比較発生学的観察や考察において、それが問題になることはなかった。ちなみに、ここで用いられている「palingenesis (palingenetic)」と「caenogenesis (caenogenetic)」の概念は、歴史的に混乱している。一九五〇年代にド＝ビアがヘテロクロニーの一種として定義したcaenogenesisは、「成体の姿を変えることなく、発生の途中だけが適応的に進化すること」であり、哺乳類の胎盤や、羊膜類の胚膜などがこれにあてられた。一方、「palingenesis」はド＝ビアによれば、ヘッケル的反復の標準的パターンであり、表現型が、祖先の何らかの発生プログラムを遺伝的に反映するという考え方が込められている。ヘッケル自身はこれを成体の形質に関して用いており、現代の用語でいえば「祖先的」、「原始的」という表現が適している。ガースタングは同じことを「paleomorphic」と呼んでいる（Garstang, 1922）。

●244——ただし、このような解釈は、円口類にも迷走神経がはっきりとできていることをうまく説明しない。

●245——舌下神経は脊髄神経の腹根が何本か束ねられて出来ているのである。つまり、いくつかの分節にわたって分布する脊髄神経なのである。この根の数で分節数を推測しようとした試みが、のちに新たな問題を提起してゆくことになった。

●246——この傾向を一般に「板鰓類崇拝（elasmobranch worship）」と呼ぶ。Veit（1947）、Gee（1996）を参照。

●247——バルフォーの詳細についてはHall（1998）をみよ。

●248——これらはのちに頭部体節（head somites）といわれることもあった。

●249——バルフォーは、後続する二つの頭腔が外眼筋を作るかどうかは観察していない。

●250——それもまた、板鰓類崇拝を支えていた大きな要因の一つなのである。

●251——バルフォーの頃からその指し示す構造が変化しないのは、咽頭弓を伴わない顎前腔のみである。

●252——もっとも、鰓弓神経は基本的に咽頭弓の由来物を支配するのであり、そこには鰓弓筋という骨格筋も含まれている。これを支配するための運動繊維も、この鰓弓神経の根の中には含まれているのであるが……。

●253——加えて、ヤツメウナギの幼生、アンモシーテスがナメクジウオに似ていると指摘されていた。

●254——ジュリア・プラットはアメリカ生まれの女流比較発生学者であり、留学先ドイツでの研究をもとに学位を取得後、帰国したが、封建的な当時のアメリカにおいて女性が研究職を持つことはついぞかなわず、のちに政治家に転向、一九三一年、七四歳にしてカリフォルニア州パシフィック・グローブ市の市長となった人物である。彼女が、モントレーという海辺の街に暮らしていたことも手伝っているのだろうが（その土地では、プラットはいまでもそこそこの有名人である）、同じく女性であることによって苦労しながら、中生代の海棲爬虫類化石の発見で古生物学に名を残したメアリー・アニングと印象が似る。

●255——そのうち、O、P、Q、Rが極めてわかりにくいと、ドールン本人が記載している。

●256——これについては、Kuratani et al.（2000）、Kundrat et al.（2009）、Adachi & Kuratani（2012）などを参照。

●257——前頭腔は基本的には板鰓類の一部にしか生じないと考えられている。無論、板鰓類が原始的な顎口類であるからこそ、それが生じるという考えは優勢であった。が、当時ガノイド類と総称されていた、いわゆる古代魚、つまりアミア（*Amia*）、ガー（*Lepidosteus*）、ポリプテルス（*Polypterus*）や、チョウザメ（*Acipenser*）などの胚や幼魚に発する粘着器官（adhesive organ）が前頭腔に相同であると考え、そのように報告した学者は多かった（たとえばNeal, 1898、総説はNeal & Rand, 1946、ならびにWedin, 1949）。一方で、これに反対する見解も出されていた（Beer, 1924; Veit, 1924）。この粘着器官は確かに、顎前腔と緊密な関係を持って発生する。そして、異論も多いが、粘着器官の発生位置は、前頭腔が発生すると予想されるところに見出されるのである。ならば、その同じ理由で、粘着器官が索前板より生じる独立の構造か、さもなければむしろ内胚葉系の器官であるという可能性も生ずる。

◉258——それに関して、ツノザメ（*Squalus*）の胚ではプラットの小胞のより吻方に、さらに小さな小胞が現れることがあり、これを「チアルギの小胞（Chiarugi's vesicle）」と呼ぶ。当然この構造はプラットの小胞以上に希なものだが、位置的にはアミアやガーの粘着器官により近いとも考えられている。この小胞については、Holmgren（1940）、Lindahl（1944）、Jarvik（1980）、Horder et al.（1993）をみよ。図2–35も参照。

◉259——実際、ゼヴェルツォッフやジャーヴィックはそのような形式を採用し、ジャーヴィックに至っては、そのような咽頭弓と傍軸体節属する分節を「端体節（terminal somite）」と呼んでいる。これについてはJarvik（1980）、Bjerring（1977, 2014）もみよ。

◉260——Jackson & Clark（1876）、Froriep（1882, 1883, 1905, 1917）、Sewertzoff（1895）、Goodrich（1910）、総説はGoodrich（1930a）、de Beer（1937）などを参照。

◉261——Hazelton（1970）、Lim et al.（1987）、Couly et al.（1993）を参照。

◉262——Huxley（1864）、Kastschenko（1888）、Rabl（1889）、Kupffer（1893）を参照。

◉263——私の研究室で用いているトラザメ胚では、このような一連なりの小胞は観察されない。詳細は第4章。

◉264——形態学的に理想化されたメタメリズムと、特定の細胞系譜や胚葉に生ずる発生学的分節性は、その概念の違いから区別されてしかるべきであり、発生学的分節と形態学的理念としての分節が齟齬を来すのもまさにここである。この問題は、最終章で扱われている。

◉265——それを極限にまで推し進めた理論が、一九八〇年のジャーヴィックによるそれである。

◉266——無論、この頃はすでに現在のものと比肩できる組織切片による観察がなされていた。

◉267——ゲーゲンバウアーによればそれはさらに、三叉神経群と迷走神経群の二部に分けられる。

◉268——実際、それは椎骨列に成立する一連の形態学的特異化が、分節の数を超えて前後にシフトしうるという、いまでは認められているホメオティック変異の考えに近い。

◉269——この中胚葉分節についてはすでに、プラットの小胞との関係において記述した通りである。

◉270——その意味では、一九八〇年代のガンスとノースカットによる「新しい頭部説（New Head Theory）」は、典型的な非分節論的立場にある。第6章を参照。

◉271——その発生学的吟味についてはKuratani（1997）を参照。

◉272——この筋が鰓弓筋かどうかについてはまだ異論が残るところだろうが、位置に関しては彼の観察は正しい。

◉273——実際の肢芽は体側襞に生ずるのであり、それはウォルフ稜よりもわずか腹側に位置する。

◉274——筆者が脊椎動物に共通する頭部と体幹の「S字境界」を主張していた頃、現・学習院大学教授の阿形清和は、バイラテリアに共通する中枢神経の原基の「逆U字パターン」を主張していた。

●**275**——Reichert(1837)を。総説はJarvik(1980)、倉谷(1993ab)、Takechi & Kuratani(2010)を参照。

●**276**——Geoffroy(1818)、Meckel(1820)、Huschke(1824)、Rathke(1832)、Burdach(1837)、Huxley(1869)を参照。

●**277**——実際は、もう少し複雑な対応関係があることがいまでは知られている。

●**278**——ラーブルは、第二咽頭弓に発するアブミ骨にはアブミ骨筋が付着し、これは第二咽頭弓を支配する鰓弓神経である顔面神経によって支配され、同様にツチ骨には第一咽頭弓に由来する鼓膜張筋が付着し、この筋が第一咽頭弓を支配する三叉神経の支配であることを示した。

●**279**——この問題の発展型については、Presley & Steel(1976)を参照せよ。

●**280**——そこには、三叉神経節やいくつかの脳神経の末梢部、そして外眼筋の一部が納められている。

●**281**——たとえば、ワニの軟骨頭蓋を記載した、東京帝国大学のシイノ・コウタロウなど。Shiino(1914)。

●**282**——Sagemehl(1884, 1885, 1891)、Rosenberg(1884, 1886)、Froriep(1882, 1883, 1885)、Fürbringer(1897)を参照せよ。

●**283**——フュールブリンガーはのちに頭蓋に「Paleocranium」と「Neocranium」のみを区別するようになった。この違いはフロリープが頭部に「脊髄部(spinale Abschnitt)」と「前脊髄部(praespinale Abschnitt)」を区別したことと同様であり、かつまた、ゲーゲンバウアーがかつてこれらを「caenogenetic part」と「palingenetic part」を分けたこととも一致する(Froriep, 1902b)。さらにいうなら、ハクスレーが分節がないと正しく述べた部分と、実は後頭骨という椎骨要素が後方に存在することを見逃した部分も、これと同じ分割である。ことほどさように内耳の発生位置は、脊椎動物の頭部構築プランにとって極めて意味深長な箇所なのである。フロリープは、脊椎動物頭部の前脊髄部が、最初から特殊なものとして存在し、椎骨であったためしはないと考えた。そしてさらに、脊索との位置関係を考慮し、頭部に索前部、脊索部、後頭部の三つを区別しなければならないと論じた。

●**284**——グッドリッチは頭部分節を念頭に置いた比較発生学的研究に精力的であったが、ことのほか後頭部のそれに深い関心を持っていた。

●**285**——尾索類の命名はランケスターによる(Lankester, 1877)。

●**286**——私はこの教科書を四回読んだ。それを自慢げにロジャー・ケインズにいうと、彼は感心したような呆れたような顔をしていた。

●**287**——二〇一五年現在、同大学の同じ椅子に座っているのが、比較ゲノム学で有名なピーター・ホランド博士である。

●**288**——厳密にはそれは脊椎動物の体節と完全に同じものではないといわれるが、ここでは便宜的にそれを「体節」と呼んでおく。

●**289**——それは、脊髄神経が発生上、体節の存在によって、分節的にパターン化されるからである.詳細は第5章を参照せよ。

●**290**——ナメクジウオにおいて脳胞と呼ばれているものは、後続する神経管よりもむしろ小さい。

●**291**——Balfour(1877, 1878)、van Wijhe(1882a, 1883)、Kölliker(1884)、Killian(1891)、Koltzoff(1901)、Fürbringer(1897)、Lamb(1902)、Gaupp(1906)、Ziegler(1908)、Wiedersheim(1909)、Edgeworth(1911)、

Goodrich(1918, 1930)、de Beer(1922)、Jollie(1977)を参照。

●292——Froriep(1882, 1883, 1885, 1886)、Sagemehl(1885, 1891)を参照。ここで注意を喚起しておくならば、板鰓類崇拝というものは、ただちに頭部分節肯定論に繋がるものではない(が、確かにその傾向は強い)。それは、原始的な顎口類を代表するものとしてサメが受け入れられていたということと、サメ胚の組織学的観察の簡便さに起因するものであり、それが嵩じて、比較発生学の議論の起点として板鰓類が過度に用いられることを示すにすぎない。ただし、板鰓類崇拝には確かに誤謬がある。一つは、系統的には板鰓類よりもかなり早期に分岐した円口類がないがしろにされていたこと。もう一つは、硬骨魚に比べて軟骨魚類が必ずしも原始的な状態を示さないということである。比較発生学的、解剖学的に、いくつかの点で板鰓類の胚や成体が原始的な印象を与えることは確かであるが、現在ではそれは現生の板鰓類がネオテニー的な進化を経てきていることに帰せられるのである。また、化石記録によれば、硬骨魚類も軟骨魚類も、それぞれ独立に板皮類の中から進化してきている。

●293——Ahlborn(1884)、Marshall(1881)、Froriep(1882, 1883, 1885, 1891, 1893, 1902, 1905)、Rabl(1889)、Veit(1911, 1924, 1939)、Kastschenko(1888)、Damas(1944)を参照。

●294——Starck(1963, 1975)、Romer(1972)、Kuratani(1997, 2003a, 2008)、総説はKuratani & Schilling(2008)を参照。

●295——Dohrn(1890)、Killian(1891)、Zimmermann(1891)、Sewertzoff(1895, 1898)、Neal(1896, 1898)、Damas(1944)などがこれに相当する。

●296——von Kupffer(1893, 1894, 1895, 1900)、Froriep(1887, 1901, 1902)、Kingsbury(1920, 1922, 1926)、Kingsbury & Adelmann(1924)、Adelmann(1922, 1925, 1926, 1927, 1932)、Wedin(1949)、Kuratani(2003a, 2008)が相当する。

●297——それについては一九八〇年代のジャーヴィックとビエリングを待つよりなかった。

●298——Dohrn(1890)、Killian(1891)、Zimmermann(1891)、Platt(1891a,b)、Hoffmann(1894)を参照。

●299——Ahlborn(1884)、Remane(1963)、Starck(1963)、Beklemishev(1964)、Clark(1980)、Jeffs & Keynes(1990)、Davis & Patel(1999)など、ならびに第3章を参照のこと。

【第3章】

もう一つの流れ、神経系の分節理論

「体幹において明瞭な分節性を示しているのは骨格筋や骨格、そしてそれを支配する体性運動神経などの体性構造なのであるから、それと連続的な構造を見出そうというのであれば、頭部においても体性の運動器を中心に探すべきである」

――ゼヴェルツォッフ（1898b）より

「メタメリズムの指標として、いったい我々は誰の神経分節を受け入れるべきなのであろうか？」

――ニール（1918b）より

メタメリズム論の一環として、脊椎動物の神経系が中枢、末梢を問わず分節的パターンを示すのではないかという形態学的認識も、やはり一九世紀末に遡る。が、そこへ至るまで頭部問題研究の背景にはいくつかの変化が生じていた。この研究の歴史はまず骨の配列からスタートし、続いて発生中の中胚葉分節に拘泥し、そして進化解剖学は、末梢神経の形態から鰓弓列を認識するに至った。この流れの中で、たとえばゼヴェルツォッフは末梢神経系の意義に関し、頭部における明瞭な分節性の主体が「臓性」の内臓弓に見出されるべきであり、それを支配する鰓弓神経系が脊髄神経の系列相同物ではないとした上で、明確に冒頭の見解を述べている。中胚葉性の構造が頭部では明らかに二次的に退化しているのであるから、胚における中胚葉をみるべきだ、というのである（Sewertzoff, 1898b）。無論、これはゼヴェルツォッフ特有の見解と解釈であり、別の意見を持つ学者も多かった。とはいえ、この頃の形態学的考察が、もはや椎骨と同等の骨を探すにとどまらず、動物体の構築全体を射程におき、その中に体系や区分を見出そうとしていたことがここによく示されている。

頭腔や咽頭弓をはじめ、板鰓類の咽頭胚に明瞭に現れる諸構造の形態的意義が神経系の理解を通じて明らかとなった事例は確かに多く、そもそもヴァン＝ヴィージェが脊椎動物の頭部に軸部と体壁部の別を設《もう》けたのも、末梢神経の形態をヒントにしてのことであり、ゲーゲンバウアーの解剖学的頭部分節性の記述においても、神経系の形態観察が果たした役割は大きい。かくして、サメにおいてしか明瞭にみることができず、しかもその数に関して不一致が明らかな頭腔に見切りをつけるかのように、いく人かの形態発生学者たちは、神経管の原基に現れる分節繰り返しパターンや、神経系の構成それ自体に現れる繰り返しパターンに目を向けた。事実、ローシー、ヒルによって先鞭がつけられた神経分節研究は、頭部中胚葉に続き、頭部分節理論を再燃させる第二の要因となったのである(Nelsen, 1953)。したがって、神経管原基の分節構造、すなわち「神経分節(neuromeres)」をめぐる解釈や考察も、本来は第2章において扱うべきであったテーマである。便宜上、この章で神経分節についてまとめて述べなければならないのは、ひとえに「神経分節」の形態学的意義が当時、そしていまもはっきりとわかっておらず、結果として頭部分節性の模式図にうまくとり込めないままに、独自の研究領域を形成してしまったからである。中胚葉の分節性は、とりあえずは古典的教義として二〇世紀を生き延び、頭蓋椎骨説の末裔としての地位に居続けている。しかし、神経系の分節の方は一九九〇年代までほとんど忘れ去られ、二〇世紀末に突如として蘇《よみがえ》った。しかも、そのときそれは必ずしも頭部分節理論の文脈の中ではなく、むしろ新しい分子発生学のロジックとして説明されるようになっていた。

形態学の歴史の中では、ゲーゲンバウアー以来の伝統として、神経形態学は一種神格化され、頭部分節論の中でも半ば独立したテーマとなりがちであった。それが、この章を独立に扱う理由の一つであり、その意味でこの章を読み飛ばすことも半ば可能ではある。が、細胞レヴェルの多様化を扱う現在の進化発生学研究の多くが、神経系を対象とすることが多いのもまた事実である。つまるところ神経系は、ボディプランの成立やその進化を体現するのである。

神経分節と頭部分節性

そもそも神経系は、ほかの組織・構造とは大きく異なった性質をいくつか示す。脊椎動物のボディプランや進化、そして器官や構造のレヴェルでの相同性を語るとき、通常は微細な組織構築や、細胞型の議論はしない。細胞型について語ることがあったとしても、それは上腕骨を大腿骨から区別するような目的のためではない。少なくとも経験論的には、形態学的同一性にとって、細胞型が何かを語ることは本来的に希《まれ》なのである。その例外が神経系なのである。[301] それはいまも昔も変わらない。

もちろん、神経系においても神経分節であるとか末梢神経の特定の枝や根のような、巨視的な形態単位が相同性決定の対象となることは多く、それは肉眼解剖学だけでなく、マーシャルやヴァン＝ヴィージェ、そしてゲーゲンバウアー以来の比較発生学の伝統であった（表9、図3－4）。しかし、本来末梢神経は、その枝や根にどのような繊維が含まれ、束ねられているのか、そして神経節にどのようなタイプの細胞体があるのか、どこでその神経突起はシナプスを形成するのか、といったような「機能的分類」がなければ、理解が進まない。というのも、骨格や筋とは異なり、神経系においては、神経細胞一つが形態的単位をそのまま代表する場合があるからなのである。

たとえば、水生脊椎動物（円口類、魚類、両生類）の菱脳に一般にみられるものとして、「マウトナーニューロン（Mauthner neuron）」と呼ばれる介在ニューロンが知られる。これは、側線系からの直接のインプットや視蓋を介した視覚情報を受け、刺激を反対側の多くの筋節に一括して送り出すという、回避行動のために特化したニューロンであり、第四菱脳分節（4th rhombomere : r4）（後述）と呼ばれる菱脳の一区画に発生する。それは網様体脊髄路ニューロンにしては極

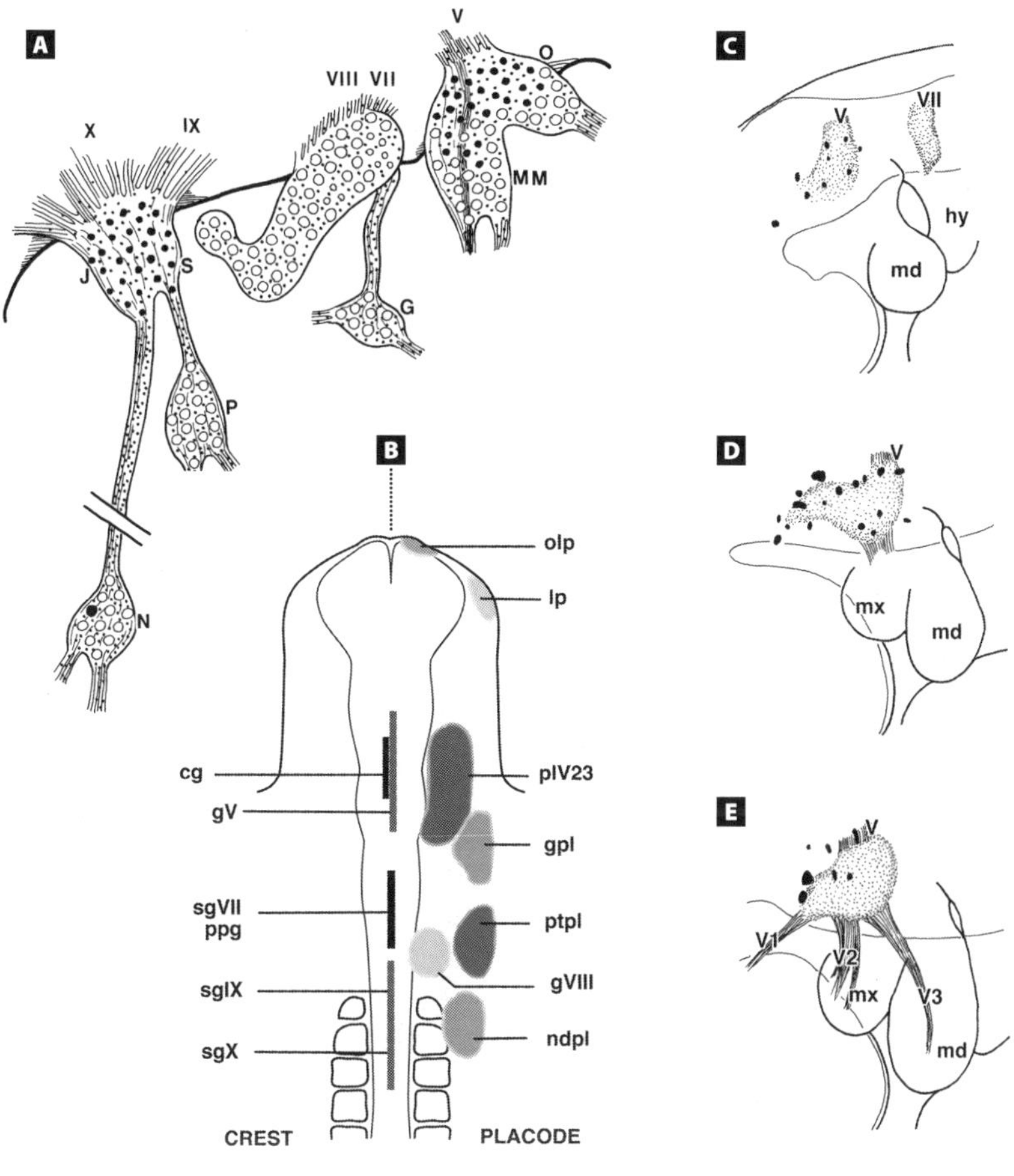

図3-1▶左は鳥類胚における脳神経（鰓弓神経群）における神経節細胞の発生的起源を示したもの。鰓弓神経には、一般に上神経節と下神経節が存在し、下神経節の知覚神経細胞はプラコードに、上神経節の神経細胞は神経堤細胞に由来する。この二元性はしかし、知覚のモダリティに必ずしも対応していない。対して、神経節内の支持細胞はすべて頭部神経堤細胞に由来する。D'Amico=Martel & Noden（1983）より改変。

C〜E：バッテンによる、ヒツジ胚における三叉神経節の発生。三叉神経節を分化するプラコードは、典型的な上鰓プラコードとは異なり、散在的な島状の小さな肥厚（黒い点）からなる。Batten（1957）より改変。

めて大きな細胞体と、太く長い軸索を有し、後者は細胞体の内側から発するとただちに反対側のものと交差してのち延髄ならびに脊髄を下行する。これと相同のものはヤツメウナギにも存在するが、顎口類において先の軸索が床板で交差するのに対し、ヤツメウナギのものは蓋版で交差する。しかしそれでも、細胞体がやはりr4に発し、類似の形態とほかの構造との結合の仕方、その機能から、おそらく進化的に同起源の細胞と考えられている。[302]細胞体から内側へ向けて交差性の軸索を伸ばす介在ニューロンは、ほかの脊椎動物においても偶数番号の菱脳分節に発するので、マウトナーニューロンは本来、系列相同物の一つがr4のレヴェルで位置特異的に分化し、大型化したものと考えるべきなのである。それがr4特異的に分化するに至った背景には、おそらく内耳ならびに側線系のインプットがその場所に生ずることによる、機能的連関の下地があるのだろう。いうなれば、マウトナーニューロンの特異的分化は、哺乳類の頸椎のうち最初の一つが二次的に椎体を失い、「環椎」と呼ばれるようになったような現象と比べることができる。ただ、神経系では同様の形態学的進化が、細胞塊ではなくニューロンという個々の細胞レヴェルで生じている。[303]このような例は、神経系以外にはない。

以上のように、神経系では個々の細胞が単体で「形態モジュール」としての側面を有する。同様に、神経枝はただ単なる骨の突起のようなものではなく、どのようなニューロンに属する軸索がそこに束ねられているのかをみなければ、その形態的価値はわからない（図3-1）。このようなわけで、初期の研究では確かに末梢神経が一つの形態的単位とみられており、その傾向は一九世紀末まで続いたが（図3-4）、やがて中枢における上皮構造の分節（神経分節）や、神経堤細胞やプラコードに由来する神経節があるかないかだけではなく、どのような細胞系譜に由来した、どのような細胞がどのような機能を果たすかが問題となっていった。つまり、骨や軟骨であれば形をみていればよかったものが、神経系ではさらに奥まで掘り進み、個々の細胞のレヴェルまでみてゆかなければならないのである。そしてさらに難解なことに、発生上の細胞系譜と神経節細胞の「知覚モダリティ（温覚、痛覚、味覚などの別をいう）」が、必ずしも一致しないことも明らかになっていった。

このことを示すために再び例を挙げるのであれば、鰓弓神経には原則として上下二つの神経節があるという模式

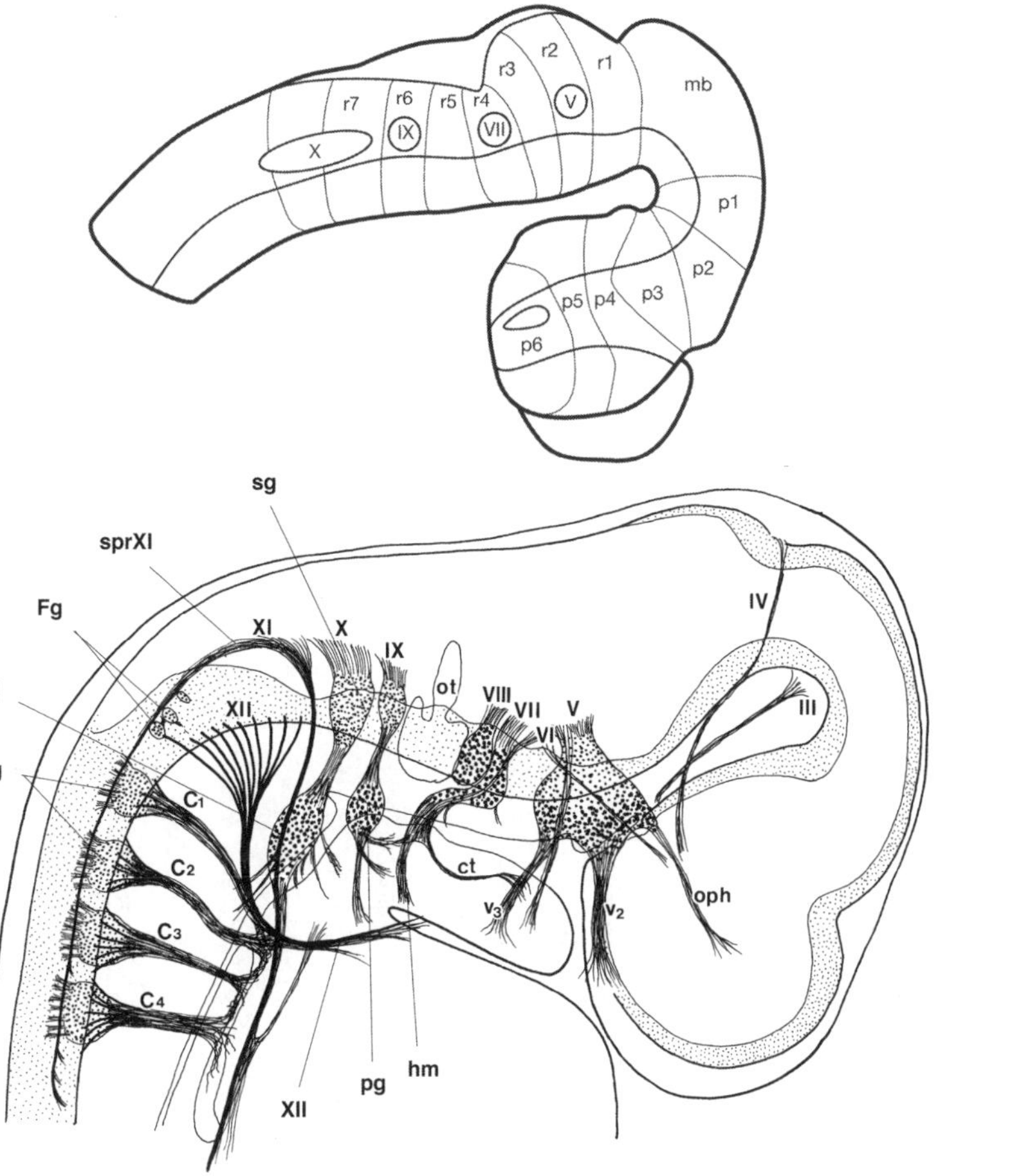

図3-2▶脊椎動物の中枢神経系の分節的構成(上)と、羊膜類咽頭胚における脳神経の末梢形態(下)を模式的に示す。r1〜r7は菱脳分節(ロンボメア)、p1〜p6は前脳分節(プロソメア)。神経管が脳褶曲によって中脳のところで下方に大きく湾曲しているため、間脳の分節パターンは不明瞭となっている。C1〜C4は脊髄神経のうち頸部から出るもので、頸神経と呼ばれる。その前方のものは舌下神経(XII)に変形し、舌筋や舌骨下筋群を支配する脳神経として扱われる。ローマ数字で示したのは脳神経。うち、V、VII、IX、Xは一次的に咽頭弓とその派生物を支配するため鰓弓神経群と呼ばれる。III、IV、VIが外眼筋を支配する外眼筋神経群。C1〜C4:頸神経、ct:鼓索神経、Fg:フロリープの神経節、mb:中脳、III:動眼神経、IV:滑車神経、IX、oph、ot:耳胞、sg:上神経節、sprXI:副神経脊髄根、tel:終脳、V:三叉神経、V2:上顎神経、V3:下顎神経、VI:外転神経、VII:顔面神経、VIII:内耳神経、XII:舌下神経。Kallius(1909)に基づき、倉谷(2004)より改変。

図が古典的に、そしていまでもおおむね、受け入れられている（図3―1・2）。三叉神経は例外だが、上神経節にみられる小さな細胞体の神経細胞は神経堤に、下神経節の中の大きな細胞体を伴う神経細胞は上鰓プラコードに発し[304]（図3―1）、前者は皮膚知覚を、後者は味覚を司ると、ランデイカー以来思われていた（Landacre, 1910, 1912; Landacre & McLellan, 1912）。これも一つの理想化された二元論である。確かに、背側の神経節が背側から降りてくる神経堤細胞によって作られ、脊髄神経と同様の機能を果たし、一方で頭部独特の咽頭に付随して現れる上鰓プラコードが口腔や咽頭に分布した味蕾の支配を一手に引き受けるというのであれば話は早い。が、一九八〇年代以降のノーデンをはじめとする実験発生学者によれば、この単純な図式はどうやらあてはまらないらしい（Noden, 1992; Covell & Noden, 1989）。

たとえば迷走神経の下神経節である「節（状）神経節（nodose ganglion）」におけるように、下神経節の中にもごく少数だが神経堤由来のニューロンが含まれる[305]（図3―1）。さらに三叉神経に関しては、眼神経節も上下顎神経節も、ともにプラコード[306]より由来する細胞を含むが、これが頭部分節論的に示唆されるように、本当に上鰓プラコード系列に属するのかどうかはわからない。またここには、神経堤細胞からも神経細胞が参与し、これら二種の細胞系譜に起源を持つ知覚神経細胞群の中に味覚を司るものはなく、基本的にすべての知覚神経細胞は、三叉神経主知覚核、ならびに三叉神経脊髄路核に投射する体性知覚性のものとして分化している。それでいて、これら三叉神経の神経節の中では、近位に小さな細胞体の神経細胞、遠位に大きな細胞体の神経細胞が局在し、あたかも知覚のモダリティに即した細胞体の分布パターンが成立しているかのようにみえる（が、そのようなものはないのではないかとも思われている）。それればかりか、このような細胞体のサイズと分布の偏《かたよ》りについては、脊髄神経節の中にも認められる。同様に、下神経節の大きな細胞体のニューロンも、つねに味覚支配のものとは限らない。かくして、細胞体の形態、知覚のモダリティ、そして発生上の細胞系譜の三者が互いに美しく相関しているという単純な理解はできそうもない。とはいえ、それが祖先的動物においてもできないか、ということになると、それはまた別の問題である。かくして、末梢神経の形態とパターン発生、そしてその進化には複雑な経緯が潜んでいるとおぼしい。

◎——末梢神経

もっぱら中胚葉の分節性を中心的命題として議論された、一九世紀末以来の頭部分節性の研究史にあって、もちろん末梢神経の形態的分布は大きな意義を持っていた。そして、研究者の中には、分節パターンを作る原動力が何であれ、その所在を最もよく体現するものの一つが末梢神経であろうと考え、その分節パターンを精力的に観察・考察する者もあった。すでに述べた、ゲーゲンバウアーやヴァン＝ヴィージェ、そしてマーシャルも同様な考えを共有していた。

ゲーゲンバウアーは当初から、視神経と嗅神経を、通常の脳神経として数えられないという見解を強く持っていた。視神経は脳の一部が膨出したもので、確かに末梢神経ではない。嗅神経に関しては、現在では末梢神経と認められてはいるものの、確かに知覚神経にしては神経節を欠き、細胞体が感覚上皮内にあり（あるいは、感覚上皮細胞が自前の軸索を持ち）、その点では極めて特異な存在である。少なくとも、脊椎動物にみる典型的な末梢神経とは異なる。また、アールボーンが鰓弓分節性と体節分節性の独立性、すなわち鰓弓神経系と

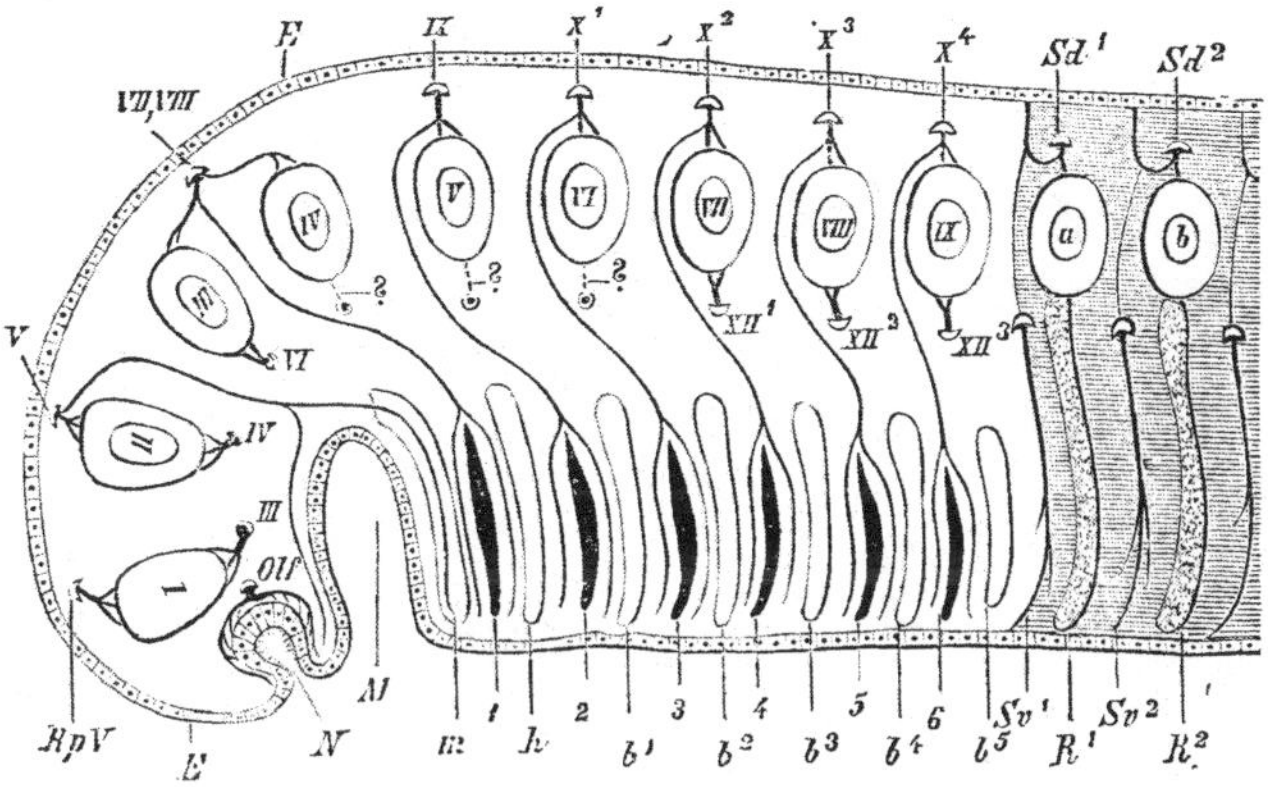

図3-3▶ヴィーダースハイムとパーカーの頭部分節性。第2章において紹介した、ヴィーダースハイムの教科書の第1版に掲載されたものよりも、末梢神経に重点が置かれた図が示されている。黒い部分は内臓裂、あるいは鰓裂。楕円の中にI～IX、a、b、と付されたものはここでは体節、もしくは筋節であり、神経節ではない。III～XIIは脳神経。第4から第6メタメアに相当する脳神経腹根はないとされる。Sdは脊髄神経背根、Svは腹根。Nは嗅窩、Mは口。また、内臓弓のメタメリズムが腹側に限局し、末梢神経を介してそれがソミトメリズムと対応している。Wiedersheim & Parker (1886) より。

外眼筋神経群の分節的不一致を唱えたとき、ゲーゲンバウアーは、「祖先においてはこれら二つの繰り返しパターンが完璧に一致していたのだが、それが次第に失われていったのだろう」と想像した。動眼神経に関しては、ゲーゲンバウアーはこれをヴァン＝ヴィージェのいう第一体節に属する神経であるとみなし、「おそらくこの体節は腹側成分（すなわち咽頭弓）を欠くため、外眼筋を支配する腹根しか現れていないのだろう」と説明した。ゲーゲンバウアーにとって最初の完璧な頭部メタメアは、ヴァン＝ヴィージェいうところの第二体節と第一咽頭弓が合わさったものだった。このように、発生的分節論の始祖、ヴァン＝ヴィージェが板鰓類胚にもとづいて確立した分節論の立場に立った頭部モデルを、ゲーゲンバウアーが成体の板鰓類に検証する上で、末梢神経の形態学は重要な意義を持っていた。

末梢神経に注目した学者としてはほかにベアード（図3-5）（Beard, 1885）、ゲッテ（Götte, 1900）、ヴィーダースハイム（図3-3・4）（Wiedersheim & Parker, 1886; Wiedersheim, 1909）に加え、ヌタウナギ（*Bdellostoma*）を含め、果敢にも円口類の発生研究を推し進めたクプファー[307]（図3-6）など、もっぱらドイツ系の比較発生学者を数えることができる。が、末梢神経の発生研究は多かれ少なかれ、様々な胚構造と関係を持たざるをえないので、必然的に彼らは中胚葉や咽頭弓の分節性に言及することになった。あるいは、骨格や間葉系の構造の組成を反映する道標《みちしるべ》として、末梢神経の形態に言及する傾向が顕著であった。つまり、胚の解剖学的構築を中心に据えていたという点で、彼らは第2章で紹介した多くの比較発生学者と極めてよく似ており、また、多くの場合は互いに区別がつかない。あえて、神経系のパターンを中心として頭部分節をとらえようとした、典型的な末梢神経（ないしは頭部感覚器、あるいは上鰓プラコード）至上主義者を挙げるとすれば、その一人は間違いなくベアードということになろう。ベアードは、脊椎動物胚における、視神経を除いたすべての脳神経の根をまず、一線上に並べた。そしてそれを表のような分節に対応させた（図3-5、表10）。

ここにみるように、ベアードの考える頭部分節は仮想的な感覚器の存在に依拠したものであり、それは、すでに述べたフロリープによる鰓性感覚器官（branchial sense-organs）に影響されていた（図3-7）。すなわち、鰓には本来的に一セットの感覚器官が付随しており[308]、そしてそれが終生感覚器として機能しているのが眼と嗅覚器官だと説明されてい

メタメア	腹枝	背枝
I 上直筋、下直筋、 内直筋、下斜筋	動眼神経(III)	三叉神経深眼枝(V1) ならびに 網様体神経節
II 上斜筋	滑車神経(IV)	三叉神経第2+3枝(V2+3) (上下顎神経) ならびに、付随する神経節
III 外直筋	外転神経(VI)	顔面神経(VII)、 内耳神経(VIII)、 ならびにここに付随する神経節
IV 発生早期に消失	欠損	
V 発生早期に消失	欠損	舌咽神経(IX) ならびにその神経節

表9▶ヴィーダースハイムによる頭部の前方5分節における末梢神経の分布。Wiedersheim(1909)より改変。

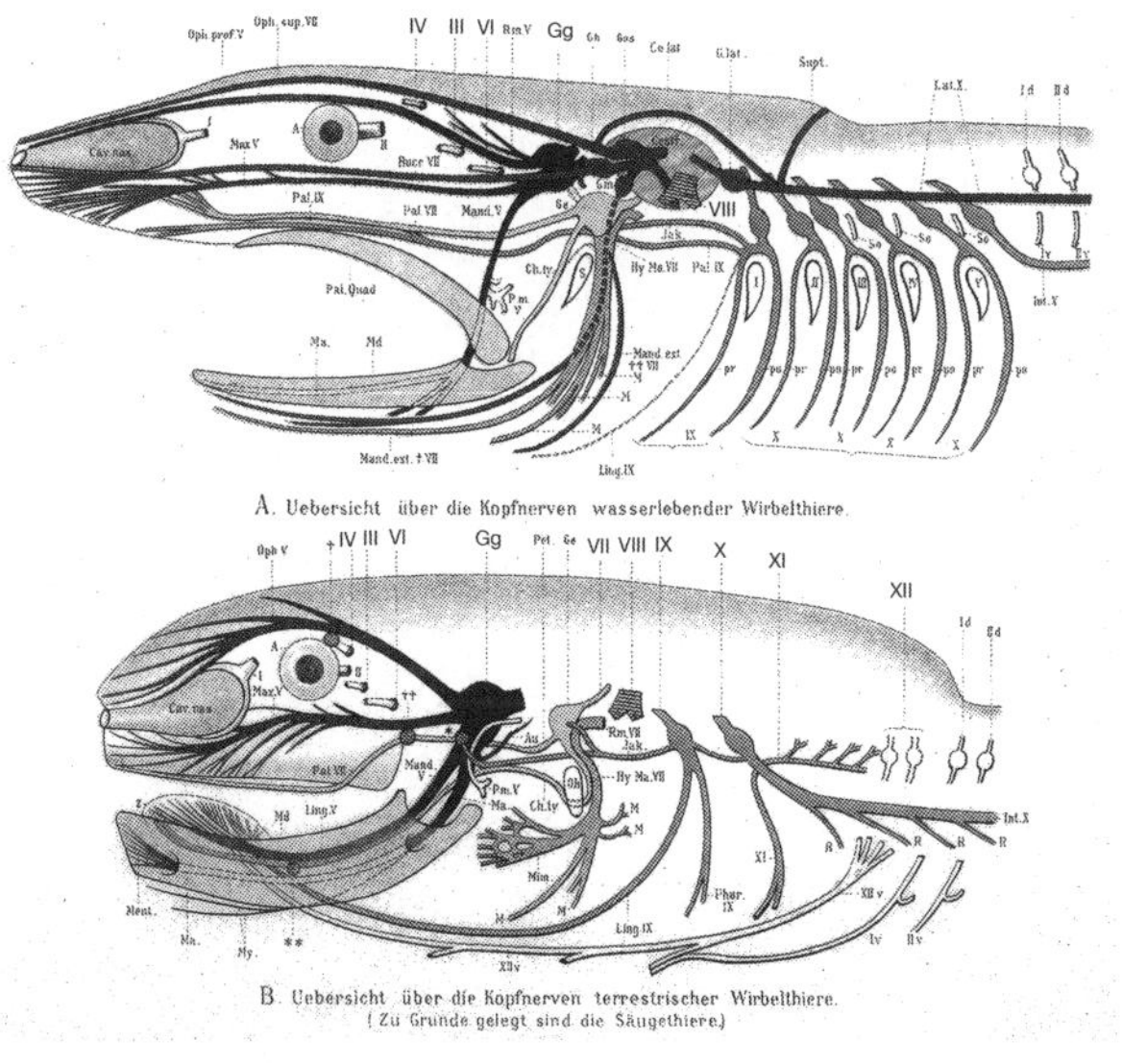

図3-4▶ヴィーダースハイムによる脳神経の進化。上は水生脊椎動物における脳神経の一般型であり、下は陸上脊椎動物のそれを示す。このオリジナルの図版では、末梢神経の種別によって着色が施されており(すなわち、比較形態学的解釈であり)、それぞれの枝にどのような繊維が含まれているかという比較神経学的発想はこの頃にはまだない。つまり、これは胚の解剖学的構築あっての神経形態学であり、末梢神経のそれぞれが一体をなした形態的コンポーネントとして扱われている。Wiedersheim(1909)より。

るのである。

このようにベアードは、中胚葉分節と内臓弓のいずれにも重きを置いていない。現代的な用語を用いれば、彼はむしろ感覚器プラコードにもとづいて分節性を説いたというべきだろう。これに関し、ベアードの分節理論において、咽頭の分節性の本質は咽頭弓(鰓弓)ではなくむしろ咽頭裂(鰓裂)に置かれ、同様のことは当時の比較発生学者にもしばしばみられる傾向であったが、こと、ベアードにとってはまさにそれこそが重要な視座であった。というのも、サメ胚に典型的にみられるように、脳神経の原基は背腹二か所で表皮外胚葉と接し、背側の接着点は確かに背側プラコードの発するレヴェルであり、ここを拠点として側線系の神経支配が発生するのである。その両者において神経が感覚器を支配するかのようにみえるのである。◉309 しかし、腹側のそれ(ここでは鰓弓器官と呼ばれている)は咽頭裂の背側に出来る上鰓プラコードに相当し、それは感覚器ではなく、鰓弓神経の下神経節という知覚神経節を分化するにすぎない。それでも、この理想化されたモデルにおいて基本的に各脳神経は、一つの咽頭裂、あるいは上鰓プラコードに対応しているべきであり、それこそが頭部の分節性を示しているのであると、ベアードはいう。

ベアードはまた、

「それぞれの頭部メタメアに分布する末梢神経は、その枝や根を二次的に消失したり、ほかの要素と融合してしまったりしているものがあるが、そのような変化はそこに実際に鰓裂があるかどうかと関係しており、本来それが属している咽頭裂を失ってしまったがゆえに、内耳神経はその隣の顔面神経と融合しているような形態を、やむなく二次的に示している」

という。同様な理由で、三叉神経は単一の神経ではなく、本来二つの神経が融合したものだとベアードは結論したが、これは確かに正しい見解であった。多くの脊椎動物種において、三叉神経が二つの独立した神経根と神経節原基を伴って発生することはしばしば観察されている(Kupffer, 1891b; Higashiyama & Kuratani, 2014とその引用文献参照)。表10に示

分節	背根	鰓裂	咽頭裂の知覚の種類	神経節	咽頭上神経	頭腔	腹根
1	嗅神経	なし	嗅覚器官	嗅神経節?	なし	なし	なし
2	網様体神経節の長根	鼻孔、あるいは下垂体	鰓弓器官	網様体神経節	深眼神経	第一	動眼神経
3	三叉神経	口		三叉神経節	浅眼神経	第二	滑車神経
4	顔面神経	なし		顔面神経節	浅眼神経の顔面神経部分ほか	第三	外転神経
5		舌骨弓裂				?	なし
6	内耳神経	なし	内耳	内耳神経節	なし	なし	
7	舌咽神経	第1鰓裂	鰓弓器官	舌咽神経節（岩様神経節?）	上側頭枝	?	
8	迷走神経	第二鰓裂		迷走神経節（節神経節?）	上側頭枝	なし	
9		第三—六鰓裂			側線枝		
10							
11							

表10▶ベアードによる頭部分節論的脳神経の配置。Veit（1947）より改変。

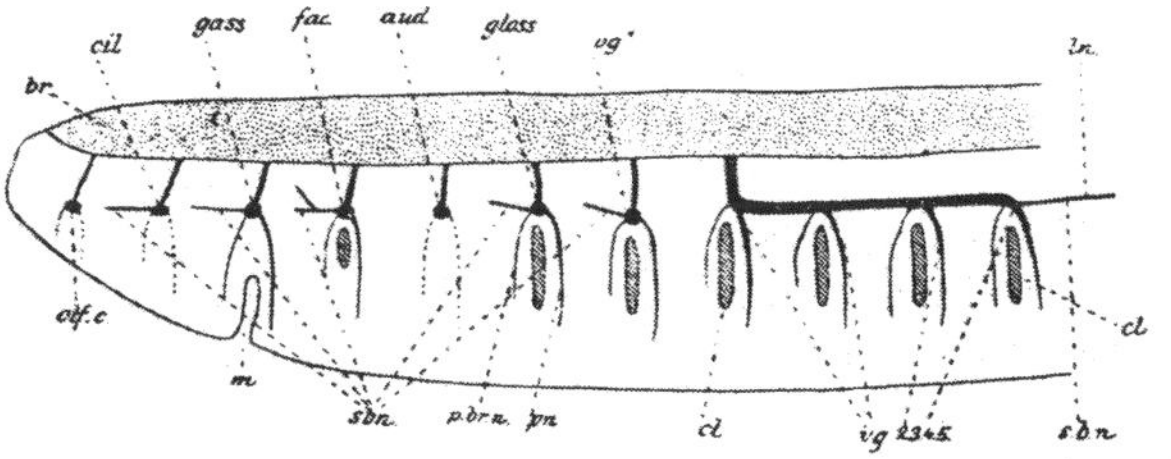

図3-5▶ベアードの頭部分節性。ベアードは鰓弓神経と鰓裂から頭部分節性を説明しようとし、嗅神経、動眼神経、内耳神経も本来の鰓弓神経であると考えた。Beard（1885）より。

されていない脳神経、舌下神経に関しては、ベアードはフロリープの見解をとり、それを「脊髄神経が変化してできた二次的なもの」とみなしている。無論、これも正しい解釈である。それについてベアードは、「サメにおいては舌下神経に対応する背根が一過性に発生はするが、のちに消失してしまう」という重要な報告をしているが、彼がそれを図示することはなかった。[310] いうまでもなく、ここに現れた一過性の神経節を記載したのが、すでに紹介したフロリープである。

以上のようなベアードのモデルは、のちにヴィーダースハイムによる祖先的脊椎動物の頭部の模式化へと連なっていった。そこでは嗅窩と口を、ともに「変形した鰓裂」としてとらえた、かなり過激で仮想的な祖先が描かれている(図3-5)。鼻孔と鰓列を系列相同物としてみなすというアイデアは、常識に凝り固まった現代の我々には少々奇異に映ずるかもしれないが、そのようなアナロジーを正当化する論理として、当時の形態学者には「臭いを嗅ぐという行為が、呼吸(すなわち、鰓の機能)の一変形にすぎない」という考えがあったことをここに記しておくべきだろう。これを破天荒な学説とする一方で、常識的な我々にはまだ、脊椎動物の口や鼻孔の起源が具体的に説明できていないのである。

ベアードと同様、頭部問題の解明にあって末梢神経やプラコードの配置に重点を置いた学者としては、クプファーが知られる。[311] 彼はヤツメウナギのアンモシーテス幼生の発生過程を観察し、発生初期の上鰓プラコードが、頭部分節の数を教えると説いた(Kupffer, 1891b, 1900)。それは、耳の前の領域ではいくつかが二次的に消失するものの、迷走神経に付随するものについては、分離したまま永続的に残るというのである。彼によれば、そのような分節は中脳から後脳の領域にかけては元来一五あり、そのうち六分節が三叉神経・外転神経領域に存在し、三つが顔面内耳神経ならびに舌咽神経に、六つが迷走神経に付随する。そして、ヌタウナギ胚についても彼は観察を行い、同様に多数の神経根を数えた。筆者の研究室でもヌタウナギやヤツメウナギの脳神経の発生を追っているが、このような多数の根が確認できたことはない。クプファーがなぜこれほど多くの神経節原基を見出したのか、いまでもよくわかってはいない。

胚の様々な構造の存在によって形態的影響を受ける末梢神経に対し、神経上皮がそのまま分化変形して出来る神経管、もしくは中枢神経の形態は、多少とも明確な形態パターニングの論理を背景にしていると期待できそうである。もっぱらウィルヘルム・ヒス●312によって立ち上げられた神経発生学の黎明以来、神経管は二枚の板が下方正中で繋ぎ合わされ、その両側が背側に巻き上がり、背側正中で繋ぎ止められて出来た、一種のホース状の構造であるとしばらくの間考えられていた。これは決して正確な理解だとはいえないが、前脳を除く神経管のほとんどのレヴェルに関しては、概《おおむ》ね正しい。

このようにして出来たホースの腹側正中の繋ぎ目が「床板（floor plate）」、背側の繋ぎ目が「蓋板（roof plate）」ということになる。極めてわかりやすい名称となぞらえである。これら背腹の繋ぎ目が、神経上皮の各部を特異化し、どこにどのようなニューロンを分化させるのかに関して必要な位置価の定立を行い、その背景にあるシグナリングの分子的基盤もかなり正確にわかってき

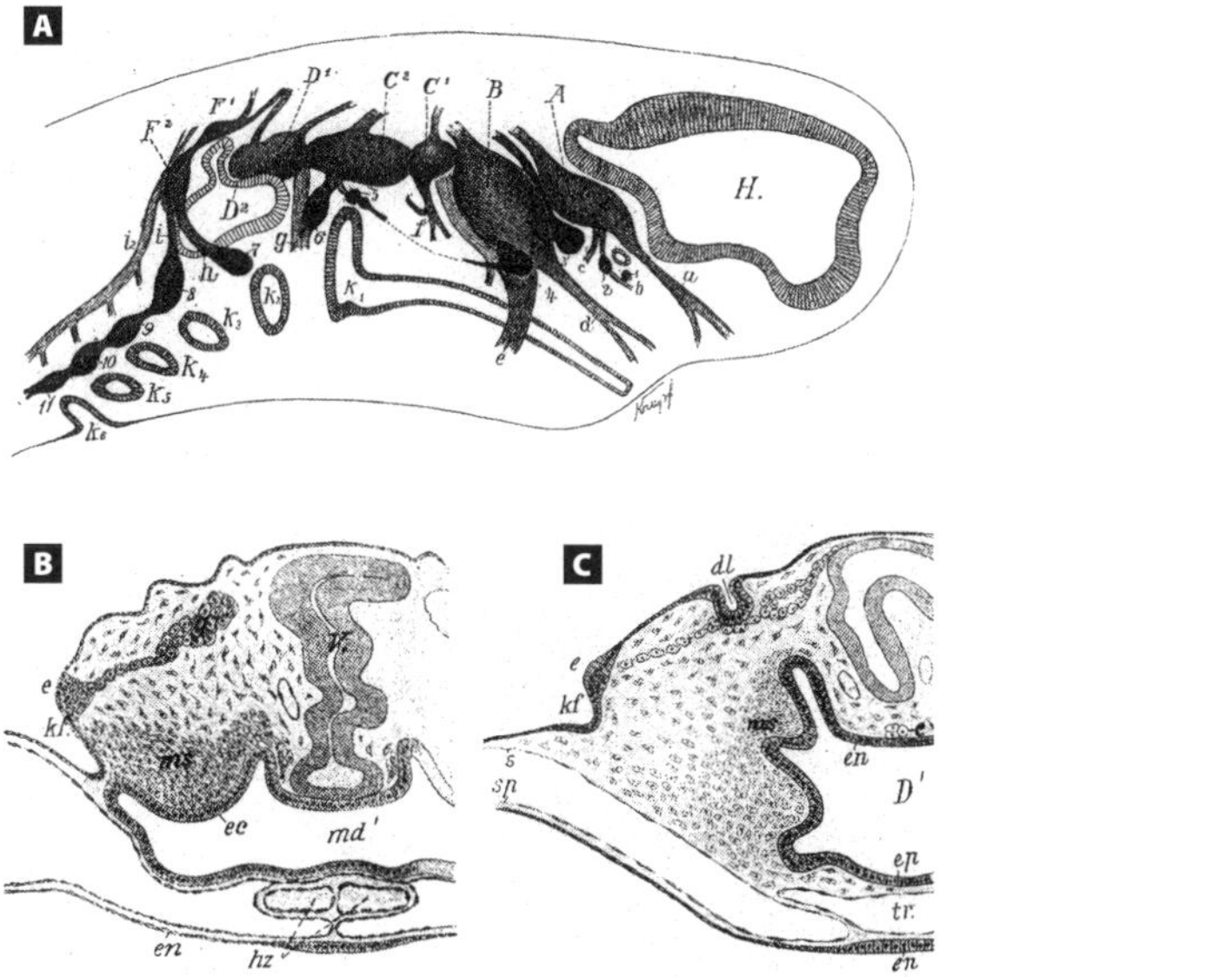

図3–6▶クプファーによるヌタウナギ（*Bdellostoma stouti*）後期咽頭胚の脳神経原基。

A：復元図。実際にはこのように多数の脳神経も神経節原基も存在せず、なぜこのような理解に至ったのか不明である。詳細はOisi et al.（2013a）を参照せよ。

BとCは組織切片のスケッチ。これらは比較的正確に描かれており、プラコードと神経堤細胞よりなる脳神経原基が正しく認識されている。Kupffer（1891b）より。

ているが、多くの成書に充分に解説されているので本書では解説しない。左右の神経上皮は背腹に大きく分けることができ、その境目を「境界溝（sulcus limitans）」と呼ぶ。この溝から背側を「翼板（alar plate）」、腹側を「基底板（basal plate）」といい、前者は知覚系のニューロン、もしくは介在ニューロンを発し、後者は遠心性（運動性）のニューロンを発する。このような神経管が、頭部ではどのように変形するかということが、つまるところは脳の発生学なのである。いわば、体幹の構造をデフォルトとしてとらえ、頭部をその著しい変形としてみるやり方が、ここでも生かされている。ただし、事情はそれほど単純ではない。なぜなら、中枢神経系においては明らかに、脳の方が脊髄よりはるかに多くの形態要素を発生させるからだ。つまり、脊髄では、

翼板に（背側から）……

一般体性知覚（general somatic sensory = SS）

一般内臓知覚（general visceral sensory = VS）

基底板に（背側から）……

一般内臓運動（general visceral motor = VM）

一般体性運動（general somatic motor = SM）

の各ニューロンがコラム状に伸びている。これが、ヒスやストロング、そしてヘリックらの提唱した「機能区画（functional divisions）」、もしくは「機能コラム（functional columns）」群と呼ばれているものである。同じ機能を持つ神経繊維、そして同じ標的器官に分布する神経繊維が、つねに脳の中の同じコラムから発し、同じコラムに投射するという法則性がここに示され、それがいわゆる「神経コンポーネントシステム」（Johnston, 1905）の認識に連なっていったが、それは、オズボーン、アリス、イワート、ノリス、ジョンストンなど、一九世紀末から二〇世紀初頭にかけて活躍し

た多くの神経解剖学者たちによる研究を通じて次第に明らかになったものである。そして、この比較神経学の一連の成果が蓄積されつつあった、まさにその時代が、比較発生学に立脚した頭部分節論の第二期に相当していたということが、いまから思えばまことに興味深い符合なのである。

右に述べたコラムの中で、「SS」で示される髄内の一般体性知覚ニューロンとは、典型的には我々が普通に感じる痛覚を脊髄神経節内の知覚神経細胞が受けとり、投射する先の二次感覚ニューロンを指し、対して、反対極にある「SM」、すなわち一般体性運動の神経細胞とは、軸索を脊髄から出して腹根を形成し、体幹の骨格筋を動かすためのものである。その細胞体がすなわちSMコラムに存在する。また、自律神経系に属するものが内臓性の神経といわれ、これにも知覚神経と運動神経の別がある。重要なのは胸髄の側角(lateral horn)と呼ばれる領域に存在するVMニューロンで、これが交感神経の節前繊維を伸ばし、腹根を経由して脊髄を出、末梢に存在する交換神経節に

図3–7▶サメ咽頭胚における鰓弓神経の発生。

左図は筆者が作成したトラザメ(*Scyliorhinus torazame*)咽頭胚の組織切片にHNK–1という、多くの動物胚の神経系を染めるモノクローナル抗体を用い、免疫染色を施したもの。この段階での鰓弓神経原基はおおむね神経堤細胞でできており、2か所で表皮外胚葉の肥厚に接着している。うち、背側のものは背側プラコードという側線系の原基、下のものは上鰓プラコードと呼ばれる下神経節の原基。

右図はフロリープが1885年の論文において示した、同様のサメ胚の組織切片のスケッチ。両者ほとんど同じものをみていることがわかる。当時は、背側のプラコードが側線原基であることは知られていたが、そのアナロジーとして下方のプラコードも感覚器を作ると誤って考えられ、そこに「鰓裂器官(Kiemenspaltenorgan)」の呼称が与えられていた。右図はFroriep(1891)より改変。

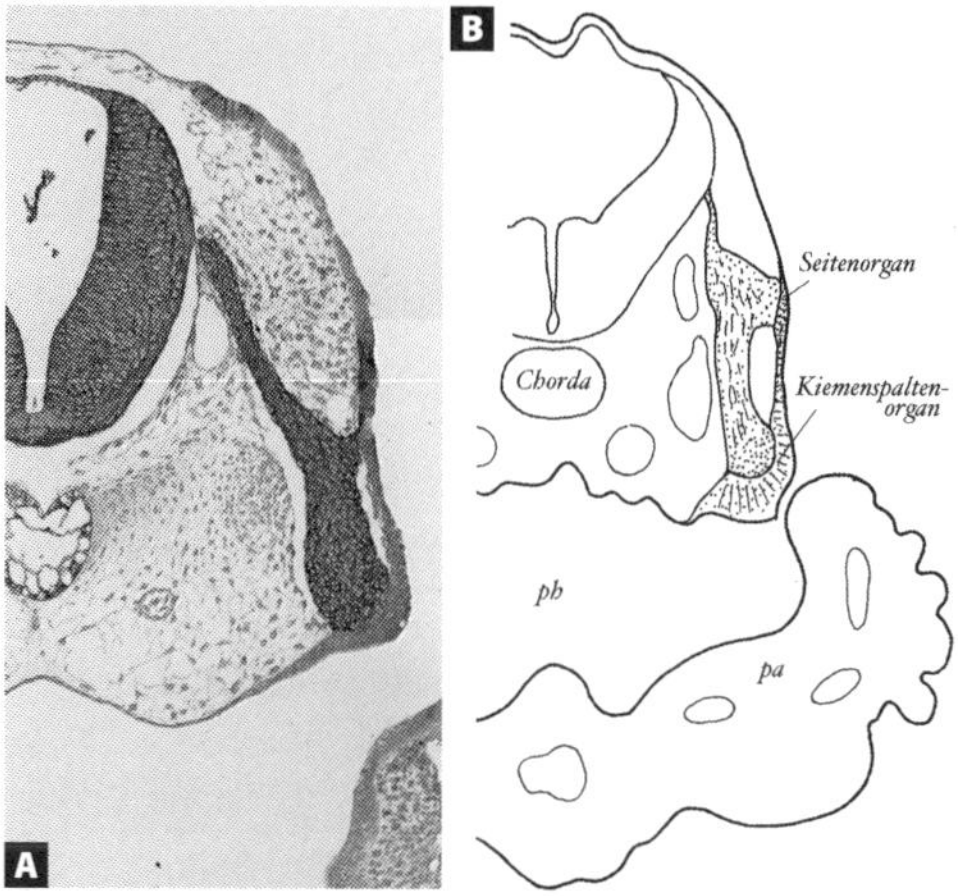

シナプスを形成する。したがって、腸管壁へ赴くのはこの神経節内のニューロン（節後ニューロン）から発した突起である。一方、菱脳では、

翼板に（背側から）……

特殊体性知覚（special somatic sensory：sSS）
一般体性知覚（general somatic sensory：SS）
特殊内臓知覚（special visceral sensory：sVS）
一般内臓知覚（general visceral sensory：VS）

基底板に（背側から）……

一般内臓運動（general visceral motor：VM）
特殊内臓運動（special visceral motor：sVM）
一般体性運動（general somatic motor：SM）

の、合計七つの機能コラムが存在する（図3-8）。増えたコラムにはすべて「特殊」と接頭辞が付され、それらはすべて脊椎動物の頭部に特異的な構造に関係することが示される。たとえば、「sSSニューロン」は側線神経が投射するニューロンであり、確かにこれは頭部にしか存在せず、側線神経の突起は鰓弓神経の根を経由して菱脳に入る。また、「sVSニューロン」は、味覚を受けるニューロンであり、これを運ぶ神経枝は、通常、鰓弓神経の「終枝」と呼ばれる。つまり、鰓弓神経を鰓弓神経たらしめている主要な要素の一つが味蕾の刺激を伝達する神経なのであり、菱脳内におけるそのコンポーネントがこのコラムに相当するのである。同様に、鰓弓神経を特徴づけるもう一つの重要な要素が、内臓弓の中の筋を支配する「sVMニューロン」である。この神経の軸索は、つねに鰓弓神経の裂後

枝（鰓孔の後ろを走る枝）の構成要素となっている。鰓弓筋は確かに横紋筋からなる骨格筋だが、傍軸中胚葉というよりはむしろ、（咽頭胚期における位置からみる限り）側板中胚葉に近い細胞に由来する。したがって、発生位置と細胞の系譜からすれば、一見それは内臓性の性質を備えるようにもみえる。そもそも咽頭弓を消化器系の一部としてとらえるということがヴァン＝ヴィージェの論点であり、この解釈に沿って彼は、脊椎動物の頭部を体性と臓性に分け、その上で分節の配列を模式化したのであった（第2章）。しかし、実際にはこの随意筋は自律神経によって支配されるのではなく、それを支配する独立の、頭部（菱脳）に特異的な機能コラムが存在する。

図3-8▶脊椎動物の菱脳の断面図。半ば理想化された機能コラムの断面が示される。神経分節論者のすべてが、ここに示されたコラムのすべてを認識していたわけではないことに注意。cgl：毛様体神経節（ciliary ganglion）、el：眼（eye）、ecml：外眼筋（extrinsic ocular muscles）、gl：鰓（gills）、igll：（鰓弓神経の）下神経節（inferior ganglion）、nl：脊索（notochord）、nml：ニューロマスト、phl：咽頭（pharynx）、psgll：頭部副交感神経節（parasympathetic ganglion）、sgll：（鰓弓神経の）上神経節（superior ganglion）、tbl：味蕾（taste buds）。Jarvik（1980）より改変。

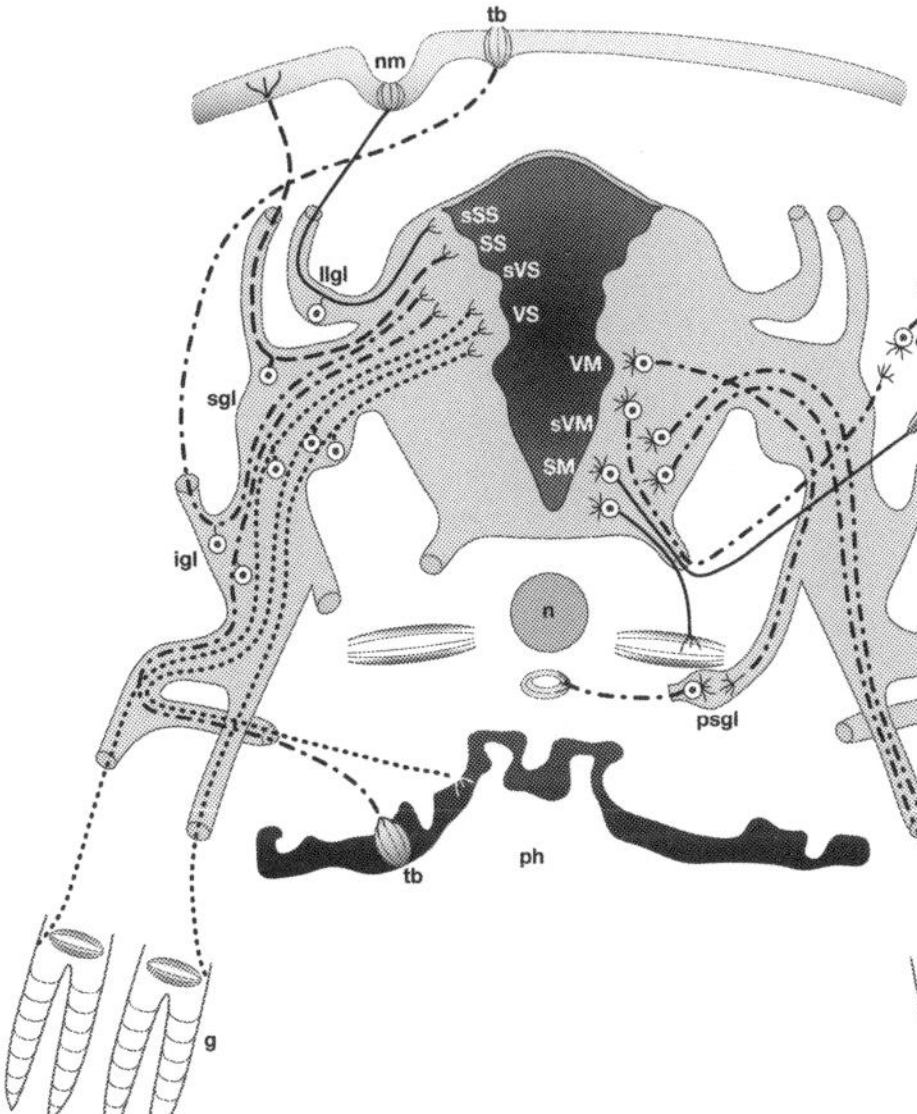

　このような解剖学的基礎から再び頭部分節理論を眺めれば、ヴァン＝ヴィージェやグッドリッチを支持する事実として、外眼筋を支配するニューロンが、多かれ少なかれ脊髄におけるSMニューロンと同等（系列相同物）と考えられていたことに気がつく。確かに、外眼筋神経の運動核の位置は、菱脳内においてはｓVMニューロンよりも内側にあり、それは後方に至って脊髄のSMコラムへと移行する。ならば、外眼筋は確かに体節と同様の発生素材から由来したものと考えたくなる。実際、外眼筋を分化する頭腔は、ヴァン＝ヴィージェやグッドリッチにしてみれば、まさに頭部中胚葉の傍軸成分なのである。この問題は、現代の実験発生学や分子発生学研究が再びとり上げているテーマであり、まだいくつかの問題は残っているものの、頭部中胚葉に傍軸体性成分を見出そうという傾向は以前より強まっている。臓性と体性の区分はもはや、形態学や生理学の概念にとどまってはいない。

　いずれにせよ、以上示したような神経系の構築をみれば、もはや頭部を単なる「体幹というデフォルトのゲーテ的変形」とは説明できなくなる。なぜなら頭部には、体幹にみられない独特の形態要素が紛れもなく存在しているのである。ことによると、脳（とりわけ、脊髄と同様に末梢神経を伴う菱脳）にこそ「デフォルト」としての側面がみえ、脊髄はむしろその二次的な退化や単純化によってもたらされた派生的な存在とすべきではないのか。それは、オーウェンの原動物について記したように、原型論的な比較形態学は新しいパターンがアドホックに追加することを好まず、それよりもからだのすべてにわたって一セットの共通した形態要素がもともと用意され、場所に応じて二次的にそのいくつかが失われることをむしろ望むからだ。いい換えれば、神経系をみる限り、「頭部あっての体幹は可能」だが、「体幹のパターンから自動的に頭部を導くことは不可能」なのだ。おそらくこの論点が、形態学としての頭部問題にとって、とりわけ分節論者にとって、最も困難な謎であったことだろう。そして実際この問題の中から、非分節論者が頭部を何か特別のものとしてみたり、あるいは後代、実験発生学的センスから、頭部にこそ形態形成の中心的機能が反映されていると考える学者たちが生まれたりもするのである（第5章に詳述）。

神経分節

分節的形態における「デフォルト」という概念は、神経管の基本構造（前後軸の曲がり方）と神経分節に関しても適用される。つまり、前後軸上に並ぶ神経分節のそれぞれが、基本的に同じ形態パターンを有し、それが場所に応じて多少変形を被っているというコンセプトにおいてである。ところが、神経管は脳においていくつかの褶曲をなし、それが個体発生上、時間とともに強調されるため、発生を終えた脳では本来の軸構造が不明瞭になっている（図3–2上）。それが最も顕著なのがいわゆる「脳褶曲（cephalic flexure）」であり、中脳の底部で脳は下方へと大きく湾曲し、本来の前後軸が、とりわけ中脳の前方で背腹に並ぶことになる。このため、神経軸を前後に並ぶ分節構造であるはずの神経分節は、脊髄から中脳にかけて前後軸上に並ぶが、中脳よりも前方では（とりわけ間脳において）それはあたかも、「背腹」に並ぶようにみえ（図3–9）、いまでも「視床上部」や「視床下部」などの名称にそのような認識の名残をみることができる。しかし、それは所詮右に述べた褶曲のなせるわざであり、あくまで間脳ならびにそれより前方の分節（これを前脳分節、プロソメア（prosomeres）という）は前後方向に並び、その軸上で分節するのである。ならば、神経管をモデル化するにあたって一本のホースを考え、それを長軸に対して分断してゆけば、神経分節からなる中枢神経のモデルを想定することができるであろう。

つまり、骨格の分節性において、考察の最小単位となったのが一つのメタメアにみられる鰓弓骨や椎骨、あるいはそれらの構成成分であったように、神経系の分節研究においては、神経分節とその中に発生する個々の神経細胞が単位と考えられた。しかし、それがどこにいくつ存在するのかについて、椎骨以上にわかりにくいのが神経分節であった。事実、椎骨原基が生じれば、それはたいてい椎骨に分化し、途中で消失する原基（前方の体節）は多くはない。しかし、神経分節はといえば、発生上消失するものが大半なのである。中胚葉性の分節に関しても、その実在を疑う向きは多かったが、神経分節にはそれ以上の反対意見がみられた。

神経分節は成体の神経の機能単位を現すものとしても用いられるが、以下に解説するのはもちろん発生期に現れる神経分節である。神経分節の最初の発見者としては、フォン＝ベーアやヒス、あるいはオールの名があがることが多い[●313]。しかし、それがどの発生段階におけるどの構造を指し、それらが何を意味するのかについては（頭腔以上に）混乱を極めていた（Hill, 1899）。ツィンマーマンは早くから徹底した神経分節中心の分節論を考え、もっぱら末梢神経の知覚、ならびに運動成分との関連を表にまとめている（Zimmerman, 1891）（表11）。ここで神経分節を「一次」、「二次」と分けているのは、発生段階ごとに神経管が異なった分節性を示すからである。一見してわかるように、最初に明らかになるのは現在、「脳胞（brain vesicles）」と呼ばれているもので、これらはローシーやヒルが初期神経胚において神経分節と呼んだものとは異なった単位、もしくは区画である（脳胞と神経分節の現代的要約はIshikawa et al., 2012を）。また、このような分節的形式化は以下に述べるニールの方針にも似るが、その結論はかなり異なる（後述）。

神経分節を主体に置いた様々な学者による考察においては、頭部体節を自分の観察によって確かめようという意図は比較的希薄で、頭部中胚葉に体節と同様の分節性が存在しているだろう、あるいは存在していて欲しいといった観測がそこかしこにうかがえる。のちに述べるゼヴェルツォッフの研究においてさえ、そのような傾向は明白であった。そしてここにも板鰓類崇拝の影響が間接的にみてとれる。間違いなく、頭部問題の議論において、一貫して優勢なのは分節論者の主張であった。

◎——ローシーとヒル

神経形態学研究の黎明にあっては、報告される神経分節のほとんどは、後脳に発生する「菱脳分節（rhombomeres）」であった。観察対象を、中胚葉分節（mesomeres）が観察される以前の神経胚段階まで遡《さかのぼ》り、そこにみられる神経上皮

<table>
<tr><th colspan="2">脳分節（Encephalomeren）</th><th rowspan="2">背根
Dorsale Wurzel</th><th rowspan="2">側根
Laterale Wurzel</th><th rowspan="2" colspan="2">腹根
Ventrale Wurzel</th></tr>
<tr><th>一次</th><th>二次</th></tr>
<tr><td rowspan="2">1.
一次前脳</td><td>1. 二次前脳</td><td>嗅神経</td><td>-</td><td colspan="2">-</td></tr>
<tr><td>2. 間脳</td><td>-</td><td>-</td><td colspan="2">-</td></tr>
<tr><td rowspan="3">2.
中脳</td><td>3.</td><td>-</td><td>-</td><td colspan="2">-</td></tr>
<tr><td>4.</td><td>毛様体神経（深眼神経）</td><td>-</td><td colspan="2">動眼神経</td></tr>
<tr><td>5.</td><td>-</td><td>-</td><td colspan="2">-</td></tr>
<tr><td rowspan="3">3.
後脳</td><td>6.</td><td>-</td><td>-</td><td colspan="2">-</td></tr>
<tr><td>7.</td><td>-</td><td>-</td><td colspan="2">滑車神経</td></tr>
<tr><td>8.</td><td>三叉神経知覚成分</td><td>三叉神経運動成分</td><td colspan="2">-</td></tr>
<tr><td>4.</td><td>9.</td><td>-</td><td>-</td><td colspan="2">-</td></tr>
<tr><td>5.</td><td>10.</td><td>原顔面神経（知覚成分）＋
内耳神経</td><td>存在</td><td colspan="2">-</td></tr>
<tr><td>6.</td><td>11.</td><td>内耳神経節（顔面神経に
付随して存在）</td><td>顔面神経の内側膝を通って
これに移行</td><td colspan="2">外転神経</td></tr>
<tr><td>7.</td><td>12.</td><td>舌咽神経（知覚成分）</td><td>存在</td><td>存在
舌咽神経の
後方を上行</td><td rowspan="2">ヒトと
ウサギ</td></tr>
<tr><td>8.</td><td>13.</td><td>原迷走神経（知覚成分）</td><td>もっぱら副神経に存在</td><td>存在
迷走神経の
後方を上行</td></tr>
<tr><td rowspan="4">9. 本来純粋
に脊髄神経
的な性質を
持つ脊髄-
脳神経領域
ヒトを含む
哺乳類では
後頭骨内に</td><td>14.</td><td>迷走神経内に存在</td><td>副神経に存在</td><td>細い束とし
て独立に出
てのち合一</td><td rowspan="4">舌下神経と</td></tr>
<tr><td>15.</td><td>迷走神経内に存在</td><td>副神経に存在</td><td>独立した束
を形成して
後方のもの
とともに合
一</td></tr>
<tr><td>16.</td><td>部分的に迷走神経内に
存在、神経節原基</td><td>副神経に存在</td><td>独立した束
を形成して
後方のもの
とともに合
一</td></tr>
<tr><td>17.</td><td>部分的に迷走神経内に存
在、充分に分化した神経節、
ブタでは最初は腹根と結合</td><td>副神経に存在</td><td>太い束を形
成して前の
ものととも
に合一</td></tr>
</table>

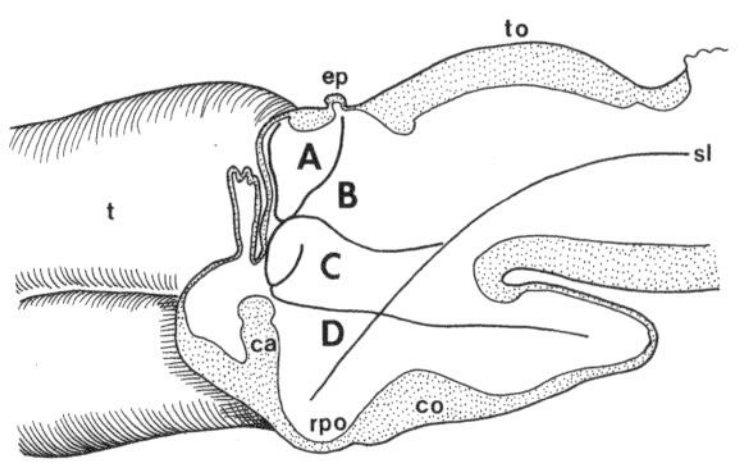

上・表11▶ツィンマーマンによる、神経分節を中心に置いた頭部分節性。Zimmerman（1891）より。

下・図3-9▶サンショウウオの間脳を脳室側から観る。ヘリックによる観察。左が前方。視床上部（A）から視床下部（D）へ至る間脳各領域の配列は背腹軸上に並んでいるようにみえるが、境界溝（sl）が視交差（ca）の直後、recessus postopticumに終わるように、下方へ湾曲した神経管本来の軸をみれば、間脳の分節が実は前後軸に直交した神経分節の並びであることがわかる。ep：上生体、t：終脳、to：視蓋。Kappers et al.（1936）より改変。

の分節構造を、脊椎動物の分節性の本質と考えた初期の比較発生学者には、ローシーやヒルがいる（Locy, 1895; Hill, 1899, 1900）。彼らは、神経管が閉じる前の神経板（neural plate）に現れる「分節境界」を、主として硬骨魚（マス）と鳥類（ニワトリ）の後期神経胚を用いて観察したが、その一連の研究は、発生を通じて変化する神経管の形態パターンをすべて整合的に説明できるようなものではなかった（図3–10・11）。彼らの用いた胚は、最も進んだものでも初期咽頭胚止まりであり、そののちに前脳に発する、現在「プロソメア（前脳分節）」と呼ばれている発生コンパートメント（developmental compartment）を観察しておらず、神経束の形態発生も観察してはいない。

　ローシーとヒルは、論文の中で神経分節を「segments」もしくは「joints」と呼んでおり、それらの用語に慣れるまで論文の解読が難しい。彼らの考えでは、菱脳にできる菱脳分節こそが神経分節の中で最も一次的なもので、[314]二次的に脳胞が膨らむことが、本来の神経分節の同定を困難にしているという。つまり、神経軸を貫く一連の分節は、まさしく連続的な分節の繰り返しを示し、それ以降の脳の成長に伴って本来の分節性は擾乱を受け、不明瞭になってしまうというのである。[315]彼らによれば、将来、前脳の出来るべき領域には、菱脳分節の単位で三つ分に相当する神経分節があり、[316]そのうち最前のものは、少なくとも真骨魚類の胚においては、のちに終脳になってゆく構造を示している。続く中脳は二つの菱脳分節相当の分節を含み、そして第六番目の神経分節が小脳となり、第七番目以降、一一番目までが菱脳を形成する。このような一連の菱脳分節は、彼らが観察したすべての脊椎動物胚において一貫してみることができるという。

　このような神経管の分節的構成は現在ではまったく認められておらず、のちに紹介するニールも、とりわけ中脳や前脳に発する五つの神経分節についてはその存在を認めてはいない。神経管が閉じる前の段階でのサメ胚において、確かにニールはローシーらのいうような前脳の区分をみることはできた。が、それがあまりに不規則なパターンを示し、のちの解剖学的区分との対応も定かではなかったため、そこに分節的重要性を認めなかった（ニールの神経分節モデルについては後述）。ニールは一九〇三年の著書の中で、脊椎動物各種の胚において観察されている神経分節の位置と数をまとめ、表にしているが、その中で最多の神経分節を記述しているのがやはりローシーであると指摘

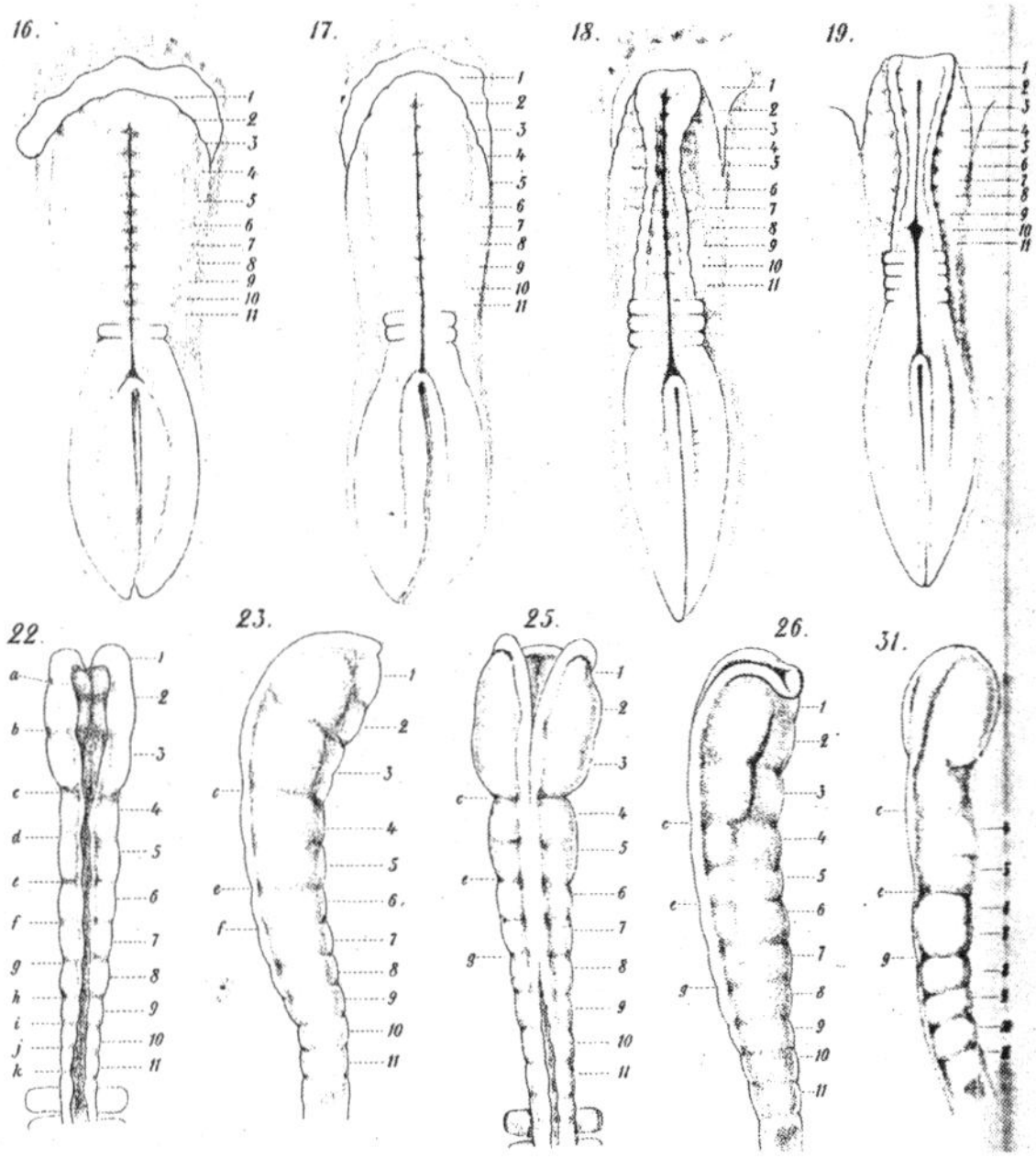

図3-10▶ニワトリ神経胚期における神経分節の発生。ヒルによる。このような観察をなしえた比較発生学者はほかにみあたらない。Hill(1899)より。

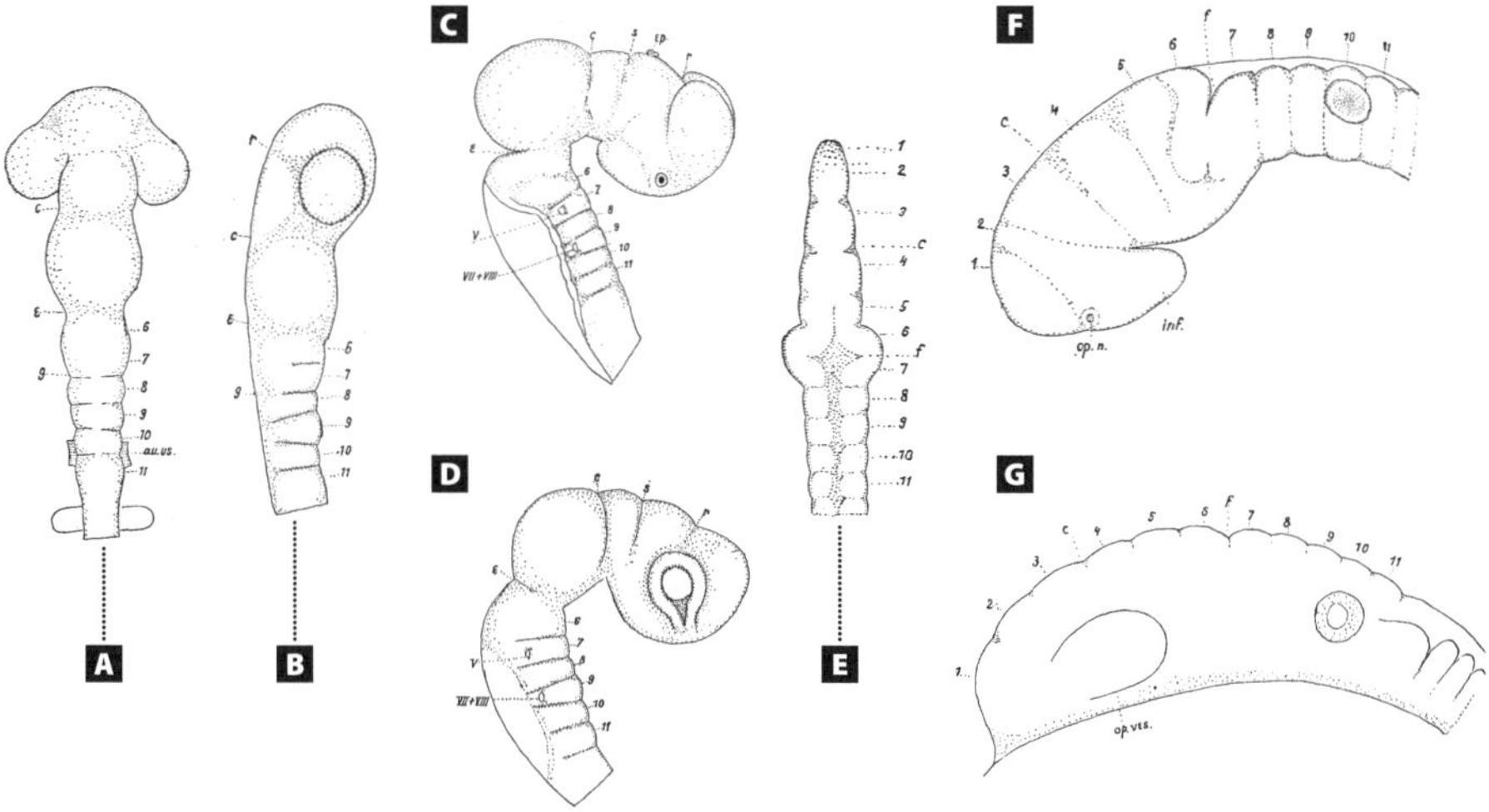

図3-11▶A～D:後期神経胚から初期咽頭胚におけるニワトリの神経分節。この頃の胚に描かれた神経分節は一般に認められているものばかりである。

E～G:真骨魚類(サケ)の胚における神経分節の発生。Hill(1900)より。

している。[317] これを眺めると、前脳ではクプファーが五つの神経分節を認めた以外は、分節数は三以下、中脳には一から三、後脳には六前後の神経分節が認められることが多いことがわかる。

　このような混乱の背景には、脊椎動物の頭部中胚葉に現れる分節の認識に立ちはだかった混乱と同質のものが控えている。みな同じ壁に突きあたり、同じレヴェルの論理の齟齬に悩んでいたようにみえる。中胚葉においても、神経管においても、どの分節を一次的に重要な分節とするか、即自的に判断できる材料がどこにもないのだ。単に発生過程を観察する限り、キリアンやフロリープが板鰓類の初期胚にみた無数の中胚葉小胞を、体節の系列相同物とは即断できない。[318] かといって、頭腔が体節と同じものであるというには、あまりにも体節との違いが大きすぎる。つまり、常識的に考えれば、脊椎動物の頭部中胚葉にはそもそも体節は存在しないか、さもなければ十中八九あてにならない。ならばこそ、神経分節が脊椎動物の頭部分節性を明らかにするのではなかろうかと、一部の形態学者は期待していた。しかし、発生初期の前脳に三つの分節がごく一過性に現れ、それが消えたのちに、再び別の分節が（しかも多数）現れるとしたらどうだろう。このような発生段階にあって、先験論的原型論におけるのと同じ重みを持った分節は、先のものか、あとのものか。中胚葉と同じ問題が現れるとはすなわち、このような、本来的に解決不能の悩みを指すのである。

　ローシーとヒルが記述した、発生初期の前脳と中脳に現れる分節とはいったい何か。それは少なくとも、現在の発生生物学でさえも認識されていない、謎の構造である。一過性に表れる発生コンパートメントか、それともやはり神経上皮に物理的要因で出来た、ただの皺なのか。ヒルの神経分節を否定したニールは、初期神経分節の存在に関して確かに否定的側面のみしかみていなかったかもしれない。それが「ただの皺でしかない」というのであれば、それを論破するのは容易ではなかったであろう。一方でヒルが、初期神経分節こそ、脊椎動物の持つ本来のメタメリズムに付随すべき、一次的「連続性（continuity）」を満足するといったところで（Bateson, 1894によるメタメリズムの定義）、やはり物理的な皺もまた連続しがちであることは決して否定できないのである。

　その一方で、ニワトリと硬骨魚の初期胚において、ほとんど同じパターンの初期神経分節をみることができるという事実（図3-10・11）は、ヒルにとっては一次神経分節の存在をサポートする重要な論点となっていた。[319] が、残念なことに、それをほかの発生学者はついぞ確認できなかった。彼らはこのように、頭部中胚葉の分節における議論と同様、神経分節をめぐる堂々めぐりを経験していたのである。のちに定着してゆく神経分節の分類と分布からみれば、ローシーやヒルのみた初期神経分節は、確かにかなり極端な見解であった。筆者自身、このようなものはみたことがない。しかし、その存在を明確に否定した研究がその後一向に現れなかったことも確かである。

後期胚から成体に至る解剖学的構築に重きを置くなら、神経系の形態と発生の観点から頭部分節性の形式化に重要な意味を持ちうるのは、末梢神経の分布と、咽頭胚期前後までには成立している（と期待される）神経分節である。したがってすでに指摘したように、神経分節についての考察は本来第2章で語られるべき性質のものであり、一九世紀末から二〇世紀初頭に最盛期をみた脊椎動物胚の頭部分節性研究においても、神経分節は確かに考察の対象とされていた（von Kupffer, 1905, 1906; Neal, 1918b）。しかしその研究の流れの中で、神経系の分節性は決して主流となることはなく、のちに紹介するジャーヴィックにみるように、とりわけ神経分節は、ほかの器官系や構造との分節的パターンと決して美しい対応をみせることはなかったのである。[320] 加えて、ナメクジウオやホヤに神経分節がみられないことから類推できるように、神経分節が脊索動物の起源にまで遡ることはまずありそうもない。つまり、神経分節はせいぜいのところ、脊椎動物を定義する共有派生形質ではありえても、進化的に決して古い構造ではないのである。それが、神経ではなく中胚葉に頭部分節としての一次的地位をみてとるという傾向の最大の要因となっている。しかしそれでも、何とか神経分節に頭部メタメリズムの本質を見極め、それを中胚葉由来物、もしくはほかの頭部構造と統合的に配置し、頭部の分節モデルを導こうという立場は途絶えなかった。それはある意味、Ｈｏｘ遺伝子の機能に分節性の意義を託する現代の進化発生学者の心情と似ていなくもない。それを吟味するためにも、神経分節をめぐる研究をもう少し眺めてみる必要がある。

ジョンストン

ジョンストンは、最初にヘリック（『Journal of Comparative Neurology』の創刊者）によって確立された菱脳の機能コラムの考え方を発展させ（Herrick, 1848, 1889）、神経分節理論に機能的解釈と精緻な機能形態学的構成をもたらした学者である。おそらく、ジョンストンのような神経形態学者の研究方法が、神経系の分節研究の典型的なスタイルを示しているといえよう。というのも、比較形態学の中で彼の研究が、頭部分節性研究の主流から半ば独立した位置を保っており、一貫して神経系の形態パターンのみに終始しているからだ。このように、神経系のパターンだけで完結しているのが多くの神経分節研究の明瞭な特徴、もしくは傾向であり、そもそもその理由でこの分野の歴史を解説するために別章を設けたのである。

すでに記述したように、メタメリズムの本質は「一分節の中に、一セットの構成要素が過不足なく存在し、そのような複合体が繰り返し並んでいること」を理想とする。多くの頭部分節論者は、頭部がメタメリカルな複合的存在であり、それを構成するメタメアの中に、一つの神経分節、一セットの末梢神経と神経節、頭部筋、鰓弓筋、椎骨相当の神経頭蓋分節、鰓弓骨格などを含むと考えていた。そして、理想的な神経分節（complete segments）には本来、完璧な一セットの機能コラムが含まれているべきであり、脊椎動物の遠い祖先においてはそれが整然と前後方向に、途切れることなく、繋がって繰り返していたと考えられたのである。そのようなヴィジョンにあっては、脊椎動物の脳を含めた神経管が、一セットの完全なニューロン群を含んだ神経分節の繰り返しであると見立てられる（図3–12）（Johnston, 1902, 1905a,b）。このような考察の中に、骨格を主体とした頭部分節論をかつて支配したあの原型論とも通ずる、イデア論的観念が介入する可能性はもはや明らかである。それがどのようなものであれ、現実の脊椎動物のからだの中で、ジョンストンのいう「理想的な神経メタメア」に少しでも近い形態パターンを示す可能性のある領域があるとすれば、それはおそらく、顔面神経と舌骨弓を発するレヴェルのものだけであろう。

分節論的観点からすれば、本質的問題は、「いくつの神経分節がどこに存在し、いまみている具体的な動物の神経系においては、その分節的基本的構築プランがどのように変形しているのか」ということにつきる。進化する神経管の中では、様々な神経核が縮小の果てに消失したり、移動したりする。また、進化の過程で獲得された新しい器官を神経支配するための新しい神経核が、既存の神経核の変形としてもたらされ、その本来の機能や形態パターンを逸脱させてしまうこともあるだろう。このような二次的な変形を排することによって、本来の分節的神経系の姿を浮き彫りにし、果ては脊椎動物を生み出した分節的な無脊椎動物の正体にも迫ることができるであろうと、当時の神経学者たちは考えた。と同時に、ジョンストンはホヤやナメクジウオなどの原索動物に神経分節自体が存在しないこ

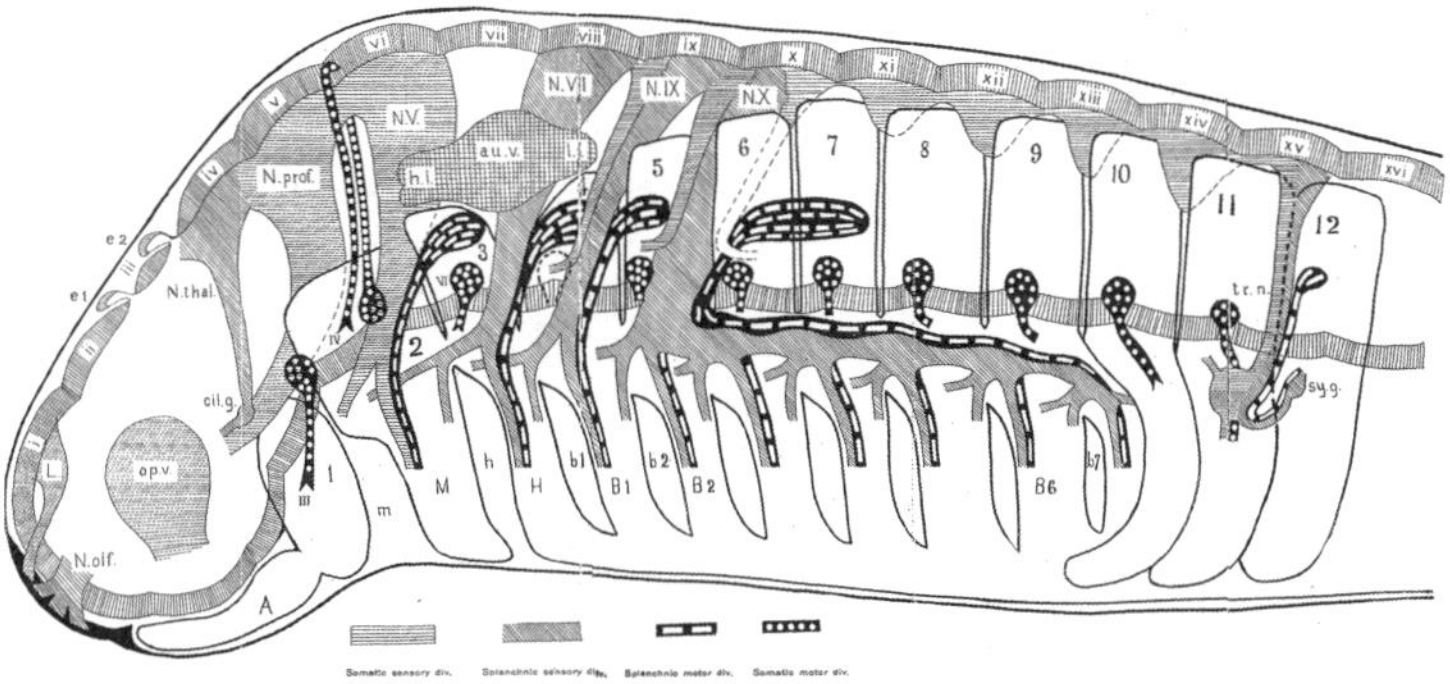

図3–12▶ジョンストンによる神経分節の基本パターン。ジョンストンは同じセットの機能コラムを備えた比較可能な神経分節が前後に繰り返して連なり、脊椎動物の中枢神経が出来ていると考えた。この模式図には、メタメリズムの思想が明らかである。Johnston(1905b)より。

とをも正しく指摘している。

このようにみると、議論の中心が神経系に置かれただけで、その概念的内容と構造はといえば、中胚葉に偏向していたバルフォー、ヴァン＝ヴィージェ以来の頭部分節性のそれと同じものであったことがわかる。原型論が、分節的体制を持つ何らかの無脊椎動物であるところの仮想的祖先にとって代わられ、その動物に理想化された完全無欠の分節的神経系が求められたように、神経系もまた、いずれは頭部分節の総合的理論の中に包摂されてしかるべき、二次的な対象にすぎない。そして、神経系に分節性が認められたからといって、ただちにその動物が分節性を持つことの充分な証拠とはならない。それどころか、原索動物にみる証拠は、脊椎動物の神経系が進化の過程で二次的に分節化したものにすぎないという可能性さえ示唆している。あるいは、中胚葉に分節性があり、内臓弓も分節的に繰り返し、かつまた神経系が分節を持つとしてもなお、これらが互いにまったく独立した分節性を示すだけだという可能性も充分にありうるのだ。その事実が示されたとき、理想的な意味での分節論者は決して勝利したことにはならない。なぜなら、メタメリズムの概念は、「すべての器官構造からなる一つのセットが、本来的には過不足なく繰り返している状態」を指すのであり、その定義自体がメタメリズムの観念論的出自を物語っているからである。そして、初期の反復説が露《あら》わにしたように、このような「同じ繰り返しパターン」の背景には、すべての器官系の繰り返しを統べる、単一の「力」が存在しているとかつては考えられていた。ならばこそ、神経系だけが、ほかの器官系を無視して勝手に分節リズムを刻んでいては困るのである。

あるいは、以上のことは観念論や形而上学を離れてもなお、形態発生学につきまとい続ける問題ともなる。生物学的なメタメリズム概念は、実験発生学者が望むような、分節ジェネレーターのようなものを仮定することもできるからである。それは、すべての胚葉や、器官系に、独立に働きかける分節化のシグナルであってもかまわない。しかし、その結果としてすべての器官系は同じリズムを表出しなければならない。同様に、器官構造の相互作用として表出するリズムなのであれば、発生機構上の因果関係としてそれが成立することも認められる。

たとえば、分節論者を定義するにあたり、その仮説の誕生にまで遡り、議論が骨学に始まったことを重視して中胚葉、もしくは間葉系の分節的分布を主張する立場をそう呼ぶのであれば、内臓弓や神経分節の繰り返しがいかなるパターンを示そうとも、中胚葉にさえ分節の名残が実証できれば、当面彼らは勝利できる。それは神経系のみに分節を証明しようとする神経解剖学者にしても同様である。が、体軸に並ぶ理想的なメタメアの存在として脊椎動物のボディプランを記述しようとする、いわば「メタメリズム主義」を標榜する一派を「分節論者」と定義するのであれば、彼らは、器官ごとに独立した複数の分節リズムの存在をもってしては、頭部分節性の証拠とはできないのである。次節に紹介するニールは、メタメリズム論者の立場を強硬に推し進めた研究者の試みを自ら典型的な形で示している。一方で、ジョンストンは典型的な「神経分節論者」であり、神経の世界に自ら閉じこもったがゆえに、ニールの経験した苦悩は一見、彼にはない。そして、神経分節の理解を目指した学者の多くが、やはりジョンストンと類似の立場に立っているのである。九〇年代から今世紀初頭にかけて脊椎動物の発生生物学に携《たずさ》わっていたものなら、その心情がある程度理解できるであろう。

ここで再び興味深いのは、神経系の分節性をめぐる観念論的議論が頭部のそれ以外の分節性をめぐるそれと、ほとんど同じ構造を持っているということである。すなわち、仮想的な分節的頭部においては、一つのメタメアに一つの体節と一つの内臓弓が存在し、それを支配する一セットの末梢神経が観察されると期待された。このような、一連の途切れないメタメアの完備を目指したパズルゲーム、もしくは数合わせがしばしば分節論の議論の中心に必然としてあったが、まるでそれと「入れ子状態」を示すがごとくに、一つの神経分節の中にすべての神経核を配置し、分節パターンを構築すること、そして、それを表の形で示すことが、神経分節論者の方法だった。つまり、神経分節論には、理想化された原型的パターン、もしくは仮想的祖先状態が設定され、それが現在の実際の脊椎動物にみる中枢神経にどのような姿で残されているのかを再構築するという、そのこと自体が、中枢神経系以外のすべての頭部に関して行われた頭部分節研究の、いわば雛形をなしている。

これと同じことは、古典的な機能コラムからはみ出した介在ニューロンの分布についても指摘できる。たとえば、一九八〇年代にメトカルフェやキンメルらによって示されたように、ゼブラフィッシュ（*Danio rerio*）やキンギョ（*Carassius auratus auratus*）のような真骨魚類の稚魚においては、菱脳分節にいくつかの網様体脊髄路ニューロンが発するが、それは細胞体の形やサイズ、そして軸索の伸長パターンに従っていくつかの異なったタイプに分類できる。[321] そして、このような様々な網様体脊髄路ニューロンが一セットずつ各菱脳分節に存在するだけでなく、レチノイン酸を作用させることによって胚の前後軸上の形態的特異化を後方化させると、領域的特異化もシフトさせることができる、い い換えれば、これら各種の介在ニューロンは個々の細胞の単位でありながら、椎骨原基という系列相同物としての単位と同様の形式でもって配置され、トランスフォーム実験に対して期待通りに応答するのである。神経分節はしばしば、機能コラムからも、介在ニューロンの観点からも、一つの「小さなメタメア（形態学の理想からいえば、甚だしく語義矛盾だが）」として振る舞っている。

以上のことは、分節パターンそれ自体が動物体の構成にあって「認識論的入れ子状態」をなしているということを示すのではない。その種の考えはゆき着くところ、出口のない神秘主義という迷妄しか生み出さない。むしろ注目すべきは、いくつかの器官系において、それぞれに類似の繰り返しパターンが存在し、それ自体として完結し、ある程度互いに独立したモジュールが、脊椎動物の頭部において重なり合っているということなのであり、このような複合的モジュラリティを認めたところからしか話は進まないのである。つまり、実際の解剖学的パターンをつぶさにみる限り、理想化されたメタメアなど実在しないと、動物のからだは形態学者や観念論者に対して無慈悲に語りかけているようにすらみえる。いずれにせよ、神経分節の観点から脊椎動物の頭部形態を語ること、ジョンストンはそれを称して脊椎動物の頭部分節研究の新しい方法論だと述べているのである。

◎――ジョンストンのモデル

とはいえ、ジョンストンもまた、神経系とほかの組織との関係にはある程度気を配っている。そればかりか、神経系以外の組織が、神経上皮に対して誘導的に神経分節の中身をパターン化しているという発生機構学的な解釈すら持っていた。ただし、それも神経上皮内の機能コラムの配列にそもそもの発想の源泉がある。つまり、神経上皮内に機能的区画が一定の序列で配置しているのは、発生の初期、神経管が巻き上がる前の神経板各部が、表皮外胚葉、傍軸中胚葉、外側中胚葉、そして腸管の内胚葉上皮とそれぞれ密に接していたためだという(現在の神経発生学では、この考えは認められていない)(図3-13)。そのときに、神経繊維が背腹どちらかの出口を出、自分に隣接した、あるいは真下にあった組織を支配したまま神経管が巻き上がれば、成体における神経支配のパターンが理解できるであろうというのである。したがって、味蕾と側線のニューロマストは、互いに似ていてもまったく異なった神経コンポーネントに支配される(別の知覚モダリティ)、別のものなのであると、偶然にも正しく論じたのであった。

図3-13▶ジョンストンによる脊椎動物の中枢神経の進化。最初、プラコード状の神経系が表皮の生じ、その中の神経細胞が自分の直下にあった構造を支配していたものが(A)、次第に神経上皮が巻き上がり管を形成するに及んで、もとの支配パターンを保持した結果、脊椎動物にみる中枢、末梢神経の形態が成立した(C)という。Johnston(1905b)より。

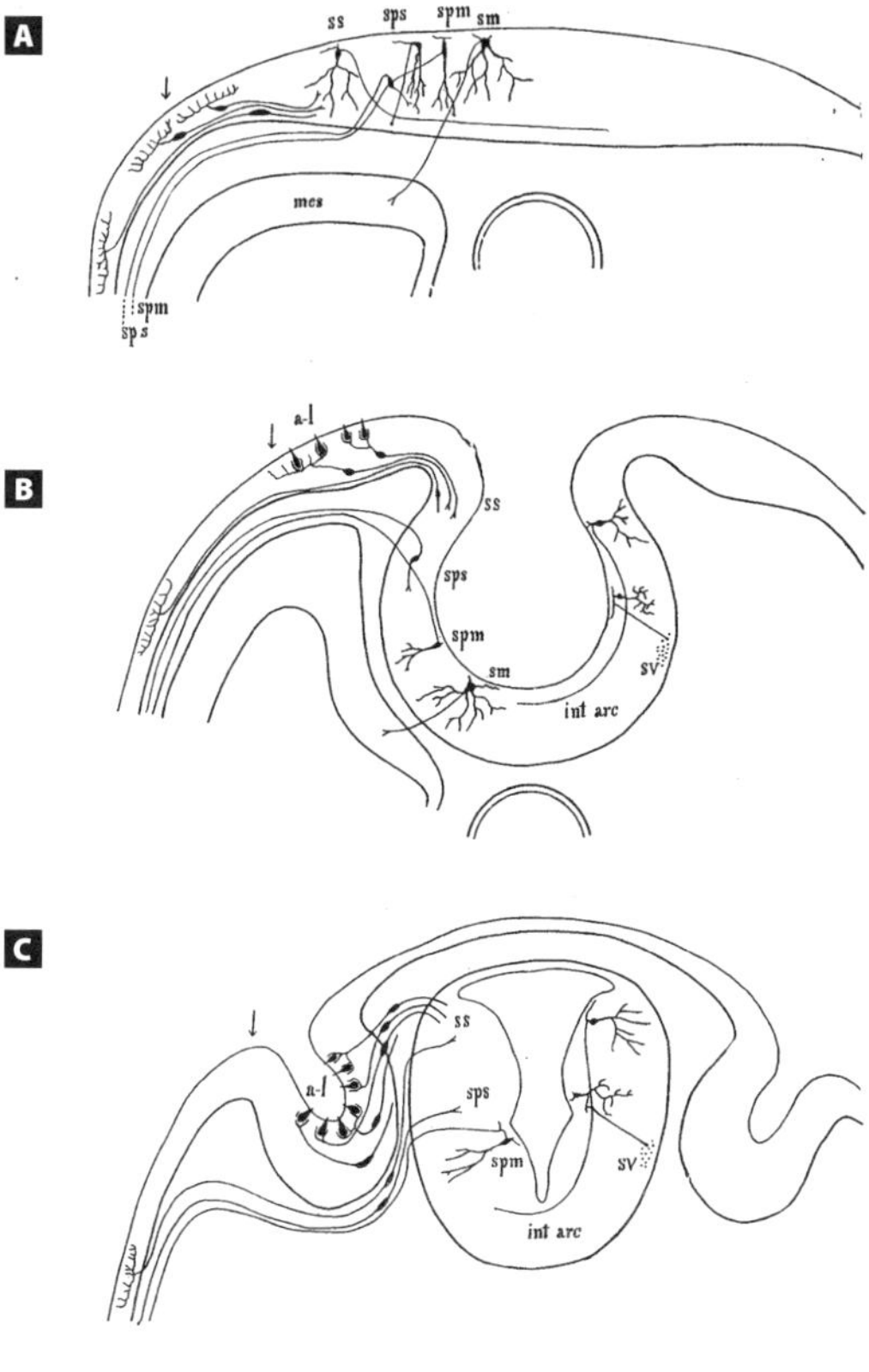

これはいわば、神経上皮内の形態パターンが、支配すべき構造の形態的分布を映す鏡になっているという、大脳皮質における「知覚のホムンクルス」にも似た発想であり、その対応関係を発生上の誘導的相互作用に焼き直したセオリーとなっている。あるいは、発生初期の神経板をとり囲む「汎プラコード領域(pan-placodal domain)」の存在を、あたかも予見するような発想であったといえなくもない。神経上皮の分化・領域的特異化機構としては必ずしも正しくはないが、神経上皮内の位置価決定のための発生機構が、神経上皮の周囲にある組織に大きく依存するという点では、ジョンストンのこのモデルは正しい着眼であった。さらにジョンストンを弁護するのであれば、機能的に連関した二つの構造が、発生において互いに誘導するものとされるものの関係にあることは確かによくあることであり、網膜とレンズ、味覚を司る神経節と咽頭嚢にそのような関係の例をみてとることができよう。ボディプランの成立にあって、諸構造の機能的連関をどのように発生機構の中に組み込むかということは、進化上、大きな課題であったはずだが、それを論じた研究はいまでも非常に少ない。いずれにせよ、末梢構造によって誘導される、もしくは二次的な影響を受ける神経組織という基本的なヴィジョンが、ジョンストンにとって、脳の形態を理解するための説明原理となっていた。

これをもとに、ジョンストンは模式化した脳の図の中で、各レヴェルの断面が本来の神経分節の機能コンポーネントをどこに備えているか、いい換えるなら、理想化された神経分節の断面がそのように各部で変形しているのかを説明した。そこには、ジョンストン本人が自らヤツメウナギやサメという、脊椎動物の中で原始的な系統の神経系を研究してきたことも大きく作用しているとおぼしい。[●322] すなわち、ジョンストンにとっての祖先的、かつ理想化された中枢神経は、前後にまっすぐ伸び、規則的に節くれ立った一本のホースでなければならない。その中を各機能コンポーネントがコラムとしてまっすぐに途切れることなく走っている。そこに加わるプラコードと神経堤に由来する細胞群もまた、基本的には前後軸上に連続して分布しており、そこに由来した末梢神経節を含め、彼のいう「神経メタメア」の構成要素となってゆく。このイメージは「原神経管」ともいうべき、原型的要素を多くまとった代物である。そしてジョンストンによれば、「実際の中枢神経の形状がこのパターンから逸脱しているのは、もっぱら硬い頭蓋骨の獲得と、二次的に後方へ拡張した内臓弓のゆえであり、その際、脊髄要素が菱脳内へ進入したという形跡はない」。たとえば、舌咽神経より後方の鰓弓神経の構成要素、すなわち特殊内臓知覚ニューロンと特殊内臓運動ニューロンの分布が前方へ押しつまっているようにみえるのは、進化上、内臓弓が大きく後方へ拡大したためであり、それに伴って体性の要素、すなわち、筋節も二次的に縮小し、同時に舌咽神経と迷走神経に本来備わっていたはずの、体性知覚、体性運動要素も顕著な縮小をみているのであるという。その上でジョンストンは、眼や、嗅神経や、内耳などの感覚器を特殊化した神経装置とみなし、それらの系列相同物を同定しては、彼の原神経モデルに描き込んでいった。これはまさに、神経系を新たな舞台とした、オーウェン的比較形態学の再来なのである。

　上のような神経系の形式化は、極めてオーソドックスな比較形態学の精神を受け継いでおり、さらに、神経系の形態を解釈、説明するためのいわば規範をジョンストン以降の学者に提供してきた。たとえば、外転神経と舌下神経の間の空隙に、「前舌下小根(anterior hypoglossal roots)」と呼ばれる神経の小根を見出したブレーマーは、それをそのレヴェルの神経分節に本来存在していた体性運動性のニューロン[323]が、発生途上でその本来の姿を獲得し、同様に体性運動性の神経である外転神経、もしくは舌下神経にとり込まれることがあるのだと説明した[324]。

　さらに、末梢神経の進化的変容を図示したグッドリッチも、分節的に繰り返す神経コンポーネントのメタモルフォーゼとしてそれを表現している(図2-49)。これはもはや、末梢神経の形態学的基本パターンを変形させるといった、ヴィーダースハイム的なレヴェルの理解をはるかに超えており、ここには極めて明確にジョンストン的スピリットに寄り添った、ある種、「機能コンポーネント、神経分節中心主義」とでもいうことのできる理解の方針がみえるのである。

ニールと神経分節

一九世紀末より、脊椎動物胚の神経管に現れる神経分節が、形態学者や比較発生学者たちの興味を惹《ひ》いていた。とりわけ、菱脳に発するくびれ、もしくは「分節」が、鰓弓神経と特定の形態学的関係にあることについては、クプファー、ベラネック、ラーブルなどが早くから注目していた（Rabl, 1892）。しかし当時の観察方法では、このような神経上皮の「くびれ」が、胚を固定する際に加えられた物理的圧力によって生じた、一種のアーティファクトではないかという疑念を払拭できなかった。これが、頭部分節を極めようとする比較発生学研究において、神経分節がややもすればないがしろにされた要因の一つであった。

が、比較発生学者のニールはごくごく単純な観察によって、その杞憂を払いのけた。つまり彼は初めて、生きている胚にも神経分節が観察できることを示したのである。ならば、神経分節は本物の分節を示すに違いない。そして脊椎動物が進化的に、環形動物や節足動物にみるような、原初には完璧な分節性を備えていたであろう、無脊椎動物的祖先の段階を経ているなら、彼らの神経節と同様の分節的パターンを神経分節の分布に探し求める意義があろうと考えたのである。しかも、反復説的原則に従えば、祖先的な分節パターンは発生途上に、場合によっては一過性に現れると期待される。ローシーや、その弟子のヒルが示したように（図3-10・11）、それは一部の神経分節については確かにあてはまる。加えてニールは、神経分節が末梢神経の根と形態的に一定の関係を持つのならば、それはやはり、脊椎動物の前後軸に並ぶ分節パターンを反映するに違いないと考えたのである（Neal, 1918b）。

ところが、二〇世紀初頭にあってもまだ、神経分節の定義や記載は学者ごとに異なっていた。その状況は現在でも大して変わるところはない。たとえば、菱脳分節が本来いくつあるのかについて専門家に聞くといい。多くの神経発生学者は「七つ」と答えるか、あるいは「動物によっては六つ」と答えればよい方で、中脳と菱脳の間のいわゆる「峡（isthmus）」と呼ばれる領域に「第0菱脳分節」を数える研究者さえいるだろう（後述・図6−14参照）。しかし、いくら聞いてもわからないのは「第七菱脳分節」なのだ。それを本当にみた研究者がいるのかどうか、かつて菱脳分節を研究していた筆者ですら知らない。神経分節とは、ときとしてそれほど観察しにくい構造なのである。

◉——ニールと神経分節の頭部分節論的考察

おそらく、神経分節を初めて本格的に頭部分節性の文脈で考察した形態学者は、このニールが最初であり、しかも彼は極めて発生機構学的な考察さえ加えていた。にもかかわらず、この試みはニールに始まり、ニールをもって潰《つい》えたようにみえる。神経分節は確かにそこにあった。しかも、その脇にある頭部中胚葉は、動物種によっては明瞭な上皮性体腔さえ作る。が、どのようなモデルを立てても、中胚葉に想定された分節性は、位置的に神経分節と簡単には対応しない。それを明瞭で緻密な考察にもとづいて示し、様々な変形によってまとめ上げたのはニールが最初であり、その意味で彼は原型論と発生機構論の狭間に棲息していた、珍しい形態学者であった。本書の後半において、筆者は分節パターンの表出する要因としての一種の「拘束（constraints）」を考えてゆくが、ニールの考察にもそれに近いものがある。つまり、神経管に分節が生ずるというのなら、それを表出させている発生上の機構が存在するはずだとニールはいうのである。

たとえば、脊髄にみることができる「脊髄分節（myelomeres：ミエロメア）」（McCure, 1890）では、その分節境界がつねに体節中央に見出される。つまり、体節と脊髄分節が互い違いに並んでいる（図3−17参照）。これはすなわち、神経管に分節パターンが、体節によって物理的に押しつけられたか、もしくは体節の中央に由来する何らかの誘導的作用によってできた構造が脊髄分節であるということを裏書きしている。これが実際に正しいと証明されたのは一九九〇年代のことであり、それはスターンらによってなされた発生学的実験にもとづくものだった（後述）。いずれ体節と脊髄分節の間にみる明瞭な対応関係から、ニールは脊髄分節を体節と同様のリズムを刻む、体節によって惹起される二次的な分節であると考えたのである。

メタメリズムの定義からすれば、体幹における脊髄分節が中胚葉の分節である体節と同期したリズムを刻むことは、脊髄分節の分節単位としての性格を約束するよい兆候ではあった。では、脊髄分節の前方に見出される菱脳分節（rhombomeres：ロンボメア）についてはどうか（図3-14・15、3-17、3-19〜21）。神経管における脊髄分節と菱脳分節の系列相同性とはすなわち、末梢神経における脊髄神経と鰓弓神経の系列相同性を問うことに繋《つな》がる。ニールは、菱脳分節が中胚葉による影響ではなく、何か神経上皮自体に備わった何らかの自律的分化の帰結として現れると指摘した。これも、菱脳分節の発生について現在知られている知見からする限り、ほぼ正しい推論であった。

少なくとも、菱脳分節と脳神経の間には形態的対応関係がある（図3-14、3-17、3-20）。鰓弓神経の根が偶数番号の菱脳分節上に発し（三叉神経は第二菱脳分節に、顔面神経は第四菱脳分節に、等々）、このパターンはそれに先立つ頭部神経堤細胞のこれら偶数番号の菱脳分節への付着時に成立するのである。あるいは第三、第五菱脳分節の神経上皮基底側から、頭部神経堤細胞が排除されることによってこれが成立するといった方が適切かもしれない。その点、ニールにとって、板鰓類後期咽頭胚の塗銀染色標本を用いていたことは不運であった。というのも、板鰓類では発生上二次的に三叉神経根が後方へと移動し、最終的に第三菱脳分節上に三叉神経が発するようにみえるのである（図3-14）。

このような段階の胚を中心に観察すれば、あたかも神経根によって局所的に外側へ引っ張り出された神経上皮が、菱脳分節としてみえているのであろうという推測も成り立つ。しかしニールは、神経根が発生していない時期の若い胚においても菱脳分節が存在することを理由にその可能性を却下した。その同じ理由から、ニールは系統発生的に何やら深遠な意義を菱脳分節の中に見出していたようだが、それが何なのかについて、彼はあまり饒舌ではない。それが鰓弓系を支配するために、進化的に新しく獲得されたのだろうという以上のことは言っていない。ここから先は実際、発生工学、遺伝子工学的な検索が必要なところであったから、当時ではそれも無理からぬことではあった。が、いずれ右に見たような際だった違いからニールは菱脳分節が脊髄分節とは異なった存在であるという考えに傾いていった(Neal, 1898b)。

そのニールですら、中脳とそれより前方の神経管には、神経分節の存在を認めてはいなかった(図3-14、3-16・17)。確かに、中脳や前脳に分節的パターンが見出されたのは、それからずっとのちのこと、もっぱら二〇世紀末から二一世紀初頭に観察可能となった、神経上皮の細胞学的性質や遺伝子発現、あるいは発生上の細胞系譜の分離の解析を介してのことであったから[325]、組織化学的、免疫組織学的、分子生物学的な技術が完備していない時代には、仕方のないことではあった。むしろ、中脳と前脳を無視した上でニールは、脊髄分節のように明らかな分節パターンを

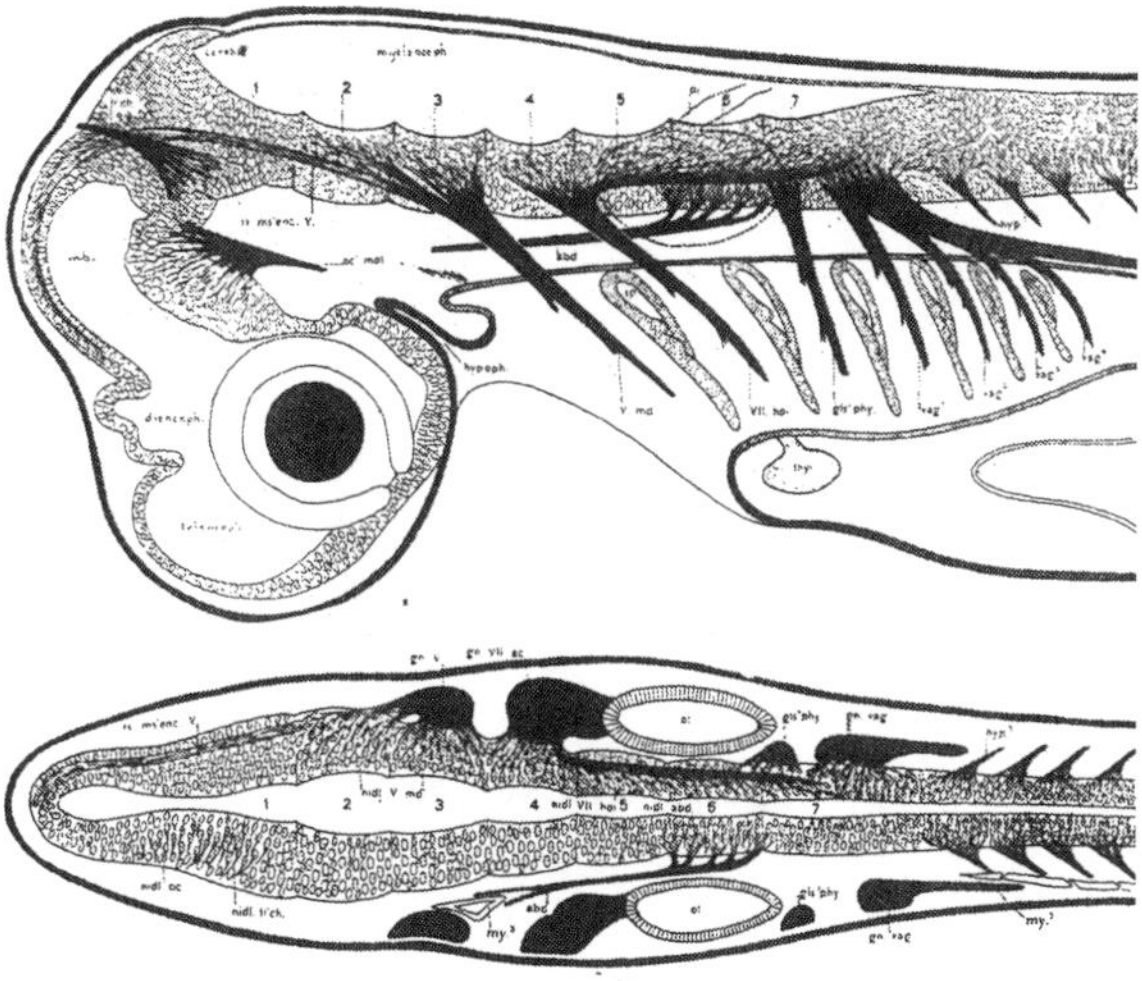

図3-14▶サメ咽頭胚の塗銀染色標本をニールが観察し、半ば模式的にスケッチしたもの。第3菱脳分節から三叉神経が生え出しているところから、比較的後期の胚であることがわかる。もっぱら神経分節における運動ニューロンの位置を意識的に描いている。が、中脳蓋に細胞体を持ち、長い突起を三叉神経に延ばしているのは三叉神経中脳路核ニューロンという髄内知覚神経細胞の一種であり、運動ニューロンではない。したがって三叉神経運動核の細胞体は第2、第3菱脳分節だけに存在することになる。このような運動ニューロンの位置は、多くの脊椎動物胚に保存されている。滑車神経の運動核が後脳(菱脳)前端の基底板に位置し、中脳・後脳境界を上行したのち、神経管を出、反対側へ降りてゆくことに注意。Neal(1918b)より。

示さない菱脳分節を、どのように頭部分節、とりわけ頭部の中胚葉分節に対応づけることができるかということが、その時点で残された課題であると信じていた。このような頭部の「切り分け」には一見、ゲーゲンバウアーの採用した方針にも通ずるものがある。どうやら脊椎動物のからだに、分節論的考察を受け入れないようにみえる部分があることだけは（歴史的に）否定しがたい。それは、のちになって実験発生学が開花した頃、研究者に共有されることになったイメージにも通ずる（第5章）。筆者が思うに、ニールにとって神経分節とは、ヒルやローシーによって示された、後期神経胚期の神経軸上に前後に現れる一連の膨らみにこそふさわしい名称であり、そこに彼にとっての分節パターンの本質が宿っていたようなのである。無論、現在の我々は後期神経胚の神経管の中に、いわゆる神経分節と脳胞を同時に見ており、それらを一連の等価な膨らみとは考えていない。

確かにニールの指摘するように、神経軸の上で菱脳分節が存在するレヴェルは、大まかに板鰓類胚の頭部中胚葉の前後軸において頭腔が発生する範囲に一致する（図3-16・17）。とはいえ、菱脳分節と鰓弓神経が例外的な位置関係を示す板鰓類を用いていたこと、中脳に細胞体を持つ例外的な髄内知覚ニューロンである三叉神経中脳路核●326を誤って運動神経核とみなしてしまったことは、確かにニールに災いした（図3-14）。一九三〇年代に至ってもニールは、両生類や魚類の脊髄神経背根を通る臓性運動ニューロンの軸索があると考えていた。これはいうまでもなく、脊髄神経を鰓弓神経と系列的に相同とするために必要な作業仮説であった。

菱脳分節が特定的に鰓弓神経と深い関係を持つことはグレーパーも示唆していたが（Gräper, 1913）、ニールは、何とかそれを外眼筋神経群とも関係づけようと奮闘していた（図3-16・17）（Neal, 1914, 1918b）。事実、彼は一九一四年に外眼筋神経群（nn. III, IV, VI）の形態発生について長大なモノグラフを書いている。その中でニールは、これら体性運動神経がどの神経分節に対応し、それに対するところの背根、つまり知覚成分がほかの脳神経のどの部分に見出され、それを証拠立てる細胞の動きが組織標本の中でどのように観察され、ひいては脊椎動物の頭部分節性にとって、彼のスキマタイゼーションがどのような意義を持つかについて、ほかの研究者による大量の文献を引きながら延々と述べている。

彼のイメージの中では、これら外眼筋を動かす脳神経群は、ほかのものに比べ進化的に新しいというものであった。なるほど、外眼筋がナメクジウオに存在せず、脊索動物の中で脊椎動物を定義づける形質であることは確かである。その細胞体に発現する遺伝子のプロファイルから現在では、外眼筋神経群のうちで確かに脊髄神経腹根と似ていると認められるのは外転神経のみと考えられているが、その論文の中では動眼神経、滑車神経もまた二次的に変形した脊髄神経の運動成分なのであり、それらに対し「移動する細胞群」からなる自律神経節や、脊髄神経節などの成分が（やはりもとのパターンから変形した上で）対応、分布しているというのである。

ちなみに、プラットも観察したこのような細胞群は、たいていの場合、脳神経節や末梢神経の支持細胞を分化する頭部神経堤細胞を指し、これらの細胞と髄内知覚細胞の関連など、発生学的に面白い記述も決してないではない。しかしニールのこうした試みのすべては、「脊髄分節と菱脳分節、そして中脳と前脳を連続した一連の分節列とみなす」ことを目指した悪あがきのようにもみえる。しかもそれを理解するのは容易ではない。そこまでの変形を加えないと理解できないものを、はたして本当に頭部分節の表出と考えてよいのもなのか。進化的に新しく獲得され、それゆえにすでにもとの分節パターンが二次的に変形してのちに獲得されたために、これらの神経群は例外的な形

図3-15▶ニールによる神経分節の漸進的進化。上から、ナメクジウオ、ヤツメウナギ、サメ、ニワトリの胚を示す。必ずしも互いに対応する発生段階が示されているわけではない。ヤツメウナギとサメにおいて頭部中胚葉が分節しているように描かれているのは、ニールが分節論者であったことを反映している。ただし、ニールはニワトリを含む羊膜類の頭部中胚葉が分節性を著しく失っていることは認めており、同時にそのような動物において後脳の神経分節がよく発達していることに気がついた。一方でナメクジウオの前方の中胚葉は完璧な分節性を示す。したがって、頭部における神経分節と中胚葉分節は互いに相補的な存在であり、進化につれて次第に神経分節が顕著になると考えた。Neal & Rand（1946）より改変。

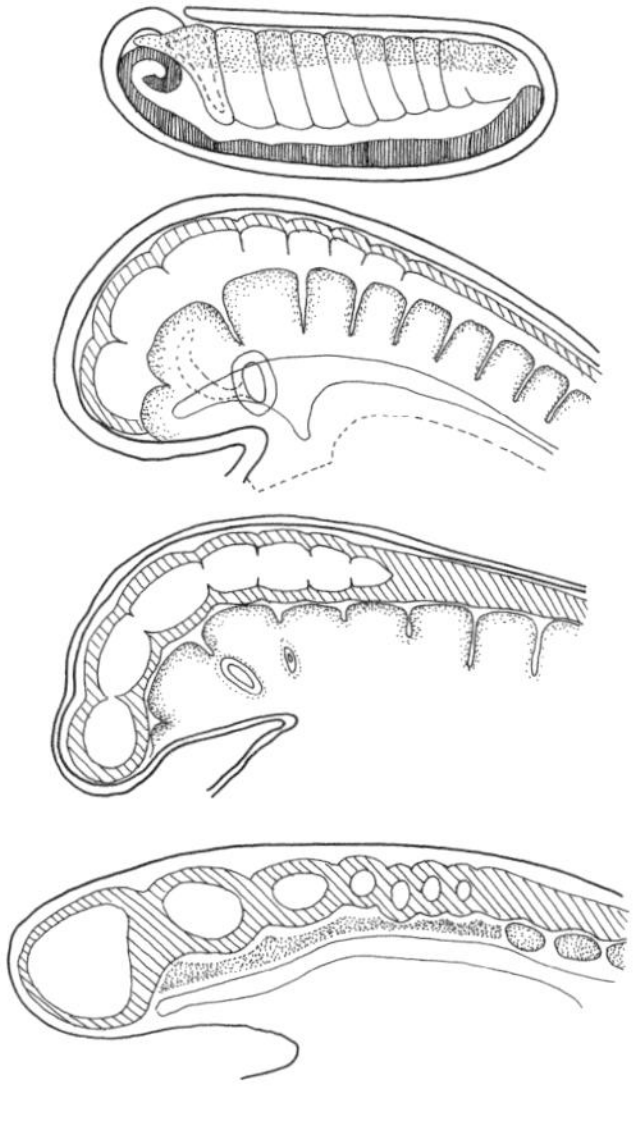

態的特徴を示すのか。さらに、神経分節が一見、高等な動物においてより明瞭にみえ、原始的とされる原索動物や円口類においては、それが存在しないか、もしくは非常に不規則に発生することもニールを当惑させていた。[327]

以上のような傾向からニールは、再び反復説的原則にもとづき、以下のような進化シナリオを考えた。つまり、神経分節は脊椎動物の特徴とするより、むしろ羊膜類においてのみ際立った特徴というべきであり（一般的傾向としてそれは正しい）、そこでは頭部の中胚葉分節が失われているために、むしろ神経分節が際立つ結果となったのだという（図3–15）。ニールのヴィジョンにおいては、明らかにナメクジウオ的祖先が脊椎動物の本来の姿であり、そこでは前後軸に沿って連続した中胚葉分節が存在していたはずである。そのような動物の神経系にはしかし、神経分節はなく、中胚葉こそがすべての分節パターンの発生の源泉であった。前後軸全体に広がった体節の分布は、脊椎動物においても一部残っており、いまでも円口類にそれを確認できると、ニールはやや不適切に考えた。後者においては、幼生期には確かに頭部前方にまで筋節が存在しているが、それは筋節の二次的な前方への移動によるものなのである。[328]板鰓類では、ニールの仮定した前方体節の痕跡を「頭腔」という形でみることができ[329]（第2章）、両生類になると、頭部中胚葉の分節性は極めて不明瞭になる（Platt, 1894）。さらに羊膜類に至っては、頭腔はもはや顎前腔にみることができるのみである。つまりニールの指摘によれば、頭部中胚葉の分節性は脊椎動物の進化とともに不明瞭になってゆく。いい換えれば、中胚葉性の頭部分節と脳の神経分節は、進化において互いに逆のポラリティを有している。すなわち、中胚葉分節が不明瞭になるとともに、神経分節が次第に明瞭になるのである。ならばそれは、次のような進化のシナリオを示唆するのかもしれない。すなわち当初、体軸の前端にまで中胚葉が分節し、あたかも神経分節をまったく持たないナメクジウオのような姿をしていた我々の祖先が、脊椎動物としての道を歩み始めたとき、前方の中胚葉の分節が次第に不鮮明になり、咽頭、もしくは内臓弓の重要性が増大していった。そして遂に、羊膜類にその極致をみるように、頭部中胚葉が一様な間葉としてのみ現れるようになった。その一方で、頭部における分節的オーガニゼーションを補佐するため、とりわけ咽頭の神経支配を分節的に行うために、菱脳がそれ自体の分節的構築の強度を強める必要が生じ、それゆえに進化とともに菱脳分節は明瞭な形態を獲得するに至ったのであると……（図3-15）。したがって、脊椎動物の中でも最も原始的なヤツメウナギでは、神経分節は菱脳に限られ、しかもそれが極めて不鮮明なのであると……。

以上のような考え方はそれ自体非常に魅力的であり、分節パターンの獲得における発生的機構、組織間相互作用のヘテロトピー的シフトさえ示唆していて実に興味深い。本質的パターンは変えずに、形態形成の論理が姿を変えてゆくというアイデアは、現在いうところの「発生システム浮動：DSD」（後述）とも相通ずるところがある。筆者も過去において、頭腔が顎口類の共有派生形質であり、羊膜類へ向かう進化の過程で次第に後方から消失してゆく傾向があると指摘したことがある。がしかし、このような指摘は所詮《しょせん》、哺乳類、もしくは羊膜類を中心に置いた古典的な進化観に大きく影響を受けているばかりか、それを直接示唆する発生学的証拠は実際のところ非常に乏しい。

たとえば、サメにおいても円口類においても、菱脳分節と鰓弓神経根の発生位置や、見掛け上の発生機構に羊膜類との明瞭な差は実際には検出できない。ならば、鰓弓神経根形成の発生学的基盤にもほとんど差が期待できないことになる。さらに加えていうなら、な

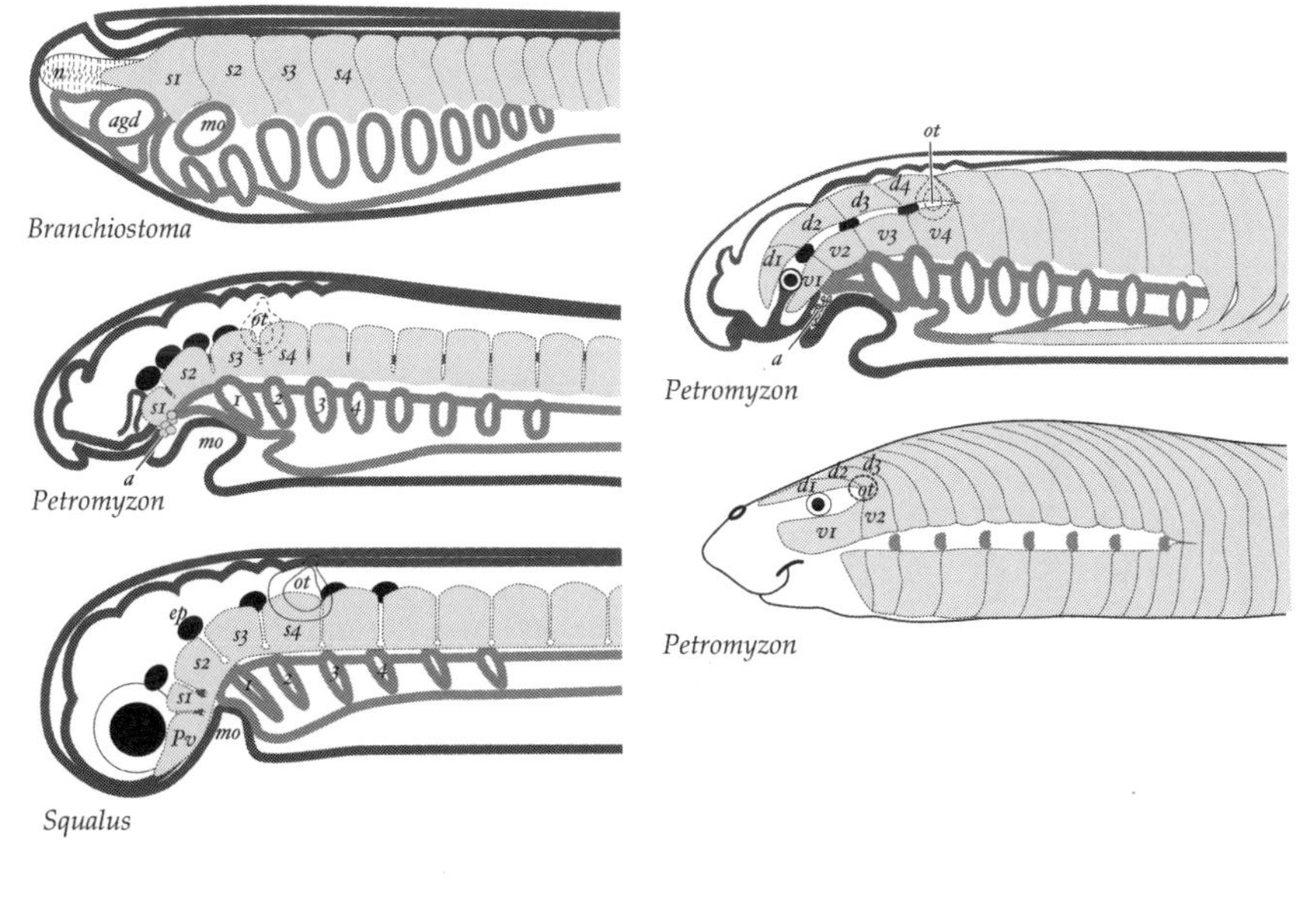

図3-16▶ニールによる中胚葉とプラコードの進化。上から、ナメクジウオ、ヤツメウナギ、サメの胚を示す。この図のオリジナルはNeal（1918a）にみられる。Neal & Rand（1946）より改変。

ぜヤツメウナギなど円口類において頭腔がないのか、右のシナリオではうまく説明することができない。ニールの生きていた時代にあっては、ナメクジウオ的祖先から哺乳類へという、グレード的進化観がもっぱら支配的で、それが彼に「進化とともに明瞭に、一方向に組織化されてゆく神経分節パターン」という考えを抱かせることになった（図3-15）。いずれ、円口類における筋節の由来についての誤った認識を別にすれば、ニールが脊椎動物の頭部中胚葉の中に、ナメクジウオの前方体節と等価、もしくは相同な単位を潜在的にみていたことは明らかである（図3-16）。その意味において、ニールもまた分節論者の一人であるには違いない。が、同時に彼が、体幹とは異なった、何か別のものとして組織化してゆく過程に脊椎動物頭部の本質を見出そうとしていた傾向を持っていたことも見逃してはならない。

以上、ニールの記述はしばしば両義的なのである。脊髄分節と菱脳分節を何とか連続的な系列相同物とみなす努力をする一方、ニールは神経管の各領域に現れる神経分節各グループそれぞれの見せる異なった性質についても強調するに至っている。つまり、本来のメタメリズムを示すはずの脊髄分節を、単に中胚葉分節（体節）の存在によって二次的に押しつけられた物理的パターンであるとし[330]、一方で、菱脳において自律的に発するようにみえる菱脳分節の存在こそ、頭部において本質的、かつ重要であるとみなすようになる（Neal, 1918b）。一九一八年の時点ではニールはもはや、神経分節すべてを系列的に相同なものとみることができなくなっていた。そして、菱脳分節は筋節ではなく、咽頭弓に発する鰓弓筋系に応じて、適応的に、また二次的に獲得されたものと考えている。ただし、現在認められているような菱脳分節X2＝咽頭弓X1という関係ではなく、ニールは本来的に一つの菱脳分節がもともとは一つの咽頭弓に対応していたはずだと仮定した[331]（図3-17）。すでに示唆したように、そこには板鰓類崇拝の影響をみることができる。というのも、板鰓類では三叉神経の根が二次的に後方へ移動し、第三菱脳分節から生えているようにみえるからだ。

逆にいえば、咽頭弓のないところに菱脳分節はあるべきではなく、それゆえ、脊索動物の咽頭分布域以外に菱脳分節に相当する神経分節は期待できないというのである。が、頭部前方においては菱脳分節に似たものとして、中

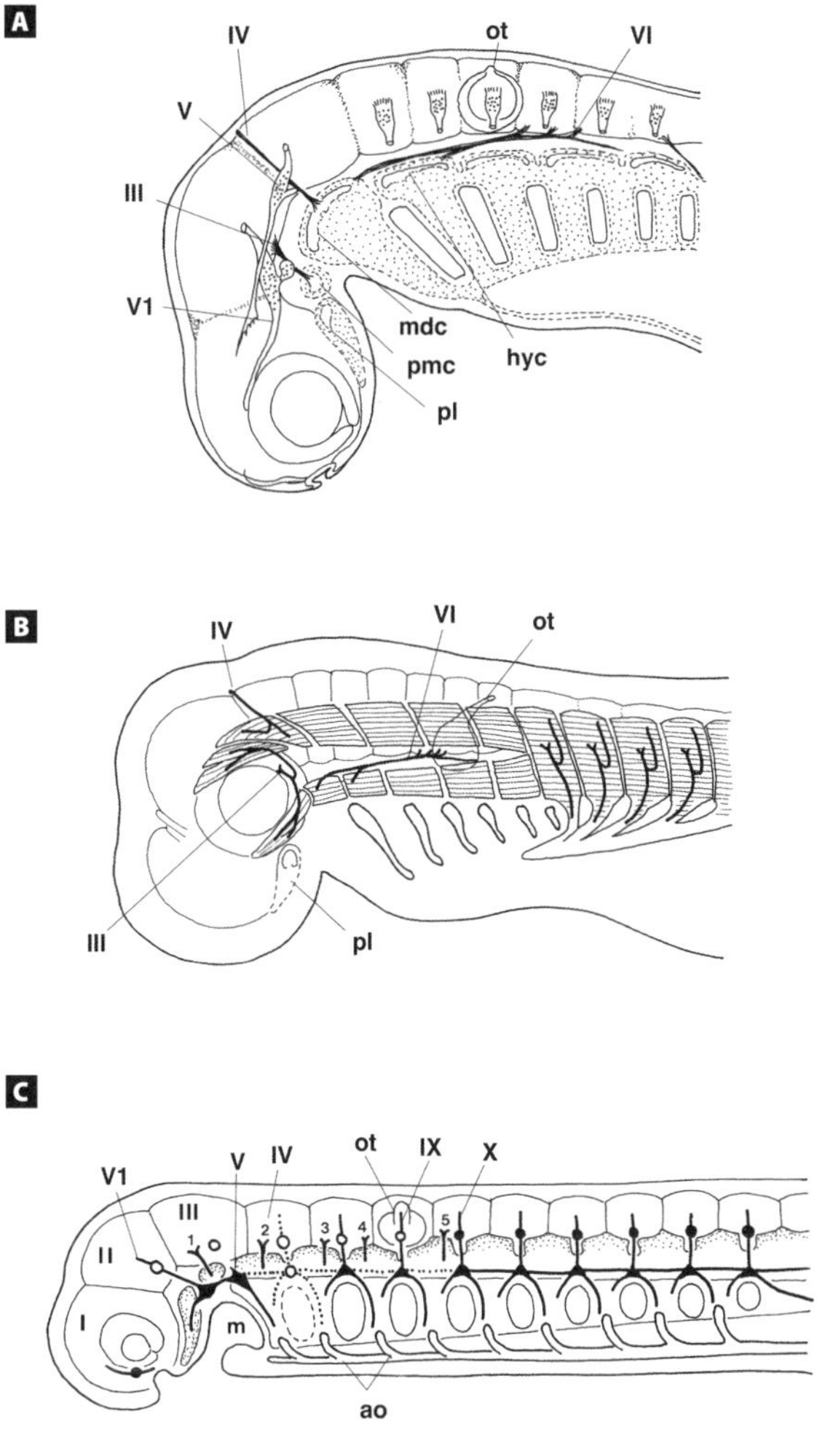

図3-17▶ニールの頭部分節理論。実際の形態パターンにみられる齟齬にもめげず、ニールは「1つの神経分節に1つの脳神経が付随する」という分節的原則を守ろうとした。そして、中胚葉分節と神経分節の間に半周期ずれた分節的対応関係を仮定し、その典型的なパターンが体幹における脊髄分節と体節の間にみることができるとした(脊髄分節は前後する2体節の間に発生する)。

A:サメの咽頭胚を模して描かれた神経分節論のモデル。ここでは三叉神経は2部に分割され(この見解は一般に認められている)深眼神経(V1:三叉神経の第1枝ならびにその知覚神経節)が中脳分節から、上下顎神経(V)が第1菱脳分節から生えるとされている。

B:神経分節と外眼筋神経、筋節の関係。中胚葉に関しては、典型的な分節論者であったニールはかつて、ヤツメウナギにみられるような背腹に分割した前方の筋節が、外眼筋を形成してゆくと考えた。のちに彼はこの考えをあらためている。

C:極度に模式化された神経分節論のモデル。ao:鰓弓動脈弓、hyc:舌骨腔、III:動眼神経、IV:滑車神経、IX:舌咽神経、m:口、mdc:顎骨腔、OT:内耳原基、pl:プラットの小胞、pmc:顎前腔、VI:外転神経、X:迷走神経。CにおけるI～IIIは神経分節を、1～5は一般体制運動神経の根を示す。Neal & Rand(1946)より改変。

脳と前脳が、菱脳分節に等価な二つの神経分節を代表するという可能性を考えた(図3-17)。つまり、のちに発見されることになる前脳分節は、ニールのいうところの神経分節には値しない(ニールのいい方を借りれば、「体節に付随するような分節としての特性(segmental value)を持っていない」)ということになる。このような仮説もまた、胚頭部に存在するであろうと仮定された中胚葉性の分節(前頭腔=プラットの小胞を含む)との数合わせから無理矢理にこじつけられた仮説であった。つまり顎前腔には中脳が、前頭腔には前脳が対応するというわけである。

すなわち、その不適合性の可能性について極めて意識的であったとはいえ、ニールの神経分節モデルの背景には、明らかにバルフォー、ヴァン=ヴィージェ以来の中胚葉性分節にもとづいた頭部分節理論が控えていた。したがって、ニール本人が好むと好まざるとにかかわらず、それは中胚葉分節論者の信奉するのと同じ板鰓類崇拝の支配下にあったといわざるをえない。一九三六年、分節論者ニールがランドとともに著し、その後版を重ねた『比較解剖学(*Comparative Anatomy*)』においては、最後の二章が頭部問題と脊椎動物の起源に割《さ》かれており、そこでは明らかにサメにおける頭腔の発生を基本的根拠に置いた頭部分節性の理論が展開されている。ここでは、いくつかの種の板鰓類胚において顎前腔の前方に現れることのあるプラットの小胞、もしくは前頭腔が最前の中胚葉分節とされ、その相同物が、アミアなどいく種かの原始的硬骨魚胚やその幼生の粘着器官(adhesive organs)と同じものとされ、さらにはそれはナメクジウオの側憩室(anterior gut diverticulum)と相同であるとも想定されている。

したがって、ニールにしてみれば頭部分節性の基盤は中胚葉分節でなければならず、神経分節がどのような姿をしていようと、それは所詮二次的なものにすぎない。しかも、ナメクジウオよりも進んだ段階での祖先的な仮想的脊索動物では、かつて中胚葉分節と神経分節が理想的な関係を伴い、同じリズムを伴いつつ内外に相並んで繰り返していたと考えられるのだが、そのような理想的パターンが、それ以降の進化の中で極めてわかりにくいものに変貌してしまったとしか、彼には説明できなかった。そして、中胚葉分節の配置に対応した一次神経分節の並びを案出している。彼のいう「一次神経分節(primary neuromeres)」が本来の神経分節の並びであり、そこで数えられていないものは一つの神経分節が二次的に細分化されたものなのだと……。

当時のレヴェルでの観察事実を踏まえ、分節の発生機構をあらゆる方向から考え抜いた右のような仮説が、頭部分節研究の歴史の中でニールの一連の研究をことのほかユニークなものにみせている。ニールはまた、一本の論文の中で、互いに相反する二つの仮説を同時に主張したりもする。晦渋な文章表現のみならず、両義性もまた彼の論文を理解しにくいものにしている要因の一つである。さらに、菱脳分節が本質的分節を代表するといったかと思えば、むしろ末梢神経とそれが支配する筋の関係こそが、進化的に保存された確固とした対応関係を示しているがゆえに、菱脳分節と運動神経の分節的対応がどうしても合致せず、結果として菱脳分節のメタメリズム要素としての性質を否定せずにはおれないような議論も展開してしまう（Neal, 1918b）。実際、脊椎動物における中胚葉、末梢神経、そして視覚的に観察できるすべての神経分節をすべて過不足なく並べ、規則正しいメタメリズムの模式図として示すことは絶望的に不可能なのだ。[●332]

類似性	
頭部	体幹
頭腔	体節腔
筋節	筋節
硬節	硬節
体性運動神経	体性運動神経
臓性運動神経	臓性運動神経
体性知覚神経	体性知覚神経
臓性知覚神経	臓性知覚神経
自律神経	自律神経
神経分節	神経分節
椎骨（後頭骨）	椎骨
相違点	
動脈弓	なし
鰓裂	なし
上鰓プラコード（ニールは感覚器と誤認）	なし
内臓骨格	なし
なし	腎管

表12▶ニールによる頭部と体幹の比較。Veit（1947）より改変。

かくしてニールは、当時の比較発生学者全員の悩みを代表していたと同時に、その問題点を最も明瞭に表現しえた学者でもあった。彼が「Which neuromeres are true neuromeres?」と問うとき、それは、細胞組織学的に明瞭な上皮コンパートメントをなしている神経分節はどれか、と聞いているのではない。むしろ、脊椎動物の頭部の進化と成り立ちを最もよく表現し、その本質的分節のリズムを体現している神経分節を探すとしたら、胚のどの時期のどの領域に発するものを「ニューロメリズム（神経分節性）」と呼ぶべきかと悩んでいたのだ。ニューロメリズムはかくも悩ましい概念なのである。ソミトメリズムが体節に由来したあらゆる分節繰り返しパターンを示し、同様にブランキオメリズムが咽頭弓、もしくは咽頭嚢の発生に由来するあらゆる繰り返しパターンを呼ぶことと比べると、ニューロメリズムには確固とした足場が欠けている。つまり、連続した分節性、それ自体が不確実なのだ。ニールは最終的に、脊椎動物の頭部と体幹における類似性と相違を表12のように整理した。ここに、頭部の特殊性を何とか体幹要素の変形として理解しようと努めたニールの方針をみてとることができる。

最終的にニールは神経分節を強調した脊椎動物の頭部分節パターンを模式化して提示した（図3-17）。ここでは、すべての神経分節が末梢神経の根をひと組ずつ備《そな》え、それらはすべて中胚葉の分節（頭腔ならびに体節）と一対一の関係をもって分布している。すべての脊椎動物は、耳の前にそのような分節を四つ持つが、耳の後ろにおいてはその数は変化する。それは、鰓弓の数によるのではなく、頭部に新たに参入した後頭体節の数の違いに依存するとニールは述べた。無論、このような脊椎動物のパターンは、ニールによれば同じ脊索動物に分類されているナメクジウオのような祖先から由来するのだが、ならば、そのような祖先的脊索動物を生み出したはずの、さらに古い祖先はいかなるものかとニールは問う。それは、やはりセンパーの考えたように、分節パターンの明瞭な環形動物のようなものであったのか、それとも環形動物の分節は単なる収斂を示すのか……。脊椎動物の頭部分節セオリーがゆき着くところ、必ず脊椎動物、もしくは脊索動物の進化的起源を問わずにはおれなくなる。クッドリッチによる頭部分節の模式図が問われて以来、二〇世紀初頭の動物学者にとって最も興味深い問題の一つがまさに脊椎動物そのものの起源なのであり、それは発生的ボディプランという、形式化されたパターンとパターンの比較の中に進化的繋がりや変形の歴史を紐解《ひもと》いてゆく基本方針として、すでに比較動物学者たちの眼前に提示されていたのである。それは同時に、原型論がゆき場を失い、形態パターンの変化の中に進化をみるという、現在の進化発生学と同じ方法論の誕生をも意味していた。そのような問題意識が盛り上がっていた二〇世紀前半にあって、グッドリッチの模式図は、むしろ原型論が滅びたあとの墓標のようにさえ映ずる。

いまでは歴史の中に埋もれてしまった感があるが、ニールの名は神経系の分節性をほかの器官系、とりわけ頭部中胚葉に由来する外眼筋の形態と対応させ、初めて統一的に頭部分節性を進化的変形の過程の中に見出そうとした形態学者のそれとして記憶されるべきであろう。しかし、その形態学的試みは決して成功と呼べない結果に終わるよりなかった。いったんは忘れられた菱脳分節の分節的性質が一九八〇年代に再認識され（Kuratani et al., 1988a; Lumsden & Keynes, 1989）、Ｈｏｘ遺伝子の分節的発現やその特異化機能の理解とも相俟《あいま》って、脊椎動物の頭部問題を再燃させた折、ニールが過去に行った観察のいくつかが再び繰り返されることになった。そして、図《はか》らずも一〇〇年前のニールと同じ考察にゆき着いた研究者も多くいた。二〇世紀末にあっては、菱脳分節が頭部中胚葉よりもむしろ、頭部神経堤細胞と深い関係を持つということが正しく強調されたが、とはいえ誰もニールと同じレヴェルの形態学的深みに達することはなかった。いい換えるなら、これだけの発生学的事実が蓄積した現在にいるにもかかわらず、いや、そのような現在であるからこそ、ニールがあれほど緻密に示した不可能性に気づいた発生学者はいなかったというしかない。つまりそれこそが、頭部分節性をめぐる歴史において、神経分節の存在が、いわば「宙ぶらりん」になってしまった主たる要因なのである。

ベルグクイストと多角形モデル

いわゆる「スウェーデン学派」に属する学者として認識されることはあまりないが、スウェーデン人の神経発生学者、ベルグクイストに代表される研究は、脊椎動物の中枢神経系、とりわけ脳を、どこまで分節的に形式化できるかということに主眼を置いており、ことさら頭部の分節性を大局的にみようとはしていない。これは彼らに限らず、二〇世紀中葉の研究者に共通してみられた傾向であり、頭部分節性を大上段にかまえて論じるよりも、特定の器官構造の発生をできるだけ正確に理解しようという目的がこの頃明瞭になりつつあったことがうかがえる。そこには、生物学の領域の細分化ももちろんかかわっている。その傾向の中で、頭部分節説という命題のゆき場がなくなりつつあったのである。

しかし、一九九〇年代以降の分子発生学的検索が明らかにしてきた脳の分節構造やその分化機構の理解を思えば、ドイツ流比較形態学の伝統を受け継ぎ発展させた、彼らの研究の意義を再認識しないわけにはゆかない。ここで一つ明らかになる興味深い事実は、構造論的認識の学として始まった形態学が、ある時期まで動物の頭部の成り立ちをすべての器官系にわたって統一的に把握しようとしていたという事実であり、分節スキームがどれほど整合的に実際の解剖学的パターンと一致するかという指標でもって、分節論が検証されてきたということなのである。つまり、このような問題解明の方針にあって、形態学の分野別の先鋭化は、決して歓迎すべきことではなかった。

脳に分節があるなら、それは頭部のほかの分節構造とどのように対応するかがすぐさま問題となる。まさにそのような話の流れこそが、ゲーゲンバウアー以来の、メタメリズム論としての頭部問題の伝統であり、ベルグクイストらと同様に神経分節を研究していたニールは、間違いなくその急先鋒であった。それに対し、現在の分節研究は、実験・実証主義と還元主義を旨《むね》としているのであり、したがってたとえば、鰓弓系の繰り返しパターンと厳密に一致しないからといって、後脳の分節（ロンボメア）に形態学的意義はないなどということにはならない。現代の発生学においては、解剖学的な整合性は通常気づかれることすらない。その意味で、ベルグクイストとその一派による研究は、古典的比較形態学の伝統と、現代の生物学を繋ぐ、一種の分水嶺的な位置にあるとみるべきかもしれない。

ベルグクイストらは、後期咽頭胚以降の神経管を組織学的に観察し、神経上皮細胞が増殖する、一種の「細胞分節のプール」とでもいうべき領域の存在に気づき、これに「移動領域（migration area）」とか、「増殖領域（proliferative zone）」の名を与えた[333]（図3-18）。そして、このような領域を誇張して描画することにより復元モデルを構築し、表面が激しく凹凸を持つ、奇妙な脳原基の図を示した（図3-19）。もちろん実際の脳原基にはこのような凹凸はない。この凹凸は

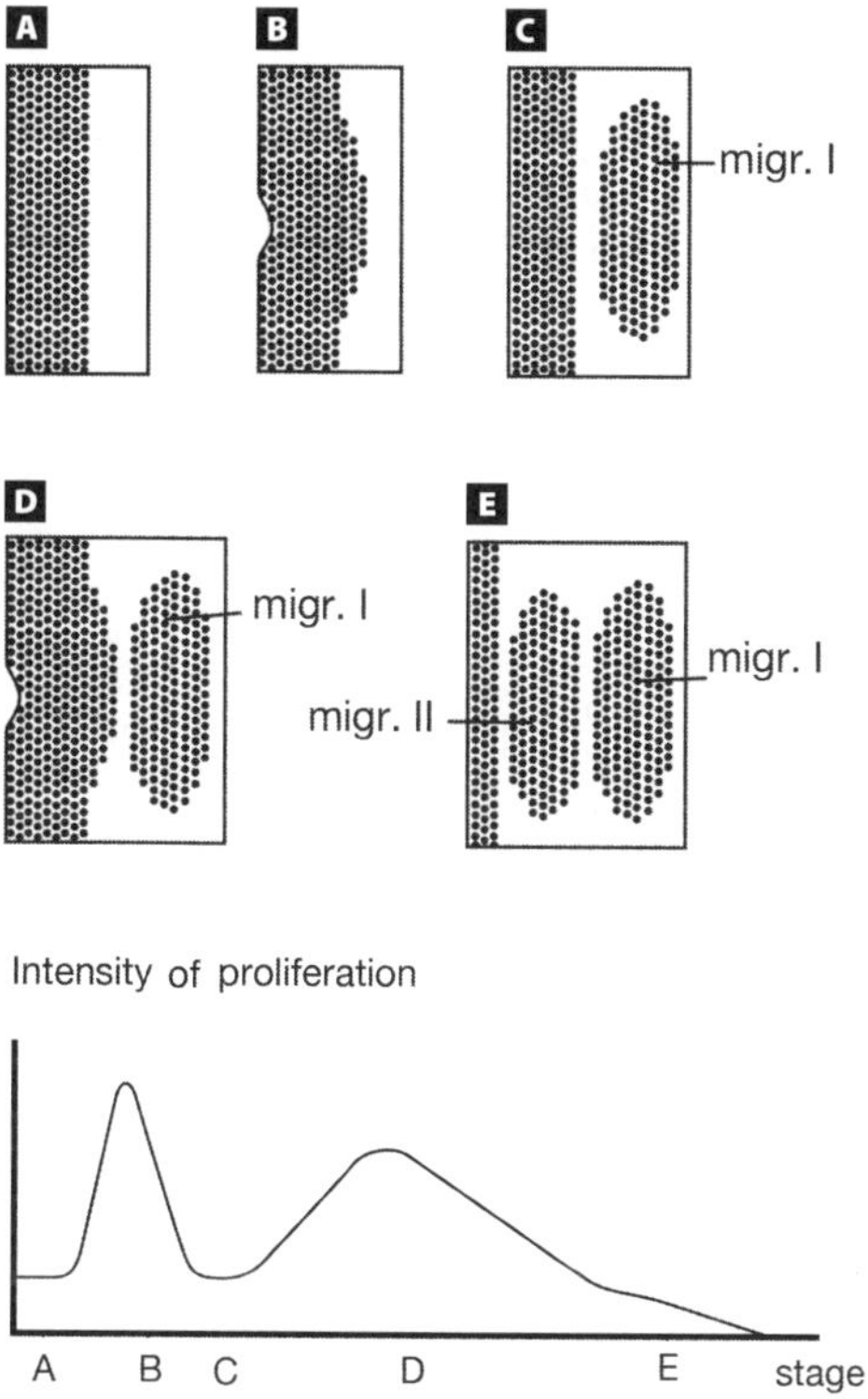

図3-18▶ベルグクイストらによる神経前駆細胞の移動。発生ステージごとの細胞分裂の頻度、組織様態が示されている。左側の脳室側灰白質から、細胞が髄膜側へ移動し、層を作ってゆくのがわかる。ベルグクイストらは、このような細胞増殖塊を強調して、3次元復元モデルを描いたのである。Bergquist & Källen（1954）より改変。

実際、ベルグクイストらによるところの神経上皮細胞の増殖領域を、人為的に強調して描き視覚化したものである。このように、細胞の増殖が領域的に閉じ込められている状態が、脊椎動物の発生学においてしばしば「発生コンパートメント（developmental compartments）」と呼ばれる構造の必須条件であった。のちの菱脳分節研究において、細胞系譜の独立性が実験的に確かめられることになるが、ベルグクイストは菱脳においても前脳においても、このようなコンパートメントの存在の可能性をいち早く組織学的に示しえたのである。この脳の発生区画は、脊椎動物における発生コンパートメントの概念に極めて近い。すなわちこれらの区画は、それぞれ独自の速度の細胞分裂を示し、しかもその範囲内でのみ増殖した細胞が動き回るという（つまり、区画内の細胞は、区画の境界を越えることがない――細胞系譜の分離：cell lineage restriction）。このようなコンパートメント性、もしくはモジュール性が、分節性の重要な性質の一つなのである。ただし、ベルグクイストのいう「移動」とは、もっぱら神経芽細胞が脳室側の神経上皮から遊離することを指していうものであった。

　ベルグクイストが、ヨーロッパカワヤツメ（*Petromyzon fluviatilis*）、シビレエイ（*Torpedo ocellata*）、メキシコサンショウウオ（*Ambystoma sp.*）、ヨーロッパアカガエル（*Rana temporalis*）、ヒメウミガメ（*Lepidochelys olivacea*）、ヒト（*Homo sapiens*）の胚において示した脳原基の分節的構成は、前後に並ぶタイヤのような、いわゆる神経分節◉334が並ぶことに加え、それぞれの分節が背腹に四つに分割されるようなモデルであった（図3–19）。つまり、最初にヒスが境界溝の上下に認識した翼板と基底板のそれぞれを、さらに背腹方向に二分割したわけである（His, 1888）。その背腹の四区画は背側から、Columna dorsalis（D）、Columna dorsolateralis（DL）、Columna ventrolateralis（VL）、Columna ventralis（V）と名づけられた。そして、神経分節ごとにそれらに番号が振られるのである。このような基本型が最もはっきりと現れると考えられたのが、ヤツメウナギ咽頭胚期（体長七・五mm）のそれであった（図3–19）。このとき、脳原基は次のような構成を示す（括弧の中はベルグクイスト独自の命名を示す）。

第0神経分節原基（Neurod 0：＊）：嗅球領域の一部

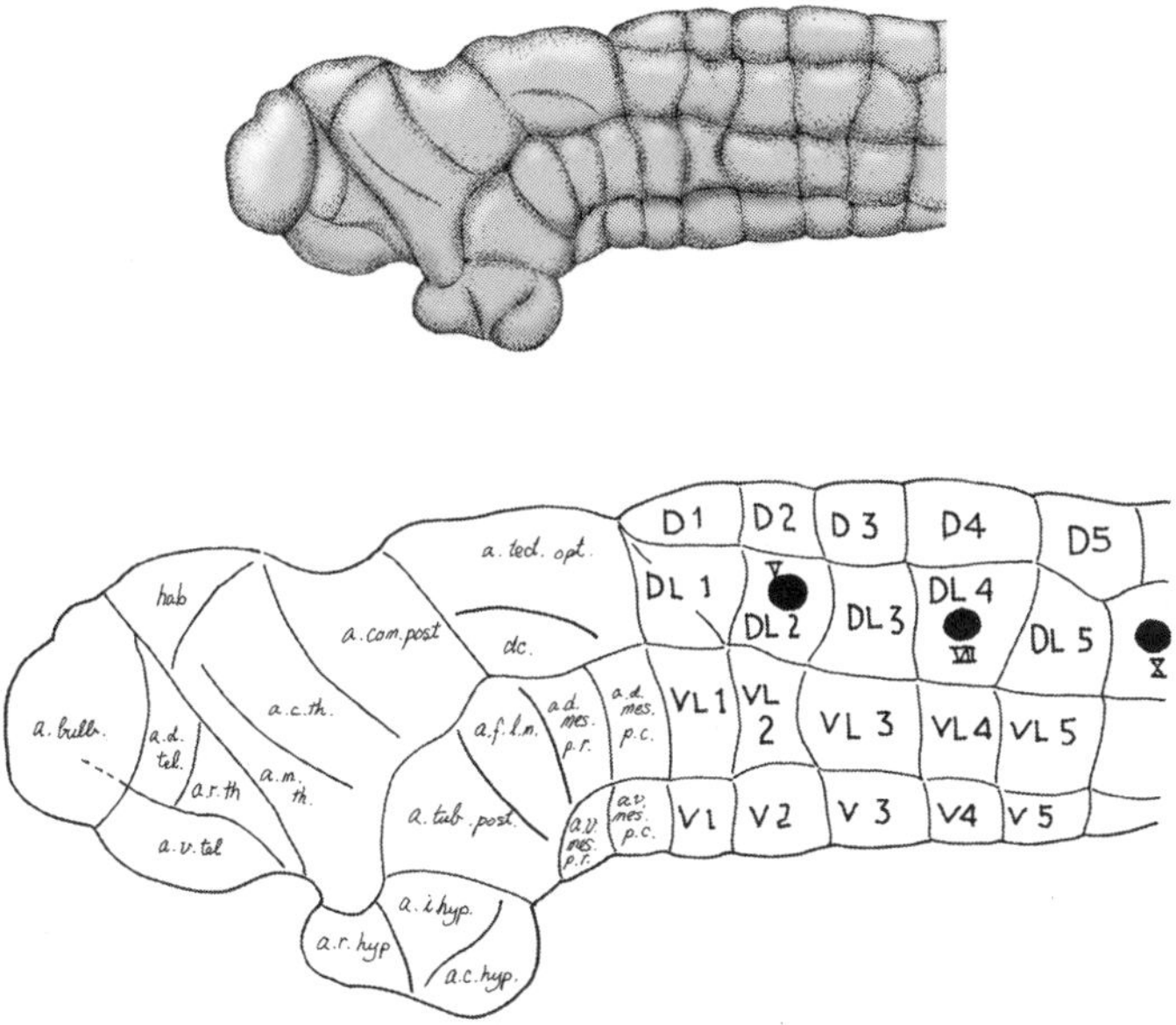

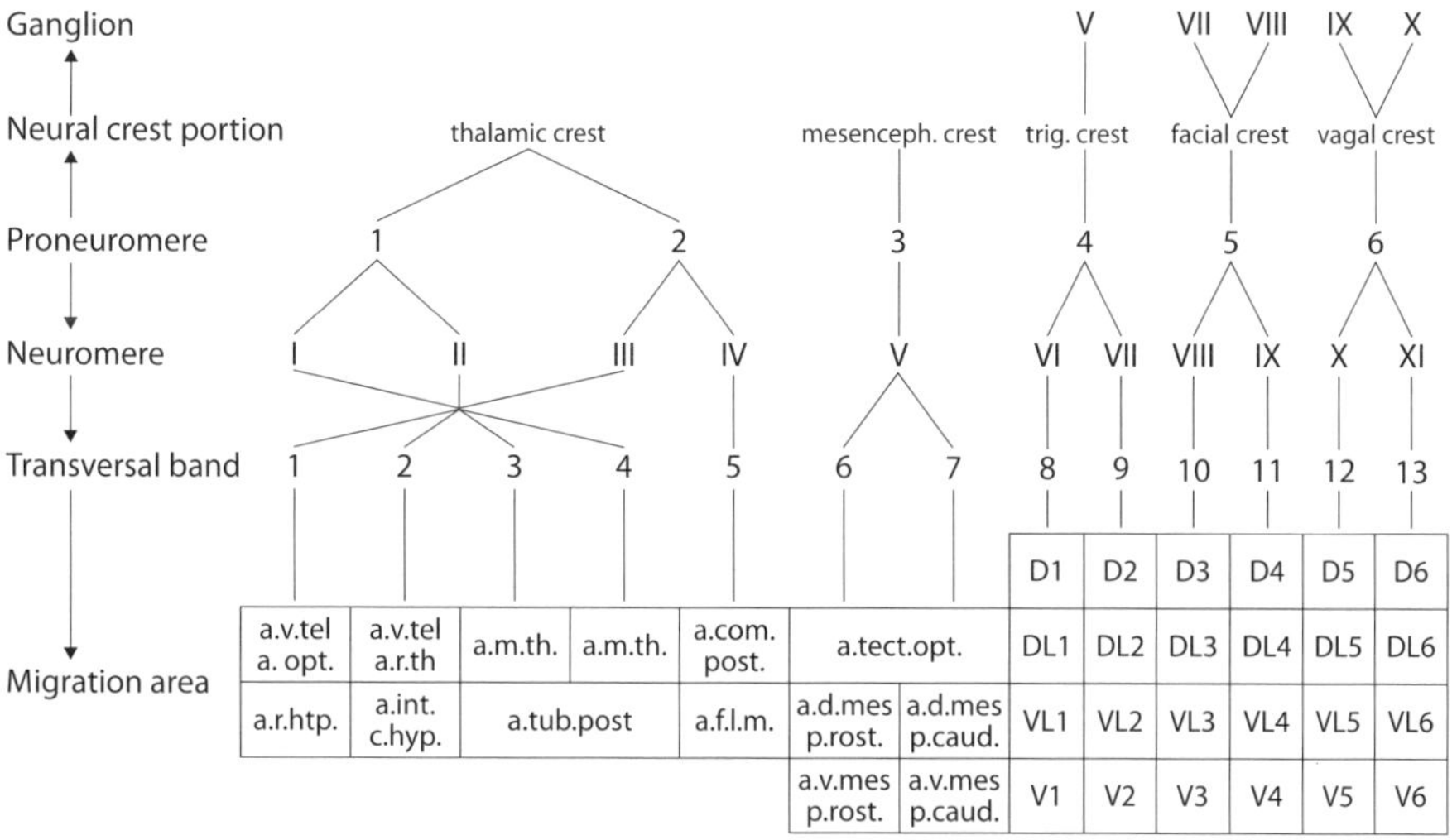

図3-19▶上：7.5mmヤツメウナギ胚における脳原基にみる「移動領域」の分布。Bergquist & Källen（1953）より。
下：ベルグクイストモデルにおける「移動領域」としての神経分節が、初期神経分節や末梢神経節とどのように対応するのかを示した模式図。Bergquist & Källen（1954）より改変。

第一神経分節（Neur I）：嗅球領域の残り、終脳背側部、腹側部
第二神経分節（Neur II）：視領域、視床前部
第三神経分節（Neur III）：視床中央部、尾部、視床下部
第四神経分節（Neur IV）：後交連部
第五神経分節（Neur V）：中脳部

＊注記：「Neurod」とはBergquist（1952）の造語であり、「neuromerodes」の略。「rudiment of a neuromere」を示す。

このような構成が、脊椎動物の後期胚の脳原基（中脳とそれより前方）に共通して現れると、彼らは説いた。これからわかるように、ベルグクイストらは一貫して、終脳に二つ、間脳に二つ、中脳に一つ、そして中脳と間脳の境界に一つの神経分節を認めている（図3–19）。後脳において鰓弓神経の根が発するのは、これらの区画のうちDLのレヴェルである。[335] これは、中脳レヴェルにおいては、視蓋（area tectici optici）を成す。[336] VLには内側縦束（fasciculi longitudinalis medialis）が発する。

気をつけねばならないのは、ベルグクイストらのいう「帯」が、必ずしも神経分節と一致しないという可能性である。すなわち、ローシーやヒルに典型をみ、キングスベリーとアーデルマンにおいて一つの落ち着きをみせたように（Kingsbury & Adelmann, 1924）、多くの場合（現在においても）神経分節とは、神経上皮に生じた発生コンパートメントとしてのそれをいい、一方で、「帯」は神経上皮細胞の分裂・増殖が進み、分化が開始された段階での構造を指す。したがって、厳密な意味において「帯」は神経分節の同義語では「ない」。この点、神経分節がどの時代においても、極めて広い意味において、しかも様々に異なった内容を表現するものとして用いられてきたことを、いま認識すべきである。実際、ベルグクイストらは後脳における鰓弓神経根の一般的パターンを以下のように記す。

滑車神経　band 1

三叉神経 band 2
外転神経、及び顔面神経 band 3
内耳神経 band 4
舌咽神経 band 5
迷走神経 band 6

対して、菱脳分節の段階では、bandと神経分節の対応関係は次のようであるという。

神経分節VI band 1
神経分節VII band 2
神経分節VIII band 3
神経分節IX band 4
神経分節X band 5
神経分節XI band 6

こうすれば、帯と神経分節の間には一対一の関係があるようにみえるが、必ずしもそうとは限らない。というのも、ベルグクイストによれば、神経分節は実際には表にみるように分裂してゆくというのである（表13）(Bergkuist, 1956)。帯と神経分節の一致は、中期の神経

<table>
<tr><th>前期神経分節
proneuromeres</th><th>神経分節
neuromeres</th><th>後期神経分節
postneuromeres</th></tr>
<tr><td rowspan="5">A
(1-2)</td><td rowspan="4">a (I-III)</td><td>1</td></tr>
<tr><td>2</td></tr>
<tr><td>3</td></tr>
<tr><td>4</td></tr>
<tr><td>b (IV)</td><td>5</td></tr>
<tr><td rowspan="2">B
(3)</td><td rowspan="2">c (V)</td><td>6</td></tr>
<tr><td>7</td></tr>
<tr><td rowspan="2">C
(4)</td><td>d (VI)</td><td>8</td></tr>
<tr><td>e (VII)</td><td>9</td></tr>
<tr><td rowspan="2">D
(5)</td><td>f (VIII)</td><td>10</td></tr>
<tr><td>g (IX)</td><td>11</td></tr>
<tr><td rowspan="2">E
(6)</td><td>h (X)</td><td>12</td></tr>
<tr><td>i (XI)</td><td>13</td></tr>
</table>

表13▶神経分節パターンの発生的変遷。Bergquist & Källen (1954) より改変。

分節についてのみ、そして脳原基の一部についていうことができる。ここで、括弧の中に記された数字や記号は、ベルグクイストとシャリーンによる命名を指す(Bergquist & Källén, 1954)。

形態形成のヴィジョンとしても、「上皮のコンパートメント化に脳の設計図がすでに引かれている」という極端な神経分節論と、分化したのちの脳形態をみすえて、それを組織細胞レヴェルでの現象に還元しようとしたベルグクイストらのヴィジョンは決して同じではない。そして、遺伝子発現パターンによって発生原基の区画を同定しようという、後のポイエースらによるプロソメア理論(後述・現在ではそれに頼ることが多い)は、どちらかといえば後者に近い。

DとVの区画は中脳のレヴェルで終わり、前脳にまでみることはできない。背腹を結ぶ線の中央を直行するのが、DLとVLの間にある、いわゆる境界溝であり、この溝によって神経軸がどのように走っているのかについても知ることができた。つまり、脊椎動物の神経管は、大まかにいえば単なる神経分節に分割できるだけでなく、それを水平方向に断ち切って出来る多角形(基本的には四角形)のコンパートメントの集合体なのである。そして、二一世紀を目前にする頃、発生制御遺伝子の発現境界が、この多角形モデルに合致することが示されることになる(後述)。彼らの研究は円口類にも及ぶが、遺伝子発現と神経伝導路の形態から、かつて筆者らが推測したヤツメウナギ脳の分節的構築は、実際、ベルグクイストの予想とほとんど変わらないものであった(Murakami et al., 2001)。

加えて特筆すべきは、ベルグクイスト門下のシャリーンがメキシコサンショウウオの神経胚を用い、初めて実験的に神経分節の発生機構を明らかにしようとしたことである(Källén, 1956)。この実験結果を要約するならば、

①神経板の直下にある細胞層(substrate)をとり除いて発生を続けさせても、神経分節は正常に出来る。
②のちの後脳の部分の神経板を、直下の細胞層ごと腹側に移植しても神経分節(菱脳分節)は正常に出来るが、この細胞層をとり除いて移植すると神経分節は出来ない。
③神経板を細胞層ごと異所的に移植すると、その神経板由来の神経管に神経分節は出来るが、細胞層を除くか、あるいは著しく減じせしめると神経分節は出来ないか、あるいは非常に不規則なものとなる。

④このことから、神経分節の発生にとって神経板直下の細胞層は神経分節の発生にとって極めて重要な機能を果たすと思われるが、そのことは、神経分節が中胚葉の分節に対して二次的なものであることを意味しない。むしろ、おそらく細胞層の機能は神経上皮の細胞の分裂を促進するような刺激を与えることだと思われる、

ということになる。

この実験結果を整合的に考察することは困難だが、この結果はニールが予想したものとは明らかに異なっている。いずれ、この実験は神経分節が、神経上皮細胞の増殖の結果として顕現していること、そしてその細胞分裂のために何らかの胚環境に由来する因子が必要であること、しかしそれは調教的な誘導として神経上皮のどこに神経分節を作るかという情報を与えるようなものではなく、むしろ正常な神経分節の発生をサポートする、半ば許容的誘導であることを示唆している。シャリーンが神経分節と呼んだものの中でも、脊髄分節以外のそれがどのような機構で発生するのか、それについてはいまでも解明されているわけではない。

二〇世紀末のロンボメア論争

二〇世紀初頭の神経分節論争、そして二〇世紀中盤のスウェーデン学派によるあらたな神経分節の焼き直しがいったん忘れられた二〇世紀末、再び、神経分節をめぐる論争が巻き起こった。それは、主として菱脳の分節（菱脳分節：ロンボメア）（図3–20〜23）についてのものであったが、何がその火つけ役になったのかは定かではない。[337] 何でも、実験発生学者のノーデンによれば、筆者の昔の論文、「ホールマウント免疫染色法にもとづくニワトリ胚舌下神経の発生（Early development of the hypoglossal nerve in the chick embryo as observed by the whole-mount staining method. *Am. J. Anat.* 182, 155–168）」（Kuratani et al., 1988a）にあった一枚の写真（Fig.3）をめぐり、ノーデンとラムスデンが議論したことがそもそものきっかけとなったそうだが、米国留学を間近に控えていた当時の私はといえば、ちょうどニールの論文を読んだ直後であったことが災いし、あえて菱脳分節に確固とした頭部分節の名残をみようとはしていなかった。[338] いずれにせよ、結果的にその翌年に発表されたラムスデンとケインズの総説、「ニワトリ胚後脳における神経細胞の分節的発生パターン（Segmental patterns of neuronal development in the chick hindbrain. *Nature* 337, 424–428）」（Lumsden & Keynes, 1989）が発端となったことは間違いない。

確かに八〇年代末までには、菱脳分節が注目されるだけの下地は揃っていた。フランスの実験発生学者、ニコル・ル＝ドワラン率いるグループが、ニワトリ・ウズラ間のキメラを作出して新風を巻き起こし、とりわけ頭部神経堤細胞が頭部形態、とりわけ脳神経の発生において極めて重要な役割を演ずることが再認識され（第5章に解説）、それが大きな伏線となったのであろう。[339] 脊椎動物胚において、頭部神経堤細胞は主要な顔面頭蓋要素や、末梢神経の神経節、ならびに支持細胞を供給するばかりでなく、筋の形態形成において間葉を提供しつつそのパターンを作り出すのである。いうまでもなく、これらすべての構造は繰り返しパターンを内包し、結果、頭部問題にかかわる研究者が決して無視できないものとなっている。

加えて、進化発生学それ自体の誕生を促した、分子遺伝発生学におけるＨｏｘコードの発見もここには大きくかかわっている。[340] 一九八〇年代終盤から一九九〇年代にかけて起こった頭部分節性をめぐる問題の再燃は、脊椎動物における、このＨｏｘコードの記述に始まるといってよい。菱脳分節論争は、いわばそのような背景に極めてよくマッチしていたのである。*in situ* ハイブリディゼーションによって遺伝子発現部位をマークした切片を再構築し、三次元的なイメージによってＨｏｘ遺伝子が脊椎動物においても、前後軸の領域特異化にかかわっているらしいということを最初に示したのは、当時米国のヴァンダービルド大において、ブリジッド・ホーガンのもとでポスドクをしていた、現オクスフォード大教授、ピーター・ホランドの八〇年代末の研究であったはずだが、[341] その遺伝子は*HoxB-5*であり、頭部においては必ずしも分節的な発現パターンを示すものではなかった。むしろ、当初は目的の遺伝子の制御領域に*LacZ*のような標識遺伝子を繋いだコ

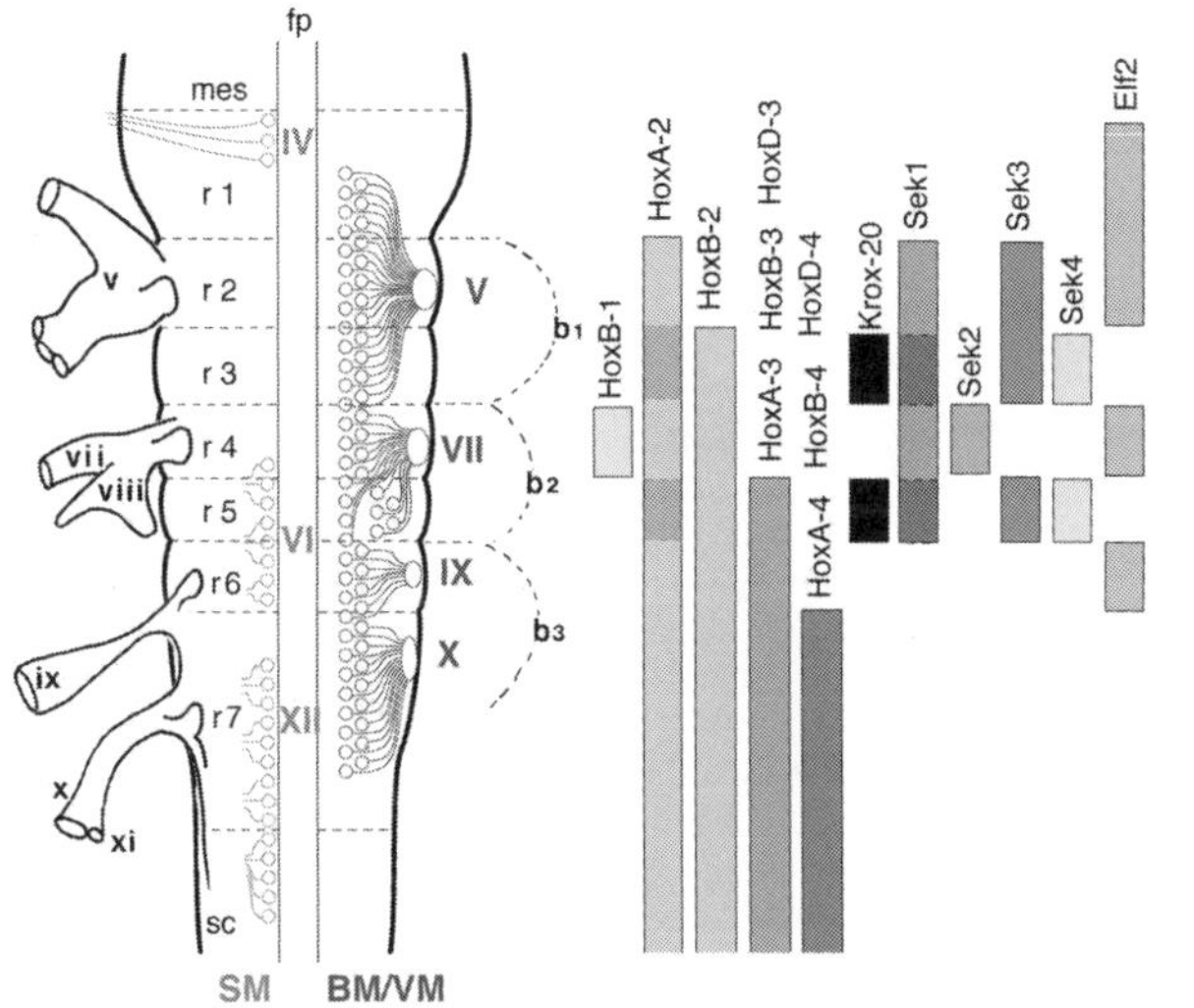

図3-20▶ラムスデンによる羊膜類菱脳原基の形態学的構成。1989年『*Nature*』に発表されたケインズとの共著（Lumsden & Keynes, 1989）の総説に用いられた、ニワトリ胚にもとづいて描かれた菱脳の分節的構成。この図が多くの研究者によって何度となく改変され、引用された。そして、この図によって、菱脳分節（r1～8）に対応して生ずる鰓神経根、脳神経運動核の分節的分布のイメージが決定づけられることとなった。右には遺伝子発現パターンを対応させた。この図はニワトリ胚にもとづいて描かれながらも、遺伝子発現のデータはもっぱらマウスでの知見によっている。しかし、そのことが指摘されることは多くはなかった。同様に、実験発生学はニワトリで、分子遺伝学はマウスでと、同じテーマを扱いながら異なったモデル動物を用いて分業が進んでいたのが、この頃の研究の特徴といえる。b1～3, 咽頭弓：fp, 床板：mes,.中脳：sc, 脊髄。

ンストラクトを導入したトランスジェニックマウスにおいて、問題の遺伝子の発現する領域を間接的にうかがい知ることが多かった。それによってＨｏｘ遺伝子クラスターのより3'側の遺伝子の発現が知られるようになったのである。何よりも顕著なのは、Ｈｏｘ遺伝子群や、ほかの転写因子をコードする発生制御遺伝子群が、ロンボメアと呼ばれる菱脳の分節構造の境界線に一致した発現境界を持つということなのであった（図3–20）。しかしやがて、ホールマウント（丸ごとの）胚に *in situ* ハイブリディゼーションを施す技術が開発され、いまでも行われているように、当該遺伝子の転写産物（mRNA）の所在を、より直接に染め出すことができるようになっている。

多くの脊椎動物咽頭胚において、菱脳原基には六つかそれ以上の菱脳分節をみることができ、そのうち偶数番号の菱脳分節には脳神経の根が発する。つまり、三叉神経根は第二菱脳分節（r2）に顔面神経根はr4に発するというように。これら鰓弓神経根の発生に先立って、頭部神経堤細胞がのちの根形成を予見するようなパターンで分布する。すなわち、これら細胞群も偶数番号の菱脳分節に付着し、神経根の下地を作ると同時に知覚神経節をもたらし、さらにその遠位では、咽頭弓を充填し咽頭弓間葉[342]をなし、各咽頭弓内に発する様々な構造の形態形成に関与する。[343]頭部においては、このような神経堤細胞群が第三、第五菱脳分節のレヴェルで分断され、全体として大きく三つの細胞集団を形成し、それらを前方から三叉神経堤細胞（trigeminal crest cells）、舌骨神経堤細胞（hyoid crest cells）、囲鰓堤細胞（circumpharyngeal crest cells――あるいは後耳神経堤細部群（postotic crest cells）ともいう）と呼ぶ[344]（図3–20、図5–16も参照）。

このうち三叉神経堤細胞は、三叉神経の知覚枝の分布と一致した広がりをみせ、のちの三叉神経の形態形成の要となるためにその名を持つ。[345]同様に、舌骨神経堤細胞は顔面神経の前駆体であり、囲鰓堤細胞群は舌咽・迷走神経の雛形とみなすことができる。このようにして、神経堤細胞群を介し、菱脳分節と咽頭弓は二対一の対応関係を持つに至り、このパターンはすべての脊椎動物において保存されている。[346]このような認識は、ニールが提出した分節プラン、すなわち神経分節と脳神経根が一対一に対応するような模式図（図3–17）とは異なっている（前述）。

◉――菱脳分節と咽頭弓

図3-21▶哺乳類（上）とニワトリ（下）における菱脳分節の発生過程。ベルグクイストの想定したような画一的な序列で分節化が進むのではなく、動物によって異なった過程で分節化が進行することがわかる。倉谷（2004）より。倉谷・大隅（1997）、ならびにLumsden & Keynes（1989）より改変。

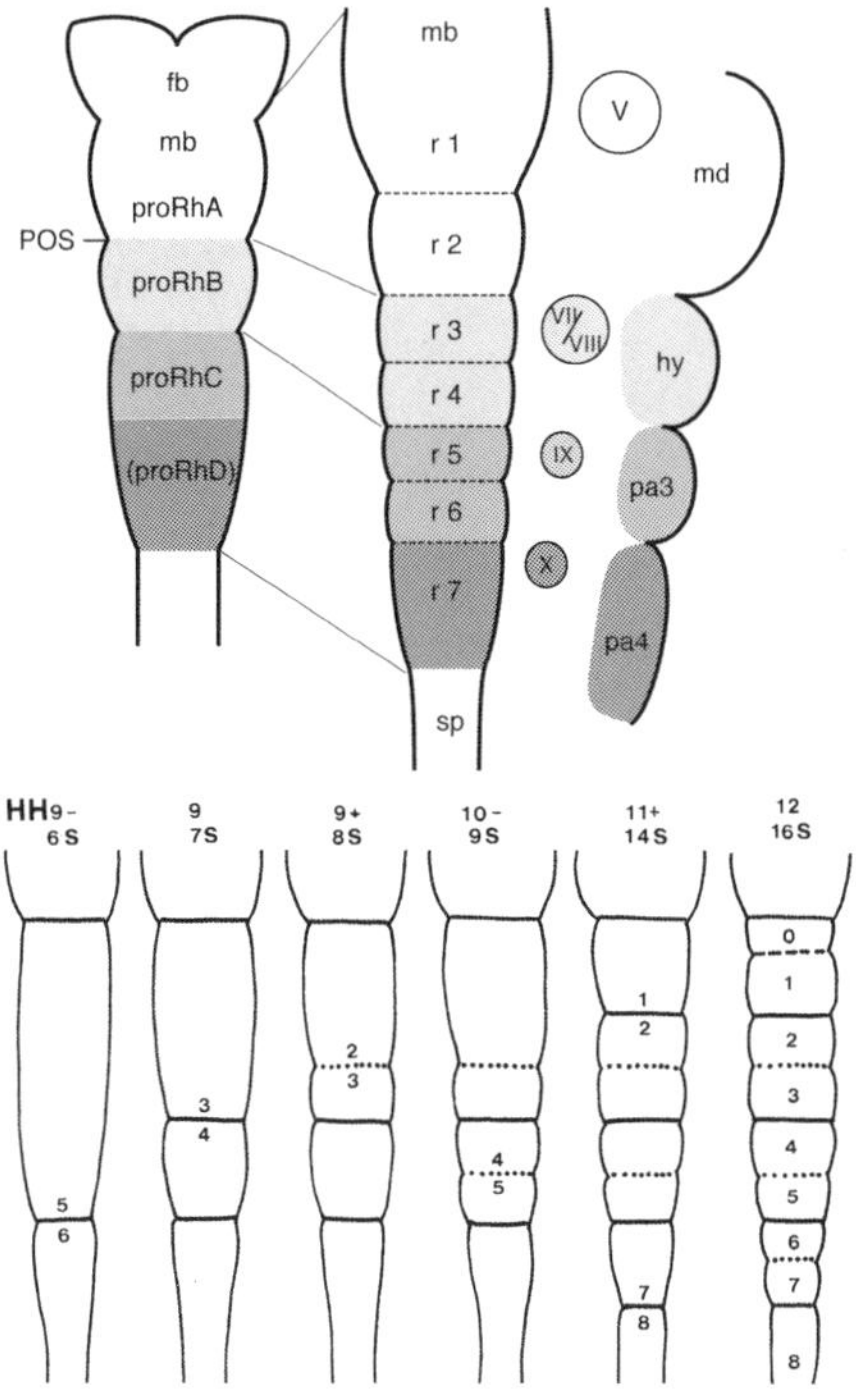

神経堤細胞が神経分節と咽頭弓という二つの異なった構造を結びつけるのであれば、すべての分節的構造の要因として、「菱脳分節と起源を同じくする神経堤」という仮説がすぐさま生じよう。菱脳分節は前後軸上で特定の形態的同一性を備えるに至った神経上皮の部分であり、それはまた、自分自身に付着し、のちに脳神経の原基ともなる神経堤細胞を産するものでもあるという、神経上皮（神経堤）中心主義ともいえる思考の傾向のことである。これは一種の還元論である。すなわち、第二菱脳分節（r2）に三叉神経堤細胞が付着するのは、r2それ自体が三叉神経堤細胞の由来する原基であるからであり、r3、r5に神経堤細胞が付着しないのであれば、それはこれらの菱脳

分節が神経堤細胞を産しないためだという仮説が導かれる。

確かに、ニワトリの発生をみれば、右の説明のようにみえなくもない。グラハムとラムスデンは、このような説明の根拠として、「r3とr5に特異的に*Msx*遺伝子が発現し、細胞死を誘発することにより、神経堤細胞がこれらの分節において特異的に生産されなくなる」と説いた。[347]これに対し、DiIと呼ばれる好脂性色素の微量注入を行ったブロンナー＝フレーザーらのグループは、「ニワトリ神経胚期の菱脳レヴェルの神経堤は、前後軸上の全域にわたり（r3、r5も含め）神経堤細胞を生産する能力があるのだが、二次的に奇数番号の菱脳分節より発した神経堤細胞が前後に移動し、偶数番号の菱脳分節の横に形成された神経堤細胞集塊と合流するため、r3とr5の側方に神経堤細胞の存在しない領域が出来てしまう」と説明した。[348]おそらく後者の説明がより正確であろうと筆者はみるが、一九九〇年代前半、英国と米国の間で戦わされたこの「r3／5問題」は長らく決着をみず、多くの発生学者に「イギリスとアメリカでは、ニワトリが違うのか」と、半ば冗談まじりに揶揄されることさえあった。いずれにせよ、神経堤細胞の付着する菱脳分節が、神経堤細胞の起源を直接に反映すると考えることだけは誤りである。[349]

右に示したような二対一の関係が、菱脳分節の偶奇性を基盤とした特異化と関連づける向きも多かった。事実、菱脳分節はそのすべてが系列相同物であるかのようでもあり、同時に偶数番号のもの同士、奇数番号のもの同士はさらにより似ているのである。その根拠には次のような事実がある。

①上皮細胞の接着性が、偶奇性に従って変化する（Inoue et al., 1997）。
②遺伝子発現パターンが偶奇性に従って変化する。[350]
③レチノイン酸投与に伴う後方化が菱脳分節二つ分のレヴェルで起こる。
④頭部神経堤細胞の付着が偶数番号の菱脳分節上にみられる（Kuratani & Eichele, 1993; Farlie et al., 1999）。

右の④は脳神経が形成される機構の一部であるから同義反復かもしれないが、そのほかの点については、菱脳の

図3-22▶脊椎動物各グループにおける菱脳発生プランの進化的変遷。

上：左から、ヤツメウナギ（円口類）、ゼブラフィッシュ（真骨類）、ラット（哺乳類）における網様体脊髄路ニューロンの発生様式と、発生制御遺伝子群の発現を示す。個々の網様体脊髄路ニューロンが菱脳分節ごとに特異化されるパターンは哺乳類では失われている。

下：左から、ヤツメウナギ、サメ、ゼブラフィッシュ、ニワトリ、哺乳類それぞれの胚における菱脳原基を模式的に示したもの。鰓弓神経群の特殊内臓運動核の位置を示す。ヤツメウナギにおいては、菱脳分節の境界と一致しない運動核が存在することに注意。Murakami et al.（2004）より改変。

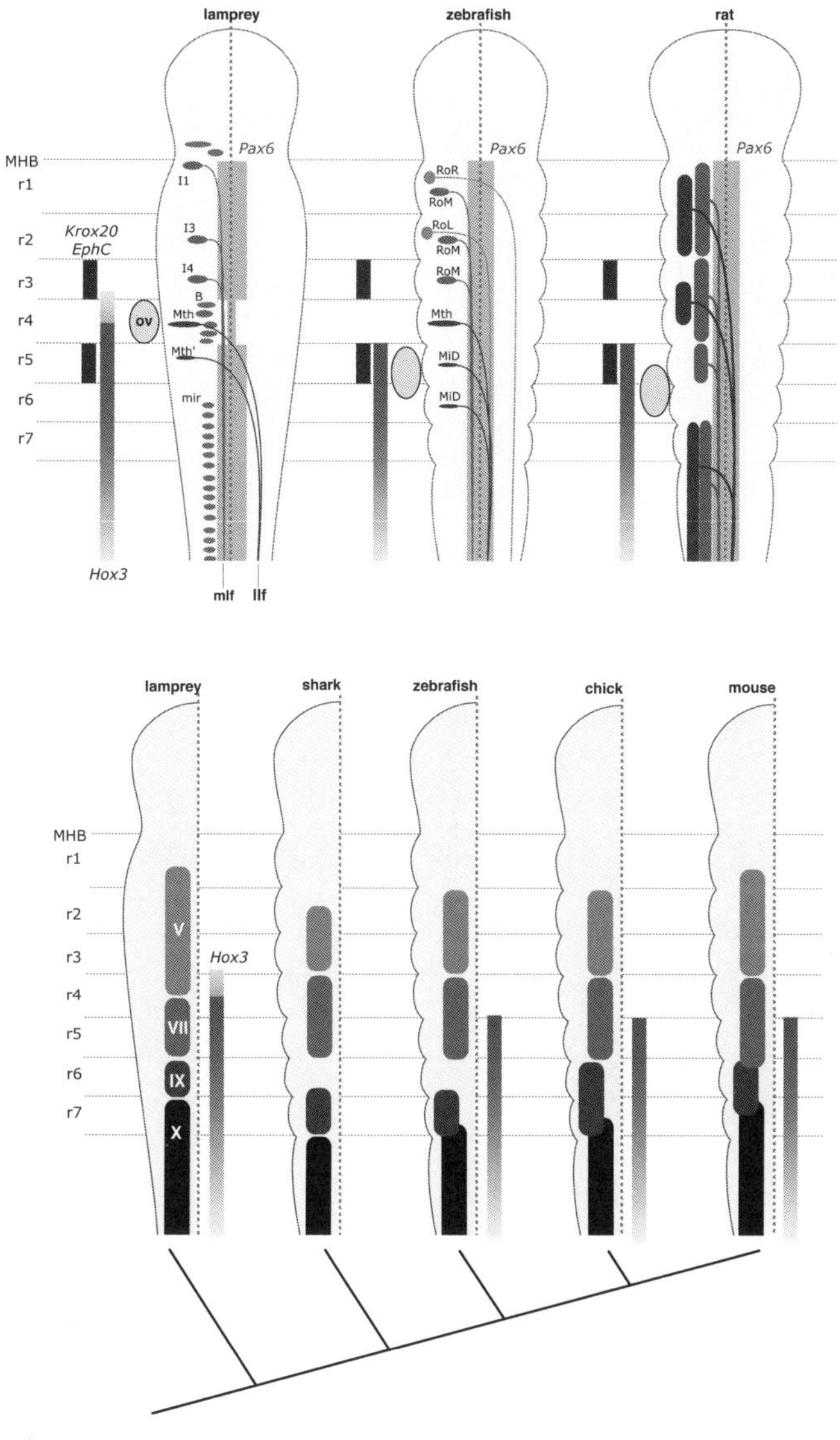

反復繰り返しパターンを作り上げる基礎となっている可能性がある。とりわけ顕著な例が、上皮細胞の接着性に関するものであり、実験的に偶数番号の菱脳分節同士を隣り合わせても境界線はできないが、偶数番号と奇数番号を隣り合わせると、境界線が生ずることが観察されている(Guthrie & Lumsden, 1992)。これらのことは、神経上皮に限らず、「分節繰り返し性」というものの本質を語っている可能性がある。たとえば、昆虫のからだにみるセグメントや、その発生に先立って現れるパラセグメントにも前後の違いがみられる。そして、このような前後の差によって、分節が存続できる。かと思うと偶数番号と奇数番号のパラセグメントを区別する遺伝子発現も知られる。また、脊椎動物(羊膜類)の体節にも前後の差はあり、脊髄神経の発生は各体節の前半分のみで生じ、その結果として脊髄神経はソミトメリズムと呼ばれる分節繰り返しパターンを得るのである。

菱脳分節、咽頭弓、神経堤細胞、そしてHox遺伝子群は、頭部分節パターンの要《かなめ》として注目され、これらをテーマにした多くの論文が書かれるに至ったが、それが脊椎動物の体軸すべてを統べる中心的な分節原理とならないことは当初からわかっていた。なぜなら、脳神経や、その原基である頭部神経堤細胞の分布から示されるように、上述のような分節的対応パターンが存在するのが菱脳領域のみだということが歴然としていたからである。前脳や中脳は鰓弓神経を伴うことがなく、頭部の前端に至るまで菱脳分節と同質の、すなわち系列相同的な要素を仮定することができない。比較発生学や比較形態学の時代とは異なり、二〇世紀末以降の実証主義科学における菱脳研究は、明らかに機構的基盤を理解することが最初から目論まれ、頭部ボディプランの進化的理解も、その機構的文脈で考察されることが多かった[351]。思えば、ニールが悩んだ「神経軸各レヴェルにおける神経上皮分節の形態組織学的異質さ」に、いまや分子発生学的メスが入ることになったのである。

それは、菱脳分節の進化的起源についても同様であった。形態パターンや遺伝子の発現パターンのみからいえば、円口類から顎口類各種に至るまで、菱脳分節の位置、運動ニューロンや介在ニューロンの発生位置、脳神経根の位置、発生制御遺伝子の発現パターンはよく保存され、その起源の深さをうかがわせる[352](図3−22)。しかし、詳細な解剖学的パターンや、菱脳の分節繰り返しのパターーニング機構に立ち入ると、動物種ごとの違いが垣間見える。とり

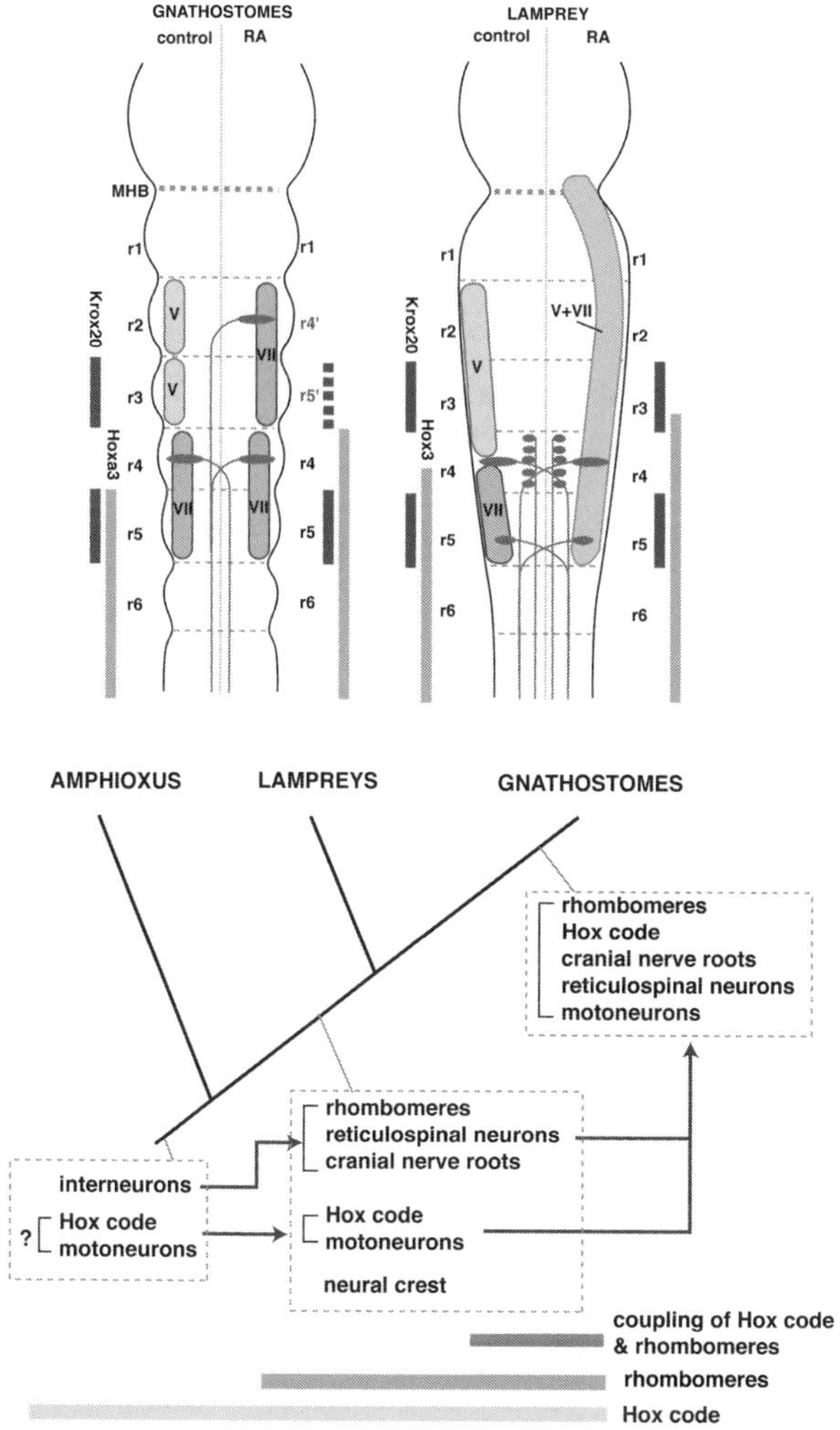

図3-23▶顎口類と円口類の菱脳特異化におけるレチノイン酸の作用の違い。発生中の脊椎動物胚にビタミンAの誘導体であるレチノイン酸を与えると、様々な奇形が生ずることが知られているが、そのいくつかはHox遺伝子の過剰制御における、前後軸上での位置価の後方化に伴うものであると考えられている。左に示したゼブラフィッシュでは、ある濃度のレチノイン酸を与えることにより、菱脳の一部が菱脳分節2つ分の長さにわたって後方化を起こし、それに伴い第4菱脳分節にのみ発する網様体脊髄路ニューロン（マウトナー細胞）が、本来の第2菱脳分節（ここでは、第4菱脳分節のアイデンティティを獲得している）のレヴェルに重複していることがわかる。一方、円口類に属するヤツメウナギの胚に同様の操作を施すと、確かに菱脳の後方化は生ずるが、その影響は鰓弓神経の運動核の分布においてのみ著しく、脊髄網様体ニューロンの特異化には及んでいないようにみえる。これらの結果から、菱脳の発生プログラムにおいてHoxコードが菱脳の分節的発生機構とどのような結合・乖離を経てきたのかを想定した系統樹を下に示した。ヤツメウナギの菱脳分節におけるHox遺伝子の制御機構については、Parker et al.(2014)もみよ。Murakami et al.(2004)より改変。

わけ、神経細胞の発生位置に関しては、同じ羊膜類であっても哺乳類と鳥類で違いがある。また、円口類の鰓弓神経群の運動核の位置は、つねに菱脳分節の境界と一致した分布を示すわけではなく、前後軸上でのＨｏｘ遺伝子制御とともに位置価決定機構をシフトさせ、形態的同一性の後方化を引き起こすレチノイン酸の投与においても、ニューロンごとに応答が異なるという、羊膜類にはみられない現象を示す(図3-23)。どうやら、ニューロンの発生位置、Ｈｏｘ遺伝子の制御が、菱脳の神経上皮の分節化機構と固く結合しているのは、現生顎口類独特の派生的な特徴であり、円口類の菱脳における位置的特異化と分節化は、いくぶん乖離している様子を垣間見せる(Murakami et al., 2004)。分節性を作り出すような一次的発生機構もまた、進化するのである。

◎――菱脳研究の限界と前脳

菱脳分節と咽頭弓、そしてそれら両者を繋ぐ頭部神経堤細胞という系は、分子遺伝学と実験発生学の見事な融合研究を多数生み出し、しかも脊椎動物の頭部ボディプランという難問を次々に解決してゆくようにみえた。しかし、実際の胚形態は、かつて考えられていたほど規則的なものではなかった。さらに、誰もが「菱脳だけでは話は済まない」ということに気づいていた。すでに述べたように、前脳や中脳にも、菱脳分節と似た発生コンパートメント(様のもの)が存在していたからである。そして、それらは咽頭と菱脳において示されていた美しい分節パターンを示してはいなかった。加えて(とりわけ人体において)、最も複雑で高度な機能を担う、大脳半球がそこに鎮座していた。かくして、前脳に分子遺伝発生学が切り込んでゆくのは、いわば必然であった。

神経分節の統合的理解

前脳とて、神経管の分化したものであることに変わりはない。変形した一本の管としての脊椎動物の脳、もしくは神経管の分節論的理解は、まず菱脳における機能コラムの認識と、それを分断する神経分節のメタメリズムとして、ジョンストンやニールによる概念的整備がなされ、そこに末梢神経の繰り返しパターンをどのように統合するかという問題がまず浮上した。末梢神経の「割りあて」は間接的に中胚葉性の発生要素もとり込んでゆく可能性を示していた。一方で、すでに述べたように、前脳研究は菱脳にみたような頭部分節論的観点では進まなかった。それは、神経管それ自体の分節的構成に集中した議論として始まり、そこにおいては、

①神経上皮の組織発生学的性質、

②伝導路の原基の発生パターン、

そして最近では

③発生制御遺伝子群の局所的な発現パターン

などが問題とされた。これら①から③の観点を統合することによって、前脳の分節的構成を問うたのがフィグドーとスターンだったのである(Figdor & Stern, 1993)(図3−24B)。

それは、菱脳分節の境界が、脊椎動物のホメオティックセレクター遺伝子群が存在するHox遺伝子クラスター

のうち、3'側の遺伝子群の発現境界と一致するという一連の発見が一段落した頃のことであった。脊椎動物のボディプラン、それも頭部における神経系と咽頭弓、そして頭部神経堤細胞集団の分節パターンに関連して位置価決定遺伝子が入れ子状に発現するという発見に、発生生物学や比較神経学のコミュニティーは色めき立っていた。[353] 中でも、フレーザーらが示したのは、発生中の菱脳分節の神経上皮細胞が、菱脳分節の境界が現れて以降、境界を越えて移動することを禁じられているという、神経上皮コンパートメントの細胞系譜の性質（細胞系譜の仕切り分け：cell lineage restriction）であった（Fraser et al., 1990）。このこと自体、発生コンパートメントの定義をめぐり、一連の議論を巻き起こすことになったのだが、この発見は以降、神経上皮の分節があるかどうかを示すための、いわば試金石となってしまった。

フィグドーとスターンは、菱脳について研究に用いられていたものより、発生ステージのやや進んだニワトリ胚を用い、DiIを局所的に前脳原基に微量注入することにより、菱脳分節と同じような神経上皮細胞の「仕切り分け」が、前脳領域（prosencephalic region）（間脳と終脳を含む）にもみられることを報告した（Figdor & Stern, 1993）。すなわち、DiIをとり込んだ細胞の広がりが、明瞭な境界を伴い、しかもその境界が、以前より間脳に認識されていた神経分節のそれと一致したのである。さらに、このような境界はまた、多くの発生制御遺伝子の発現境界とも重なり合うのであった（図3-24）。

このように、前脳における神経分節の記述は、それに先立つ一九九〇年代の菱脳分節研究の方法論を踏襲するものである。ただし、このレヴェルにはHox遺伝子群は発現しない。フィグドーとスターンが示したのは、これらの境界によって認識される区画、すなわち間脳領域においてD1〜4と表記された神経分節が、のちの前脳の解剖学的な区画と一致すること、またこれら神経分節の間に見出される境界が、しばしば神経伝導路の発生位置と一致するということであった。

神経伝導路の発生は、神経分節研究においてそれまであまり深く研究されたことのないテーマであった。その理由の一つは、胚における神経繊維の観察が、渡銀染色法や免疫組織化学的手法の存在しない時代にあって困難を極めていたことにある。とはいえ、初歩的な組織化学的手法による一連の記述がないではなかった。[354] たとえば、早くもクプファーは、一九〇六年、ヘルトヴィッヒの編纂した叢書、『脊椎動物比較、ならびに実験発生学』の第二巻、第三部において、多くの脊椎動物の脳における伝導路、それも「交連」の名で呼ばれるものが、ある定まったパタ

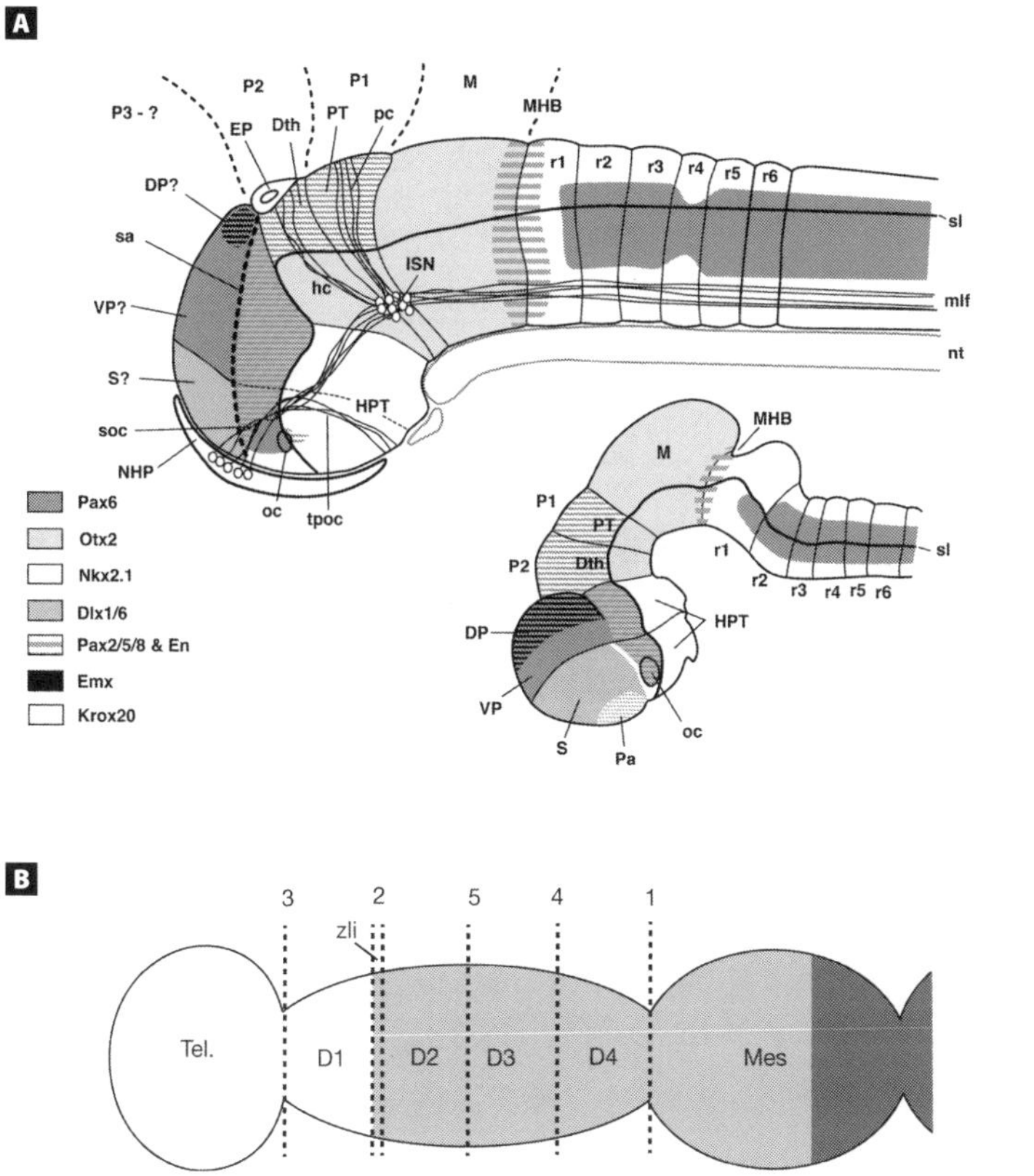

図3-24▶A：カワヤツメ胚（上）とマウス胚（下）における脳原基の分節的構成と遺伝子発現パターン。一部、神経伝導路をも示す。両者のパターンが極めてよく似ていることがわかる（が、この論文で示されたヤツメウナギ胚の脳においてはNkx2.1やDlxの発現で示される淡蒼球（pallidum）が記載されていないが、最近の知見では、ヤツメウナギ胚においてもMGE相当領域が存在することが示されている）。おそらく、このような脊椎動物の共通パターンは、円口類と顎口類の分岐以前にすでに確立していたと推察される。Murakami et al.（2001）より改変。

B：フィグドーとスターンによる、前脳の分節的構成。この神経分節的構成のシステムにおいては、終脳が最も前方の神経分節として認識されており、前方から後方へかけて、間脳の神経分節をD1～4の記号で示す。Figdor & Stern（1993）より。AC：前交連、DT：視床背側部、D1～4：間脳分節、H：手綱、HIPT：手綱脚間路、II：視神経、III：動眼神経、M：中脳、MTT：乳頭体視床路、OC：視交差、P：上生体、PC：後交連、S：正中隔、T：終脳、VT：視床腹側部、ZLI：zona limitans intrathalamica。Figdor & Stern（1991）より改変。

神経分節の境界	神経伝導路
終脳/D1	前交連(anterior commissure) 前外套交連(anterior pallial commissure) 後外套交連(posterior pallial commissure ＝海馬交連：hippocampal commissure) 視交差(optic chiasm)
D1/D2	乳頭体視床路(mamillothalamic tract)
D2/D3	手綱脚間路(habenuo-interpeduncular tract) 手綱交連(habenular commissure)
D3/D4	後交連(posterior commissure)の前縁
D4	後交連のほかの部分
D4/中脳	後交連(posterior commissure)の後縁tectal commissureの前縁

神経分節	解剖学的構造
D1	視床腹側部(ventral thalamus) 視床下部(hypothalamus)
D2	視床背側部(dorsal thalamus) 手綱(habenula) 髄条(stria medullaris)
D3	視蓋前域(pretectum)の前部
D4	視蓋前域(pretectum)の口部

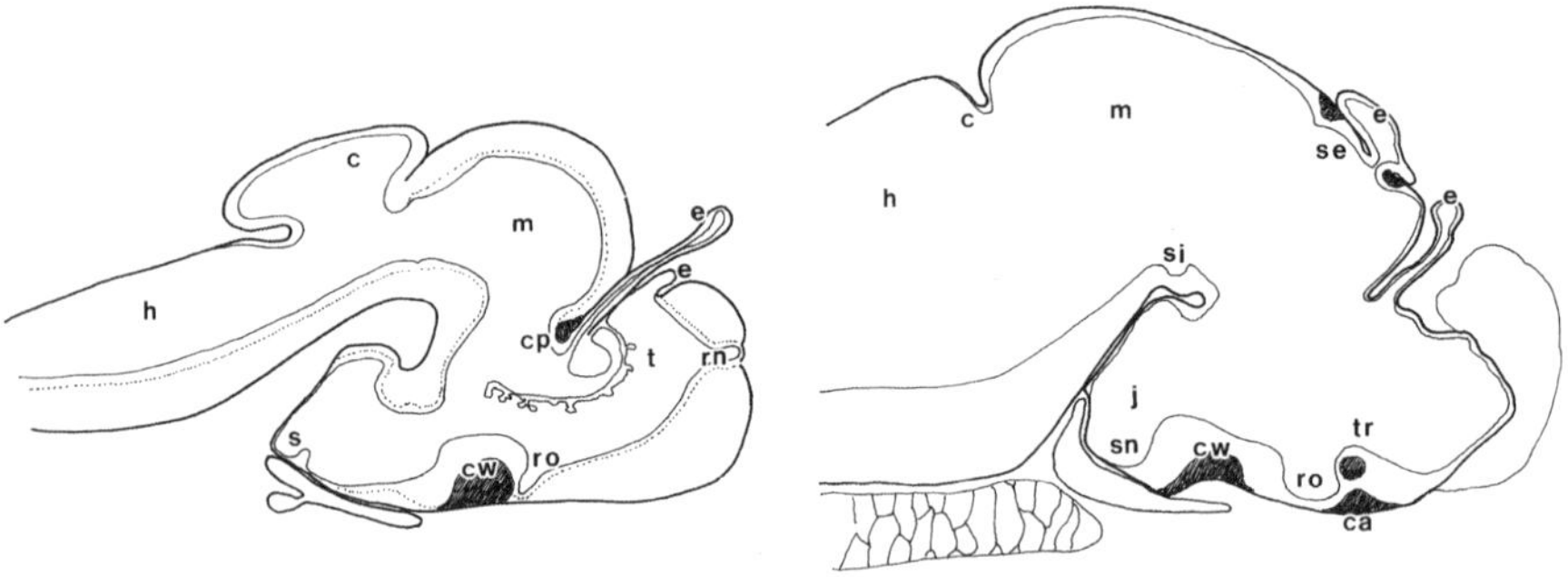

上・表14▶フィグドーとスターンによる前脳の分節的構成。Figdor & Stern(1993)より改変。

下・図3-25▶顎口類の脳の発生と伝導路。アブラツノザメ(*Acanthias*)(上)とサンショウウオ(*Salamandra maculosa*：ファイアーサラマンダー)(下)の胚における脳原基を示す。c：小脳、ca：前交連(comm. anterior)、cc：小脳交連(comm. cerebellaris)、ch：手綱交連(comm. habenularis)、cp：後交連(posterior commissure)、ct：comm. tubercularis、cw：視交差、e：上生体、h：後脳(菱脳)、j：漏斗領域、lh：lobus hemisphaericus、m：中脳、mh：口腔、nh：鼻下垂体板、nt：脊索、re：上生体陥凹、rn：神経孔陥凹、ro：視神経陥凹、s：ろう斗嚢、sa：前脳内溝、t：終脳、tr：横隆起。Kupffer(1906)より改変。

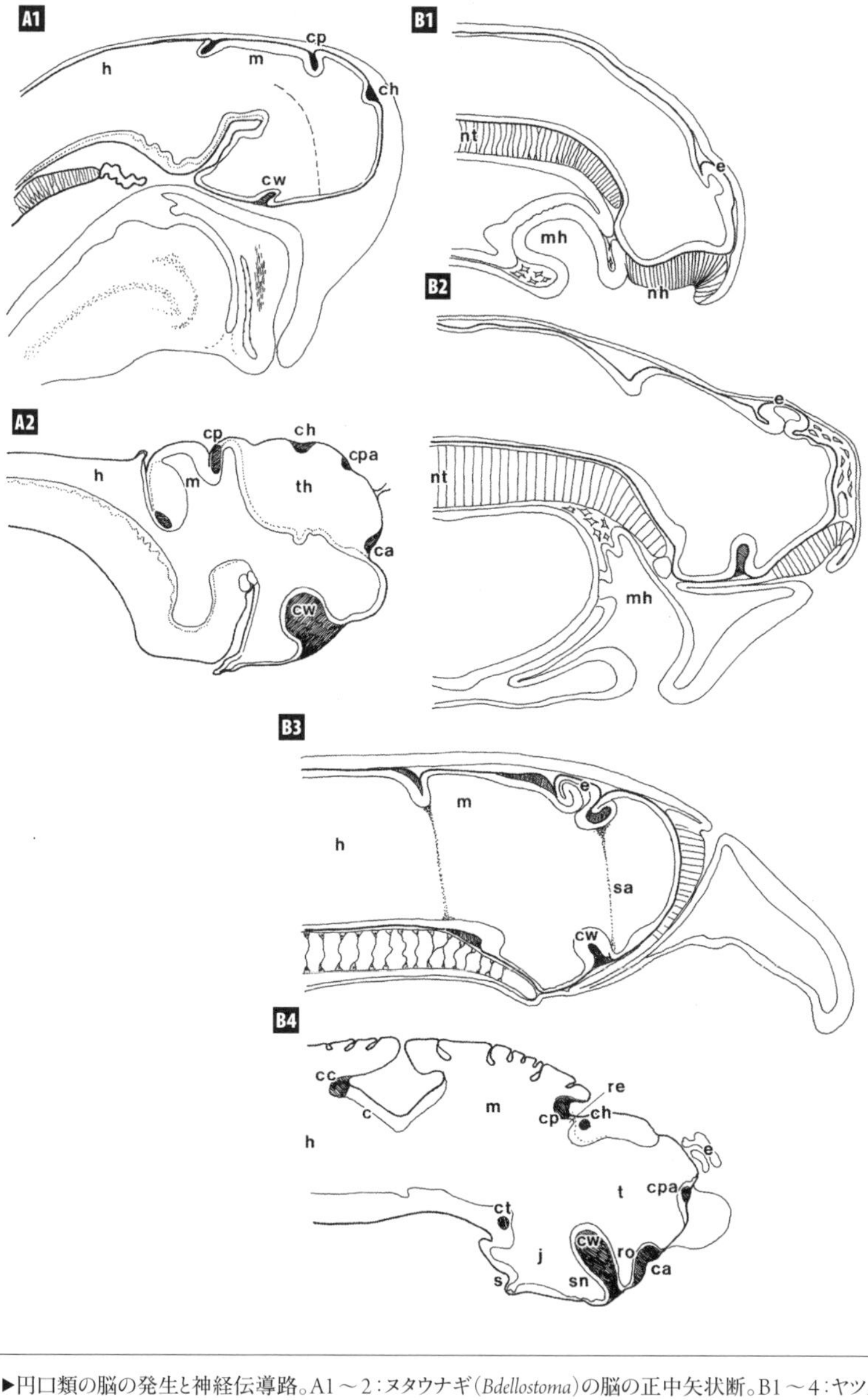

図3-26▶円口類の脳の発生と神経伝導路。A1〜2：ヌタウナギ(*Bdellostoma*)の脳の正中矢状断。B1〜4：ヤツメウナギ(*Petromyzon*)の脳の発生と神経伝導路。略号は図3-25を参照。Kupffer(1906)より改変。

ーンで現れることを記述している（Kupffer, 1906、新しい総説としてはWare et al., 2015を）（図3–25・26）。

つまり、伝導路の中でも神経管をとり巻くように発生する「交連（commissures）」と呼ばれるものは、脳の構造との関係においてつねに比較可能な位置を占めるのみならず、ＤｉＩの局所微量注入によって示されたように、それらは多くの場合、神経分節全体、もしくは神経分節の境界に沿って発生することが多いのである。おそらく発生中の神経軸索にとって、神経分節の境界線は一種の「出来合いの通り道（scaffold）」として機能しているとおぼしい。さらにこのことは、脳の神経伝導路が相同性の決定を可能にするに足る形態的同一性を有しているというだけでなく、とりわけ交連のいくつかが系列相同物であるということも示唆する。こうして、前脳の発生学的ボディプランは、分節的構成、局所的な相同遺伝子発現、神経伝導路原基の発生パターンにより定式化されることになり、発生と形態が、過不足なく分節的なスキームにまとめ上げられることになった。しかも、それが円口類を含めたすべての脊椎動物に保存されていることがわかってきたのである。その意味で、フィグドーとスターンの研究の意義は大きい。

ここで重要なことは、とりわけ前脳の発生学的構築が、後脳のそれをある種の規範とした上で理解されていたということである。菱脳と前脳は確かによく似た様式で分節を形成するらしい。そこまではよい。が、神経上皮の段階で明瞭な分節を作る菱脳とは異なり、前脳のそれは発生後期に細胞系譜の隔離、もしくは仕切り分けを行うというだけで、時間的にも組織発生学的にも菱脳とはやや異なっている。さらには、菱脳分節が成体においては残存せず、鰓弓神経根の位置にその痕跡を見出すのみとなるが[●355]、一方で前脳に見出された神経分節は、それらがそのまま成体における脳の解剖学的領域として分化を続けてゆく。どのようにしても、菱脳分節と前脳分節を同質のものとしてみることはできず、その形態発生の機構を知れば知るほど、両者の発生機構は互いに乖離してゆく。どうやら、ニールが危惧したように、神経分節は一様な繰り返しパターンとして神経軸上に現れるものではないらしい。その様相はしたがって、神経頭蓋や、その前駆体にいくつかの区画を分けざるをえなかったフロリープやゲーゲンバウアーの妥協と同じものを示している。つまるところ、神経の分節にも、中胚葉の分節にも、ゲーテやオーウェンが望まなかった「不連続性」は頑として居座り続けているのである。

もう一つの前脳モデル——スペイン学派と日米の共同研究

フィグドーとスターンによる前脳の分節仮説はしばし一世を風靡した。が、残念ながらそれも長くは続かなかった。スペインの神経解剖学者、ポイエースのグループと、米国の分子発生学者、ルーベンスタイン、ならびに嶋村の共同チームが、羊膜類前脳の分子マッピングを提唱したからである。[356] この研究は、ヒスに始まる古典的な神経発生学をベースとし、しかも神経誘導現象と、それに続く特異化を視野に置いたダイナミックなものであり、前脳を理解する図式を一挙に塗り替えてしまった。そして、この画期的な論文以降、様々な遺伝子発現や発生現象が、この図式のもとに解釈されるようになったのである。[357]

フィグドーとスターンは、間脳に四つの分節を想定し、それらに前方から後方に向かってD1〜4の記号を与え、さらにその前方に終脳を置いたが、ポイエースらは中脳の前方に見出される最も後方の分節を、第一前脳分節（プロソメア1：prosomere1）と呼び、順次「前方に向かって」P2、P3……と名づけた（図3-27）。最前方の前脳の構造に疑問が残る以上、これは実に理に適った方法である。しかも彼らは、終脳を最前方の分節とはみず、前脳の最前方の分節の背側部分であると説明した。これはすでに紹介したベルグクイストらの見解と近いものであり、発生機構の観点からもそれは妥当な解釈であった（後述）。かくして、多くの研究者がこの理解を好み、ポイエースらの命名に追随するようになっていった（Puelles et al., 2000）。

この新しい前脳の理解には、ポイエースらの比較発生学的、実験発生学的な数々の業績が下地となっている。[359] が、何より特筆されるのは、機能コラムの前端をどのように設定するか、そしてその図式の中で終脳の形態をどのように包摂するかという点において、神経板の誘導現象と高い整合性が模索されていたことであろう。つまり、機構の結果としての形態理解が、ここではすでに明瞭に目指されていた。すでに述べたように、神経管の形態学的理解は、その軸がどこを走り、その前端がどこに見つかるかという基本的な問題の解決から始まらねばならない。神経管を二枚の長方形の板を合わせたものとしてみるやり方は、必然的に神経管の前端を、前方の継ぎ目に同定することになり、いわゆる「終板(lamina terminalis)」と呼ばれるものがこれにあたるとされることがあった(図3-28・29)。しかし、神経管形成が起こる前の神経板前方部の輪郭は円弧を描き、それが閉じることになるため、話はそれよりもやや複雑になる。そして、神経管の正しい形態学的構成を知るための指標として、境界溝(sulcus limitans)の走行、そして床板の前方へ及ぶ範囲(その前端が円弧の中心になると考えられる)が重要な指標となるわけである。これによって、脳前端における基底板と翼板の広がりがわかり、神経軸がどのように湾曲し、どこに終わるかがわかるのである。以前はこの問題に対して、複数の異なった見解があった。[360] そしてその多くは、神経管の発生の初期において、終脳を間脳の前方につけ加わった神経分節のように扱っていた。

ポイエースらが、アセチルコリンエステラーゼ活性を持つカテコルアミン作動性ニューロンの分布を通じて示したのは、運動ニューロンこそないものの、脳原基の先端にまで分布する基底板様の領域であった。それは帯をなし、脳褶曲に沿って下方へ湾曲しながらのちの視交差の後方まで連なっていた。もしこの帯が確かに基底板であるのなら、その上縁が境界溝を示すはずである。そして、ようやく神経系の分節論が頭部分節論と統合される話になるわけである。実は、この試みは古く、一九二〇年代からすでに行われていた。加えて、ニールが一連の論文において、つねに中胚葉構造を念頭に置いて神経分節理論を展開していたのは前述の通りである。

◎——神経管の前端

では、神経管は二枚の細長い直方体の板が二枚合わさっただけのものと考えてよいのだろうか。神経管の途中をみるだけであればこのような形式的理解で済むのだが、その先端を考えるとそうはいかなくなる。もし、それがた

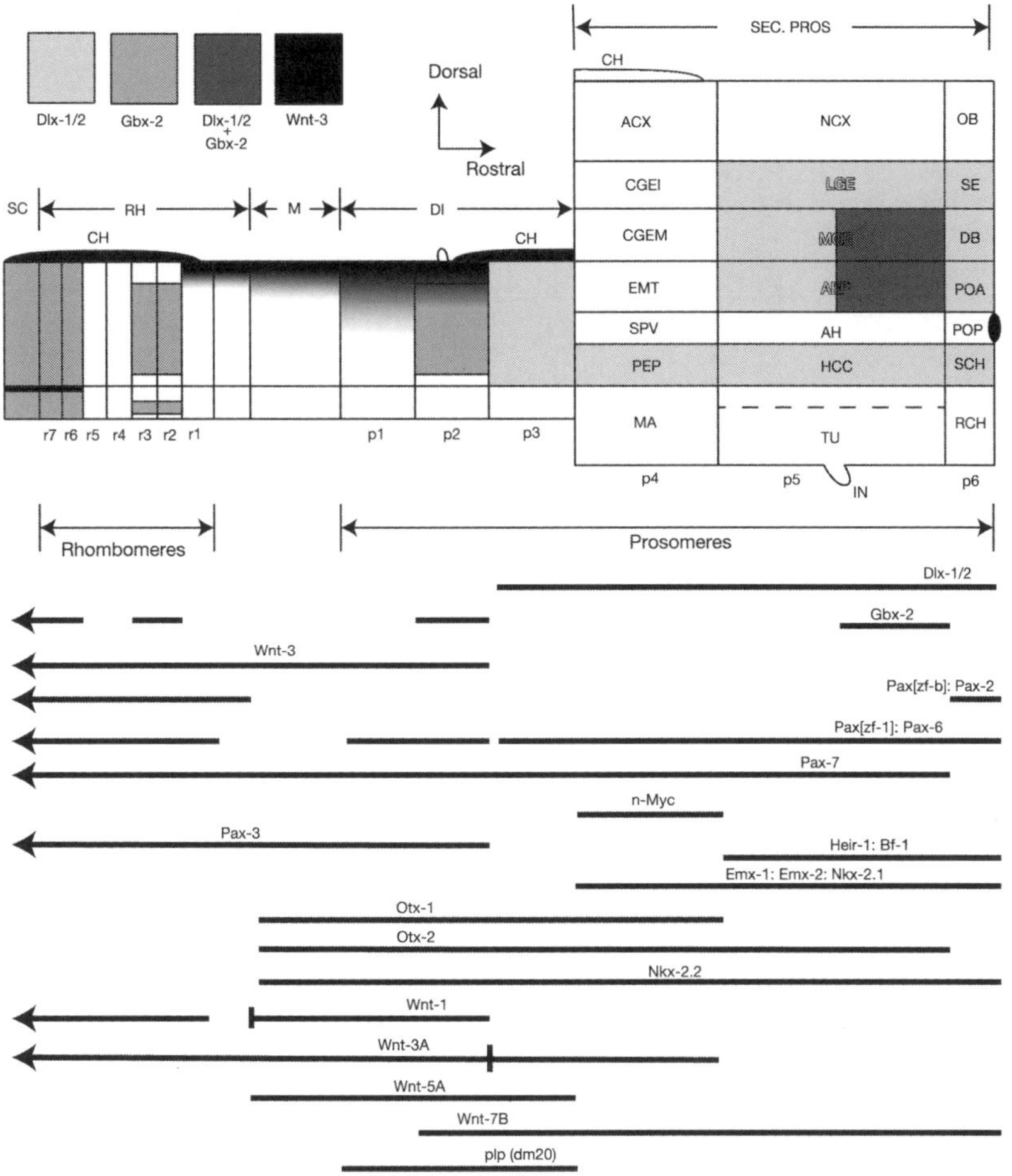

図3-27▶マウス脳（12.5日目胎児）における遺伝子発現にもとづいた、形態学的（分節的）発生プラン。高度に模式化したもの。脳全体を一種の座標系としてとらえるという考え方がここによく現れており、神経軸に沿って、前から前脳、中脳、後脳を、もっぱら遺伝子発現を通じて分けている。Bulfone et al.（1993）より改変（◉358）。

だの長方形であれば、神経管の先端は直立に切り立った断端からなることになる。そして、境界溝も、神経管の前端まで同じ調子で見つかることになるはずである。そもそもそれが最初の理解であり、先にも書いたように、このような仮想的断端は「終板」と呼ばれ、いまでもその名称は残っている(図3-28・29)。しかし、終板の存在を否定はしないまでも、そのようなモデルは実際の神経管形成に先立つフラットな神経板の形態をみると、明らかに不適切であることがわかる。両生類の神経胚に明瞭にみることができるように、神経板の先端は丸みを帯びているのである(図3-28)。

実際、神経板の前端の丸い輪郭は、それが誘導された際の、脊索中胚葉に由来するシグナルの及ぶ範囲を残した円弧と考えられるが、ならば境界溝はどこを走っているのだろうか。あるいはより端的に、脊索によって誘導されるはずの床板は、どこにその先端を見出すことができるであろう。このような問題意識は、フィグドーとスターンにはなかったものである。そして、そもそもそれを解明するヒントとなったのが、神経上皮の腹側に運動ニューロン様の性質、たとえば、アセチルコリンエステラーゼ活性のような特徴が認められることであり、ルーベンスタイン、嶋村、ポイエースらはそれを、神経上皮の基底板に相当する部域だと考えた(Shimamura et al, 1995; Rubenstein & Shimamura, 1997)(図3-28・29)。

神経板、あるいは神経管の前端をどう考えるかについては歴史的にいくつかの異なった説があった(図3-28・29)。一つは、神経板の丸い前端の中央で左右の境界溝が終わるというもの(その場合、床板も神経板の前端にまで伸びている)、もう一つは、床板が神経板の前縁を示す円の中心までしか伸びず、同様にここを中心として同心円状に左右の境界溝が円弧をなす、という考えである(図3-28・29)。対して、分子遺伝学、発生生物学的な手法で解答を与えたのがポイエースと共同研究を行った嶋村らであり、現在では図3-28Bに示された理解が広く認められている。そして、このような神経管形成のダイナミズムから導かれる神経分節の一次的分布パターンが示され、それが改変を受けながら、現在でも基本的な神経分節マップとして用いられるようになっている(図3-28・29)。

このように、中枢神経がどのような基本構造を持ち、どのように形態学的に定式化できるかという問題は、頭部

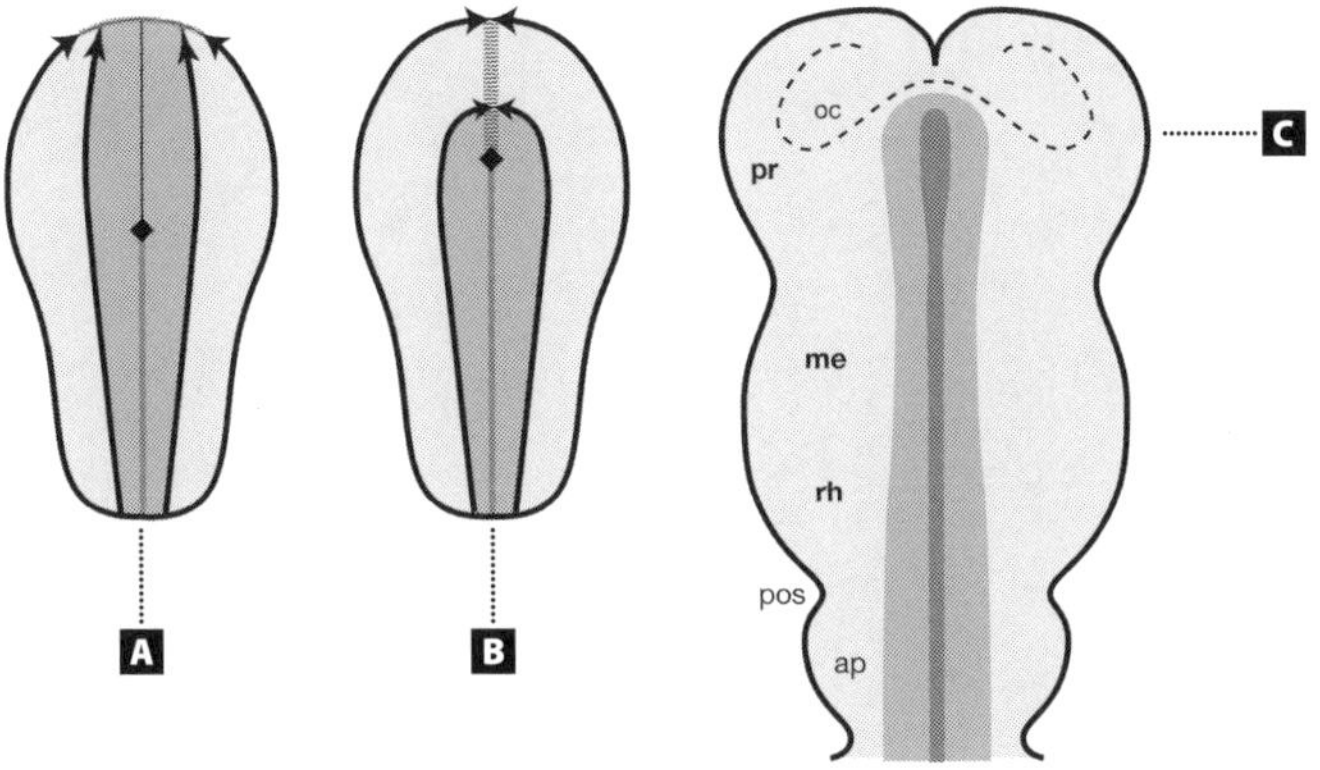

図3-28▶神経板の先端を、形態発生学的にどのようにとらえるべきかについての異なった考え方。AとBにおける太い破線は終板の出来るところ。発生制御遺伝子群の発現パターンと整合的で、現在受け入れられている考え方はBに示され、そこでは床板が菱形のマークで終わり、それをとり囲むように基底板と翼板が同心円状に分布する。Bにおける横線で示されたバンドが、神経管の前端の縫合となる。

C：嶋村らによるマウス初期胚（7～8体節期）における脳原基（神経板）の形態学的発生プラン。形態学的に認識された神経上皮の各領域に相当する遺伝子発現ドメインが存在し、それにより初期の脳原基に神経分節的領域特異化をみることができることを示す。このような考え方は、ポイエースがかつて、同様の領域におけるアセチルコリンエステラーゼ活性を眼にして想像したことと類似している。いわゆる、「マーカー遺伝子」という呼称に込められたセンスが端的に現れている。Shimamura et al.（1995）より改変。

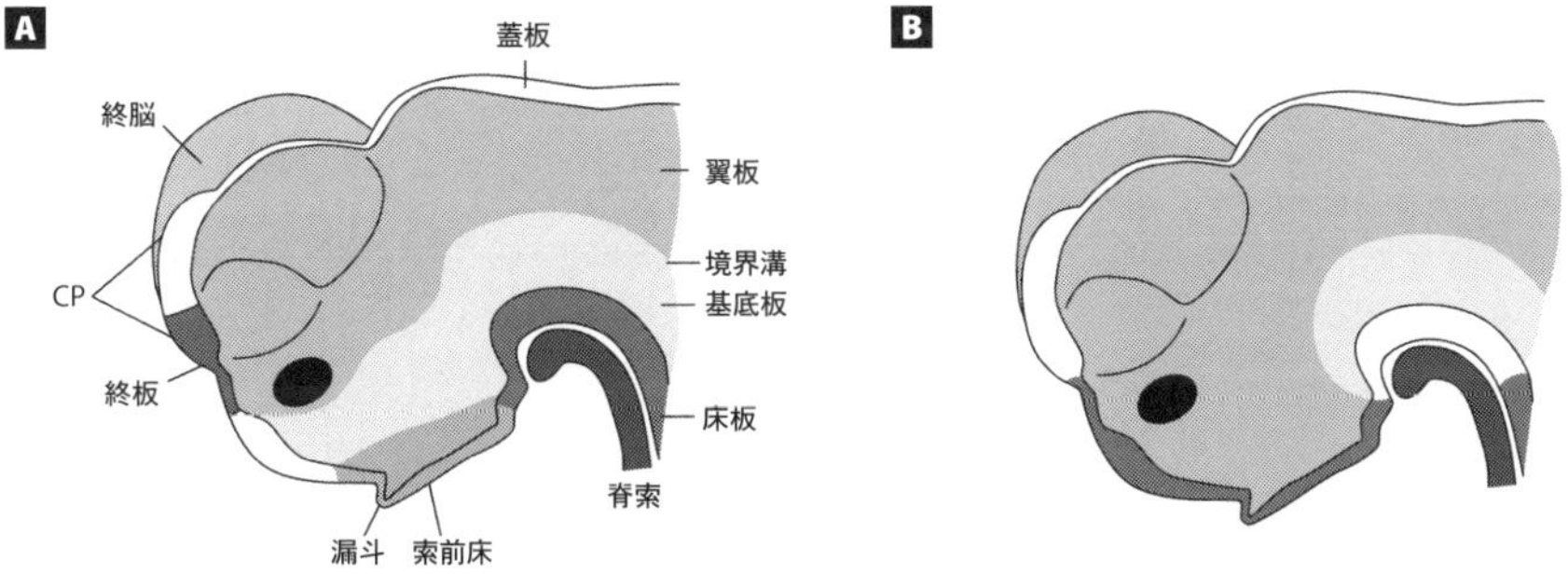

図3-29▶神経管前端の形態発生学的構成。神経板の前方部をどのように解釈するかによって、脳の形態学的構成も変わりうる。AはKingsbury（1920）、Herrick（1933）、Kuhlenbeck（1973）による古典的解釈。基底板の前端が床板と同じレヴェルにあるという説から導かれる。Bに示されたものが、嶋村、ポイエース、ルーベンスタインらによって主張され、現在受け入れられている基本的な考え方。これを支持するものとして、Puelles et al.（1987）、Bulfone et al.（1993）、Puelles & Rubenstein（1993）、Rubenstein et al.（1994）らの研究がある。両者の中間に相当する説として、境界溝が神経板の前縁まで伸びるというものがあり、Keyser（1972）、Swanson（1992）、O'Rahilly & Müller（1994）、Altman & Bayer（1995）により唱道された。引用文献の詳細はShimamura et al.（1995）をみよ。Shimamura et al.（1995）より改変。

分節論の一環であり、菱脳分節をめぐる論争、そしてポイエースとその共同研究者の仕事は、形式化のレヴェルで一つの区切りをつけたといってよい。ちょうど中胚葉の分節において問題とされたように、一つの分節が本来どのような姿をしているか、それらがどのように並んでいるかという認識の次には、その前端がどのような姿をしているのかが問題となる。そして、脊椎動物のボディプランという一つの系の中で、神経上皮の見せる分節構造がどのようにメタメリズム構成要素をなしているかが次に問われなければならない。●361 おそらく、多くの問題の中で、後者についてはすでにニールが答えを出しており、分節論としては、すでに終わったものとみるべきなのかもしれない。むしろ、そこに明らかとなるのは、単調な繰り返しではなく、領域的特異化であり、さらにトレイナーらが示した神経上皮と間葉、骨格系の相互作用は、脊椎動物の形態的多様化を理解するための一つの道を提示しているのかもしれない（第4章に詳述）。さらに付言するならば、ポイエースらによる脳の分節構造の提示は、遺伝子発現領域と発生生物学的な機構論が、比較形態学的感性の下に見事に統合された成果であったとみるべきであろう。しかしながら、神経分節それ自体の形態学的性格は、まだ宙に浮いたままなのである。

以上に加えて、神経軸上でののちの領域的特異化に貢献する要因としては、ANR、ZLI、峡オーガナイザー（isthmic organizer）という、神経上皮に局所的にパターンを与える、いわゆる「二次オーガナイザー」の機能も認識されており（図3-24）（第6章参照）、さらにはその進化的オリジンが、半索動物との分岐地点以前、すなわち後口動物の起源付近にまで遡る可能性さえ示唆されている（第6章）。つまり、局所的な神経上皮の特異化は、神経分節の獲得以前に生じていた可能性もある。しかし、一方でナメクジウオの神経管との進化的関係については不明な点も多く残されている。ここにはゲノムや遺伝子制御、機能の点から掘り進めてゆくべき問題がまだ山積しているのである。

【注】

●301——アレントによる「細胞型の分子プロファイリング」は、まさにこの文脈で理解されるべきことである。第6章を参照せよ。

●302——ただし、ヤツメウナギにおいてはr5にも、やや小さいがよく似たニューロンが発する。ゼブラフィッシュにおいてもそれは報告されている。これについては、Murakami et al. (2002, 2004)、ほかに村上(2015)をみよ。

●303——このことは、形態発生や解剖学的パターンの発生学的仕組みを明らかにしようという研究目的にとっては大変有利なことである。そこでは、形態パターンを作るロジックが、細胞生物学的、分子生物学的技術によってすっかり解明できる可能性がみえている。一方で、同じことは軟骨組織のシェイピング機構には簡単には応用できないのである。つまるところ、個々の細胞生物学的現象に還元可能な神経形態発生学は、骨格のそれより打開できる部分がはるかに多いのだ。事実、細胞型の特異化と軸索伸長の機構的背景が分子レヴェルや遺伝子制御レヴェルで解明されつつあり、ひいてはそれは、神経系の進化研究にさえ応用されている(後述)。

●304——D'Amico-Martel & Noden (1983) を参照。加えて、古典的には背側プラコードから由来する側線神経の神経節も考慮されることがある。

●305——D'Amico-Martel & Noden (1983)、加えてAyer-Le Lièvre & Le Douarin (1982)、Kirby & Stewart (1989) をみよ。

●306——典型的な上鰓プラコードではなく、表皮に点在する小さなプラコードの集合である。van Campenhout (1936, 1937, 1948)、Batten (1957a), Kuratani & Hirano (1990)、Kuratani & Tanaka (1990a) を参照。

●307——Kupffer (1885, 1888, 1891a, b, 1895, 1899, 1900) を参照。

●308——その背側のものは確かに側線系を構築するが、腹側のそれ(上鰓プラコード)は、「傍鼓室器官(paratympanic organ)」を別にすれば知覚神経節を作るだけである。

●309——これは実際のところ、背側経路を移動する頭部神経堤細胞からなる脳神経原基が咽頭弓内へ至る途上で、背側プラコード、ならびに上鰓プラコードと接触しているところなのであり、板鰓類の後期咽頭胚においてはとりわけ明瞭にこのような組織像を観察することができる。

●310——このような観察結果には、もちろん「フロリープの神経節」を思わせるものがある。

●311——バシュフォード・ディーンは、クプファーの七〇歳の誕生日に『*Science*(サイエンス)』誌に祝辞を寄稿、その中でクプファーとフォン=ベーアの間に数々の共通点があることについて指摘しているが、フォン=ベーアと異なり、クプファーが進化発生学に本格的に邁進したのは人生最後の一二年間だけであり、この領域の研究者としてはかなり遅咲きであった。これについてはDean (1900) をみよ。

●312——このヒスが、有名で偉大な神経発生学者にして進化生物学者のヒスであり、ヘッケルの反復説そのものや、ヘッケルの書籍にあった様々な遺漏を手厳しく叩いたのもこの学者である。つまり、ヒスはヘッケルの宿敵であった。神経の初期発生について功績が大きく、小脳の原基である「菱脳唇(rhombic lip)」の語を作ったのも彼なら、上皮の特殊な形態として「内皮(endothelium)」を定義したのも彼である。一方で、あまり有名でない方のウィルヘルム・ヒス・ジュニアはヒスの息子である。彼は内科医にして心臓の研究者でもあり、刺激伝導系の一部、「ヒス束(bundle of His)」にいまでもその名を残している。

●313——Orr (1878)、Kupffer (1886)、Beraneck (1887)、McClure (1889, 1890)、Zimmerman (1891)、Waters (1892)、Locy (1895) などをみよ。

●314——これに似た考えは、当時のほかの発生学者にもみることができる。

●315——この考え方と、フロリープによる中胚葉分節の考え方は非常によく似ている。

●316——繰り返すようだが、これは咽頭胚期以降に観察される前脳分節とは異なったものである。

●317——Neal (1903) を参照。ただしこの表では、観察された胚の発生ステージについての記載はない。

●318——少なくともこの私はこのように考えているが、これに同意する発生学者は多いと思われる。

●319——のちにソミトメアの実在を主張した発生学者も、これとまったく同じ論法をとっている。

●320——ジャーヴィックは、脊椎動物のボディプランにみるあらゆる器官系に分節の痕跡を見出す努力を惜しまなかったが、神経分節を積極的に分節スキームに描き入れることはしていない。

●321——これを明らかにした一連の研究としては、Kimmel et al. (1982, 1985, 1988)、Metcalfe et al. (1985, 1986)、Mendelsohn et al. (1986a, b, 1994) を参照。

●322——一九〇五年に発表された総説に描かれた脊椎動物の脳の模式図は、どういうわけかヤツメウナギよりもサメのものに似る。

●323——それは、ジョンストンが、内臓弓の拡大によって二次的に縮小を強いられたとした運動神経核の一部である。

●324——これについては、Bremer (1908, 1920–21) を、参考として Kuratani et al. (1988a) をみよ。

●325——ベルグクイストをはじめとしたスウェーデン学派の研究は例外的なものである。

●326——これはむしろ、ナメクジウオや多くの脊椎動物胚の脊髄に一過性に発生する髄内知覚ニューロン、ローハン＝ベアード細胞に近いといわれることがある。

●327——原索動物(ホヤとナメクジウオ)において神経分節が生活史を通じて存在しないのは事実である。ニールもこのことには気がついており、神経分節を「最も原初の分節性の証」とする説を退けている。が、円口類においては、脊髄分節こそ不明瞭であるものの(このことについては、ニールの観察は正しい)、菱脳分節や前脳にみられる分節的区画(コンパートメント)の存在は近年私の研究室が確認し、そのパターンが顎口類のものとほとんど変わるところがないことがわかった (Kuratani et al., 1998b; Horigome, 1999; Oisi et al., 2013)。とはいえ、ニールの考えたように、羊膜類における菱脳分節の発生が、脊椎動物胚のうちで最も顕著であることは確かな事実である。

●328——これに関し、ニールは明らかに不正確な解釈を行っている (Neal, 1918b)。ヤツメウナギと顎口類の筋節の混乱した相同性については、Neal, 1897も参照)。ヤツメウナギにおけるこのような前方の筋節は、ニールの考えたような、耳の前に発した分節的中胚葉の派生物ではなく、実は後耳体節に由来したものが二次的に移動したものにすぎないのである (Kuratani et al., 1997b)。ヤツメウナギ (*Petromyzon*) の外眼筋が、最初から耳の前に位置している頭部中胚葉に由来することはすでに(不正確な記述であったとはいえ)コルツォッフが記載しており(Koltzoff, 1901)、ニールもそれを読んでいるはずなのだが、なぜニールが一九一八年の時点でヤツメウナギの外眼筋の原基をこれら移動性の筋節に求めたのかについては、理解に苦しむところである。

◉329――のちに示してゆくように、これもまた誤った解釈である。

◉330――脊髄分節の分節境界の形状は確かに、神経管が体節と物理的に接触している腹外側において顕著である。

◉331――ヒルも認めるように、菱脳分節と鰓弓系が二対一の対応関係を持っているようにみえること、あるいはブランキオメリズムとニューロメリズムの不整合性が神経分節セオリーの弱点であった(Hill, 1900)。無論、ここでは体幹の脊髄にみる脊髄分節が脊髄神経と一対一の関係を持っていることが基準とされているのである。この問題について、ミノーは次のように述べている(Minot, 1892)。「神経分節と筋節の関係は極めて原始的なものである。対して、内臓弓(鰓裂)との関係は二次的なものである。もちろん、脊椎動物の祖先は分節的だったと考えるべきなのである。その動物は鰓を獲得したであろうが、それは神経分節の獲得よりもずっとのちのことであった。祖先の神経は新しく出来た鰓に対応したのである。いつか、その対応のための変化がどのようなものであり、その結果としてどのような変形が生じたのかを知ることになるであろう。いまのところ確かにいえることは、これまで二〇年間考えられてきたのとは異なり、鰓裂とは分節的構造ではなく、したがってそこに分布する鰓弓神経もまたしかり、ということだけなのだ」(*Human Anatomy*, p.636)。確かに進化的な変形の序列としてボディプランを考えることは、最も重要なポイントである。残念ながら、ミノーのこの考えには大きな誤りがある。というのも、鰓の起源がことのほか古いという証拠が集まりつつあるからだ。体節の起源が脊索動物の根幹にあるとすれば、確実に鰓こそが一次的な分節性を示すという可能性すらある。無論、これには反論もあり、体節の誕生を左右相称動物の共通祖先に求める考えもある。

◉332――もし、すべてを整合的に並べようとするなら、末梢神経のとり替え(nerve substitution)を想定しなければならなくなるとさえニールは述べている。

◉333――詳細については、Bergquist(1932, 1952, 1956)、Källen(1951a,b, 1962)、Bergquist & Källen(1953)を。

◉334――ベルグクイストらは、これを「帯(bands)」、もしくは「横帯(transversal bands)」と呼んだ。

◉335――DL2からは三叉神経が、DL4からは顔面神経が、DL6からは舌咽神経が発する。ヒト胚では例外的にDL5から舌咽神経が、DL6からは迷走神経が生ずるとされているが、その真偽は不明である。

◉336――そのほかに、後交連領域(area commissurae posterioris)、視床後部域(area caudalis thalami)、手綱核(ganglion habenulae)、視床中部(area medialis thalami)、視床前部(area rostralis thalami)、終脳背側部(area dorsalis telencephali)、終脳腹側部(area ventralis telencephali, preoptic area)などを含む。

◉337――そもそも菱脳分節は、神経分節の中でも最も形態学的に顕著で、その記述も古い。初期の文献としてはOrr(1887)、Kamon(1906)、Kupffer(1906)、Gräper(1913)、Tello(1923)、Schumacher(1928)などを参照せよ。

◉338――そもそも上記の論文は、ブレーマーが発見した前舌下神経小根の発生を報告したものであり、それによってSMニューロンが舌下神経と外転神経の間のレヴェルにも存在することを問うたものであった。

●339——そこには、ノーデンによる一連の実験発生学研究も加えるべきであろう。

●340——分子遺伝学と進化発生学がかかわる内容は、主として6章において述べるが、菱脳分節と頭部分節性に深くかかわる部分はこの章で記述する。

●341——Holland & Hogan (1988) をみよ。総説として Holland (1988) もみよ。そこでは、昆虫と脊椎動物の両グループにおける類似の頭部形態形成の進化発生戦略と、その並行進化の背景にある相同的な遺伝子クラスターの機能についての考えが初めて示されている

●342——外胚葉より由来するため、一般にこれを「外胚葉性間葉 (ectomesenchyme)」と呼ぶことが定着している。が、これは定義上、プラコード由来の細胞を含むこともある。

●343——後方の咽頭弓については、咽頭弓の形成が起こる前から、体壁に頭部神経堤細胞が蓄積し、そののちに体腔の消失に伴い、咽頭弓の分断が起こる。

●344——Kuratani & Kirby (1991, 1992)、Horigome et al. (1999)、Kuratani & Horigome (2000)、Oisi et al. (2013) などを参照せよ。機構的背景については、Sechrist et al. (1993)、Saldivar et al. (1996)、Eickholt et al. (1999) を、総説は、Kuratani (1997)、倉谷 (2004)、倉谷&大隅 (1997) をみよ。

●345——細胞群の近位部が第二菱脳分節に付着するのは、三叉神経根原基を形成するプロセスとみなすことができる。

●346——Kuhlenbeck (1935) に要約されるように、脳神経根と菱脳分節の一対二の関係は、古くから脊椎動物において極めて保守的であると一般に認められているところであった。ただし板鰓類では、後期発生過程において三叉神経根の位置が二次的に移動する。

●347——その根拠は、Graham et al. (1993, 1994, 1996) などの論文に記されている。

●348——たとえば、Sechrist et al. (1993) をみよ。

●349——Köntges & Lumsden (1996)、Couly et al. (1998) をみよ。

●350——この一環として、奇数番号の菱脳分節だけに発現する遺伝子がある。それについては Hunt et al. (1991a,b,c)、Kuratani (1991)、Nieto et al. (1992)、Schneider-Maunoury et al. (1993, 1997) を参照。

●351——それについては、すでにベルグクイストらの一連の研究にその萌芽をみることができる。

●352——すなわち、これら共通のパターンの起源は、少なくとも現生の全脊椎動物の共通祖先にまで遡る。

●353——このテーマで書かれた研究論文は以下のように膨大な数に登る。Baker & Noden (1990)、Trevarrow et al. (1990)、Sundin & Eichele (1990, 1992)、Baker et al. (1991)、Guthrie & Lumsden (1991, 1992)、Morriss-Kay et al. (1991)、Chisaka & Capecchi (1991)、Lumsden et al. (1991)、Kuratani (1991)、Hunt & Krumlauf (1991)、Hunt et al. (1991a,b,c)、Marshall et al. (1992)、Chisaka et al. (1992)、Chang et al. (1992)、Guthrie et al. (1992)、McGinnis & Krumlauf (1992)、Holder & Hill (1992)、Maden et al. (1991, 1992)、Nieto et al. (1992)、Martinez et al. (1992)、Papalopulu et al. (1992)、Heyman et al. (1993)、Clarke & Lumsden (1993)、Sechrist et al. (1993)、Kuratani & Eichele (1993)、Carpenter et al. (1993)、Graham et al. (1993)、Krumlauf (1993)、Lee et al. (1993)、Rijli et al. (1993)、Gendron-Maguire et al. (1993)、Gilland & Baker (1993)。

●354——この記載については、Windle (1931, 1970)、Windle & Austin

(1936)、Windle & Baxter (1936) をみよ。ほかに Pearson (1939, 1943, 1941a, b, 1946, 1947, 1949a, b)、Pearson & Sauter (1971)、Pearson et al. (1971)、Chitnis & Kuwada (1990)、Wilson et al. (1990)、Easter et al. (1993)、Burrill & Easter (1994) も参照。

●355——ただし、Wingate & Lumsden (1996)、Straka et al. (2002) をみよ。

●356——これに関しては、Puelles & Rubenstein (1993)、Rubenstein et al. (1994, 1998)、Puelles (1995)、詳細な記述としては Puelles et al. (2000) を参照。

●357——Qiu et al. (1994, 1995, 1997)、Timsit et al. (1995)、Fan et al. (1996)、Puelles et al. (2000) を参照。

●358——このモデルの改訂版としては、Puelles & Rubenstein (2003)、Ferran et al. (2015) を参照せよ。

●359——Puelles & Martinez-de-la-Torre (1987)、Martinez-De-La-Torre et al. (1990)、Martinez et al. (1991, 1992)、Marin & Puelles (1994)、Medina et al. (1994) を参照。

●360——代表的なものとして、Rendahl (1924)、Bergquist & Källen (1953a, b)、Keyser (1972) を。

●361——すなわち、ほかの諸器官、諸構造と発生上どのような相互作用を行い、どのような位置的関係の下に固定化しているか、のような諸問題である。

【第4章】

グッドリッチ以降——混迷の時代

頭部分節の研究は黙示録研究にも等しい。どちらも人を狂気へと誘うのだ。

――A・S・ローマー(Thomson, 1993に引用)

最良の方法はもちろん比較発生学的記述に続き、ただちに実験発生学的事実を述べ、その関連性を示すことなのである。そうすれば、比較発生学はそれぞれの発生ステージにおける特定の器官の出現やその不在を示すだけの辞書であることを止め、実験発生学も、不統一で混沌としたデータの集積ではなく、体系だった研究が可能であることを自ら示すのである。事実、これら二つの領野は分かれて存在すべきものではない。これらは異なった学問分野ではなく、むしろ同じ一つの謎を解くための相補的なアプローチであるに過ぎないのだ。

――G・R・ド゠ビア著『実験発生学入門』(1926)より

二〇世紀は「遺伝学の時代」であったといわれる。それが分子生物学と融合し、さらに発生生物学と融合したところから現代の進化発生学は始まった。そこに最後に参入したのは「比較発生学(Comparative Embryology)」と「比較形態学(Comparative Morphology)」であったようにもみえるが、見方を変えればこれら二つの教養に、ほかのすべての分野がつけ加わったともいえる。後者の二分野は、基本的に同じものである。そして、双方ともそれぞれに他方を包含しうる。先験論的形態学という、多かれ少なかれ認識論的、もしくは超越論的な思考実験として頭部問題は産声を上げ、それを科学の形にしたのは比較形態発生学であったが、二〇世紀はその方法論自体が試されるときでもあった。かくして、思弁の域を出ない学理は死に絶え、あるいはより実証的な方法が求められ、実験発生学や細胞学を吸収し、生き残るべき説は生き残った。比較形態学それ自体も、解剖学的精密さの度合いを増していった。結果として、頭部問題は潜在的に多くの現象を包含した巨大な研究領域としていやましに成長したが、生物学諸分野の細分化と先鋭化のうちに、本来の問題すら忘れ去られることもしばしばであった。前章に述べたように、神経分節研究に伴う困難さに、その早い影響をみることができる。そして、まるでそれに抗《あらが》うかのように、一九三〇年代にはとりわけ多くの総説や教科書が書かれ、まもなくして、それらの教義は本格的な統合をみないうちにモニュメント化してしまう。かくして二〇世紀中葉以降は、比較形態学にとっての「暗黒時代」とも呼ばれる。それが再び掘り返されるのは八〇年代以降のことであり、それはもっぱら九〇年代にピークをみた。すなわち、進化発生学の誕生を目前にして、あるいはいまから思えばまるでそれを予見していたかのように、新しいスタイルの比較形態学書が出版され、再び新しいモニュメントが建造され始めたのである。二〇世紀の前半に出版された数々の古典に、現代的視点からの解説が付され、新しい装丁で再版されたのもこの頃のことだ。

この章では、二〇世紀における比較形態発生学の悪戦苦闘と進歩の足跡をみてゆく。一九世紀末から二〇世紀初頭におけるより遥かに膨大に成長した比較動物学の情報を扱い、より正確な観察を行い、科学的により精緻になったこの学問はしかし、長らく確固とした方法論を見失いかけていたかのようにもみえる。その要因はといえば、主として英米の学者や科学史家による、反復説に対する執拗なネガティヴ・キャンペーンであったかもしれず、あるいは実験発生学の興隆に伴った実証主義からの攻撃であったかもしれない。しかし、進化の総合学説の中に居場所のないままに頭部問題は、のちに「ボディプラン進化」という、進化発生学そのものの一部となるべく、目にみえない形で変貌しつつあったのである。

暗黒時代の比較発生学は手強い。生物進化に対する我々のイメージが徐々にではあるが、大きく変化してゆく様《さま》を比較発生学はそのままなぞり、ときには実験発生学と、ときには遺伝学と融合しつつ、動物の系統進化についての新しい学説をとり込みつつ、ときには退行さえしながら、最終的に分子発生学を得て進化発生学となったいまでも、その変貌はまだ続いている。

この章では、果たすべきいくつかの課題がある。一つは、脊椎動物（あるいは、その代表格としての板鰓類）を主体に置いたときに、比較とすべき外群（ナメクジウオや円口類）がどのように理解され、扱われていったのかを概観すること、第二に、体系化された比較形態発生学の中で、どのようなトピックが扱われ、進化シナリオとしてどのようなスタイルが定着していったのかを眺め、いまでは忘れ去られた重要な知見を掘り返すことである。おそらくこの章の内容は、本書で最も複雑であるだけではなく、統一性を欠いてしまうだろうが、ここには看過することのできない、重要な学者の業績が犇《ひし》めいている。

円口類の位置と意義

頭部分節モデルの構築にまつわる形態学者の目的意識は、今日でいう「ボディプラン」を形式的に、正確に認識することにつき、それにより脊椎動物の祖先に肉薄しようとしていた。いうなれば、頭部形態の観察から得られる形式と形式の比較を通じ、脊椎動物の進化の歴史を再構築しようということだった。しかしこの試みにも、ハクスレーの悩みが再び谺《こだま》してくる。いったい、祖先形質と原型は同じものなのだろうかと……。脊椎動物の形態要素と我々が認識しているもの、あるいは動物のボディプランと呼ばれているものは、たいてい新しい形質と古い形質の寄せ集めである。脊椎動物形態学の基礎として提示される一般的なイラストにおいては、通常、現生顎口類にしか存在しない種々の形質、たとえば「顎」、「四肢」、「骨」もしくは「対鰭」などが示される。が、これらはみな円口類の分岐以前には影も形もなかったとされる。[401]「コンセンサス」として提示される脊椎動物の一般型とは、したがって祖先型とは明確に区別されるのである。一見「普遍的」とみえる形質は、必ずしも古い形質とは限らないのだ。進化なき観念論や原型論がゆきづまるのも、しばしば普遍的な特徴がコンセンサスとして認識されてしまうためである。このことは、極めて古い時代に（五億年以上前）顎口類と袂《たもと》を分かった円口類をみることによって最も顕著となる（図4–1〜4）。なぜなら、円口類には顎口類に一般的にみられる形質の多くが存在せず、加えて特殊なパターンをいくつか持つが、後者はコンセンサスではないものの、紛れもなく原始性を代表しているものだからだ（Janvier, 1996; Oisi et al., 2013）。いうまでもなく、円口類独自の共有派生形質もその定義上、顎口類に存在しえない。[402]

かくして、本来大きな変異を示す脊椎動物のいくつかの形態的諸特徴も、円口類を加えることにより、現生顎口

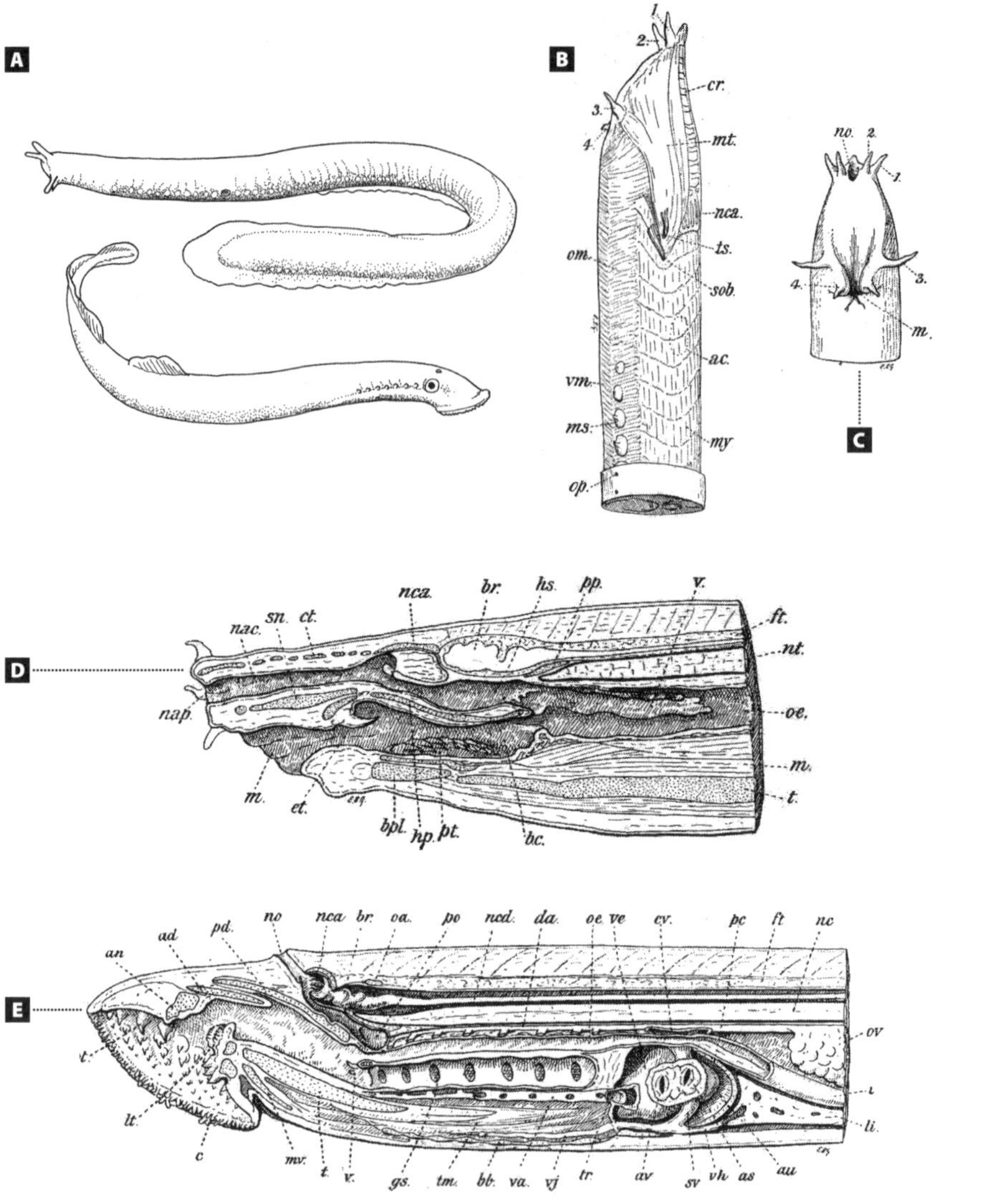

図4-1▶A：ヌタウナギ（上）とヤツメウナギ（下）の成体。

B・C：ヌタウナギ成体の頭部。

D：ヌタウナギ頭部の正中断面。

E：ヤツメウナギ成体頭部の正中断面。B～EはGoodrich（1909）より。

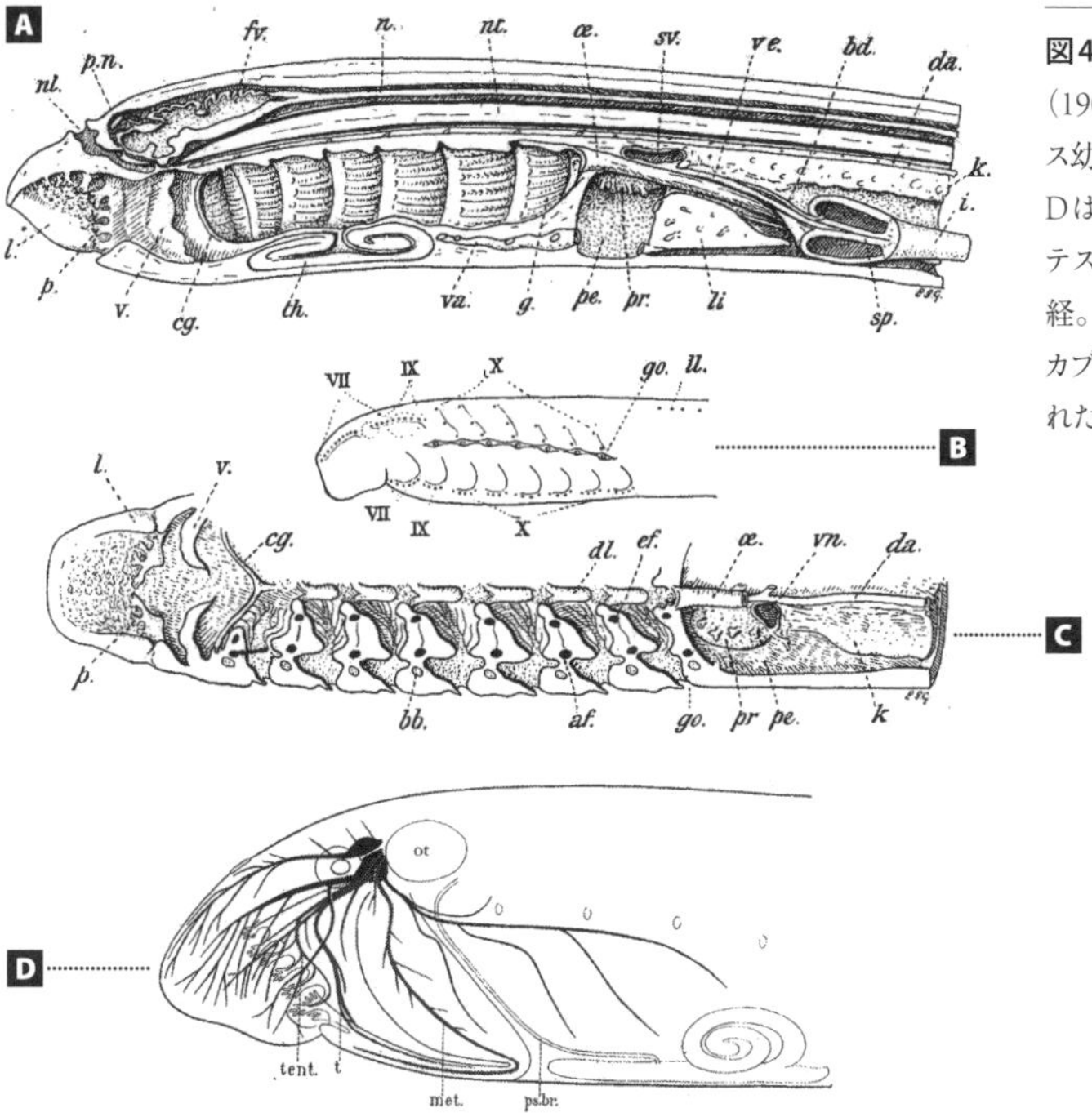

図4−2►A〜CはGoodrich(1909)に示されたアンモシーテス幼生の解剖図。
Dはアルコックによるアンモシーテス幼生の三叉神経と顔面神経。これらの末梢神経の形態がカブトガニの末梢神経と比較された。Alcock(1898)より。

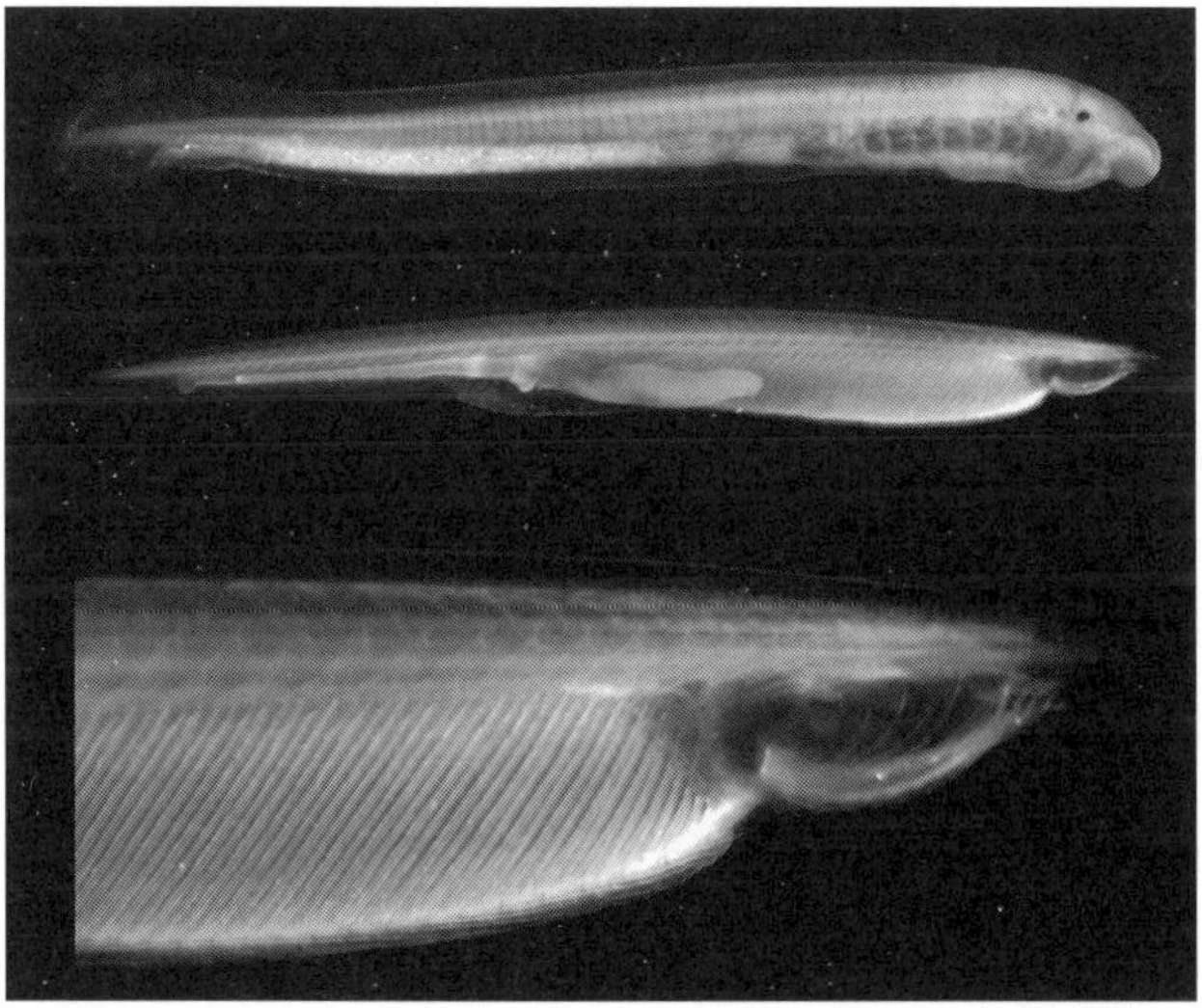

図4−3►上から、ヤツメウナギの若いアンモシーテス幼生、ナメクジウオの成体、ナメクジウオの頭部の拡大。筆者の研究室所蔵の写真より。

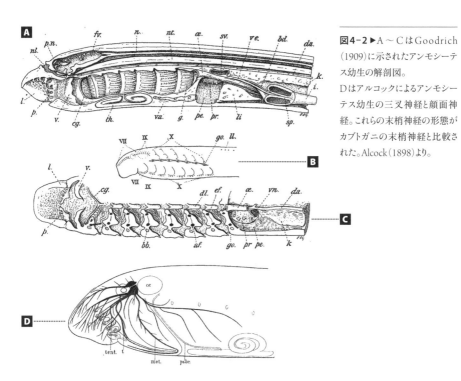

類という枠の中で一挙にコンパクトなものとみなければならなくなる。意外に思われるかもしれないが、絶滅グループの板皮類や甲皮類が除かれていることもそこには影響しており、実際、板皮類内部における頭部形態の変異は、現生顎口類全体のそれを大きく上回る（Zhu et al., 2013; Dupret et al., 2014）。かくして、板鰓類崇拝の功罪は、単にヤツメウナギを考慮しなかったというにとどまらず、脊椎動物という形態のあり方についての形態学者の常識や認識を、必要以上に狭い範囲に押し込めたという事実にこそあり、それはグッドリッチとそれ以前の学者によるあらゆる頭部分節論にとって大きな足枷となっていた。ならば、現代的な頭部分節論の吟味は、先ず円口類胚の考察より始める必要があり、それは逆説的ではあるが、初期の分節論における板鰓類崇拝の影響力の強さをうかがい知ることにもなる。

一九世紀末期、ヤツメウナギのアンモシーテス幼生における脳神経を解剖したアルコックは、「この作業を通じ、脊椎動物の神経系の基本パターンを形式的に理解すれば、それは脊椎動物と鋏角類（クモ、三葉虫の仲間）を比較するための道標《みちしるべ》となろう」という意味のことを述べている[◉403]（図4−2D）。アンモシーテス幼生がナメクジウオとサメの中間形態を体現するという通念も存在し、むしろそれが当時の一般的な認識、あるいは先入観であった。とりわけヘッケルにみたように、アンモシーテス幼生とナメクジウオの見掛け上の類似性は、一九世紀末から注目されていた（図2−11b、4−3）（第6章に詳述するように、その根拠のいくつかは誤りではあったが）。しかし、それでもなおヤツメウナギ胚が当時、比較発生学の檜舞台に華々しく上るようなことはなかった。深海に棲息するために受精卵の入手が極めて困難で、ようやく最近になって本格的な発生学的観察が可能となったヌタウナギとは異なり（Ota & Kuratani, 2006）、河川で産卵するヤツメウナギの胚は比較的容易に入手可能であったにもかかわらず、である。おそらく、組織学的観察が容易ではなかったからであろう、好都合な進化段階にあるはずのこの動物の胚における中胚葉の形態理解は遅々として進まなかった。そもそも、アンモシーテスが独立した動物ではなく、ヤツメウナギの幼生にほかならないということがわかったのも一九世紀中盤になってからのことなのであった（Müller, 1855）。

◎——系統関係

最初に、円口類の系統的位置に関して述べなければならない。「円口類（cyclostomes）」という名称それ自体は、「顎がなく前方に開く丸い口を持つこと」を意味するだけであり、それによってまとめられたヤツメウナギ類とヌタウナギ類は、その時点では、せいぜい原始的な「グレード」で括られた恣意的な分類群をなすにすぎない。単に「顎が獲得されていない」という派生形質の不在（すなわち、原始形質の共有）によってまとめられているのである。加えて、ヌタウナギに眼がなく、眼に付随する外眼筋もなく、椎骨もないとなれば、それがヤツメウナギよりもいっそう原始的な系統を代表するのではないかとの考えが一時支配的であった。何よりも脊柱は脊椎動物を定義するのであり、煩《わずら》わしいことをいうならば、ヌタウナギは厳密には無脊椎動物であり、かつ明瞭な頭蓋を持つ「有頭動物（craniates）」と、不適切に認識されていた。これより原始的な動物となると、無頭類のナメクジウオにそれを求めるしかない。

さらに、これら現生の円口類と化石無顎類の関係が問題となる。過去においてはしばしば、「円口類」と「無顎類」という名称がほぼ同義に使われることが多かった。しかも、円口類と化石無顎類のあるものには特定

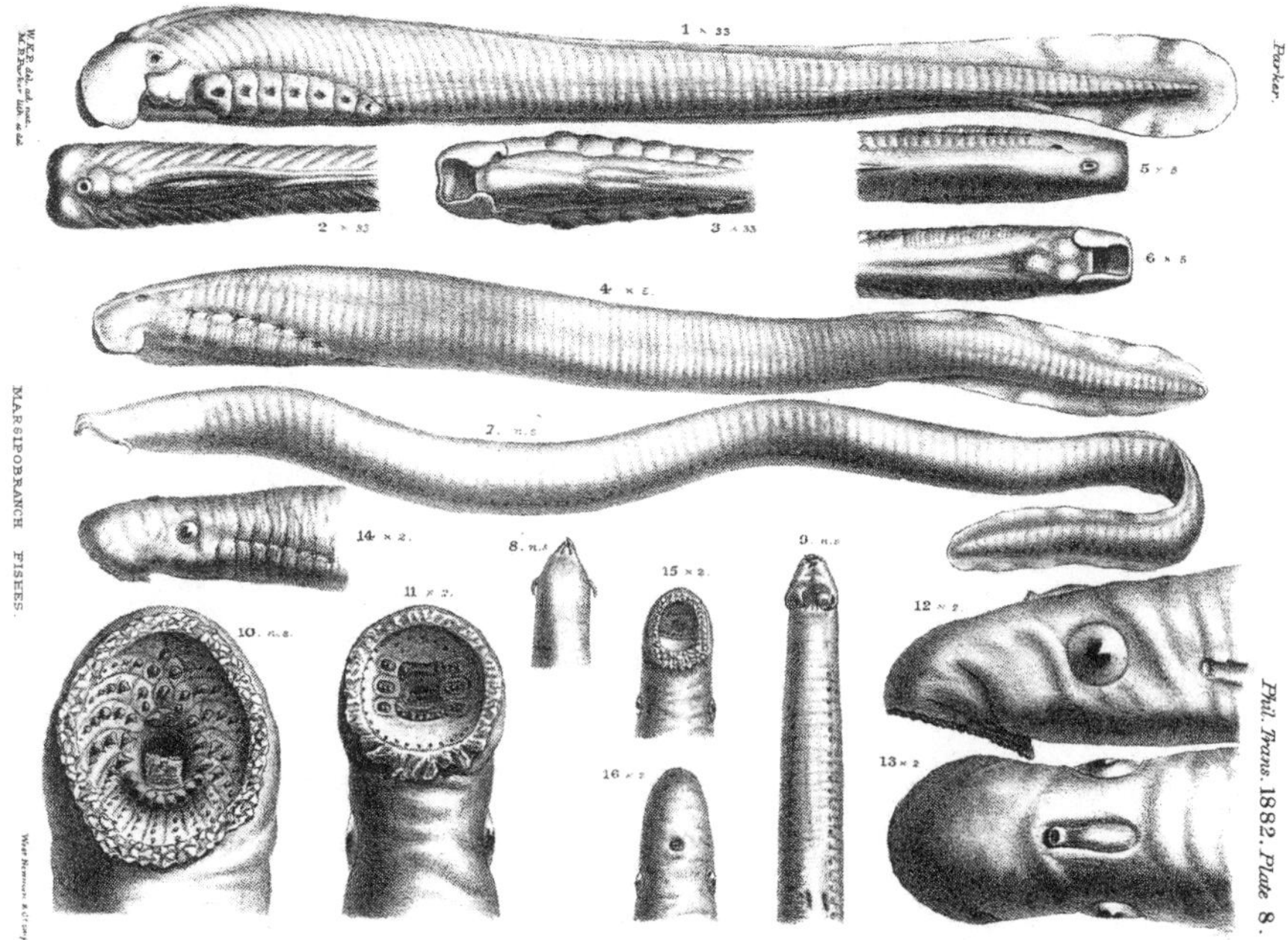

図4-4▶パーカーによる円口類のスケッチ。上半分にヤツメウナギのアンモシーテス幼生、そして下半分にヤツメウナギの成体が描かれ、中央に一体のみ、ヌタウナギが描かれている。Parker（1883b）より。

の類縁性があると思われていた。これにはスウェーデンの古生物学者、ステンシエーに代表される、古生物学者の古典的見解が大きく影響していた。典型的には、頭部形態についてヤツメウナギ類と骨甲類が著しい類似性を示し、同様にヌタウナギと翼甲類がよく似るというので、円口類と無顎類を合わせたグループの中に、いくつかの独立した進化の流れをみてとろうという立場もあった。[●404] また別の見解では、俗に「オストラコダーム（甲皮類）」とよばれる一群の化石無顎類が、円口類、もしくはヤツメウナギ類と分岐したのちに顎口類を生み出したという、どちらかといえば、我々に近い存在であるとの考えも現れた（Janvier, 1996に要約）。それでも、ヌタウナギ類は最も早期に分岐した脊椎動物、あるいはその前段階を示す系統を代表しているとの考えは根強かった。

こういった紆余曲折を経て、初期の脊椎動物系統間の関係が一段落した背景には、ヌタウナギ類が原始的なのではなく、ヤツメウナギと姉妹関係をなす、歴《れき》とした円口類という名の単系統群に含まれるという説が、分子系統学的解析により定着したという経緯がある。[●405] さらに、このことは、ヌタウナギの胚発生の観察から円口類に共通して現れる胚形態の存在、成体のヌタウナギにおける椎骨の残存の発見などを通じて追認されるに至った。そして、結果として脊椎動物は初期進化のある時点で、円口類と顎口類に二分岐し、化石無顎類の多く（甲皮類、あるいはオストラコダーム）は顎口類のステムグループ（系統樹の同じ枝に発しながら、いまは絶滅してしまったグループ）として認識されるようになった。このような系統分岐のシナリオは、顎口類におけるいくつかの特徴の進化的獲得について、新しい考えをもたらしつつある。

◎——円口類の原始形質

円口類には顎がなく、円口類独特の「口器（oral apparatus）」が存在する（図4-1、4-4）。のちに紹介することになる比較形態学者のゼヴェルツォッフにとって、口器の形態の違いは、どちらが古く、どちらが新しいかと判定すべき対象ではなく、胚発生において顎骨弓とその前に位置する頭部間葉を、どのようなタイプの口器形成に用いるかの違いを示すにすぎない（Shigetani et al., 2002）。事実、アンモシーテスにみられる上唇と下唇は上顎と下顎に相当するのではなく（顎の前駆体を示すのではなく）、そもそも発生上の組成が異なっている。

円口類にはまた、体幹に軸上筋、軸下筋の別がない。さらに、前方の体節、つまりは潜在的な後頭体節相同物より出来るはずの明瞭な舌筋、もしくは鰓下筋系を欠く。[●406] また、僧帽筋も存在しないので、それを支配する副神経もない（Kuratani & Ota, 2007）。これら、ヤツメウナギにおいて存在が疑われる特徴が、一般には脊椎動物の特徴としてリストアップされるものであり、その限りにおいては顎口類の獲得したパターンが円口類にないことは明らかだが、逆に、円口類だけに獲得されている形態パターンもあり、円口類の顎骨弓から分化する特殊な「舌装置（lingual apparatus）」や、「縁膜（velum）」と呼ばれるポンプ様構造、そして目の前まで広がる体節筋は、円口類に共通する独特の形質で、顎口類には存在しない。

これに関し、興味深いことに、ヤツメウナギの外眼筋は、現生の脊椎動物において唯一、「直筋四＋斜筋二」のパ

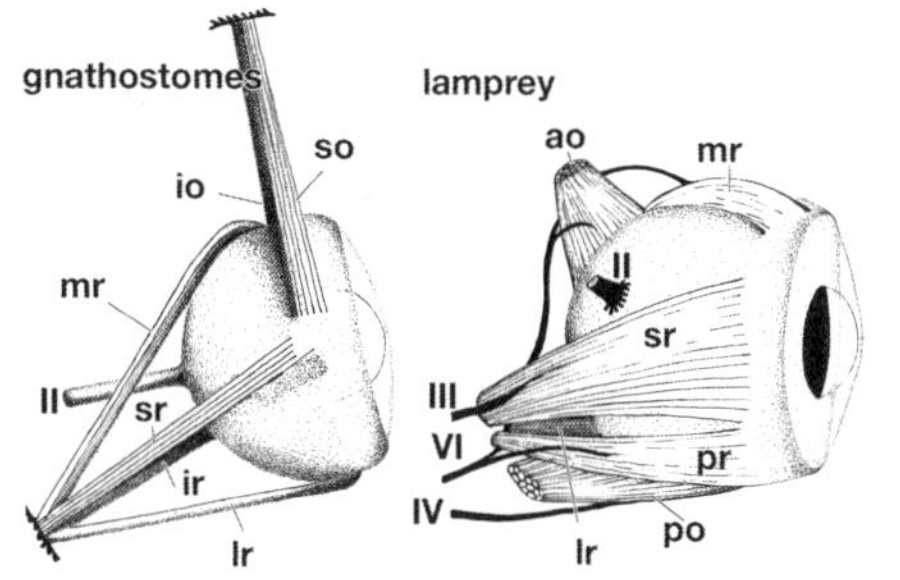

図4–5▶顎口類（左）とヤツメウナギ（右）の外眼筋を示す。ヤツメウナギの外眼筋のパターンは、板皮類のものと一部共通性を示すことが知られている。Young（2008）より改変。

ターンを逸脱している(図4-5)。もう一つの円口類のグループ、ヌタウナギ類には目がなく、外眼筋もないため、円口類の外眼筋に関してこれ以上のことはわからない。いずれにせよ、脊椎動物の外眼筋には、ヤツメウナギ型とサメ型が共存することになる。そして興味深いことに、化石資料から類推される板皮類のあるグループの外眼筋は、ヤツメウナギのものに似るのである。おそらく、現生顎口類に共通する外眼筋のパターン(サメのそれを基準として理解されている)(図2-14)は、顎口類と円口類の分岐以降に、顎口類の系統のどこか、軟骨魚類と硬骨魚類の共通祖先にあたる板皮類のある系統で確立し、それが一種の発生拘束として固定化したものであろう(Young, 2008)。顎口類に対し、ヤツメウナギの状態は外群として比較でき、しかもそれが顎口類の根元で互いに似ていたとなれば、進化的ポラリティは自ずと明らかになる。つまり、我々の外眼筋パターンが派生的状態を示すのであり、板皮類のある系統においてそれが成立してのち、そこから派生した軟骨魚類と硬骨魚類に引き継がれ、いまに至ったのである。簡単にいえば、ヤツメウナギの外眼筋の形態パターンは原始的なのである。

一方で、ヤツメウナギの頭部前端近くまで二次的に移動する筋節についてはどうだろうか。この状態をどのように解釈するかについては問題が多い。顎口類にそれがみられないことが派生的な状態なのか、あるいは円口類の分岐以前の原始的状態がそこに示されているのか判然としないからだ。ナメクジウオはこれら両系統の外群に位置するが、頭部前端近くまで筋節が存在する状態は直接比較できるものではない。確かにアンモシーテス幼生とナメクジウオは互いに似るが、ナメクジウオの前方の筋節は、アンモシーテス幼生にみるような、二次的な移動によってもたらされたものではなく、最初から前方に発生する体節に由来する。かつて、アンモシーテス幼生の形態をそのままナメクジウオと比較したニールは、これら頭部の筋節が外眼筋として発生すると考えたが(図3-16・17)、それが誤りであることについてはすでに触れた。

右のような比較から、顎口類と円口類に共有する形質状態、そしてそれぞれの系統の共有派生形質を剥《は》ぎとった状態、いい換えれば、相違のみられる形質状態のうち、原始的な状態を示すものの総和が、これら二系統の分岐寸前まで生きており、両者を派生することになった脊椎動物の共通祖先のボディプランをある程度反映すると推測で

きる。これは、すべての分節からメタモルフォーゼの痕跡をぬぐい去るという、原型論的認識の方針と同じもので
ある。進化系統学的に円口類の位置を確認し、それを比較対象として用いる場合には、つねにこれに似た手続きを踏まなければならないのだが、実際の円口類研究はどのようなものだったのだろうか。

◎——中胚葉

一九世紀から二〇世紀にかけての世紀末の時代、円口類の発生もまたいく人かの比較発生学者によって研究され

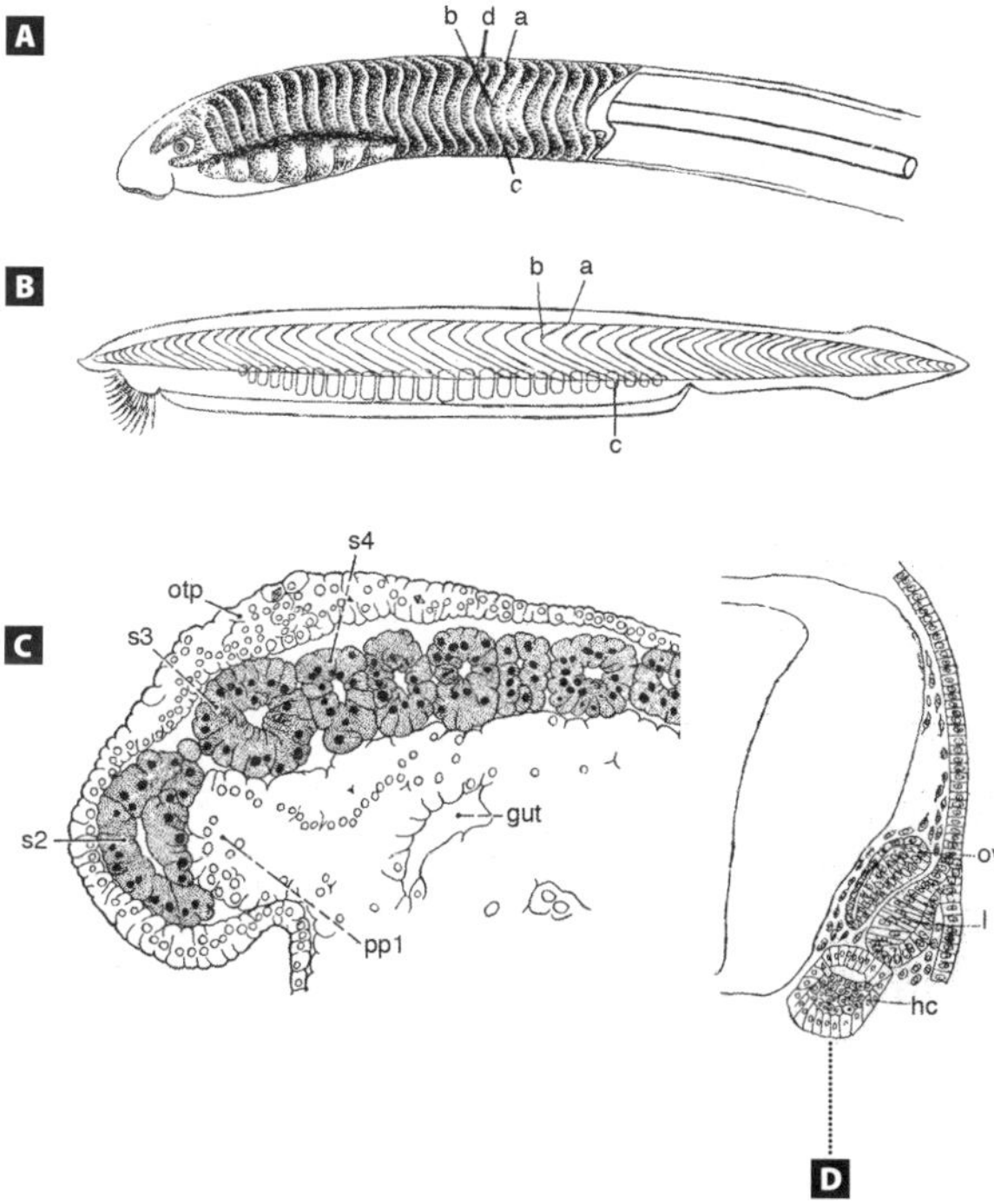

図4-6▶バルフォーによって描かれたヤツメウナギのアンモシーテス幼生(A)と、ナメクジウオ成体(B)。その見掛け上の分節パターンから、アンモシーテス幼生の形態は、ナメクジウオに最も近いとみなされ、同時にナメクジウオが脊椎動物の祖先型を示すと考えられることがあった。現在でもその共通性の吟味は完璧ではない。少なくとも、アンモシーテス幼生の筋節は二次的に頭部に広がったものであり、その本来のパターンははるかに顎口類に近い。Balfour(1885)より。

C:ヤツメウナギの頭部中胚葉。左は1901年のコルツォッフの論文に描かれたヤツメウナギ(*Petromyzon*)初期咽頭胚の矢状断。SOM.2と記されているのは第2頭部体節であるが、実際は顎骨中胚葉。ヤツメウナギにおいて明瞭に腸体腔として発する中胚葉はこれだけである。続く第3頭部体節は実際のところ無分節の頭部中胚葉の後半ではないかと思われる。この図に描かれたような体腔上皮を、筆者は観察したことがない。

Dはバルフォー(1885)によって描かれたヤツメウナギ胚における頭腔(h.c)。眼胞(op.v)ならびにレンズ(l)の原基の位置から推し量ると、これは顎前中胚葉、もしくは顎骨中胚葉が頭腔を模して描かれているのではないかと思われる。詳細は次節を参照。Koltzoff(1901)より改変。

ていた。我が国の八田三郎もその一人であったが、その研究は初期発生に焦点をあてたもので、頭部分節性に関する記載は多くはない。この分野で最初のまとまった発生学的記載は、早くも一九〇一年にコルツォッフによってなされている（Koltzoff, 1901）。この記載において、ヤツメウナギの前耳領域の中胚葉にはしっかりと境界線、もしくは深い溝が描かれている。そして、その中胚葉から外眼筋が分化する様までが描かれている。が、実際の発生過程においてはこのような組織分化をみることはできず、ヤツメウナギがどのように外眼筋を発生させるのか、実は現在でもよくわかってはいない。[407]

　これに関しては、コルツォッフの心眼がある程度働いていたのではないかと筆者は推測している。コルツォッフは、ニールが当初考えたような、外眼筋が前方の筋節に由来するということを報告したのではなく、頭部中胚葉にそもそも分節があり、外眼筋もそこから由来すると考えていた。しかし、彼が模式的に描いた「頭部体節」の境界線のようなもの自体、ヤツメウナギ胚には存在しない（図4-6C、4-39Bもみよ）。また、彼の組織切片に示された頭部分節についても、顎骨弓中胚葉とそれより後方の頭部中胚葉が多少分断されて示され、その体節との類似性が強調されているにすぎず、決して体節と等価の分節がそこに並んでいるわけではない（図4-6C）。コルツォッフの記載について注目すべきことがあるとすれば、索前板から由来するヤツメウナギの顎前中胚葉（サメの顎前腔に相当）が、ほかの頭部中胚葉からは独立した細胞塊として発するということであろう。[408]

　さらに時代が下って一九四四年、ダーマスが記述したヤツメウナギ胚にも、頭部中胚葉の境界線が非常にくっきりと描かれている。[409] しかも、顎骨弓中胚葉と舌骨弓中胚葉（これらはどちらも咽頭弓中胚葉であり、臓性の中胚葉要素である）は第一咽頭裂によって分断され、その中胚葉の裂け目を背側に辿《たど》ってゆくと、それは傍軸中胚葉を横断する。つまり、中胚葉の背腹にわたって体節的に中胚葉が分節しているという、まるでナメクジウオの中胚葉にみるような状態が強調されているのである。[410]

　しかし、実際にヤツメウナギの頭部中胚葉を観察すると、そこにはサメにみるような典型的な頭腔もなければ、分節境界もない（Wedin, 1949; Horigome et al., 1999; Kuratani et al., 1999）（図4-7〜9）。したがって、この動物の頭部中胚葉は、ニワト

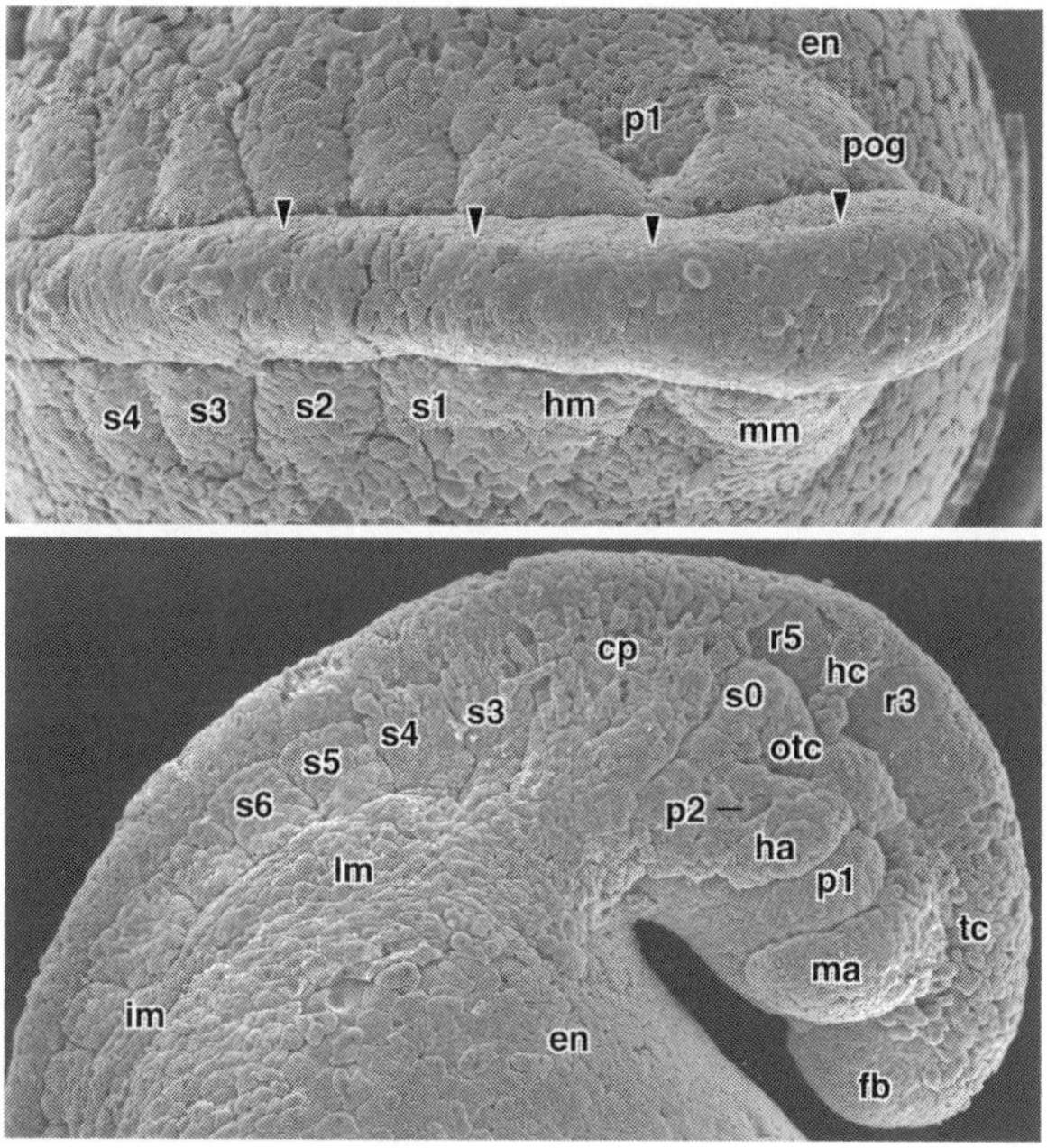

図4-7▶走査型電子顕微鏡にて観察したカワヤツメ(*Lethenteron japonicum*)の頭部中胚葉。
上は神経胚。表皮外胚葉は取り除いた。ここでは頭部中胚葉の中に顎骨中胚葉(mm)と舌骨中胚葉(hm)のみを見ることができ、その間に第1咽頭嚢(p1)が膨出する。s1以降は後耳体節。下は初期咽頭胚。s0は後耳領域における傍軸中胚葉で、完璧な体節の形状をなさない。これを含めた頭部中胚葉は、咽頭嚢(p1, p2)や耳胞(ot)の発達によって個々の領域に分断されるのみであり、明瞭な境界を伴った分節をなさない。図4-6、4-39と比べよ。tc、hcはそれぞれ三叉神経堤細胞群、ならびに舌骨神経堤細胞群。Horigome et al.(1999)より改変。

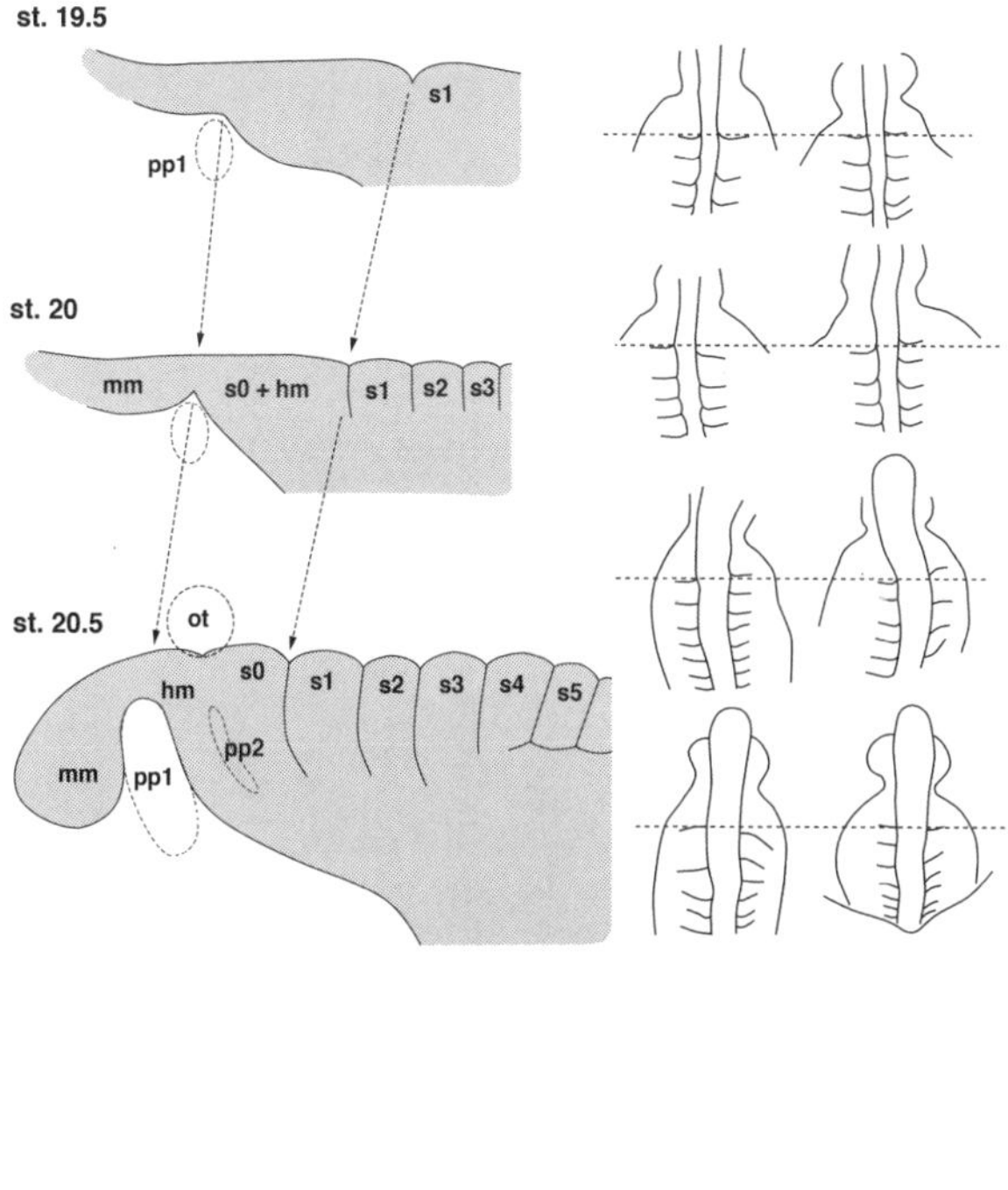

図4-8▶ヤツメウナギ中胚葉の発生機序。ステージ19.5～20.5の間に生ずる中胚葉の変化(左)と、体節の非対称パターン(右)。Kuratani et al.(1999)より改変。

リやマウスのそれとむしろ類似していることになり、ナメクジウオを思わせるような、何らかの原始的な状態を示す兆候はない。日本産のカワヤツメ（*Lethenteron japonicum*）の頭部中胚葉は、典型的な無分節の形態を示し、その最前端の領域がのちの顎骨弓中胚葉となる。この構造は腸体腔を思わせる擬似的な上皮構造を示し、かつてコルツォッフはそれを顎骨腔の相同物の証だとしたが、[411] それは発生機序からも組織構造からも認められない。なぜなら、サメの顎骨腔は腸体腔として発生するものではなく、その位置も咽頭弓の中ではなく傍軸領域に見出されねばならないからだ。また、頭腔はまばらな頭部間葉の中に浮かぶ上皮性体腔であり、頭部中胚葉そのものが分節境界を伴って分断され、それ自体がそのまま頭腔となるところなど、これまで観察されたことはない。むしろこれは、頭部中胚葉がかろうじて傍軸部と咽頭部に区分可能だとはいえ、ほとんどが咽頭弓の中に見出され、かくして頭部傍軸中胚葉が極めて貧弱なヤツメウナギ独特の状態を反映しているのである。つまり、ヤツメウナギの頭部は頭腔らしきものを発生させうる余裕がほとんどない。一方で、ヤツメウナギの体節はほかの脊椎動物胚のそれと同じく、内耳の後ろに限って発生し、その境界線はしばしば左右でずれる（図4−8右）。この状態が、再びナメクジウオにみられる「左右互い違いの筋節」と比較されることもあったが（Veit, 1939）、ヤツメウナギの非対称性は個体間で揺らぎ（directional asymmetry）を示すことはなく、したがってナメクジウオの筋節に類似するわけではない（Kuratani et al., 1999）。

ヤツメウナギ頭部において唯一独立した中胚葉があるとすれば、それは顎前中胚葉であり、ほかの脊椎動物胚におけるのと同様、索前板が二次的に左右に成長することによって形成され（Adelmann, 1922）、後続する顎骨中胚葉（mandibular mesoderm）との間に明瞭な境界線を示す（Kuratani et al., 1999）（図4−9）。そして、それは脊索の先端や下垂体との位置関係において、サメの顎前腔と極めてよく似る。このような顎前中胚葉は多くの顎口類胚において上皮性体腔として現れ、上と同じ相対的位置関係を示すが、ヤツメウナギにおいてはこれが体腔となることはない。[412] つまるところ、ヤツメウナギも無分節の頭部中胚葉を発生させるのであり、顎前中胚葉の領域のみ、ほかの脊椎動物と比較可能なのである。[413] 頭腔とはつまり、顎口類の共有派生形質である公算が大きい。そして、ヤツメウナギの頭部中胚葉各部に何らかの名称を与えるに充分なほど、区分けを可能にする兆候があるとすれば、それは耳胞であるとか咽頭嚢な

図4-9▶ヤツメウナギの頭部中胚葉。

A：上からカワヤツメ、サメ、イモリの胚の頭部中胚葉の形態を示す。基本的にみな同じパターンを持ち、耳胞と咽頭嚢によって領域化されていることを示す。

B：左はカワヤツメ胚において、中胚葉と神経堤間葉がどのように発生するかを模式的に示したもの。頭部中胚葉において、明瞭に1つの独立した部分として発生するのが、索前板に起源する顎前中胚葉のみであることに注意。Kuratani et al.（1999）より改変。

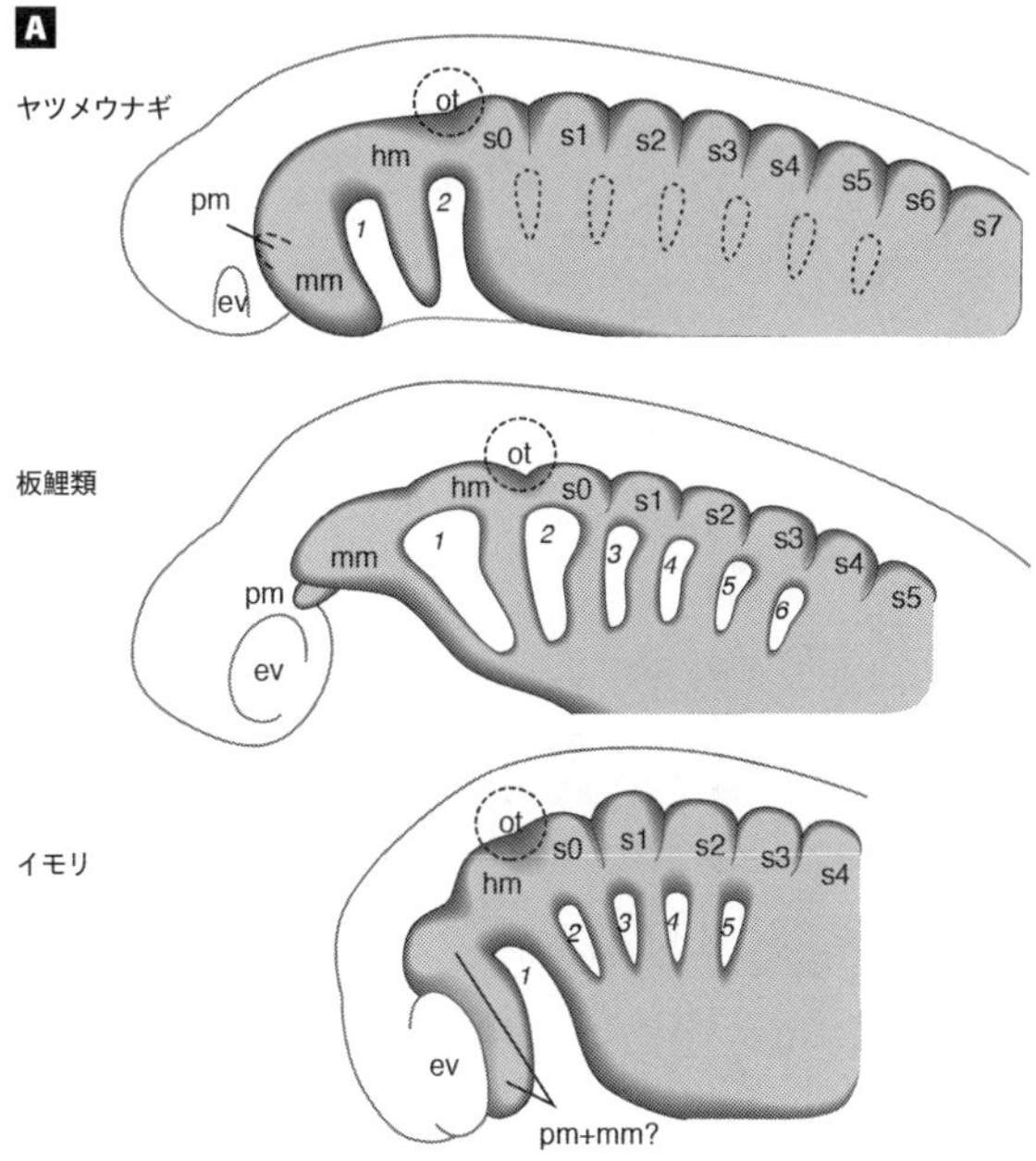

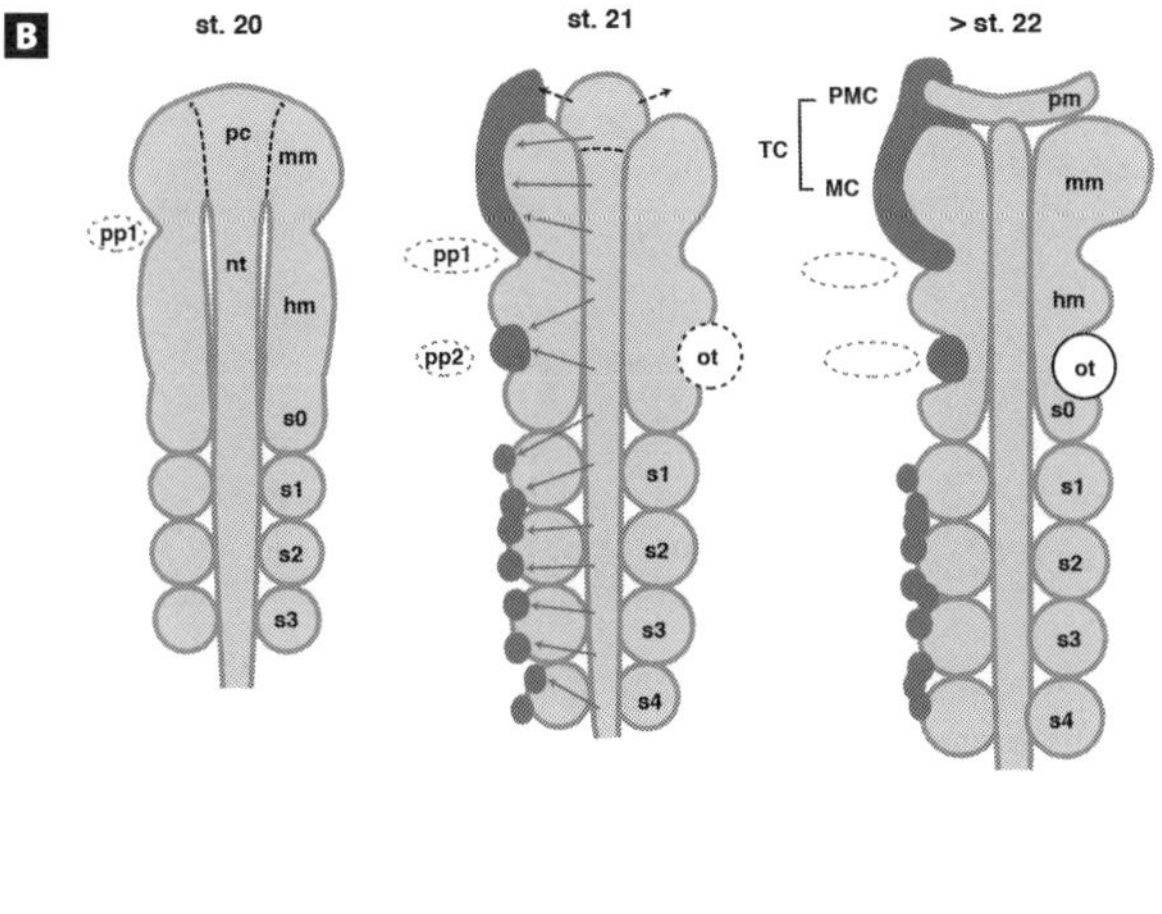

どの原基であり、つまりは本来無分節で、繰り返しパターンのない、一様な中胚葉が受動的に区切られ、結果として「領域化（regionalization）」されているにすぎないのである（図4－8・9）。ヤツメウナギ胚の詳細な組織観察と復元モデルの作成を通じ、この問題に再び挑んだウェディンも、明瞭な分節化は体幹の体節にしか生じないと、同様な結論を述べている（Wedin, 1949）（後述）。頭部中胚葉に何らかの構造らしきものがあるとすれば、それは体節自体の自律的形態形成運動の一環として生じる「分節化（segmentation）」とは極めて異なった性質の現象なのである。

あらためてコルツォッフやダーマス、そしてバルフォーの記載をみると、あたかも板鰓類の発生パターンを規範とし、それに合わせたかのような表現が目立つ（図4－6）。とりわけコルツォッフの記述は、図を見ずに文章だけを読むと、新しいサメの種の発生を記述しているようにさえ思われる。つまり、当時の分節論者の理念においては、板鰓類の咽頭胚がフォン＝ベーア的原型として機能し、そこからありとあらゆる脊椎動物種が導出されるべきであった。おそらくそこには、観察の難しいヤツメウナギの組織標本に紛れ込んだある種の希望的観測があったのだろう。が、それ以上に頭部分節性の論議の土俵が比較発生学に移されてなお、その場を支配していたのが原型論と同じ認識的傾向であったことこそが問題なのである。それが、のちにディレッタントと目されたグッドリッチの分節論が揶揄された背景に醸《かも》されていたであろう、自然哲学の危険な香りの源泉となったのであろうし、原型的認識論の持つそれほどの威力を支える力を秘めていたからこそ、それは「板鰓類崇拝」と呼ばれるのである。ちょうど、我々がいまでも「頭腔」の問題を考えなければならないように……（Kuratani & Schilling, 2008）。

かくして、円口類の発生学の正確な理解のないままに、比較発生学は二〇世紀前半に最盛期を終え、とりあえずの結論をグッドリッチの模式図に託して幕を閉じる。そして、頭部分節性の問題自体が大方の形態学者から忘れ去られ、二一世紀が近づき進化発生学が興るまで、脊椎動物の頭部が本来的に椎骨、もしくは体節のように分節しているのだろうと、漠然と受け入れられたまま時は過ぎていった。[414]

図4-10▶仮想的な中胚葉の進化。系統樹の上に原始的な後口動物の胚、ホヤのオタマジャクシ幼生、ナメクジウオ、脊椎動物が並べられている。この仮説においては、マスターマンの解釈による中胚葉分節の起源が一部採用され、ディプリュールラ幼生の3体腔のうち、最前のもの、すなわち原体腔がナメクジウオの側憩室、ならびに脊椎動物の顎前中胚葉(もしくは索前板)と相同とされ、脊椎動物の頭部中胚葉は、ディプリュールラ幼生の中体腔に、体節は後体腔に求められている。脊索動物の進化においては、尾索類の系統においてディプリュールラ幼生の前方の2体腔に相当する部分が独立に失われ、頭索類の系統では中体腔の由来物が失われ、脊椎動物においては、3体腔すべての由来物が残ると考えた。Kuratani et al.(1999)より改変。

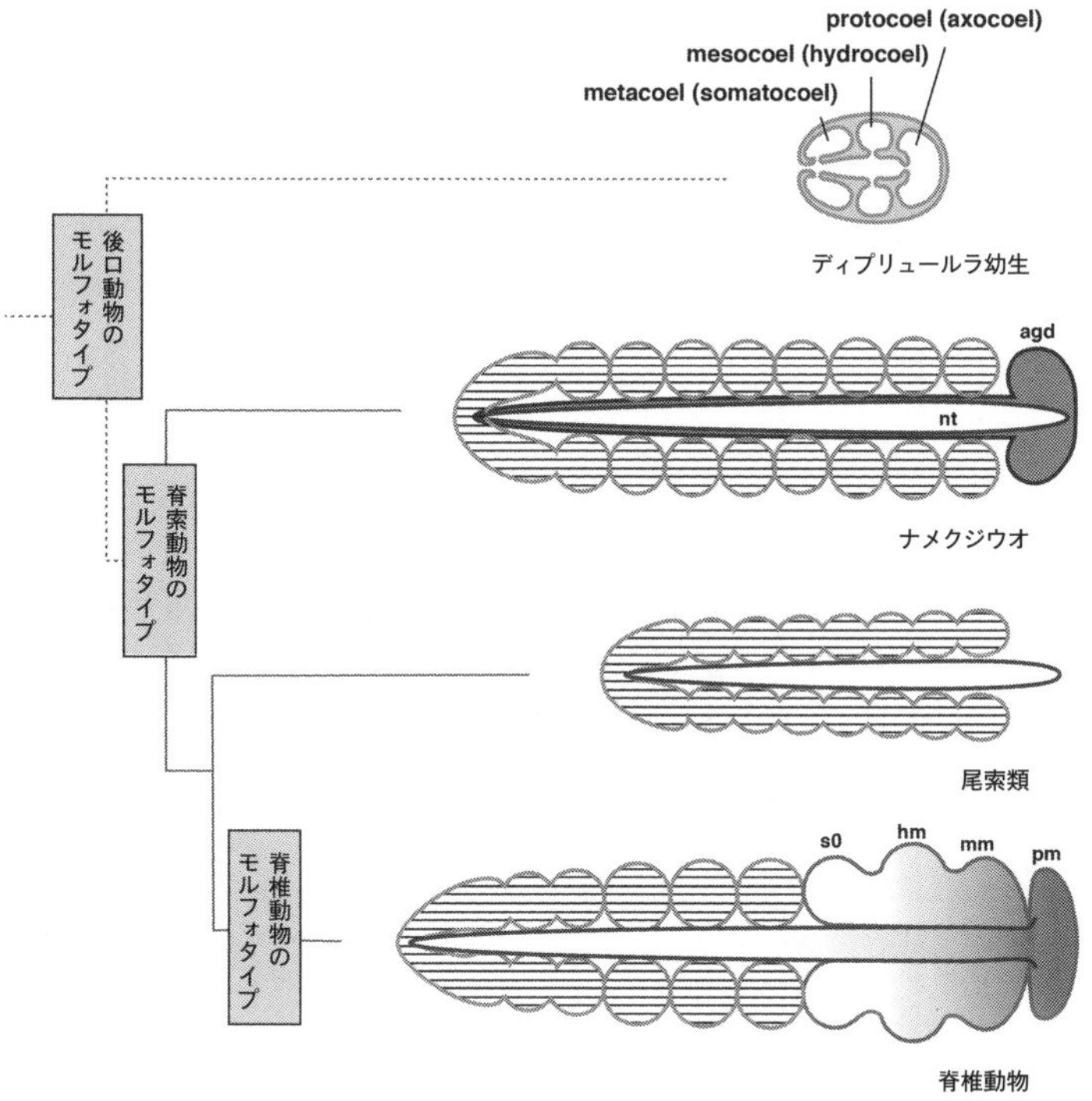

【コラム】――理想形態としてのヤツメウナギ

比較形態学者や比較発生学者が認識する脊椎動物の理想型に近いパターンが、ヤツメウナギ（もしくは、アンモシーテス幼生）に確かに具現していると思われるところがある。外眼筋もその一つであるかもしれない。それは顎の不在ではなく、むしろ副神経と僧帽筋の不在、そして次節に述べる梁軟骨である。

形態学的に脊椎動物の体には、体節依存型の分節性（ソミトメリズム）と鰓弓型の分節性（ブランキオメリズム）があり、末梢神経もそれに対応して、脊髄神経と鰓弓神経に分類される。ヤツメウナギに関しては（外眼筋神経群を別にすれば）この二カテゴリーで済むのだが、顎口類ではこの両者の間に成立した、いわゆる「頸」に相当する領域に獲得された新しい中間型の構造として、僧帽筋と、それを支配する副神経が存在する。これらの構造は、発生様式や形態学的特徴から、どちらのカテゴリーにも属さないのである。同様に、脊椎動物の頭蓋は神経頭蓋と顔面内臓頭蓋に分類され、前者は発生上、中胚葉に、後者は神経堤に由来するという観測があった。しかし、顎口類の神経頭蓋のうち、中胚葉に由来するのは、脊索が分布する後半部のみであり、前半は神経堤に由来する。一方、ヤツメウナギの神経頭蓋は、のちに述べるようにほぼ中胚葉のみから出来ており、形態学的に理想とされた、細胞型の二元論と頭蓋の機能的組成が一致する。つまり、形態学的理想型を最も忠実に体現するのがヤツメウナギであり、その根拠は決して顎の不在にはないのである。

このようなことから、円口類（の示す、いくつかの特徴）を脊椎動物の祖先型とみなすことには意義があるだろうが、問題が残るのはヌタウナギの形態である。おそらく、僧帽筋、副神経の不在まではヤツメウナギと同等のグレードにあるということができるが、神経頭蓋の発生的組成については疑問が残り、さらにこの動物はヤツメウナギにも顎口類にもみられない、独特の舌下神経、ならびに鰓下筋系の形態を示すのである。これをヌタウナギ独特の派生的特徴とみなすこともできようが、それを確かめるための比較対象は現生の脊椎動物には存在しないのである。

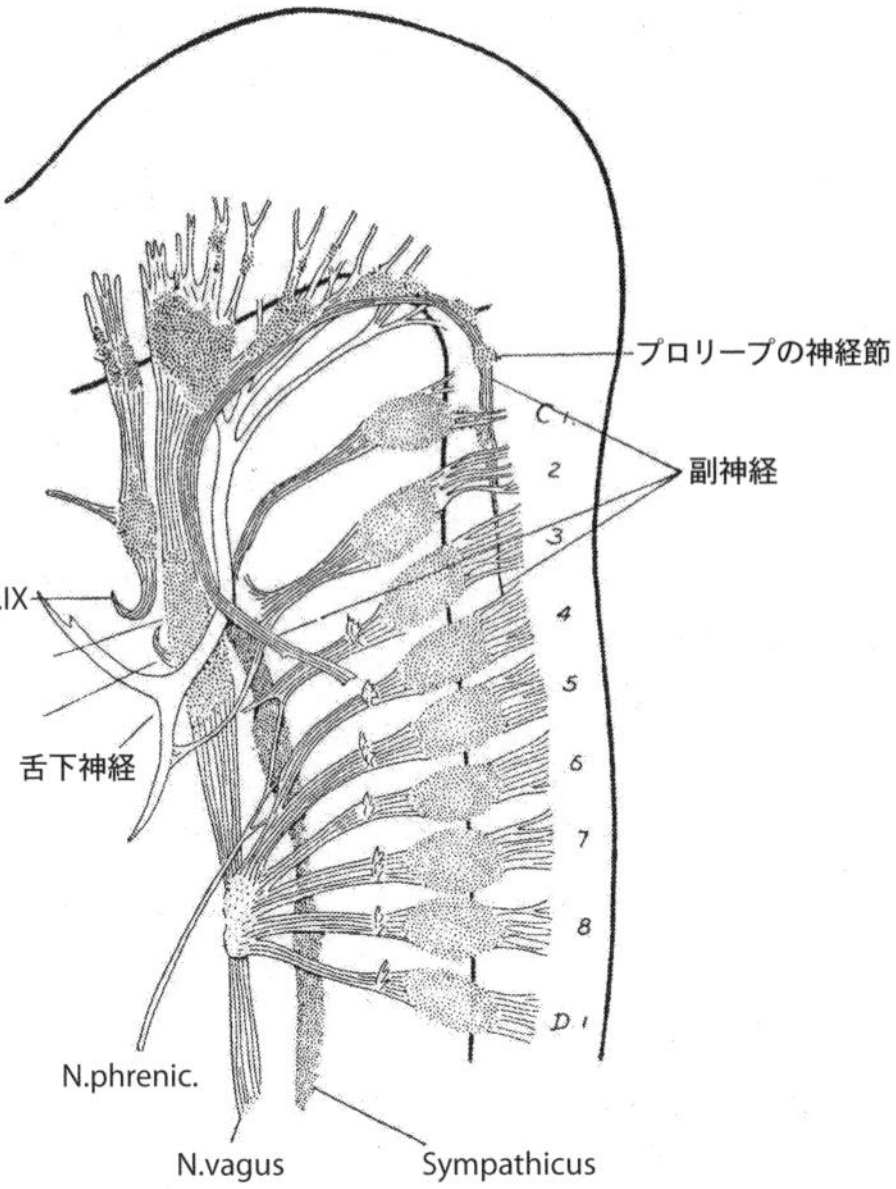

図4-11▶ヒト咽頭胚（14mm）における、頭頸部の末梢神経。副神経がちょうど脊髄神経と鰓弓神経の狭間に生じていることがわかる。このような神経は円口類には存在しない。Keibel & Mall（1910）より。

ド=ビアと前成頭蓋博物館

一九三七年、英国はロンドン、UCLの教授であったド=ビアは、いまでも参照されることの多い大部の教科書、『脊椎動物頭蓋の発生（*The Development of the Vertebrate Skull*）』を上梓した。これはその七年前のグッドリッチによる教科書、『脊椎動物の構造と発生の研究』の出版に触発されたとのことである。後者の中でグッドリッチは、記述の内容が明らかに頭部、もしくは頭蓋に偏りすぎたと反省しているが、これをさらに偏らせ、軟骨頭蓋と骨頭蓋の形態発生学のみを記し、あたかも「軟骨頭蓋の動物園」のようなアーカイブを実現したのがこのド=ビアの著書なのである。[415]

頭部分節性の歴史においては、結果的にグッドリッチが一応の結論を提出した形で収束をみたが、それは、形態学のコンセプトとして理解しやすい、分節論者による論点をまとめ上げたものとみることができる。対して、非分節論を統合する理論は存在せず、いきおい脊椎動物頭部の理解は、分節論を中心に体系化することになり、そのうち英語圏を中心に影響力を持ったのがグッドリッチのセオリーであった。同様に膨大な論文が書かれた脊椎動物の頭蓋研究においても、ド=ビアのこの教科書が一種の集大成としての役割を果たし、頭部問題の誕生から一九三〇年代までの研究の歴史を詳細に調べ、顎口類の基本的形態プランに沿った骨格要素の比較を、ほとんどすべての動物群についてまとめ上げている。[416] したがって一九三七年以前の論文についてはほとんどすべてがこの教科書の中で触れられており、それ以降の論文のみみれば、この研究領域に関してたいていのことはわかるようになっている。[417] かくして、頭蓋の研究者はみな、いまでも例外なくこれを「座右の書」として用いている。すると、ド=ビア以降（一九三七年以降）の論文のリストが必要となる。そしてそれを実現したのが、ハンケンとホールによるこの教科書の復

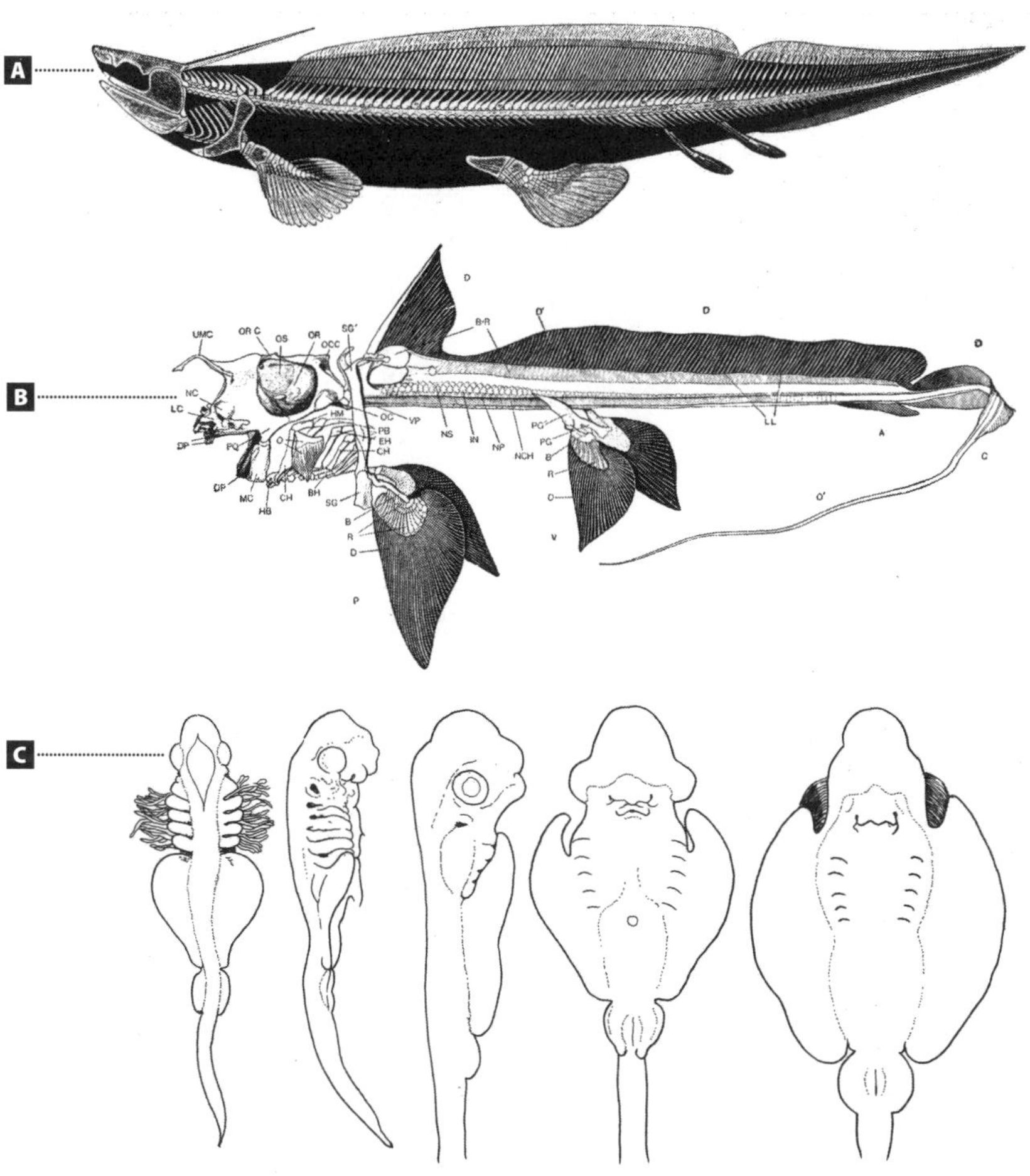

図4-12▶原始的な化石板鰓類*Pleuracanthus*(A)とギンザメ(B)の骨格。Goodrich(1909)より。
C:エイの個体発生。エイの仲間では胸鰭の下方に鰓裂が開くことが知られるが、この位置関係は二次的なもので、発生上はサメに似た形態パターンが成立したのちに、エイ独特の変形が生ずる。Sewertzoff(1931)より改変。

刻(1985)、ならびにそののちに出版された三巻からなるオムニバス形式の教科書『頭蓋(*The Skull*)』ということになる。[418] ド=ビアの『脊椎動物頭蓋の発生』においては、巻末に各種脊椎動物の軟骨頭蓋の発生過程が図版で示されているが、哺乳類としてとり上げられている動物は、家畜かヒト、さもなければ愛玩動物が中心であり、そこには現在モデル動物として用いられるマウス(*Mus musculus*)はみあたらない。[419]

ヘテロクロニー論

脊椎動物の頭部形態の進化に限定しているとはいえ、ド=ビアの研究もまた多岐にわたる。そして、彼は後述のゼヴェルツォッフと同様、発生反復説の近代的な再定式化を試みている。進化的変化を、発生のタイムテーブルの進化的変更、すなわち、「ヘテロクロニー」により説明しようとする彼の構想の詳細は好著『胚と祖先(*Embryos and Ancestorss*)』に詳しく述べられている。それは基本的にはフォン=ベーアやヘッケルによる単純な反復を一種のデフォルト型の進化と置き、祖先の発生過程のどこでどのような変化が導入されるかにより、異なった帰結に至る進化のパターンを八つに分類したものである(解説は、倉谷2004を参照)。しかし、これらはさらにより少数のパターンにまとめ上げることが可能で、しかもその機構について充分な考察がなされておらず、事実あまり有用なものとはならなかった。一例として、当時から注目されていた「ネオテニー」は、幼形成熟、もしくは「胎児化」ともいうが、発生プログラムの何らかの変更を通じて進化が生ずる限り、あらゆる進化的変更は多かれ少なかれ、ここでいうネオテニー的要因をある程度含まずにはおれない。ただ、それがつねに明瞭というわけではないというだけのことなのだ。

たとえば、エイの発生過程においては、初期咽頭胚までは理論通り(胸鰭原基の広がりを別とすれば)サメとほとんど見分けのつかない胚形態の段階を経る。いわゆる、全脊椎動物に共有される胚発生のファイロティピック段階である(Duboule, 1994; Irie & Kuratani, 2011)。そしてその後、サメの成体へと向かう発生経路はキャンセルされ、エイの形態へと向から独特の発生過程が始まる(図4–12)。この発生経路の変更にあたっては、胸鰭の拡大と、新しい場所への成長のみならず、サメには生じない多くの現象が含まれており、鰓裂の腹側への二次的移動も胸鰭の拡大を伴う独特の変

図4-13▶脊椎動物の顎の進化と梁軟骨。ハクスレー以来、梁軟骨を顎の前にあったという仮想的顎前弓の派生物であるとみなすことは、当時の比較形態学、比較発生学の伝統であった。

左図は、それをシンプルな形で解説したド=ビアによる模式図。

Aは、すべての鰓弓骨格、あるいはその前駆体が、単調な軟骨の竿からなっていた仮想的祖先。これは必ずしもナメクジウオ的祖先状態を示すものではなく、理念的な形象であるとみた方がよい。

Bはアンモシーテス幼生に酷似した無顎類段階。顎前弓はこの幼生の口の周囲を縁どっているように描かれているが、実際にはこのような軟骨は存在しない。また、のちの顎口類段階における梁軟骨と比べ、前脳と顎前弓の位置関係が大きく離れていることに注意せよ。幾何学的に、このような顎前弓が顎口類の梁軟骨となることはできない。

Cはサメ咽頭胚に酷似した顎口類の形態パターン。hy：舌骨弓、IX：舌咽神経、ma：顎骨弓、mo：口、pm：顎前弓、V1：深眼神経、V2＋3：上下顎神経、VII：顔面神経、X：迷走神経。de Beer（1937）より改変。

Dはパーカーによるヤツメウナギの頭蓋底。脊索前端よりも前方に伸びたラケット状の梁軟骨がみえる。この軟骨は、形態パターンからは顎口類の梁軟骨に似るが、実際は傍索軟骨が二次的に前方へシフトしたものにすぎない。ド=ビアはこれを、顎口類の梁軟骨と同じものとはみなさなかった。Parker（1883b）より。

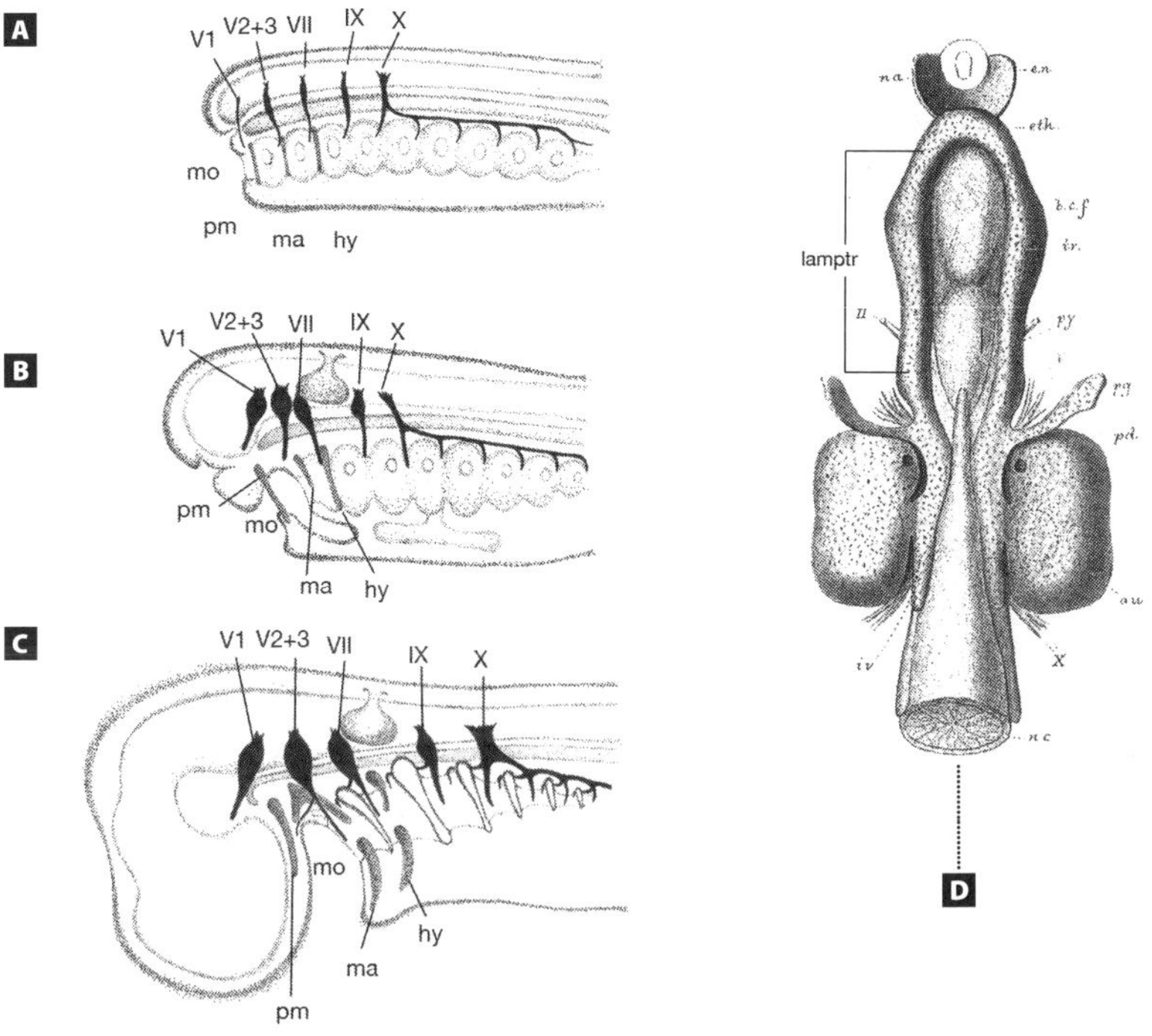

化である。しかし、その鰓裂も、移動開始時まではサメの咽頭胚におけるのと同様な場所に出来上がっていたものなのである。かくして、このような発生パターンはまったく胎児化にはみえないが、エイの奇抜な形態が、結果として成体になり損ねたサメとしての幼若さを隠蔽しているだけのことなのである。加えて、みるからにそれらしいネオテニーは、現生のサメにこそ生じているという一部の古生物学者の見解もあり、その場合、サメの幼若な特徴は、板鰓類の姉妹群に相当するギンザメの仲間との比較において明らかとなる。すなわち、現生のサメは明確なネオテニーのゆえにギンザメの胚に似、一方で現生のサメの祖先はむしろギンザメの成体に似ていた可能性がある。

かくして、ド=ビアのヘテロクロニー論は程度の問題、あるいはせいぜいのところ思弁の域を出るものではなかった。しかし、それが英語で書かれたこともあり(グッドリッチの著書と同様)、ゼヴェルツォッフの「アルシャラクシス論」(本章に後述)よりはるかに広く読まれることとなったのはいかにも皮肉というべきであろう。さらに残念なことに、ド=ビアは彼のヘテロクロニー論を充分に形態進化の現象を理解するために役立ててはいない。加えて、彼の進化的なイメージはまだまだグレード進化論の域を出ておらず、各骨格要素の比較形態学的吟味については煩《うるさ》い一方で、本書の読破を通して大局的な進化のイメージを掴《つか》むことはできない。読了後に何を学んだのか一向にわからないといった、本質的に枚挙に価値を持つタイプの大著なのである。グッドリッチについてもいえることだが、この書は、円口類のアンモシーテス段階がサメ的段階になり、サメ的段階が硬骨魚的段階になり、哺乳類へと至るといった、一九世紀前半のレヴェルの解釈からまだ充分に抜けきれないでいた。[◉420]

◎——口と梁軟骨

たとえば、脊椎動物神経頭蓋の前半分に分化する軟骨原基、いわゆる梁軟骨は、ハクスレー以来、祖先的脊椎動物の顎前弓に相当する組織からもたらされた、かつて顎の前方にあった内臓弓の骨格要素であったとされ、脊椎動物頭部発生を専門的に研究していたド=ビアも、この考えに沿ったシナリオを提出した(図4-13A〜C)。すなわち、脊椎動物の祖先に相当するナメクジウオのような動物では、脳の発達がまだ悪く、一本の神経管をとり囲む中軸

図4-14▶脊椎動物の神経頭蓋の進化。図4-133を改変し、脊椎動物の神経頭蓋の進化を現代の理解の下に改変したもの。pp、ma、hy、brは神経堤由来の間葉より由来する骨格素材、pm、pc、veは傍軸中胚葉由来の骨格素材を示す（その前端を破線で囲う）。それぞれの進化段階を示す図の右下には、その動物の神経頭蓋の組成を単純に示した。

A：極めて初期の祖先的脊椎動物にみられたと考えられる基本パターン。この動物では、神経頭蓋のほぼすべてが傍軸中胚葉よりなると考えられ、その主体は傍索軟骨である。可能性としては、索前板より由来した正中の要素が中脳の下方の相当する位置で、何らかの骨格を作っていたかもしれない。神経堤間葉は、頭部背側では鼻下垂体プラコードの周囲のものしかなく、本来これは感覚器胞しかもたらさなかったであろう。この動物では、古典的な形態学や比較発生学において推測された二元論が実現しており、中胚葉よりなる神経頭蓋と、神経堤に由来する顔面内臓頭蓋を持つといえる。

B：円口類と顎口類の共通祖先にみられたであろう基本パターン。顎前神経堤間葉は、現在のヤツメウナギやヌタウナギにみるように、口器の一部を形成している。

C：デュプレによって推測された、原始的な板皮類の段階。この動物に顎はあったが、機能的な意味での神経頭蓋は円口類タイプのものであったと推測される。

D：現生顎口類の基本形態。顎骨弓を含め、鰓弓骨格系は上下に二分し、関節をなしている。顎前神経堤間葉は拡大した前脳の床を形成している。顎前中胚葉から由来すると考えられているのは、眼窩軟骨であり、それはヤツメウナギの梁軟骨の前端にみられる横交連に相同なのではないかとされる。かくして、現生顎口類の神経頭蓋には、神経堤に由来する索前頭蓋と、中胚葉よりなる脊索頭蓋を含み、さらに後者には、二次的に頭蓋形成に参与した後頭骨が含まれていることになる。現在、円口類の基本パターンは、脊椎動物全体の祖先形態を代表すると考えられており、ヤツメウナギ幼生の形態を現生顎口類の祖先的状態とみなしたことについては、ド＝ビアは正しかった。e：眼、hb：後脳、hy：舌骨弓、lamptr：ヤツメウナギの梁軟骨、llp：下唇、ma：顎骨弓、mb：中脳、mn：下顎突起、mo：口、mx：上顎、nas：鼻殻、nhp：鼻下垂体板、oc：眼窩軟骨、occ：後頭軟骨、ot：耳胞、pc：傍索軟骨、pm：顎前中胚葉、pp：円口類胚の後突起、tel：終脳、tr：梁軟骨、trc：ヤツメウナギの横交連、ul：上唇。Kuratani（2016）より改変。

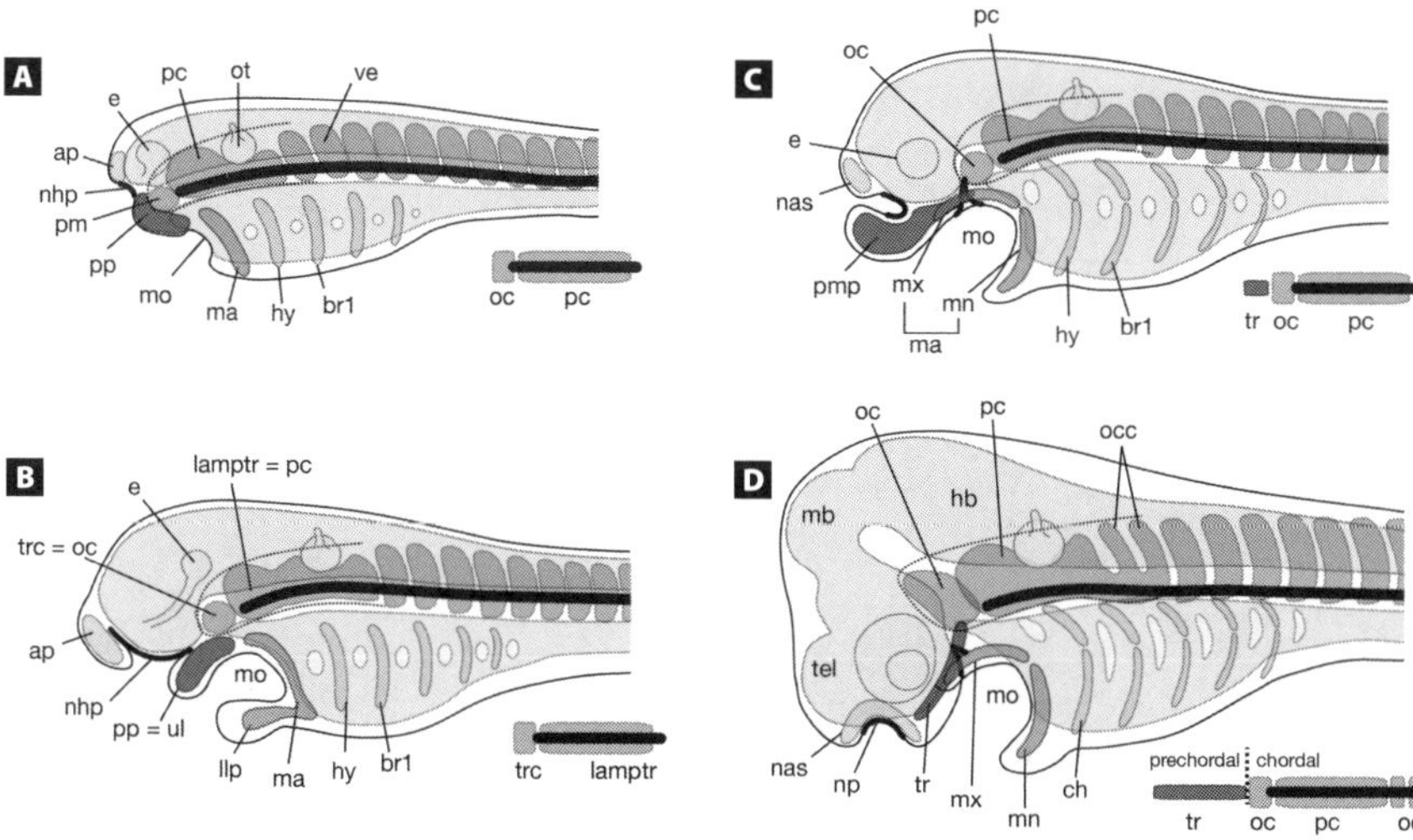

骨格と、頭部腹側に未分化な鰓が繰り返して並び、その中に内臓骨格の前駆体が出来ていたと彼は考えた。それはまだ顎が出来る以前の段階であり、すべての内臓弓が未分化で、それぞれが同じような形をしていたのだが、のちに顎を形成することになる内臓弓（これを顎骨弓という）の前に、もう一つの鰓（顎前弓）が存在していたと彼は想像したのである。[421]脊索は神経管の全域にわたって伸び、それと同様の軸方向に消化管も伸び、その先端に口が開いていた。しかし、進化が進み「アンモシーテス幼生的段階」に至ると、神経管の前端が脳として拡大し、脊索の前端を越えて広がる。つまり、脳が中胚葉の用意されていない領域に進出するのである。そのため、前脳を包むための神経頭蓋をもたらす素材をどこからか調達せねばならなくなる。

ここまでは概《おおむ》ね正しい。実際に原始的な顎口類や円口類の神経頭蓋は、中胚葉素材のみから出来ている（Dupret et al., 2014; Kuratani et al., 2016）。加えて、原則として索前板を越えて頭部中胚葉が前方に広がることはできない。なぜなら、骨格素材を分化する傍軸中胚葉は脊索により誘導されねばならないからだ（その詳細は第5章）。そこで脳の拡大した顎口類は、外胚葉性の神経堤間葉（当時からectomesenchymeと呼ばれていた）よりなる顎前弓の素材を用い、脊索の前に新たな頭蓋を作り出した。事実、「板鰓類的段階」では、上記の顎前弓が口を越えて前方へスイングし、第二の鰓弓が背腹に関節をなし、それぞれが形態的に分化して顎となったと説明される（図4-13左）。

しかし、このような推論の仕方にはいくつか問題がある。たとえば、ド＝ビアによるヤツメウナギの梁軟骨の同定がそれである。当時から一般に認められていた「ヤツメウナギの梁軟骨」は、脳下垂体の背側において、脳下垂体をとり囲みつつ、前脳のレヴェルで頭蓋底を提供する、テニスのラケットのような形状をした棒状の軟骨をいい（図4-13D）、その見掛け上の機能と位置の類似から、これを顎口類における梁軟骨の相同物とする考えが古くから支配的で、ゼヴェルツォッフでさえそれを認めていた。[423]が、神経堤より分化する顎口類の梁軟骨とは異なり、ヤツメウナギの梁軟骨が中胚葉から出来るのではないかとの見解もまた存在した。その中にはコルツォッフも含められるが、群を抜いて優れた記載をなしたのはジョネルズであり、彼は第一咽頭弓のレヴェルにあって、最初に脊索の両側に一対の梁軟骨原基が現れると記している（Johnels, 1948）（実験的にこれを示したKuratani et al., 2004もみよ）。

このような原基の位置は、「顎前（顎骨弓の前）」でもなければ「索前（脊索の前）」でもなく、むしろ顎骨中胚葉の占める位置にこそふさわしい。つまり、ヤツメウナギの梁軟骨は中胚葉性の神経頭蓋の一部であり、顎口類にもしこれと相同の軟骨要素があるとしたら、それは傍索軟骨に相当することになる。●424 したがって、このようなヤツメウナギのラケット状の梁軟骨を前駆体とする限り、それがそのまま顎口類の梁軟骨へと進化したわけはなく、ド＝ビアによって想定された頭蓋基本構築の進化プロセスは受け入れがたい。無論、このような実験発生学的知見を、一九三〇年代のド＝ビアは知る由《よし》もなかった。ところが、ここから話が複雑になるのだが、ド＝ビアがヤツメウナギに見出していた顎前弓骨格は、脳の底部に見出されるラケット状の軟骨ではなく、口のまわりにみられるリング状の軟骨なのである（de Beer, 1937）。このことが、次の問題と深くかかわってくる。それが、内胚葉の極性の問題である。

口と内臓弓の位置関係は、内胚葉の体軸とのかかわりで考えなければならない。脊椎動物を含む後口動物は、口が二次的に開口したという仮説に従って定義されるのであるから、内胚葉の極性にとって、口の位置それ自体は本質的に重要性ではない。これに関してド＝ビアとゼヴェルツォッフは互いによく似た考え方をしている。つまり、内臓弓の系列は、この二人の学者にとって口から咽頭へと連なる、広い意味での消化管の軸に沿って分節的に配列するべきものだったのである。その基本的形態パターンは、ナメクジウオから脊椎動物へ向かいつつあった初期の脊索動物（図4－13B）にはっきりと描かれている。いわば、内胚葉からなる消化管の前端がそのまま口に開くとされているわけである。それゆえ、ド＝ビアにとって「頭蓋底へ移行した内臓弓」は、「内臓骨格要素の内臓弓列からの逸脱」を意味し、同じ理由でゼヴェルツォッフは梁軟骨を内臓弓には含めなかったが、ド＝ビアはというと、初期進化のいずれかの段階で、顎前弓が頭蓋底へとシフトした瞬間があるはずだと考え、その途中段階をアンモシーテス的祖先に求めたわけなのである（図4－13B）。

ド＝ビアがヤツメウナギ梁軟骨相同物として同定した、アンモシーテス幼生における上唇の一部は、私の研究室での実験によると確かに顎前領域の間葉に由来し、顎口類の梁軟骨に近い存在であることをうかがわせる（Shigetani et al., 2002）。それについては、ド＝ビアはある程度正しい推論を行っていた。が、その一方で、棒状の軟骨が口を飛び越えてスイングするという変化過程は無理である（図4−13B・C）。いったい、それがどのようなシフトであったのか。あるいは、当初消化管の前端に開いていた口が、進化のある時点で第一と第二の内臓弓の間で底面に向けて開くようになったというのか。それを、ド＝ビアはうまく説明しえていない。このようなド＝ビアの説の問題点は、最近の古生物学と比較発生学が解決しており、それを図4−14に示す。しばしば誤解されていることだが、脊椎動物の口は消化管の前端には開かない。ゼヴェルツォッフとド＝ビアは、これに関して同様の誤謬を犯している（次節）。内胚葉の前後軸に注目すれば、その先端は口ではなく、むしろ口前腸（preoral gut）という、口咽頭膜の前方背側へと伸び出した袋状の構造に終わる。そして、内臓骨格を分化する神経堤細胞は、口前腸を含めた内胚葉の前後軸上に配置され、必然的に最も前方の内臓骨格と同等の間葉原基は口の背側にある口前腸のすぐ横に見出される。これが顎口類においてまさしく梁軟骨を形成する場所であり、アンモシーテス幼生においては上唇の基部がそれに相当する（図4−14）。このような、同等の神経堤間葉がかたや上唇に、かたや梁軟骨に分化する上で、祖先子孫関係にない二つの動物の間ではいかなるシフトも必要なく、仮にアンモシーテス幼生にいくぶんでも似た祖先型の胚から顎口類のパターンを導く必要に迫られたとしても、それに要するシフトはほとんど必要ない。念のために書き添えておくならば、「顎の前の内臓弓」という考え方は、いまではほとんど認められていない。化石を探しても、そのような構造を持った動物は発見できないのである。[425]

このほか、ド＝ビアは、梁軟骨と内頸動脈の位置関係、[426]羊膜類における舌顎骨と鼓索神経（あるいは顔面神経の内側下顎枝）の位置関係、三叉神経第一枝の末梢走行と鼻殻の位置関係、下顎の懸架様式と多様化、後頭骨環椎関節の形態学的評価と後頭骨に含まれる分節数（図4−15）、三叉顔面腔（もしくは上翼状腔）を占める形態要素の比較、咽頭弓と筋節の分節的対応関係、眼窩側頭領域における軟骨支柱の相同性と脳神経の出口など、古くガウプによってとり上げられたいくつかの興味深いトピック（第2章）をこの教科書の中で扱っているが、そのいずれにおいても明瞭な結論は得られていない。それはむしろ、動物群ごとに頭蓋発生の様相を記述し、それを整理したところから浮かび上がってくる多様化の例でしかない。

かくして、我々を含む現生顎口類の頭部がどのようにして出来たのかについての真相は、現在ではド＝ビアの理解よりもはるかに不安定、かつ複雑であり、ド＝ビアが教科書の中で語ったシナリオの中には、現在認められてはいない学説が多く含まれている。何より、初期咽頭胚の形態と神経堤細胞の挙動に関して、比較発生学の時代にはあまりにも情報がたりなかった。すべてが、中胚葉の分節だけで理解できるとさえ、しばしば考えられていた。そもそもそれが、頭部分節説の基本精神であった。しかし脊椎動物頭部の実体は、以前考えられていたよりはるかに複雑なのである。そして、進化発生学がこの領域を相手にするまでの間、胚形態の精妙な構造と発生プロセスを明らかにしたのが、実験発生学だったのである（第5章）。

図4-15▶図4-13を改変し、羊膜類各種（上からカメ類、主竜類、鱗竜類）における後頭骨縟椎関節の発生学的位置を示した模式図。de Beer（1937）より改変。

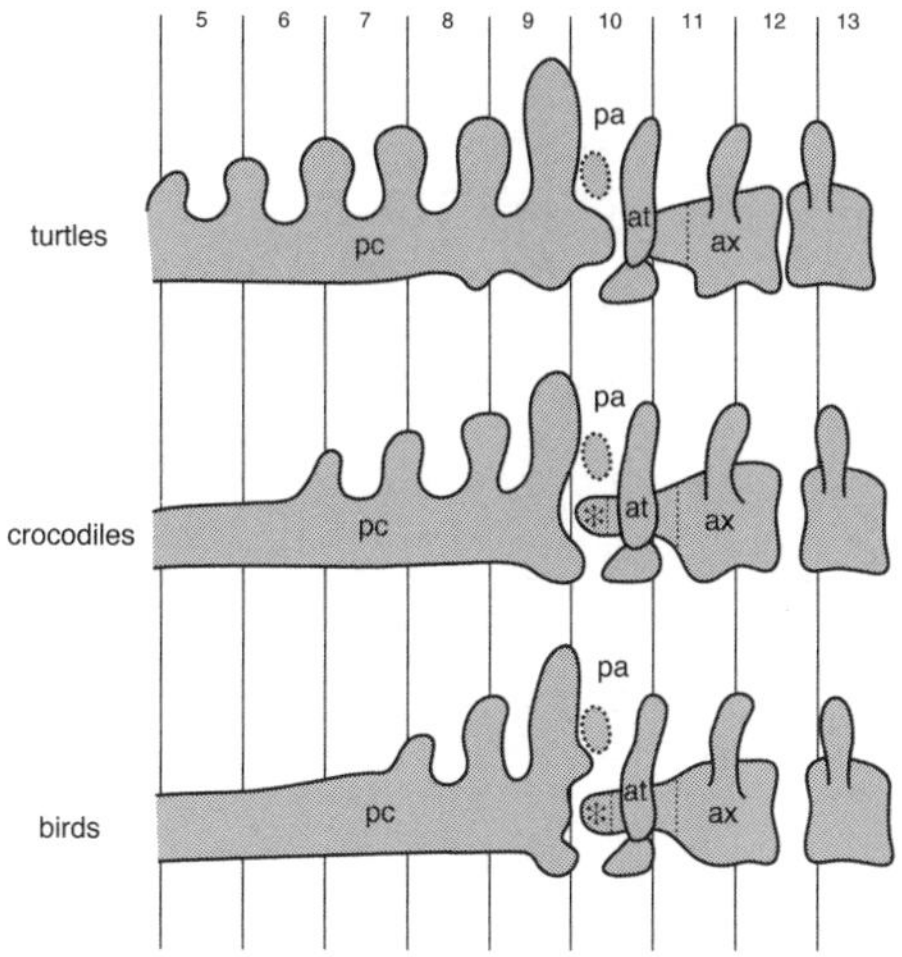

ゼヴェルツォッフの系統進化的ヴィジョン

本章の冒頭での円口類に関する考察では、正しい系統関係と発生経路の変更点を認識しなければ、動物の形態の真の理解が得られないこと、そして、板鰓類崇拝自体が脊椎動物のボディプラン理解を、ある意味限界づけていたことを確認した。この点で、二〇世紀前半に系統進化的視点を盛り込んだ優れた考察を行い、脊椎動物の頭部の成立を模索した学者がすでにいた。それが比較発生学者、ゼヴェルツォッフである。彼に言及することなくして、二〇世紀における脊椎動物の頭部問題を語ることもまたできない。ゼヴェルツォッフはロシア出身の進化生物学者、かつ比較形態発生学者であり、『進化における形態学的規則性（*Morphologische Gesetzmässigkeiten der Evolution*）』という、当時にしては画期的な進化形態学の教科書を執筆したほか、脊椎動物頭蓋の個体発生について多くの論文を様々な言語でもって残している（ゼヴェルツォッフについての詳細はOlsson et al. 2010）。彼は学問の流れとしては、紛れもなくドイツ形態学派に属している。

現代人がゼヴェルツォッフの業績をすべて理解し、まとめ上げるのはかなり困難である。多くの論文がドイツ語やフランス語など、英語以外の複数の言語で書かれていることも一因になっているが、特にゼヴェルツォッフの一九三一年の教科書は広く読まれることはなかったらしく、その中の図版が転用されることも多くはなかった。しかし、その前年に出版された、どちらかといえば当時にしてすでに古色蒼然とした一九世紀比較形態学を代表していた感のあるグッドリッチの教科書に比べると、その違いは歴然としている。明らかにゼヴェルツォッフは、ダーウィン的枝分かれ、つまり「クラドゲネシス」としての系統進化の上に、ボディプランの進化や多様化として頭部問題を理解しようとしており、その点で画期的であり、また現代的なのである。そこではもはや、原型的分節スキームであるとか、頭部に含まれる分節数について統一な見解を提示しようとは目論まれていない。私見からすれば、ゼヴェルツォッフの頭部進化理論は、あの時代における研究の打ち止めにしておくべき内容を備えたものだった。しかし、そうはならなかった。そのため、形態学はグッドリッチ以来の原型論の亡霊に悩まされ、そのまま二一世紀に突入することになる。しかしそれだからこそ、黎明期の進化発生学があれほどまで華やかな時代を築くことができたといえるのかもしれない。

図4-16▶ゼヴェルツォッフのブランキオメリズム。ゼヴェルツォッフにとって、頭部分節性は鰓弓分節性の問題であり、しかも2つの顎前弓を仮定しており、頭部傍軸中胚葉が分節的であることについては疑いをまったく持っていなかった。が、それと鰓弓の分節的対応関係については多くを語らなかった。maで示された顎骨弓より前方に、内臓弓が2つ描かれていることに注意。ここでは、板鰓類の内臓弓系をイメージして描かれており、現在用いられている図式における上下の咽頭鰓節ではなく、上顎節の前方への延長として下咽頭顎節が解釈され、現在いうところの上咽頭顎節は単に咽頭顎節と呼ばれている。顎口類の内臓骨格の基本形を板鰓類のそれに求めることが不適切であることは、化石記録によって証明されていることである。内臓裂（鰓孔）は基本的に内臓弓の背腹を分ける関節のレヴェルに現れるが、顎骨舌骨弓裂（mandibulo–hyoid slit）はその腹側半が閉じ、背側半のみ呼吸孔として残る。内臓裂は、第2弓（舌骨弓）と第3弓（第1鰓弓）の間に開くものを第1鰓裂とし、以降、第2、第3と番号を振る。一方、呼吸に用いられない鰓孔については、鰓前裂と総称し、呼吸孔を第1鰓前裂、顎骨弓と仮想的な第1顎前弓の間に本来あるとされるものを第2鰓前裂と呼び、前方へ向けて番号が増加する。Sewertzoff（1931）より改変。

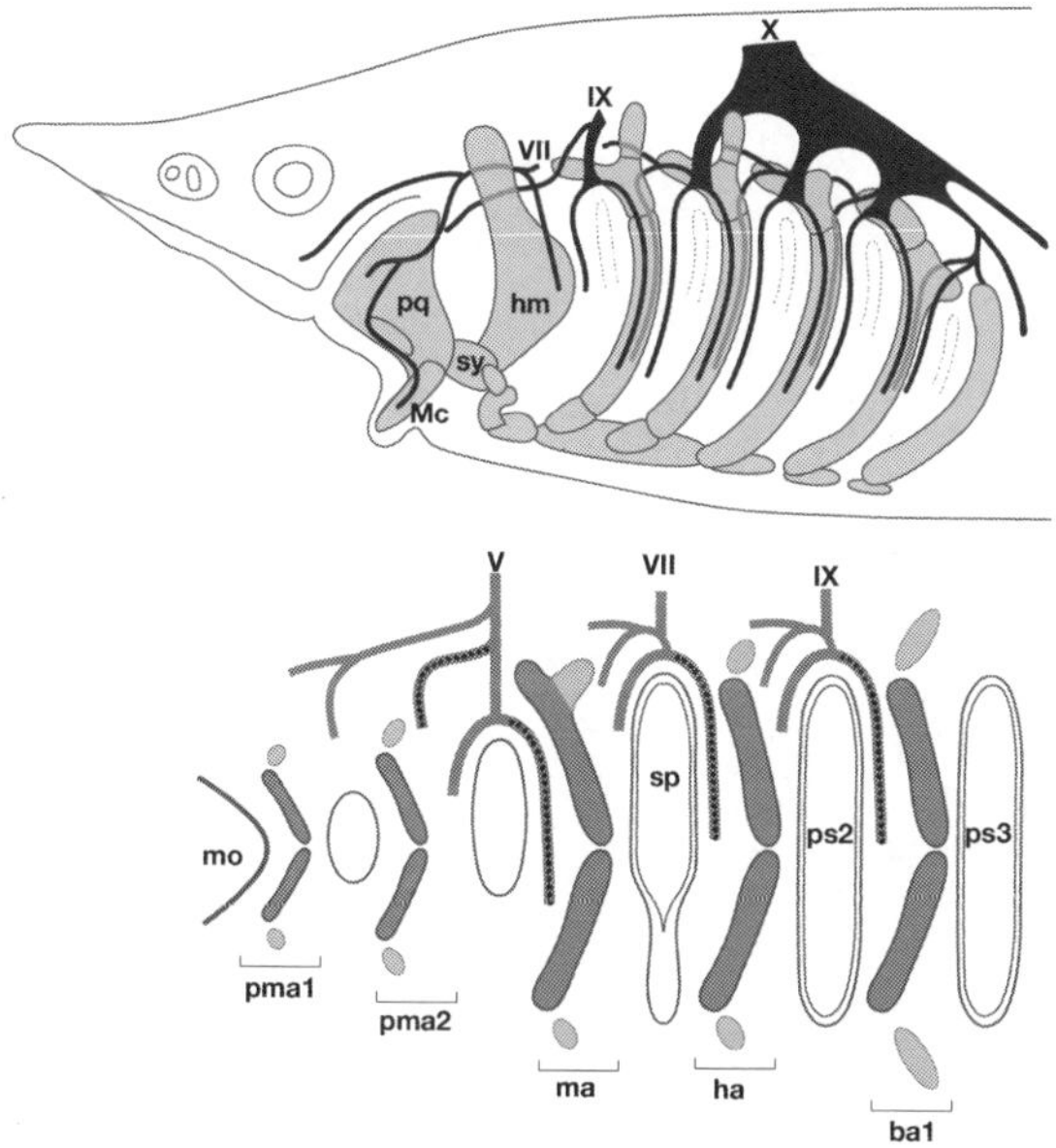

◉――ゼヴェルツォッフのヘテロクロニー論と頭部問題

ゼヴェルツォッフはヘッケル同様、チャールズ・ダーウィンの『種の起源』に大きく影響されており、上記の教科書の中で、フォン＝ベーアの発生原則に対し、ヘッケルが行ったよりもさらに進化的かつ、発生機構的な考察を加え、個体発生と系統発生の間の関係をあらためて定式化した。彼の「系統的胚発生学説（Theory of Phylembryogenesis）」においては進化的変化の生ずる要因が三つの様式に分けられた。それらは以下の通りである。

①「アナボリー（Anaboly）」：祖先の発生過程の終末に付加的変化が加わることにより反復的現象が起こるという標準的様式。アナボリーにおいては、祖先的形質であればあるほど、発生の早い時期に反復される。

②「アビーレン（Abbieren）」：発生過程の中期において変化が生じ、その結果その後の発生の方向が大きく変わること。発生経路の逸脱が生じた時点以降、祖先とはまったく異なった派生経路が出来上がり、その中では反復的発生過程は生じないことになる。

③「アルシャラクシス（Archallaxis）」：発生過程の初期に変更が導入され、進化的変更が生ずること。

ゼヴェルツォッフの考察によると、進化において基本的ボディプランの要素、つまり体節数や内臓弓の数が変更するのは、これら発生の基本的素材ができあがる発生初期に変更が生じたアルシャラクシスの効果のためであるという。確かにホメオティックシフトとして現在理解されている様式の変更などは、発生初期（神経胚期）に出来上がる体節列と、そこに発現するＨｏｘコード（後述）によって運命づけられている。ならば、脊椎動物の頭部形態の進化においても、二次的に頭蓋にとり込まれる後頭骨の分節数であるとか、後耳咽頭弓の数の増減は、この、初期胚において設定される分節数と位置的特異化の青写真を変更することによって生ずるのであり、それはまさにこのアルシャラクシスによって説明できる。

一方、発生初期に現れる原始形質（それは、つねに相同性の決定が可能である）は、アナボリーによる単純な反復の結果として説明でき、さらに、動物群の絞り込みに応じて立ち現れてくる微小な諸特徴は、発生中期以降のある時点で生じたアビーレンによるということもできようし、それは祖先のあるものにおいて得られた終末付加であったのかも

図4-17▶A：ゼヴェルツォッフによる無頭類段階の模式図。これは事実上ナメクジウオに極めて近い動物としてイメージされているが、咽頭には単純な骨格が出来上がっている。

B：無頭類段階に続くものとしての原有頭動物（Protocraniata）の模式図。有対の鼻孔の下に下垂体へ連なる管がみえるが、これは現実とは異なる。

C：同上。脳神経を示す。Sewertzoff（1931）より改変。

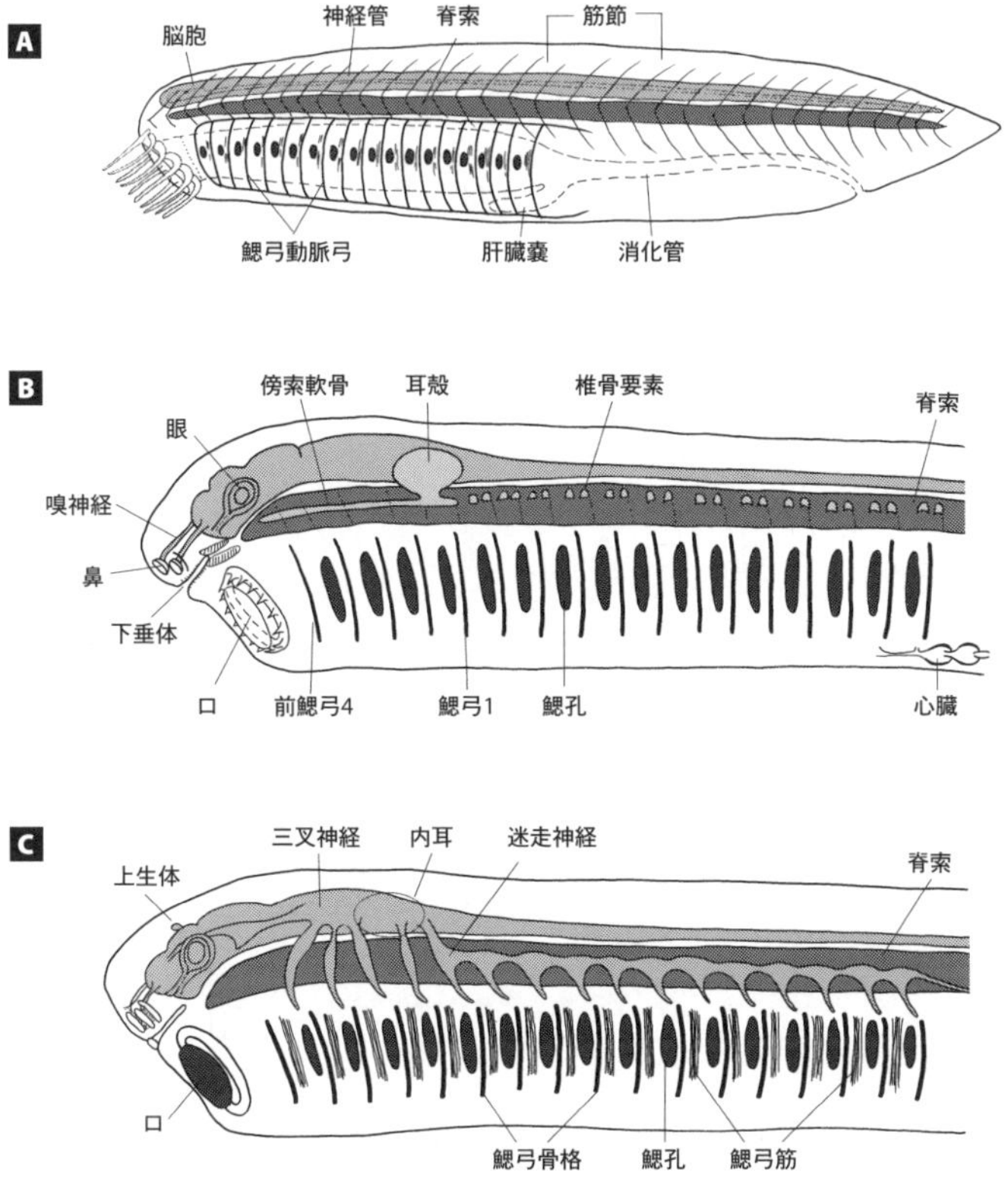

しれない。

これからわかるように、右のような進化図式の構築において、すべての動物形態のヴァリエーションを導きうる、たった一つの原型的パターンのようなものを持ち出すことほど愚かしいことはなく、それは非進化的な考えである。ゼヴェルツォッフはその点、意識的に分岐系統に沿ってものを考える進化論者であった。かくして、脊椎動物各グループの頭部形態は、みなそれぞれの進化系統の道筋に沿った独特の歴史を背負い、それを過去に遡るにつれて様々な共通形態が次々に浮かび上がってくるのである。いうなれば、頭部問題それ自体が、進化的系統発生の各段階にみられた祖先形態から始まる様々な変更の組み合わせを相手にせざるをえず、頭蓋の構築プランも過去に遡る過程で遭遇する各祖先段階に応じた数だけの出発点を複数重ね合わせることによってしか理解できない。それについては、頭部形態の進化について以下にみてゆく通りである。

ゼヴェルツォッフにとって脊椎動物の頭部分節性は、内臓弓の分節性とほぼ同義であった[427](図4–16)。したがってブランキオメリズム(鰓弓型の分節性)には関心があったが、頭部全体のメタメリズムにはあまり興味を示さなかった(後述)。彼は、脊椎動物頭部骨格の進化過程において、最もダイナミックに、そして最も生き生きと形態変化の精妙さを示すものが内臓頭蓋、すなわち鰓弓骨格系であるとみなし[428]、それがどのようなプロセスで進化するかでもって、脊椎動物の進化の基本を記載しようとしたのである。

彼の形式化した鰓弓骨格のデフォルト形態は、のちのポルトマン、そして何よりジャーヴィックやビエリングに大きな影響を与えることになるが、一方で彼はまた、迷走神経によって支配される後方の内臓弓が動物種によって増減することも認めていた。そして、かつての形態学者に追随して顎前弓の存在も認めたが、梁軟骨については、それを内臓弓の構成要素とは認めてはいなかった。そして、ダーウィン的な系統分岐にもとづく進化史観をベースに、分岐時期や動物群の単系統性に注意を払った上で、それぞれの主要な分岐が起こる以前の祖先的形態をある種、グレードの系列とみなし、段階的に脊椎動物の頭部を、ナメクジウオ(無頭類)的段階から説き起こしている(Sewertzoff, 1928, 1931)。

◎——無頭類段階とグレード的進化

ゼヴェルツォッフいうところの「無頭類的段階」の祖先とは、いまだ知られていない、原始的な脊索動物のいずれかの系統から由来したと考えられる架空のもので、ヘッケルによるプロトスポンディルスと同様、現生のナメクジウオを思わせる水生、もしくは底生の動物であり、脊索の上に二室の脳胞からなる脳を持つ神経管が伸び、中胚葉性の筋節は前後軸の先端まで存在していたと想像されている(図4-17A)。これに応じて、脊髄神経もまた分節的に分布し、それはナメクジウオやアンモシーテス幼生にみるように、運動成分と知覚成分に分けることができたという。特殊化した感覚器官のようなものはなく、いわば皮膚に散在する知覚細胞がもっぱらその役割を果たし、前方のそれは、のちの集団遺伝学者の大御所、リヒャルト・ゴルトシュミットがかつて考えたように、嗅覚を司ったであろうとゼヴェルツォッフは考えた。[429] この動物の口は体の前方に位置し、その周囲は毛状突起に縁どられ、支持組織によって補強されていた。口のすぐ後方から内臓弓が続くが、その数は現生のナメクジウオのそれよりも少

内臓弓骨格 Visceral arch skeleton		内臓(鰓弓)筋 Visceral muscles	鰓弓神経群 Branchiomeric nerves
第一内臓弓 Visceral arch 1	第四鰓前弓 Prebranchial arch 4	M. constrictor prebranchialis 4 & M. adductor prebranchialis 4	V1
第二内臓弓 Visceral arch 2	第三鰓前弓 Prebranchial arch 3	M. constrictor prebranchialis 3 & M. adductor prebranchialis 3	V2
第三内臓弓 Visceral arch 3	第二鰓前弓 Prebranchial arch 2	M. constrictor prebranchialis 2 & M. adductor prebranchialis 2	V3
第四内臓弓 Visceral arch 4	第一鰓前弓 Prebranchial arch 1	M. constrictor prebranchialis 1 & M. adductor prebranchialis 1	VII
第五内臓弓 Visceral arch 5	第一鰓弓 Branchial arch 1	M. constrictor branchialis 1 & M. adductor branchialis 1	IX
第六内臓弓 Visceral arch 6	第二鰓弓 Branchial arch 2	M. constrictor branchialis 2 & M. adductor branchialis 2	X1
第七内臓弓 Visceral arch 7	第三鰓弓 Branchial arch 3	M. constrictor branchialis 3 & M. adductor branchialis 3	X2
第八内臓弓 Visceral arch 8	第四鰓弓 Branchial arch 4	M. constrictor branchialis 4 & M. adductor branchialis 4	X3
第九内臓弓 Visceral arch 9	第五鰓弓 Branchial arch 5	M. constrictor branchialis 5 & M. adductor branchialis 5	X4
第一〇内臓弓 Visceral arch 10	第六鰓弓 Branchial arch 6	M. constrictor branchialis 6 & M. adductor branchialis 6	X5
第一一内臓弓 Visceral arch 11	第七鰓弓 Branchial arch 7	M. constrictor branchialis 7 & M. adductor branchialis 7	X6

表15▶ ゼヴェルツォッフによるブランキオメリズム認識。Sewertzoff(1931)より。

なく、おそらく囲鰓腔が存在していなかったという。●430

以上のような動物から、脊椎動物とナメクジウオの両者が導かれたのだと彼は考えた。いわば、「ナメクジウオと脊椎動物の共通祖先」のイメージである。そして、マクブライドの考えにもとづき、最初遊泳性であった祖先的動物がナメクジウオのような底生の動物に進化する段階で、もっぱら体の片側を下にして暮らす方法が確立し、その状態がナメクジウオの個体発生過程においていまでも一過性に表れる左右非相称の発生パターンとして繰り返されているのだとも述べた（第6章）。ゼヴェルツォッフによって想定されたこの動物において、内臓弓の分節位置と筋節のそれが一致するかどうかは不明である。しかし、図をみると、それらが一致していたようなパターンが示唆されている。

◎——第二のグレード、原有頭動物

無頭類的段階に続くのが「原有頭動物（Protocraniata）」と呼ばれる段階で（図4–17B）、その想像図は（とりわけ脳下垂体の位置が）あたかもヤツメウナギのアンモシーテス幼生を思わせるのだが、それは後者よりもはるかに単純化された姿をみせている。後述するように、これは決して脊椎動物の歴史における円口類段階のようなものを示しているわけではない。また、ここで初めてゼヴェルツォッフの内臓弓の命名法が明らかになる。表15に示すようにこの命名は彼独自の珍しい体系となっている。つまり、第一鰓弓が第三咽頭弓に相当することは通常の形態学と同様なのだが、その前の内臓弓に「鰓前弓（prebranchial arches）」の名を与え、それを後ろから順に数えるのである。すなわち、ゼヴェルツォッフによる「第一鰓前弓」とは、一般にいうところの舌骨弓のことであり、それは顔面神経によって支配される。このような命名は、前脳原基にみられる分節の数え方にも似ている。確かにどの脊椎動物（とりわけ魚類）においても、呼吸に用いられる内臓弓の最前のものに相当する第一鰓弓の位置は比較可能なので、これは理にかなった方法なのかもしれない。事実それは、ヤツメウナギにもあてはめることができる。したがって表にみるように、ゼヴェルツォッフは四つの鰓前弓、すなわち二つの顎前弓を考えていたことになる。

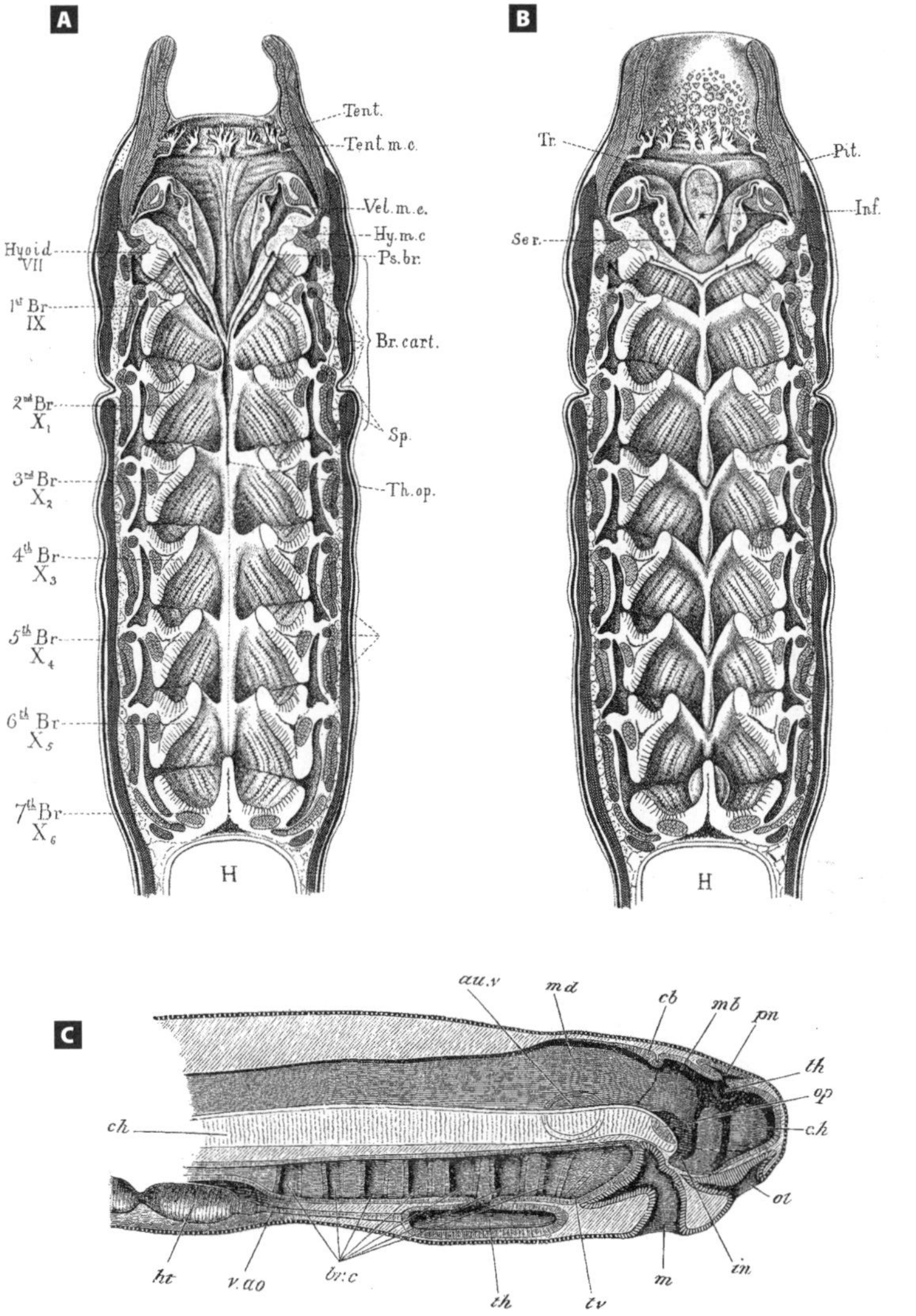

図4-18▶アンモシーテス幼生の鰓弓系。A:水平断したものの腹側半。B:背側半。C:正中矢状断した標本を内側からみる。A、BはGaskell(1908)より。CはBalfour(1885)より。

ただし、彼のスキームでは、顎骨弓は顎口類の下顎突起派生物、もしくは円口類の縁膜と下唇のみによって代表され、したがってそこに分布する脳神経は三叉神経のうちの下顎枝のみで、上顎神経はその前の咽頭弓に、第一枝（眼神経）はさらにその前の内臓弓に派生するのであった。つまりこの解釈では、上顎とヤツメウナギ幼生の上唇が相同であり、ともに同じ顎前弓に由来する。ゼヴェルツォッフの原有頭動物においては（それはもちろん、アンモシーテスがそこから分化する前の段階を示すのであったが）、これらすべての内臓弓が未分化な状態で前後に繰り返されている状態が示され、しかもこの段階で初めて得られた神経頭蓋が傍索軟骨と梁軟骨からなるというからには、ゼヴェルツォッフにとって梁軟骨は内臓弓要素ではなかったのである。そして、この動物の頭蓋にはまだ後頭骨もなかった。したがって、迷走神経は頭蓋の後ろから出ることになり、定義上それを「脳神経」と呼ぶことはできないことになる。内臓弓は無頭類的祖先のそれと同様に、口のすぐ後方に続き、それはすべて単調で未分化な形状の骨格を有していたと想像された（図4–17・18にアンモシーテス幼生の鰓弓系を示す）。現生の脊椎動物においては、そのような状態を示すものはいない。そして、内臓弓の数はおそらく、無頭類的祖先のそれと同様であったであろう。筋節の形状は脊柱の骨格同様、極めて未分化で、かつまた単調な繰り返しを示していたが、そこには多少の形態的分化がなかったわけではなく、この祖先において初めて得られた、表皮由来のレンズを伴う対眼を動かすための外眼筋と、鰓下筋系はすでに獲得されていたはずである。同様に、外眼筋を動かす三つの外眼筋神経群も備わっていたであろう。外側（腹側）の中胚葉は咽頭嚢によって一連の鰓弓筋に分裂し、それは各内臓弓に単純な収縮筋と鰓閉筋をもたらしていたであろう（図4–17）。

対眼や外眼筋、そして頭蓋に加え、この祖先において初めて獲得されたのが、脊椎動物の脳の一般形態であり、それは一連の神経分節からなるものであった。ナメクジウオの脳胞や神経管にはこのような分節構造をみることはできないのである。神経分節はおよそ一〇を数え、その鰓前のものは、原有頭動物や有頭動物に終脳をもたらし、第二、第三のものは間脳と眼を、第四、第五のものは中脳を、そして第六から第一〇までのそれが、後脳を作った。側線系とそれを支配する神経が得られたのもこの頃だと考えられたが、それが当初から鰓弓神経系と統合されて存

図4-19▶内鰓類と外鰓類の鰓の違い。内鰓類は現生の円口類を指す。A、BとEはヤツメウナギのアンモシーテス幼生。鰓葉が外側鰓弓骨格（external branchial arch）の内側に出来る。一方、外鰓類（C、D）は顎口類に相当するグループであり、その鰓は内側鰓弓骨格（internal branchial arch）の外側に出来る。このような理由からゼヴェルツォッフは円口類と顎口類の鰓、もしくは鰓弓骨格が互いに相同ではなく、独立に獲得されたものであると考えた。しかし、マラットによれば、サメにみるように、顎口類の鰓の外側にも外側鰓弓の残存を見出すことができ、内鰓類と外鰓類の差は、つまるところどちらの骨格要素が主体となるかの違いにすぎないという。A〜Dは倉谷（2004）より改変。E・FはGoodrich（1909）より。

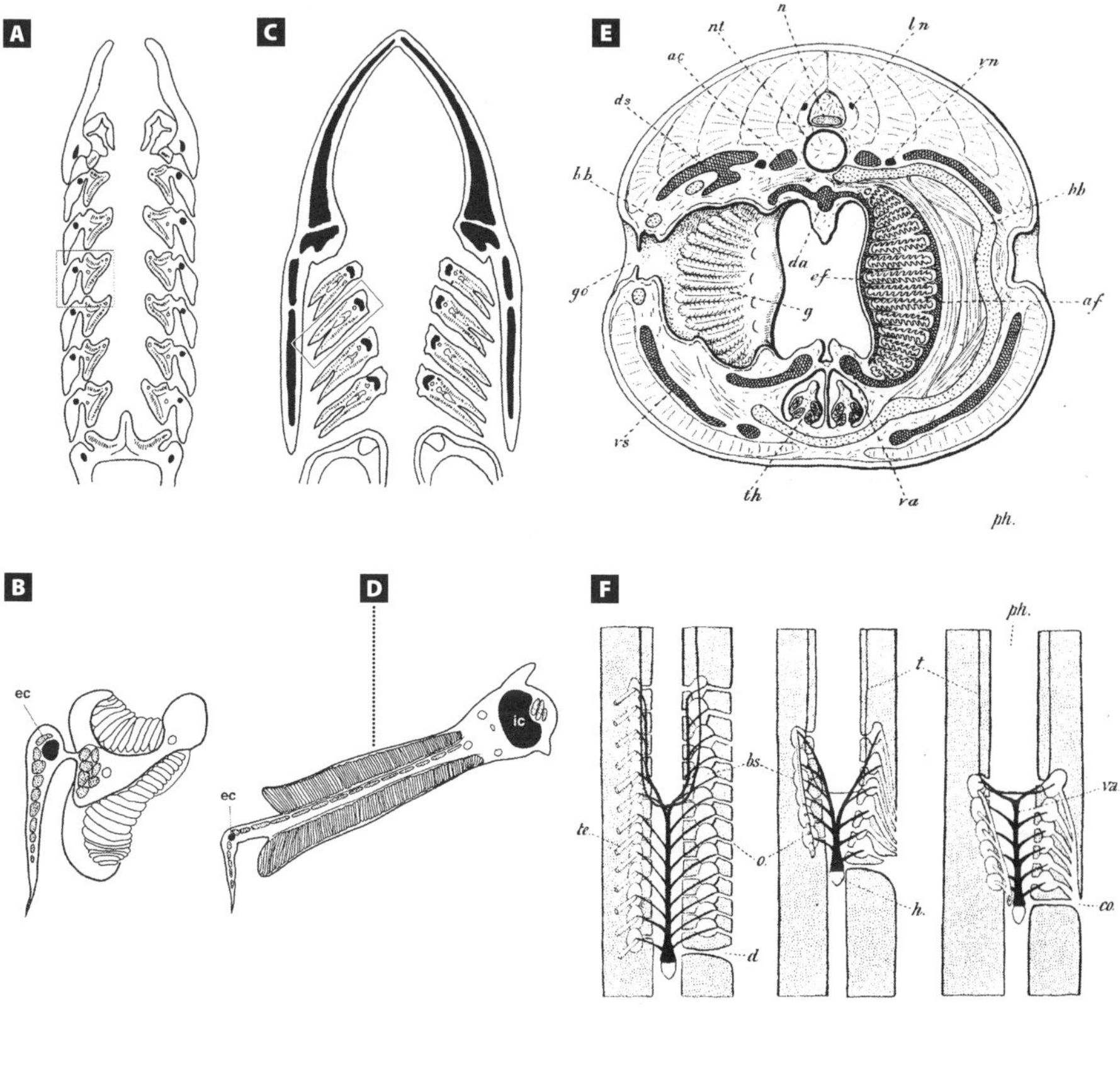

在したのか、あるいは完全に独立していたのかはわからない。そのためか、ゼヴェルツォッフは模式図に側線系を描き込んでいない。

◎——内鰓類と外鰓類の分岐［グレード的進化］

さらに、原有頭動物段階から進化は二つの道へと分かれて進んだとゼヴェルツォッフは考えた。その一方が「内鰓類（Entobranchiata）」であり（図4–19・20）、もう一方が「外鰓類（Ectobranchiata）」である（図4–19、4–23）。内鰓類というのは要するに円口類のことであり、鰓が鰓弓骨格の内側に出来、鰓弓骨格が表層に位置するヤツメウナギのような動物を指す（図4–19・20）。対して、鰓が鰓弓骨格の外側に出来るものが「外鰓類」であり、現生の顎口類のすべてがここに属する[431]（図4–19C・D）。

このように、顎口類と円口類の鰓は、その構造が基本的にまったく異なっている。そのため、ゼヴェルツォッフはヤツメウナギにみるような鰓と、サメのそれを相同とは考えなかった。ただし、それは現在では決して広く認められている考え方ではなく、一九八〇年代にマラットが、これらを相同とするモデルを発表している（図4–19A～D）。それによると、脊椎動物の祖先はある時点で内外に二種の支柱を持っていたのであり、円口類ではその外側の要素のみが、顎口類では内側要素のみが残ったという（要約はJanvier, 2004）。そして実際に、軟骨魚類では外側要素の残存がみられるというのである。この問題はまだ完全に解決されたわけではなく、円口類的な祖先の外側の内臓骨格が、顎口類への進化の途中で内側へ場所をシフトしたとする仮説も、まだ生き残っている。

ゼヴェルツォッフの考えた内鰓類は、事実上、原有頭動物が多少とも原始的な無顎類へとシフトしたような状態を示す（図4–20）。そして、原有頭動物段階と同様、各内臓弓には収縮筋と鰓閉筋が存在し、内鰓類の鰓弓骨格は、鰓の表層に出来る籠状の軟骨性のワイヤーフレームとしてみることができ、それが二次的に変形したものがヤツメウナギにみる鰓弓軟骨だという（図4–20、4–22）。ゼヴェルツォッフはこの基本的な内臓弓の形態にもとづき、ヤツメウナギ頭部、とりわけ口器周辺の形態的分化の著しい部分における骨格と筋の各要素を、系列相同物の変化したものとして説明している（図4−21）（円口類の骨格の形態学的解釈については、Oisi et al, 2013b; Kuratani et al, 2016を）。また、通常「オストラコダーム（甲皮類）」と呼ばれる化石無顎類も、このような祖先的内鰓類から進化したのだと彼は想像した。ただし、現在の理解においては、後者はむしろ系統的には顎口類に近いとされ、ゼヴェルツォッフが内鰓類の特徴と考えたものの多くは、むしろ全脊椎動物の祖先に存在していた原始形質に属するという可能性も大きい。すなわちそれが、顎が獲得される以前のグレードを示す可能性も見逃せない。

　このような原始的グレードを代表するもう一つの例として、多くの化石無顎類と円口類に共通して見出される単鼻性と下垂体の形態的位置を挙げることができる。現生の円口類においては、鼻プラコードと下垂体プラコードが一体化しており、正中の単一のプラコードである「鼻下垂体板（nasohypophyseal plate）」として見出されるが、この構造は口咽頭膜（oropharyngeal membrane）という、のちの口の開口部の前方に位置している。ゼヴェルツォッフは、口と鼻下垂体板の間の隔壁が二次的に大きく前方に張り出し、アンモシーテス幼生の上唇として発生し、それと同時に外鼻孔（それは円口類においては下垂

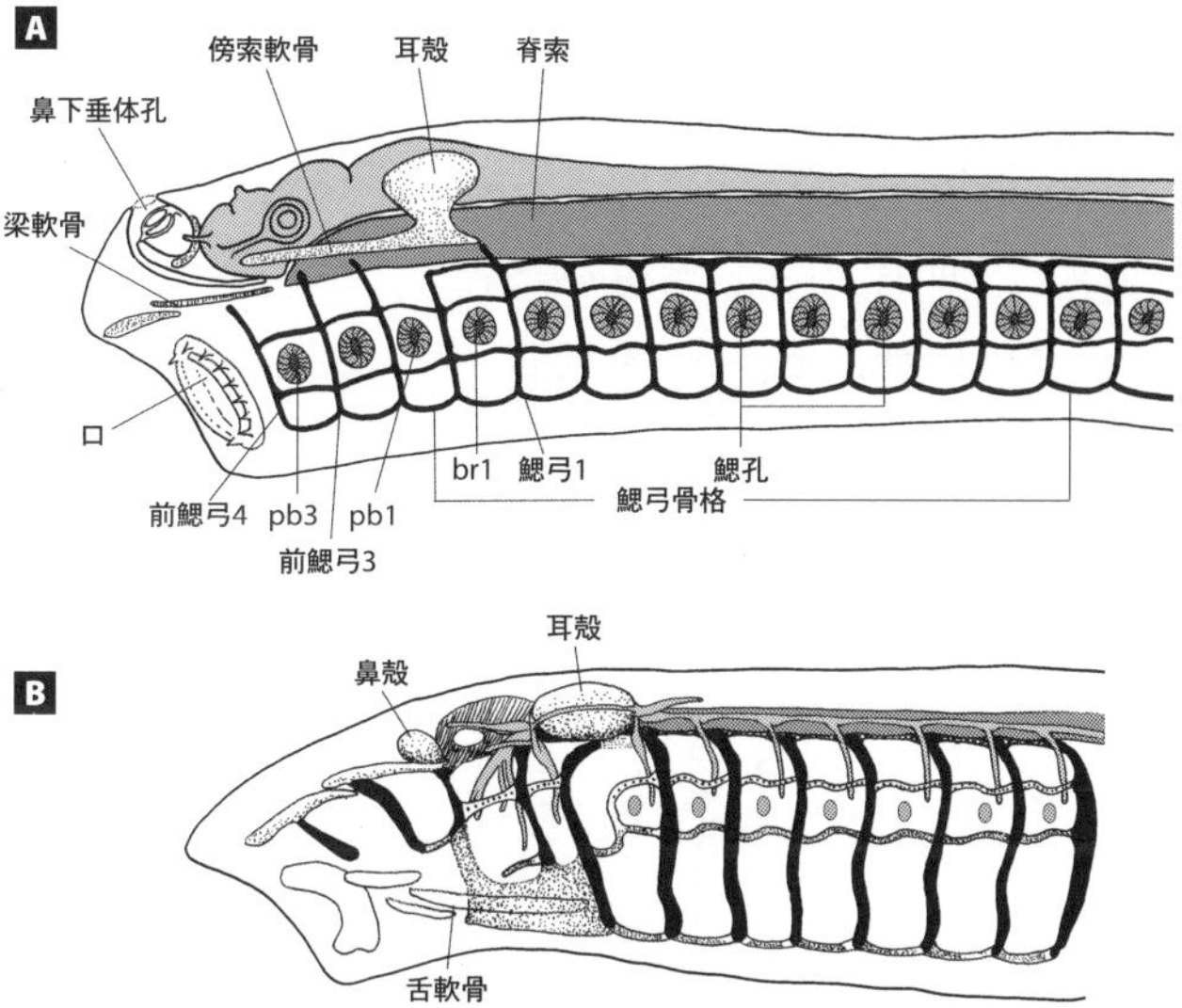

図4−20▶内鰓類。

A：ゼヴェルツォッフによる内鰓類の祖型。背側に開く鼻孔と、ワイヤーフレーム式の内臓骨格に注目。Sewertzoff（1931）より改変。

B：ゼヴェルツォッフが、実際のヤツメウナギの成体（模式化してある）を内鰓類の祖型に照らし合わせたもの。Aの基本形からBが導かれると説明されている。Sewertzoff（1916）より改変。

体へも連なる）を背面に押しやることによって成立する形態パターンが、セファラスピスの頭部形態に酷似することを強調している（図4−21、4−24）。しかし、その類似性が一種の収斂によるものであるという可能性もある。現在では、円口類とセファラスピス類はそれほど近い動物だとはみなされていない（Janvier, 1996）。事実、もう一つの円口類のグループであるヌタウナギは、ヤツメウナギと極めて近縁であるにもかかわらず（個体発生上、ヤツメウナギとヌタウナギは、同じ頭部形態の段階を経る）、このような形態的特徴を持たない（Oisi et al., 2013a,b）。ボディプランの一致は、必ずしも視覚的類似性を約束するものではない。

◎——顎口類の進化

一方、原始的な外鰓類、つまり我々顎口類を由来した祖先の模式図においては、ほぼ原有頭動物の形態を踏襲しながら、格子状のワイヤーフレームではなく、互いに分離した内臓骨格が背腹鏡像の留め金状の形態となり、そのそれぞれが互いに比較可能な一セットの骨格要素からなっている様が描かれている（図4−23）。すなわち、一分節の中の内臓骨格は、背側から咽頭鰓節、上鰓節、角鰓節、下鰓節からなり、さらにその腹側に底鰓節が含められることもあり、◉432 それに付随する筋には、鰓閉筋、背側収縮筋、内側収縮筋、鰓内筋、腹側収縮筋、内外の背側鰓弓間筋が認められる。これらの要素が各内臓弓において形態的分化を経ていると説明された（図4−23）。

以上記述したように、動物の系統進化の道筋を考慮して頭部の進化を辿《たど》ろうとしていたゼヴェルツォッフにとって、原型という認識論的パターンはまったく意味をなさなかった。むしろ、原型のようなものがありうるとすれば、おそらくそれは原有頭動物に備わっていたはずの（円口類にも顎口類にもみることのできる）極めて原始的な形質のセットだけであり、それは事実上ハクスレーの指向した「祖先としての原型」と同じものになったことであろう。このような認識は、現在の進化発生学でもしばしば忘れられがちなものである。

あらゆる形質は明確に進化のある時点で獲得され、結果、系統特異的な特徴がいくつも見出され、そのいくつかは多くの動物に共有され、別のものは局所的にしか現れない。それらすべてをまとめて我々は「多様性」と呼ぶ。

図4-21▶ヤツメウナギの胚がアンモシーテス幼生の口器（上唇）を形成するまで。本来鼻下垂体板の後方にあった突起が成長し、その過程で外鼻孔が背側へ押しやられることに注意。Sewertzoff（1931）より改変。

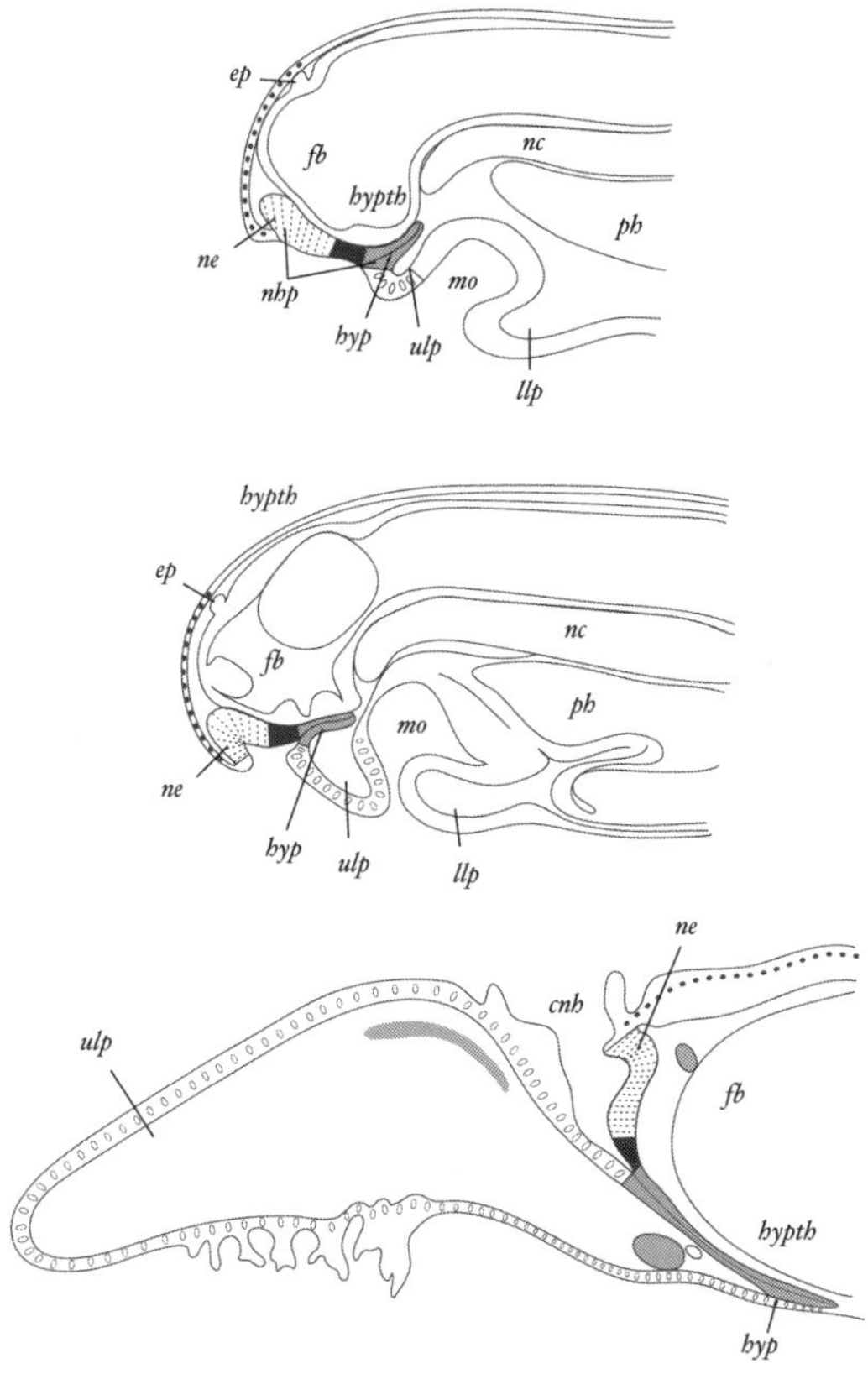

したがって、すべての脊椎動物の頭部をあまねく表現する模式図など描きようがないのである。事実、原有頭動物を導くゼヴェルツォッフの方針には、このような系統的分岐過程を明瞭にみてとることができ、最も原始的な脊椎動物の頭部を復元しようというのであれば、「顎口類と円口類、そして、当時円口類の祖先型と目されていた、骨甲類セファラスピスに代表される化石無顎類の比較から導かれる一セットの共通点[433]をもとにして類推するしかない」と、ゼヴェルツォッフははっきりと述べている（図4-24）。つまり、円口類は二次的に皮骨頭蓋（頭蓋の外骨格要素）を失っていたと考えられ、そのため、いくぶんアンモシーテス幼生に近い形態を有していたであろう、その脊椎動物の

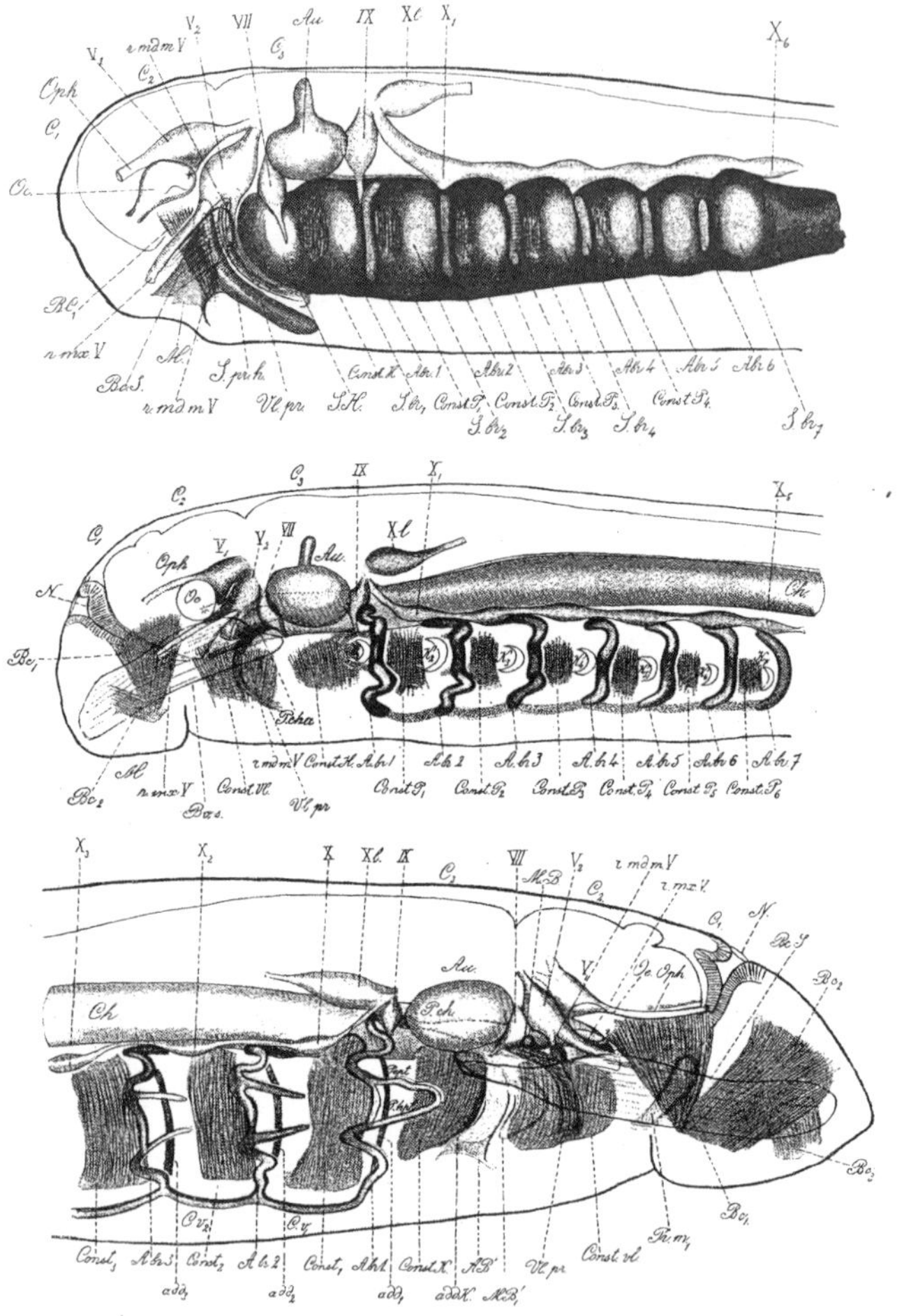

図4-22▶ヤツメウナギの胚がアンモシーテス幼生へ成長するまで。この過程で、咽頭弓の中の棒状の骨格原基が、ヤツメウナギ独特の軟骨のワイヤーフレームを形成する。これは、ゼヴェルツォッフの有頭動物的一般型から円口類の一般型への移行をなぞっているといえる。Sewertzoff(1916)より。

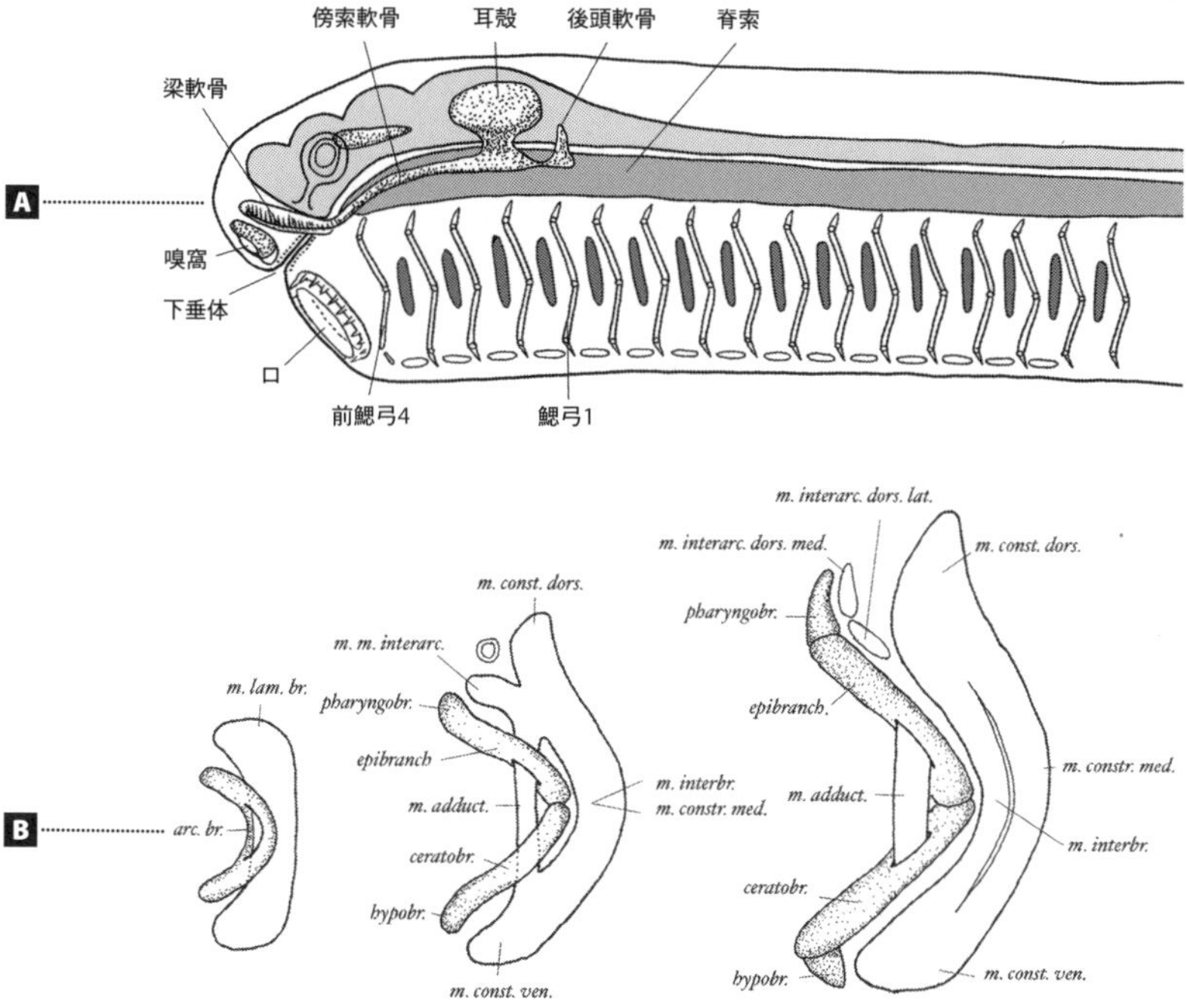

図4-23▶外鰓類。

A:外鰓類の祖型。神経頭蓋が後頭骨を付加していること、内臓骨格が背腹総称のパターンを獲得し、とりわけそれが上下に開閉することのできる関節を備えていることに注目。Sewertzoff(1931)より改変。

B:外鰓類における鰓弓骨格と鰓弓筋の発生過程を一般化したもの。Sewertzoff(1931)より改変。

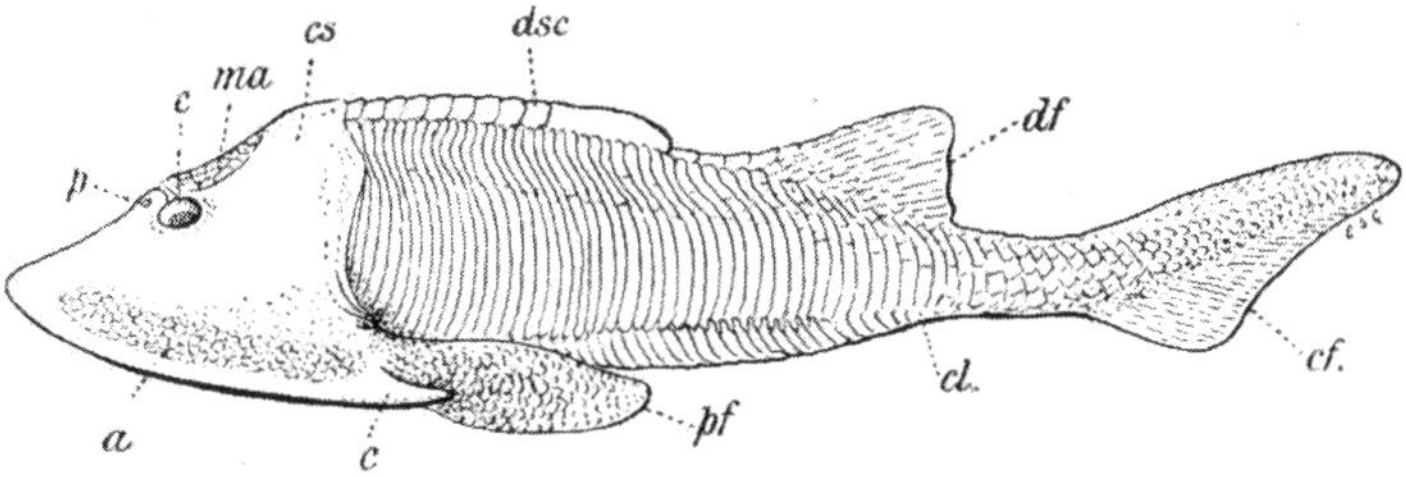

図4-24▶オストラコダーム(甲皮類)に属する無顎類の1つ、*Cephalaspis*。Goodrich(1909)より。

共通祖先も、皮骨頭蓋に相当するものを備えていただろうというのが、ゼヴェルツォッフの持っていた原始的頭蓋のイメージであった。加えて、そのような祖先は口の中にも、我々の口蓋骨や上顎骨に相当するような外骨格を備えていたはずであり、ならば当然硬組織によって作られた歯も備わっていたはずで、現在のヤツメウナギとヌタウナギの両者にみる角質歯は、硬組織の歯が退化したのちに得られたものであろうとも類推された。ちなみに、これらのシナリオは、現在の古生物学では一般には否定されているが、ゼヴェルツォッフの描いたシナリオが復活する可能性はまだ残っている。

かくして、ゼヴェルツォッフにとって円口類と顎口類のどちらが原始的かということではなく、これらは原有頭動物を共通祖先として進化した、脊椎動物のとりうる二形を示しているにすぎない。このような考え方それ自体は、現在受け入れられている初期脊椎動物の進化シナリオと極めて近い。そして何よりゼヴェルツォッフは、「鰓弓骨格の一般形態」といわれているものが、明確に外鰓類に属する形質に相当すると述べている。[434] つまり、ヤツメウナギの鰓弓骨格は、決して我々のそれの祖先型を示してはいない。この推論は確かに正しい。

ゼヴェルツォッフの用いていた形態学的比較の方法は、当時のほかの研究者と同様の技術に頼っており、しかもドイツ流形態学の伝統の上に立っていた。だからこそ彼は脊椎動物の頭部分節性に拘泥していたわけだが、すでに頭部分節の形式化においてみてきたように、自然哲学的な原型思想からは解放されており、系統樹に沿った進化シナリオの復元という形で示された脊椎動物の頭部進化は、現在、我々が議論するレヴェルとほぼ等しい内容のものであったといってよい。しかし残念ながら、このような進歩的な考察が当時、順調に広がってゆくことはなかった。形態学者は相変わらず骨や、その軟骨原基の相同性決定に汲々とし、あるいはのちに述べるグッドリッチのように、遅すぎた原型的形態プランを胚形態の中に必死に探そうとしていたのである。その焦燥感は、決して当時に限った話ではない。

アリスと梁軟骨

アリスは現生硬骨魚類の頭部を精力的に記載した比較解剖学者であり（Allis, 1897a,b, 1901, 1914, 1920）、多くの構造の相同性決定に貢献した。このことで、二〇世紀初頭の偉大な形態学者としてしばしばグッドリッチと並び称される。グッドリッチと同様、アリスもまた研究を始めたのは遅く、それは彼が三四歳のときであったという。彼はことさら頭部分節性をテーマにしていたわけではないが、関連のある問題として梁軟骨の意義に関していくつかの論文を残しているので、ここに扱うことにする。[435]

アリスは、「ノムラ・ジュウジロウ」という名の日本人画家を雇っており、出版された解剖図はすべてこの助手の手になるものであった。そのためか形態学雑誌、『*Journal of Morphology*』に掲載された初期の論文の図譜（石版画）はある種、日本画と西洋画の折衷のような独特の雰囲気を醸《かも》し、その正確さだけでなく美麗さでもって賞賛されることが多い（図4-25）。一八八九年、病を患ったアリスは、医者の勧めでノムラとともに南仏に移り、ちょっとした邸宅に住むことになった。[436] 一八九三年以降の仕事はすべて南仏でなされたものであり、おそらく比較解剖学の総説もそこで書かれたものと思われる。アリスが病気のため解剖作業ができなくなると、それすらもノムラに任せられるようになった。ノムラ以外の画家もときおり雇われたというが、一九〇〇年以降の論文は、ほとんどがノムラの手になる解剖と描画をもとにしている。

ハクスレーによって、「顎の前の内臓弓の名残ではないか」と問われ、広く認められるようになった梁軟骨は、祖先においてどのような形状をなし、大脳の発達とともにどのような変形の過程でもって二次的に頭蓋底の一部として機能するようになったのか。そして、その後方に位置する極軟骨の正体とは何か（図4-26）。これらの問いに関しては、形態学者の意見は必ずしも一致していなかった。アリスは発生学的現象の記述と、もっぱら思索を通してこの問題にとり組んだ。それにあたって利用したのが、もっぱらスキャモンによって記載されたサメの胚発生過程と、ハラーによる下垂体の形態発生学研究である。[437] 以下にみるアリスによる梁軟骨の考察は、必ずしも真実を突いているといったものではないが、形態学と発生学の方法論に関して興味深い問題を提示している。

　アリスによる梁軟骨についての問題とはこうである。ハクスレーの考えたように、梁軟骨が脊椎動物における脳の肥大とともに、本来顎の前にあった咽頭弓の間葉素材、もしくは骨格要素が転用され、頭蓋底となったのであれば、それはいったい、内臓弓のどの要素に相当するのか。すでに示唆したように、頭部傍軸中胚葉の前方の限界は、脊索前端のすぐ前にある顎前中胚葉に見出される。ならば、これより前方に中胚葉性の間葉は期待できず、脊索、ならびに下垂体よりも大きく前方に広がった顎口類の脳（前脳）を支えるためには、確かに別の間葉を用いなければならない。それが、外胚葉に由来する神経堤細胞である（その広がりと分化についてはのちに詳述する）。この、鰓弓骨格の一つとしての梁軟骨[438]の後方には、ちょうど下垂体の両側に相当するレヴェルに発する、一対の小さな軟骨が付随することが（当時は）多くあり、これを称して極軟骨（polar cartilage）と呼ぶことがあった（図4-26）。これを、単に梁軟骨の後端を示すのみとする立場もあり、それは、現在一般に認められている考え方でもあるが、多くの研究者はそこに何か独特の形態学的同一性を見出そうとしていた。現在でも、この問題は完璧に解決しているわけではない。たとえ、形態学的な鰓弓分節性が、これらの軟骨の意義に関して意味を持たず、また、その神経堤からの由来に関して疑いがもはやないとしても、それが顎骨弓に属する軟骨なのか、あるいはそれより前方に位置する軟骨なのかが大きな問題となりうるからだ（Kuratani et al., 2013）。

　現代的知見から典型的な遺伝子発現の例を挙げてこれを考えるとすれば、ホメオボックス遺伝子群の一グループであるＤｌｘ遺伝子は、咽頭弓の中の神経堤間葉に入れ子式の発現をなし、いわゆる「Ｄｌｘコード（Dlx code）」を構成する（Depew et al., 2002）。すなわち、*Dlx1*、ならびに*Dlx2*は咽頭弓間葉に広く発現し、*Dlx5*と*Dlx6*は、咽頭弓間葉の腹

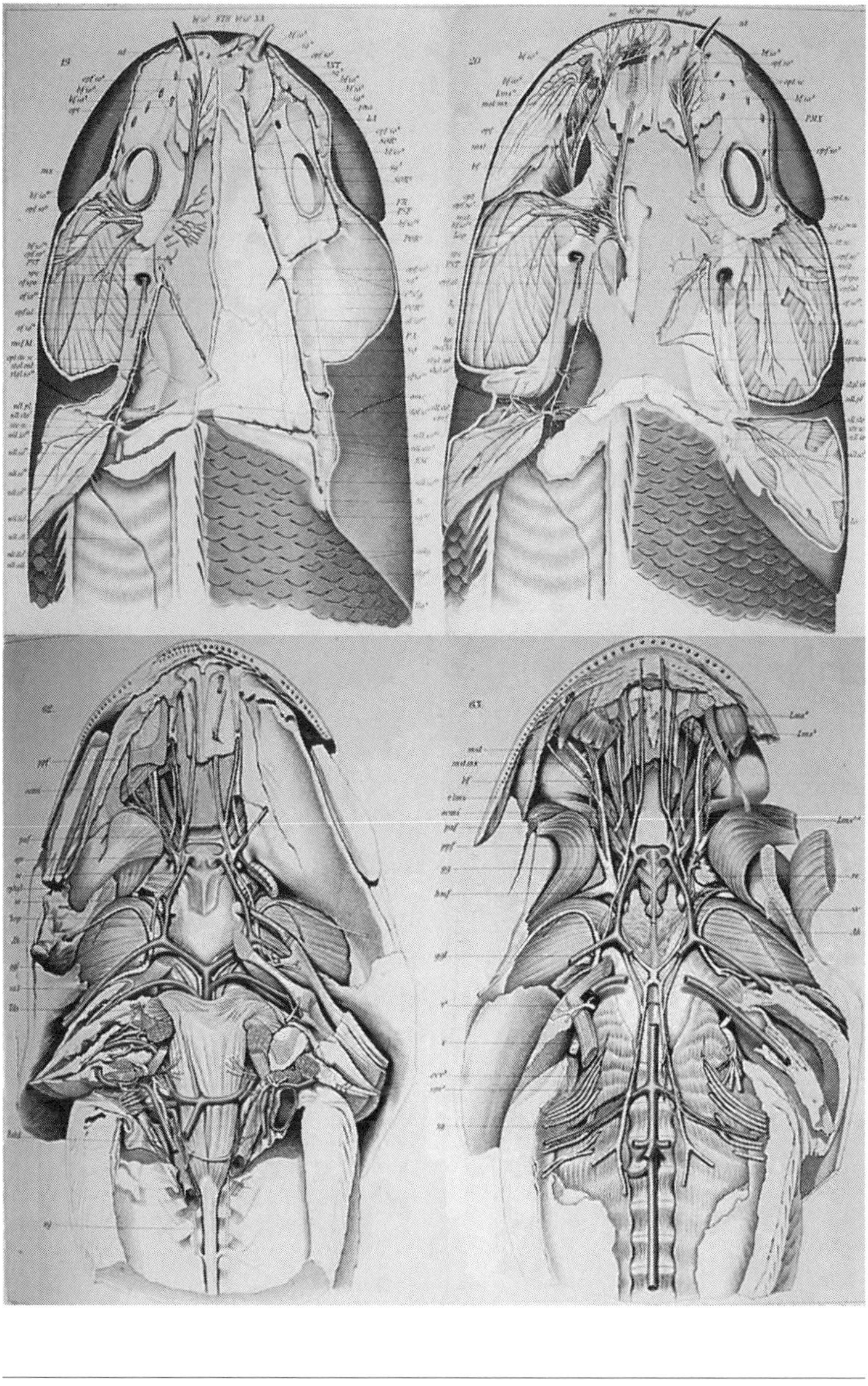

図4-25▶アリスの論文に示された、ノムラ・ジュウジロウの手になる淡水魚アミア(*Amia*)の頭部解剖図。Allis(1897b)より。

側版に発現し、さらに、*Dlx3*と*Dlx7*は腹側端のみに発現する。予想されるように、これらの遺伝子発現パターンは、一つの咽頭弓の中の位置価を決定するシステムであり、マウスにおいて*Dlx5*ならびに*Dlx6*を同時に破壊すると、顎骨弓においては下顎の形態学的同一性が失われ、上下半ともに上顎の形に分化してしまう。このような効果が現れるのは、Dlxコードがみられる範囲に限られ、板鰓類以外の顎口類のいわゆる「上顎」に組み込まれている顎前要素、すなわち哺乳類において上顎切歯の生ずる前上顎骨の領域[439]にまで重複が及ぶことはない。逆に、Dlx遺伝子の制御を上流において司るエンドセリンシグナリングのリガンドを過剰発現させ、*Dlx5*、*Dlx6*を上顎部にも発現させると、この変異マウスの上顎部の大半が下顎の形態にトランスフォームするが(Sato et al. 2008)、このときこのマウスの本来の上顎部には切歯が二対出来る。これは、Dlxコードの支配下にはない、本来の上顎の一部である「顎前領域」から発した正常の切歯と、下顎のアイデンティティの一部として新たに上顎部に誘導された過剰な切歯が、ともに発するためである。この顎前領域こそ、梁軟骨が発する場所に相当し、Dlx遺伝子群による発生機構は、そこには及ばない。いわば、遺伝子の作用の仕方は、咽頭弓の神経堤細胞と、その前にある顎前間葉を区別している。そしてその境界付近に現れる軟骨が、問題の極軟骨というわけなのである。

　かくして、形態学的には上下顎の切歯は同型(homotypical)な関係でありえても、発生生物学的プログラムとしては等価なものではない。形態学的なプランと、発生学的プログラムの間には、しばしばこのような齟齬や乖離が生ずるが(図4-28・29)、それがどのような進化的イベントに由来を持つのか、まだわかってはいない[440]。いずれ、特定の分子・遺伝子的基盤を持った発生機構が、独特の形態学的概念を作り出していることは間違いがなく、形態的相同性の一部もおそらくはそこに書き込まれている。以下に示すように、極軟骨の問題は、「頭蓋の中に内臓弓要素を定義する」ことにも等しい意義を伴っているのである。

　発生生物学的に、頭部間葉の特異化機構はDlxコードの機能として理解できると期待される。が、それで充分といえるだろうか。顎顔面形成にあたっての領域的特異性は、Dlxコードの機能する顎骨弓中の神経堤間葉と、それより前にあってDlx遺伝子を発現しない神経堤間葉(「顎前頭蓋：premandibular cranium」の原基)の間での機構の違いとしてみることができる。つまり、顎骨弓間葉と顎前領域の間葉が内臓弓の要素かどうかは、可能性としてDlxコードが作用するかどうかの違いで判別できると期待されるわけである。

これまでになされたいくつかの細胞標識実験においては、脊索の周囲（傍軸部）にあって、脊索の誘導によって軟骨化する「脊索頭蓋（chordal cranium）」と、脊索の前にあって、神経堤に由来し、脊索からの誘導を必要としない「索前頭蓋（prechordal cranium）」が区別されてきた（第5章に詳述）。では、これら二つの頭蓋部、顎前頭蓋と索前頭蓋は同じものなのか、それとも違うものなのか（図4-28・30）。実はこれまで、極軟骨と、これら二種の境界線との関係がはっきりと示された仕事はまだない。それら概念的に異なる二つの頭蓋部が同じものであるというのであれば、脊索の前端と、顎骨弓間葉背側前端の境界は一致するはずだが（図4-29）、それもまだわかっていない。加えて、chordal/pre-chordalの区別は、すでにフロリープやゲーゲンバウアーによって認識されていた。それもまた厳密には、現在用い

図4-26▶ジョリーが模式的に描いた、脊椎動物軟骨頭蓋の初期形態スキームの中に認識された極軟骨（polar cartilage）。Jollie（1977）より改変。

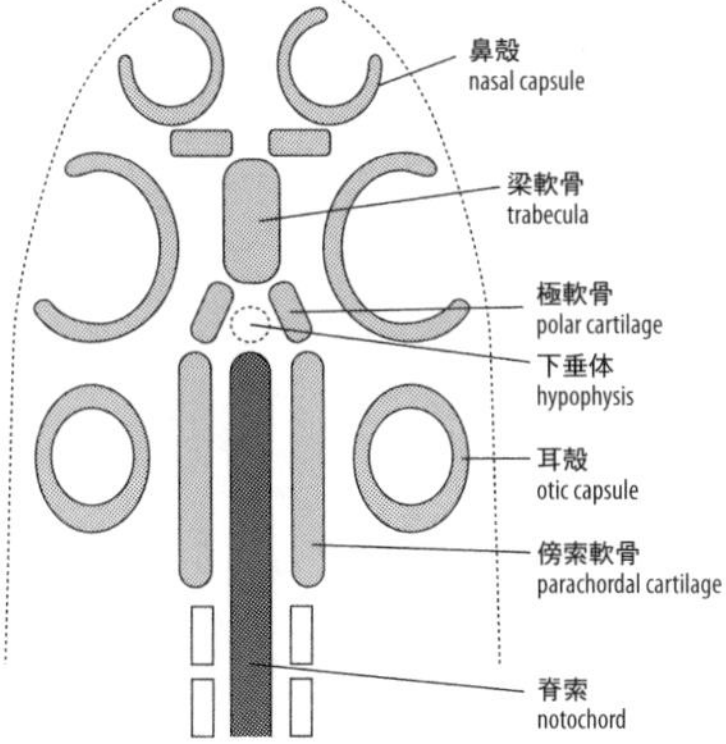

図4-27▶ハラーによる板鰓類の梁軟骨と極軟骨。腺性下垂体（Hy）と口腔外胚葉を繋ぐ上皮構造がラトケ嚢の名残であり、この位置より前方に位置する表皮が前脳外胚葉、後方のそれが顎口外胚葉ということになる。ハラーが「Tr」とラベルしている間葉の前方（右）の凝集は、ここでいう極軟骨の原基に相当する。Haller（1898）より。

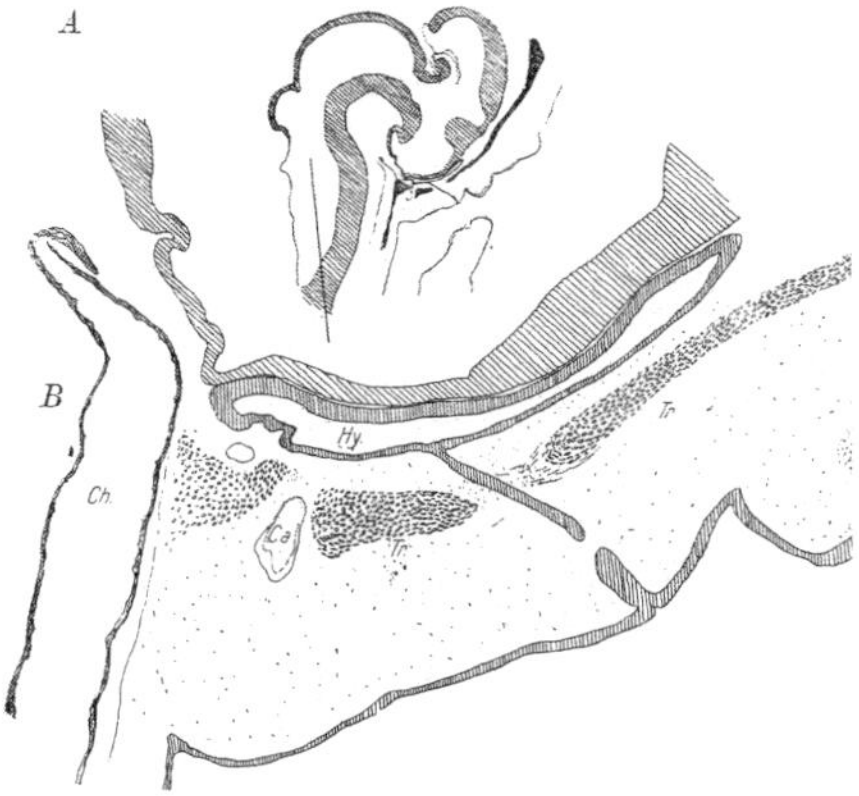

られている用語の指し示すものとは微妙に食い違っている。

このように、極軟骨の存在は、我々の頭蓋形成の理解において残された一つの「あな」を代表しているとみることができる。基本的な頭蓋の構築プラン、あるいは原型にもとづいて、一つひとつその素性が明らかにされていった骨格要素のうち、どこにも填《は》まることがなかった最後のピースが、この極軟骨なのである。極軟骨までをも含めた梁軟骨が全体として（顎前弓要素ではないにせよ）、顎前間葉のみから出来ているのか、それとも極軟骨を顎骨弓要素とみるべきなのか、たとえそれが小さな軟骨塊にすぎずとも、脊椎動物頭蓋の形態と発生の理解にとっては大きな問題となりうる。

アリスは、頭部の間葉や脳の原基が、それを覆う表皮外胚葉との緊密な位置関係のもとに正常な発生を成就するというように考えていたらしい。確かに発生生物学的には、そのことは多くの事例についてあてはまる。梁軟骨の発する頭部前方では、前脳を覆う外胚葉（前脳外胚葉）と、顎骨弓、もしくは口器を覆う「顎口外胚葉」が区別でき、まさにその境界に下垂体が出来るようにみえる。ちなみに現在受け入れられている考えでは、初期発生段階において神経板を囲む同心円状の汎プラコード領域があり、そのさらに外側に表皮外胚葉が広がる。しかし、このことは咽頭胚期以降の表皮と特定の間葉、もしくは脳原基との相互作用を否定するものではない。ここで注意しなければならないのは、アリスのいう顎口外胚葉が、口腔外胚葉とは似て非なるものだということである。つまり、口腔外胚葉は上顎突起の二次的な伸長とともに、前方へ向けて拡大してゆきつつ、上にみた前脳外胚葉をとり込んでいくものであり、その結果としてラトケ嚢は口腔外胚葉の一部として分化するようにみえるのである（図4‐27）。すると、梁軟骨はのちの下垂体となるラトケ嚢の前方に凝集した間葉から由来し、一方で極軟骨はラトケ嚢の後方、すなわち顎口外胚葉に囲まれた領域に出来ることになる（図4‐27）。

右のような発生パターンからアリスは、前方に出来る梁軟骨の本体のみを顎前領域の構造とみなし、一方で、後方に出来る極軟骨が、顎骨弓背側半のうち口蓋方形軟骨から遊離し、二次的に梁軟骨と融合した要素であると考えた。ちなみに、このときアリスは、口蓋方形軟骨を単純に顎前弓の背側半とはみなしていない。

図4-28▶現生顎口類頭部の様々な区分け。筆者の見解を模式的に示したもの。

上段は、顎口類において傍軸中胚葉が頭蓋を形成するかしないかの区分。頭蓋を形成するという意味で、頭部中胚葉と後頭体節がまとめられており、この区分けが頭蓋／脊柱の区分けとなる。発生学的な頭部と体幹の区分けはむしろ、頭部中胚葉と体節の区別に相当する。この模式図での中胚葉性神経頭蓋は、傍索軟骨と眼窩軟骨原基によって示されている。一方で、下垂体より前方の索前頭蓋部分（梁軟骨trとして表示）は神経堤に由来する。したがって、索前頭蓋と脊索頭蓋という区別もまた認識することができる。これら3種の境界は、進化的、発生的、形態学的に異なった意味を持っている。

中段は、筋原基の分布からみた頭部。咽頭には、外側中胚葉に似た咽頭弓筋原基が置かれ、傍軸部には頭部中胚葉、もしくは頭腔に由来する外眼筋が置かれる。これらが典型的な頭部筋だが、後頭体節より分化した鰓下筋が、舌筋を分化し二次的に頭部に参入する。

下段は、頭部神経堤細胞の分布域として定義した脊椎動物頭部の定義。そもそも頭部神経堤細胞は表皮直下の背外側経路を通り、腹側で咽頭に至る。しかも、その細胞群は皮筋節の存在により移動と分布を阻まれるため、傍軸部では体節列の前縁に沿い、腹側では咽頭に沿った分布を示すため、S字状の後方境界を示すことになる。これはフロリープの認識した頭部・体幹の境界に近い。発生の後期において頭部神経堤間葉の後方部は、体腔の消失（＝頸部の成立）とともに後方へ拡大、肩帯にまで至り、この領域（いわゆる頸部）において頸部筋の結合組織を供することになる。すなわち、脊椎動物の頸部は多分に頭部的なのである。オリジナル図版。

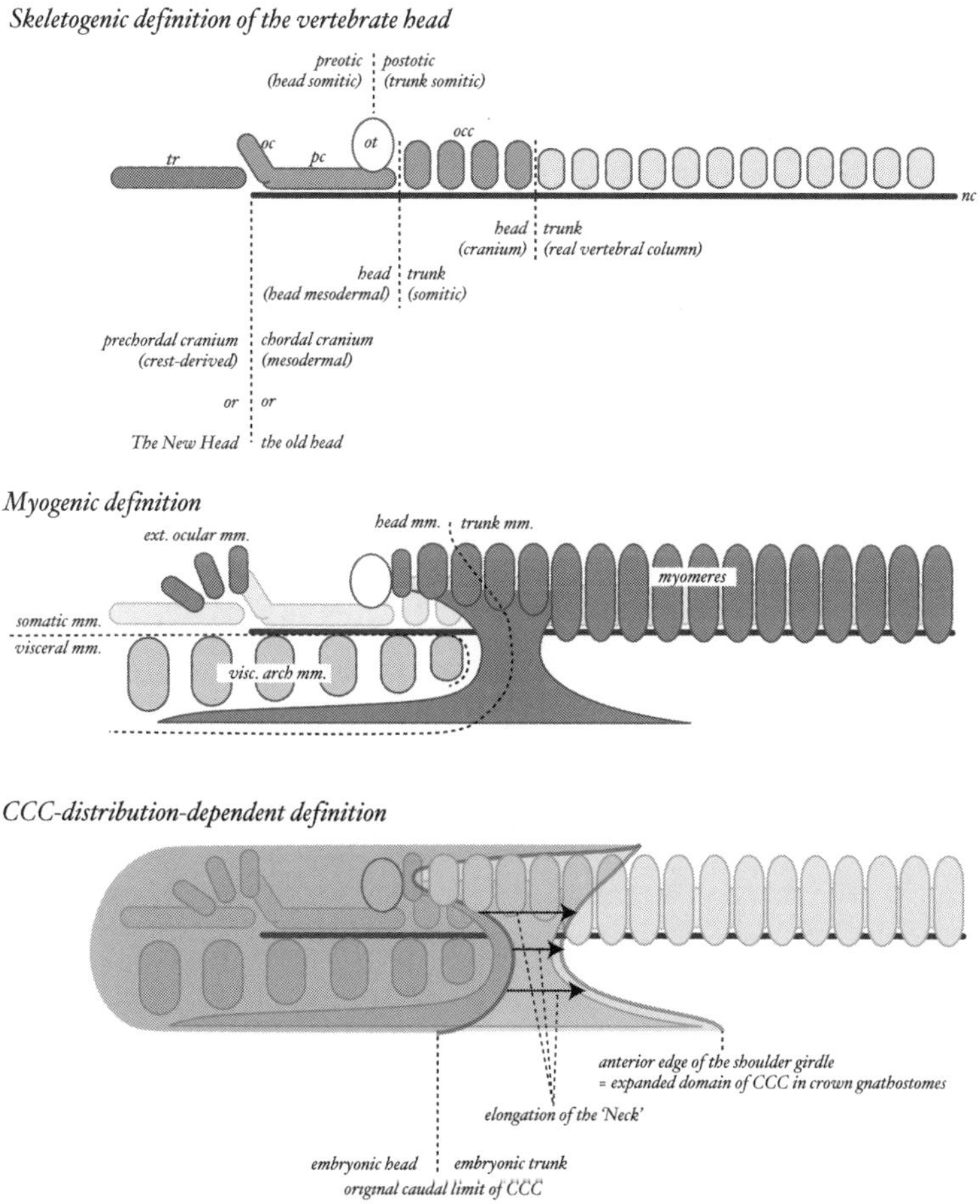

さらにアリスは、神経管が閉じる前のサメ神経胚において、最初期の内胚葉が前脳原基によって強く下方へ押しやられていることを指摘する（図4－30A）。そして、脳の発達の度合いが低い進化段階において、内胚葉の側方に分節的パターンの一環として鰓弓軟骨が誘導され、そのそれぞれが背腹に（顎骨弓であれば、のちの上顎部と下顎部に）特異化されていた。ここまでは、多くの形態学者のイメージした、祖先的なブランキオメリズムの発生的図式として受け入れることができる。しかし、右に述べたように咽頭内胚葉の最前端は索前板、ならびに口前腸となり、顎前弓の背側半と腹側半も同様に背腹に圧縮され、分断されてしまう。そしてアリスは、そのうち背側の要素が後続する顎骨弓の背側端と結合したものが、梁軟骨と極軟骨の並びとなり、一方で口蓋方形軟骨の前方部が、顎前弓の腹側半に由来したものだと考えた。ここでは極軟骨が咽頭顎節（pharyngomandibular element）、梁軟骨が咽頭顎前節（pharyngopremandibular element）とみなされている。いい換えるなら、もはやここでは、口蓋方形軟骨と、たとえば舌骨弓の舌顎軟骨は、系列相同物ではないということになってしまう（図4－30B～E）。

この過激な発想には一面考えさせられるところがある。というのも、顎口類の上顎部が、なぜ本来の顎骨弓の位置を超えて大きく顎前領域に張り出すのかがまだ理解されていないのである。このような現象は、ほかの咽頭弓派生物にはみられない。そしてまさしくそれが、顎口類における顎の獲得を可能にしている要因そのものであり[●441]、同時にそれが、顎の進化過程の理解を難しくしている原因ともなっている。しかし、だからといってこのアリスの説がすべて正しいということにはならない。おそらく、極軟骨と呼ぶにふさわしい軟骨単位など存在しないとさえ私は考えている。現在のところ極軟骨の発する間葉部にDlx遺伝子が発現することは観察されていない。したがって、形態学的にどのような解釈が可能であろうとも、細胞系譜としてどこからきたものであろうと、頭蓋を作るための遺伝子制御機構は、この極軟骨となる神経堤細胞集塊を顎骨弓の一部とはみなしていないらしい。さしあたっては、それが現在の解釈である。

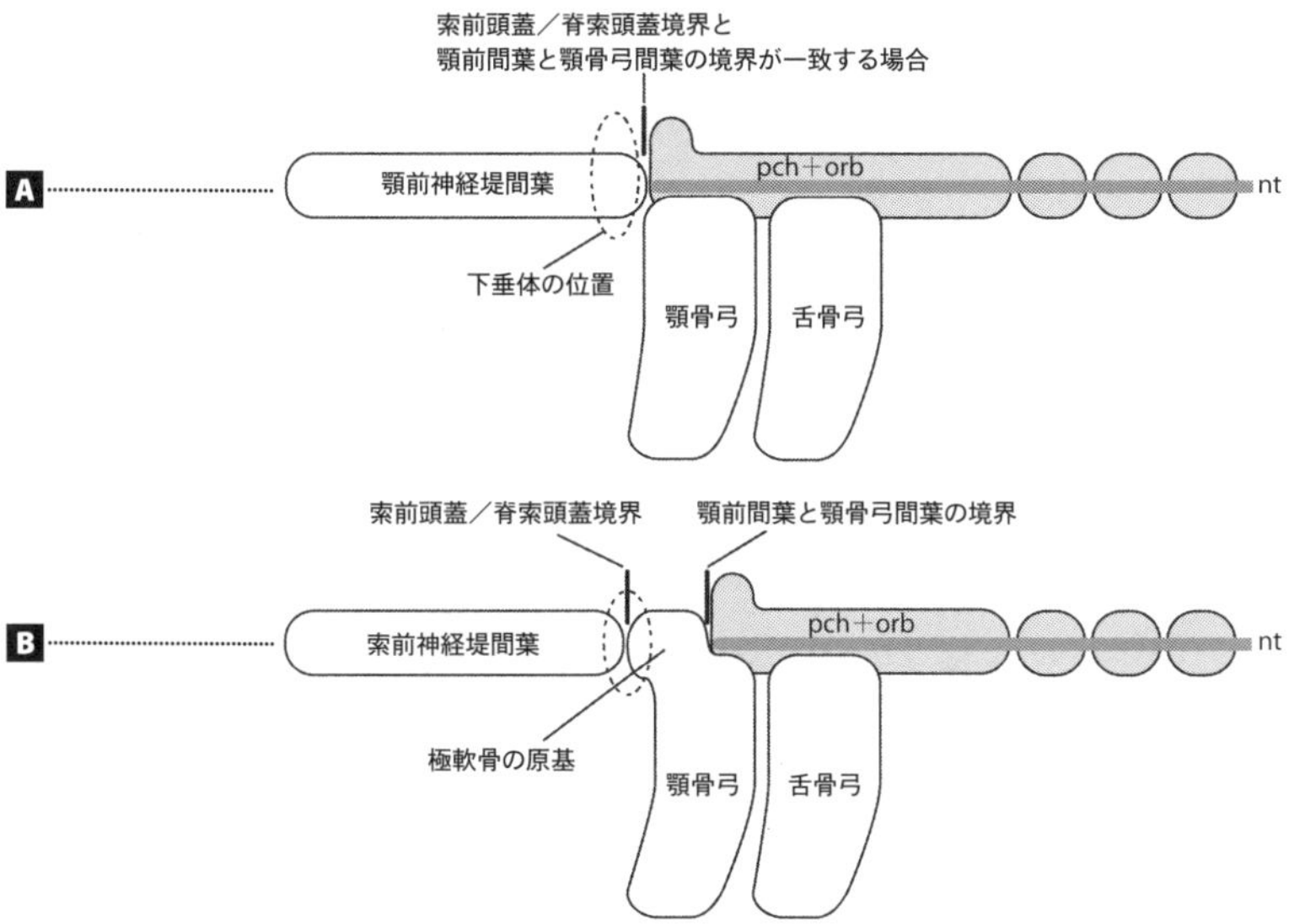

図4-29▶神経頭蓋の区分け。極軟骨をどのように扱うかによって、中胚葉性の神経頭蓋、つまり脊索頭蓋の前端の位置が変わってくる。この問題は、索前頭蓋（prechordal cranium）の後端と顎前領域（premandibular region）の後端が一致するかどうかという問題に等しい。Kuratani et al.（2013）より改変。

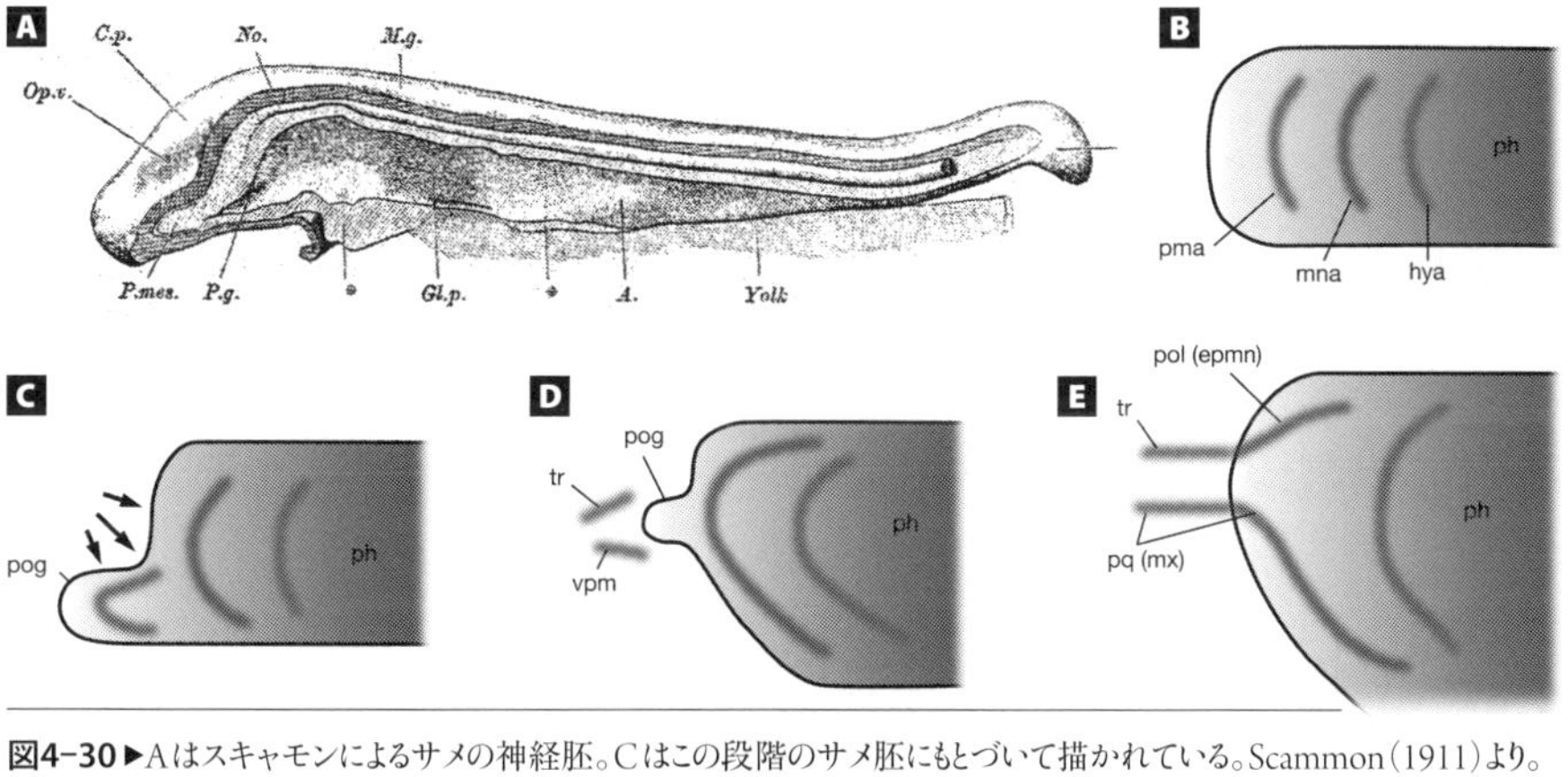

図4-30▶Aはスキャモンによるサメの神経胚。Cはこの段階のサメ胚にもとづいて描かれている。Scammon（1911）より。
B～Eはアリスによる梁軟骨と極軟骨の由来。板鰓類をモデルとした梁軟骨と顎骨弓要素の発生段階を示す。
B：本来の内胚葉と、分節的な咽頭弓骨格原基の配置を示す。
C：前脳の発達によって前方の咽頭内胚葉が下方へ押しやられる。矢印は前脳底部が咽頭内胚葉に及ぼす力を示す。pogはpreoral gut、即ち口前腸を示す。
D：口前腸が後方へ向かって消失し、内胚葉のないところに顎前弓の背側半であるところの梁軟骨（tr）と、その下方にある顎前弓腹側要素（vpm）がとり残されている。
E：口前腸がなくなってしまった段階。顎骨弓骨格原基が背腹に二分し、そのそれぞれが顎前弓の背腹の要素と融合している。極軟骨は顎骨弓の背側要素、口蓋方形軟骨は顎前弓の腹側要素とみなされている。すなわち、上下顎は、（オーウェンがかつて考えたように）顎前弓と顎骨弓の両者から構成されていると考えられている。Allis（1931）より改変。

ポルトマンと頭蓋の一次構築プラン

ポルトマンはスイスの比較形態学者であり、彼の著した『脊椎動物比較形態学入門（*Einfühlung in der vergleichenden Morphologie der Wirbeltiere*）』は島崎三郎によって邦訳され、『脊椎動物比較形態学』として一九七〇年代に岩波書店から出版されている。訳者によれば、「入門（Einfühlung）」と呼ぶにはあまりに高度な内容を多く含むので、あえて和文タイトルからはそれをとり去ったとのこと。私がこれを購入したのが京都大学の三回生か四回生のときであったから、かれこれ三〇年以上前のことになる。それだけつき合いの長い書籍であり、私の形態学的知識体系もこの書籍に大きく影響されている。その後、ボルクらの編になる一九三〇年代の教科書、『脊椎動物比較解剖学叢書（*Vergleichende Anatomie der Wirbeltiere*）』に出会い、やはり形態学の教科書としてポルトマンのそれは、「入門」と呼ぶにふさわしいのではないかと思うようになった。いずれにせよ、私にとってはこれまでの人生の中で最も使い込んだ教科書である。[●442] 中でも、本書にとって重要と思われる図版が、ここに掲げた「脊椎動物頭蓋の一次構築プラン」ということになる（図4-31A）。

ここに示されているのは、ドイツ形態学の伝統にのっとって形式化された、まるで古代の硬骨魚（総鰭類）のそれを思わせるような、少々武骨な頭蓋である。そしてここでは頭蓋全体が、

内臓頭蓋（もしくは鰓弓骨格系）、
神経頭蓋、そして、
皮骨頭蓋

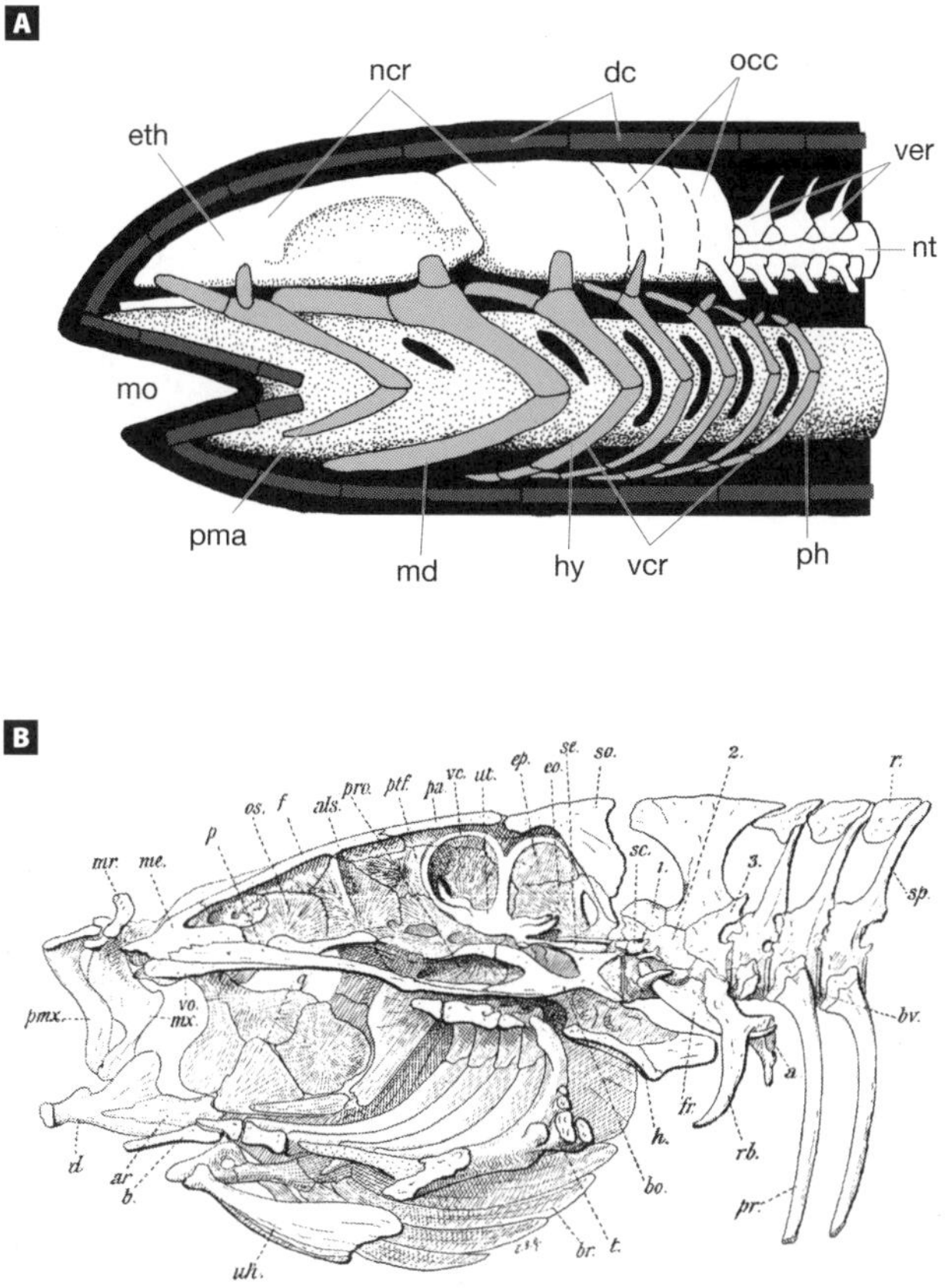

図4-31▶A：ポルトマンによる脊椎動物頭蓋の一次構築プラン。脊椎動物の頭蓋を、神経頭蓋、内臓（鰓弓）頭蓋、皮骨頭蓋に分けて捉えている。eth + ncr + occが、内骨格としての神経頭蓋、eth：篩骨域、occ：後頭骨、ncr：頭肋を伴った後頭骨、ver：椎骨、nt：脊索、ph：咽頭、pma：顎前弓、md：顎骨弓、hy：舌骨弓、vcr：鰓弓、dc：外骨格としての皮骨頭蓋。Portmann（1969）より改変。

Bはコイ科真骨魚類に見る実際の頭蓋。Goddrich（1909）より。

の三部からなるとされる。その基本的理解は、たとえばヴィーダースハイムによって示されたものとあまり変わらない（図4–32）。すなわち内臓頭蓋は、咽頭弓の中に発する鰓弓骨の繰り返しからなり、一つひとつの鰓弓骨は一定の種類の要素からなる基本形を踏襲している。ちょうど、オーウェンの原動物にみたように、繰り返し単位それ自体がいくつかの要素からなる複合体なのである。つまり、一つの鰓弓骨格は、

上咽頭鰓節（suprapharyngobranchial）、
下咽頭鰓節（infrapharyngobranchial）、
上鰓節（epibranchial）、
角鰓節（ceratobranchial）、
下鰓節（hypobranchial）、
底鰓節（basibranchial）

の六要素からなる（図4–32D、4–33）。

このような鰓弓骨格が場所に応じて姿を変え、機能的に統合された頭蓋を構成するわけである。そして、とりわけここでいう二番目の鰓弓骨格、すなわち顎骨弓が、上下の顎に変貌している（現在では、顎骨弓は一番目の内臓弓とされる）。つまり、発生学的に明らかな最前の咽頭弓である顎骨弓のさらに前方に、もう一つの咽頭弓が本来は存在し（それを、顎前弓という）、それが多くの動物においては消失、もしくはわずかな残存としてしか残っていないという。このような考え方は、ハクスレーやゼヴェルツォッフに始まるものである。しかし、一説によれば、神経頭蓋の篩骨部を由来する梁軟骨もまた、この仮想的な顎前弓に由来するとされているので、梁軟骨と顎前弓がともに描かれていることの図（図4–31A）は、矛盾を孕《はら》んでいるといわざるをえない。

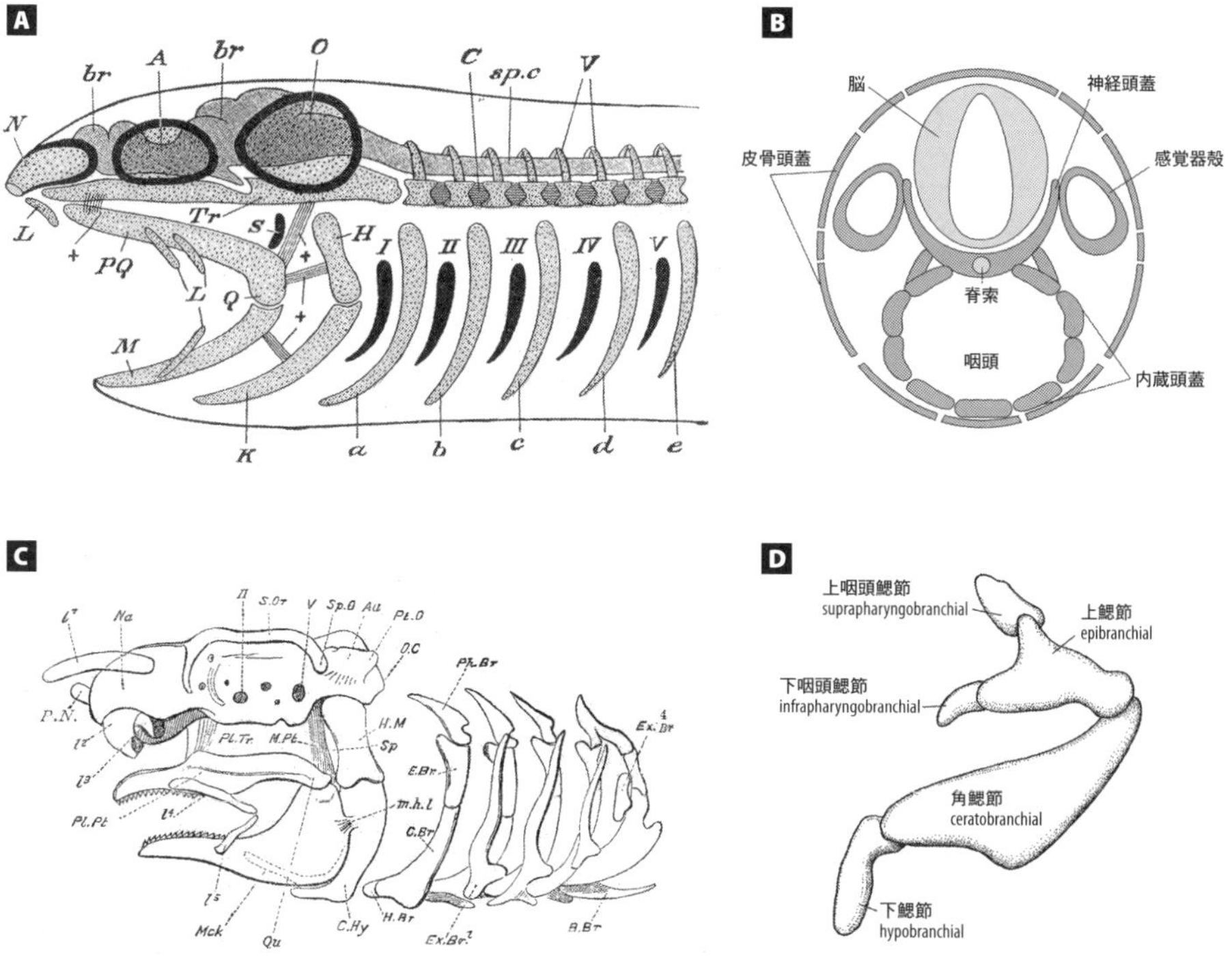

図4-32▶A:ヴィーダースハイムによるサメ頭蓋の模式図。神経頭蓋は頭蓋のうち中枢神経を包む部分であり、それは後方で脊柱へと連なる。鼻殻、眼包、耳殻などの感覚器包(N、A、O)は神経頭蓋に付随する。一方、腹側の内臓頭蓋は咽頭を支持するもので、鰓孔と鰓孔の間にあって、鰓を支持する。当時のドイツ形態学の規範をなしていたヴィーダースハイムは、神経頭蓋の中にも椎骨様の原基が存在すると考えていた。Wiedersheim(1909)より。

B:頭蓋の基本的構築を示す模式図。筆者による。

C:パーカーの描いたサメの頭蓋。Balfour(1881)より。

D:顎口類(硬骨魚類)の鰓弓骨格のデフォルト形態。このようなパターンは最近、祖先的な軟骨魚類にも共通してみられることがわかった。Portmann(1969)より改変。

鰓弓頭蓋が本来的に咽頭をとり囲む籠状の骨格系であるとすれば、神経頭蓋はさしずめ、中枢神経をとり囲む、頭部における脊柱とみることができよう。しかし、先に述べたように、神経頭蓋の吻方部（篩骨部）は、むしろ鰓弓頭蓋の変形としてみるべきかもしれず、その理解には注意が必要であろう。神経頭蓋の後方はいくつかの要素に分節しており、後頭部が椎骨の変形によって作られていることを示している。後頭骨を作る分節要素には肋骨らしきものが描かれており、それに類した形態は現生の肺魚にみることができる。一方、後頭骨より前方の神経頭蓋（脊索頭蓋）は無分節の構造として描かれている。つまり、頭蓋骨椎骨説は、この一次構築プランにおいて認められてはいない。むしろ、この教科書が書かれた当時までの比較ならびに実験発生学の知見をとり込んだ、頭蓋の総合的理解がここに示されているというべきであろう（確立した頭蓋の形式化については、de Beer, 1937; Nelsen, 1953を参照）。

以上、背腹に大きく分極した頭蓋は、ヴァン＝ヴィージェ以来の体性・臓性の区別にも対応できる。事実、神経頭蓋は頭部の体性骨格筋である外眼筋の起始部としても機能している。さらに、顎が一つの鰓弓骨格が上下に二分して出来上がっていること、鰓弓骨格と肋骨が系列相同物として描かれていないことなど、オーウェンの時代から比べれば、この模式図（図4-31A）は格段の向上を示している。

これら、二部からなる内骨格性の頭蓋コンポーネントに、外骨格性の皮骨頭蓋を加えれば、脊椎動物の頭蓋を統一的に記述できることになる。つまり、この「一次構築プラン」は、鳥類胚を用いた比較発生学が席巻する以前の段階において、脊椎動物にみる様々な頭蓋をどのように統一的に記述でき、それを構成している各要素のうちどれが繰り返しパターンを示し、当時の発生学的知見を盛り込んだ上でどのように骨格要素を分類することが適切であるかを述べたものなのである。しかし、あくまでこれは顎を備えた脊椎動物、つまり現生の顎口類の頭蓋を解説したものにすぎず、円口類の頭蓋を含むことはできない。とはいえ、顎口類に限っては、この一次構築プランは原型に似る。すべての脊椎動物におけるあらゆる形質状態を導くことはできないが、しかし多くの現生顎口類に共通してみられる原始形質をまとめ上げていることは間違いはない。その意味で、ポルトマンの模式図は、オーウェンの原動物より、ハクスレーが思い描いた原型的祖先により近いともみることができる。

ジョリー——ゼヴェルツォッフを継ぐもの

米国の比較形態学者にして比較発生学者、ジョリーは、二〇世紀後半にあって、比較形態学と実験発生学の立場から、再び比較骨学としての頭部問題を再吟味した研究者である。彼は自らの観察データではなく、様々な論文を吟味した上で総説や教科書を著し、頭部分節性の問題を扱っている。一九七一年に書かれた総説では、ジョリーはもっぱら内臓骨格の分節性を扱い、そこにはゼヴェルツォッフの影響が色濃くみられるが、ゼヴェルツォッフのものとは異なった見解も明瞭に述べられている。たとえば、ジョリーは明確に分節論者であり、神経頭蓋もまた前後に分節しており、内臓弓のそれぞれに、体節に相当する中胚葉の分節（実際、これをジョリーは体節と呼んでいる）が対応すると考えていた。一言でいえば、ジョリーは、すべての仮説をとり込み、しかもゼヴェルツォッフの進化理論も認めた「ドイツ流分節論者」であり、その点において前述のポルトマン以上に、伝統的色彩が濃いという印象がある。したがって、ジョリーがジャーヴィックやビエリングなど、ドイツ比較形態学の伝統を受け継いで発展させたスウェーデン学派と共通点を持つのも当然なのである（後述）。そしてジョリーは同時に、コワレフスキーからローマーに至る、臓性と体性の区別を強調する立場に対しては批判的であった（Jollie, 1977）。

ジョリーの描いた仮想祖先的な顎口類の軟骨頭蓋の図は、とりわけ内臓頭蓋に関して、ポルトマンのそれによく似る（図4-33・34）。興味深いことに、彼は顎の前にただ一つの顎前弓を想定し、それを、（ゼヴェルツォッフの考えたように）口の開く方向を前としたときの咽頭、もしくは口腔の「最前端に」置いていた（図4-33）。それでいて、ハクスレー以来の考えをも踏襲し、顎前弓が神経頭蓋の一部であるところの「梁軟骨」をもたらし、それが前脳の底部を支えていたと考えた。このような想定がなぜ可能なのかといえば、それはジョリーが、顎前弓の中にもほかの内臓弓骨格と同じように、上咽頭鰓節、下咽頭鰓節、上鰓節、角鰓節、下鰓節、底鰓節という一セットの骨格要素が揃っていると考え、しかもそのうちの下咽頭鰓節(下咽頭顎前節)が梁軟骨の主体をなすと判断したからである(図4-33)。このような考え方には、すでに紹介したアリスとの共通点をみることができる。ジョリーによれば、この顎前節には彼のいうところの顎前体節(=顎前中胚葉)が対応するのであった。さらに、このような内臓骨格の構成要素を考えるからには、この内臓頭蓋の模式図は明確に顎口類のものとして描かれていたのであり、すべての脊椎動物を包含するようなものとはなりえなかった。

つまり、ジョリーが提出した分節的頭蓋の模式図は、その進化系統的な位置が明確だったのであり、この点でもジョリーの思考はゼヴェルツォッフに追随するのである(Jollie, 1981)。事実、ジョリーは内臓骨格の進化をいくつかの段階に分け、それを系統的進化の分岐の道筋に並べて議論した。それによれば、

①原始的脊椎動物(protovertebrate)段階においては、軟骨性、内骨格性の内臓骨格のようなものはまだなく、未分化の神経堤性間葉のみが獲得され、神経堤細胞と中胚葉からなる混合の間葉が頭部にあり、その表層を皮骨性の装甲が覆っていた。この段階から進化は二つの道に分かれる。その一つ、

②原始的無顎類(protoagnath)段階においては、関節を持たない軟骨性内臓骨格が外側にあり、神経頭蓋はほとんど中胚葉性のものであった。つまり、ここではヤツメウナギ的な形態がイメージされている。そして、

③原始的顎口類(protognathostome)段階では、内側に位置した軟骨性の内臓骨格が上下に開閉する関節を形成し、その上下端はまだ未分化な状態にある。これが、顎口類の内臓骨格の原始的な状態とみなされている。ここからさらに分岐が続き、軟骨魚類にみるような、後方に向いた上咽頭鰓節を一つ、上鰓節の遠位端に発達させた系統と、我々羊膜類を含めた硬骨魚にみるような、上下二つの咽頭鰓節を備えた系統が分岐するとジョリーは考えた。

羊膜類もまた、硬骨魚に含まれる一群である以上、硬骨魚としての基本的な内臓骨格パターンを有し、とりわけそれが顕著にみられるのは、前成頭蓋における顎骨弓骨格である。すなわち、その上顎部に相当する口蓋方形軟骨(palatoquadrate)には一次顎関節を構成する方形骨部のほか、上突起(ascending process)、そして口蓋突起(もしくは前突起)からなるが、爬虫類において上翼状骨(epipterygoid)として骨化する上突起は実際、顎骨弓の上咽頭鰓節(すなわち、上咽頭顎節：suprapharyngomandibular)に相当し、前突起は下咽頭顎節(infrapharyngomandibular)に相当するとされる(図4-33)。哺乳類ではこれは側頭翼(ala temporalis)となり、のちの蝶形骨の大翼、もしくは翼蝶形骨(alisphenoid)の軟骨性原基となり、機能的意味

図4-33▶ジョリーによる脊椎動物頭蓋の基本的成り立ち。

A：脊椎動物の頭蓋に神経頭蓋と内臓頭蓋を分け、さらに、神経頭蓋に後頭体節が参与することが示されている。極めてオーソドックスな模式図である。ただし、ここでは顎骨弓の前方に1つの顎前弓があるとされ、それは背側半のみからなり、梁軟骨や鼻殻をもたらしているとした。

B：鰓弓骨格の基本形を示す。これは、つい最近まで硬骨魚類にのみあてはまるものと考えられていた。が、いまではすべての顎口類に共通した祖先型を示すということが明らかとなっている。この図においてジョリーは、頭部に存在する潜在的な中胚葉分節(ここでは筋節)が、それぞれ分節的に鰓弓骨格要素に付随するという考えを表明している。Jollie(1981)より。

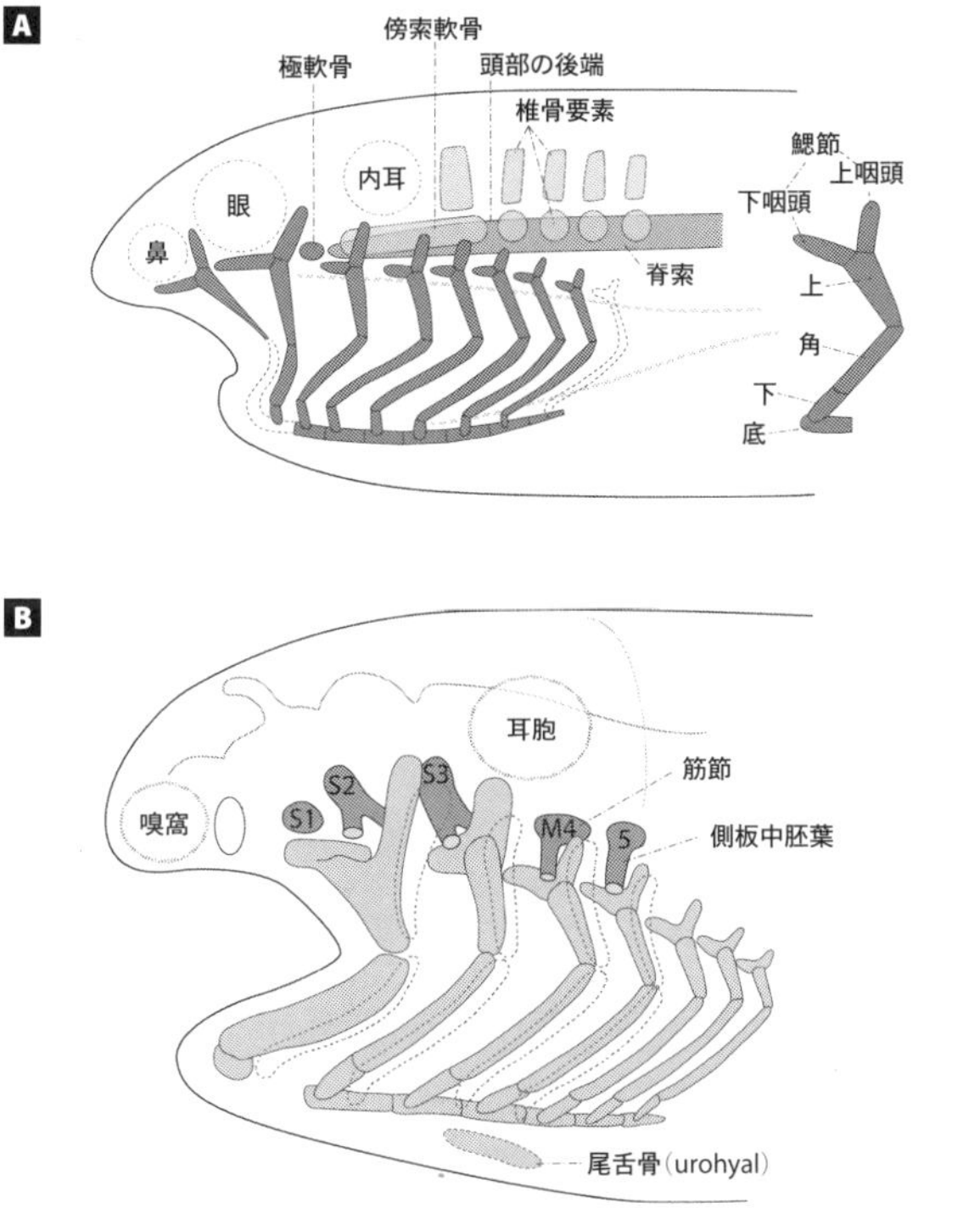

での頭蓋底の一部となる。

このように、本来の頭蓋壁（＝一次頭蓋壁）の外側に内臓骨格要素が付加することにより拡大した、見掛け上の頭蓋腔を「上翼状腔」と呼ぶことについては、すでにガウプの発見として記した。硬骨魚の進化の黎明に獲得、成立したとおぼしき内臓頭蓋の基本型が、遠く哺乳類や爬虫類にまで残存しているということは驚くべきことであり、進化的多様化の中でも頑《かたく》なに保存され、ひいては観察者に「原型」という観念的パターンを植えつけるほどの発生拘束が実在する一例として認識すべきであろう。

ジョリーの頭部分節性は、脊椎動物、とりわけ顎口類にみられる内臓骨格系の形態的多様性を分類し、進化的変化のプロセスとして並べるところにその本来の目的があった（Jollie, 1981）。そこでは限られた分類群にのみ共通するパターンが抽出され、その「分類群別内臓骨格グラウンドプラン」を進化系統樹上での変形の序列に沿って提示しており、このような理解がゼヴェルツォッフと酷似しているのである（その現代的な提示の一例としては、Diogo & Ziermann, 2015をみよ）。古典的な原型論を廃したこの考察は、新しい進化系統のコンセプトに従って比較形態学の教義を再編成したジョリーの面目躍如といった感がある。

ただし、最近明らかになった化石記録によると、軟骨魚類型の内臓頭蓋の形態パターンは実のところ二次的なものにすぎず、最も早期の軟骨魚類は現生の硬骨魚類のものと同様の内臓骨格パターンを持ち、それがやや変形、単純化したのちに、軟骨魚類に定着したものらしい（Pradel et al., 2014）。しかし、軟骨魚類と硬骨魚類はそれぞれ単系統群ながら、その共通祖先は板皮類であったという説もまた有力なのである。いい換えれば、硬骨魚類は軟骨魚類の直接の子孫として（軟骨魚類の内群として）進化したのではなく、それぞれが独立に、近縁の異なった祖先的顎口類、すなわち板皮類から発したということになる。ならば、かつて硬骨魚のパターンとされ、いまでも羊膜類の胚形態にみることのできる内臓骨格の基本型は、板皮類の一部に生じたと考えるべきなのであろう。

内臓骨格に関してもう一つ重要なことは、それが円口類では内臓弓の外側部に、顎口類では内臓弓の内側部に発するという、顕著な違いがあることである。すなわち、円口類では鰓弓軟骨の内側に鰓葉が生え、顎口類では鰓弓軟骨の外側に鰓葉が生える。これを理由に、かつてゼヴェルツォッフは円口類と顎口類の鰓が互いに相同ではなく、進化の上で別々に獲得されたものだと考えた（前述・図4–19）。そして、ジョリーもまたそのように考えていたらしい。鰓そのものは相同であっても、彼の進化シナリオにおいては顎口類と円口類の共通祖先では、まだしっかりとした軟骨の支柱を鰓弓の中に持っていない段階が想定されているのである。つまり、彼は鰓弓骨格が両者のグループにおいて相同ではなく、互いに独立に獲得されたと考えた。軟骨魚と硬骨魚の共通祖先はおそらく、そこそこのサイズを持った板皮類の一種であったであろう。しかし、円口類と顎口類の共通祖先が充分にサイズの小さい脊椎動物

図4–34▶神経頭蓋と鰓弓（内臓）頭蓋。この図においてもジョリーは、神経番と内臓頭蓋の分節的対応関係を強調している。神経頭蓋にみられるという椎骨と同等の要素は、オーウェンの考えたのと同様、頭蓋底を椎体が、側壁を神経弓が作るとした。椎骨要素の分節番号が数字で示されている。Jollie（1981）より。

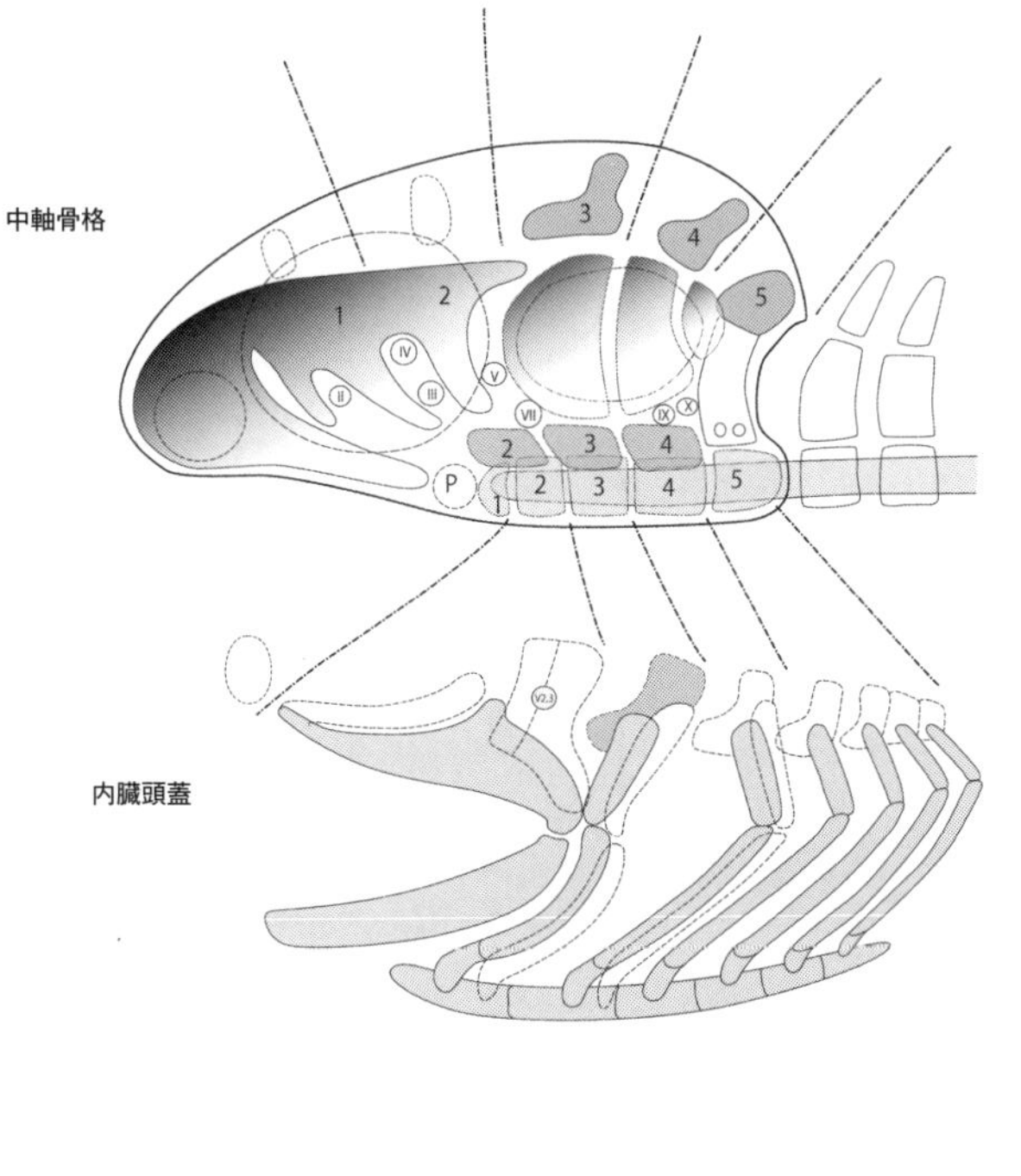

であり、その鰓弓にはある一定量の細胞外基質さえ存在していれば、ことさらに軟骨という細胞性の組織からなる支柱を持つ必要はなかったという解釈も可能であり、それはそれで説得力がある。

つまり、鰓に関しては、単にそれが動物間で相同かどうかだけではなく、「鰓弓骨格が相同であって鰓葉が非相同」、「鰓葉が非相同であって、鰓弓骨格が相同」、「鰓葉と鰓弓骨格の両者が非相同」という三つの選択があることになる。ところが、さらにこれらのいずれとも異なった見解が提出されたのである。一九八〇年代、米国の進化形態学者のマラットは、そもそもサメに典型例をみるように、鰓弓骨格には内側の要素と外側の要素の二種があり、そのうち、顎口類ではもっぱら内側のもののみが強大になっているが、外側の要素もしばしば残存していると述べた。たとえば、顎骨弓における唇軟骨がその一例なのだという。ということは、前脊椎動物の共通祖先においては、そもそも鰓弓軟骨は内臓弓の内側と外側に一つずつ形成されたものがセットとなっており、その間に鰓葉が固定されていたという仮説が可能となる。つまり、この共通パターンから、別の要素が円口類と顎口類において選ばれ、主たる骨格要素として進化してきたというのである。この考えもまた信憑性があるが、どこか、オーウェンやゲーテ的な原型論を思い出さずにはおれない。現生の顎口類の祖先に相当する化石無顎類の内臓骨格の形状がよく知られておらず、鰓弓骨格の原初の姿がはたしてどのようなものであったのか、まだ意見は一致をみてはいない。

◎——神経頭蓋

頭部問題を真っ向から扱った総説としては、ジョリーの一九七七年の論文がより包括的であろう(図4-34・35)。この論文においては、ジョリーは脊椎動物の起源を推測するための綿密な進化的プロセスの考察ののち、神経頭蓋における分節的中胚葉の存在を仮定している(Jollie, 1977)。その根拠として、のちに述べるジャーヴィックやビエリングらの一連の研究を挙げている。すなわち、頭部においても、傍軸中胚葉に由来する分節があり、そこからは骨格要素の原基となる硬節が出来るとし、頭部におけるこの硬節を、ジョリーは「sclerotomites」と呼んでいる。

硬節様の組織が出来ることそれ自体は、そこに分節構造があることを意味しない。無分節の頭部中胚葉の内側部が、脊索からのシグナルに応答して軟骨を形成するぐらいのことであれば、傍索軟骨の発生においてすでに認められていることであったし、同様のことは、ヌタウナギの頭蓋発生においても古くから知られていた。また、プラットの発見した前頭腔の存在も認めており、これを最も前方の中胚葉要素として、下垂体の前方に仮定している。おそらくこの推測は部分的には正しく、九〇年代にクーリーの発生運命予定地図において示されているパターンと一致するところも多い。加えてジョリーは、下垂体とほぼ同じレヴェルに第二の中胚葉分節である顎前分節を仮定している。これもまた、分節性はともかく、位置関係については正しい。このことからあらためて、分節理論が一種

図4-35▶ジョリーによる神経頭蓋の分節的成り立ち。理想化された頭蓋の背面観を模式的に示す。椎骨に特異的な再分節化(resegmentation)は神経頭蓋の頭蓋底では生じないとされる。神経弓に相当する要素が軟骨頭蓋側壁の支柱を作ると説明されている。下垂体の前方にみられる頭蓋、すなわち索前頭蓋が神経堤に由来する鰓弓骨格要素であることは、すでに指摘されている。Jollie(1977)より改変。

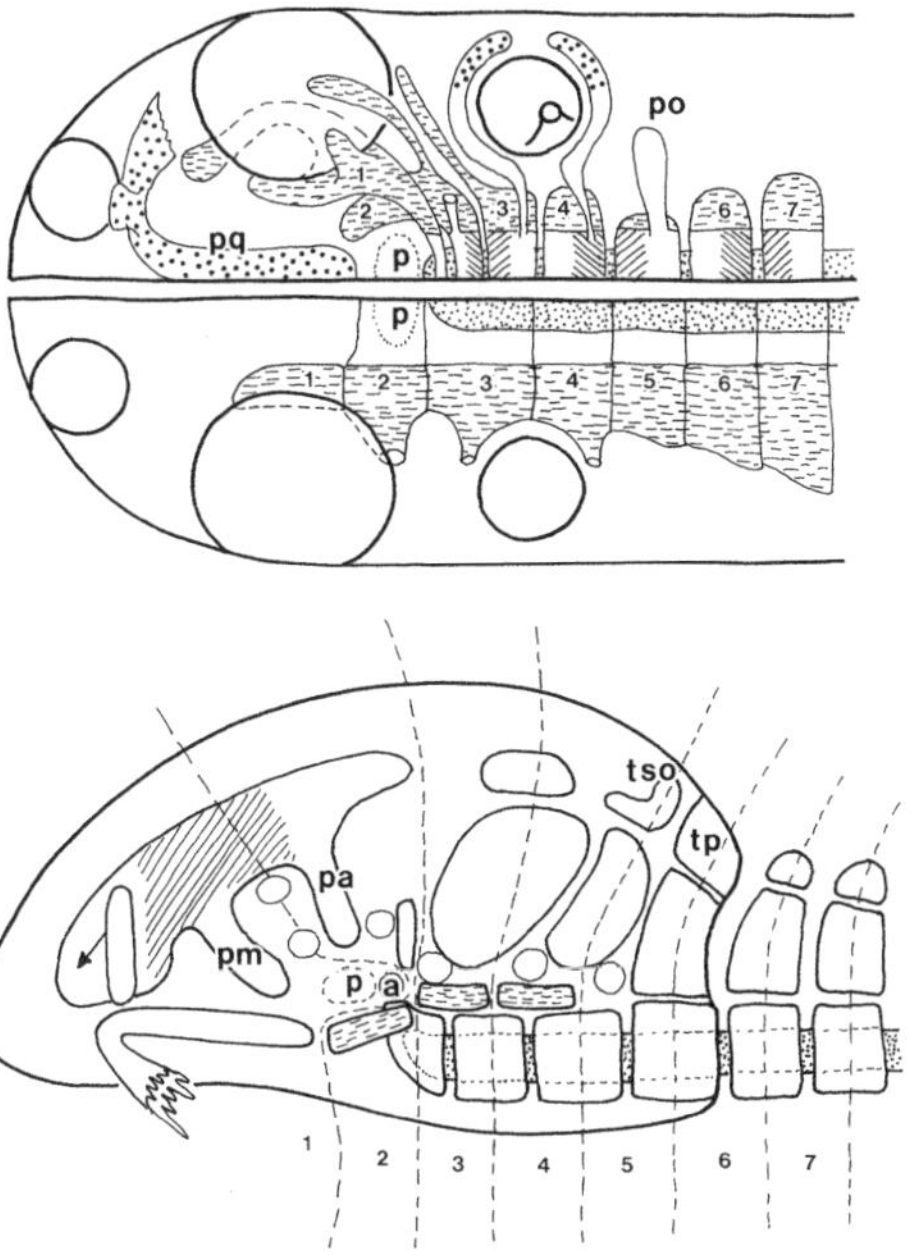

の解釈論であることがよくわかる。

以上のように、ジョリーは頭部に全部で五つ半の中胚葉分節を認め、そのうちの最前のものを「口前節(preoral segment)」と呼んだ(Jollie, 1977)(図4-35)。なぜ半分の体節がここに出てくるかといえば、ジャーヴィックやビエリングと同様、脊柱の分化における再分節化(resegmentation)に似たプロセスが、軟骨頭蓋底においても生じていると彼が考えたためである。つまり、一つの椎骨は前の体節の後ろ半分と、後ろの体節の前半分が融合して出来る。すると、体節列の最前端には、椎骨としてとり込まれない半体節に相当する素材が一つ余ることになる。ジョリーのいう口前節は、本来の頭部先端にあったはずの口より前に、多くの構造が出来ていることを認識した上で設定された、架空の頭部分節なのである。結果として、現在では「索前」と表現される構造が、ジョリーにとっての最前の分節に由来するものということになった。[443]

つまり、脊索から下垂体へかけての正中軸の両脇に並べられた中胚葉要素が椎体的要素を構成し、そこから外側背方へ神経弓に相当する突起物が伸長し、これが脊椎動物軟骨頭蓋にみられるいくつかの対構造として軟骨化するという考えを、ジョリーはここで明らかにしているのである(Jollie, 1977)(図4-35)。ジョリーはもともと、仮想的な中胚葉分節と内臓弓の間に一対一の関係を認めていたが、二次的な内臓弓の増加と硬節の融合や変形のために、頭部体節と内臓弓の対応は消失するに至ったと考えた。これも、古典的な分節論の伝統に沿った考え方である。ただし、比較発生学的に椎骨原基の再分節化が認められているのは、もっぱら羊膜類であり、椎骨が四種の軟骨原基によって構成されているガドウ以来の伝統的な考え方は、ここには反映されていない(図4-36)。

とはいえ、骨頭蓋ではなく、軟骨頭蓋の発生的由来を分節的頭部中胚葉に求め、明解な模式図として示した論文は(間違っているとはいえ)それまでかつてなかったものであり、それ自体が極めてユニークな試みともいえる。もちろんここには実験データは含まれてはいない。この論文が書かれた一九七七年においては、胚頭部において中胚葉性の間葉と神経堤細胞がどのレヴェルで境界を持つかということについてもまだ知られてはおらず、[444]ジョリーが基盤を置いた哺乳類軟骨頭蓋の中胚葉性部分と神経堤性部分の弁別には、二一世紀間近に実用化された、DNA組み替え技術が必要であった。[445] それ以前にジョリーの論文は、初期胚における間葉の分布や、骨格組織以外の構造についての考察に乏しく、結果としてその模式図もその時点では非現実的なものとしかならなかった。それでも、この形態発生学的思想が九〇年代以降の実験発生学や、分子遺伝学の理解のフォーマットを形成していったことは確かなのである。

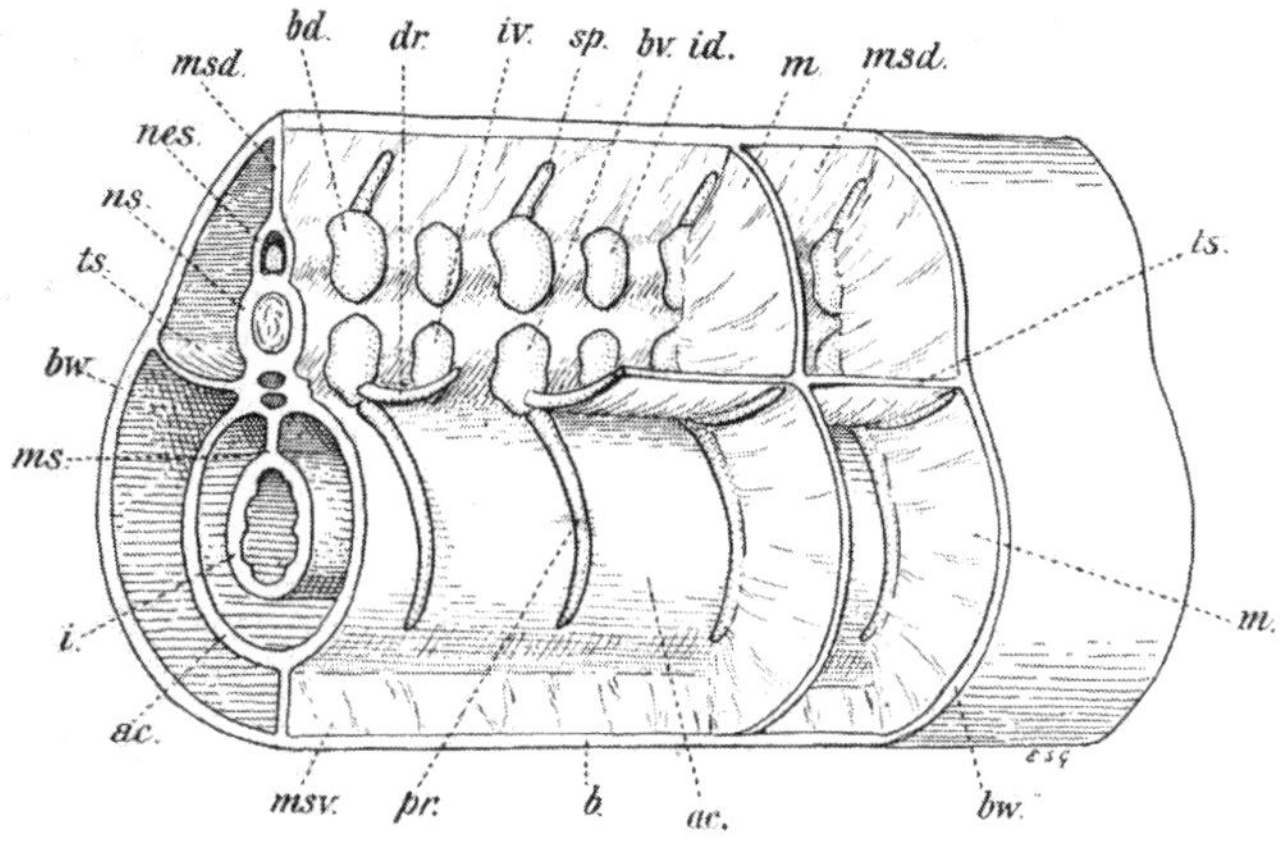

図4-36▶ガドウによる椎骨の基本形。軟骨魚類や祖先的な硬骨魚類にみられるパターンを反映する。ここでは、1つのメタメアに属する椎骨の片側は、間背（interdorsal）、間腹（interventral）、底背（basidorsal）、底腹（basiventral）と呼ばれる4要素からなると説明されている。Goodrich（1909）より。

ローマーと二重分節説？

ローマーは極めて影響力の強かった米国の古脊椎動物学者であり、その専門は爬虫類の進化と分類学であった。彼は『古脊椎動物学（*Vertebrate Paleontology*）』や、パーソンズとの共著になる『脊椎動物のからだ（*Vertebrate Body*）』に代表されるいくつかの著名な形態学書を執筆したほか、脊椎動物の起源を研究していたことでも知られ、とりわけ集大成的な論文としてまとめられた一九七二年の論文「二重動物としての脊椎動物——体性と臓性（The Vertebrate as a Dual Animal - Somatic and Visceral）」は、典型的な非分節論の例として引かれることが多く、それは実際、脊椎動物のボディプランが単一の分節性を持つのではなく「二重分節」からなることを謳《うた》ったものとして一般的には理解されている。が、「分節」については、のちに拡大解釈されたものにすぎず、分節論の一つとしてこれを扱うことは妥当ではない。タイトルをみればわかるように、これはそもそも脊椎動物の体制の中に、臓性部分と体性部分が見分けられ、それらが機能的、構造的にのみならず、発生的、進化的にも互いに独立に振る舞っていることを強調したものである（図4-37）。したがって一次的には、これを一元的分節説に対するアンチテーゼとしてとらえるのは不適切なのだが、本書のこれまでの部分のまとめとしても有意義であると思われるため、ここに紹介する。

◉——体性と臓性

この論文の前半は、脊椎動物の解剖生理学を発生と絡《から》めてごく一般的に概説している。つまり、脊椎動物の筋肉系には臓性と体性のものがあり、体性筋は一般には、体軸、ならびに外側体壁に存在する骨格筋や外眼筋が随意性の横紋筋であり、それらが発生上体節や頭部の傍軸中胚葉に由来するのに対し、消化管壁に分布する内臓筋としての平滑筋が、自律神経によって制御され、外側中胚葉に由来するという（ここまでは、植物性と動物性の対比と同一視してもよかろう）、一種の解剖生理学的「二元性」が語られる。ここで、内臓弓に分布するいわゆる鰓弓筋の性質が問題となる。この経緯は、ローマーより九〇年ほど前に、ヴァン＝ヴィージェが初めてサメの胚にこの二元的区分を持ち込んだときの困難と響き合っている（第2章）。鰓弓筋は確かに咽頭という消化管の前部にあり、摂食と呼吸にかかわり、その意味では植物的形態と機能を持つが、それらは骨格筋で、かつ随意筋でもある。ただし、これは体節に由来するのではなく、頭部中胚葉の一部、咽頭弓中胚葉に由来する。実際、鰓弓筋の発生的由来に関しては現在でも定説があるわけではなく、確かにいえることがあるとすれば、それが体節筋ではないということと、おそらく機能面での体性と臓性の二元的区分が、明瞭に発生上の二種の現象としてみられないということであろう。

　ローマーは、この筋肉系の区分に似たものを、骨格系にもあてはめた。頭蓋には、古くから神経頭蓋と内

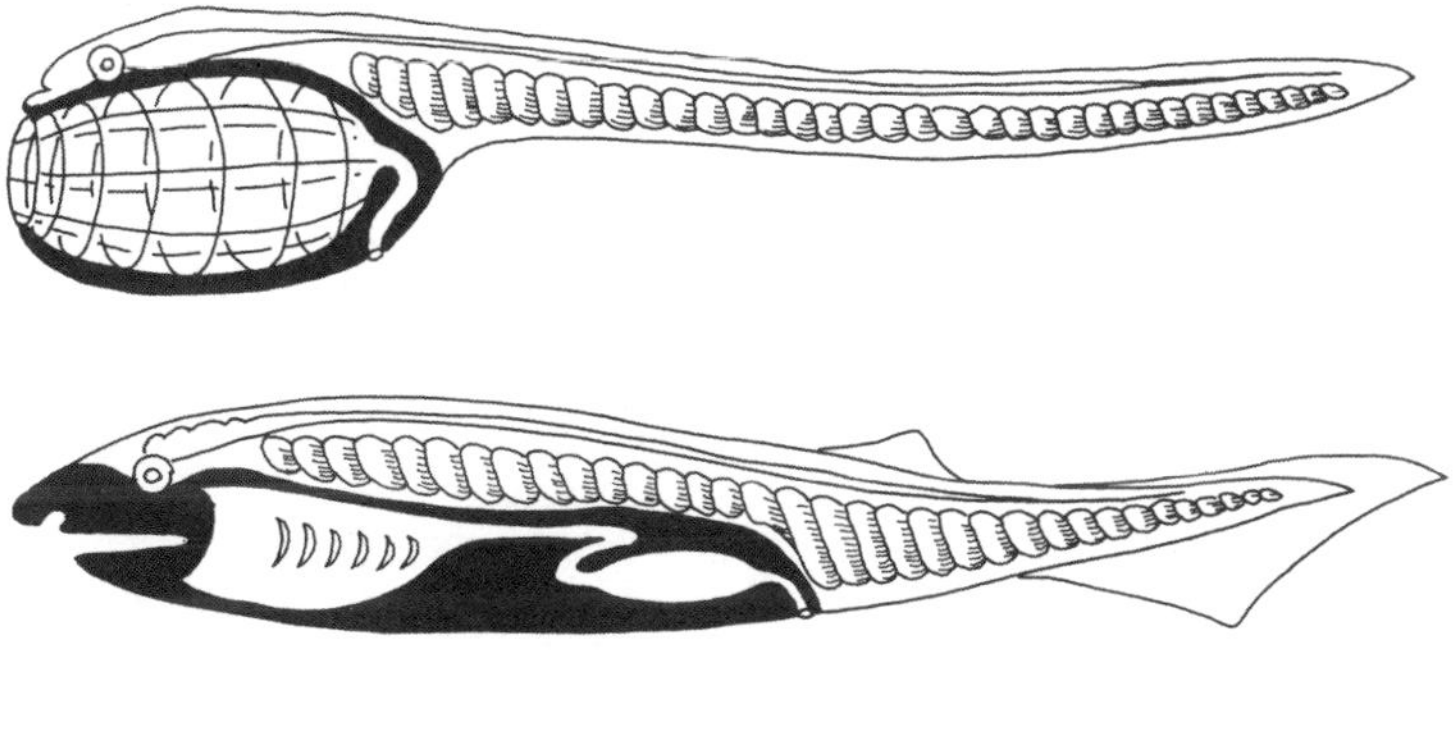

図4-37▶ローマーの二重分節説の代名詞として引用されることの多い模式図。これは本来、脊椎動物がホヤ幼生を思わせる動物からネオテニー的に進化し、それゆえに、ボディプランに「体性」と「臓性」の二極化を明瞭に示すようになったということを強調しているのであり、必ずしも体節性と鰓弓性が互いに独立した2つの分節性を持っていることを示していたのではない。Romer（1972）より改変。

臓頭蓋という二元論的な構成要素が存在する。神経頭蓋は（定義にもよるが）背側にあって、外眼筋という体性筋を伴いながら中枢神経と感覚器を包み込み、一方で内臓頭蓋は、咽頭を支える分節繰り返し的構造をなす。前者が脊索に近い領域にあり、後者が脊索から離れた咽頭壁に存在するのも重要な相違である。ローマーは、内臓頭蓋のほとんど（底鰓節の部分を除く）が神経堤という外胚葉系の細胞に由来するという、すでに紹介したあのプラットに始まる学説と、その受容の歴史を紹介し、一方で神経頭蓋のほとんどが中胚葉に由来することと対比させている。このことはのちに、実験発生学的証拠からノーデンが頭蓋の二元性として再び強調することになるが（後述）、皮骨成分の由来まで考慮に入れると、その学説はあまり正しくない。ノーデンは頭部中胚葉のすべてを傍軸中胚葉とみなし、咽頭弓中胚葉もそこから由来すると述べているのである（のちに議論）。

　何度も言及するように、現生顎口類の神経頭蓋底は、後方の中胚葉性部分と前半の神経堤性部分に分けることができる。前者は発生初期に傍索軟骨として現れ、その後部は後頭軟骨という、椎骨原基に相当するものを含む。一方、後者は脊索前端、ならびに下垂体の前方に梁軟骨として現れ、のちに蝶形骨の前部や、眼窩中隔、鼻中隔などを分化する。これら、神経堤に由来し、脊索よりも前に位置する神経頭蓋の前半を「索前頭蓋」と呼ぶことを提唱したのはクーリーらだが（Couly et al., 1993）（後述）、同様の呼称はゲーゲンバウアー、フロリープ以来の比較発生学においてもしばしば用いられてきた。索前頭蓋の前駆体である梁軟骨が、本来顎骨弓の前にあった顎前弓に由来する、一種の鰓弓骨格であることを最初に述べたのはハクスレーであり、その仮説は多くの比較発生学者に受け入れられてきた。そして多くの顎口類において、索前頭蓋の比率が大きくなっていることを考えると、神経頭蓋と内臓頭蓋を構造と機能の面から体性（あるいは、むしろ神経性というべきか？）と臓性に二分することはできても、中胚葉と神経堤の細胞系譜上の区分にかかわりなく、これら二つの機能的骨格システム両者が顎口類の進化において器用に多様化してきたようにみえる。

　体幹において、ローマーは内骨格と外骨格の両者が中胚葉のみから出来ていること、そしてそれが神経頭蓋の後半と連続していることを指摘している。これは正しい。中軸骨格は間違いなく体節に由来する硬節が分化したものであり、肋骨は体壁内に存在する中胚葉性の骨格である。オーウェンとは異なり、ローマーは肋骨と、咽頭壁内に発する神経堤性の鰓弓骨格を別のものとしてみている。[446]しかし、これは発生学的根拠によるものではない。というのも、当時の実験発生学のレヴェルでは、脊椎動物の肋骨が体節に由来するものであることをはっきりと示すことができていなかったからだ。むしろローマーは、同じような形態学的印象を伴いながらも、臓性の内臓（鰓弓）骨格と、体性の肋骨は別のものであると強調している。

さらにローマーは、神経系についても臓性と体性を区別した。これは、基本的には機能に依存した形態の分類となるため、比較的簡単な作業である。事実、ローマーはここではジョンストンの行ったように、神経の機能的コンポーネントの分布を頭部と体幹において比較し、その両者に臓性部分と体性部分が局在していることを指摘した。うち、臓性機能を担う神経コンポーネントを自律神経と呼ぶ。自律神経は脊髄神経と脳神経の両者に付随し、とりわけ頭部のそれは副交感神経と呼ばれる。頭部副交感神経系のうち最も由来が古く、ほとんどすべての脊椎動物に認められるのが、動眼神経に付随した網様体神経節であり、ここに存在する節後ニューロンの軸索は三叉神経の第一枝を経由して眼球へ向かう。一般に副交感神経系は、長い節前繊維と、短い節後繊維を持つことを特徴とするが、それは一義的には、頭部に発しながら消化管を含めた多くの内臓諸器官へと向かう、迷走神経の腸枝に含まれる節前繊維の特徴といってよい。そのほかの副交感神経は、迷走神経以外の鰓弓神経にも付随するが、その多くは脊椎動物の陸上への進出に伴った唾液腺の制御にかかわる、比較的由来の新しいものである。一方、交感神経系は本質的に胸髄にあり、節後神経はいわゆる交感神経節として背側大動脈に沿った半ば分節的な索状構造をなす。というのも、これら神経節は、脊髄神経節を形成する神経堤細胞群と同じ集団の一部として移動し、分化するのである。

頭部において理解が困難なのは、再び臓性の骨格筋を制御する運動神経である。伝統的な神経解剖学において、これらの筋を支配する運動ニューロンを「特殊臓性運動性」と形容することについてはすでに述べた。が、これはいわゆる自律神経ではない。とはいえ、明らかに体性運動性のニューロンとは異なった軸索伸長のパターンを持つ。ここでも、神経の分類に二元論を適用しているのは、咽頭壁の動きを制御し、呼吸と採餌に関与するという、その機能上の理由からである。

以上のように、あらゆる器官系について、脊椎動物のボディプランに臓性と体性のコンポーネントを区別できるとローマーは述べ、それらを（神経系を別として）大まかに背腹に二分してみせた。そして、現生の脊椎動物において、両者は密接に統合され、もはや臓性部と体性部をきれいに切り離すことができなくなっているが、ローマーの考えた仮想的祖先では、それがまだできただろうという（図4-37）。この祖先は、腹側に濾過食のための「篩《ふるい》」として機能する咽頭と貧弱な消化管を持ち、背側に脊索と、それをとり囲む筋節を備えている。この、ホヤのオタマジャクシ幼生を思わせる祖先は、紛れもなくローマーによる脊椎動物の起源のシナリオと整合的に描かれており、そこから始まる脊椎動物の進化シナリオは、ガースタングによる「ネオテニー説」に着想を得ている（Garstang, 1928）。実際、ローマーの提示したこの仮想的祖先は、しばしばホヤのオタマジャクシ幼生と同一視され、それが二重分節説の文脈で解釈されたことも多い。が、決してホヤのオタマジャクシ幼生は分節的な鰓弓と、脊索の両側に筋節を備えているというわけではない。このような理由で、ローマーの学説を頭部分節説の文脈でとらえるには注意が必要なのである。

◎──進化

ローマーによる脊椎動物の進化シナリオは、以下のようなものである。彼によれば、脊椎動物の遠い祖先は、固着性の触手を持つ動物であった（図4-38）。これから現生の半索動物のうち、フサカツギのような動物へ進化したが、その際、姉妹群として棘皮動物が分岐した。さらにこの動物は一方で半索動物のギボシムシを、一方でホヤのような尾索類をもたらしたが、このころ採餌方法の進化的トレンドが「触手冠」から濾過食のための「篩《ふるい》」へと移行したと想定されている。この、「前ホヤ的祖先」は現生のホヤにみるように、脊索を備えた遊泳性の幼生世代を持っていたが、このような幼生がネオテニー的に進化し、変態しないまま生殖的に成熟して生活環を回し始めることによって、脊椎動物の祖先が生み出された。ここから二次的にナメクジウオの系統が分岐したという（図4-38）。

つまりローマーによれば、脊椎動物の本体はそもそも臓性部分であり、祖先的にはからだのほとんどが植物的であった時代が長く続き、ホヤの幼生という状態になって初めて、体性部分が新しく獲得されたという。確かに、比較動物学の世界では「zoophytes」という、一見植物的な生活を送る不活発な固着性の無脊椎動物をまとめて呼ぶ総称がかつては存在した。いまにして思えば、この「植物性」という概念に、現在用いる「臓性」という概念が重なっているのである。

確かに、脊椎動物の形態パターンや発生現象において、鰓弓系と体節系のリズム、すなわちブランキオメリズム

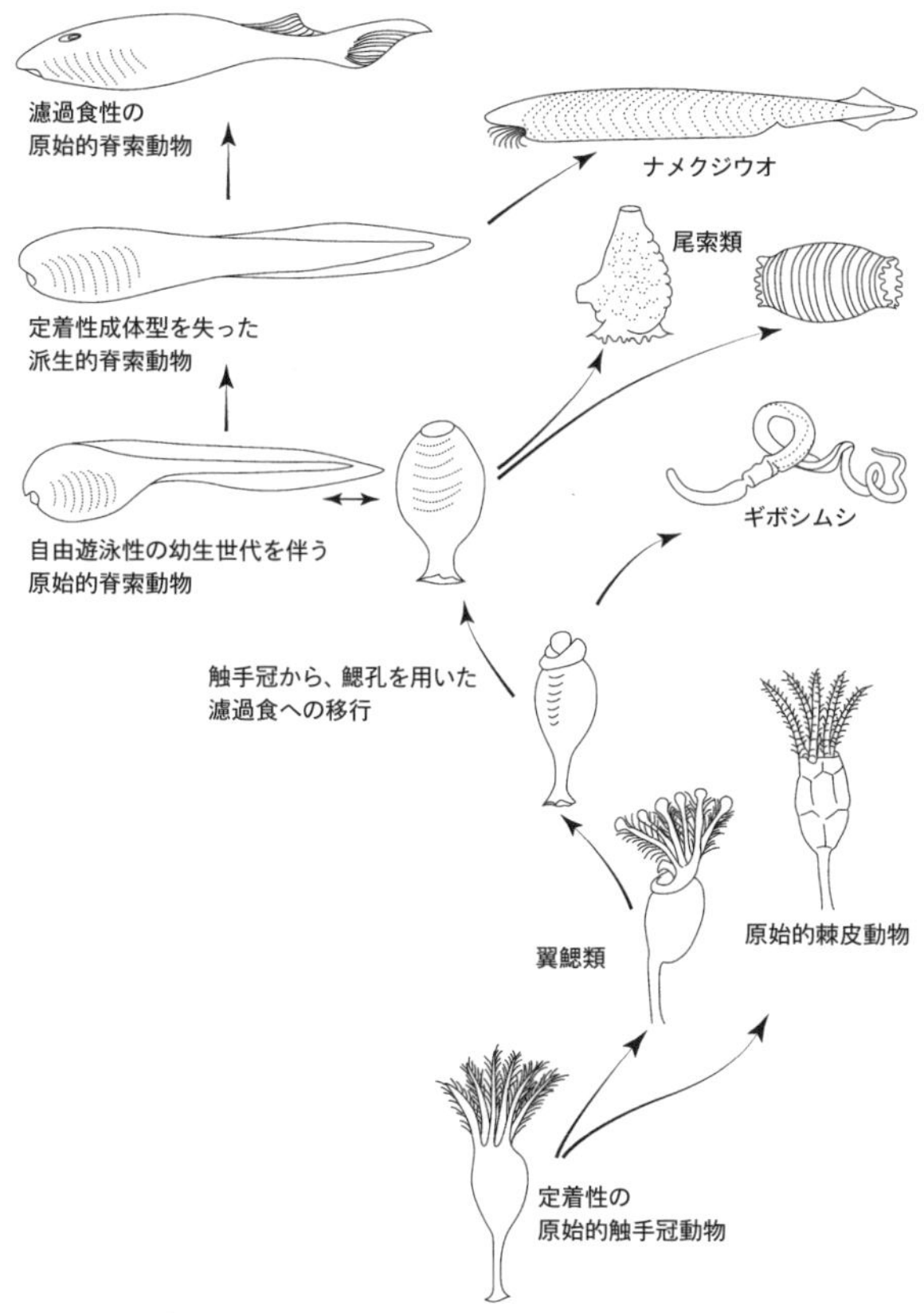

図4-38▶ローマーの考えた脊椎動物の起源。このシナリオは現在では棄却されている。詳細は本文を。Romer（1972）より改変。

とソミトメリズムが独立に変化し、ボディプランに少なくとも二種の分節性が存在するようにみえることは多い。それはまさしく、古典的で典型的な分節論者の理想とするメタメリズムと相反する現象であり、ローマーのセオリーは、その二つのリズムを、進化的に異なったタイミングで獲得された、本来二つの独立したシステム、すなわち体性と臓性であることを強調しているのである。これはボディプランのダイナミックな進化を、発生パターン、機能、形態の面から論じた整合性の高いセオリーであるといえる。

しかし、このローマーの説は様々な問題を抱えている。少なくとも、現在認められている説は、ローマーのシナリオをサポートしてはいない。まず、最近の分子系統学的知見によれば、脊椎動物と姉妹群をなすのは、印象とは裏腹にナメクジウオ(頭索類)ではなく、尾索類なのである。ならば(ナメクジウオと脊椎動物が偶然に類似したのでなければ)、ナメクジウオ／脊椎動物的ボディプランは、ホヤの系統が生まれる前にすでに存在していたということになる。つまり、ホヤの幼生がネオテニー的進化を経て、筋節と脊索の腹側に咽頭を持つような脊椎動物的体制を獲得することは、進化イベントの順序として不可能なのである。

さらに、脊索動物の姉妹群は、棘皮動物と半索動物からなる、「歩帯動物」と呼ばれる単系統群であるということもわかっている。これら、脊索動物と歩帯動物という二つの単系統群は、共通して咽頭と、そこに開いた鰓孔を持つ(棘皮動物にも鰓孔を持っていた系統があった)。ならば、孔の開いた咽頭は、後口動物を定義する形質であるとさえいえる。加えて、分節性の起源までもが後口動物の分岐以前に求められる可能性が浮上している現在、ホヤのネオテニーによる進化はほとんど不可能である。

付言するならば、臓性と体性という二元性すらも脊索動物の専売特許ではない。神経の機能にみるこの二元性は前口動物にも存在し、それは神経細胞の分化における特定の遺伝子発現とそれに引き続く軸索伸長方向の制御にもとづいて特異化される。体性運動性のニューロンに発現する、転写調節因子(transcriptional factors)をコードした遺伝子は、軸索の伸長を外側へ向けるように働き、結果としてそのニューロンが動物性の筋を支配することになり、臓性運動性のニューロンには別の遺伝子が発現し、軸索を内側、すなわち内臓側へ伸長させるのである。驚くべきことに、これは脊椎動物において、運動ニューロンを二方向へ分化させるのに用いられているのと同じ起源を持つ遺伝子群であり、これが意味するところはすなわち、臓性と体性の二元性そのものが進化的に極めて古い起源を持ち、前口動物と後口動物の分岐する以前、すなわち左右相称動物の共通祖先にまで遡るということなのである。

脊椎動物と無脊椎動物は、いや、より適切には前口動物と後口動物は、これまで考えられていたより以上に互いによく似ている。脊椎動物の頭部分節性を通してそのボディプランを定義するのは、ゲーテやオーケンが予想していた以上に壮大な行為であると同時に、極めて複雑なものにならざるをえない。ローマーは脊椎動物をよく理解していたが、多くの無脊椎動物が彼の予想以上に脊椎動物によく似ているという事実を彼は知らなかった。無理もない。つい最近まで我々も、脊索動物や後口動物の内部での系統分岐の序列や、神経細胞分化制御の発生的機構について、何一つ知らなかったのであるから。

スウェーデン学派——ジャーヴィックとビエリング

私の友人にある有名な英国人の発生学者がいて、いまから二〇年ほど前になるか、彼が私にそっと打ち明けたことがある。何でも彼は、ジャーヴィックが著した大著『脊椎動物の基本構造と進化』が当時たいそう気に入っていて、毎晩就寝前に読む、いわばベッドサイド・ブックにしているというのであった。ただし、「そこに書かれていることは、私はまったく信じてはいないがね。だからこそ、面白いんじゃないか」と、彼は微笑みながらつけ加えた。ちなみに彼は発生生物学だけではなく解剖学にも造詣が深く、この書籍に書かれていることの発生学的不正確さと誤謬についてはほとんどすべて指摘できたであろう。一方で、同じく私の古くからの友人で、ある有名な米国の実験発生学者はというと、「あぁ、あの本か。君はあんなものを読むのかね。私は大嫌いだがね。まったく人をバカにしている。冗談じゃない」と、噛みつかんばかりの勢いで批判するのであった。彼もまた、実験発生学だけではなく、比較発生学にも通じていた。つまり、当時にあって極めて希有で、しかも世界の研究を牽引していたような学者が、まるで正反対の反応をみせていたのである。

いまにしてみればこの両者の評価、同じことをいっているようにも思える。私はといえば、この書を通読したのが博士課程の頃、出版直後のことであった。正直それは私にとって、正確な情報の源泉にはならなかったが、実験発生学と比較形態学の所見がたっぷりと、一つの同じ鍋で煮込んであることにまず驚かされ、「ここまで無茶苦茶なことをいっても許されるのか」と、大いに勇気づけられたことをいまでもありありと覚えている。結果が正しくなくとも、形態学者の心意気はほかに類をみないほど正しかったというべきか。ジャーヴィックの顰《ひそ》みに倣《なら》い、私も独自の頭部分節理論を構築しようと、何枚もの方眼紙を費やして、いくつもの模式図を描いては消していたが、そうこうするうち、確かにジャーヴィックの見解が、当時のレヴェルの発生学的厳密さで裏打ちされていないことに次第に気がついていった。しかし、この書がなければ、自分の思考を広げる術《すべ》を持てなかったであろうし、いま頃こうやって本書を執筆するようなこともなかっただろう。その意味ではいまでも感謝すること限りない。

◉――スウェーデンの比較形態学

一九七〇年代後半から一九八〇年代にかけて、スウェーデンの比較形態学者（兼、古生物学者）、ジャーヴィックとビエリングが極端な脊椎動物の分節セオリーを問うたことがある。それは思想的に古典的であったと同時に、当時知られていた比較発生学と比較形態学の知識に加え、古生物学や発生生物学の成果を盛り込んだ、情報に富んだものとなっていた。その最新かつ膨大な知識が、半ば先験論的な哲学の上で体系化されていたことが驚異なのである。同様な情報的アップデートとしては、今世紀に入ってからのノースカットの試みがあるが（Northcutt, 2008）、それはむしろ分節論に無理が生ずることの確認に終わっている（第6章参照）。ジャーヴィック派の研究方針においては、実験発生学的データもふんだんにとり込まれていた。その多くは両生類を用いた実験によるものであり、現在と比べてまだ混乱と不正確さを残していたため、ジャーヴィックらの議論の中には、現在でも問題として残されているものがいくつか含まれ、それゆえに彼らの研究が比較形態学のその後の流れをある意味予見していたともいえる。いわば、比較形態学と実験発生学の蜜月期を二〇世紀後半に再現させ、のちの進化発生学が扱うことになるいくつもの問題に先鞭をつけた恰好となっているのである。それだけでも彼らの一連の研究はある意味賞賛されるべきであろうし、いわばグッドリッチやド=ビアの理想を体現すらしているのだが、ほかの研究者の実験発生学的データのゆきすぎた解釈があまりに大胆な仮説を導き、そのことでこの分節論が揶揄されがちであったこともまた否めない。◉447しかし、ジャーヴィックと同程度の拡大解釈や誇大妄想を抱く研究者はほかにも多く、現在でも極端に楽観的な学説が、論文になるにせよならないにせよ、しばしば学会講演で語られがちであることは、ここで明言しておく必要を感じる。そして、それはしばしば学会を席巻する権威に寄り添った形で行われるものだが、一方でジャーヴィックらは、つねに孤高の研究グループであり続けた。

スウェーデン学派といえば、フランスに生まれドイツで発展した比較形態学を、その学問領野の総決算ともいえる一九二〇年代から三〇年代にかけて継承し、発展した比較的新しい学派であり、その系譜には比較発生学者のホルムグレン、古生物学者のステンシエー、両生類実験発生学者のヘールシュタディウスなど、有名な学者たちが多く含められる。ならば、この教科書において、ホルムグレンの引用が目立つのも当然といえる。[448] ジャーヴィックとビエリングは、「現代のゲーテ、現代のオーウェン」とでもいうべき形態学者コンビであり、彼らの学説は一種、形態学の究極の体《てい》をなしたものといえる。その内容はまず、一九七七年に『*Zoologica Scripta*』誌にビエリングの単著論文として掲載され、一九八〇年のジャーヴィックの著書、『脊椎動物の基本構造と進化』において再び紹介された。もちろん、脊椎動物の頭部分節性に関する純粋形態学的論考としては最新のものの一つである（これ以降の学説には、多かれ少なかれ実験発生学的、分子発生生物学的データが盛り込まれるようになる）。しかし、それは決して「これですべてがわかった」、「すべてが解決した」ということを意味するものではない。むしろそこには、「分節を支持する形態学的解釈のすべてがつめ込まれた」というべきなのである。

◎――板鰓類発生学と頭部分節性

すでにみてきたように、頭部分節性の吟味には様々な切り口があった。それは最初、比較骨学の問題として始まり、そこに筋の配置や、末梢神経の形態の解釈が加わり、それらの胚形態が持つパターンが観察され、果ては、中枢神経それ自体にも分節が存在することまでが発見された。そして、分節を頭部の諸構造の中に積極的に探そうとする分節論者たちは、基本的に「同じ発生学的、形態学的単位が、繰り返して前後軸上に配列している」ことを示そうとしてきた。しかし、もしそれぞれの器官系が互いに独立に、好き勝手に繰り返しているのではメタメリズムとは呼べない。骨や末梢神経や神経分節が完璧に揃った「分節のセット」が、すべて同じリズムで「連続的に」繰り

図4-39▶左はナメクジウオの初期胚。右はダーマスの観察したヤツメウナギ(*Petromyzon*)胚の中胚葉を示す。グッドリッチと同様、ジャーヴィックの頭部分節性理論における中心的分節単位は板鰓類胚頭部の中胚葉のそれであり、その並びをナメクジウオの発生パターンになぞらえることが分節性の存在を示すことにほかならなかった。さらに、板鰓類よりも原始的な状態を示すものとして円口類が扱われ、ヤツメウナギ胚の頭部中胚葉が背腹にわたって分節していることが、ナメクジウオ胚との著しい類似性を示すのであると考えられた。Jarvik(1980)より改変。

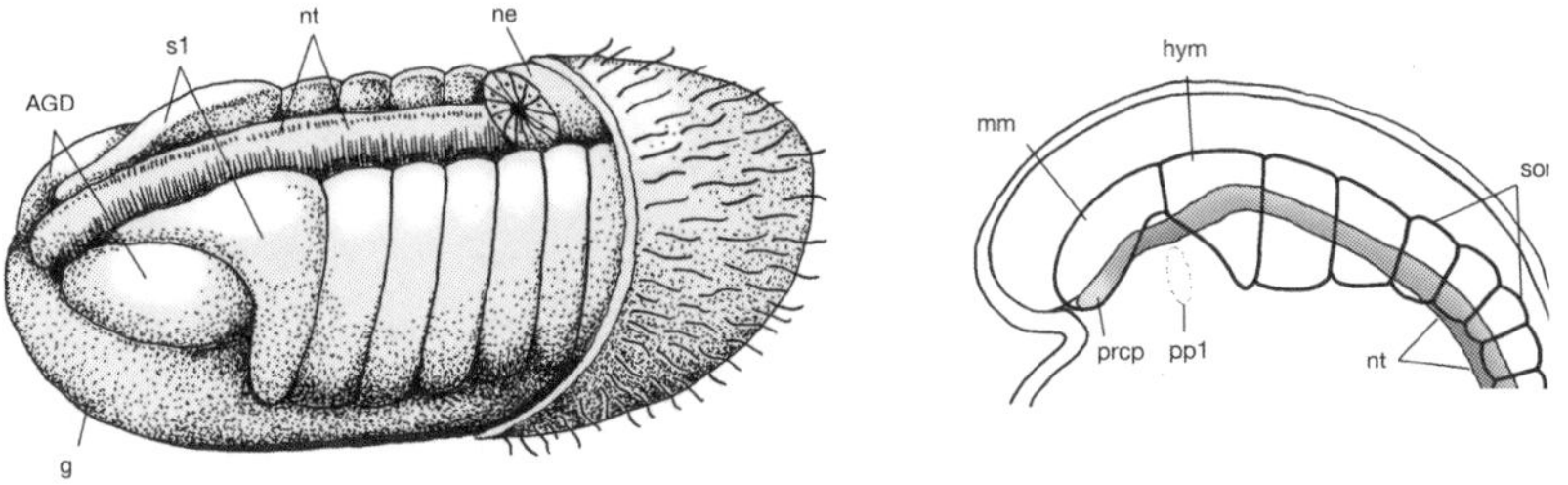

図4-40▶トラザメ(*Scyllium*)咽頭胚の体幹(胸鰭のレヴェル)における体節の分化。サメの胚は組織学的観察に適している。ここでは体腔上皮として生じた体節が3つのコンポーネントに分化することが示される。実際には皮筋節(mp)と硬節をもたらし、前者は外側の上皮性部分と内側の筋節と呼ばれる部分が見分けられ、後者は脊索(ch)と背側大動脈(ao)の両側において、のちに椎骨をもたらす間葉としてみることができる。これと同じパターンが頭部中胚葉においても観察できるとジャーヴィックは指摘した。体節筋板の腹側部が上皮性を保ったまま、胸鰭原基の中に入ってゆくさまがみえる。Bafour(1881)より。

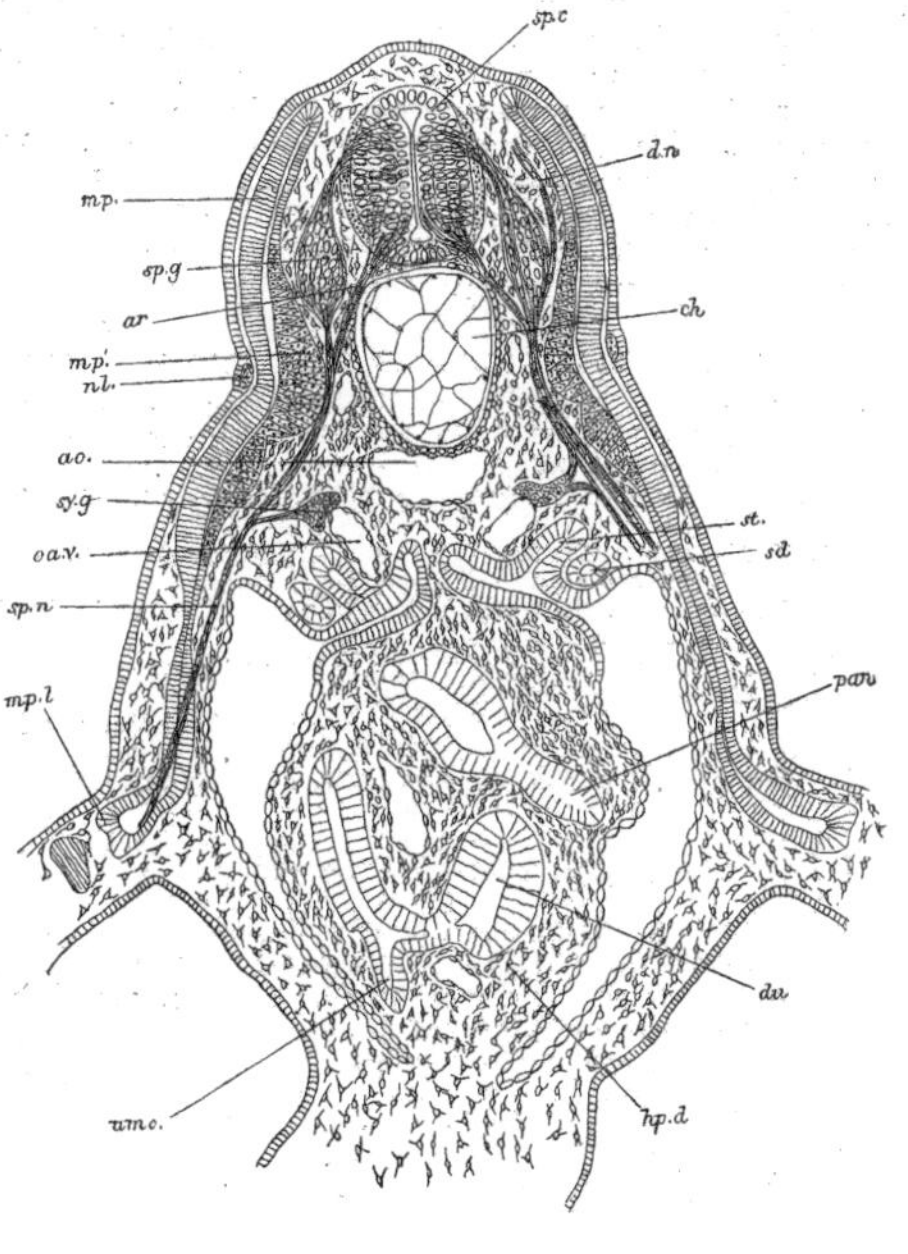

返している必要があり、それでこその本来の「メタメリズム（分節繰り返し性）」の要件を満たす。すでに前章では、ニールの形態学にその基本的方針をみてきた。

彼らが形態学的観察の基盤を置いていたのは、ヴァン＝ヴィージェやグッドリッチと同じく、板鰓類、とりわけツノザメ（*Squalus*）の咽頭胚であり、そしてその形態が基本的にナメクジウオ胚と比較可能だと信じていた（図4-39・40）。当然のことながら、このような方針の分節理論も一九世紀以来の板鰓類崇拝の影響下にあり、比較発生学の伝統的規範のうちにある。そして、分節の基準とされた二つの構造が、「体節と咽頭弓」であり、頭部では、一つの体節の腹側に一つの咽頭弓が結合したものが九つ並ぶという（図4-41）。頭部に現れるその体節は、発生過程で硬節、皮節、筋節を分化し、それぞれがもとの体節と同じリズムで分節を刻むが（図4-41C）、硬節についてはさらにそれが前後に二分し、体幹と同様に「再分節化[449]（resegmentation）」を行うという（図4-43）。頭蓋の基本的構造はポルトマンと同様の内骨格としての鰓弓骨格系、神経頭蓋、外骨格としての皮骨頭蓋を想定している。また、末梢神経については、脊髄神経の系列相同物としての脳神経が提示され、それが分節的に配列する根拠を頭部体節に求めている（後述するようにこれは誤りである）。中枢神経系はといえば、ヒス、ジョンストン、ベルグクイストの系譜に連なる機能コラムと神経分節を基調としている。[450] 昔の比較発生学者とは異なり、彼らは神経堤細胞やプラコードが、脊椎動物の頭部形成に重きをなしていることについても熟知している。かくして、二〇世紀初頭とは桁外れの情報量を一気につめ込み、それらすべてを分節繰り返し性のスキームに反映させたこの分節論は、「ゲーテ形態学を生物学的に突きつめればここまで来るしかないだろう」という、一種の究極の姿をみせている。無論そこには多くの誤謬が散見されるが、それでも現在の進化発生学研究のスタイルを一部先どりしていたことだけは認めないわけにはゆかない。古生物学研究と、組織学的レヴェルの比較発生学研究を同時に行う研究室ができ始めたのは、一般には二一世紀になってからのことなのである。

頭蓋底を椎体としてみるならば、それと互い違いに体節筋（筋節）が存在するはずである（図4-43）。ジャーヴィックによれば、頭部の筋節のそれぞれは背腹に分けることができ、頭部前方ではその両者から外眼筋が分化し、後方

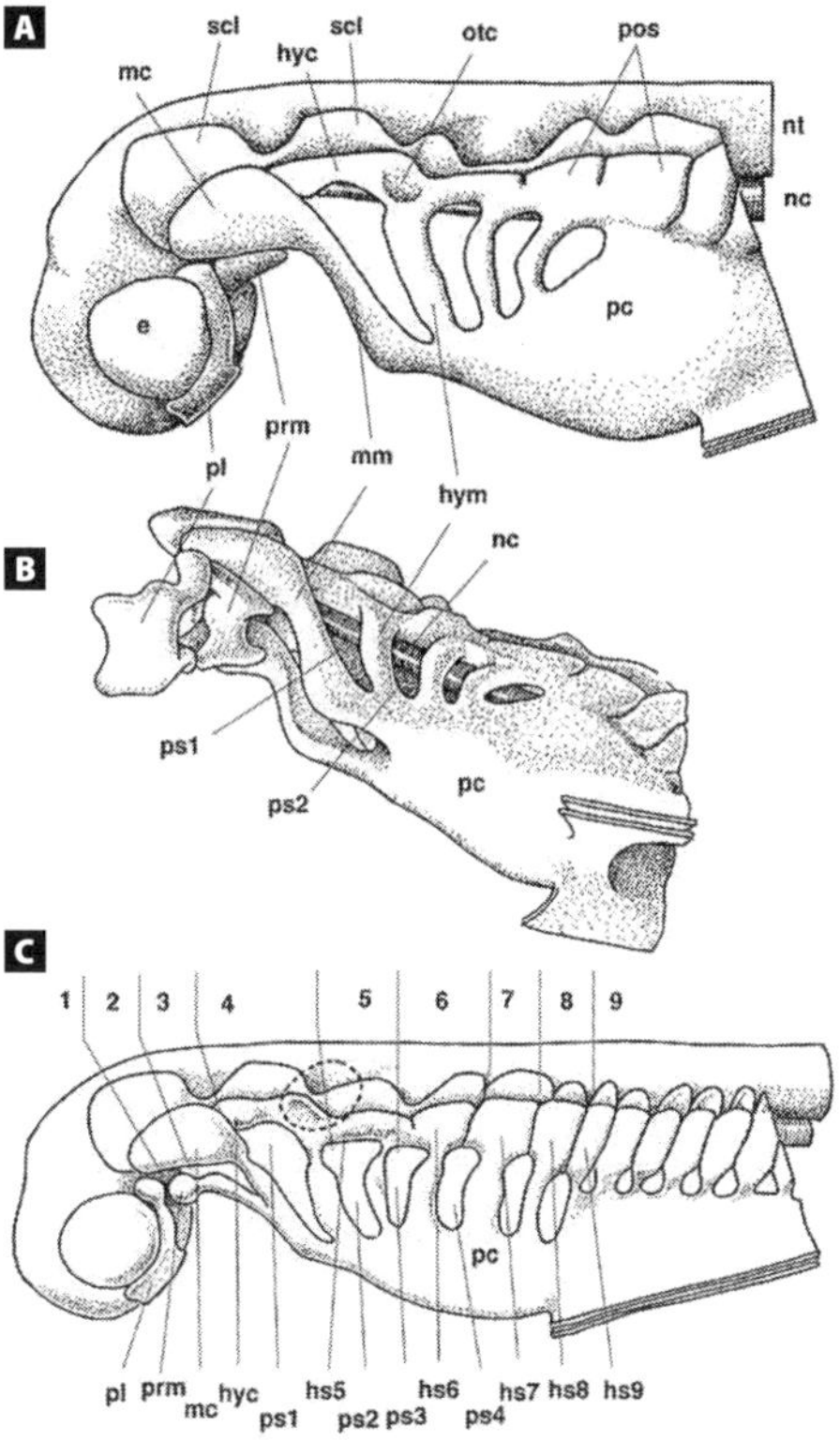

図4-41▶ジャーヴィックによるツノザメ（*Squalus*）胚における中胚葉の分節的組成。Jarvik（1980）より改変。

では筋節腹側部の残存が、現生のシーラカンスにみられる「頭蓋底筋（basicranial muscle）」となり、それと同じものは化石総鰭類、ユーステノプテロン（*Eustenopteron*）にもみられ、しかもそれらが縦に三つ並ぶという[451]（図4-42）。またジャーヴィックは、軟骨頭蓋に椎骨的分節を認めなかったハクスレーばかりか、ラトケのような分節論者がなしえなかった見解さえ明らかにしている。たとえば、哺乳類軟骨頭蓋にみることができる前蝶形骨の一部、「視交差下翼（ala hypochiasmatica）」が、椎骨の前駆体の一つ（頭蓋の神経弓）に相当するとしている[452]。この観察によって、脊索の前方にも「複数の」中胚葉性神経頭蓋の原基が対をなして現れることを主張しているが、必ずしも実験的根拠がそれを裏付けているわけではない。

この理論でしばしば用いられている化石動物、ユーステノプテロンは、ジャーヴィックが精力的に研究した肉鰭類の一種であり、彼の頭部分節理論は、この動物のみせる解剖学的パターンに大きく依存している。無論、それが脊椎動物の祖先形態や一次発生プランをとりわけ強く、また典型的に残している可能性は低く、そのように信じる根拠も希薄である。しかし、ジャーヴィックの理論において、ユーステノプテロンの持つ意義は、オーウェンの原動物モデルに託されていたものと同様、祖先的形態プランを構成するすべての形態要素が何らかの形を成してそこに顕現しているとみなされた。しかし、そこには羊膜類や板鰓類とは関係のない、肉鰭類の一部の系統に付随した様々な共有派生形質に加え、系統特異的な消失も生じていたはずである。

◎——皮骨頭蓋

ジャーヴィックによれば、皮骨頭蓋要素も分節的に配列し（ジョリーをはじめ、それを主張する形態学者は多い）、それもまた、頭部体節性の分節性に従うと考えられた。それは、先に紹介したジョリーの説にも通ずる。ジャーヴィックによれば、皮骨要素はその下にある内骨格要素と対応しているべきであり、それは頭蓋冠の皮骨についても例外ではないという。確かに脊椎動物の軟骨頭蓋は、どの動物のものをとってみても、背側天井部の軟骨が退化的で、結果「お椀」のような恰好を成し、教科書的には普通「皮骨性頭蓋冠の発達とともに、軟骨が退化した」と述べられている。一方で、神経頭蓋の天井にはいくつかの軟骨性のブリッジ（軟骨性の交連）や軟骨小塊が現れる。そして、ジャーヴィックはそれらが本来分節的な皮骨頭蓋要素のそれぞれに対応する、分節的な「交連軟骨」の名残であると説く。[453] たとえば、多くの哺乳類胎児において現れる「tectum synoticum posterior」という細いブリッジ状の軟骨は、つねに間頭頂骨の直下に見出される。ジャーヴィックによれば、これが本来の軟骨性（内骨格性）神経頭蓋と、外骨格性皮骨頭蓋の関係のあり方だという。

おそらく多くの読者にとって最も受け入れがたいのが、側線系の分節性であろう。前述のように、プラコードは広義には外胚葉上皮の肥厚を指すが、狭義のそれは発生途中に現れる神経節・感覚器プラコードのことであり、それは背側プラコード系列と上鰓プラコード系列の二種に大別できる。このうち、上鰓プラコードが咽頭裂と同期するように発することは古くから注目され、背側プラコードが側線系をもたらすため、咽頭裂にも何らかの感覚器が

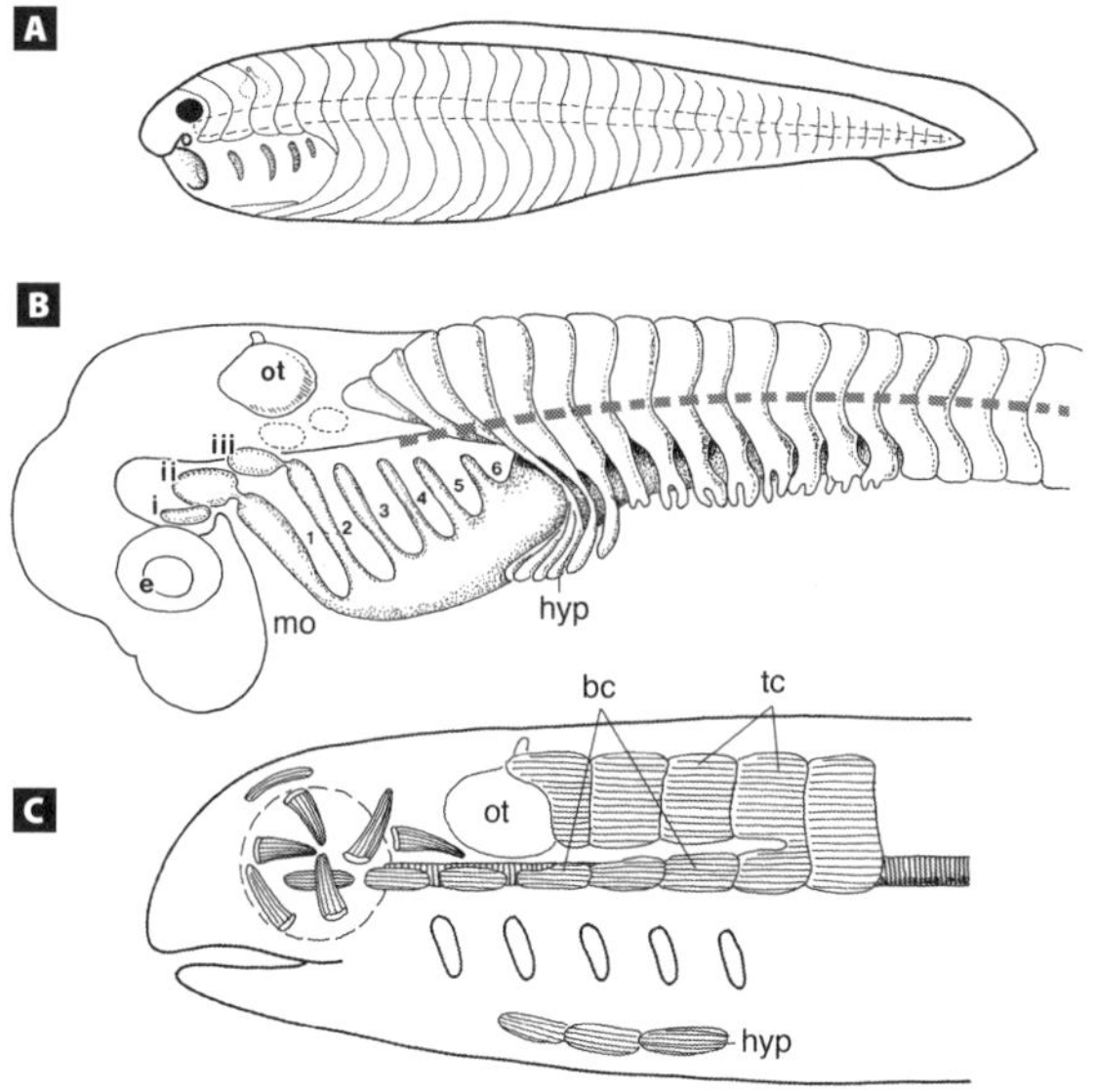

図4-42▶筋節の配列と、頭部筋への分化。

A：ジョリーが想像した筋節的な動物としての脊椎動物の祖先。

B：サメ咽頭胚にみる頭部筋節としての頭腔と体幹の筋節、頸部筋節の鰓下筋系への分化を示す。

C：ビエリングによる脊椎動物頭部の「仮想的体節筋」の分化。彼によると、筋節は背腹に二分し、そのうち腹側のものが頭蓋底筋（basicranial muscles）として分化するという。現生のシーラカンスにそのような筋が確かに存在するが、私見によるとそれは僧帽筋が極端に変化したものである。Jollie（1977）（A）、Romer & Parsons（1977）（B）、Bjerring（1977）（C）より改変

図4-43▶皮骨頭蓋の分節性。ジャーヴィックやその追随者たちはすでに50年代より、実験発生学の比較形態学へのとり込みを行っていた（Jarvik, 1954; Bertmar, 1959; Bjerring, 1967）。

とりわけ、皮骨頭蓋については、神経堤が一次的に鰓弓頭蓋をもたらす、したがって、皮骨性頭蓋顬骨要素のうち、神経堤に由来するものは、鰓弓骨格要素が二次的に拡大したものにほかならず、それゆえに皮骨要素は鰓弓系と同じ分節性を本来的に示すという考えを持っていた。Jarvik（1980）より改変。

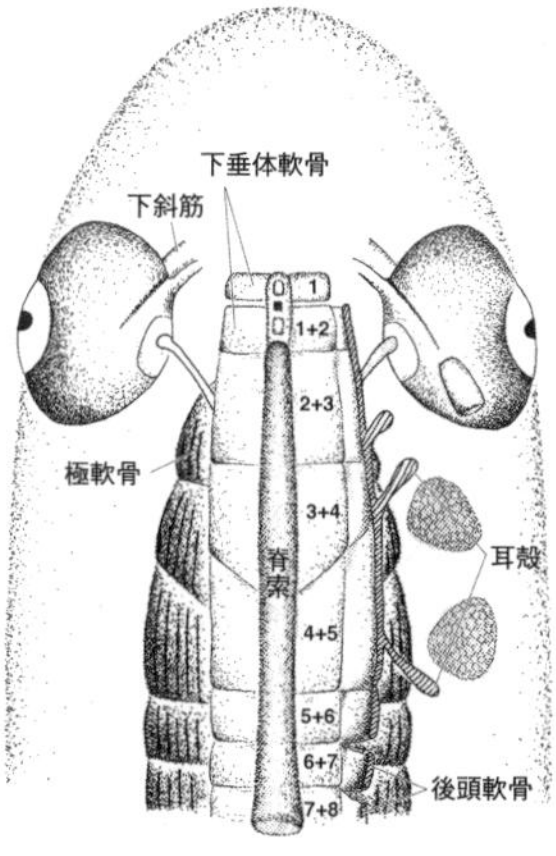

存在するのではないかと思われたことがあった。[454] ジャーヴィックが示唆したのは、皮骨頭蓋要素と側線系がしばしば特定の対応関係をもって発し、そのために皮骨要素の相同性決定が側線系の分布を根拠に行われること、同様に内臓弓にも一部、側線が分布することなどから、鰓や頭蓋冠の皮骨が分節的存在なのであれば、おそらくそれらと形態的相関をもつ側線系にも分節的な一次配列があってしかるべきだろうという、当然の帰結であった。この推測にあってジャーヴィックは、側線系原基の骨化誘導能や間葉系と側線系の間の発生上での相互関係について論じているが、この議論自体は現在でも重要なものである（Tarby & Webb, 2003; Wada et al., 2010; Webb et al., 2014）。

◎——内臓骨格と脳神経

以上のような頭部分節論を支持するのが、板鰓類胚や右に述べた化石魚類の形態である。ジャーヴィックによれば、顎骨弓の前には二つの咽頭弓が認められるという。このこと自体はゼヴェルツォッフの見解と同じだが、ゼヴェルツォッフとは異なり、それら二つの顎前弓（第一、第二顎前弓）がそれぞれ、背側で頭部体節と一過性に連続していると主張されている。つまり、ナメクジウオ胚におけるように、脊椎動物の頭部中胚葉は背腹に完璧に分節しており、その境界上に咽頭囊（もしくは咽頭裂）が見出されるという。実際の脊椎動物胚にみることのできる最も前方の鰓孔は、顎骨弓と舌骨弓の間の第一咽頭裂（サメやエイにおいて呼吸孔として残る）だが、ジャーヴィックはさらにその前方に二つの咽頭裂があるべきと述べ、呼吸孔の前の「口」を前呼吸孔鰓裂（prespiracular gill slit）、そしてその前の「鼻囊（nasal sac）」を前–前呼吸孔鰓裂（pre-prespiracular gill slit）と呼んだ。また、後期発生において、咽頭弓の成長と頭部体節の成長はずれていくが、これはあくまで二次的なもので、二重分節を主張した学説はすべて間違いだと主張したのであった。

したがって、ジャーヴィックらは典型的な分節論者であり、頭部分節（メタメア）の中に体節と、それに同期する内臓弓を想定している（図4–44・45）。その前方の一つはいうまでもなく顎前体節（サメの顎前腔）であり、それには第一顎前弓が属する。その前にはさらに、「端体節（terminal somite）」が設定され、これがいわゆる前頭腔、もしくはプラットの小胞に相当する。そして、その体節からは下斜筋が由来するとされた。これは彼の頭部分節性を理解するために

図4-44▶ジャーヴィックらによる末梢神経の分節性とその進化。

A:すべての神経が脊髄神経のようなものから出来ていた仮想的祖先。

B:祖先的神経の腹根の形態分化を示したもの。

C:背根の分化を示したもの。このような理解はヴァン=ヴィージェの図式を視覚化したものとして興味深い。Bjerring(1977)より改変。

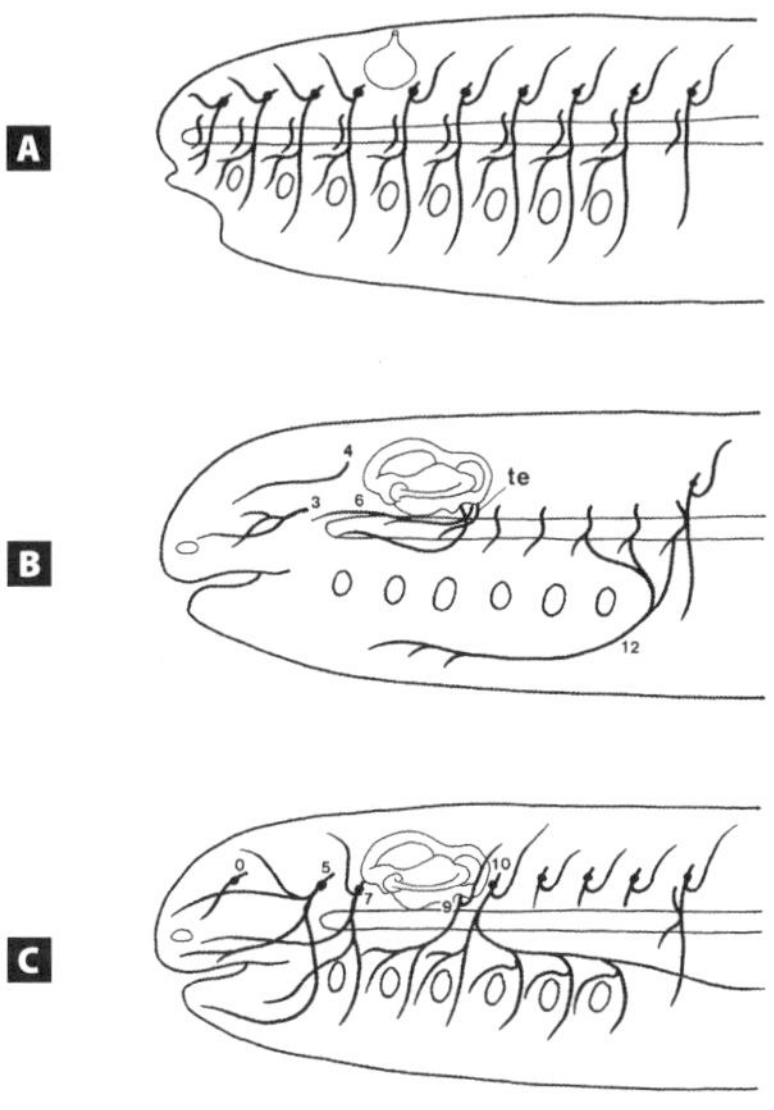

図4-45▶外眼筋、頭蓋底筋、筋節、鰓下筋など、体幹筋の系列相同物とそれらを支配する脊髄神経腹根の相同物をメタメアの並びの上に配列した図。無論、これらのメタメアは内臓弓と同期しているとされる。ここにおいても、実際の内臓裂としてみることができるのは、この図における3番目の鰓孔として描かれた呼吸孔より以降のものである。Jarvik(1980)より改変。

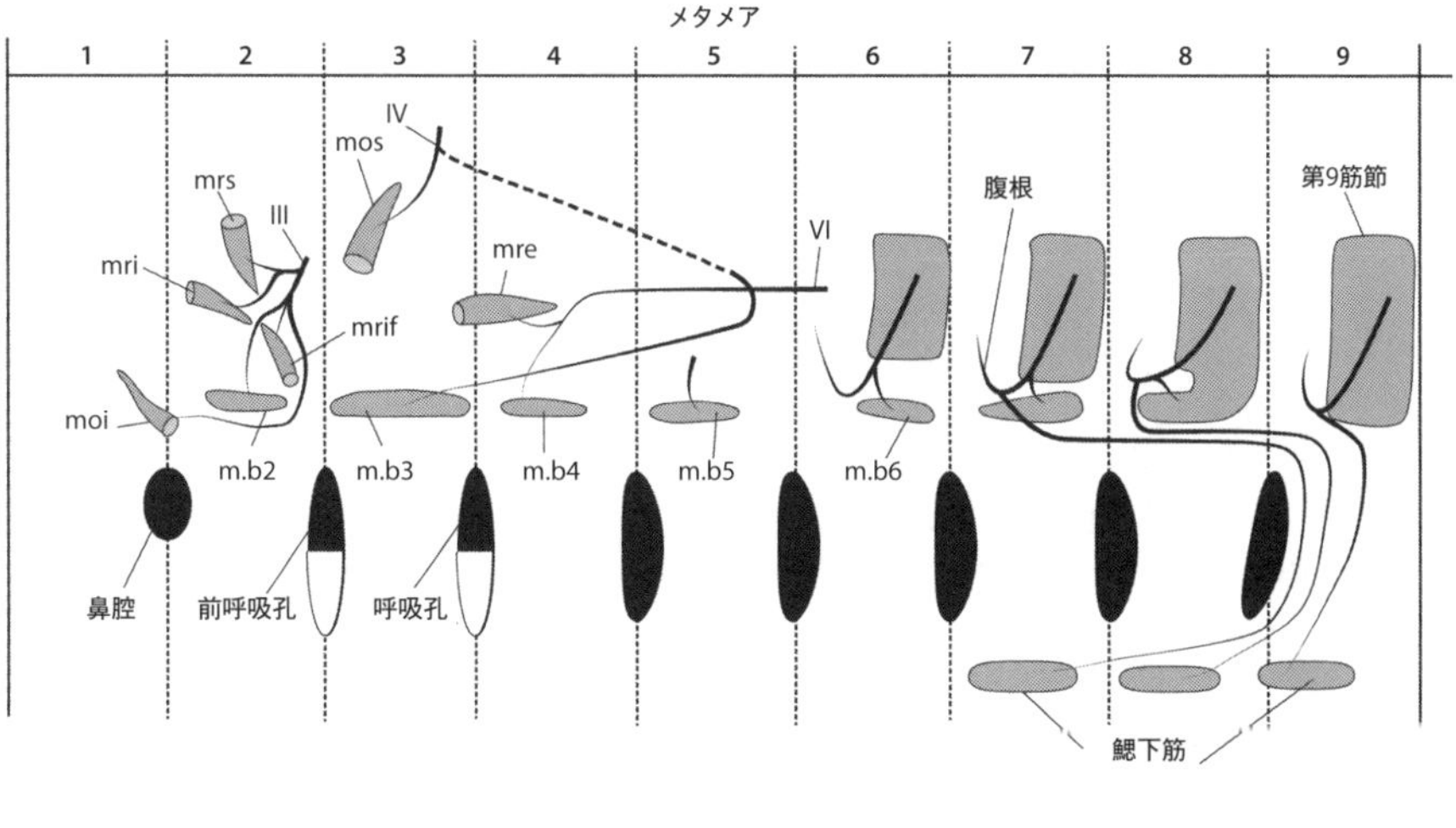

重要な事項であり、実際プラットの小胞の比較発生学的意義について、ジャーヴィックはかなりスペースを割いて論じている。しかし、すでに記したように、この頭腔は板鰓類の一部にしか生じない。

また、これら前方の二つの頭部体節に対応し、二つの脳神経が存在するという。すなわち、第一顎前体節に対応するのが、古くから認められていたように三叉神経の第一枝であり、第二顎前体節（端体節）に対応するのが「終神経」なのだという。現生ハイギョ（*Protopterus annectens*）においてピンクス（Pinkus, 1894）が初めて記載したこの神経は、嗅神経の前方（もしくは内側）に発するため、しばしば第〇脳神経と解されるが、そもそも「terminal nerve」はこの意味で「端神経」と訳すのが本来は適切である。そして、端体節の「端」もterminalの意である。

これに限らず、ジャーヴィックは、分節（彼のいう「メタメア（metamere）」）の分布範囲を知る鍵が、末梢神経の分布にあると考えていた。この点、彼の形態学的センスは、肉眼解剖学者のそれに近い。発生学的事実としては、一様な細胞外基質の分布であるとか、その背景となる間葉コンパートメントの広がりが形態形成上、重要性を担い、末梢神経の軸索伸長はそれに従うだけなのだが、確かに発生が終わった段階では末梢神経の形態を手がかりにそれを知るよりほかはない。そして、ヴァン＝ヴィージェやジョンストンと同じく、一つの神経分節には一揃いの機能コラムが完備し、それは脊髄の神経細胞レパートリーにいくつかを追加した、菱脳のそれを規範としている。その分節のそれぞれには背根と腹根からなる末梢神経が一セットあり、そのうちの背根が鰓弓神経によって代表され、腹根は外眼筋神経が代表する。そこでたとえば、顎前分節に分布する神経については、その背根が三叉神経の第一枝、すなわち眼神経であり、一方で、腹根は動眼神経に求められることになる。このレヴェルの比較であれば、すでにゲーゲンバウアーやヴァン＝ヴィージェがすでに行っていた。しかし、後者のような肉眼解剖学者や比較発生学者が神経根だけで考察していたのとは異なり、別の形態学の流れとしての機能コラムの考えまでここに統合したところに、ジャーヴィックやビエリングの本領がある。つまり、ニューロンの分類までをも射程に入れることで、末梢神経だけではなく神経節中の神経細胞や、菱脳の中の神経核にまで、果ては頭部副交感神経節の分節的配置までもが探索されることになったのである。[455]

神経核の分節的配置だけであれば、それはまさしく初期の神経解剖学者の興味の対象であり、実際、一九三〇年代以降の教科書を開けば似たような模式図をいくつも眼にすることができる。しかし、そこに末梢神経の枝まで書き加え、それをさらに筋や骨格などの要素にまで対応させようとした例は決して多くはない。もっぱら前方の内臓弓に的を絞ったラーブルやゼヴェルツォッフを数える位である。ましてそれを、あらゆる形態要素にまで広げ、メタメアの解剖学的配列を記述しようとした者など皆無である。そして、そのようなパターンが成立する発生機構にまで及ぶと、それは想像することさえ困難だが、形態学的発想としてこの統合は、確かに自然なものである。とはいえ一九七〇年代に至るまで、このあたり前の統合が学説として世に出たことはなかったのである。

以上のような総合的な解剖学的議論が可能であるためには、その考察の基盤となる頭部中胚葉が、少なくとも脊索先端を超えて広く前方まで伸びていなければならない。通常は下垂体の発するレヴェルが頭部傍軸中胚葉の前方限界であると思われているが、板鰓類の索前板(これも、ある意味中胚葉である)が、一過性に前方へ伸びる間葉性の細胞索を発生させるというビエリングの発見を根拠に、あたかもナメクジウオのように、本来頭部先端まで伸びる、内胚葉の広がりに匹敵するような頭部中胚葉が、脊椎動物胚には本来的に備わっており、その細胞群がのちのプラットの小胞になるとされる(おそらくこの予想は誤りである)(後述)。

ちなみに、このような細胞索は確かに板鰓類胚で記載されており、私の研究室から発表したトラザメ(*Scyliorhinus torazame*)の頭部中胚葉に関する論文にも記してある(Adachi & Kuratani, 2012; Adachi et al., 2012)。しかしそれは、円口類を含めたほかの脊椎動物にはない。このように、脊椎動物の中胚葉分節性が、基本パターンとしてはナメクジウオと完璧に比較できるというのがジャーヴィックの議論の出発点であるといってもよい。その意味で、ジャーヴィックは分節論者であるだけでなく、二〇世紀末にまで生き残った板鰓類崇拝者というべきであり、ナメクジウオと脊椎動物を比較しながら、ヤツメウナギについては単に板鰓類とナメクジウオを結びつけるための役目しか負わされてはいない。確かに八〇年代まで、円口類に関する発生学的、解剖学的知見は二〇世紀初頭のものとあまり変わっておらず、彼はダーマスやコルツォッフの記載を引用するだけであった。このようなわけで、結果としてジャーヴィックの分節論はある意味グッドリッチの模式図にも似るが、解剖学的にそれよりはるかに徹底しているとはいえ、そのこと自体が二〇世紀における比較形態学と比較発生学の停滞を物語っている。

右に見た頭部中胚葉性（そしてそれに付随する神経系）の分節パターンが、ジャーヴィックの分節論の基盤であり、その上で鰓弓骨格系の分節パターンが考察されている。つまり、神経頭蓋には顎前弓一と二の要素が入り込み、鰓弓骨格のそれぞれは背腹に二分し、関節をなし、上半分は上咽頭鰓節、下咽頭鰓節、上鰓節、下半分は、角鰓節、下鰓節、底鰓節からなるという、ゼヴェルツォッフ以来の鰓弓骨格の一般型が採用されている。しかも、これら骨格要素は基本的に神経堤に由来するが、底鰓節は頭部中胚葉に由来すると考えられている。最近の知見からすれば、この細胞系譜はおそらく正しい（Davidian & Malashichev, 2013; Sefton et al., 2015）。こういった鰓弓骨格の基本型のそれぞれは、本来的にはすべての内臓弓骨格に付随するはずだが、第二顎前弓に限っては（ユーステノプテロンでは）上鰓節要素しか残っていないとされる。円口類には存在しない、このような鰓弓骨格のデフォルト形態に従って、ジャーヴィックは神経頭蓋の前半部に内臓骨格分節性を見出してゆくのである。この件《くだり》は、オーウェンの原動物理論において、椎骨のデフォルトパターンを少しずつ変形させることによって頭蓋を再構築した一九世紀的な形態学の方法と酷似する。

◎——哺乳類の中耳骨

ジャーヴィックらの論法を通じて浮かび上がる特徴は、化石魚類の形態の過大重視と板鰓類崇拝、そして前頭腔に対する過度の期待である。そして、過去の形態学者と同じく、分節プラン（設計図）上にありとあらゆる骨格要素や、ときとして、一骨格要素の上に見つかる小さな突起であるとか、様々な微細な構造をあてはめてゆく。該当する構造がないときは、それが二次的に消失したと説明される。そこまではよいのだが、この「分節的配置・再配分」の方法が、ときおり破綻することがある。それが如実に現れたのが、ジャーヴィックによる哺乳類中耳の解釈なのである（図4-46）。

すでにみたように、多くの羊膜類、ならびに一部の両生類の中耳では、舌顎骨に由来する音響伝達骨格、耳小柱が用いられる。ところが、哺乳類の中耳には三つの耳小骨（ツチ骨、キヌタ骨、アブミ骨）が存在し、そのうちアブミ骨が耳小柱と相同であるとされる。そして、残る二つの耳小骨、ツチ骨とキヌタ骨が、哺乳類以外の脊椎動物の顎関節（一次顎関節）を構成する軟骨性骨、関節骨と方形骨に相同であると看破したのが、すでに繰り返し述べたドイツの形態学者、ライヘルトであった。

この問題には多くの付随する難問が控えている。その一つが、ツチ骨とキヌタ骨のなす鎖に沿って、顔面神経の終枝、鼓索神経（顔面神経の内側下顎枝）が走るのはなぜか、というものである。確かにこの枝は顔面神経の裂後枝（鰓裂の後方を走る神経枝）、舌顎枝の一部として発し、もっぱら顎骨弓の中を通って舌に至り、舌の前三分の二の味覚を司る。舌骨弓をもっぱら支配する顔面神経の枝が、なぜ顎骨弓の中を走行できるのかといえば、のちの中耳腔を形成する第一咽頭嚢の下方で、両咽頭弓が密に融合し、その通路をこの神経が用いるからである。しかもニワトリを始め、いく種かの鳥類胚にみるように、動物種によっては膝神経節を出た直後からこの枝が第一咽頭裂の前を通って顎骨弓へ入ることもある。この場合、こういった鳥類の鼓索神経は、

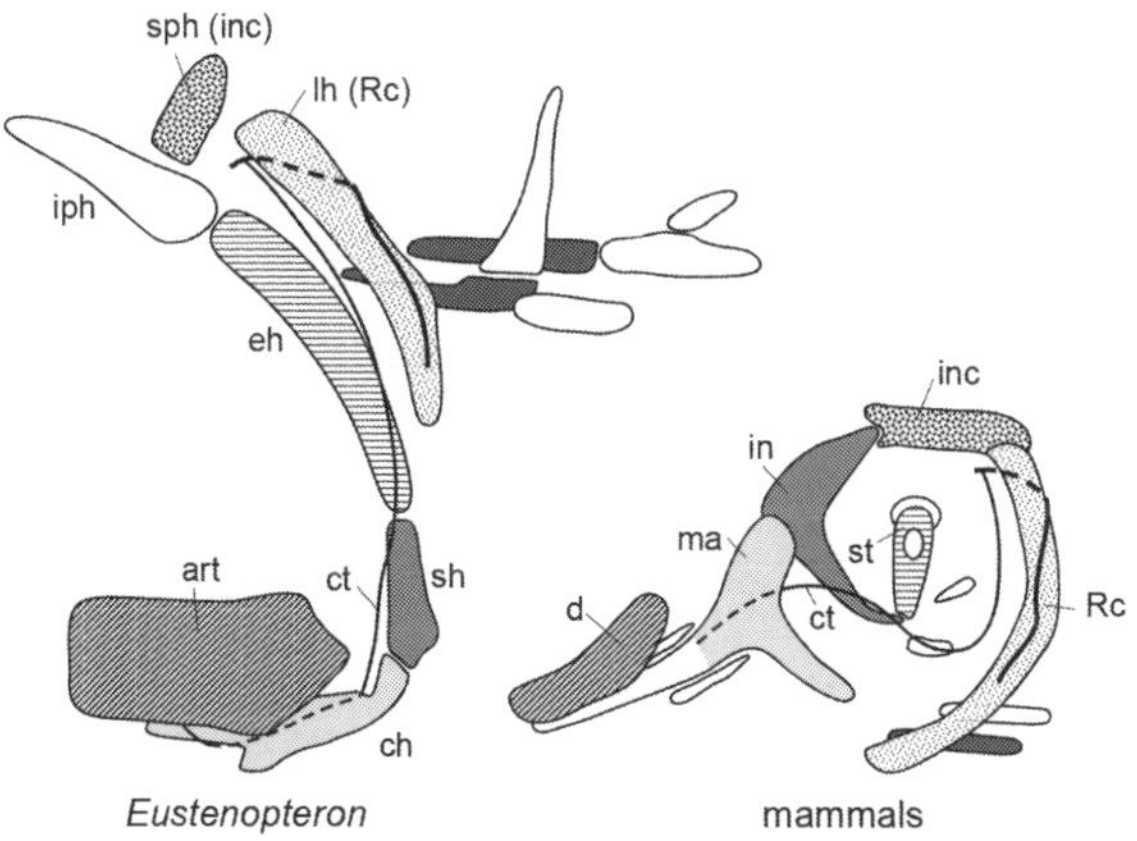

図4-46▶ユーステノプテロンの舌骨弓骨格（左）と、哺乳類の中耳骨原基（右）を示す。この図は哺乳類の耳小骨がすべて舌骨弓に由来するという仮説を説明するために描かれている。Jarvik（1980）より。

顔面神経の裂前枝であるということになる。したがって、鰓弓神経の枝の走行がそもそも、かなり変異に富むことがわかる。

第二に、哺乳類の中耳骨の原基が、皮骨性の鱗状骨と歯骨の間に形成される哺乳類型の顎関節の内側に出来なければならないのに、なぜ顎関節の後ろに発生するのかという難問もある。確かに、哺乳類胎児におけるツチ骨、アブミ骨の原基は、それが形をなすや、関節を形成し、鱗状骨と歯骨の原基からはるかに後方へとシフトしてしまっている。一方で、キノドン類など化石として知られる哺乳類の祖先の系統では、鱗状骨と歯骨の間に成立した顎関節だけでなく、方形骨と関節骨の間に出来た軟骨性の一次顎関節も併存しており、それら両者が内外に位置しているのである。実際、このような事実からかつて解剖学者のフュークスが、哺乳類も一次顎関節を機能的な状態で残し、顎関節の中にみることのできる軟骨性の関節板こそがそれであると説明し、宿敵ガウプと激論を戦わせたことがあった（その頃、世界に冠たるドイツの解剖学雑誌、『*Anatomischer Anzeiger*』は、毎号のように彼らの論文を交互に載せていた）。どうやら、現生哺乳類においては中耳の発生に関する限り、個体発生は決して進化過程を素直に繰り返してはいないらしい。おそらく（ガウプを擁護する立場からこれを解釈すれば）、哺乳類の発生においては、極めて早期に一次顎関節の前軟骨段階の原基が、後方へ移動し、のちの機能を全《まっと》うするためにアブミ骨原基に近づいてしまっているのである。

ジャーヴィックはそのような説明をよしとはせず、フュークスの説を再燃させ、ツチ骨、キヌタ骨、アブミ骨がすべて第二咽頭弓（舌骨）から由来する鰓弓骨格要素であると説明する（図4-46）。こうすれば、哺乳類のツチ骨・キヌタ骨関節が、なぜ顎関節の後ろに出来なければならないかが説明できる。しかも、これらの骨がなす一本の「アーチ」と鼓索神経の絡み具合が、ユーステノプテロンにみられる舌骨弓骨格と顔面神経内側下顎枝のそれと酷似していることを指摘したのである。これによってジャーヴィックは、「あらゆる器官系に亘って脊椎動物の頭部を統べる体節的分節パターン」という、一種壮大なスキームを一冊の重厚な形態学書を用いて展開した。それが、冒頭に掲げた、『脊椎動物の基本構造と進化』の第二巻なのである。

この、当時まで誰もたどり着けなかった未踏の境地はしかし、実験発生学的な検証に加え、古生物学的な検証を耐えるだけの科学的ロバストネスを身に纏うことはできなかった。この試みのすべては、頭部分節性という「幻想」がどこまで発生学的、解剖学的パターンを説明できるかという、一種の思考実験とみた方がよい。それでも、この遅すぎた理論、もしくは早すぎた洞察は、図《はか》らずもきたるべき進化発生学の時代において考察されねばならない問題をいくつも我々に提示することとなった。その点からすれば、少なくともこの学説は、もはや一九世紀的原型論のレヴェルにはなく、何らかの進化的祖先の形態、あるいは現生顎口類へと至るどこかの時点で成立し、そこから基本的には変わることのなかった普遍的な形態形成のルールという、仮想的分節パターンを相手にしている。しかし、その祖先が必ずしも明示されていないことこそが問題なのであり、●456 しかも哺乳類の中耳骨にまで、オーウェンの原動物を思わせる祖先的な形質の数々が完全相同として現れていると仮定しているのである。

ジャーヴィックの比較形態学的方法論はまた、極めて精緻な形態学データに立脚していたが、その本質はオーウェンの方法論に似、頭部分節性についての理解はグッドリッチのものと大差はない。したがって、その理論はドイツロマン主義的観念論の落とし子たる形態学理念を、英国経由でとり込み具現化したものにほかならない。かくして、発生学と形態学のあらゆる知見をとり込み、目にみえるすべての形態要素の分節的意義を、できうる限りロマン主義的に肯定しつくせば、この「ジャーヴィック&ビエリング理論」にならざるをえないのである。そして、我々が実際に相手にしなければならないのは、ここまで精密で広範な形態事象をとり込んだ果てになお現れるこの頭部問題なのであり、いわばジャーヴィックは、八〇年代においてすでにそれがどのような学問研究体系として拡張されるか、それを垣間見せてくれている。つまり、ゲーテやオーケンの形態学がそのまま科学的に進歩すれば、その学説はこのようなものにならざるをえないのであると……。ジャーヴィックを科学的に論破することはたやすい。しかし、この試み自体を否定することは誰にもできない。

形態学の暗黒時代とソミトメアの夢

二〇世紀初頭、もっぱら思想上の理由で実験発生学と比較発生学が袂を分かちながら、世紀の終わりにかけて、それらは再び歩み寄りを始めた。一般には、それは分子発生学や分子遺伝学が進化と発生を結びつけ、結果として、現在「エヴォデヴォ」と呼ばれる「進化発生学」が創始されたからだと思われているが、それは正確ではない。Hox遺伝子の発見前夜にも、形態学の昔日の夢を再燃させようという動きは確かにあった。組織学、細胞学的レヴェルでの新しい観察方法や、鳥類胚を用いた精密な実験発生学が発展すれば、それは当然のことでもあっただろう。

たとえば、米国の発生学者、マイヤーは一九七〇年代、走査型電子顕微鏡を使ってニワトリ初期胚の中胚葉を観察していたおり、頭部の中胚葉にも不完全ながら分節を示す兆候があることを発見した。そこにはたとえば、上皮様構造の存在を示唆する「ロゼット」と呼ばれる細胞の配列が認められ、それを彼は不完全な体節の現れであると発表し、これに「頭部ソミトメア（cephalic somitomeres）」の名前を与えた。残念ながら、マイヤー本人は交通事故で若くして逝ってしまうが、そのあとを事実上引き継ぐ形となったジェイコブソンは、同様な手法で様々な動物の頭部中胚葉に頭部ソミトメアを報告し、その存在を主張し続けた。そしてその中胚葉の塊は、（いまだかつて言及されたことはないが）それを遡ること八〇年前、フロリープやいく人かの比較発生学者がシビレエイ（*Torpedo*）の胚にみたという中胚葉分節とそっくりな姿を纏い、再び発生学者の頭を悩ませることになったのである。

いうまでもなく体節は、神経胚の後方、体幹と呼ばれるレヴェルの神経管と脊索の両側にあって、当初無分節状態にある中胚葉（これを「segmental plate」という）が前から順に上皮化を起し、風船のように前からちぎれるように出来てくるのである。しかし、それが分節する前から、この中胚葉は不完全な分節構造を示し、それが一般には「ソミトメア(somitomeres)」といわれていた。つまり、ソミトメアとは、もともと体節の前駆体だったのである。しかし現在では、「ソミトメア」といえば、頭部中胚葉に存在する「頭部ソミトメア」を指すようになってしまった。そして、頭部におけるソミトメアの存在は、「頭部もまた、体幹におけるように中胚葉性の分節をもともと持っていたのであり、その名残がそこにみえている」と説明され、典型的な頭部分節説の例としてゲーテやジャーヴィックの論文が実際に引用されていた。

◎——ソミトメアをめぐる議論

現在では、頭部中胚葉を扱う発生研究において、ソミトメアに言及されることはほとんどない。おそらく、ソミトメアの観察が困難なだけでなく、体節が分節化する分子機構がよく理解されるようになり、それに相当するものが頭部中胚葉に実証できないということ、さらには、ソミトメアに相当するような遺伝子発現パターンがいっさい報告されていないことなどがその背景となっている。しかし一九九〇年代半ばまでは、ソミトメアの是非をめぐる議論は多かった。かくいう筆者も、その議論に巻き込まれた一人である。

おそらく、そのあまりに悲劇的な死を悼む気持ちも強かったのだろう、しばしばマイヤーの肩を持つあまりソミトメアを擁護する向きもあったが、当時、主としてドイツ系ヨーロッパの古典派形態発生学者はといえば、淡々とながらこれを否定する傾向が強かったように憶えている。「何百もの標本や写真を観察して、ようやく分節らしきものが見えるか見えないかというものを少数とり上げ、さも何か重要なものを発見したようにいうのはどうか」などと、かなり辛辣な発言をする研究者もいた。[457] 確かにその通りである。ときとして、研究者は過度に希望的観測を持ちがちなのである。[458]

ソミトメアには数々の問題がある。まず、それは脊椎動物胚の、耳の前の領域に七つ縦に並んでいるというが、これは板鰓類に仮定された三つ、もしくは四つの頭腔(研究者によっては「頭部体節」と呼ぶ)の数より明らかに多い。あるいは、ソミトメア二つ分が、一つの頭腔に対応するということなのだろうか。それとも、動物種によって異なった数の中胚葉分節が頭部に存在するということだろうか。少なくとも後者の仮説は、脊椎動物のボディプランを統一的に考えようという方針からは外れた解釈である。また、マイヤーやジェイコブソンの図版では、動物種ごとに、異なった形態的位置にある中胚葉細胞の塊に同じ番号が付されていたりしており、記述に統一性がない。最終的に、ワハトラー率いるドイツの研究グループが、頭部中胚葉を構成する細胞の密度や数が、前後軸上で周期的な変化を示すかどうかを検索したのだが、そのデータの中にソミトメアの存在を支持するものはやはりなかった(Freund et al., 1996)。さらに駄目押しをするなら、傍軸中胚葉に体節の分節化を引き起こす遺伝子発現のオシレーション現象がプルキエらによって発見され、それに相当するものが頭部にないかと検索されたのだが、確認されたオシレーションはただの二回だけであったという(Jouve et al., 2002)。それは、顎前中胚葉と、そのほかの頭部中胚葉に対応するものに相当するという可能性が問われている。ちなみに、この考えは顎前中胚葉以外の頭部中胚葉がたった一つの大きな分節に相当するのだと考えた、二〇世紀の非分節論者(たとえば、後述のウェディン)と同様のアイデアでもある。

◎――ソミトメアの評価

一九八〇年代を中心にして盛り上がったソミトメア問題は、比較発生学の徒花であったと同時に、ある意味においてその絶望的な実証不可能性、あるいは検証不可能性をも示している。つまり、ソミトメアに期待される何らかの体節を思わせるような属性がないとしても、「それは、体節としての性格を一部失ってしまったからであり、原始的な状態で存在していた祖先の頭部体節の名残が、そこに畝《うね》としてみえている」との主張に対し、誰も何とも反論できないのである。「上皮性体腔がない」、「反復的遺伝子発現がない」、「体節が示すはずのコンパートメント化がみられない」と、いくら反論を唱えようが、「それらの属性は失ってしまったが、まだ特定できない何らかの名残としていまでもみえているのがソミトメアだ」といわれれば、永遠にソミトメアを葬り去ることができなくなる。これは、信じることをひたすら肯定する、オールマイティの命題なのである。非礼との誹《そし》りを覚悟の上であえて書くなら、ソミトメアは一面、「反証できない」という自らのその性質でもって、ポパー的意味における非科学性を自ら体現するといって過言ではない。「ソミトメア」の呼称を耳にするたびに感じる一抹の悲哀は、おそらくそこに由来するのであろうし、同時にそれは、脊椎動物の頭部分節性という命題それ自体が、長い歴史のうちに不可避的に抱えてしまった、誰にも望まれない誤謬でもある。それでも、この迷妄を乗り越えたところにしか、真の理解はありえない。ならば、この退化的祖先形質を示す直接的証拠を積極的に探し出し、あえてソミトメアを擁護するか、あるいはまったく異なった方法で、脊椎動物頭部中胚葉の非体節的起源を実証することでソミトメアを忘却するよりほかはない。

　ソミトメア問題はまた、その時代性のゆえに頭部問題のあり方について深刻な齟齬を示していたようにも思える。それははたして、ニワトリ胚そのほかの実験動物を用いて、頭部中胚葉の発生的機構を徹底的に解明することを目論んでのことであったのか。それとも、そこに祖先的な形質を見出そうとする比較発生学の発展形としてあったのか。これは互いに似た問題意識のようにみえ、実のところまったく異なっている。たとえば、現実に脊椎動物の祖先の系列を知りたいのであれば、ナメクジウオの発生研究や化石の研究を通じて、実際に頭部中胚葉の祖先的状態を実証すればよい。その際、現生の脊椎動物の頭部中胚葉に分節があるかどうかということそれ自体にはあまり意味がなく、動物の系統ごとにその消失の程度は異なるであろうし、たとえそれが見つかったとしてもそれはせいぜいのところ、四肢を失ったヘビのあるものが（実際、ニシキヘビにみるように）後肢の残遺を示す、といったような事例でしかない。[459] おそらく、顎口類のうちでも原始的な系統に属すると当時は考えられていた板鰓類の頭腔に込められたのも、それとまったく同じ思いだったのであろう。

　一方で、脊椎動物の頭部中胚葉の構成が分節的かどうかという問題は、その祖先が実際に分節的頭部中胚葉を持っていたかどうかという問題とは似て非なるものである。それが分節的パターンを失うことで初めて脊椎動物の頭部たりえているのであれば、脊椎動物の頭部中胚葉は分節パターンを持たないというべきであろうし、それでも深層に分節の名残があるというのであれば、脊椎動物の原始形質を強調することになり、その追求によって得られる形態学的パターンはもはや脊椎動物のそれではなく、脊索動物か、さもなければ後口動物のある系統のパターンであり、その中の冠《クラウン》グループとしての脊椎動物においては、「最初は存在していた頭部分節性が、系統特異的に希薄となるに至っている」といわなければならない。もはやこの議論において、原型論の登場する幕はない。

進化発生学勃興前夜におけるこの、ソミトメアをめぐる一連の議論は、形態学的理論構築として一九世紀末の比較形態学的レヴェルにすら追いついていなかった。ただそこでは、中胚葉が分節しているかどうかだけが問題とされ、脊椎動物頭部の成り立ちをすべての器官系について考察することなどまったくできていなかった。というのも、比較形態学も比較解剖学も、その頃までにすっかり忘れ去られていたからである。一方で、あたかもそれと入れ替わるかのように興った実験発生学は、形態パターンが表出する機構的仕組みのいくつかを解明し、ただ単に分節があるかないかではなく、分節がどのように生じ、そしてそれが何を帰結するかを問題にし始めた。そうやって出来る形態パターンを我々は動物の中にみているのである。かくして、頭部分節性をめぐる問題には、複数の異なった文脈が共存することになった。

もちろん進化論的な脊椎動物の起源もその背景にある。すなわち、ゲーテ形態学においては顕在している形の背景にある、深層の、潜在的パターンを読みとろうとしていたが、二〇世紀末から今世紀にかけての研究者は次第にその潜在的パターンを形態要素の原基ではなく、パターンを作り出すダイナミズムに求め始めた。現在議論されている、遺伝子の発現とその機能からこの問題に迫る方法論もそこに根ざしている。したがって、頭部分節性、頭部問題に対する解答にも、複数のものがありうる。一つは、顕在しているパターンを作り出す潜在的メカニズムに関するもの。この文脈では、鰓弓系の分節性を作り出す仕組みと、体幹の体節性を生み出す形態形成的拘束（generative constraints）の違いが強調されないでは済まない。頭部分節性が体幹的分節性の頭部に至る「連続性」をめぐるものである限り、頭部には体幹的な分節性はないのである。この解答はすでに得られている。

一方で、それでも潜在的な体幹的パターンが、進化的な名残として現れているという議論も死んではいない。現在でも発生途上の遺伝子発現や、のちには消えてしまう運命にあるコンパートメント境界の一過性の表出、さらにあるいは、一過性の分節的遺伝子発現などにそれが現れているとか、あるいは、ゲノム上にいまでも残っている頭部中胚葉に分節を作り出す遺伝子のエンハンサーをみることができるはずだという手合いの、「潜在的分節」の可能性を論ずる主張も原理的に終わることがない。そして、それが実際に見つかったとしても決しておかしくはない。かくして、脊椎動物の頭部に体幹的分節性がないという説が正しいと同時に、祖先的残存としての、潜在的発生プログラムの一貫としての頭部分節性があるという説が正しいという可能性も充分にあり、それは困ったことに、両立するのである。

頭腔と頭部中胚葉の分節性

おそらく頭腔の組織発生学的研究を最も念入りに行った比較発生学者は、二〇世紀中葉に活躍したウェディンであり、彼は頭部分節に対する形態学者が冷め切った頃にこの構造に興味を持ち、咽頭胚初期以降の頭腔発生に関しては、誰よりも広範な調査と観察を行っている(Wedin, 1949a,b, 1953a,b)。しかも彼は、頭腔を「分節性の証《あかし》」としてではなく、かなりフレキシブルに形を変えることのできる頭部中胚葉原基としてとらえている。そして彼が一九四九年に発表したモノグラフでは、頭腔の理解のためではなく、むしろ頭腔の発生に先立つ頭部中胚葉それ自体の分節性に焦点があてられている。

頭腔の存在と頭部中胚葉の分節性の問題は当初、互いに混同されていた。が、いうまでもなく、本質的に両者は別のものである。どの研究者を分節論者とみなすべきかという考察を第2章において行ったが、このような試みが虚《むな》しくならざるをえないのは、この区別自体がしばしば形態学者によってないがしろにされてきたためである。したがって、この区別に無自覚であれば、たとえ自分が分節性を擁護していると信じていても、ほかの研究者からは頭部分節性を否定しているようにみえかねない。科学におけるこの「文脈の不在」による議論の混乱は、すでに反復説を否定したフォン＝ベーアが、ヘッケル以降しばしば、反復説の始祖のように扱われることによく現れており、筆者とリンダ・ホランドの間で戦わされた論争も同質に齟齬に起因している。

◎——頭部中胚葉分節？

ウェディンによれば、ほとんどすべての脊椎動物グループの胚において頭腔をみることができる。とはいえ、彼の数えた頭腔のすべてが同じものを指しているという保証はない。加えて、ウェディンは、それが頭腔をなしていようがいまいが、シビレエイ（*Torpedo*）、カラスザメ（*Etmopterus*）、ヤツメウナギ（*Petromyzon*）、さらにはナメクジウオのすべてにおいて、頭部中胚葉の各領域が逐一比較可能であると主張した。留意すべきは、ウェディンが頭腔として相同性を認めているこれら頭部中胚葉の各領域を、彼が「体節であるとは認めていない」ということであり、その点でウェディンは決して分節論者ではない。頭腔を見出し、その基本的な胚発生要素としての性質を認めるということはしたがって、すぐさま頭部分節論を認めることと同じにはならないのである。以下にそれを解説する。

ウェディンはまず、いわゆる体幹（内耳の後方）の体節がすべての脊椎動物種において相同であることを認め、その前方に続く場所に位置し、前方に従って狭くなってゆくディスク状の中胚葉が互いに比較可能だと述べた（図4–47）。すなわち、いわゆる頭部中胚葉が比較可能であることの背景には（ナメクジウオは例外として）……

①第一咽頭嚢との位置関係が、脊椎動物全種において比較可能であること、
②その全体的形状がすべての脊椎動物種において同様であること、
③その後方にある中胚葉要素との関連が同様であること

という根拠があると述べる。

ウェディンの形態学的理解の基礎はナメクジウオの胚形態にあり（図4–47A・B）、ナメクジウオの側憩室（図4–47Bにおいて、頭部前端腹側にみえる膨出）に相当するものが、これと同じく明瞭な腸体腔として発するヤツメウナギの顎骨中胚葉と相同であるとする。この相同性は一般には認められていない（筆者もそれは認めていない）。そして、顎骨中胚葉

の上皮性体腔の内側にみられる間葉部分が、ウェディンにとって顎骨中胚葉と認識される。これがあるかないかが板鰓類（顎口類）と円口類を分けるおもな違いであり、それ以外の点ではヤツメウナギと板鰓類の頭部中胚葉は互いによく似ると、ウェディンは指摘する。

ちなみに、ウェディンにとって、ナメクジウオの側憩室の背側やや後方にある、いわゆる「ナメクジウオの第一体節」が、脊椎動物の頭部中胚葉のほぼ全域に相当し、「前方へ向かって先細りになる形態」というのは、そもそもこの第一体節の形態パターンのことを指している。したがって、この一個の体節と、（顎前中胚葉以外の）すべての頭部中胚葉が、ウェディンにとって相同なのであり、脊椎動物の頭部中胚葉の内部に「分節性は存在しない」という結論が導かれるのである（Wedin, 1949）（図4−47）。さらに、ナメクジウオにおける第二体節（ウェディンの図中では、第一体節と記される）は、脊椎動物全種において耳の後ろに発生する第一体節と相同だということになる（図4−47）。

しかし、ウェディンにみるような独特の相同性決定の方法は、脊椎動物の頭部中胚葉の比較形態学をひどく乱しているようである。実際のヤツメウナギ（*Lethenteron japonicum*：日本産カワヤツメ）の初期咽頭胚における頭部中胚葉の形態をみると、それはむしろウェディンの解釈による板鰓類のそれに近い（図4−47C・D）。そして、ウェディンの比較が正しいということになれば、実際の脊椎動物胚において、耳胞の位置、最初の体節が現れる場所にも齟齬をきたすことになる。かくして、頭部中胚葉は脊椎動物の内部においてこそ比較可能とみるべきであり、さらにのちに索前板より発生する顎前中胚葉の位置関係も、ウェディンの図式とは矛盾する。一言でいえば、ウェディンは必要以上にヤツメウナギ胚を進化の中間段階とみなそうとしており、一方で、彼が考えた以上に、実際の円口類胚と板鰓類胚は互いによく似るのである。ウェディンがヤツメウナギ胚にみた「側憩室相同物としての顎前中胚葉」は、実際にはその大部が顎骨中胚葉であり、さらに顎前中胚葉はヤツメウナギにおいても明らかに独自の構造として存在する。おそらく、ウェディンの研究が物語るのは、ヤツメウナギの胚発生の観察におけるパラフィン切片という手法の限界であり、あらためて電子顕微鏡以前の組織学の不完全さに思い至らざるをえないのである。

図4-47▶A〜D:ウェディンによる頭部中胚葉の比較。A・Bはナメクジウオ胚の背面図と左側面図(9体節期:ハチェックの1881年の論文にもとづく)。Cはヤツメウナギ(*Petromyzon*)初期咽頭胚(8–10体節期)、Dはカラスザメ(*Etmopterus*)の初期咽頭胚(9体節期)。ナメクジウオは背腹に完全に分節した中胚葉を持つ。体節列の腹側にみえるのは咽頭内胚葉。その前方が左右に1対の嚢、anterior gut diverticulum(AGD)を突出させる。脊索はからだの先端まで伸びるというが、それは個体発生上の2次的伸長によるもの。ヤツメウナギにおいては第1咽頭嚢(I)の前方にみえる腸体腔(顎骨中胚葉に相当)が、AGDと相同であると考えられている。その理由は、ヤツメウナギのこの中胚葉だけが、明瞭な腸体腔型の発生を行うということによる。また、その内側に真の顎骨中胚葉があるとウェディンはいうが、初期発生においてこれらが別の原基として発生することはない。この段階のヤツメウナギにおいては索前板(図では描かれていはいるが命名されていない)から顎前中胚葉がまだ発生していない。これと同時期のカラスザメ胚の形態解釈は、むしろ実際のヤツメウナギに近い。ここでは第1咽頭嚢によって顎骨中胚葉と舌骨中胚葉が前後に分断されており、第1体節(1)の前方には真の分節は存在しない。Wedin(1949)より。

E〜H:ウェディンによる頭部中胚葉の比較—2。左より、ヤツメウナギ胚(8–10体節期)、ヤツメウナギ胚(20体節期)、カラスザメ胚(40体節期)、シビレエイ(*Torpedo*)胚(5mm)。若いヤツメウナギ胚における逆U字型の前方の上皮構造が、ウェディンのいうところのAGD相同物。実際は顎骨中胚葉(ほかの動物におけるM)。育った胚においては、そこから一対の突起が現れるが、これが顎前中胚葉(ほかの動物におけるP)に相当する。実際にはこの2種の中胚葉成分は長く独立性を保つ。カラスザメには、前頭腔(A)が現れる。ウェディンはこれを顎骨腔の一部と解釈しており、それは本書の結論と同じである。右のシビレエイ胚は、むしろ実際のヤツメウナギ胚によく似る。ここには、のちに述べる小体節のようなものは描かれていない。E〜H図内……A:前頭腔、H:舌骨腔、M:顎骨腔、P:顎前腔、数字は体節。Wedin(1949)より。

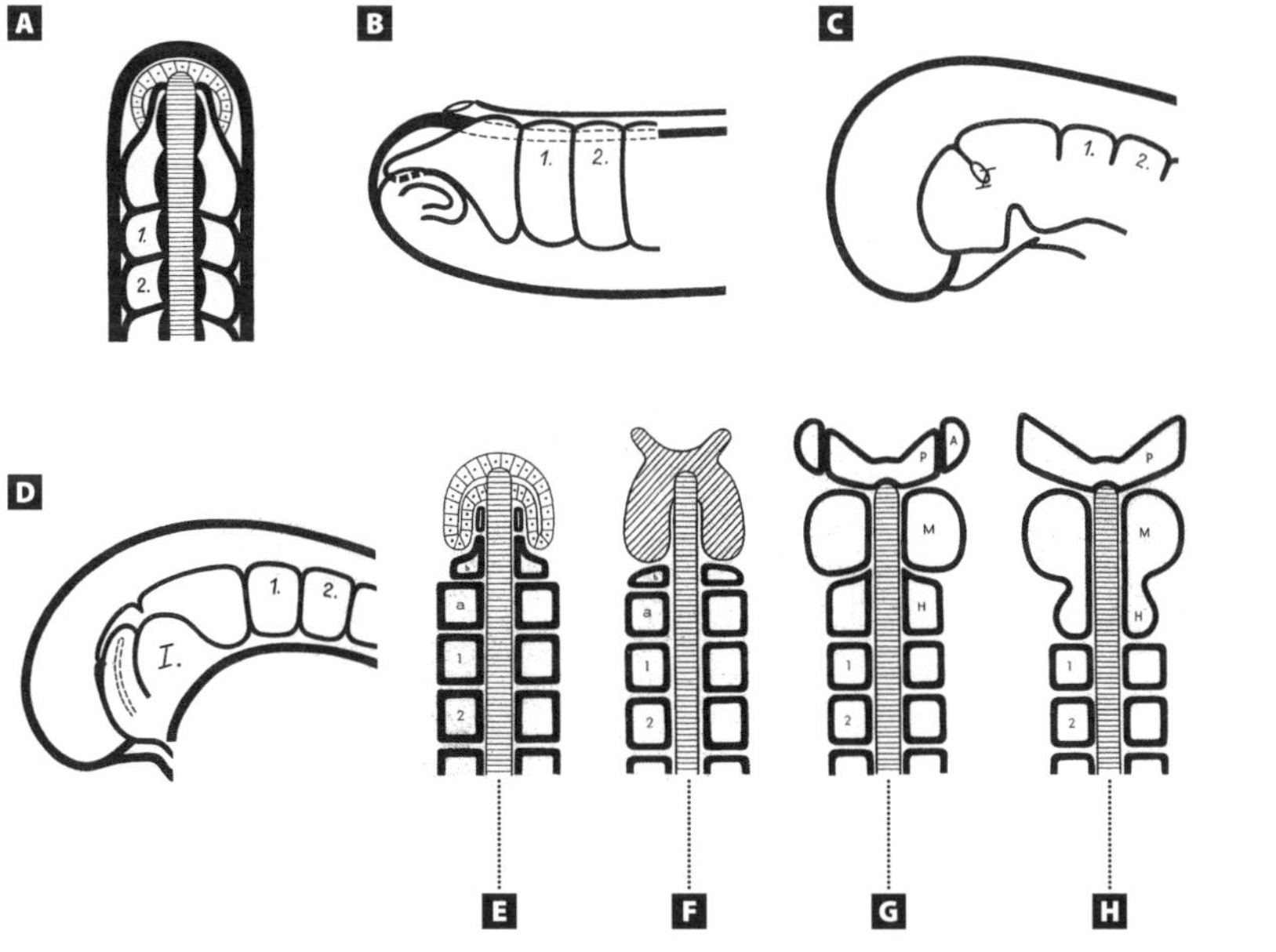

◎——頭腔とは何か?

それでは、頭部中胚葉はどのように比較すべきなのか。板鰓類にみられた頭腔を仮に典型的なものと仮定して、ほかの動物と多かれ少なかれ共通にみられるとおぼしい諸特徴を列記するならば、それらは以下のようになる。

①頭腔は咽頭胚期に頭部間葉の中に上皮性体腔としてみられ、その位置は咽頭弓よりも背側で、傍軸中胚葉と呼ばれるにふさわしい場所を占める。その上皮は血管のそれとは異なり、重層の上皮細胞からなる。

②頭腔は頭部の中胚葉性の構造を分化すると思われ、とりわけ外眼筋の発生に先立って外眼筋神経と密接な関係を示す。

③頭腔の発生は腸体腔式の方法によるのではなく、頭部間葉に生じた小胞の融合によって二次的に大きな腔を形成することによる。

④頭腔の発生は顎骨腔が最も早く、顎前腔はそれよりもやや遅れる。

⑤顎前腔が索前板より分化することは、多くの動物の胚発生において観察されており、それに先だって索前板が明瞭な間葉を形成することが多い(索前板がそのまま膨れて顎前中胚葉を形成することは、ヤツメウナギに限って報告あり)。

⑥頭腔は多くの板鰓類や全頭類において三対をみることができるが、このように完璧なセットの頭腔を持つものは軟骨魚類のみであり、さらにいく種かの板鰓類においては、前頭腔(プラットの小胞)やチアルギの小胞など、副次的な頭腔的構造がみられることはあるが、それは脊椎動物全体において一般的な構造とはいえない。

右に触れた通り、これらの観点から、ヤツメウナギにしばしば記述されてきた上皮性中胚葉は頭腔に該当しない。繰り返すが、「頭腔があるかないか」という問題と、「頭部中胚葉に分節が存在するか」という問題は似ているようでも異なっている。それは上に示した頭腔の形態学的特徴からも明らかである。ヤツメウナギの顎骨中胚葉は、脊椎動物の胚においては例外的に腸体腔として発し、あたかも咽頭嚢のようにみえるが、そのことからわかるように、この顎骨中胚葉は組織学的に顎口類の頭腔とは大きく異なり、その大部分はのちの咽頭弓の中に位置する。そして、本来の頭腔が期待される傍軸部には小さな間葉細胞集団ができるにすぎない（Kuratani et al., 1999）。したがって、少なくともヤツメウナギ類（ヌタウナギ類も）には顎骨腔と舌骨腔は存在せず、それらはおそらく顎口類を定義しうる派生形質か、さもなければ、すべての脊椎動物の共通祖先が獲得したが、円口類においては二次的に消失した特徴とみた方がよい。

しかし、索前板より直接に由来する顎前中胚葉については、それが上皮性を伴う可能性はまだあり、したがって顎前腔の存在だけは完璧には否定できない（Kuratani et al., 1999）。さらなる検索が必要になるところである。ただし、これまで観察されたすべての顎口類胚におけるように、顎前腔は索前板からまず間葉が発生し、その中に二次的に出来た上皮性の多数の小胞が融合して出来るものであり、この発生機序に該当する顎前腔は、ヤツメウナギにおいてはどうしても観察されない。さらに、走査型電子顕微鏡による観察のみをもって、間葉に埋まっている頭腔の有無についてはいえないのではないかというホルダーらの疑問はもっともだが（Horder et al., 2010）、組織切片を用いた三次元構築においても、鈴木らが最近行った外眼筋の発生研究においても、ヤツメウナギ胚の頭部中胚葉の中に頭腔に該当する構造はまったく発見できなかった（Suzuki et al., 2016、ならびに、Adachi, Kuratani未発表所見）。したがって、顎口類において真の頭腔が獲得されたという経緯がいまのところ最も確からしく、それを本書の結論としておく。いずれにせよ、円口類における頭部中胚葉は、外眼筋の起源と発生を含め、まだほとんど理解されていないといってよい。

成体において眼を持たず、外眼筋を発生しないヌタウナギ類においてはもとより大きな頭腔は期待できないが、実際に全発生ステージにわたってその頭部中胚葉には頭腔を思わせるいかなる上皮性体腔も現れない。●460重要なのは、相対的にヤツメウナギよりも大きなサイズのヌタウナギ咽頭胚において、頭部間葉の組織学的形態が、はるかに羊膜類や軟骨魚類のものに近く、上皮性のシストが現れたなら、すぐにそれとわかる明瞭な像がこの動物の胚では期待できるということである。が、いまのところそのような上皮構造は観察されてはいない。さらに興味深いことに、ヌタウナギの咽頭胚における索前板は、ヤツメウナギと同様、嗅上皮と下垂体をともに作るプラコード（鼻下垂体板：nasohypophyseal plate）の後方、口前腸の一部として見出されるが、この索前板は一時的に肥厚し、●461 発生が進むにつれて左右に一対の索状の構造を伸ばしてゆく。しかし、上皮ともみえるこの索状構造は、下垂体の後方で何らかの間葉原基となるか（可能性としては「円口類の梁軟骨」の前端を形成する）、あるいは何も分化することなく、のちに消失してしまう（Oisi et al., 2013）。したがって、この構造がかつては明瞭な上皮性を伴っていた顎前腔の名残であるという可能性もまだ残っている。ほかの頭腔はともかく、顎前腔が真の体腔として脊椎動物すべてに存在するという可能性はまだ棄却されていないのである。

⊙——前頭腔とは？

では、一部の脊椎動物種にのみ観察されている、かつて顎前腔のさらに前方にあるとされた「前頭腔」とは何なのか。もう一度、頭腔の形態的特徴を振り返ってみると、顎前腔はつねに脊索の前端と深く関係を持ち、実際に、脊索前板（prechordal plate）という未分化な構造から発生するとおぼしい（図2–17・18、2–22、2–26、4–9）。したがって、この構造は顎の前にあるだけではなく、脊索の前に存在する中胚葉性の構造であり、したがって傍軸中胚葉要素の最前端を自ら示すと考えてよい。それが脊索の前から発生するということは、口前腸とも深く関係を持つということであり、そのすぐ前には口腔外胚葉が口咽頭膜によって接している。かくして、顎前中胚葉は眼球の後方というだけでなく、口腔外胚葉の由来物としてのラトケ嚢、すなわち腺性下垂体の原基のすぐ後方に位置するということになる（図2–22）。いずれにせよ、胚頭部において正中に位置する単一の原基（索前板）から発するために、顎前腔は多かれ少なかれ対をなし、正中で繋がった状態で見出される（図2–17、2–22、4–48）。板鰓類胚においては、索前板に由来する密な間葉の中にいくつもの上皮性の小胞が発し、それが融合することによって、脊索の前端をとり囲む「亜鈴」型の上皮性体腔として成立する（図4–48）。このような発生プロセスは、顎前腔それ自体が、脊椎動物胚の頭部において、最も前方の構造であることを如実に示している。だからこそ、プラットやヴァン＝ヴィージェが見出した「前頭腔（anterior head cavity）」の存在が由々しき問題として、あらためて浮上するのである。分節論者がしばしば主張してきたように、それが本当に最前方の中胚葉成分を示すのであれば、なぜそれは完璧に左右に分離した「対」として発生するのか。これは、脊椎動物の前端の中胚葉としては、いかにも似つかわしくない。

先に紹介した総説の中でウェディンが観察したのは、いわゆる「プラットの小胞」、もしくは「前頭腔」と呼ばれる小胞が生ずるとき、その対をなした体腔が決して正中で互いに繋がってはおらず、そしてその同じ位置を、顎骨腔の前方の突起が占めることもあるということであった（図2–28、4–48）。いい換えれば、

「前頭腔は、独立した体腔として生ずることもあれば、頭腔のいずれかの一部として発することもあり、そしてそれはおそらく下斜筋を分化することになるのだろうが、これらすべての頭腔が胚頭部において占める空間はつねに不変である」

ということになる。このこと一つとっても、頭腔の分節境界が、単純に体節のそれと比較できないことがわかる（図4–48）。

このようにしてみたとき、過去の多くの文献において、前頭腔が記載されていない場合においても、前頭腔が占めるべき場所、すなわちのちの下斜筋の生ずる場所に、いずれかの頭腔が伸びてきていることがわかる。筆者の観察したチョウザメの胚においては顎骨腔の腹側前方の突起がそれに相当し、確かに視覚的には頭部の最前方に位置する中胚葉である（図4–48）。あるいは別の動物種では、前頭腔は顎前腔の一部として発することもある。どうやら、頭部の中胚葉が体腔を作るやり方は一様ではないらしい。かくして、ウェディンは前頭腔と呼ばれるものが存在している場合、それは多くの場合、顎骨腔が二次的に前方へ伸長したものであろうと結論した。

おそらく以上のことは、頭腔の発生様式と深くかかわっている。すなわち、頭部中胚葉には典型的な体節のそれと比肩できるような分節化プログラムはなく、むしろ多くの小胞状の前駆体が、いわば泡のように出来、それが多

かれ少なかれ三対の大きな泡として融合するだけであり、多くの場合それは、動眼神経、滑車神経、外転神経によって支配される外眼筋原基の分布と一致する傾向にあるというだけのことなのである（図4−48）。つまり、しばしば前頭腔と誤って同一視されるプラットの小胞も、チアルギの小胞（図2−28）も、これら顎前領域において索前板より発する中胚葉間葉に現れる、不定形の泡状のシストにすぎず、通常それは顎前腔にしかならないのだが、ときおりシストが本体から分離して独立の分節として発する傾向がいくつかの動物種に認められる。そして、そうやって出来る独立の体腔が前体腔に相当する。これまでの記載をまとめる限り、そのような解釈が妥当である。

しかし、それではいったい何のために、そもそも頭腔などという紛らわしいものが顎口類の胚頭部に出来るのか。かつてウェディンはその疑問に対し、脊椎動物の胚において眼球の占める空間が広がり、それに応じて外眼筋を作る中胚葉素材が速やかに分布域を広げる要請が生じたため、それに対する適応として進化したのだと述べた。ならば、板鰓類以上に大きな眼球を持つ一部の羊膜類胚において、つまり典型的には鳥類胚において、むしろ頭腔が退化的傾向にあるようにみえるのはなぜか、明確な理由は述べられていない。一つ明瞭な傾向があるとするならば、上皮性体腔としての頭腔は、明らかに顎口類の共有派生形質であり、顎口類のさらなる進化過程においてそれが徐々に後方から前方へ向けて退化するということである。しかし、それもまた漠然とした現象にすぎず、一つの系統内での頭腔の有無は揺らぎうる。三対の頭腔がすべて残っているのが板鰓類と全頭類からなる軟骨魚類だけだということは確かである。一方で、羊膜類をも含む硬骨魚類の系統において、舌骨腔が認められるケースはないか、もしくは疑わしい。

◉――最前端の頭腔と索前板についての覚え書き

右のような解釈によって、索前板から出来る構造が顎前腔であり、さらにその前方にみえるように思われてきた「プラットの小胞」、もしくは「前頭腔」と呼ばれる構造[●462]は、単に二次的に伸び出した顎前腔と顎骨腔の共同の産物であると解釈すれば、それですべてが説明できるであろうか。実は、この前頭腔に類したものが、ガーやアミア、

図4-48▶頭腔の発生。
上段：筆者の研究室で観察したトラザメ(*Scyliorhinus*)における頭腔の発生過程。最初から単一の空所として発するのは顎骨腔のみであるが、これは腸体腔としてではない。板鰓類の索前板が一時的に間葉細胞集塊を正中前方に作ることに注意。右端は、板鰓類(と、おそらくほかの顎口類)における頭腔の発生可能領域を示す概念図。顎口類における頭腔は、白抜きのところに現れ、前頭腔(ahc)は独立して最前の頭腔としてみられることもあれば、ほかの頭腔と融合することもある。
下段：動物種によって前頭腔が独立に発生することもあれば、どれかほかの頭腔と合一することもありうることをアブラツノザメ(*Acanthias*)、カラスザメ(*Etmopterus*)、トラザメ(*Scyliorhinus*)ならびにチョウザメ(*Acipenser*)を例に示す。いずれの場合も、この頭腔は下斜筋を分化すると思われている。Adachi & Kuratani(2012)より改変。

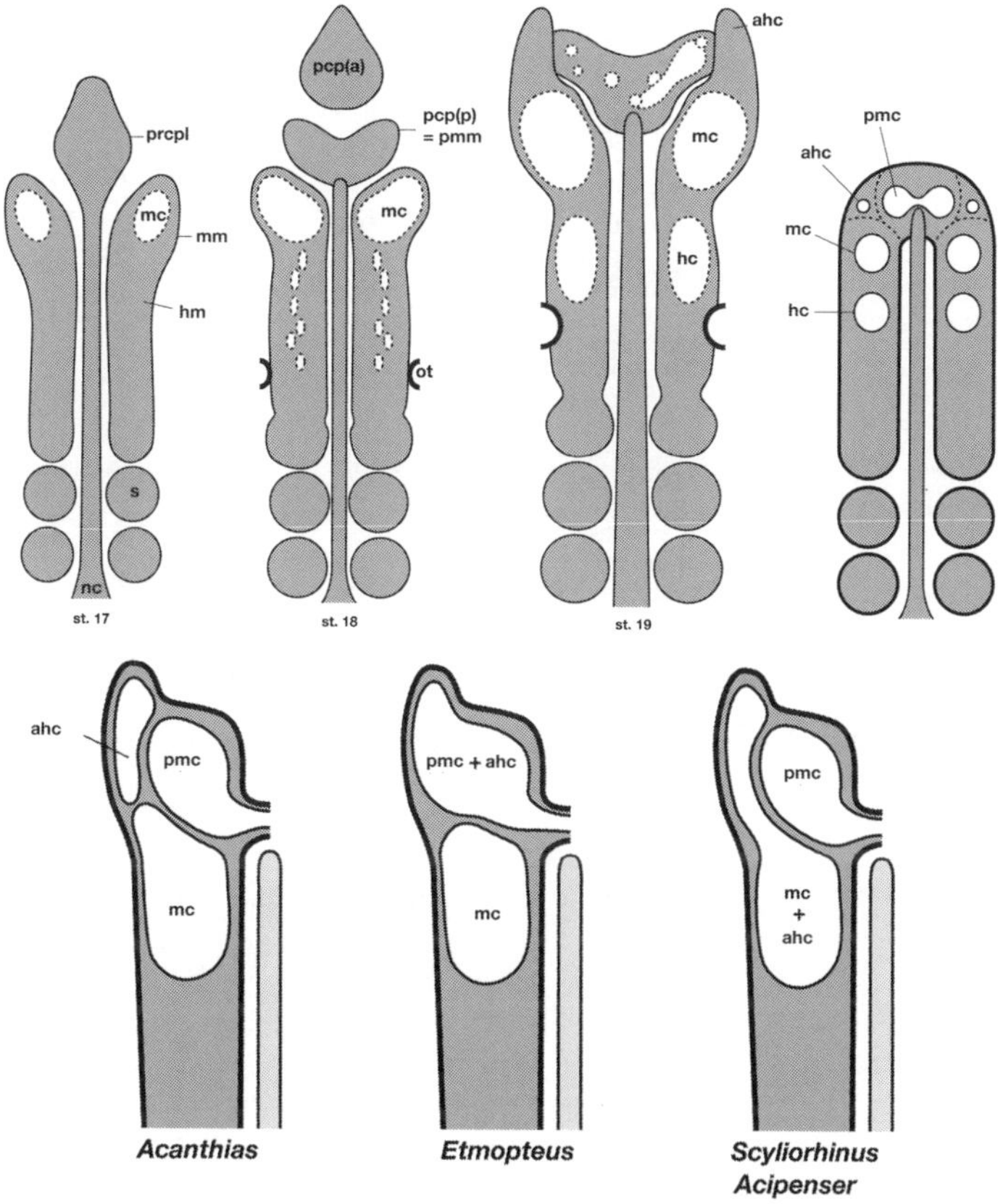

ポリプテルス、チョウザメといった原始的な硬骨魚類[463]（図4−49）にも現れ、それが変化して「粘着器官（adhesive organs）」として分化するという見解が古くから存在した（Neal & Rand, 1946に要約）。現在でも、ポリプテルスにおける粘着器官が、確かに頭部内胚葉の最前端に発するという観察が報告されている。すでに示唆したように、頭腔の分布はのちの外眼筋の分化と軌を一にしている。したがって、進化的な変化の結果として頭腔の分布や形態、分割方法に多少のシフトがみられるのはかまわないが、組織分化の方向が変わるというのは理解に苦しむ。すなわち、単に顎前腔（中胚葉）より前に出来る中胚葉（もしくは内胚葉の膨出）であるからといって、粘着器官の原基と前頭腔を相同であると速断するのは、まったく適切ではない。

粘着器官の比較発生学的知見を総合すると、これをもたらす頭部内胚葉、もしくは索前板の位置が、ほかの頭腔と大きく異なることに気がつく。すなわち、粘着器官はいわゆる口前腸と、外鼻孔の間にあり、しかも終脳原基に圧迫されるような位置に出来上がる。一方、明瞭な中胚葉構造である顎前腔、顎骨腔、舌骨腔はこれに対して、眼球の後方腹側に現れる。したがって、頭腔の一部として出来る前頭腔が、この粘着器官と相同であるというのは考えにくい。

さらに発生時期に関しても、粘着器官の出現は、頭腔のそれよりもやや早い。筆者の観察でも、頭腔の発生が始まった初期咽頭胚のチョウザメにおいて、粘着器官はすでに組織的に分化を終えていた（Kuratani et al., 2000）。これらのことを総合すると、どうやら粘着器官は、たとえそれが内胚葉（広義の口前腸）の派生物であるとしても、頭腔と同列に論じることはできないものらしい。それでは、なぜ原始的な硬骨魚にのみ、このような不可解な、しかも極端に前方に位置する構造が生じうるのか。

脊椎動物のほかのグループにおいてこれと似た構造が発生するとすれば、それは板鰓類胚にみる、初期索前板から前方に伸びる不可思議な間葉集塊がそれであろう（図4−48、4−52左下）。古く、スキャモンによって記載されたように、索前板はサメにおいては前後に大きく二部に分けることができる。つまり、のちの前脳の下方に圧迫され、扁平になった前部と、脳褶曲のレヴェルに出来た後部である。そのうち、眼球や下垂体との位置関係から明らかなように、

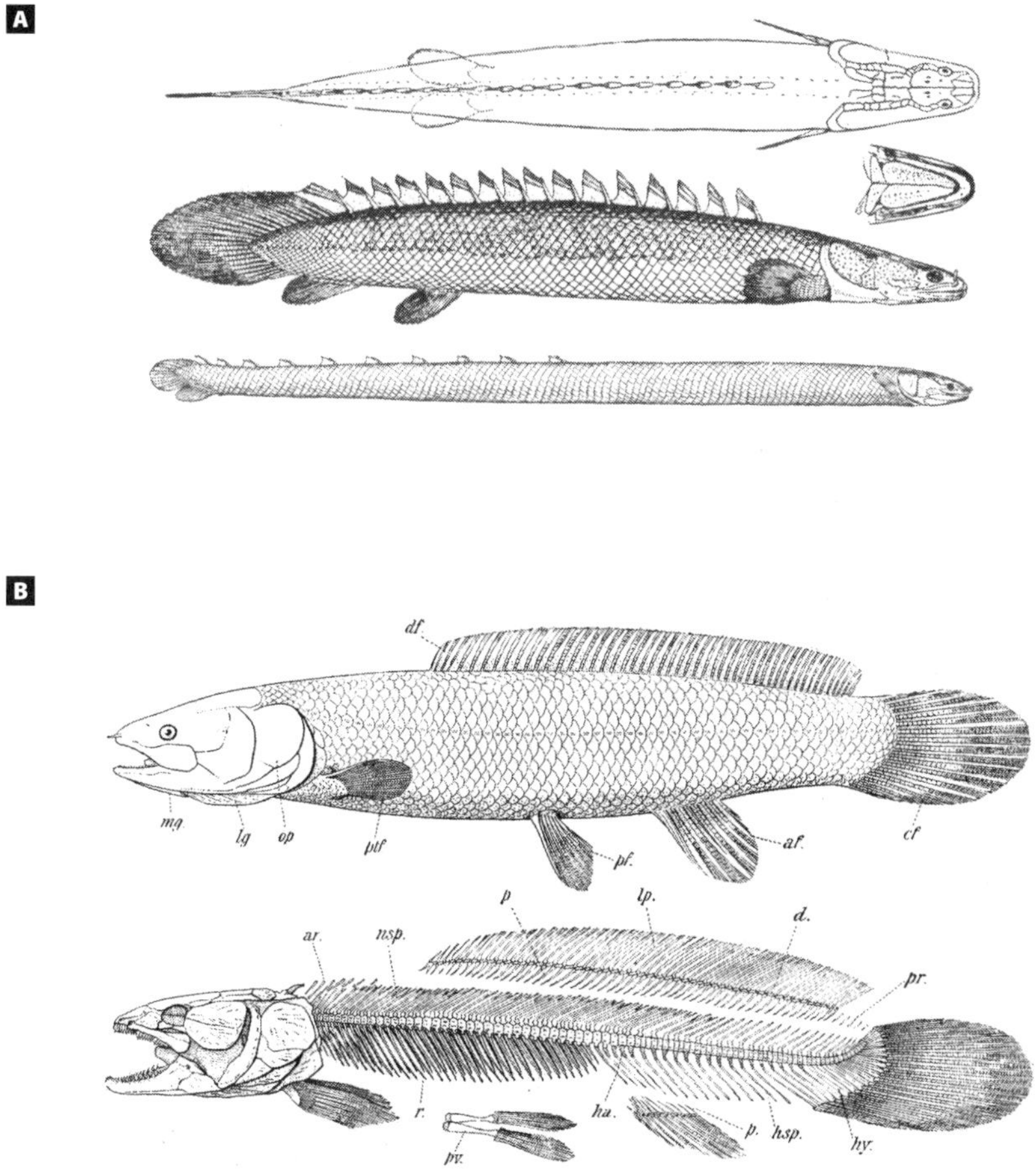

図4-49▶ポリプテルスの仲間(A)とアミア(B)。Goodrich(1909)より。

顎前腔をもたらすのは索前板後部であり、一方、前脳の下方で薄く伸ばされる前部は、のちに明瞭な組織を残すことなく消失してしまう。このような細胞集塊は、サメ胚を観察した多くの比較発生学者によって報告されてきた(Adachi & Kuratani, 2012に要約)。いうまでもなく、この領域には骨格筋はなく、この領域に発生する神経頭蓋はすべて神経堤細胞に由来する。したがって、サメにおいては、この細胞塊は何にも分化することなく消失する。

　すなわち、初期の索前板をとり巻く位置的状況だけに注目すると、この索前板「前部」こそが硬骨魚の粘着器官と相同であると結論せざるをえなくなる。それ以外に候補は一見存在せず、索前板前部がそれでないとすれば、粘着器官を完璧な「新形成物」とせねばならなくなる。さらに、同様の索前板部分がヤツメウナギに存在するかというと、極めて興味深いことにそれらしきものはみあたらない。すなわち、同じ「索前板」と呼ばれる構造であっても、円口類と現生顎口類においては、その広がり、形態学的な意味でのサイズ、ならびに発生運命において多少の違いがあるらしい。おそらく索前板「前部」は、前脳の拡大に伴って生じた、口前腸の伸長に伴う新しい構造であり、それゆえにその進化的起源は板皮類のいずれかの系統に求めるべきなのであろう。[464] つまりそれは、現生顎口類の共有派生形質なのである。[465] そして、脊椎動物全体に共有された、本来の中胚葉の先端を同定しようというのであれば、それはおそらく、祖先的形質を残すであろう円口類の索前板と、その派生物に求めるよりほかはなく、マスターマンのセオリーに従って、前体腔やナメクジウオの側憩室の相同物を脊椎動物胚に求めるのであれば、それはやはり顎前腔、もしくは顎前中胚葉、あるいは顎口類における索前板「後部」の派生物、ということになりそうである。

◎――シビレエイにまつわる謎

　発生初期の頭腔形成についてもまだ問題は残っている。フロリープやドールンが記載した、あの小さな体節的構造は何だったのか、という問題がそれである(図4–50)。これら両研究者に加えてキリアンも、同じ動物(シビレエイ：*Torpedo marmorata*)を用いてやはり無数の中胚葉性分節を観察しており、彼らを含めた一部の研究者だけが、あの小さな体節相当物を頭部に見出している。したがって、シビレエイ(*Torpedo*)だけが問題の小分節を作り出しているという可能性はある。

当時の観察方法は限られていたものの、全員が心眼でものをみていたという可能性は低い。逆にこれら一連の報告は、偶然にしてはその一部が互いに酷似しており、彼らが同じ分節的体腔を初期咽頭胚の前耳領域にみていた可能性は高い。すでに述べたように、ホフマンも別種の板鰓類、アブラツノザメ（*Acanthias*）（プラットが前頭腔を発見した種）において多くの分節を見出していたが、その中胚葉の分節の様相はシビレエイ（*Torpedo*）とは若干異なっている。あまり精緻な観察が行われていなかったこの論文については保留としておいた方がよいだろう。しかし、シビレエイを用いた一連の記載についてだけは、いま一度精査を要する。

右にあげた三名の比較発生学者のうち、最も精密な組織学像を提示した論文の一つは、当時かなり裕福であったドールンが、『ナポリ動物学研究所年報第九巻（*Mitteilungen aus der Zoologischen Station zu Neapel. vol.9*）』に掲載した、画家を雇って描かせた組織像であり（図4–50D）、その第一図版の一部がしばしば不正確なペン画で複製され、ほかの研究者の総説論文に何度か再録された（図4–50B・C）。しかし、後者は不正確になりがちで、簡単には信用できない。当時の観察技術を考えると、画家の手になる細密な組織像のスケッチが付されたオリジナル論文にあたるのがよい。が、皮肉なことには、ラーブルが描き写したものの方が、たとえ実際の胚形態を記述するには不完全であっても、ドールンの見解をより正確に伝えているのである（Rabl, 1892）（図4–50）。

ドールンは当時、脊椎動物が何か環形動物のように、前後軸に沿って完璧に分節した動物から起源したと考え、口、下垂体、甲状腺、鼻窩、眼のレンズなどの構造がすべて鰓裂に由来し、外眼筋も鰓弓筋から分化したと考えていた。さらに、脊椎動物の頭部には筋節、脳神経、鰓弓、鰓裂、血管のすべてが一セット揃ったメタメアが繰り返し前後に並ぶと仮定していた。しかし一方で、硬骨魚類の口は複数の鰓裂の融合によって出来たと説明され、口腔と下垂体は内胚葉に由来すると書いておきながら、次の論文ではそれらを外胚葉由来とするといった具合に、論文によって主張がしばしば変わる。そればかりか、ドールンが執筆した多数の論文は、互いに矛盾する記述の目白押しといわれることが多い。これに当惑を示しつつも、ラーブルはドールンの学説を正確に要約している。いずれにせよ、ゴカイのような動物を祖先にするからには、中胚葉も末梢神経も、完璧な分節性を備えていなければならないはずである。ドールンの考えは実際の胚よりも、ラーブルの書いた模式図により近く、そこに描かれた中胚葉の分節が本来の分節性を示すからには、動眼神経も外転神経も、複数の神経根が束ねられて出来たものでなければならなず、顎骨弓の軟骨も、舌骨弓のそれも、複数の鰓弓骨格が融合したものでなければならなかった。しかし、以下に示すように、ドールンの示したオリジナルの図は、むしろわれわれが知るニワトリ胚の形態により近い。

ドールンは図版に、初期咽頭胚一個体を矢状断にした切片を複数載せているが、これは正確な方向で切れているわけではなく、多少横方向に傾いていると著者本人が断っている。注目すべきはこの図版の中の図7であり（他論文では、この図のみが引用されることがある）、ここでは脊索が明瞭にみえている（図4–50D右上）。すなわち、脊索を前脳にまで追ってゆくとそれは索前板へと移行するが、そこにみえるのは脳の腹側に凝集した小胞群である。これらは図をみる限り、確かに腔をなしている。先に述べたように、このような構造の出現は、ほかのサメ、たとえばトラザメ（*Scyliorhinus*）においても観察されている、顎前腔の典型的な発生様式そのものであり、細胞が異様に凝集している点を除けばさして不思議なものでもない。またここには、のちの顎骨弓中胚葉のチューブを構成する中胚葉もあるため、何か不可解な組織のようにみえるが、確かに顎骨弓成分と顎前腔成分を何とか分けることはできる。実際、顎骨弓中胚葉のチューブは図7の前脳腹側後方にみえており、それはセオリー通り後方で（形態学的には下方で）囲心腔へと連なる。この一連の組織像には第二咽頭弓の中胚葉もみえているのだが、この段階ではまだ管腔は伴っていない。

一方、脊索を後方へ辿ってゆくと、切片が斜めに切れているため、脊索外側の構造が次第にみえてくるのだが、それは当然傍索レヴェルに相当する構造であり、体幹の体節がみられるのもこのレヴェルでなければならない。脊索の下方にみえるのはもちろん咽頭内胚葉である。これは前方から繰り返しいくつかの膨らみ、すなわち咽頭嚢を作り、最も前のそれ、すなわち板鰓類におけるのちの「呼吸孔」●466に分化する第一咽頭嚢の背側にある中胚葉は、どの切片をみても体節と同じように分節しているようにはみえない（図4–50D）。むしろ、体節を思わせる分節は、ドールンの図2、すなわち本書の図4–50D左下にみるように、第二咽頭嚢の後方部背側にみえる。つまり、フロリープの見出した最も前方の中胚葉性分節より後方に位置している。この相違の原因は、個体差でないとすれば、発生段階の違いによるものかもしれない。が、後述するフロリープの論文において「p」と名づけられた、真に頭部に存在するとおぼしい小分節もここにはない。

ここで、内耳が発生する位置が、おおむね第二咽頭弓の直上にあることを思い出さねばならない。それは、円口類や羊膜類を含む、前脊椎動物の咽頭胚に共通する特徴である。[467] ならば、第二咽頭弓の後方にある第二咽頭嚢は、傍軸領域の前後レヴェルでは後耳領域にあることになり、それは体節が発生する体幹レヴェルとみなしてよい。この視点からもう一度ドールンの図版に戻り、前耳領域、すなわち頭部中胚葉が位置すべきレヴェルに体節が発しているかどうかをみてみると、確かにそういったものはシビレエイ（*Torpedo*）胚に存在しない。結局、この動物はドールン本人の標本をみる限り、われわれの知るほかの脊椎動物とあまり変わるところはなく、彼自身の仮説を証明してはいない。ドールンのみたシビレエイ胚の内耳の前の領域には、羊膜類におけるパターンと同様、典型的な体節は存在しないのだ。ドールンの仮説を支持するスケッチを探すなら、むしろそれはキリアンのものこそふさわしい（図2-28）。

では、一九〇二年のフロリープの記述はどうか（図4-50E〜G）。確かにフロリープはドールンが観察しえなかった前方の「体節」を三対、ないしは五対記載している（図4-50E〜G）。すなわち、フロリープの観察した最も早いステージ（それは、咽頭胚初期というより、神経胚と呼んだ方がよい時期に相当する）では脊索の前端部がわずかに描かれており、その直後から体節と彼が呼ぶ小胞が現れ、それらには「n、o、p、q……」と記号が付されている（図4-50E〜G）。つまり、フロリープはこのような胚形態をみることによって、「脊索あるところには体節があるべし」と、考えたのである（第2章）。

フロリープによれば、これらの小胞は、発生が進むにつれて前方のものから消失し、ドールンの胚より少し進んだ状態では、最前の「体節」は「p」となる（ドールンはこれを記載していない）。そして、それは第二咽頭嚢よりもわずか前方にあり、第二咽頭弓（舌骨弓）と重なるレヴェルとなる。つまり、ここはどうみても前耳領域なのだ。ならば、シ

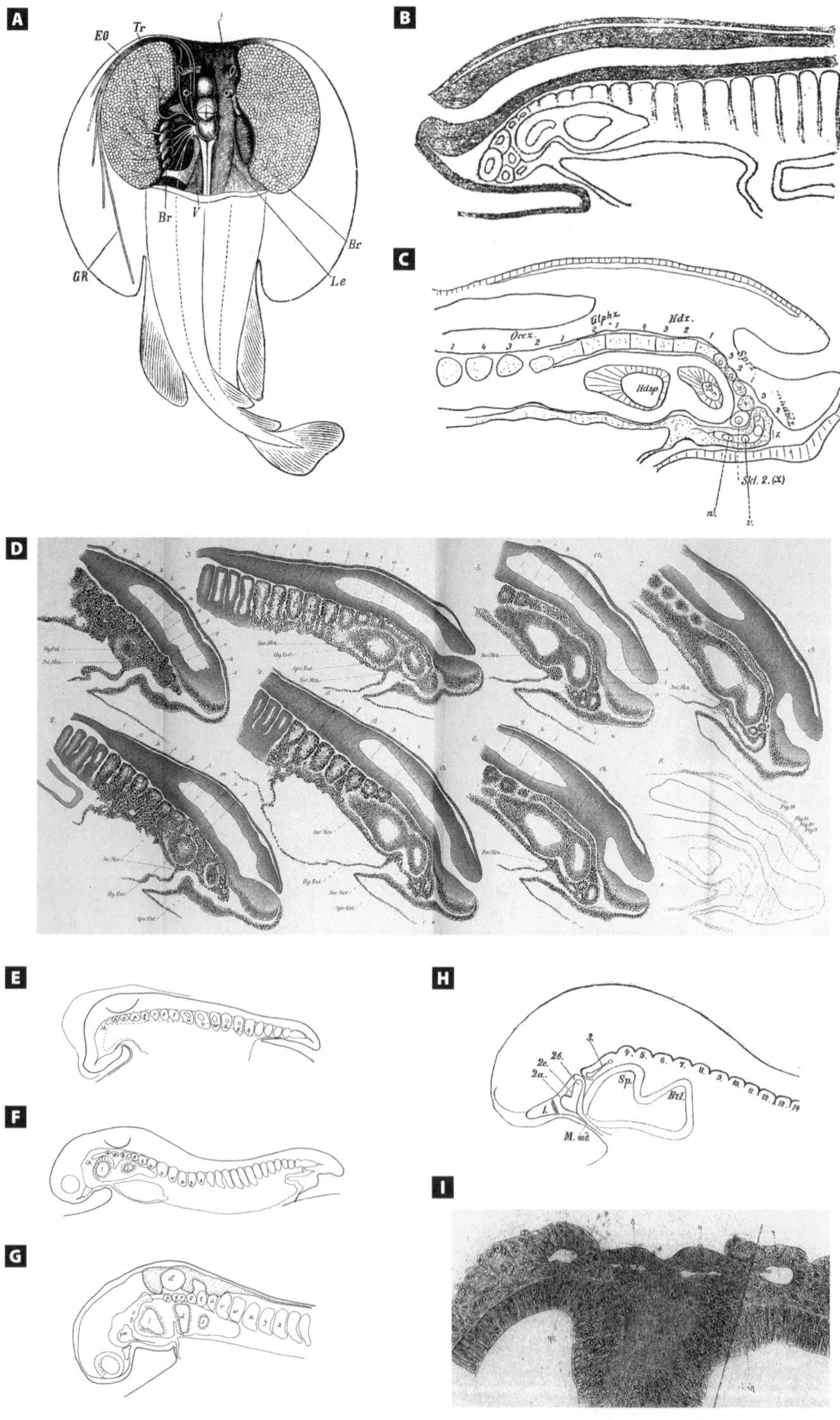
A
EO
Tr
Br
V
Br
GR
Le
B
C
Occz.
Glphx.
Hdz.
Spr.
Hdsp
Skl. 2. (x)
n.
v.
D
E
F
G
H
3.
2b.
2c.
2a.
1.
Sp.
Bd.
M. md.
I

図4−50▶A:シビレエイ。Goodrich(1909)より。

B:ドールンによるシビレエイ(*Torpedo marmorata*)初期咽頭胚頭部中胚葉の分節性。ラーブルの総説において半ば模式的に複製されたもの。左右も反転してある。ここに示されたものは、ドールンのオリジナルの観察からは最もかけ離れているが、それが示している内容はドールンの主張に近い。Rabl(1892)より。

C:ドールンによる板鰓類(シビレエイ(*Torpedo marmorata*))初期咽頭胚頭部中胚葉の分節性。この図はドールンのオリジナルの論文(Dohrn, 1889−1891)に掲載された7枚の切片像をもとにキリアンが自らの1891年の論文において復元したもの。これは実に奇妙な復元図である。神経管がまだ閉じていない段階の胚において、前脳の下に中胚葉のシスト(胞)が塊になって存在している。実際のサメの顎前腔に先だって現れる小胞群は実際このような状態に近い。第1咽頭嚢の背側から後方へかけての小さな「体節」は、フロリープやキリアンの示したものに近いが、ほかの板鰓類においてこのような形態パターンは記載されていない。ちなみに、ここに示された「小体節」のいくつかは、のちの顎骨弓中胚葉になるものと、索前板から由来した間葉の中に生じ、のちに融合して顎前腔となる前駆体の両者を含んでいるものと思われる。また、最下方にみられる管腔状の構造は、のちの顎骨弓内の鰓弓筋原基であり、体節とは関係がない。Killian(1891)より。

D:ドールン(1890)による板鰓類初期咽頭胚頭部中胚葉の分節性。オリジナル論文から。これはシビレエイ(*Torpedo marmorata*)初期咽頭胚1個体の矢状断を示したものだが、これは正確に矢状断になっているわけではなく、前後軸と背腹軸において少しずれているとドールンは述べている。確かに左下図においては、前耳領域においても体節のような構造がみえ、さらに第1咽頭嚢の背側にも、多少様相は違うが多くの小胞が現れている。フロリープもこれと同様な観察結果を報告しているが、実際にはフロリープが第1咽頭嚢の前半レヴェルに示した小胞に相当する構造が、ここでは示されておらず、前方の小胞を顎前腔の前駆体であると考えれば、著者であるドールンの意に反し、この図には前耳領域の体節的分節が見出されていないことになる。詳細は本文を。Dohrn(1889−1891)より。

E〜G:フロリープが記載したシビレエイ(*Torpedo*)の胚発生。Froriep(1902)より改変。

H:ゼヴェルツォッフによって描かれた、シビレエイの咽頭胚に現れる体節的な中胚葉細胞の集塊。この図では「4」以降の番号を振られた中胚葉の分節が体節の系列相同物のようにみえ、そのうち、前方のいくつかが確かに前耳領域に発しているようにみえる。Sewertzoff(1898b)より。

I:ゼヴェルツォッフの観察したシビレエイの咽頭胚。矢状断を示す。フロリープによる2.7mmのステージFに相当。この図は右側が前。第1咽頭嚢(Sp)の背側に「4」と番号のついた体節的小胞がみえる。Sewertzoff(1898b)より。

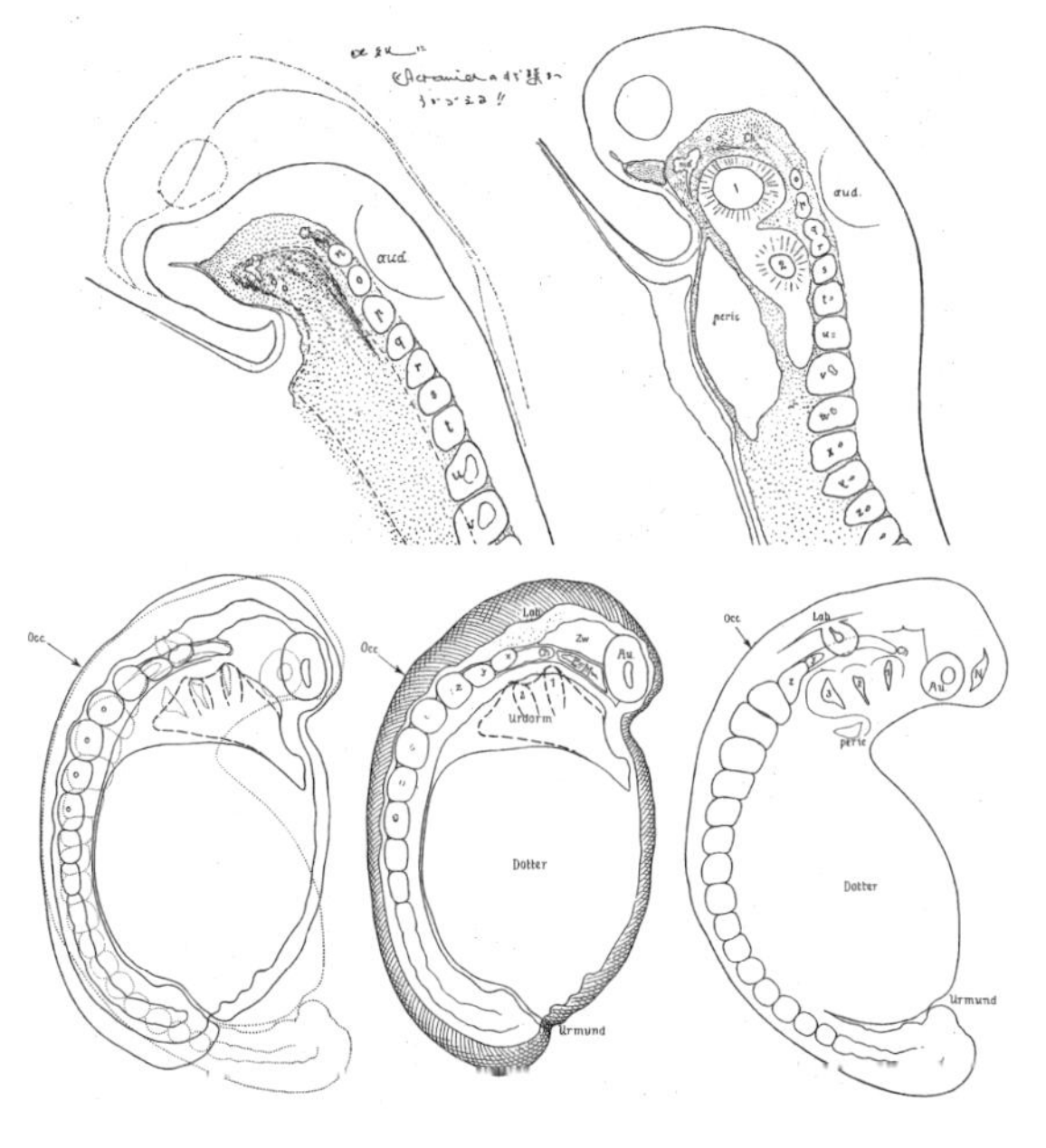

図4−51▶上:フロリープによるシビレエイ初期咽頭胚の中胚葉発生。左の胚の形態がいくぶんナメクジウオのものに似るとの書き込みは、私の上司であった田中重德博士によるもの。

下:フロリープが観察したアルプスサンショウウオ(Salamandra atra)初期咽頭胚における中胚葉。シビレエイに報告されたような頭部体節はここにはみあたらない。Froriep(1902, 1917)より。

ビレエイにはやはり頭部体節は存在するのか。キリアンによるところの「体節」は、さらにそれよりも前方、第一咽頭弓の前にすら存在する。つまり、顎前腔のできる場所にすら体節が存在しているという。

いま目の前にある問題は、「ドールンVSフロリープ＋キリアン」というデータの相違である。図版が稚拙にすぎるキリアンの論文が疑わしいとしても、比較発生学者として名高いフロリープの論文を無下に棄却するのは偲びがたく、これら小体節の記述を「心眼のなせる技」と即断することはできない。なぜなら、彼自身が一九一七年に同様の形式で発表したサンショウウオ（*Salamandra atra*：アルプスサンショウウオ）の頭部発生においては、このような小体節がいっさい記述されていないからだ（図4–51）（Froriep, 1917）。少なくとも、フロリープは何もないところに自分の望む分節の名残を積極的に見出し、描いてしまおうとするような学者ではなく、動物種によって大きな食い違いがあったとしても、それをそのまま発表するだけの正直さと謙虚さは備えていた。いずれ、中胚葉の分節構造が体軸に沿ってどのように出来るかということが頭部問題の本質であったとしたら、頭腔ではなく、発生初期に現れる小胞、もしくは小体節こそが分節単位であるという考えもまた可能な解答であろう。このような観点から再び同様の論文を調査すると、かのゼヴェルツォッフがやはり第一咽頭嚢の背側に小体節を描いており、フロリープの説を支持しているかのようにみえる（Sewertzoff, 1898b）（図4–50 H～I）。実際、ゼヴェルツォッフの観察データは、フロリープのそれと酷似する上に、細密な切片のスケッチが付されている。そして興味深いことに、そこで用いられた動物種もまた、シビレエイ（*Torpedo ocellata* ならびに *T. marmorata*）なのであった。

一八九八年に発表されたこの論文は、おそらくシビレエイについての最も正確で、しかも複数の段階の胚にもとづくデータが示されている。そこでは、フロリープによって「o」と呼ばれたものに相当する小体節が描かれ（ゼヴェルツォッフの図では「4」）、確かにこれは上皮性で、細胞がロゼット場に配列した「小胞」である（図4–50 I）。ただしその後方の二つは、むしろのちの舌骨腔の前駆体のようにもみえる。一方、ゼヴェルツォッフの模式図における「2」の不定形の空所は、のちの顎骨腔に相当し、それについてはすでにフロリープが示している（図4–50 G）。こういった小胞は、出来たばかりの中胚葉の接着性によって、偶発的に生ずることのある小胞のようにもみえる（私はヤツメウナギの尾芽周辺にそのようなものを多数観察したことがある：未発表データ）。すると、そのサイズはともかく、組織構築学的に確かに体節のようにみえる分節的構造の多くは確かに第二咽頭嚢のレヴェルと、それより後方にみられるのだが、それより前の前耳領域においても、頭部中胚葉の傍軸部に確かに小さな体節が独立に複数出来ているようにみえる。とはいえ、キリアンが示したような、典型的な体節が頭部先端にまで伸びているような像は、ゼヴェルツォッフによっても観察されてはいない。かくして、頭部小分節の存在は、疑わしさと確かさをともに示しつつ、いまでも謎のままとどまっている。

ここに示した小さな中胚葉分節について、ゼヴェルツォッフは「サメの胚に比べ、シビレエイではからだが前後に縮んでいるために一つひとつの体節が小さくなり、それゆえに相当する同じ部位にほかのサメよりも多い体節を含むのだ。おそらくシビレエイの祖先は、前後にはるかに長い動物だったのであろう」と述べるが（Sewertzoff, 1898a）、それは体節のホメオティックシフトを頭部全体において認めようという、当時にしては少々過激な考えであった。つまり、胚の体軸上において、どこに内耳が出来、どこに頭部と体幹の接合部（Hintere Kopfgrenze）が出来るかという位置価は決定しているが、各領域にできる中胚葉分節の数は種により揺らぐというのである。しかし、それでも頭の前方における分節数は保守的であり、そこにはつねに三対の頭腔があると彼は信じていた。それに関してはシビレエイでも同様で、しかもプラットの小胞はシビレエイにはないとしているが、ただし、シビレエイの舌骨腔は、ゼヴェルツォッフいうところの第三ならびに第四体節から出来るものだという（Sewertzoff, 1898a）。かくしてヤモリザメ（*Pristiurus*）の頭部は第九体節で終わり、アブラツノザメ（*Acanthias*）のそれは第一〇体節で、そしてシビレエイ（*Torpedo*）では第一三体節で終わるとゼヴェルツォッフは指摘した。無論、このような考え方が妥当かどうかは定かではない。が、いずれにしてもシビレエイの胚発生の特異さをよく物語る仮説ではある。ただし、すでに述べたように、後頭骨を作る体節素材の数が進化上変動することは少なくとも確かである。ちなみに、ゼヴェルツォッフによれば、これらの板鰓類はみな異なった数の後頭体節を持ち、ヤモリザメでは三、アブラツノザメでは四、シビレエイでは二つの後頭体節が発生するという。

いったいそこに分節があるのかないのか。この、「初期胚における小分節をめぐる謎」とそっくりな議論は、一九八〇年代に至り、羊膜類の頭部中胚葉におけるソミトメアの発見という形で繰り返されることになった（前述）。そして奇妙なことに、ソミトメアもまた頭腔よりもずっと多く存在すると信じられていた。シビレエイにまつわるもう一つの謎は、後口動物の幼生にしばしばみることができる体腔管の名残らしき構造が顎前腔に現れることである。すなわち、頭腔として最初は内胚葉系譜に近い索前板から発達した上皮性体腔であるところの顎前腔が、二次的にラトケ嚢の一部に開口するのである。ド＝ビアはシビレエイ咽頭胚におけるこの開口を、珍しく写真によって示しているが◉468、それによると、これは組織切片作成時に出来た人工的な産物ではなく、本物の上皮性の管である。一方、シビレエイを観察したウェディンはドールンの観察した胚にもとづいてこれを否定したが（Dohrn, 1904; Wedin, 1951）、ド＝ビアとグッドリッチがこれを認めている（Goodrich, 1917; de Beer, 1955）。この構造は、ナメクジウオにおける口前窩（preoral pit）をラトケ嚢の相同物と認めるグッドリッチの比較形態学的研究と深く関係するものである（ナメクジウオの形態はのちに扱う）。この奇妙な開口が現れるのはシビレエイだけではない。同様のものはガンギエイ（*Raia*）、スナトカゲ（Phrynocephalus：アガマ科）、オオスベトカゲ（*Gongylus*）、カルガモ（*Anas*）においても認められ、ド＝ビアによればこれらはすべて相同だという。これが後口動物のディプリュールラ幼生における体腔管とどのような関係を持つのか、極めて興味深い問題である。

◎――トラザメ

歴史的には、頭部分節論争において検証する価値のある構造として、まず頭腔が候補として浮かび上がった。そして重要な問題は、「頭腔が体節の系列相同物として真にふさわしい構造なのか」ということであった。古典的には、頭腔は頭部における体節の名残であるとされ、原始的な板鰓類なればこそ、それは視覚的に現れると考えられた。ならば、たとえ羊膜類の頭部中胚葉が、脊椎動物の進化の過程で体節としての特徴を徐々に失ったという、ニール的仮説（第3章）が真相であったとしても、それならばなおさらのこと、板鰓類においてはより濃厚に、祖先的な本来の「体節としての属性」を、羊膜類における以上に保持していることが期待される。そして、その保存された発生のゆえに、頭腔が形をなして現れているのだといえるはずである。

頭腔は板鰓類崇拝の要《かなめ》として、頭部分節説を推進する役目を担ったが、あらためて文献を見渡してみると、一つの動物種において頭腔の発生からその消長までを綿密に扱ったものは驚くほど少ない。例外は、フロリープ（Froriep, 1902ab）やウェディン（Wedin, 1949）であり、後者はヤツメウナギと板鰓類の頭部中胚葉を詳細に記載している。[469] ほとんどの記載において、頭腔はそれがほぼ完璧に出来上がった状態として描かれている。とりわけ頭腔がどこからどのように現れてくるかを扱ったものはない。[470] ただし、外眼筋の分化に伴う頭腔の運命の組織学的記述は多い。[471] しかし、後者は必ずしも頭部分節性を主眼とした研究ではない。とりわけ、頭腔の初期発生についての知見は重要である。というのも、板鰓類の中には三対の頭腔が記載されているものと、四対あるというものの二タイプが混在するからだ。いずれにせよ、この構造はまだ入念に観察されたことはない。

ここで、筆者の研究室で精査したトラザメ（Catshark : *Scyliorhinus torazame*）胚の頭部中胚葉の発生パターンとプロセスを詳細に記述しておくのも無駄ではないだろう（図4–52）。メジロザメ目トラザメ科に属する体長五〇センチ内外のこのサメは、ヨーロッパで進化発生研究に用いられることの多いハナカケトラザメ（*S. canicula*）の同属種であり、日本近海では比較的飼育がしやすく、最も容易に受精卵を入手できる板鰓類である（図4–52）。実験室の水槽では、摂氏一六度の海水にて飼育できる。以下の記述において、発生段階はバラードらのステージ表に準ずる（Ballard et al., 1993）。

この研究は二つの論文からなり、第一のものでは、パラフィン切片にもとづいた組織学的観察と、コンピュータを用いた三次元立体復元から、頭腔の発生プロセスを記載、第二の論文では遺伝子発現パターンの記載を主体にした（Adachi & Kuratani, 2012; Adachi et al., 2012）。現代のような時代に一九世紀的スタイルの論文をあえて書いたのは、新しい発生生物学の文脈の中で、頭部分節性の問題を位置づけることと、形態発生と分子的機構の両面から、頭部中胚葉のパターンを考察することが重要と考えたためである。

ステージ14トラザメ胚は神経胚期に相当し、脊索の両側に中胚葉が前後に伸び、最前の五体節が形成されている。

このとき頭部中胚葉は無分節で、最も前方の要素がのちの顎骨中胚葉（mandibular mesoderm）に相当する。この中胚葉と、後方の第一体節との間に広がる部分は舌骨中胚葉（hyoid mesoderm）と、いわゆる「第0体節（somite 0）」に相当する。これらが本来の頭部中胚葉で、のちにその前方に顎前中胚葉が加わることを例外とすれば、ここにはいかなる分節化の兆候もない。これは原腸前端より両側に伸び出してはいるが、ヤツメウナギのものとは異なり、その内部に明瞭な体腔はない。また、これより前方には明瞭な中胚葉はなく、口前腸の背側部のみが脊索前板としてみられる。

ステージ15では頭部前端に脊索前板が、まるで昔の戦艦の「衝角」を思わせるような索状構造となって伸長し、後方ではそれは脊索に連なる。このころの顎骨中胚葉内には体腔が認められる。これはのちの顎骨腔となる。

ステージ16は神経管形成が開始した頃の神経胚に相当し、先の脊索前板の正中突起はさらに前方へ伸び、前脳の腹側で間葉性の床を形成する。この索状構造がアリスによって「口前腸」と呼ばれたものに相当し（Allis, 1923, 1931, 1938）、この細胞群の分布領域が顎前領域を代表する。

ステージ17ではこの体腔の後方、のちの舌骨中胚葉に相当する部域にも、無数の上皮性小胞ができる。この段階からステージ19にかけて頭部中胚葉は腹側へ大きく広がり、咽頭内胚葉をとり囲み、神経管や脊索の両側の傍軸部と、咽頭弓内にとり込まれる咽頭弓部が区別できるようになる。ヤツメウナギにおけるように（Kuratani et al., 1999）、この腹側の頭部中胚葉が咽頭弓にとり込まれるのは、内胚葉から膨出する咽頭嚢によってこの中胚葉が前後に分断されてゆくためである。

先に生じた顎骨中胚葉内の体腔は、この腹側への中胚葉の成長とともに顎骨弓内へ自ら成長し、顎骨弓の中胚葉性のチューブは成立する。その腹側端は、咽頭弓のさらに下方にみる中胚葉の空所、つまり囲心腔に連絡する。この過程で、脊索前板の間葉のうち前脳底部は退縮し、同時に外側へ広がる間葉がここから二次的に成長、顎前中胚葉となる。その中に出来る不規則ないくつかの上皮性体腔の合一によって、顎前腔が形成されるに至る。同様の小胞の融合は舌骨中胚葉内のそれにも認められ、同じプロセスにより舌骨腔は形成される。すなわち、トラザメにおける三つの頭腔はどれも、原腸上皮からの直接の傍出ではなく、中胚葉内に出来た小さな体腔の前駆体が二次的に、

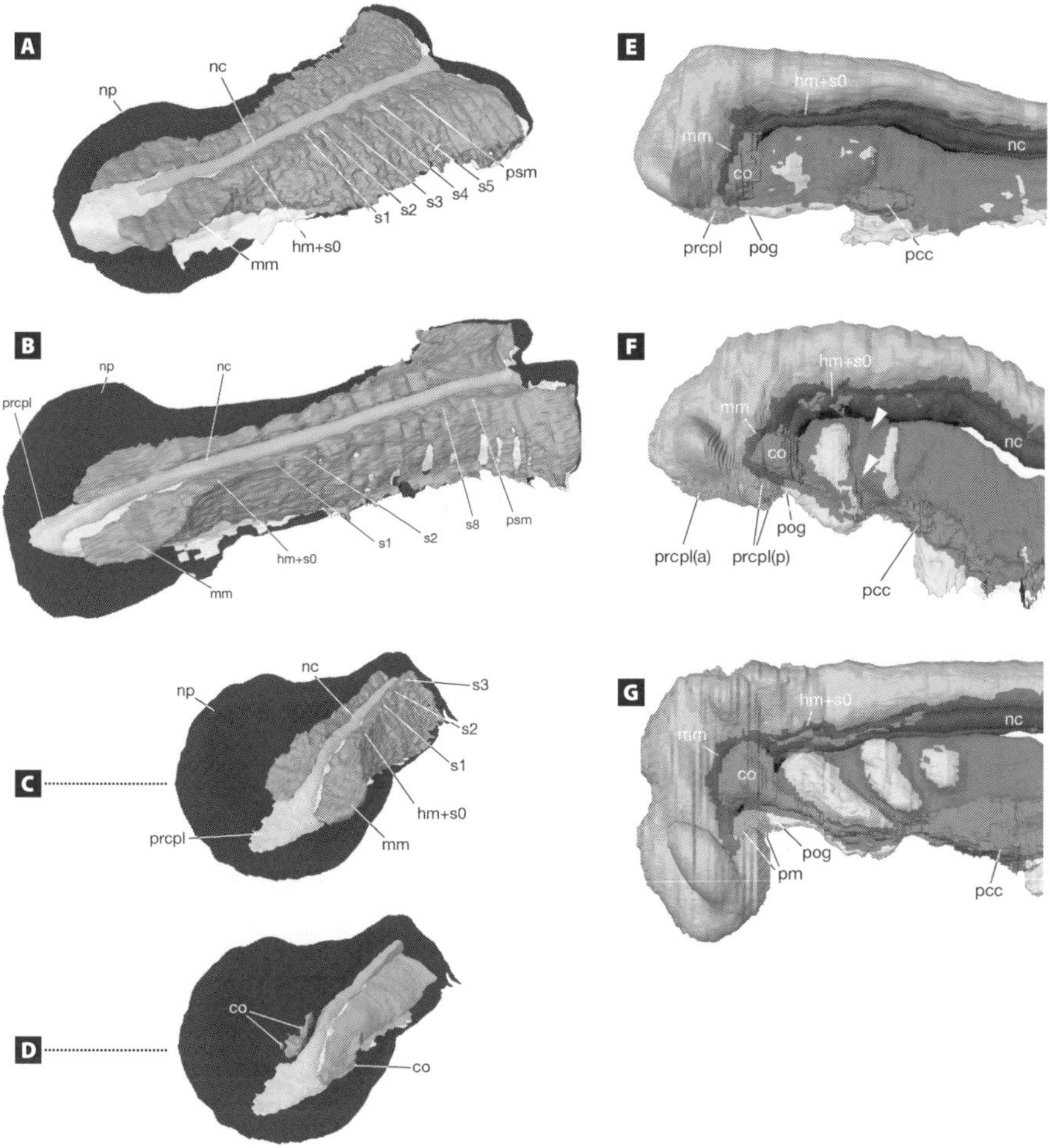

図4-52▶トラザメ胚における頭部中胚葉の発生過程。A：ステージ14、B：ステージ15、C・D：ステージ16、E：ステージ17、F：ステージ18、G：ステージ19。Adachi & Kuratani（2012）より改変。

変形、融合、成長を行うことによって形成されるのである。顎前腔は脊索の前方、正中にある単一の体腔とされることがあるが、左右の顎前腔を繋ぐ交連部もまた、二次的な体腔の融合を介して成立するのであり、これは本質的に対をなした構造である。いずれにせよ、この一対の中胚葉原基の発生プロセスをみれば、すでに多くの動物において報告されているように、それが脊索前板に由来する、胚頭部において最も前方に位置する中胚葉素材であるということは明らかである。[472] かくして、ステージ20（咽頭胚初期）までには、三対の頭腔は典型的な中胚葉性上皮構造として成立するが、その発生過程の経緯を示す副次的な小胞の残遺もかなり長くとどまる。

ステージ19以降のトラザメにおける顎骨中胚葉（顎骨〝腔〟ではなく）の広がりをみると、それは、眼胞に対して前方へ向かう突起を形成する。この突起は、顎前中胚葉を越えて伸び、すでに述べたように、この位置はアブラツノザメ（*Acanthias*）のようなほかの板鰓類の前頭腔が占める場所に近い。[473] このような顎骨中胚葉の前方突起はチョウザメやアミアの胚にもみられ（de Beer, 1924; Kuratani et al., 2000）、多かれ少なかれ顎骨中胚葉の部分として現れる。やはり、前頭腔は最も前の分節ではなく、つねに顎骨中胚葉の部分として、顎前腔の後方に起源を持つらしい。[474] そして、脊椎動物において最前に位置する中胚葉はやはり、顎前中胚葉なのである。[475] ここから由来すると考えられている眼窩軟骨（orbital cartilage, acrochordal cartilage）は、中胚葉性神経頭蓋の最も前の要素であるということになる。この結論については、いく人かの頭部分節論者の考えは正しい。[476]

頭腔の前後関係についての右のような理解は、プラット（Platt, 1891a,b）やウェディン（Wedin, 1949）が板鰓類胚の観察を通じてゆき着いた結論とも同じであり、すでに示したように、顎骨腔と前頭腔の関係は種ごとに変化する（図4–48）。本来、顎骨中胚葉に発するこのような前突起は、動眼神経（III）によって支配される下斜筋の最終的な発生位置を考えるとわかりやすい（Holmgren, 1940）。つまり、動眼神経によって支配される筋のうち、下斜筋だけが、大きく離れた位置に発生するのである。かつてウェディンは、顎口類に現れる頭腔を、「大きな眼球に対応して外眼筋の原基を発生上配置させるための二次的適応である」と論じたが、しばしば独立した体腔として前頭腔を発生させるというそのこと自体が、頭腔という構造の適応性、柔軟性を示唆している（Horder et al., 1993もみよ）。つまり、頭腔は形態学的な分節としての位置関係における一貫性、上皮化の組織発生学的特徴、出現の時間、において体幹の体節と比べることのできる要素を欠いている。また、頭腔の有無、大きさに関して現生顎口類の中で多様性が著しく、脊椎動物の基本体制を支える胚の基本形態の構成要素としての意義も不明瞭である。[477] また、円口類において過去に記載されている頭腔[478]とは、ヴァン=ヴィージェ以来定義されている傍軸中胚葉要素としての頭腔とは異なるものであり、その考察には注意が必要である。

遺伝子発現

進化発生学的研究は、相同遺伝子の機能の類似性を確認した上で、その発現のタイミングや場所、あるいはそれを制御する機構の差を表現型に結びつけてゆくものだが、板鰓類の頭部中胚葉、とりわけ頭腔の進化発生学的意味を知る上では、遺伝子発現解析は極めて興味深いデータとなる。なぜなら、

①バルフォーやヴァン＝ヴィージェ以来、体幹の体節と系列的に相同であると認められ、頭部分節性の根拠とされてきた頭腔が、羊膜類で不明瞭になっているのが二次的な特殊化、もしくは退化であると認めるとし、さらに

②たとえ実験モデル動物の頭部中胚葉が、形態的に、また遺伝子発現プロファイルの点で体幹の体節と著しく異なったものであるとしても、

③サメのような原始的な系統の脊椎動物においては、頭腔や、それをもたらす頭部中胚葉と体節の違いはまだ小さく、そのゆえにサメの頭部中胚葉は体節に比較できる中胚葉性体腔の分節としての頭腔を分化させる、

という仮説が成立するからである。これを検証するには、サメの頭腔と羊膜類の頭部中胚葉の間で遺伝子発現を比較すればよい。もし、頭部と体幹の差異が、サメと羊膜類で同じであれば、サメに顕著に現れる頭腔が原始性を反映しない可能性を問わねばならなくなる。

◎——中胚葉に発現する遺伝子

幸い、現在では頭部中胚葉と体節における遺伝子発現プロファイルが、いくつかの動物胚で詳細に報告されている（図4-54）。遺伝子機能を鑑みた考察は本来第5章において記述すべきものだが、頭部中胚葉におけるそれは例外的にここで述べるのがよいだろう。まとまった研究としては、ディートリッヒの研究室によるニワトリ胚についての報告があり、そこでは発生上の機能により、遺伝子をいくつかのグループに分けて扱っている。

まず、体幹の傍軸中胚葉が分節化するにあたって、脊椎動物のみならず、左右相称動物に広くみられる、いわゆる「分節時計遺伝子群（segmentation clock genes）」による分子機構と、それにより形成される境界に付随した遺伝子発現が知られる。[479] ここにかかわる遺伝子のいくつかは、体節一つが出来るたびに中胚葉の前後軸を移動する発現のオシレーションを行うが、すでに触れたように、このようなパターンが脊椎動物胚の頭部中胚葉では二回しか起こらない。[480] また、筋分化にかかわる遺伝子の発現機序も、頭部中胚葉と体節では大きく異なる。[481] とりわけ、頭部中胚葉においては、後頭体節由来の鰓下筋系と同様に外眼筋分化に付随した*Pitx2*、鰓弓筋分化にかかわる*Pitx2*、*Tbx1*、*Isl1*が特徴的だが、[482] これらの発現領域は古くからそれぞれ「体性（somatic）」と「臓性（visceral）」部分として、体幹にみられる背腹区分（傍軸と外側の区別）とのアナロジーとして仮設されていた領域に対応する。[483] 確かに、体性運動性神経が支配する外眼筋が前者から由来し、特殊内臓運動性の繊維を含む鰓弓神経群が咽頭弓筋を支配すること（加えて、迷走神経の鰓枝が、心臓のうち鰓弓中胚葉的要素を含む二次心臓領域（secondary heart field）由来の部分を支配すること）はこれと整合的で、咽頭が消化器の一部であることは、古くから認められてきた。

しかし、頭部中胚葉には右に述べたような傍軸・外側の区別が本来的にはなく、すべて傍軸部に対応するという考えも存在した（Noden, 1988; Noden & Francis-West, 2006）。それはもっぱら鳥類の神経胚における頭部中胚葉の発生運命予定地図と組織形態学的パターンにもとづく考え方である。とりわけ、咽頭弓中胚葉となる細胞群は、頭部中胚葉の腹外側部に予定され、その部分は外側中胚葉のような組織構造を持たない。[484] しかし同時に、咽頭胚になった時点では、頭部中胚葉派生物には明瞭な背腹の別ができており、*Pitx2*によって特異化される外眼筋と*Tbx1*によって特異化される咽頭弓筋の原基は（咽頭弓それ自体が体壁ではないとはいえ）明瞭に背腹に離れて存在する。このような発生プロセスと一見整合的なのが、右にあげた二つの遺伝子発現である。

すなわち、ステージ17のトラザメ胚（初期咽頭胚）では、もっぱら*Pitx2*のみが頭部中胚葉の背側縁に発現し、それより腹側の部分は、のちに成長しステージ18では咽頭弓中胚葉となる。このとき*Tbx1*が発現を広げるが、その領域は一部*Pitx2*のそれと大きく重複する（図4－53）。さらに、咽頭胚中期（ステージ26）になると、頭部中胚葉の傍軸部は一部*Pitx2*の発現を停止し、一方*Tbx1*の発現は咽頭弓中胚葉全域にわたる。つまり、頭部中胚葉は当初明瞭に特異化しておらず、まず外眼筋や*Pax9*の発現を介して神経頭蓋の一部[485]を形成する傍軸部の特異化から先に進行し、背腹への成長とともに、その臓性の性質が腹側に付与されてゆく。したがって、神経胚期における頭部中胚葉には、傍軸中胚葉としての性質しか現れていないが、細胞系譜としてはその外側に将来の臓性部が約束されていることがみてとれる。これは、体幹部において、体節と側板中胚葉が、形態的にも遺伝子発現レヴェルでも明瞭に特異化されていることと対照的である。

以上のように、頭部と体幹における中胚葉の特異化は互いに大きく際立ち、最も発現の仕方に差が認めにくく、あたかも頭部分節性をサポートしているかのようにみえるのが*Myf5*であるとしても、筋節の分化促進に寄与する*Pax3*、筋節の幹細胞の特異化にかかわる*Pax7*が頭部中胚葉には発現しないなど、明らかに発生機構レヴェルでの差、つまりベイトソンのいう不連続性が両者の間には認められる。

◎——頭部に体節はあるか

では、このような遺伝子発現の面から、脊椎動物の胚には、そもそも頭部体節は存在するといえるのだろうか。二日目ニワトリ胚では、分節化した傍軸中胚葉は体幹にしか存在せず、頭部には明確な分節がない。以前は、走査型電子顕微鏡での観察により、ここにも不完全な分節的膨らみがあるとされ、これを「頭部ソミトメア」と呼ぶこともあったが、いまではそのような構造の存在は否定されている。が、それは必ずしも、頭部中胚葉が祖先においても分節していなかったということを意味するわけではない。したがって、原型論的意味合いにおいてではなく、進化発生学的にこの問題は、脊椎動物の祖先の頭部にはかつて体節が存在し、それが二次的に消失したのか、あるいは脊椎動物の中胚葉形成プログラムにおいては、頭部でも中胚葉を（体節のように）分節させている仕組みがいまでもある程度残存しているのか、という問題に置き換えることができる。さらに、板鰓類の胚にみる頭腔が、組織発生学的に本当に体節と同等のものかという、どちらかというと個体発生学的吟味を目指した明瞭な問題設定も可能である。

　こういった諸問題のうち、最後に挙げた「頭腔と体節の系列相同性」については、すでに述べたように筆者のグループが報告した（Adachi et al., 2012）。板鰓類がもし真に原始的な形質を有し、その一貫として頭部体節としての頭腔を発生させているのであれば、サメにおける頭腔と体幹における体節の相違は、たとえば、マウス、ニワトリなど羊膜類の頭部中胚葉と体節の間の相違よりも遥かに小さいはずであり、それが頭腔の体

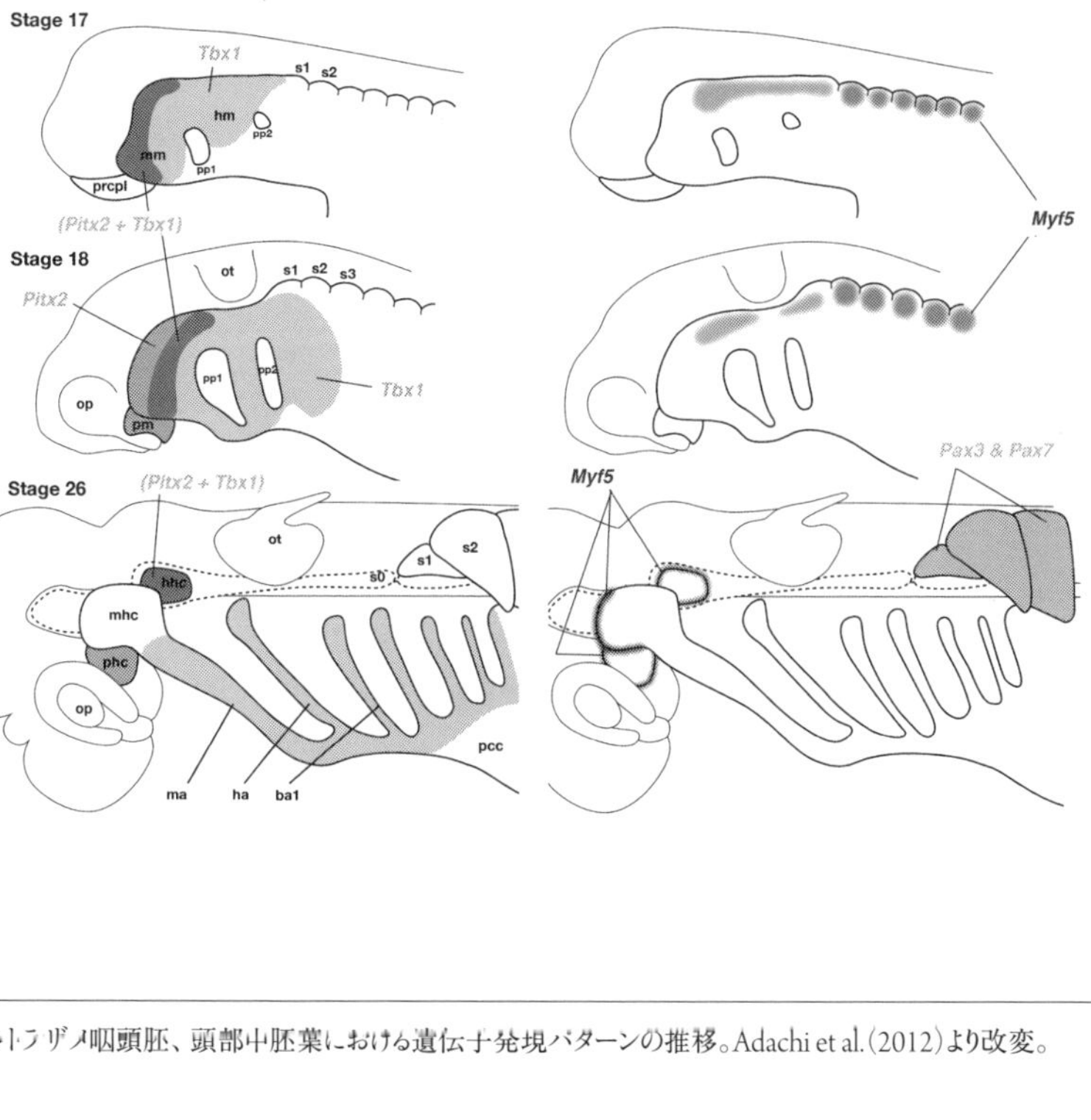

図4 53▶トラザメ咽頭胚、頭部中胚葉における遺伝子発現パターンの推移。Adachi et al.(2012)より改変。

節的性質を物語るというのが我々の反駁すべき作業仮説であった。そのような方針で、我々はトラザメの胚における頭腔を詳細に観察し、その組織学的発生プロセスや分化、そして遺伝子発現に至るまで様々な比較を行った。得られた結果は非常に興味深いものであった。まず、

①サメの頭腔は、脊椎動物の体節と似たような組織発生学的様式では発生しない
そして、
②それが頭腔として発生しようがしまいが、頭部中胚葉と体幹の体節における遺伝子発現プロファイルの相違は、円口類や羊膜類において知られているものと一致するのである。

つまり、サメの頭腔は、何か体節に似たものとして上皮化しているわけではない。では、ナメクジウオの体節が、脊椎動物の体節と似ているかというと、それもまた一概にいうことはできない。むしろ、ナメクジウオの体節に発現する遺伝子には、脊椎動物の体節に発現するものの相同遺伝子だけではなく、頭部中胚葉での発現が知られる遺伝子も含まれていた。どうやら、遺伝子発現のレヴェルでは、ナメクジウオの体節は、頭部中胚葉とも体節ともつかない、中間的存在であるらしい。ゲーテ以来、あまりにも我々は、体節の示す分節性に規則性であるとか、理想化された未分化な状態、すなわち「デフォルト性」をみすぎてきたようである。そして、動物の形の本質を体幹に探し出そうとした。もし脊椎動物の頭部が、何らかの特殊化の果てに獲得された新しいものであるというのなら、体幹が同じ特殊化を経ていても驚くべきではない。

結局、すべての脊椎動物は、頭部中胚葉と体節を前後に明瞭に分化させることによって脊椎動物たりえている。そして、サメにおいて最も明瞭に発生する頭腔の存在意義こそまだわからないものの、それは一次的に重要な分節単位としてではなく、脊椎動物が円口類を分岐し、さらに板皮類に至って顎を獲得してのちに、その中のいずれか

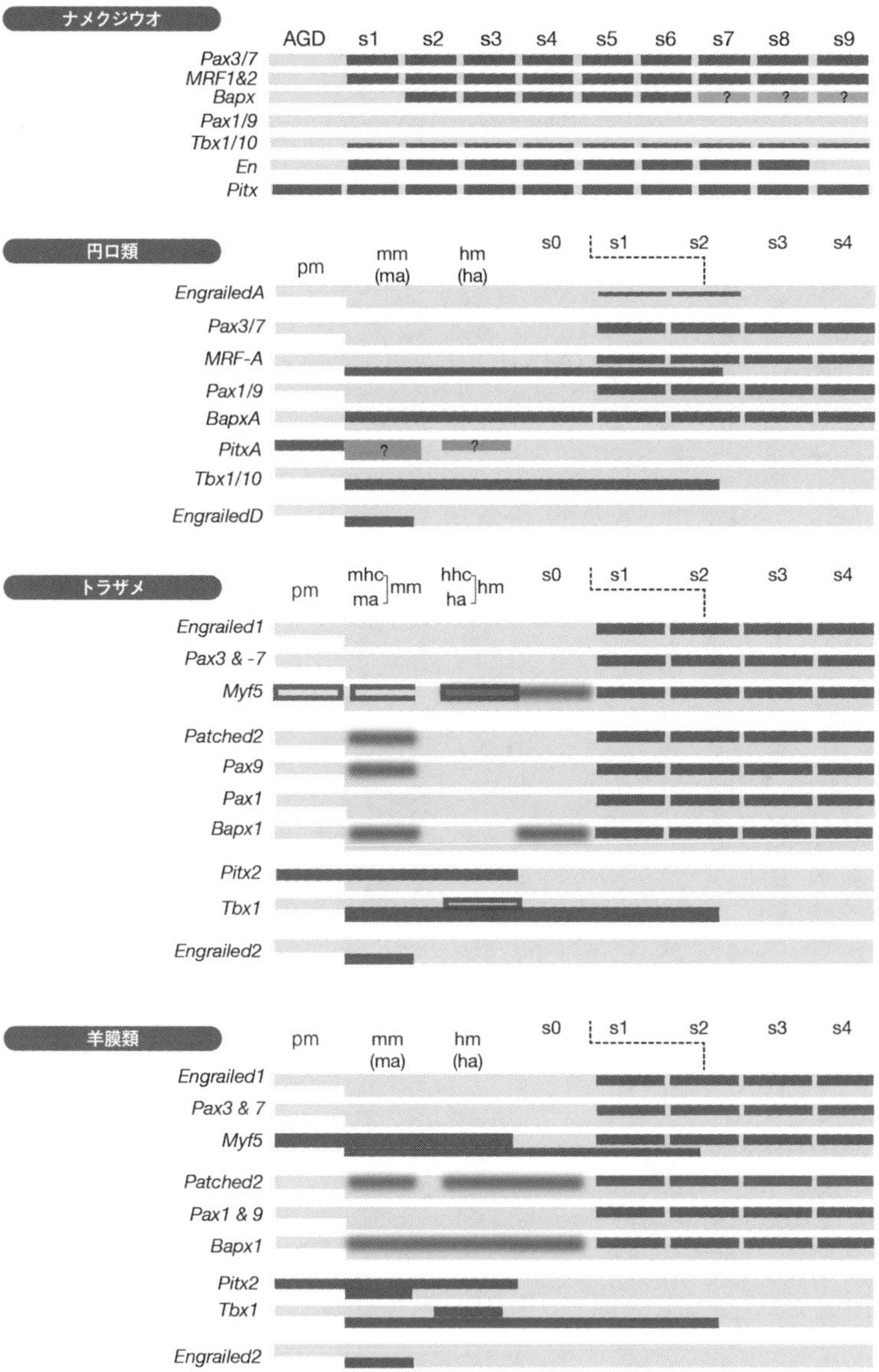

図4-54▶ナメクジウオと脊椎動物数種における中胚葉関連遺伝子発現の比較。Adachi et al. (2012) より改変。

の系統において二次的に獲得され、板鰓類以外の動物群では、もっぱら二次的な消失の傾向を示すという、そのような二次的構造でしかないという可能性も濃厚となった。

これまで報告されているいくつかの動物種の、主として咽頭胚、すなわちファイロティピック段階における遺伝子発現を比較すると、興味深いことに、頭腔の有無にかかわらず、頭部中胚葉と体節の遺伝子発現プロファイルは極めて似た差異を示している。つまり、体節のマーカー遺伝子も、頭部中胚葉のマーカー遺伝子も、ヤツメウナギを含めた脊椎動物全般にわたって共通しているのである(図4-54)。脊椎動物はその進化の極めて早い時期から(円口類の分岐以前より)、中胚葉の特異化において、頭部中胚葉と体節は現在の羊膜類におけるのと同様のレヴェルで差異化しており、板鰓類における頭腔の顕著な発生が、その系統の原始性や、体節と類似の中胚葉の特異化に従って、痕跡として発生しているのではないということが強く示唆されている。そして、この章の最初の文脈に立ち戻れば、フォン＝ベーア的な分類学的方針に沿う限り、脊椎動物のファイロタイプ期において、頭部中胚葉と体節の差異化は種を通じて安定しており、ゆえに板鰓類の頭腔を「原始的系統の個体発生過程に現れる体節的特徴の表出であるとみなすことはできない」のである。

さらに興味深いことに、体幹と仮想的頭部において明瞭な差を示さない動物を探すと、それは頭索類ナメクジウオということになる。つまり、脊椎動物において頭部中胚葉的特徴、体節的特徴とされるすべての遺伝子発現が、ナメクジウオでは、顎前中胚葉との相同性が指摘される側形質を別にすれば、ほぼすべての体節に発現する傾向がある。●486 つまりこの動物においては、遺伝子発現からみる限り、「頭部中胚葉がまだ獲得されていない」というより、「分節的な中胚葉が、体節としても頭部中胚葉としても分化しておらず、そのどちらでもない」といった方が適切であるらしい(図4-54)。このことは同時に、頭部を体幹の特殊化としてみる、伝統的な形態学の基本方針自体に問題がある可能性を含意する。

形態学的分節論における「デフォルト」に関して注意を喚起したように(第1章)、無根拠に頭部を特殊化したものととらえ、その本来の未分化な理想的状態を体幹に求める傾向は歴史的に明瞭であった。が、ゲーゲンバウアーの考えたような「顎も舌骨もなく、鰓のみからなる咽頭」という原型的祖先の化石が発見されないように、オーケン、オーウェン、ゲーテの想像した「体軸がすべて背骨から出来ているような動物」もいなかった。デフォルトとされる構造もまた、その系統に特異的なある程度の分化・特殊化をまぬがれることはできず、それは体節についても同じことだったらしい。つまり、頭部が分化する進化過程においては、同時に体幹も別の方向へ特殊化を果たしたのである。その分化とは、「頭でも体幹でもない、それらのどこか中間的段階から、両極へ性質を特殊化、かつ機能的に分離してゆく」現象ともみることができる（これは、ナメクジウオの神経管において、後脳と脊髄両者の性質をともに備えた部分が大きく広がり、それが前極では後脳へ、後極では脊髄へと分極していくさまに近い）（Fritzsch & Northcutt, 1993）。この過程で「ゲノムの倍化（two-round whole genome duplication：2RWGD）」が生じているのは意義深い[●487]。いずれにせよ、サメを分子発生学的に解剖することにより、背骨はもはや形態学的分節のデフォルトを示すことがなくなってしまった。それは確かなようである。

脊椎動物の頭部を分節的プランの形で統一的に記述しようという形態学者たちのパトスが、一九世紀末期から二〇世紀初頭にかけて姿を変え、比較発生学を舞台とした形態学の中心命題を形成してきた。それと類似の試みは、節足動物についてもなされ、さらに二一世紀となった現在、遺伝子発現というツールを利用し、進化発生学の名の下に同じ試みが繰り返されている。では、この分節プランの本質とは何だろうか。研究者はなぜそれを執拗に追い求めるのだろう。同時に、進化的な形態パターンの変遷を真に教えてくれる動物がごくわずかだという事実も見逃すべきではない。結果、認識のうちに観念を形成する傾向はとどまるところを知らない。このことは実際、初期の進化発生学についてもいうことができる。

次章においては、頭部問題がさらに姿を変える実験発生学の分野に眼を向ける。二〇世紀初頭における実験発生学（＝発生機構学）と比較発生学の決別は、いまでこそ悲劇的なトーンで語られることが多いが、その当初は、しばらくの間両分野にとってある種の蜜月期が続いていたのである。それは、とりもなおさずその頃の実験発生学者のほぼ全員が、かつて比較発生学と比較形態学の薫陶を受けた学生であったからに他ならない。これら二分野の決別が決定的となるのはむしろ第二次大戦後のことだったのである。

【注】

●**401**——それは現在受け入れられている系統樹が正しい限りにおいてであり、化石無顎類の無甲類が、円口類に属する可能性もまだ完全には除去されていない。場合によっては、現生の円口類が対鰭や骨組織を二次的に失ったというシナリオもありうる。

●**402**——円口類の詳細な形態と発生、系統については倉谷(2017、執筆中)を参照。

●**403**——Alcock (1898) をみよ。彼女のこのような言明には、当時彼女が脊椎動物の節足動物起源説を提唱したガスキルの共同研究者であったという背景がある。ガスキルは彼女の類い希な観察能力と描画の才能に惜しみのない賛辞を送った。これについては、Gaskill (1908) を、詳細は第6章をみよ。

●**404**——Heintz (1963)、Janvier (2007) に要約。

●**405**——これについては、Mallatt & Sullivan (1998)、Kuraku et al. (1999)、Delarbre et al. (2002)、Takezaki et al. (2003)、Kuraku & Kuratani (2006)、Kuraku et al. (2008)、Mallatt & Winchell (2006)、Heimberg et al. (2010)、ならびにKuraku et al. (2009) に要約。

●**406**——しかし、その前駆体と呼んでよいような筋はヤツメウナギ類の幼生、ならびに成体の咽頭壁に分布し、便宜上これを支配する神経を「舌下神経」と呼ぶが、その末梢形態は完璧に同じとはいえない。

●**407**——最近の観察については、Suzuki et al. (2015) を参照。

●**408**——詳細な観察については、Kuratani et al. (1999) を参照。

●**409**——Damasのこの論文においては、頭部神経堤細胞の広がりまでがはっきりと示されている。

●**410**——Koltzoff (1901)、Damas (1944) ならびに本書図4–39を参照。ナメクジウオには体節と側板の区別はなく、中胚葉が全体として分節し、それが一般には体節と呼ばれている。

●**411**——それはバルフォーも一八八五年にとった見解であり、その立場は現在でもホランド夫妻によって採用されている。ヤツメウナギ胚の顎骨弓中胚葉は、ホメオボックス遺伝子*En*を発現する(Holland et al., 1993; Matsuura et al., 2008)。このことをもって、それをナメクジウオの前方の体節(やはり*En*を発現する)の相同物であるとホランドらは問うている(Holland et al., 1997)。が、脊椎動物の体節は*En*を発現せず、一方で脊椎動物の顎骨弓中胚葉(顎骨弓の中に発生し、のちに三叉神経筋に分化する中胚葉)は咽頭胚期に*En*を発現する。おそらく、ヤツメウナギにおける*En*の発現も、顎骨弓の性質の一環として生じているとした方が妥当である。

●**412**——このことはヌタウナギにおいても同様である。詳細はOisi et al. (2013) を。

●**413**——これらについてもまた、ヌタウナギの発生でも同様である。詳細は、Ota et al. (2007) を。

●**414**——現代の円口類研究と古生物学上の新しい発見とのかかわり、それにもとづく顎の進化の再解釈、ヌタウナギ発生研究の進展については、拙著改訂版をみられたい。

●**415**——これに比肩する書籍といえば、グレゴリーによる『魚類の頭蓋(*Fish Skulls: A study of the evolution of natural mechanisms*)』や、エジワースによる『脊椎動物における頭部筋(*The Cranial Muscles of Vertebrates*)』くらいしかみあたらない。

●**416**——これに似た試みとしてパーカーとベタニーが一九世紀末に同様の教科書をまとめ上げたことがあるが、それは組織学的考察を欠くものであった。

◉**417**――しかし、一見「軟骨頭蓋マニア」が書いたのかと思わせるその内容は、往々にして細部に言及しがちで、重要なテーマを掘り下げることには失敗しているばかりか、頭部問題についてグッドリッチを越えるものはみられない。

◉**418**――学問の世界ではこのように、ある意味エポックメイキングな著作が書かれることが多い。が、それは必ずしも、謎の解明において革新的なのではなく、その時代ごとにバランスのとれた常識的な考えが体系づけられてまとめられ、それゆえに以降の研究に大きな影響を及ぼすということなのである。このような、本質的に枚挙的な性格の教科書はしたがって、いわば学問研究における「辞書」や「図鑑」のような役割を果たす。形態学のように、多くの事項が目白押しになる分野では、このような教科書の必要性は大きく、同様な書籍がいくつか書かれている。たとえば、脊椎動物比較解剖学ではボルクの叢書が有名で、神経解剖学では、カッパーズらの『ヒトを含めた脊椎動物の中枢神経系比較解剖学（*The Comparative Anatomy of the Nervous System of Vertebrates, Including Man*）』や、比較的最近になって出版された。ニウエンフイスらによる『脊椎動物の中枢神経系（*The Central Nervous System of Vertebrates*）』が知られる。ニウエンフイス本人の言によれば、彼の編纂した比較神経解剖学書は実際にカッパーズの教科書をモデルとしており、その構想もまたカッパーズの教科書が出版された直後から始まったのだという。まことに、教科書の編纂は一大事業だという話である。

◉**419**――これは時代を考えれば当然のことである。しかし、現在これだけの分子遺伝学的論文がマウスの頭蓋発生について書かれている中、肝腎の指南書がマウスを扱っていないというのは確かに具合が悪い。アルビノマウスの軟骨頭蓋の発生が、正式の原著論文として発表されたのは、私の知る限り一九八六年のフリックによるもののみ（Von Hans Frick (1986): *Zur Entwicklung des Kopfschädels der Albinomaus. Nova acta Leopoldina* NF 58, Nr. 262, 305–317）。残念ながらこの論文は時代にそぐわずドイツ語で書かれたため、いまでも広く引用されるには至っていない。このような状況は、比較形態学に限らず、現代の科学研究における最も深刻な問題の一つであると同時に、一種の伝統ともいえる。

◉**420**――これは、祖先から子孫へ至るステップとしての進化論の受容にこだわり続けた、当時の英国社会における科学の状況を反映しているとみることができるのかもしれない。一方で、ダーウィン自身があれほど強調したクラドゲネシスについて、影響を受けたのはむしろヘッケルやゼヴェルツォッフといったドイツ語圏の学者たちであった。これもまた事実であると同時に、大いなる皮肉というべきであろう。

◉**421**――これはゼヴェルツォッフの想定した顎前弓の数より一つ少ない。

◉**422**――おそらく我々の祖先が板皮類であったことはあろうが、板鰓類であった試しはない。軟骨魚類と硬骨魚類の共通祖先はグレードとしての板鰓類であったらしい。

◉**423**――これに関しては、Parker (1883)、Sewertzoff (1897)、Allis (1923, 1931a,b)、de Beer (1924, 1931, 1937)、Bjerring (1977)、Damas (1958) および Hardisty (1981) を。要約は de Beer (1937) を。

◉**424**――私の研究室で行ったヤツメウナギの顎骨中胚葉の標識実験も、この考えを強く支持した。ジョネルズの観察が予想する通り、顎骨弓内の中胚葉に由来する鰓弓筋が標識されると同時に、ヤツメウナギ胚の梁軟骨も標識されることが多いのである。詳細は Kuratani et al.

(2004)を。

●**425**――顎前弓を示す化石動物としては、骨甲類（セファラスピスの仲間）がステンシエーによって示されたことがある。しかし、それが脳神経の同定ミスによる解釈の誤りであったことがいまではわかっている（Janvier, 1996）。

●**426**――脊椎動物の前方の（仮想的）筋節は脊椎動物の外眼筋として分化しているのだから、過去の頭部問題は、傍軸中胚葉要素に関する限りは事実上、解決済みなのだと、ゼヴェルツォッフは一九三一年の時点では考えていた。

●**427**――哺乳類とそれ以外の顎口類においては、梁軟骨と内頸動脈孔の位置が逆転している。

●**428**――一面この見方は正しい。脊椎動物における鰓は、節足動物における附属肢と同様の進化的多様性を垣間見せる。

●**429**――ゴルトシュミットの学位論文は、ナメクジウオを用いた比較発生学であった。

●**430**――この記述はおそらく、現生のナメクジウオにおける無数の内臓弓や囲鰓腔が、ナメクジウオの系統の分岐後に独自に獲得されたというシナリオにもとづいている。

●**431**――化石も含めた系統としての顎口類には、そのステムグループに無顎類を多く含み、その鰓がヤツメウナギと同様の構造を持っていた可能性がある。

●**432**――このパターンは基本的に現生軟骨魚類の内臓骨格をベースにゼヴェルツォッフが一九二三年に考案したものだが、現在では、咽頭鰓節に上下の区別が設けられる硬骨魚のパターンがむしろ一次的で、それが原始的な化石軟骨魚類にも存在していたことがわかっている。

●**433**――脊椎動物を定義づける基本的な形質である、脊索、その上の神経管、脳神経と内臓弓、筋節などを指す。

●**434**――おそらくそれは実際には、板皮類のある系統において初めて獲得され、硬骨魚類と軟骨魚類に受け継がれた、現生顎口類の共有派生形質である。

●**435**――参考文献としては、Allis (1923, 1924a,b, 1925, 1931a,b) を。

●**436**――現在その邸宅は博物館として残されている。余談になるが、そのころ地元では、二人が同性愛カップルなのではと噂されたという話が残っている。

●**437**――参考文献としてScammon (1911)、Haller (1898, 1923)、要約はKuratani et al. (2013) を。

●**438**――鰓弓分節性に偏重したこのようないい回しは、現在ではもはやされることは少ない（Kuratani et al., 1997a）。

●**439**――これに関する議論としては、Kuratani (2009) を参照。

●**440**――ここを支配する神経枝、上顎神経の一枝である鼻口蓋枝は、本来顎よりも前の領域を知覚支配する神経であった。Kuratani (2012)、Higashiyama & Kuratani (2014) を参照。

●**441**――ある見方によれば、前脳と吻の拡大に追いついて口を大型化させたこと、ともいえる。

●**442**――この教科書はすっかりボロボロになってしまい、のちに神田の古書店で状態のよいものを見つけたときは迷わず購入した。かくして、私はその本を都合二冊所有しているわけだが、どちらも重要なのでどちらかを人に譲るわけにはゆかない。ちなみに、これに次いで使い込んだ教科書は、Nicole Le Douarinによる『神経堤（*The Neural Crest*）』である。

●443——ちなみにジョリーは、脊椎動物の口がディプリュールラ幼生的な祖先にすでに存在し、それがいまでもそのまま受け継がれていると考えていた。

●444——それは、もっぱら八〇年代以降の、鳥類胚を用いたキメラ実験を待つよりほかなかった。

●445——ジョリーは、口蓋方形軟骨や梁軟骨が、それより後方の頭蓋底とは異なり、神経堤に由来することを正しく認識している。

●446——「咽頭壁」や「咽頭弓」はいわゆる「体壁」ではない。「体壁」は体腔に接する構造のみをいい、咽頭では体腔が消失しているのである。

●447——その点、鳥類胚を用いたキメラ実験の成果が一段落をみたのちに彼らが分節論を唱えたらどうであったか、あるいは、それが比較発生学の最盛期であったらどうだったろうかと、筆者は想像することがある。その活躍が早すぎたのか、さもなければ遅すぎた感があるのが、彼らの分節論なのである

●448——この中には通常、比較神経発生学者のベルグクイストは通常含められていない。

●449——一つの体節の後ろ半分と次の体節の前半分が融合し、一つの椎骨原基を作る現象。このことにより、筋節と椎骨の分節が互い違いになり、体幹の強度と運動性が増強される。第6章に詳説。

●450——ただしそこでは、神経分節の配置と頭部体節の対応については触れられていない。

●451——ただし私見によれば、シーラカンスにおけるそれは、形態学的位置とその神経支配から、むしろ僧帽筋が変形したものである公算が強い(倉谷、未発表所見)。

●452——この軟骨はおそらく爬虫類の上梁軟骨と相同であり、どちらも一次頭蓋壁が軟骨化して出来るため、中胚葉性である公算が高いと思われていた。そして、最近のトランスジェニック動物を用いた実験によって、それが実際に中胚葉に由来することが確かめられた。Kuratani (1989)、McBratney-Owen et al. (2008) を参照。第5章に詳述。

●453——こういった軟骨のいくつかは通常は「二次軟骨 (secondary cartilage)」として説明される。二次軟骨というのも不明瞭な概念だが、組織学的にはその幼若さが強調され、形態学的には祖先に存在しなかった、新しい由来のものであると説明されることがある。

●454——可能性としては、鳥類や肺魚において顔面神経の膝神経節に伴って現れる鼓室傍器官 (paratympanic organ) が、それに該当するのかもしれない。

●455——確かにいわれてみれば、自律神経節の形態的分布にもともと分節性があるというのは、否定的どころか、実のところ極めてありそうな話ではあるし、そのような印象を私自身、胚の観察を通じて得たことがある (Kuratani, 1990)。少なくともそれが頭部の動脈に沿って発生することだけは間違いがない。

●456——ジャーヴィックがしばしば言及したユーステノプテロンは、分節の基盤が得られた祖先動物としてではなく、分節性のルールが残されていた好例として用いられている。

●457——ちなみに、その研究者は頭部分節性それ自体の意義はよく理解しており、サメ胚の顎前腔に相当する上皮性体腔がニワトリ胚に現れることもちゃんと記載している。

●458——九〇年代の終わり、筆者の研究室はマイヤーらと同様、走査型電子顕微鏡を用い、ヤツメウナギ胚頭部の中胚葉の発生を観察し

たのだが、そこに体節に相当するような分節的境界は存在しなかった。しかし定義上、頭部ソミトメアの境界は必ずしも明瞭な切れ込みとして現れる必要はない。不完全に中胚葉を分断する「溝」のようなものが繰り返して現れていればそれでよい。実際、我々は一〇〇枚を軽く越えるヤツメウナギ胚頭部中胚葉の写真を撮ったが、事実その中の一枚か二枚、確かに頭部中胚葉があたかも規則的な「畝」を繰り返しているようにみえるものはあった。しかし、それがアーティファクトであることは明々白々であった。胚頭部が弓状に折れ曲がり、それによって咽頭弓の幅と同期するようにいくつかの「皺《しわ》」が、弓状に反り返った頭部のなすアーチ内側の中胚葉に生じていたのである。上のような像に遭遇したとき、研究者の選択は二つに別れるであろう。「これで、ようやく予想していたものとの邂逅を果たした」とするか、それとも、「単なるアーティファクト」と棄却するか。適度な弾力性を持った一様な構造に力を加えればつねにそこには必ず皺が寄る。中胚葉も同じである。しかも、咽頭裂が存在しているところはほかの部分より皺の生ずる可能性が高まり、結果として頭部中胚葉と内臓弓が同じリズムで繰り返しているというイメージを醸してしまう。たまさか出来てしまった皺、すなわち典型的な失敗作を仰々しくとり上げ、積極的な意味をみてとることは無駄であるばかりか、人に誤謬を植えつけかねない危険すら秘める。私は後者を選び、その「疑似分節的なパターンの皺が出来た失敗作」をあえて公開しなかった。しかしヤツメウナギの場合と異なり、「それが皺ではなかった」という可能性が少しでもある場合は、問題はより複雑となる。一〇〇に一つのポジティヴが得られたときにそれを真実だと考えるのは問題だが、一〇回のうち一回の割合でポジティヴなデータがコンスタントに、しかも一見無根拠に得られるようなときには、観察者が気づいていない何かがそこにある可能性を考慮すべきであろう。ヤツメウナギの頭部中胚葉についての論文を発表したのち、ジェイコブソンから山のように別刷りが送られてきた。そのすべてに「ソミトメアは実在する」と手書きのメッセージが添えられていた。いかに最新の観察技術を用いようと、頭部分節性にはつねに解釈論がつきまとう。データはしばしば観察者のフィルターを通し、不適切なモデルを導くのである。その点において、一九九〇年代の私はまだ、一九世紀末以来の比較発生学者たちの論争の中に確かに生息していた。そして、その時点でソミトメアを確実に排除できなかった私は、返事を出すこともしなかった。マイヤーらのいうソミトメアが実在するかどうかにかかわらず、それ自体何の領域的境界も示さない不定形の頭部中胚葉に架空の番地づけをする上では、ソミトメア概念は確かに有用であった。実験発生学者のノーデンもその一人で、ソミトメアを頭部中胚葉の特定の領域という意味で用いている。とりわけ、頭腔が現れない動物胚の頭部中胚葉を扱うためには、それが必要だった。ノーデン自身の言葉によれば、「確かにそこには何かがあるようにみえる。しかし、それは本物の写真を立体視することでようやくわかるといったようなもので、論文に印刷されたものからではわからない」ということであった。

●459——むしろ大事なのは、ヘビの系統が四肢を失ったことであり、それこそがヘビを研究する意義である。

●460——ヌタウナギ（*Eptatretus burgeri*）の胚発生については、Oisi et al. (2013) ならびに、カワヤツメについての、三次元復元にもとづく未発表データ。

●461——そのため過去においては、この構造がラトケ嚢に相当する内胚葉上皮であると誤認された。Gorbman (1983, 1997)、Gorbman & Tamarin (1985, 1986) をみよ。

●**462**――上に紹介したように、ジャーヴィックはこれを「端体節 (terminal sonite)」と呼んだ。

●**463**――これらの魚類は、かつてchondrosteiと呼ばれたが、現在では軟質類と全骨類を合わせた側系統群として定義される。

●**464**――最近の知見によれば、顎を獲得したのちも、原始的な板皮類の頭部形態は、とりわけ前脳の拡大以前にあって、オストラコダームの仲間とほとんど同じ形状を有していたという。

●**465**――これを真に単系統群として考えるのであれば、いくつかの板皮類の系統をここに加えるべきであろう。

●**466**――むしろ、第一、第二咽頭嚢の上には平らに広がった中胚葉の帯が繰り返して存在しているようにみえ、そのような状態の中胚葉分節であれば、ホフマンが記載しているものに近いともいうことができる。

●**467**――かくして、哺乳類が舌顎軟骨の相同物であるアブミ骨を使って音を聞くことは、脊椎動物の誕生から運命づけられていた。

●**468**――それはこの論文が、写真術の発達した比較発生学の終焉に近い時代に出版されたからである。

●**469**――板鰓類崇拝については、Gee (1996)、その吟味については、Kuratani & Ota (2008)、Gillis & Shubin (2009) をみよ。

●**470**――Balfour (1878)、Marshall (1881)、van Wijhe (1882)、Dohrn (1890a,b)、Neal (1898) などを参照。

●**471**――Platt (1890, 1891a,b)、Johnson (1913)、Fraser (1915)、Neal (1918)、Wedlin (1953a,b)、Bodemer (1957) などを参照。

●**472**――de Beer (1924)、Adelmann (1926 (1927)、Gilbert (1952)、Jacob et al. (1984)、Wachtler et al. (1984)、Wachtler & Jacob (1986)、Kuratani et al. (1999a,b, 2000)、Kundrát et al. (2009) を参照。

●**473**――van Wijhe (1882)、Platt (1890, 1891a,b)、Zimmerman (1891)、Hoffmann (1894, 1896)、Neal (1918) を参照。

●**474**――ただし、前頭腔が二次的に顎前腔と合一するクロハラカラスザメ (*Etmopterus*) のような例も知られる。

●**475**――Horder et al. (2010)、Adachi & Kuratani (2012)。無脊椎動物胚におけるその相同物の可能性については本節の以下の部分に記述。

●**476**――Bjerring (1967)、Jollie (1977)、Bertmar (1959) をみよ。

●**477**――脊椎動物における頭腔の分布についての要約はGilbert (1952) を。

●**478**――その記載については、Kupffer (1894)、Koltzoff (1901)、Neal (1918)、Edgeworth (1935)、Damas (1944) を参照。

●**479**――*Notch1*、*Dll1*、*Lfg*、*EphA4*の機能についてはPeel & Akam (2003)、Tautz (2004)、Dequéant & Pourquié (2008)、Krol et al. (2011) を、この現象の要約についてはBothe & Dietrich (2006)、Pourquié (2011) を。

●**480**――Jouve et al. (2002)、Bothe & Dietrich (2006) も参照。

●**481**――Mootoosamy & Dietrich (2002)、Noden & Trainor (2005)、Bothe & Dietrich (2006)、Noden & Francis-West (2006)、Bothe et al. (2007)、Grifone & Kelly (2007)、Bryson-Richardson & Currie (2008)、Buckingham & Vincent (2009) を参照。

●**482**――Nathan et al. (2007) を参照。これらの筋分化においては体幹の骨格筋にみるような*Pax3*による「分化プログラムの高速化」が整備されていない。それについては、Rios & Marcelle (2009) を。

◉**483**——たとえば、van Wijhe (1882) をみよ。ちなみに、一九世紀フランスの生理学者、クロード・ベルナールに始まる「臓性部 (Viscera)」と「体性 (Somata)」の区別は、本来、外界と体内の刺激それぞれに対する異なった応答系として説明されたものだが、最近の研究によると、その二極化の起源は脊椎動物や後口動物の分岐以前、すでにウルバイラテリアには備わっていたという (Bertucci & Arendt, 2013) (後述)。

◉**484**——この議論については、Sambasivan et al. (2011)、Adachi et al. (2012) を。

◉**485**——哺乳類における「鞍背 (dorsum sellae)」、もしくは竜脚類の「眼窩軟骨 (orbital cartilage , alisphenoid plate)」(Sewertzoff, 1900) に相当。

◉**486**——遺伝子発現の情報については以下の通り。ナメクジウオは *Branchiostoma belcheri, B. floridae*、ならびに *B. lanceolatum* を用いた以下の論文、……*Pax3/7* : Holland et al. (1999)、Somorjai et al. (2008)、*MRF1 & 2* : Schubert et al. (2003)、*Bapx* : Meulemans & Bronner-Fraser (2007)、*Pax1/9* : Holland et al. (1995b)、*Tbx1/10* : Mahadevan et al. (2004)、Holland et al. (2008)、*Engrailed* : Holland et al. (1997)、*Pitx* : Yasui et al. (2000)、Boorman & Shimeld (2002b)。円口類のデータはヤツメウナギとヌタウナギから……*Engrailed* : Matsuura et al. (2008)、*Pax3/7* : MaCauley & Bronner-Fraser (2002)、Kusakabe et al. (2010)、*MRF-A* : Kusakabe et al. (2010)、*Pax1/9* : Ota et al. (2011)、*Bapx* : Cerny et al. (2010)、*PitxA* : Boorman & Shimeld (2002a)、Uchida et al. (2003)、*Tbx1/10* : Sauka-Spengler et al. (2002)、Tiecke et al. (2007)。羊膜類に関してはマウスとニワトリにおいて……*Engrailed1 & 2* : Davis et al. (1991)、Gardner & Barald (1992)、Degenhardt et al. (2001)、Spörle (2001)、Cheng et al. (2004)、Ahmed et al. (2006)、*Pax3 & 7* : Jostes et al. (1991)、Williams & Ordahl (1994)、Hacker & Guthrie (1998)、Relaix et al. (2005)、*Myf5* : Ott et al. (1991)、Hacker & Guthrie (1998)、Noden et al. (1999)、*Patched2* : Marigo & Tabin (1996)、Pearse et al. (2001)、*Pax1 & 9* : Koseki et al. (1993)、Müller et al. (1996)、Peters et al. (1999)、*Bapx1* : Schneider et al. (1999)、Akazawa et al. (2000)、Church et al. (2005)、*Pitx2* : Gage et al. (1999、Kitamura et al. (1999)、Bothe & Dietrich (2006)、Noden & Francis-West (2006)、*Tbx1* : Kelly et al. (2004)、Bothe & Dietrich (2006)、Noden & Francis-West (2006)。ナメクジウオにおける *AmphiTbx15/18/22* の体節における発現 (Beaster-Jones et al., 2006 は、分節性よりもむしろ傍軸中胚葉に付随したものであるとおぼしい。

◉**487**——ナメクジウオのゲノムについては、Holland et al. (2008) を、ゲノム重複と機能分割 (subfunctionalization) については Rahimi et al. (2008) も参照。

【第5章】

実験発生学の時代

認識論としての形態学に比較発生学が与えたものは、多かれ少なかれ反復説に依存した実証主義的な科学的検証の方法であった。結果として軟骨魚類の頭腔が発見され、反復説の助けを借りながら、頭部分節説は胚の原基に祖先的分節性の根拠を見出した。この傾向は二〇世紀になっても続けられたが、それはまた、実験発生学が明に暗に頭部分節性の理解に貢献していた時代でもあった。それまで進化論的推論を可能にしてきた反復説が疑われるようになり(第2章)、代わって実験発生学がより直接的な証拠をもたらすだろうと期待されたのである。が、それは必ずしも脊椎動物の形態の進化的起源を探るという、一九世紀以来の目的に適《かな》ったものではなかった。とはいえ、成体より遥かに単純な形を持つ胚の中に、あるいは細胞核の中に、成体に現れる複雑な解剖学的パターンの構築の機構的背景がどのようにしてしつらえられているか、つまりボディプランの発生学的理解にとっては、確かに優れた手法であった。

実証が科学を厳密なものにすると一般には考えられているが、頭部問題においては、それはつねに正しいわけではない。とりわけ、形態パターンに分節性をみるという認識は、一種の記号論や構造主義的認識論と同等の解釈を多く含み、ときとして実験は意味をなさなくなる。あるいは、実証のための実験が存在しないことさえある。形態学は一義的に解釈論なのである。無論、祖先から進化した結果としての、現生動物の解剖学的形態や、その胚発生パターンに、変化以前のパターンを復元・実証しようという思いはどの研究者にもある。形態学者とて、いまやイデアではなく、進化と祖先を相手にしないわけにはゆかない。このような目的にあって、実験科学と形態学、プロセスとパターン、実証主義と記号論、さらには機構論と認識論がデータをめぐって対峙してきた。

実験を行わずに、正確な観察と経験、ならびに洞察によって最初から正解を感知していた比較発生学者は多い。そして、その予想に伴うわずかな疑念を晴らす(検証する)ために、実験は大きな威力を発揮する。[501] 一方、複数の研究者が最初から互いに異なった仮説を立て、仮説主導型の研究が行われると、同意に至ることの方がむしろ少なくなる。[502] データにつねに解釈が伴い、それが次なる仮説を生み出す限り、「実験すれば白黒はっきりする」という観測もまた正しくはない。それでもなお、反駁がある限りにおいて、あらゆる仮説や結論は批判の対象として監視され続けることにはなる。むしろ、特定の学説が定説として無批判に受け入れられるという、形態学の弱点を露呈する意義をそこに見出すべきだろう。

頭蓋椎骨説が認識論や先験論に立った形態学者にとって自然な発想であったように、実験発生学的構想自体も、二〇世紀の幕開けに成立をみた本格的な実験発生学の誕生以前から、すでに存在していた。実験発生学的な発想による初期のアプローチにおいては興味深いことに、神経にみられる分節パターンが周囲の胚環境、すなわち「下地(substrate)」としばしば呼ばれた中胚葉や、そこに由来する間葉からの誘導として生ずるという発想はあっても、逆に神経管が中胚葉に何かを誘導するという仮説は少なかった。◉503 ある事象Aが次なる事象Bを惹起する因果関係にあって、イベントの流れを突き動かしている機械的作用を発生機構と呼ぶのなら、実験発生学は最初から機械論的哲学に絡めとられていた。神経管に体節が押しつけられることによって脊髄分節ができると想像したニールは(第3章)、発想のカテゴリーとしてはすでに実験発生機構学者だった。そして、彼は同時に比較発生学と形態学に代表される、自然観に由来する一種の観念論をながらく引きずってもいた。かくして、神経管は「誘導されるもの」であっても、別の何かを「誘導するもの」とはみなされず、したがって、中胚葉に分節がみられるとなれば、その現出の原因を超越論的な概念に求めてしまう傾向から抜け出すことは容易ではなかった。一九世紀末とはしたがって、観念論と実証主義が同居し、しかも実証主義の偏重へと次第に科学の方向性が偏りつつあった、ある意味奇妙な時代であった。現代では、新しい系統分類学の台頭と古生物学的データの集積、そして分子生物学の参入によって、進化そのものが実証の対象となるに至っている。その中で、発生生物学はときとして進化生物学から最も隔たった分野とみえることとすらある。

◎——批判試論

進化の実証に何が要求されるのかについては、明瞭ではないことが多い。たとえば第1章では、相同性それ自体が進化を実証しえないと注意を喚起した。現象の示唆するものは、しばしば時代的背景に左右される。加えて、実証主義が二〇世紀の実験発生学を特徴づけるスピリットであったわけでもない。その科学精神もまた、すでに一九世紀初期か、あるいはそれ以前に胚胎していた。これに関しては、キュヴィエが進化を否定した際の議論や、ハクスレーが椎骨説を否定した根拠を思い出すべきであろう。実験発生学は進化を直接相手にすることなく、むしろいままさにこのとき胚の中で起こっている機構を明らかにし、「卵が親になる」ことの内訳を白日の下に晒《さら》すことを目的としていた。つまり、理解されるべきは、いま生じている現象、いま機能している機構の体系であり、その機構がかくのごとくに形をなしてきた歴史的体系なのではない。換言すれば、実験発生学が目指すのは、「共時態としてのボディプラン」の背景でいま生じている「共時的機構の整合的な理解」であり、進化を見据えた「通時態」としてのそれではないのである。最近までのマウス分子遺伝学と同様、実験発生学において求められていることのすべては、卵から、あるいはゲノムから始まる自動機械としての生物体の運動を突き動かしている仕組みであり、いまかくあるゲノムそれ自体の歴史的出自は普通問われない。このことがのちに、進化発生学の出自についての問題として谺《こだま》してくる（第6章）。つまり、異なった動物間にみる共時態機構の類似性が相同的であるという暗黙の前提があって初めて、祖先的な発生機構の存在に言及できるにもかかわらず、初期の進化発生学がこの比較の手続きを踏むことはほとんどなかったのである。

　現代の生物学にも通ずるこの共時的機械論は、ヘッケルの反復説に対して執拗な攻撃を繰り返し、ウィルムヘルム・ルーとともに発生機構学の立ち上げに貢献したスイスの発生学者、ウィルヘルム・ヒスにその典型をみることができる。[●504] ある意味、聖書研究にも似たこの共時態のスピリットは、扱う材料が組織であれ、細胞であれ、遺伝子であれ、基本的に変わるところはなく、それが進化を排した現代生物学のいくつかの分野を特徴づけるものでさえある。歴史的経緯としては、発生生物学に分子遺伝学が参入することにより、進化発生学への道が拓《ひら》けた形になっているが、この二分野の融合それ自体は、実験発生学の精神を引き継ぐものでしかなく、状況はいまでもあまり変わってはいない。結果、非常にしばしば進化過程を証明することと、発生機構を証明することが混同される。つまるところ、発生学者が単離する遺伝子の素性を知るためにいくら分子系統樹を描いたところで、それだけで研究者が進化に関してものわかりがよくなるわけではなかったのだ。ド＝ビアは二〇世紀初頭、すでに存在していた比較発生学と実験発生学の間にみる、この種の哲学の乖離を憂い、両者の相補的性質を強調している（de Beer, 1926）。より広く人口に膾炙した「進化なき生物学研究に意味はない」と謳《うた》ったドブジャンスキーの警句に至っては、いまさらいうまでもない。が、この乖離が現実のものとなったのは、二〇世紀の幕開けではなく、むしろその後半のことであった。

◉——問題

実験と実証は別のものであり、実験は実証を約束しない。仮説が不適切であれば、どのような実験を行っても解明にはゆき着かず、そのジレンマは、いかに実験技術が進歩しようと一向に科学論争が止まないことからも自明である。むしろ、実験科学であるからこそ概念や解釈の違いに帰すことができず、論争は止みにくい。洞察のないところには、優れた実験も存在しないのだ。実験発生学の示す典型的な指向性の一つは、いわゆる発生運命予定地図（fate map）の作製である。

すでに比較発生学の時代より、どの組織構築がどの胚葉に由来するものであるか、綿密な観察によって推論され、その多くは正しい結果を導いた。が、最終的な証明を得るためには特定の細胞群を標識し、それが増殖、分化したのちにどのように後期胚や成体の中で分布しているかを確かめなければならない。このように、細胞系譜を追跡し、標識によるクローン解析を行わずしては、胚の変形の過程を理解することはできない。そして、その作業は実験発生学の中の大きな研究手法の一つであった。どの組織が何を形成するか、これが基本的な胚の構築の理解には必須であり、形態学的概念と細胞系譜の間に新しい整合性と矛盾が等しく発見されていった。

この矛盾にはいくつかの理由があるが、その大きな要因の一つはデータの誤読（false positive/negative）である。細胞の来歴を知るためには、何らかの標識が必要になるが、標識しなかった細胞にも標識がみえてしまうこと、標識されていたにもかかわらずそれが失われてしまうことがある。それは標識色素の不適切な拡散、消失などによるものだが、細胞系譜の代わりに細胞の表現型が用いられることもまた、多くの誤読を招きうる。それは蛋白質の所在を検出する組織化学的方法、免疫組織学的方法、遺伝子の発現を検出する *in situ* ハイブリディゼーション法に等しく付随する問題であり、求める細胞でないにもかかわらず、それが誤って同定されることが多い(Kuratani, 2009b)。

たとえば次のような実験結果はどうか。神経堤や中胚葉の移植片をホスト胚に植え、頭蓋底のどの部分の形成に参与するのかを調べる実験を行うとする。結果、頭蓋底に供与側の細胞が検出され、それがホストの組織に対して、極めて明瞭な境界線を伴って分布していたとしよう。とりわけその境界が、体軸に直交していたとしたら、その中胚葉性の移植片が、持ち前の潜在的な「椎骨的分節」としての性質を露《あら》わにし、単なる組織学的手法では検出できなかった、ハクスレーの探し求めた頭部椎骨の境界線を示すことに成功したと考えるべきだろうか。

データを「好意的に解釈」すれば、[●506] そのようにいうことができるのかもしれない。その解釈は少なくとも現象とは整合的である。しかし、普通はそのように簡単に話は進まない。「整合的であること」それ自体は、科学的に正しいことを意味しないのである。もし、ドナーとホストの動物が(ウズラとニワトリのように)別種であったなら、種の違いに起因するわずかな細胞接着性の差異が細胞群を弁別し、結果として明瞭な境界線がもたらされたのかもしれない。あるいは、単に移植した組織片の細胞がそのまま成長し、力学的な妥協点としてホスト側の組織との間に境界らしきものを作ったのかもしれない。いずれの仮説も、その組織片が発生コンパートメント様の成長を示すにすぎず、それが椎骨間の分節境界であるという解釈はせいぜい、現象を整合的に説明する多くの仮説の一つにすぎない。[●507] そして、往々にしてそれは、当初検証すべきであった仮説以上の謎を呼び込むことになる。コンセプトとしては単純な標識実験であっても、それを適切にデザインし、ありうべき誤読を排除することは容易ではない。

科学がつねに仮説をのみ生み出すという言明を認めるなら、その限りにおいて実験発生学は頭部分節論を以前より難しいものにしたにすぎない。が、それでもなお、この概念の奥底にひそみ、扱うべき問題の数々を提示したという意味においては、その貢献には計りしれないものがある。とりわけ、ボディプランというパターン認識を、発生の因果というプロセス認識に置き換えた意義は大きい。なぜなら、系統樹の上に形態的形質とともに置くべき相同遺伝子群が、その因果の中でしか意味を持ちえないのであるから。しかし、それらをどのように統合的に扱ってゆくべきか、それらを扱うべき概念的フレームワークをどのように構築すべきか、ヒスとヘッケルの間にかつて存在した溝を跳び越えない限り、現状を打開することはできない。つまるところ、まだ教義としての進化発生学は確立していないのである。

この章では、組織の移植や細胞の標識を主体とし、クローン解析をおもな手段とした古典的な実験発生学のみならず、そこに遺伝子制御や、遺伝子の機能を加えた新しい世代の発生生物学を同時に扱う。それら両者に、同じ機械論的指向性が通底しているからである。注意すべきは、そこに本来的に進化思想はなかったということである。そのため、Ｈｏｘコード発見直後の発生生物学は、原型と同じ意味を込めて「ボディプラン」の語を乱用していた。●505 それが本当に進化発生学となるためには、ゲノムや発生機構もともに進化することを認識し、その中でボディプランそれ自体が大きく変化すること、あるいはその変化を通じてなお変わらないパターンの中に、発生プログラム特定の遺伝子、とりわけツールキット遺伝子などの来歴の古い同一性が見つかることに瞠目《どうもく》しなければならなかった。頭部分節論は、すでにそのような驚きと混迷を何度も経験してきた。まして、ボディプラン進化にかかわる諸現象は、およそ研究者の洞察力をはるかに上回る不可解さを伴うことが多い。それはもちろん、頭部問題についても等しくいえることであり、この章ではそのような厄介な問題のいくつかも紹介する。さらにこのような認識を背景に、実証主義の二〇世紀にどのような実験が行われ、どのように頭部問題についての認識が変化していったのか俯瞰することもこの章の目的である。以下ではまず、自らの手で実験を行わずとも、実験発生学者と同じセンスで頭部問題を扱った比較発生学者の研究例の紹介から始める。

個体発生プロセスとボディプラン理解

脊椎動物の頭部分節性の問題は、より大きなカテゴリーである頭部問題の一つの分野であるとみることができる。そして、なぜ頭部が問題になるのかといえば、それがまさに、体幹と著しく異なる形態学的様相と機能を示し、また明瞭な頭部を持たないナメクジウオに対して、最も顕著に脊椎動物をそれたらしめているものが頭部だからである。脊椎動物の頭部を正しく説明することが、脊椎動物のボディプランを理解することに繋がり、形態発生学的に形式化された脊椎動物のボディプランをほかの動物群のそれと比較することにより、脊椎動物の進化的起源が明らかになると信じられてきた。頭部分節論はいわば、頭部問題という壮大なテーマに包摂されるべき、一つの解答例の是非をめぐる科学論争であり[●508]、分節説は頭部問題を解くための最も簡単な方法でもあった。そして頭部問題は本来、脊椎動物の頭部のみならず、節足動物や環形動物の頭部の成立を含めた、それ自体巨大な分野であり、進化における「頭化(cephalization)」の内訳を問う、正真正銘の進化生物学のテーマであり続けている。

後述するガンスとノースカットの「新しい頭部説(New Head Theory)」にその典型例をみるように、頭部を何か新しい特別なものとする見方は、進化的新規性を過不足なく説明するという難問を受け入れるということに等しく、一方で分節論は、脊椎動物の新規性に目を瞑《みは》るか、見方を変えれば、それを「特殊化した原始形質」とみなすことによって、いわば頭部を記号論的に「解体」していたわけである。グッドリッチの模式図も極論すれば、脊椎動物の頭部をナメクジウオの前方部と等価なものとするものであり、この解体の果てには、「脊椎動物は頭部を持たない」というパラドクスを不可避的に招く。一方で、実験発生学はといえば、ややもすれば浅薄な「相同物探し」に終始しがちな、上述のような形態学的ジレンマを回避するヒントを与え続けてきた。そして、そこにもまた、反復説の呪縛は効いていたのかもしれない。というのも、もし、グッドリッチやヴァン＝ヴィージェのような典型的な分節論者たちが、ナメクジウオと等価な頭部を考えていたとするなら、それは明示的にせよ暗示的にせよ、

「基本的な形態学的構築の雛形は進化を通じて保存され、そのような由来の古い部分を作る発生過程の初期のプロセスやパターンが相同的である限り、それを作り出す初期の発生機構、すなわち胚葉形成過程や原腸陥入過程が、動物の間で寸分変わらない形で働いていることを示唆する」

からである。

まさにここが、実験発生学と形態学のインターフェイスなのである。二〇世紀の幕が開け、動物の軸構造の発生過程が機械論で解釈され始めたとき、それは当然、脊椎動物頭部を作る機構の探察とそれについての思索を惹起した。そして、解剖学的考察と発生機構学的考察をともに行うことのできる学者は、多くはないにしろ、決していないわけではなかった。

◎――ランゲ、オルトマン、シュタルク［実験発生学的センスによる頭部の理解］

たとえばランゲは、一九三〇年代に執筆した総説「脊索動物の頭部問題（The head problem in chordates）」において、脊椎動物の頭部問題にまつわる状況をある意味ユニークな方法でまとめているが、それもまた頭部という「形態的意義」を解体しかねない、分節論の認識論的性格をよく示している。ランゲのいうところによれば、頭部という形態的領域を説明するためには、主として二つのやり方が認められるという。すなわち、頭部とは、

①左右相称の動物体において、軸の前方の極で高度に特殊化し、そのゆえに特殊化した機能を持つに至った部分、

であるか、もしくは、

②初期発生過程において分節しなかったオリジナルの部分から出来た特殊な構造であり、一方、体幹は二次的に分節を伴いながら出芽した部分、

ということになる。ランゲの提示したこれら二つの説はどちらも、頭部を新形成物とはみなさず、祖先において存在した特定の構造の変形したものと仮定している。そして、頭部分節論はいうまでもなく「①」の解釈に相当する。対して「②」は、頭部を脊椎動物のからだの本質とし、体幹がそこから生えだした二次的な部分にすぎないとする考え方である。このような脊椎動物のボディプランは、トロコフォア幼生から環形動物の成体が作り出されるプロセスや、あるいは遊泳器官としての脊索と傍軸中胚葉（筋）からなるホヤのオタマジャクシ幼生の尾部を想起させる。後者の考えは、反復説的には確かに妥当なものといえる。なぜなら、脊椎動物の軸形成にあって、前脳領域は確かに最も早く特異化されるからだ。そしてヘッケルによれば、祖先的な形質であればあるほど、その発生時期は早い。かくして頭部は来歴の古い部分ということになる。さらに、一九四三年のオルトマンの仮説に強調されるように、脊椎動物の神経系の進化的起源は、神経板上皮（中枢神経としての神経管を形成する）よりも、神経堤細胞よりも、プラコードが最も古く、それゆえにプラコードだけで末梢神経や感覚器（具体的には嗅神経や眼のこと）が作られるようにみえる前脳領域が、同時に最も由来の古い部域であると解釈できるかもしれない●509（Ortmann, 1943）。最近提唱された「汎プラコード領域（pan-placodal domain）」の発見にみるように、プラコードは神経上皮の周囲を前方で同心円状にとり囲み、確かにそれは典型的な頭部に属するものであるかのようにみえる（Schlosser, 2005）。一方で、神経堤は基本的に体軸のほぼ全長に至るが、前脳の最前端の部分からは、組織学的に神経堤は存在しても、神経堤細胞は生産されないのである（後述）。

このように、脊椎動物のボディプランの解釈にあって、これら二つの仮説はある意味、正反対の説明であるといえる。であるからこそ、オーケンのいうように頭部分節論が「無根拠に体幹をデフォルトとみなす」方針を採用し

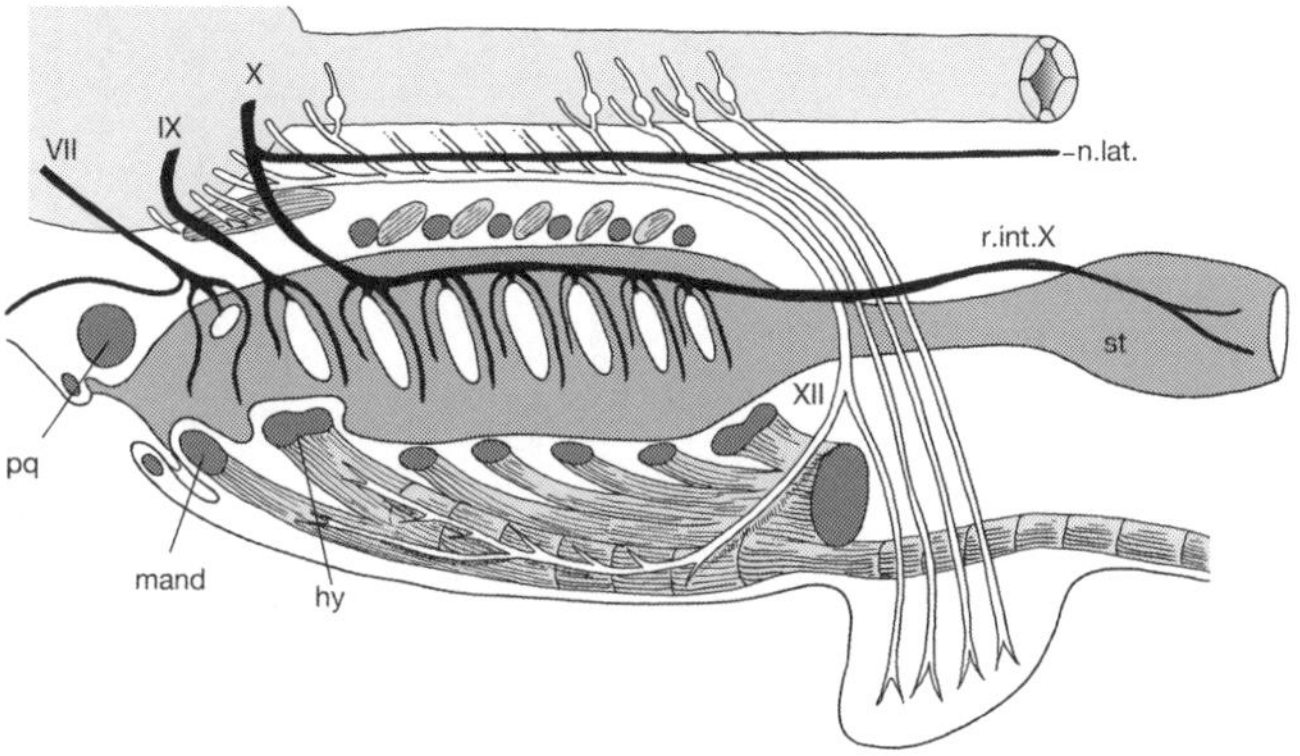

図5-1▶ランゲによる頭部・体幹部のインターフェイス。末梢神経と筋原基の分布から彼はソミトメリックな部分と、ブランキオメリックな部分の絡み合いを菱脳のレヴェルに見出している。つまり、この領域には、頭部的要素と体幹的要素が混成しているが、両者が融合し合うことは決してなく、解剖学的に両者を分けることがつねにできるのである。脊椎動物のからだにおけるこの領域の特殊性を、ランゲは頭部と体幹の混成によって成立した第3の領域とみなしている。Lange(1936)より改変。

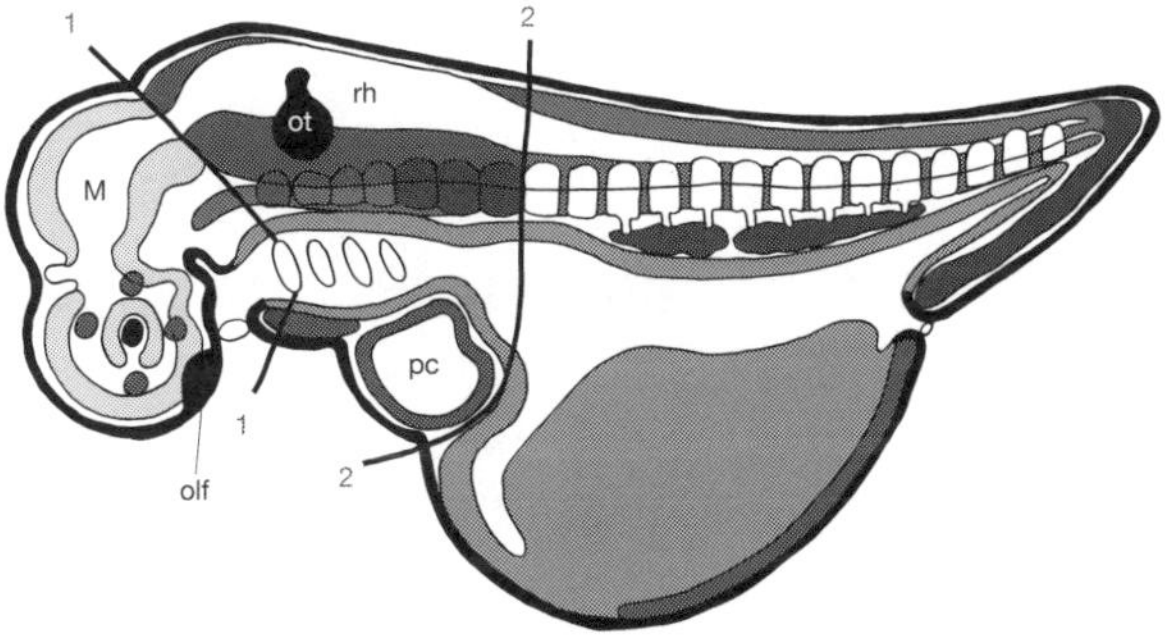

図5-2▶ランゲによる脊椎動物のボディプランの分割。ランゲにとって脊椎動物は3部構成を示しており、それは、前方の前成的部分、後方の(典型的な体幹としての)後成的部分、そして両者の混合として介在する部分として表現することができる。これらの3領域を分ける境界線が1、2の線で示されている。このような理解の背景には、環形動物の幼生から成体が出来上がるプロセスがヒントになっているとおぼしい。Lange(1936)より改変。

てきたことにあらためて思い至る。そして、それが決してナメクジウオのような動物の形態パターンに感化されてのことではなかったということも認識しなければならない。一九世紀中葉、コワレフスキーによってナメクジウオと脊椎動物の近縁性が指摘される以前から、頭部は体幹の特殊化したものだと思われてきた。すなわち、「デフォルトとしての体幹」という発想は、比較動物学的知見なしに生まれているのである。

　右のようなボディプラン理解の対比は、形態発生という現象を扱う記号論的側面をよく現している。が、これは形態形成をパターンとしてではなく、プロセスとしてみる実験発生学的視点の中から浮かび上がってきたものである。ランゲは、脊椎動物のからだを軸形成のダイナミズムから三つの領域に分けている。いい換えれば、前後軸にわたって脊椎動物のからだに二つの境界線を設けているのである。しかも、その二つの境界線は解剖学的構築に対応している。すなわち、彼にとって典型的な体幹とは、体節の並びと脊髄神経からなる部分であり、したがってそこから由来した舌下神経や舌筋は、厳密には咽頭に入り込んだ体幹の一部とみなされる（図5-1）。このような視点は、初期の典型的な頭部分節論者には本来なかったものであり、むしろ一九世紀末の非分節論者、フロリープの提示した境界や、筆者が一九九七年の論文中で述べていることに近い。[●510] しかし、その同じレヴェルに咽頭弓も発生するために、ランゲはこれを典型的な体幹からは除外して扱っている。事実、体幹部の腹側には、咽頭弓や囲心腔ではなく、腹膜腔が存在すべきであったのだ。これと整合的に、舌下神経は紛れもなく咽頭弓を避け、囲心腔の背外側を通る。いずれにせよ、ランゲにとって体幹的要素は原口の閉塞によって出来た二次的な性質のものであり、この体幹背側部を彼は、「後成的部分（deuterogenetic part）」と呼んで区別したのであった。

　対して、前脳の発生する領域は、本来の胚体に備わった無分節な原基に相当し、これは「前成的部分（protogenetic region）」と呼ばれた。これと体幹の間に介在する咽頭と菱脳の発生する第三の領域、すなわち腹側では囲心腔があるところは、前成的部分と後成的部分の混合によって出来た、一種の「移行部」のようなもので、これは筆者のいう「頭部・体幹の境界（head/trunk interface）」（Kuratani, 1997）に近い。もし、ランゲが頭部神経堤細胞の分布領域を知っていたら、彼はそれを指標として頭部と体幹を区別したかもしれない。同様の視点から、オルトマンも「原形成（Protogenesis; Protogenese)」と「後形成、もしくは新形成（Deuterogenesis; Deuterogenese）」を区別したが、彼は菱脳・咽頭弓の領域を体幹とともに、後者の範疇に入れている。もっとも、彼は鰓弓分節性と体節分節性の違いを熟知しており、分節論者のようにそれらを同じ分節性に包摂するようなことは決してなかった。が、それでも前脳領域に比べれば、菱脳・咽頭部と体幹には、何か根深い発生機構学的共通性があると考えていた。

このようなボディプランのとらえ方は、初期胚の体軸形成期における異なったステージの異なった発生様式、そして胚葉や細胞の分布に注目するものであり、そこにはさらに反復説的センスもかかわる。これと同様の考察は、のちに比較形態学者のシュタルクも行っている。そしてこの、「原形成」と「後形成／新形成」の区別に象徴される脊椎動物の非分節論的区画化それ自体は、そもそも二〇世紀の初めにその起源を持っていた。それは無論、ゲーテの直系とは異なった、発生のダイナミズムを積極的に進化的視野にとり入れたものであり、明らかにその発想は、

上・図5-3▶アシュトン（1905）による前成部（白）と後成部（点描）。矢印は発生の方向。体幹、もしくは尾部が、二次的に付加した部分であることが示されている。Assheton（1905）より。
下・表16▶シュタルクによる脊椎動物のボディプランの3分割的理解。頭部問題の解明の指針として。Starck（1979）より改変。

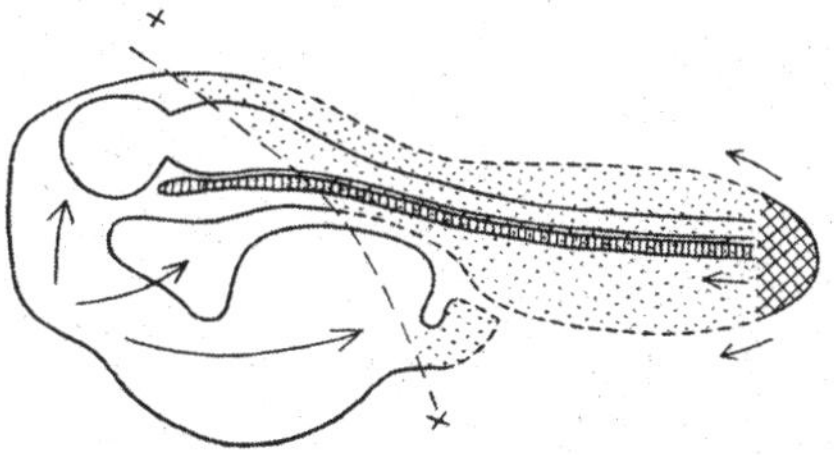

中枢神経	前脳	菱脳	脊髄
からだの 基本構造	前頭部	後頭部	体軸、体壁 と尾部
末梢に 付随する構造	鼻、眼	口から鰓腸	筋節、 体壁筋
発生整理学的 区分け	前脳領域	菱脳領域	脊髄領域

解剖学的な胚パターンのみならず、胚発生プロセスの観察に起源している。つまり、構造主義的形態学とは源泉を異にする、もう一つの頭部問題の歴史が存在したのである。[511] それはすなわち、比較発生学と発生機構学が当時にあって必ずしも明確に分けられてはおらず、その両領域をまたがって考察することのできた研究者が当時存在したということをよく物語っている。いうなれば、充分に比較形態学者であったド＝ビアが一九五〇年代になって嘆くことになる、両分野の絶望的乖離は、ここではまだ充分には進んでいなかったのである。ランゲにみたような、発生機構的な思想的背景を持つボディプラン理解の起源は、実に二〇世紀初頭にまで遡る。確かに、それは発生機構学の勃興期に相当する。まず、ヒュプレヒトは、脊索の存在を根拠に、咽頭列と体節列を互いに極めて近いものとみなし、そのような分節構造を伴わない前脳領域をそれらから区別した。そして、発生初期において前者を作る過程を「脊索形成（Notogenese）」、後者を作る過程を「頭部形成（Kephalogenese）」と呼んで区別したのであった。

このような個体発生学的な脊椎動物のからだの区分けは、体軸をほぼ垂直に横切る横断面で、胚のからだを咽頭の後端にあたるレヴェルで断ち切ることになる（Hubrecht, 1905）（図5−2）。ここでは脊索に、発生上の特別の機能が付与されている。軸形成過程にあって脊索の象徴されたその機能は、まさしく「体幹」を作るためのものとみられていた。これと同様の神経発生上の意味が、脊索や、それによって誘導される床板に付与されていたことを思い出すべきであろう（第3章をみよ）。

対してアシュトンは、両生類の咽頭胚をとり上げ、ヒュプレヒトの引いた横断面を前脳の方向へ傾斜させ、咽頭の後端から菱脳背側部をむすぶ斜面で切断した[512]（図5−3）。このようにすると、脊索は途中で分断され、前方と後方の部分に分かれることになる。そして、前脳を含む領域は消化管のほぼ全体を含み、一方で体幹は（ホヤ幼生の尾部と同じく）脊索の大部分と体節列を含むことになる。そして、そもそも「原形成」と「後形成／新形成」の二つの発生過程をこれらの領域にあてはめたのが、このアシュトンだった。そして、それを動物学的に発展させたのが、上に述べたランゲということになる（Starck, 1963に要約）。

注意しなければならないのは、「原形成」と「後形成／新形成」が、それぞれ「臓性」と「体性」に対応するものでは

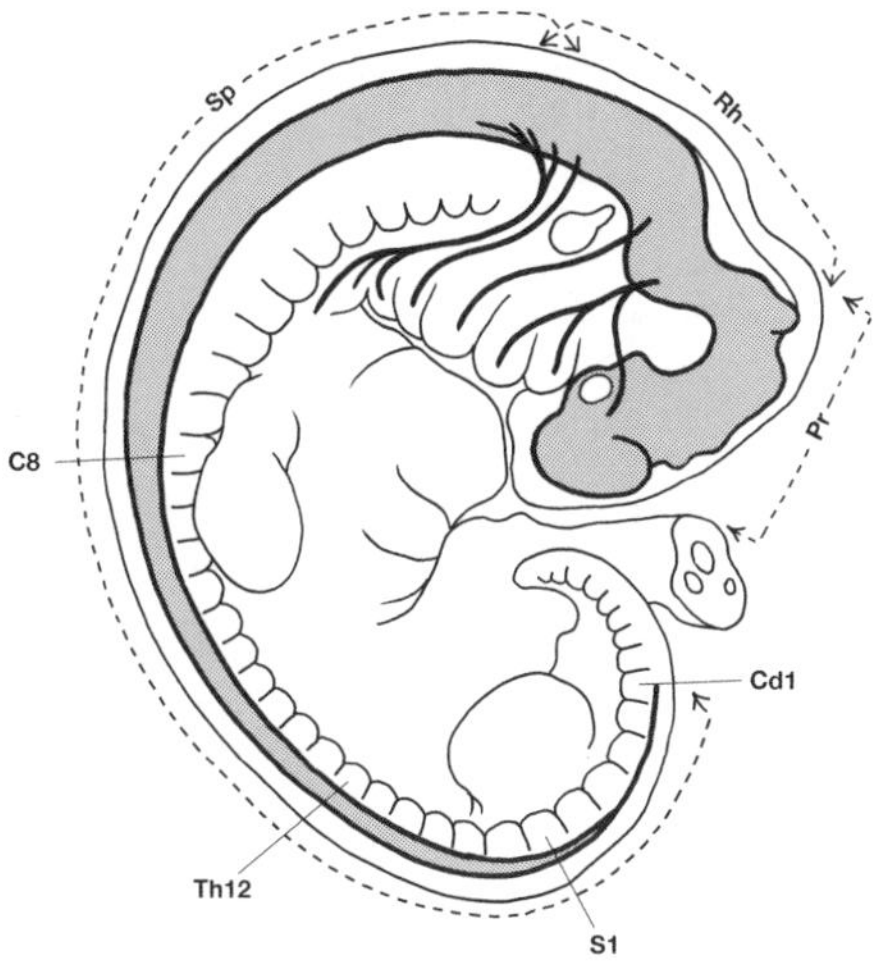

図5-4▶シュタルクによる神経軸の区分け。前脳(Pr)、菱脳(Rh)、脊髄(Sp)の3区画が示されている。のちの彼の頭部スキームのもととなる概念を示す。Starck(1979)より改変。

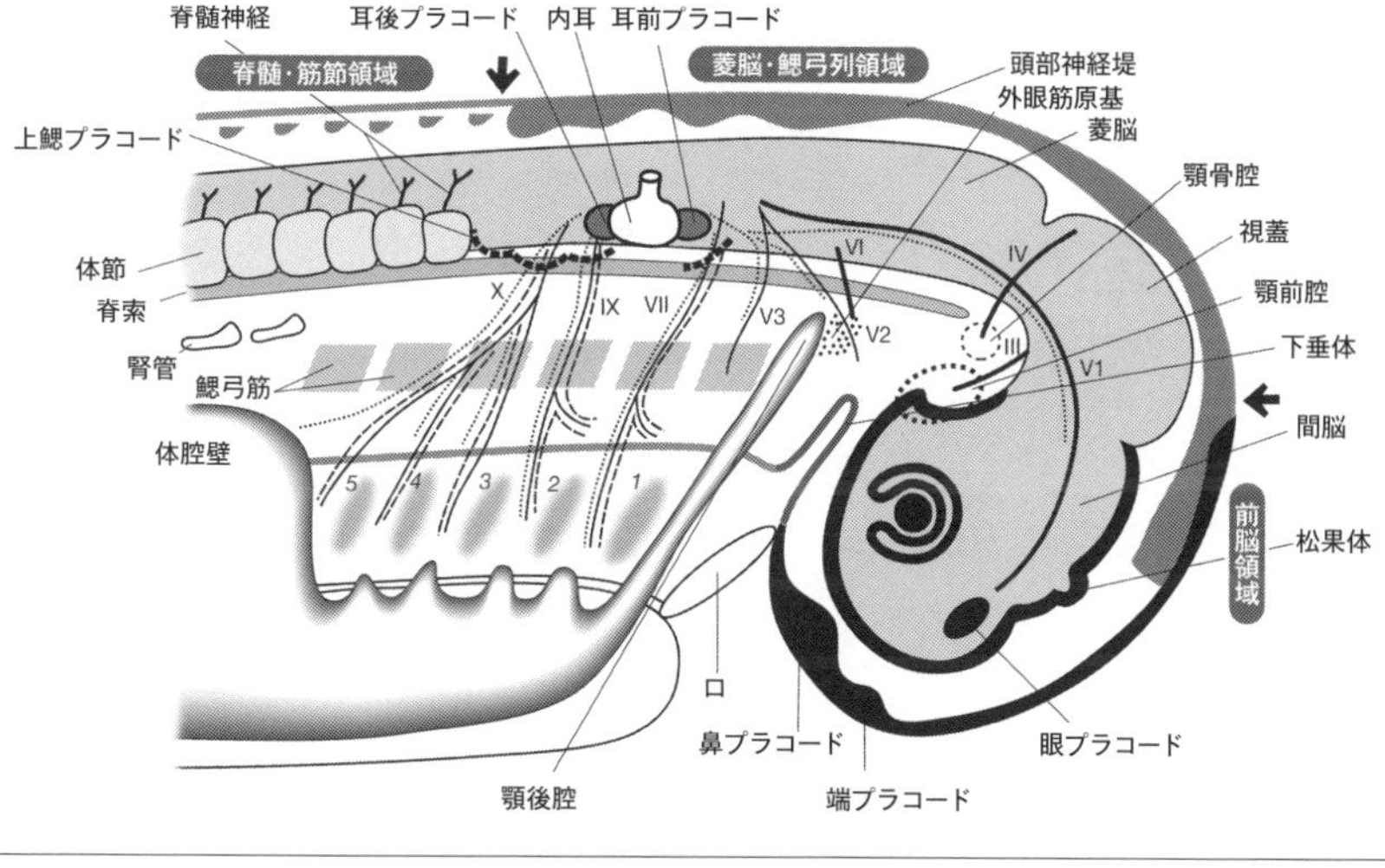

図5-5▶シュタルクによる脊椎動物の頭部形態。彼は20世紀以来の発生形態学の伝統にのっとり、脊椎動物のからだに明瞭に3つの区域を設けた。これは、非分節論的な比較形態学的コンセプトをうまくとり入れた折衷案とも解釈できる。Starck(1979)より改変。

ないということである。若い頃から比較形態学をたたき込まれていた彼らはみな、そのような解剖生理学的対比を熟知し、多かれ少なかれ体節列と咽頭弓列を別のものとして認識する傾向を共有してはいた。が、それでも胚の解剖学的形態パターンだけですべてを説明しようとはしなかった。無論、当時の発生プロセスの理解は、到底現在のレヴェルには及ぶものではなかった。確かに、のちに多くの発生機構学者たちが明らかにしてゆくように、体軸を作る誘導限であるオーガナイザーは、発生過程のそれぞれの段階において異なった誘導活性を持つ。したがって、発生機能の働くタイムテーブルが異なった形を誘導してゆき、その一環として頭部の誘導活性も明らかになり、頭部の進化的起源も、(たとえばNoggin因子のような)その誘導物質の進化起源を通して理解できるであろう、などと一直線に考えるのは現代に生きる進化発生(Evo-Devo)研究者たちのしがちな発想なのであり、二〇世紀初頭の発生学者の思考ではなかった。形のパターンに潜む深層的原型を感知しようとしたゲーテ以来の形態学の伝統とは異なり、彼らはむしろ、刻々と変化してゆく胚の形態形成運動の中に、何らかの確固とした「プロセスの中のパターン」を感知しようとしていたのである。

比較形態学者列伝の中でみれば、ある意味、極めて冷静な非分節論を主張したように映ずるのが、ドイツの比較形態学者・比較発生学者のシュタルクである。が、彼もまた、二〇世紀以来の発生機構学的頭部問題を扱う学者であった。シュタルクは、脊椎動物の前後軸を大まかに、前脳領域(prosencephalic region)、菱脳・鰓弓領域(rhombencephalic-branchiomeric region)、脊髄・筋節領域(spinal-myotomic region)に分け[◉513]、個体発生上、それぞれが異なった発生過程の下に誘導されて出来ることを強調している(図5-4・5、表16)(Starck, 1979)。ホルトフレーターやレーマンといった初期の発生生理学者と同様、シュタルクにとって胚形態の出来上がる過程は、舌骨弓付近のレヴェルを境に前と後ろで大きく異なり、断言してはいないが、その近辺が前脳領域の後方境界にあたると示唆している(図5-5)。その内訳は神経誘導の分子的基盤に譲るが、ここでは少なくとも形態学的メタメリズムを受け入れない、明瞭なボディプランの(神経軸上での各ドメイン間の)非連続性が主張されている。これは奇しくも、神経分節を扱った比較発生学者たちがゆき着いた考えでもあった(第3章)。

しばしば前述のローマーが「二重分節説」の唱道者であると不適切に解説されることが多いが、その代名詞はむしろ、明瞭に頭部問題の文脈でこれを扱ったシュタルクこそふさわしい。そして、シュタルクの頭部理解は、ランゲやオルトマンの解釈の改訂版とでもいえるスタイルを持ち、咽頭弓と体節の分節的対応は否定し、頭腔と咽頭弓の分節的対応関係も否定することによって、比較発生学的な体系と、当時の発生生理学的なデータとの整合性を模索したのである。図中では、板鰓類の咽頭胚にみられる三対の頭腔に加え、顎骨弓もこの前脳領域に含めているが、外眼筋とそれを支配する脳神経の体幹的性質については認めている。

シュタルクの扱う頭部問題を読むことは、二〇世紀後半、分子遺伝発生学と進化発生学前夜における、形態学と発生生物学の絶望的な乖離を眼にすることに等しい。しかし、ボディプランを発生のダイナミズムと遺伝子機能のネットワークで理解し、それを用いて進化的起源を探るべきだという研究の方向性はほのみえる。おそらく、形態学をよく知るドイツ系の研究者たちは同意するだろうが、ある意味ドイツ人よりもドイツ的であったグッドリッチの模式図だけが、形態学不在の二〇世紀を生き延び、一方で発生機構学との決別以来、混迷のうちに頭部問題を明瞭な進化生物学的、ならびに発生機構学的文脈に移し替えた本家ドイツの学説が埋もれてしまったことはいかにも皮肉なことである。思えば、オーウェンの原動物理論は、ゲーテ、オーケンの先験論的形態学が本国ドイツで過去のものになろうとしていた一九世紀中葉のセオリーであった。いうなれば、グッドリッチの頭部分節理論は、第二のオーウェン流キャンペーンだったのである。

これら両者の起源はどちらもドイツにありながら、イギリスを経由することで英国発の学説として世に広まり、しかもそれが両者とも、特定の科学哲学を代表する学説として後世に残った。いうまでもなく、ここには言語の壁が立ちはだかっている。現在のみならず、当時からして英語を書く能力を持つドイツ系の学者は、その逆のケースよりも遥かに多かった。だからこそ、シュタルクの頭部理論は、本来的にグッドリッチの分節論的模式図を打ち破るべき使命を帯びている。[●514] シュタルクの著した発生学、解剖学の教科書は、是非とも読まれなければならない書物なのである。

形態発生的拘束と分節性

現代的な科学としての「脊椎動物の頭部が分節性を備えているか」という問いには、複数の異なった解釈がありうる。まず、進化生物学的には、脊椎動物の祖先の頭部、もしくはのちに頭部と呼ばれることになる部分には分節があったのか、もしあったとすれば、それはからだのほかの部位の分節と比較可能なものだったのかという問題として扱うことができる。実際、そのような仮想的動物として我々が思い浮かべるのは、かつてヘッケルが考えたようなナメクジウオ的な祖先の姿であり、頭の先から尻尾まで、単調な中胚葉分節がそこにあると仮定される。そして、そのような仮想的祖先の姿を想定したならば、次の二つの作業が待っている。つまり、(1)ナメクジウオのからだの前方部にみられるどの体節が、脊椎動物の頭部中胚葉のどれに対応するかという、相同性の確認。そして、それに引き続き、(2)主としてゲノムや、ゲノムによって突き動かされる発生プログラム上のいかなる変化が、ナメクジウオ的祖先を脊椎動物のパターンに変化させたのかという、機構的変遷の理解である。

右のような進化的アプローチに対し、実験発生学的アプローチも存在する。これは、発想としてはむしろ、ある意味において原型論に近い(確かに発生機構の理解は、原型と同様、共時的認識作用の産物としてもたらされる)。すなわち、脊椎動物が発生する際に、いかなる発生の機構が作用し、その中に分節性を示唆する現象を同定することができるかという問いかけがそれである。たとえば、一九三〇年代に実験発生学者のデトウィラーが両生類(メキシコサンショウウオ)胚を用いて行った実験は、脊髄神経の体節依存型メタメリズムのジェネレーターが、神経外胚葉そのものではなく、むしろ中胚葉(体節)の分節性であることを手際よく示したものであった。すなわち、サンショウウオ胚の体節を除去すると、そこに発生する脊髄神経の根が数を減じ、逆に他個体の体節を移植して体節数を増加させると、脊髄神経根の数も増える(Detwiler, 1934)。しかし、脊髄神経節を作り出す細胞が、移植実験時においてどこに位置していたのか、そして脊髄神経根の発生が脊髄神経の末梢形態にどのように影響されるものなのか、この実験では充分に考慮されていなかった。

右の実験をより洗練させたのが、一九八〇年代のケインズとスターンによる、鳥類胚を用いた実験であった。この頃までには、すでにフランスのル=ドワラン率いる研究グループが、外胚葉に由来する神経堤細胞から脊髄神経節が分化すること、そしてその細胞が移動性のものであり、鳥類胚のいつどこに神経堤細胞が存在するかについて、充分なデータを揃えていた。もし、のちの脊髄となる神経外胚葉それ自体に分節パターンが存在し、発生中にそのパターンが脊髄神経の末梢形態として現れるだけだとしたら、初期胚の神経管の位置をずらすか、あるいは、神経管原基の前後軸を反転するだけで、脊髄神経の形態も変化するはずである。しかし、そのような移植実験を行っても、育ったニワトリ胚の脊髄神経の形態に目立った変化は観察されなかった。一方、神経管の横に発する分節的中胚葉のブロック、すなわち体節を移動させると、その部分の脊髄神経にも、それと同等の形態的変化が生じたのである。つまり、脊髄神経の分節的パターンを作り出しているのは、神経上皮ではなく、確かに体節なのである。

ヴァン=ヴィージェの項においてすでに述べたように、脊髄神経は背根と腹根を持つ。そして、ニワトリなどの羊膜類においては、背根も腹根も体節の前半分の位置に対応するレヴェルに形成される。これは、体節の後ろ半分が、脊髄神経節を作る神経堤細胞の流入であるとか、腹根を作る運動ニューロンの軸索の伸長と侵入を阻むからであると説明される(図5-6)。事実、体節中胚葉の前半分と後ろ半分は、細胞外環境が分子レヴェルで大きく異なり、それが神経の形態発生にとって重要な鍵となっているのである。したがって、発生のある時期以降、体節の前と後ろの性質が固定してからのち、体節をとり出してそれを前後逆さまにしてから胚に植え戻すと、神経の発生は、見掛け上、体節の後ろ半分(もともとの前半分)において起こることになり、結果、その移植部分において脊髄神経の分節的リズムが半分節だけずれることになる(Keynes & Stern, 1984)。『*Nature*(ネイチャー)』誌に発表された、ケインズとスターンのこのシンプルな実験により、末梢神経の示す分節性が、中胚葉のそれに発生機構的に「還元」されたことになる。大袈裟ない回しをするならば、実験発生学的手法が、形態的パターンの在処《ありか》を指し示したのである。[515]

◎――ソミトメリズム［相同性の創出］

形態パターンの生成にあっては、見ている構造そのものが分節的由来を持っていることもあるが、しばしば逆に、分節的パターンを「一次的に」備えた別の構造によって、発生の途上でそのパターンが押しつけられているケースもある。先にみた脊髄神経の分節的発生においては、後者の理屈が控えているわけである。どうやら、体幹においてみることのできるメタメリズム（そこには、椎骨に付随する椎体や神経弓や肋骨などの骨格要素、血管、脊髄神経、骨格筋などが含まれる）においては、もともと体節がメタメリズムを備えているから、それが素直に発生した結果として分節性を示す場合と、そうではなく、体節の存在によって、本来無分節的な原基が二次的に分節パターンを得た場合の両者が混在しているらしい。これが、椎骨になると状況は多少複雑になる。というのも、椎骨の主体である椎体は、前後に並ぶ二体節の、前の体節の後ろ半分と、後ろの体節の前半分が融合することによって一つの原基が形成されるからだ。レマク以来、この過程は再分節化（英：resegmentation／独：Neugliederung）と呼ばれている。[516] いわば、ショウジョウバエをはじめとする昆虫の発生において、パラセグメントとセグメントが半周期ずれているのとよく似た現象である。脊椎動物の場合は、この再分節化が起こることにより、筋と骨格が互い違いに並び、結果として構造が強化されるのである。これがずれていなかったら、筋は効率的に背骨を動かすことができなくなるばかりか、分節の境界のところで、からだが容易に折れてしまうだろう。[517] いずれにせよ、再分節化されたのちも椎骨が体節と同じリズムを刻んで繰り返すことには違いがない。

かくして、体節に付随したメタメリズム、すなわちソミトメリズム（体節的分節性）の一次的要因は体節列にある。そして、このソミトメリズムの及ぶ範囲は、個体発生上体節が現れ、広がる範囲に対応し、それを便宜的に「体幹」と呼び、頭部と区別できるかもしれない。少なくともそうした場合、頭蓋に二次的に参入した後頭骨や、そこから発する舌下神経（いくつかの脊髄神経が二次的に束ねられて出来る）、そしてそれが支配するところの舌筋（後頭部の体節に由来する筋素材より形成される）は、右の定義から、体幹要素の派生物とみなすべきであろう。これは、比較発生学的のみならず、極めて実験発生学的な発想でもある。

脊髄神経が体節に一致した分節性を備えることは、機能的にも整合的である。すなわち、一本の神経が一つの体節に由来する筋、もしくは筋節を支配でき、それを単位として進化することも容易となるからだ。したがって、神経外胚葉と中胚葉からなる、このような発生単位の確立は、分節的形態形成のみならず、進化戦略としても優れている。おそらく脊髄神経の知覚支配においても、同様な論理は働いているであろう。脊髄神経の分節パターンに従った知覚領域が、やはり分節的な帯として臨床的に認識されてきたが、このような「皮節（dermatome）」の存在は、この単位に表皮外胚葉や真皮も巻き込まれていることを想像させる。興味深いことに、このような分節パターンは、つねにそれが体節に依存するという点ではすべての脊椎動物ならず、ナメクジウオにもみることができる（発生の詳細はKaji et al., 2001）。

筋節と神経根の形態パターンから、これらナメクジウオの末梢神経にもソミトメリズム拘束が働いていることは

図5-6▶体節の存在により、本来分節を伴わない神経堤細胞の分布が、体節と同じ分節パターンを持つことを示す。Le Douarin & Dupin（1993）より改変。

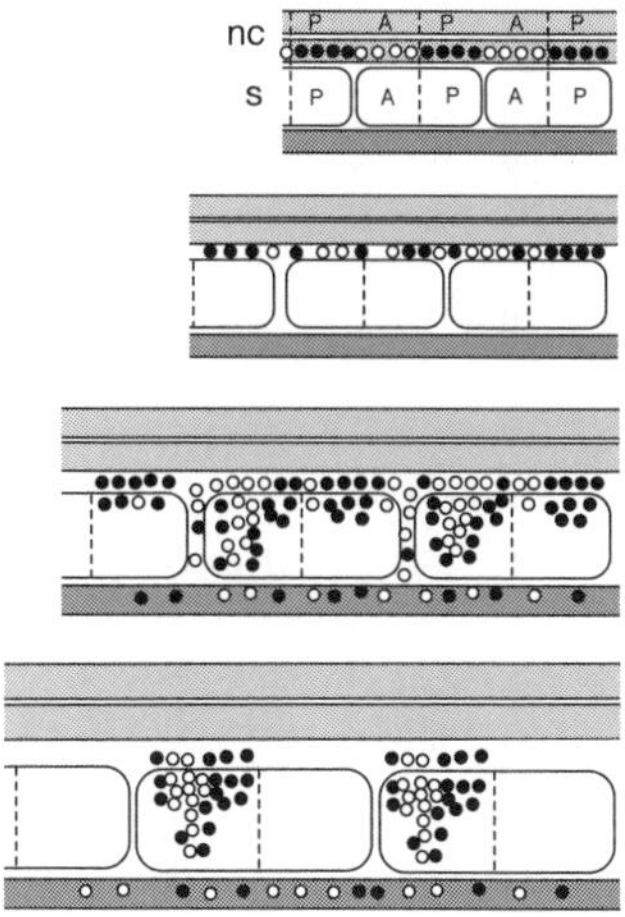

明らかだが、重要なのは、そのこと自体がこれら神経と脊椎動物の脊髄神経との神経形態学的相同性を約束しているのではないということである(図5−7・8)。事実、ナメクジウオの末梢神経は、脊髄神経の運動根に相当するものを欠き、それは筋節から伸びた筋組織の突起が、神経管に向かって伸びているものでしかなく、また真の脊髄神経節もなく、髄内知覚細胞に似たものが知覚性の突起を伸ばしているほか、この突起の作る神経根には、脊椎動物の特殊内臓運動性の神経突起に似たものさえ含められている(図5−8)(Fritzsch & Northcutt, 1993)。いわば、菱脳と脊髄の前駆体が混在したようなパターンを持つのがナメクジウオの神経管の大半なのであり、ここから二次的に菱脳的部分と脊髄的部分が前後に二極分化したものが脊椎動物の神経管に相当するのである。したがってナメクジウオには、脊髄神経として形態的分化を充分に経ていない神経しかなく、とはいえその根形成や末梢形態成立の機構的ロジックとしては、神経繊維と筋節の間にすでに、ソミトメリズムと同じ内容のものが含まれているのである。「ナメクジウオの神経がソミトメリックである」というのはこの意味においてであり、それは神経繊維の機能について何も語ってはいない。つまり、「ナメクジウオの神経はすべて脊髄神経だ」といっているのではない。中胚葉が分節を持つことによって表出した解剖学的パターンとしてソミトメリズムを共有しているということが、この言明の根幹であり、それ以上でも以下でもない。しかし、このようなソミトメリックパターンをもって、ナメクジウオの頭部分節性が脊椎動物の頭部の原始的状態を反映するかどうかといえば、そこにはまだ考察しなければならないことが残っている(第6章をみよ)。これを理解するには、ある意味、発生学的背景を射程においた形態学的記号論の、いわば認識論的思考のジャンプが必要となる。

あるパターンを祖先から受け継ぐことこそが、進化的歴史における形態パターンの保守性の基盤をなしており、そしてその保守性(相同性)が特定の構造を構成する、しばしば細胞・組織や細胞系譜に代表される諸要素、あるいは特定の遺伝子機能に帰することができないという、いわば「相同性の還元不能性」が、上にみたナメクジウオのソミトメリズム拘束に示されている。相同性は、後述するＨｏｘコードのように、非常にしばしば発生学的機構因としての構成要素や遺伝的背景に帰することができる場合もあるが、祖先・子孫関係を約束しているのは、それらの遺伝子機能がつねに保守的であることではなく、むしろ適応的形態をなすロジックが進化のある時点で成立したが最後、ありとあらゆる可能な下部構造を足がかりとしてそれを安定的に守ろうとする淘汰がかかりうる（発生負荷がかかる）からなのであり、そのときその淘汰の標的になりうるのは、胚発生の特定的場面において、成体の解剖学的パターンと等価な下地を示しうる、ありとあらゆるレヴェルの「位置関係」とそれにより惹起される「相互作用」なのである。

比較形態学は、異なった組織構造の相対的な位置関係が、そのような内部淘汰のための「足がかり」として用い

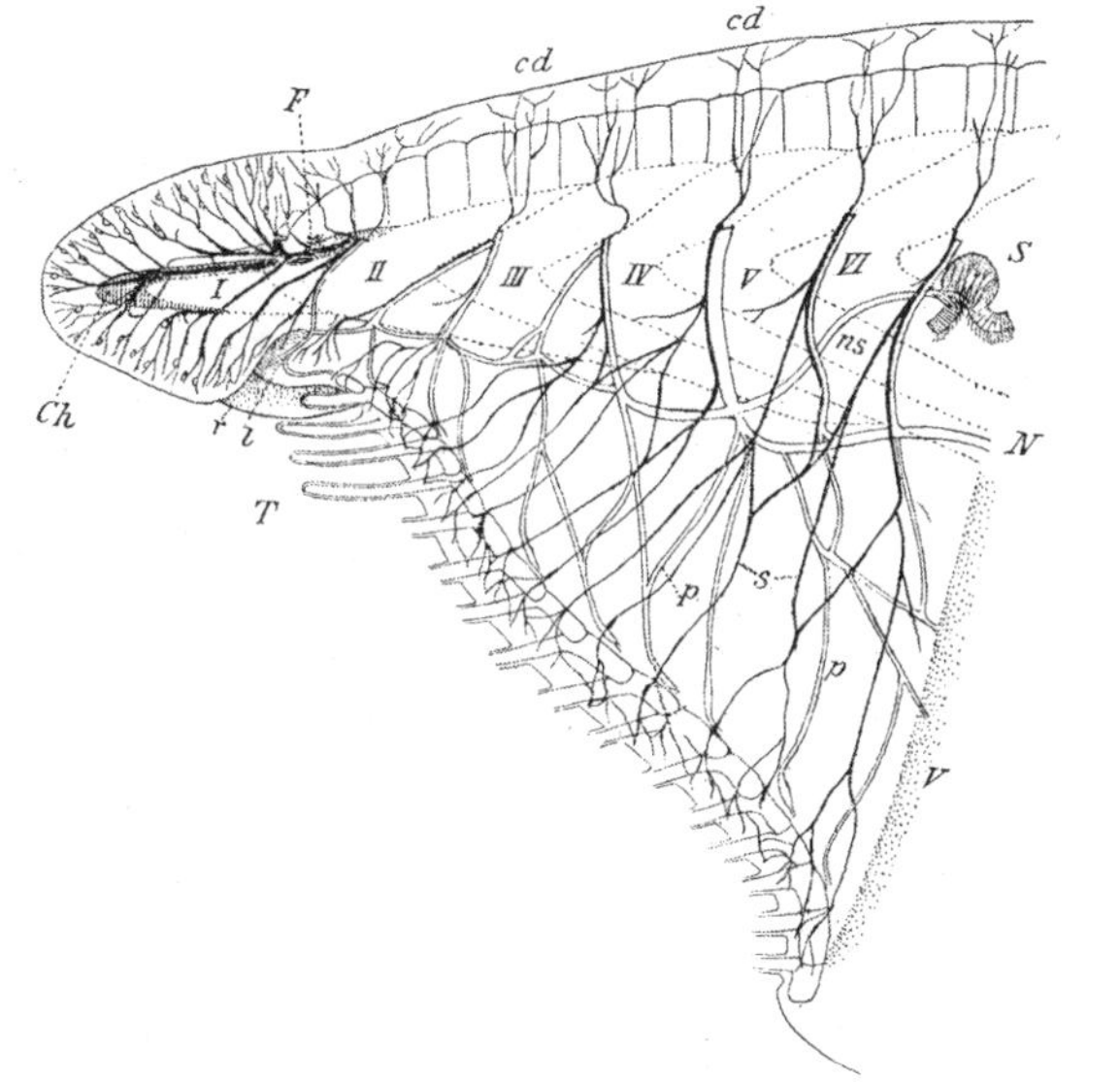

図5–7▶ナメクジウオ「頭部」の末梢神経。隣り合った筋節の間から神経根が出ることに注意。Gegenbaur（1901）より。

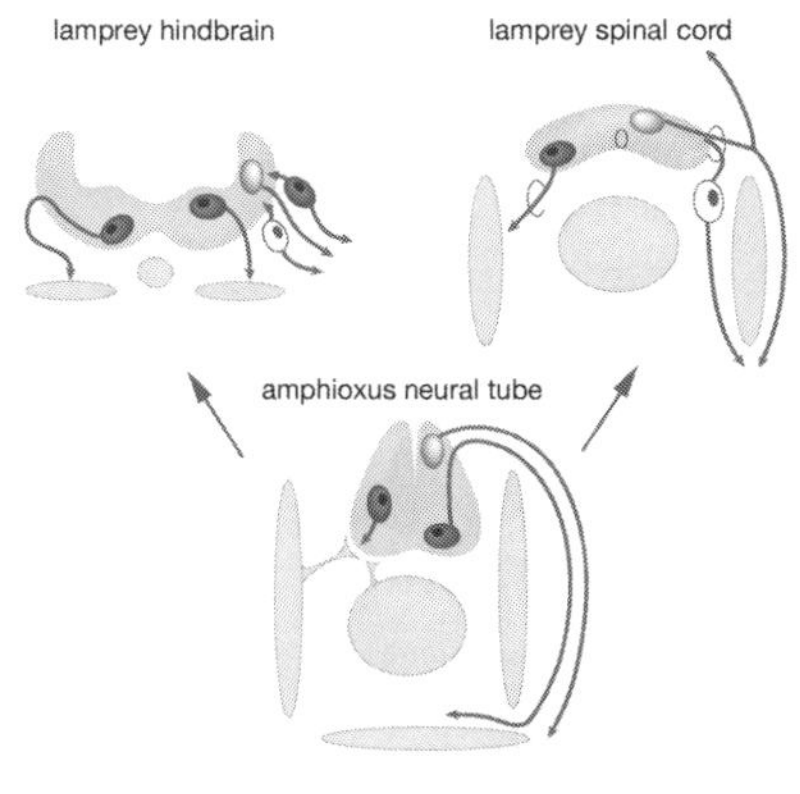

図5–8▶ナメクジウオの神経系から、脊椎動物の脳神経と脊髄神経をともに導き出す。この仮説では、ナメクジウオに頭部が出来ていないのではなく、頭部と体幹が分化していないという見解が示されている。典型的には、ナメクジウオの神経管のほとんど全域にわたって存在している、髄内を上行する軸索を伴った運動ニューロンは、翼状筋を支配するものであり、形態的には脊椎動物の鰓弓神経の特殊内臓運動ニューロンに似る。ナメクジウオの神経管の大半は、脊椎動物の脊髄の祖型と菱脳の祖型としての特徴を併せ持っており、これが前後に2極分化することによって菱脳と脊髄が分化するとされる。Fritzsch & Northcutt（1993）より改変。

られることを、ジョフロワ以来、もう長い間主張し続けてきた。かくして、相同性を問題にする形態学は、不可避的に構造主義的性格を持たざるをえない。二〇世紀において精密科学となった形態学は、多くの器官系の下部構造を明らかにするあまり、形態的同一性をあらゆる階層レヴェルにおける一致と混同してきたようだ。のちに述べる「側線神経の独立性」(もっぱら米国の形態学者によって唱導された)はその最たる例であり、大局的パターンとして守られてきたものをあえて棚の上にあげ、形態学を単なる微細解剖学と同じレヴェルのものにしたその功罪は、計りしれない。このような吟味からは、ボディプラン理解にゆき着くことは決してできない。

同様の文脈において、トムソンは相同性を「発生的因果関係にみる共通性である」といい、ヴァン=ヴァーレンは、「相同性とは情報の連続性である」と表現している(Van Valen, 1982; Thomson, 1993)。ソミトメリズム表出における因果関係とは、神経突起の伸長と、その環境における体節の分布をいうのであり、「情報」とは、進化的に保存された神経系と分節的傍軸中胚葉が、発生のある時期必ずある一定の位置関係を樹立するということを指す。因果関係によって成立したパターンが、保存されるべき情報を生み出すのである。無論、ここでいう「形態形成に必要な情報」を、たとえば遺伝情報としての塩基配列と同じものと考える発想からは、決して真の理解に到達しないだろう。細胞系譜や個々の遺伝子機能はこのダイナミズムにおける機械論的な屋台骨となりこそすれ、それら自体がここでいう相同性や相同的パターンを生み出しているわけではないのである。いわば実験発生学は、まさにこの形態学的パターンをもたらす因果関係と情報の存在を明らかにすることに長けた方法なのである。その因果関係と情報こそが、比較形態学でいうところの形態学的相同性であり、その機構的中身が実験発生学的文脈における形態形成的拘束なのである。この種の拘束が、何らかの情報として伝えられれば、それはひいては発生拘束と呼ばれるものを構成することとなり、そこに相同性という関係が進化を通じて保存される仕組みが成立する。実験発生学が進化形態学に寄与できるロジックが、この関係の中にある。

脊椎動物内部において、一本の脊髄神経が一つの筋節のどこに位置するかについては、動物群によって違いがある。すでにグッドリッチによって報告されていることだが、ヌタウナギでは、脊髄神経の背根も腹根も筋節の間を通るのに対し、同じ円口類に属するヤツメウナギ類では、背根のみが筋節の間を通り、腹根は各筋節の中央に相当するレヴェルで脊髄から発する。これが、軟骨魚類や条鰭類になると、再び背根と腹根が同じレヴェルに出来、それらは筋節の中央に見出され、すでに上にみたように、羊膜類においては各筋節の前半分に相当するレヴェルで、脊髄神経が末梢形態を成立させる。つまりは、ソミトメリズムがつねに最終的に到達すべきパターンであるとはいえ、それを成就するための、神経原基と中胚葉の間の具体的な相互作用については、動物系統ごとに微妙な違いが存在し、そこが進化的に守られてこなかった部分を代表しているらしい。ならば、可能性としては、このソミトメリズムを成立させるための発生プログラム、その背景にあるとおぼしき、おそらくは多かれ少なかれいずれは分子レヴェルでの違いに帰着されるであろう、発生機構の進化的変化部位は、いわゆる「発生システム浮動（developmental system drift：DSD）」、つまり最終パターンは変えずに、それをもたらす機構のみが進化する現象、の一例としてもみることができる（第6章）。ならばなおさらのこと、形態学的問題としての分節性は、イベントの因果連鎖としての発生プログラムにおいて、解剖学的パターンに帰結する決定的なヒエラルキーを占めているとみるべきなのであり、闇雲に発生初期にその根源的要因を探すことが不適切ともなりかねない。あらためて比較発生学と実験発生学は、頭部問題が形態学の問題であり、それがかかわる発生の局面が特定の発生段階と密に連携し、動物門ごとに保存されているというファイロタイプ期、そしてその胚形態が拘束となって表出する動物のボディプランや、形態的相同性、それら現象や概念と不可分のものであることを示しているのである。

脊椎動物の頭部分節性を発生機構的に見直す

分節的パターンを備えた動物にあっては、中胚葉が最初に分節繰り返し性を獲得する部分である。そしてほかの部分の分節性は、単に中胚葉の分節の上に象《かたど》られるにすぎない。すなわち、分節性を示す器官というものは、祖先的にはもともと体節の分節性に対応するものなのだ。

――セジウィック（1884）より

個体発生過程において、体節の存在が脊髄神経の原基に対して形を押しつけている作用は、いわば一種の、個体発生にみる制約である。たとえば、これまでに少し触れた「形態形成的拘束（generative constraints）」という概念は、進化を通じて発生的因果関係が固定化している状態をいい、この意味で体節の分節パターンの支配下にある脊髄神経の分節的分布は、「体節のもたらす形態形成的拘束下にある」ということができる。これに似た概念である、「エピジェネシスの罠（epigenetic trap）」（Wagner, 1989a, b）は、形態形成的発生機構において細胞や分子の間の相互作用が複雑に絡み合い、動かせなくなっている状態を指す。このような状態が形態形成的拘束をもたらすことも容易に考えることができる。上皮と間葉の間の相互作用において、複雑な細胞間のシグナリングや遺伝子制御ネットワークが組み上げられているとき、その発生装置のなすネットワーク自体の構造ゆえに、それが進化的に変更できなくなっており、結果としてその構造のもたらしうるパターン以上のものを作ることができなくなってしまう。あるいは、それを変更すること自体がシステムの崩壊や、形態モジュールの消失に繋がることも予想される。ならば形態形成的拘束は、発生負荷を負うべきパターンともなりうるし、形態形成的拘束を作り出す進化機構が、安定的内部淘汰であろうということも容易に想像できる。

脊椎動物の胚原基の中でそのような複雑なネットワークを一つあげるならば、肢芽や眼球の発生機構がその例にあてはまる。このようなものは、一端出来上がってしまったが最後、簡単には変更することができず、そのゆえにそれは形態学的相同性を保存する要因としてもみることができる。事実、網膜の光受容細胞が光の経路とは逆を向いている脊椎動物の眼は、効率が悪いからといっておいそれと組み替えるわけにはゆかないのである。同様に、進化のある時点で肢芽に極性が成立し、その雛形の中で五本の指を作るようにセットされた四肢動物の肢芽では、簡単には指の数を（減少させる以外には）変更できなくなってしまっている。

とすれば、特定の表現型なり形態モジュールに対応する特定の発生拘束[518]が存在してきたことになり、相同性を温存する淘汰も、それを破棄する淘汰も、等しくこの発生モジュールにかかってきたと想像できる。あるいは、「エピジェネシスの罠」とは異なった理由で、明らかに成体における解剖学的構築の適応のゆえに温存され、それを成就するための発生機構が様々なレヴェルで変異した、「発生システム浮動」の結果としての胚形態の拘束もあり[519]、その一つが上にみたソミトメリズムということになる。とすれば、淘汰のかかる実体として、個々の遺伝子やエンハンサーを同定することは容易ではなく、しばしばそれは不可能ですらあるかもしれない。が、淘汰の標的となる形態素に対応する発生モジュールを見極めることはときとして可能となる。このような思考はまさに、表現型とゲノム型の距離を計測することにも等しい。

進化的適応放散の背後にあって、変わることのない基本形態パターンを作り出しているのも、ここで扱うタイプの発生拘束であり、それは多かれ少なかれ内部淘汰を経て温存されてきたとおぼしい。ならば、胚形態や、それに由来する解剖学的構築を拘束しているのも、同じ機構が要因となっているのであろうし、ファイロタイプにみるような保守的な胚形態を発生機構的に「解剖」しようというのであれば、それはおそらく細胞・組織間の、多かれ少なかれ誘導的な相互作用であるとか、物理的に細胞の広がりや移動の仕方にパターンを与える様々な要因の集合として視覚化できることであろう。少なくとも、我々はすでに、体幹において「ソミトメリズム」という名の分節的パターンに帰着する形態形成的発生拘束を見、その機構的作用のあり方を見てしまっている。つまり「ソミトメリズム」とは、形態パターンだけではなく、以上に述べたような、パターンをもたらす形態形成的発生拘束を表現する名辞でもあるのだ。

では、頭部に分節性があるかどうかという問いに立ち返ってこれを再吟味するのであれば、分節論の是非は、頭部にソミトメリズムがあるのかないのか、それとも別の拘束が作用しているのか、という問いに書き換えることができよう。第3章にみた神経発生学者のニールは、中枢神経の原基に発生する分節(神経分節)の形態学的意義を明らかにするために、これと同様の発想を用いている。つまり、脊髄原基に分節(脊髄分節:ミエロメア)が現れるのが、体節の誘導的作用によるものであるというのであれば、体節のない領域に出来る菱脳分節(ロンボメア)には、形態的重要性はないのだろう、というのである。それについては以下に詳述するが、では、脊椎動物の胚には、ほかにどのようなタイプの形態形成的拘束が存在するのだろうか。

これについても、様々な実験発生学的情報が蓄積している。たとえば、ヴァン=ヴィージェやマーシャル以来、脳神経は脊髄神経が頭部において極度に変化したものにほかならず、それによってソミトメリズムが頭部前端にまで追跡できるといわれることが多かった。いうまでもなくこれは、頭部にソミトメリズムを見出そうという、典型的な分節論者の見解である。それがあるというのであれば、たとえ脳神経が明瞭な体節を伴っておらずとも、それに似た拘束の作用によって繰り返しパターンを得、それによって咽頭弓に分節的な支配パターンを持つことができるのだろうと想像される。ならば、脳神経のうちでも、咽頭弓に分布する三叉神経、顔面神経、舌咽神経、迷走神経がそれぞれ独立した神経根を持つのは、神経上皮に内在した性質ではなく、頭部中胚葉の中に存在すると期待される、何らかの分節パターンを反映したものなのか。実はそうではない。筆者がかつて行った実験が示したところでは、上にあげた、咽頭弓とその派生物に分布する脳神経群(鰓弓神経群)の根形成能力は、頭部中胚葉ではなく、神経上皮に局在している(Kuratani & Eichele, 1993)。鰓弓神経群は脳の中でも、菱脳と呼ばれる領域に発する。そして、この菱脳はいくつかの分節（菱脳分節＝ロンボメア）と呼ばれる構造が連なったものである。そして、鰓弓神経は基本的に、偶数番号の菱脳分節に根を有する。すなわち、三叉神経は第二菱脳分節（r2）に、顔面神経はr4に、舌咽神経はr6に発する（どういうわけか迷走神経の根は菱脳から脊髄にかけての神経管の側面に大きく広がってしまっている）。この、神経と菱脳分節の間に成立している一対二の関係が根形成の要《かなめ》になっているらしく、このパターンは（ヌタウナギやヤツメウナギなどの円口類を含め）脊椎動物に偏在しているのである。ただし、このパターンが個体発生中、二次的に変化するのが板鰓類であり、三叉神経の根が後方へ移動し、成体では三叉神経と顔面神経の根がほとんど融合してしまっている（Kuratani & Horigome, 2000）。

◎――菱脳分節

脊椎動物の胚では、脳神経と菱脳分節、ひいては咽頭弓の対応関係が顕著であり、とりわけ菱脳分節は、脳神経の原基の一部となる頭部神経堤細胞の供給源でもある。そこで、神経堤細胞が遊走する前、そして脳神経が形成される遥か前の菱脳分節の移植実験を行うことにしたのである。それは、私が琉球大学でニワトリの脳神経の発生を観察・記載し、渡米してジョージア医科大学で実験発生学に耽溺していた頃、神経堤細胞のマーカーであるHNK－1の抗原性がニワトリ菱脳のr3とr5だけにあることを発見したのち、テキサス州ヒューストンのベイラー医科大学で第二のポスドク生活を始めた頃のことだった。あとから聞けば、私が琉球大学において免疫組織学的に脳神経原基を染め出した写真が論文に載った頃（そのとき私はすでにジョージアにいた）、それをみたアメリカのノーデンや、イギリスのラムスデンといった、脊椎動物の頭部発生で有名な研究者たちが、「神経分節説の再燃だ」と騒いでいたというが、そもそもその写真を撮った私はといえば、「そこに何かある」と思いながらも、昔の比較発生学者、とりわけニールの、「頭部分節性において、神経分節の意義は小さい」という言説に消沈していたのである。しかし、脊椎動物のHox遺伝子の発現境界が菱脳分節境界に一致することが報告されてからというもの、気をとりなおし、神経上皮の移植実験に慌ててとり組んだという次第であった。それが、一九九一年のこと。確かに菱脳分節には、一対二の規則性がある。同じ菱脳分節でも、偶数番号のものと奇数番号のものでは、性質が大きく異なっているらしい。

私がこの移植実験を開始してしばらく経った頃、英国のガスリーとラムスデンが同様の移植実験の結果を『*Development*』誌に発表した。それは、偶数番号の菱脳分節同士の間では境界線ができず、偶数番号と奇数番号の菱脳分節同士が隣り合ったときにだけ境界線が形成されるというものであった。当時は、「発生コンパートメント」という概念が、脊椎動物の発生生物学において独自に定義され、ショウジョウバエのそれとは内容が分かれ始めた頃であったが、いずれにせよ脊椎動物発生学におけるコンパートメントとは、細胞の系譜がそれ自体の中で完結しており[520]、独自の細胞分裂速度と、独自の細胞接着性、そして、均一な独特の遺伝子発現を共有する細胞集塊を意味する、とされていた。そのような性質の違いが、異なったコンパートメント同士の間に視覚的な境界線をもたらすのである。ならば、菱脳分節は一つおきにそのコンパートメントとしての性質を同じくし、偶数のものと、奇数のものが相並んでいるために、その間に境界線がみえるのであろう。偶数番号の菱脳分節に神経根が出来るのも、そういった偶数番号の菱脳分節の特性(property)の一つなのであろう。つまり、神経堤細胞は偶数番号の菱脳分節にのみ付着して神経根原基を作るため、それが鰓弓神経群の分節的配置のプレパターンになるのであろうと、私はそのように予想していた。

その数年前、ムーディーとヒートンの研究グループが、もっぱら除去実験によって、「神経上皮に神経堤細胞、もしくは神経節原基の細胞が付着しなければ、脳神経の正常な発生は起こらない」ということを見出していた(Moody & Heaton, 1983a,b,c)。つまり、偶数番号の菱脳分節は独特の接着性を持っており、そのためにそこだけに神経堤細胞が付着し、それが脳神経の根形成の重要な下地となるらしい。たまたま何かの拍子にこの論文にゆき着いてそう思いついた私は、オロフ・サンディンによって開発された、*Hoxb1*産物に対するポリクローナル抗体をr４のマーカー検出に用い、菱脳分節の移植実験を実行したのだった。結果は極めて明白であり、移植したr４はr４としての性質を失うことはなく、つねに移植された場所で新しい神経根をもたらした（本来神経根が出来ない場所でも、異所的な神経根が発生した）。一方で、奇数番号の菱脳分節は、神経根を作るレヴェルに移植すると、そこでの根形成を抑制してしまうのである。つまり、この実験結果は、脳神経の根のプレパターンが神経上皮内、菱脳分節の偶奇性に従って局在しており、そのゆえに、体節中胚葉の存在に従って分節性を得る脊髄神経とは形態形成の機構がまったく異なっていることを示している（図5–9）。ちなみに、頭部中胚葉が鰓弓神経根の形成に無関係であることは、明確な論文として発表されたことはまだないとはいえ、いくつかの研究室で確かめられてはいる。しかし、体幹の体節を移植すると、鰓弓神経の末梢形態、あるいはそれに先立つ神経堤細胞の分布に影響を及ぼす。

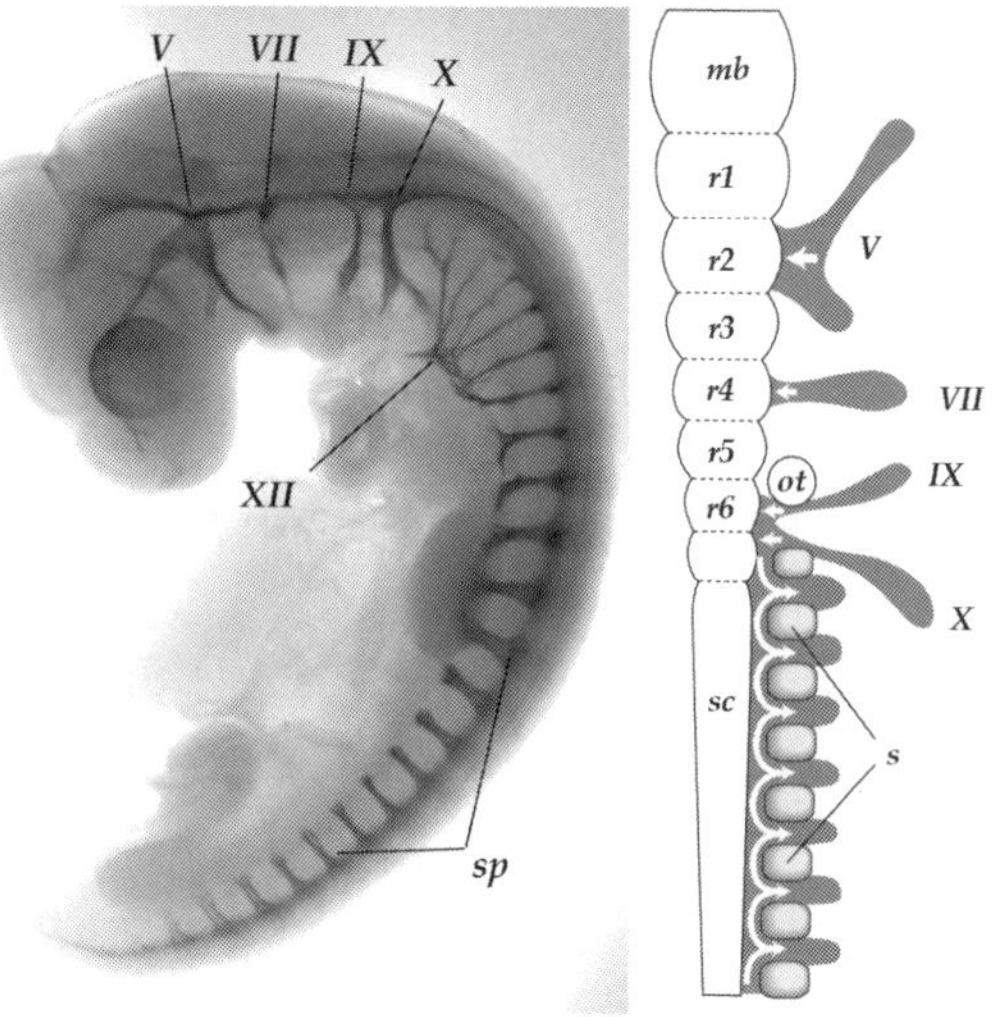

図5–9▶スッポン胚の末梢神経系（左）。咽頭胚では鰓弓神経系（V、VII、IX、X）と脊髄神経系（sp）が前後軸状に並ぶ。舌下神経（XII）は脊髄神経の変化したものと理解されている。末梢神経の形態パターニング機構を右に示す。脊髄神経の原基は体節（s）の存在によって二次的に分断され、分節的パターンを得るが、鰓弓神経根は、菱脳分節（r1～r6）の偶数番号の上にできる。つまり、鰓弓神経系の繰り返しパターンは神経上皮の上にすでに局所化している。左はオリジナル図版。右は倉谷（2004）より。

つまりは頭部、とりわけ内耳の前方において、体節を欠き、鰓弓神経の根形成に影響を及ぼすことのできない頭部中胚葉があることが、頭部神経堤細胞と、それが付着する相手としての菱脳分節主導型の、末梢神経パターニングが可能な所以なのである。換言すれば、脊椎動物は、頭部に典型的な体節、もしくは体節が本来及ぼすことのできるソミトメリックな拘束が存在しないことによって、脊椎動物の頭部たりえている。鰓弓神経群をパターンするこのような拘束を、とりあえずは「ロンボメリズム（菱脳型分節性）」という言葉で表現することができる。これは、鰓弓神経根を分節的に形成する要《かなめ》だが、それだけで咽頭弓の分節支配が可能になるわけではない。したがって、この拘束をただちに「ブランキオメリズム」と呼ぶわけにはゆかない。むしろ、根形成のロジックにおいて、菱脳分節と脊髄に発する脊髄分節は、神経根とパラレルな現象をみせている。すなわち、スターンらが体節の移植実験によって示したように、脊髄分節は体節の存在により、二次的に神経管に押しつけられるパターンなのである（Lim et al., 1991; Stern et al., 1991）。

この、体節と脊髄分節の間の因果関係は、実はすでに多くの比較発生学者によって予想されていたことではあった。が、それはあくまで組織学的な観察を通してのことであった。一方で、菱脳分節については明瞭な形成機構はいまだにわかってはいない。少なくとも、中胚葉による明解な誘導作用は認められてはいない。しかしながら、すでにベルグクイストの弟子にあたるシャリーンが、簡単な実験によって、「脊髄分節の形成には体節という基質（substrate）が必要だが、菱脳分節に関してはそれがなくても自律的に発生する」ことを示唆するデータの報告をしている（Källen, 1956）。つまり、脊髄分節もソミトメリズムの結果として二次的に形成されるパターンであり、その意味で典型的な体幹の分節性を示すということになる。であるから、形態形成的拘束としての「ミエロメリズム」というもの[●521]は存在しえない。つまり、いわゆる神経分節（ニューロメア）は体軸に沿った一様な分節性を示しているのではなく、菱脳と脊髄の間には確かにパターン創出の機構のレヴェルで不連続面が存在する。さらに、これに加えて、菱脳の前には中脳が一つか、それ以上の分節を示し、さらに中脳の前方には三つ（当初は六つ）の前脳分節、すなわち前脳分節が存在するとされる。末梢神経をほとんど伴わないこれら前方のニューロメアもまた、後脳や脊髄とは発生上の挙動を異にしている。かくして、脊椎動物の神経管の前後軸上には、分節性の不連続面がいくつも存在しているようであり、以前の比較発生学的な頭部分節問題においては、これらのうちのほんの一部しか扱われることはなかったのである。

偶数番号の菱脳分節上に存在する、鰓弓神経の根形成のためのいわば、「神経根ポート」は、種を明かせば、神経堤細胞の選択的接着性に帰着するが（図5-9）、これが神経根の形成可能性を形態学的に限局しているというのであれば、それはいわゆる鰓弓神経根だけではなく、側線神経の神経根の位置をも規定しているということになる。これに関し、米国のローマーとパーソンズ以来、側線神経は鰓弓神経とは異なった、独立の末梢神経系であるというコンセプトが現在まで流布している。が、形態発生学的ロジックを重視し、神経機能ではなくとりわけ根の末梢形態に着目するのであれば、側線神経の根形成もまた、鰓弓神経と同じロンボメリズムに従うといわねばならない。これに関しては同様の現象はいくつも知られ、上に示したナメクジウオの末梢神経、脊椎動物における脊髄神経根が自律神経の繊維を運ぶことなどもこれにあたる。したがって側線神経は、たとえ独立の機能を有しているとしても、根形成のメカニズムに関して独立のものを有することはなく、むしろ形態学的には、古典的比較解剖学の教えていたように、そして発生学的な機構として鰓弓神経の根が側線神経の繊維を運ぶことになっていると考えた方がよい。側線神経を特別視する傾向は、過去数十年の特定の権威に由来するものと筆者は判断するが、実際その弁別によって得るものはそれほど多くはなく、むしろ形態パターンの法則性に目を瞑《つむ》るという有害な傾向を助長してきたというべきなのであろう。

◎———咽頭嚢

鰓弓神経の末梢形態に関しては、また別の形態形成的拘束が作用している可能性がある（以下の記述は、図3-2・8などを参照）。すでに述べたように、頭部では頭部神経堤細胞の移動と分布が、鰓弓神経ののちの形態を決めることになる。頭部神経堤細胞は、体幹における神経堤細胞とは異なり、極めて広範な頭部間葉を作り出すが、それは神経堤細胞を付着させないr3とr5のレヴェルで分断され、三つの大きな神経堤細胞集団を形成する。その最前のものは三叉神経堤細胞と呼ばれ、のちの三叉神経枝の分布範囲と合致する広がりをみせる。第二の集団は、舌骨神経堤細胞群であり、r4から始まって第二咽頭弓に入り込み、顔面神経の形状と一致する。第三、すなわち最後方の頭部神経堤細胞群は、囲鰓堤細胞群（circumpharyngeal crest cells）、あるいは後耳神経堤細胞群（postotic crest cells）といい、舌咽神経と迷走神経の分布域をカヴァーする。このように、背側では菱脳分節の偶奇性に従って配置する神経堤細胞群が、末端部では咽頭弓との対応関係を持つということ自体が、頭部分節性の観点からは極めて興味深い。なぜこのような形態パターンが成立するのかについて、まだよくわかってはいない。しかし、菱脳、ならびに頭部神経堤細胞の起源となる神経上皮全体をそっくり前後軸上で反転させても、脳神経の形態がある程度正常に発生できることを考慮すると、頭部神経堤細胞の分布を何らかの胚環境に由来する因子が決めていることは確からしい。

さらに、その遠位部では上鰓プラコードが脳神経の下神経節の原基として発生する。下神経節は、鰓弓神経の基本的構成要素と思われ、神経堤に由来する近位の神経節とは異なり、大型の細胞体を伴う知覚ニューロンの集団として見出され、鰓弓神経と同じ繰り返しパターンを示す。プラコードとは、外胚葉の一部が肥厚し、のちに感覚細胞や神経細胞を分化させることになる原基を指し、それは表皮外胚葉に対する誘導によって形成される。最初、プラコード分化能を備えた、汎プラコード領域が馬蹄形状に神経外胚葉をとり囲むように誘導され、その各部にさらに個別の誘導作用が働いて個別のプラコードを形成することになる。中でも、上鰓プラコードの発生にあって、その二段目の誘導を行うのは、咽頭嚢内胚葉からの分泌因子であることが知られる。

上鰓プラコードも分節的配置を示し、第一咽頭裂に付随するものを膝プラコード、第二咽頭裂のものを岩様プラコード、その後ろに続くものを節プラコードという。これらの名称は、そこから由来する神経節の名によっている（膝神経節、岩様神経節、節神経節）。つまり、上鰓プラコードの分節的配置は、咽頭嚢のそれに依存するのである。咽頭囊から直接に発する、いわゆる咽頭嚢派生物（羊膜類の中耳腔、口蓋扁桃、胸腺、副甲状腺など）はいうまでもなく、咽頭弓が咽頭裂の形成によって互いに分離するのも咽頭嚢の分化に起因し、その際、内臓弓筋の原基となる咽頭弓中胚葉も、さらに内臓骨格や動脈弓の中膜に存在する平滑筋をもたらす咽頭弓内の神経堤細胞群も、咽頭弓の繰り返しに対応した分節性を示すことになる。したがって、咽頭弓のメタメリズムをもたらす一次的構造は、咽頭嚢という、内胚葉性のポケットの繰り返しなのである。

おそらく、咽頭弓とそれに付随する構造群、そしてそれに派生する構造群の分節的配置、すなわちブランキオメリズム（鰓弓型分節性）の一次的要因は咽頭嚢の分節的発生に帰することができ、これまで実験的に咽頭嚢を欠失させた胚においては、鰓弓神経の形態や、咽頭弓の形態そのもの、あるいはその内部に発生する諸構造に異常が生ずる（Kuratani, 2008b に要約）。

脊椎動物の頭部問題は、実験発生学的な発想のもとにこれをみるならば、どのような種類の形態形成的拘束がどこに存在し、複数の異なった拘束が頭部の形成においてどのように関連し合っているかをみることによって答えられねばならない。つまり、典型的な分節論者の立場にあっては、ソミトメリズムという、体幹を支配している分節的形態形成の拘束が、脊椎動物のからだの前後軸全域にわたって、「連続的に」分布しているか否か、が問題であり、彼らはそれに対して「イエス」といえなければならない。さもなければ、いかにそれが分節的であるようにみえようと、頭部と体幹の間には絶望的な「断続面」、もしくは「不連続面」が存在することになり、そのために、ソミトメリズムはその面において、体軸上で一貫性を失ってしまう。分節論者が一貫した分節性の発見を指向してきたのは明らかであり、比較発生学はその理念に合致するかもしれない現象の数々を報告してきた。が、実験発生学はしばしば、それを否定する材料を蓄積したのである。一方で、胚形態を観察することによって、その不連続性を強調してきたのが、非分節論者たちなのであった。二〇〇三年に筆者が発表した論文では右の議論をさらに展開し、脊椎動物の頭部においては、ブランキオメリズムとニューロメリズムが存在するが、特異的にソミトメリズムが消失していることをもって、それが体幹とは際だって異なっていることを強調した（Kuratani, 2003）。一言でいえば、脊椎動物の胚頭部における分節の有無ではなく（潜在的な原始形質の不在を証明することが不可能であることについてはすでに述べた）、形態形成的拘束の分布が体幹と頭部では異なっているのである。

上に記述した形態形成的発生拘束は、脊椎動物の咽頭胚に始まるボディプランの基本的構成をよく説明する。これはポルトマンが示した、頭蓋の一次構築プランとよく似た理解の方法であることを理解されたい。ポルトマンの模式図においては、いま、目の前にみえている動物の形が、局所的に異なった機構のもとに形成されたモジュールの複合体であることが強調される。そのモジュールそれぞれにおいては一定の発生のルールが作用しているが、体幹から頭部にかけてあまねく分節性の表出となっているような、統一的な分節プランや、それをもたらす単一の「○○メリズム」と呼ぶことのできる拘束は脊椎動物の発生過程に見つかってはいない。

では、あらゆる意味において、脊椎動物の分節論は間違っているのか？　少なくとも、現生の脊椎動物において発動している発生機構が示唆する限り、理想化された分節論は不適切であるというしかない。しかし、である。進化において発生プログラムもまた進化し、それによってボディプランも変わる。その同じ理由でもって、発生システム浮動という現象が生ずる。かくして、形態学的には類似した動物でも、その成立の背景に、異なった発生プログラムが隠れていることは可能なのだ。もし、複数のモジュールからなる分節パターン（それは、前にみたシュタルクの二重分節説に多少似る）が脊椎動物にあるとしても、その実験的根拠を与えた動物が顎口類ばかりであったとしたら、たとえ形態パターンに大きな差はなくとも、円口類の発生においては別のモジュラリティが存在しうるのではないか？　いや、ヤツメウナギの発生においてすら、筋節と咽頭孔の分節パターンは、個体発生上刻一刻と「ずれ」を示したのではなかったか？　それに対し、ナメクジウオの発生においては、筋節と筋節との間に鰓孔が一つ出来るという発生パターンがかなり長い間みられるのではなかったか？

つまり、右の議論は、「ある一定レヴェルの進化段階にある脊椎動物においては、実験レヴェルで異なった分節化の機構をからだの各部で確認でき、この異なった発生機構こそが、脊椎動物の頭部をそれらたらしめているのである」ということしか述べてはいない。これは、見方によっては、脊椎動物の頭部を一種の「共有派生形質の集合体」としてみるやり方なのである。なるほど、脊椎動物の耳の前には、かつて体幹の体節と同等の分節的中胚葉が存在していたかもしれない。百歩譲ってそれが正しいと仮定しよう。しかしそれでも、頭部の中胚葉（かつての前方体節）

がやがて、体節とは異なった特性を持つに及び、頭部中胚葉となったその細胞群は、神経堤細胞に対してソミトメリックな拘束を与えることができなくなり、それに代わってロンボメリズムが鰓弓神経根の形成に働くようになったという、この進化シナリオが正しいとすれば、脊椎動物の頭部はまさにロンボメリズムの獲得とソミトメリズムの喪失をもってようやく鰓弓神経の形態を発生させることができるようになり、それによって脊椎動物の頭部たりえているのである。その結果として、頭部のブランキオメリズムと体幹のソミトメリズムが互いに際立ち、それらがS字状の境界を作り出し、フロリープのような非分節論者に頭部と体幹の間葉系の違いを認識させたのである（図2-37・38と図3-2、4-11を比較せよ）。

しかし一方で、この頭部にいまだ消えずに残っている原始的なソミトメリズムの残遺をどうしても諦められないのであれば、一概に頭部分節理論も否定できないものとなる。その存在が証明できないからといって、ソミトメリズムの残存をただちに否定することが原理的にできないからだ。どのような手法でもって、いくらしつこく観察してもみることができないといって、ことによると明日、何らかの遺伝子発現がそこに中胚葉性の分節の痕跡を見出さないとも限らない。あるいは、フロリープがシビレエイの神経胚にみたソミトメア状の小胞が、実在しないとも限らない。明日、それを誰かが報告するかもしれず、その可能性は永遠に捨て去ることはできないのだ。事実、ソミトメアはまさにそのような経緯で見出され、上と同じく原始形質の残遺の候補として問われ続けたのである。そして、ソミトメアに託された分節への思いは、「ある・ない」、「見える・見えない」の議論をどこまでいっても保留にし、否定しきれない可能性のみを主張し続ける。

しかし、たとえ脊椎動物の頭部傍軸中胚葉にソミトメリズムが残っているとしても、そのような祖先的で痕跡的な分節性は、脊椎動物の頭部を決して正しく記述できるものではない。なぜなら、その一次的分節パターンは現在、仮にそれがいまでも残されているとすれば、せいぜいのところナメクジウオにみることができるのみであり、そのナメクジウオはといえば、決して脊椎動物ではないからだ。つまり、グッドリッチの模式図から様々な構造を剥ぎとることによって初めて浮かび上がってきた、「筋節の連続としての脊椎動物の頭部」とは、現生脊椎動物を、一風変わったナメクジウオ的祖先としてみた場合に浮かび上がる、潜在的な原始形質の残遺でしかない。そして、それは脊椎動物であるための共有派生形質という種々の要件を欠くがゆえに、もはや脊椎動物の頭部を表現するとはいえない。つまりそれは、動物群の指定のレヴェルで矛盾を孕《はら》んでしまうのである。むしろこれは、脊椎動物を含めた脊索動物の頭部分節性である可能性は残しているが、決して脊椎動物の「一次構築プラン」を表現することにはなってはいない。同様に、「ヒトのからだは所詮一本の背骨である」ということもできない。なぜなら、ソミトメリズム主導型の形態形成を行っていたころの仮想的祖先においては、まだいかなる骨格要素も出来ておらず、骨格要素が獲得されたときには、今度はソミトメリズムが一部失われてしまっていたからだ。あらためて我々は、このような、進化系統に立脚した議論をついぞ踏まえることのなかった、自然哲学の産物としての原型にまつわる本質的問題に思い至るのである。

頭部神経堤細胞をめぐる実験発生学と頭部分節性

それでは、発生運命予定地図や、発生の細胞系譜の観点から、脊椎動物の頭部分節性を再度吟味してみよう。事実上、これが本章において最も注目すべきトピックとなる。

グッドリッチの頭部分節モデルは、中胚葉の分節（筋節）の並びとして脊椎動物の頭部形成を表現・解釈しようとしたものであり、それは頭部の構成をナメクジウオ的なパターンになぞらえ、進化的変化のポラリティを解体する試みでもあった。いきおいその模式図では、ナメクジウオにない構造は排除されがちとなる。しかし一九世紀末からすでに、脊椎動物の形態形成において外胚葉性の細胞系譜である神経堤が、とりわけ頭部間葉系の発生において主導的な役割を演ずることは発見されていたのである（第2章）。かつての比較発生学的な頭部分節説において、基本的に中胚葉の性質を知ることが主たる目的となっていた背景には、古典的な比較形態発生学における「間葉＝中胚葉」という伝統的認識が強く作用していたとおぼしい。対して、二〇世紀後半からの実験発生学が頭部問題において対象としたものの主流は、明らかに神経堤細胞（neural crest cells）だった。そしてそれは、脊椎動物頭部の構築に関する研究者のイメージを大きく変化させてゆくことになる。

頭蓋形態を理解しようという実験発生学研究において、とりわけ大きな貢献を果たしたのは、両生類と鳥類の胚であった。そして、頭部神経堤細胞の頭蓋骨格要素をもたらすことをまず実証したのが、両生類胚を用いた移植実験であった。[◉522] 両生類を用いた実験発生学は現在でもジェームズ・ハンケンらのグループによって続けられており、頭蓋発生に関する興味深い特殊性を報告しているが、それについては後述する。また、標識実験よりは不正確なデータを出しがちだが、神経堤の除去実験はヤツメウナギでも行われており、神経堤が確かにヤツメウナギの頭蓋の一部を形成していることは示唆されている(Langille & Hall, 1988, 1993)。ただし、この実験で神経堤由来であると主張されたのはヤツメウナギにおいて「梁軟骨」と呼ばれている軟骨要素であり、この構造は別の実験では中胚葉に由来することが示唆されている(Kuratani et al., 2004)。

◎——両生類

そもそも一九世紀末のプラットが、頭蓋形成における神経堤細胞の貢献を示唆したのは、純粋に組織学的観察によるものであったが(Platt, 1893, 1897)、それが広く認められ、研究の対象となるまでには、実験による実証が必要であり、その間、実に数十年のブランクがあった。そして、いまでこそ様々なグループの脊椎動物において神経堤の発生が研究されるようになったが、神経堤細胞の、細胞・分子レヴェルの機構論を踏まえた現代的な理解の多くは、事実上、七〇年代から八〇年代にかけての、ル＝ドワランの創始した鳥類胚を用いたキメラ法を用いた実験によっている。それにならって様々な研究者が、頭蓋形成に寄与する頭部神経堤細胞の性質を明らかにしていった。[◉523] その一連の研究によって、頭部神経堤細胞(cephalic or cranial neural crest cells)が体幹のそれ(体幹神経堤細胞：trunk neural crest cells)とは異なり、大きな細胞集団を作り、背側経路(dorsolateral pathway)と呼ばれる独特の移動経路に沿って移動すること、腹側で咽頭弓を充填し、骨格のみならず、筋の結合組織や動脈弓の中膜、末梢神経節やその支持細胞に分化するばかりか、形態形成にあって重要な役割を果たすことなどが次々に明らかとなっていった。[◉524]

しかし、これらの研究に先立って、両生類を用いた実験発生学の時代があったことは忘れてはならない。そしてそこでも、頭部神経堤は大きなテーマの一つとなっていた。当初は、神経堤細胞の分化レパートリーの一つ、色素細胞がその主たる研究対象であったが、生体染色や神経堤の除去を通じ、頭蓋形成における頭部神経堤の寄与が、(やや正確さを欠くとはいえ)初めて実証されたのである(Hall & Hörstadius, 1988に要約)。この研究の流れには、脊髄神経の分節性(ソミトメリズム)の根拠を体節においた、メキシコサンショウウオ(*Ambystoma*)を用いたデトウィラーの研究をも加えるべきだろう（前述）。

とりわけ、ヘールシュタディウスとセールマンが、一九四六年にドイツ語で出版した膨大なモノグラフ『有尾両生類の軟骨性頭部骨格の決定に関する実験的研究（*Experimentelle Untersuchungen über die Determination des Knorpeligen Kopfskelettes bei Urodelen*）』は、メキシコサンショウウオ（*Ambystoma mexicanum*）の軟骨頭蓋を形成する神経堤細胞の性質と形態的発生分化の仕組みを、当時の水準において余すところなく記述した記念碑的論文であり、これが神経堤と頭蓋発生を扱うその後の実験発生学の方向性を決定づけることになった。[526] 彼らは、神経堤細胞の正常な移動経路、軟骨頭蓋における各軟骨要素の由来を示す、頭部神経堤の発生運命予定地図、神経堤の部分的な除去実験、神経堤の形態形成能や、その分化における胚環境の作用、骨格要素の形態や極性を決める因子など、ほとんどありとあらゆる可能な実験とその結果を詳細に記載した（図5-10）。そしてそれによって、頭部神経堤のマッピングに始まり、形態的特異化の機構、移動前の神経堤細胞のプレコミットメント、胚環境との相互作用、極性決定機構など、主要な問題とその解答があらかた提示され、のちの研究がそれを検証してゆくことにな

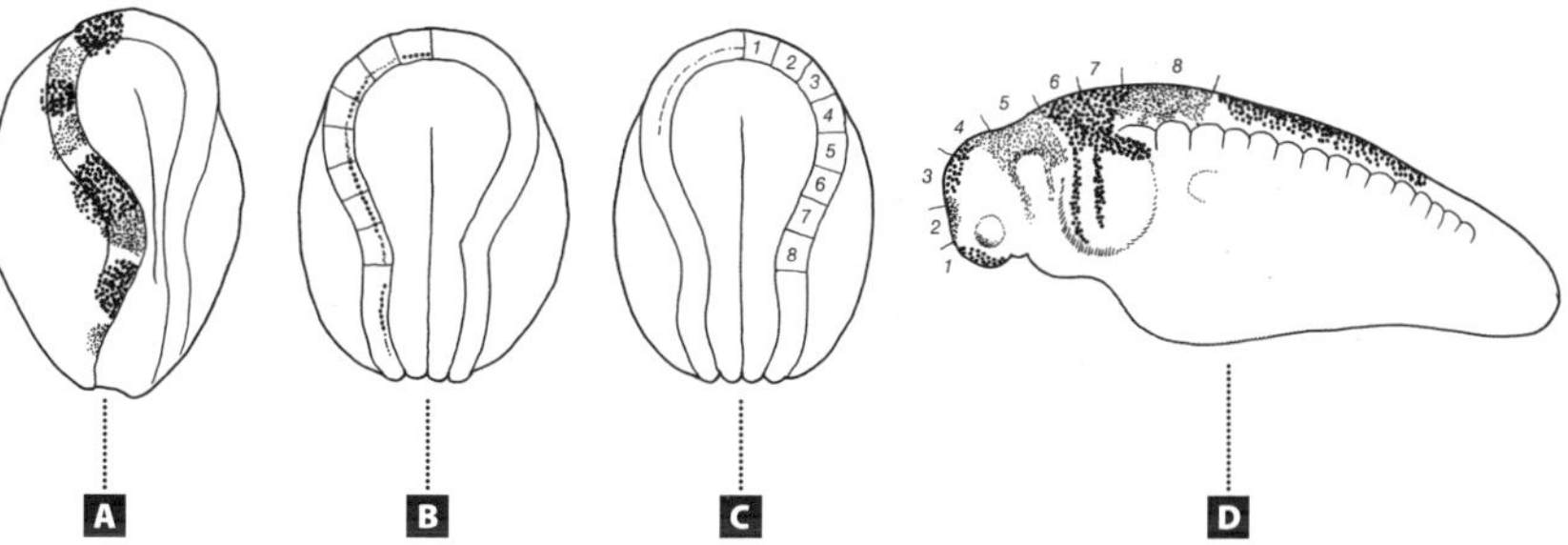

図5-10▶ヘールシュタディウスとセールマンがフォークト（Vogt, 1925, 1929）の方法に従い、複数の生体染色法を用いて明らかにした、神経堤細胞の起源と分布パターン。Cにみる番号は神経堤のレヴェルを示す。Dに示したホールマウント咽頭胚では、頭部に特異的な、後半の頭部神経堤細胞のストリームをいくつかみることができる。ただし、この図では、顔面と顎に分布すべき神経堤細胞が充分に描かれていない。神経管背側では、局所的に色素標識部が残るが、頭部の最前方には、神経堤細胞を生産しない神経堤があることに注目（脳の一部のみが標識されている）。フォークトの方法については、その論文の和訳が出版されているので、参照のこと（Vogt, 1992）。Hörstadius & Sellman（1946）にもとづく。Hall & Hörstadius（1988）より改変。

ったのである。

両生類を用いた実験発生学には、いくつかの問題があった。一つは、信頼できる細胞の標識法が開発されていなかったこと、そしていま一つは、両生類胚が小型で、細胞群の分布が明瞭ではなく、加えて頭蓋形態が退化的傾向にあるということである。とりわけ後者の問題は深刻であり、可能であれば、ヌタウナギ類、板鰓類、もしくは羊膜類の胚を用いることが望まれるのである。

◉――ル＝ドワランの影響力

フランスの発生学者、ニコル・ル＝ドワランが開発した鳥類胚（ニワトリとウズラ）を用いたキメラ実験は、日本産ウズラの細胞核に特徴的なヘテロクロマチンの凝集がみられる事実を応用したものであり、それが羊膜類のものであること、細胞の標識が分裂を通じて希釈しない、いわゆる「遺伝的標識（genetic marker）」であることにより、一九八〇年代以来、発生運命予定地図作製のいわば花形モデルとなり、多くの研究室で実験が行われた。そしてこの方法により、末梢神経系や、筋、骨格要素の発生的由来が次々に示されていった（Le Douarin, 1982）。いまでは勢いが衰えたとはいえ、この方法はまだ信頼の置けるデータを生み出し続けている。その多くは、確かに組織学的観察から予想されていたものが多かったが、さりとて「脊髄神経節の起源は体節の中の中胚葉細胞集団である」といったような、明らかに誤った推論もそれ以前には大手を振っていたのである。このような発生由来の細胞系譜レヴェルでの検証において、鳥類胚のキメラ実験は絶大な威力を発揮したのである。

脊椎動物頭蓋の形態学的理解についても、鳥類を用いたキメラ胚実験は大きな役割を果たしている。両生類よりも大きな胚を扱うことができ、しかも信頼性の高い標識を手にしたことにより、ル＝ドワランらは、かつてなかったほど精密な移植実験結果を報告し続けた。その中でも頭蓋を扱った研究は極めて包括的なもので、七〇年代にはル＝リエーヴルが、九〇年代には眼科医のクーリーがそれを主導した。そして、同じく鳥類胚を用いた米国のノーデン、さらに世紀が改まってのちは、マウスを用いた分子遺伝学的実験で頭蓋のマッピングを行った英国のモリス

＝ケイ、トランスジェニック両生類胚を用いた米国のハンケンらが、ライバルとして彼らの前に立ちはだかることになる。

米国の実験発生学者ドゥルー・ノーデンもまた、鳥類胚を用いたキメラ実験を得意とした、鳥類キメラ法第一期の草分けであり、脊椎動物の頭蓋形成に関しても多くの論文を発表している。[527]再三述べたように、脊椎動物の頭部には、大きく二種の間葉が存在し、一方は中胚葉に、他方は外胚葉性の神経堤に由来するが、これが頭蓋のどの部分をそれぞれ占めているかということが形態学的には大きな意味を持っている。ノーデンは頭部における「背側の中胚葉、腹側の神経堤細胞」という対比が、のちの神経頭蓋と顔面頭蓋に対応するといち早く示唆したが[528]（後述）、実際の状況は、これよりやや込み入っている。脊椎動物胚の前後軸中央には、本来からだの長軸の支持組織として機能していた脊索が存在し、体幹における脊柱は、この脊索のすぐ横に生ずる中胚葉、すなわち傍軸中胚葉が分節化した体節より発する。しかし、体節のすべての細胞が軟骨になるわけではなく、脊索からのシグナルを受けた一部の細胞のみが軟骨へ分化する誘導を受けるのである。このような体節由来の細胞群は、「硬節（sclerotome）」と呼ばれ、分化に先立って間葉化し、*Pax1*、*Pax9*遺伝子を特異的に発現することでそれとわかる。一方、体節の残りの部分は「皮筋節（dermomyotome）」となり、別のセットの遺伝子群、*Pax3*、*Pax7*を発現する。後者の遺伝子発現は種として筋分化に必須のものだが、皮筋節からはまた、（少なくとも体幹においては）真皮も由来する。

つまり細胞は、それがいつどこから来たのか、どこに存在するかによって、特定のシグナルや核内の状態を足がかりにエピジェネティックな特異化を果たし、それにもとづいた特定の遺伝子レパートリーを発現し、特定の細胞、組織分化へ向かう経路に至る。このような様々な細胞の経時的プロセスが総体として動物体の形を作ってゆく。脊柱では、脊索の近傍にある中胚葉細胞が脊索からのシグナルを受け、そこに軟骨原基を形成する。ここに、先に述べた、位置関係に絡めとられた一種の「形態形成的な拘束」が控えていることがわかる。細胞の分化を制御するのは、至近的にはシグナリングや、転写調節因子をコードする制御遺伝子群の発現を通した細胞生物学的な機構だが、究極的な因果関係としてみれば、脊索と体節の位置関係が決まった時点で、形態形成のゆく末はすでにある種、「特異化」されていることになる。つまり、細胞それ自体が何の誘導も受けていない時点で、運命が因果連鎖の中ですでに決定される瞬間が存在するのである[529]。

ここに考察したような特異化現象を、特定的に「位置的特異化」ということもできよう。少なくともボディプラン成立において、これは考察するに値する概念である。実験発生学がしばしば発生運命予定地図という形式で示してきたのは、このように発生のある時点で、「位置的に、きたるべき因果の連鎖に絡めとられた状態」なのである。逆にいえば、発生運命予定地図は、つねにすべての細胞の発生運命を「予言」できるものではないのである。

◎——位置的特異化と分節性

クーリーが頭部神経堤と頭部中胚葉の発生運命を明らかにした一九九三年の実験は、脊索の存在する範囲と、傍軸中胚葉細胞の分布する範囲が、我々に中胚葉性中軸骨格の現れる領域を教えていることを示した（後述）。つまり、脊索や中胚葉の分布は、頭蓋発生のプレパターンとして認識できる。ここに、観念的形態学や古典的比較発生学と、実験発生学の間に横たわる、重要な認識の違いがみえてくる。観念的形態学や、その典型としての原型論にみえる考え方、あるいはさらに、実証主義の洗礼を受けながらも観念論の流れを引きずった、ハクスレーをもって嚆矢《こうし》とする進化的比較発生学に特徴的なのは、原型的分節パターンが形態的認識の中で感知されたなら、それと「同型」のパターンが胚に現れて然るべきだという、それ自体ゆえなき先入観であった。

その仮説自体は観念論であったかもしれない。が、それが指向しているものは観念より遥かに具体的な「もの」であった。つまり、頭蓋が椎骨の集まりであるというなら、その本来の椎骨の並びは、椎骨原基と同等の軟骨の塊として胚の中に現れてしかるべきという、第2章で紹介したいささか楽観的な「観測」である。このハクスレーの方法は、科学的ロジックの展開において妥当ではあったが、反復説の是非についてはまったく検証のない、典型的に一九世紀的レヴェルのものだった。端的にいえば、観念論やイデア論は、理想化され、抽象化され、具体的な骨の形より遥かに純粋なものであるからこそ、それは（本当にあるとするならば）発生初期に現れるだろうと予想されていたのである。このような思考のバイアスは、現代の科学者にも決してないとはいえないが、実際の実験データはというと、それが必要以上に理想化された、一種の前成説的妄想にすぎないことを、警告しているのである。

端的な例として、ニワトリ胚の頭部中胚葉や前方の体節の発生運命を示したクーリーとノーデンによる別々の実験をみてみよう(図5-11)。ニワトリとウズラの胚を用い、ニワトリの頭部中胚葉の一部を、ウズラ胚の同等の場所の中胚葉ととり替えるというキメラ実験である。興味深いことに、クーリーの行った実験と、ノーデンのそれとでは、微妙にデータに違いがあり、グッドリッチ的な頭部分節の模式図に近い結果を示したのは、遅いステージで実験を行ったノーデンの方だった(図5-11左)。つまり、最も前方の頭部中胚葉(それは索前板から由来した間葉も含むと思われる)は動眼神経によって支配される外眼筋を作り、第二のドメインは、顎骨弓の筋に加えて、滑車神経によって支配される上斜筋を分化し、そしてそれに続く第三のドメインは、舌骨弓の筋と外転神経によって支配される外直筋を分化する。この、前後軸に沿って系列相同的、位置的に、特異化

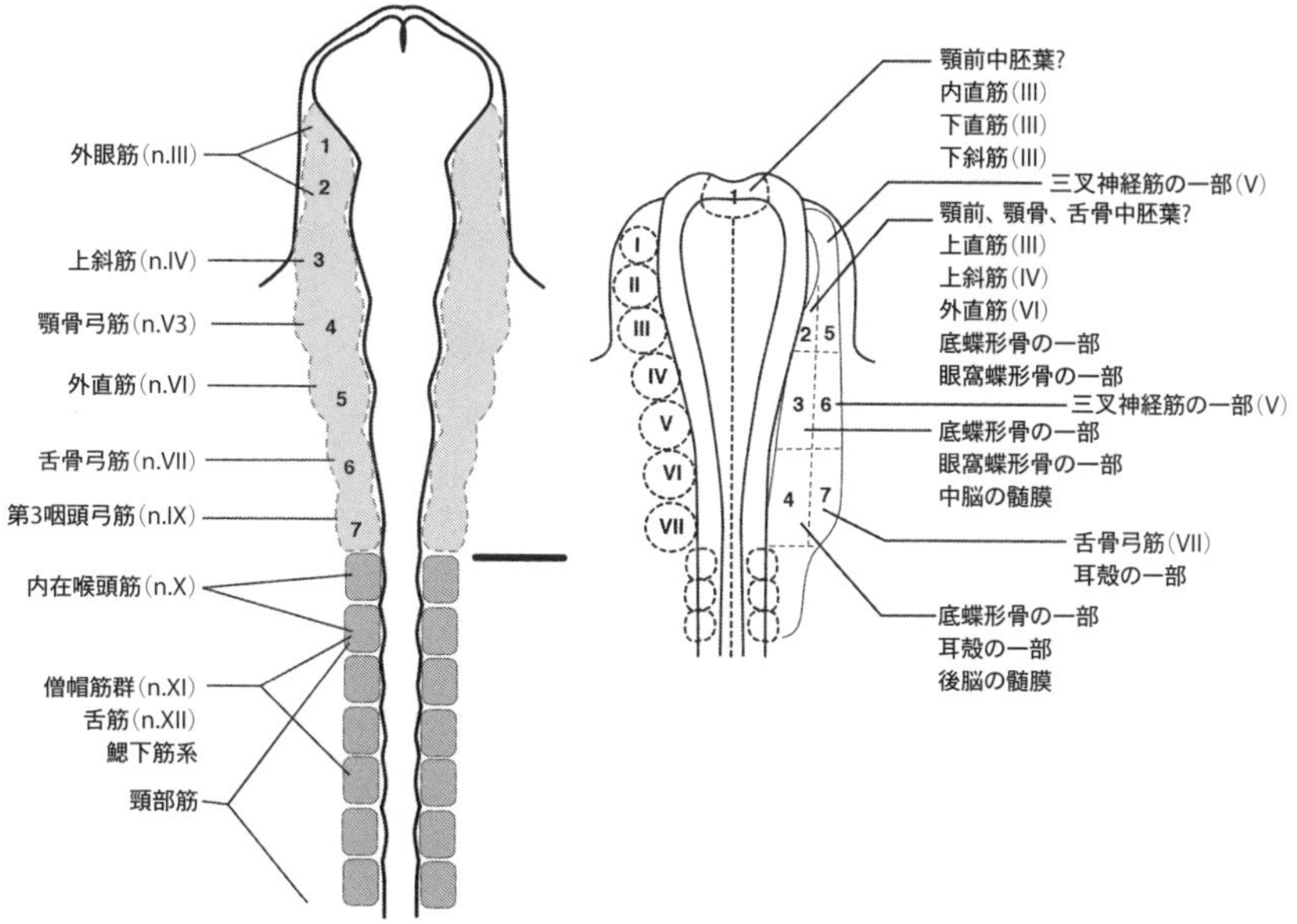

図5-11▶クーリーらがニワトリ胚のHH(Hamburger & Hamilton, 1951)ステージ8で行った発生運命予定地図(右)とノーデンがHHステージ10の胚で得たデータ(左)を比較する。古典的な(グッドリッチ的な)頭部分節性と整合的なのはノーデンの地図だが、両者とも正しいとすれば、頭部の分節パターンが中胚葉の分節的発生に帰するのではなく、発生の途中で二次的に成立する分節的特異化によって、分節パターンが生ずるということを認めなければならない。Couly et al.(1992)、Noden(1988)に基づき、Kuratani(2003)より改変。

された領域が配列している状態が、いわば板鰓類胚における頭腔と咽頭弓の分節的配列を予見しているようにみえるわけである[530]（図5–11左）。

ところが、クーリーが同様の移植実験を、体節がまだ四つしか出来ていないＨＨステージ８で行ったところ、ノーデンが示したような見事な分節的配置が、少なくとも前後軸方向ではまだ出来ていないような結果が得られたのである（図5–11右）。ここでは、あたかもグッドリッチが描いたかのような分節的マップがまだ成立しておらず、頭部中胚葉の細胞それぞれが、本来落ち着くべき場所に落ち着いていない。つまり、位置的に特異化していないか、それを可能にする細胞数が充分な量に至らず、特異化に必要な広がりが達成されていないような、未熟な段階にあるとおぼしい。この状況を正確に把握するためには、より多くのデータの集積が必要となるだろうが、一つの予想される要因として、キメラ個体ごとに、標識細胞の広がりが異なることで予測の不可能性が示されるということがあろう。[531] 一方で、興味深い点としては、クーリーが頭部中胚葉の内外の特異化を示したことが挙げられる。つまり、外眼筋を形成するのは頭部中胚葉のうちでも内側に位置している細胞群であり、一方で咽頭弓の筋を分化するのは外側に位置した細胞群なのである。つまり、前後軸上では、位置的に特異化しておらずとも、ヴァン＝ヴィージェが板鰓類の胚に想定した「体性と臓性」の別、あるいは「傍軸と外側」の別は、すでにニワトリ胚においてこのとき位置的特異化を経てしまっているという可能性が浮かび上がる。

◎ 発生的誘導作用としてのエピジェネシスとエピジェネティックス

これに関し、筆者の研究室で得たトラザメ胚頭部中胚葉における遺伝子発現の時間経過のデータがある（図5–12）。すなわち、咽頭胚として典型的な形態が成立するステージ26では、頭部中胚葉のうち、傍軸部（外眼筋の原基）には、特徴的に*Pitx2*が発現し、咽頭弓中胚葉には*Tbx1*が発現することが観察されている。このような位置特異的な遺伝子発現は、ほかの脊椎動物の胚にも共通してみられ、頭部の体性筋と特殊臓性筋の原基それぞれの、一種のマーカーとしてみなされてきた。つまり、頭部中胚葉の極性を示す指標として扱われてきた。

図5-12▶足立らによるトラザメ胚頭部中胚葉における発生制御遺伝子群の発現。典型的なパターとして知られる発現は、下段のステージ26にのみみられ、皮筋節、頭部傍軸中胚葉、咽頭弓中胚葉といった、解剖学的に明らかな胚構造に特異的な遺伝子発現が確立している。しかし、このような教科書的なパターンは、早いステージの咽頭胚においてはまだみることはできない。基本的ボディプランに相当する胚構築が、発生の最初から存在している(前成説)のではなく、発生過程において徐々に作られてゆく(後成説)ことを示している。Adachi et al. (2012)より改変。

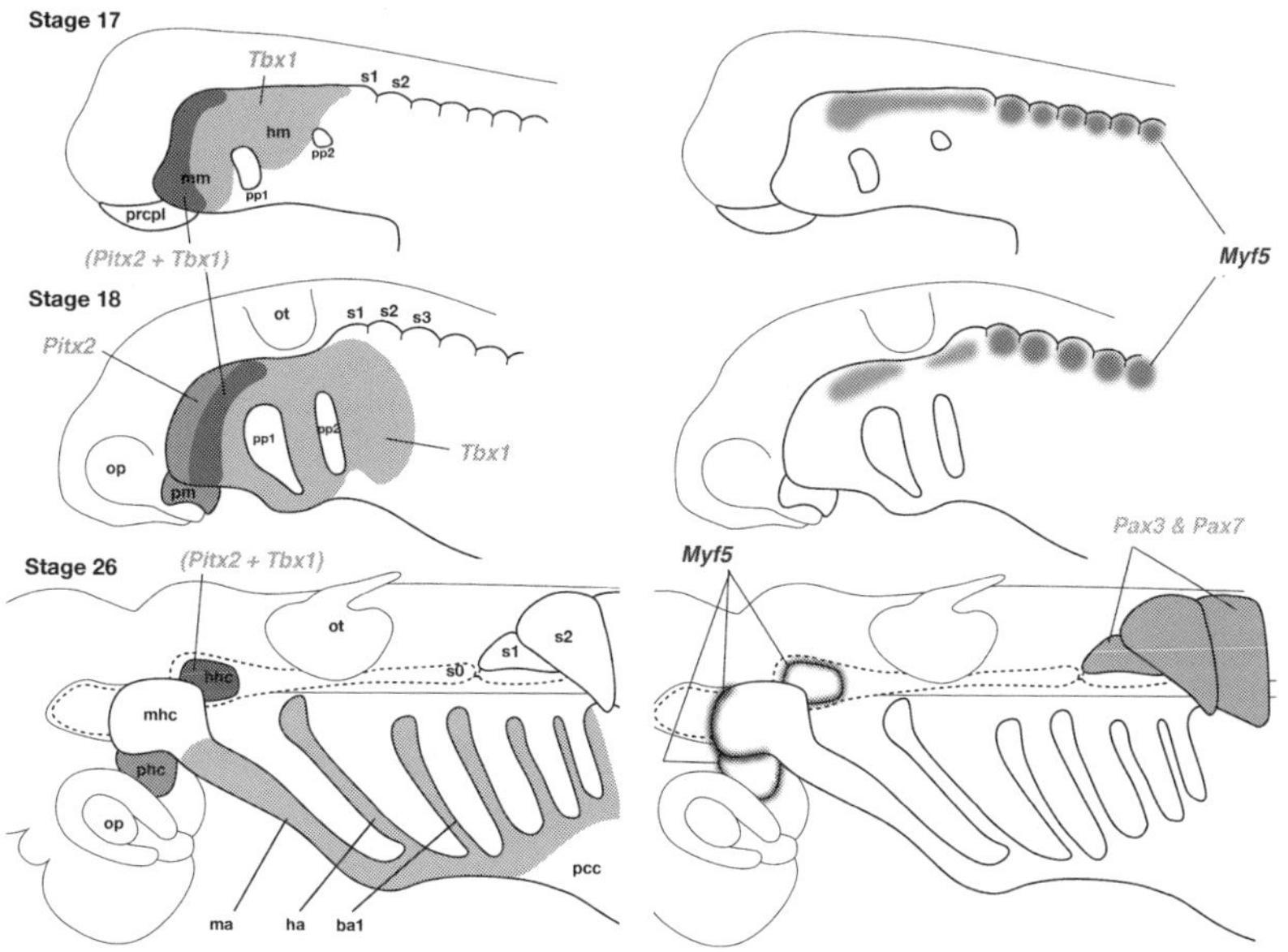

しかし、これらの遺伝子は最初から頭部と外側中胚葉に分かれて発現するのではない。初期胚の頭部中胚葉においては、両者の発現ドメインが広範にオーバーラップしている。しかし、発生を経るにつれてそれらドメインが空間的に分裂し、最終的には互いに排他的な発現パターンが成立する（図5–12）。いうまでもなく、これら遺伝子発現が「マーカー」として利用できるのはこの時期以降のことであり、そのような時期の発現領域こそが、一般に理解されている「マーカー遺伝子」としての発現ドメインなのである。もちろん、このようなダイナミックな遺伝子制御は中胚葉の位置的特異化の状況を直接にモニターするものではなく、むしろ位置的特異化を経、胚環境との位置特異的相互作用が始まった結果として二次的に生ずるものであろう。が、重要なことは、頭部中胚葉に「傍軸部と外側部」もしくは「体性部と臓性部」があるとしても、それは最初から細胞系譜のレヴェルでしつらえられているものではなく、胚がある程度育ち、中胚葉が背腹に広がり、空間的極性が設定できるだけのサイズが得られ、脊索や咽頭内胚葉との間の位置関係が特異的に固定するまで育たないと決定しないタイプの特異化、つまり、胚形態にもとづく位置関係の成立を基盤とした、遅い特異化にすぎないという可能性なのである（Adachi et al., 2012）。換言するなら、充分に若い脊椎動物の胚においてはまだ、頭部中胚葉に「傍軸部と外側部」の別が存在しない公算が大きい。すなわちそれは、「まだマップが描けない」ということなのである。

一方、ニワトリ胚の頭部中胚葉に関しては、ノーデンがそれを「すべて傍軸中胚葉とみなすべし」と述べ、ノースカットもそれに追随した。つまり、頭部中胚葉は、体幹の体節に相当する部分しかないというのである。確かにそれは、ステージ10においては正しいかもしれない。が、発生プログラムの因果連鎖の中に仕組まれたパターンとしては、そこから二次的に外側中胚葉を思わせる部域が生まれ出てくるか、さもなければ、当初「傍軸でも外側でもない」非特異化状態の中胚葉が、或る一定の時間を経てのちに、明瞭な傍軸部と、明瞭な外側部を分化させるのかもしれない。

脊椎動物の組織構造の多くは、複数の誘導源によって位置的に特異化されるような、デカルト格子（Cartesian grid; Cartesian coordinate system）状の座標プログラムをいくつか持っている。その認識はある程度正しいが、それと同型のパターンが、初期胚にはまだ存在しないという事実を、実験発生学はこれまでいくたびか明らかにしてきた。これは、たとえそのようにみえずとも、実のところ伝統的な前成説と後成説の戦いの延長に置かれるべき議論であり、それはまた、観念論と発生機構論の戦いでもある。少なくとも、一つだけ正しいのは、先験論的形態学が目指した「原型」に似たものが存在するとすれば、それは少なくとも受精卵ではなく、ド＝ビアが頭蓋の一般形の理解を目指した発生後期の胎児でもなく、十中八九、咽頭胚期に存在するということなのであろう。このとき生ずる遺伝子発現プログラムの進化的重要性をドゥブールは強調したが (Duboule, 1994)、Ｈｏｘコードも、ほかのツールキット遺伝子群の領域特異的発現パターンも、咽頭胚期に至るまでの、ある一定の発生ののちに成立する形態パターンに依存した相互作用を足場として組み上げられているのである。かつて米国の発生学者のいく人かは、このような、形態発生における細胞間相互作用の重要性を鑑み、それに対して「エピジェネティック相互作用」の語をあてることが多かった (Hall, 1998)。そのスピリットはといえば、実のところ遺伝子制御ネットワークの中に含められるべき、この「空間的位置関係」という、「ＤＮＡの塩基配列上では不可視の要素」の意義を強調したものなのである。しかもその位置関係は、発生の時間とともに刻々と変化しながら、進化の上では予想される状況として発生プログラムの中で保存され、利用されている。しかも、それが保存されることによって生み出される相同的な形態パターンが、まさしくその仕組みを発生拘束たらしめているのである。

かくして原型の実体がもしあるとすれば、その実体とは、イメージと同型の静的な単なる繰り返しパターンなどではなく、ゲーテがかつて「止まれ」と切に願った発生の「時間」の中に、「動的に存在」していることが強く示唆される。これは発生のあるステージで境界条件として選ばれた細胞・組織の空間的位置関係の総体であり、しかもそれが、おそらくは安定化淘汰の果てに、種を超えて保存されているからこそ、成体の形が或るパターンに拘束され、そのうち分節繰り返し的部分がかの自然学者の目にとどまることになった。しかし、発生の時間は止まらない。この原型的パターンに由来する固定化したパターンを進化発生学者は「拘束されている」といい、比較発生学者はそこに一般相同性を感知した。おそらくその同じ形態発生の性質のゆえなのであろう、ジェフリースはかつて、「板鰓類の発生においては確かに、グッドリッチやヴァン＝ヴィージェの提示したモデルが正しいようにみえる時期が、一過性に存在する」と述べたのであった。「エピジェネティックス」の語の適用範囲を定義する議論からは何も生まれない。むしろ、形態形成的拘束、発生拘束、発生的誘導作用を統合的に記述し、形態学的相同性を還元しつくしたところにしか、ボディプラン理解は生まれないのである。

◎――脊索頭蓋と索前頭蓋

これまで多くの解剖学者や比較発生学者が脊椎動物胚の中胚葉を前後軸上で区別しようと試み、軸上のどこかのレヴェルでそれを二分しようとしてきた。そこには、様々な記号論が介在していたが、脊索に特別の意義が付与されることが多かったことは否めない。その発生学的意義を明らかにしたのも、クーリーである。

そこで、脊索の前端がどこにあるかを調べてみる。するとどの脊椎動物胚をみても、脊索前端が下垂体（腺性下垂体）の後方で終わることがわかる（図2-23・28）。つまり、中胚葉に対してしかるべきシグナルを送り、中胚葉性の軟骨を分化させることのできる領域は、脊索の先端にわずかに付随した細胞塊か、さもなければその後方に限られている、つまり下垂体の後方にしか、中胚葉性の神経頭蓋や脊柱を作ることができない、ということがわかるのである。面白いことに、ここでいう中胚葉の前端は、体節の前端とまったく一致しない。最前方の体節は、内耳の生ずるレヴェルの少し後方に発するのであり、それより前にある中胚葉、すなわち「頭部中胚葉」は、体節のように分節することがなく、それでいて体節と同様の軟骨分化を行う。

しかも、頭部中胚葉と体節の境界は、頭蓋と脊柱の境界と一致するわけでもない。なぜなら、顎口類においては体節より生ずる後頭骨が、頭蓋の一部として参入しているからだ。発生初期の軟骨性頭蓋原基では、脊索の両側に一対の棒状の軟骨が発し、それを「傍索軟骨（parachordal cartilage）」という。そしてその後方に体節より由来した椎骨原基が続く。では傍索軟骨と椎骨原基の境界が、本来の頭部中胚葉と体節の境界に一致するかというと、そうではなく、傍索軟骨の後方部は体節に由来するのである。そして、その部分から後頭骨といわれる部分が発する。すなわち、ゲーテのいったように、頭蓋には確かに部分的にではあるが、椎骨要素が参入している。[532] どうやらハクスレーの観察では、ここまでは確かめられなかったらしい（図4-14、5-14）。

しかし、それより前方の部分には、頭蓋原基が分節化している様子はない。それでも、脊索と軟骨前駆体の間葉の関係は、下垂体のレヴェルまで一様であり、ここに、中枢神経系をとり囲む脊柱から、前方の神経頭蓋に至る、一様の骨格形成の仕組みをみることができる。確かに、神経管の拡大としての脳をとり囲むように、脊柱の拡大した神経頭蓋がひと連なりに発生するのである。[533]

ここまでは、オーケンのいう「ヒトのからだは一本の脊柱から出来ている」という言説の一部が発生機構のレヴェルではあたっている、といえるのかもしれない。しかし、下垂体の側方から前方、脊索のない領域にもやはり軟骨は発し、これは古くから「梁軟骨」と呼ばれてきた頭蓋原基に相当する。では、この軟骨素材もまた、脊索からの誘導を受けた中胚葉間葉に由来するのであろうか。右に述べたように、脊索の前端は梁軟骨の後方で終わっている。キメラ実験によれば、

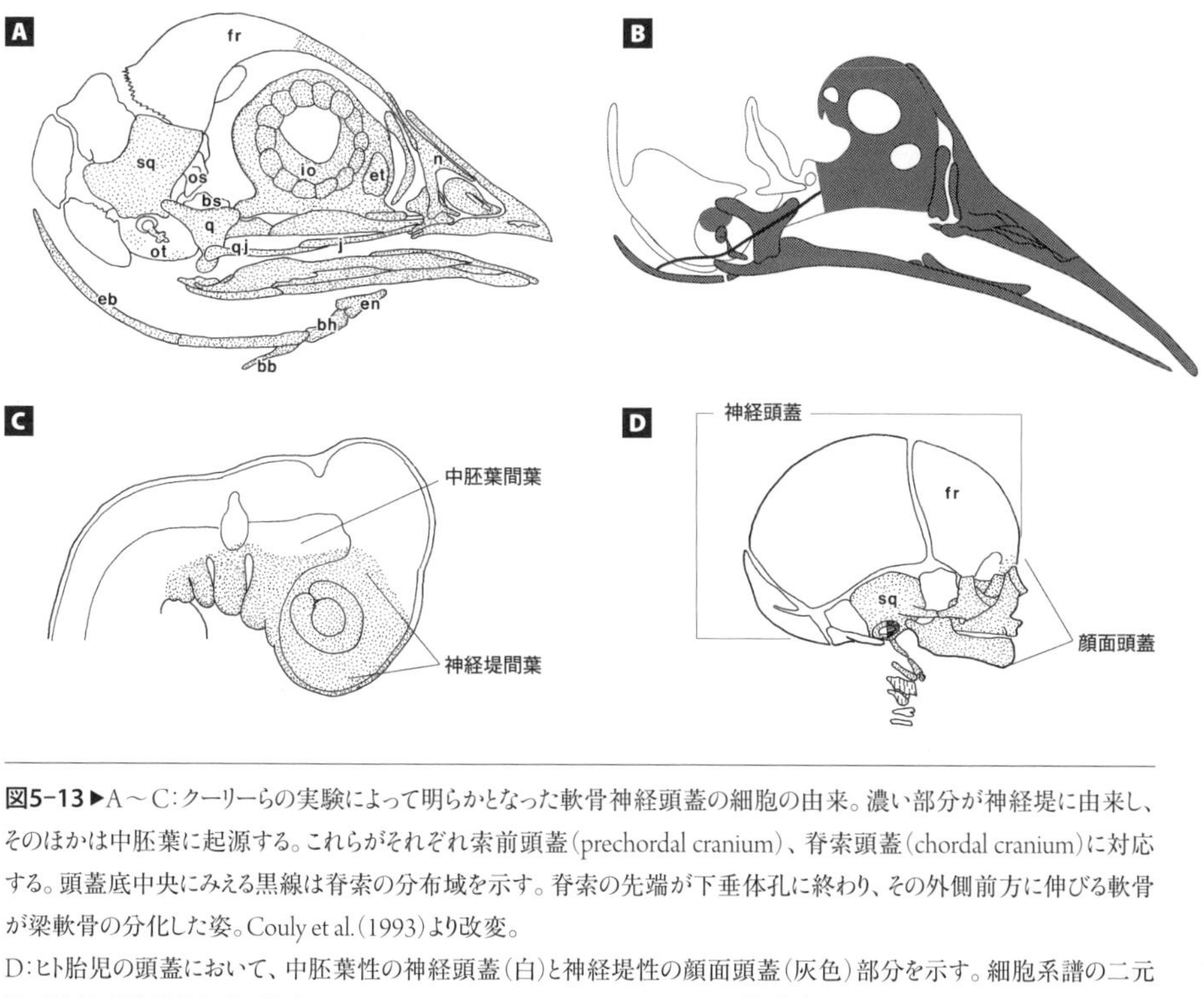

図5-13▶A～C：クーリーらの実験によって明らかとなった軟骨神経頭蓋の細胞の由来。濃い部分が神経堤に由来し、そのほかは中胚葉に起源する。これらがそれぞれ索前頭蓋（prechordal cranium）、脊索頭蓋（chordal cranium）に対応する。頭蓋底中央にみえる黒線は脊索の分布域を示す。脊索の先端が下垂体孔に終わり、その外側前方に伸びる軟骨が梁軟骨の分化した姿。Couly et al.（1993）より改変。
D：ヒト胎児の頭蓋において、中胚葉性の神経頭蓋（白）と神経堤性の顔面頭蓋（灰色）部分を示す。細胞系譜の二元論が比較形態学的概念と符合していることが強調されている。Noden（1988）より改変。

顎口類の梁軟骨は神経堤に由来する間葉より分化する（図5−13）。つまり、同じ神経頭蓋の底部を作る間葉素材であっても、脊索がある部分とない部分では、軟骨へ分化する細胞の素性が違うのである。

脊索のある部分の神経頭蓋は中胚葉が脊索からのシグナルを受けて軟骨へ分化したものであり、そのため多かれ少なかれ脊柱に近い性質を持つ。[534] この理由で、この部分の（顎口類の）神経頭蓋は「脊索頭蓋（chordal cranium）」とも呼ばれる。一方、脊索の存在しない前方部の神経頭蓋は、神経堤という外胚葉性の細胞系譜より発し、中胚葉とは異なった仕組みで軟骨分化を行う。そこで、この部分の頭蓋は「索前頭蓋（prechordal cranium）」と呼ばれている（図4−14・28、5−13）。

先に、末梢神経系の分節機構の違いから分節性の違いを論じたが、それと似たような状況が頭蓋の内部にもみられることがうかがえる。すなわち、機能的な意味での中軸骨格（ここでは、脊柱と神経頭蓋をまとめてこう呼ぶことにしよう）は、からだの前端まで一様の構造ではなく、脊索前端、もしくは脳下垂体の発するレヴェルで、一つの明瞭な境界を示しており、それは骨格を作る細胞系譜と、とりわけ脊索との関係において際立っている。どうやら、ここには二つか、それ以上の発生の経緯がかかわるらしい。

実は、キメラ胚作製による実験発生学的解析が可能になる前から、右のことを説明する理論は提出されていた。すなわち、梁軟骨が典型的な神経頭蓋の一部ではないと、形態学者たちは気がついていたのである。形態学的にも、梁軟骨は脊索を伴わない頭部最前端に発し、しかも対をなすため、「これは神経頭蓋ではなく、本来は鰓の骨格を作る素材だったのではないか」と考えられることがあった。ちなみに、最初にこのことを述べた学者の一人は、頭蓋分節説を否定したハクスレーその人であった。

◎――ノーデンと頭部形成

すでに述べたように、ノーデンもまた、胚の組織片を別の胚の同一部位に移植することによる、いわゆる発生運命予定地図の作製によって、鳥類の頭蓋のうち頭部中胚葉に由来する部分と神経堤に由来する部分を区別し、当初はル＝ドワランのグループに在籍していたル＝リエーヴルのそれとよく似た結果を報告していた[535]（図5−13A）。この時点では、両者とも、頭蓋冠においては前頭骨の中央で中胚葉性の部分（後方部）と神経堤性の部分（前方部）が分けられるということ、そして内臓頭蓋が神経堤に由来することに[●536]おいて意見を同じくしていた。ノーデンの研究のユニークな点は、それを比較形態学的な文脈と結びつけたことであった。すなわち、頭部の前方を別にすれば、神経頭蓋は一般には中胚葉に由来し、内臓頭蓋は神経堤に由来する（図5–13D）。そして、この細胞系譜と形態学の二元論が、咽頭胚における両間葉の分布に帰着する、ということなのである。ル＝ドワランがそうであるように、ノーデンもまた、発生学的現象を解剖学的パターンに結びつけることのできる、希有な能力の持ち主なのである。

頭部神経堤細胞は、ただ単に骨格となる細胞だけを提供しているわけではない。頭部において、この細胞群は、体幹におけるのと同様、末梢神経系を形成するのみならず、血管系や筋肉系の形態形成において中心的役割を持つ、結合組織の「要《かなめ》」となっている。いい換えれば、神経堤細胞が存在しなければ、筋は発生上、いったいどこに繋がり、

図5–14▶クーリーらの実験から導かれた後頭骨と舌下神経の進化的起源。フュールブリンガー的なシナリオが想定されている。Couly et al.（1993）より改変。

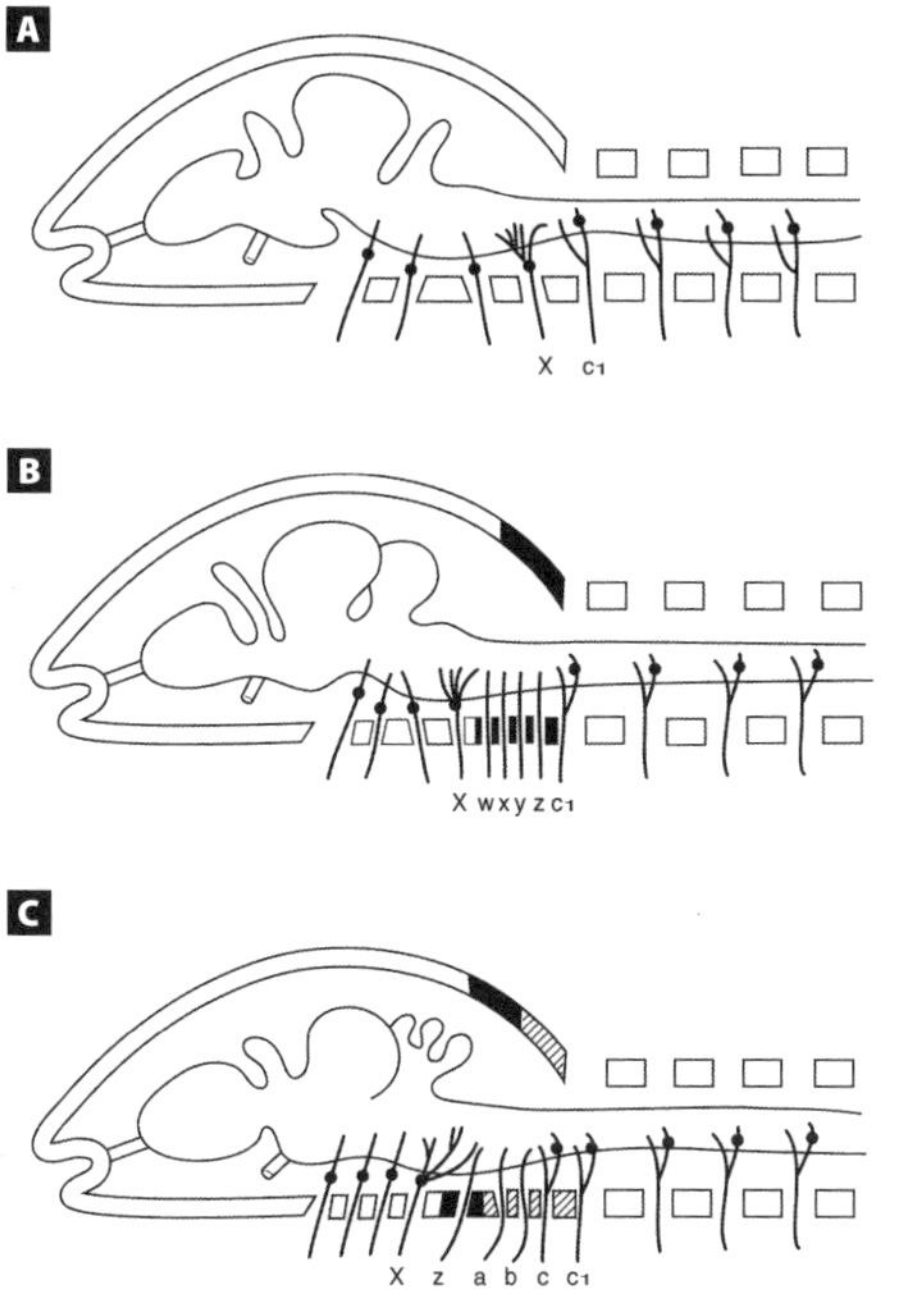

どのような形をとってよいのかわからないのである。[537] これは、筋繊維も筋の結合組織も中胚葉に由来する体幹における状況とはかなり異なる。

実は、神経堤細胞が結合組織を提供する筋は、頭部筋だけではない。発生学的には「体幹」とされている部分に属する骨格筋、すなわち体節の皮筋節から分化する筋の中でも、舌筋や舌骨下筋群などの属する、いわゆる「鰓下筋系 (hypobranchial muscles)」と、哺乳類における僧帽筋や胸鎖乳突筋など、「頸部筋」と総称される筋の結合組織は神経堤に由来する(筋繊維はつねに中胚葉より発するが、結合組織の由来は筋ごとに異なるのである)。これらの筋は、発生上長距離を移動し、筋自身が由来したものとは異なった間葉に由来する骨格要素に付着するもので、その原基を「移動型筋芽細胞 (migrating muscle prcursors : MMP)」と呼ぶ。[538] MMP筋には四肢筋も含まれるが、これらの筋の結合組織は肢芽の中の間葉に由来するのであり、したがってその発生的由来は外側中胚葉ということになる。

頭部筋はすなわち、移動能を備えた特殊なタイプの骨格筋であり、それは頭部型の神経堤間葉の最後部が発生後期において肩帯のレヴェルにまで分布を広げ、頸部間葉となった特殊な胚環境で形をなす (Kuratani, 1997; Matsuoka et al., 2006)。体節筋が頭部神経堤間葉によって形をえて、外側中胚葉に相当する領域に咽頭弓が出来るか、さもなければ体腔が消失することにとって体軸を伸長したという、いわば体幹と頭部の「折衷」によって生じたこの領域が、脊椎動物において「頸部」と呼ばれている部域なのである。これは頭蓋と肩帯の間が広がった羊膜類においてとりわけ顕著であり、ほかの顎口類においても潜在的に同等の領域が同定可能なことは、僧帽筋の広がりをみることでおおまかに確認できる (Kuratani, 2008)。一方で、円口類には明瞭な頸部が存在しない。同時に、僧帽筋もそれを支配する副神経もない。どうやら、円口類が顎口類の外群として祖先的形質状態を示しているのであり、かくして祖先的脊椎動物は明瞭な頭部と明瞭な体幹のみから出来ていたが、その両者のインターフェイスに、両者の特徴を併せ持った領域として頸部が二次的に成立したらしい。

筋の形態パターニングとその進化にみることのできる、このような神経堤細胞の、ある意味主導的ともいえる形態形成能は、骨格のパターン形成においても明らかにされた。それは、「神経堤細胞は、どのようにして自分が作る骨格の形を知るのであろうか？」という問題に答える実験を通じてであった。これが、実験発生学による形態学への典型的なアプローチなのである。

◎――鰓弓骨格のメタモルフォーゼとは

神経頭蓋の中の椎骨要素は、後頭骨を別とすればすでに極めて疑わしいが、一方で鰓弓骨格系が分節的繰り返し構造であることは明瞭である。形態的にもそれらが系列相同物をなすことは、（顎前弓に多少の問題が残るとはいえ）ゼヴェルツォッフ以来強調されてきた通りである。その理念は、元来同じ形をした単調な鰓の並びが、位置特異的に次第に形を変え、鰓弓ごとに独自の機能を持つようになったということであり、それが形態学でいうところの「メタモルフォーゼ」の意味であった。つまり、最前の咽頭弓、すなわち顎骨弓は、顎口類では上顎と下顎の主要部分を形成し、第二咽頭弓である舌骨弓は、多くの顎口類では、顎を神経頭蓋に繋ぎ止めたり、羊膜類にみるように、可動性の舌装置の支持骨格として様々な機能を付与されている。多くの魚類において呼吸機能を持つのは第三咽頭弓以降の、本来的に「鰓弓」と呼ばれているものであり、これを含めて脊椎動物の鰓弓骨格系には都合三つの明瞭な形態的分化のレパートリーを共通にみることができる。これについては円口類とても同様である（Kuratani, 2004, 2005c）。

発生生物学的には、それぞれの咽頭弓で異なった形態形成の仕組みが働いていないと、このような形の分化は生じないということになる。それが可能であるためには、

①咽頭弓それぞれに異なった胚環境がしつらえられているか、もしくは

②鰓弓骨格を作る神経堤細胞群が、それぞれの咽頭弓内で異なった特異化を経ること（あるいはその両方）が必要となる。

これらを進化発生学的に読み解くうえで、咽頭弓それぞれの形態的分化の方向が、発生過程のある段階以降、多様性を持ち始めるというプログラムを作り出すためには、「顎を顎らしく」、「舌骨を舌骨らしく」するための、メリハリのついた淘汰が可能であったと考えなければならない。裏を返せば、淘汰の標的となり、淘汰圧に対して速やかに応答できるような発生プログラムがそこにあるはずであり、それを可能にするためには咽頭弓それぞれのモジュラリティのレヴェルが高くなり、個々の咽頭弓の独立性が、進化と発生の両面で高まっていなければならない。逆に、一つの咽頭弓に生じた形態的進化が、ほかの咽頭弓の形を自動的に変えてしまうような、咽頭弓同士の相互作用が密なプログラムでは困るのである。

発生学的に「細胞系譜の分離」であるとか、「発生コンパートメント」とか呼ばれる概念は、一つの細胞群がほかの細胞群と無関係に発生できるような状況と関係が深い。とりわけ、発生コンパートメントは、細胞群の位置や、接着性や、遺伝子発現プロファイルなどが共有された、一つの形態素ともみなすことができる単位であり、このような発生モジュールが特定の淘汰の文脈において応答規準のベースになっているであろうことは想像にかたくない。

最後に、進化形態学的に、メタモルフォーゼの舞台がどこかという問題は、真に重要な問いの一つである。というのも、すでにみたように、多くの比較形態学者たちは、「未分化な鰓弓」という、まだ誰もみたことがないようなものを仮定してきた。顎にもならず、舌骨にもなっておらず、場合によっては呼吸機能さえ持っていなかったかもしれない、ただのアーチ状の支柱が前後に繰り返しているさまを、まさに「理想化されたブランキオメリズム」として想像し、それを脊椎動物の初期咽頭胚の形態と比較してきた。しかし、胚発生のパターンがそのまま祖先の形を示すわけでは決してない。無顎類の中でさえ、顎口類の咽頭胚に似た形を持つものはいない。ならば、原型論におけるメタモルフォーゼの認識の根拠は、先験論から脱却したこの段階にあって、発生的変化と進化的変化のどちらに求めるべきなのだろうか。ゼヴェルツォッフは、同様なジレンマにあって、動物系統ごとに異なった祖先型を想定し、問題を当面先送りにしたように筆者には思われる。

以上のように、メタメリズムとは、ボディプランの形態学的、発生学的、進化的理解の要となる、真に重要な概念なのである。本書が射程としているのも、この生物学的概念をめぐる科学的思想、思索、そして実験の歴史的跡づけなのである。

◎——頭部神経堤と「エラ」

先にも書いたように、脊椎動物における神経堤細胞は、神経外胚葉の外側に起源を持ち、発生において脱上皮化した神経堤細胞が、特定のルートを通って移動し、頭部においては咽頭弓の中に落ち着き、そこで広大な咽頭弓間葉を作り出す。このような胚形態は、円口類を含め、すべての脊椎動物に共通し、とりわけその間葉の量と分布において、ナメクジウオやホヤの胚とは一線を画し、それが大型の胚を作り出す源ともなっている（Lacalli, 2008）。無論、咽頭弓の中には、神経堤間葉のみならず、のちに血管や筋を由来する中胚葉も入っている。この時点においては、

図5-15▶ノーデンの1983年の実験から。

上は、ニワトリ胚のホストに、舌骨弓へ赴く細胞を産するウズラの神経堤を交換移植したもの。このようにして、本来第2弓に位置する神経堤間葉から派生する骨格要素が同定できる。濃い色で着色したものが、第2弓由来の骨格要素。ここでは、比較形態学の教える通り、耳小柱（columella auris, col）と舌骨複合体の一部がウズラの神経堤、すなわち舌骨弓由来であることがわかる。

下は、顎骨弓を充填する細胞をもたらす神経堤を、ニワトリホスト胚の予定第2弓間葉のレヴェルの神経堤と交換移植したもの。耳小柱がなくなり、代わりに、第2の鱗状骨（sq）、関節骨（art）、方形骨（q）、下顎の一部などが重複して発生していることがわかる。Noden（1983）より改変。

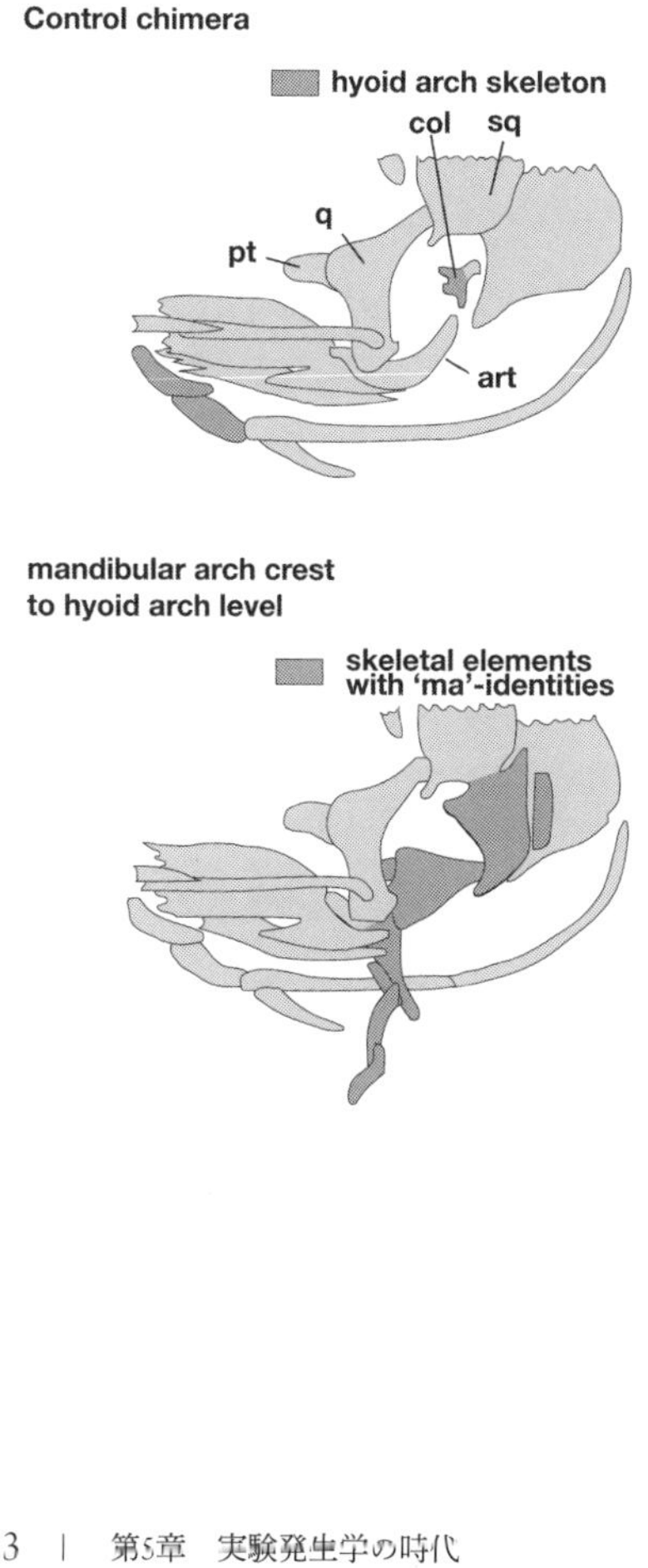

のちに顎や、哺乳類のツチ骨、キヌタ骨をもたらしてゆく顎骨弓と、アブミ骨を作ってゆく舌骨弓の間に本質的な差異はない。とりわけ、サメの咽頭胚においては、未分化な咽頭弓が整然と並ぶ時期があり、鰓の並びが確かに分節繰り返し性を体現しているさまがよくうかがえる（図2-1）。それは原始的な硬骨魚の成体においても同様である。

そこで、実験発生学特有の問題がここに立ち現れることになる。初期咽頭胚においてはまったく同じような組織構造を持ち、複数の同じ細胞系譜に由来する細胞群からなる咽頭弓が、咽頭胚期以降の発生過程においてなぜ、別の形態パターンを持った構造へと形態分化してゆくことが可能なのだろうか。さらに穿《うが》って考えれば、もしド＝ビアが考えたように、祖先において未分化であった内臓弓のそれぞれが、進化の過程で次第に別のものへと形態的分化を経てきたというのであれば、その進化において獲得されたものが、いま明らかにしようとしている分節的形態分化の仕組みそのものだということにはなりはしないか。八〇年代であれば確かに、この言い回し自体が、革命的に重要な進化発生学のアフォリズムたりえたであろう。しかし、当時の実験発生学者たちの目的は、共時的発生プログラムの内訳を暴露することでしかなかったのである。そして、それは極めて正しい方針であり、哲学であった。

実際、右のような問題を設定したノーデンは、細胞が移動する前の神経堤を植え替える実験を行った。つまり、ニワトリ胚の第二咽頭弓へゆくことになっている神経堤をとり除き、そこへ、ウズラにおいて顎骨弓（第一咽頭弓）へゆくことになっている神経堤を植え込んだのである。得られたキメラ胚は、顎に続く舌骨弓骨格の代わりに、前後に二つ連なる顎（実際にはその一部）を持っていた（図5-15。図5-21・22も参照）。つまり、神経堤細胞は、それが脱上皮化して移動を始める前から、神経上皮の前後軸方向に沿って、領域的に特異化しており、その発生運命は、神経堤の二次的な移動によって変更できるものではないと、そのときは考えられた。そして、それはその一〇年後、マウスを用いた分子遺伝学的研究においても支持された。脊椎動物胚の頭部では、咽頭弓を充填する神経堤間葉にＨｏｘ遺伝子群が入れ子状に発現し、いわゆる頭部のＨｏｘコードを成立させている。ならば、各領域の神経堤間葉に発現するＨｏｘ遺伝子の組み合わせが、咽頭弓に位置価を与えると想像されたのである（図5-16）。

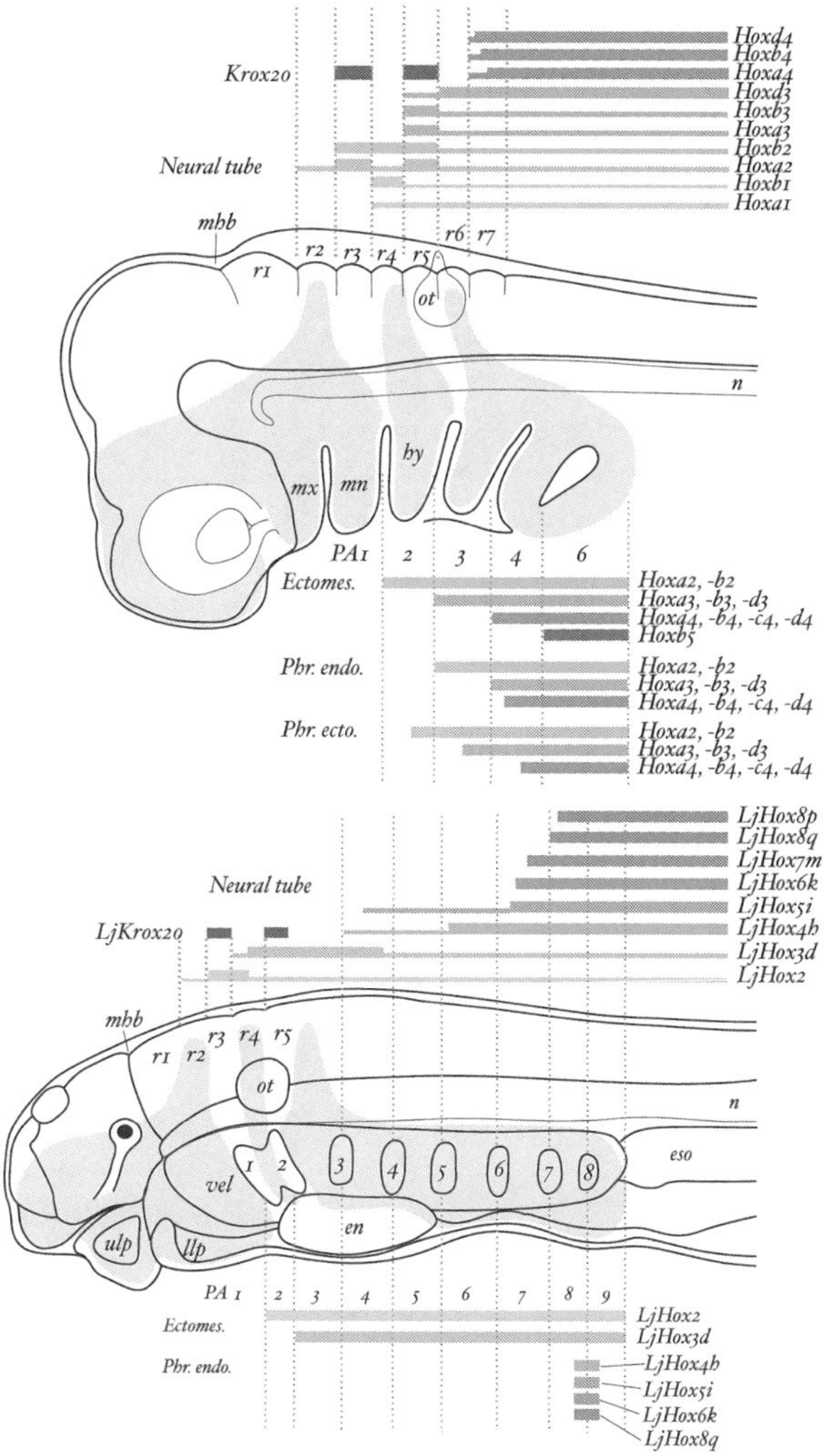

図5-16▶顎口類（上）とヤツメウナギ（下）の胚にみる、頭部Hoxコード。Hox遺伝子は、クラスター上の3'側の遺伝子から順序よく胚の前方から後方へ向けて入れ子状に発現し、いわゆる頭部のHoxコードを樹立する。これらの遺伝子は顎口類においては、菱脳分節（r1～r7）の境界に一致した発現を示し、さらに、中脳から菱脳にかけての神経堤に由来する神経堤間葉（Ectomes.）にも、咽頭弓（PA）を単位として入れ子状の発現パターンをなす。顎骨弓と、それより前方の神経堤間葉には、発現するHox遺伝子がないこと（Hoxコードのデフォルト状態）に注意。Takio et al. (2004)より改変。

◎——実験発生学と分子遺伝学

一九九三年、当時ストラスブールにおいてピエール・シャンボーンの下で研究員としてＨｏｘ遺伝子の機能を追求していたフィリッポ・リジリ[◉539]は、*Hoxa2*遺伝子を破壊することにより（機能欠失実験）、マウスの第二咽頭弓の形状を、第一咽頭弓の形態アイデンティティー（の一部）にトランスフォームすることに成功した（図5–18・19）。すでに述べたように、舌骨弓骨格は、哺乳類においては背側半（上舌節＝舌顎軟骨：hyomandiular）が耳小骨の一つ、アブミ骨に変形しており、顎骨弓骨格の関節部、方形骨（quadrate：上顎節の一部）と関節骨（articular：角顎節の一部）はそれぞれ、キヌタ骨とツチ骨となり、これら三つの小骨が関節して音響伝達装置となっている（図5–17）。舌骨弓骨格の下部はライヘルト軟骨と呼ばれ、のちに形状突起として分化する。顎骨弓骨格には、関節部のほかにも歯骨、蝶形骨の一部、翼状骨、鱗状骨など、様々な要素骨が属する（図5–17）。

*Hoxa2*遺伝子の機能欠失によって得られた形態変異は、この舌骨弓に特異的な形態要素が消失し、その代わりに（舌骨弓骨格が出来る場所に）顎骨弓の構成要素のうち、歯骨やメッケル軟骨の大半を除く部分が鏡像対象に重複していたのである（図5–18）。リジリが得たこれらの結果は、ライヘルトに始まり、ラーブル、ガウプを経て洗練されていった哺乳類中耳の進化理論、いわゆるライヘルト説を、直接的に哺乳類を用いて実験的に証明した、初めての研究となったのである。その後、筆者がリジリと共同研究を行い、詳細な形態解析を行ったところによると、第二弓に重複していた顎骨弓要素は骨格要素だけではなく、顎骨弓に属し、三叉神経の第三枝（下顎枝）の一部によって支配される筋群をも含んでいた。そして、顎二腹筋の後腹やアブミ骨筋など、顔面神経によって支配される筋は消失していた（図5–19）。

以上のことは当然予想されて然るべきであった。つまり、*Hoxa2*の機能は神経堤細胞に発現することによって、いわば細胞自律的に果たされるので、神経堤間葉が形態形成を司る構造もまた骨格と同様にトランスフォームするのである。そして、重複する要素、すなわちＨｏｘコードのデフォルトに相当する領域が顎骨弓前端に及ぶのではなく、顎関節を含む一部に限られていることもわかる（図5−16）。つまり、顎はＨｏｘコードのデフォルトだけで特異化されているわけではなく、何らかの「プラスα」があって初めて可能となるらしい。その「α」が*Otx2*の発現ではないかという考えもある（Matsuo et al., 1995; Kuratani et al., 1997a）。さらに、鼓膜や外耳道が（変形しつつも）残存するため、これらの構造が第一、第二弓両者のドメインから作られていることもわかる（図5−18・19）。いずれにせよ、「Ｈｏｘコードのデフォルト＝顎骨弓の一部（顎口類では顎関節部）の特異化」という図式は、脊椎動物を通じて極めて普遍的なものであるらしく、顎口類の顎骨弓神経堤間葉に発現することで知られる*Otx2*相同遺伝子は、ヤツメウナギ胚の顎骨弓間葉にも発現するのである（Tomsa & Langeland, 1999; Horigome et al., 1999）。

　頭部において、神経堤細胞の位置価を決定するＨｏｘ遺伝子群は、神経堤細胞群の分布と対応する発現領域を菱脳に有しており、それらの発現境界は菱脳分節のそれに一致する（第3章、図5−16）。そのうち、*Hoxa2*は、神経堤間葉に発現することによって、第二弓間葉としての位置価をそれら細胞に付与し、それによってしかるべき形態的同一性が、そこから分化する

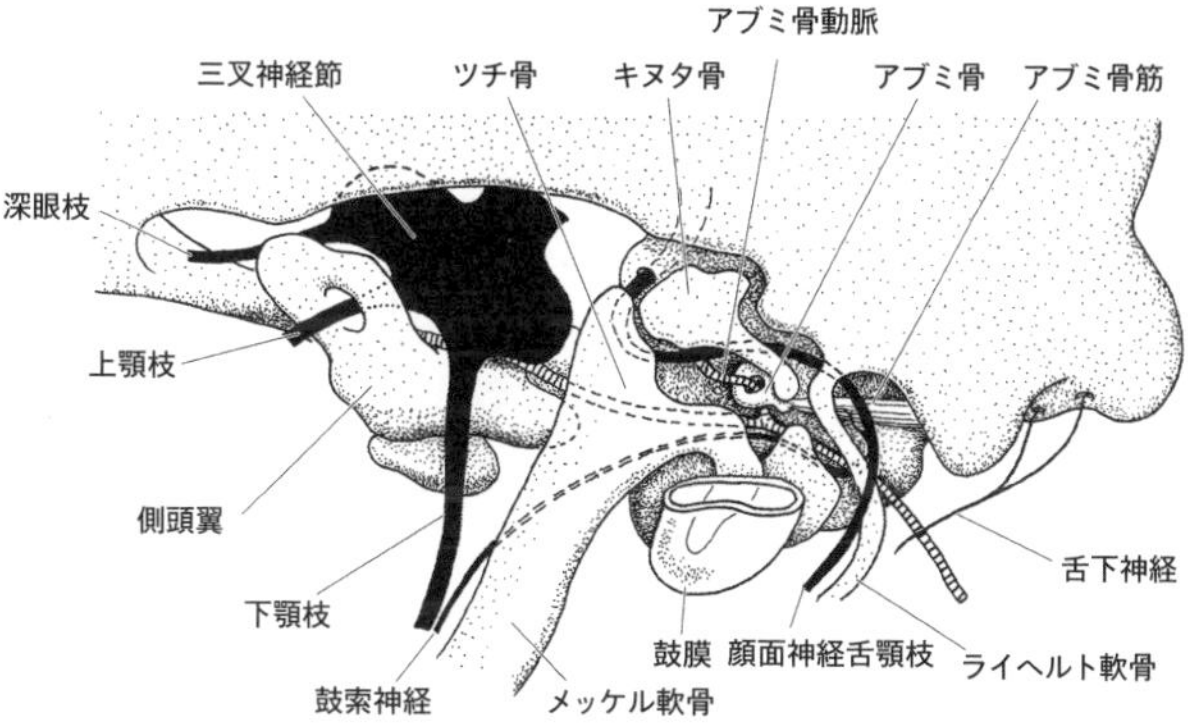

図5−17▶マウス胚における顎関節領域。脊椎動物の本来の顎関節（一次顎関節）がキヌタ骨とツチ骨の間にみえていることに注意。Goodrich（1930）より改変。

骨格形態に与えられるとおぼしく、一方で、顎骨弓の神経堤間葉には発現するＨｏｘ遺伝子がない。つまり、Ｈｏｘコードのデフォルト状態によって顎骨弓はその位置価を得るのであり、その結果として顎骨弓は顎口類においては顎装置を分化するのである（図5–16）。ちなみにこのデフォルト状態は、ヤツメウナギ胚においても確認でき、第一咽頭弓は顎である以前に「最前の咽頭弓」として、円口類においても顎口類と同じ分子的背景のもとに特異化されているらしく、このような咽頭弓列の位置特異化機構の起源は、全脊椎動物の共通祖先にまで遡ることができるらしい[●540]（図5–16）。

「移動前から形を知っている神経堤」という考えは、実験発生学において長い間、頭部形成の基本的命題として支配的であった。それは、「内臓弓の分節番号が、神経上皮の前後軸上ですでに設定されている」という、発生プログラムのイメージを作り上げるものでもあった。「神経堤細胞の発生において細胞自律的に働く位置特異的な遺伝子発現が、移動前の神経堤にすでに生じている」というこの考えは、頭部の分節的な図式にあって、魅力的なものである。なぜなら、鰓弓骨格のメタモルフォーゼの謎が、神経堤という、上皮の前後軸上における遺伝子発現制御へと還元されることになるからだ。移動前の神経堤上皮に前後軸特異化を引き起こす、単純な誘導源があれば、すなわちそれが鰓弓骨格全体の（前後軸上での）特異化を導く最も重要なステップとなりうる。しかもこの上皮は中脳から菱脳にかけて、神経分節というコンパートメント化を成立させてしまっている。つまり、神経堤は移動前から分節的に分断されているのである。神経堤細胞は脱上皮化するや、そのまま分断した集団となって腹側へ移動し、咽頭弓のそれぞれを充填してゆく。結果として、咽頭弓のそれぞれは、異なった組み合わせのＨｏｘ遺伝子を発現する間葉を持つことにより、それを手がかりとして位置特異的な形態分化を成就する。

たとえその精妙な分節パターンがいかに微細調整されるのかについて、当面棚上げにされていたとはいえ、まるで「風が吹けば桶屋が儲かる」式のこの機械論的理解が、九〇年代当時は確かに最も信頼すべき解釈の図式としてまかり通っていたのである。ならば、このプログラムの中に、哺乳類の耳小骨にみる、あの精妙な形の情報も書き込まれているのだろうか。そして、神経堤細胞の中で生じている分子レヴェルのダイナミズム、遺伝子制御機構を

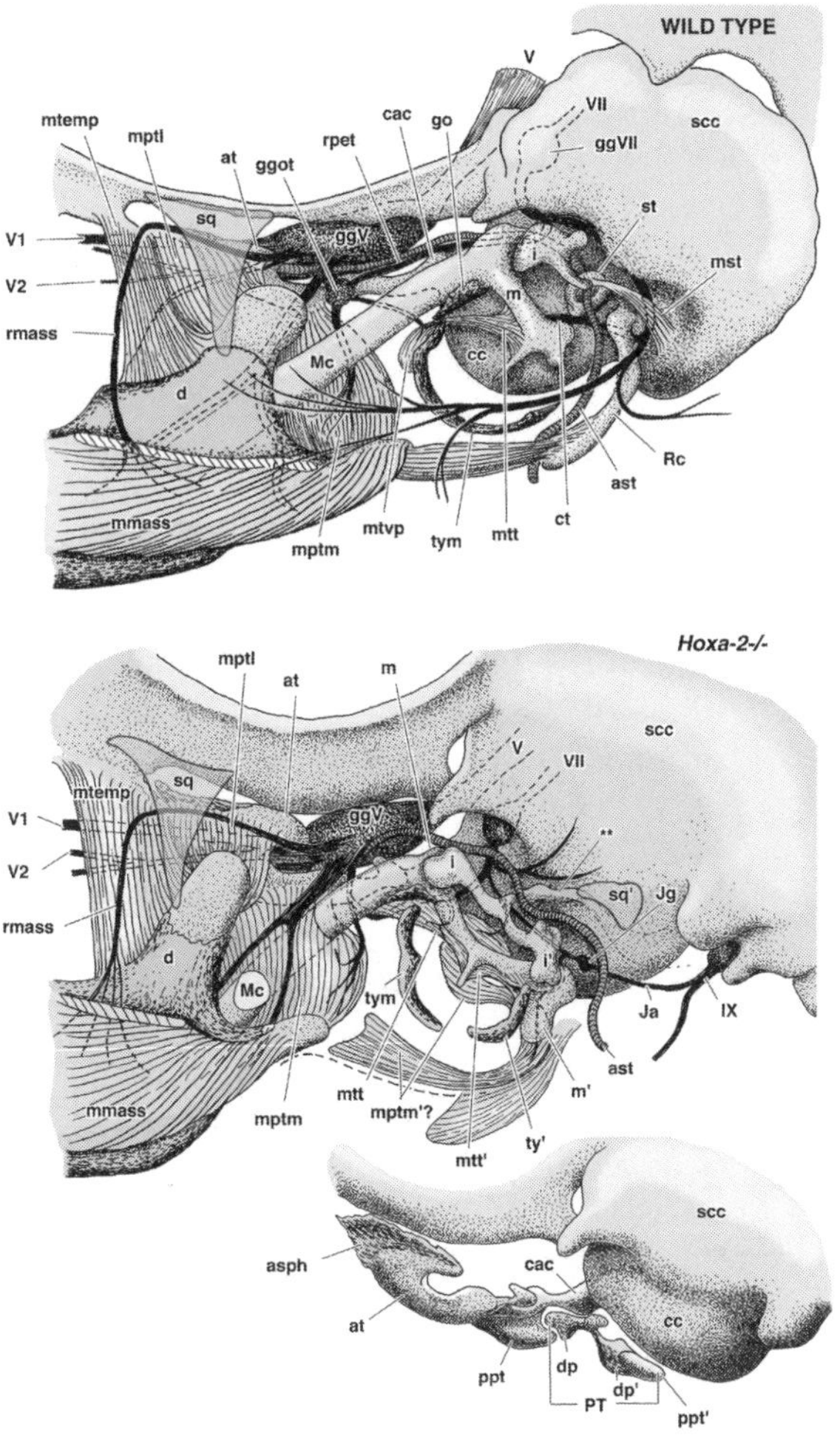

図5-18▶リジリの作製した*Hoxa2*欠失マウス胎児の側頭部を組織切片にし、筆者自らが硝子板を用いた原始的な方法で3次元立体復元し、それをもとにスケッチした図。

上はコントロールとして野生型のマウスの形態を示す。

下が変異マウス。ツチ骨(m)、キヌタ骨(i)だけではなく、外鼓骨(tym)や顎関節周辺の筋や、それを支配する神経枝も重複していることに注意。変異マウスでは、第2弓に由来するアブミ骨(st)、顔面神経の枝、ライヘルト軟骨(Rc)も消失している。未発表データより。

理解すれば、それは内臓頭蓋の進化の謎を解き明かすことに連なるのだろうか。そのような素朴な疑問が、すべてを混迷へと引き戻してしまったのである。

◎——種ごとに異なる形態

ある意味、「頭部神経堤間葉、ブランキオメリズム、Ｈｏｘコード」をキーワードとした分節的特異化機構の理解はかなりのところまで正しいのかもしれない。あるいは、同じ理由で間違いだということにもなりかねない。というのも、動物種特異的な形態の差異のような発生情報も、一義的には神経堤細胞の系譜の中に優先的に生ずる発生プログラムとして認識できる可能性が高く、それと同時に、このような単純な理解の図式でもって、実際に脊椎動物の中にみる多様性の全体をまかなえるとも思えないからだ。たとえば、リチャード・スナイダー[●541]らが二〇〇二年に発表した論文では、アヒルとウズラの間で行われた、神経堤の交換移植実験の結果が報告されている（Schneider & Helms, 2002）。

ニワトリもウズラもキジ目に属する鳥類であるため、頭部形態に大きな差はない。しかし、互いに別の目に属するアヒルとウズラであれば、クチバシそのほかの頭部形態に著しい差異を見出すことができる。そこで、ウズラの神経堤をアヒルのそれに交換したキメラ胚（これは「quck」と呼ばれた）、アヒル胚の神経堤をウズラのそれに交換したキメラ胚（duail）をそれぞれ作り、頭部形態を観察したところ、明らかにそれは、もとの神経堤細胞の由来した動物種のものになるというのであった。つまり、アヒルの頭部神経堤を交換移植してやれば、「アヒルの顔を持ちながら、体はウズラのまま」というキメラ動物を作り出すことができる。

右の結果は、すでに二〇世紀半ば、ワーグナーが両生類胚を使って行った実験結果と酷似している（Wagner, 1959）。同じ両生類であっても、カエルとイモリでは頭蓋の形が際立って異なっている。そこで、イモリの神経堤が脱上皮化し、神経堤細胞が遊走し始める以前にそれを切りとり、その代わりに細胞移動の前のカエルの神経堤を移植する実験を彼は行った（図5−20）。すると、移植された神経堤に由来した頭蓋は、移植片を受け入れたホスト側の動物の

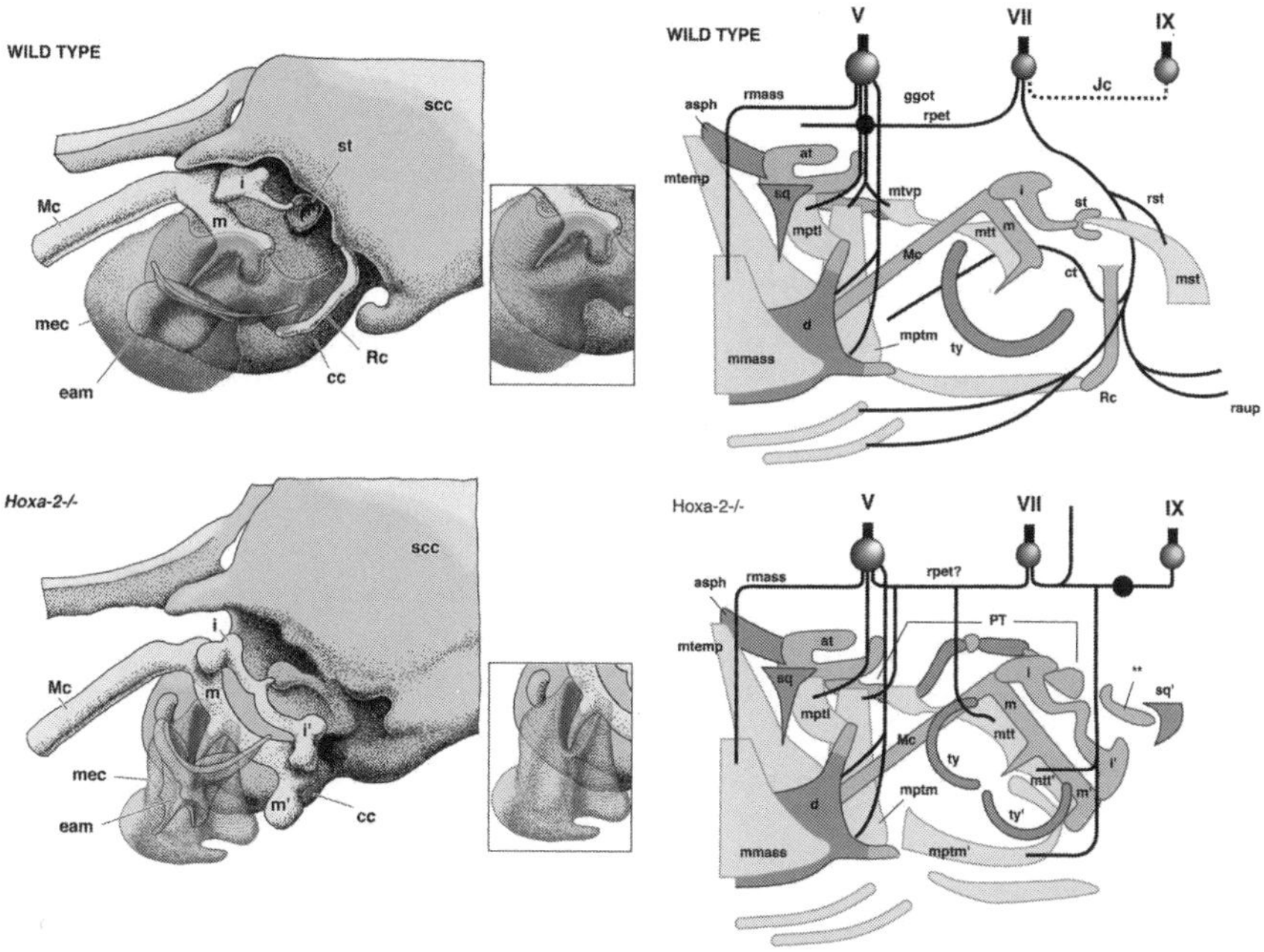

図5–19▶左下：図5–18において示したマウスの、外耳道と鼓膜の発生を示す。これらの構造も前後鏡像対称をなしていることに注意。
右：正常マウス（上）と*Hoxa2*欠失マウス（下）における、骨格、筋、末梢神経の形態パターンを模式的に示したもの。*Hoxa2*欠失マウスでは、顎骨弓に属するいくつかの骨格要素と筋が第2弓レヴェルに重複しているが、とりわけ筋要素が三叉神経下顎枝の単一の枝によって支配されるサブセットをなすことに注意。すなわち、顎骨弓の中でHoxコードのデフォルト状態として特異化される部分は1つの咽頭弓の中の、特定のモジュールをなしている可能性がある。未発表データより。

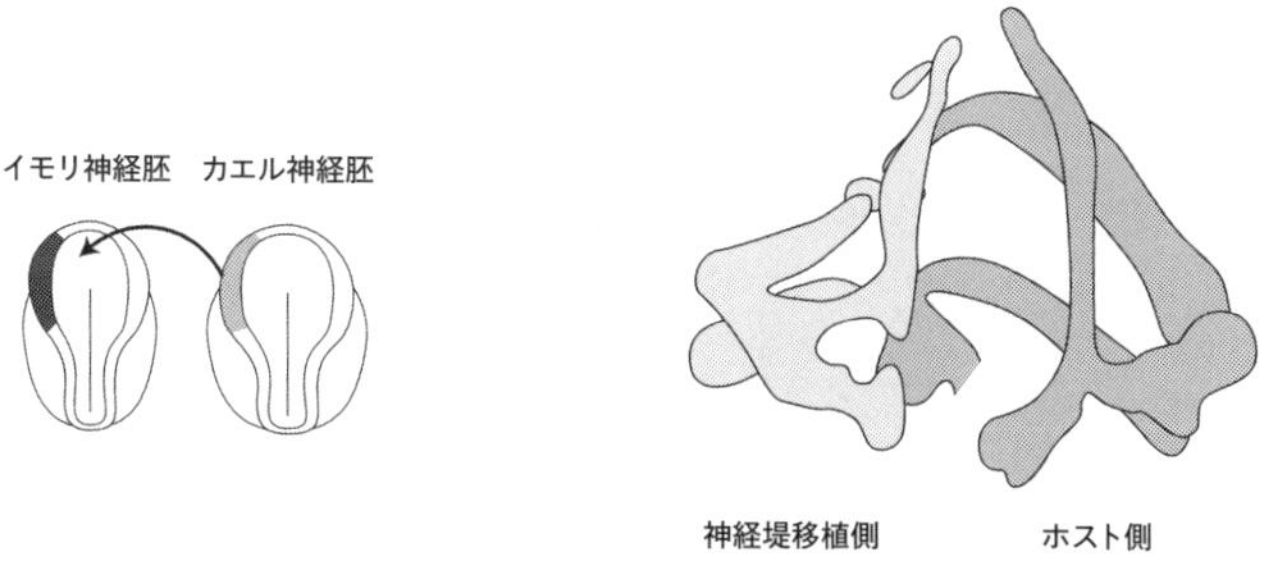

図5–20▶ワーグナーの実験。Wagner（1959）より改変。

それではなく、供与側(ドナー)のそれに似ていたのである。つまり、イモリとカエル胚の間で、細胞移動が起こる前の神経堤を交互に交換移植すると、発生後のキメラ胚の頭部形態が、神経堤の由来した動物種のものになるのである。これらの実験が示すのは、神経堤の「細胞自律的な発生能」である。それはつまり、その細胞群が、周囲の胚環境より由来する調教的なシグナルや相互作用により、初めて形を得るのではなく、その場所を変えても相変わらずもとの形を得る能力を備えているということである。たとえば、体幹の神経堤細胞のように、脊髄神経節を作る能力はあるが、規則的な体節の並びがそこにないと、分節的な神経節の形を獲得できないというのは、形態パターンが他者によって押しつけられる、あるいは環境に依存する、換言すれば、形態形成能が細胞非自律的であるという、先とは逆の例の典型である。このような細胞の中で生じている細胞分化過程は、おそらく脊髄神経の解剖学的形態、つまりその分節パターンの形成機構についてはほとんど何も教えてくれないであろう。しかしこれに対して、頭蓋形成における形態進化や発生の機構の多くは、神経堤細胞の内部で生じている「何か」に大きく依存している。つまり、神経堤細胞自律的な特性である。

ということは、形態的同一性(相同性)を作り出す機構としては、何らかの組織間相互作用がある程度作用するとしても、種ごとに異なる骨要素や軟骨要素の具体的形状に関する発生学的背景もまた、半ば神経堤細胞が細胞自律的に発動する発生プログラムに大きく依存しているということになりはしないか。これを進化的文脈で読み解くならば、ボディプラン、すなわち骨の相同性や繋がり方についての情報は一種の発生拘束として保存されてきたが、種分化や、適応的形態を獲得するための形態進化は、その拘束とはまったく別物でありながら、やはり神経堤細胞系譜に自律的に発動する形成能の中に書き込まれてきたということになる。これは、淘汰が発生プログラムのどの部分に作用し、何を変化させるかという本質に触れる興味深いテーマであると同時に、淘汰がかかりうる対象として、発生プログラムの中に、骨格そのほかの形態パターンを具体的に作り出してゆく上での、何らかの階層的構造が見え隠れしている。そしてそれは、タクサのヒエラルキーの構造と無関係ではいられない。分類学と発生生物学の接点は、おそらくここにある。ここから先は、神経堤間葉に進行する動物種特異的な遺伝子機能をゲノムワイドに理解することが必須となる。すなわちそれが、神経堤細胞の自律的発生プログラムに書き換えられた、動物種特異的形態と違いを生み出していると期待できるからだ。

⊙——神経堤の可塑性と自律的分化能

神経堤細胞は自分がどのレヴェルに由来したかに関する位置情報を頑《かたく》なに守り、それによって自分が作るべき形を知っているという側面がある一方で、これら細胞は実は、環境によって誘導を受けて初めて形を得るという側面

図5-21▶HHステージ30におけるニワトリ胚の第1、第2咽頭弓骨格を復元模型にて示す。上図は骨格要素と上皮構造、下図は筋と末梢神経を加えたもの。哺乳類におけるよりも、鼓膜の出来る第1咽頭嚢の位置が、顎関節に対して背側にあることに注意。顎骨弓骨格は方形骨(q)と関節骨(art)として、舌骨弓骨格は耳小柱(col)としてみえている。筆者自身の復元モデル(未発表)より。

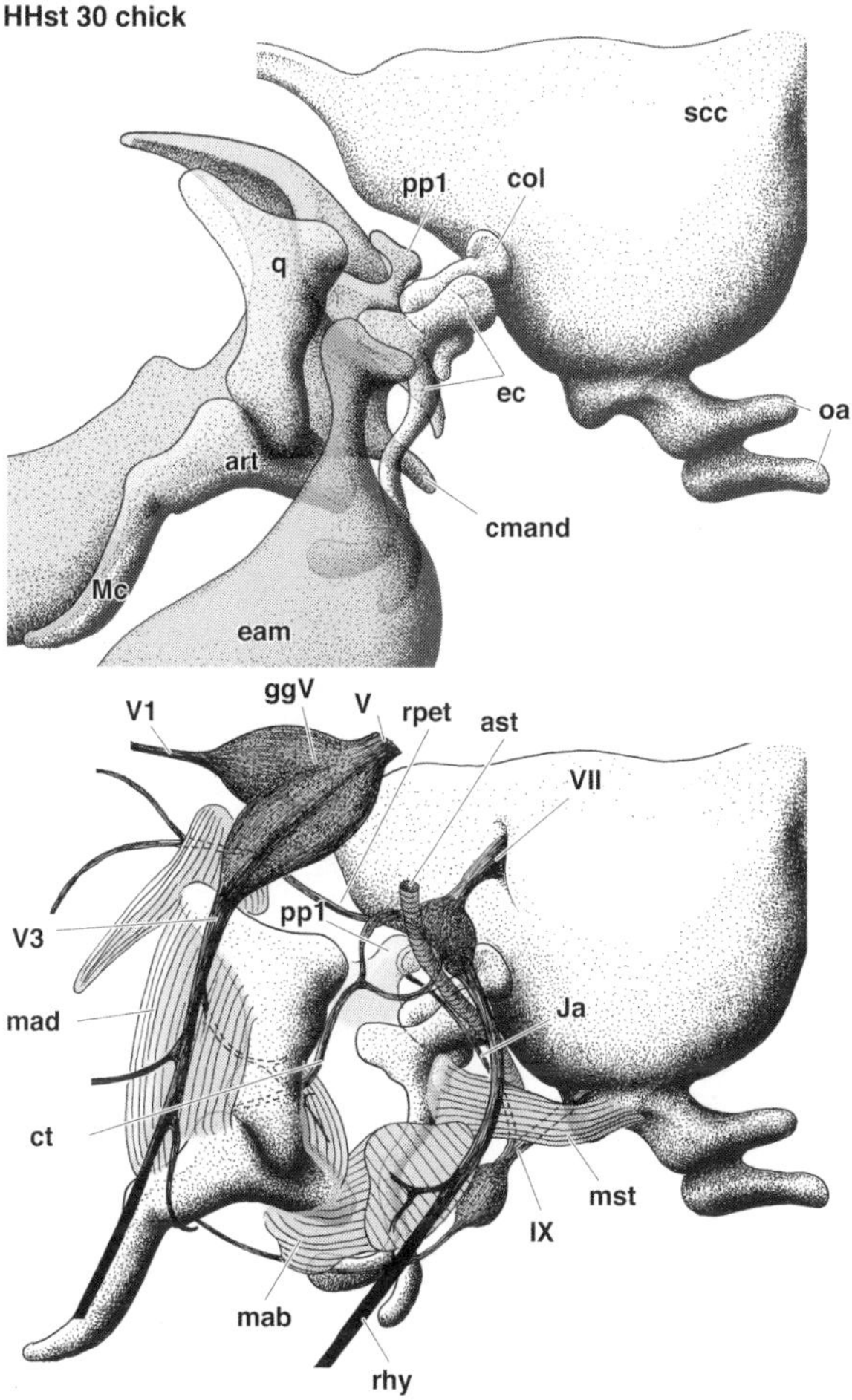

をも併せ持っている。しかも、それは頭部神経堤細胞について一般的にいえることではなく、胚体の中の場所、あるいは状況によっては決定された振る舞いをみせることも、あるいは可塑的に新しい環境に順応するようにみえることもある。ノーデンが示した、「プレコミットされた顎骨弓の形態」は、「Ｈｏｘコードが神経堤細胞のコミットメントを通じて支配する菱脳と咽頭弓の分節パターニング」にはうってつけの現象であり、その実験データは極めて整合性が高く美しかったが、彼自身一九七八年には、頭部神経堤細胞が移植された新しい場所（梁軟骨・篩骨領域）に馴染み、その出自にかかわらず、場所にふさわしい神経頭蓋の一部を形成する可塑性があることをも報告しているのである。

　移動前から、その位置価と形態学的同一性に関してプレコミットされているという、研究者の認識の中で半ば理想化された神経堤の性質は、顎骨弓の関節部と、せいぜい第二弓の骨格についてのみいえることであり、しかもこのような鳥類胚を用いたキメラ実験は、顎骨弓と舌骨弓の間でしか成功していない。そればかりか、菱脳レヴェルの神経堤を異所的に植ぇ替えても、咽頭弓間葉におけるＨｏｘコードがもとの状態に復元してしまうというような神経堤細胞の可塑性、あるいはそれに類した、神経堤細胞の調節能を反映するとおぼしい実験結果を報じた論文もかなり多く書かれている。[●542]

　たとえば、菱脳の前後軸に成立したＨｏｘコードでもって、各レヴェルの神経堤が特異化してしまっており、その状態を受け継いだ神経堤細胞が脱上皮化して移動し、それぞれの頭部環境において場所にふさわしい骨格形態を成就するというシナリオで、本当にどこまで説明できるか試してみよう。たとえば顎骨弓の場合、それを充填する神経堤細胞の広がりは中脳から菱脳中央にかけてかなり広範に広がっているのであるから（Köntges & Lumsden, 1996; Couly et al., 1998）、先の仮説を素直に応用すれば、顎骨弓の骨格の各部域の形態が、この幅広い領域の神経堤の各レヴェルに書き込まれているのであろうと想像できる。そしてノーデンの実験の場合は、そのうち顎関節部を作る神経堤を舌骨レヴェルに移植したのであろうと……。さらに穿《うが》った予想をすれば、下顎全体が重複できなかったのは、第二弓へゆく（第四菱脳分節近辺の）神経堤の長さが、顎骨弓予定神経堤全域を受け入れるには足らなかったからであろうと……。であるならば、神経堤細胞が脱上皮化する前のウズラ胚の、予定中脳中央部から第三菱脳分節中央にかけての様々なレヴェルの神経堤断片を、ニワトリ胚（ホスト）の舌骨神経堤領域と交換移植すれば、育ったキメラの第二弓には、顎骨弓に属する様々な部域の骨格要素が現れるであろうと。筆者は以前、このように考え、様々なレヴェルの神経堤を予定舌骨間葉領域の神経堤に移植したことがある。ところが、このような実験をいくら繰り返しても、出来るのはつねに顎関節部のみなのであった（図5−21・22）。

おそらく、筆者と極めてよく似た動機で、同様な一連の移植実験を試みたのがクーリーらであり、彼らは一九九八年の論文において、Ｈｏｘコードのデフォルト状態にある神経堤であれば、どこのものをとってきても舌骨弓において顎骨弓骨格、正確には顎関節周辺の骨格要素を作り出すのであると結論づけた（Couly et al., 1998）（図5−21・22）。この考えは、神経堤間葉が作り出す骨格の形を決めるのは胚環境であるというものであるが、同時にそこには、「Ｈｏｘ遺伝子を発現しない前方のレヴェルの神経堤に由来する神経堤細胞は、そのＨｏｘデフォルト状態を、移動ののちも保持し続ける」

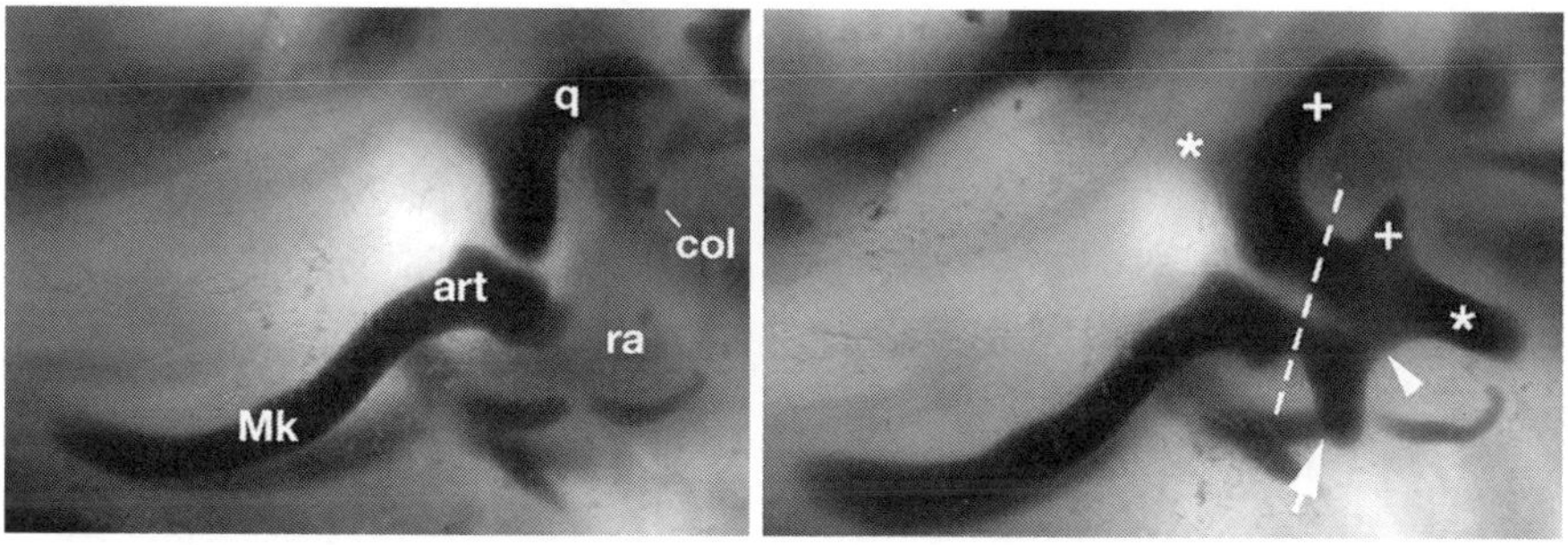

図5−22▶筆者の行ったキメラ実験から。ノーデンの1983年の実験と同じく、ドナーの胚の顎骨弓間葉予定域の神経堤を、ホストの舌骨弓間葉予定域の神経堤と交換移植した。左はコントロール側。正常な骨格パターンができている。raで示されているのは、関節骨原基に付随する後関節骨突起（retroarticular process）であり、これは舌骨弓の間葉から由来するものであることがわかっている。右は、同じ胚の移植した側を、比較のため左右反転して示してある。舌骨弓に由来する耳小柱（col）と後関節骨突起が消失し、その代わり、破線で示した軸に対して鏡像対象の顎骨弓骨格要素が重複していることがわか（対応する要素は記号で示す）。このような形態の胚は、顎骨弓間葉をもたらすあらゆるレヴェルのHoxを発現しない神経堤を移植した際に得ることができる。筆者による未発表データ。

という含みがある。

一方、トレイナーらが二〇〇二年、『*Science*』誌に発表した興味深い論文では、基本的に神経堤というものは、移植したのちに新しい環境に馴染み、もともとHoxコードデフォルト状態の前方の神経堤であっても、新しい場所にふさわしいHox遺伝子発現を獲得するのであるとされる。彼らは、移植した神経堤に由来する神経堤細胞が舌骨弓において顎関節を分化するのは、移植片に含まれていた中脳・後脳境界(mid-hindbrain boundary：MHB、あるいは、峡：isthmus)に由来するシグナル因子、FGF8が働き、Hox遺伝子の発現を抑えるためであるという解釈をそこで述べた(Trainor et al., 2002)。

確かに、神経管において繊維芽細胞成長因子8(*FGF8*：Fibroblast Growth Factor 8)をコードする*Fgf8*を発現する「峡」は、神経管にみる三つの二次オーガナイザーの一つであり、神経上皮に誘導をかける、いわゆる「形態形成中心(morphogenetic center)」として機能している(第3章参照)。そして、この峡から分泌されるFGF8は確かに後方へ向けてHox遺伝子の発現を負に制御する機能を持つ。一見、この説は正しいようにも思えるが、私自身の移植実験やクーリーのそれにおいては、様々なレヴェルの神経堤を移植しているのであるから、その中のいくつかは峡を含まず、それでも顎関節を分化したからにはHoxコードデフォルト状態は維持されていたはずなのである(もしくは、残留FGF8分子のなせる技か……)。いまのところ、この矛盾はまだ解決されてはおらず、いずれの見解も検証されてはいない。おそらく、頭部神経堤細胞が、そのオリジンと同じ遺伝子発現を維持する傾向[543]は、コミュニティー効果[544]によるところもあるのではないかと考える。

いずれにせよ、神経堤間葉が、それぞれの分節レヴェルにある咽頭弓内の環境にあって何らかの誘導を受け、それによって形を得ているという仮説は動かしがたい。では、その誘導源はどこにあり、それはどのように作用しているのだろうか。これに関して思い出すのは、まず、咽頭弓の間葉が上皮構造の存在により骨格組織をサポート、もしくは誘導されているという伝統的な知見であり(Hall, 1998を参照)、さらにはリジリらの実験において舌骨弓内に重複した顎骨弓骨格部分が、オリジナルのそれに対して、前後軸上に鏡像対称をなしているということである。これは、顎骨弓と舌骨弓の間にある何らかの構造が、神経堤間葉に対し、骨格形態のポラリティを左右する一種の誘導を行っていることを示唆している。その構造として思いつくのは、とりあえずは第一咽頭嚢を成す内胚葉上皮である。確かに、第一咽頭嚢は、*Hoxa2*機能欠失マウスにおいて、鏡像重複した顎骨弓と舌骨弓骨格の対称の軸上にある。もう一つ、比較形態学的にもこれと符合する現象がある。すなわち、ヤツメウナギの鰓弓骨格は、脊椎動物の解剖学的特徴としては珍しく、全体として背腹鏡像対称のパターンを示す。そして再びここでも、対称の軸上に見つかるのは「鰓孔」、すなわち咽頭嚢内胚葉の派生物なのである。このようにして、神経堤間葉に対し形態学的

図5-23▶クーリーらの2002年の実験をパスクワレッティとリジリが要約し、概念的に示した図。左側には、ニワトリ胚の頭部神経堤細胞集団（Hox遺伝子を発現しない三叉神経堤細胞群、ならびに舌骨神経堤細胞群）が示され、右側には頭部内胚葉のどの部域が、神経堤間葉に対しどの骨格要素の形態的同一性を誘導するかを示している。I～IVは内胚葉の部域を示す。Pasqualetti & Rijli (2002)より改変。

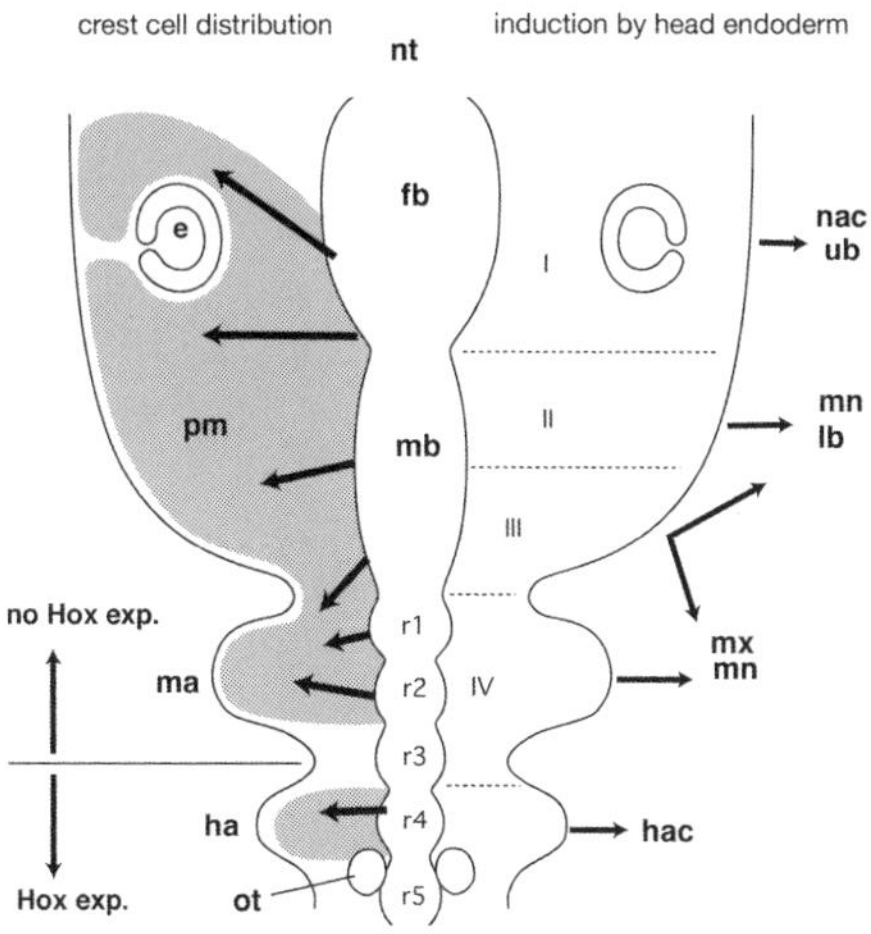

相同性を伴った形を与える形成中心は、咽頭内胚葉ではなかろうかという推測が成り立つ。そして、それを示す実験も実際に行われた。

◎——内胚葉

二〇〇二年に発表されたクーリーらの論文（Couly et al., 2002）によれば、神経堤細胞に形を与えるのは確かに内胚葉上皮であるらしい（図5–23）。クーリーらはHHステージ8のニワトリ胚を用い、針先で頭部中胚葉を持ち上げ、その下に現れる頭部内胚葉にいくつかの区画を設けた。そして、それぞれの区画の内胚葉を除去することにより、神経堤に由来する軟骨頭蓋の異なった部分が欠失することを見出した。すなわち、前方の内胚葉部分を除去すると、下顎軟骨の中央から先が消え、その後方の内胚葉を除去すると、顎関節部分の骨格要素が失われたのである。ちなみに神経堤の除去だけでは、このような形態の胚を得ることはできない。

さらに、内胚葉の一部を付加的に胚に移植すると、それに応じて対応する骨格要素も重複すること、内胚葉の方向を変えると、重複する骨格要素の方向・極性も変化することが見出された。すなわち、骨格要素のそれぞれの形状や方向性は、初期胚の頭部内胚葉上皮の上にマップされていることになる。しかし、そのマッピングは、「方形骨を作れ」というような、咽頭弓個別的な形態情報ではないのだろう。むしろ、比較形態学的には「上鰓節を作れ」とか、「角鰓節を作れ」という形態的相同性成立へ向けた誘導ではないかと思われる。すなわちこれは、上に述べた動物種特異的な形状を誘導するものではない。そして、それがどの咽頭弓の要素であるかを特定するのが、Ｈｏｘコードによる位置価決定ではないかと考えられている。このように、内胚葉による内臓頭蓋のパターニングの一貫として、咽頭嚢内胚葉と骨格形態のみせる位置関係が意味ありそうに見えていたとおぼしい。ちなみに、この研究はもっぱら顎骨弓骨格と顎前領域の神経頭蓋をターゲットとして行われたが、舌骨弓骨格を対象とした同様の実験もそれに追随している（Ruhin et al., 2003）。

付言するなら、頭部内胚葉を用いた頭蓋形成の制御実験はこれが最初ではない。すでに、一九四六年にヘールシ

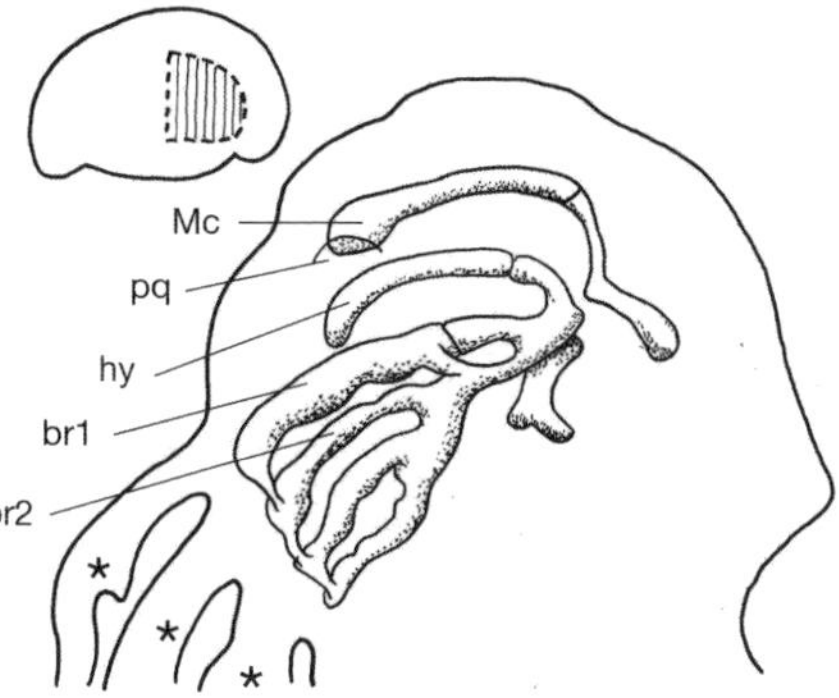

図5-24▶ヘールシュタディウス&セールマンが1946年に行った、原腸前部を除去する実験。内胚葉を除去した側の内臓頭蓋が消失している。Hörstadius & Sellman (1946) に基づく。Hall & Hörstadius (1988) より改変。

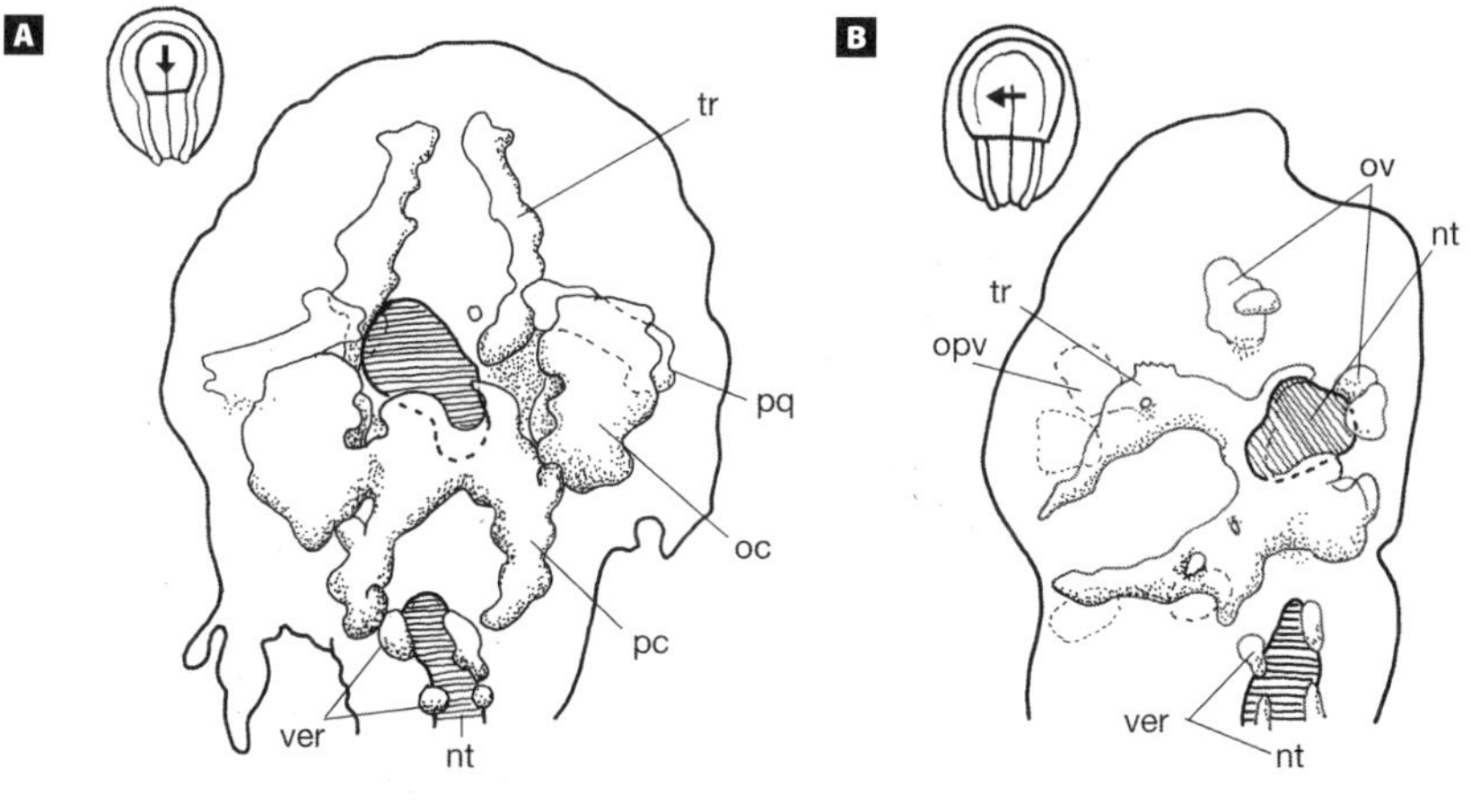

図5-25▶ヘールシュタディウスとセールマンが行った、原腸前部の極性を変える実験。
Aでは原腸を180°後方へ反転しているが、それによる頭蓋の変形は明らかではない。
Bでは原腸を左へ(反時計回り)90°以上横転させている。その結果、頭蓋は原腸の回転と同様の極性の回転を示した。
Hörstadius & Sellman (1946) にもとづく。Hall & Hörstadius (1988) より改変。

ユタディウスとセールマンが、神経胚期の頭部内胚葉（すなわち原腸前部）の除去実験や、その方向を変える試みを報告しているのである。その結果はまさに、クーリーらの二〇〇二年のそれと、まったく同じではないにせよ極めてよく似ていた（図5−24・25）。それによれば、両生類の内臓頭蓋の形態的ポラリティ成立に関しても、それを制御しているのは神経堤それ自身ではなく、頭部内胚葉なのであった。つまり、頭部神経堤細胞の作り出す骨格の形状と、そのオリエンテーションは、発生プログラムとして乖離しており、それは異なった胚葉の中に書き込まれている。

◎——腹側化シグナルとＤｌｘコード

おそらく、クーリーらの示した内胚葉由来の誘導現象とカップリングしているのではないかと思われる現象が、マイケル・デピュー[545]らが発見したＤｌｘコードである（Depew et a., 2002）（図5−26）。Ｄｌｘはホメオボックス遺伝子の一グループであり、それはＨｏｘ遺伝子群とは区別される。本来、昆虫《ショウジョウバエ》の付属肢形成因子として、スティーヴ・コーエンらによって発見された*Distal-less*遺伝子の相同物であり、脊椎動物（顎口類）においてはＨｏｘクラスターと同じ染色体に二遺伝子からなるクラスターを作り、合計六つのメンバーが知られるが、円口類におけるＤｌｘ遺伝子群とのオーソロジー[546]はまだ詳細にはわかっていない。[547]

脊椎動物のＤｌｘ遺伝子は、前脳の一部、内側基底核隆起（Medial ganglionic eminence：MGE）をはじめとしていくつかの局所的な発現部位を持つが（Thomas et al., 1997; Puelles et al., 2000）、そのうち主要なものは頭部における神経堤間葉のそれであり、とりわけ*Dlx2*は咽頭弓における神経堤細胞のマーカー遺伝子として用いられることが多い。マウスにおける研究では、それぞれのＤｌｘ遺伝子は咽頭弓の中で少しずつ異なった発現を示し、*Dlx1*と*Dlx2*は咽頭弓の神経堤間葉全域、*Dlx5*と*Dlx6*はその腹側半（顎骨弓ではのちの下顎領域）、*Dlx3*と*Dlx7*は咽頭弓の下端の間葉にのみ発現する。[548]このように、顎口類ではＤｌｘ遺伝子群は、Ｈｏｘ遺伝子群が前後軸に沿って入れ子状の発現を示すのとは対照的に、背腹軸に沿った入れ子状の発現パターンを示すのである。このパターンを「Ｄｌｘコード（Dlx code）」と呼ぶ。円口類においても咽頭弓間葉にＤｌｘ遺伝子は発現するが、このような入れ子パターンはみられないので、Ｄｌｘコードは

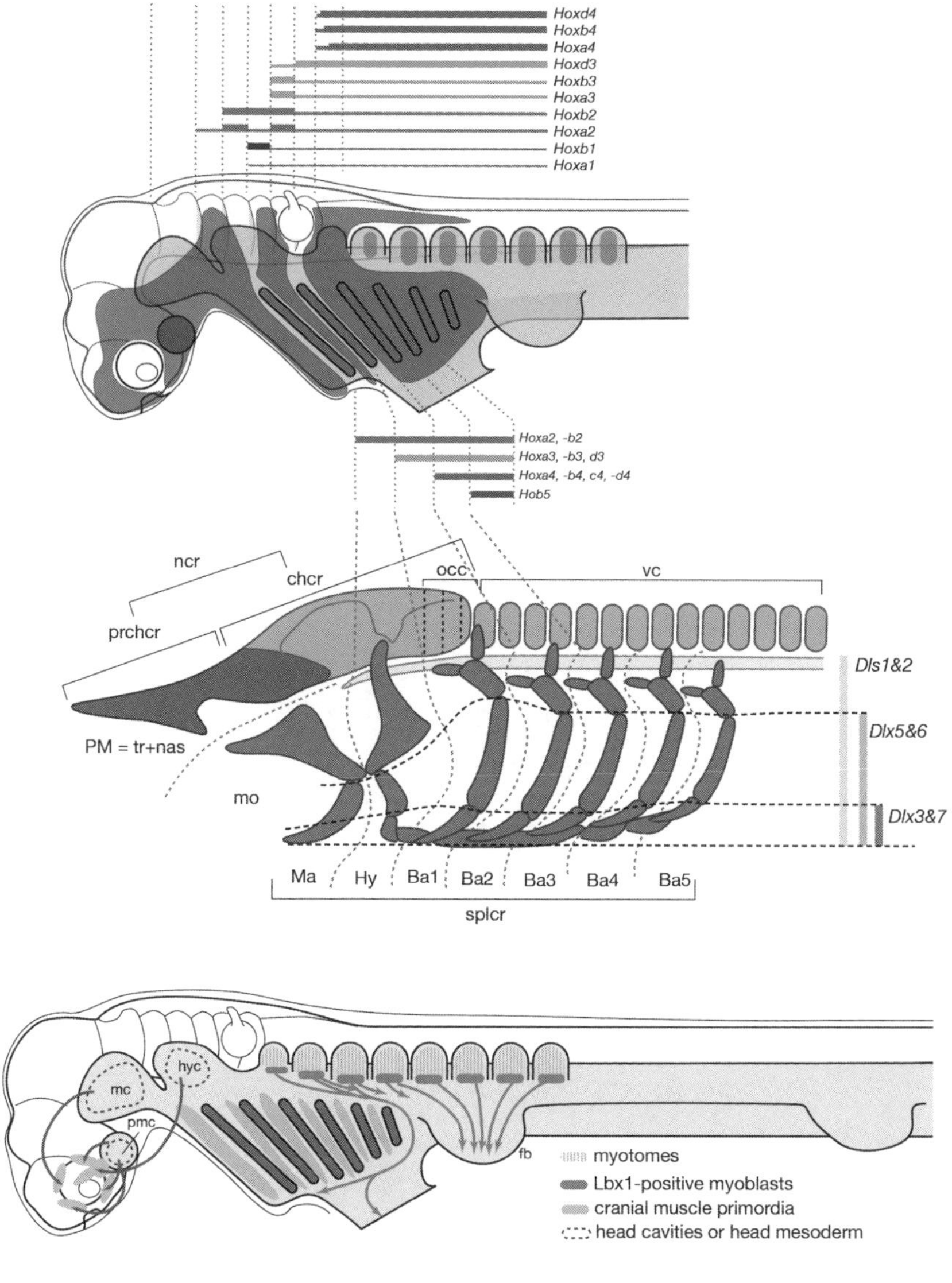

図5-26▶脊椎動物（特に顎口類の）頭部の発生学的形態理解。オリジナル図版。

顎口類の分岐後に成立した発生機構を示す公算が大きい。[549]
　Ｄｌｘの機能解析は以前よりマウスにおいて精力的に行われていたが（Qiu et al., 1995, 1997）、それがはっきりとしたのは*Dlx5*と*Dlx6*を同時に破壊したときであった。背腹軸に沿った入れ子式の発現パターンから予想されるように、この変異マウスにおいて下顎の形態が上顎のものに変形したのである。[550] すなわち、この実験においては*Dlx5*と*Dlx6*の機能に関して上顎の形態はある種「デフォルト」となっており、[551] *Dlx5*と*Dlx6*が下顎としての形態的特異化を担っているということになる。このような発生機構が、すでにみたゼヴェルツォッフ以来の鰓弓骨格の基本形と深い関係を持つであろうことは容易に理解することができる。すなわち、比較形態学的にはＨｏｘコードがブランキオメリズムにおける位置特異的メタモルフォーゼを担い、対してＤｌｘコードの有無が、顎口類型の鰓弓骨格のデフォルト形態の有無と相関するのである。このようにして、顎口類の頭部神経堤間葉には、互いに直行する二つの座標軸からなる「デカルト格子」状のマップが出来上がり、それぞれの部域がその座標に従って、ふさわしい遺伝子発現の組み合わせと、それの導く、その位置にふさわしい形態的同一性（相同性）を得ることになる（図5-26）。ボディプランのプランが設計方針を示すのであれば、これほど美しい形態学的解釈もなかなか存在しない。
　脊椎動物頭部の基本形態に関し、ゼヴェルツォッフは、顎口類と円口類について異なったボディプランを設定したが（第4章）、確かにＤｌｘコードの有無は、これらの両系統における鰓弓骨格系形態プランの内容（＝基本的な形態的相同性の内訳）の違いをよく物語っている。ロバート・チャーニーと、[552] 彼の率いる研究室は、円口類のＤｌｘ遺伝子も、背腹というよりむしろ、鰓孔を中心とした同心円状に微妙に異なった範囲で互いに重なり合った（鰓孔を軸とした背腹対称の）発現パターンを示すと述べたが（Cerny et al., 2010）、これは確かに背腹対称の形態を持つヤツメウナギの鰓弓骨格を整合的に説明するかもしれない[553]（対して筆者の研究室の観察では、明瞭な発現レヴェルの差は観察されなかった。図5-27）。どうやら、円口類においてはＨｏｘ／Ｄｌｘコードの直交座標系が、現生顎口類におけるものとは異なった性質のものであるらしい。それがどのような歴史的変遷の下にあり、その背景にどのような機構的変化が存在しているのか、またはっきりとしたことはわかっていない。

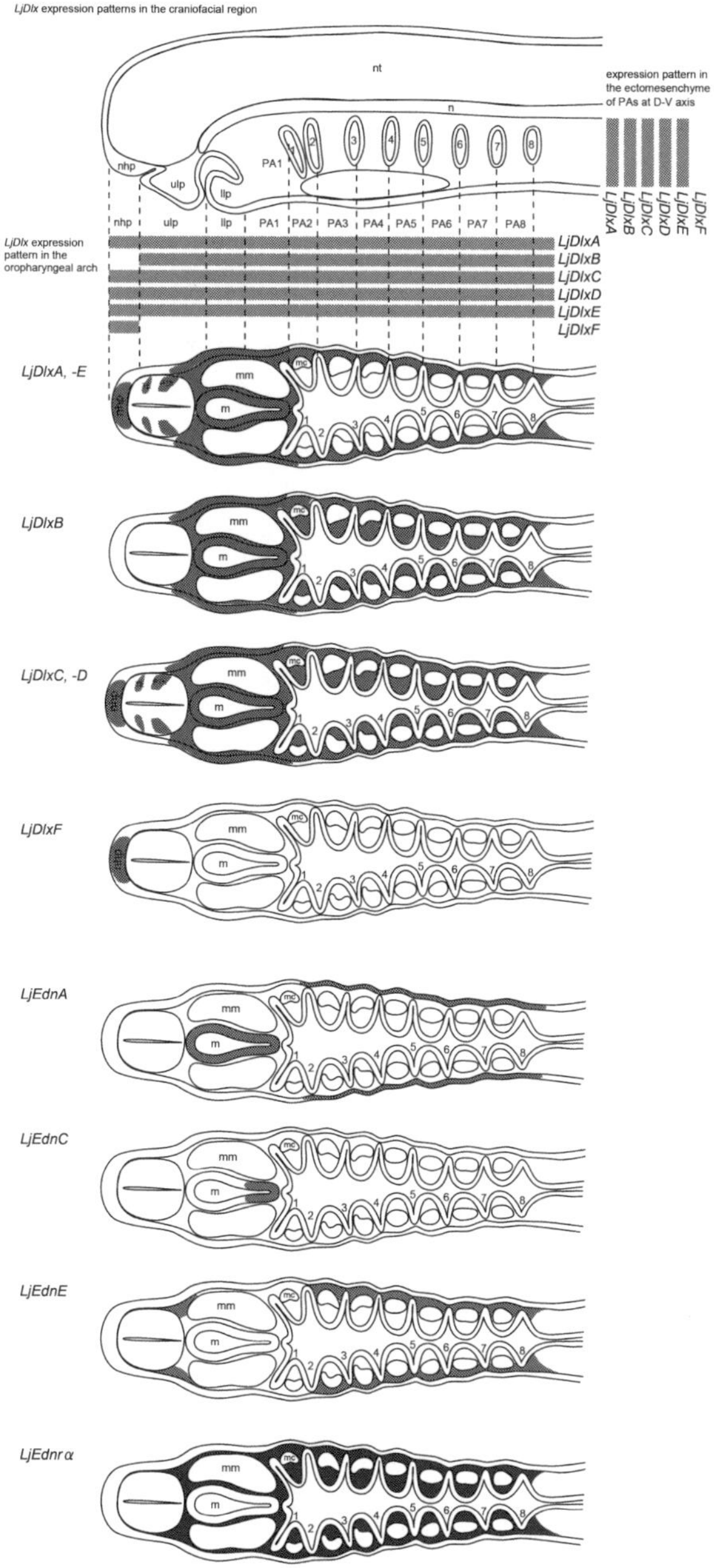

図5-27▶ヤツメウナギ胚におけるDlx遺伝子群の発現。顎口類におけるような、明瞭な背腹軸上の入れ子パターンはないとされる。Kuraku et al. (2010)より改変。

しかし、それについていくつかのヒントは得られている。一つは、Ｄｌｘコードが腹側化因子であるエンドセリンというシグナル分子の制御下にあり、このリガンドに結合するレセプターは神経堤細胞のすべてが有している。すなわち、腹側に局在しているエンドセリンは、そのシグナルを腹側の神経堤細胞に強く働かせ、その結果として腹側特異的Ｄｌｘ遺伝子が発現するという機構が考えられる。このエンドセリンシグナルを、神経堤間葉全域に働かせれば、腹側のＤｌｘ遺伝子（*Dlx5*, *Dlx6*）を異所的に背側にも発現させることができ、この機能獲得実験は上顎の形状を下顎の形態アイデンティティーへとトランスフォームする（Sato et al., 2008）。

逆に、このシグナリングを阻害する薬剤を投与すれば、腹側のＤｌｘ遺伝子もまた発現しなくなる（Kitazawa et al., 2015）。この実験はヤツメウナギ胚においても、口器の形状を変化させるので、[554] おそらくエンドセリンシグナリングの下流にＤｌｘ遺伝子が制御されているというところまでは予想できる。しかし、ここで奇妙なのは、顎口類とは異なった座標系を持つと予想されるヤツメウナギ胚の咽頭弓においても、腹側を指定する*dHand*遺伝子が、顎口類と同様、腹側の発現領域を持つことである。ならば、ヤツメウナギの内臓骨格にも潜在的に顎口類と同じ「腹側」が何らかの形で特異化しているということなのだろうか？　あるいは、この「顎口類的腹側」は、円口類においては顎骨弓とそれより前方の神経堤間葉にのみ働いているということなのであろうか？[555]

Ｄｌｘコードの成立には、ほかにも外胚葉からの誘導がかかわっているとおぼしい。咽頭弓間葉においては、背腹それぞれの端の間葉にＤｌｘだけではなく、Ｍｓｘと呼ばれるほかのグループのホメオボックス遺伝子を発現するが、これは外胚葉から由来する成長因子の一種、ＢＭＰ４（骨形成成長因子４：Bone Morphogenetic Protein ４）によって短距離誘導される。一方で、口腔外胚葉からは長距離誘導にかかわるＦＧＦ８と呼ばれる別の成長因子が分泌されており、これが咽頭弓全域にわたって*Dlx1*や*Dlx2*の発現を誘導する。このような咽頭弓外胚葉上皮からの誘導はとりわけ初期の神経堤間葉にとっては必須のものだが、マウスを用いた実験によると一一・五日目胚以降では必要ではなくなり、Ｄｌｘ発現は細胞自律的なモードに切り替わるという。

おそらく、咽頭弓間葉におけるＤｌｘコードの成立の背景には、Ｈｏｘコードのそれと同様、胚環境からの様々なシグナルの織りなす複雑で不可解なネットワークが存在していると思われる。そしてその同じ文脈の中に、クーリーらの実験発生学的知見も包摂される。確かに、ゼブラフィッシュにおいてことのほか精力的に研究されてきたこの現象にかかわる分子ネットワークの中心的フレームワークは、実験的に検証できる範囲内では脊椎動物を通じて普遍であるのかもしれない。しかし円口類では、内臓骨格系の背腹の分化が生じていないことと、それと整合的なDｌx発現の明瞭な差異が存在することだけは忘れるべきではない。

皮骨頭蓋の謎

すでに触れた通り、皮骨頭蓋要素の形態学的理解は、頭蓋の形態学と発生学の中でもひときわ難解で、不可解なものとなっている。歴史的には、ここに主として二つの問題があった。一つは、皮骨頭蓋要素がどのような分節的配置をなしているかという問題であり、いま一つは、それとの関連において、動物種間でどのような皮骨要素の形態学的同一性を確認できるか、ということであった。ジャーヴィックやジョリーに典型的な例をみることができるように、一次的には皮骨頭蓋要素も分節性を示すという考えは古くからあった（Jarvik, 1980; Jollie, 1981）。

しかし、発生学的には皮骨要素はしばしば側線系と対応した分布を示すため（つまり、側線系と皮骨が発生学的にカップリングしているため）、もし、皮骨頭蓋が分節的パターンを持つと認めるならば、側線系も本来は分節的構造であるといわなければならなくなる。同様に、羊膜類においては、皮骨要素の発生は頭部静脈洞の分布と軌を一にするが、これが見掛けの一致でないとするならば、静脈系もまた分節パターンの下に発生しなければならなくなる。また、初期の実験発生学においては、頭蓋冠の皮骨要素を中枢神経の各領域が誘導するという説が唱えられたことがある（Schowing, 1968; Thomson, 1993）。しかし、これでは動物群ごとに皮骨要素の数が変化することをうまく説明できず、何より皮骨要素の形態学的同一性と松果体孔の有無が合致しないという、古生物学上の知見とも整合性を持たない。その上、側線系と皮骨の関係それ自体も、期待されるほど固定していないらしい（Thomson, 1993）。

◎——相同性の問題

　ここにはもちろん、皮骨要素の名称が真に適切に与えられているかという、形態的相同性の最も基本的な問題すら控えている。加えて、古典的には皮骨要素の種類と数は、「高等」動物になるに従って次第に減じてゆく傾向にあり、これを「ウィリストンの法則」と呼ぶが、皮骨要素の数が多い動物（もっぱら化石種）の中には、明らかに二次的に数を増加させているものもあり、どのパターンを一次的な段階と呼ぶべきかについては不明である。むしろ、「皮骨に分節性の兆しはない」といった方がよいのかもしれない。無論、メタメリズムの概念からすれば、前耳領域の頭蓋底に明瞭な分節性が知られていない（もしくは存在しない）のであるから、皮骨頭蓋だけに明瞭な分節性があったところで、椎骨説が証明されるわけではない。

　皮骨頭蓋要素それぞれの相同性については、近年発見された化石動物、板皮類の一種、エンテログナトゥス（*Entelognathus*）が極めて興味深い事実を明らかにした。古くから板皮類の皮骨要素は、それ以外の顎口類のものとはまったく一致しないパターンを持つと考えられていたが、板皮類の中でも顎口類に近い系統のエンテログナトゥスでは、顎口類とある程度比較できる、つまり相同性を確認できる皮骨要素の並びを、もっぱら顎の周囲にみることができる（図5–28・29）（Zhu et al., 2013）。見方を変えれば、初期の顎口類、すなわち板皮類という「グレード」においては、系統ごとに皮骨頭蓋のバリエーションがあり、その中の一つ、現生顎口類に直接至る系統のものが現在の顎口類に受け継がれ、いまでも共通して用いられていることになる。つまり、系統進化とともに、形を作るルールも放散し、同じルールの範囲内でしか相同性は確立できないのである。これと同様の状況は、外眼筋や椎骨列の進化についてもいうことができ、[●556]進化的多様性はおそらく、原型論の希求するグローバルな相同性決定を不可能にするようなやり方でつねに進化してきたのである。ならば、皮骨の相同性決定についてのジレンマもまた、原型論コンプレックスの裏返しということになる。すでにみたように、すべてのバリエーションを一つの共通の型に押し込めるという必要から、フュールブリンガーの原頭蓋理論という無理な理解は生まれてきた。つまるところ、我々の期待を裏切るほどに、皮骨頭蓋は非原型論的な局所的相同性、あるいはオーウェンのいう不完全相同性の目白押しなのである。そして、そのような問題の歴史的流れの中で、二一世紀の実験発生学がもう一つの難問を掘り起こした。

◎——皮骨要素の実験発生学

ニワトリとウズラを用いることにより、適切で永続的な細胞の標識を獲得した鳥類の実験発生学は、種々の器官形成において、細胞系譜のレヴェルにおけるマッピングに成功したが、この一連の研究において、頭蓋発生を扱ったのが、ル＝ドワランのグループに在籍していたル＝リエーヴルと、米国のノーデンであった。両者はともに、神経堤の寄与する部分が、皮骨性頭蓋冠のうち前頭骨前方部より前方に限られ、それより後方、すなわち前頭骨後方と頭頂骨、そして上後頭骨がすべて中胚葉に由来することを見出した。ところが、一九九三年にル＝ドワランのグループにおいて、クーリーがあらためてキメラ実験を行ったところ、頭部の皮骨頭蓋冠がすべて神経堤細胞よりなることが見出された。[557]

一九九三年に発表されたクーリーのこの論文は、極めてインパクトの大きいものとなった。ちなみにこれは、頭蓋底に索前頭蓋と脊索頭蓋を区別し、それらが互いに異なった組織誘導作用によって軟骨化する、異なった細胞系譜よりなるものであるということを記した、あの有名な論文と同一のものである。皮骨頭蓋については、骨要素だけではなく、真皮すらも神経堤に由来し、皮筋節を分化する体節の存在しない頭部においては、背外側経路をとる頭部神経堤細胞が真皮層を作るという点で、体幹とは大きく異り、皮骨頭蓋もまた、真皮の派生物として神経堤細胞から分化するというのがその骨子であった。いうまでもなく、このような考えは、サメ胚の頭部中胚葉にも体節と同じく、皮節、筋節、硬節を認めようとしたジャーヴィックばかりでなく、ほかの多くの板鰓類信奉派の比較発生学者たちの意見とは真っ向から対立するものである。

確固としたジェネティックマーカーを標識として用いたニワトリ・ウズラ・キメラ法は、当時、それまでのいかなる実験発生学よりも確かな技術だと信じられていた。しかも、クーリーらのこの論文は、脊椎動物の内骨格が基

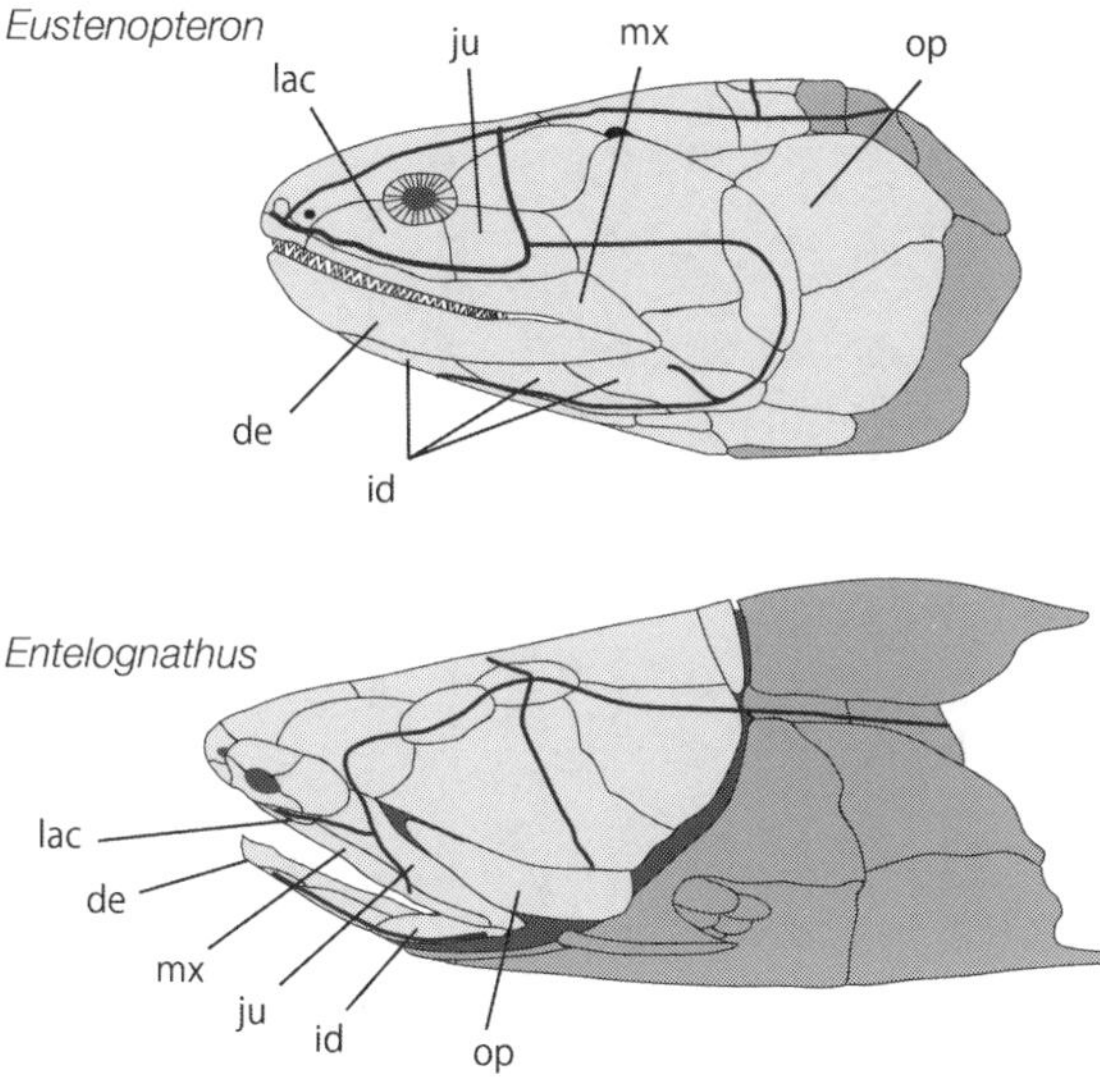

図5–28▶皮骨頭蓋の進化。四肢動物の外群にあたるユーステノプテロン(*Eusthenopteron*)(上)と原始的な板皮類のエンテログナトゥス(*Entelognathus*)(下)。Zhu et al.(2013)より改変。

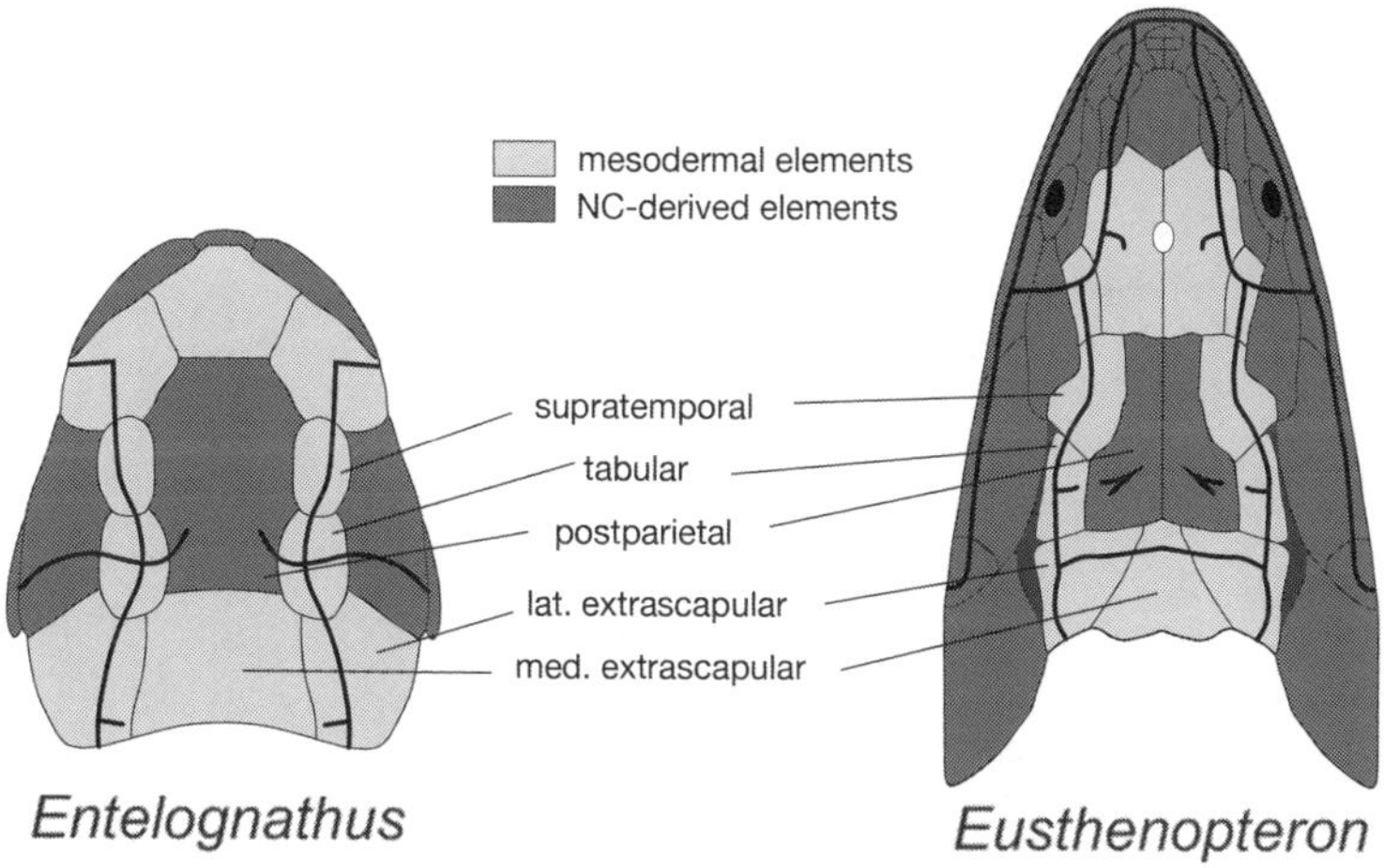

図5–29▶同様に、ユーステノプテロン(右)とエンテログナトゥス(左)における皮骨頭蓋冠の発生プランの比較。Zhu et al.(2013)より改変。

本的に中胚葉性であり、脊索より前方で一部神経堤由来であるのに対し、外骨格（ここでは皮骨頭蓋）はすべて神経堤に由来するという間違った二元論を、ある種、希望的観測として、非専門家の形態学者、古生物学者、そして進化発生学者に対して植えつけてしまった。とりわけ、古生物学者には、皮骨の進化を神経堤の進化そのものと受け入れた向きが多く、この分野に比較的評価の厳しいはずの進化発生学者でさえ、それを受け入れる場合が多く見受けられた。「カメの背甲がすべて皮骨性である」と誤って信じ、したがってそれが「神経堤由来である」と主張したギルバートらの論文はその最後の余波ともみることができる。[558]

ここには多くの問題が介在している。第一に、内骨格と外骨格の対比は、軟骨性骨と膜性骨の対比に一致するものではない。前者は比較形態学的、進化的概念であり、後者は組織発生学的な概念である。これらの分類は、それ自体が単純にすぎるが、それでもこれらを混同することによる弊害は大きい。[559]第二に、外骨格の中には魚類の鱗（爬虫類にみられる角質の鱗とはまったく異なる）も含められるが、クーリーの論文からしばらくの間、ゼブラフィッシュを用いた適切な実験がされないまま、それを神経堤由来だと信じてしまった研究者が多くいた。[560]魚類の鱗のうち、体幹にあるものが中胚葉から分化するということを最終的に決定づけたのは二〇一三年の島田らの論文であり（Shimada et al., 2013）、そこでは遺伝的に標識した体節由来の細胞が、確かに鱗を作り、一方で神経堤由来の細胞は体幹では末梢神経や色素細胞にしかならないことが報告された。形態学に理解の乏しいこの国ではあまり大した話題にならなかったが、実はこの論文、それまで先入観と誤った考えに囚われていた世界中の形態学者の眼から大量の鱗を剥ぎ落としていたのである。

では、クーリーらの一九九三年の論文は誤りだったのか。ノーデンとクーリーは、自らの実験が正しいというだろうが、第三者である我々にはわからない。が、少なくとも、新しい論文であればそれだけ確かだということにはならない。手法としては、両者ともほぼ同じ実験をしているのである。もしノーデンが正しいとするなら、クーリーの実験においては中胚葉の混入が起こったことになり、一方、クーリーは、ノーデンが用いた移植片がたりなかったのだと説明するかもしれない。いずれこの不一致は、ニワトリ・ウズラ・キメラ法という、実験発生学のキメラ実験の中でも当時、最も信頼度が高いと思われていた手法にすら、不確実性と不安定さが潜むことを暴露してしまった。

一方で、別の実験動物において遺伝子マーカーを用いた実験がなされ始めた。特筆すべきは、分子遺伝学的技術を応用したもので、*Wnt1*遺伝子の制御下で永続的に*LacZ*が発現するような組み替えを起こしたトランスジェニックマウス胚を用いる方法が重宝された。*Wnt1*は、細胞移動が起こる前の神経堤全域に発現するのである。その対照実験として、中胚葉に発現する*Mesp*の制御領域を用いれば、中胚葉をすべて染め出すトランスジェニックマウスを得ることができる。これらのマウスを用い、英国のモリス＝ケイのグループはマウス頭蓋冠において神経堤由来の部分と中胚葉由来の部分の境界が、ちょうど前頭骨と頭頂骨の境界に一致すること、そして、中胚葉からなる後半部において、間頭頂骨だけが神経堤から由来することを見出した（図5–30）(Jiang et al., 2002; Yoshida et al., 2008)。

この結果は、ノーデンやル＝リエーヴルの結果と多少似ていなくはないが、神経堤から中胚葉へ移行する境界レヴェルが一見異なっている。これに関し、ハンケンは、興味深い解釈を提示している。つまり、鳥類において「前頭骨」といわれるものは、実は哺乳類の前頭骨と頭頂骨を合わせたものに相同なのであり、鳥類において頭頂骨と呼ばれているものが、実は間頭頂骨であると考えるのである。そうすれば、両細胞系譜の分布が、形態学的に一致するという可能性を指摘している。ただしその場合、ニワトリの間頭頂骨、すなわちこれまで頭頂骨と呼ばれていた骨がなぜ中胚葉に由来するのかが説明できない（マウスにおける間頭頂骨は神経堤由来なのである）。また、ハンケンのシナリオ通りに考えると、クーリーの実験において本来中胚葉から出来るはずであったのに見逃してしまった皮骨頭蓋要素が、実はかつてのニワトリの前頭骨後半部のみということになる。確かにこのように考えると、そこに大きな差はないのかもしれない。

しかし、手法の違いに起因するもう一つの問題がまだあるとル＝ドワランは指摘する。すなわち、トランスジェニックマウスを用いた方法は、厳密な意味での細胞系譜の標識になっていないというのである。経験的にいえば、この、Cre-LoxPシステムを用いたＤＮＡ組み替えトランスジェニック法は、神経堤細胞の分布について、比較的信頼の置けるデータを提供し続けているようにみえる。が、それが神経堤細胞をもれなく標識し、ほかの系譜の細胞を決して染め出さないかといわれれば、それを包括的に検証した実験はない。DNA組み替えのタイミングや効率もかかわるが、理論的には*Wnt1*を発現した経歴を持つ細胞はすべて青く染まるはずである。が、この遺伝子は中脳・後脳境界の部分で発現しないところがある。ならばそこから由来した神経堤細胞は、それが神経堤細胞であっても青く染まらず、それが原因で中胚葉のようにみえるのだという指摘もある。おそらくその理由もあるのだろうが、ル=ドワランの研究グループはこの手法を用いてはいない。原始的かもしれないが、実験としては確かにキメラ法の方が堅実なのである。しかし、モリス=ケイらは、その対照実験として中胚葉系譜のみを染める遺伝子制御領域を用いたトランスジェニックマウスも作出しており、その染色パターンは確かに神経堤のものと相補的なのではであった。

我々はこの不一致からいったい何を学ぶべきだろうか。問題を整理すれば、まず、

①相同性をもたらす発生拘束が系統特異的である以上、すべての顎口類の皮骨頭蓋要素に共通の名称を与えることのできる保証はない

がしかし、それでも、

②個々の皮骨要素の分布や位置関係が、進化的に不安定であり、多様性が高くとも、皮骨頭蓋全体を作り出す原基の間葉の分布（前方に神経堤間葉、後方に中胚葉間葉）は、よりグローバルで祖先的な拘束として保存されていると、期待される

とはいえ、

③もし②もまた進化を通じて放散するとなれば（発生システムの浮動：後述）、そして結果として、形態的に相同な皮骨要素が動物系統により別の細胞系譜に由来するとなれば、発生的細胞系譜と形態学的同一性は互いに乖離していると いうことになる。皮骨のパターン形成が細胞系譜特異的なものではなく、側方抑制のような機構に依存しているの

図5-30▶各種脊椎動物における皮骨頭蓋冠の発生的由来。すべての図において灰白色が中胚葉由来領域、濃灰色が神経堤由来領域。

A・B：鳥類胚の皮骨頭蓋についての異なった見解。ノーデン（Noden, 1982, 1984）は神経堤由来部分と中胚葉由来部分の境界を前頭骨の中央に置いたが（A）、クーリーら（Couly at al., 1993）は皮骨頭蓋冠のすべてが頭部神経堤細胞よりなると説いた。ただし、上後頭骨は中胚葉に由来する。

C：マウスにおける頭蓋冠の発生的由来。Chai et al.（2000）、Jiang et al.（2002）、O'Gorman et al.（2005）、Yoshida et al.（2008）らのトランスジェニックマウスの解析による。神経堤―中胚葉の境界は前頭骨と頭頂骨の間に相当する。

D〜G：Kague et al.（2012）によるゼブラフィッシュの解析。骨要素の命名はWestoll（1938）、Schultze & Arsenault（1985）による。軟骨頭蓋の背面観（D）、頭蓋の側面観（E）、背面観（F）、腹面観（G）を示す。boc：底後頭骨、bp：基底板、cl：準鎖骨、co：烏口骨、d：歯骨、e：篩骨、eoc：外後頭骨、fr：前頭骨、hm：舌顎軟骨、ia：intercalary、iop：間鰓蓋骨、ip,：間頭頂骨、k：kinethomoid、le：外篩骨、mpt：後翼状骨、mx：上顎骨、nas：鼻骨、nc：脊索、oc：耳殻、occ：後頭骨、op：鰓蓋、os：眼窩蝶形骨、par,：頭頂骨、pe：前篩骨、pm：前上顎骨、po：周耳骨、pop：前鰓蓋骨、pp：後頭頂骨、pro：前耳骨、ps：傍蝶形骨、pto：翼耳骨、pts：翼状蝶形骨、q：方形骨、se：上篩骨、soc：上後頭骨、so：上眼窩骨、sop：下鰓蓋骨、sph：翼状耳骨、sq：鱗状骨、st：上側頭骨、tc：梁軟骨、tma：前縁帯、tmp：後縁帯。Gross & Hanken（2008）ならびにKague et al.（2012）より改変。

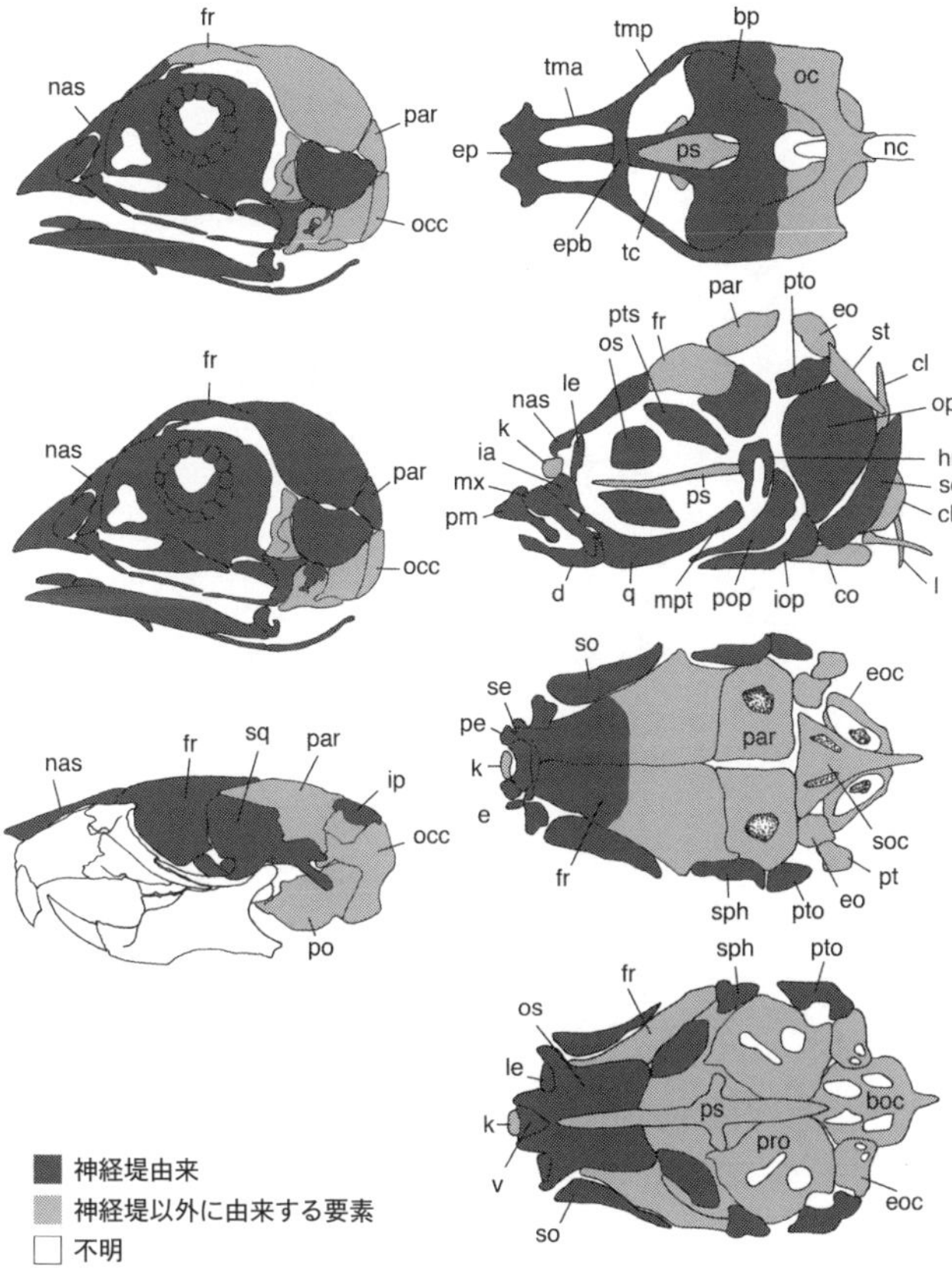

であれば、形態的相同性が存在しない可能性も理解できる

ということになろうか。いずれにせよ、皮骨の形態パターンは、内骨格性の鰓弓頭蓋や神経頭蓋よりもはるかにヴァリエーションに富み、しばしば比較形態学的な同定を受けつけず、発生機構や発生的由来についても未知の部分が多い。それだけは確かなのである。

◉——蝶形骨の組成

頭部分節性を扱う本書においてガウプを紹介し、ル＝ドワランらの実験発生学について触れたからには、やはり蝶形骨の形態学に一節を設けるべきであろう。これは、頭蓋を構成する諸骨の中でも、とびきり複雑な形状を示すものである。かつてゲーテは論文「上顎骨の間骨は人間とほかの動物に共通であること」において、

「ここで思い出されるのは、人間の蝶形骨を図示することがさらされていた多くの困難である。この形を適切にとらえることも、その術後を記憶に刻み込むことも容易ではなかった。しかし、それが形においてほとんど変わらない二つの同じ骨から合成されていることを洞察してから、すべて簡単になり、同時に全体に活気が出てきた」（木村訳）

と述べている。確かにジャーヴィックやジョリーが読んだなら、大きく頷きそうな文章である。つまりここでは、蝶形骨が二つの椎骨から出来ているというのである。ものごとの背景にある原理原則に気がついてからというもの、すべてが簡単に思えるようになってきたというのは、まるで、ラテン語の解剖学用語を覚えるのに四苦八苦していた学友を尻目に、一人楽々と試験に合格した森鷗外の逸話を思い出させるが、ゲーテのこの思い込みは残念ながら的外れであった。蝶形骨はそれより遥かに複雑な組成を持った骨なのである。

哺乳類の蝶形骨を理解するための形態学的・発生学的文脈にはいくつかのものが数えられる。一つは、「一次頭蓋壁（Primäre Schädelseitenwand）」の概念であり、本来の髄膜の位置によって中胚葉性の神経頭蓋壁の位置を確認することができる。つまり、この概念なくしては、蝶形骨の中に隠された、神経堤由来の内臓頭蓋要素を認識することはできない。第二に、脊索前端の位置、もしくは頭蓋底における索前頭蓋と脊索頭蓋の境界線の位置である。いい換えれば、頭部傍軸中胚葉の前端がわからなければならない。これによって、いくぶんとも椎骨に似た硬節様組織に由来する正中の骨格成分の所在がわかる。いわば、ゲーテはこれだけで充分だと判断したわけである。第三に、（これは第一のポイントとも関係するが）、脳褶曲によって形成される組織の「ゆがみ」である。この皺の外側に出来る頭蓋腔外の空間が「上翼状腔（cavum epiptericum）」と呼ばれるもので、ここには三叉神経節や外眼筋など、頭蓋腔の外に存在すべき構造が犇《ひし》めいている（第2章）。このような、脊椎動物の頭部にあってクリティカルともいうべき、高度に複雑化したこの領域は、頭蓋の比較発生学と比較形態学において中心的位置を占め、それは「眼窩側頭領域（orbitotemporal region）」問題とでも名づけることができよう。つまり、この研究テーマはそもそも蝶形骨を理解するためにあったのだ。詳細は倉谷（2004）に譲るが、この研究の歴史を知るためには、いくつかの主要な文献が役に立つ。◉561

哺乳類の蝶形骨の発生的組成は、トランスジェニックマウスを用いた解析により、モリス＝ケイのグループによって示されている（McBratney et al., 2008）。これにより、クーリーらが鳥類胚で明らかにしたマップ（Couly et al., 1993）がほぼそのまま哺乳類でもあてはまることがわかったが（図5–31・32）、さらにマウスでは複数の発生ステージを比べることにより、中胚葉の占める領域が本来のレヴェルから徐々に前方へと領土を拡大してゆくことも示された（図5–31）。また、外眼筋の起始部として知られる「視交差下翼（ala hypochiasmatica）」という軟骨塊が、頭蓋の前方にあってなお中胚葉由来であることもわかったが、これはおそらく一次頭蓋壁に由来する構造であり、主竜類の上梁軟骨（supratrabecula）に相同であると思われる（Kuratani, 1987, 1989）。

このように、皮骨頭蓋の発生由来に比べると、軟骨頭蓋の発生地図についてのデータは安定しており、一貫性を示す。この傾向は、こと羊膜類に限っては明らかである。それだけに皮骨頭蓋の由来に関するデータの不安定さは、単に実験法のわずかな違いによるものではなく、その形態発生の仕組みとその進化的変遷に、まだ理解できていない大規模な変異や進化的不安定さが存在していると思わざるをえない。[562]ところが一方で、両生類においては、マウスや鳥類胚で示された軟骨頭蓋発生の共通パターンが、一部大きく食い違う部分がある。つまり、通常は顎骨弓よりも前方に存在する顎前間葉（神経堤由来）から出来ると思われている梁軟骨が、無尾両生類では舌骨弓に入る神経堤細胞に由来するのである。さらに、皮骨頭蓋の由来はさらに逸脱し、分節パターンはおろか、相対的な前後関係さえ乱れているようにみえる（図5–33）。この奇抜な発生運命は、一部は幼生世代を持ち、変態過程が挿入されているという独特の生活史に帰することもできようが、変態前の胚発生期に特異化される梁軟骨までもが、舌骨弓間葉に由来することは理解しがたい。なぜ、両生類においてこのような特異な発生パターニングが成立しているのか、まだその原因は解明されていない。[563]

実験発生学は、形の生ずる要因を因果関係の形で記述することにある程度は成功した。そして、記載中心の発生学から、機構的な背景を議論することにも成功した。これは近代遺伝学が分子遺伝学の技術を得、遺伝子の制御のネットワークに言及することを可能にした経緯に似る。頭部分節性に関しては、形態形成を因果の形でとらえ、ナメクジウオ的な動物には存在しない機構（鰓弓神経根のロンボメリックなパターン形成機構）が脊椎動物の頭部を頭部たらしめていることを明らかにした。これは紛《まぎ》れもなく新しい機構であり、脊椎動物のボディプランを正しく記述しようというのであれば、この発生機構にみることのできる「派生的な形質」をこそ、脊椎動物の頭部とみなさなければならない。

では、どのように発生プログラムが変更されるのか。そのヒントの一つは、動物の系統ごとに変化するパターンにあり、それは可能性としては因果連鎖としての、発生のある段階と次の段階との間の連結部の変化でありうる。かつて、ヘッケルの提唱した「ヘテロクロニー（異時性）」と「ヘテロトピー（異所性）」は、進化上、発生のタイムテーブルや発生の場所が様々にシフトし、それを契機として発生経路が変化しうることを謳《うた》ったものだが、とりわけ幼生から成体への変態過程は、それを極端なヘテロクロニーとしてみるならば、通常は一つの因果連鎖として認識でき

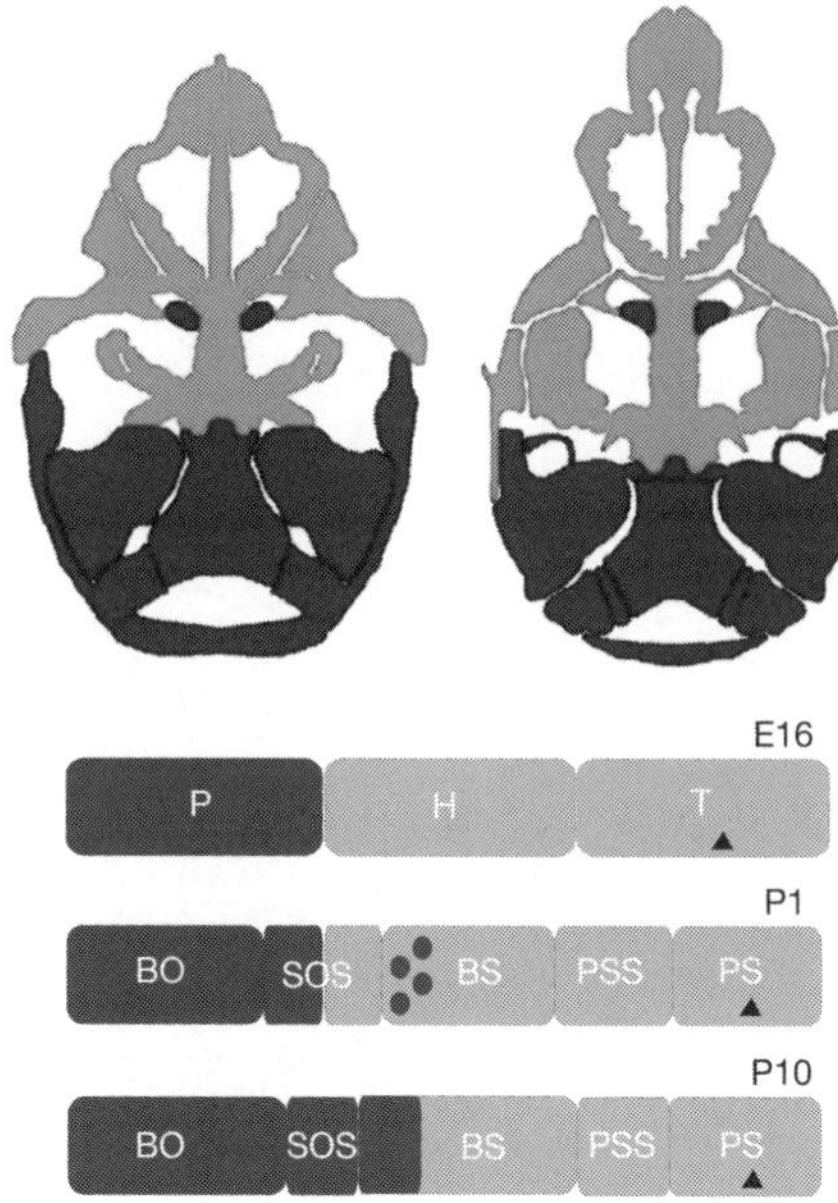

図5-31▶マクブラトニーらによるマウス頭蓋底の発生的由来。
左：16日目胎児、右：新生児における中胚葉由来の部分（黒）と神経堤由来（灰色）の要素の分布。
下：発生とともに、頭蓋底における中胚葉のテリトリーは拡大する。上の黒い線は脊索の広がりを示し、これが当初の中胚葉性頭蓋底と一致した分布を示す。A：側と右翼、BO：底後頭骨、BS：底蝶形骨、H：下垂体軟骨、P：傍索軟骨、PS：前蝶形骨、PSS：前蝶形骨結合、SOS：蝶形骨―後頭骨結合、T：梁軟骨。McBratney et al.（2008）より。

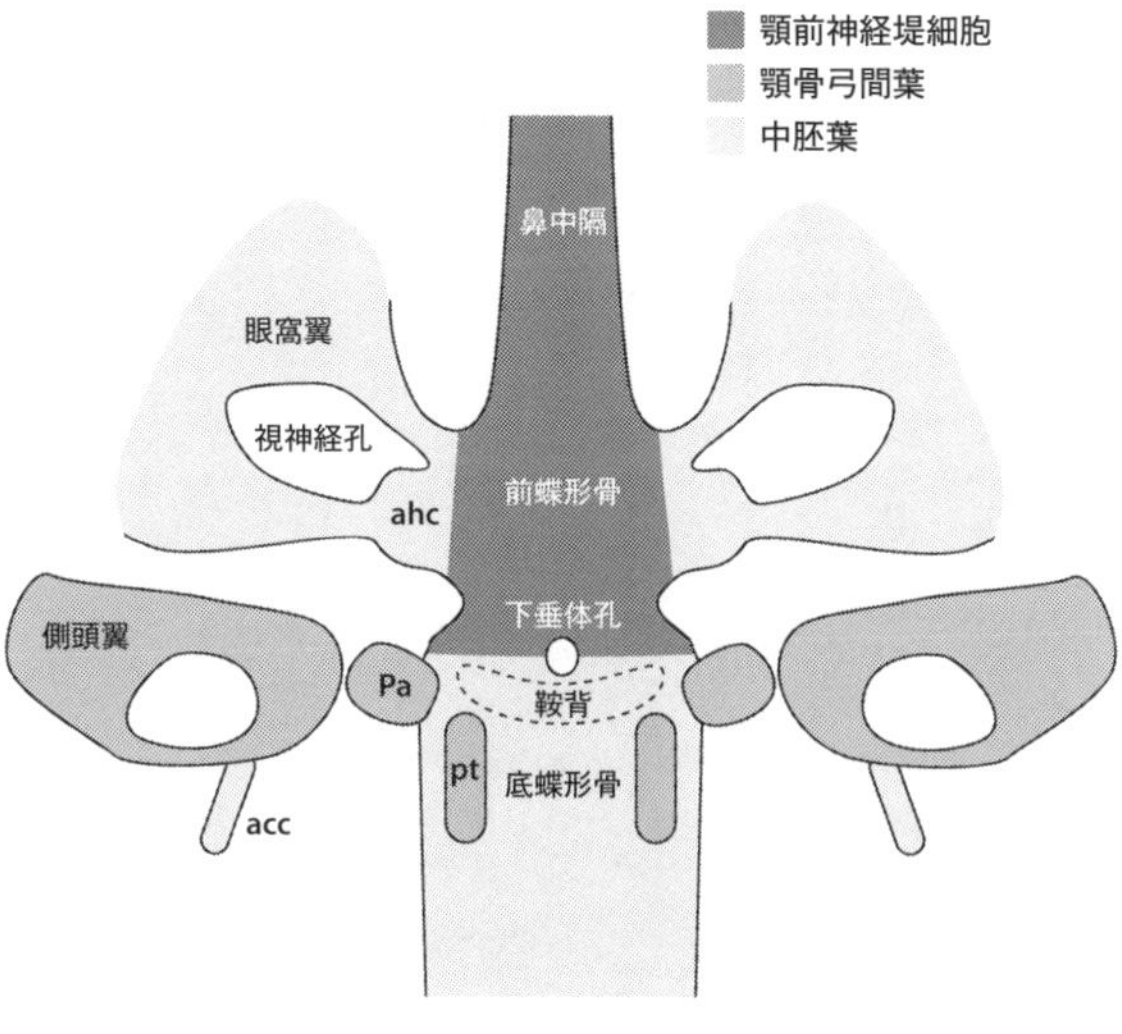

図5-32▶筆者による哺乳類蝶形骨の発生的由来の予測。形態学的相同性とクーリーらの実験にもとづく。羊膜類では、眼窩側頭領域の発生学的由来し形態パターンがほぼ保存されていることがわかる。倉谷（2004）より改変。

る複数の相互作用の連なりをどこかで断ち切ることができるという、胚発生の潜在的可能性をそれは教えているのである。ヤツメウナギの眼の形成が、発生の途中で停止し、因果連鎖に休止符を与えるのはその一つの例である。頭蓋形成においても、因果連鎖が滞りなく進行し、発生運命が固定している場合は、しばしば相同性が発生的下部構造に還元可能となるが（動物種間で比較可能な細胞系譜が、比較可能な形態要素へと素直に分化するが）、ヘテロクロニックなイベントが途中に差し挟《はさ》まれた場合、因果の鎖がそこで断ち切られ、細胞系譜に密着しない後期発生が再稼働するということも充分にありうる。

以上のことが充分に可能であることを示した実験として、スナイダーはかつて、胚頭部において外側に位置する頭部神経堤間葉と、内側に位置する頭部中胚葉性間葉を交換移植したことがある。その結果、軟骨化はしていないが、さりとて骨格組織を作るには充分に特異化された間葉が、その来歴にかかわらず、移植された先の新しい場所にふさわしい骨格要素を分化しうることがわかったのである（Schneider, 1999）。端的にいえば、人為的に場所を変更すれば、頭部中胚葉は（神経頭蓋壁の一部ではなく）本来作らないはずの鰓弓骨格（たとえば、上翼状骨）を作ることができるようになる。すなわちこの例は、骨格要素の形態的同一性の本質が、細胞それ自体ではなく、その「場所（トポス）」に存在しているということを示している。しかし、このような実験が可能となる場面は胚の中の場所と時間において限局されている。おそらく、骨格要素の形を決める発生的要因は、細胞の位置的特異化でもあり得、細胞生物学的でエピジェネティックなコミットメントでもあり得、また、胚環境に全面に依存することもあり得るという、互いに相矛盾した条件の数々であり、そのそれぞれが異なった発生段階の異なった場所で発動しているのである。したがって、特定の実験を特定の時間と場所で行う限りにおいて、一定のデータを安定的に捕まえ、ときとしてあまりに単純化された細胞のイメージを作り出してしまうことになる。結果として、わずかにシフトした条件での同様な実験は、まったく異なった結果を導きかねない。クーリーとノーデンの実験データの齟齬に関して我々が学ぶべきは、科学者としてポリティカルにどう振る舞うべきかではなく、新しい論文の結論を闇雲に信じるということでもなく、ましてや、どちらが間違えたのかを特定することでもなく、両方とも正しいという可能性をとりあえずは、

図5-33▶ハンケンのグループが明らかにした軟骨頭蓋の由来。白抜きの部分が中胚葉に由来する。

A～C：チョウセンスズガエル（*Bombina orientalis*）の頭蓋の発生解析。（A）神経胚のneural ridge（上皮性神経堤）にDiIを微量注入した模式図。原図はOlsson & Hanken（1996）より。軟骨頭蓋の背面観（B）と腹面観（C）を示す。梁軟骨が舌骨神経堤細胞に由来することに注意。

D～F：アフリカツメガエル（*Xenopus*）の例を示す。背面観（D）と腹面観（E）。舌骨弓神経堤細胞が、篩骨、蝶形骨領域に広範に分布する。F：下顎の背面観。ここにも舌骨弓神経堤細胞が分布することに注意。bh：底舌節。

A図のC：囲鰓堤細胞の起源。cb：角鰓節、ch：角舌節、ct：梁軟骨角。

A図のH：舌骨弓神経堤細胞の起源。mc：メッケル軟骨、ns：鼻中隔、oc：耳殻、posmp：後上顎突起、pq：口蓋方形軟骨、pt：翼状骨、q：方形骨、sn：鼻殻底部。

A図のT：三叉神経堤細胞の起源、tp：梁軟骨板、tym：鼓骨。Hanken & Gross（2005, 2008b）に基づき、Hirasawa & Kuratani（2015）より改変。

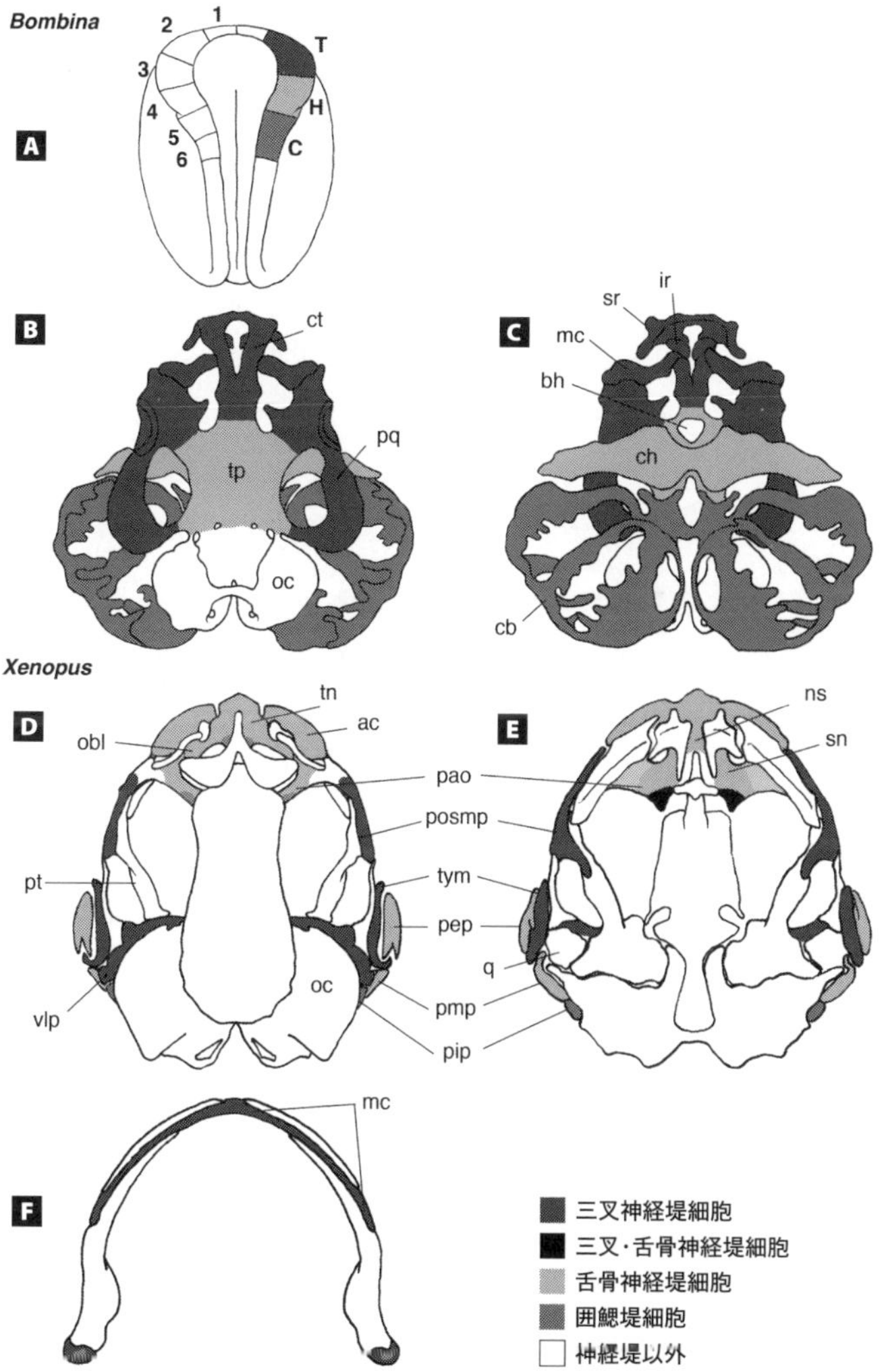

可能な限りのシナリオを用意して考慮すべきということなのであろう。胚発生は、おそらくそれでも間に合わないほどに複雑なのである。

現在、進化発生学的理解の方向は、その複雑きわまりない胚発生プログラムがどのように起源し、どのように変化し、そしてそれのもたらす表現型足る形態パターンが、ある一定の範囲内で相同性決定を受け入れるほどに安定してきたのか、それを知ることを目指している。共時態の発生理解は分節説を否定し、それ以上に複雑な機構がそこで働いていることを暴露した。一方で分節の痕跡を原始形質として見出そうとする科学者のパトスは、脊椎動物の進化系統的連続性に望みを託し、ボディプランの分子的実態に迫ろうとする。脊椎動物の起源を知りたいというだけなのであれば、それはすでに、脊椎動物の姉妹群や外群のなす幹系列にみえている。遺伝子の単離が進み、様々な動物のゲノム情報が蓄積されればされるほど、その系統関係は確固としたものとなるだろう。しかし、ボディプラン変形過程の理解、その変形の駆動力の理解はこれとは別の次元にある。進化発生学が目指すのは、ボディプランの変遷を理解する上での、発生制御ネットワークの変形の経緯と、その理解を助けるため必要とされる相同性のダイナミズム理解なのである。それが次章の内容となる。

【注】

●501——知覚神経節や自律神経節の発生に関した研究として、Kuntz (1910a,b, 1920, 1921)、Kuntz & Batson (1920) による記載と初期の実験的研究から、Yntema (1944)、Yntema & Hammond (1947, 1954) による実験発生学を経、そして最終的にLe Douarin & Teillet (1973)、Ayer-Le Lièvre & Le Douarin (1982) に至った各段階を比べてみるとよい。

●502——これに関しては、第3章に紹介した菱脳分節r3とr5の性質をめぐる一九九〇年代の英米間の論争があげられる。Linda & Nick Holland夫妻と筆者の研究室との間の、脊椎動物頭部分節性の有無と進化的起源起源についての論争も、まだ一向に止む気配がない。少なくとも頭部研究の活性化にとっては、むしろ望ましいことなのだろうが、後者にあってはナメクジウオの選択が、一定の仮説を導きがちであることを示す可能性もある。

●503——例外は、神経頭蓋の軟骨化を誘導するという、「ハエとり紙モデル (flypaper model)」(Thorogood, 1988) であろうか。

●504——総説としてHall & Hörstadius (1988)、Richards (2008) をみよ。

●505——一九九〇年代、遺伝子のアミノ酸配列の比較においてしばしば用いられた、「コンセンサス配列」なるツールが決して祖先型を示すものではないという議論はすでにしておいた。第1章注をみよ。

●506——これは、昨今の論文査読において頻出する表現である。

●507——しかし、それを積極的に支持しようとする研究者の心理的バイアスが強いことは否めない。

●508——そのような問題の移行は、ハクスレーが行った、「椎骨説から分節説へ」の拡大のリプレイであり、これよりのちには「動物のボディプランの起源」という、さらに大きな枠組みをみることになる。

●509——オルトマンもまた、ランゲ同様、比較形態学と発生機構学をともに理解していた、この時代特有の学者であった。

●510——第2章、Kuratani (1997)、Matsuoka et al. (2005) も参照せよ。

●511——すでに触れたアーデルマンもこの、二〇世紀の幕開けとともに始まる歴史の流れの中にあったといってよい。

●512——Assheton (1905) をみよ。これと類似の脊椎動物脳の分割については、Jefferies (1986) もみよ。

●513——端的には、シュタルクはアールボーンからローマーに至る臓性/体性の対比を強調し、体節の分布する領域としての体幹、内臓弓の分布する領域としての菱脳・咽頭領域に加え、第三の領域として前脳領域を数えている。

●514——かつて、そのようなキャンペーンを張るよう、ドイツ人形態学者にいわれたことがある。

●515——ケインズとスターンのこの実験と類似した、神経系の発生に関してより詳細な研究が一九八〇年代末にトズニーによっても行われていることを付記しておく。

●516——再分節化については、Remak (1855)、Ebner (1889)、Sensenig (1948)、Aoyama & Asamoto (1988)、Huang et al. (1996) をみよ。ただし、この再分節化の有無は、硬節のサイズが小さい無羊膜類においてはまだよく研究されていない。また、あくまで少数派だが、この最分節化が起こっていないと主張する研究者もいた。それについては、Froriep (1883, 1886)、Kollman (1891)、Baur (1969)、Verbout (1985) を。

●517——トカゲ類の尻尾においては、椎体の中央の強度を弱めることによって、自切を可能にしている。

●518——あるいは、それを発生モジュールと呼ぶことができるかもしれない。

●519——その場合、保存されるのは後期胚から成体に至る段階での解剖学的構築である。

●520——つまり、細胞系譜が独立し、隣のコンパートメントに細胞が移動しないということ。

●521——一様で連続な神経分節は、かつて多くの神経分節論者たちの望みであったが。

●522——その概要はHall & Hörstadius (1988) を。

●523——そのような研究者のうち、ウェストン、ブロンナー＝フレーザー、ノーデン、カービーらの貢献度は高い。

●524——Le Douarin (1982)、Noden (1988)、Hall & Hörstadius (1988)、Le Douarin & Kalcheim (1999)、要約はKuratani (2005)、倉谷&大隅 (1997)、倉谷 (2004) を。ちなみに、神経堤細胞の「背外側経路 (dorsolateral pathway)」がMarianne Bronnerの造語によるものであったかどうかと、彼女に確かめてみたことがあるが、彼女は覚えていなかった。

●525——ここでいう「決定」とは、現在いうところの形態的特異化に相当するとおぼしい。

●526——Hörstadius & Sellman (1946)、Hall & Hörstadius (1988) に要約。

●527——Noden (1975, 1978a,b, 1983a,b, 1984, 1986, 1988, 1992)、Noden & van de Water (1986)、Noden & Trainor (2005)、Noden & Schneider (2006)、Noden & Francis-West (2006) などを参照せよ。

●528——「顔面頭蓋」はヒトの形態学に用いる傾向が強く、脊椎動物の比較形態学においては、「神経頭蓋」に対して、「内臓頭蓋」を置くのが一般的である (図5-13)。ちなみに、顔面頭蓋と内臓頭蓋は同じものではない。

●529——これについて、「決定＝コミットメント」と「特異化」を、「強い決定」と、「弱い決定」のことだと定義した研究者が二〇〇〇年代には多くいたが、このような絶望的な誤謬が発生学の進歩を遅らせたことは想像にかたくない。

●530——トムソン (Thomson, 1993) はもっぱらノーデンの実験結果にもとづき、仮想的なソミトメア二つが頭部分節一つに対応すると認めれば、比較発生学的観察と整合的な解釈が可能となるやり方が二つあると考えた。しかし、それは必ずしも単純な分節理論ではなかった。また、頭蓋底には二つの分節的骨格要素 (底蝶形骨、底後頭骨) しか認めなかった。

●531——すなわち、発生運命予定地図がそもそも描けないという状態である。

●532——羊膜類では一般に五つの体節素材が傍索軟骨の後端に付随する。この数はしかし、動物の系統ごとに異なっており、形態学的に同一の構造が同じ数の分節からいつもでき上がっているわけではないことがうかがえる (後述)。また、円口類では、傍索軟骨に参入する体節は存在しない。

●533——第2章にみたように、脊椎動物の頭蓋は一般に神経頭蓋と内臓頭蓋に分類される。一義的には、脳をとり囲む部分が神経頭蓋であり、これに対してより腹側にある内臓頭蓋は、本来咽頭をとり囲む。すなわち、鰓を支える骨格要素の連なりである。これに感覚器を包む感覚器胞、皮骨性の甲冑に由来する皮骨頭蓋を加えたものが、脊椎動物の頭蓋である。人体解剖学においては、神経頭蓋に対して顔面頭蓋を立てることもあるが、後者の大部分は皮骨性の鰓弓性骨格が変形したものである。

●534——脊索が軟骨分化を傍軸中胚葉に誘導するという図式が、頭部中胚葉と体節に等しくあてはまるのであれば、椎骨発生プログラムと本質的に同じものが傍索軟骨に働いているとみることができる。これに関し、ヌタウナギは椎骨を持たず、それゆえに脊椎動物以前の段階にある原始的な動物だとかつては思われていたが、ヌタウナギの軟骨頭蓋にも傍索軟骨の相同物が存在する。このことは、ヌタウナギの椎骨が単に二次的に消失したにすぎないという可能性を示唆するのである。実際、成体のヌタウナギの尾部には椎骨様の軟骨塊が見つかり、胚の体節も硬節を分化させる。詳細は、Ota et al. (2011) を参照されたい。

●535——これについては、Noden (1983b, 1984)、Le Lièvre (1974, 1978)、Le Lièvre & Le Douarin (1975) をみよ。総説は Kuratani (2005) を。

●536——それを最初に感知したのは、すでに述べたようにプラットである。

●537——Noden (1983a)、Köntges & Lumsden (1995) も参照のこと。

●538——僧帽筋の由来についてはまだ問題が残っている。それが体節から由来するという説も、完全には否定されていない。この筋が出来るといわれるレヴェルの側板中胚葉は後耳咽頭弓にとり込まれるが、その個体発生上の消長も充分に観察されたことはない。

●539——彼は、ホラー・SF映画好きのイタリア人研究者で筆者の親友である。

●540——Takio et al. (2004) を参照。それに反駁する論文としては、Cohn (2002) を。円口類のＨｏｘコードに関してはほかに、Takio et al. (2007) を。

●541——やはり筆者の古くからの友人である。

●542——たとえば、Grapin-Botton et al. (1995)、Itasaki et al. (1996)、Couly et al. (1996)、Saldivar et al. (1996, 1997)、Hunt et al. (1998)、Kulesa & Fraser (2000)、Kulesa et al. (2000)、Schilling et al. (2001)、Trainor & Krumlauf (2000a,b) などをみよ。

●543——この傾向は、頭部神経堤細胞について顕著である。

●544——多くの細胞群が密な集団として存在することにより、胚環境の変化にかかわらず、もとの性質を維持し続けるということ。

●545——頭蓋集めを趣味とする、やはり筆者の友人である。

●546——種内の重複を伴わない、種分岐に由来する遺伝子の相同性のこと。

●547——Ｄｌｘ遺伝子群の進化については、Stock et al. (1996) をみよ。*Distal-less*遺伝子については、Vaschon et al. (1992)、Simeone et al. (1994) を。

●548——詳細に検索すると、すべてのＤｌｘ遺伝子メンバーがわずかに異なった発現を示し、これと同じパターンはトラザメにおいても確認されている (Takechi et al., 2013)、Gillis et al., 2013)。Ｄｌｘ遺伝子群の咽頭弓における制御については、Thomas et al. (1997, 1998)、Vieux-Rochas et al. (2007, 2010)、Heude et al. (2010) などをみよ。

●549——Myojin et al. (2001)、Neidert et al. (2001)、Köntges & Matsuoka (2002)、Schilling (2003)、Kuraku et al. (2010)、Cerny et al. (2010)、Fujimoto et al. (2013) をみよ。脳における発現は、Martínez-de-la-Torre et al. (2011) を。ナメクジウオのＤｌｘ遺伝子についてはHolland et al. (1996) をみよ。

●550——これと同様の実験、あるいはＤｌｘ制御の上流にあるエンドセリンシグナリングを介した機能獲得実験に関しては、Ozeki et al. (2004)、Sato et al. (2008)、Kitazawa et al. (2013) を。

●551——上顎にも*Dlx1*と*Dlx2*は発現しているので、Ｈｏｘコードにおけるデフォルトとは厳密には異なる。

●552――筆者の友人の中でも、最も奇矯な一人。

●553――この件に関するバランスのとれた考察については、Gillis et al. (2013)をみよ。

●554――Yao et al. (2011)。この実験では、ムコ軟骨からなる口器の骨格が背腹対称になったようにみえる。

●555――顎の進化にかかわるこの問題についてはMedeiros & Crump (2012)を参照。この総説は、マウス、ゼブラフィッシュ、ヤツメウナギが基本的には同一の分子ネットワークによって、Dlx／Msxコードを成立させていると説くものである。

●556――哺乳類の椎式を規定する形態的相同性のセットは、一種の発生拘束として系統特異的に共有され、系統の分岐とともに多様化しうる(倉谷 2004; Narita & Kuratani, 2005)。その結果として、特定の系統群の内部でしか通用しない相同性、もしくは形のルールが系統樹の随所にみられることになる。哺乳類の頸椎数が7に固定していること(例外を少数含むが)も、その一例であり、哺乳類の範疇でのみ、個々の頸椎を種間で比較することができるが、同様の相同性決定は、鳥類や多くの爬虫類では不可能である(ルールが共有されていないので)。皮骨頭蓋冠についても同様に、側頭骨と前頭骨の同定が多くの羊膜類において可能であったとしても、それと同じパターンがつねに顎口類の頭蓋冠にみられるという保証はない。かくして、現象としてこれをみる限り、皮骨の形態学的同一性をめぐる議論は、椎式の進化的多様性に似るのであり、そのこと自体が当然予想されてしかるべき、皮骨頭蓋要素のパターニング進化における、系統的拘束のありかたの放散を示しているのである。むしろ、頭蓋を構成する骨格要素の進化において、内骨格成分がより保守的にみえることの方が、より奇異であるのかもしれない。

●557――私は、このときの衝撃をいまでも覚えている。当時私は、米国テキサス州のベイラー医科大学でポスドクをしていたが、その月の新しい『Development』誌がラボに到着し、その号に載ったクーリーらの論文を読んだのか、あるいはどこかヨーロッパの学会でル=ドワランの講演を自分の耳で聴いたのか失念してしまったが、とにかくあまりに驚いたもので、そのときにはすっかり知り合いになっていたノーデン本人に意見を聞こうと、思わず電話をかけてしまったほどであった。電話口で私は、その論文の内容を訥々と説明したのだが、ノーデンがどうしてもそれを信じようとしなかったのをいまでもはっきりと覚えている。それほどまでに、そのデータは彼にとって受け入れがたいものだったのだ。その後、ノーデンにとって一九九三年のクーリーの論文が、長らく頭痛のタネになったことはいうまでもない(後述)。

●558――現在では、カメは以降の主体は我々の肋骨と同じ、内骨格要素であることがわかっている。その内訳については、Hirasawa et al. (2013, 2015)、Hirasawa & Kuratani (2015)を。

●559――この問題の整理については、Hirasawa & Kuratani (2015)の総説が適切。

●560――その中にはル=ドワラン本人も含まれる。

●561――Gaupp (1902)、de Beer (1926a)、Goodrich (1930)、Presley & Steel (1976, 1978)、Presley (1993b)、Starck (1979)をみよ。

●562――それでもなお、クーリーらとノーデンのデータの違いは、相変わらず謎にとどまる。

●563――詳細な考察は、Hirasawa & Kuratani (2015)ならびにその引用文献を参照。

【第6章】

進化発生学の興隆

進化発生学とは何か

いまは「エヴォデヴォ[601](Evo-Devo)」と略称されている分野、「進化発生学(Evolutionary Developmental Biology)」が一九九〇年代半ばに生まれたのは、確かによくいわれる通り「ホメオティックセレクター遺伝子群(homeotic selector genes)」の発見を契機としている。[602]そのこと自体は否定できない。が、それはあくまで保存されたボディプランを相同的な遺伝子機能の形で記述できる可能性がみえ、さらに、それによって以前はあやふやであった相同性の基準として、配列を伴った分子マーカーが、数々の問題を孕《はら》みながらも用いられるようになったという経緯においてのことである。むしろ別の下地として、遺伝子の相同性それ自体の存在を明確にした二〇世紀の遺伝学、分子系統学と、何より実験発生学の成果が、のちに必要となる多くの発生機構に関する情報を蓄積していたという、非常に重要な諸要因が指摘されることはあまりない。が、後者の効果は、実は意外と大きい。進化発生学を構成する比較形態学と分子発生学の邂逅の予兆は、いまにして思えば一九九五年をピークに、多くの発生学雑誌が堰《せき》を切ったように進化をテーマにした論文を掲載し始めたことに顕著に示されていた。とりわけ「Roux」の名をかつて冠していたシュプリンガー社(Springer Verlag)刊の『発生機構学雑誌(*Wilhelm Roux's Archiv für Entwicklungsmechanik der Organismen*:のちに英タイトル *Roux's archives of developmental biology* となり、現 *Development Genes & Evolution*)』が、そのタイトルに「Evolution」の語を用いたことが、それをよく象徴している。また、一九八〇年代以降には、すでに進化発生学の勃興を予見していたかのように、比較形態学書が多く出版された。[603]この章では、進化発生学の位置をあらためて確認しつつ、この領域の研究が何を可能にしたのか、それを見ることを通じ、頭部分節論をボディプラン進化の文脈で扱う。

◎——興隆の背景

進化発生学の成立は、単に進化生物学と発生生物学の新しい結合を意味するのではなく、まして、まったく新しい分野が発明されたことでもなく、むしろヘッケルに代表される進化史観の上に位置づけられた比較発生学の哲学と、ヘッケルの背教的弟子であったルーにより徹底的に思弁を廃した機械論として旗揚げされた発生機構学（Entwicklungsmechanik）が、二〇世紀を目前に一旦は袂を分かち、互いの存在を無視し続けた約一世紀ののちに再び邂逅したというのが実相である。[604]二〇世紀をよくみれば、進化を見据えた比較形態学は、つねにそこにあり続けた。そして、「再び形態学の時代が訪れる」という機運と予感は、前世紀末には充分に醸《かも》し出されていた。が、実験科学としての発生生物学と進化形態学の折衷には困難がつきまとい、その理由については前章冒頭で議論した。その困難がそもそも、比較発生学と発生機構学の乖離の原因だった。

二〇世紀初期の生物学は、かつて隆盛を誇ったとはいえ当時明らかに古い学問となっていた比較発生学を否応《いやおう》なく衰退させる方向へと突き進んでいた。ハンス・シュペーマン、ウィリアム・ベイトソン、リヒャルト・ゴルトシュミットなど、この時代の移り変わりを目のあたりにした当時の若手学者たちは、みなそれぞれに新しい分野としての実験発生学や遺伝学においてその後名をあげることになったが、彼らの学位論文が概ね古典的なスタイルにのっとった比較形態学や比較発生学であったということは知っておくべきだろう[605]（Goldschmidt, 1905）。したがって二〇世紀前半においては、比較発生学と実験発生学は一時的にほどよく融合していたのだ。が、それもまた時間の問題ではあった。第二世代の実験発生学者たちは、もはや比較形態学を学ぶことはなく、ドイツに留学した日本の医学系生物学者たちも、日本に形態学の伝統を根づかせるに至らないまま、分子生物学と遺伝学の台頭を契機として生物学全体がいくつもの専門分野に分割、それとともに比較発生学と形態学が衰退し、頭部分節をめぐる比較動物学的な議論と思索にとっての暗黒時代が到来することは、このときからもうすでに約束されていた。

確かに、過去一世紀に起こった比較発生学と発生機構学の決別と再会は、一種の歴史的必然であったが、その移行は決してスムーズでも単調でもなかった。すでにヘッケルの発生学的進化史観は、当時の神経発生学者ヒスにしてみれば、まったく意味をなさない自然哲学と映じていたが（Richards, 2008）、さりとてゲノムや発生プログラムを機構因としてみる発生学も、動物形態の中に現れる相同性や分節性、ボディプランという語を充分に扱うことができず、何よりそれは、発生プログラムやゲノムそれ自体の起源を問いかける力を持たなかった。ゲノムを出発点として目的論的に形態発生を理解しようとする発生生物学は、発生機構そのものの存在理由や、その進化的な成立・変化過程を不問にするところからしか始まらなかったのである。つまるところ、進化とは無縁の「不変のゲノム」をベースに成立していたのが発生機構学だった。無論、表現型を介してゲノムが変化する限り、発生機構もまた淘汰の対象である。●606 かくして、機械論的科学としての発生機構学はいずれ遺伝学と結びつくよりほかはなく、●607 分子遺伝学の成果としてのホメオティックセレクター遺伝子群によって進化発生学が成立したとするなら、分子遺伝学は進化生物学と発生機構学の再結合における構成要素としてのみならず、いわば触媒ともなったといえるのである。

◎——進化発生学のツールにまつわる問題

進化発生学には三つのリソースが必要であると私は考えている。第一に、動物間の系統関係や進化的序列を明らかにする分子系統学的解析ならびに、比較発生学、比較解剖学データの蓄積、第二に、各動物のからだのでき方を示すマッピングや細胞・組織レヴェルでの機構解明、第三に発生プログラムのゲノム遺伝学的背景、である。加えて、系統的比較を行うための複数の姉妹群が利用可能であればなおよく、そのような動物胚の入手にとどまらず、発生工学を可能にする実験的胚操作、遺伝子工学、ゲノム工学を可能にする分子生物学と遺伝学的実験がすべて揃《そろ》っていることが理想とされる。が、もちろんこれらすべてを満足させるような都合のよい系はない。そこで、いわゆる「モデル動物」に特定のタクサを代表させることになる。

そのモデル動物とて、すべてが完璧な実験動物として利用できるわけではない。たとえば、分子遺伝学的実験がいまでも困難なニワトリは、発生工学的実験の困難なマウスの相補的なモデル動物として用いられることが多かった。その弊害として、ニワトリのＨｏｘコードと、マウスの末梢神経の形態理解に一時、誤解が生じたことがある。[608] 後発のモデル動物として一時期脚光を浴びたゼブラフィッシュ（*Danio rerio*）も、ユニークな遺伝学実験の材料として重宝されはしたが、いかんせん解剖学や比較発生学的情報に欠け、いまでも胚形態に深く入り込んだ比較形態学的議論に耐えうる系とはなっていない。そればかりか、その正確な系統的位置を認識することのないまま、無批判に四肢動物に先立つ祖先的状態を代表するものとして不適切に扱われることすらあった。[609] 初期発生機構のモデルであったアフリカツメガエル（*Xenopus laevis*）は、長らくその研究分野での王座の地位にあり、シュペーマンのオーガナイザーや、神経誘導現象の分子的実体の解明における貢献には計りしれないものがあった。が、二倍体ゲノムを持つことが徒《あだ》となり、いまではモデル動物としての精彩を欠くに至る。

　進化的視点からモデル動物についてもう一つ注意すべきことは、それらの多くが短い世代期間を伴うことであり、そのこと自体がモデル動物として選ばれている主たる理由になっている。[610] ホールは、このように世代時間の短縮を目指して安定化したゲノムが、ほかの野生動物種のゲノムとは異なった、多くの例外的特徴を共有している可能性があると警告を発している（Hall, 1998）。これに関し、本書の内容に即した興味深い点として、「モデル動物には頭腔が現れないか、さもなければ退化的である」という明瞭な傾向があることはここで指摘しておく意義を感ずる。発生のタイムテーブルが短縮され、多くの発生イベントが省力化を目指して安定化した動物にとって、頭腔という祖先形質の反復は単に無駄なのかもしれない。とはいえ、ニワトリを含む主竜類（現生動物ではワニ、トリからなるグループ。これにカメ類を含むこともある）、マウスを含む哺乳類、そして条鰭類に関しては、それらのグループに含まれるほかの動物種が比較的目立つ頭腔（顎前腔）を持つことがしばしば報告され（Kuratani et al., 2000）、その中にはヒトも含まれる（Gilbert, 1947, 1957）。が、ニワトリにおける顎前腔の報告を別とすれば、モデル動物において頭腔が記載されたことはない。[611] このことが逆に、頭腔の有無やサイズが発生のタイムテーブルの長短と相関しうるという興味深い仮説を示唆する。いずれにせよ、過去の比較発生学者たちが組織学的観察から推測した頭腔の分化能とその機序を検証するための実験モデルになりえないというのは、まことに不幸なことといわねばならない。

かくして、マウスが欠いている重要な原始的特徴は、犬歯や小臼歯、あるいは胎児の神経頭蓋における一次頭蓋壁要素や、鞍背だけではない。一九世紀後半の比較発生学が、もっぱら屠殺場で入手できるウシやブタなどの偶蹄類の胎児や、魚市場での板鰓類の胎児や卵（どういうわけか、シビレエイ（*Torpedo*）が多かった）をベースに発展したことは、いまから思えば現代と極めて対照的な経緯だったのであり、マウスやコイ科真骨魚類の胚発生に関する知見は当時むしろ遅れていた（比較発生学の歴史において最もよく使われていた真骨魚類の胚は、サケ（*Salmo*）のそれである）。そのため、マウスの軟骨頭蓋の形態は、ド＝ビアの「図鑑」にも載っておらず、比較的最近になるまで知られることはなかった（Frick, 1986）（第4章をみよ）。そしてあの板鰓類崇拝の傾向を生み出した背景を鑑みれば、板鰓類が世代時間の比較的長い動物であるからこそ、そこに頭腔が出来、それゆえに当時の比較発生学におけるモデル動物として確立したともいえる。とすれば、「比較発生学研究に向いている動物は、実験発生学や遺伝学の実験に使えない」という、由々しき傾向が浮かび上がる。

◎――実験発生学と遺伝学

進化発生学は実験発生学の時代と連続している。一九八〇年代以降、実験発生学が分子発生学とともに一つの分野を形成してきたからだ。それは、分子遺伝学が発生生物学と結合することによる必然でもあった。そのことによって機構論としての発生生物学は、分子のレヴェルでボディプランの機械論的内訳を極めて記号論的に語ることになった。

本来エピジェネティックな性質を持った動物の発生においては、一見何も特別なパターンがないところに、明瞭に局所化した、あるいはパターンを伴った遺伝子発現が現れ、それが時々刻々と特定のパターン作り上げてゆく。典型としては、ショウジョウバエの体軸にパターンをもたらす、*bicoid* mRNAの局在や、続くギャップ遺伝子の発現に始まる、昆虫のボディプランを形成してゆく一連の発生カスケードがあり、その発見に続いたのは、本来連続的過程であるはずの発生プロセスを、文字通りの意味で「言分《ことわ》け」してゆく作業であった。現在、胚発生の変化の過程は、なだらかな「連続的プロセス」ではなく、遺伝子発現によって区切られた意味論的に離散的な「段階の連鎖」とみなされている。重要なのはその是非ではなく、このような意味論、記号論的な認識の変遷が、紛れもなく発生遺伝学という特定の分野コミュニティーにおける「言語」を形成していたことである。見逃してならないのは、Hoxコードが明瞭に発現すると指摘された脊椎動物のファイロティピック段階もまた、この同じ分子発生遺伝学的コンテクストにボディプラン問題を包摂しようという、明らかな意図のもとに認識されたことであり、決してそれを単なるディレッタンティズムとみるべきではない（Duboule, 1994）。つまり、九〇年代に生じていたあの発生生物学上の認識の変化は、発生生物学の側からみる限りにおいて、一種のパラダイム・シフトなのである。しかし、何らかの形で反復説的洗礼を受けた比較発生学者にとっては、必ずしもそのようには見えていない。彼らは以前から、脊椎動物の胚発生に原腸胚、神経胚、咽頭胚を区別し、その中に進化的因果の連鎖、もしくは形態学的先験論を成立させていた何らかの意味深長な「源《みなもと》」を、特定の胚段階に見出していた。

　進化発生学のもう一つのキーワードは「相同性」である。それはもっぱら、遺伝子のアミノ酸や塩基の配列が示す分子レヴェルの歴史的同一性と認識されている。この同一性の認識により、信頼性の高い系統的類縁性を知ることができ、それを用いて正確な動物の系統樹が描かれることになった。ゲノムや、そこに含まれる遺伝子群のリードアウトの帰結として表現型が生まれる以上、形態形質の相同性と分子的相同性の間には、発生プログラムというブラックボックスが介在することになる。悩ましい事実は、形態的特徴と遺伝子の進化の経路が、同じ系統樹の上に連続しているにもかかわらず、機構としてそれを見るかぎり両者が互いに乖離している、すなわち、遺伝子の相同性が必ずしも形態の相同性を説明しないということである。[●612] 発生機構の働き方が単なる線形の写像となっていないことは、すでに進化発生学の黎明から研究者がさんざん経験してきたことであり、ここに発生学の機械論的哲学が災いしてきたように思われる。すなわち、遺伝子の相同性という下部構造が、上部構造としての表現型の保守性を約束しがちだという、現実には存在しない因果論を潜在的に導く、目的論的発生生物学の陥穽がそれである。[●613] ここで重要となるキーワードには、トランスフォーメーションだけではなく、深層の相同性（deep homology）、発生システム浮動（developmental system drift:DSD）、コ・オプション（co-option）、発生拘束（developmental constraints）などがある。今後、これらの概念を考察・定式化し、新たな概念的なフレームワークを再構築してゆく必要がある（追補参照）。

◎――集団遺伝学的インプットと展望

進化生物学的なコンテクストにおいて、ゲノムや、そこから紡ぎ出される発生機構は、特定の成体の形を作り出すための単なる「装置」ではない。むしろそれはせいぜいのところ、境界条件である。実際の進化の場面では、必ずしもゲノムは物事の始まりではなく、表現型を介して安定化する淘汰の間接的な標的である。直接的標的はいうまでもなく表現型、ならびに表現型と密に繋がった特定の発生モジュールである。これを、「発生的応答規準（developmental reaction norm）」と呼ぶ（Schlichting & Pigliucci, 1998）。その関係が近接し、ディスクリートであればあるほど、淘汰は効率的となる。つまり、特定の表現型へと至る対立遺伝子が速やかに選び出され、進化速度が大きくなる。そのような淘汰過程は、特定の形態的構造単位と遺伝子の遺伝発生学的距離を縮め（いうなれば、発生的応答規準をコンパクトなものにし）、発生ネットワークのモジュラリティを高め、遺伝子発現ドメインとその機能の対応を洗練させてゆく。発生生物学の貢献は、しばしばそのような発生モジュールが、おきまりの分子群のなす極めて保守的な分子ネットワーク、あるいは「遺伝子制御ネットワーク（gene regulatory networks:GRN）」の特定の部分からなり、●614しばしばそのような単位で進化的保守性が露《あら》わになり、Ｈｏｘコードもその帰結の一つとして、しかもそれがしばしば変異を伴いながら様々に使い回されてきたという事実を明らかにしたことにある。このような一連の研究によって、ボディプラン変容のシナリオを、具体的な機構的・形態的イメージを伴って提出できるようになった。たとえば、脊椎動物に特異的な神経堤細胞系譜の進化的成立がどのようなＧＲＮの進化を基盤とし、それが動物の発生における胚葉の意味をどのように語るのかなど、今後の課題は多い。が、すでに近い将来明らかにできるであろうという、一九世紀以来の謎に答える理解の描像の一部は、すでにほのみえているのではなかろうか。

現在、円口類を含む脊椎動物のすべての主立った系統に属する何らかの動物種、加えてその外群に属する尾索類までもが、（urochordates：ホヤの仲間）、頭索類（cephalochordates：ナメクジウオ）、そして半索動物（hemichordates：ギボシムシやフサカツギ）までもが、進化発生学の研究対象となっている。ギボシムシを含む半索動物は、棘皮動物とともに歩帯動物（Ambulacraria）という単系統群をなし、そのうち棘皮動物は永らく実験発生学の主要なモデルを提供してきた。そのほかの動物については、実験的手法の適用が困難であるとはいえ、従来よりも正確で新しい発生学的情報が蓄積しつつあり、ゲノム編集に代表される新しい技術をもって上述の困難を克服してゆくことが今後の課題となる。この章では、いまだ混沌とした現行の進化発生学において、脊椎動物の頭部分節性について何が考察されているのかを、総合的に俯瞰してゆく。

現代進化発生学批判試論——ホメオシスとHox

進化発生学の幕開けは、やはりＨｏｘ遺伝子で飾るのが適切であろう。すでにその一側面について頭蓋発生の項で紹介したように、Ｈｏｘ遺伝子群をめぐる研究についてもＤｌｘコードのそれと同様、本来は実験発生学的文脈で語るべき内容を多く持つ。それは「記号論的に解釈される目的論的機械論」という意味においてだが、とりわけＨｏｘ遺伝子、もしくはクラスターは、ゲノム進化学においても重要な地位を占め、この章で再び扱うのが妥当だろう。

◎——なぜHoxコードか?

Ｈｏｘ遺伝子とＨｏｘコード（図6-1・2）の発見は、生物学者にとって進化のイメージを一変させた。同時にそれは先験論の有用さを確認させ、先験論の孕《はら》む真の問題を浮き彫りにしたといえるかもしれない。そこには以下のような認識の変遷がかかわっている。

まずその背景として、当時の生物学者は、

①原口が口になる前口動物と、肛門になる脊椎動物が、まったく異なったボディプランをもち、

②発生初期に明らかになるその違いは、それ以降の発生プロセスやパターンを、すべて比較不可能なものにし、そして、

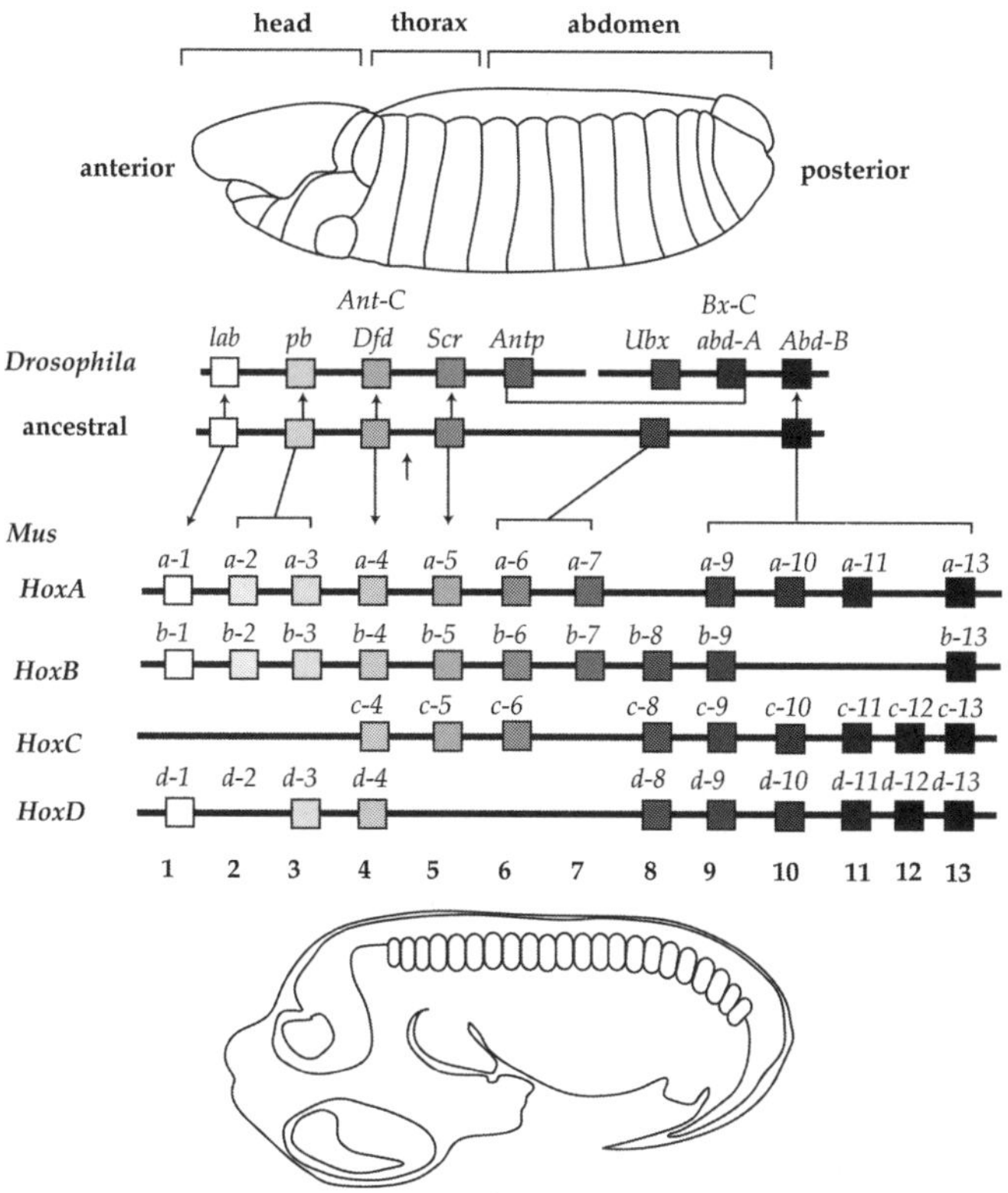

図6–1▶ショウジョウバエとマウスにおけるHOM／Hoxクラスター。左右相称動物は基本的に1つのHOM／Hoxクラスターを持つが、ショウジョウバエにおいてはそれが2つに別れ、アンテナペディア複合体とバイソラックス複合体と呼ばれる。一方、マウスではクラスターが4つに重複している。このような図は、以前は左右相称動物が進化的に共有された前後軸特異化の機構を持っていることを強調するために持ち出されたが、昨今では、ハエとマウスをいきなり比べることによって進化の何がわかるのかという揶揄の材料となることが多い。つまり、進化発生研究の歴史的モニュメントとなってしまったのである。が、後口動物におけるHoxクラスターの進化、脊索動物におけるHoxクラスター進化だけでも、複雑なゲノム進化の歴史がある。現在では、上のような模式図が単純にすぎるなぞらえとしか映らないような、情報の集積した時代となった。倉谷（2004）より改変。

③両者ともまったく異なった遺伝子や、それよりなるゲノムを持っているだろう、

と半ば無根拠に信じていた。であるから、頭尾軸を持った昆虫と脊椎動物の「頭部」を、機能的アナロジーとしてともに「頭部」と呼ぶことは正当化されても、それらが同じ進化的、発生的基盤、あるいは相同的要素を含むとはまったく考えられなかった。それればかりか、「前極」さえ共有されているとは思われなかった。おそらく、両者が漠然とクラゲのような放射相称の、何らかの祖先から独立に発したと思っていた生物学徒が多かったのではないかと想像する。さもなければ、ヘッケルの時代以来、様々に議論されてきた動物系統を受容することが多かった。それは必ずしも背腹反転や分節や前後軸、すなわちボディプランや、もしくはその構成要素の起源に明瞭に言及することはなく、卵割様式、神経系の形態、体腔形成の有無、もしくは発生様式といった形式的区別を体系化したものであり、それはもっぱら無脊椎動物学の一テーマとしてとらえられていた。

右のような解釈は、

(イ)本質的に大きな違いは、発生のより初期の相違となって現れるであろう、
(ロ)発生初期の相違は発生後期の経路に決定的な影響を及ぼすことになるだろう、そして、
(ハ)脊椎動物と前口動物が袂を分かったのは、想像もできないぐらいに太古の進化イベントであり、少なくとも、過去の比較形態学者の言っていたように、環形動物や節足動物から脊椎動物が進化したという、いかにもみてきたような理論を信じることはできない、なぜなら、
(ニ)初期の発生過程が共有されていない限り、脊椎動物の祖先が前口動物であることは不可能なのだ

という、それ自体必ずしも自明ではない前提や、先験論と同じレヴェルの内容を含んでいた。たとえば、この考察と同じ説明が、ゼヴェルツォッフによる「アルシャラクシス理論」の基盤を構成していたのである(第4章を参照)。「原

口の発生運命」という、最初のステップを踏み外したが最後、決して比較可能な胚の形には至らない、と考えるのは、進化の過程で初期発生過程は変更できず、発生学的因果の連鎖が発生後期へ向けて一方的に放散するという、初期の比較発生学と同じ階層性の哲学●615を受け入れ、DSDやコ・オプションを仮定しない、楽観的な仮定なのである。

このような、人間的にごく自然な認識のベクトルにあって、異なった動物門（マウスとショウジョウバエ）のファイロティピック段階に等しく発現するHｏｘコードの発見（Duboule, 1994に要約）はまさに青天の霹靂であった。そしてそれ以降、大規模な知の再編成が生ずることになった。当時の筆者自身が経験した認識の変容を思い出しながら解説するのであれば、このときの生物学者の反応の仕方には、いくつかの類型があったように思う。まず、

Ⓐ先験論的形態学における分節性（メタメリズム）と、その位置特異的変容（メタモルフォーゼ）にかかわる発生学的実体がまさにHｏｘコードなのであり、それはさらに、
Ⓑゲノムの中に、ボディプランの青写真が書かれてい

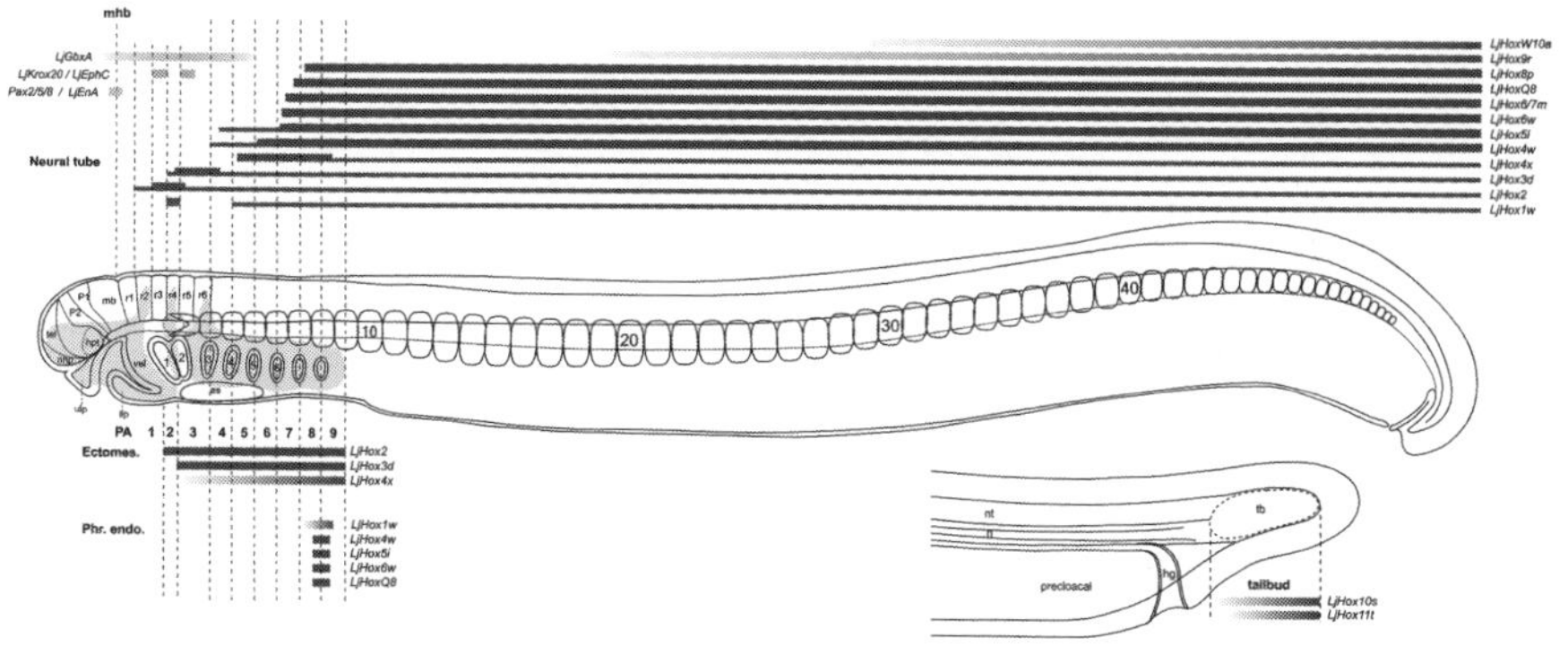

図6-2▶ヤツメウナギ胚のHoxコード。未発表図版。

ることを示しているのである

さらにこれを敷衍して、

Ⓒすべての左右相称動物は、Ｈｏｘコード（に加え、頭部を特異化するotx、emx相同遺伝子群）をもつ共通祖先から発しているのであろう

にみるように、ＨｏｘクラスターやＨｏｘコードの保守性に、祖型や統一的発生プランの「型」を積極的に見出そうとする、現在の理解へと連なる立場があった。[616]

ちなみに、右のⒸはそれ自体正しい。これを予想せしめたパトスが、やがて「ウルバイラテリア理論」や「背腹反転説」の現代版を生み出してゆく。ただしそれは同時に、遺伝子の相同性に形態の相同性を肩代わりさせるという、安易な比較論を正当化してゆく傾向をも助長した。が、いずれそれは、シュービンらの提唱した「深層の相同性（deep homology）」によって解消されてゆくことになった。

また、右のⒶと、それより導かれるⒷは、たとえ遺伝子の言葉で語っていても、その内容は新たな神秘主義の容認にほかならない。事実それは「ツールキット遺伝子群」という機能主義的な思考を生み出してゆく。そこで横行したのは「遺伝子の記号化」であった。つまり、「Ｈｏｘ遺伝子が前後軸上で特異化を行う因子」であるとするなら、「Ｐａｘ遺伝子群は、もっぱら内外・背腹軸上で細胞群の運命を特異化してゆく装置である」といったように……。

そして、それがボディプランの分子発生学的理解といって過言ではなかった。

「ボディプランを分子の形で記述する」という標語が生まれたのもこの頃である。我々が動物のボディプランに極性やディスクリートなパターンを見出し、そのたびにそれと同型的な下部構造を見出そうとするだけなら、それは機械論にも、安易な還元論にもなっていない。それは、いま目の前にある発生プログラムを、共時的な、記号化された遺伝子機能やＧＲＮに分割するという、それだけのことでしかない。Ｈｏｘ研究におけるその記号論的性質を見抜いた形態学者はしばしば、「形態学的同一性を細胞や分子に還元できるのか」という、それ自体本質的ではあ

るが、やや不適切な問いを分子遺伝学者に向けることになる。分子遺伝学者や発生生物学者にとって、形態学的同一性は興味の対象ではなく、そのことはその時点においてまったく正しい方針である。「後頭骨」であるとか、「舌骨弓骨格」のような比較形態学的名辞が、分子細胞学的な機構論によって還元しつくされたときに初めて、彼らは勝利するのであるから。

　実際、二一世紀を目前にした発生生物学者たちのいく人かは文字通りその還元を目指し、Ｈｏｘ遺伝子の下流にあるとおぼしき標的遺伝子を検索しようと努力した。意識的に還元論的機構論に解明の方向を見出そうとしていた研究者にとって、「形態学的同一性」、あるいは「記号化された遺伝子作用」は、決して用いてはならないものだった。それでも、Ｈｏｘ遺伝子を研究する動機にはつねに進化がみえ隠れしている。というのも、「ツールキット遺伝子群」という概念自体、（マウス、あるいはショウジョウバエのみを用いた分子遺伝学的発生生物研究の共時性の中から、その普遍的重要性がみえない限り）進化や比較の中からしか浮かび上がってこないからである。そして進化的には、それらボディプランを体現するかのような機能と発現パターンを持つ諸遺伝子が、いかにしてツールキットたりえたのかを説明しない限り、分子発生学もまた、別の学問体系における原型論の変形にすぎない。ならばむしろ、

Ⓓ Ｈｏｘ遺伝子群は、とりあえず遺伝子として系統進化の上で保存され、それが主要なツールキット遺伝子のメンバーとしていまでも残っているのは、初期の左右相称動物において、それなしでは胚が発生できない、一種の負荷を負ったことに起因する

と、内部淘汰的な内訳を考えるべきなのであろう。ならばなおさらのこと、生物学者たちはＨｏｘコードの普遍性に瞠目することになる。そして、その進化生物学的リアリティを本格的に体得し、いったい何が起こったのかを推測しようとする。そして以下に記述してゆくように、二〇世紀から二一世紀への移り変わりの当時、研究者たちの目の前に立ちはだかったのは、一九世紀からすでに存在していた諸問題だった。曰《いわ》く、節足動物（環形動物）と脊椎

動物の背腹反転は進化イベントとして実在したのか、脊索動物はいかにして脊索を獲得したのか、そして、脊椎動物の分節性の起源は、系統樹のどこに置かれるべきか、などなど……。

かくして、一九八五年からの二〇年間は、生物学に降って湧《わ》いた、分子レヴェルでの「大博物学時代」となった。しかし、かつての博物学が進化論を得て生物学にとり込まれていったように、遺伝子を手にした進化生物学は、過去に人間が経験した自然観の再編成を大急ぎで繰り返すことを選んだ。客観的にあの時代は、「ヒトゲノム計画」とそれがあと押しした分子生物学的技術革命として定義されるようにみえる。しかしそれを尻目に、人しれぬ興奮と期待のうちに自らを見出した一部の研究者たちは、分子生物学や実験発生学だけではなく、二〇世紀に蓄積されたありとあらゆる情報を用い、進化の実相を本格的に記述するための作業を開始していた。その一連の研究活動がいま、「進化発生学」と呼ばれている。

◉——トランスポジション、トランスフォーメーション

第2章で述べたように、脊椎動物の椎骨列（後頭骨も含む）においては、分節番号と分節の形態的同一性との間に、種を越えた固定的な関係がない。つまり、形態的相同性を分節の通し番号で記述できない。椎骨という系列相同物が並ぶ「脊柱」という構造において、各領域での形態的分化が最も大きいのが哺乳類であり、それは後頭骨に引き続いてまず（多くの種では七つの）頸椎（cervical vertebrae）、肋骨を伴う胸椎（thoracic vertebrae）、肋骨を欠く腰椎（lumbar vertebrae）、仙骨を構成する仙椎（sacral vertebrae）、尾を構成する尾椎（caudal vertebrae）が区別される。この各領域にいくつの椎骨が含められるかを示したものが「椎式（vertebral formula）」であり、それが動物系統ごとに変化する（有袋類では全体的に保守的だが、有胎盤類ではめまぐるしく変わる）。その変化の仕方はまた、系統の分岐に応じたパターンを示し、有胎盤哺乳類各グループのボディプランを特異化する拘束の重要な部分として、椎式を成立させる発生機序が段階的に進化してきたことがわかっている（Narita & Kuratani, 2005）。

とりわけ後頭骨を作る分節は、頭部問題の一つとして扱われ、すべての動物種において「相同な体節」を設定す

るために、フュールブリンガーは頭蓋の進化過程を二段階に分け、その中で動かしがたい重要性を帯びた特別の体節と、潜在的に本来の後頭骨‐頸椎関節が出来ていたはずの場所を設定し、すべての動物におけるすべての前方の体節が通し番号に対応する自らの相同性を獲得し、それにもとづいてすべての前方体節をすべての動物において比較可能となるような操作を施した。が、彼とほぼ同時期、分節原基の通し番号と、それが分化してゆく構造の形態学的相同性が互いに遊離した関係にあり、進化過程において、形態的同一性が体節列の上をシフトしてきたはずだという、「トランスポジション」の考えを持った学者もあった。[617]

はたしてトランスポジションは正しいのか。脊柱の形態進化の実相、内訳がトランスポジションであるとして、それはどのようにして可能となるのか。この位置的シフトは、祖先において決められていたボディプラン発生のルールを一部解除し、さらに変更することにほかならない。あるいは逆に、椎骨列のもととなる体節の並びの上で、場所に応じてその形を変える仕組みが発生プログラムの中のどこかに存在し、しかもそれが体節番号に依存するやり方で（各動物種にふさわしいやり方で）調節されており、その調節に相当する何らかの因子が進化上変化するという方が妥当かもしれない。このような「形作りの機構」を理解するための手がかりは、形態学や発生学とは一見関係のない分野、「遺伝学」から訪れた。

◎――ベイトソン

現代遺伝学の祖として知られるベイトソンは、元来フランシス・バルフォー基金の奨学金を得て研鑽を積んだ比較発生学者であったが、動物の系統関係を復元するための方法論としての比較発生学に限界を感じ、のちに遺伝学者として身を立てた。[618] そして、発生遺伝学と進化形態学を繋ぐ、重要な発見をものしたのだった。彼はまず、遺伝学研究の手始めとして、自然界にみられる、ある特徴を共有したあらゆる変異や奇形の例を収集し、その成果を著書『形態変異の実例（*Materials for the Study of Variation*）』に発表した。そこに収められた事例は膨大となり、脊椎動物の形態に関しては、指数の変異を始め、脊髄神経、椎骨、歯の数に現れる様々な「数の突然変異」を含んでいたが、それでも彼は「これに類した現象の全貌からすれば、ほんの一部をまとめたにすぎない」と述べている。この本の中で、ベイトソンは「ホメオティック突然変異」という語を初めて用い、その現象を引き起こす遺伝子座が突き止められ(Lewis, 1978)、ベイトソンの著書のちょうど一〇〇年後に実体として同定された「ホメオボックス遺伝子」や「Ｈｏｘ遺伝子」の名前にその語が用いられることになる。

その中心的な概念の一つは「メリズム(merism)」である。これは、分節などの形態的構造の単位が繰り返して現れることをいう。そして、分節数や順序が変化することを「メリスティック変化(meristic changes)」と彼は呼んだ。ヒトにもみられる「多指症(polydactyly)」などがこれにあたる。また、変化が分節そのものに生じる場合は「*substantive changes*」として区別されたが、この概念は本章の内容にとってあまり重要ではない。ベイトソンの用語に従えば、脊椎動物の頭部分節性の問題は、そこにみられる分節的パターンが、「連続(continuity)」的か、あるいは「不連続(discontinuity)」か、ということに帰着される。ここで、ゲーゲンバウアーやカッチェンコを含め、かつての比較形態学者たちが、頭蓋のいくつかの場所に不連続な境界線を見出していたということを思い出すべきだろう。その中に、多くの分節論者たちがいたということも。つまるところ、それがどのようなレヴェルの話であれ、頭部分節性の問題とは、体幹と頭部を通じて「連続的に」分布している何らかの分節構造があるか否かということにつきる。

日常記号論的には体幹と頭部はすでにして明白に別のものであるから、その限りにおいては不連続性がそこにあり、頭と体幹はかくして別物でなければならない。しかし、その背景にある原型的パターンを見抜けば、それらを連続した一つの背骨としてみることもできると述べたのがゲーテやオーケンだった。彼らは、実際の動物のからだが極度にメタモルフォーゼした結果として頭と体幹が別のもののようにみえていることを指摘し、メタモルフォーゼの効果を剥ぎとることによって立ち現れてくる仮想的分節の姿をすなわち、「原型」と呼んだのであった。前前世紀末のいく人かの比較発生学者はこのレトリックをほぼそのまま用い、成体では明瞭に分化している体幹と頭部に共通して現れる未分化な分節構造に、分化する前の頭部の形態的本質を見出そうとしていた。この、黎明期の形態学に類似したレトリックが、そもそも比較発生学バージョンの頭部分節説に原型思想が漂う主たる要因なのである。

かくして連続性と不連続性は、メタモルフォーゼか、あるいはそれと等価な何らかの発生分化プロセスを捨象する限りにおいて立ち現れてくる可能性にすぎない。換言するなら、いかに不連続にみえようとも、その背景に連続した何かを見出そうというパトスにはつねにぬぐいがたいものがあり、それこそがつまりは分節論者たちを支えてきた信念だった。であるからこそ、分節論者は可能性としての分節性につねに肯定的だったのであり、頭部にどのような区別が立ち現れてこようと、それが彼らにとって真に重要な一次的分節性を脅かすことにはならなかった。

このことは、必ずしも一九世紀末から二〇世紀初頭にかけての比較発生学においてのみいえたことではなく、当時と同様、分節の存在を肯定する現象的遡及可能性をひっさげて問われたのが、あの一九八〇年代のソミトメアであった。それは体節が現れる前のプレパターンと説明されたがしかし、頭部ソミトメアの存在に関しては実のところ、「それがないといい切れない」ことによって可能性が追求されたにすぎない。いまの生物学の基準に照らせば、ソミトメアに相当する分節パターンがあるというなら、それを示す遺伝子発現を提示すべきだといわれるところだろう。実際その通りに、体節の分節化に機能する遺伝子の動的発現がニワトリ初期胚の頭部中胚葉に検索されたが、体節に比較可能な発現を見出すことはできなかった。しかし、プレパターンはそのさらに下部の構造、すなわち、内胚葉や脊索や、中胚葉そのものを生み出す原条など、に何らかの形で見出せるかもしれない。つまるところ、上にいう「不連続性」もまた、原型論的なメタモルフォーゼの結果として捨象される可能性をつねに孕《はら》む。

比較形態学を学んでいたベイトソンであるから、形態学的相同性にとって、分節の通し番号と数、そして配置が重要であることは熟知していた。しかし、このメリスティックな現象の収集を通じ、形態学的相同性が分節番号に単純に帰着しないことに気づくに至った(Bateson, 1892)。そこで、ベイトソンは「ホメオシス(homeosis)」という概念を作り出す。これは、特定の構造が変異によって別の形態的同一性を持った構造に置換される現象に用いられ、たとえば眼を失った甲殻類がそこに触角を再生させることも含まれる。つまり分節番号と分節の相同性は、ベイトソンにとってはまったく異なった二つの概念だった。

ただし、メリズムとホメオシスは、系列相同物に対して用いられた場合、概念自体が不明確になる場合がある。

なぜならしばしば現象それ自体が、これら二つのどちらのカテゴリーに属するのか判然としないからだ。たとえば、正常では七あることになっている哺乳類の頸椎が何らかの突然変異によって八に変化したとしよう。これが前方から数えて八つめの椎骨原基、すなわち、通常は第一胸椎となる椎骨の形態的アイデンティティーが前方化を起し、第七頸椎のものにホメオティックシフトしたのか、あるいは最初から頸椎を作ることになっているドメインに七つ出来るはずの椎骨原基が八に増えてしまったメリスティック変異を示すのか、にわかには判別できない。同様に、前後に並ぶ分節のアイデンティティーが全体的に後方化を起こした場合、本来は前脳、中脳、後脳という順番でできる脳原基が、中脳、後脳……という順で現れる。このとき我々が前端にみている中脳のような構造は、本来前脳となるべきだった脳原基が、ホメオティックシフトにより中脳になったものか、あるいは、何らかのギャップ遺伝子の機能欠失により、前脳そのものがすっかりなくなったのか。比較的明瞭な変異であると考えられるショウジョウバエのバイソラックス変異体においてさえ、状況はそう単純ではない。この変異体では一見、後胸の形が中胸のものにホメオティックに変化したといえそうだが、本来の中胸が二倍に増え、同時に後胸が消失したという、二重のメリスティック変化でも説明できる。少なくとも、同様な分節的構造からなるとはいえ、ある一か所のホメオティックシフトが後続するすべての形態アイデンティティーを一様にシフトさせてしまう、脊椎動物においてしばしば観察されているようなケースに比べ、ショウジョウバエのこの変異がかなり様相を異にしていることは明白である。

我々の目の前にあるこのジレンマは、概念としては明確に分離できても、実際の現象の中にそれを弁別できないことに由来している。再びここで我々は、人間が自ら作り上げた理解のフォーマットに現実の方をあてはめようという、原型論にも似たジレンマに直面するのである。ベイトソンが設定した分節数と相同性の分離の問題は、つねに研究者の頭の中でどちらかが固定していることにより、概念の上で、純粋に思考実験として区別が可能となっているだけであり、この概念の弁別と同等の機構上の区別が、実際の発生プログラムの中に必ず見つけられるという保証はどこにもない。あくまでこれらの概念は、人間が作り出した定義にすぎないのである。

いずれ、仮説を立てて検証する科学的営為において、現実と抽象の間を行き来する際にいつでも生じうる「ピグマリオン症候群」にも似た危うさを内に秘めなければならないのであるとしたら、いかに面倒な手続きであるとはいえ、確かにフュールブリンガーの進化的解釈の方が受け入れやすいだろう。ところが、そのフュールブリンガーの方法にしても、「あらゆる脊椎動物において、つねに存在し、相同性決定が可能であるところの第一頸椎」のような、必ずしも証明されていない形態的相同性を絶対視する、ある種の神秘主義が明確なのであった。ましてや、まだ後頭骨さえ出来ていない円口類のような動物に、「潜在的第一頸椎がすでに存在する」ということに、いったいどれだけの意義があるというのか。このように考えると、どちらもろくな解決法のようにはみえないがしかし、現実にはベイトソンのホメオシス、そしてグッドリッチのトランスポジションが妥当であるということにはなった。なぜといって、まさにその通りの機能と発現を示す一連の発生制御遺伝子群が見つかったのであるから。

◎——ホメオティックセレクター遺伝子

なぜ遺伝学なのかといえば、その手法が表現型を通して、パターン形成の要因となる因子の存在を指し示すからである。進化が遺伝的背景を持つ限りにおいて、それは突然変異の一種とみることができ、ある突然変異に伴う表現型が、進化における何らかの表現型の変化と等価なのであれば、それらの背景には同じ遺伝子か、もしくはそれを含む遺伝子制御ネットワークのどこかに同等な変化が生じていると考えられる。たとえば、ある系統の哺乳類において、椎骨の一部が数を極端に変化させているとか、広範な領域にわたって椎骨にホメオティックシフトが起きているような進化パターンがあった場合、変化の生じた遺伝子は、それと同じ表現型の変化をもたらしている遺伝子と同じか、あるいはそれと同一の制御ネットワークを構成する可能性が比較的高いのである。そして実際、「表現型模写(phenocopy)」と呼ばれるこのロジックが、まさにホメオシスの背景にある遺伝子群を見つけたのである。みたところ、このような手法においては、ボディプランの主要な部分を司る、いわゆる「マスターコントロール遺伝子群」が比較的早期に発見される傾向がある。おそらく、機能の欠失によって、表現型のレヴェルにおいて重篤な変化を示すような遺伝子は、発生カスケードの下流にあって目立たない多数の遺伝子の創発的役割に比べ、はるかに見つけやすいということなのであろう。

それはショウジョウバエの分節形態を左右する、ひと連なりの遺伝子のクラスターとして見つかった。●619 この中の遺伝子には、「HOM遺伝子」の名が与えられ、その機能から「ホメオティックセレクター遺伝子（homeotic selector genes）」とも呼ばれる。これらはDNA上の3'側から5'側に向けて並ぶ順序の通りに、胚の前から後ろへ向けて発現し、発現した分節の発生運命を調節するスイッチとして働く。いい換えれば、発生学的にいう「位置価」を細胞に対して与え、その分節にある付属肢原基を、頭部では触角や顎へ、胸部では歩脚へと分化させるのである。したがって、これら遺伝子の発現場所を変える、もしくは機能を阻害することにより、分節の形態的アイデンティティーを別の分節のものに変換（ホメオティックシフト）できる。つまり、ベイトソンのいう「ホメオシス」の背景に想定される機能をそのままの形で体現するのが、これらHOM遺伝子なのである。

このグループの遺伝子はどれもみな構造が互いに類似し、とりわけ「ホメオボックス」と呼ばれる、約六〇アミノ酸をコードする保存性の高いドメインを共通に持つ。これはヘリックス－ターン－ヘリックスというモチーフを持つポリペプチドとなり、その部分があるためにホメオボックス遺伝子の産物はDNA上の特定の配列に結合する能力を持つ。このような蛋白質を一般にDNA結合タンパクと呼び、それはエピジェネティック因子か、もしくはほかの遺伝子の発現を制御する「転写調節因子（transcriptional factors）」として機能する。つまりHox遺伝子は、文字通り形態発生における一種の「切り替えスイッチ」を作り出す遺伝子であるらしい。

ショウジョウバエにおいてHOM遺伝子群が発見されると、分子遺伝学者たちはすぐさまマウスにおいて同等の機能を持つ遺伝子を探索し始めた。ホメオドメインの類似性を手掛かりに探索したところ、すぐさま発見され、それに「Hox遺伝子」の名が与えられた。いまでは、左右相称動物（バイラテリア）のすべてにおいてこの遺伝子群の相同物が「Hox」の名で呼ばれるが、それはそもそもマウスの遺伝子に対して与えられた名前であった。面白いことに、マウスのHoxクラスターは四つ存在していた。これは、脊椎動物が進化のある時点、少なくとも尾索類からの分岐ののちに、ゲノム全体の重複を二回経験したことを示す（図6-1）。ナメクジウオとホヤの仲間は一クラスターの

Ｈｏｘ遺伝子群しか持たないため、この二回のゲノム重複は脊椎動物の祖先がこれら「原索動物」と袂を分かってのちに生じたことが推測される。ちなみに、ゲノム重複を経験していない尾索類においてはＨｏｘクラスターの構造が二次的に破壊されており、相同遺伝子が、クラスター内での「相同な位置」に見出されない。これはＨｏｘ遺伝子の発現にみられるクラスター内での位置と発現レヴェルの間の並行性、すなわち「コリニアリティ」と呼ばれる概念を揺るがす大きなレヴェルでの進化を示唆している。[620]

現在のところ、このゲノム重複が二回とも円口類と顎口類において共有されること、すなわち、両者の系統的分岐以前に二回の重複が起こったことが認められているが（Kuraku et al., 2008a）、まだそこに不鮮明さは残る（Fried et al., 2003）。また、ヤツメウナギを用いた研究によれば、この動物（もしくは円口類の祖先）はさらにもう一回の重複を経験しており、合計八クラスターを作り、それが二次的に減じて、現在少なくとも六クラスターを持っているようにみえる。[621]さらに顎口類の系統においても、硬骨魚類のうち条鰭類の進化の黎明にもう一回の重複が起こったことは確実である。かくして、ゼブラフィッシュはかつて八クラスターを持っていたと考えられるが[622]、進化の過程で一クラスターを失い、いまでは七クラスターに落ち着いている。このように、Ｈｏｘクラスターはゲノム重複の歴史を復元するためのよい指標ともなっている。

脊索動物／脊椎動物におけるＨｏｘクラスターにまつわるもう一つの問題は、その遺伝子の組成に一種の階層的な相同性がみえているということである。Ｈｏｘ遺伝子の分子系統学においては、クラスターの中で同じ相対的位置を占める遺伝子をパラローグ・グループ（ＰＧ）として表記する。基本的に一四のメンバーを持つ理想的な（原始的な）脊椎動物のＨｏｘクラスターにおいては、3'端にＰＧ1遺伝子が、5'端にＰＧ14遺伝子が位置することになる。そして、ゲノム重複を経験していないナメクジウオの単一のＨｏｘクラスターには、二次的なタンデム重複の結果として一五の遺伝子が並ぶことになるが、これらのうち *AmphiHox13*、*AmphiHox14* が、単にそれぞれ脊椎動物のＰＧ13、ＰＧ14遺伝子と相同というわけではないらしい。すなわち、頭索類と脊椎動物の分岐以前においては、その仮想的な動物のＨｏｘクラスターは、……ＰＧ9／10、ＰＧ11／12、ＰＧ13／14のように並んでいたのだが、脊椎動物においては、これらが素直に一つずつタンデムに一回ずつ重複し、［PG9、PG10］、［PG11、PG12］、［PG13、PG14］を形成したのに対し、頭索類においてはPG9／10が*AmphiHox9*から12を、PG11／12が*AmphiHox13*、*AmphiHox14*をもたらし、そしてPG13／14がナメクジウオの*AmphiHox15*になったのではないかと考えられている（図6−3）。

◉――位置価決定システムとしてのHoxコード

当時分子遺伝学研究の花形脊椎動物であったマウスにおいて、おもに一九九〇年代に明らかとなったHoxクラスターの構造、椎骨をはじめとする種々の系列相同物の形態分化とHox遺伝子のかかわり、そしてHox遺伝子群の制御に関する一連の、そして膨大な研究は、確かに形態進化の理解にとってエポックメイキングな知見となった。[623] これらのうち、頭部、咽頭弓におけるHox遺伝子の機能解析と内蔵頭蓋の特異化についてはすでに議論した通りである（第5章）。おそらくHoxコードなる現象の意義をいち早く理解したのは、当時本職であったはずの分子遺伝学者ではなく、むしろ比較形態学者であったことだろう。とりもなおさず、この現象が発生機構のレヴェルで系列相同物を定義しているのであるから。そして、これら遺伝子群の働きが把握されるや、これら遺伝子は形態的同一性に等しい記号性を獲得し、同時に相同的遺伝子組み換えとトランスジェニック技術の恰好の素材となり、一九九二年にそれら一連の研究のラッシュを迎えることになる。[624] そこでは、実験発生学のモデルとして、ニワトリも用いられ、一次的にニワトリとマウスが同じ胚形態を持ち、同じHoxコードが機能していることが、確認もされないまま当然のように前提とされることもしばしばであった。それはいわば、Hoxコードが統一的ボディプラン成立の背景にある、保守的で広範な遺伝子発現パターンであるという、理想化されたイメージが具現化したものであった。

羊膜類以外の胚でのHoxコードを観察し、その進化や形態的多様性とのかかわりを追求する研究がすぐさまそれに続き、それはいまに至るまで多くの情報を蓄積し続けている。[625] 無論その中には、必ずしも形態進化をテーマにせず、マウスでは行えない実験を遂行するための研究も多かった。そして、引用文献の数からも明らかなように、これらすべての研究を概説するとそれだけで一冊の本では済まなくなる。以下ではもっぱら、Ｈｏｘコードが進化発生学のみならず、分節性とその変容の問題の中でどのような意義を持ちうるのかについて考察を試みる。

◎――メタモルフォーゼ遺伝子

Ｈｏｘコードが進化発生学的になぜ注目されたのかといえば、それはとりもなおさず形態学の二つの柱である「分節繰り返し性（メタメリズム）」と「メタモルフォーゼ」のうち、後者の機能を代表すると思われたからである。それはつまり、軸や極性に沿って並ぶ細胞のそれぞれに、位置に応じたアイデンティティを与える仕組みを指し、形態進化の謎もこの分子システムを通じて理解されると思われた。胚の椎骨列、もしくは体節の並びに沿って、Ｈｏｘ遺伝子群がコリニアーな発現を示し、それぞれが異なった前後軸レヴェルから後方に作用する。結果、それぞれの体軸レヴェルにおいて異なった組み合わせのＨｏｘ遺伝子が発現すること

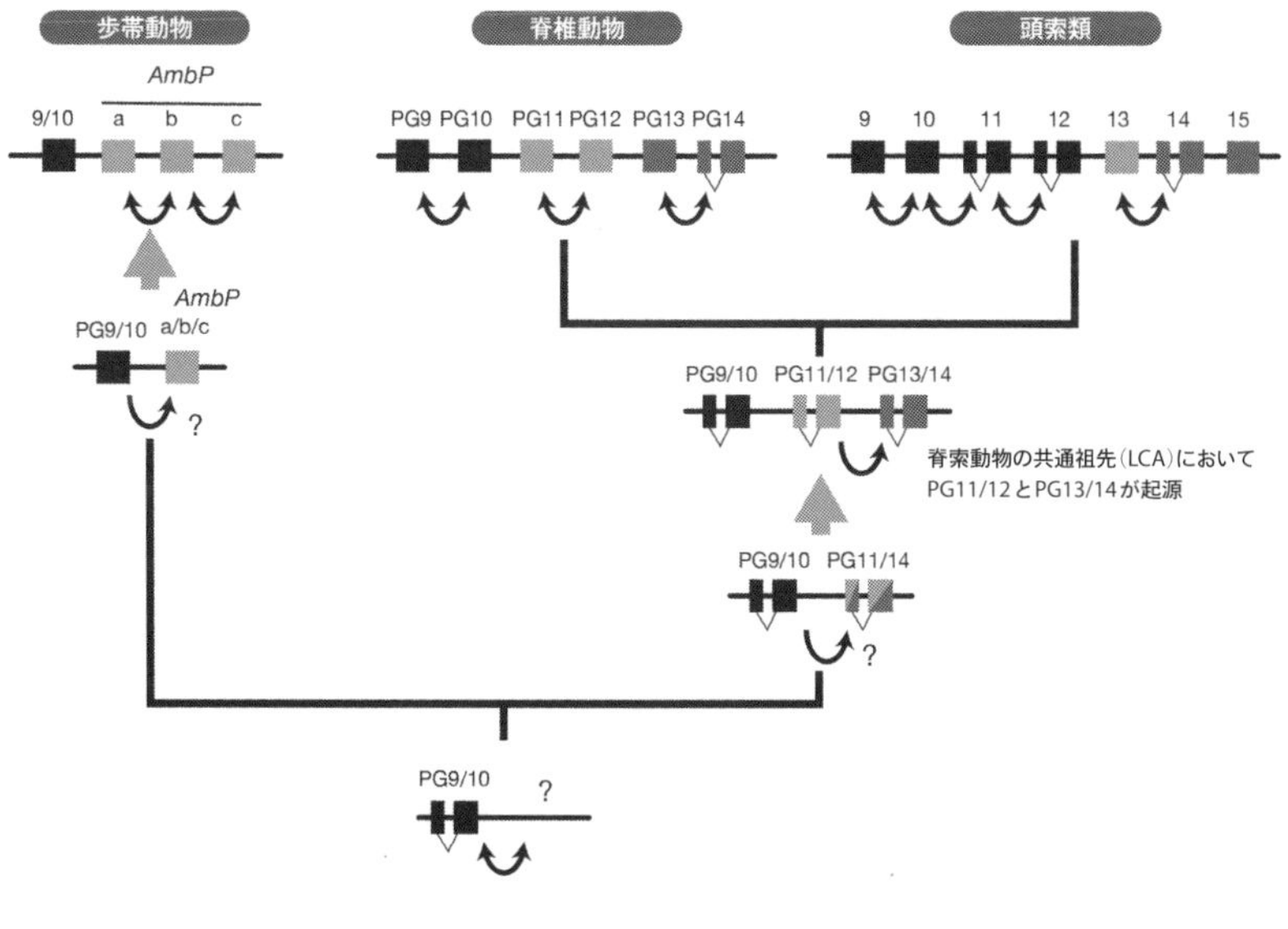

図6-3▶後口動物のクラスターの進化。クラスター内で後方に位置するHox遺伝子がどのような序列でタンデム重複を行い、現在みるクラスターが生じたのかを示す仮想的な概念図。ここにみるように、パラローグ・グループ（PG）は動物系統を通じて必ずしも相同的ではなく、独立に、別の遺伝子に起こったタンデム重複をベースにするらしい。Pascual-Anaya et al.（2013）より改変。

になる。その組み合わせの変遷が、マウスにおける椎骨形態の変遷と一致するという考えを明瞭に示した研究者の一人がケッセルであった（Kessel, 1992）。つまり、ケッセルによれば、頸椎には頸椎の、胸椎には胸椎のためのＨｏｘ遺伝子の組み合わせが存在する。そして、様々な機能アッセイを通じ、その基本的モデルが正しいことが証明された。次いで、バークらは、「異なった動物において異なった数の椎骨が、比較形態学的には相同的な椎骨列を構成する」という、フュールブリンガー以来の問題に対し、それがＨｏｘコードのシフトによるものであり、「椎骨原基の通し番号ではなく、そこに発現するＨｏｘ遺伝子の相同性が椎骨の相同性を示す」と説明したのであった（図６－４）（Burke et al., 1995）。

フュールブリンガーが悩み、そしてローゼンベルグが突き抜けたように、分節番号（位置）と形態的同一性（相同性）は現実に乖離している。「乖離」とは、「進化と発生を通じて独立に変化しうる」という意味である。事実、進化を通じＨｏｘ遺伝子の制御は位置的にシフトし、そのことを通じて椎骨の形態学的アイデンティティは体軸上を動き回ることになる。哺乳類の椎式の進化にみたように[626]、この発生位置のシフト（ヘテロトピー）は系統樹の上で階層的な拘束の多様化として生じ、すべての動物種がそれぞれに好き勝手なＨｏｘコードを獲得しているわけではない。むしろ祖先に生じた変化を子孫が受け継ぎ、その新しいルールの上にさらに変異が積み重なってゆく（Narita & Kuratani, 2005）。このように放散する多様性は、漸次的な形態発生的ルールの付加を示すことになり、それが系統分類の基礎となる。いわば、Ｈｏｘコードは形態学的分類を可能にしている一つの発生的要因ともなっている。

右のような発生制御の性質のため、前方の体節のうちいくつのものが後頭骨になろうが、それは後頭骨を作る体節全体として一つの形態的相同性を有しているとみるべきなのであり、それぞれの体節がその通し番号でもって、未来永劫に何らかの同一性を付与されているわけではない。むしろ、Ｈｏｘ遺伝子群の制御は、クラスター全体として相対的に発現する順序が定まっており[627]、個々の遺伝子がどこに発現するかという独立の制御は受けていない。つまり、椎骨列においては、一連の形態的同一性が一定の順序で並び、それと同じ順序で発現するＨｏｘ遺伝子があるということなのである。そして、その制御の仕方が、体軸上を前後にシフトする[628]。さらに、後者の順序がクラ

図6-4▶バークによる椎式の進化とHoxコードのシフト。椎骨の形態学的同一性（相同性）は、それが由来する体節の番号ではなく、そこに発現するHox遺伝子の相同性に帰着されるという考え方を示す。このようなHoxコードの進化的性質により、動物ごとに異なった数の椎骨が、同じ形態的同一性を持った椎骨列へと変貌することができ、進化的な頸の伸張の背景ともなる。第2章の図と比較すると、Hoxコードのシフトが、椎式の進化的トランスフォーメーションと同型の現象であることがわかる。太線は腕神経叢を構成する脊髄神経根、弧は胸鰭、もしくは前翅の原基の位置を示す。前翅よりやや前の部分がすなわち形態学的な意味での「頸部」に相当するのであり、*Hoxc6*発現レヴェル（濃灰色で示す）が胸椎に相当する。Burke et al.（1995）より改変。

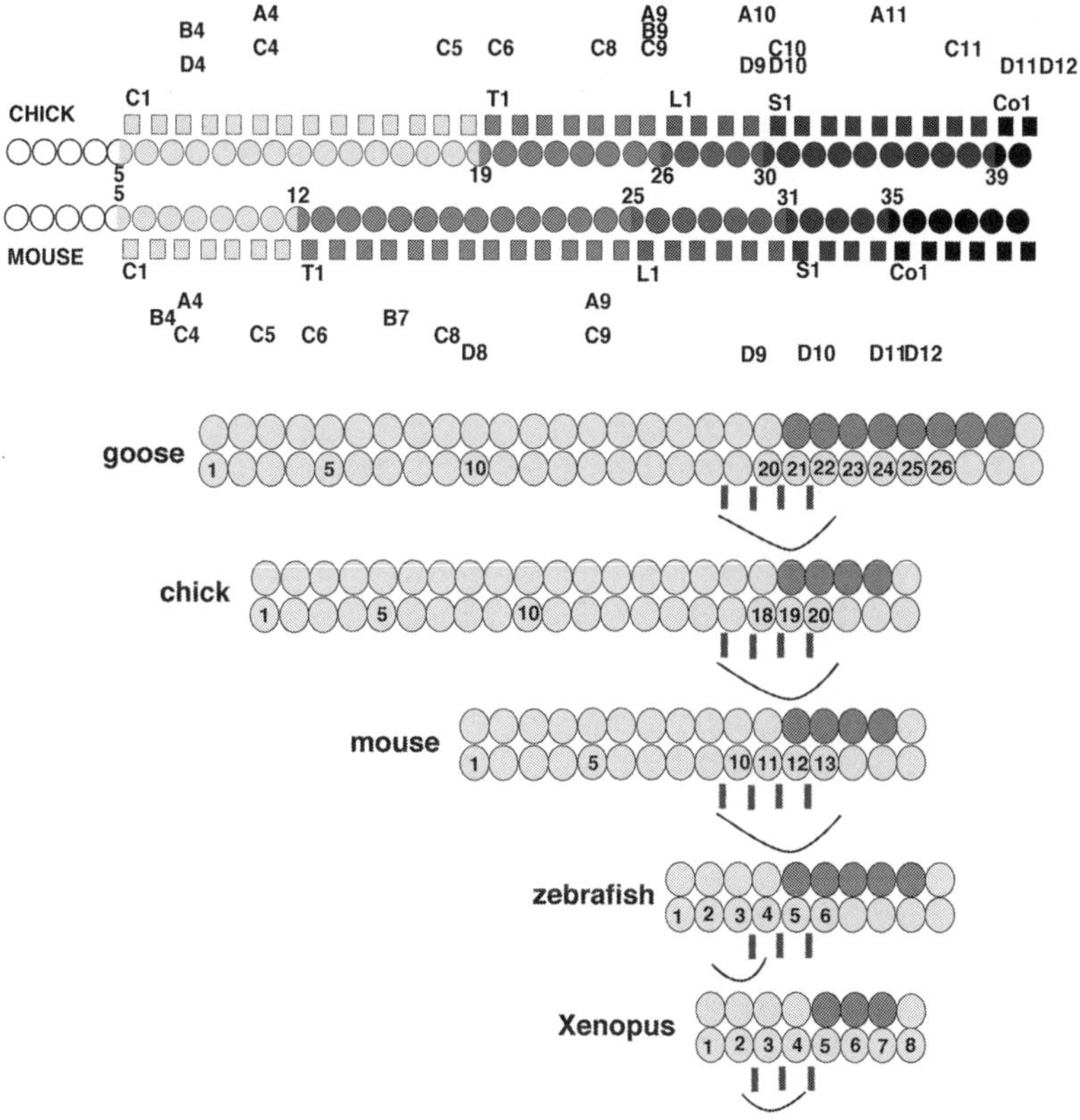

スター内でのＨｏｘ遺伝子順序とパラレルであるため、この関係をコリニアリティ（共線形関係）と呼ぶ習わしがある。一つの場所における細胞はしたがって、その場所特異的な組み合わせのＨｏｘ遺伝子を発現し、その中で最も5'側にある遺伝子の機能がその細胞の形態的分化の方向を定めることになる。結果として、遺伝子の人為的な操作は、形態的表現型に一定の傾向を与える。つまり、Ｈｏｘ遺伝子の過剰発現は、ある部位の形態を本来より後ろのものにシフトさせ、逆にあるＨｏｘ遺伝子の欠失は形態を前のものにトランスフォームさせる。

◎——脊柱を特異化するＨｏｘ遺伝子

思えば脊椎動物におけるＨｏｘ研究は、骨格という、胚発生において最も厄介なものの一つを対象として始まってしまった。というのも、骨格要素では「形を決める」という発生学的プロセスを簡単に個々の細胞の挙動に還元できないからである。そしてそのことが、分子遺伝学の発生学的記号論を増長させることになった。

Ｈｏｘ遺伝子群が転写調節因子をコードし、結果としてその機能の仕方が細胞自律的（cell-autonomous）である以上、そのリードアウトとしての頸椎や胸椎の形状も、個々の細胞の挙動の変化に還元できなくてはならない。ところが、これができていない。形態学的相同性が、遺伝子の相同性に還元されたようにみえるのは、形態学的名称と同じ記号が遺伝子発現に付与されただけのことであり、それは一向に還元ではない。たとえば胸腰椎において肋骨の有無を左右する要因として、*Myf5*の特定のエンハンサーを介したＨｏｘ遺伝子群とＰａｘ遺伝子のクロストークが同定されたとしても（Guerreiro et al., 2013）、ここに我々は再び、本来的にＧＲＮと細胞生物学的な分化現象だけで記述すべきボディプランの図式の中にあって、肋骨の有無という形態学的記号が、*Myf5*遺伝子のＯＮ／ＯＦＦに肩代わりされているのをみることになる。

これが神経系における特異化となれば、ニューロンの分化（とりわけ軸索伸長制御）を決める細胞生物学的な仕組みも提示できる。たとえば、鰭や四肢の筋を支配する外側運動コラム（lateral motoro column : LMC）は発生上、*Hoxc6*の発現により特異化される。つまり、ここでは特定のＨｏｘ遺伝子が、特定の細胞型（cell types）を決定する。原始的な魚類においてはＬＭＣドメインが前後軸全域にわたって存在したが、その中央のレヴェルに発現する*Hoxc9*の進化によって、ドメインが二つに分断されたらしい。二対の鰭を持つ動物において*Hoxc9*産物は、*Hoxc6*産物と結合すると同時に、ＬＭＣの分化に関与する*Foxp1*の自己制御を妨げるようなドメインを新たにＮ末側に進化させている。二対の鰭の起源を説明する古典的な体側襞由来説（lateral fin-fold theory）と整合性を持つこの図式は、少なくともＬＭＣニューロンの軸索伸長に影響を与える機械論的解釈までは説明できる（Jung et al., 2014）。そして、一つのニューロンは、それが構成する神経枝の形態学的パターンを代表する。いい換えるなら、形態的パターンをそれより下位の分子的現象に分解できる。

骨格の形態的同一性は、細胞の表現型と形態を分化させる仕組みに還元可能な神経細胞の相同性とはまったく性質が異なっている。個別的細胞のレヴェルでは、頸椎を作る細胞分化も、胸椎を作る細胞分化も、互いに変わるところはなく、どれか一つの軟骨細胞が、それの属する骨格要素の形態を代表することなどできない。結果、Ｈｏｘ遺伝子の機能は、その形態記号論のレヴェルよりなかなか下へ落ちてゆかない。Ｈｏｘコードは究極的には、椎式という形態学的認識に持ち込まれた新たな記号体系をもたらし、我々は椎骨形態の内訳をうまく機械論的説明に持ち込むことができないままでいる。

理想的には、バークらの希求したように椎式の進化的変更をＨｏｘ遺伝子の発現制御機構の変更に読み替え、その軌跡をゲノム配列や、エピジェネティック制御へと分け入ってゆくことは可能であり、そのような試みは正当化されてしかるべきである。しかし、そのようにして理解される形態進化とはいったい何であろうか。ここで、Ｈｏｘコードと椎式にまつわる、理解のフレームワークをいま一度見直してみる必要があるかもしれない（たとえば、Wong et al., 2015をみよ）。つまり、Ｈｏｘコードが形態的同一性の記号であるかのようにみえるのは、たとえばケッセルがマウスにおいて示した椎骨パターンにおいてのみであり、マウスほどに形態的に分化していない脊柱を持つ脊椎動物においても、哺乳類と類似のＨｏｘコードは存在するのである。

たとえば、羊膜類において「頸椎」として特異化されている椎骨列を考えてみる。このうち、第一頸椎がいわゆる環椎として多かれ少なかれ特殊化しているのはどの動物でも同じだが、哺乳類におけるように第二頸椎が軸椎となった系統は限られている。また軸椎とても、動物系統ごとに形状の違う後頭顆（occipital condyle）に対応して形態を進化させた（環椎と後頭顆が同時に形態を進化させたのである）経緯は、独立の派生的な、そして系統特異的な変化を含むであろう。ならば、それら前方の頸椎を同じＨｏｘ遺伝子が発生上特異化しているとして、それら遺伝子発現に託された形態学的記号は、ここでも形態学的同一性と等価となるのだろうか。おそらくそれらは相同とすべきではない。それが、系統樹の示唆する比較形態学的な答えである。むしろありうる解答としては、「第一、第二頸椎の原基に発現するＨｏｘ遺伝子群の相同性は、深層の相同性を示す」ということになろう。しかし目を転ずれば、「頸椎」という、より大きな形態学的単位を指定するＨｏｘ遺伝子は、羊膜類の範疇では紛れもなく相同遺伝子が形態的相同性を代表しているのである」。ならばこの記号論の内訳、すなわち比較形態学的な同一性と遺伝子の同一性がカップリングするに至った進化イベントはいったいいつ起こったのか、そしてそうなる前に、頸椎Ｈｏｘ遺伝子群はいったい何をしていたのか。あるいはまた、それは「収斂[●629]」というよりもむしろ、「平行進化[●630]」であったのか。してみれば、深層の相同性は平行進化の一側面を確かにうまくいい表している。

　比較的近縁な動物系統の胚発生にしつらえられた、類似の遺伝子発現制御機構を足かがりに、相同的な遺伝子の下流に、相同的な形態進化が生じるといった現象は、ちょうど個々の椎骨を伸長させることによって頸を伸ばした中生代の爬虫類、タニストロフェウス（*Tanystropheus*）や現生のキリン（*Giraffa camelopardalis*）のような極端なケースにみることができよう（図6-5）。あるいは、キリンの第一胸椎はどうか。頸を伸長させるために、この動物は第一胸椎の形状を頸椎のパターンに半ば同化させているが、これはいかにして可能であったのか。はたして本当にそれは、分子発生学的な意味で、本来的な胸椎として特異化され、進化的な二次的変化がそれを頸椎のようにみせているだけなのか。あるいは、キリンに限っては、ほかの少数派の哺乳類と同様、例外的に八個の椎骨原基が頸椎として特異化されているのか。

　どうやら、Ｈｏｘコードの発見にかかわらず、椎式に関する問題は相変わらず解決していない。それどころか、

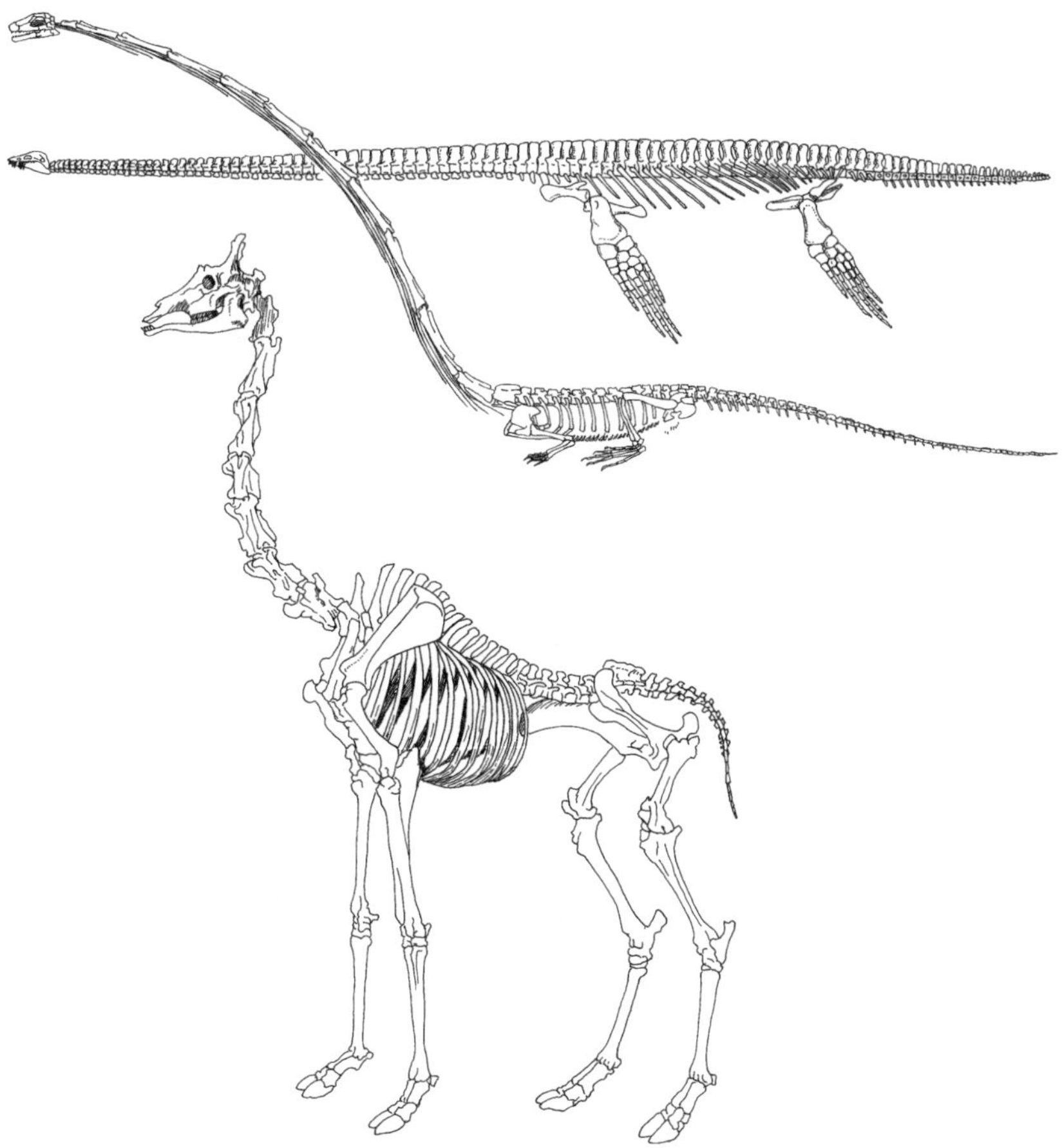

図6-5▶頸を伸ばす方法。上から、エラスモサウルス(*Elasmosaurus*)、タニストロフェウス(*Tanystropheus*)、キリン(*Giraffa camelopardalis*)。エラスモサウルスは頸椎数を増加させることによって頸を伸ばしているが、タニストロフェウスとキリンは個々の頸椎を長くすることによってこれにあたっている。Narita & Kuratani(2005)より改変。

問いかけの仕方によっては問題の数がむしろ増えてしまっている。ここで遭遇する困難とは、発生機構的な説明が一向に進化発生学的な問いの答えにならないという、まさにそこにつきる。本来的に、プロセスとしての進化を読み解くにあたっては、発生学的機構の解明はその一部ですらない場合があるのだ。ゲノムも、遺伝子も、それによって組み上げられる発生プログラムも、形態の変化も、それらのすべてがまったく同じ一つの系統樹の上に分布しており、そのそれぞれが系統樹のかたちと整合的な変化と多様化の系列を示している。これを眺めつついま我々が探るべき要因はといえば、それは個々の動物における発生プログラムの中でゲノムや遺伝子(群)がどのように機能しているかという共時態の要因や機構ではなく、むしろ、一つの形態進化のプロセスにおいて、遺伝子や発生プログラムの何がその変化を許容し、あるいはそれを駆動したのかという通時態の変化プロセスであろう。「進化発生学においては、表現型模写がほとんど唯一の証拠となる」というのは、その意味においてであり、そのためには、是非とも非モデル動物が用いられなければならない。そして、個々の動物における二次的な(DSDを介した)安定化や、現象そのものと関係のない新規性などのノイズをできるだけ除去しなければならない。我々はかくして、一九世紀末とは比べものにならない情報量を扱わなければならなくなってきた。それ自体は喜ぶべきことだが、一つの仮説を導く作業は、それに輪をかけて増加している。

本書の以下の部分では、先ず典型的な比較形態学の問題として、ボディプラン進化の古典的な回答例を示し、続いてボディプランを遺伝子発現で読み解いてゆこうとする研究の戦略が、本質的にこれと同等の問題を抱えていた(いる)ことを示してゆく。それは比較形態学や比較発生学の時代におけるより、遥かにクリアな問題となったといえるが、予想されるその答えは、以前にも増して複雑な様相を呈している。それはすなわち、問題の真の姿がみえ始めたということなのである。このような状況の中で、進化発生学はいま、一九世紀以来の宿題を目の前にうろたえている。当時、さほど難しい問題ではなかろうと思われていたものが、実際手をつけ、その真の姿がみえ始めるや、問題の奥深さと膨大さに気づき、まさにうろたえている。では、一世紀前の研究者たちは、いったい何を問題にしてきたのだろうか。

脊椎動物の起源という問題意識——ガスケルとパッテン

遺伝子や発生機構という新しいツールを得たことを契機として、現代の進化発生学は一九世紀以来残されてきた諸問題にあらためて挑戦し始めた。脊椎動物の起源をめぐる議論は、その最も顕著な例とみることができる。そして、それは進化的なボディプランの変容を理解の対象としている。比較発生学や比較形態学が一つの教養として落ち着きをみせ、いよいよ脊椎動物の起源を問う準備ができたかのようにみえていた一九世紀末から二〇世紀初頭、問題は脊椎動物（もしくは脊索動物）だけに存在するいくつかの重要な形態的特徴、すなわち形式的に表現された脊椎動物のボディプランを構成する諸要素が、いったいどのように生まれてきたのかということに関してであった。進化発生学では、過去の仮説を検証しうる分子データの追求がおもな手法となった。問題の本質をえぐり出すため、ここではまず、あえて二〇世紀初頭の研究に目を向けてみる。それが、現在の脊椎動物起源論のそもそもの起源を教えてくれるはずである。

◎——歴史的背景

脊椎動物起源問題を解くにあたっては、脊椎動物のボディプランをいくつかの特徴に分割し、それを形式的に記述せねばならない。そこで、発生学的、形態学的特徴からそれぞれの派生的形質の相同物を、ほかの動物門に求めることになった。注意すべきは、現在眼にする各動物門が、みな「冠グループ（crown groups）」よりなり、たとえ過去のいずれかの時点で脊椎動物と系統的に繋がっているとしても（もちろんどこかで繋がっていることに間違いはない）、その分岐以前の祖先的段階にみることのできたはずの原始的状態や遷移状態がすでに残っていないということなのである。つまり、動物系統の類縁関係は、それらが互いから分岐した頃の経緯を正しく類推できて初めて真実性を帯びるのであり、現在みる冠グループ同士の類似性には、潜在的にホモプラジーや変形した相同物、あるいはまったく由来の異なったものがありうる可能性をみておかねばならない。

初期の比較形態学者たちは、化石動物のデータも用いつつ、何とかこの問題を克服しようとした。そして、脊椎動物の形態を何らかの無脊椎動物と結びつけるべく、「変化する成体の形の系列」を想定するという大胆な方針が受け入れられた時代だった。少なくともそれは、グッドリッチが示したような理念的分節スキームよりは、遥かに現実味を帯びたものとして迎えられた。そのように、具体的な無脊椎動物をとり上げ、脊椎動物を導く方針をとった学者としては、以下に解説する生理学者のガスケルや、無脊椎動物と化石魚類を専門とした動物学者、パッテン[631]が有名であり、それ以前にはセンパー(Semper, 1874)やドールン(Dohrn, 1875)が、そしてさらに時代を遡れば、あのジョフロワが、脊椎動物をほかのあらゆる無脊椎動物群と結びつけようとしていた。[632]

現代の進化発生学の最もアカデミックで興味深い研究は、ボディプランの起源と進化的変遷の理解に置かれている。そしてその研究の方法論は、基本的に一九世紀末から二〇世紀初頭の学者たちが頼っていたものと大きく変わらない。それどころか、当時とまったく同じ問題が、新しいツールと発見を用いて扱われていることを以下にみてゆく。

◎——仰向けになる祖先

脊椎動物と無脊椎動物の比較、そして背腹反転(図6-6)による節足動物(前口動物)と脊椎動物の重ね合わせを最初に行ったのはジョフロワかもしれないが、それが決して脊椎動物を何かほかのものから「導き出す」目的のために行われたのではないということには留意すべきであろう(これは、非常にしばしば誤解されるところである)。しかも、ジョフロワにとっては脊椎動物と結びつけられた関節動物(節足動物+環形動物)は、脊椎動物の源ですらなかった。そもそも、脊椎動物が節足動物から生まれたと考えるのであれば、哺乳類と頭足類を重ね合わせようなどとはしなかったであろう。むしろ、ジョフロワにとって、異なった動物が変形によって結びつけられるという事実は、動物の形態すべてを統べる「統一的型」が存在することの証明でしかなかった。

一方で、明瞭な進化的文脈の下に脊椎動物を環形動物から導こうとした学者が、バルフォーの指導者であったドールンであった。彼は明瞭な分節論者であり、それは彼の「環形動物起源説」と分かちがたく結びついている。すなわち頭部分節論は、原型論から脱却した結果として、不可避的に脊椎動物の原始的ボディプランと、それが示唆

図6-6▶センパーによる環形動物起源説。上は環形動物のボディプラン。下は脊椎動物。環形動物を上下逆さまにすれば、脊椎動物が出来上がるが、その際、新しく口を作り直さなければならない。脊椎動物の分節性はここでは、環形動物のそれがそのまま用いられていると仮定されている。ここに典型的にみられるように、脊椎動物を導く伝統的な3大問題は、背腹の反転、口の発明、そして分節性の起源であったが、第3の問題は無視されることも多かった。a:肛門、b:脳、g:腸管、m:口、s:脊髄。Romer & Parsons(1977)より改変。

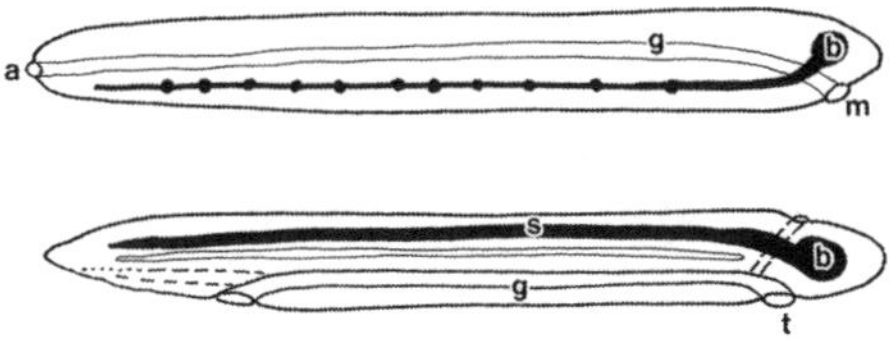

する祖先の姿に言及しないわけにはゆかなかったのである。つまり頭部分節性の問題は、脊椎動物のボディプラン理解の一里塚でもある。しかしその一方で、一九世紀の終わりから二〇世紀の初頭にかけて、脊椎動物の頭部問題に携わった学者たちのほとんどが、脊椎動物しか扱ってこなかったことは確かである。これについて興味深い事実は、頭部分節性研究者の中で脊椎動物と何らかの無脊椎動物をともに扱ったごくわずかな学者の一人がグッドリッチであったということであろうか。彼はたとえば、箒虫動物のアクチノトロカ幼生や節足動物、環形動物の原腎管(protonephridium あるいは nephridium)の形態を初期の研究対象として扱ったが(Goodrich, 1897, 1898, 1899, 1900)、これらの研究の延長が、彼のナメクジウオ、ならびに脊椎動物研究へと繋がっていったのである。[633]

脊椎動物の起源を別の動物群に求める方針にはいくつものがありうる。その候補としては、節足動物、環形動物、半索動物のギボシムシ、棘皮動物[634]、尾索類など様々なものがあった。その一つひとつを吟味しようとすれば、おそらくそれだけで優に一冊の本が書けてしまうであろう。重要なのは、分子データにもとづく現代的な系統進化の理解からすれば、ある意味、「これらの説のほぼすべてがある程度正しい」ということなのである。ここで、類縁性が明瞭なナメクジウオや[635]、類縁関係ではなく進化のプロセス(ネオテニー)を問題とした尾索類を除外するならば、右に挙げた各動物系統は、脊椎動物とどこかの地点で共通祖先を持つことになる。それは後口動物の共通祖先か、あるいは左右相称動物の共通祖先ということになる。すなわち、祖先を環形動物に設定することも、節足動物に設定することも、比較によって浮かび上がる共有原始形質は、原理的には同様な形質状態のセットをなすはずであり、それらの比較に優劣があるとすれば、それは比較対象となったどちらの動物群がより原始形質を多く残しているかということを反映するにすぎない。[636] 手続き上「左右相称動物を起点として」脊椎動物のボディプランの成立を語るのであれば、どの動物を比較対象としても、それが前口動物である限り大差ないのである。同様に、脊椎動物の祖先を棘皮動物にしようが、半索動物にしようが、後二者が歩帯動物という単系統群をなす限り、考察は後口動物を起点とした脊椎動物ボディプランの成立をめぐってのものとなる。

しかし、分子生物学的に裏づけられた系統樹を持たない場合、比較形態学的吟味それ自体が、系統樹を指定することになる。形態学的な相同性の発見と系統関係が相互言及的なループをなす限りこれは仕方のないことで、実際、このことに極めて自覚的であったのが二〇世紀初頭のパッテンと、一九八〇年代に石灰索類という化石棘皮動物から脊椎動物を導こうとしたジェフリーズである。パッテンは、脊椎動物が節足動物の鋏角類の内群であるといい、ジェフリーズは脊索動物の三グループ、頭索類、尾索類、脊椎動物が、それぞれ別の祖先的石灰索類を祖先とした棘皮動物の内群であると述べた(Jefferies, 1986)。ジェフリーズにとって脊索動物は多系統群であり、一方で、従来いわれてきた棘皮動物はいまや側系統群となり、脊索の獲得は脊索動物の共有派生形質ではないことになってしまう。この考えは広く認められることはなく、分子系統学的解析結果とも、古生物学的解釈とも整合的ではない。筆者の見解では、脊椎動物どころか、顎口類にしか存在しないような派生的形質の相同物が石灰索類に見出されていることがまずもって受け入れられない。しかし、半索動物にも存在する鰓孔と同じものが棘皮動物のステムグループに存在し、したがって歩帯動物と脊索動物にともに存在する鰓孔の起源が、これら両系統の共通祖先に求められるというシナリオは信憑性が高く、それは評価されてしかるべきである。

　また右のこと以上に興味深いのは、左右相称動物の祖先を起点にしようが、後口動物の共通祖先を起点としようが、脊椎動物を導き出す上で説明すべき項目(脊椎動物の共有派生形質)はつねに、ほぼ同じセットの形質だということである。[●637] それは以下のように要約できる。

①脊索の起源
②分節性の起源
③口の起源
④背腹の反転

　のちに述べるガンスとノースカットの「新しい頭部説」は、原始的な脊索動物から脊椎動物が成立するために必要であったと考えられる要件（神経堤とプラコード）に焦点を置いたものであり、同じテーマのもとにここで語ることは適切ではない。

右の項目のうち「④」は、脊索動物に特異的な背側の神経管を説明すべきもので、とりわけ、「腹側の神経管」は、前口動物の特徴であると、ジョフロワ以来信じられてきた。そして、脊椎動物の中枢神経が前腸と交差しないこと（図6−6）（あるいは神経管と腸管の相対的位置関係が逆転してもなお、脊椎動物の口が腹側を向いていること）を説明するために「③」が必要となる。つまり、「③」と「④」は多少相補的関係にある。ただし、ナメクジウオの口が特異的に左側に開くことや、脊椎動物の中でも円口類と顎口類の口の位置が微妙に異なること（節足動物の内部でも状況は同様）からわかるように、背腹の反転と同時に起きた、ただ一度の大きな変化で脊椎動物型の口の起源を説明することは困難であろうと予想される。一方で、脊索の起源①を説明しえた学説は少ない。背腹反転については、以下で数回触れることになる。

本書のテーマである頭部分節性は、当然項目「②」にかかわるが、これはいまでも解決していない問題であり、最近は語られることが少なくなったものの、進化発生学の中心命題の一つといってよい。問題の歴史的構造を俯瞰するならば、節足動物と環形動物[●638]にみられる分節性と脊椎動物のそれが相同的だというのは、「節足動物、あるいは環形動物」から脊椎動物が進化したと主張することとほぼ等価であった。そして、これら前口動物の頭部が分節的である以上、脊椎動物の頭部もまた、必然的に分節性を示していなければならないことになる。このような立場が明瞭であったのが、ドールン、アルコック、ガスケル、パッテンなどであった。潜在的にはグッドリッチ、そして、ゼヴェルツォッフもここに含めるべきかもしれない（第2章、第4章）。というのも、グッドリッチにとっては、脊椎動物はナメクジウオのような動物から進化してきたのであり、彼はここに大きな進化のステップをみていたのである。

少なくとも、グッドリッチの形態学的動機は、ドールンらと同じ論理を持っている。というのも、ナメクジウオの頭部がその前端まで分節を伴うならば、それと同じものを脊椎動物は受け継いでいるはずだと彼は考えたのである。それ以前の学者たちにとっては、たとえば、ヘッケルがそうしていたように、ナメクジウオは脊椎動物の一つ

●639か、さもなければ単に二次的に退化・単純化した動物だと考えられていた。そして、脊椎動物の進化的起源を明瞭に問わない頭部分節論者はといえば、ボディプランの神秘主義的単純さや美しさを追い求めていたか、さもなければ、発生プログラムのありうべき法則性を指向していたのである。しかし当時、これら二つの態度の間に、はたし

図6-7▶ガスケルによる脊椎動物の起源。古生代の鋏角類、ウミサソリのような動物（上）から中間段階（中）を経て、脊椎動物（下）が導かれる。ウミサソリの消化管が神経管の中心管となり、口は脳下垂体と視床下部に、腹側に新しく、鰓を用いて脊椎動物型の消化管が作られている。Gaskell（1908）より。

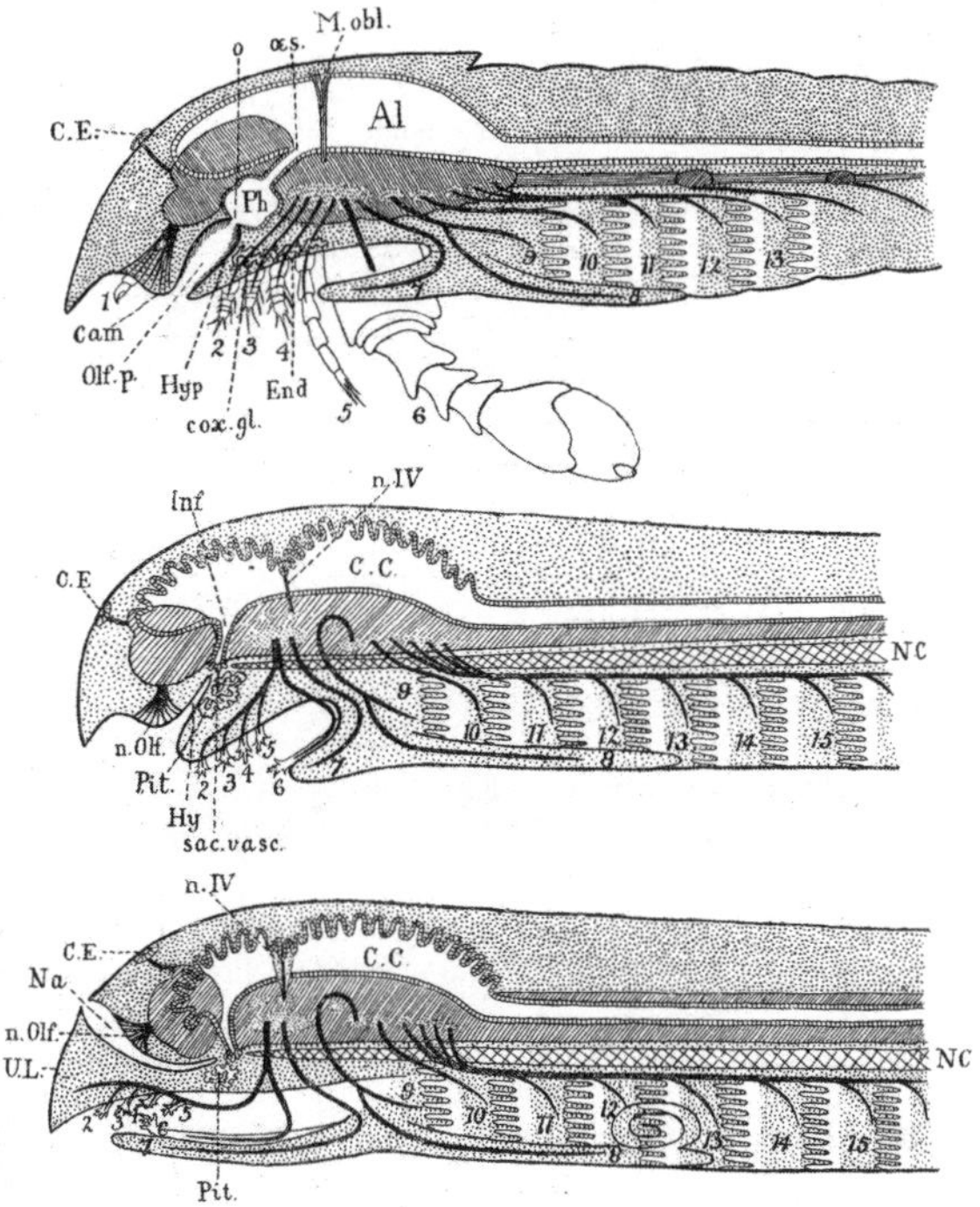

てどれほどの違いがあったであろう。

このような状況は、実は二〇世紀の終わり、Ｈｏｘコードの発見を皮切りに、進化的に保存された分節的前後軸特異化の機構が認識され、発生機構と進化の間の関係に研究者が注目し始めた頃に、ある意味再現されていた。その事実に、我々はまず自覚的でなければならない。そこで強調されたのは、分節的発生機構の美しい規則性であり、ゲノム構造とボディプランの整合性であり、ファイロティピック段階の理解不能の重要性であり、動物群を超えて保存された共通の分子的発生原理であった。以来、「種を超えた保存性」や「共通の分子基盤」などのキャッチフレーズが横行するようになりいまに至るが、そこに進化を無視した神秘主義がいつでも胚胎する可能性を見逃してはならない。Ｈｏｘクラスターや分節化制御遺伝子群は、ボディプランを成立させるために重要であるから種を超えて共通しているのではなく、それは様々なタイプの淘汰を経て、保守的となる（淘汰を通じて守られる）に足る重要性を、むしろ発生機構そのものの性質と進化の帰結として、どこかの時点で二次的に獲得したのである。実際、保守性や相同性は「変化を理解する学」としての本来の進化発生学の目指すところではなかったはずなのである。むしろ、それを足がかりとして、変化の実態を暴くことが目標とされるべきなのである。

以上のことを背景として、ボディプランの大規模な変化を理解しようとした、現在の進化発生学に連なる指向性を備えていた学者の説をいくつか概観し、その可能性と不可能性を確認する。それは、進化発生学の手法の吟味にも有用となるはずである。

◎——ガスケル

ガスケルは、古生代の海に棲息していた節足動物鋏角類の一つ、広翼類（eurypterids：ウミサソリの仲間）から脊椎動物を導いた学者である。脊椎動物と蛛形綱の見掛け上の類似性に触発された彼の学説は一九〇八年の著書、『脊椎動物の起源（*The Origin of Vertebrates*）』にまとめられているが、同時代人のグッドリッチの頭部分節論（Goodrich, 1912）が不評であったのに対し、具体的な化石種を祖先として、進化的変容の果てに脊椎動物を導くというスタイルをとったガスケルの著書は、当時なかなか好評であったという。

次に紹介するパッテンや、そのほかの多くの比較形態学者とは異なり、ガスケル本人は生理学者であった。そして彼は、一八八〇年代に行っていた、心臓を支配する自律神経系の機能の研究を通し、形態的パターンのみせる法則性に突如として気づき、ある種の天啓を受けたという。これが契機となり、彼は次第に興味を比較形態学へと移し、もっぱら節足動物と脊椎動物の脳の比較を試みるようになった。●640 しかし、それは生理学者として訓練を受けた研究者には、確かに困難な作業であった。「昔であれば、かのヨハネス・ミュラーのように、生理学者であると同時に解剖学者でもあるということは可能であったかもしれないが、学問の細分化と尖鋭化の果てに、それはすでに不可能な時代となってしまっている」とガスケルは著書の序文の中で嘆いている。それから一〇〇年以上経った生物学者の置かれている現在の状況は、すなわちそれに輪をかけて絶望的だということでもある。そのようなガスケルを助けたのが、比較形態学者のアルコックであった。ガスケルの著作にあって、脊椎動物の基本構造や末梢神経系の解析を助けたのは、ひとえに彼女の功績であ

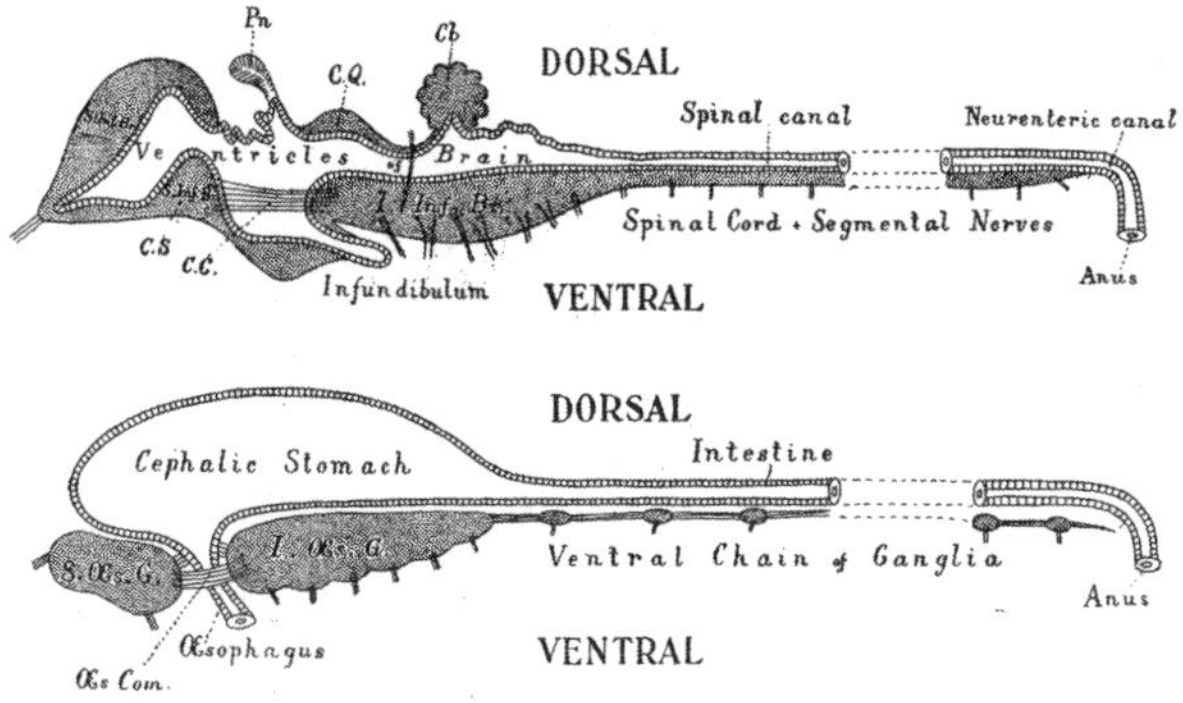

図6-8▶脊椎動物の中枢神経系(上)と、節足動物の腸管+梯子形神経系(下)を比べる。前口動物の中枢神経系は、原口が変形して出来た口のまわりの神経系に由来するために、脳の後ろに食道下神経節をもたらす(これと同じ状況はもちろん環形動物にも再現されている。図6-6をみよ)。つまり、口の開口部を境に、神経系と腸管の背腹関係が逆転する。一方、脊椎動物の口は一貫して腸管側に開く、中枢神経をまたぐことがないため、これを整合的に比較する上で多くの学者は背腹の反転と、二次的に開いた新しい口を脊椎動物の起源に仮定し、それが「後口動物」の名の由来になっているのだが、ガスケルはそのような操作はせずに、前口動物の口と口腔が視床下部の漏斗として残っていると考え、この問題に対処した。Gaskell(1908)より。

った。

ガスケルは、背腹反転を行わず、「新しい腸管」を蛛形類のからだの腹側に新規に作り出した[641]（図6-7〜9）。付属肢を支配していた神経は、いまや鰓弓神経となり、背側に位置していたそもそもの腸管は、脊椎動物の神経管の中心管に作り替えられている。その腹側に、分節的な神経節が付着し、多くの運動ニューロンが集塊をなして膨《ふく》らむ、脊髄の基底板を作り出すというわけである。本来の節足動物型の口は、この、もともと腸管であったものが、神経管の一部、もしくは本体となるという、ある種過激なトランスフォーメーションを経て閉塞し、新しく形成された前脳、すなわちウミサソリの咽頭部の拡大した部分の下垂体（漏斗部）にその痕跡をみせている。無論、ここではフォン＝ベーアの「胚葉説」が否定されているともみることができる。

このユニークな発想は、確かにガスケルが、当時の伝統的な形態学の教義の上に研究を積み重ねてこなかったことが背景となっている可能性がある。なまじ知識が豊富であれば、このような一見無謀な試みはしなかったであろう。加えて、生理学者のガスケルにしてみれば、形態学的障壁の方が、生理、機能的差違よりも飛び越えやすいと感じられたのかもしれない。実際、ガスケル流の比較によって、節足動物と脊椎動物が結びつけられるやいなや、それはいくつかの重要な矛盾を生み出してしまう。その一つとして、現代の進化発生学者の多くが認めている、脊椎動物の祖先的状態を多かれ少なかれ反映しているであろうと目されているナメクジウオを、ガスケルは脊椎動物の祖先の候補から除外してしまうのである。

これは確かに当然の帰結である。ガスケルにとって、ある程度発達した節足動物の脳と神経節から脊椎動物の脳を作り出すことが可能なのであれば、極めて貧弱な脳胞しか持たないナメクジウオ[642]は、初期の脊椎動物の姿として不適切と判断せざるをえない。そこで、ガスケルは、「ホヤやナメクジウオは、本来脊椎動物が持つべき特殊性を決定的に欠いている」という理由で、脊椎動物の祖先の座から引きずり下ろし[643]、むしろ古生代のウミサソリや、そこから派生して脊椎動物状態に到達した初期の動物の候補として、甲皮類（顎口類のステムグループ）や、板皮類（顎口類のステムグループ）の原始的な系統に属するボスリオレピス類などを挙げるのである[644]。このような、「脳中心主義」とでも呼ぶべき考察のバイアスは、次に紹介するパッテンにも共通するものである。

ここで注意を喚起しておくならば、脊椎動物全体の歴史に関する二〇世紀初頭のイメージは、現在とはかなり異なっていた。すなわち、動物の歴史の中でも脊椎動物の出現は、極めて新しいイベントだと思われていたのである。これに関しても、ガスケルと次に述べるパッテンのセンスは似通っている。当時、脊椎動物が何らかの（魚のような）形を伴って初めて出現したのは、シルル紀の終わりからデヴォン紀の始まりにかけての頃であると信じられていた。無論、それは化石系列によってもたらされたイメージである。そのため、脊椎動物を生み出した祖先の無脊椎動物

図6–9▶節足動物型のボディプラン（A）から脊椎動物（D）を導く仮想的プロセス。Bは腹側溝から脊索が出来る段階、Cは体壁葉の伸長と、附属肢の変形による腸管の形成経過を示す。このプロセスは明らかに進化過程として描かれている。注意すべきこととして、このような方法で作られる脊椎動物の咽頭部は、むしろナメクジウオの解剖学的パターンに近い。実際の脊椎動物では、体節筋は咽頭弓を外側で覆い、体腔（囲鰓腔）でとり囲むことはない。AL：腸管、App：附属肢、At：囲鰓腔、F：脂肪体、H：心臓、Mes：中腎、Met：後体腔、My,：筋節、N：中枢神経系、Nc：脊索、Neph：腎腔、Ng：脊索溝、Pl：体壁葉、Sd：分節管。Gaskell（1908）より。

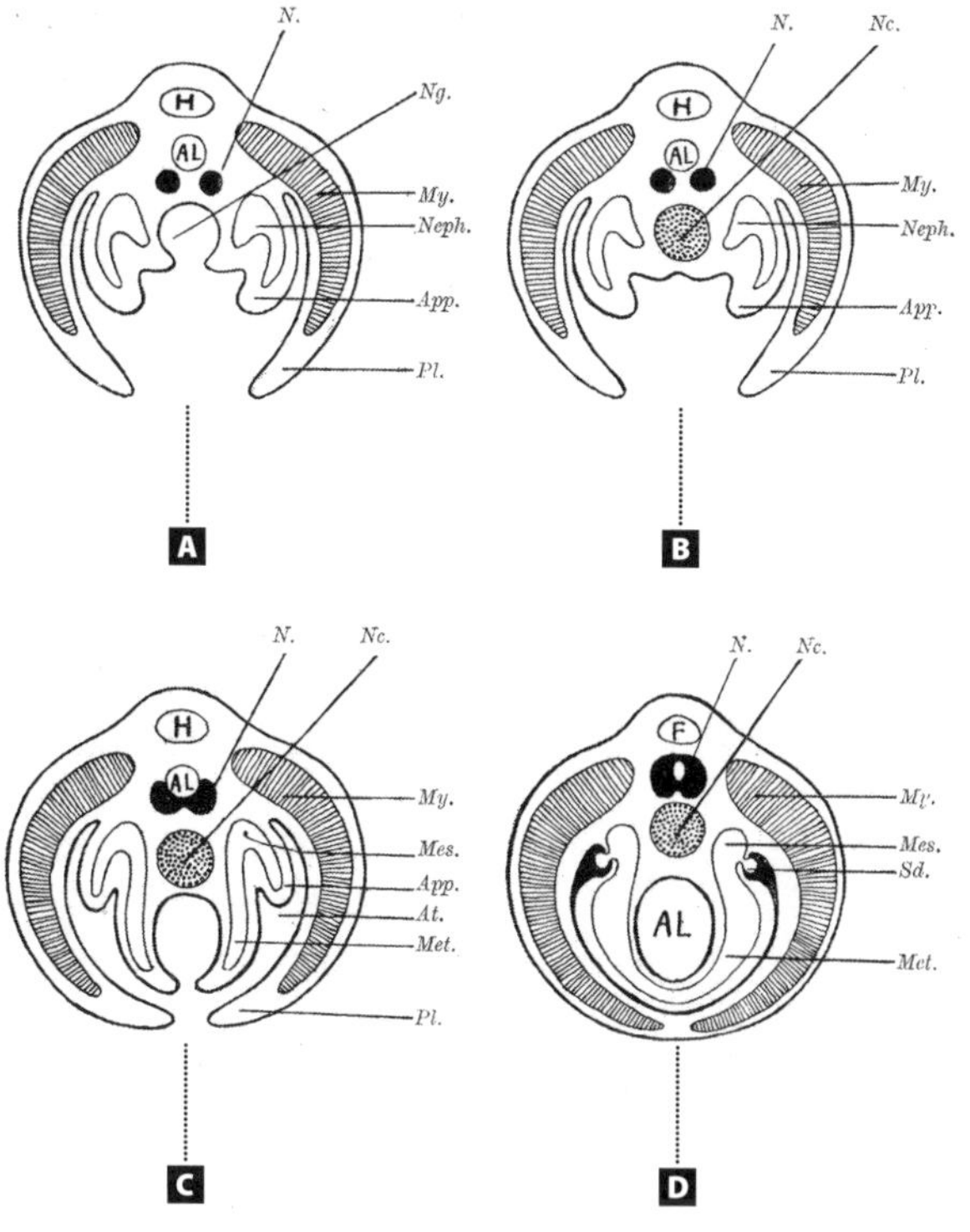

は、シルル紀の動物化石の中に求められることになったのである。対して、新しい古生物学的知見の集積した現在では、カンブリア紀までにはすでに、（系統的には）歴とした脊椎動物が棲息していたと考えられている。それはカナダのバージェスや中国のチェンジャンから発見された、明瞭な硬組織を欠いた小型の動物であったが、いまから一〇〇年前にはそのようなものは、（発掘されながら、気づかれなかったものもあったであろうが）脊椎動物として認知されてはいなかった。脊椎動物のものであろうと思われる、辿りうる最古の外骨格はオルドビス紀からのものとされ、これに関しては現在でも状況はあまり変わってはいない。いずれにせよ、それは顎口類のステムグループ、つまり円口類から分かれてのちに現れた無顎類の仲間と考えてよい。というわけで、最初の脊椎動物に関する彼らのイメージは、ヤツメウナギとヌタウナギからなる円口類の共通祖先から分岐してのちに長い時間をかけて進化し、丈夫な外骨格を備え、みるからにあと少しで顎口類になってしまいそうな、しばしば大型のものを含む頑健な無顎類、現在我々がオストラコダーム（甲皮類）と呼んでいるもの、すなわち「脊椎動物全体ではなく、我々顎口類の系統に含まれる祖先」の、しかも、かなり分化してしまったあとの姿だということになってしまうのである。

それでも、脊椎動物の「起源」に関しては、ある意味、ガスケルは正しく考えていた。このようにいうと怪訝《けげん》に思われる向きもあろうが、「我々が普通にみて、脊椎動物であると簡単に判断できる動物化石」が発見されるのは、確かにオルドビス紀を過ぎてからのことなのだ。しかし、脊椎動物の系統が、ほかの動物系統から分岐したのはいつか、という問題になると、その答えは五億年を軽く遡ってしまう。この時点で、ほかの動物系統はすでに脊椎動物となるべき道を絶たれてしまっているわけだが、しかしその時点ではまだ脊椎動物らしい形は獲得されていない。したがって、現代の生物学者ですら混乱する進化過程を、二〇世紀初頭の学者たちは、別の意味で誤解していたのである。しかし、それが当時の進化についての、もっぱら化石データに由来するリアリティだった。そしてガスケルは、脊椎動物の祖先型としてウミサソリを選んだ根拠として、ダーウィンの指摘した、「ある時代における優勢なグループの中から、次の時代のドミナント種が現れるという、明瞭な傾向」を挙げている。それゆえ、脊椎動物の祖先としてありうべき候補としては、「何より古生代の節足動物をみるべきだ」と彼は考えたのであった。加えて、ビーダーマンによれば、並みいる無脊椎動物の中でも、組織学的に最も脊椎動物のものに近い骨格筋を持つのは節足動物であり、神経系についても、無髄の神経繊維からなるカブトガニとヤツメウナギのアンモシーテス幼生の末梢神経の形態は酷似し、レチウスによれば、脊椎動物のように髄鞘を持つ神経繊維と近いものは甲殻類のエビの仲間に見出されるという。とりわけ、ゲーゲンバウアーの指摘したように、脊椎動物に似た繊維性結合組織を豊富に持つカブトガニの仲間は、有力な候補と思われていた。[645]

かくして、二〇世紀初頭の脊椎動物の祖先探しの方針は、いわば無脊椎動物の中に、当時の水準での古生物学的常識に合致した直近の祖先的動物系統を同定し、その動物と、当時知られていた最古の脊椎動物を繋げるためのミッシングリンクを、比較解剖学的吟味と、ときおり比較発生学的吟味によって作り上げるということであった。[646] そのゆえに、このような「脊椎動物の起源説」は、現在の我々の知る系統進化のリアリティからみれば、極めて奇異

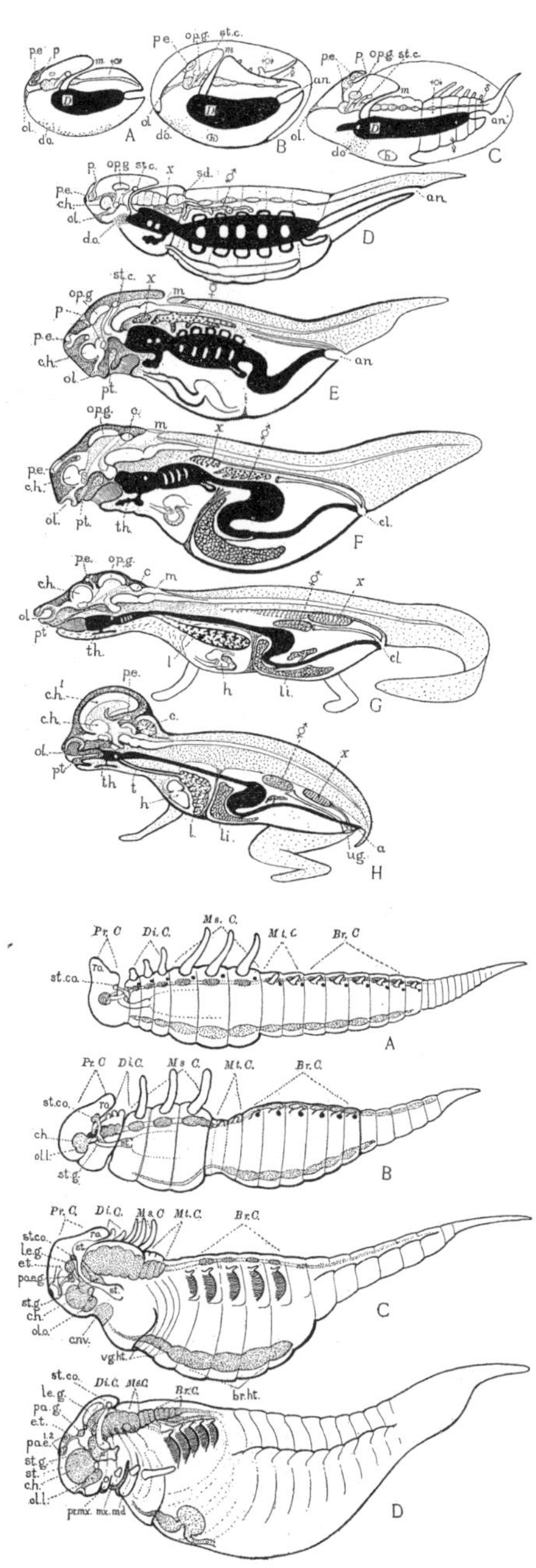

図6-10▶パッテンによる脊椎動物の導出。ガスケルと同様節足動物から脊椎動物を導き出しているが、ここでは背腹反転が仮定されている。Patten (1912) より。

なものと映るのである。このような方針は、進化発生学へと間接的に繋がるものかもしれないが、胚の形態パターン、とりわけ幼生型や、原腸胚やファイロタイプを起点として考えたガースタングやデルスマンのような、より進化発生学的視点を持った研究と比べると、かなり懸隔があるといわねばならない。

またガスケルは、現生の脊椎動物の祖先的状態として、ヤツメウナギのアンモシーテス幼生を意義のある観察対象として選んだ。それは何より、明瞭に分化した鰓弓神経と脊髄神経、そして前後に分かれた区画を持つ、充分に大きな脳を有するからであった。アルコックの存在意義がガスケルにとって明確となるのがまさにここである。と同時に、ガスケルが本来的に形態学者ではなかったために、板鰓類崇拝からも解放されていたことが、このことからわかるのである。

◎——パッテン

節足動物型のボディプランから脊椎動物を導く、もう一つの極端な説がパッテンによって提出されているものであり（Patten, 1912）、それは彼自身によって「蛛形類説（アラクニド・セオリー）」と呼ばれている。ある意味それは、「背腹反転」を伴うという点でセンパー以来の環形動物説に通ずると同時に、そこがガスケルとは最も異なった部分でもあるのだが、扱う動物や化石、そして比較対象とする器官系の選択は後者に酷似する。とりわけ神経系や感覚器の組織構造をよく吟味しているが、背腹反転を伴わない以上、同じ結論を導くわけもなく、「ガスケルの行った比較とはまったく相容《い》れない」と、パッテンは明言している。

原始的な脊椎動物の例として、パッテンは甲皮類（顎口類の基幹に属する無顎類）と、板皮類の中でも原始的な系統に属するボスリオレピス（*Bothriolepis*）を選んだ。前にも述べたように、後者の動物は、現在では板皮類という、絶滅した顎口類の一グループの中でも、比較的原始的な系統に属すると思われている。顎を持ちながらも、無顎類に極めて近い頭蓋の組成を示し、事実当時それが無顎類とされることも多かった。そしてパッテンは、このような板皮類が海棲蛛形類（marine arachnids）の中の広翼類（eurypterids）から直接に進化したものだと説いた。

確かに、からだの前半と可動性の胸鰭に外骨格を持ち、しかも胸鰭が関節を持つこの板皮類は、外見上、化石広翼類とよく似た印象を持つ。また、最近の古生物学的発見によれば、板皮類の原始的な系統は無顎類から現生顎口類に至る中間的段階[647]を示しているので、板皮類を選んだことに関しては、確かに現生顎口類の祖先的段階としてふさわしいものだった。おそらく、パッテンの図版の中で最も有名なものの一つは、広翼類からセファラスピスを導く変形過程を段階的に示したものだろう。ここに見るように、彼にとってみれば、カブトガニの甲羅と、頭甲類の頭部外骨格腹方部は相同なのである(図6-10)。

　パッテンにとって、動物進化のメインストリームは[648]、刺胞動物から始まり、トロコフォア幼生からノープリウス幼生的なパターンを獲得する進化過程を経て、結果として節足動物へ至り、その中で「頭化(cephalization)」を充分に進行させ、明瞭な頭部を持ちえたものの一つが蜘形類として成立、その中から脊椎動物へと連なるものが生まれた、というプロセスであった(図6-12)。このシナリオを証明するために、彼は現生の蜘形類や剣尾類と脊索動物の比較を実に綿密に行ったのである

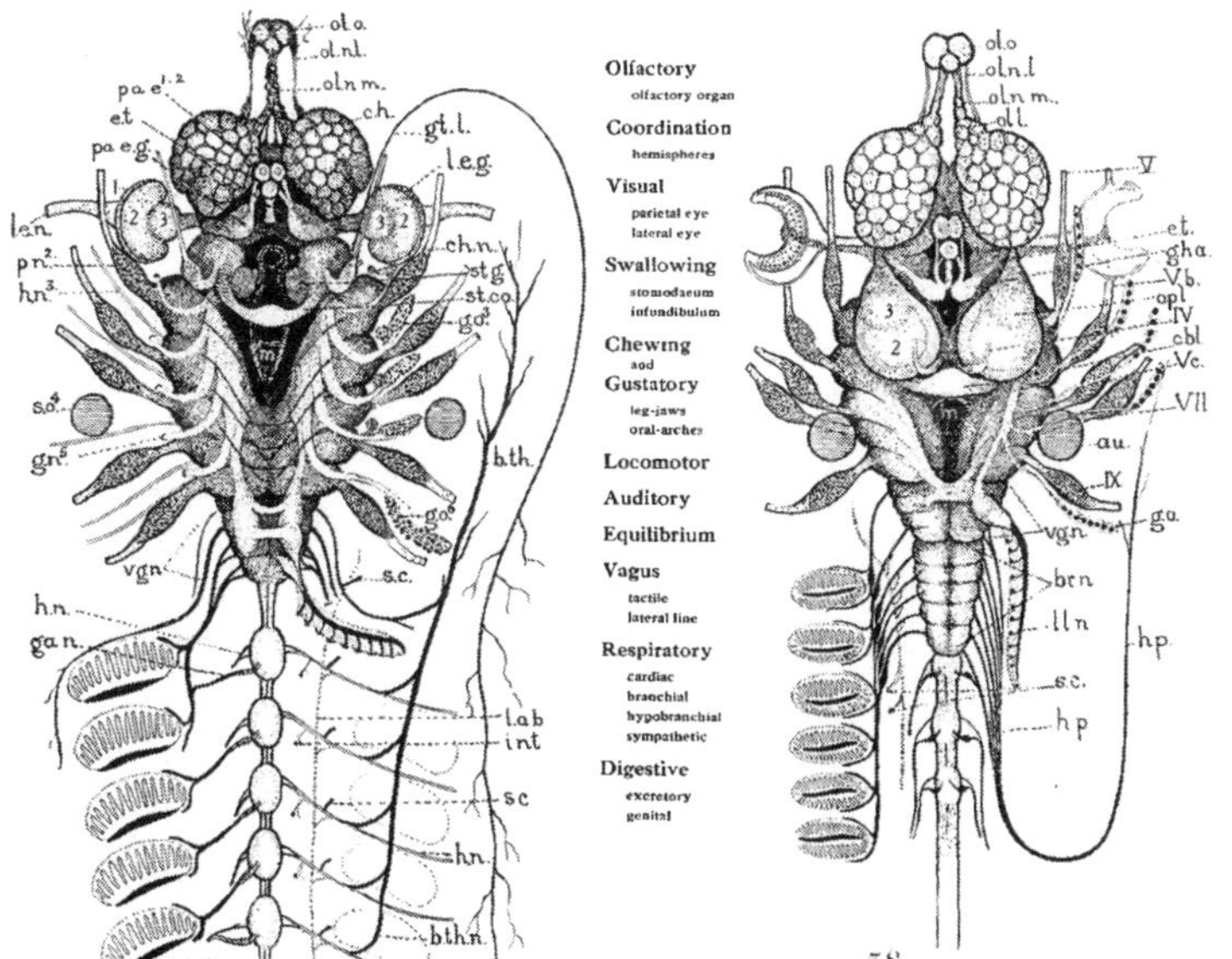

図6-11►パッテンによるカブトガニ(左)と、仮想的脊椎動物の祖先(右)の神経系の比較。Patten(1912)より。

（図6–10・11）。組織学的な比較のレヴェルでは、パッテンは極めてよくガスケルに似る。が、パッテンは伝統的な「環形動物説」と同様、背腹反転を行うことによって、広翼類的な祖先から脊椎動物を導いたのである。

この頭化現象が、パッテンにとっては進化的グレードをなすと同時に、蛛形類の共有派生形質なのであった（図6–12）。そして、それはノープリウス幼生からただちに導かれるものではなく、頭部に含まれる完璧なセットのメタメリズムの獲得によるものであった。したがって明瞭な頭部分節性があることと、明瞭な頭部を持つことが、パッテンにとっては頭化の定義なのであった。そして、この段階に達した単系統群である「シンセファラータ（Syncephalata）」から、多足類や昆虫類などの側鎖が分岐したのちの系統が、蛛形類、「アラクニーダ（Arachnida）」なのであり、脊椎動物はその内群なのである（図6–12）。脊椎動物が分岐してのちの各グループの系統関係に限っていえば、その分岐過程は比較的正確である。まず、円口類が甲皮類から分岐し、後者の内群として板皮類が進化する。板皮類が側系統群として描かれているのも正しい。哺乳類の分岐地点を別とすれば、脊椎動物の系統関係は、現在のものと大きく変わるところはない（図6–12）。ところが、それより以前の分岐過程が問題なのである。

興味深いことに、パッテンは脊索の獲得を単一の事象とはみておらず、頭索類、尾索類、脊椎動物においてそれぞれ独立に獲得されたものだと考えていた。それは、脊索発生の綿密な比較から結論されているわけではなく、むしろ系統関係から導かれる必然であった。●649 というのも、ホヤとナメクジウオは、シンセファラータの外群である、無頭動物に含められるべきと考えられたからである。そしてホヤは、カメノテやフジツボの属する甲殻類の一グループ、「蔓脚類」を祖先的系統とした単系統群の中に含められ、そこには棘皮動物も含められた。パッテンは、蔓脚類がその生活史において、ノープリウス幼生からキプリス幼生段階を経て固着するプロセスに、ホヤのオタマジャクシ幼生が固着して変態するさまをなぞらえ、両者の類似性が他人のそら似ではなく、相同的なものとさえ考えた。事実パッテンは、固着を開始したキプリス幼生を変形させて、ホヤをもたらす場面を想像して描いている。また、このような蔓脚類の幼生から、棘皮動物の幼生（アウリクラリア幼生）をも導くことができるとした。つまり、「固着生活のための変態」は、パッテンにしてみれば、フジツボ的祖先に由来する、「無頭動物」の共有派生形質なのである（図

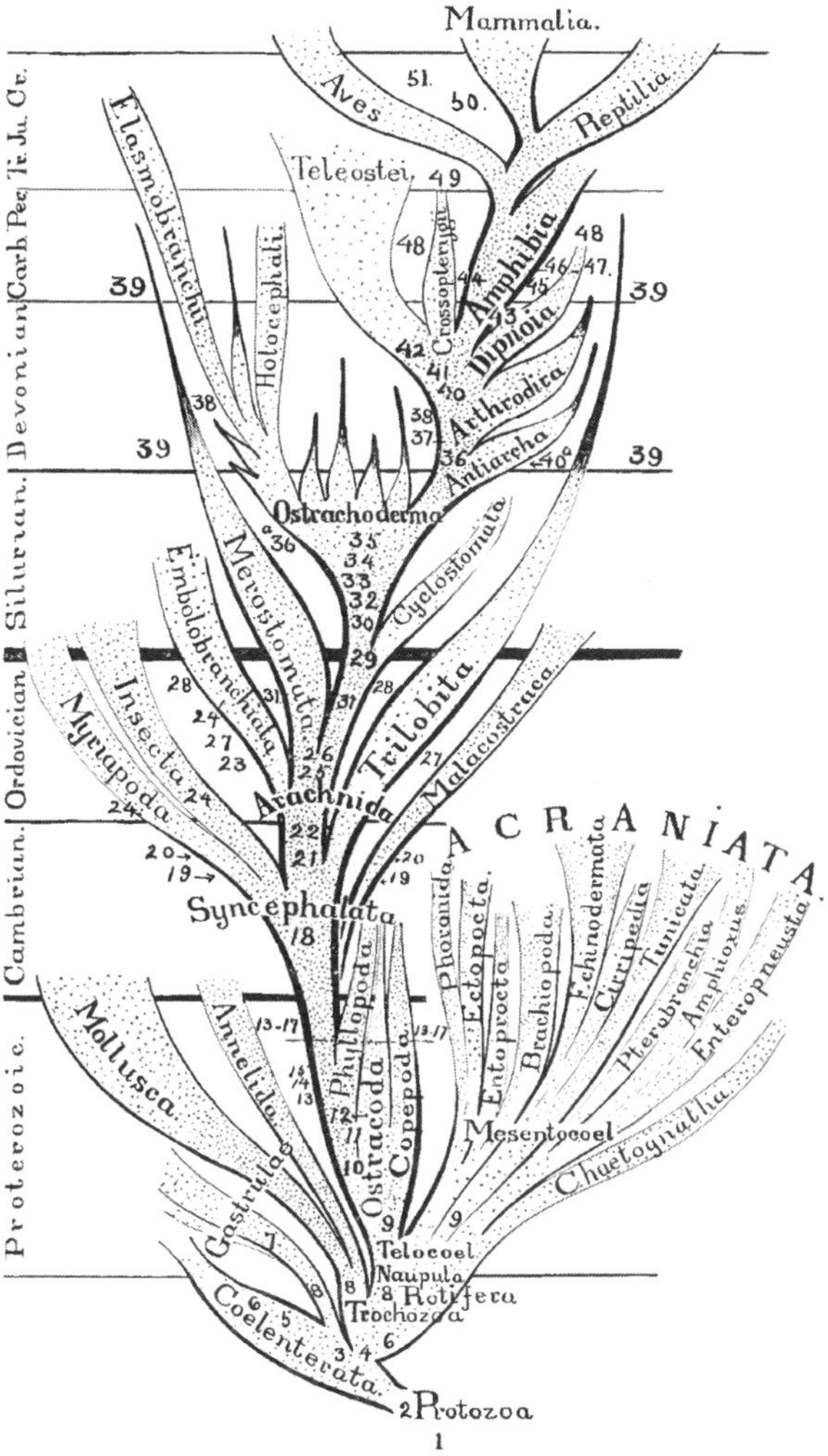

図6-12▶パッテンによる脊椎動物の進化。パッテンによれば、動物の進化の主軸は、腔腸動物から節足動物、甲皮類、板皮類を経、脊椎動物に至る系統であった。この表現に、パッテンが進化過程をグレードとクレードの組み合わせで表現しようとしていることがわかる。そして、この主軸において左右相称動物グレードの祖先型は、トロコフォア幼生のようなものから進化した、節足動物のノープリウス幼生的動物であったという。この主軸にはいくつかの側鎖があり、注目すべきは、明瞭な頭部を進化させることのなかった系統が、「無頭動物」と呼ばれ、単系統群としてまとめられていることであり、この中には尾索類（ホヤの仲間）や蔓脚類（フジツボの仲間）など固着性のものが、ナメクジウオとともに含められている。これよりわかるように、脊索は複数回独立に生じた構造であると考えられていた。この無頭動物の分岐ののちに蛛形動物は成立するのであり、円口類、板皮類、現生顎口類をすべて含んだ脊椎動物は、この蛛形動物の内群であると考えられている。Patten（1912）より。

6–12)。生活史におけるプロセスを「形質」としてとらえ、典型的な形態的具象としての脊索の共有を下位に置くという、このような仮説は、パッテンの生物哲学者としての側面をよく現すということなのだろうか。同様なセンスは、ローマーによる脊椎動物の起源論にもみることができる。

一方で、同じ無頭動物に含められながらも、ナメクジウオは半索動物とともに一つの単系統群をなすとされる。つまり、このような系統関係では、ホヤと、ナメクジウオと、脊椎動物だけに共有された構造としての脊索が、一度だけ進化するというシナリオは不可能となるのである。もし、脊索が脊索動物以外にも存在するというのであれば、それが一度だけ進化したという仮説も可能であっただろう。たとえば、それを思わせるシナリオは実際、最近環形動物の「アクソコード（axochord）」が脊索と相同であるという可能性として示されたばかりである（Lauri et al. 2014）。パッテンはしかし、脊索の獲得を、脊椎動物へ至る道筋の大きな一里塚としてはみていない。

脊椎動物と節足動物を背腹反転によって結びつけるパッテンの比較形態学的、ならびに進化史的描像の過激さは、一見、ジョフロワのものにも近いようにもみえる。が、むしろパッテンが求めたものは、進化系統的な序列に従った変化のシナリオであった。であるから、闇雲にすべての動物対を比較して、似たものを並べていたわけではない。このようなパッテンの仕事はしたがって、脊椎動物の由来だけを指向したものではなく、極めて広範な動物種を対象とした、左右相称動物の主たる形態進化の過程の記述となってしまっている。

ガンスとノースカットと「新しい頭」

ガスケルとパッテンが、比較発生学と比較形態学の一つの極北を示しているというのであれば、以下に解説するガンスとノースカットによる「新しい頭部説（New Head Theory）」は、実験発生学が発生生物学それ自体を変貌させ、その膨大な成果が一つの落ち着きをみせた一九八〇年代に生まれた、機構論的性格の強いセオリーだということができる（図6-13）。つまり、組織形態学的特徴を生み出す細胞系譜や、初期胚の形態パターンに、脊椎動物の諸特徴の要因を見出そうという方針のものなのである。しかもそれは、発生生物学的視点から脊椎動物のボディプランの起源を極めようとする現在の進化発生学研究において、一つのエポックメイキングな地位を保っている。というのも、彼らのセオリーが、脊椎動物のボディプランの中に明確に、「神経堤」と「プラコード」に由来する構造群という共有派生形質を、発生学的イベントや細胞系譜の特異性として定義し、そしてさらに脊椎動物の頭部それ自体を、派生形質とみなしたからである。こうして、神経堤やプラコードの起源さえ説明できれば、脊椎動物が進化的に確立した最も核心的な発生機構に言及することになるという目的が生まれ、いまに至っている。とりわけ、神経堤細胞研究で名を馳せたマリアン・ブロンナーと彼女の研究グループは、このセオリーを意識的に研究に反映させている。

◎――頭部神経堤とプラコード

第2章にみたように、比較形態学の時代にはあまり重きを置かれることが少なかったのが、脊椎動物に独特の細胞群、神経堤細胞の存在である。もとより中胚葉も神経堤も、頭部においてはともに間葉を形成するため、それらを互いに弁別することが困難であった。加えて、脊椎動物の頭部に独特のもう一つの外胚葉由来の細胞系譜が、プラコードのそれである。すでに紹介したようにプラコードとは、脊椎動物胚において頭部外胚葉の一部が肥厚してできた原基の系列をいい、その中には嗅上皮やレンズを形成する感覚器プラコードに加え、側線プラコードの系列、脳神経の神経節をもたらす上鰓プラコードの系列などがある（図6–13）。無脊椎動物の神経系も、プラコードに似た組織から作られるが、脊索動物の中で明瞭なプラコードを持つものは脊椎動物だけだと一般には考えられている。

近年、原索動物の胚にも、プラコードや神経堤と同じ起源を持つ細胞が現れると報告されるようになってきた[●650]（図6–15）。無論それは、遺伝子発現パターンや細胞分化を指標に、神経堤とプラコードの前駆体として考えられているにすぎず、脊椎動物にみるような、典型的な細胞系譜としてそれらが存在しているわけではない。また、脊椎動物においてはプラコードから由来するとされる腺性下垂体の相同物が、ナメクジウオにおいては内胚葉に由来するようにみえ、この状態がヌタウナギにおいても繰り返されているという見解が以前はあったが、これはいまでは否定されており、ヌタウナギの頭部形態パターンはヤツメウナギのそれと直接に比較可能とされ、それは脊椎動物の一般的プラコードの変形として理解できる（ヌタウナギについては、Oisi et al., 2013a、ヤツメウナギ胚のプラコードについてはModrell et al., 2014をみよ）。

このように、脊椎動物の頭部には、間葉性の構造を生み出す能力のある頭部神経堤細胞とプラコードという、動物群特異的な独特の胚組織が存在し、それは脊椎動物がいわゆる「頭化」（もちろん、これはパッテンの意味する「頭化」ではない）という進化傾向を推し進めた結果、感覚器の発達と、脳の拡大、そして摂食や呼吸に用いられる内臓頭蓋の充実を招いたのであろう、実際これらの新しい構造の発達が、無脊椎動物にも存在するような細胞系譜だけでは間に合わず、そこで新たに頭部形成に使われたのが頭部神経堤とプラコードだったと想像されたのである。逆の論理でいえば、神経堤とプラコードの獲得が、いまみるような脊椎動物独特の頭部の進化を可能にしたという推論を導く。このようにして、質的に新しい構造（進化的新規形質：evolutionary novelty）として新たに進化したものが、脊椎動物の頭部であり、その意味で脊椎動物は「新しい頭（new head）」を持っているとするのが、一九八〇年代に発表された、爬虫類学者

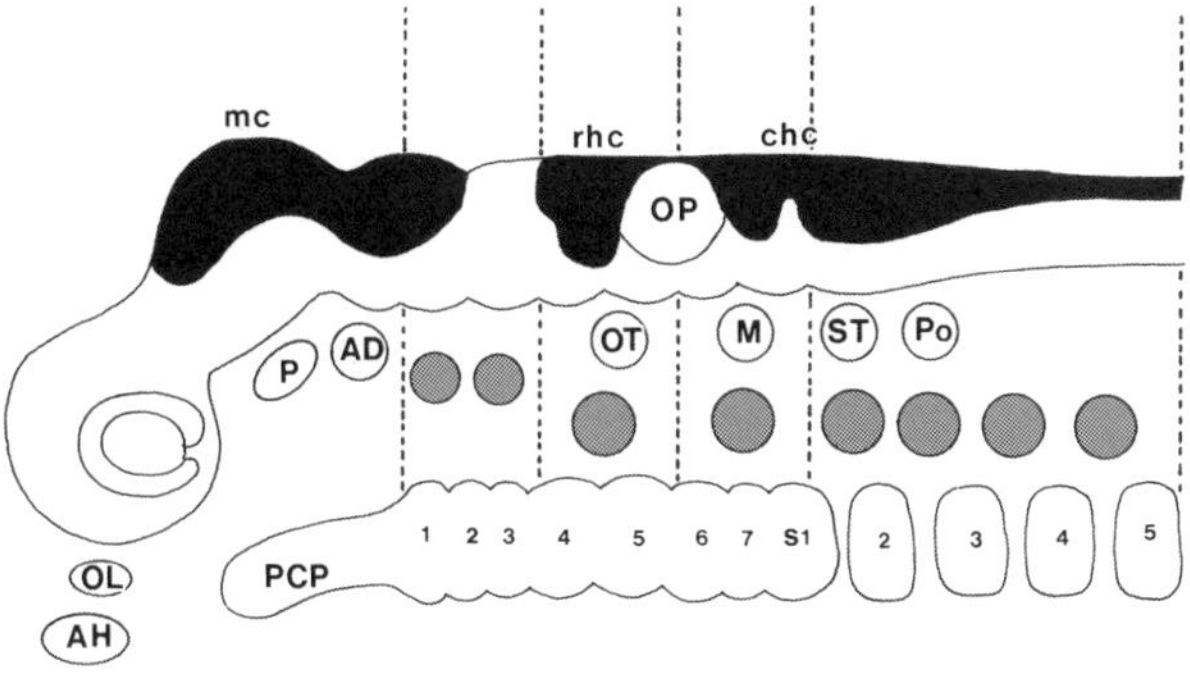

図6-13▶ノースカットの定式化した、脊椎動物における神経堤細胞とプラコード。これに加えて頭部中胚葉が事実上、脊椎動物の頭部を作り出しているとされるが、分節性については強調されていない。Northcutt (1993)より改変。

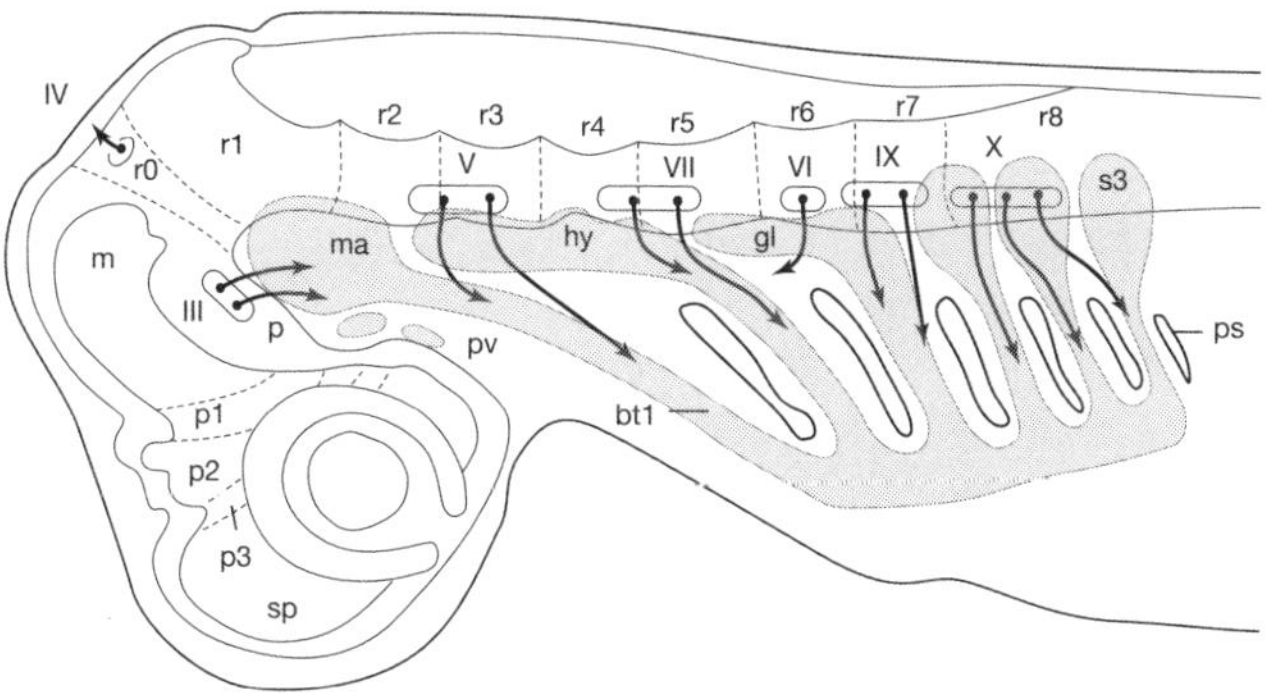

図6-14▶ノースカットが2008年の時点での発生学的理解から焼き直した頭部分節性。菱脳分節、前脳分節の配置、脳神経運動核の位置と、それらが支配する中胚葉の各領域より分化する筋を模式的に描いている。現実の脊椎動物咽頭胚の構築を正確に示してはいるが、ここに頭部分節性の法則を読みとることはできない。Northcutt (2008)より改変。

のガンスと、比較神経形態学者のノースカットによるシナリオだったのである(Gans & Northcutt, 1983; Northcutt & Gans, 1983)。

この説はしたがって、最初からあった体幹の素材を極端に変形させ、二次的に頭部を「形態的変容」として作り出したとする伝統的形態学の考え、つまり「頭部分節論」の基本的理念とは際立っている。一方で、これはまた、前脳の拡大に合わせて、中胚葉だけでは間に合わなくなった頭蓋の部分を神経堤由来の内臓頭蓋で埋め合わせたとする、先に紹介したド＝ビアの説と、まったく同じではないとはいえ、一脈通ずるところがある。いずれこの「新しい頭部」の考えは、脊椎動物における胚の新規形質でもって、頭部の本質に何か派生的な側面を見出し、それを強調する解釈なのである。しかもそれは、新しい変形なのではなく、何か新しいものがつけ加わって出来たと仮定している。ならば、そのような脊椎動物頭部のいかなる前駆体も、祖先的系統の動物や、その胚には見出せない。かくして頭部全体が、ノースカットらによれば進化的新規形質(evolutionary novelty)だということになる。古典的な比較形態学の歴史にあっては、この理論はある意味最も際立《きわだ》った非分節論ということができるであろう。確かに、二〇世紀末期から二一世紀初頭にあっては、非分節論が有利であった。というのも、胚の観察技術の向上により、観念論形態学が理想とする整然とした繰り返しパターンに反する事実ばかりが発見されていたからである(図6-14)。

当然、派生的形質状態ではなく新規形質を強調するノースカットらの考えに対しては、原始形質を強調する説が反論として立ちはだかることになる。その多くは、保守的な分節論か、さもなければナメクジウオ的な祖先にできる限り脊椎動物頭部の諸構造の相同物を見出そうという、グッドリッチ的なパトスに根ざしている。確かに、脊椎動物の頭部は体幹にみられない構造をベースに出来上がっているが、そこには体幹と同様の構造も含められている。たとえば、脳は決して新しい構造ではなく、神経管が変形したものにすぎない。さらに、脊椎動物の脳はサイズの上では確かに拡大しているが、決して形態学的な意味で、何か新しいパターンが前方につけ加わったものとみなすわけにはゆかない。事実、神経堤を持たないナメクジウオの神経管も、脊椎動物と比較可能な前後軸を持つのであり、脊椎動物の前脳に相当する領域を、ナメクジウオの脳胞にも確認することができる、というのが、ノースカットと同じ研究所に在籍するリンダ、ニコラス・ホランド夫妻らの一貫した主張なのである。この見解は、先に述べ

図6–15▶脊椎動物（上）とホヤ（下）におけるプラコードの分布と遺伝子発現、そしてその派生物を比較する。Mazet et al.（2005）より改変。

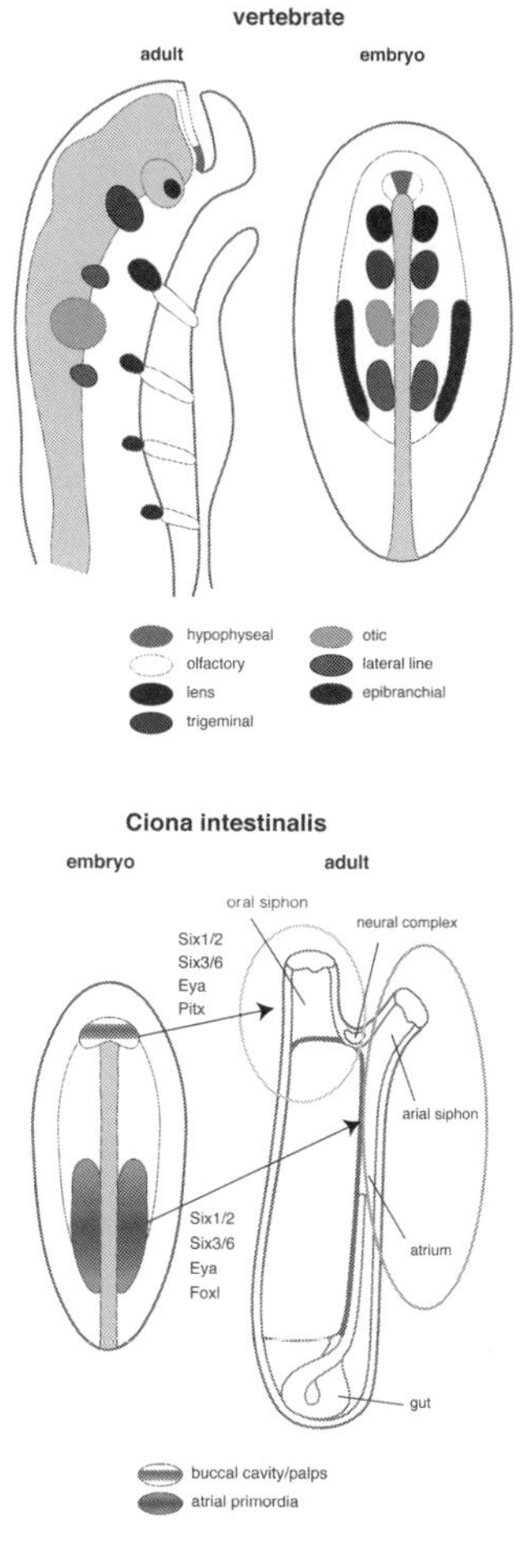

たパッテンの仮説と著しい対照をなす。当然予想されるように、ホランドらは、脊椎動物の頭部に原始形質をみているのであり、彼女たちによれば、ナメクジウオの前方の体節のそれぞれは、脊椎動物の頭部中胚葉の各領域に対応するのであるという。かくして、グッドリッチの模式図の現代版は、いまだ健在であり、それがゲーテ、オーケン以来の頭部分節論の息の長さを物語る。同様に、分節論者と非分節論者の戦いも、筆者が本書を執筆していることの時点でまだ終わってはいない。[651]

◎——神経堤とプラコードの進化

過去数年、多くの進化発生研究者がナメクジウオやホヤの胚に、神経堤やプラコードの前駆体を競って見つけようとしたのは、もっぱら右のような問題意識からであった（図6–15）。これら、外胚葉系細胞系譜の起源を見極めた者は、とりもなおさず今日的な意味で脊椎動物の起源を発生学的に見極めることになるのである。そしてそれは胚体の特定の組織構造か、細胞系譜か、さもなければ遺伝子発現領域、さらに最近では遺伝子制御ネットワークの構造の中に模索され、ある一定の成功を収めてきた。たとえばホランドらは、ナメクジウオ神経管背側部に、Dlx

相同遺伝子の発現部位を見出し、これを神経堤の前駆体と仮定した。一方、ジェフリーらはホヤの幼生の中に、神経堤細胞と同じく遊走性で、色素細胞に分化し、しかも類似の遺伝子発現レパートリーを持つ細部系譜を、神経管の脇に見出した（Jeffery et al, 2004、ほかに知覚神経節細胞の発生を扱った最新の論文として、Stolfi et al, 2015を）。これとよく似た細胞系譜に*Twist*相同遺伝子を強制発現させることにより、その細胞に移動能を付与し、神経堤間葉と同様の特徴を持たせることができるという。また、マリアン・ブロンナーの研究グループは以前より、ニワトリ胚やヤツメウナギ胚を用いることにより、神経堤細胞が神経上皮から特異化され、脱上皮化して移動能を獲得し、さらに多分化能を持つに至る各段階の遺伝子発現レパートリーを記述していたが、そのような遺伝子発現セットの経時的変化系列、すなわち一種のGRNの祖型、もしくは「部品」ともいえるものが、ナメクジウオの分子的発生プログラムにもある程度揃っていることを示している。[652]

上に掲げた一連の発見が、実際に神経堤の前駆体を様々なレヴェルで示している可能性は否定できない。少なくともこれらはみな、前駆体としての性質をよく体現している。進化的なイノベーションは、多くの場合、何かまったく新しいものの発明というよりも、既存の部品を用いた新しい組み合わせ、一種の「ブリコラージュ」や「結合術」の結果として生ずるものである。つまり右の事例は、神経堤というノヴェルティを構成するに至った諸要素であるかもしれないが、それらはまだ完璧な神経堤にはなりえていない。ならば、頭部そのものもやはり、頭部のクォリティをいまだ持ちえぬ諸要素の進化的な結合によって生まれてきたのだろうか。ここにおいて、神経堤の起源が、ある意味頭部問題それ自体の雛形になっていることに気づく。真のノヴェルティは相同物そのものではなく、しばしば相同的な要素の間に成立する「新しい結合」として生まれるのである。

本書の以下の部分では、「相同物」という名の様々な部品を、脊索動物の外側にいる動物系統の中に（ボディプランを超えて）探ってゆくことになる。これは、オーウェンやジョフロワが理解した形態学の範疇を飛び越える作業である。そうすることで不遜にも、先験論の構築した比較形態学の伽藍《がらん》を、あえて破壊しようとしている。いわば進化発生学は、最終的に進化的マニエリスムの秘術を理解し会得するために目下、「部品探しの旅」の最中にいるのである。

ナメクジウオとの比較

まず、明らかに脊椎動物の近傍にいる動物を吟味してみよう。ヘッケルがナメクジウオにヒントを得、脊椎動物の祖先としてプロトスポンディルス（*Protospondylus*）を思い描いたことについてはすでに述べた（Haeckel, 1874）。また、ハクスレーをはじめとし、ゼヴェルツォッフ（Sewertzoff, 1931）やド＝ビア（de Beer, 1937）のような影響力のあった歴代の形態学者や比較発生学者の多くは、ナメクジウオを起点として顎口類の進化を説き起こそうとした。その点、ホヤの体制は二次的変形ののちに著しく脊椎動物からかけ離れてしまっている（Jeffery & Swalla, 1992）。その要因の一端は、Ｈｏｘコードの二次的改変にみるように、発生機構の変形という形でいずれ理解することができるだろう。●653 同時に注意すべきは、とりわけ体性部と鰓・内臓部の間に独立性を見たローマー（Romer, 1972）に代表される、いわゆる非分節論者の視点からすれば、ある意味ホヤのオタマジャクシ幼生の形状も、ある程度は脊椎動物のパターンに（ナメクジウオとは異なった側面で）似ているということであろうか（Lacalli, 2005）。

相同遺伝子の発現が、多くの事例で相同的形質の進化的保存を説明するということがわかるや、初期の進化発生学者たちはナメクジウオの胚を対象に、精力的に比較研究を開始した。これは当然のことといえよう。ショウジョウバエとマウスの比較から思わぬ共通性が抽出できたとしても、それを進化に繋げる系統的センスがなければ、議論はいきおい思弁とならざるをえない。しかしその点、脊椎動物の理解にあってナメクジウオは進化的変化を直接に思い描くことのできる、極めて現実的な対象と考えられたのである。かくして進化発生学の歴史の第一段階においては、ナメクジウオ研究は最も華々しい分野の一つとみえていた。が、最近の分子系統学的解析により、脊椎動物の系統と姉妹群をなすのは頭索類ではなく、むしろ尾索類であるということが一般に認められるようになってきた[654]（図6–17）。これは少なくとも、神経堤細胞様の細胞やプラコードが、ホヤの幼生に存在するらしいという最近の知見と合致するようにみえるがしかし、外胚葉性の知覚細胞がナメクジウオにも存在するということも忘れてはならない（Holland & Holland, 2001; Holland, 2005）。むしろ、ホヤと脊椎動物の類似性（共有派生形質）を探すなら、尾部の筋における運動神経繊維終板（motor endplate）にそれを求める方が理に適っている[655]。いずれ、ホランドが指摘するように、古典的な学説の多くが不適切であったのは、正確な進化系統関係が把握されていなかったからである（最近認められている系統関係を図6–16に示す）。しかし、闇雲に外群を祖先型と同一視するだけでは、形態進化の謎は解けないのである。

分子的系統関係が広く受け入れられているにもかかわらず、全体的外観と一般的解剖学的構築において、ナメクジウオと脊椎動物がより顕著な類似性を示すことは一般的に認められている。それは、胚についても成体についてもいえることであり、それがこれまでの比較形態学の結論でもあった[656]。だからこそ、ナメクジウオはしばしば脊椎動物の祖先型を示すものとして利用されたのだが、逆にナメクジウオを二次的に単純化した動物とみなす立場もなかったわけではない。それはもっぱら、自らの仮説が導く系統樹に由来する考えであったが、その中には節足動物の背腹反転によって脊椎動物を導こうとした学者が多かった。系統樹の上での形質の分布が、進化的変化のシナリオと整合性を持たない事例はこれに限らない。現在は明らかに逆のロジックで考察される。分子系統データが大まかには（それが頑健である限り）信頼に足ると受け入れられたために、その受容を前提として仮説が構築されるのである。無論、系統関係それ自体が不確かな動物はいまでもいくつか残っている。

上のことを前提として、脊椎動物の頭部中胚葉が、ナメクジウオの前方の体節とどのように対応するかではなく、ナメクジウオが脊椎動物の祖先の姿をどこまで反映するか、あるいはしうるのかという問題がまず解かれねばならない。上に触れたようにこの問題は、古典的にはグッドリッチがかつて示唆したように、ナメクジウオが脊椎動物の祖先状態に近いという仮説と、そうではなく、ナメクジウオが二次的に単純化した状態を示しているだけだという仮説の対立としてまず存在した。頭部問題においては、ナメクジウオが祖先的状態であることが好んで仮定され

図6-16▶分子系統学的解析に基づく動物の系統関係。左右相称動物はまず、珍渦虫(Xenoturbella)を含む珍無腸動物を分岐したのち、排泄系、血管系、体腔、神経索を備えた「ネフロゾア(Nephrozoa)」となり、それが前口動物と後口動物に分岐する。うち、前口動物はさらに脱皮動物群(Ecdysozoa)と担輪動物群(Lophotrochozoa)に分岐するが、図に見るように後者を螺旋卵割動物と呼ぶ立場もある。後口動物は大きく脊索動物と、歩帯動物に分けられる(過去においては、前二者の外群に珍渦虫が置かれることもあった)。脊索動物の系統の中で最初に分岐するのは頭索類(ナメクジウオの仲間)であり、脊椎動物(ここでは、ヒトとニワトリからなる)の姉妹群とされるのはホヤの仲間(被嚢類もしくは尾索類)である。Cannon et al.(2016)より改変。他にDunn et al.(2008)も参照せよ。

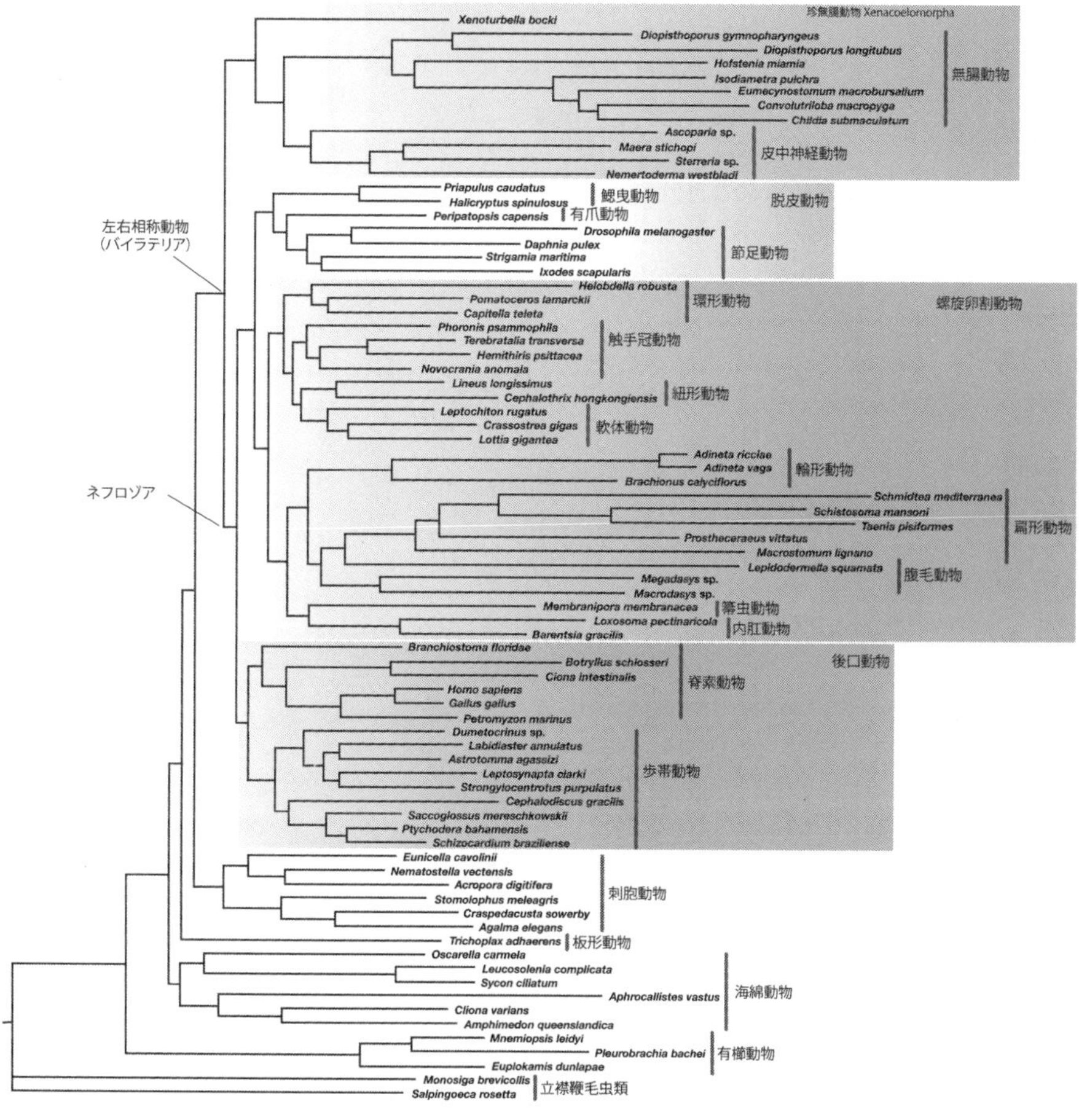

た。なぜならば、頭部に存在しているだろうと（分節論者によって）期待された中胚葉分節が一見そこにあり、そうでなければ別の何らかの祖先的モデルを提出しなければならなかったからである。コワレフスキーがホヤ、ナメクジウオと脊椎動物の近縁性を見出し（Kowalevski, 1866a,b）、ヘッケルがそれを唱導して以降、とりわけ解剖学的に脊椎動物との類似点が多い（ようにみえる）ナメクジウオが好んで比較対象として選ばれてきたことは確かなのである。

◎——ナメクジウオとアンモシーテス幼生

ナメクジウオ胚の体節は[657]、背腹方向に完璧に分節しており、いわゆる側板、もしくは外側中胚葉と呼ばれる部分を持たない（図6–18・19）。したがって、厳密にはこれを、傍軸部分においてのみ分節している脊椎動物の体節と同一視することはできないかもしれないが、本書では便宜的にナメクジウオの分節的中胚葉を「体節」と呼んでおく（それを正当化する試論は、追補参照）。このようなナメクジウオの形態が、比較形態学の歴史の中で、ヤツメウナギのアンモシーテス幼生の筋節と比較されてきたことはいくつかの点から容易に理解できる。

第一に、アンモシーテス幼生では（ヤツメウナギの成体においても）、傍軸部の体節とよく似た分節的筋節が咽頭壁に現れる（図6–19・20）。これは、ヤツメウナギでは鰓下筋（hypobranchial muscle）と呼ばれるが、実際それは顎口類において鰓下筋と呼ばれるものと同起源のものと思われる。[658]とりわけヤツメウナギのこの鰓下筋は、舌下神経と呼ばれる脊髄神経の束によって支配されているが、当初はこの神経は迷走神経の一種の反回枝（r. recurrens）であると思われていた。[659]つまり、一種の鰓弓筋と考えられていたのだ。しかし、のちにこの鰓下筋が体節筋であることがわかり、発生上においても明瞭な分節構造を持つことが注目されたのである。

このため、ヤツメウナギの筋節も、ナメクジウオにおけるように背腹に完璧に分節しており、それが鰓孔によって分断されているという印象を与えたのである（図6–19・20）。しかし、これをよくみれば、ニールがすでに一八九七年に看破しているように、咽頭壁におけるこの筋節は、鰓孔と同期するように分節しているのであり、その背側にみられる体軸の筋節とは決して同期していない。[660]したがってこの分節性は、咽頭壁の運動性のために二次的に獲

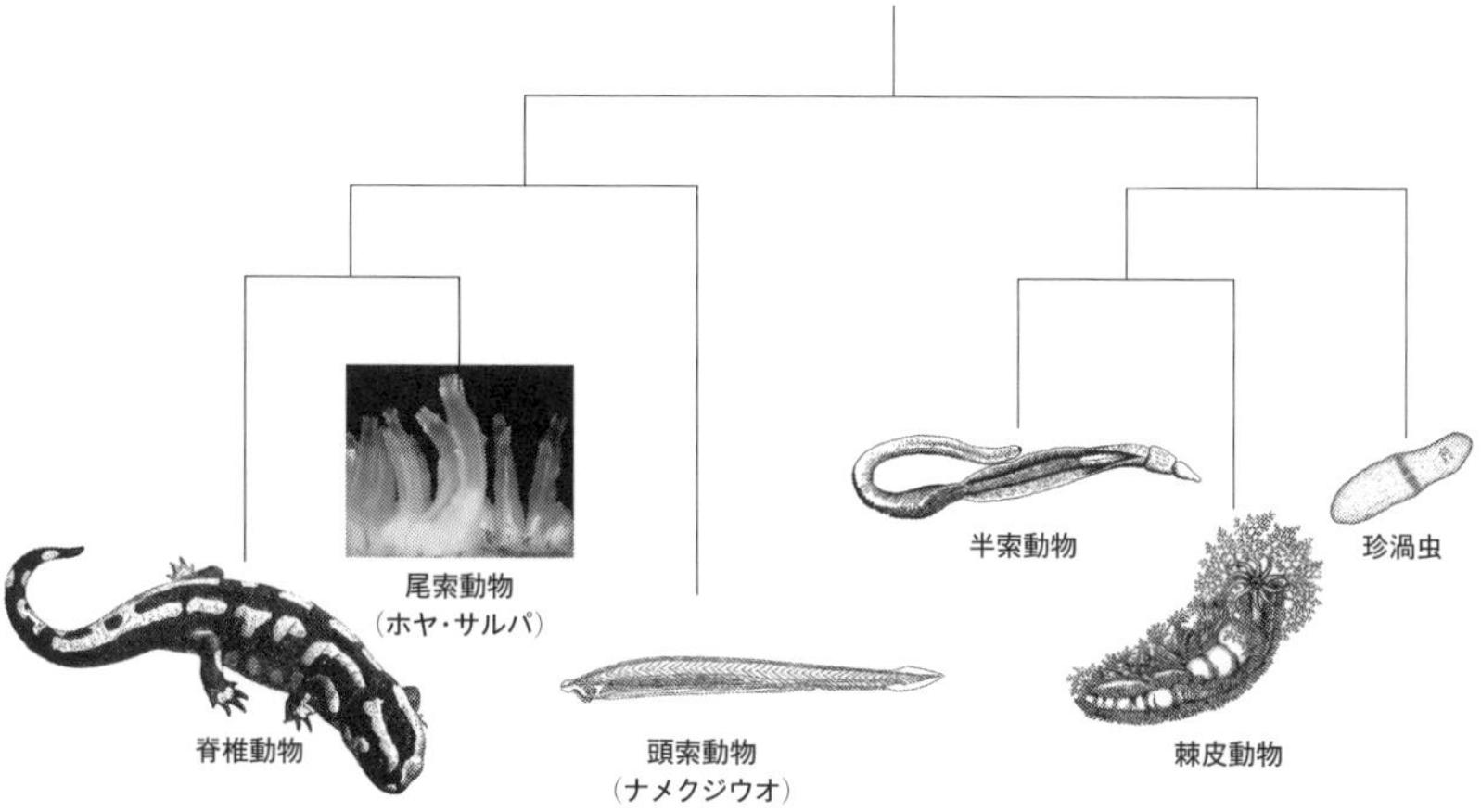

図6-17▶分子系統学的解析による後口動物の系統関係。図6-16とは異なった仮説にもとづいた系藤樹。後口動物は系統的に大きく脊索動物と、歩帯動物に分けられれる。ここでは歩帯動物の外群に珍渦虫（Xenoturbella）が置かれているが、この系統的位置については異論がある。脊索動物の系統の中で最初に分岐するのは頭索類（Cephalochordata）であり、脊椎動物（Vertebrate）の姉妹群とされるのはホヤの仲間（Tunicata：被嚢類もしくは尾索類）である。倉谷（2004）より改変。

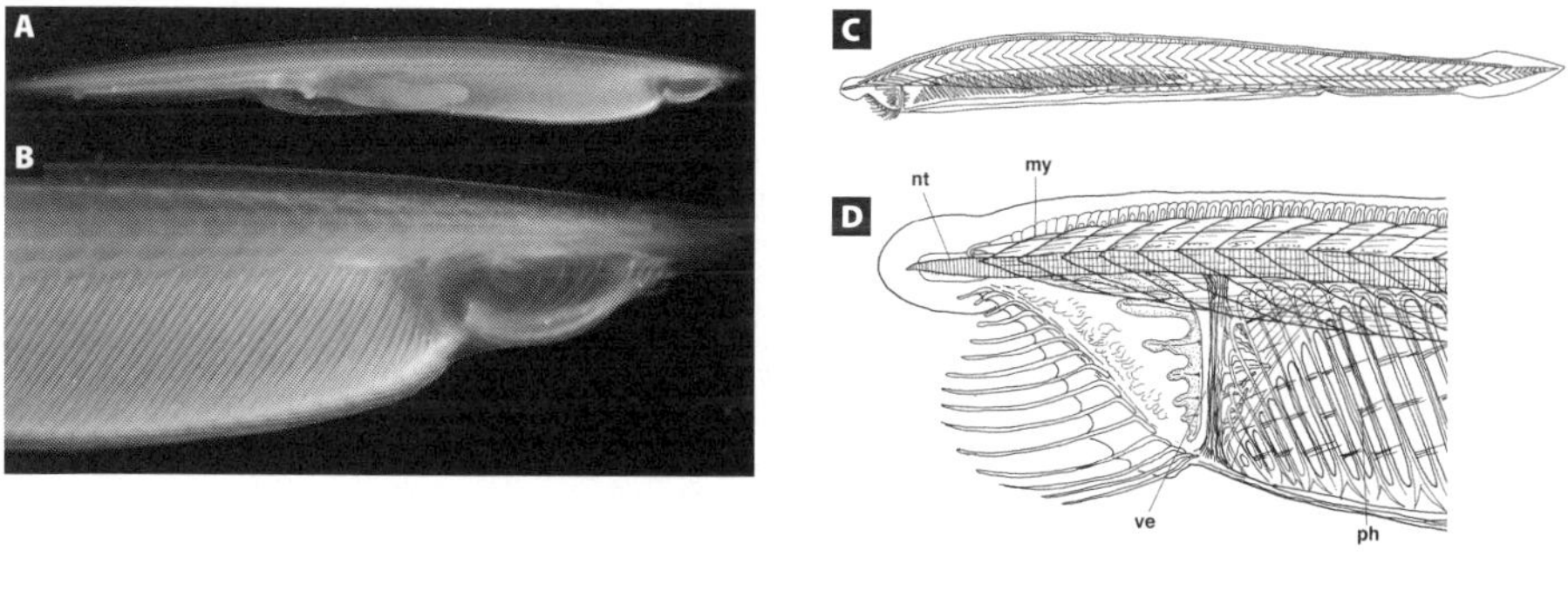

図6-18▶ナメクジウオの「頭部」。脊索が体軸前端まで伸び、筋節が神経管と同じ前後軸レヴェルに存在する。A、Bは菅原文昭氏より提供。C、DはYoung（1962）より。

得された分節パターンとみるべきなのであり、ナメクジウオの体節の分節パターンとは本来的に無関係なのである。また、ヤツメウナギと近縁のヌタウナギにおいては、二次的な咽頭の移動によって、鰓下筋の形態、舌下神経の形態も大きく二次的な変形を受けている(Oisi et al., 2015)。

第二に、顎口類とは異なり、アンモシーテス幼生は頭部に至るまで筋節を備えているようにみえ、それがナメクジウオの状態と似ているとされることが多かった。しかし、アンモシーテス幼生の前方の筋節は、胚発生期において明瞭に耳胞の後方に発した筋節が二次的に移動し、さらにそれが背腹に二分し、眼の上と下に分布するようになったものであり、最初から頭部に存在していたものではない(Kuratani et al., 1997b)。したがって、この点からもやはりナメクジウオと直接に比較することはできない。

第三に、ナメクジウオは左右非対称な発生パターンを示し(図6–21)、成体においては体の左右で筋節の並びが半分節ずれ、互い違いになっているが、ヤツメウナギ胚の体節もまた、左右で完璧に同期していないことが多い(図4–8右)。そのために、ヤツメウナギの筋節の形態がナメクジウオのそれと比較されることがあったが(Veit, 1939)、ヤツメウナギの体節のパターンは単純に不規則なだけであって、個体ごとにそれは変化し、つねに明瞭な非対称性を示しているわけではない(Wedin, 1949; Kuratani et al., 1999)。したがって、これもまた互いに無縁の、見掛け上の類似性を示すにすぎない。

以上のような見掛けだけの類似性のほかに、ナメクジウオと円口類には知覚神経が筋節間を通るという共通点がある。ただし、ナメクジウオにおけるそれら神経繊維が髄内知覚神経(ローハン＝ベアード細胞)であるのに対し、円口類のそれは脊髄神経節を伴う真性の脊髄神経のものである。とはいえ、脊椎動物においても、最終的な脊髄神経背根の発生に先立って、髄内知覚細胞に由来する突起が発生するので、このこと自体は、原始形質とみなしてもよいのかもしれない。

⊙——分節的動物としてのナメクジウオ

ナメクジウオの形態において最も問題とされるべきは、胚発生時における前方の体節、ならびにそれに準ずる構造群である。ナメクジウオには明瞭な索前板が存在しないとされるが、原腸の前端が左右に膨出し、「側憩室（anterior gut diverticulum）」と呼ばれる嚢状構造を作るため（図6–22）、これが顎前腔の相同物であろうと何度となく指摘されてきた。

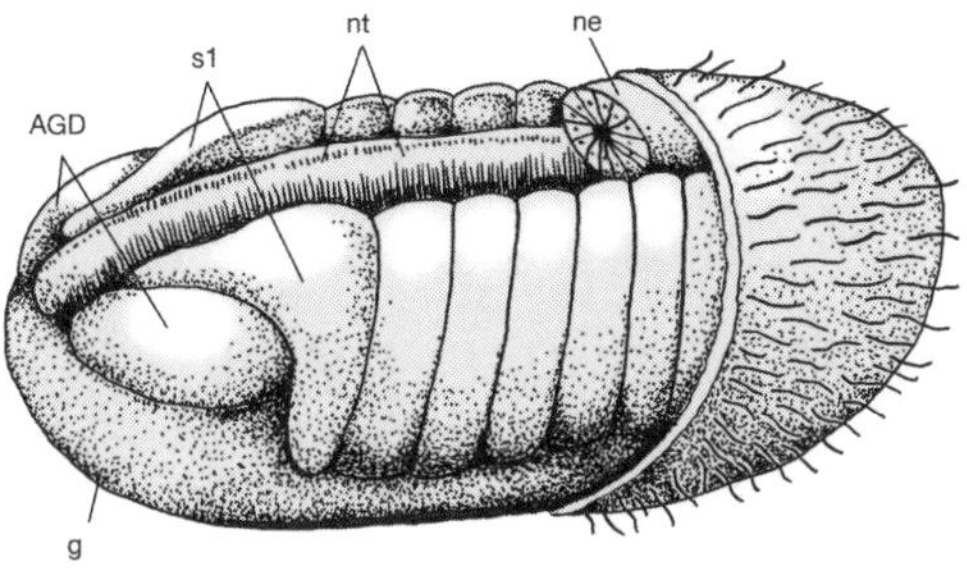

図6–19▶ナメクジウオの背腹に分節した中胚葉。Jarvik（1980）より改変。

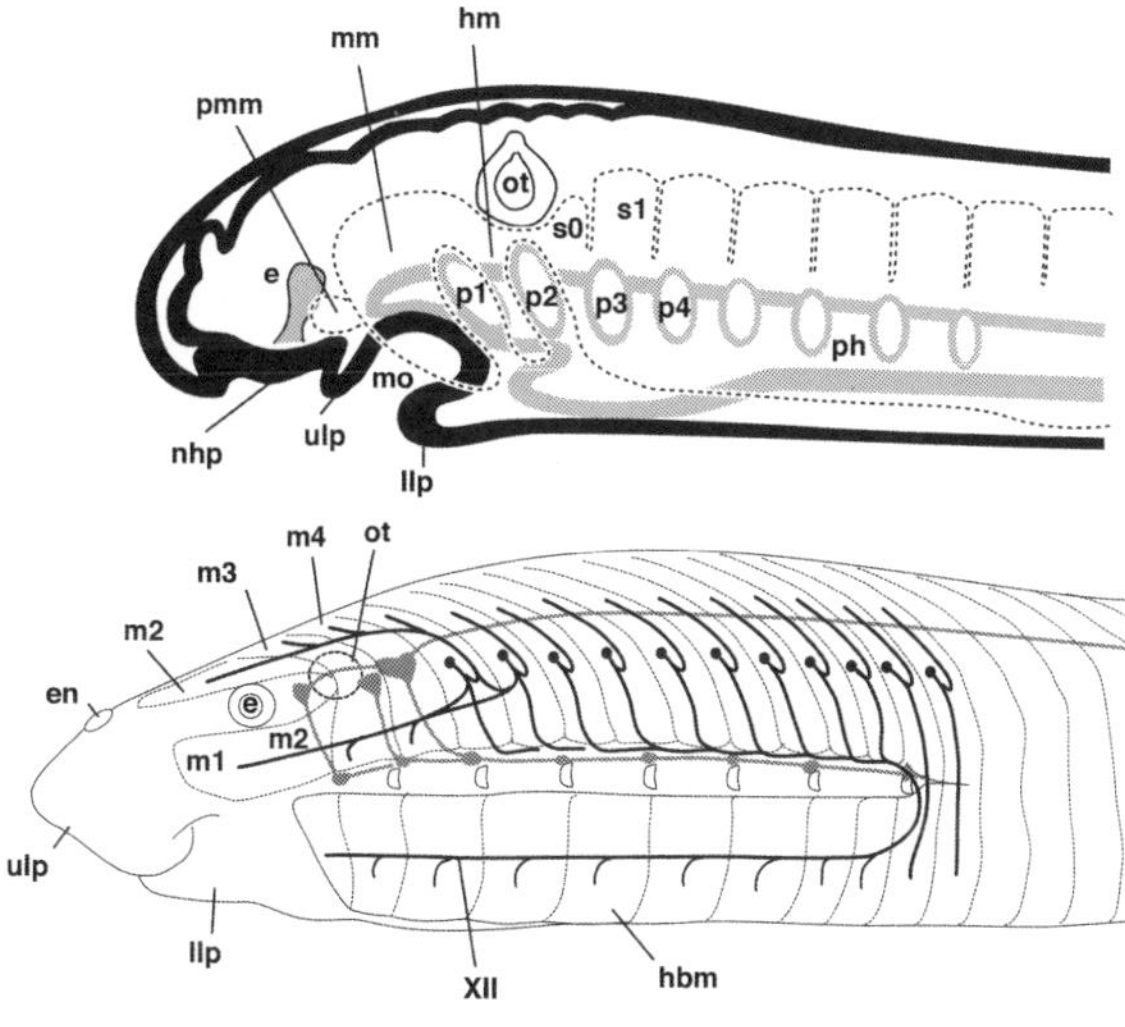

図6–20▶上はヤツメウナギの咽頭胚における中胚葉の分布。破線で示したのが中胚葉であり、頭部中胚葉は分節をなしていない。体幹の中胚葉は、傍軸（背側）部においてのみ分節している。下はアンモシーテス幼生における筋節。鰓孔の下方にみえる筋節は鰓の並びに沿って分節構造を二次的に獲得した鰓下筋であり、その分節パターンは体幹の筋節と同期しない。このような鰓下筋の存在が、ヤツメウナギをナメクジウオと脊椎動物の中間形としてみようとする先入観を助長した。Neal（1897）より改変。

その検証を含め、ナメクジウオの形態と発生を以下に考察する。

ナメクジウオにはからだの中央を体軸に沿って走る脊索があり、この両側に分節化した中胚葉が並ぶ（図6–22）。そのパターンは胚発生時に成立する。このような形態が、先験論的な意味において、ヘッケルいうところの理想化された脊椎動物の状態を示していることは明らかであろう。しかし、詳細にそれをみれば話はより複雑性を帯びてくる。まず、ナメクジウオの脊索は、決して発生の最初から体軸前端まで伸びているわけではなく、それは発生上、二次的に前方へ向けて伸びるのである。また、発生の初期、ナメクジウオの体節のうち前方のいくつかは確かに腸体腔型に発生するが、後方のものは裂体腔型の様式をとる。安井と窪川の要約によれば、腸体腔型の発生様式をとる前方の体節が、*Branchiostoma floridae*では八対あり（Holland et al., 1997）、*B. lanceolatum*（ニシナメクジウオ）では、一三—一四対（Hatschek, 1881; Conklin, 1932）、*B. belcheri*では一一対があるという（Yasui & Kubokawa, 2005）。したがって、ナメクジウオの系統内の進化において、中胚葉の発生様式が時間的、位置的にシフトしてきたことは明らかで、このようなことから体節の発生様式の違いに、特別な形態学的アイデンティティの違い、たとえば腸体腔型の体節が脊椎動物の頭部中胚葉に対応する、あるいは相同であるという仮説は不適切であろう。ちなみに、体節の番号づけに関して、側憩室の対は勘定に入れていない。[661] 確かに、コルツォッフ（Koltzoff, 1901）にみるように、原腸の前端から傍出するこの対構造はかつて体節の系列に含められていた（体節の系列相同物として数えられていた）。しかし、現在では筋節に分化し、その位置をつねに脊索の外側に保っているものだけを「体節」と呼ぶ。

◎——頭部と側憩室

ナメクジウオの発生においては、とりわけ「頭部」において左右非対称的な発生パターンが著しく、口はつねに第一、第二筋節間の下方、左側に開く[662]（図6–23）。当初それは、たとえばヒラメの発生における眼の移動にみるように、もともと正中に開いた口原基がナメクジウオの発生過程で二次的に左側に寄るのではないかと再三観察が続けられた。が、どうしてもそれは証明できなかったという（van Wijhe, 1919 に要約）。ゼヴェルツォッフは原始的な無頭動物が、ナメクジウオに至る過程で左側を向いて横たわった底生動物であった状態を思い描き、それによってこの非対称性を説明しようとしたが、無論ここには反復説的な先入観が働いていた（Sewertzoff, 1931）。そこで前提とされたのはすなわち、ナメクジウオを遡る祖先が、脊椎動物のように腹側に開く正中の口を持っていたであろうという仮説である。これはのちに述べる背腹反転の解釈にとっても重要な意味を帯びてくる。

口の開口に続き、左側の側憩室は拡大し、口の前方で表皮外胚葉と接触する「口前窩（preoral pit）」となり、最終的にこれも開口する。この構造はのちに「毛輪器官（wheel organ）」を作るほか、「ハチェック窩（Hatschek's groove; Hatschek's pit）」とし

図6-21▶ナメクジウオ頭部の左右非対称パターン。Franz（1927）より改変。

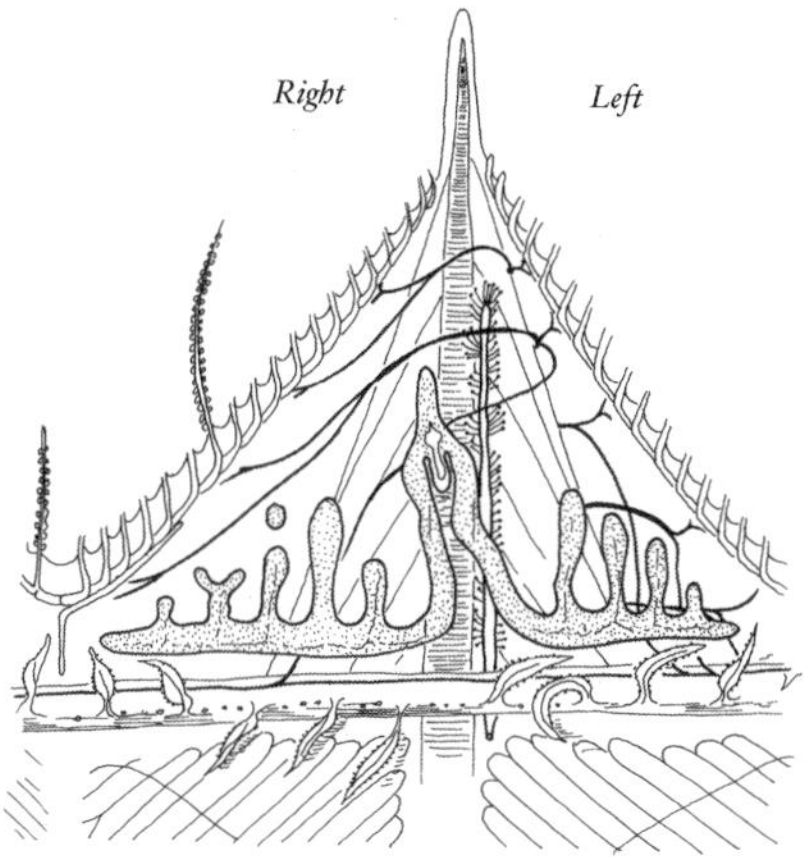

図6-22▶ナメクジウオの初期発生。AGD：側憩室、g：原腸、Hp：ハチェック窩、mo：口、ne：神経管、nec：神経腸管、nt：脊索、s：体節。Hatschek（1881）より改変。

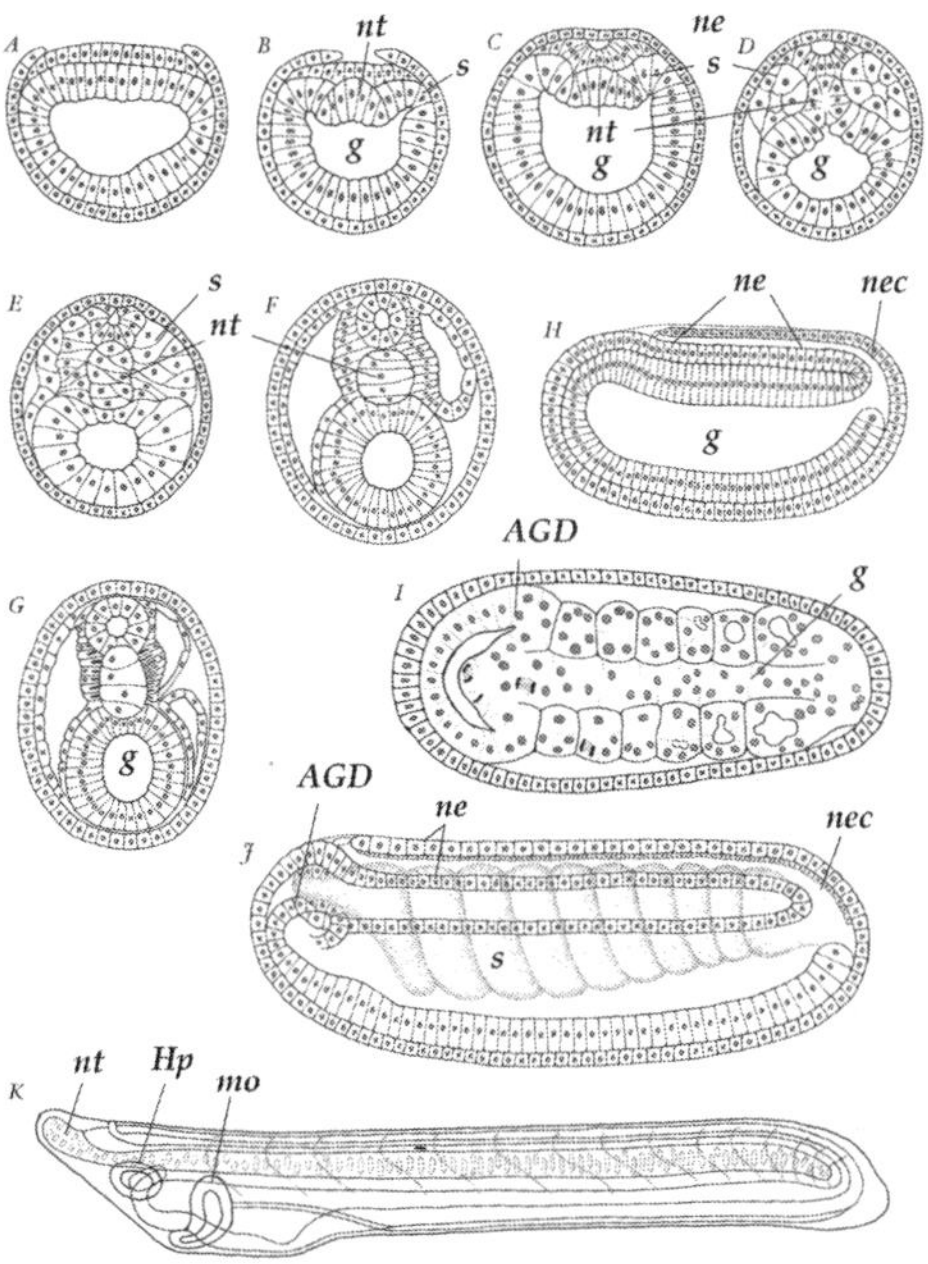

て分化するが、筋組織はいっさい作らない。野崎とゴルブマン以来、ハチェック窩はナメクジウオにおける腺性下垂体相同物であるとされている(Nozaki & Gorbman, 1992)。というのも、そこには内分泌機能が推測され、形態学的にも神経管に対して同様の位置関係を示すからである。

この構造の形成に際して、ハチェック窩が表皮外胚葉の一部をとり込み、その外胚葉系譜の細胞が、脊椎動物において下垂体が外胚葉から起源するように腺性下垂体様の組織に分化すると考えられている。したがって、側憩室の内胚葉起源をもってただちにナメクジウオの腺性下垂体相同物が内胚葉起源である、ということにはならない。また一方で、右側側憩室は単に「rostral coelom」、もしくは「head coelom」と呼ばれる。[●663] これもまた筋組織に分化することはない。以上のことからワイリーやコンクリンは、この側憩室を体節の系列には含めなかった(Willey, 1894; Conklin, 1932)。

その発生や分化をみる限り、いくつかの点でナメクジウオの側憩室は典型的な体節と大きく異なっている。しかし、形態要素や原基の相対的位置関係に重きを置く比較形態学の立場からすれば、側憩室が脊椎動物における顎前腔や顎前中胚葉に似ていることは否めない。すなわち、それが対を成して発生すること、多かれ少なかれ正中で左右の腔が結合していること、さらにナメクジウオでも脊椎動物においても、体軸の最も前方の要素に由来すること(脊椎動物では脊索前板から、ナメクジウオでは前方内胚葉から)、さらにそれが脊索前端のさらに前にある内胚葉、もしくは内胚葉に準ずる細胞系譜に由来すること等々などが挙げられる(Presley et al., 1996)。さらに、たとえそれが筋組織を分化せずとも、体腔上皮そのものがそもそも中胚葉の分化レパートリーの一つではある(Lankester, 1875, 1877)。「rostral coelom」という呼称自体、それが中胚葉のコンポーネントだという主張なのである。

相対的位置関係に加え、原腸前方から由来するという根拠から、側憩室の起源を脊椎動物の顎前中胚葉、そして後口動物の幼生にみる「前体腔(protocoel, axocoel)」(第2章)に求めることが多かった。[●664] 脊椎動物の顎前中胚葉がつねに一対の構造として発すること、そして左右のそれが中央で結合しているという形態学的特徴は、その脊索前板からの由来をよく示し、[●665] それはマスターマンによる体腔の起源のシナリオとも整合的である(第2章)。このように、細胞系

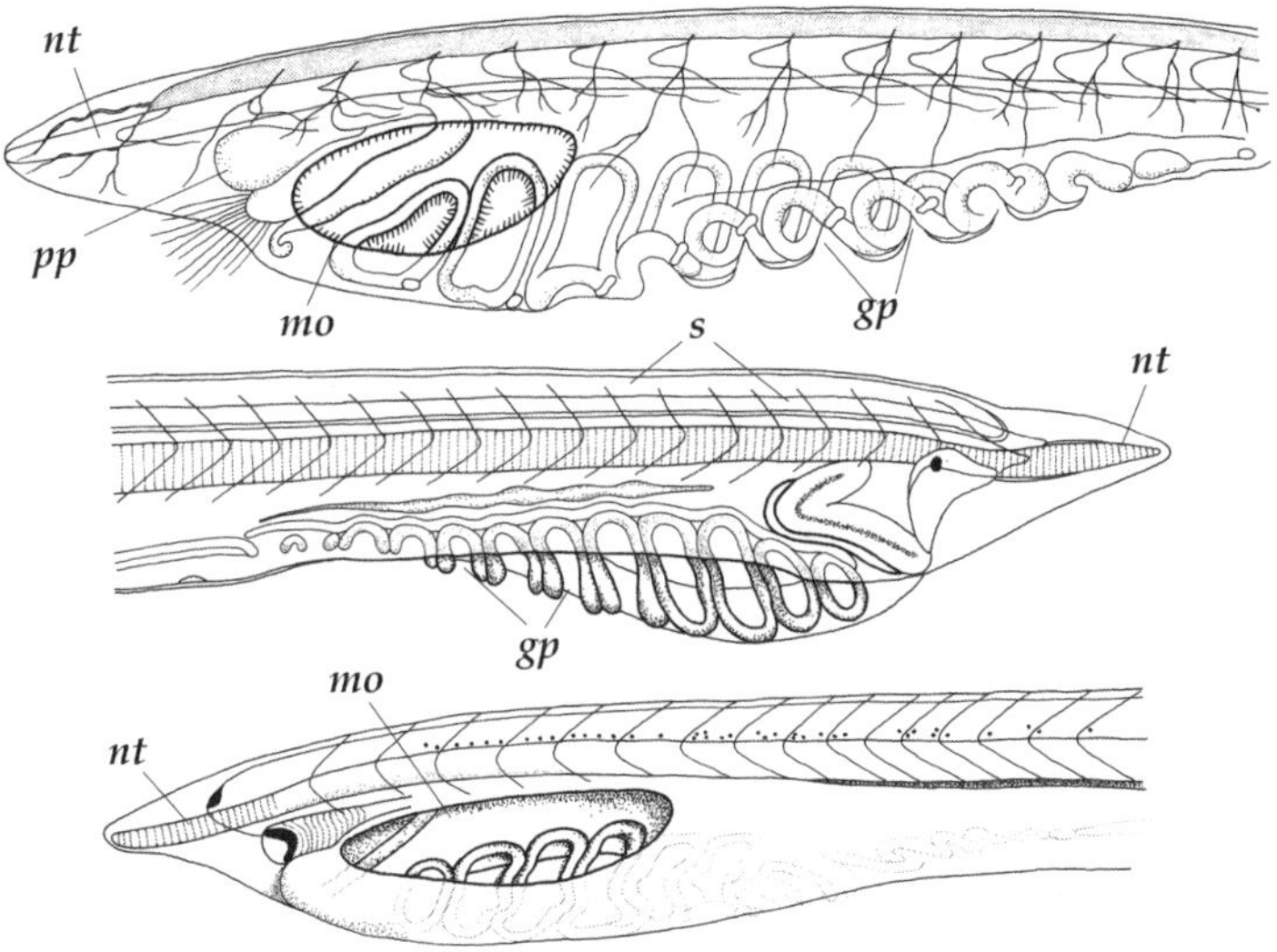

図6–23▶ナメクジウオの後期発生過程。Willey（1891）より改変。

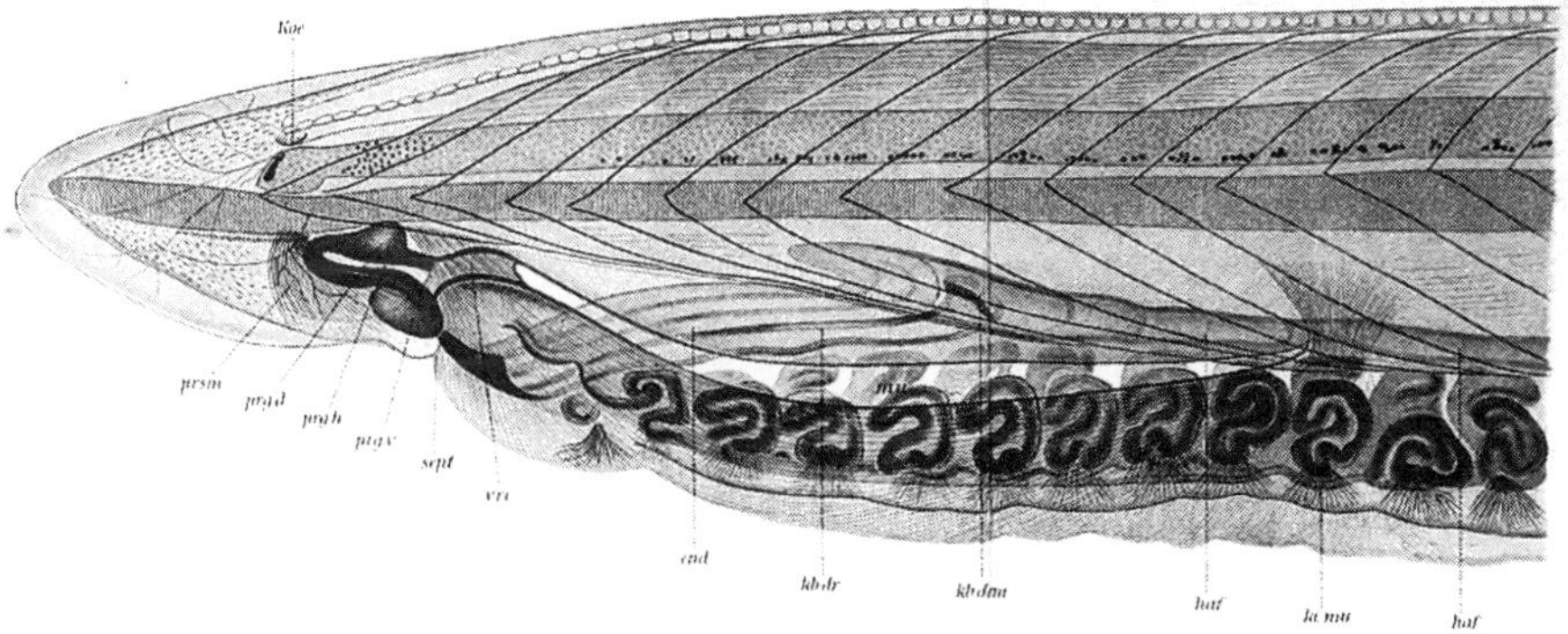

図6–24▶ゴルトシュミットが研究したナメクジウオ（*Amphioxus*：ナメクジウオの巨大幼生で、以前は独立した動物であると考えられていた）。Goldschmidt（1905）より。

譜からも、顎前中胚葉は脊索前方部、ならびに原腸前方部の天蓋部に近い。そして脊索それ自体が、原腸天蓋部に起源する。実際、歩帯動物における幼生では、原腸の前方端が、一対の中胚葉性体腔、前体腔を形成する。[666] 加えて、左側に開口するナメクジウオの「口前窩」と同様、ディプリュールラ幼生の左側前体腔もまた外界に通ずる。[667]

遺伝子発現を比べるならば、側憩室に発現する*Bbtwist*と*AmphiBra*や、棘皮動物の前体腔に発現する*HpTa*などが、体腔としての性質をある程度反映する（Yasui et al., 1998）。しかし、脊椎動物の脊索前板とその派生物に発現する*goosecoid*は、ナメクジウオの側憩室にもディプリュールラ幼生の前体腔にも発現しない（Yasui et al., 1998）。別の見解によれば、側憩室ではなく、それを分化する以前の原腸前方部において、脊索とともに*AmphiBra*を発現する部域が真の脊索前板の相同物を示すという（Holland et al., 1995a）。ただし、この考え方はむしろ例外的で、一般にはナメクジウオには脊索前板、あるいはその相同物は存在しないとされる。事実、*chd*、*bra*、*hex*などの発現境界からナメクジウオは脊索前板がない[668]という見解もあり、その場合は、脊椎動物において、脊索前板ならびに顎前中胚葉派生物の収まる場所が新たにもたらされたということになる。これは、原腸胚、及びそれに続く段階で、のちの動物のからだがどれだけ準備されていなければならないか、という興味深い問題をも提示する。側憩室の特殊相同性については、のちに左右相称動物の範囲で再考する。

◎——ソミトメリズムとブランキオメリズム、背腹軸上の分極

ナメクジウオにおける真の体節の中で、最前のものは二次的に移動し、前方へと大きく成長する。すでに述べたように、ウェディンはこれを「脊椎動物における、顎前中胚葉以外の頭部中胚葉」に相同と考えた。対してヴァン＝ヴィージェは、脊椎動物の頭部中胚葉には複数の体節的要素が含まれるとした。第二体節とそれ以降のものは、本来の発生位置から大きくずれることはない。かつてゴルトシュミット（Goldschmidt, 1905）やヴァン＝ヴィージェ（van Wijhe, 1919）、グッドリッチなどは、ナメクジウオの鰓裂が最初は各筋節の境界に相当する位置に出来、のちにその対応関係が相対成長の結果二次的に失われると考えた。ハチェックは、本来のナメクジウオ的分節パターンがヤツメウナ

ギ(*Petromyzon*)の初期胚に現れていると考え、この指摘は、ナメクジウオとアンモシーテス幼生を繋《つな》げようとする多くの比較形態学者にとって追い風となった(Hatschek, 1909)。これらのことからグッドリッチは、本来ソミトメリズムとブランキオメリズムが互いに一致していたと考え、同じような二次的な「ずれ」がヤツメウナギの発生においても繰り返していると論じたのであった。[669] つまり、グッドリッチは、彼自身が模式図に描いたような頭部分節性の進化的起源を、ナメクジウオの発生過程に求めたのである(Goodrich, 1912, 1930)。そして、この理解の中ではナメクジウオの第一体節は脊椎動物の顎骨腔に、第二体節は舌骨腔にそれぞれ相同であるとされる(Presley et al., 1996に要約)。これと同様の考えは、プレスリーらによっても提出されており(図6-25)、さらに相同的なHox遺伝子の発現領域でもって中胚葉分節の同一性を探る試みもある。後者の比較において興味深いのは、頭腔一つをナメクジウオの体節一つに対応させると、中胚葉分節に関する限り、形態要素の分節的位置関係が一見整合性を持つようにみえることである。

脊椎動物の頭部分節性の観点からみれば、このよう

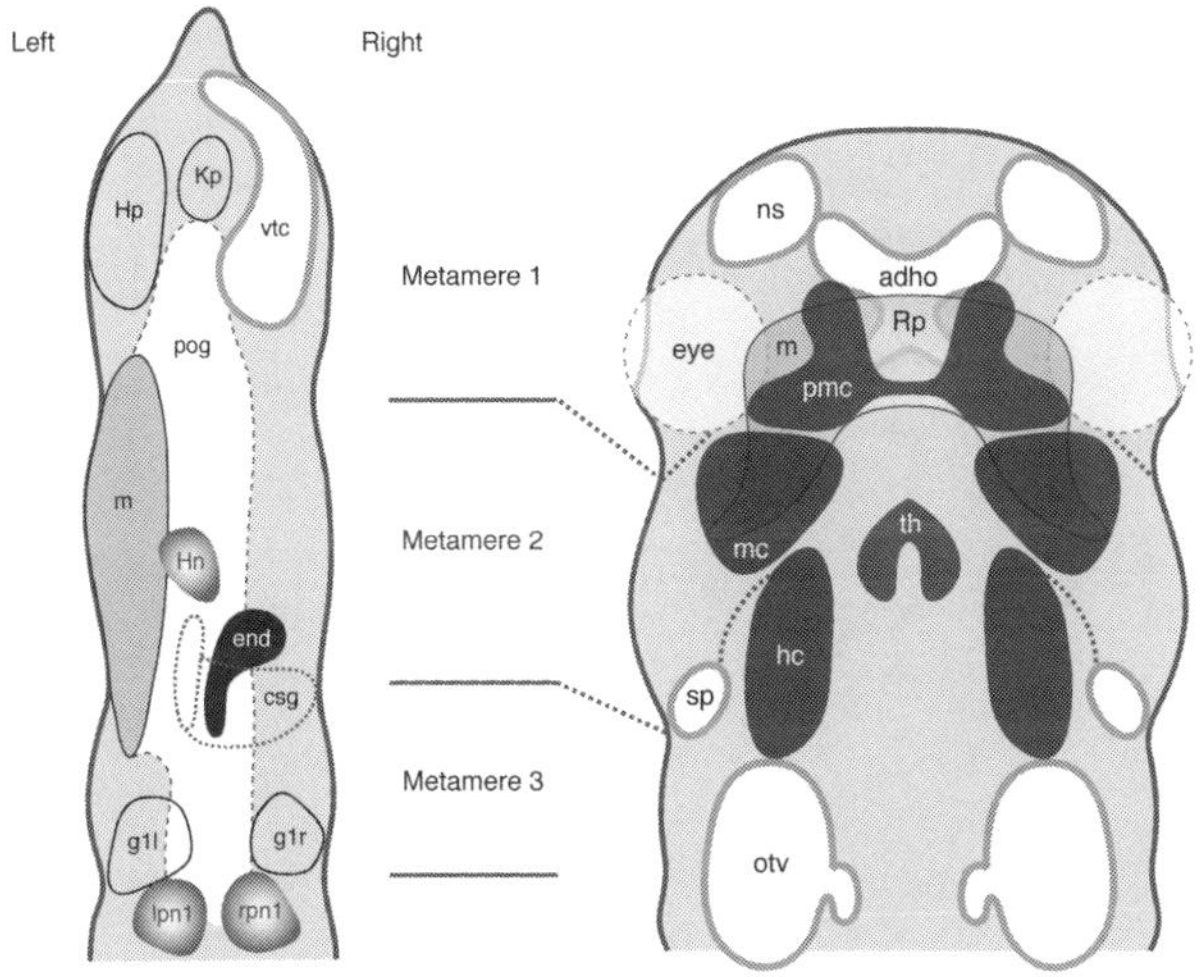

図6-25▶ナメクジウオ(左)と脊椎動物(右)の比較。比較可能なメタメリズム構成が模索されている。グッドリッチ的な頭部分節性の進化が正しいとすれば、神経管における*Hox3*相同遺伝子の発現境界が、ナメクジウオでは第4体節レヴェル、脊椎動物の胚においては舌骨中胚葉のレヴェルにみられ、これらの中胚葉が相同な分節を示しているという見解もかつてはあった(Holland, 2000)。それは、ここに示された形態学的比較による結論とは一致しない。Presley et al.(1996)より改変。

な比較形態学的考察は極めて興味深い。しかし、現実の発生過程はこのように単純明解なものではない。確かにヤツメウナギ胚の咽頭胚期以降の発生においては、筋節と鰓裂の位置関係はほぼ完全に独立しているが（Damas, 1944; Kuratani et al., 1999）、頭部中胚葉のうち顎骨中胚葉は顎骨弓と固定した位置関係を示す。しかしこの中胚葉は筋節になることはなく、その傍軸中胚葉成分の形状も定かではない。したがって、これら頭部中胚葉の各部をナメクジウオの特定の体節と比較することは困難なのである。すでに述べたように、ヤツメウナギの成体やアンモシーテス幼生にみる前方の筋節は、後耳体節に由来したものが二次的に、表皮外胚葉の下を前方に移動したものであり、ナメクジウオにみる状態とはまったく関係がない。

◎——筋節の比較

ナメクジウオにおける体節列が、一見脊椎動物の頭部中胚葉と体節の中間的遺伝子発現パターンを持つことについてはすでに述べた（第5章）。これに関して興味深い遺伝子発現が、*Tbx1/10*について知られる。これは、脊椎動物における*Tbx1*と*Tbx10*の祖先に連なる系統のもので、以下の文脈においてはもっぱら*Tbx1*の相同遺伝子として話を進める。

脊椎動物において、*Tbx1*は咽頭弓中胚葉、すなわちのちの鰓弓筋の原基となる咽頭弓のコアに発現するほか、傍軸頭部中胚葉の一部に発現し、神経頭蓋の原基となり、また硬節にも発現する。これらの発現レパートリーのうち、後二者は脊椎動物においてのみ存在するもので、*Tbx1/10*が重複したのちの新機能獲得（neo-functionalization）と考えられている。[670] 同様な進化現象としては、四肢動物の肢芽基部における発現も加えることができる。[671]

ナメクジウオにおける*AmphiTbx1/10*は、新規に形成された体節の腹側部（前方の10〜12体節分に限る）、最初の二鰓裂分に相当する咽頭内胚葉に発現する（Mahadevan et al., 2004）。このうち、類似の発現パターンが示唆するように、前方の体節腹側部が脊椎動物の咽頭弓中胚葉（頭部中胚葉の臓性部）に相当する可能性は確かに高い。これがもし、脊椎動物の腹側頭部中胚葉との相同的関係を示すのであれば、「ナメクジウオの前方のいくつかの体節が、二次的に分節性を失ったものが脊椎動物の頭部中胚葉となった」という、あのヴァン＝ヴィージェとグッドリッチ的な仮説を支持することになる。が、もしこの発現が咽頭の分布、もしくは咽頭内胚葉の存在に依存して誘導されるのであれば、その解釈は必ずしもあたらない。

あるいは、ナメクジウオの体節にみるこのような背腹の分極が、脊椎動物の体節、もしくは体幹の中胚葉の極性確立の背景となる可能性もある。脊椎動物の体幹には、傍軸・外側（大きく体性・臓性の差異に対応）、軸上・軸下（epaxial/hypaxial）、体幹筋とＭＭＰ（移動性の軸下筋、*Lbx1*を発現、*Pax3*発現に依存）などの別を確認することができ、これらすべてをナメクジウオは欠く。*AmphiTbx1/10*の咽頭内胚葉における発現はまた、「細胞系譜は一致しないが、場所は一致する」という、進化発生学者にとってもほとんどジレンマと呼んでも差しつかえない、不可解な発現パターンのカテゴリーに入るようだ。これは、脊椎動物では咽頭弓神経堤間葉に発現する*Sox9*、*col2a*の相同遺伝子が、ギボシムシやナメクジウオでは咽頭上皮に発現するという現象によく似る（Meulemans et al., 2007; Rychel & Swalla, 2007）。このような特殊な進化的保守性が組織間相互作用を背景にしていることはほぼ間違いないだろうが、その保存される機構や経緯についてはまだ説明されていない。

*Tbx1*と対照的に、脊椎動物では頭部中胚葉傍軸部に発現し、外眼筋の発生に寄与する*Pitx2*遺伝子のナメクジウオにおける発現はさらに不可解である。すなわち、ナメクジウオにおけるその相同遺伝子*BbPtx*の発現は原腸胚から始まり、後期原腸胚までそれは原口周辺に左右対称にみられるが、それ以降、左側の前方体節にのみ発現するようになる（Yasui et al., 2000）。それは左側の口の開口部周辺（preoral pit、club-shaped glandを含む）に限局するに至るが、後者をディプリュールラ幼生における類似の発現とみなし、*Nodal*の下流の非対称性成立の一貫としてみることはたやすい。[672]しかし、上にあげた*AmphiTbx1/10*が、ナメクジウオにおいては最初左にしか発生しない鰓に付随して体節の左側にしか発現しないのならともかく（実際それは両側の体節に発現する）、発生の最初から対をなした構造であり、脊椎動物においては両側に発現する*Pitx2*の相同遺伝子が、発生の初期に左側に限局するとはどういうことだろうか。ナメクジウオのこの遺伝子発現は、ディプリュールラ体制から脊椎動物体制への中間的段階とみなすことができるのだろ

うか。すなわち、この左側の発現が二次的に右側に重複し、脊椎動物のパターンへ移行したということなのだろうか。そして、ここに神経堤細胞の獲得はどのようにかかわるのだろう。

また、ナメクジウオの前方の体節に発現する、ショウジョウバエにおける分節のセグメントポラリティ遺伝子*Engrailed*の相同遺伝子、*AmphiEn*をもって、前口動物と後口動物に共通の分節形成プログラムがあるとし、さらにヤツメウナギのアンモシーテス幼生（ならびに顎口類）における顎骨弓中胚葉が*En*相同遺伝子を発現するため、それが脊椎動物の頭腔、あるいはその相同物を示し、さらにその発現領域が左右相称動物の分節性の名残なのだという説があった（Holland et al., 1993; Holland et al., 1997）。しかし、前述のように円口類には頭腔が存在しない。たとえ、ヤツメウナギ胚において典型的な腸体腔として発するようにみえる顎骨中胚葉に発現する*En*は、頭腔としてではなく、咽頭弓中胚葉としてのものである（Adachi et al., 2012）。したがって、板鰓類のそれに比肩する頭腔を円口類に探すというのであれば、それは傍軸部、*En*発現領域の背側にある僅かな間葉細胞に求めるよりほかはなく、そのような明瞭な上皮構造はヤツメウナギには発生しない。これについては、外眼筋を発生しないヌタウナギ類においても同様で、その頭部中胚葉はニワトリ胚のそれを思わせこそすれ、サメ胚にみるような体腔を含むことは決してない（Oisi et al., 2013a）。しかし、それは脊椎動物の共通祖先にはかつて存在していた頭腔が、円口類の系統において二次的に消失したのであろう」という仮説を棄却しはしない。そこで頭部の分節を、脊椎動物の外群に相当するナメクジウオの個体発生過程において理解する必要が生ずる。

◎———進化のシナリオ

ナメクジウオを比較対象として用いることにより、脊椎動物の起源を説明する上でのいくつかの可能な、そして互いに排他的な進化のシナリオが浮かび上がってくる。第一に、ナメクジウオが多かれ少なかれ、祖先的脊椎動物の姿を反映し、そのため体軸全域にわたって、未分化な形態の中胚葉体節が並んでいるという理解である。無論、先の議論からわかるように、本書ではこの方針をとってはいない。いずれにせよ、この前提に立つと、いくつかの

可能な筋書きが浮かび上がる。すなわち、

①脊椎動物の祖先が前方の中胚葉の分節性を失い、頭部中胚葉がもたらされたという可能性、

もしくは、

②何か未知の発生プログラムの改編がナメクジウオの前方にまったく新しい、無分節の中胚葉コンポーネントとしての頭部中胚葉を新規形質として作り出したという可能性

である。あるいはその逆に、

③ナメクジウオはその祖先が本来持っていた頭部中胚葉的領域を背側中胚葉から失い、脊椎動物の体節に似た分節的中胚葉だけを発生させることになった、

というシナリオがありうる。

右の三つの相反するシナリオのうち、最初の二つは過去の比較発生学における、分節論者と非分節論者の対立図式とパラレルである。すなわち最初の仮説は、傍軸中胚葉の前後軸と潜在的分節性がナメクジウオ的段階から脊椎動物に至るまで同型的に保存されており、かつてナメクジウオの前方の体節であったものが二次的に分節性を失って頭部中胚葉がもたらされたとする。[●673] このような進化プロセスは実際、ナメクジウオの前方体節の発生にＦＧＦシグナルが特異的に必須であり、これを阻害すると前方の体節の発生や分化が特異的に抑えられる一方、後方の体節は比較的正常に発生することを根拠に説明されたこともある（Bertrand et al., 2011）。この仮説に立つならば、脊椎動物の頭部中胚葉には、依然としてナメクジウオ的祖先にかつて存在した分節の名残が見つかるはずであり、実際このような思考の流れはかつてジャコブソンやメイヤーが幻視した頭部ソミトメアの進化的意義を主張する基盤ともなっていた。つまり、このシナリオは頭部中胚葉を原始形質として認め、脊椎動物のボディプランの範疇を超えて（あるいはそれをナメクジウオ的に還元して）、ナメクジウオのボディプランとして脊椎動物を説明する試みである。ならば、脊

椎動物はかつて何らかの分節的祖先の頭部に存在していた分節的中胚葉のもたらす形態形成的発生拘束（generative constraints）を失うことにより、独自の頭部を構築したというシナリオが描けそうである。

第二のシナリオはさしずめ、ガンスとノースカット（Gans & Northcutt, 1983）の「新しい頭部説」の新バージョンとでも呼ぶのがふさわしい。オリジナルの説では、新しい要素としての頭部中胚葉が前方に加わることが想定されていたが、そこからただちに予想されるのは、中胚葉の前後軸上での特異化からみる限り、ナメクジウオの前極と脊椎動物の前極が一致しており、脊椎動物の頭部に何も付加された形跡はない、という反論であろう。実際にノースカットは、この説の改訂版を出版しており、その中でナメクジウオ的祖先の中胚葉が再構成され、それによって新しい頭部中胚葉が出来たと述べている（Northcutt, 1996ab）。これらの説は両者とも、「ナメクジウオには何かがたりない」と半ば無根拠に想定しており、それが発生の新しいコンポーネントとしての中胚葉なのか、それとも背側中胚葉の属性なのかという違いがシナリオの違いを生んでいる。これに関し、脊椎動物の頭部中胚葉が一義的に臓性のものであり、その意味で体節とはまったく異質のものとして新しく獲得されたという考えも提出されたことがある（Grifone & Kelly, 2007; Kelly, 2010）。

最後のシナリオは、脊索動物の共通祖先が、むしろ脊椎動物に似ていたのではないかという考えに近く、これについてはジャンヴィエーの考察に例をみることができ（Janvier, 2015）、さらにギボシムシと脊椎動物に共通してみられるという、脳形成に機能する二次オーガナイザーの存在も、これを強く支持する（後述）。

以上のような議論にあって、いや増しに必要性が認められるのが、いわゆる外群である。それによって相同性のみならず、進化的変更のポラリティが明らかにできると期待されるからである。この文脈では、当然、歩帯動物のメンバーがその候補として浮かび上がってくる。それがすなわち、ギボシムシなのである。

半索動物……ギボシムシ——あるいは第二のナメクジウオ

二〇一三年三月、当時の理化学研究所発生・再生科学総合研究センター（CDB）で開催された国際シンポジウム、「脊椎動物の作り方（The Making of A Vertebrate）」は、分子発生学的知見の集積として、いま一度、脊椎動物のボディプランの発生機構とその進化的成立を見直そうという目論見で開催されたものだったはずであり、[674]その企画には筆者もオーガナイザーの一人として加わっていた。そこではかなりの研究者が、図らずもギボシムシの発生学研究を披露することになった。おそらく、これほどギボシムシに集中したシンポジウムがそれまで開催されたこともなければ、今後開催されることもないであろう。その予想外の出来事がまさしく、ギボシムシ研究の「旬」を示していたと私はいま思い返している。

◎——背景

半索動物はかつて、ウィリアム・ベイトソンにより脊索動物に分類され（半索動物の観察を通して初めて、脊索の重要性が認識された）、以来、比較発生学者の注目を浴びるようになった（Hall, 1998に要約）。半索動物には大きく二グループが属する。一つはギボシムシ（acorn worms）の仲間である腸鰓類（enteropneusts）（図6–26）、そしてフサカツギを含む翼鰓類（pterobranchs）であり、後者は可能性として化石種の筆石（graptolites）を含むとされる。[675]現在最もよく研究されている半索動物は、ギボシムシの仲間、コワレフスキーギボシムシ（*Saccoglossus kowalevskii*）である。[676]翼鰓類はかつて、その触手冠の存在ゆえ（古典的な解釈における）後口動物の祖先に相当すると思われていたが、この構造の獲得は現在収斂によるものと解されている（Halanych et al., 1995）。ギボシムシに明瞭な脊索は存在しない。そして、明瞭な中枢神経系もなく、一般的には散在神経系を有するとされることが多い（Bullock, 1965; Lowe et al., 2003）。このような形質状態が、祖先的状態を示すのか、あるいは二次的単純化を示すのかについては議論のあるところであり、その解釈いかんで、脊索動物の進化の理解も変わるのである（後述）。

進化発生学研究の歴史において、ギボシムシはいわば「第二のナメクジウオ」である。脊椎動物との明確な形態学的類似性と類縁性、そして脊索動物としての原始性を示し、過去において多くの比較発生学者が手がけたナメクジウオは、進化発生学の誕生以前より比較分子発生学の格好の素材となり、ゲノム解読も終わり、ツールキット遺伝子群を含む多くのめぼしい遺伝子発現もあらかた報告されてしまった。もちろんこれをもって、ナメクジウオのボディプランと発生のすべてがわかったなどというわけではなく、それは先の議論からも明らかである。が、見たかったものはあらかた見てしまい、研究の一つの時代が終わったという印象が研究者の間で共有されたのは紛れもない事実である。そこで登場したのが、ギボシムシだったのである。

◎——脊索動物をもたらしたギボシムシ

ギボシムシもまた、比較発生学においては由緒正しい動物であるといえよう。一九世紀後半、コワレフスキーが脊椎動物とホヤ、ナメクジウオの近縁性を指摘したのちに、「ホメオティック突然変異」の重要性を世に問うことになるウィリアム・ベイトソンが、ギボシムシに脊索の相同物（口索：stomochord）を見出したと考え（図6–27B）、これを脊椎動物と合体させ、新たに「脊索動物」というより大きなカテゴリーが作られた。しかし、のちにギボシムシには脊索がないと考えられるようになり、「脊索動物」の名称だけを残して、ギボシムシはフサカツギとともに半索動物というグループに含められることになった。これは、この二グループの動物が「口索」という、「脊索に似るが脊索ではない構造」を有することに由来した名称である。そしてさらに、この半索動物は、最近の分子系統学的解析によれば、棘皮動物とともに「歩帯動物」という単系統群をなし、後口動物の分岐後、脊索動物と袂《たもと》を分かった系統

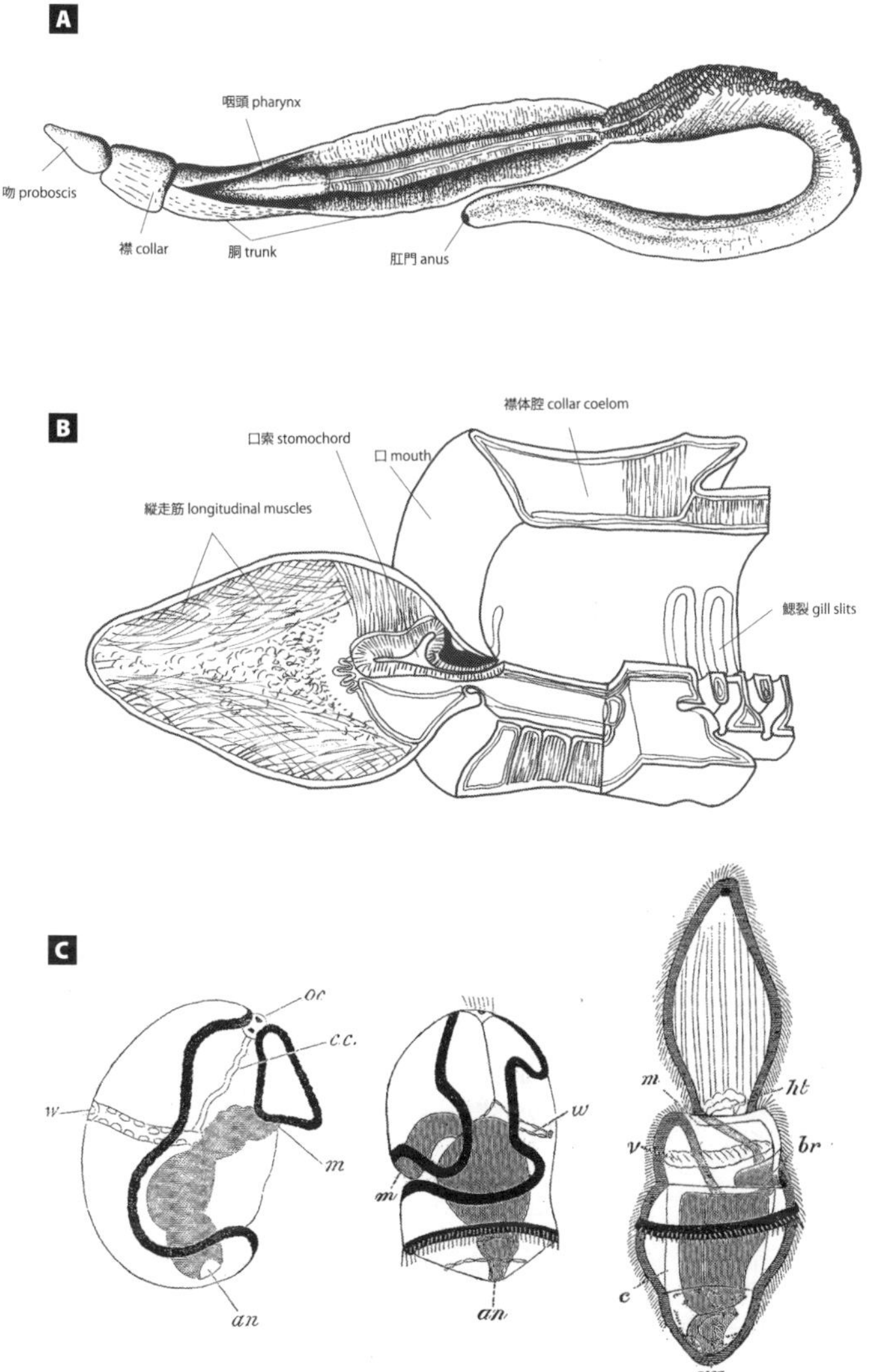

図6-26▶ギボシムシ。A・B：ギボシムシの成体。全体像と頭部の解剖図。Young（1962）より改変。
C：トルナリア幼生の3段階を示す。Balfour（1881）より転載。

に相当すると考えられている（図6-17）。したがって、歩帯動物の中で明瞭な前後軸と背腹軸を持ち、後口動物に属するギボシムシの仲間は、ナメクジウオよりもいっそう原始的な体制を有する可能性があると期待されるわけである（対立仮説として、脊索動物が歩帯動物の祖先をよりよく反映することもありうる）。かくして、進化発生学研究の機運とともに、脊椎動物の起源を探る目的でナメクジウオが選ばれたように、ナメクジウオ研究が一段落したときに選ばれたのが、ギボシムシだったのである。

ギボシムシのからだは前後に並ぶ三部からなり、前方より、吻（proboscis）、襟（collar）、そして体幹（trunk）を区別する（図6-26）。この三部構成は、この動物の幼生、「トルナリア幼生」にみられる三対の上皮性体腔、すなわち前体腔、中体腔、後体腔にそれぞれ対応する領域であるとされ、体幹の前方には鰓裂が、後方には肛門と尾が存在する。ちなみに、この鰓裂は構造的にナメクジウオのそれと酷似している。この鰓裂の形成には（脊索動物のそれと同様）*Pax1/9*遺伝子が機能しているらしく、脊索動物の鰓裂と起源を同じくしている可能性が濃厚である（Ogasawara et al., 1999b）。ならば、鰓裂の起源は脊索動物と歩帯動物の分岐以前、後口動物の成立近辺にあり、棘皮動物からは鰓が二次的に消失したというシナリオが描けそうである。事実、化石棘皮動物のいくつかには鰓裂を有するものがあり、この説は極めて信憑性が高いと考えられている。

また、ギボシムシの口は吻と襟の間に開くが、この口の開口する方向を便宜的に「腹側」と呼んでいる。すると（ここが重要なところだが）、この動物の鰓裂と腸管は、からだの背側に存在するといわねばならないことになる。このギボシムシの一種、コワレフスキーギボシムシを現代的な進化発生学の技術で解析し、一連の重要な研究成果を発表しているのが、クリス・ロウと彼の研究グループなのである（Lowe et al., 2015）。

◎——ギボシムシの進化発生研究

多くのツールキット遺伝子の発現パターンは、コワレフスキーギボシムシについてよく報告されている。[◉677] ロウらがまず、ギボシムシの変態後の幼形におけるツールキット遺伝子の発現を検索した最初に注目したのは、ショウジ

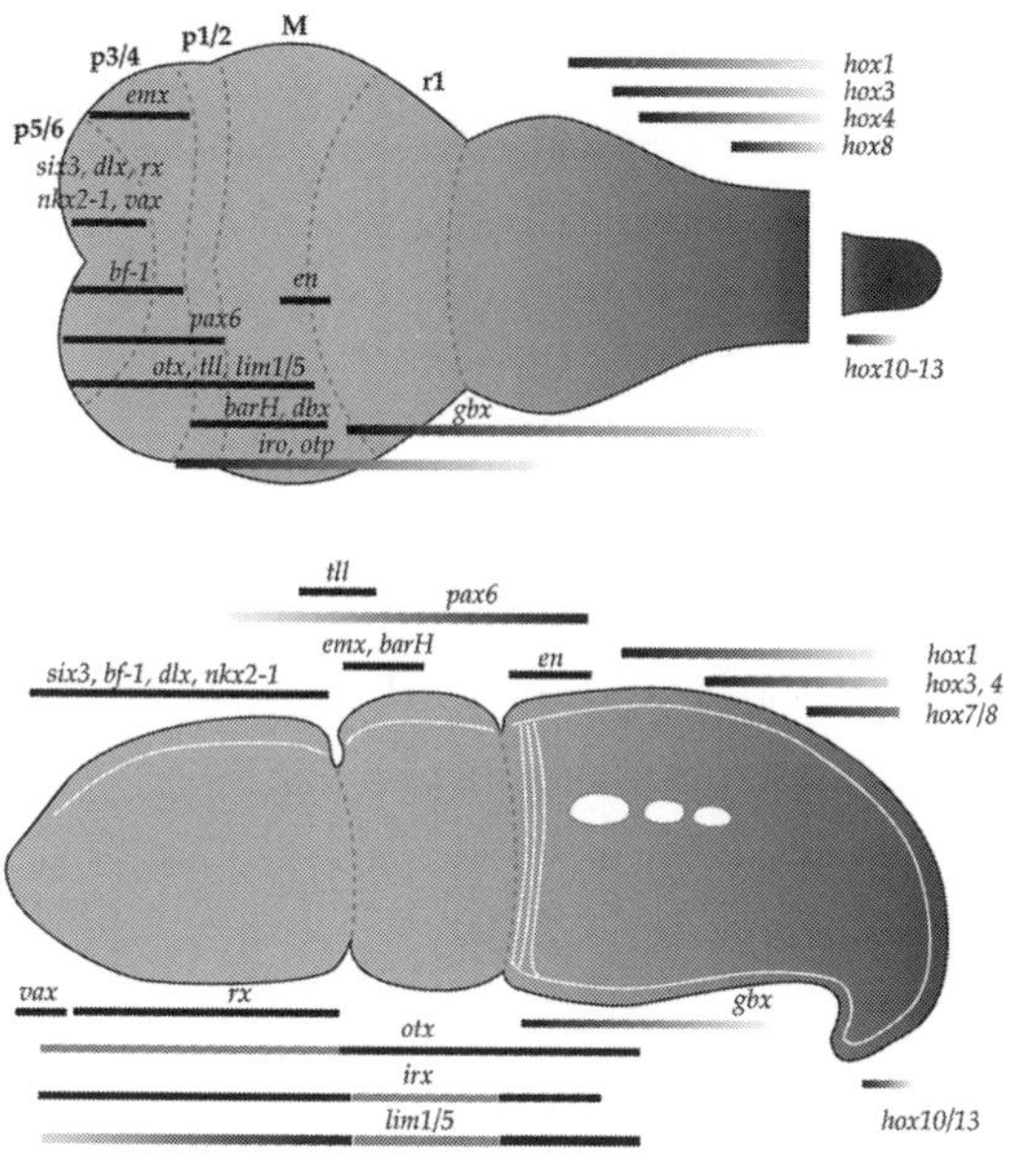

図6-27 ▶ クリス・ロウらによる、脊椎動物の神経板とギボシムシ幼形の外胚葉における制御遺伝子の発現パターンの比較。Lowe et al. (2003)より改変。

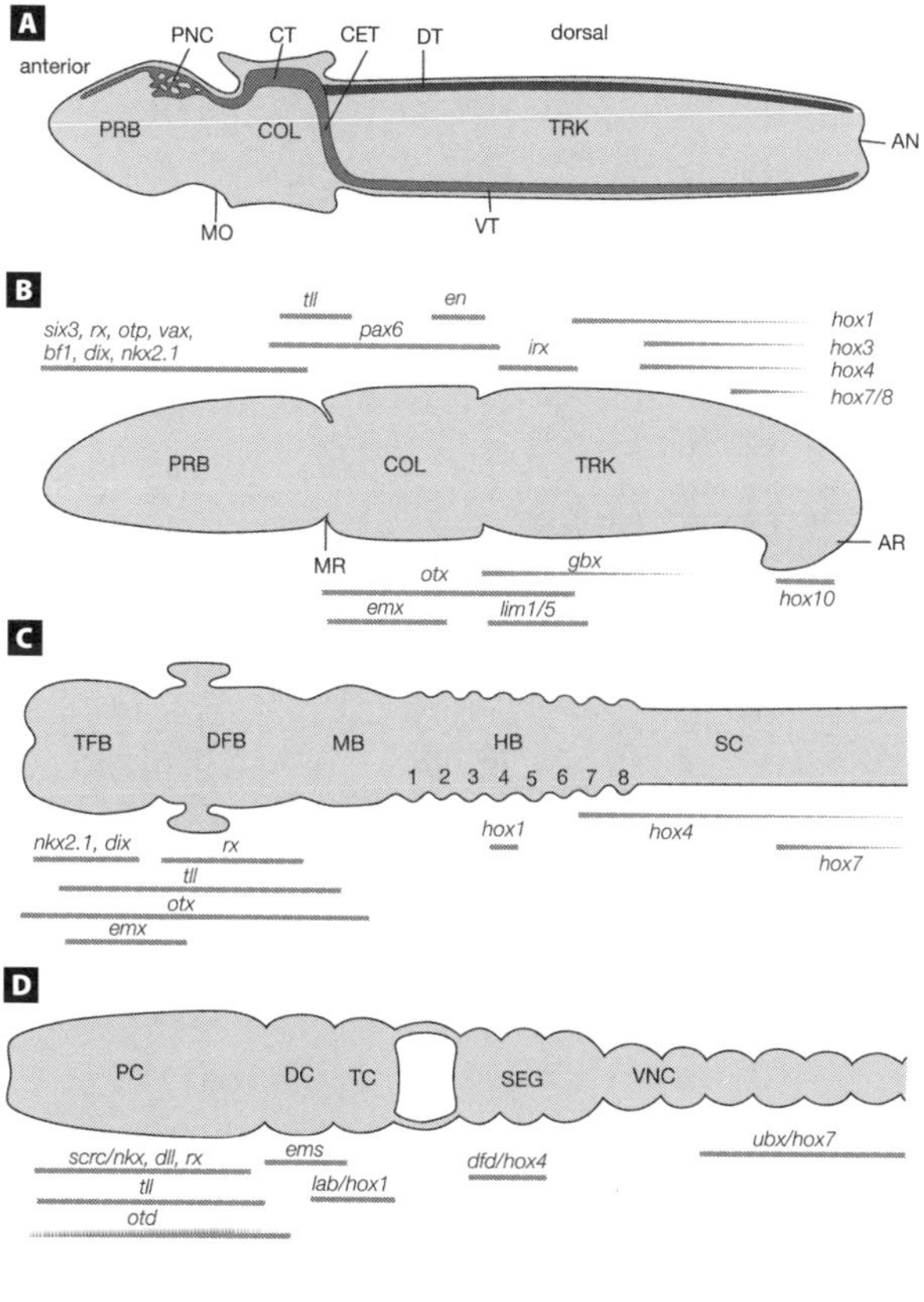

図6-28 ▶ ギボシムシの中枢神経(A)、その発生プラン(B)、脊椎動物の中枢神経(C)、そしてショウジョウバエの中枢神経(D)の比較。この総説が書かれていた時点では、ギボシムシ中枢神経系のPNC、CT、CET、VTと記された部域が前口動物的な中枢神経に相当し、背腹反転を経てのちにこの部分が脊椎動物の中枢神経へ移行したと考えられていた。Holland (2003)より改変。

ヨウバエと脊椎動物における中枢神経の前後軸（neuraxes）特異化に共通して機能するとされる遺伝子群が、ギボシムシの胚においても同じパターン（同じ相対的位置関係）でもって発現することであった（Lowe et al., 2003）（図6−27）。それらは前口動物と脊椎動物において共通して用いられている、神経軸の領域的特異化にかかわる遺伝子群で、そこには *otx*、*rx*、*vax*、*irx*、*lim1/5*、*six3*、*bf1*、*dlx*、*nkx2.1*、*tll*、*pax6*、*emx*、*barH*、*en*、そしてＨｏｘなどの各相同遺伝子が含められていた。そして、これらが脊椎動物と極めてよく保存された発現レヴェルを外胚葉において示したのである（図6−27・28）。ちなみに、これらの遺伝子群はほかの前口動物の発生においても同様の発現パターンを持つ。[678] 遺伝子発現に関して、ギボシムシだけにみられる特異な点を挙げるとするなら、それが中枢神経原基や、のちの神経系の発生を予期するような、外胚葉の特定のコラムにのみ発現するわけではなく、それぞれの遺伝子が外胚葉のそれぞれの前後軸レヴェルにおいて周辺全域にわたって（タイヤのように）発現することである。つまり、こういった遺伝子制御は一見、背腹軸上で調節されていないようにみえる。あるいは本来の背腹軸上の特異化プロセスを二次的に失った印象さえある。しかも、そこには脊椎動物の前脳をパターン化するオーガナイザー[679]関連遺伝子も含められ、これらの遺伝子発現はホヤ、ナメクジウオをさしおいて、ギボシムシの中枢神経発生パターンが脊椎動物のそれと最もよく似ており、原索動物は二次的にその一部を失ったという主張がなされている。そして実際、これらの遺伝子発現を成立させている制御機構も一部保存されているというのである（図6−29）（Pani et al., 2012; Gee, 2012）。が、これについては厳しい反論も寄せられている。[680]

右のシナリオが正しいのであれば、ここに示されているのは実に驚くべき保守性といえるだろう。なぜなら、脊椎動物とよく似た中枢神経の領域的特異化というのであれば、それは原索動物にも当然みることはできるのだが、しかし後者は脊椎動物のコンポーネントをすべて備えているわけではなく[681]（図6−29）、それゆえに脊椎動物における、みかけ上、脊索動物において最も高度にオーガナイズされた印象を持つ中枢神経のパターンが、二次的に獲得されたのだろうと当然のように考えられていたからだ。そして、ギボシムシのパターンは、原索動物に輪をかけて単純であろうと……。ところが、完璧なセットのコンポーネントが、脊索動物のさらに外群に相当するギボシムシの幼形に発見されてしまったわけである。ということは、脊椎動物の複雑な中枢神経の基本パターンの起源が、脊索動物と歩帯動物の分岐以前に遡《さかのぼ》ることになり、脊索動物の分岐後、原索動物の系統それぞれにおいて独立にいくつかの形態形成にかかわるコンポーネントが失われたと仮定しなくてはならない。それはそれで、あまり節約的なシナリオとも思えない。

この場合、どれが最も現実的なシナリオとなるのだろうか。特定の遺伝子制御ネットワークによって達成された領域特異的遺伝子発現パターンと、それにもとづいた誘導作用が、予想以上に深いオリジンを持つというのか。しかしそれを認めるとなると、その主要な発生機構の一部が原索動物において複数回、独立に消失したという仮説を認めなければならなくなる。それとも、ギボシムシの幼形における中枢神経発生プランと脊椎動物のそれが、ただの「他人のそら似」、すなわち収斂であると認めるのか。しかし、それにしては両者はあまりにも似すぎているのではないか。この議論にはまだ決着がついていない(Holland et al., 2013をみよ)。

あらためて注目すべきは、進化発生学研究がいま、原型論などに頼ることなく、つねに明確な系統関係に従って論を進めているということである。アレントらが示した、脊椎動物と環形動物の間の由々しき類似性(相同性・後述)、ロウらの示したギボシムシと脊椎動物の発生プランの一致、そしてヘニョールとマーティンデイルのウルバイラテリア・モデルとその第二バージョン。これらは原型論のようであって、そうではない。どの説も、祖先においてどのような発生プログラムの祖型があり、それが系統樹のどこにおいて成立し、さらにそれが動物の各系統の分岐過程の中でどのように変形していったのかを最節約的に示そうとしている。つまり、そこから一直線にすべての動物を導けるような原型的パターンを目指しているのではなく、系統的分岐の繰り返しの果てに異なったボディプランが多様化してきたことを充分に意識して仮説が組み上げられている。現代の進化発生学研究はしたがって、意識的であれ無意識的であれ、もはや形態学の認識論を捨て、明確にヘッケル的ヴィジョンのもとに謎を解こうとしているのである。

◎——ギボシムシ研究の意義と分節性

ロウらによる一連の論文をもって火がついた感のある一連の半索動物研究は、進化発生学黎明期に盛んであったナメクジウオ研究に似た様相を呈している。つまり、「ショウジョウバエとマウス」によって得られた直感的仮説は、パターンの類似性でもって進化的根源を問いかけるというスタイルにおいて観念論に属し、それをハクスレーよろしく進化的時間軸の中でとらえ直すためには、脊椎動物の前段階が必要となる。ここで用いられたのが現生の原索動物であり、そのうちナメクジウオは解剖学的に脊椎動物と最も比較しやすい存在であった。しかし、その比較のしやすさは、脊索動物の共有派生形質に由来するものであり、それ自体の起源についてはさらに基幹の系統を比較せねばならなくなる。そこで現れたのが半索動物であったということなのである。当然、ここでは「脊索動物には存在するが、半索動物には存在しない」構造、すなわち脊索（あるいは、分節？）の由来が問題とされる。さらにまたそれは、歩帯動物と脊索動物の共有派生形質を確認し（たとえば、現生棘皮動物においては二次的に喪失したと理解される鰓孔などがそれであろう）、それら構造が進化上獲得された経緯の理解のために、さらに外群が選ばれ、ギボシムシ研究は舞台を去ることになる。次の動物が何になるのか、珍渦虫類なのか、あるいは前口動物との比較から一挙にウルバイラテリアの復元を標的にするのだろうか。

これまでの分子系統学的解析によれば、半索動物は棘皮動物と姉妹群を形成し、歩帯動物（Ambulacraria）という単系統群を構成する（図6-16・17）。この系統は、脊索動物と姉妹群の関係にある、というのが一般の理解である（Bourlat et al., 2006; Telford, 2008）。が、もう一つ考慮すべき系統が珍渦虫動物（Xenoturbellida）と無腸類（Acoela）からなるもので、これが後口動物の系統の中でどこに位置するのかまだ不明であり、またそれが後口動物ではない（むしろ左右相称動物の根幹に位置する）という可能性も問われている。[◉682] いずれにせよ、後者の進化的位置は、脊索動物成立、果ては左右相称動物の理解をも大きく左右する可能性がある（Hejnol & Martindale, 2008）。

ギボシムシの体幹前方部には鰓裂（gill slits）が、後部には肛門と尾（postanal tail）が付随する（Harrison & Ruppert, 1997; Brown et al.,

2008)。この尾はコワレフスキーギボシムシにおいては明瞭だが、必ずしもすべてのギボシムシの種が備えているというわけではない。いわゆる「口」は吻と襟の間に開く。そして、この口が開く方向を便宜上、「腹側」と呼んでいるが、そうした場合、この動物の鰓裂と腸管は、からだの「背側」に形成されると認めなければならないことになる。このギボシムシの鰓はナメクジウオのそれと組織形態学的に酷似しており、脊索動物における原始形質を示す可能性がある (Pardos & Benito, 1988)。

系統樹上での分布にもとづくと、鰓裂は脊索動物と歩帯動物の共通祖先においてすでに獲得されていたらしい。[683] すなわち、鰓裂は脊索よりも早く進化したのである。[684] 発生においても、脊椎動物と半索動物における鰓裂の発生は (とりわけ *Pax1/9* 相同遺伝子の発現と機能において) よく似ている (Peters et al, 1998; Ogasawara et al, 1999b, 2000)。ギボシムシの吻には、心臓、腎に加えて、「口索 (stomochord)」と呼ばれる奇妙な構造があり、この構造と脊索の類似性については長く議論されてきた。[685]

すでに述べたように、ギボシムシはトルナリア幼生と呼ばれるディプリュールラ幼生の1タイプを経て発

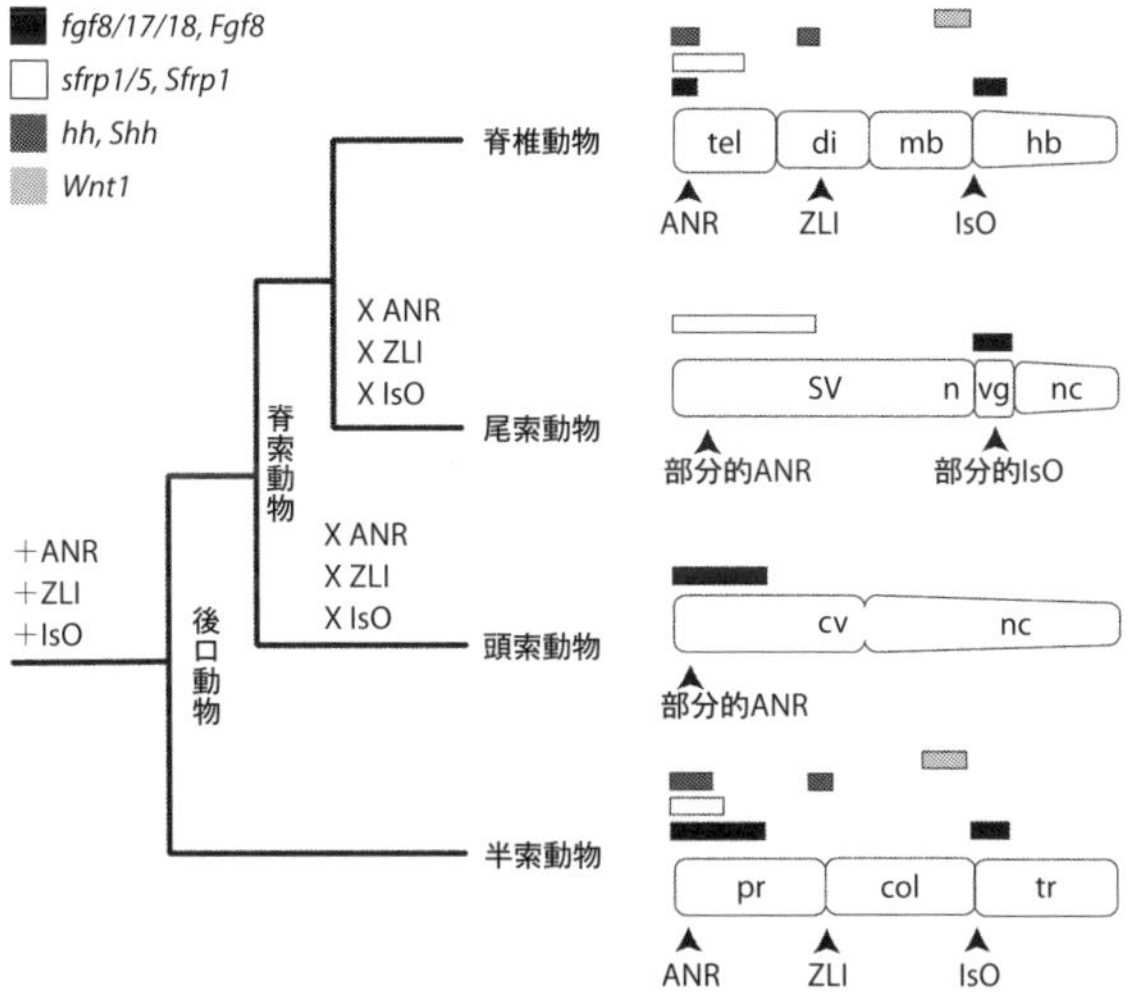

図6-29▶模式的に描いた後口動物の中枢神経系における二次オーガナイザー、あるいはその前駆体の分布。領域特異化を司る発生制御遺伝子の発現パターンのみならず、二次オーガナイザーの分布までもが、ギボシムシと脊椎動物において強く保存されていると想定された。結果、ナメクジウオとホヤの中枢神経系における単純なパターンは、二次的な退化であると説明された。Pani et al. (2012) より改変。

生し、このとき明瞭に存在する前体腔、中体腔、後体腔はそれぞれ、幼形におけるプロソーム（prosome）、メソソーム（mesosome）、メタソーム（metasome）へと変貌する。幼生期におけるこれら体腔がどのように形成されるかに関しては、半索動物内の種ごとに違いがあることが報告されているが、出来上がった体腔の種類と形態については極めて保守的である（Remane, 1956）。レマーネは実際この例を用い、相同性の基準として「保守的な発生プロセス」を用いることはできないとしたのであった。[686] ちなみにこれとよく似た興味深い例として、頭索類において前体腔の相同物と目される側憩室についても種ごとに発生様式の違いがあり、一般に知られるように原腸先端の膨出によってできるだけではなく、オナガナメクジウオ（*Bahama lancelet*）にみるように、それが間葉から二次的な上皮化を経て形成される場合もある（Holland & Holland, 2010）。これもまた、よく似たＤＳＤ（後述）の例といえよう。

　ロウと彼の共同研究者によれば、遺伝子発現からみる限りギボシムシのからだは三つではなく、四つの領域からなるという（要約はLowe, 2008）。そのうち最も前の領域は大まかに、「吻（プロソーム由来）」に相当し、第二のそれも「襟（メソソーム由来）」に相当するが、体幹はさらに、肛門までの部域と、それより後方の尾部に分割することができる。このうち、吻を定義するのは*vax*、*nk2-1*、*retinal homeobox*（*rx*）、*dlx*、*bf-1*、*otp*などの遺伝子発現で、これは大まかに脊椎動物の前脳の領域に相当する。同様に、第二の領域には*orthodenticle*（*otx*）、*pax6*、*emx*、*barH*、*dbx*、*otp*、*irx*、*lim1/5*、*en*が発現し、脊椎動物の中脳域の発現プロファイルに近い。興味深いのは、後者の遺伝子の多くが、その後方の発現境界を第一鰓裂のレヴェルに示していることである。もしこれが、脊椎動物における顎骨弓・舌骨弓咽頭嚢（第一咽頭嚢）の位置に相当するものと仮定すると、脊椎動物の咽頭弓では顎骨弓の筋原基にのみ発現を限局している*en*が、ギボシムシにおいてもこの境界の前方に限局していることと辻褄は合う。[687]

　さらに、神経堤の移動経路を鑑《かんが》みるに、中脳と顎骨弓の前後軸上での対応関係も、上に示したギボシムシの襟における遺伝子発現パターンと整合的であるといえる。ギボシムシの第三の領域には*gbx*と*Hox1-10*が発現し、脊椎動物における後脳と脊髄のほとんどの領域をカバーしているようにみえる。最後に、*Hox11*を発現する第四の領域は、脊椎動物でいえば尾芽（tail bud）に相当する領域で、この肛門以降の領域が脊索に限られた構造ではないということを示唆しているという。驚くべきことに、一部を除きこれら遺伝子発現のほとんどはショウジョウバエ胚でも保存されているのである（Lowe et al., 2003）。すなわちそれは、上にあげた発生のツールキット遺伝子の機能と、その制御ネットワーク（GRN）が、基本的に左右相称動物の共通祖先においてすでに獲得されていたということを強く示唆する。ただし、ここで問題となるのが、偶発的なコ・オプションの問題である。

◎――コ・オプション

コ・オプションとは、本来別の用途、別の発生パターニング機能に付随して用いられていた遺伝子制御機構が、それとは関係のない別の場所に転用され、比較的短い期間において新規なパターンが子孫に獲得されることをいう。このように獲得された形態パターン（脊椎動物においては対鰭など）は、しばしば系統樹の上で新規形質であることが比較的に明らかな分布をとり、そのゆえにその形質の発生機構の中に研究者はしばしば、遺伝子発現の形で深層の相同性の存在を感知するが、さて、どちらが本家で、どちらがコ・オプションされた二次的なものであるのか、つねに自明だろうか。とりわけこれが問題となるのは、コ・オプションが疑われる問題の相同遺伝子発現が、その動物の極めて基本的なボディプラン構築にかかわる場合においてである。まず、コ・オプションの結果、既存の遺伝子カセットが用いられて新しい形質を作るとき、そのカセットは同じ動物における発生のタイムテーブルの中で、さらにボディプランの中で、どこにどのような形で挿入されることになるだろうか？　そして、その傾向をもって、観察される遺伝子発現がオリジナルかコ・オプションの結果か、区別する方法は原理的に存在するだろうか。●688

脊椎動物の対鰭にみるＨｏｘコードは比較的簡単な例である。●689前後軸を持つからこそ左右相称動物といわれる脊椎動物のボディプラン構築にあって、Ｈｏｘコードよりなお原初のパターンというと、それはもはやほかの軸形成のそれに探すよりほかはなく、体軸が本家で、進化の上で新しく獲得された対鰭が分家であることにはもはや微塵の疑いもない。さらに、発生過程において本家（より祖先的）のＨｏｘコードが先に発現を始め、派生形質としての分家が遅く出現するということも、我々の自然な反復説的センスに合致するし、同様な例は、付属肢の発生モジュールを転用した、甲虫類の角がある。しかし、脊椎動物の腹鰭についてはどうか。脊椎動物顎口類の進化の黎明にあって、胸鰭が先に獲得され、それに引き続いて腹鰭が得られたときには、十中八九、胸鰭の発生モジュールのかなりの部分を転用したはずである。[690] しかし、そのような進化のプロセスとは異なり、腹鰭の発生時期は多くの四肢動物胚においてほぼ同時である。[691] このような場合、発生過程のみからコ・オプションの経緯を知ることは可能であろうか。ましてや、カエルのオタマジャクシにおけるように、後足から先に発生するに及んでは……。

背腹反転

ある朝、グレゴール・ザムザが気がかりな夢から目ざめたとき、自分がベッドの上で一匹の巨大な毒虫に変ってしまっているのに気づいた。

――フランツ・カフカ『変身』(原田義人訳)より

脊椎動物、ならびに脊索動物の進化的起源を考察するにあたって整理しておかねばならない問題が、前にも触れた、背腹軸の反転である。この問題の一端は、一九世紀パリ・アカデミー(Académie des Sciences)において動物のボディプランの統一性に関して戦わされた、いわゆる「アカデミー論争(Great Academy Debate)」に始まるとされる(Appel, 1987; Hall, 1998)。当時、パリ王立博物館(Muséum d'Histoire Naturelle, Paris)にあったジョルジュ・キュヴィエは、動物界に四つの独立した形態プランを見、それにもとづいて動物を四つの大きなグループ(embranchements)に分類していた。ホールが要約するように、この分類単位はいまでいう動物門にほぼ等しい(Hall, 1998)。このように、キュヴィエとその同時代人、あるいはラマルクのようなキュヴィエ以前のいく人かの動物学者は、動物のからだの成り立ちを比較するという形態学の分析的手法を手にしていたのである。そしていまでいう「ボディプラン」に近い概念もこの頃すでに成立していたのである。キュヴィエは、動物が遂行する特定の機能が、このような特定の「型」に付随していたと考えた。これに対して、同じ博物館のジョフロワは、すべての動物が同じ「型」を共有すると考え(型の統一:unity of types)、それがキュヴィエの四グループを互いに結びつけると考えた。この意見の相違が一八二九年に勃発した論争のきっかけとなるのである。

とりわけ、この章の文脈においてはジョフロワが節足動物と脊椎動物の間に行った比較が重要である（Geoffroy, 1822）。これらの動物は両者とも左右相称で、分節的な構造を前後軸上に示している。その一方で、節足動物の骨格系は外骨格が主体であり、中枢神経は腹側にある。一方、脊椎動物の骨格の主体は内骨格であり[●692]、しかも中枢神経は背側に位置している。これらの「型」を一致させるためにジョフロワが行った操作は、節足動物のからだを背腹に反転し、その外骨格を裏返して内骨格にすることだった。ただし、これは思考実験として行われた操作であり、実際の進化過程を反映するものとは考えられていなかった（Appel, 1987）。コワレフスキーの発見によって脊索動物が定義され、脊索や鰓の重要性が認識される以前であれば、ジョフロワが脊椎動物と節足動物の冠グループ（crown groups）を比較しただけでこれら二つの動物門を繋げようと着想するのもわからないでもない。しかし、コワレフスキー以降もジョフロワの追随者は多かった。たとえば、ヘッケルの弟子で、バルフォーをも指導したドールン（Dohrn, 1875）や、またあるいはセンパー（Semper, 1874）は、脊椎動物を環形動物の背腹反転したものであると述べた（図6–6）。この「環形動物説」が動機となって、グッドリッチは環形動物をも研究対象としていたらしい。

背腹軸を反転することによって確かに中枢神経の位置を、腹側から背側へと持ってゆくことはできる。しかし、ここで問題となるのは、口の位置が背側になるということである（図6–6）。たいていの場合、これを回避するために、脊椎動物において新たな口の開口が、新しく腹側となった方向に生じたと仮定される。事実上、脊椎動物を導くにあたって、最も困難となるポイントが、この「口の移動」なのである。実際、この問題はいまでも解決されているわけではない。ここで思い出すべきは、ナメクジウオの口の形成についてであろう。よく知られているように、ナメクジウオの個体発生では、口が左側に開き、それが二次的に腹側正中に開くような形状に変化する（図6–21・23）。同様に、ヌタウナギでも口の相同性とその発生過程については議論が過去において存在し（Kupffer, 1899, 1900; Stockard, 1906）、ヤツメウナギの口の開口部が顎口類のそれと一致しないという可能性も問われた（Shigetani et al., 2002; Kuratani & Ota, 2008）。かように、脊索動物における口の位置は不安定なのである。なぜそのような遷移過程が、後口動物の基幹で起こらなかったのだろうか。あるいは、原索動物から脊椎動物への移行時ではいけなかったのか？ これらの問題についても、答えは得られていない。ちなみに、口の位置の進化的不安定さに関しては、節足動物内部でも同様である。

ジョフロワに始まるこれら一連の思考実験において、紛れもなく「核」となっているのは、節足動物（あるいは環形動物）と脊椎動物における系列相同的な分節の類似性である。そして、背腹転換という作業仮説は、この一種観念論的なパズル合わせにあって、ただ辻褄を合わせるための苦肉の策であるように我々には映ずる。が、実際のところ、進化発生学的に認められている説として分節の相同性にはまだ不確実性があるものの、背腹反転については、たとえそれが、いきなり仰向けになって歩き始めた節足動物という、いささか馬鹿馬鹿しい状況を想起させるものであったとしても、確かにそれが起こったと思われている。というのも、背腹軸を特異化する分子的背景が、左右相称動物において例外なく保存されているからだ。

◎――分子的背景とボディプラン

左右相称動物においては、前後軸、内外軸、背腹軸の特異化機構がある程度連関し合っているが、それら

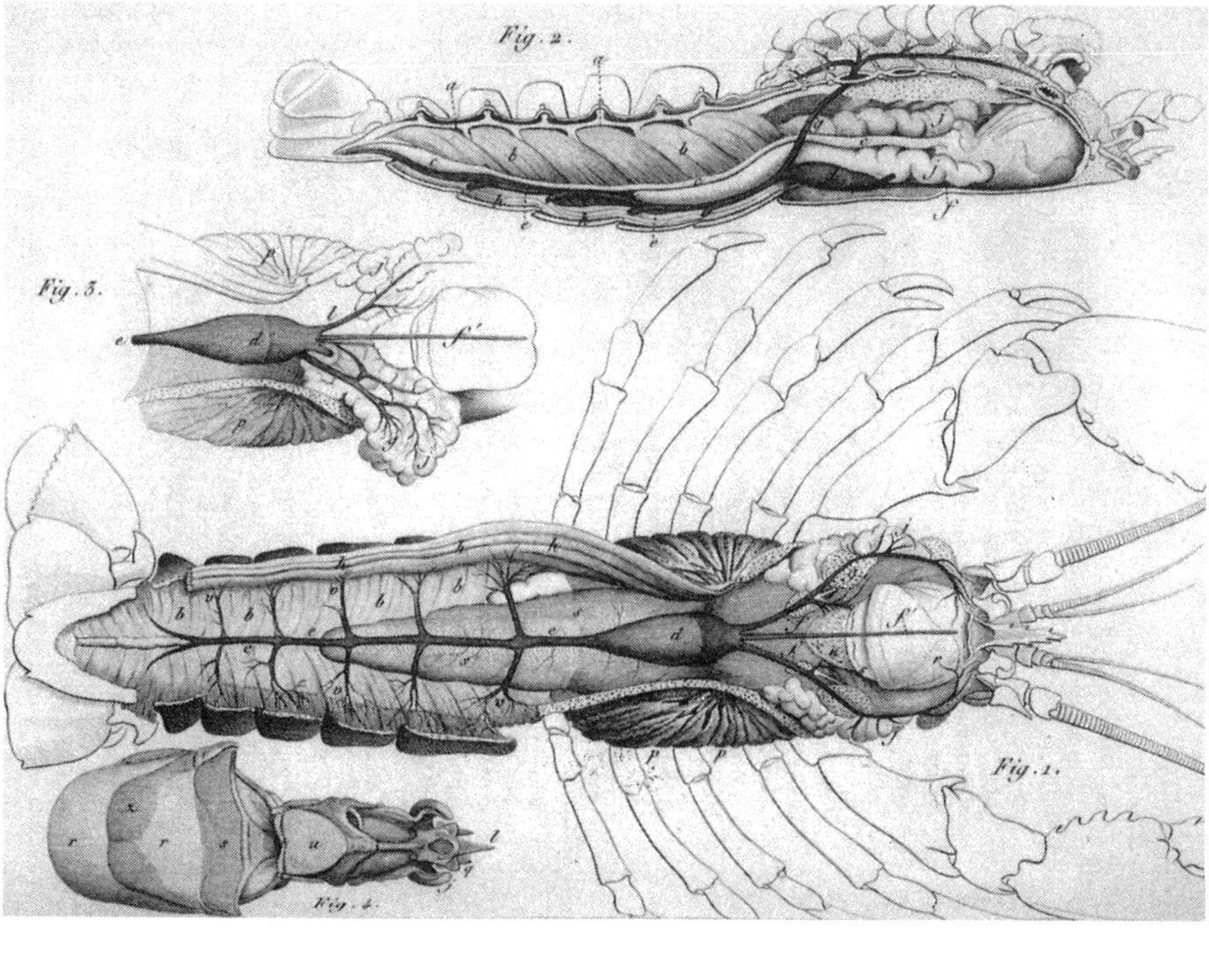

図6–30►ジョフロワが脊椎動物になぞらえようとした「背腹反転したイセエビ」。Guyader（1998）より。

がすっかり結合してしまっているわけではない。とりわけ、背腹軸は厳密にほかの二つとは（形態学的意味で）独立している。なぜなら、進化における頭化の結果として、前極に脳が発達し、感覚器官が中枢化し、腸管と神経管の位置が自動的に内外を設定したそののちでも、口をどちらに開口するかについてはまだ選択の余地があるからだ。つまり、明確に頭化が起こっても、どちらを下にして生きてゆくかについては選択の余地が残っている。かくして、脊椎動物において中枢神経の位置する背側に分布する因子があり、それに拮抗する腹側（消化管のある側）の因子があったとしても、それらを前口動物・後口動物に共通に「背側化因子」、「腹側化因子」と呼べるわけではない。むしろこれら進化的に保存された因子が保存された遺伝子にコードされ、共通の背腹軸特異化にかかわる上で相同であるのは、相同遺伝子の片方がつねに神経系のある側に発現してその極を指定し（神経系の特異化はさらにその下流にある機構に依存すると思われる）、もう片方の相同遺伝子が消化管側を指定しているということなのである。つまり、背側・腹側それ自体は相同ではないのである。

　こういった考えの下に神経側–反神経側を特異化する遺伝子セットは、「前口動物と脊椎動物において」発現を反転していると思われていた（Arendt & Nübler-Jung, 1994; De Robertis & Sasai, 1996）（図6–31）。つまり、ショウジョウバエにおいては*Bmp2/4*相同遺伝子である*decapentaplegic* (*dpp*)が「反神経側」に発現し、*chordin*相同遺伝子である*short gastrulation* (*sog*)が「神経側」に発現する。かくして、遺伝子が発現する方向とそれによってパターンされる構造の関係に変化はない（*dpp*/*Bmp2/4* & *sog*/*chordin* antagonism）。この、背腹反転にかかわる進化発生学の理解は、おそらく一九六〇年代から七〇年代にかけての比較動物学を学んだ者であれば、高校や大学の講義で刷り込まれた「前口動物と後口動物の疎遠」という常識に由来する違和感を感じるだろう。

　これと同質の抵抗感は、「Ｈｏｘコードが左右相称動物共通に指定する前後軸」といういい回しにも等しく感じられたはずだ。すなわち、キュヴィエがかつてそう考えたように、動物各門は、そのあまりにかけ離れたボディプランのゆえに、[●693] 体制の構築という視点からはまったく比較できず、たとえ昆虫と脊椎動物の身体の各部に似たものがあったとしても（「頭」とか「腹」とかいうように）、それは他人のそら似で、由来を同じくするものではないと思い込んでいたからだ。昨今、動物門を統べる共通の分子機構という文脈でジョフロワの名が喧伝されることがとみに多くなったが、それは偏《ひと》えに上のような進化発生学的発見があってのことであり、以前彼は異端の動物学者、対してキュヴィエは多かれ少なかれ「鼻持ちならない優等生」的常識人といったレッテルを貼られることが多かった。つまり進化発生学的知見が集積する以前、比較形態学に関してキュヴィエのいうことは基本的に常識的、かつ正しいと思われていたのだ。

いうまでもなく、右のことは分節性にもあてはまる。分節形成に同じ遺伝子が用いられることそれ自体が、体軸に沿って身体を分断する分節の共通のオリジンを示すわけではない。それは別の形で、コンパートメント形成や、上皮化機構に広く用いられていた遺伝子制御ネットワークが単に保存されているだけのことかもしれない。さらに、現在のところ、いかに遺伝子発現やネットワークの類似性が指摘されたところで、系統樹のどこでどのようにそれが転用、もしくは保存されたのかが指定されなければ、分節が分節として、共通の起源を持つといえない。現在の進化発生学が、ゲーテ時代の観念論をいまだに引きずり、直感的認識に訴える論理で人を納得させようとするのは、残念ながらハクスレー出現以前の頭部分節説の戦いと同じ段階にあるといわねばならない。進化系統樹のないとこ

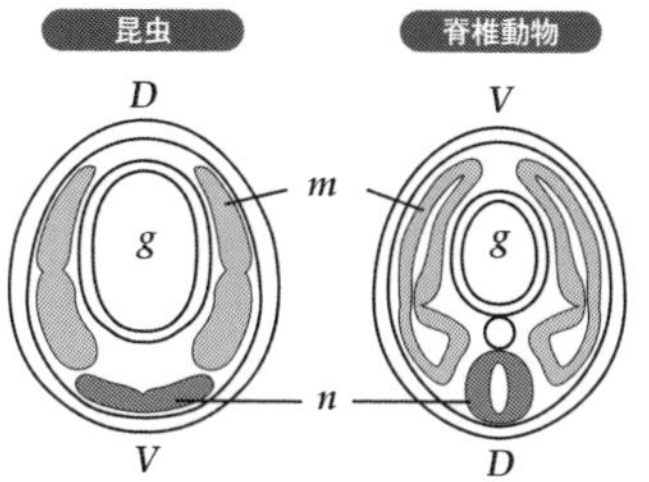

図6-31▶発生学的構築として示された、昆虫と脊椎動物の背腹反転関係。Arendt & Nübler-Jung (1994)より改変。

ろに真の理解はないのである。では、背腹反転に関してはどうだろうか。Ｈｏｘコードや分節性の比較と同じく、動物学者は背腹の関係を「節足動物と脊椎動物」の間にみる著しい相違としてまず認識し、それを一般化して「前口動物と後口動物」の相違として認識してきた。いい換えれば、「二次的に口が出来たこと（後口）」と背腹反転劇が暗に同一視されていたのである。が、実際のところ上に考察した「反転」は、進化系統樹のどこで生じたと考えられるのであろうか。それは脊索動物の基幹、あるいは後口動物の基幹だろうか。

無脊椎動物のボディプランを進化発生学的に重ね合わせるという作業においても、ジョフロワの行った背腹反転は避けられないようだ。ただ、それが進化系統樹の上で、どこに生じたのかという問題は、つい最近まであまり吟味されたことがなかった。ドールンやセンパーの環形動物由来説（図6–6）、ジョフロワやパッテンの節足動物由来説の影響か、いつしか背腹の反転関係が、前口動物と脊索動物（もしくは脊椎動物）の関係であるかのような印象が流布してしまっていたように思われる。しかし、これからみてゆくように、それは大きな誤解であったらしい。

◎――ギボシムシの示すもの

いま一度整理するならば、脊椎動物の初期胚腹側に分泌性腹側化因子をコードした*Bmp2/4*遺伝子が発現し、反対極にはＢＭＰ２／４に結合してその活性を抑制する分泌因子、コルディン（Chordin）をコードした遺伝子が発現する。このように遺伝子産物の結合を介した背腹軸決定機構がショウジョウバエからも報告され、それが上に挙げた二つの遺伝子の相同物、すなわち*Bmp2/4*と進化的起源を同じくする*decapentaplegic*（*dpp*）、*Chordin*の相同遺伝子である*short gastrulation*（*sog*）によってなされ、しかもこれら相同遺伝子のセットが、ショウジョウバエにおいては脊椎動物とは一見、背腹逆に発現しているのであった。しかし、これらの相同遺伝子はつねに同じ胚構造、つまり*Bmp2/4*と*dpp*の発現する方向には消化管、*chiordin/sog*の発現する方向には中枢神経が分化するのであるから、神経側–反神経側を特異化する遺伝子群としては、これらはどちらの動物においても同じ、進化的に保存された機能を有しているということになる。ならば、この保存された遺伝子の作用によって極性化したボディプランにおいて、どちら側に口を開口し、どちら側を重力とは逆の方向に向け、背中として用いるかということだけが進化したのだともみることが可能となる。このように、背腹軸反転の問題は、形態学的認識や記号論、意味論とも通ずる、実に微妙な問題を孕んでいる。いい換えるなら、この反転イベントにおいて、十中八九、「遺伝子制御レヴェルでの反転は生じていない」という可能性が濃厚なのである。このことはつねに心しておかねばならない。

当初こそ前口動物と後口動物の対比として語られることの多かった背腹逆転現象は、ギボシムシの研究を通じて一挙に現実的なものに様変わりした。先に述べたように、前後軸を特異化する外胚葉性の遺伝子発現は、ギボシムシの幼形においては背腹の別なく、「タイヤ」として発現する。このような、上下の区別のない遺伝子発現パターンは、この動物が背腹に明瞭にパターン化されていない散在神経系を発生することと関係するのかもしれず、事実、そのように指摘されることもある。が、それでも興味深いのは、ほかの左右相称動物において背腹を規定する*dpp*/*sog* (*BMP*/*chordin*) 相同遺伝子に限っては、外胚葉全体ではなく、背側と腹側の正中線上に限局して発現するということである。つまり、これらの遺伝子群は、あくまで明瞭な極性をもって発現するのである。すなわち、コワレフスキーギボシムシにおける*bmp2/4*相同遺伝子は、ギボシムシ幼生ののちの「背側」正中に発現し、それに引き続いて「*bmp* synexpression group」と称される背側を規定するＢＭＰの下流遺伝子のセット (Niehrs & Pollet, 1999; Karaulanov et al., 2004) が、やはりここでも同所的に発現する。[●694] いうまでもなくこれは、個々の遺伝子レヴェルでの保守性ではなく、遺伝子群や、その産物の相互作用が形成する制御ネットワークのレヴェルでの保守性が存在することを示唆している。予想されるように*chordin*とその関連遺伝子も、ギボシムシの「腹側」に発現する。ただし、半索動物においては、ほかの動物におけるようにＢＭＰが神経分化関連遺伝子の発現を抑制することはない (Lowe et al., 2006)。そのこともまた、ギボシムシ独特の神経系のパターンと関連するのかもしれない。

右のことにもまして興味深いのは、ギボシムシにおける背腹軸関連遺伝子の発現パターンが、脊索動物のそれよりも前口動物に似ているということである。つまりそれは、進化的背腹反転が脊索動物と歩帯動物の分岐の近辺で生じたということを意味しているのだろうか (Lowe et al., 2006)? そして、脊索動物の祖先に新しく定義されたその「背側」に、神経系があらためて中枢化したというシナリオが妥当なのだろうか？　半索動物はすでにその脊索動物的腹側（ギボシムシの形態学では背側に相当）を、鰓孔の位置という形で、明らかに*Bmp*の発現する側に確立しているようにみえる。この鰓の位置に関していえば、半索動物は脊索動物とパターンを共有しているようにみえる。無論、本来的「背」と「腹」が仮託できる特定の構造はなく、すべては口の開口する方向の反転が、進化系統樹のどこで生じたかということにつきるのである。[●695]

これに関し、半索動物と姉妹関係にある棘皮動物においてもどうやら「半索動物＋前口動物」的な背腹があり、脊椎動物初期胚において「左側」に発現する遺伝子が、棘皮動物幼生では「右」に発現しているようにみえる。つまり、歩帯動物の分岐地点でも、背腹の定義は前口動物的であったらしい。いい換えるなら、ジョフロワがイセエビを反転して得た「脊椎動物型の背腹軸」は、脊索動物の固有派生形質であったとみるのが適切であり、この背腹軸の進化シナリオに沿う限り、前口動物と後口動物の対立図式は不適切だということになる。この点、口の開口を腹側とみなす限りにおいて、いくらその鰓裂が脊椎動物と似ていようと、ギボシムシは我々のものとは逆の背腹軸を持つといわざるをえない（後述）。

このいささか楽観主義的直感に沿って考えれば、背腹軸形成におけるBmp/Chordinの拮抗作用も、一次的な形質であり、「限りなくコ・オプションではありえない」とせねばならない。しかし、それは正しい推論なのだろうか。ここで話は再び、形態パターンの階層的認識を進化的階層になぞらえることの是非と、観念論を進化系統樹へと引きずり下ろすにあたっての発生データの扱いという、あのおなじみの問題へと帰着する。確かに、動物門のボディプランのインテグリティを進化的に保証する装置としてのファイロティピック段階は、進化上動かしがたいステージである。ここを安全に通過した胚のみが安定的に発生を続けることができる。したがって、胚体の中にモジュラリティが増加し、局所的な擾乱がもはや胚全体の破綻に繋がらない後期発生に進化的変更が蓄積する傾向も認めることができ、それは実際、系統分類体系と、進化発生的プロセスに生じていることと整合的である。その結果として、進化と発生の間には、「反復的効果」と呼ばれる平行性が、一種の「傾向として」生まれる。しかし、それは法則ではないのである。

◎――背腹軸と神経系

ここでギボシムシの背腹軸の性質をもう一度吟味してみよう。すでに述べたように、口の開口する方向で腹側を定義すると、ギボシムシの消化管と鰓裂の開く方向が、脊椎動物とは逆の、「背側」になる。そして、それはギボシムシの*Bmp2/4*相同遺伝子が発現する方向なのであるから、これに関する限り、反神経側とそこに発現する遺伝子は、反転してそれらが腹側になるのを、つまり、脊椎動物のボディプランができあがるのをあたかも待っているかのようにみえる。一方で、ギボシムシには脊椎動物におけるような明瞭な神経管が存在しない。つまり、ギボシムシ的段階を仮想的な祖先的段階とする限り、ここに脊索動物的な神経管が何とかして作られなければならない。

脊椎動物のボディプランを導く背腹反転が、前口動物と後口動物の分岐地点ではなく、後口動物が分岐したのちに、そして脊索動物が歩帯動物と袂を分かってのちに生じたことに関してはいくつかの状況証拠が揃っている。たとえば、脊索動物において左側に発現して左右性を特異化する*Pitx2*という遺伝子が知られる。これは非対称性をもたらすNodalというシグナル分子の下流において左側に発現誘導されるもので、脊椎動物だけではなく、形態学的非対称性の強いナメクジウオの胚においてもそれは左側に発現する。[●996] 面白いことに歩帯動物、すなわちギボシムシと棘皮動物の幼生においては、この相同遺伝子が「右側に」発現するのである。この不整合を解決する方法は極めて単純である。つまり、歩帯動物と脊索動物の間では、背腹の定義が逆になっていると認めればよい。そしてそれがいま、一般には広く受け入れられている考えとはなっている。

しかし……、

話はそれほど簡単ではない。というのも、ナメクジウオの左右軸を特異化する上で右側に発現する*cerberus*が、脊椎動物では左側に発現するという事実がある。これでは、背腹反転が脊索動物内で起こったようにみえてしまうが、解剖学的な比較は、このような解釈を頑《がん》として拒むであろう。もう一つの例は、ギボシムシにおいて、脊索動物の神経管と似た構造が、「ギボシムシの背側」に形成されるという事実である。これは古くより報告があったことだが、最近になって宮本と和田が、新たに分子発生学的知見を加えて発表したことにより広く知られることとなった（Miyamoto & Wada, 2013）（図6–32）。それは、「襟神経索（collar nerve cord; collar cord; dorsal nerve cordとする場合もあり）」と呼ばれる構造であり、ギボシムシの「襟」のレヴェルに形成される神経上皮からなる。しかもそれは、ギボシムシ全般に共有されているらしい。これは確かに、脊椎動物における神経管形成に似た様式で成立し、その中にはニューロンの存在も確かめられている。この構造の両側には中胚葉性の体腔があり、その下方には、発生の一時期、（脊索がそうであるように）神経管の腹側化因子をコードした*shh*遺伝子を発現する内胚葉が接する時期がある[●697]（図6–32）。そしてさらに興味深いことに、これと似た神経上皮の構造と組織学的構築が、棘皮動物にも観察されるのである。

　このような考えは、ロウの研究グループによる背腹反転劇と真っ向から対立するものであり、一見、互いに相容れない。解剖学的にも襟神経索は、脊椎動物の神経管が期待される側とは逆にあり、形態学者のルパートはこれを「ホモプラジー」として片づけている。しかし、これを説明できるかもしれないシナリオが、いくつか存在しうると筆者は思っている。

　古くはデルスマンによって、最近ではアレントらのグループが提唱している考えだが、左右相称動物の中枢神経系には、トロコフォア・ディプリュールラ幼生にみることのできる少なくとも二つの独立した前駆体が存在した。つまり、一つは「頂板」に由来するもので、これがいわゆる前脳を起源する。もう一つがいわゆる「繊毛帯」で、これが前後軸に沿って伸び、*Chordin*の発現する側で神経軸を作り出す。これらが合体したのが、左右相称動物における中枢神経なのであると。ならば、ギボシムシにおいて、反神経側に発生するとおぼしき襟神経索は、実は頂板に由来した、我々の前脳部分なのではないか。背腹軸に縛られないこの神経系が、二次的にからだの前端を回り込んで、繊毛帯と合体すれば、それは脳褶曲を伴った脊椎動物の中枢神経系にみえないことはない（後述）。系統樹を考えれば、ギボシムシにおける分離した神経系は、二次的に生じた例外的パターンを示しているだけなのかもしれない（図6–28・32）。無論、対立仮説として、中枢神経の起源を独立のものとする可能性もありうる。

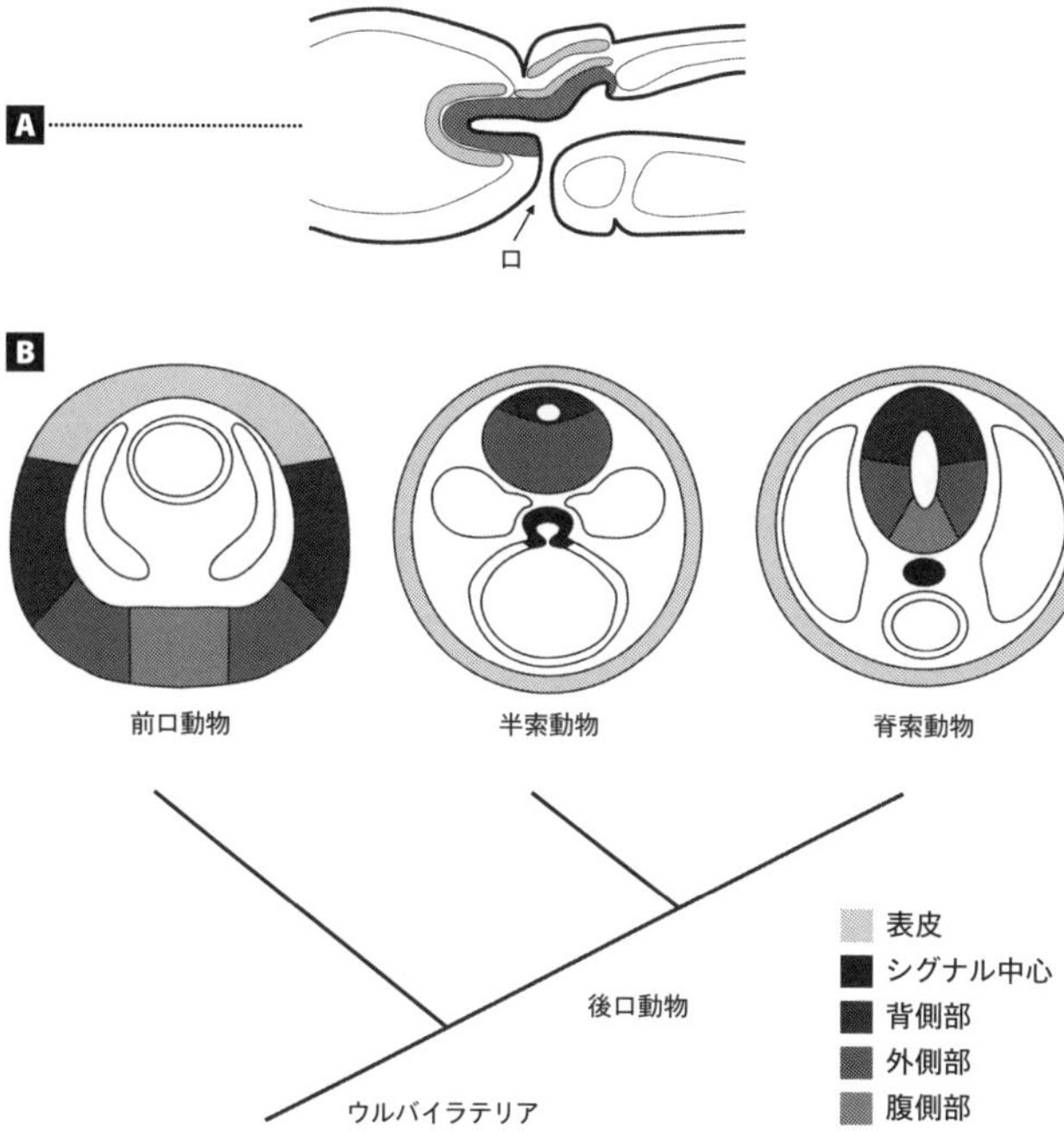

図6–32▶宮本と和田によるこの説では、ギボシムシが脊椎動物と同じ背腹軸を有しているとされている。
A：ギボシムシ幼体の正中矢状断。口が腹側に開く。濃く着色した部分が口索。ここにはhh遺伝子が発現する。その背側に襟神経索が位置する。図6–26と比較せよ。
B：系統的比較。神経組織の極性が三者で共通していることを示す。Miyamoto & Wada（2013）より改変。

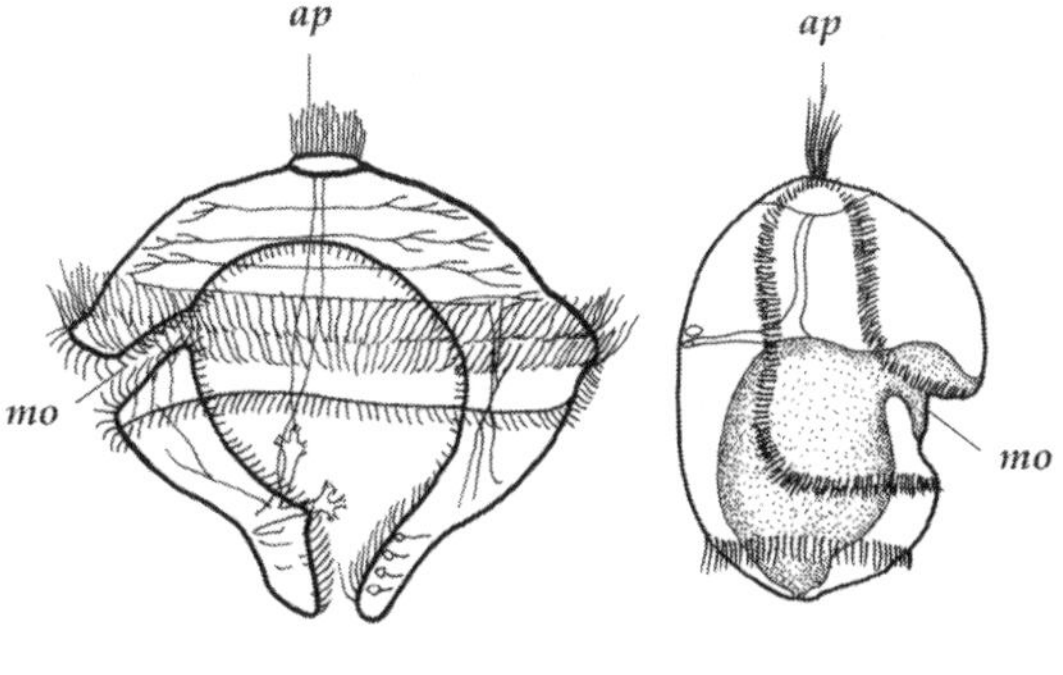

図6–33▶トロコフォア幼生（左）と、ディプリュールラ（ギボシムシのトルナリア）幼生（右）。左図は、Neal & Rand（1936）より改変。右図は、Balfour（1885）より改変。

右のようなシナリオを実証するのが困難であることには間違いはないが、ここで少なくとも一つの明確な疑問が生じてくる。つまり、アレントのいう「ゴカイ的」な形態をもった左右相称動物、あるいはヘニョールとマーティンデイルの提唱する「ウルバイラテリア」のような、あたかも「完成した成体の雛形」のような祖先型を出発点として考えるのが本当に適切なのか、という問題である。ひょっとして、ボディプランの放散が起こりつつあったカンブリア以前の海には、現在の幼生を思わせる動物と、刺胞動物のようなものがいたのではないか、そして、トロコフォア・ディプリュールラ幼生を基盤として、独立にボディプランを獲得しながらも、それはある程度のところまで（幼生形態のレヴェルで）共有されたパターンを持たざるをえなかったのではないか（図6－33）。いよいよ成体の変形ではなく、胚形態を変形することによって、進化の思考実験を行う必要が出てきたようだ。

そして、脊索は

ここまで半索動物の発生を詳述したのは、それが脊索動物における前後軸と分節性の起源を理解するにあたって大きな疑問を投げかけているからだ。少なくともそれは、脊椎動物とナメクジウオの分岐以前に生じた何かについて言及している。すでに述べたように、ヴァン＝ヴィージェ（van Wijhe, 1906）が示した図式においては、脊椎動物の傍軸中胚葉に、大きく三つの区画が設定され、それは一見、マスターマン（Masterman, 1898）や、それを詳細に発展させたレマーネ（Remane, 1950, 1967）の仮説と整合性を持つ。しかし、そこに謎が残ることについてはすでに述べた通りである。実際、マスターマンと同様の仮説にもとづき、マクブライド（MacBride, 1914）は、ナメクジウオにみる最初の三つの体節（側憩室を第一体節と数えた場合）をトルナリア幼生の三体腔と比較している。無論、これはヴァン＝ヴィージェに連なる考えではなく、また遺伝子発現パターンもこれを支持しない。[●698] しかし、ある意味考慮に値する説ではあるかもしれない。

これに関して興味深いのは、ギボシムシの「吻」に分化することになる体腔原基、前体腔である。すでに述べたように、ディプリュールラ幼生の前体腔はしばしば、脊椎動物の顎前中胚葉に比較され[●699]、後者の前駆体は脊索前板である。特筆すべきは、ここから発生するギボシムシ成体における口索が、*otx*、*dmbx*、*gsc*、*hex*、*dkk*などの遺伝子を発現するのだが（Gerhart et al., 2005）、脊椎動物においては、これは脊索よりもむしろ、脊索前板における遺伝子発現パターンに近い。[●6B00] これは、脊索前板（顎前中胚葉）とディプリュールラ幼生の前体腔の相同性を証明する最初の分子データかもしれない。では、口索が脊索前板であるとして、脊索の起源はどうなのだろうか。

脊索動物の起源を考えるとき、背側神経管としての中枢神経、脊索、体節の由来はしばしばともに語られ、系統樹の上でそれらはあたかもセットのように振る舞う。[6B01] すなわち、体節性の起源を脊索動物の根幹（歩帯動物からの分岐以降）に求めるのでなければ、それはウルバイラテリアへと一挙に肩代わりされる。そして、進化においてあたかも空白期のようにみえる場所で、背腹反転という重要な変化も生じているらしい。個体発生過程の中で、これらの形質を繋いでいるのが神経誘導と前後軸形成過程なのである。

この問題は本章の範疇を超えるが、疑いもなく体節の並ぶ軸に沿って、脊索前板という、仮想的祖先に（可能性としてはウルバイラテリアにすでに）存在したとおぼしい古い構造の後方に付加的に形成されることによって脊索動物を特徴づける、後口動物にあっては新しい構造である。したがって、多くの研究者はこれまで脊索の獲得をもって、脊索動物の起源としていたが、これは必ずしも脊索前板と、発生上での軸形成に沿って脊索をもたらすオーガナイザーがともに、脊索動物特異的であることを意味はしない。いまのところ、脊索動物において新に特異的とみえるのは、脊索と、そして軸の後方化と背腹軸の特異化が同時に統合された「オーガナイザー（Spemann's organizer）」機能である。[6B02] 後者については、後方化因子を伴った「体幹オーガナイザー（trunk organizer）」とするのがより正確かもしれない。この誘導作用においては、ＢＭＰシグナルとＷＮＴシグナルが、転写調節因子Smad1を介して一つの機能に統合されているのである。[6B03] これらの機能が一見、半索動物と昆虫においては互いに分離しているようにみえる。[6B04]

一つの可能なシナリオとしては、この統合それ自体が後口動物の進化においては重要なイヴェントであり、その副産物として脊索が成立したとも考えられる。そして、もし口索の相同性（脊索前板とその派生物との）を認めるのであれば、この構造はそれより後方に発生するいかなる原基とも系列的に相同ではなく、むしろその起源はウルバイラテリアにおける特定の構造に起源することになる。脊椎動物にみられる（顎前中胚葉以外の）分節は、つねに脊索のあるレヴェルに発し、それはナメクジウオについても同様である。ならば、脊索動物における分節は、脊索の獲得以降に生じたものなのだろうか？　それは「左右相称動物において共通とされる体節」という考えを否定し、再び我々は、分節化遺伝子群やその制御機構の相同性を説明するためにコ・オプションを考えることを余儀なくされる。あるいは、もう一つの仮説として、脊索動物以外に明瞭な（分子的に相同な）体節を持つ前口動物における二つの大きな系統、節足動物と環形動物にも、潜在的に脊索の相同物があるということなのだろうか。アレントのグループはそう仮定している。少なくとも節足動物と環形動物の二大グループには明瞭な中枢神経系があり、そしてそこには脊椎動物のそれと偶然を明らかに超えた、分子・細胞生物学的な相同性が散見されるのである。

ガスケルやパッテンは、脊椎動物の起源を、現実に存在する（存在した）何らかの無脊椎動物に求めようとした。その際、無脊椎動物の成体を徐々にメタモルフォーゼさせ、最終的に脊椎動物のからだを導くという、一種の思考実験を行った。その点では、多くの比較形態学者の試みはどれも互いによく似ていた。が、ここで注意すべきは、それらの思考実験が決してアナロジーやパズルゲームとして行われていたのではなく、実際の進化過程において生じていたであろう、進化的トランスフォーメーションの過程を復元するという、大真面目な目的でなされていたということである。

◎——分類と系統

パッテンは、すべての左右相称動物の根幹にトロコフォア幼生的な動物を置き、そこからすべてが始まったと想像した。が、そののちの進化過程は、極めてグレード進化的な主系列の変化の過程であった。したがって、脊椎動物の直接祖先がウミサソリのような節足動物であったと、本当に想像されていた。つまり、当時の動物系統樹は、形態的変容の枝分かれだった。いい換えるなら、ボディプランの変化の過程が、すなわち系統樹だったのだ（図6-12）。

一方、現在認められている動物系統樹は、遺伝子のアミノ酸配列、塩基配列をベースにした分岐の順序と、分子時計を用いた分岐年代の推定により作られている。そして系統の分岐はボディプランの変化や分岐過程として決められるものではない。実際、系統分岐過程と、ボディプランの進化過程はまったくの別物なのである。さもなければ、いま頃すでにあらゆる問題はすっかり解決していたことだろう。

分岐はただの分岐である。分岐しても、そのときはまだ何も変わっていない。極端な話、あなたの兄妹が、後代における別種のヒトの始祖として、もうすでに系統的意味合いにおいてはあなたとは種分岐してしまっている可能性もある。そもそも、この問題に最初に悩んだ学者の一人がダーウィンであった。彼は蔓脚類の化石種の分類を通じ、形態的類似性による分類と、系統的連続による分類が齟齬をきたすことに気がついていた。たとえば、互いに近縁の、現生動物群Aと動物群Bがいるとする。そして、これら両者を派生した古生代の原始的動物群Cが分類できるとする。ところがよくみると、この化石動物群Cの中には、のちにAに進化してゆくことが明らかな一群を見分けることができ、同様にBの特徴を持ったものも存在することがわかる。ならば、いっそのこと分類群Cを解消し、進化的に連続した系統群A'と系統群B'を設ければよいのだろうか。つまり、A'は、かつてのAと、これまでCに含められていたものの一部を含み、B'は旧分類群のBと、これまでCに分類されていたBのステムグループを含める。結果として、Cには複数の絶滅した系統しか残らないことになる。

現在のいわゆる「単系統群」は実際、右のように作られている。しかし、そのことによって諦めなければならないのは、古生代において明らかに互いに類縁関係を持ち、それに応じた原始的な特徴を共有した「分類群C」が消えてしまっていることなのである。絶滅したという意味ではなく、分類形式の中から消滅してしまっているのだ。Cはいうまでもなく、現時点から振り返る限りにおいて「グレード」である。現在の分岐状況から振り返るとそれがすでに、A'とB'に分岐しているため、解消してもよいということなのか。しかし、A'とB'は、明らかに一分類群を形成するに充分なほど互いに似通った、遺伝的に近縁のグループを構成するのである。逆にいえば、このときまったく同じグループであるようにみえていても、のちに別の系統に分化してゆくことをすでに示しているささやかな表徴、とりわけのちの系統特異的な派生形質の前駆体が認められるときに、それを「鍵革新」と呼ぶ。いわば、鍵革新は新しい系統の派生的な形質状態からあとづけ的に浮かび上がるものであり、これが存在しない限り、このようなジレンマもまた存在しない。「系統群の考え方からすれば、あなたは潜在的にあなたの兄妹とはすでに別種になっている可能性がある」というのは、すなわちこのような方法論的問題を背景としてのことなのである。

かくして、「分岐順序は進化過程について、本質的なことを何も教えてくれない」と認めなければならない。無論、分岐の序列を知ることは必須であるが、それは十分条件などではない。左右相称動物の共通祖先、すなわちウルバイラテリアから、まず後口動物と前口動物が分岐したということになっているが、それが本当に起こったときには、まだ両者ともよく似た姿をしていたと考えるよりほかはない。しかし、それはいったいどのような動物だったのだろうか。そして、どのような変化がそののちに起こったのか。すなわち、これが進化発生学の解くべき問題なのである。

続いて前口動物が「冠輪動物群(lophotrochozoans)」と「脱皮動物群(ecdysozoans)」に分岐することになるが、その分岐の直後において、あらゆる前口動物が互いによく似たゴカイのような姿をしていた可能性もあれば、そうではなく、少しずつ形の異なったトロコフォア幼生のような、多様な小型プランクトンとして海中を漂っていた可能性もある。「冠輪動物群」からは軟体動物や環形動物、「脱皮動物群」からは節足動物がのちに派生するが、これら動物門が異なったボディプランを持っているといま認識されているのは、分岐後の末端に進化した果ての動物形態をみているからこそなのである。したがって、我々の定義する環形動物が進化して節足動物になったような経緯は決してありえないが、節足動物として分岐した直後の、節足動物のステムグループが、当初はゴカイによく似た姿をしており、そこから派生した諸系統が徐々に現在みるような節足動物として形を整えていったという経緯はあったかもしれないし、否定はできない(これには異論もある)。そして、そのような変化の系列を、「(グレードとしての)環形動物から節足動物への進化」と呼んでも、あながち的外れではないのかもしれない。●6B05いや、それこそパッテンの想像した通り、トロコフォア的プランクトンが、徐々に形を変えてノープリウス幼生のような形を持った原始節足動物をまず生み出したのかもしれない。そして、形態学者はそのどちらのケースも「環形動物から節足動物へ」という形式で説明するだろうが、系統樹の上ではそれらはあくまで、節足動物の系統内での進化の話なのである。

環形動物

さて、脊椎動物の祖先系列の中には、系統群としての節足動物も環形動物も現れない。しかし、上に述べた理由から、「グレードとしては」そのような「なぞらえ」が可能となる場合もある。実際、無脊椎動物と脊椎動物の体節や分節を、進化的に同じ起源に求めようとする、一種の冒険的試みは、環形動物をモデルとした細胞レヴェルでの観察から得られた一連の驚くべき「細胞型と形態パターンの一致」によって勇気づけられている。以前は前口動物の形態発生と遺伝子発現に関する情報は、もっぱらショウジョウバエから得られた知見によっていた。しかし、脊椎動物の中で最も分子レヴェルでの研究が進んでいたのはマウスであり、さらにショウジョウバエは節足動物の中の昆虫の一種にすぎず、しかもハエを含む双翅類の仲間は、その昆虫の中でもとりわけ特殊化の著しいグループなのである。したがって、比較対象としては、これらの動物は互いにあまりにかけ離れたモデルであった。

デトレフ・アレントと彼の研究グループは、前口動物の中でも、脱皮動物に含まれる節足動物とはかなり異なった系統に属する環形動物（これは冠輪動物の中の大きな一グループである）（図6-16）の中でも、海棲のゴカイの一種、イソツルヒゲゴカイ（*Platynereis dumerilii*）を選び、この動物の分子・細胞レヴェルでの形態発生を詳細、かつ精力的に観察してきた。注目すべきは、この動物が胚発生過程において極めて画一的なパターンを示し、「細胞レヴェルで個体間の比較ができる」ことである。現在では、分子遺伝学的手法により、一個体のマウス胚の中で機能している制御遺伝子群を複数同時に解析できるようになってきた。しかし、それでも限度がある。イソツルヒゲゴカイはこの点、すべての個体が細胞レヴェルで同じパターンをもつため、複数個体から得られた遺伝子発現の三次元画像データをコンピュータで重ね合わせ、特定の発生段階において個々の細胞に発現する遺伝子のプロファイルを、極めて正確に記録できる。このようにして、脳における各ニューロンの特異化にかかわる遺伝子発現、細胞型それぞれに付随した遺伝子発現を正確に知ることも可能となる。そして、この方法によって脊椎動物胚と環形動物胚の比較が、以前にも増して高い解像度で行えるようになった。

以前は、脊椎動物と比較できる実験的、遺伝学的対象として進化発生研究で用いられた昆虫の、ときとして節足動物の、さらには前口動物の代表とされたのは、キイロショウジョウバエ（*Drosophila melanogaster*）だけであった。これが進化発生学前夜における、一種ジョフロワ的ともいえる発生パターン統一礼賛の傾向を生んだのだが、その契機となったのはいうまでもなくＨｏｘ－ＨＯＭコードや、中枢神経系の前極において領域特異化に機能する*otd*、*ems*などの相同的ホメオボックス遺伝子群の発見であった。このような遺伝子発現と機能の保守性は、ただちに器官・構造レヴェルでの相同性を正当化するわけではなかったが、前後軸の特異化機構の起源の古さや、同じ遺伝子制御ネットワークの上に組み上げられた、系統の隔たった動物における発生機構の思いもかけない保守性や、ボディプランの階層性と分子発生学的機構の対応関係を認識させるに充分であった。それでも、古典的な比較動物学の常識は根強く、脊椎動物と昆虫における分節の類似性や脳の各領域の比較を簡単には許さなかった。ゲノムや塩基配列の保守性が、そのリードアウトとしての解剖学的構築に相同的関係をそのまま示すとは認められなかったのである。少なくともその認識の半分はいまでも正しい。だからこそ、節足動物と脊椎動物の解剖学的構築は、それぞれ別個のボディプランとして記述される。そして、そこには初期発生過程における際だって異なった胚葉形成の様式や軸形成の機構の違いもかかわる。複雑多岐に亘る形態形成の因果論的機構論が、遺伝子の相同性と形態の相同性を一直線に繋げるという単純な比較を直感的に拒んだことも、そこに作用していたであろう。

何より、形態的相同性の根拠を、発生プロセスはじめ、ありうべきいかなる下部構造にも簡単には還元できないという、比較形態学の常識も手伝っていた。ゆき着くところ、形態学的同一性や一般相同性の一つである系列相同性を認識する我々の認識が、経験に裏づけられた直感によるという、ゲーテ以来の伝統のもとにあり、これによってジョフロワの結合一致の法則も、オーウェンの原動物もみな、かの文豪のエピステーメーと同じ地平を共有していたのである。と同時に、現在多くの研究例によって次第次第に明らかにされてきたように、相同形質に相同な遺伝子発現がみられがちだという一般的傾向が存在することは否めず、また一方で発生システム浮動●6B06（developmental system drift:DSD）のコンセプトは、表現型が進化上固定していながらも、下部構造である分子発生学的機構が比較的自由に変更しうるロジックをも提供している。●6B07

この種の議論において最も深刻なのはしかし、実進化過程において変化する発生機構の系列についてのデータの欠如という絶望的状況である。おそらく、ボディプランの観点から異なった「型」のようにみえる複数の動物門も、地質学的時間においては我々の予想を超えて素早く放散した可能性があり、それが左右相称動物の基本形の上に改変・再構築されたものであればなおさらのこと、潜在的相同性や深層の相同性を示しうる器官や細胞群が、現在の認識と予想を超えて多いと考えるべきなのである。それは、逐一調べるよりほかはなく、検索を通して気がつかない限りはないも同然とされ、動物門間のボディプランの懸隔は一向に縮まることはない。

デトレフ・アレントによれば、細胞型の多様化もまた進化的多様性の一環として達成され、細胞型の相同性のみならず、それぞれの細胞型が進化上辿った道筋（cell typogenesis）も、彼が「分子プロファイリング（molecular fingerprinting）」と呼ぶ方法によって検出可能だという●6B08（Arendt, 2008）。彼らが提示する細胞型のクラドグラムは、アレント自身が明言するように畢竟《ひっきょう》、進化系統樹なのである。そして、分子レパートリーにもとづいて細胞型の系統分類関係が定義されているのであり、もしくはそれらが同義なのであり、各細胞型に付随した遺伝子発現プロファイルが、進化の過程における細胞型の多様性と分岐、そして類縁関係を示すことができるというのが彼らの論点である。いわば、我々が器官構造のレヴェルで形態学的相同性を認識できるのと同じように、細胞型の相同性を扱うことができるはずであると……。そして、細胞型が進化の道筋に沿って進化してきたからには、ちょうど動物の進化系統樹において姉妹群を認識できるように、細胞型にも姉妹関係を特定することができるのだと……。

ここで、「生物種の進化系統樹になぞらえた細胞型の系統」という視座に、大きな思考の跳躍が必要であったことは認識しておくべきだろう。ダーウィンあるいは、ラマルク以来、一つの動物種が別の複数の動物種へと分岐放散することが受け入れられてきたが、これは交雑と生殖をベースにしたメンデル集団に生ずる分離や変化過程であり、経験的にも概念的にもそれを簡単に思い描きうる。しかし、一つの細胞型が二つか、それ以上の細胞型を生み出すような進化系統的「分岐」は、実体としてはどこにも存在しないプロセスである。もし、それらしきものが存在するとすれば、それはさしずめ個体発生上における細胞系譜の分離や、細胞分化の絞り込みの過程ということになろう。が、それに思い至った時点で、我々は一つの難問を直視しないわけにいかない。つまり、細胞型が発生のタイムテーブルにおいて分化してゆく過程、それが進化的な細胞型の多様化の過程とパラレルなのかという問題である。さらに、この問題がいわゆる「反復説」と同じ構造を持つことにも気づかねばならない。

◎——反復説と胚葉説、再び

確かに細胞型は動物の分類関係と同じく、多様なものが雑多に存在するのではなく、骨格関連の細胞型や、各種ニューロン、神経支持組織を構成する細胞群、筋細胞、内分泌細胞、血球系といった具合に、ある一定のカテゴリーをなし、それは動物門を超えて保存されている。とりわけ、八〇年代に我が国の藤田恒夫らによって提唱された「パラニューロン」の概念は、各種神経細胞と内分泌細胞が細胞学的に連続したスペクトラムをなし、それらが進化的に共通の起源を持つことを強く示唆した(Fujita et al., 1988)。つまり、「細胞型」は、各種動物系統において勝手に多様化しているのではなく、それ自体が進化系統的類縁性、つまりは由緒正しい進化的出自を持つ。だからこそ、それは樹形を成しつつ分岐し多様化する。

遺伝子の進化的多様化が系統樹をなし、解剖学的形態パターンの放散が系統樹をなすように、細胞型の多様化もまた、系統樹をなす。そして、フォン＝ベーアのいわゆる「胚葉説」が、まさにこのような現象を扱っていた。一般には確かに、特定の細胞型のセットは、個体発生過程において、特定の胚葉に由来する。すなわち、神経系は多くの左右相称動物において外胚葉に由来し、結合組織や筋は中胚葉に由来し、消化管上皮は内胚葉に由来する。そして、このような一般的傾向が、ベーアに「胚葉説」を思いつかせた。つまり胚葉説とは、細胞系譜と細胞型の多様化(あるいは、分類学的入れ子関係)との間に想定された、「もう一つの反復説」なのである。●6809

ボディプランを構築するために用いられる基本的細胞型が存在し、昆虫と脊椎動物の神経系は、進化的に同じ出自を持つ細胞型のレパートリーからそれぞれ分化したものである。したがって当然、アレントのいうように、細胞型は動物の進化系統樹と同じ樹形でもってクラスターをなす。各細胞型が、系統関係に応じた遺伝子発現プロファイルの多様性を示すこともこれと整合的である。しかし、各動物の個体発生過程において、これら細胞型が発生上、どのような細胞系譜に従って分化してくるのかという「素性」の問題は、一義的に細胞型の系統学とは別のものである。

というのも、細胞型と細胞系譜が一致しない明瞭な例が、多く知られているからだ。すぐに気がつく不一致の例は、脊椎動物における神経堤細胞系譜に見つかる。個体発生上、この細胞の起源は外胚葉の系譜として、神経外胚葉の近傍に位置するが、それは分化の果てに間葉系の細胞型（平滑筋や結合組織、骨格系など）を獲得するに至る。つまり、骨細胞や軟骨細胞という細胞型は特定の胚葉に帰着せず、しかも一方で、神経堤細胞系譜からは神経細胞も色素細胞も由来する。そして脊椎動物の発生においては、外胚葉系の神経堤細胞からも中胚葉からも骨格組織が派生する。したがって、細胞型の類似度で復元した系統樹において、頭部型神経堤細胞に由来する細胞型へと至る系統的道筋は、発生上での細胞系譜の道筋と大きくずれていることになる。この問題については、のちにもう一度触れる。

胚葉説的ビジョンに従うのであれば、進化的に新しい細胞系譜である脊椎動物の神経堤に由来する細胞型は、みなこぞって脊椎動物にのみ共有された、進化的に新しい（派生的な）細胞型でなければならないはずである。しかもそれは単系統群をなし、脊索動物の外胚葉から生ずる細胞型の枝の内群として位置することになろう。ところが、現実はそうなってはいない。だからこそ、神経堤を第四の「胚葉」などと呼ぶわけにはゆかない。本来の胚葉は、特定のカテゴリーに属する各細胞型を漸次的絞り込みにしたがって「単系統的に」もたらしてゆくべきものなのだ。同様に、脊椎動物の消化管上皮にみられる基底顆粒細胞は、細胞学的特徴からは内分泌細胞の一種に分類されるが、これはおそらく内胚葉に由来し、これと似たものは多くの無脊椎動物だけではなく、刺胞動物にさえ存在する。こういった事例に、形態学的相同性と発生学的下部構造の不一致とのアナロジーを見出すのはたやすい。

この問題は、相同性の概念とも大きくかかわる。形態的相同性とは、系統樹の上でほぼ連続的に認められる解剖学的要素のアイデンティティの一致をいい、そこでは当該要素を構成する細胞型の一致はしばしば問題とされない。むしろ、細胞型の一致は通常、形態要素の一致の根拠とはなりえない。極端な例として、ナメクジウオの内柱と脊椎動物の甲状腺が相同であるというとき、細胞型がことごとく一致することは必ずしも根拠とされない（実際、外分泌細胞と内分泌細胞は比較できない）。同様に膜性骨の構造として現れる発生途上の無足類の眼窩蝶形骨も、ほかの脊椎動物における軟骨原基としての同名の骨格原基とは細胞学的レヴェルでまったく異なった構造である。それ以上に、我々は通常、形態学的相同性を認識する際に、細胞組織学的構築によってそれを知るのではない。ここで、形態学的相同性に付随する、還元論的手続きを受けつけないという件の性質が再び露わになる。にもかかわらず、形態学的相同性は、動物のからだを形態学的に認識する上で一貫した論理をも提供する。一見、そこで、その場においてのみ首尾一貫した論理の世界であるかのようにみえる。幸いにも、Ｈｏｘコードに代表されるいくつかの分子形態学的事例は、その発生的裏づけを与えていてくれるが……。

アレントのいう細胞型の相同性もまた同様の問題を孕む。この同一性は、クラスター解析によって過不足なく樹立された細胞型の同一性と分類体系の定義により保証され、そのレヴェルでの比較形態学（むしろ、比較細胞学（comparative cytology）といった方が適切か）も一貫した体系をなす。しかし、再びこれも還元論を受けつけない教義であり、様々な細胞型を分化するに至った個体発生上の細胞系譜は、神経堤派生物にみるように必ずしも細胞型の分岐図と一致しない。反進化論者であったフォン＝ベーアの「胚葉説」は、相同性の表出を原型的胚形態に求め、発生上の由来を胚葉にまで遡ることによってメタモルフォーシスを解消し、原型的な器官の由来（それは祖先における原始的状態を必ずしも意味しない）をそこに求めたが、相同性の非還元論的性質は、この推論が正しくないことをこれまで何度も示してきた。同様に、ヘッケルが試みたように、形態的相同性は個体発生仮定の類似に還元できるだろうという観測はつねにある●6810が、細胞型の系統樹と個体発生上における細胞系譜の樹形が一致しないことはすでに上にみた通りである。すなわち、「胚葉説」も「反復説」も、一見、これら異なったレヴェルでの類似性に対応をもたらす原則のようにみえながら、実際はそれぞれの地平（レイヤー）においてのみ首尾一貫した複数の系統的同一性のロジックを重ね合わせ、同一平面上に並べ直し、整理し、比較する能力を持たない（すなわち、「胚葉説」や「反復説」からなる過去の概念的フレームワークには不備がある）といわざるをえない。いまのところ唯一建設的な理解は、細胞型のレパートリーも、形態学的同一性も、ボディプランも、それぞれに異なったレヴェルの進化的拘束のうちに同一性・保守性を表出し、それでいて両者とも同一進化系統樹の上にあって整合的に配列している（はずだ）という、正当化されて然るべき前提だけなのである。したがって、形態学データをゲノム情報と簡単に相関させられないように、細胞型のレパートリーもその扱いにあたって、同じ困難さを伴うことは意識せねばならない。いい換えれば、以下にみてゆくような無脊椎動物と脊椎動物における中枢神経系そのほかの構造の（細胞型レヴェルでの）比較は、それより巨視的レヴェルにある比較形態学的相同性の根拠となるような性質のものではなく、かといって、これを発生プロセスやパターンの違いから闇雲に棄却することもまた健全な方針とはいえない。

イソツルヒゲゴカイの器官形成期において、その胚体各部は極めて画一的に構築されており、とりわけ神経系の原基は、それを構成する個々の細胞に至るまで個体間を通じて変わるところがなく、互いに比較可能である。そこで、遺伝子発現データを複数の同一ステージの個体群から収集し、コンピュータを用いてその画像を重ね合わせ、各神経細胞の遺伝子発現プロファイルについての膨大なデータを得ることができる。このような情報は、単一個体において多数の遺伝子発現を同時に可視化する処理を行わない限り、脊椎動物胚からでは得ることはできず、現在の技術ではとてもイソツルヒゲゴカイのレヴェルには追いつけない。

◎――脊椎動物との類似性

相同的細胞型の成立にとって細胞系譜とは、形態的相同性にとっての発生プロセスと同じく、同一性を保証しうるような信頼できる根拠にはなりえない。それでも、発生システムの浮動によって発生プロセスが変異しつつも、表現型においては相同な形質が保存されうるように（既述）、保存された細胞型のレパートリーや相同性もまた、細胞系譜とはかかわりなく進化の過程で保存されると考えてよい。アレントは、環形動物を用いてそのことを極めてよく実証している。

環形動物研究が本格化する前から、節足動物と脊椎動物の中枢神経が相同なセットの遺伝子を（前後軸上のみならず）内外側の極性に沿って発現することは知られていた。これは、神経板から神経管が作られる脊椎動物においては、一般に「背腹軸（dorsoventral（DV）axis）」と認識されている方向性である。つまり、内側から外側へ向かって、*nk2.2*、*gsx*、*msx*が順次発現し、これに沿って特異的神経細胞が分化する。●6B11 中枢神経系にみるこのような保存された極性は、すでにみた背腹反転とも整合的である（Arendt & Nübler-Jung, 1994; De Robertis & Sasai, 1996）。しかしこの類似性は、中枢神経系に発現する遺伝子群の一部に限られ、おそらく系統分岐後にそれぞれの動物群が経験した進化的変更がそこにかかわる。そのことが共通祖先の認識を困難にしていたとおぼしい。この状況が変わったのはイソツルヒゲゴカイの遺伝子発現が知られるようになってからのことで、これにより、以前認識されていたよりも遥かに多くの遺伝子発現が、しかも神経系のより細部に至るまで、脊椎動物と前口動物の間で保存されていることがわかってきた（Denes et al., 2007）。

たとえば、環形動物と脊椎動物の中枢神経原基においては、同じ遺伝子発現プロファイルを示す細胞からなるコラムが内外に並ぶのが確認できる。すなわちそれは、正中の*sim*+ドメインに続き、その外側に順次*nk2.2*/*nk6*+ドメイン、*pax6*+/*nk6*+ドメイン、*pax6*+/*pax3/7*+ドメイン、*msx*+/*pax3/7*+ドメインが並ぶ。そして、これら両者の動物胚において、セロトニン作動性ニューロンは*nk2.2*+/*nk6*+ドメインに発し、コリン作動性ニューロンは*pax6*+/*nk6*+ドメインに、知覚ニューロンは、最外側の*Dlx*+ドメインより発する（図6–34）。そのほか、脳の中のニューロンの配置、感覚器の細胞レヴェルでの組織構築、体制の神経系と臓性の神経系の分化までもが、遺伝子発現プロファイリングにより相同とされた細胞型より構成されている。ショウジョウバエとマウスの間に認識される一致より、遥かに密度の高い一致がここにはあり、それは、脳内のニューロン群の配置にまで及ぶ。節足動物にみる細胞レヴェルでのボディプランは、本来の左右相称動物のあり方から二次的に大きく変異したらしく、本来前口動物と後口動物は、よく一致した深層的ボディプランを共有している。どうやら、脊椎動物と左右相称動物の祖先的パターンを重ね合わせるため、ジョフロワの行ったような背腹反転、そしてドールンとセンパーが仮定したような、ひっくり返った環形動物からの脊椎動物の由来を、実際に仮定しなければならないようなのである（Denes et al., 2007）。

◎——相同か、コ・オプションか

もちろん環形動物特異的、脊椎動物特異的な遺伝子の使用も確認されるが、これら二つの動物系統においてこれだけの共通性がみられるということについては驚くほかはない。かくして、相同な細胞型は、相同的な遺伝子セットやその相同的制御機構によって特異化することが、（この例においては）極めて確からしい。このような類似性は、体幹の中枢神経に限らない。同様の類似性は、前脳、感覚器官、そして神経内分泌系に至るまで確認できる。●6B12 もはや、単なる偶然によってもたらされた類似性と考えるべきではない。すでに述べた通り、何らかの共通祖先において確立されていた遺伝子制御モジュールや、何らかのネットワークが、このような類似性となって現れたと考える方がより理にかなう。それが最節約的な考え方である（Denes et al., 2007）。それとも、このように高度にパターン化された中枢神経系が、両動物系統において独立に獲得され、そこに件の遺伝子制御モジュールがコ・オプションされたと考えることができるだろうか。

そのようなシナリオはありそうもない。というのも、先にみた遺伝子発現はまとまって相互依存的に発現、機能し、一方でコ・オプションされる遺伝子カセットはより小規模なスケールに限られ、コ・オプション自体が独立に生ずると予想されるからだ。もしそのような遺伝子制御モジュールがかつて存在したとすれば、それは最初から高度に複雑化した中枢神経系に付随していたはずであり、それこそが脊椎動物と環形動物の間でいま保存されているのである（Denes et al., 2007）。どうやら、後口動物と前口動物は、その共通祖先から膨大な遺伝発生学的機構の一部を受け継ぎ、それによって成立する局所的形態パターンを安定化させ、いまだにそのまま活用しているらしい。これに関し、最近、螺旋卵割を行う三種の動物、カサガイ（*Lottia gigantea*）、多毛類の一種（*Capitella teleta*）、ヒル（*Helobdella robsta*）のゲノムが解析され、これによって前口動物と後口動物の二叉分岐と冠輪動物、脱皮動物それぞれの単系統性は確認されたものの、そのゲノム構成（micro- & macrosynteny blocks、linkage groups の保存）、遺伝子構造（エクソン、イントロン構成）、機能的内容については、脱皮動物よりもむしろ原索動物や棘皮動物などに極めてよく似ており（もちろん、原始形質として）、節足動物、あるいは脱皮動物がこれらの点で二次的に大きな変更を受けたと推測されている（Simakov et al., 2013）。ヒトのイントロンの七五％が、これら螺旋卵割動物の遺伝子にもみられ、ショウジョウバエにおいて同様の比較を行うと一四％の一致しか検出できない。このように環形動物と脊椎動物の間にみる共通性は一種の外群比較となり、それによって派生的な存在であることが判明した節足動物の原初の姿を、間接的に指し示している。想定されるウルバイラテリアのゲノムからの遺伝子の喪失も、環形動物においては極めて低い。対して扁形動物では多くの遺伝子の喪失と改変が検出できる。つまり、昆虫とゴカイの共通祖先は、ずっとゴカイに近いものだったはずであり、ゲノムレヴェルでいえば我々後口動物は、昆虫ほどの進化的改変を経験してはいない（ゲノム重複は例外だが）。アレントらの研究に沿って考えるのであれば、そのような共通祖先が単純なものであるはずはない。

右の仮説にもとづくならば、最も節約的で、かつ、ありそうな仮説は、文字通り相同的で、形態学的に同一の内容をもつ中枢神経系が、共通祖先のからだにおいて *Bmp2/4/chordin* 産物の相互作用の結果、「神経側」と定義された側に存在し、それは内外軸上で上記の制御遺伝子発現モジュールにより特異化されていたということになる。そのような中枢神経系は節足動物を含む脱皮動物群において二次的に変形を受けたが、後口動物においては歩帯動物にみるように二次的に退化することもあったという。後者における散在神経系的状態について、それを、運動性の消失と関係づける向きもある。●6B13 それはまた間接的に、半索動物における体節と脊索の不在が、実は二次的なものではなかったかという仮説をも導きかねない。その真偽はともかく、体節の由来を、前口動物と後口動物の共通祖先に探る価値はある。

その祖先が充分に高度な形態学的パターンを分化させていたのなら、それはかつてジョフロワが求めた「型の統一」を部分的に具現化したものとなりうる。刺胞動物を除外してよいのなら、それはありそうな話である。しかし、このパターンは再び我々を観念論に引き戻してしまう。つまり、保存されたパターンのみで構成された祖先的形態は、

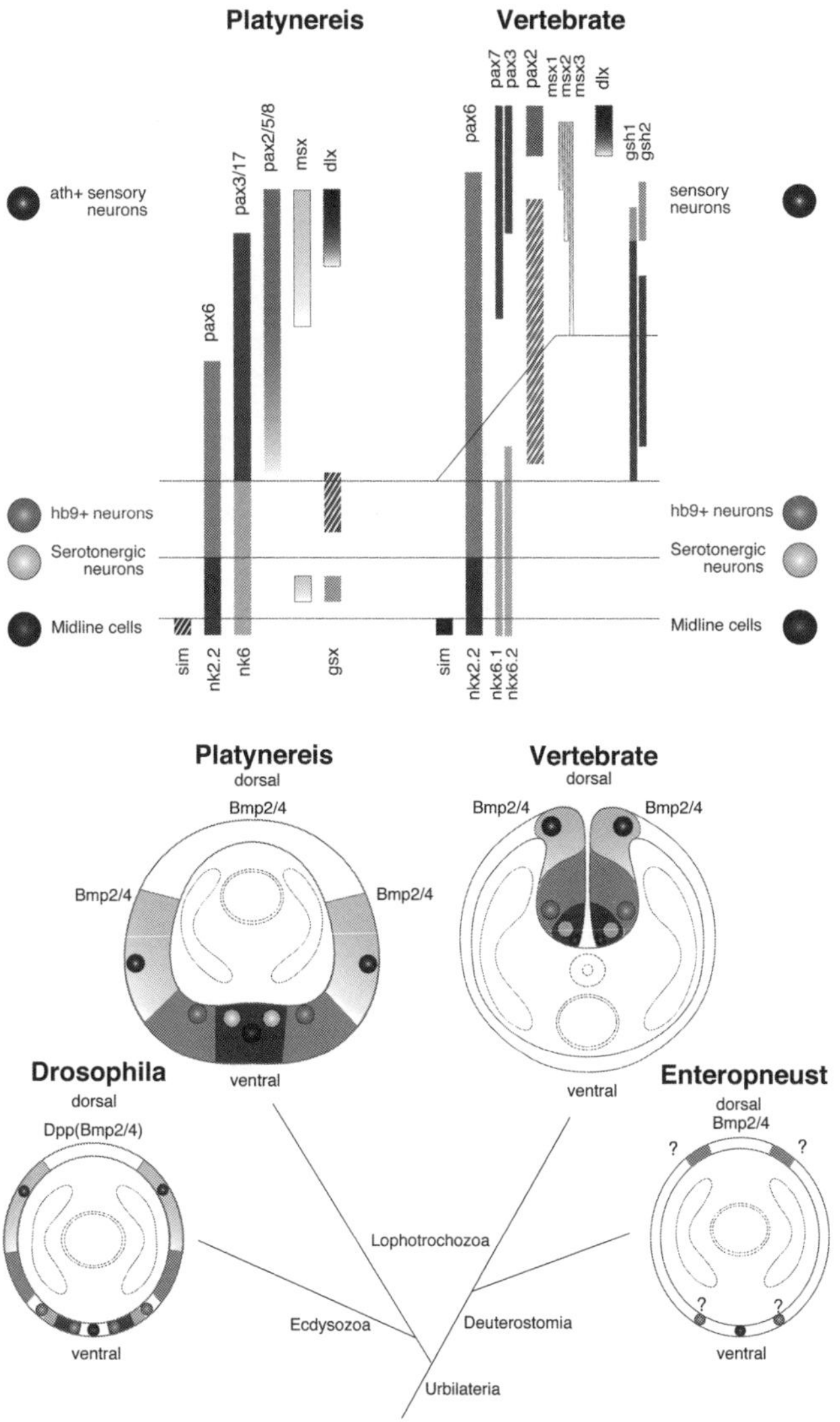

図6-34▶上:イソツルヒゲゴカイと脊椎動物における神経細胞の細胞型とそれらのマーカーとなる遺伝子発現の類似性を示す。

下:左から、ショウジョウバエ、イソツルヒゲゴカイ、脊椎動物、腸鰓類(ギボシムシ)の神経系と、遺伝子発現ドメイン。中枢神経だけをみると、前口動物と脊椎動物の背腹関係は保存されているようにみえるが、それは背腹反転した脊椎動物の神経上皮が巻き上がって(もう一度背腹が反転した)神経管を作っているからである。Denes et al.(2007)より改変。

実のところ変形を通じてすべてを導くことのできる（そのように設計された）コンセンサスとしての観念論的原型にほかならないからだ。このような方針で祖先形態を知ることは、必ずしも新規なパターンを表出した、「無から有が生ずるようにみえるというしかない」プロセスの背景を教えてはくれない。つまるところ、その結論は「我々はみなゴカイの変形にすぎない」を越えることはなく（Brown et al., 2008）、それはオーケンのいう、「我々のからだは畢竟背骨にすぎない」と、何ら変わるところがない。それが教えるのはむしろ、ボディプランが変形したプロセスこそ、理解すべき目標だということなのである。

【コラム】——裏と表

私が学生時代に思いついたアイデアを、一つここで紹介する。それは前口動物と後口動物を結びつける一つの方法である。比較発生学と発生生物学を学び始めると、誰もが思考実験してしまう有名な話である。すなわち、脊椎動物では原口が肛門になるのに対して、無脊椎動物の多くではそれが口になる。後口動物は、原口が肛門へと発生する、左右相称動物の中でも少数派で、ここには半索動物や棘皮動物、そして原索動物が含められる。

当時の学生たちにとって、前口動物と後口動物における「口」は形態学的に相同ではなかった。むしろ、分類体系が「初期発生に共通にみられる構造＝原口」に進化的重みを見出すようなバイアスを我々学生に及ぼしており、その相同性を受け入れた上で、前口動物と後口動物における口を互いに相同ではないと考えたものである。そして、左右相称動物の頭尾軸もまた相同ではないということになる。

しばらくはそんな風に考えておればよかった。現在の進化発生学の戦いをみるにつけ、あの頃は実に平和な時代だったと思う。左右相称動物においては原口だけが共有され、その上にまったく異なったボディプランが系統ごとに構築されている——と、当時みなそう考えていた。一方で私はまた、脊椎動物の口器や頭部が鰓弓系を用いて作られていること、ことによると、神経頭蓋が椎骨の変形でできているかもしれないこととか、昆虫をはじめとする節足動物の口器や触角が付属肢の変形でできているという、いわゆる原型論的な比較形態学を学び、その類似の発生戦略に驚き、「ひょっとしたら、そこには共通の遺伝子基盤があるのではないか」などと思ったものだが、それからあっという間にHox遺伝子が発見されてしまった。

Hoxコードの機能が解明されつつあった頃（それは卒業してからまもなくのことであったが）、正直いって私は少々居心地の悪さを感じていたものだ。まず、頭部にいくつの異なった分節パターンがあるのかわかったものではないというのに、一つや二つの遺伝子をつぶしたところで、いったい何がわかるのだろうという欲求不満がつのっていた。いや、それ以上に困ったのが、原口の問題なのである。

何でも、Hoxコードはショウジョウバエとマウスで共通に用いられ、どちらも同じ前後軸を共有しているという。ちょっと待ってくれ。これまでの話では、原口の使用法が異なるこれら動物の間では、前後軸がそもそも共有されていなかったのではなかったか。おそらく当時の学生の中には、私と同じように悩み、議論をふっかけては教官を困らせていたような手合いが何人かいたはずだ。

いまからみれば何のことはない。前後軸と胚葉形成において、それらを司る発生機構があるレヴェルのモジュラリティをなし、それらが互いに乖離しているだけのことなのだが、このような疑問自体が当時（から、いまに至るまで）の学生の、西洋形而上学の伝統に従順のあまり、過度にシステム化された優等生的理解を示すようで、正直な話、我ながら思い出すたび、なかなかに他愛もないことであったと赤面するばかりなのである。

さて、それからあらためて思い起こしてみると、修士課程の頃の私は、原口と前後軸の相同性を同時に満足するようなモデルの構築を密かに試みていたのであった。たとえばこんな思考実験をすればよい。いま、一つの胞胚をとり上げ、のちに原腸となるところを同定し、その部分をピンでまな板の上に留める。そして、その原口のまわりの部分を後ろへ引っ張ると、ピンで留められた部分がへこみ、原腸を作り出す。これが脊椎動物の原腸胚である。次に、ピンを外してこれを裏返すと、それまで内胚葉であった部分が外側へくると同時に、肛門であった部分が前へ翻り、口となる。これが節足動物である。厳密にいうと、原口はあまり保存されてはいないのだが（なぜかというと、この変換の最中に胚葉が交換するので）、消化管の先端はつねに同じ位置に保たれ、しかもこうやって裏返った節足動物は、脊椎動物の頃と同じ前後軸を共有することになる。このようにして、外胚葉と内胚葉の相同性を犠牲にし、原口と前後軸の保守性を守ることに成功したと、そのときはそう思っていた。まるで、節足動物の外骨格を内骨格に一致させるために同様の裏返しを行った、ジョフロワ=サンチレールのような試みである。

　なぜこのような変則的な比較を思いついたのかといえば、そのヒントは筋層の構築にある。すなわち、脊椎動物の「消化管」には平滑筋が二層あり、外側の縦走筋に対して内側の輪状筋が見分けられる。これを普通は「内輪・外縦」と覚える。一方、節足動物の「体壁」ではこの関係が逆で、「外輪・内縦」になっている。ということは、消化管を中心に脊椎動物を裏返せば、その消化管壁の筋層が、節足動物の体壁筋層になるではないかと思ったのがそもそもの発端。かつて、ジョフロワ=サンチレールがイセエビを背腹反転して脊椎動物を導いたように、「脊椎動物と節足動物は、互いに裏返しの関係にある」などと、当時は学友に吹聴していたものである。もちろんいまでは、自分でもこの説をまったく信用していない。が、よく考えてみると、表皮に分節構造が現れる節足動物と、腸体腔としての中胚葉に分節が現れる脊椎動物の違いをうまく説明しているようでなかなか面白いところもないではない。いずれにせよ、何かを思いつくときに、ごく小さなきっかけを利用することは（それがうまくいくかどうかにかかわらず）よい方法のようである。

幻想としてのウルバイラテリア

進化発生学的データが蓄積するにつれ、左右相称動物全体の仮想的共通祖先、すなわちウルバイラテリア（Urbilateria）についての我々のイメージも必然的に変化する（Carroll et al., 2001; Carroll, 2005; De Robertis, 2008）（図6–35）。とりわけ、モデル動物である線虫（*C. elegans*）がツールキット遺伝子のかなりのレパートリーを消失していることが判明し、冠輪動物の詳細な発生過程が明らかになるにつれ、ウルバイラテリアがすでにしてかなり複雑な体制を獲得していたのではないかと考えられるようになった。そのようなウルバイラテリアを構成する発生学的「部品」を列挙するなら、それらは以下のように示すことができる。

①Ｈｏｘコードによる前後軸の特異化。
②*sog/dpp* 相同遺伝子群による背腹軸、もしくは神経側—反神経側の極性化。
③*evx*、*cdx* 相同遺伝子による軸後方の特異化。
④*otx*、*emx*、*six3/6*、*Hox* 相同遺伝子により特異化される三部構成の中枢神経系。
⑤*pax6*、*rx*、*opsin* 相同遺伝子の発生機能により得られる眼。
⑥*tinman* 相同遺伝子による心臓の形態形成。
⑦*hairy*、*engrailed*、*notch/delta* 相同遺伝子による分節化機構（Rivera & Weisblat, 2009）。
⑧*HNF3b*、GATA factor、*goosecoid*、*brachyury* 相同遺伝子による内胚葉の領域特異化。

⑨ *Distal-less/Dlx* 相同遺伝子による付属肢のパターン形成。

加えて、先の「分子プロファイリング（molecular fingerprinting）」によって環形動物と脊椎動物の間に見出された、神経細胞型のセットや、それにもとづいて構築された中枢神経系、感覚器系のプロトタイプもまた、このウルバイラテリアには存在したことになる。さらに最近、軟体動物の神経系についての研究を通じ、もっぱら脊椎動物で認識されてきた「体性・臓性」の二極化が、左右相称動物の起源に遡ることが明らかとなった（Nomaksteinsky et al, 2013; Bertucci & Arendt, 2013 に要約）。実際、脊椎動物、昆虫、線虫、そして環形動物において、体性運動性ニューロンは相同的な細胞型であり、同様に鰓弓運動性ニューロンも脊椎動物とホヤにおいて相同だと認識されてきた。脊椎動物では、体性・臓性の別は神経細胞に発現する特異的なホメオドメイン転写調節因子によって特異化され、さらに体性知覚ニューロンはＰＯＵドメイン遺伝子 *brn3a/b/c* 遺伝子群によって特定される。この遺伝子群の産物は軸索伸長を制御するのである。一方、体性運動ニューロンを特異化するのはＥＧＨホメオドメイン転写因子をコードする遺伝子の一つ *hb9/mnx* であり、これも軸索の伸長を制御する因子である。そして、臓性の反射弓を構成するニューロンに共通して発現するのはペアード（paired）様ホメオドメイン転写制御因子をコードする *phox2b* であり、これもまた軸索の伸長やシナプス形成に寄与する。

このように、ニューロンの細胞型と軸索の伸長パターンを通じて機能分化に寄与する *brn3-hb9-phox2* の発現選択を基盤とした脊椎動物の分化機構が、脊椎動物以外においてもある程度共通して見出される。たとえば、線虫とショウジョウバエにおいては、*brn3* の相同遺伝子である *unc86* と *acj6* が体性知覚ニューロンの特異化と軸索分化に必須であり、*phox2* 相同遺伝子はホヤにおいて臓性運動ニューロンと考えられている神経細胞に発現する。ノマクスタインスキーらは、軟体動物において *brn3* が体性知覚ニューロンに共通して発現することを見出したが（Nomaksteinsky et al, 2013）、モノアラガイ（*Lymnea*）においてとりわけこの遺伝子は *drgx*、*islet* 相同遺伝子と共発現し、これらは両者とも脊椎動物おいて体性知覚ニューロンのマーカーとみなされている。同様に、体性運動ニューロンの分子プロファイル

(*hb9*/*mnx*+/*lhx3/4*+/アセチルコリン＋)も軟体動物には見出され、以前より軟体動物の臓性ニューロンとみなされていた神経細胞には*phox2*が発現する。このように、軟体動物と脊椎動物においてもニューロン型の分子プロファイルは一致する。

脊椎動物において鰓弓神経系と脊髄神経を別のものとして特化し、頭部中胚葉に傍軸部と外側(咽頭弓)部を分化させた下地となる二極構造は、深く進化の黎明に沈潜していたことになる。ならば、前後軸に沿った背側中胚葉の体節的分節としての脊椎動物の頭部分節性に関しては、実在が限りなくあやしいが、頭腔と咽頭弓中胚葉の対比に、体節と側板に相当する分極をみてとる形態学的認識、体軸全般にわたって共通する背腹の分化、だけは由緒正しく、かつ現実的だということになる。

これと同様の概念的方法にもとづいて、以前、左右相称動物の祖先が復元され、それがズータイプ(zootype)と呼ばれたことがある(Slack et al., 1993)。それは前後軸と三胚葉を持ち、Ｈｏｘコードが位置価を決定している左右相称動物であるとされた。それ以来、左右相称動物各門に共通に用いられていることが判明したツールキット遺伝子は数を増やし、それだけ仮想的祖先の姿も複雑なものとなった(Hejnol & Martindale, 2008ab)。

左右相称動物にみられる各門が、互いにまったく異なったボディプランの下に構築されていると、かつては考えられていた。が、いま明らかとなったのは、それら動物門をもたらした背景に共通のセットの遺伝子が共通の器官形成やパターン形成に用いられているという事実であり、それはどうやら比較形態学が相同と呼んできた関係を系統樹の上に示しているということなのである。これは、一種のジョフロワ的幻想のように聞こえるかもしれないが、分子発生学的には現実的だととらえられている。そして、この概念を受け入れる限り、体節の相同性もまたその中に含まれる(後述)。

とはいえ、この図式も楽観にすぎるかもしれない。このようなウルバイラテリアの形象は、あまりにも環形動物や節足動物に似すぎている。あるいは、左右相称動物を見渡したときに得られる印象からすればあまりに複雑高度で、かつ具体的にすぎる印象もある。とりわけ図示された解剖学的パターンについてはそうである。そのようなわけでこの模式図はある意味、（手続きとしては、必ずしもその轍を踏んではいないが）共有派生形質と共有原始形質をごたまぜにしたオーウェンの原動物と似た印象さえ醸し出している。とりわけ附属肢は環形動物と節足動物のもので、内臓弓がそれに相当するというのでなければ、脊索動物にそのようなものは本来存在しない。そのような不自然な印象をもたらす可能な理由の一つは、これまでウルバイラテリアの復元がショウジョウバエとマウス、あるいは概念的に一般化された現生の前口動物と後口動物の間で行われ、両者の間に共通にみられる、必ずしも相同でないかもしれない、どこかより遠い祖先の段階で得られてからすでに長い時間が経った派生的形質を多くとり込んだ可能性があるということである。◉6B14 ならば、そのような動物は前口動物と後口動物が分かれてのち、互いにまだ大きく変わらないが、独立に並行的な進化を遂げたあとの姿を反映するかもしれず、それ以上に、すでにグレードとして左右相称動物となってから久しく、かなり複雑になってしまった動物が復元されてしまうことの方が多いだろう。共通祖先に拘泥する限りは、それもまたありうる仮説なのだ。具体的に理想の手続きを考えるのであれば、前口動物と後口動物をもたらした最後の共通祖先のウルバイラテリアを復元するには、まず、

①冠輪動物と脱皮動物の共通祖先の姿を復元し、
②後口動物の共通祖先の姿を復元し、そして最後に
③ウルバイラテリアの姿を導く、

といった手続きが踏まれればよい。しかし、後口動物の共通祖先が中胚葉性分節性や脊索を持っていたかどうかがわからなければ、③は不可能になり、ウルバイラテリアに分節があったから後口動物の祖先も分節を備えていたということはできない。これを誤ると、ウルバイラテリアは、事実上前口動物の共通祖先に近いということにもなりかねない。あるいは、分節の起源について自己言及的（トートロジカル）な誤謬を導くおそれもある。◉6B15

　このような状況は、具体的例を考えればよくわかる。たとえばカメの祖先を考えるとき、現生のすべてのカメの

祖先に相当するはずの曲頸類と潜頸類（現生のカメはこれら二グループに分類できる）の共通祖先をもってそれに替えるとするなら（これがすでに人為的操作である）、それ以前に分岐して絶滅した三畳紀のカメ、プロガノケリス（*Proganochelys*）のように、明らかにカメのボディプランを獲得してから久しい動物が、手続き上カメには含められないという、わけのわからない事態に陥る（以下に用いる「真正左右相称動物類」という分類群も、これと似たような方法で定義される）。このようなカメ類の定義では、とても我々の求めるカメの進化プロセスに迫ることはできない。ウルバイラテリアの復元でも同じである。ウルバイラテリアになって久しい動物は、我々の質問にあまり答えてくれそうもない。知りたい変化がもう済んでしまったのちの動物のようにみえるからだ。かくして、先の模式図を鵜呑みにする前に、ウルバイラテリアの本来の定義、

「前後軸と背腹軸をともに備え、三胚葉をベースに発生した最初の動物（the first animal that obtained the definite anteroposterior and dorsoventral axes, and was developing based on three germ layers）」（Hejnol & Martindale, 2008ab）

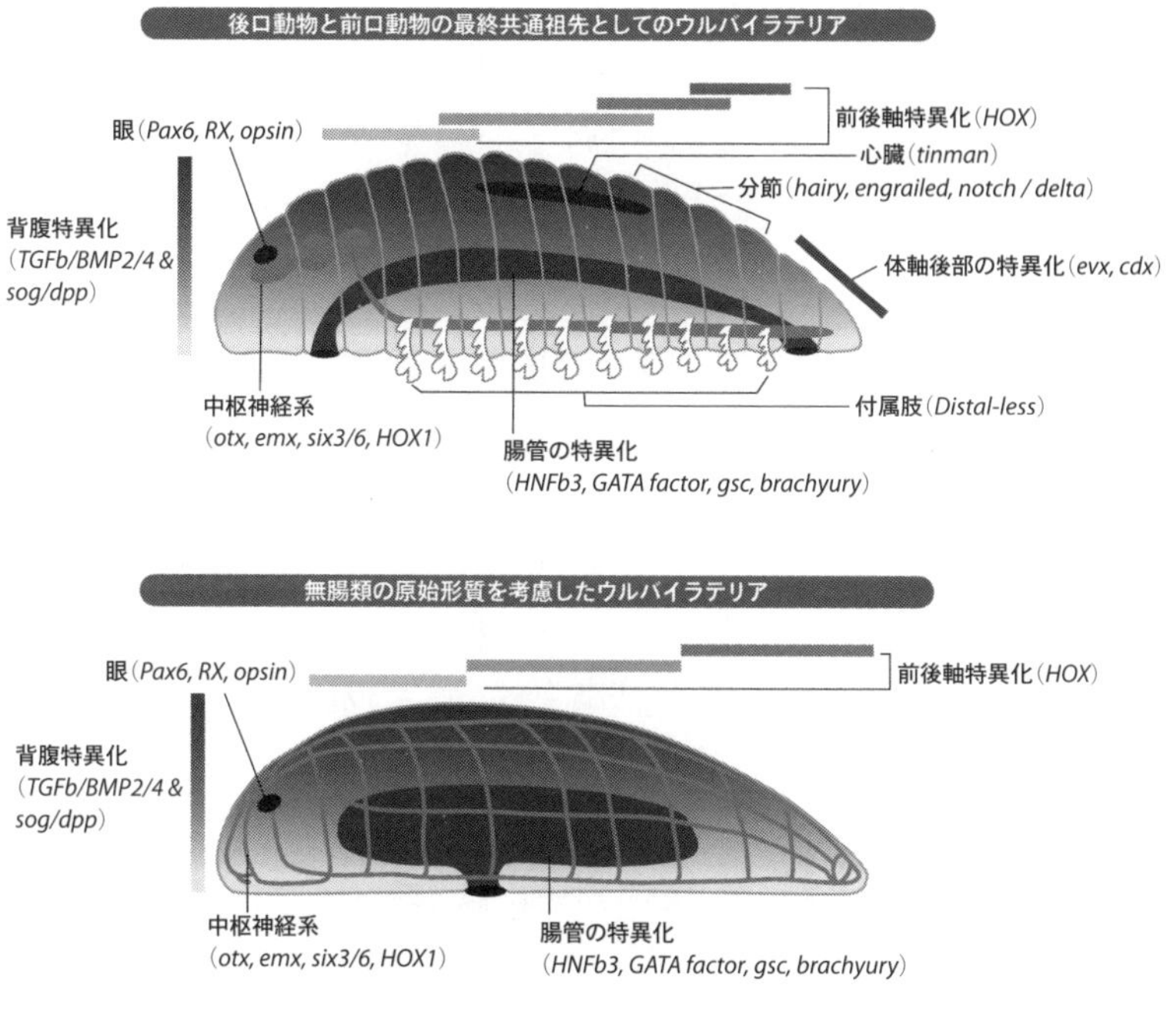

図6-35▶ウルバイラテリアの概念図。上は無腸類を考慮しない祖先形、下は無腸類的状態があったと仮定された場合のモデル化。Hejnol & Martindale（2008）より改変。

に立ち返る必要がある。

右の問題を俯瞰すると、動物の系統分類学的位置づけについての異なった手続きがそこに垣間《かいま》見える。すなわち、形質の分布にもとづいて現生の動物から共通祖先を系統的に辿り、それを復元するというやり方（先の例では、すっかり分化してしまったカメの祖先にゆき着く場合）と、現生の動物に共通する形質を数え上げ、すべての共通項が最初に揃った時点での動物を復元するというやり方（いまだカメにはなっていないが、カメに向かって進化しつつある系統に属する、仮想的でとらえどころのない概念的存在としての祖先）である。前者のトップダウン式の方法は分岐地点依存的（node-dependent）、後者のボトムアップ式の方法は共有派生形質依存的（synapomorphy-dependent）と呼ばれ、普通これらの方法で得られる分類群は一致しない。●6B16 それはいい換えれば、顎を持つ脊椎動物を顎口類ととらえた場合、その最後の共通祖先がどこに現れるかが、これら二つの方法では異なるのと同じである。つまり、本来のウルバイラテリアを求める精神は、左右相称動物が始まった最初の動物はどのようなものであったかを求めようとするものであり、必ずしもそれは脊索動物と前口動物の最終共通祖先とは一致しない。そして、前口動物と後口動物の分岐以前に左右相称動物の祖先から枝分かれしたと思われていたのが、無腸類（Acoela）なのである。

無腸類（無腸動物：Acoelomorpha）は、極めて小型の平たい動物で、形態学的には刺胞動物のプラヌラ幼生によく似る（Holstein et al, 2011）。以前は扁形動物に分類されていたが、近年は分子系統学的に別の動物門が立てられている。無腸類の系統的位置に関してはまだ疑問が多い。●6B17 この動物は表皮下に散在神経系を持ち、明瞭な体腔や腸はなく、食物の消化は合胞体によって行われる。このような単純な体制を持つ無腸類は、以前は上に述べたように前口動物と後口動物からなる「真正左右相称動物類（Eubilateria）」の姉妹群とされることが多かった。したがって、左右相称動物はまず無腸動物類（Acoelomorpha）と真正左右相称動物類に分かれることになり、真の意味でのウルバイラテリア（以降、「真ウルバイラテリア」）を考察するためにはこれらの共通祖先の復元から始めなければならない。ヘニョールとマーティンデイル（Hejnol & Martindale）によれば、その仮想的祖先は、冒頭にあげた九項目のうち、③、④、⑥、⑦、⑨がまだ獲得されていなかった可能性がある（図6–35）。さらに、左右相称動物の口と肛門が同じ起源を持っていなかったということもありうる。少なくとも真ウルバイラテリアに分節はなく、おそらく真正左右相称動物類へと至るステムグループ（stem group）のどこかでそれは得られたということになろうが、それはマスターマンの体腔起源説とは異なったシナリオにならざるをえない。

いうまでもなく、真ウルバイラテリアといえど、そのボディプランが一挙に成立したわけではなく、後生動物（metazoans）か、真後生動物（eumetazoans）の基幹において存在していたコンポーネントを使い回すことによって徐々に獲得されたと考えるのが理にかなう（たとえばMarlow et al., 2009）。ボディプランはまた、モジュール構成を基盤として進化する。それは、観念論的な「不変の形象」というよりむしろ、脊椎動物の咽頭胚が、歩帯動物の分岐以前に獲得した鰓裂と脊索動物の分岐近辺に獲得した脊索をファイロティピック段階に同時に示すのと同じく、いくつかの「部品（モジュール）」からなるモザイク状の発生学的実体とみた方がよい。これまでの議論から、真ウルバイラテリアは、体腔も分節性も持っていなかったと考えられる。すると、ヘッケルの思い描いた進化過程は実際のプロセスと近いという可能性が浮かび上がる。

【コラム】比較形態学体験

前著において詳述したように、形態学の始まりは「分節繰り返し性：メタメリズム」の発見とともにあった。この分節性とは本来、一セットの同じ器官群が同じ調子で繰り返して現れることをいう。これが味噌である。骨とか神経細胞とか、単にからだの部分が繰り返しているだけでは、形態学的インパクトは弱い。ここで述べるのは、筆者が京都大学の大学院生であった頃（一九八二年か？）、ひょんなことから思いついたアイデアである。

それは、左右相称動物の分節性がいったいどこでどのようにして獲得されたかという問題で、それを私はハチクラゲのストロビラに見出したと考えたのである。ハチクラゲ類のプラヌラ幼生は、成長のある時期固着し、その長軸に沿って繰り返しパターンを伴い分断される。そして、その端のものから一つずつちぎれたものがクラゲの幼生、エフィラである。これが大きくなるとクラゲの成体となる。つまり、一個体のストロビラから複数のクラゲの成体が出来上がる（図6-36）。

私は、このストロビラが分断をやめ、繋がったまま一個体の生物として生活を開始したなら、前後軸を持つ分節的動物として成立するのではないかと考えた。この考えは、いまでもなかなか悪くないと思っている。が、それを証明するとなると簡単ではない。このような現象には、しばしば、動物の分節形成に使われている遺伝子制御ネットワークの祖型が、転用されている可能性があるからだ。それが真に分節機構の祖先的なものなのか、あるいはそれに似たものがまったく別の目的で転用されているのか、区別するのは難しい。

この「ストロビラ起源説」（と、私は勝手に呼称を与えている）は、少なくとも形態学的には極めてよく分節性のルールを守っている。というのも、古典的なメタメリズム（分節繰り返しパターン）の概念は、すべての区画がまったく同じセットの器官系を一セット（筋、神経節、生殖巣などなど）、完璧に備えていることを理想とするからだ（分節性、メタメリズムの概念的定義についてはCuoso, 2008を。後者によれば、器官の繰り返し（メタメリズム）それ自体は明瞭な分節の進化以前に生じている）。これはある種、理想化された分節繰り返し構造、理念といってもよいかもしれない。少なくともこれが比較形態学の根本をなすことは間違いがない。しかし、実のところ本当にこのような理想の分節性を持っている動物というのはあまり見つからない。強いていえば、サナダムシの体節など、ほぼ同じものが延々と続くものもあるが、こういったあたり前のものはあまり研究する意欲が湧かない。むしろ問題にしたいのは、節足動物であるとか脊椎動物における頭部のようなわかりにくい構造であって、さらにそれが有爪動物とか頭索類とかの「頭部」とどのように対応づけることができ、基本的にどんな繰り返しを示すのか、ということなのである。だからこそ、比較形態学者たちはかつて、神経だけではなく、筋や骨格、鰓とそれに付随した諸器官をしつこく整理しては分節スキームの上に並べようとしたのだ。たとえ神経系だけにこだわる研究者であっても、「神経分節」を口にした日には、そのそれぞれにまったく同じセットのニューロンが一揃いなければならず、それらが頭部の個々の分節の構成要素をちゃんと支配していなければならないと、またもや理想化されたパターンを追い続けなければならなくなる。そのような追跡が決して終わることがないのは、動物の分節パターンがそれほど理想通りに現れることが少ないからだと私は思っている。

だからこそ、右の「ストロビラ起源説」は、形態学的伝統からして、あまりに完璧すぎるメタメリズムを帰結しそうで、かえって真実味を感じない。そもそもここでは背腹軸の起源が説明されていない。そ

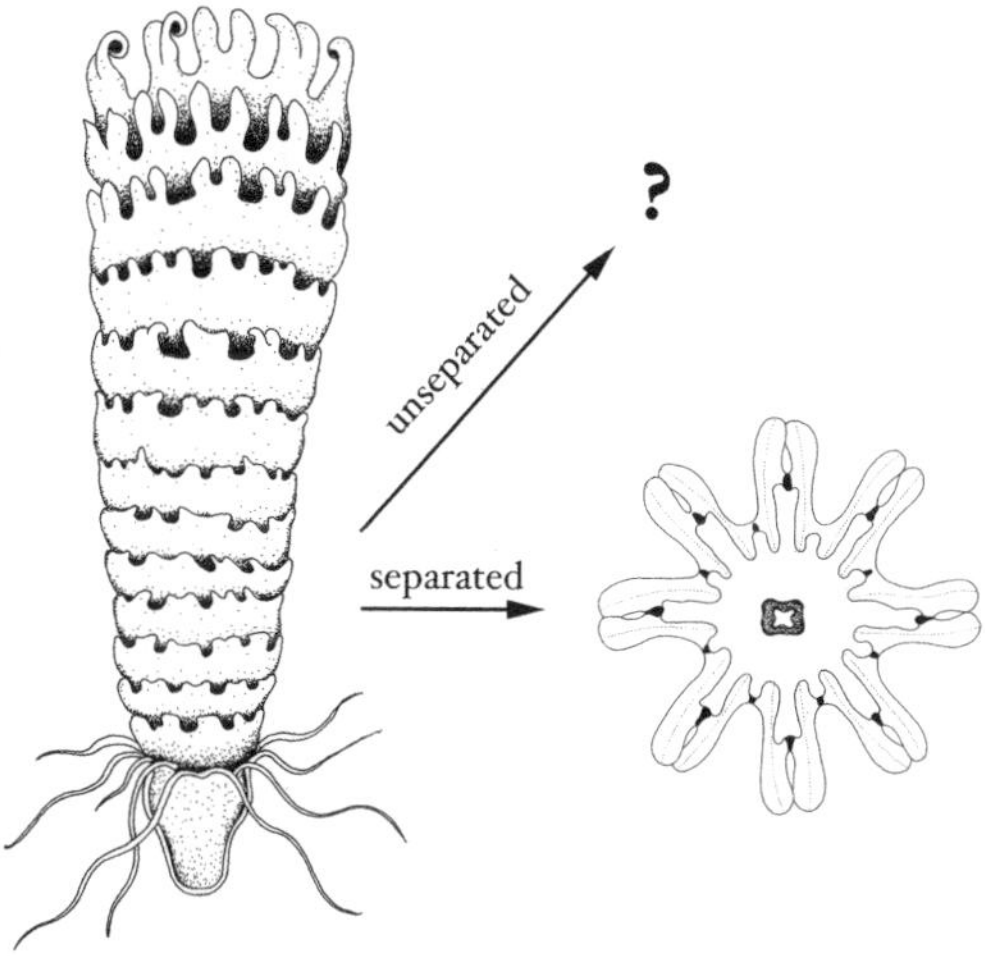

図6-36▶ストロビラ（左）とエフィラ（右）。オリジナル図版。

れに、これと同様のセオリーはすでにヘッケルによって提出されたことがある(Lange, 1936を参照)。加えてもう一つ、クラゲを用いた仮説が、分節の起源を説明するものとして提出されている。それがもっぱらドイツでよく知られている、マスターマンのそれに代表される仮説である(第2章参照)。つまり、クラゲの腸にみる隔壁が四つの腸体腔の起源であり、そのうち一つが前体腔(ナメクジウオの側憩室)、その両脇のものが一対の中体腔、残る一つが両側に伸び、前後軸上で引き延ばされ、二次的に分節したものが、脊椎動物の体節に相当する後体腔となるというわけである。したがって、これは分節性の起源というより、左右相称動物(後口動物を中心に)に広くみられる、三体腔型の幼生の起源を説明するものなのだが、いうまでもなくこれは、私の「ストロビラ起源説」とは相容れない。で、現在の私はといえば、本書の内容に明らかなように、マスターマンの体腔起源説に寄りかかっているのである。

類似した分節

ウルバイラテリアの復元においては、左右相称動物以前の段階に体腔性分節を認めないことが前提となっている。しかし、真正左右相称動物（冠輪動物：Lophotrochozoa ＋脱皮動物：Ecdysozoa ＋後口動物：Deuterostomia）に限って考察すれば、これまでみてきたように分節性の起源を共通のものとする仮説を棄却するだけの有力な根拠はなくなる。

以前は、脊索動物と節足動物における分節性が、独立に獲得されたという考えが支配的であった（Borradaile & Potts, 1963; Willmer, 1990; Brusca & Brusca, 2003）。それはボディプランが共有されていないことからの類推であった。にもかかわらず、分節性の相同性と、その単一の進化的起源がいま、とりわけ発生生物学者に受け入れられがちなのはなぜかといえば、分節様式の類似性が理由となっているのではなく、むしろそこに機能する遺伝子セットの類似性（相同性）が顕著だからである。分節様式についていえば（その様式にも、様々なレヴェルの分類があろうが）、昆虫の内部においてさえ長胚型と短胚型の違いが認められる。前者はサイズの決まったパンをナイフで切ってゆくような形式、後者はパンをこねる際に次々に小さなパンを片側にちぎりだしてゆく方式である。しかも、この二つのタイプは系統的に分布しているわけではなく、昆虫の進化において何度も交替した経緯がある。つまり、これらの形式は分節化機構にとってエポックメイキングな進化を示しているわけではない。むしろ、動物門を越えてより広範な保存性を示しているのは、分節化にかかわるいくつかの遺伝子カセットなのである。その保存性をタウツ（Tautz, 2004）は三つのカテゴリーに分けて論じている。第一はペアールール制御、第二は境界形成機構、第三はDelta-Notch経路のサイクリック発現、である。

ペアールール遺伝子としての*even-skipped, hairy*の発現と機能はショウジョウバエにおけるそれを規範として一般には理解されるが、これはすべての昆虫、あるいは節足動物にあるものではなく、バッタのようにその発現を持たないものもある。バッタにおいては*even-skipped*と同等の機能は*Pax group III*の相同遺伝子によってまかなわれるとおぼしい。また甲虫類のコクヌストモドキ（*Tribolium*）においては、ショウジョウバエにおけるようなペアールール遺伝子発現がみられるものの、その機能欠失によって得られる表現型はショウジョウバエとは異なっている。昆虫以外の節足動物については、しばしばペアールール遺伝子の*even-skipped*、*hairy*、*runt*の発現が認められるが、節足動物以外となると、同様の遺伝子発現や機能は認められない。一方で、ショウジョウバエの分節（parasegments）の前方境界を定義する*engrailed*や後方境界を規定する*wingless*などの遺伝子発現と同等のものは、節足動物以外にも広くみることができる。環形動物では、これら遺伝子の片方、あるいは両方が分節形成に寄与し、ショウジョウバエにおける境界形成機構が、前口動物におけるそもそもの分節境界を作る機構の祖型を示すと考えられている。

*Engrailed*相同遺伝子が脊索動物の分節形成にも機能するかどうかについては、問題がある。ナメクジウオについては腸体腔型の発生を行う前方のいくつかの体節だけがこの遺伝子（*AmphiEn*）を発現し、それが左右相称動物の原始的な体節形成機構を示すとホランドら（Holland et al., 1997）は考えた。が、このような*En*発現の認められる体節数はナメクジウオの種によって変化し、*AmphiEn*がつねに腸体腔型体節に伴った発現を示すかどうかは知られていない。また、ホランドらは体節と鰓弓分節をバルフォーの古典的な記述にもとづいて同一視し、ヤツメウナギを含めた脊椎動物における顎骨弓中胚葉での*En*の発現を頭部分節性の根拠としたが、すでに述べた理由でこの説は疑わしい（第2章）。

これまでのデータからは、ペアールール遺伝子については節足動物特異的分子機構、*engrailed/wingless*分節境界特異化遺伝子は前口動物特異的機構、という図式がみえてくる。とすると、残されたのは分節時計遺伝子の機能ということになるが、確かに現在、すべての左右相称動物における体節の相同性の根拠となりがちなのはこのカテゴリーに含められる遺伝子*Delta*、*Notch*の類似した発現と、部分的に証明されたそれらの機能である（Cuoso, 2008）。脊椎動物で最初に発見されたこの分子機構（Pourquié, 2001）が、節足動物のクモ（*Cupiennius*）にも機能していることが明らかになり

(Stollewerk et al., 2003)、この説は俄然信憑性を帯びることになった。同様の機能はおそらく多足類にもあり、昆虫においてDelta-Notchシグナルが分節形成に寄与しないのは二次的変化である公算が大きい。

たとえ上に述べた分子発生学的機構が、遺伝子や、それをベースにしたシグナルカスケードのレヴェルで相同的であっても、それが深層の相同性以上のものではなく、複数の系統において独立に使い回されてきたという可能性もある。しかし、それが真に節約的なシナリオかどうか、吟味することもまた簡単ではない。なぜなら、背腹反転に関して述べたように、本家の発生プログラムを使ってコ・オプションされたものが体節性だとしても、それにしては、体節性が基本的なボディプラン要素を構成するようにみえ、しかも本家に相当するようなより原初的な分節が一見、みあたらないからだ。これを説明しうる仮説に関しては、デイヴィスとパテル(Davis & Patel, 1999)が以下のように要約している。

①分節性は左右相称動物すべての系統において相同な形質として、進化上ただ一度獲得された。
②分節性が異なった動物系統において類似するのは純粋に収斂のゆえであり、その独立した獲得において相同的な遺伝子制御ネットワークが独立にリクルートされた。
③分節の発生機構はすべての動物系統において相同的だが、それは発生上体軸の成長に用いられていた。それが二次的に分節を作り出したイベントそれ自体は独立であり、しかも非相同的だが、上記の理由でいわば外適応のように、異なったタイプの分節に、相同的な発生モジュールが組み込まれた(コ・オプション)。

このシナリオの中でどれが正しいかを判定し、分節の進化過程を復元する、それ自体が本書すべてにわたっての究極的な目的にも等しい。これに関して「オッカムの剃刀」は、何らかのまっとうな選択を示してくれるだろうか。一見、すべての動物における分節性が相同であるとみなすことが最節約的であるようにもみえ、それはマスターマンの学説とも一致する。が、それにしては前口動物の内部にはあまりにも多くの無分節的動物門が犇《ひし》めいている。

一方で、最近の分子系統学的解析によれば、このような分節性の分布を説明するには、比較的少数回の二次的消失が必要とされるだけらしい（Couso, 2008）。ひとたび分節性を失った動物から、複数の非分節的動物門が派生しうるのである。●6B18同時に、分節性がいくつかの系統で独立に獲得された可能性も同様に確からしい。カンブリア紀におけるボディプラン放散において、分節性の存在が大きな意味を持っていたであろうことは、容易に想像がつく。それだからこそ、進化上、激しく優遇を受けたに違いない、この発生ガジェットの起源を考えることは極めて困難なのである。

脊椎動物の作り方に関する謎——背腹反転再び

脊椎動物における分節性の起源は、鰓弓系のそれを別とすれば、脊索と深い関係のある背側中胚葉の起源に連なる。それを念頭に、どのように脊椎動物のからだが作られてきたのか、もう一度振り返る。まず、真正左右相称動物のステムグループには、どのような形態学的特徴があったと考えられるだろうか。たとえば、アレントら（Arendt et al., 2001）によれば、*brachyury*、*otx*、*gsc* 各遺伝子の発現パターンはイソツルヒゲゴカイのトロコフォア幼生と半索動物のトルナリア幼生、そして棘皮動物の各幼生型において一致している。それが示唆するのは、腸管、口、肛門のすべてがこれらの動物において相同であり、しかも神経側-反神経側の極性も *Bmp2/4/chordin* の拮抗をベースとして保存されているということである。ここではもちろん、歩帯動物とその幼生型をもって、後口動物のボディプランを代表させているのである。

幼生型に比較の軸足を定めるやり方に従えば、脊索動物もまた、過去においてはディプリュールラ幼生を生活史の中に持っていた動物系統から二次的に派生してきたと考えられる。そうすれば、すべての真正左右相称動物がいわばトルナリア・トロコフォア幼生から発したということを意味する。このことは、前体腔が顎前中胚葉と相同であるという、本書においてたびたび指摘してきた仮説と矛盾しない。また、このような議論において原索動物の胚の形は一歩退いてしまうが、このような方針がときとしてあまり節約的ではない進化シナリオにゆき着くことに関しては、中枢神経系の形態パターニングに関して触れておいた。

このように、後口動物と前口動物に共通する幼生形態があるのであれば、自動的に中枢神経系が歩帯動物において二次的に崩壊し、他方で脊索動物の根幹において、初期発生プログラムの大幅な書き換えにより幼生世代が消失したと認めることになる。一方で、脊椎動物の中枢神経系は、祖先的な前後軸上の遺伝子発現コーディングを頑《かたく》なに守っている。重要なことは、同じく脊索動物の根幹で、口の開く位置が移動したはずだということである（背腹反転）。すでに述べたように、この変化は後口動物の内部で起こっている。

前口動物の前腸は、脳と食道下神経節の間を突き抜けるが、これは彼らの中枢神経系が本来原口の周囲に誘導された神経輪としてもたらされ、そのトポロジーが頑なに保存されているためである。このような口の位置を、脊椎動物やナメクジウオにみるように、反神経側に移動させるためには（正確には、ナメクジウオの口は左側に開くが）、半索動物に示唆されているように、中枢神経系それ自体を崩壊させる必要があるのだろうか。おそらくそういうことではないだろう。歩帯動物においては、まだ口の移動は生じてはいないのである（Lowe et al., 2006; Gee, 2007）。

脊索動物と前口動物が背腹関係を逆に持っていることは間違いない。それは繰り返すように、口の開く位置を腹側と定義してのことである。そして同時に、トロコフォア幼生とディプリュールラ幼生は、腸管と繊毛帯の相対的位置を背腹軸に関して同じくしている。アレントら（Arendt et al., 2001）が示したように、これらが相同であるというのは納得できることであり、両者を繋げる系統樹の部分において背腹反転は生じていない。いい換えるなら、半索動物は前口動物的な背腹軸を持っている（Lowe et al., 2006）（既述）。ならば、背腹反転はもはや脊索動物の基幹で、脊索動物の起源に付随して生じたとするしかない（西野ほか 2007）。これを認める限り、ガースタング（Garstang, 1894）の「アウリクラリア起源説」は棄却されねばならない◉6B19（図6–37）。なぜなら、後者のセオリーは、ディプリュールラ幼生とオタマジャクシ幼生が基本的に同じ、すなわち、変形を通じて互いに変換可能な原型的プランを有しているという、根拠のない仮説に端を発しているからだ。

このような困難を排除すべく、ニールセンは脊索動物型の神経管を導くため、アウリクラリア幼生の繊毛帯をガースタングが試みたのとは逆方向に移動させた（Nielsen, 1999）。そうすれば、ギボシムシが鰓裂を「半索動物の背側」に持ち、肛門の後方に尾部を持つこととも整合的である。つまり、背腹反転以前の段階において、ギボシムシは脊索動物のボディプランのコンポーネントをすでにかなり備えている。が、こうやって出来る神経管がうまく原口をとり込むかどうか、いい換えれば、脊椎動物にみる神経腸管（neurenteric canal：原腸の後端と神経管の後端を連絡するU字型の管腔）がニールセンの方法で形成されるかどうかはわからない。この点に限っていえば、ガースタングの方法が、脊椎動物の胚形態により整合的なのである。この見掛け上の不一致は今後解くべき課題であると思われる。すなわち、我々の神経管はトロコフォア・ディプリュールラ幼生における反口側（aboral side）ではなく口側（oral side）に形成されるのであり、その点では整合性は保たれる（それは必ずしも、変形したディプリュールラ幼生を我々の祖先が持っていたことを意味するものではない）。

確かに脊索動物の分岐地点近辺、少なくとも歩帯動物の分岐後に背腹反転が生じていたという証拠も得られている。ナメクジウオの発生に典型的にみるように、後口動物では基本的に左右相称の体制の上に、明瞭な左右非相称

図6-37▶ガースタングのアウリクラリア説。棘皮動物にみるようなアウリクラリア幼生の繊毛帯が反口側に巻き上がって頂板をとり込みつつ脊索動物の中枢神経を構築すると考えられているが、これでは棘皮動物と脊椎動物が同じ側に口を持つことになってしまい、背腹反転のシナリオと矛盾する。これを解消するために、ニールセンはこれと逆方向に巻き上げを仮定した。Young（1962）より改変。

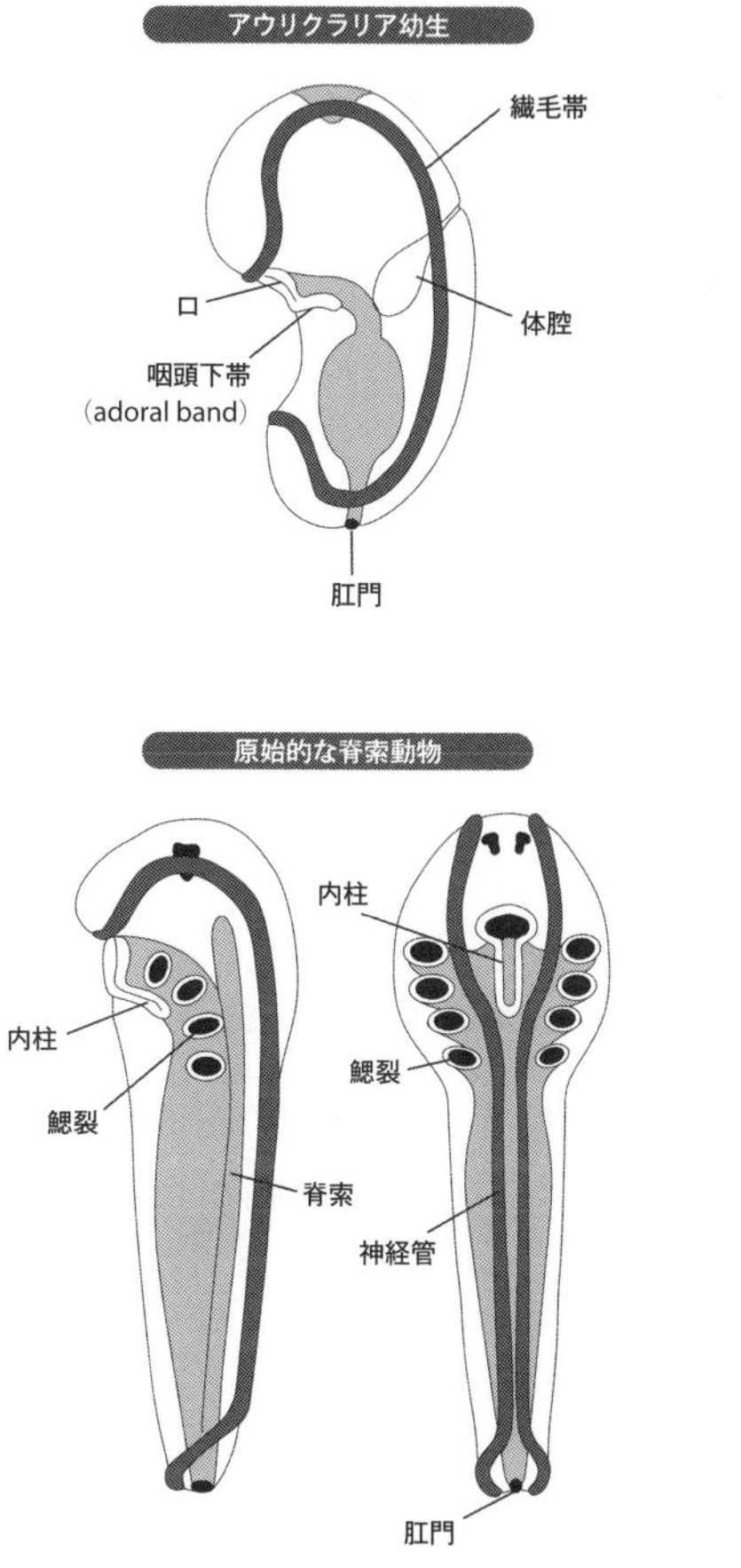

性が付加されているが、発生上、このような非対称性はシグナル分子Nodalの非対称的な分布に依存して成立したものであり、その結果として左側にその下流の遺伝子*Pitx2*が発現する。●6B20 面白いことに、歩帯動物の幼生においてはこの*Pitx2*相同遺伝子が右側に発現する。いうまでもなく、この逆転を解決するには、両者の間で背腹が反転しているという事実を認めればよい（Nishino et al., 2007による総説）。そうすれば、脊椎動物の体制はジョフロワの考えたような、甲殻類的前口動物をひっくり返すことによってではなく、ギボシムシのような動物を反転して出来上がったということになる。そして、この分節と脊索を持たない半索動物が、脊椎動物の分節性の起源について何を語っているのか、まだ不明のままとどまっている。

ただ、この快刀乱麻を断つがごときの背腹反転のシナリオにも、二つの「待った」が掛かっているようだ。一つはというと、ナメクジウオの左右軸形成においては*cerberus*が右側に発現するのに対し、ニワトリではそれが左側に発現するという、ちょっと目を覆いたくなるような事実がある。したがってこれにより、脊索動物内で反転が生じたという、かなり無理のあるシナリオを描くこともまた可能となる。第二に、半索動物には脊椎動物の神経管に似た構造が反口側、すなわち「ギボシムシの背側」に形成されることが以前より知られている。上にも書いたように、これは「襟索（collar cord）」もしくは「襟神経索（collar nerve cord）」と呼ばれ、●6B21 その名の通り「襟」の領域に形成される外胚葉上皮派生物である（Kaul & Stach, 2010; Miyamoto & Wada, 2013）。これはコワレフスキーギボシムシにも、別のグループに属するギボシムシ、シモダギボシムシ（*Balanoglossus simodensis*）にも記載されており、おそらくはギボシムシの仲間に一般的な形質である。●6B22 この構造の発生を電子顕微鏡で詳細に追跡したカウルとスタックによれば、実際これは、彼らが「神経板（neural plate）」と実際に呼ぶ神経上皮としての原基の巻き上げ、すなわち脊椎動物の「神経管形成（neurulation）」に似たプロセスよって生ずるもので、ここには明らかに神経細胞が集積している（Kaul & Stach, 2010）。これによると、コワレフスキーギボシムシでは、神経板は受精後五六時間の胚体背側の襟レヴェル外胚葉を前後方向に走る溝として現れ、その部分の外胚葉上皮はすでに腺細胞を多く含む。これに続く発生段階では、この上皮の下部に神経繊維の集積（neuropile）が認められるようになり、同時にこの溝の部分の上皮が巻き込み、神経管状の構造を原腸の上に形成するに至る。その両側には中胚葉上皮性体腔があり、一見、脊椎動物の神経管付近のトポロジーを思わせるが、ただしここには脊索が存在しない。また、カウルとスタックのいうところでは、棘皮動物にも外胚葉の折れ込みとして直接に発生する神経組織はあり、ウニ（echinoids）のepineural nervous systemも管腔（epineural canal）を備えた神経管状の構造を持っており、内胚葉性の水管系に対して襟神経索が示すのと同様の位置関係を持つという。さらに、すでに紹介した通り宮本と和田は、シモダギボシムシの一週目の幼生においては、神経細胞マーカーである*BsimElav*を発現する襟神経索の下方（ギボシムシの腹側）に、口索が位置することをも指摘している（Miyamoto & Wada, 2013）。口索と襟神経索が重なるこの位置関係は、成体では襟神経索の前方にのみ限られるが、発生の途中までは*hh*を発現する背側内胚葉と口索が襟神経索全域の腹側に位置する。

このような半索動物の発生パターンは一見、右に述べた「脊索動物の基幹における反転」という仮説と対立する。これについてまず、背腹軸の特異化機構と神経系の分化機構が本来的に遊離している可能性を考えなければならない。また、脊索動物に至る背腹反転に関し、より複雑な経緯があったと、宮本と和田らは考え、本来、祖先的内胚葉の全域に*hh*が発現し、潜在的に背腹どちらにでも中枢神経が誘導できたが、脊索動物においては「脊索動物の背側」においてのみそれが優勢となり、痕跡的な腹側の神経誘導がナメクジウオやホヤにおける腹側末梢神経系の発生としてみられるという可能性を説いている。

これに関し、ほかにも可能なシナリオがいくつか考えられる。たとえば、デルスマンによる脊椎動物の「環形動物起源説（Annelid theory）」（むしろ「トロコフォア幼生起源説（Trochophore theory）」と呼んだ方が適切か）は、トロコフォア幼生の姿に原始的発生パターンを求め、それを変形することによってすべての動物形態を引き出そうとしたものである（Delsman, 1913）（図6–38）。この基本的方法論の妥当性については上に確認した通りであり、環形動物の発生を左右相称動物の基幹に置くのもイソツルヒゲゴカイ（*Platynereis dumerilii*）研究が進んだ今日的には妥当であるというべきだろう。この変形においてデルスマンは、重要な形態要素としては口／肛門よりむしろ「消化管」の方向性を選んでいる。つまり、「口」の同一性は動物によって保証されてはいないが、●6B23 消化管の長軸に関しては、すべての動物において「前後軸」は同一であるという認識から始まっている。そして、脊椎動物型のボディプランをここから導き出すにあたって、頂板(apical plate)の神経組織が前脳へ、繊毛帯がそれより後方の中枢神経へと導かれたと考えたのである。●6B24 そして彼もやはり、脊椎動物と環形動物の間に背腹反転関係を見出している。

デルスマンほど極端ではないにしろ、脊椎動物の中枢神経に発生様式と進化の経緯が際だって異なった二部の領域(prosencephalon/deuterencephalon)を見出した研究者は確かにいた(たとえば、Jefferies, 1986)。先にみた、半索動物の襟神経索をめぐる議論は、背腹反転が起こったとするなら、それはすべての神経組織にわたって影響したのか、あるいは口索の前方を回り込んで誘導された神経系が二次的に脊椎動物で引き延ばされているのか、反転した結果、ギボシムシの腹側に新しく特異化されたようにみえる脊髄は、襟神経索の後方に新しく付加された、別起源のものではないのかという問題を呼びこむことになる。その点、ギボシムシ幼生における神経軸特異化遺伝子のタイヤ状の発現パターンは、背腹はまだ決めていないが、それがどこになろうが、この領域のうちどこに神経を作ることになってもかまわないと、いわば待ち受けているようにもみえる。つまるところ、背腹反転現象の謎もまだ完璧には理解されていないのである。これらの疑問のすべてを整合的に説明でき、しかし決して単純ではないシナリオの構築は、決して不可能ではないと筆者は思っている。

というのも、仮想的ウルバイラテリア、もしくはそれに似た幼生型から始まり、変形を経て、すべてを整合的に説明する可能な進化シナリオは、少なくとも系統的関係としてみた場合、高々加算個しかないからだ。それをまとめたのがリンダ・ホランドらであり、彼女らによれば、

①背腹反転は起こらず、共通祖先に備わっていた複数の中枢神経前駆体から、前口動物と後口動物における異なった中枢神経が独立に進化した。

②背腹反転は起こらず、共通祖先に備わっていた散在神経系から、前口動物と後口動物における異なった中枢神経が独立に進化した。

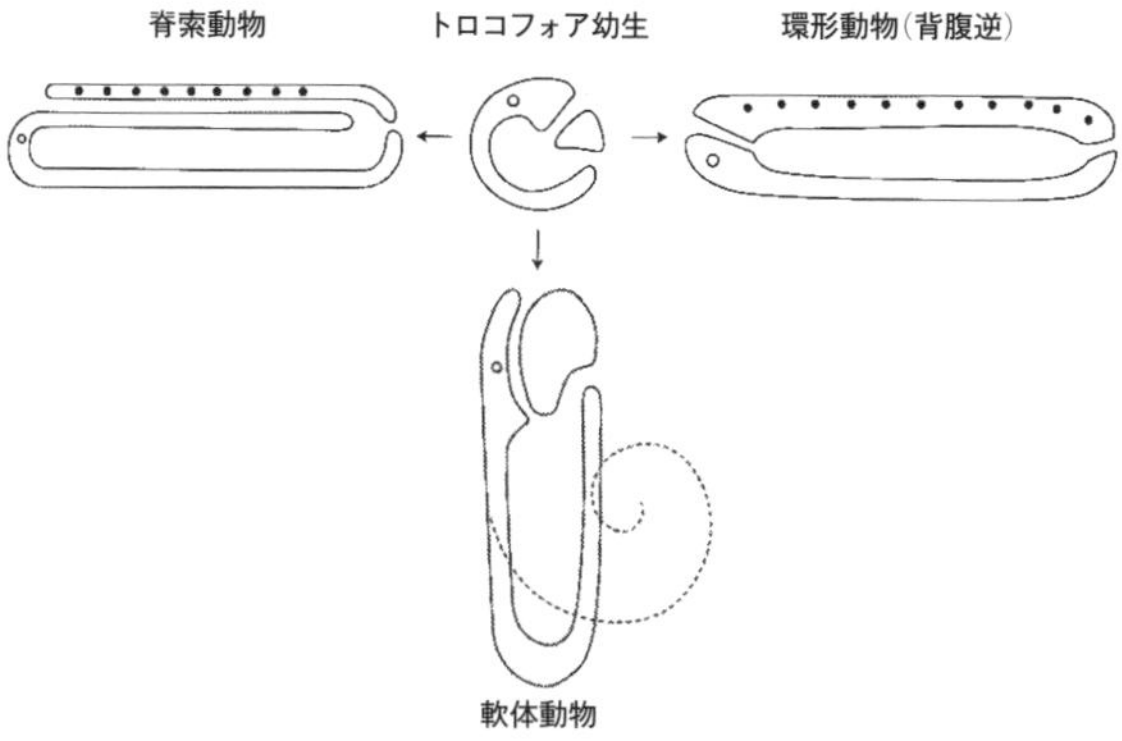

図6-38▶デルスマンによる前口動物と脊索動物の進化。出発点としてトロコフォア幼生的な動物がおかれ、ここからいくつかの主要なボディプランが独立に成立したと考えた。白い丸は頂板を示し、ここから前脳が発する。環形動物は分節的な前口動物を代表し、ここでは脊索動物との比較のために背腹逆に描かれている。Delsman(1913)より改変。

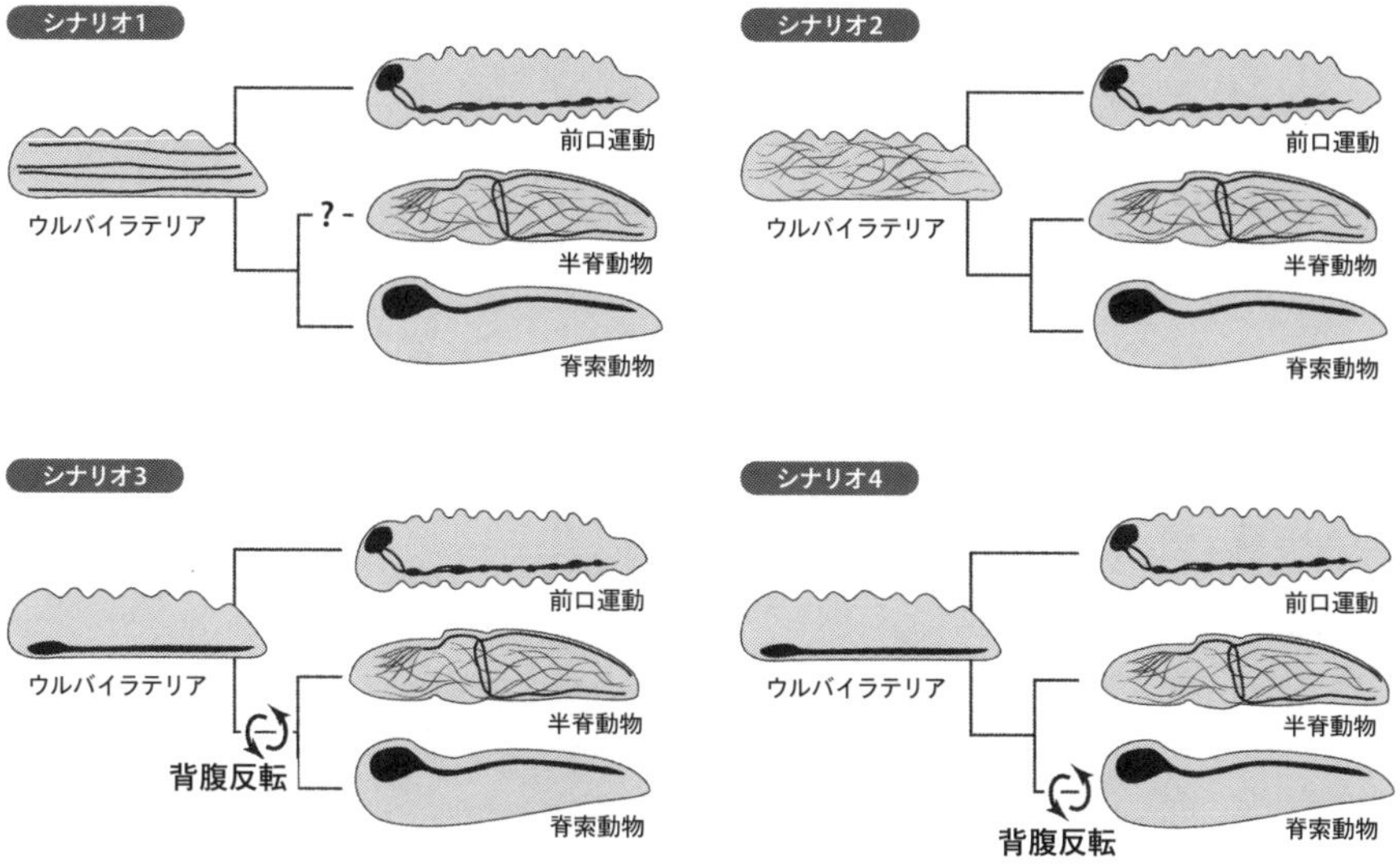

図6-39▶左右相称動物における(中枢)神経系がどのように進化したかについての4つのシナリオ。Holland et al.(2013)より改変。

③共通祖先には口をとり囲む腹側の中枢神経があり、後口動物の分岐に伴って背腹反転が生じ、半索動物が二次的に変形した中枢神経を進化させた。
④共通祖先には口をとり囲む腹側の中枢神経があり、脊索動物の分岐に伴って背腹反転が生じ、半索動物は二次的に中枢神経を変化させた。

という3四つのシナリオを考えている（図6–39）。

背腹反転は、つまるところ、同じボディプランを共有した動物が、口の位置をどこに選んだかという問題に置き換えることができる。このような問題意識が生まれるのは、器官ごとの類似性ではなく、器官のセットがどのような位置関係にあるか、そしてその位置的結合性、トポグラフィカル・ネットワークが左右相称動物の仮想的共通祖先（ウルバイラテリア）以来、連綿と保存されているという仮説のゆえである。いうまでもなく、ジョフロワの「結合一致の法則」も、同じ形態学的理念に発している。そして、そのような思考のバイアスは、器官単位の相同性が、ボディプランの一致に依拠しているという、純粋生物学ならぬ、西洋の伝統的形而上学に由来しているのである。

ギボシムシの形態学的構築や遺伝子発現パターンがみせる矛盾は、この思考のバイアスに対する一種の試金石となっている。はたして、器官の相同性は、ボディプランが一致しなければ成立しないのか。外側中胚葉が同定できない限り、ナメクジウオの中胚葉分節を「体節」と呼んではならないのか。ギボシムシの中枢神経とその背腹軸の同定は、鰓孔の位置と整合的でなければならないのか。これらの問題は、かつて疑問視されたことすらなかったが、ネットワークの存在しない単体の相同性を、すでに我々は細胞型や遺伝子に見てきている。次節に紹介するアレントの説は、右の第四のシナリオとデルスマンの説をカップリングしたものに近く、一義的に細胞型の同定に依存している。そのような相同性決定が何を結論するのか、観念論的形態学はどこまで生き延びるのか、それを考察すべき段階にさしかかっている。

【コラム】——脊椎動物の起源はヒモムシか？

脊椎動物を無脊椎動物から導く仮説は、過去に数え切れないほど提出されているが、その中には（話の流れにどうしても組み込めないために）本書で扱いきれないものも多く含められる。その一つをここで記す。

昔から左右相称動物は基本的に前口動物と後口動物に分類され、その分岐点付近には類縁関係の不明瞭ないくつかの分類群があると考えられていた。ここには扁形動物に近縁でしかも脊椎動物とも無視できない類似性（その相同性の確かさについては定かではないが）をもった動物群として、「ヒモムシ（紐形動物：Nemerteans）」が注目されたことがある。以下に述べるのはその、脊椎動物「ヒモムシ起源説」である。

ヒモムシの原口は口にも肛門にもならず、それぞれは独立に形成される（Hyman, 1951）。この動物はヘモグロビン、白血球を持ち、扁形動物とは異なり、消化管には二個所の出口がある。このような観点からヒモムシと脊椎動物の類縁性はしばしば指摘され（Hubrecht, 1883, 1887; Jensen, 1960,1963）、それにもとづいてウィルマー（Willmer, 1975）は両者の解剖学的比較を綿密に行なった。その結果、両者には上にあげた形質以外にもかなり多くの共通点があるというのだが、さて……。

このヒモムシの第一の特徴は「吻（proboscis）」である。これは捕食のための器官であり、前方の「筋性」部と後方の「腺性」部に分けることができ、咽頭内ではなく一見、体壁中に存在する（しかし、吻腔が咽頭より二次的に派生した可能性もある）。そして、この吻を納める「鞘」が脊椎動物の脊索と相同なのだという。確かにこの構造は、ヒモムシの咽頭と「脳＝神経節」の間に位置する。そして鞘中の「吻」は牽引筋（retractor muscle）により鞘後端に繋ぎとめられる。

脊索動物中でもナメクジウオと脊椎動物では脊索の広がりがかなり異なる。ナメクジウオ（の成体）ではそれはからだの前端まで伸びるが、脊椎動物では脳褶曲の後方から始まり、漏斗近傍では再三述べてきたように脊索前板（prechordal plate）という中・内胚葉組織がある。これはなかなかに重要な違いである。しかも、ナメクジウオの脊索は筋組織である。ウィルマー、およびサーナットとネツキー(Sarnat & Netsky, 1981)は、ナメクジウオ型脊索が、ヒモムシの中でもその吻腔がからだの先端にまで伸びていた種から発したと想像している。つまり、ナメクジウオの脊索は筋性吻そのものから発したと考えるのである。確かにナメクジウオの脊索もヒモムシの筋性吻と同様、アセチルコリンがその伝達物質となる(Willmer, 1970; Flood, 1974; Sarnat et al., 1975)。では、脊椎動物の脊索はどのように導かれるだろうか。

ウィルマーはここでラトケ嚢に注目する。この器官はナメクジウオと脊椎動物を区別する極めて特徴的なものであるという。つまり、脊椎動物の腺性下垂体とヒモムシの吻の腺部を相同とするのである(ヒモムシの吻がとびだした状態を想定し、脊索がヒモムシの吻腔を作る鞘と牽引筋、ならびにその中に浮遊する細胞に相当するということになる)。一方、神経性下垂体に関しては、それが牽引筋に分布する神経に対応するという可能性が示唆される。ヒモムシのこの筋は筋性の吻とは異なり、アセチルコリンにではなくオキシトシンに対して反応する(Willmer, 1970)。これは下垂体の神経分泌物と同様である。さらに現生のいくつかのヒモムシの咽頭上皮にはヨウ素をつかまえ、チロシン化合物を作るものがある(Balfour & Willmer, 1967)。この機能は無脊椎動物の中では特殊なものであり、むしろ脊索動物の内柱、もしくは甲状腺に類似する形質である。また、消化管の上皮は塩酸を分泌し、コルチ器官の感覚受容細胞に似たものすら存在する。

また、扁形動物から由来したと考えられていた紐形動物は一般には(いまでも)前口動物に分けられるが、これには異説があった。すなわち、この動物の口／肛門は原口からは独立して二次的に発生するのである(Hyman, 1951)。この動物が実際に脊椎動物を初めとする後口動物と、扁形動物より上のレヴェルの前口動物とを繋ぐ架け橋になるとすれば、それは当然「原口」の「口／肛門」としての形態上の同一性を揺るがすことになる。このように比較すると、ヒモムシと脊索動物を隔てている脊索動物的形質は、分節的中胚葉(体節)と背側神経管、分節的咽頭弓、そして体腔である。いうまでもなくこれらは本書で最も重要と認識されている形質であり、それらがいっさいない状態で「ここまで下地を作ったのだから、あとは自分で何とかしてくれ」といわれても困ってしまう。体腔の欠失は扁形動物の時代からの名残であると認めてもよいかもしれない。脊索動物の分岐以前に体節が存在しなかったと仮定すると、ヒモムシはかなり脊椎動物に似ているのかもしれず、その可能性を考察するのはよい頭の体操になるかもしれない。が、分子系統学的に動物の類縁関係が客観的に測られている現在において、この「ヒモムシ起源説」が息を吹き返したという話は聞かない。逆に、細胞型や組織学的

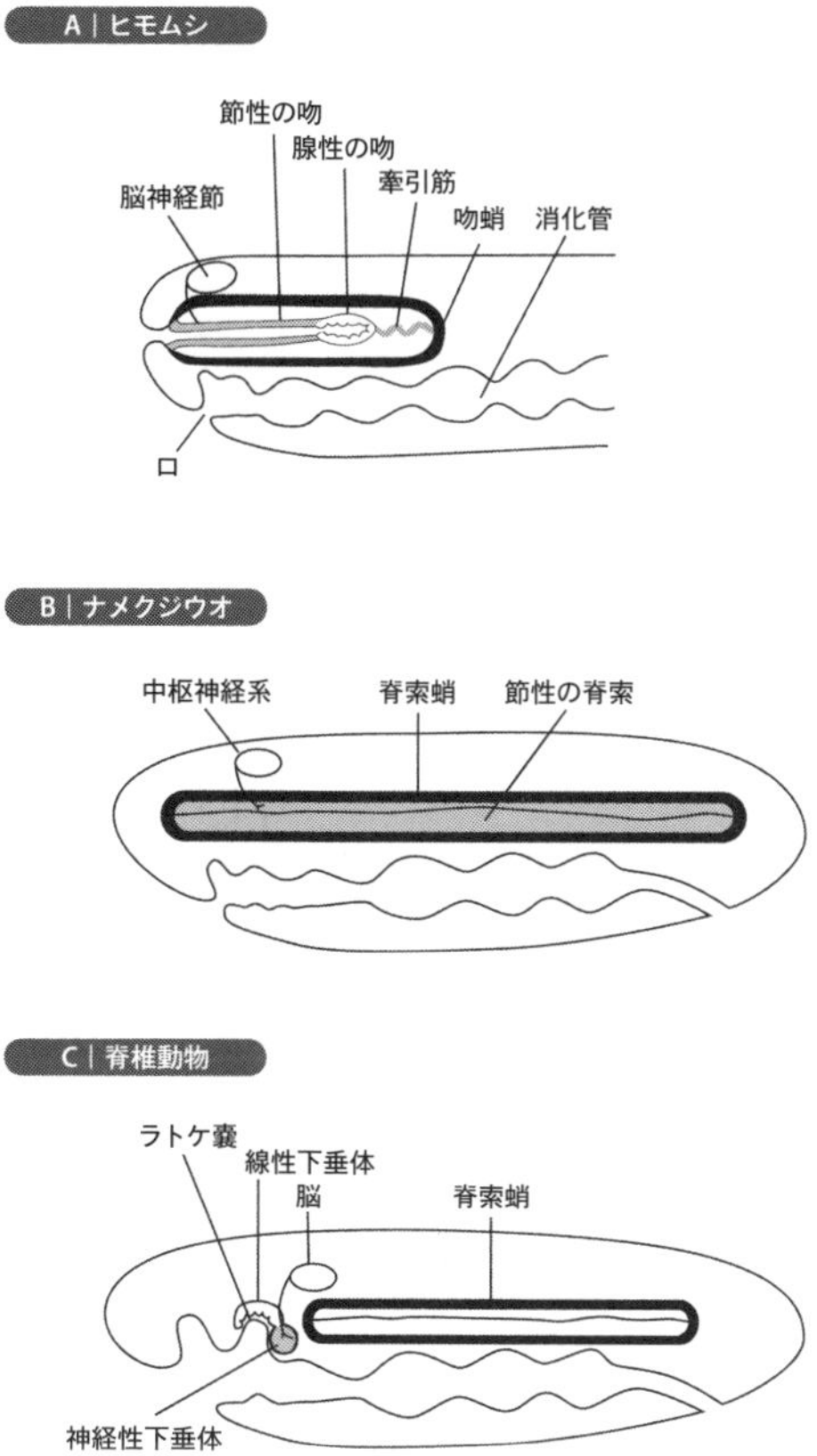

図6-40▶ヒモムシから脊椎動物を導く。A:ヒモムシの一種。B:ナメクジウオ。C:脊椎動物。Sarnat & Netsky(1981)より改変。

構築や解剖学的形態パターンにわたって、あちこちにみられる類似性を拾い集めてゆくと、ヒモムシと同程度に脊椎動物との類似性を示す動物群は、存外多いのかもしれない。我々にむしろ必要なのは、そのような形質の類似性が純粋な偶然で特定の無脊椎動物群のボディプランに積み重なってしまう確率であるとか、その背景として、形態的ボディプランが確立する前にしばしば成立していたと思われる細胞型であるとか、組織構築など、コモンツールの成立時期なのだと思う。

祖先的胚形態

脊椎動物を含めたすべての動物群のボディプラン進化を説明するにあたり、ウルバイラテリアの定義や形式化をいったんすべて忘れ、マスターマンの体腔起源説に再び立ち返り、ディプリュールラ幼生とトロコフォア幼生をともに導いた胚の形に焦点を置くという方法はどうか。

中枢神経

先に示したウルバイラテリアのコンセプトは、出来上がった成体の解剖学的バウプランを標的とした概念的復元であったが、すべての動物は発生プロセスによってそれを作らねばならず、分節性もそのようなプロセスの一環としてもたらされる。実際、刺胞動物の幼生は後生動物のそれに比して原始的で単純だが、口側と反口側の極性に加え、「頂毛(apical tuft、あるいは頂板：apical plate)」に相当する構造も備えている。このような単純な胚の形を原初のパターンと仮定し、それを起点として、環形動物、昆虫、脊椎動物の形を導き出す試みがアレントらによってなされている(図6-41)。◉6B25

ここでは、刺胞動物と後生動物の最後の共通祖先は「ニューラリア(neuralian ancestor)」と呼ばれ、それは後生動物の前脳となる頂神経系(apical nervous system)を反口側に、原口(口+肛門)の周囲に運動、ならびに知覚性の神経ネットワークを持っていた(図6-41)。しかし、ここにはまだ前後軸は存在しない。頂板と原口それぞれ枝のまわりに同心円状のパターンが広がり、前者では後生動物の前脳に似たマーカー遺伝子、*six3*、*rx*、*foxQ2*、*fezf*の入れ子式の発現ドメインが広がる。一方で、後者、すなわち周口神経輪には原口からの距離に従って、*nk2.1/nk2.2*、*pax6*、*pax3/7-paxD*、*dll*の発現がみられるが、これは後口動物の後方の神経管の内側から外側へ向かって並ぶ、運動ニューロンから知覚ニューロンへの分化を司る遺伝子発現の広がりである。背腹反転を経たにもかかわらず、これらニューロン群の背腹関係が前口動物と脊椎動物において同一であるのは、脊椎動物において神経管の巻き上げが生ずるためである（図6–34）。

このニューラリアの放射相称のパターンをもとに、原口を頂(apical)側に引き延ばして前後軸と内外軸を造り、一方で頂部を中心に同心円状の誘導を作用させると、前が前脳のパターニング機構、後ろがそれ以外の神経系のパターニング機構を示すということになる。このようにして前後軸形成が契機となり、前口動物と後口動物において異なったやり方でニューラリアに存在した二つの神経系を統合し、左右相称動物の中枢神経系を作り出したとトッシエスとアレントは考える◉6B26（図6–41）。

もちろん、刺胞動物的二胚葉一極性パターンから三極性の動物を作り出す方法にはほかにもいくつかのものがありうる（Holstein et al., 2013に要約）。プラヌラ幼生から無腸類のような動物を導き出す仮説もそのうちの一つで、これは形質の付加的複雑化を基調としたものである（が、これはゲノムにおける遺伝子組成の点からは、あまり妥当な考えではないかもしれない）。右のアレントらの説は左右相称動物における腸管の成立を共通したものとみているが、マインハルトの主張するようにそれが前口動物と後口動物において独立に生じたとする考えもある（Meinhardt, 2002, 2004a-c, 2006）。

◎——中胚葉

ちなみに、右のセオリーでは中胚葉の分節性の起源がウルバイラテリアに求められているが、そこにマスターマンの仮説を重ねることはできる◉6B27（図2–12）。すると、初期の左右相称動物に存在したであろう、三対の体腔の成立あたりまでは、体腔それぞれの相同性決定ができるが、それ以降のいわゆる「体節」に関しては、前口動物と後口動物の間で独立に獲得されたというシナリオもありうる。つまり、本書でしばしば拘泥してきたように、ナメクジウオの側憩室（次節参照）、三体腔型幼生の前体腔、脊椎動物の顎前腔、もしくは顎前中胚葉、ギボシムシの吻と口索、の間には本物の特殊相同性が見出せるが、それでも、体節性それ自体は相同ではないという可能性はつねに残る◉6B28（後述）。

そもそも、脊椎動物においては、軸の前方に付加されるアクロジェネシス（acrogenesis）の結果としての顎前中胚葉と、次々に後方へ付加されるそれ以外の中胚葉が区別されてきた（Adelmann, 1926）。つまり、中胚葉の起源が単一ではない可能性がある。そして、多くの左右相称動物のからだの大半を構成する後方の要素は、多かれ少なかれ後方に幹細胞を備え、軸伸長とともに形成される。これが三体腔の最後方の要素を思わせるのも確かである。しかし、それが分節的構造を作り出したとき、いかに共通の分子機構がそこで機能していようとも、その機構がそこに転用（コ・オプション）されたタイミングが共通していたと信じる根拠はない。それでも、その事象が独立に生じた根拠であればいくつか提示できる。というのも、脊椎動物では体節形成においてよく研究されているいわゆる分節時計遺伝子セットが、顎前中胚葉、もしくは脊索前板に伴って発現す

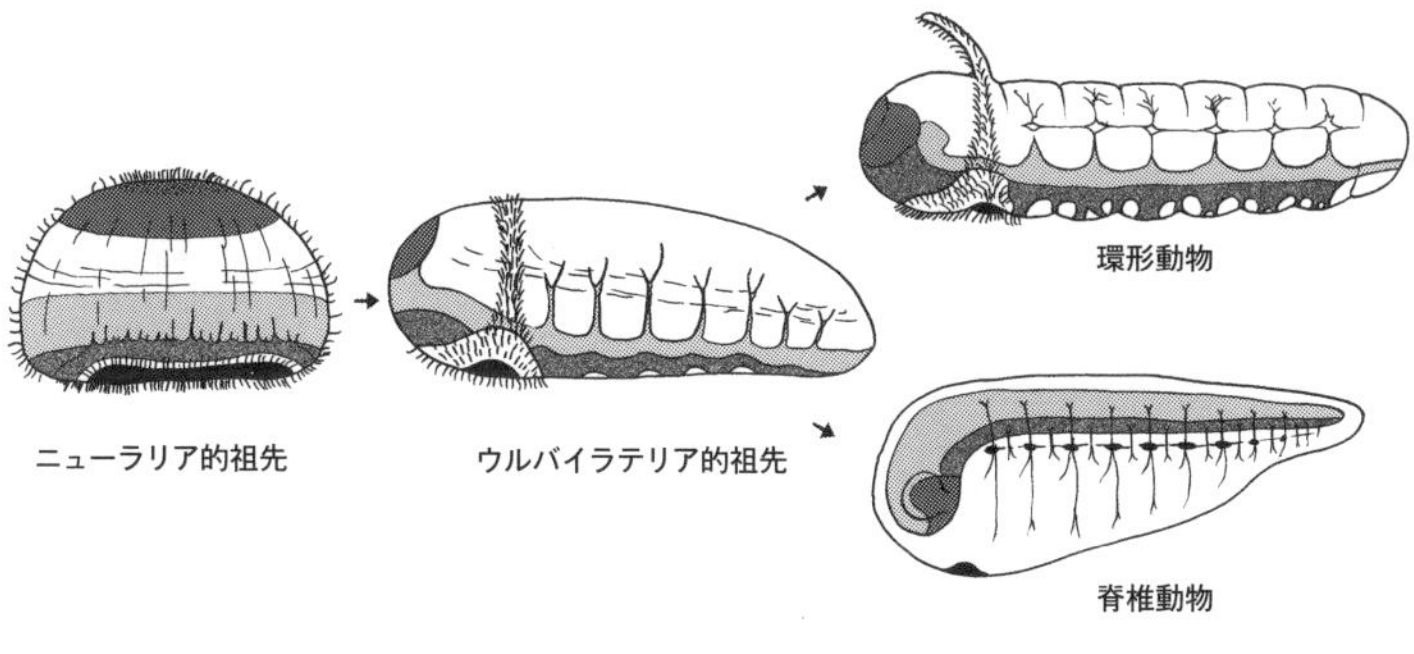

図6-41▶アレントらによる「ニューラリアン・セオリー」。このシナリオにおいては、前脳が頂板に由来し、その前駆体は刺胞動物的祖先において分離して存在していたという、複合的な中枢神経の起源が示される。それと同時に、口（=肛門）をとり巻くニューロンの細胞型も上下、内外に分極していた。これがマスターマンのシナリオと同様の過程で前後軸を得たとき、内外（背腹）に分極したニューロンの細胞型の分布に至った。左右相称動物における前後軸、分節の獲得は共通、神経管が巻き上がる脊椎動物へ至る系統では、背腹反転（新しい口の形成）が仮定されていることになる。一方、ニューラリアから環形動物に至る過程では、同じ口が用いられている。Tosches & Arendt（2013）より転載。

ることも知られているからだ(Jouve et al., 2000)。つまり、三体腔動物の体腔が系列相同物であれば、その体腔を作るコンパートメント形成機構(あるいは上皮化機構)はそもそもすべての体腔に用いられていて当然であり、さらに、その同じ遺伝子カセットが独立に後体腔の再分節化に転用されても何の不思議もない。これによって、コ・オプションのタイミング問題(上述)も回避できる。それが実際に起こったのかどうか、その検証は今後の課題である。

さらに、この説はデルスマンの「トロコフォア起源説」とも親和性が高い。そしてここから先は、データを集めることも重要だが、カンブリア紀以前の海でいったい何が起こっていたか、目を瞑って想像を逞しくすることも必要だろう。主たる動物門の分岐年代が分子時計によって具体的数字で知られるようになって久しいが(Erwin et al., 2011)、実際、環形動物の系統と軟体動物の系統が分かれたまさにその瞬間、それぞれ互いに、まだ共通祖先とほとんど変わることのない形態を持った動物として暮らしていたはずである。いい換えれば、そこではまだ独自のボディプランは成立してはいなかった。それは系統的には後生動物で、しかも前口動物のうちの冠輪動物への道をすでに突き進んでいた。分子系統学はそれを保証してくれている。しかし、その動物の具体的形態について我々はまだ何も知らないといっていい。それが、形態学的にはまだ刺胞動物に毛の生えたような、トロコフォア幼生以前のガストレア的存在であった可能性もある。これと同様のヘッケル的考えについては、ニールセン(Nielsen, 2013)によって問われている。これによると、左右相称動物の共通祖先は、外洋棲のガストレア的幼生のようなものであり、繊毛を使って補食する動物であった。ここから大型の底生動物として進化した経路は、発生の終末付加によってもたらされたものであり、したがってこの過形成の名残をいまでも間接発生の形にみることができる。そのうち、脊索動物の系統は二次的に本来の幼生を失うに至っている(したがって、ナメクジウオの幼生、ホヤのオタマジャクシ幼生、脊椎動物にみる各種の幼生は二次的に獲得されたものか、あるいはそれぞれの系統の中でさらにもたらされた過形成や終末付加によって名残として残ったものと解することができる)。前口動物の保守的な間接発生からそのボディプラン獲得を説明するシナリオは「トロカエア説(trochaea theory)」と呼ばれている(Nielsen, 2013)。これが真実であったなら、ウルバイラテリアを復元する努力は所詮、オーウェンの原動物の構築にも似た、虚しい作業であったということにはならないであろうか。細胞が特定の細胞型へ分化する道筋、胚の形ができあがり変化する道筋、動物のボディプランが固まり、それが多様化する道筋、これらはすべて別の現象なのである。そして、分節性の起源は、そのどこかに潜んでいる。

残された問題

はたして、脊椎動物の頭部に中胚葉性の分節、あるいはその名残はあるのだろうか。それは原型論を成立せしめたその存在感にふさわしく、進化系統樹の中で根幹に近い位置に起源し、すべての左右相称動物において相同のパターンを見出すことができるようなものなのであろうか。そして、そもそもその分節は、どの祖先において生じたものなのであろうか。

生物が「単細胞」に始まり、「多細胞体制」が確立し、そのままいまに至っているのではなく、さらにその先に「ボディプラン」と我々が呼ぶ、グローバルな組織構築とオーガナイズされた細胞型の分布をベースにした適応的パターンが成立した第三段階があり、それをいま、我々は相手にしている。分節性の獲得は、このような「ボディプラン体制」の初期進化において極めて普遍的な戦略であったようにみえる。いわば、「動物らしい形」を獲得する最初の第一歩が分節性であったのであろう。そして、我々のからだの中に、それがどのように残されているのかが、過去二〇〇年以上にわたる形態学の、最大の謎であった。

本書を執筆しているこの段階で、頭部分節問題の決着はまだついておらず、この問題に関して広く認められたセオリーもない。系統樹の上での分節の分布をみれば、その起源が単一であったとも、そうでなかったともいうことができる。多くの系統において、Delta-Notchシグナリングを介した分節形成の機構が証明されている。この分子機構が、中胚葉の分節化という、ボディプランの初期イベントに共通して用いられているのであれば、確かにそれがコ・オプションではなく、(sog/dpp拮抗関係のように)本物の相同性を示すのだという論理も正当化されるかもしれない。

が、分節化を起こしているのはシグナルの移動波が起こす物理現象であり、これはシグナルの中心と、それを受ける細胞群さえあれば、大型左右相称動物の適応放散の黎明に複数回起こったとしても、必ずしも不思議はない。ちょうど、多くの哺乳類の毛衣に独立して複数回、縞模様が獲得されたように。●6B29 いわば、分節形成を極端で大規模なコ・オプションとみることも同等に可能なのである。

しかし、もしこれがボディプランの一部としてその構成にかかわる、一種グローバルな相同性を生み出すタイプの分節性であったとしたらどうだろうか。つまり、脊索であるとか、咽頭嚢であるとかのようなボディプランを構成するモジュールとしてのそれである。そのようなものの一つとして、ナメクジウオにおける側憩室と顎前腔が相同であるかどうかという問題は、本書のこれまでの議論から浮かび上がってくる極めて興味深い問題であり、頭部分節性の問題を脊索動物の範疇でまず吟味しようというのであれば、この問題の解決がトータルな理解のための最も大きな一里塚となるであろう。以下では、現在の進化発生学的理解から、相同性と分節性についてどのような推論が可能なのかを評価し、それで得られた仮説をもって、本書の結びとしたいと思う。

◎――相同性と分節

進化的に保存され受け継がれたパターンである「相同性」は、すでにみたように、ボディプランのレヴェルでも、器官系のレヴェルでも、細胞型のレヴェルでも、さらには遺伝子群の制御ネットワークや個々の遺伝子におけるアミノ酸配列のレヴェルにもみることができる。さて、分節性の相同性は、これらのどこに位置するのか。

形態学の歴史においては、分節は紛れもなくボディプランの最も基本的な構成要素であるとされてきた。いや、むしろ分節性こそが形態学の要《かなめ》とさえ思われてきた。しかし、進化発生学研究は、Ｈｏｘコードと、それと同格の相同的遺伝子発現パターンこそ、ボディプランを作るツールキットであると示しこそすれ、分節それ自体の保守性については手をこまねいている状況である。答えはつねに二つのうちの一つでしかない。しかし、それを検証するための証拠が、どれも両義的なものばかりなのだ。

もし、マスターマンのいう分節の起源が正しいのであれば、左右相称動物にとって最も根源的なパターンは、初期のトロコフォア・ディプリュールラ幼生において共有されていたとおぼしい三対の体腔パターンにみることになる。そして、前後軸上に並ぶ分節は、これら体腔の最後方の後体腔の二次的分断にすぎないことになる。とりわけ、個体発生上分節が身体の後方に付加される環形動物のパターンをみる限り、この説には信憑性がある。脊索動物においても、前方につねに奇妙な分節様構造が発し、対していわゆる体幹における分節は一様でかつ単調である。それについては脊椎動物でも、ナメクジウオでも同様である。このようにしてみたとき、共通祖先のからだに複数種の体腔が存在したという仮説は、比較形態学的に俄然信憑性を帯び、同時に最も単純な形式の分節論は瓦解せざるをえず、頭部問題は、その体腔原基の配列に関する連続性と不連続性を同定する作業に帰着し、相同性の決定はその一環として扱われることになる。あるいは、これを特殊相同性決定の問題としてみるならば、分節性の同定はせいぜいのところ、クラゲと左右相称動物の間における器官形成レヴェルでの「特殊相同物探し」に終始しかねない。しかしながら、たとえ後者のような作業にあっても、真摯に扱うに値する、極めて保守的なボディプラン構成要素が少なくとも一つある。それが、多くの動物門において共通にみられる（らしい）、「前体腔派生物」なのである。

脊椎動物の頭部分節性においては、板鰓類の発生学が猛威を振るい、一種の形態学的規範を作り出した。それはもっぱら、サメ胚の頭部に生ずる三対の上皮性体腔、すなわち頭腔のゆえであった。プラットを含むいく人かの発生学者は、かつて「第四の頭腔」として、顎前腔の前にもう一つの頭腔をいくつかのサメの系統に見出したが、これは第二の頭腔である顎骨腔の二次的派生物か、さもなければ種により変異する頭腔の分断パターンの違いによって、たまさかもたらされた二次的体腔にすぎないのではないかといまでは考えられている（第4章）。すなわち、脊椎動物の頭部傍軸中胚葉の中で、体軸の最前端に位置するのは顎前腔とその相同物（つまり、顎前中胚葉）であるらしく、しかも顎前腔の形状は脊椎動物全体にわたって画一的なのである。つまり、サメの顎前腔と同等の構造は、これまで観察されたあらゆる現生顎口類の胚において存在し、つねに頭部中胚葉のほかの部分とは一線を画して発生し、さらにそれは、脊索の前に存在する索前板という構造から分化する（図4−10・48・52）。体腔としてではなく、顎前中胚葉としてそれが現れる場合でも状況は同じであり、この中胚葉の形態的発生パターンはしたがって、円口類の二グループを含めたすべての脊椎動物に共通する。下垂体と視床下部の後方に接するように位置するこの対をなした中胚葉素材は、多かれ少なかれ脊索前端の前において結合しつつ脊索軸の先端を弧を描いてとり囲み、顎口類においては第三脳神経に支配される四つの外眼筋、上直筋、下斜筋、下直筋、内直筋を派生するほか、中胚葉性神経頭蓋の一部、すなわち、先に紹介した脊索頭蓋の前端の要素を作り出す。これが、脊椎動物頭部の最も前方にみられる中胚葉性の構造である。

このような理解の図式は、脊椎動物の傍軸中胚葉に、二領域ではなく、三領域を認める考えを導く。つまり、顎前中胚葉、そのほかの頭部中胚葉、そして体節という三区分である。事実、体節の分節化にかかわる*hairy*遺伝子の発現の波が、顎前中胚葉（もしくは索前板）に一回、それ以外の頭部中胚葉に一回、そして後続する各体節一つにつき一回生ずるとの観察もある（Jouve et al., 2000）。マスターマンの考えに影響を受けたヴァン＝ヴィージェもまた、脊椎動物の傍軸中胚葉を三部構成に分け、そのそれぞれをディプリュールラ幼生の三体腔の由来物として比較している（第2章）。

◎——側憩室、再び

脊椎動物の顎前腔は、原腸の前端において内胚葉細胞系譜と脊索のそれが分離していない未分化な構造である索前板より直接に発する。しかし、その発生様式は顎口類においては腸体腔的ではなく（ヤツメウナギにおいてはそのようにみえる）、小胞の二次的な融合によって生ずる。形態学的には明瞭な相同物が、脊椎動物内でも異なった様式で発生するのであれば、発生様式それ自体に相同性の根拠を求めるべきではなく、むしろ相対的位置関係の方がより重要な指標となるであろう。いずれにせよ、この頭腔、もしくは中胚葉の区画は、観察されているすべての脊椎動物胚において外眼筋（ならびに、おそらくは視交差下翼（ala hypochiasmatica）のような神経頭蓋の一部）を分化し、典型的な中胚葉細胞系譜として振る舞う。●6B30

かつてド＝ビアがシビレエイの胚に見出し、グッドリッチがこれを確認したように、顎前腔は一次的に口腔に開口するという、興味深いパターンを示す（第4章）。脊椎動物の胚発生の常識においては何とも奇妙な現象であり、この開口が、脊椎動物における原始的な口であると考えられたこともある。これと似た状況が観察されるのは歩帯動物における体腔であり、これらの幼生では、体腔は原腸と外界を繋ぐ中胚葉の管として存在し、水管系や泌尿器官として機能すると同時に中胚葉性の構造をも分化する。さらに、ナメクジウオの側憩室もハチェック窩を通じて外界に開口する。つまり、脊椎動物の顎前腔はある見方をすれば、棘皮動物や半索動物まで含めた後口動物の幼生にみられる中胚葉性上皮構造と、最もよく似た印象を持つ中胚葉性体腔なのである。しかも、シビレエイ胚の顎前腔の開口部は、ラトケ嚢、もしくは腺性下垂体のすぐ横で生ずる。したがって、顎前中胚葉は、脊索前端の少し前に出来る中胚葉であり、それゆえに、汎プラコード領域の前方正中部と極めて近接した位置関係にあり、それが咽頭胚期に至るまで保存されているのである。以下にみるように、この位置関係と同じものはナメクジウオにも確認できる。

脊椎動物胚の索前板は、脊索よりも前にあって頭部内胚葉と連続した板状の構造であり、細胞系譜としては内胚葉とも脊索とも、中胚葉ともつかない。見方を変えれば、多くの脊椎動物の中胚葉の中で、原始的な腸体腔型の中胚葉形成を最も彷彿とさせるのが、この顎前中胚葉なのである。一方、これと似た構造はナメクジウオ胚にも存在する。確かにナメクジウオにおいては、索前板はないと一般には考えられているが、それは教科書的レヴェルの、いわゆる「公式見解」でしかない。すなわち、ナメクジウオの脊索の先端は体軸の先端に一致し、一見、索前板が存在できる余地がないようにみえるのである（図6-19・22）。が、ナメクジウオの脊索は最初から体軸の先端にまで伸びているのではなく、ハチェックが最初に記載したように、それは二次的に伸長することによって体軸先端に至る。したがって、潜在的な相同物が初期胚の原腸の前端にある可能性は残っている。中胚葉はとみると、かつて「第一体節」と呼ばれたことがある最前のものは（つまり現在の側憩室）（図4-47、6-22・23）、それより後方のものとは異なり、筋節を分化することがなく、後続する体節列よりもやや腹側に位置する。そして、それは原腸からの直接の膨出として左右に対をなして発し、その後方に発生途上の脊索前端が位置する。したがって、一種のヘテロトピーとヘテロクロニーによるシフトを考慮すれば、側憩室と顎前腔を比較する余地が生ずるのである。

出来たばかりのナメクジウオ側憩室は、原腸、ならびに脊索前端との関係において、脊椎動物胚における顎前中胚葉と著しい形態的類似性を示し、そのゆえにこれらの構造はこれまでしばしば、互いに相同であると考えられてきた。この側憩室のうち左側のものは、ナメクジウオの左側に開いた口の前において表皮外胚葉と接触し（シビレエイにおけるのと同様に）、外界に開口する。そしてこの開口部の上皮の一部（それは、側憩室に由来するものではなく、開口部の外胚葉性プラコードからきたものだともいわれるが）から、ナメクジウオにおける下垂体の相同物と目されている「ハチェック窩」が分化する（これと同様の、中枢神経と非神経組織の接触する構造はホヤにも報告されている）。この点からも、側憩室の顎前中胚葉相同物としての位置関係は保存されている（最前方の中胚葉性体腔が、下垂体の後方に位置する）。ただ、脊椎動物のものとは異なり、側憩室は典型的な筋組織は形成しない。そのためこの構造は、体節と似たような初期発生パターンを示しながら、コンクリンやワイリーのような比較発生学者たちによって体節とはみなされず、以来、これは体節と呼ばれないことになった。では、ナメクジウオにも、右に述べた三部構成は確認できるだろうか。

少なくともナメクジウオには二種の「腸体腔型中胚葉」的な構造を見分けることができる。側憩室と、その後方にできるいくつかの体節列である。後者は古典的な腸体腔型の発生様式をとるが、それより後方のものはむしろ脊椎動物の体節に似た発生を行い、そこではDelta-Notchシグナルが作用している（Onai et al., 2015ab）。また、ナメクジウオの体節が、脊椎動物の体節と同様の遺伝子発現プロファイルを共有するだけではなく、後者の頭部中胚葉にも似た遺伝子発現を一部示すということについてはすでに述べた。ならば、側憩室を前体腔（顎前中胚葉）の相同物と認めた上で、ディプリュールラ幼生の中胚葉構成と、脊椎動物の傍軸中胚葉をともに満足するようなシナリオとして、ナメクジウオの中胚葉は以下のように説明できる可能性を残していることになる。

①ナメクジウオにおける前方の体節のいくつかが、中体腔に由来する独特の体節群であり、これらの相同物が脊椎

動物の系統において特異的かつ、二次的に分節性を失い、脊椎動物の頭部中胚葉となった（ヴァン＝ヴィージェ的なモデル）（図2−13）。

②ナメクジウオの系統の分岐以前において、中体腔に由来した中胚葉の分節的コンポーネントが失われ、二部構成の中胚葉を持つことになり、その後方のものをナメクジウオの体節としてみることができる。ここから二次的に脊椎動物の頭部中胚葉と体幹の体節に相当するものが前後に分極して生じた。

③ナメクジウオの系統の分岐後に中体腔が失われ、その結果として二部構成の中胚葉を持つに至るが、これはナメクジウオの系統において二次的に生じた現象であり、それゆえナメクジウオの傍軸中胚葉の並びをそのまま脊椎動物のそれと比較することはできない。

分節論者の一派が提出していたモデルは、右の「①」および「②」と整合性を持つ。とはいえ、以上のような仮説を一つひとつ検証する作業はまだなされておらず、それは今後の課題として残っていることを意識すべきであろう。ここでも問題となるのは、分節の連続性と非連続性である。そしてそれは、極めて記号論的な問題をはらんでいる。つまり、理想的なメタメリズムが体軸に見出されるというのであれば、それはナメクジウオの側憩室や、脊椎動物の頭部中胚葉、もしくは頭腔のように、ほかの典型的な中胚葉分節（つまり体節）と似ていながら、明らかに別のものとして認識されている構造も、二次的な変形を除去すれば本来の系列相同物としての性質が露わになるはずである。そして、それがそもそも、出来上がった構造ではなく胚における原基に、あるいは原基における遺伝子発現に、分節の名残をトレースしようという発生学的戦略上の動機であったはずなのである。これと同じ問題はもちろん神経分節にも存在する。多くの形態学者は、神経管に不連続な三部構成を見出したが、当初、比較発生学者は、ヒル、ローシー、ニールのように、そもそもそれら三部分が分化する以前の、原初の神経分節があった（ある）はずだと思ってはいなかったか……。

分節性と変形が形態学の本質的な認識・解釈の方法であったとすれば、当初同じ構造の並びとして出来た分節の本来の姿を知るためには、発生学的、進化的意味におけるありとあらゆる変形をとり除かなければならない。理想的には、それでも系列的に同等の分節へ引き戻せないものだけが非連続的な分節ということになる。この単純な記号論的階層性の背景にはしかし、極めて理想化された発生機構と進化プロセスの階層的成り立ちが仮定されている。すなわち、進化発生学者の認識の中で理想化された発生機構においては、最初の中胚葉の分節化が単調で単一の種類のものであり、そこではまったく同じブロックがまったく同じ方法で作り出されるであろうという暗黙の仮定が存在していた。そしてそれに続き、何らかの位置特異的特異化や分化が起こる。可能性としては確かに、頭部中胚葉と体節もそうした位置特異的分化の賜として別のものになったのかもしれない。それは確かに否定できない。もしそうであるなら、体節と頭部中胚葉が出来るさらにその前の段階に、目にみえない何らかの現象、たとえばオシレイティヴな遺伝子発現や、それを引き起こす細胞間の相互作用のようなものが、分節的パターンを伴って現れているはずだと仮定せねばならないことになる。そしてそれが実際に存在すれば、それこそが発生学的な意味での一次分節パターンなのであると……。

一方、進化的にはすでに再三述べたように、そのような動物がいた根拠はない。ナメクジウオがいかにゲーテ、オーウェン、グッドリッチ的な意味で理想的分節動物であるようにみえたとしても、そこには側憩室もあれば、それに続く、いくぶん分化した第一体節も存在する。事実、ウェディンは後者を、脊椎動物における顎前中胚葉以外の頭部中胚葉と相同であるとみなした。つまり、よくみればそこには三つか、あるいはそれ以上の異なった体腔の種類が認められる。そしてそのナメクジウオでさえ、何らかの祖先的動物を外群として持っていなければならず、それらが三種の異なった中胚葉分節を持っていた状況的証拠はある。が、そうではなく、理想化された分節動物としてのナメクジウオ独自のボディプランを、マスターマンの理論とは関係なく、まったく別の何かから導き出そうとするあらゆる仮説はといえば、それはまったく節約的なものとはならないのである。

側憩室のように原腸前端から左右に一対膨出する体腔というのであれば、それはディプリュールラ幼生の前体腔にも似る。この構造はトルナリア幼生においても存在し、それはギボシムシの吻の素材をもたらしてゆく構造であるばかりか、そこからはあの問題の構造、「口索」が分化する。ロウらの観察によれば、口索の遺伝子発現プロファイルは必ずしも脊椎動物の脊索のそれとは似ておらず、むしろ索前板のそれに似るという。ならば、発生初期の形態パターンだけでなく、遺伝子発現プロファイルからも、脊椎動物の顎前中胚葉とギボシムシの口索は類似し、しかもそれは前口動物と後口動物に本来共有されてきた幼生型の構成要素、アクチノトロカ幼生に最初に発見された三対の体腔のうち、最も前のものと同じ由来のものとなる。そして、可能性としては、左右相称動物をもたらすことになった祖先的刺胞動物(アレントらによる「ニューラリア」)の腸の襞のどれかに、それはすでに特異化していたのかもしれない。

ジョフロワの考えた「型の一致」は、ある程度のところまで正しかった。しかし、多くの異なったボディプランの中の「部分的な型」が一致するにとどまった。その「一致する部分」は、大局的なからだの極性や基本構築を指すのではなく、せいぜいのところ痕跡的屋台骨であり、それを覆う多くの付加的構造(ガジェット)が、しばしばその本来の姿をみえにくくしている。脊椎動物における脊索しかり、神経堤しかり、咽頭弓しかり……。ボディプランは、共通の型のブリコラージュではなく、むしろその型と、それに付加した多くの派生的なガジェットの複合体なのである。

どうやら我々は、いまでも遠い祖先に成立した三体腔型のパターンをそのまま使って眼を動かし、文字を読んでいるらしい。しかし、いうまでもなくここでは、異なったボディプランを持つ、異なった動物門の胚における原基同士を相同だと述べている。これは、ジョフロワやオーウェンならば、決して認めなかったタイプの(特殊)相同性である。なぜなら、彼らにとって特殊相同性は、ボディプランの一致に立脚したものだからだ。互いに異なったボディプランを持ちながら、中枢神経系だけがプラナリアと脊椎動物の間で相同であるという言明は、彼らにとって意味を持たないのである。ならば逆に、それは形態学的相同性の範疇にはないタイプの類似性なのであろうか? あるいは、形態学的相同性についての古典的通念や定義が、充分ではなかったのだろうか?

相同性をめぐる考察、再び

開国以来、神戸が日本の主要港となり、外国人商人や外交官が移住し始めた頃、現在「旧居留地」と呼ばれる地域に多くの西洋式家屋が建造されることになった。のちに彼らは北野に居を移し、その頃の建造物がいま、「異人館」の名で呼ばれているが、これらの建物に付随する文化的価値のうち、特筆すべきことがあるとすれば、それは日本の大工が日本の建築素材と技術を用いて建てたということにつきる。彼らは、持ち前の資材と技を駆使し、どこからみても西洋風の家屋を何軒も作り上げたのである。したがって、日本のスタイルとはまったく異なったデザインの建造物を分解し、その組み立て技術と材料を分析しても、そこから出てくるのは日本の伝統的な建築物のための材料とノウハウでしかない。ならば、我々のいう「西洋風」はいったいどこに隠れていたのか。何が、「洋式」と「和式」の違いを生み出していたのか。

この興味深い事実に、動物のボディプラン進化とその多様化をめぐる謎と本質的に同じものをみるような気が筆者にはする。異なったボディプランに従って構築されている動物も、それを構成している素材に分解すれば、似たような組織や細胞型をみないわけにはゆかない。少なくとも、ここまで分解してしまえば、新たなレイヤーの進化的類似性に遭遇する。パッテンやガスケルのような比較動物学者たちが、節足動物の微視的な吟味を通じ、脊椎動物との差異よりもむしろ、共通性を認めたというまさにその事実が、その、ボディプラン認識の下部に位置するレイヤーの所在を物語っている。いくらボディプランが異なっていようと、同じセットのツールキット遺伝子群が使われるように、細胞型や組織のレヴェルにおいても同じセットの素材が用いられているのである。どのような家屋を分解しても、いつもコンクリートや釘をそこに見出してしまうように。

このことが、ボディプランや、それを認識させる相同性の持つ奇妙な性質を物語る。我々は、まず形態上の大局的で、かつ大きな「差異」を認識することにより、脊椎動物という一種の形態学的「文脈」を特定的に獲得する。脊索などはその指標の一つである。それにより分類群が定まった上で、脳や末梢神経に特定的名称が付される。そのため、その文脈依存性（あるいは、形態を認識するレイヤー）そのものが、昆虫のからだに同じ名称をあてはめようとする我々の無茶な比較を拒むのである。ここでいう「文脈」の性質の一つは、それが分類学的な入れ子関係を持つことである。脊椎動物の中でも哺乳類に限って、そこにおいてのみ比較を許される構造があり（ツチ骨や横隔膜のように）、この文脈を越えた比較が「不完全」な相同関係や、相同性の「深度」を生み出してしまう。我々の形態学的認識が文脈依存的なものである限りにおいて、それは生物学の様々なレヴェルの同一性の分布や定義に作用しないではおれない。つまるところ、相同性にまつわる我々の悩みは、進化において何らかの特定的パターンを組み上げる特定的機構という、「同一性を備えた情報」の流れを認識し、視覚化することにまつわる困難さなのである。

以下では、形態的相同性をもたらす様々な下部構造についてあえて考察する。「相同性は進化的に保存された情報である」という最小限の原則を意識し、あるレイヤーに認識される相同的関係が別のレイヤーの相同性とどのように関連しうるのかについて、思考実験として吟味する。いうまでもなく、形態学的相同性は、それをもたらす下部構造としてのパターンやプロセスに簡単に還元できず、総じてそれが発生システム浮動によるものであることは再三指摘されている（Hall, 1998）。が、同時にレイヤーを越えて連関し合う情報の流れが存在するからこそ、発生現象が可能となり、ボディプランが構築されることもまた確かであり、この現象の繋がりの仕方を吟味することは有意義であろうと思われる。

◎――細胞型

まず、細胞型の相同性を考える。細胞型の認識は形態学的相同性のそれと一面類似した点を持つ。そしてそれは、何より相同性の「不完全性」によく現れている。すなわち、脊椎動物にみる個々の内分泌細胞やそのサブセット、あるいはニューロン型とまったく同じものが別の動物門に分布しているとは限らず、比較可能なのは個別的細胞型ではなく、それが属するファミリーのレヴェルであることが多い。つまり、ここに「相同性の深度」が現れることになる。つまり、「胸鰭としては相同であるが、上肢としては相同ではない」や、「上肢としては相同であるが、翼としては相同ではない」のような同一性の関係が、細胞型にも現れる。こうして、「ニューロンとしては同一だが、知覚神経細胞と運動神経細胞の違いがある」、「運動神経細胞としては同一だが、体壁筋と上肢筋の支配の違いがある」など、カテゴリーの深度に進化系統的な階層（タクサのヒエラルキー）に似たものが現れ、しかもある深度においては、左右相称動物における細胞型の分布は極めて画一的なのである。

アレントらが述べてきたように、細胞型の相同性は分子レヴェルでの指標にもとづく。つまり、細胞型に対応した細胞自律的な発現遺伝子レパートリーが存在し、それによって細胞型の類縁性がわかる。あるいはむしろ、発現する遺伝子のレパートリーが細胞型の定義になっており、それら遺伝子はしばしば進化的に保存された遺伝子制御ネットワーク（GRN）とともにある。この遺伝子制御ネットワークは、経時的に変化する細胞内の遺伝子発現のフェーズの帰結としてあり、このフェーズの移行が発生過程にみる細胞系譜に付随する。ただし、異なった動物間における細胞型の同一性は、このフェーズの遷移が同一であることを前提としていない。むしろ、それが異なるからこそ、互いに異なったボディプランが複数存在するという可能性すらある。

ここで興味深いのは、個々の細胞型に帰着する細胞系譜も、細胞型の類似性にもとづくクラスタリングにより描かれる系統樹も、互いによく似た樹形をもたらしながら、前者は個体発生における段階的分化方向の絞り込みを、後者は個体発生よりも、進化系統的な細胞型の分岐の過程を示すという違いである。つまり、基本的にこれらは互いに乖離しており、これらの間に同一、もしくは平行関係を見出す思想は、ある意味反復説と同根の陥穽へと至りかねない。基本的に、両者は互いに似て非なるものなのである。

たとえば、脊椎動物において、軟骨や骨細胞という細胞型は、個体発生においては中胚葉からの細胞系譜と、外胚葉系の神経堤に由来する系譜の二経路を持ちうる。軟骨細胞それ自体は、細胞型のグループとして単一であるので、脊椎動物においてはここに至る発生経路が途中で二つに分岐し、再び合一していることがわかる。その視覚イメージとしては、高速道路におけるバイパスの分岐を思えばよい。具体的には、脊椎動物の神経堤は発生過程における一つの新しい細胞系譜と考えることができるが、そこから生ずる知覚神経細胞は、表現型の上ではすでに完成した細胞型であり、神経堤の獲得に伴って、原始的なニューロンの進化過程が最初から繰り返されて分化してきているわけではない。つまり、細胞型のレパートリーは神経堤の獲得や脊椎動物独自のボディプランの成立にかかわらず、最初から一つの固定された細胞型の多様性のマップ上にあり、卵細胞からその多様な細胞型へと分化してゆく途中の経路、つまり発生過程だけが、進化の道筋とパラレルでない方法で変異しうることが、この例からわかる。同様のことは、神経堤細胞系譜を介し、軟骨細胞が外胚葉系列から分化することについてもいうことができる。換言すれば、細胞型の多様化は進化系統樹の上で連続的に変化し、発生過程の細胞系譜の上でも連続的に進行するが、両者の系統樹が互いに重なるという規則はなく、重なる部分では、反復的発生過程がみられることになる。つまり、逆説的ではあるが、神経堤のような脊椎動物特異的な細胞系譜は、細胞型と細胞系譜が本質的に乖離しているからこそ、発明可能だったのである。

　とはいえ通常は、細胞型の進化と発生的多様化の間に並行関係が認識されることは多い。つまり、反復説的に細胞型が分化してゆくようにみえる素直な例が、こと動物門内部の局所的な進化においていくつか認められる可能性はある。たとえば、顎口類の三叉神経中脳路核ニューロンは典型的な髄内知覚ニューロンの一タイプだが、これをもたらす神経上皮背側部は、発生上神経堤細胞として遊走し、脳神経の知覚神経節細胞に分化するものと極めて近い。事実、古典的な実験発生学においては、三叉神経中脳路核の起源は神経堤であるといわれてきた。一方、ナメクジウオのような原索動物においては知覚ニューロンは基本的に髄内神経細胞であり、板鰓類や両生類にみるように、脊髄神経節の出現以前に、一過性●6B31にローハン＝ベアード細胞のような髄内知覚ニューロンが脊椎動物胚において機能することはよく知られている。ならば、神経上皮背側部に上皮としての神経堤が誘導され、さらにそこから遊走する細胞と上皮にとどまる細胞が分離する直前までは、これら神経上皮細胞に生じていたGRNフェーズの遷移過程はほぼ共有されてきたはずであり、細胞の最終的分化の一歩手前で発生経路、もしくはGRNの遷移過程が枝分かれしたことになる。そして遊走性の神経堤細胞が用いるGRN（の経時的に移行してゆく数段階のバッテリー）は、脊椎動物の系統においてのみ現れる新しいものなのである。神経堤や神経堤細胞にみるこのような特異的遺伝子発現モジュールについては、マリアン・ブロンナーの研究室が精力的に解析している。それによれば、神経堤の誘導と、それより発する細胞の分化に至るGRNの遷移は、発生の初期であれば脊椎動物全体で極めてよく保存されている。このような、発生の時間とともに増加する多様化のイメージは、確かに細胞分化の場面のそこかしこで、ヘッケルによる反復説的系統進化のモデルとよく合致する。が、重要なのは、左右相称動物の知覚神経細胞につねに付随してきたGRNそのもの、あるいはその祖型が、神経堤の獲得にはるか先んじていたということである。

もし、細胞系譜の絞り込みによる細胞型の漸進的分化だけが、発生のプログラムのあり方であるならば、それはつねに枝分かれを繰り返す、一方的な多様性の増加のみを示すことになるだろう。しかも、発生過程を遡ると、細胞型は次第に似たもの同士が寄り集まり、次第次第に大きなカテゴリーへとまとめ上げられ、それは究極的には胚葉の相同性にゆき着いてしまう。おそらく、進化的に保存された左右相称動物の三胚葉は、細胞型の安定的な分化の確保のために重要性を持つ、最初の大きな「枝分かれ」、もしくは絞り込みの第一段階なのである。したがって、相同な構造は相同な胚葉に由来することを謳ったフォン＝ベーアの「胚葉説」は、細胞型が分化してゆく際の漸次的細胞系譜の絞り込み過程が、細胞型の大分類から小分類への階層的カテゴリーの構造と平行であると仮定したものであり、その細胞型の分類体系が入れ子関係をなす図としてフォン＝ベーアには認識され、これに発生の時間軸を加えれば、細胞系譜の系統樹となると考えられた。これは一種の反復説である（あるいは、反復説を生み出したのと同じ形而上学に立脚している）。

ならば、フォン＝ベーアやヘッケルの古典的系統樹に沿って、動物群のボディプランの複雑化と多様化が進行し、それがいわゆる反復的思想の根幹をなしているのであろうと結論するのは、おそらく尚早《しょうそう》であるばかりか、ややもすれば誤謬を導きかねない。もし、遺伝子や細胞型の相同性が本当にボディプランレヴェルの相同性の下部構造になっているのであれば（つまり、細胞型制御のレイヤーと解剖形態パターン制御のレイヤーが、互いに並行的に結合しているのであれば）、動物の解剖学的レヴェルの同一性（形態学的相同性）はいまみる以上に希《まれ》で、かつ不確かな現象になっていたはずである。いい換えれば、反復的細胞型の進化は、動物の中に単一のボディプランしか認めることはなく、いまみるような多様な動物形態のレパートリーも神経堤も生み出せなかったはずなのである。ボディプランが複数あるという事実は、細胞型と細胞系譜がある程度乖離していたからこそむしろ可能だったのであり、局所的にのみ反復説的アナロジーが成立するような細胞型の多様化モデルがなぜ可能なのかといえば、それはおそらく、我々が「相同性」と呼ぶ情報の流れが、細胞型や、形態パターンや、遺伝子などを含んだレイヤーの階層の中に繰り込まれているのではなく、むしろどのレイヤーにおいても相同的関係が基本的に同じ姿を纏《まと》うからなのである。

⊙——遺伝子

遺伝子の相同性（パラロジーとオーソロジー）、染色体のシンテニー、分類、機能そのほかについては成書に記述が多く、ここでは繰り返さない。また、個々の遺伝子のコーディング領域における塩基、アミノ酸配列のみならず、制御領域やその中のエレメント、DNA上の様々な結合領域、エクソン、イントロンの分布、転写産物のアイソフォーム、GRN、共発現遺伝子群などが進化上、保存されるケースが多く、個々にも相同性の概念があてはめられていることのみ確認しておく。問題は、これら分子レヴェルにおいて同一の情報（相同性）が、ほかのどのレイヤーのどの現象や事物と結合し、それらが進化上相互作用しつつ単体の情報として振る舞うのかということである。この結合の仕方にどれだけの段階や、揺らぎや遊びが許容されているのか、つまり、表現型の作出における遺伝発生学的距離を計測しようという研究は過去に多くなされ、集団遺伝学的、生態学的文脈においてそれは、「発生的応答規準（Developmental Reaction Norm）」という概念をもたらしてきた。進化発生学的研究においては、この概念を実体化させることが急務である。そのためには、淘汰を介した表現型と遺伝子の相互作用という視点が必要となる。

遺伝子制御機構の織り成すGRNが、発生のあるフェーズで細胞型と分かちがたく結びつくこと、いい換えれば、細胞型の分子プロファイリングが可能であるという事実は、その限りにおいて将来的に安定的GRNと、それが導く細胞型を等価とみなせる可能性を我々に示している。それが、細胞型の指標としてをマーカー遺伝子を用いる可能性を保証し、それが様々な研究で用いられていることはすでにみている通りである。

しかし、最終的細胞型とGRNの固定点にゆき着くまで、その細胞系譜が経験するいくつかの段階、あるいはフェーズの遷移過程が動物ごとに変異する可能性はあり、すでに仄めかしたように、そのような変異のいくつかがDSDの内訳になりうることも想像できる。ここで想定できるのが、遺伝子制御とボディプランの相互関係であり、しばしば指摘されるのはマスターコントロール遺伝子やツールキット遺伝子におけるエンハンサー進化とコ・オプションの関係である。

既存の発現制御カスケードが適応的に存在している場合、新しいエンハンサーの獲得や遺伝子レヴェル、染色体レヴェル、ゲノムレヴェルの重複が、新しい場所、新しい時間に、祖先に存在しなかった発生カセットを新規形質としてもたらすことがあり、これを一般には「コ・オプション」という。これは一種の新機能獲得であり、原則として特定の共発現遺伝子セットの突然の出現として観察されるため、検出は比較的容易である。ただし、どちらが親システムであり、どちらが派生的なシステムであるのか、議論となることはあり、それについては既述した。また、可能性としては、大規模なボディプラン進化のために、相同的な発生機構が、あたかもコ・オプションによって発明された新しい発生機構のようにみえることもある。

遺伝子とボディプランが、細胞型や細胞系譜を介さずに相互作用しうるもう一つのケースが、動物体のポラリティにかかわる遺伝子機能である(試論参照)。本書で考察したHoxコード、Dlxコード、背腹軸決定因子などが左右相称動物を特徴づけるものであり、神経上皮に内外(背腹)の極性を与える機構もこのポラリティ付与機構に属する。これは遺伝子とボディプランが直接に結合する例といえる。またこれは、可能性としては細胞型の誘導と結合している場合も結合していない場合もありうる。すでにみたように、昆虫や環形動物の各種ニューロン型は、背腹反転を認める限りにおいて脊椎動物のそれと同じ極性の上に同じ順序で配列するが、それは一見、歩帯動物では乖離し、乱れている。後者を派生的状態とみなすのであれば、脊索動物はアレントの主張する通り、環形動物の変形としてみることが可能となる。

重要なのは、細胞型を決定する遺伝子制御や発現プロファイルが、上にみたボディプラン制御遺伝子のネットワークと等価なのではなく、むしろその帰結だということであり、この視点からは、細胞型遺伝子群がボディプラン構成要素の一部としてみえる。しかし逆説のように聞こえるが、細胞型の分布がボディプランそのものではないように、ポラリティ遺伝子とその機能に相同性が認められている限り、それもまた一義に特定のボディプランを決定する要素とはなりえない。つまり、Ｈｏｘ遺伝子やＤｌｘ遺伝子は、我々が「ボディプランの一致」と呼ぶ相同性を保証することはできない。それは、昆虫と脊椎動物の間に保存されたＨｏｘコードがあるからといって、それがただちに、これら両者の動物群のボディプランを同一のものとみなせないということと同じである。Ｈｏｘコードの発見に研究者が瞠目したのは、まったく異なったボディプランの成立の背景に、保存された分子ガジェットが存在するという、本来高度に抽象的であったはずの形態学的概念の一致が、記号論的レヴェルを超えた生物学的一致であったという事実だった。そして、この議論に欠けているのは器官系の配置をめぐる形態学である。

◎――ファイロタイプと相互作用する相同的単位

器官系か、あるいはそれに近接して認識される何らかの単位が、いわゆるボディプランと最も深い相互的関係を持つものであり、本書のテーマである頭部分節性の所在も、おそらくそこに見出される。つまりそのような単位がボディプランを作り出し、それを通じて大局的な解剖学的相同性を作り出してゆく。が、その単位それ自体が認識されるレイヤーにおいては、右の考察から予想されるように、ボディプランの別にかかわらず、器官・構造単位は単体として、ほかの動物門における特定の単位と、相同関係を持ちうる。

上にみたように、進化を通じて保存されるものには様々な階層的レヴェルが確認でき、その保存されたパターンに様々な相同性が認識される。遺伝子の塩基配列、アミノ酸配列、クラスター構造、染色体のシンテニーなどにみられるDNA上に保存されるパターンがあり、発生上、これらの情報の上に出来上がる胚や成体の適応的パターンによって、これらが保存されるべく負荷がかかっている。●6B32 すなわちこれが、遺伝子（ゲノム）と形態パターンの相互作用である。同様の負荷がかかりうる対象としては、遺伝子群の制御関係や、分子間の相互作用にもとづいた遺伝子発現ネットワークや、その結果として成立する共発現遺伝子群などがあり、その結果、分子レヴェルで同定されることになる細胞型も、建築物を作り上げる「煉瓦」や「釘」のように、ボディプランとは直接の関係を持たずに進化上保存されるレパートリーである。同様にそれが、組織や器官を作り上げる。ボディプランは畢竟、器官構造が三次元空間の中で作り上げる相対的位置関係の総体であり、それを発生という動的プロセスの予想可能な帰結として作り上げるステップとしてファイロティピック段階が動物群ごとに認められる。これらは、すべて一つの系統樹の上に分布し、互いに整合的な変化の系列を示している。とはいえ、これらは単純な階層的関係にあるのではなく（一つのレヴェルがほかのレヴェルの構成要素になっているのではなく）、むしろ時間の上に生起する因果関係によって繋がっている。だからこそ、発生過程は遺伝子型と表現型の間に介在するブラックボックスたり続ける（Rodríguez-Mega et al, 2015）。

では、上に示した以外に相同性の概念を拡張し、あてはめることのできる階層はないのだろうか。一つの可能性として、胚にみられる「発生的形態素●6B33（developmental morpheme）」、あるいは「発生的形態モジュール」のようなものを考えることができよう（気分的には、「ツールキット胚要素」とでも呼びたいぐらいである）。脊索、頭腔、体節列、脊索前板、咽頭弓、胚葉（?:）、局所的に分布する間葉、などといったものがその候補である。それに共通する性質を列挙すれば、

①形態学的、視覚的にまとまった単位として識別でき、比較発生学的に特定の名称を与えられ、相同性決定の根拠、または単位とされる。
②保存された（多くの場合は細胞自律的な）ツールキット遺伝子群の発現を伴う。
③異なったグローバルなボディプランを持つ、異なった動物門や亜門の間で相同とされうる。

④それらが分化した状態からみれば、その相同性はあくまで深度の深いものでしかありえず、成体の器官としては、通常相同物とはみなされないか、もしくは消失している（形態学的な意味で、その派生物の相同性を問うことに積極的な意味はない）。

などが挙げられる。これがなぜ「原基」ではいけないのかといえば、（右の「④」で示唆したように）それが、分化したのちの成体における解剖学的構造をもたらした雛形であるという、時間を遡った逆向きの視点を包含するからである。原基という呼称は、深層の相同性の指摘を呼び込むが、実のところ、ここで問題にすべきは、異なった動物門の幼生や胚を作り上げている素材の間に認められうる、正真正銘の特殊相同性なのである。胚の中だからこそ比較可能な「原基」であっても、それは後期発生過程において、それはまったく別のものに分化してしまうかもしれない。そのとき消失してしまう何らかの情報を、まさにいまここで問題としている。

形態学的相同性は、本来的に分化の方向を見据えた、あるいは分化を終えた時点での形態的単位に対してあてられる概念であり、原基の段階でしか成立しない同一性を本来的に付与することはできない。しかし実際、発生のある段階でしか存在しない特殊相同性はありうる。さもなければ、「最終的に吻や口索になるトルナリア幼生の前体腔と、外眼筋や神経頭蓋の一部に分化する脊椎動物の顎前腔が相同である」という言明にも意味がなくなってしまう。

これら発生的形態素が、通常の器官構造、組織とどのように違うのかを確認することは比較的容易である。オーウェンや、それに先立つジョフロワによる相同性の基準の一つは、器官構造同士の相対的な位置関係であった。したがって、個々の器官の同一的関係についての言明であるところのオーウェンの特殊相同性は、ボディプランという一つの系の中で構造が同等の位置を占める必要があり、結果としてジョフロワのみたように、相同な構造の対は、別の構造の対と一定の関係で「結合」するのである（結合一致の法則）。同様に、脊柱にみる「椎式」も、単に頸椎や胸椎といった形態学的同一性を伴った要素が寄せ集まったものではなく、それらが一定の順序で並ぶからこそ形式化できる。ここにグローバルなからだの極性（前後、背腹、内外）が生じ、それがボディプランの極性をなす。すなわち、比較形態学的な意味での形態的相同性は、共有された「型」の存在によって初めて意味を持ち、器官構造が単体として同一性を担うことはできない（そのような相同性の狭い定義づけを放棄しようというのが、この議論の目的である）。

しかし、進化系統学的相同性が真に、解剖学的な「型」に依存して存在するかどうか、いい換えるなら、一般相同性や「型」が存在して初めて、特殊相同性が成立するかどうかとなると、そこには大きな疑問が残る。いうまでもなく、個々の細胞も細胞型の進化的同一性も、ボディプランにおける極性の成立に参与してはいない。まずそれが、右にあげた諸要素が単なる階層の上にないことの証《あかし》である。実際、細胞型は決してボディプランを構成してはいない。なぜなら、形態学的にまったく異なったボディプランを持つ動物の間で、それでもなおレパートリーや、「ニューロン」や「パラニューロン」のようなファミリーのレヴェルで保存されるのが細胞型なのである。

おそらく多くの発生生物学者は、進化の中で細胞型が保存される発生学的イメージとして、保存された細胞系譜、それを導く遺伝子制御ネットワーク、それによって安定的に細胞の中に実現した遺伝子発現コンテキスト（共発現遺伝子群）のようなものを想像するであろう。実際それはその通りで、多くの場合は胚葉から細胞系譜の絞り込みへ、そして細胞型のレパートリーへ、という定まった細胞分化の経路を持ち、それが発生過程の末に帰結するボディプランをある一定の型に限界づけている。しかし、それがつねにそうなっていないことは、多くの動物における腸管の基底顆粒細胞のようなパラニューロンが外胚葉ではなく、内胚葉上皮に由来することや、神経堤が、祖先における外胚葉と中胚葉に生じていた遺伝子制御ネットワークのクロスオーヴァーによって成立したことからもわかる。上に述べたように、細胞系譜と細胞型は、本質的には乖離しているのである。かくして、細胞型が成立するためには、ゲノムの中から一定の遺伝子を発現させる安定点にゆき着くことが必要なのでありそれさえできれば充分なのであり、発生プロセスは一面、それを導くための触媒的過程なのである。

一方、上に示した発生的形態素は、ボディプランを直接に構成しうる最小単体であり、かつ進化的にそれ自体として保存され、変化しうる実体でもある。端的にいえば、比較発生学において相同性決定の対象となった構造群である。ここで筆者が仮定しようとしているのはすなわち、特殊相同性の対象であるところの発生的形態素のそれぞれが、一般相同性の成立なくして存在できるという可能性である。そしてそれは逆に、ボディプランが変化しても、発生的形態素のレパートリーだけは保存されうるという可能性をも示唆する。少なくとも、それを認めることによって、ギボシムシのような動物の存在は許容できる。なぜなら、かつて前口動物と後口動物を繋げる必要性としての、背腹反転という手続きは、一義的にはボディプラン同士の連続的な変形による重ね合わせであり、大まかには節足動物や環形動物と脊椎動物はこれによって重ね合わせることができるのであった。しかし、それでも簡単に説明のつかないのがギボシムシであり、背腹反転をしようがしまいが、必ずどれか説明のつかない構造が現れてくる。たとえば、鰓裂の生ずる位置はその典型である。むしろ、相同なパーツが、ジョフロワ的結合を失い、別の型を作り出すと認めた方が、話の整合性は増す。

頭部分節性は畢竟、この発生的形態素に関する問いである。一方、本書の中で意図的に背腹反転や細胞型の相同性について議論したのは、この発生的形態素の問題がボディプラン進化のダイナミズムの中でどのような位置を保っているのかを確認するためなのである。発生的形態素は、ボディプランや統一的「型」の中で定義され、同定されるのではなく（ボディプランあっての発生的形態素なのではなく）、むしろ、進化的に保存された発生的形態素が、進化の中で多様なボディプランを構成してゆく。すなわち、このような形態素の特殊相同性は、あらためてボディプランから乖離しているのである。

◎――ツリー状システム的考察の陥穽

たとえば、動物のからだの解剖学的構築が器官系の集合体であるとし、器官が組織から、組織が細胞型から構築され、果ては細胞型の分化が特定の共発現遺伝子群に依存していると階層的に認識するのであれば、解剖学的相同性の根拠が遺伝子の相同性に求められると考えることに無理はない。が、それはおそらく間違っている。そのような相同性の階層を越えた連なりがみられることは一向にかまわないが、巨視的レヴェルでの相同性の要因が下部構造の相同性にあるという思考は誤謬である。同様に、祖先のからだを構築していた仕組みを温存してきたからこそ、現在の異なった動物の構造の間に相同的関係が確認できるという、ダーウィン的解釈にも問題があり、祖先を同じくしていても相同性が破棄されているケースは多い。相同性の把握には、単純なツリー状の（樹木のように階層的枝分かれのパターンを持った）システム論は適さない。それは、観察する対象の系を必要以上に理想化し、反復的進化と発生のパターンを呼び込んでしまう。それにより帰着するのは「変化しない単一のボディプラン」なのである。むしろ、相同性は乖離できない局所的情報の束以上のものではなく、その束は各レイヤーにおいて自律的であると同時に、レイヤーを越えてリンクを張り、それがさらに一つの保守的ネットワークを構成することすらある。たとえば、胚の形態パタンに依存した細胞間相互作用が、一つのGRNや固定化された遺伝子発現プロファイルを導く誘導的シグナルの作用基盤となることを想像すればよい。そして、この誘導の結果としてもたらされる細胞型の分布や、形態パターンがＤＮＡ上に塩基配列の形でコード化されていないことを認めなければならない。

このとき、「胚の形態パターンも、ゲノム中の分子情報のリードアウトにすぎない」と反論する向きもあろうが、それは自己言及的なロジックを弄した詭弁にすぎず、かつてそのような現象が示されたことはない。ここにみるのは、ツリー状システムのように、経時的、機械論的に枝分かれしてゆく多様性の増大パターンではなく、むしろここかしこで異なったレイヤーにある事物が相互作用することによって、「予想された」パターンにゆき着くという、高度に安定化された現象なのである。ゲノムとは、その安定化の記録が塩基配列としてハードコーディングされたものであるにすぎず、それは発生のある時期の細胞群の分布状況やエピジェネティック状況を微細調整しているわけではない。必要なほかの情報は、胚形態や細胞の状態、相対的位置関係のような、「発生のある段階で実現することが予想可能な、あらゆる情報」に肩代わりされている。そして、これらすべてのレイヤー間には、様々な種類の結合が張られている。それは、不規則な形状を持った編み目、もしくは格子（ラティス）状のパターンを持つ。このようなパターンの中を流れる情報の経路の中から、生物を構成するありとあらゆる同一性の振る舞いを視覚化することは至難の業である（これについて考察した試論は、巻末を参照）。

ここで、進化における同一の情報の流れがどのように変形するかを眺めるのであれば、一つの極端な思考実験として、ストライダーとノースカット（Streider & Northcutt, 1991）によって紹介された例を考えることが適切かもしれない。

それは、昆虫の配偶行動の進化についてである。というのも、通常のように翅に後肢をこすりつけて鳴くのではなく、顎を用いて鳴き声を出す、一風変わったイナゴがいるのである。その鳴き声が配偶行動に用いられていることは明らかで、しかも面白いことに、からだのプロポーションが変化したために翅に届かなくなった後肢を、鳴くときにまだ動かしている。これは、機能を失った祖先的かつ痕跡的な形質である。つまり、配偶行動に伴う運動制御機構がまだ健在で（祖先的形質の構成要素も相同的に保存されており）、祖先が後肢を使って出していた声を代替するものとして新しく顎が動かされている。ならば、この一連の行動を司る神経制御や聴覚、それによって解発される生殖行動という一種の連鎖の中で、一つの「輪」だけが新しくつけ加わり、鎖のオリジナルの形そのものは進化の中でつねに同一のものとして温存されていることになる。つまり、生態学的文脈において、この新しい鳴き声は祖先の鳴き声とある意味相同なのである。発生学的にも遺伝学的にも、この顎による鳴き声を安定的に守ろうとする負荷のゆえ、それをもたらす発生機構的要因は、過去に翅による声を守ってきたものと同じ諸要因によって守られ、顎を用いた新しい方法は古い拘束に絡めとられ、上のラティス・ネットワークの中に張られた、過去と同等のリンクの束によって強化されている。ここには、解剖学的な器官、ニューロンネットワーク、行動パターン、聴覚ネットワークなど、様々に異なったレイヤーが存在し、全体として機能的に完結した一つのモジュールをなし、そのレヴェルで相同的に保存されている。

右の極端な例から学ぶべきことは、大局的な相同性の本質がしばしば、我々のシステム還元論的視野を横断し、複数のレイヤーをまたぐような、一種のラティス・ネットワークとして認識されているということであり、遺伝子の塩基、アミノ酸配列や、解剖学的構築の一致にみる様々な特定的相同性は、それ自体極めて文脈依存的にして自律的な性質のものであるため、真に保存され、進化的に連続した情報の姿は、つねにほんの一部しかみえていないという事実である。逆にいえば、相同性のこの自律的性質のゆえに、細胞型の相同性は、ちょうど洋館を建てる際に用いられた日本製の「かすがい」のように、それ自体解剖学的構築の不一致にかかわらず、同一物として存在できることにもなる。我々の扱う、進化的多様性の作り出す空間の中で、連続した情報の流れは、同一次元上にも、

図6-42▶発生的形態素(咽頭弓、体節、尾芽、前体腔／顎前腔相同物など)といくつかの発生学的特徴の分布を示した系統樹の一例。これら形態素がモジュールである限りは、その集まり方の形がボディプランを示すといえるのかもしれない。トロコフォア・ディプリュールラ幼生世代(TrD)を示す円のサイズは、ボディプランの基本的パターンがこの幼生型のパターンに依存する度合いを示す。前体腔／顎前腔相同物(pm)はこの幼生型の一部として発生するが、脊索動物にみるように、それだけがファイロタイプに現れることもある。この系統樹では、新しい口の発明にかかわる背腹反転が、脊索動物の系統の根幹で生じていると考えている。AP–DV／CNS:前後軸と背腹軸の上で特異化された中枢神経系を持つこと、gill:鰓もしくは鰓弓、noto:脊索、pm:前体腔／顎前中胚葉、顎前腔の相同物、Seg:(原則として)中胚葉性の分節性、tail:尾部あるいは尾芽、TrD lar:生活史にトロコフォア・ディプリュールラ幼生を持つこと。分節性の起源はマスターマンのセオリーにもとづき、ウルバイラテリアには、顎前腔と体節の前駆体があったと仮定されている。オリジナル図版。

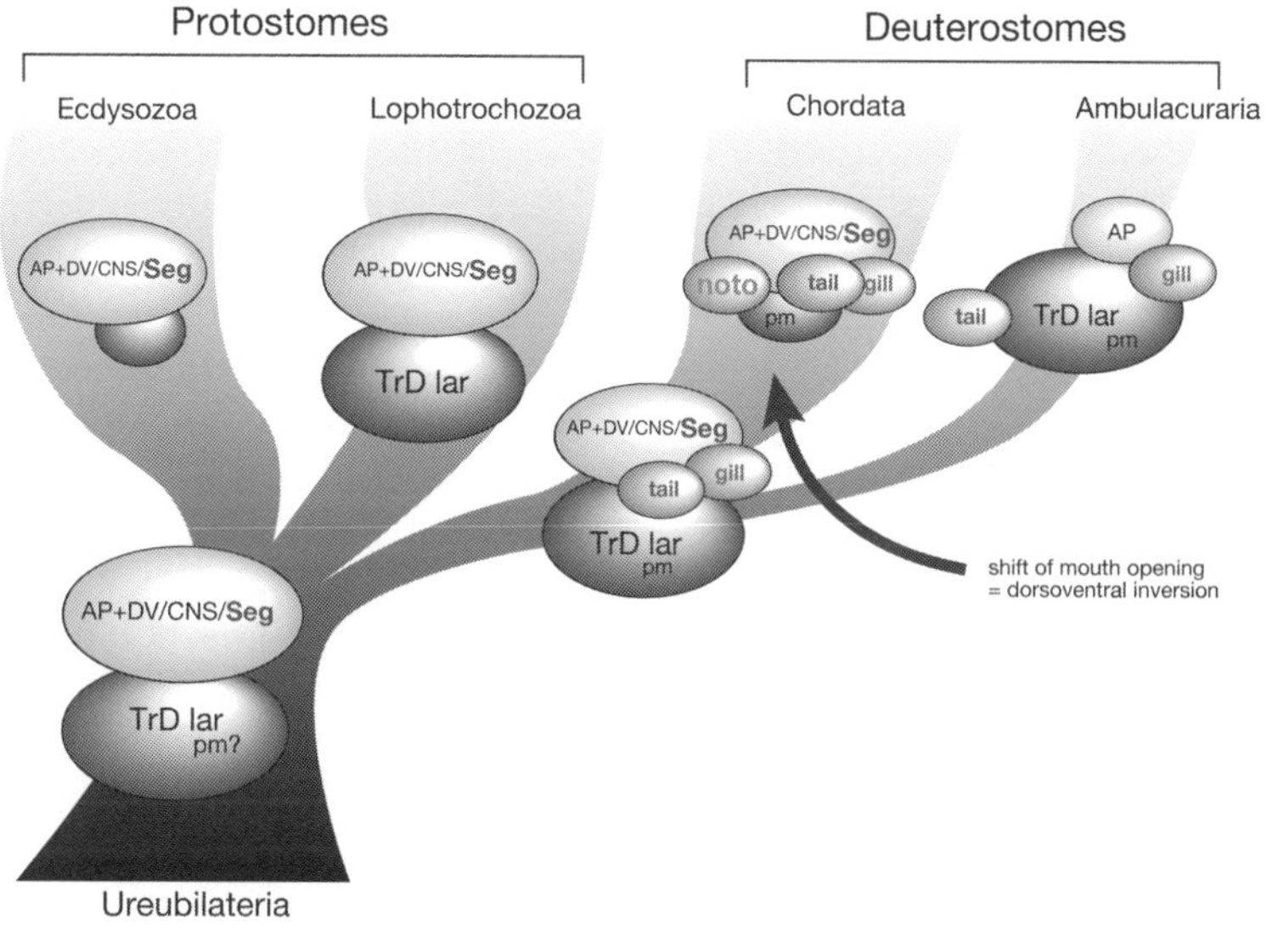

多重平面上にも、等しく存在する。したがって、本書のテーマとする頭部分節性や、分節単位となる中胚葉性体腔の正体を見極めるにあたっては、まずそれらがどのレイヤーに存在するどの同一性かを見極めることが必要となる。

◎——先験論的認識論を越えて

形態学が先験論的認識論として生まれてより、我々は伝統的な形而上学にならい、動物門を定義するボディプランの記述にある種のツリー状システムを導入し、それにもとづいて記述することに慣らされてきた。動物体の前後や背腹の極性、発生上の胚葉の数と種類、中枢神経と消化管の位置をまず同定し、それを確認してのちにおもむろに特殊相同性に言及してきたように……。これは一見、そのようにみえなくとも、形而上学的に理想化された形態と進化の関係図式を仮定した考察にほかならない。しかし、ここでいう「理想化」とはむしろ、「認識と理解における人間的自然」をいい、それは、機構的原則や進化におけるいかなるヒエラルキーをも反映しない。以前重要とされてきた真体腔の有無や卵割の方向性など、進化系統をあまり反映しないことが二次的に判明した形質も存在する。これらはみな、我々に不適切な理解を強いた、誤ったカテゴリーであった。

ボディプランの進化的変容を見出すため、比較発生学者はしばしば胚の特徴的構成要素の所在を探し求めた。たとえば、ナメクジウオ胚における索前板はどれか、ヌタウナギ胚における口前腸はどこか、などのように……。彼らは無意識のうちに発生的形態素を探したが、それはすなわちボディプランを評価する試みでもあった。ボディプランやファイロタイプの持つ形態学的で、統合的な性質は、定量化し、定義づけようとしてもとらえどころがない。しかしそれでいて我々はすでにそこに、類縁性や進化傾向をみてしまっている。そして、ボディプランの壁という越えがたい一線をみつつも、同時に神経管の位置、口の開口、尾芽、脊索の有無、眼の存在、軸の数と種類などに、あるいはまた、分節性の存在や中枢神経系の存在に、曰くいいがたい保守性をも見出し、そこから導かれた古典的な系統関係の仮説は、つねにではないにしろ、しばしば分子データの結論する系統関係と近いものとなった。ならば、ボディプランはある一定の限界つきではあろうが、確かに進化的保守性を伴った発生的形態素、あるいは何らかの素量に分解できるはずなのである。この問題については試論にてあらためて吟味する。

図6-42に、ボディプランの構成要素としての発生的形態素、あるいは形態素ではないかもしれないが、動物のボディプランと発生プログラムの進化傾向を教えてくれるかもしれない、いくつかの胚形質モジュールの分布を系統的に示した。マスターマンによる分節の起源をとりあえずは受け入れ、前体腔とナメクジウオの側憩室、そして我々脊椎動物の顎前中胚葉を特殊相同物であると仮定している。一方、顎前中胚葉以外の頭部中胚葉の起源は現段階では不明であり、その解明は今後の課題としておく。

結語——ボディプランの進化的ダイナミズムと由緒正しい分節

人生にとって最も重要な瞬間は、誕生でも、結婚でも、死でもなく、原腸陥入なのだ。

——ルイス・ウォルパート

この最後の説では、「異なったボディプランの上に、特殊相同性は存在しうるか」という、一九世紀ならばまったくの非常識と聞こえたであろう問題をあえて扱うことで、分節の進化的起源やその正体を考察する。

◎——相同性の性質

以上の考察を通じ、我々は先験論的形態学の軛《くびき》からどれだけ逃れることができただろうか。あるいは、我々は相変わらず、動物のからだの成り立ちを「軸」や「極性」の種類でまず表現し、体軸が構築される発生過程に一次的重要性を見続けるべきなのだろうか。すなわち、ボディプランを構成する様々な特徴のうち、発生過程の初期に成立するものであればあるほど、また、グローバルで抽象度の高い特徴であればあるほど、進化的起源の古さを体現するという仮定を置くべきなのだろうか。ここに先ず、過去の反復説を成立させたのと同様の、理想化され、抽象化された形態学理念の存在を自覚せねばならない。

ツリー状、かつ、システマティックな思考へと向かうバイアスは、確かに一九世紀以来の反復説的解釈にも付随する。動物胚に三つの胚葉が現れ、前後軸と背腹軸が定まったのちに、体節が分化するという発生の序列は、我々のからだの構成を形態学的認識論としてとらえる順序と酷似する。かくして、我々は無分節の長虫のような祖先がまず分節を獲得し、それが位置特異的に特殊化し、前極に頭部が構成されたというイメージを漠然と抱きがちであった。しかし、もしそれが、我々自身のからだのでき方についての正しい解釈であるとするなら、それは実のところ、一八世紀末に始まる第一期反復説における三位一体モデルとさして変わるところはなく、見掛け上いかにも美しいその整合性は実のところ、「共時態としてのボディプラン理解」を、言語的形態感覚の赴くまま、形式的階層的に記述したものから生まれ出たにすぎない。すなわち、そこに現れているかのようにみえる階層性は、動物のからだの発生や解剖学的構築における即時的な階層ではなく、我々自身の形態知覚や認識、もしくは言語表現に大きく依存した形式化にすぎない。それはまさに、先験論的形態学が最終的に自らを見出すに至った形而上学的陥穽と同質のものでもある。

いうまでもなく、発生過程の序列が進化的成立の序列と同じである保証はどこにもない。拙著（倉谷2004）において注意を喚起したように、ファイロタイプ成立以前の発生の時間的序列は、進化的出現の序列に一致しないことが多い。ファイロタイプ以前の発生過程は本質的に異時的（ヘテロクロニック）なのである。ならばおそらく、ゼヴェルツォッフの予見した通りに、ボディプランの多様化は発生初期の様々なシフトによって進行したのである（アルシャラクシス）（第4章）。我々の背骨にみる分節性の起源は、個体発生的には背腹軸と前後軸あってのもののようにみえるが、それは進化的にも発生的にも必ずしも正しくはなく、とりわけ背腹が定まる遥か前から、分節性だけは存在したという公算さえある。あるいは、脊椎動物において示されているように、前後軸がなくとも中胚葉は分節能力だけは発揮できる（Dias et al. 2014）。すなわち分節性の本質は、軸・非依存的なのである。決して分節は「軸がなければ存在できない」といったものではない。ならば、その中胚葉分節性は、それを作り出す分子機構や細胞間相互作用などの相同的結合が生き残っている限り、シフトした胚形態の上でも存続できる。

かくして通時態としてのボディプラン進化はおそらく、人間の記号論的認識が順序立てて記述するようには体系化されておらず、また階層化されてもいない。遺伝子の相同性が、相同な遺伝子機能だけでなく、ときとして染色体やその一部の相同性（シンテニー：synteny）と結びつき、またあるときは特定の細胞型と結びつき、さらには特定の発生的形態素と結びつくように、進化的に保存される「結合」は、ツリー状に階層化された相同性ではなく、むしろレイヤーを飛び越えた、モジュラーで散発的な相同性を生み出す。このレイヤー横断的「結合」そのものが、おそらくはいまだに記述しがたい発生拘束の源泉の正体であり、ならば（実際に比較形態学的にしばしば示唆されるように）まったく異なったボディプランの上に、相同的なＨｏｘコードや相同的な分節性が現れることは充分可能なのである。「相同性とは、共通祖先が備えていた特徴が子孫に受け継がれること」という、ダーウィン・ランケスター的認識は、発生拘束の受動的な一側面しか表現できていない。むしろ重要なのは、共通祖先に成立した何らかのパターンが、進化的ボディプランの多様化にあって、「いかに消えずに残ることができるか」についての機構的理解なのである。

◎――ファイロタイプ再考

「発生学的形態素に分割可能なボディプラン」という理解は、少なくとも一つの検証可能な仮説を導く。すなわち、ボディプランが成立するファイロタイプ期の遺伝子発現プロファイルが、「ボディプランの種類にかかわらず一定する」という傾向を予測する。無論、そのためには、動物門を超えて特殊相同性が成立するような発生的形態素や細胞型が、相同的な遺伝子発現プロファイル（発生的形態素特異的な共発現遺伝子群）を示す、という傾向が存在しなければならず、それは実在する。

ギボシムシの口索が発する前体腔を例に右の問題を考える。もし前体腔が先の図に示したように索前板、もしくはその派生物であるところの顎前中胚葉と相同なのであれば、両者が互いによく似た遺伝子発現プロファイルを持つことも整合的であり、ここに遺伝子と発生的形態素の相同性のなす、「レイヤーを超えた結合」の一つをみることができる。ならばファイロティピック段階とは、その動物門に必要な発生的形態素の出揃う時期に相当し、その胚がどの動物門であろうとも、どのようなボディプランを基盤としていようとも、ファイロティピック段階は遺伝子発現プロファイルのレヴェルではすべての左右相称動物で保守的となりうる。実際、そのような説はこれまで複数回提唱された。[6B34] レヴィンらは線虫のファイロタイプ期において遺伝子発現活性が一種の「凪《なぎ》」を起こし、その直後に発現活性のバーストが起こると述べている。上に発生的形態素として仮定した原基群がこの発生段階で出揃い、それによってボディプランが成立し、しかもその原基が分化直前の状態にあると考えると、この現象は辻褄が合う。

一方で、ファイロティピック段階が動物門特異的であり、ボディプランごとに独特のグローバルな相互作用が多数生じ、それゆえに内部淘汰を経て安定化したという、ラフやサンダーの説に従うとするならば(Sander, 1983; Raff, 1996)、形態パターン特異的な安定化の分子発生的ロジックが、動物門特異的な遺伝子発現プロファイルを作り出している公算が強くなる。ならば、脊椎動物ファイロタイプの遺伝子発現プロファイルが節足動物や環形動物のそれと類似していなければならない根拠はより希薄となる。入江直樹と筆者はかつて、脊椎動物(正確には顎口類)の内部において、確かにファイロタイプ期に遺伝子発現プロファイルが動物胚各種を通じて最もよく似ることを示した(Irie & Kuratani, 2011)。しかし、それがほかの動物門においてもあてはまる類似性なのかどうかはまだわかっていない。そして、どこに発現する遺伝子がその類似性の要因になっているのかについても示すことはできていない。発生的形態素という仮説は、ボディプラン非依存的な相同性の可能性と、ファイロタイプ期における遺伝子発現レヴェルでの類似性を、ボディプラン非依存的に説明する一つの根拠を提示してはいる。

左右相称動物がどこまで同じパターンを共有し、進化発生学が形の進化の秘密をどこまで解き明かしうるかを探ってきた本書の旅はここで終わる。私にとって頭部に存在する、ある一点の基準となる構造は、前述のように前体腔の相同物である側憩室であり、また顎前中胚葉である。この相同物は、ウルバイラテリアにもそのものとして存在した公算が大きい。その相同性を認めないとすれば、多くの動物門が自らのボディプランをそのたびに一から作りなおしたといわねばならなくなる。何の変哲もない、海の中を漂っていたちっぽけな無脊椎動物の幼生の、実に小さな中胚葉の袋が、左右相称動物の成立と同時にすでに存在し、それから数億年の進化的変容のうちに、様々な動物における似ても似つかない諸構造をもたらしてきたと考えることは、何とも素晴らしいことである。

【注】

◉601――筆者は、この間抜けな響きの名称がまったく好きではない。

◉602――動物では、左右相称動物（バイラテリア）に共通するHox遺伝子クラスター。

◉603――そこには、シュタルクの『脊椎動物比較解剖学叢書（*Vergleichende Anatomie der Wirbeltiere*）』、ジェフリーズの『脊椎動物の祖先（*The Ancestry of the Vertebrates*）』、ジャーヴィックの『脊椎動物の基本構造と進化（*Basic Structure and Evolution of Vertebrates*）』、ジャンヴィエーの『初期の脊椎動物（*Early Vertebrates*）』、ハンケンとホールの編になる『頭蓋（*The Skull*）』、ニューエンフイスら編の『脊椎動物の中枢神経系（*The Central Nervous System of Vertebrates*）』、などが数えられる。加えて、過去の名著の復刻や翻訳版も多く出版された。カハールの『ヒトを含めた脊椎動物における神経系の組織学（*Histology of the nervous system of man and vertebrates*）』、グッドリッチの『脊椎動物の構造と発生の研究（*Studies on the Structure and Development of Vertebrates*）』、ド＝ビアの『脊椎動物頭蓋の発生（*The Development of the Vertebrate Skull*）』、グレゴリーの『魚類の頭蓋（*Fish Skulls : A study of the evolution of natural mechanisms*）』などがそれにあたる。

◉604――それは、六〇年代から七〇年にかけての、「発生生物学」と「比較形態学・発生学」の教科書が明らかに別分野のものとして考えられていたことからもうかがえる。当時の、バリンスキーやポルトマンによる教科書をみればそれがよくわかる。

◉605――たとえば、ゴルトシュミットは若い頃にナメクジウオの巨大幼生*Amphioxus*における鰓弓筋の比較発生研究を通じ、脊椎動物の頭部分節性を論じたことがあり、シュペーマンの学位論文に至っては、無尾両生類における耳小柱の比較発生学をテーマにしていた。

◉606――発生的応答規準についてはこの章で後述。表現型とゲノム型の対応に関するダイナミックシステム的アプローチの要約はRodriguez-Megaet al.(2015)などをみよ。

◉607――その萌芽はすでにウォディントンの遺伝発生学にみることができよう。

◉608――当時は、互いに羊膜類として近縁なマウスとニワトリが同じセットのHoxクラスターと遺伝子群、同じHox発現パターン（Hoxコード）、そしてニューロンの分節的発生パターンを共有していると、半ば盲目的に信じられていた。その背景には、ショウジョウバエとマウスの間でさえ保存されている「ボディプラン形成遺伝子群」という先入観が働いていたのであろう。そして、それがほぼ正しいために（それ以上に、Hoxコードの発見が、それほど科学者にとって意外であったために）このような小さな誤解が生じたのである。一九九〇年代初頭のこの出来事は、科学における「常識」がどのように醸成され、変更されてゆくのかを如実に示す、非常に興味深いイベントであった。

◉609――しかし、このモデルが真骨類の放散以前に独自のゲノム重複を行っていたことが、重複後におけるパラローグ遺伝子の新機能獲得や遺伝子機能の進化的分配を知る手がかりとなったことは注目すべきであろう。

◉610――ただし、アフリカツメガエルの導入については、受精卵の入手の簡便さが当初は大きな要因となった。

◉611――Jacob et al. (1984, 1986)、Wachtler & Jacob (1986)、Wachtler et al. (1984) をみよ。ちなみに、ニワトリは決して短い世代時間を持つわけではない。

◉612――この問題については、すでに拙著『動物進化形態学』、『形態学——形づくりにみる動物進化のシナリオ』にある程度解説したので参照して頂きたい。

●613——それが、まさにヘッケルを非難したヒスの立場でもあった(Richards, 2008)。

●614——GRNを扱った総説としてはErwin & Davidson (2009)を。ここで述べられているGRNの階層的構造には、発生過程に階層をみる形而上学的影響が色濃くみられる。

●615——この階層性の認識は、一八世紀以前の「自然の階梯」とよく似た構造を持つ。

●616——たとえば、Slack et al. (1993)をみよ。

●617——トランスポジションに関しては、Rosenberg (1884)、Sagemehl (1885, 1891)、Goodrich (1910, 1930a)、de Beer (1922, 1937)をみよ。

●618——ちなみに比較発生学者としてのベイトソンは、半索動物の研究を行ったことがあり、その成果が現在でも認められている「脊索動物門」の設立に繋がっている。

●619——ショウジョウバエでは特に、このクラスターは二つに分かれ、両者を合わせてアンテナペディア—バイソラックス複合体と呼ぶ。

●620——詳細は、Ikuta et al. (2004)、Ikuta & Saiga (2005, 2007)をみよ。

●621——Mehta et al. (2013)、加えてStadler et al. (2004)もみよ。

●622——そして、それがさらにもう1つの重複を経験したのが、サケ・マスの系統である(Mungpakdee et al., 2008)。

●623——これに該当する論文としては、Balling et al. (1989)、Simeone et al. (1990)、Frohman et al. (1990)、Kessel et al. (1990)、Kessel & Gruss (1990, 1991)、Lufkin et al. (1991, 1992)、Pollock et al. (1992)、Kessel (1992)、Marshall et al. (1992)、Le Mouellic et al. (1992)、Langston & Gudas (1992)、McLain et al. (1992)、Jegalian & De Robertis (1992)、Kuratani & Wakk (1992)、Condie & Capecci (1993, 1994)、Jeannotte et al. (1993)、Popperl & Featherstone (1993)、Small & Potter (1993)、Rijli et al. (1993)、Ramirez-Solis et al. (1993)、Kostic & Capecchi (1994)、Davis & Capecchi (1994)、Boulet & Capecchi (1994)、Studer et al. (1994)、Prince & Lumsden (1994)、Manley & Capecchi (1995)、Rancourt et al. (1995)、Charité et al. (1995)、Suemori et al. (1995)、Horan et al. (1995)、Hunt et al. (1995)、Satokata et al. (1995)、Frasch et al. (1995)、Favier et al. (1996)、Morrison et al. (1996)、Goddard et al. (1996)、Fromental-Ramain et al. (1996)、van der Hoeven et al. (1996)、Volpe Langston et al. (1997)、Gavalas et al. (1997, 1998)、Aubin et al. (1997)、Kondo et al. (1997, 2008)、Gould et al. (1998)、Stern & Foley (1998)、Kondo et al. (1998)、Kondo & Duboule (1999)、Kmita et al. (2000, 2002)、Irving & Mason (2000)、Sakiyama et al. (2000)、Grammatopoulos et al. (2000)、Spitz et al. (2001)、Zákány et al. (2001)、Coulyet al. (1998, 2002)、Alvares et al. (2003)、O'Gorman (2005)、McIntyre et al. (2007)、Minguillon et al. (2012)、Guerreiro et al. (2013)を。初期の研究としてHarvey & Melton (1988)もみよ。

●624——筆者はその頃、テキサス州のベイラー医科大学に研究員として在籍しており、その現場をまさに目のあたりにした。

●625——Akam (1989)、Sive & Cheng (1991)、Pendleton et al. (1992)、Garcia-Fernandez & Holland (1994)、Burke et al. (1995)、Holland & Holland (1996)、Doerksen et al. (1996)、Sharman & Holland (1998)、Brooke et al. (1998)、Carr et al. (1998)、Amores et al. (1998)、Wada et al. (1998, 1999)、Galis (1999ab)、Ferrier et al. (2000)、Powers et al. (2000)、Manzanares et al. (2000)、Nowicki & Burke (2000)、Pasqualetti et al. (2000)、McClintock et al. (2001)、Schilling & Knight (2001)、Holland (2001)、Prince (2002)、

Irvine et al. (2002)、Hunter & Prince (2002)、Force et al. (2002)、Ledje et al. (2002)、Scemana et al. (2002)、Koh et al. (2003)、Ikuta et al. (2004)、Ohya et al. (2005)、Ikuta & Saiga (2005, 2007)、Davis et al. (2007)、Butts et al. (2008)、Mansfield & Abzhanov (2010)、Pascual-Anaya et al. (2012)、Mehta et al. (2013)をみよ。

●626——倉谷 (2004)、Narita & Kuratani (2005)、Sánchez-Villagra et al. (2007)をみよ。

●627——あるいはむしろ、そのような機構が成立したからこそ、内部淘汰を通じてクラスター構造が守られてきたのであろう。

●628——その認識によって、形態学者は本格的に、フュールブリンガーの迷妄より解き放たれるのである。

●629——互いに無関係な発生プログラムが、同一の適応的要請に対し、類似のパターンの形成でもって応答すること。

●630——互いに相同的な発生プログラムが、同一の適応的要請に対し、複数の系統で独立に類似のパターンを複数回生み出すこと。

●631——羊膜類の発生学の教科書を著したBradley Merrill Pattenとは別人である。

●632——これらの学者たちはみな、脊椎動物のボディプラン理解のために背腹軸の反転を行っている。

●633——ナメクジウオの持つ排出系は、環形動物を含む多くの無脊椎動物、もしくはその幼生に現れる原腎管に似るのである。

●634——一九八〇年代のジェフリーズによる石灰索類起源説がこれにあたる。

●635——ナメクジウオは事実上、脊椎動物に分類されることが多かった。

●636——さもなければ、相同とされた多くの形質はホモプラジーを示すことになる。

●637——それは、脊椎動物を節足動物と比べる一方で、軟体動物とも独立に比べてみせた、ジョフロワ的状況がある意味実現しているともいえよう。

●638——節足動物と環形動物は伝統的に子孫・祖先関係にあると思われることが多かったが、最近それは否定されている。Hanström (1928)も参照。

●639——したがって、ナメクジウオの「頭部」的部分に分節がある以上、脊椎動物の頭部に分節があって当然ということになる。

●640——その成果は確かに、ガスケルの学説の根幹をなすものとなっている。

●641——ここでは、節足動物の付属肢が鰓弓に見立てられている：ちなみに、現代的に穿《うが》った見方をするのであれば、Ｈｏｘコードが前後軸上の位置価を決め、Ｄｌｘ遺伝子が背腹軸の形成に機能する突起物であるからには、系列相同物のセットとして付属肢と鰓弓は確かによく似ている。

●642——ナメクジウオの脳胞は確かに、後続する神経管より小さい。

●643——これら原索動物は、脊椎動物とは関係のない方向へと進化したものと考えられた。

●644——ボスリオレピス類は以前、無顎類の一種と思われていた。

●645——以上の内容は、Gaskell (1908) に引用されている。

●646——それはしばしば具体的な形態イメージを伴わない、分岐の序列のみからなるものである。

●647——顎はあるが、そのほかの形態的特徴は無顎類的な要素を多く残している。詳細はDupret et al.(2014)を参照。

●648――本来なら、脊椎動物へ至る「幹系統(stem lineage)」というべきか。

●649――すなわち、その最節約性の吟味については、まだ検証すべき余地がある。

●650――Mazet et al.(2005)を参照。要約はGasparini et al.(2013)を。

●651――これを真っ正面から扱った論文としては、Onai et al.(2015ab)をみよ。

●652――この一連の研究については、Abitua et al.(2012)、Sauka-Spengler et al.(2007)、Sauka-Spengler & Bronner-Fraser(2008)、Jeffery et al.(2008)を参照。また、ホヤを用いた最近の研究では、Abitua et al(2015)が同じ方針で脊椎動物のボディプランの起源を推測している。

●653――Ikuta et al.(2004)、Ikuta & Saiga(2005, 2007)をみよ。

●654――Delsuc et al.(2006)、Bourlat et al.(2006)、Putnam et al.(2008)、Swalla & Smith(2008)をみよ。

●655――発生パターンについてはSatoh(2009)も参照。

●656――Costa(1834)、Goodsir(1844)、Kowalevsky(1867)、Hatchek(1881)、Lankester & Willey(1890)、Willey(1891)、Conklin(1932)、Hirakow & Kajita(1990, 1991, 1995)、Schaeffer(1987)、Nielsen(1994)、Turbeville et al.(1994)、Wada & Satoh(1994)、Peterson(1995)、Nielsen et al.(1996)、Yasui et al.(1998)、Holland(2000)、Kaji et al.(2001)、Holland et al.(2004)、Lacalli(2005)、Swalla(2006)をみよ。

●657――ナメクジウオ胚の中胚葉は背腹にわたって完全に分節しているため、脊椎動物にみるような、無分節のいわゆる側板を持たない。しかも、この違いのために、ナメクジウオのこの分節化した中胚葉を、脊椎動物におけるそれと同等の傍軸中胚葉とみなしてよいものかについて疑問が残る。そこで、脊椎動物の体節と区別するため、特別に「somitocoelomic system」と呼ぶこともある。しかし、このいささか形式主義的にすぎる見解はそれ自体、形態学的特殊相同性はボディプランの一致に依拠しなければならないという、ジョフロワやオーウェンの伝統に従う、一種の原型論的先験論に大きく影響された見解だということを見逃してはならない。つまり、この見解は「中胚葉全体」を扱う相同性決定の「深度」においては、ナメクジウオと脊椎動物のそれが相同であるという無根拠の前提を含んでいるのである(たとえば、指が五本揃っていない限り、親指を同定できない、すべきでない、というように)。端的にいえば、非オーウェン的な相同性の基準にあっては、脊椎動物の外側中胚葉こそが新しくつけ加わったドメインであり、体節同士の比較が可能という仮説も(遺伝子発現パターンを問わない段階にあっては)ともに等しく確からしいのである。特殊相同性とボディプランの関係については本章の最後に触れる。

●658――Neal(1897)、Kuratani et al.(1997b)、Kuratani et al.(2002)、Kusakabe & Kuratani(2007)をみよ。

●659――成体においては確かにヤツメウナギの舌下神経と迷走神経は互いに極度に近接しているが、発生途上の形態は、これらが独立した別の神経であることを明瞭に示している。

●660――ニールはしかも、同じ論文についてこの鰓下筋が、ヤツメウナギ胚の第七〜九後耳体節に由来すると述べ、それをほかの脊椎動物の舌筋と比べようとしている。

●661――第4章におけるウェディンの見解も参照。

●662――Kowalevski(1867)、van Wijhe(1919)、Franz(1927)、Jefferies

(1986)、Stokes & Holland(1995ab)、Soukup et al.(2015)を参照。

●**663**——Hatschek(1881)をみよ。これは頭腔とよく似た名称だが、その相同性についての考察はみあたらない。

●**664**——Balfour(1881)、Koltzoff(1901)、Johnson(1913)、Jollie(1977)をみよ。

●**665**——Adelmann(1926)をみよ。総説はKuratani et al.(1999)を。

●**666**——Bateson(1884)、Okazaki(1975)をみよ。総説はKuratani et al.(1999)を。

●**667**——Heider(1909)をみよ。ただし、この類似性については、背腹反転の文脈で疑問が残る。

●**668**——脊索のさらに前にあるのは側憩室であり、一見、顎前中胚葉に類する構造が占めるスペースはない。

●**669**——この考えは現在、一部の進化発生学者の間で復活の兆しをみせ始めている。

●**670**——Mahadevan et al.(2004)をみよ。neo-ならびに機能分割(sub-functionalization)の生ずる一般的な進化プロセスと機構についてはまだよくわかっていないが、研究の一例としてはBaker et al.(2013)を。

●**671**——Simon et al.(1997)、Garg et al.(2001)。これに相当するものは真骨魚類には存在しない。

●**672**——ここに含まれる外胚葉成分での発現は、脊椎動物での*Pitx1*(円口類における*PitxA*)のそれと比較できるのかもしれない。Presley et al.(1996)も参照。

●**673**——Ｈｏｘコードにもとづいたこの方針の比較と、それにまつわる問題点、グッドリッチ・モデルの再考については、Holland(2000)を。

●**674**——実はこのシンポジウムのタイトルは、一九九〇年代、当時ひと区切りのついた感のあったショウジョウバエの分子遺伝学的発生研究の集大成として、発生遺伝学者のローレンスが著した教科書、『ハエの作り方(*The Making of A Fly*)』にあやかっている。それまでショウジョウバエのあと追いであった脊椎動物の発生研究は、ボディプラン研究において明確な決着をみないまま、様々な領域への細胞生物学的変貌を遂げ、同時にシステムバイオロジーやゲノム科学、数理生物学の洗礼を受け、いまに至っている。あらためてここで脊椎動物を見直して、どれだけの道のりを歩んできたのかを振り返るとともに、やり残した重要な研究課題は何であるのか、見極めようというシンポジウムであった。

●**675**——進化発生学的研究としては、Sato et al.(2009)を。

●**676**——Lowe et al.(2003)、Marlow et al.(2005)をみよ。総説はLowe(2008)、Sato & Holland(2008)を、翼鰓類の発生についてはSato et al.(2008, 2009)、Sato & Holland(2008)を、半索動物の多様性と進化についてはCameron(2005)、Halanych et al.(2013)を。

●**677**——ほかに、トルナリア幼生における遺伝子発現解析については、Shoguchi et al.(1999)、Taguchi et al.(2000)、Tagawa et al.(2001)も参照。

●**678**——Arendt & Nübler-Jung(1994, 1996)、Finkelstein & Boncinelli(1994)、Sharman & Brand(1998)、Hirth et al.(2003)、Lichtneckert & Reichert(2005)をみよ。

●**679**——anterior neural ridge : ANR、ZLI : zona limitans intrathalamica、IsO : isthmic organizerなどの神経上皮二次オーガナイザー(neurepithelial secondary organizers)(Echevarría et al., 2003)。第３章を参照。

●**680**——ほかにTakahashi & Holland(2004)、Canestro et al.(2005)、Ikuta & Saiga(2005)、Ikuta et al.(2007)も参照。

●681——たとえば、ナメクジウオの神経原基には二次オーガナイザーである、ZLIやIsOがないとされ、ANRもその部分的コンポーネントしか確認できていない。つまりは、中枢神経の基本構成が異なっている。

●682——Moreno et al. (2009)、Nielsen (2010)、Holstein et a. (2011)、Pani & Lowe (2011) に要約。この系統の発生過程についてはNakano et al. (2013)、Nakano (2015)。最新の見解はCannon et al. (2016)、Rouse et al. (2016) をみよ。

●683——棘皮動物におけるそれは、二次的に失われたものだと一般には解釈されている。

●684——しかし、脊椎動物の胚発生においては、脊索の方が早く出現する。

●685——Goodrich (1917)、Balser & Ruppert (1990)、Peterson et al. (1999)、Gerhart et al. (2005)。

●686——要約はHall (1998) を。相同性と発生のパターン、ならびにモジュラリティに関する議論についてはKuratani (2009) を参照。

●687——脊椎動物におけるこの*en* (*Engrailed-2*) 発現は、いまでは中胚葉の分節にかかわるものではなく、顎骨弓筋の特異化にかかわる特殊相同的な指標と解されている (Adachi et al., 2012)。顎口類における*En2*発現の機能的解析については、Degenhardt & Sassoon (2001) を。

●688——この問題はヘテロクロニーの検出にまつわる問題とパラレルである。すなわち、コ・オプションもヘテロクロニーも進化プロセスとして定義された概念であるが、その実在は比較を通じて得られる差異としてしかうかがい知ることはできず、実際、ヘテロクロニーは系統間にみられる相対的な発生のタイムテーブルの違いを示す概念として運用されることが多い。それをプロセスとして認識するためには外群比較に代表される系統学的解析の手続きが必要となる。コ・オプションを系統樹の上でパターンとして扱った例としてはSwalla (2006) を参照。

●689——比較発生学的にはMetscher et al. (2005)、Davis et al. (2007) などを参照。

●690——つまり胸鰭が本家であり、腹鰭は分家となる。したがってその厳密な意味において、腹鰭は胸鰭の系列相同物ではない。脊椎動物における対鰭の進化系列についてはWilson et al. (2007) を。神経支配とHoxコードの視点から対鰭の起源を鰓下筋系に求めた説についてはMa et al. (2010) を。正中鰭から対鰭へのコ・オプションについてはFreitas et al. (2006) を。腹鰭を支える腰帯の、板皮類 (antiarchs) における最初の出現については、Zhu et al. (2012)、胸鰭、腹鰭の進化発生学的比較研究については、Cole et al. (2011) を。

●691——無尾両生類の変態期や、有袋類の発生において二次的なヘテロクロニーは観察される。

●692——外骨格の存在も実は無視できないのだが、一見外骨格を持たないようにみえる板鰓類や真に外骨格を欠く円口類が、本来的な脊椎動物の姿だと思われていた。

●693——発生学徒であれば、それを初期発生過程における原口の異なった使用法—それが口になるか、肛門になるか—に仮託したかもしれない。

●694——外胚葉に発現するものとしては、*tbx2/3*、*dlx*、*olig*、*netrin*、*pitx*、*poxN*、*lim3*、*admp*、*sim*があり、内胚葉には*nnx*、*admp*、*sim*が、中胚葉には*mox/gax*が含まれる。

◉**695**——Gee (2006)、Gerhart (2006) や Brown et al. (2008) もみよ。

◉**696**——この制御関係は極めて保存性が高く、巻き貝の巻き方の極性を決める発生機構にも、これと同じものが用いられている。

◉**697**——ナメクジウオの脊索が原腸背側からくびれ出て形成されることに注意。

◉**698**——Adachi et al. (1902) をみよ。上記のナメクジウオの項も参照。

◉**699**——その脊索との相同性は、最近否定されつつある。Gerhart (2000) を参照。

◉**6B00**——脊索はむしろ、*bra*、*chordin*、*hnf3b/foxA1*、*admp*、*hh*、*nodal*、*noggin* などを発現する)、ただしこれらのうち *Chd*、*hh* は脊索前板にも発現する。遺伝子発現を適切に比較するための発生段階の選定は今後の課題か。

◉**6B01**——これとは別のシナリオとして T-box 遺伝子の進化と制御の変化から脊索の起源を論じたものとしては、Satoh et al. (2012) を。

◉**6B02**——ただし、本来の Spemann's organizer の定義はその二次軸誘導能にある。これが証明されていないナメクジウオのオーガナイザーを dorsal organizer と呼ぶ場合もある。ナメクジウオのオーガナイザーにおける LIM-homeobox 遺伝子の発現については Langeland et al. (2006) を。

◉**6B03**——De Robertis (2008) に総説。ナメクジウオのオーガナイザーにおける同様の統合については、Yu et al. (2007) を。ただし、ナメクジウオの腹側化抑制因子は *Nodal* の産物であるとされる。

◉**6B04**——Lowe et al. (2006)、Darras et al. (2011) をみよ。総説は Niehrs (2010) を。

◉**6B05**——ただし、現生節足動物のボディプランからみた場合、環形動物のそれが原始的であると認めた上での話である。その限りにおいて、節足動物のステムグループが、多かれ少なかれ環形動物を思わせる姿をしていた可能性は確かにあるのだ。

◉**6B06**——要約は Tue & Haag (2001) を。GRNの視点から論じたものとしては Wotton et al. (2015) も参照。

◉**6B07**——これら、相同性にまつわる歴代の悩める研究者たちの足跡については、総説として de Beer (1958, 1971)、Hall (1994, 1998)、Scholtz (2005) を。形態的相同性と遺伝子発現のずれに関しては Larsson & Wagner (2002)、Tamura et al. (2011) を。進化における組織学的発生の変更については Bellairs & Gans (1983) を。進化上保存されがちな遺伝子発現と形態学的相同性の関係とモジュラリティについては Kuratani (2009) を参照。DSDを昆虫の分節形成にかかわる遺伝子制御ネットワークのレヴェルで示したとされる研究は、Wotton et al. (2015) を、線虫の器官形成におけるDSDは、Wang & Sommer (2011) をみよ。とりわけ後者は、細胞内シグナル経路におけるワイヤリングの変更と、その背景にある蛋白質の変形を明らかにし、GRNや分子間相互作用の変形の背景に、(よく指摘されるシス制御領域の変更だけではなく) コーディング領域の変異がかかわること、さらにこのような分子ネットワークの変形が必ずしも動物系統樹の上での類縁性を反映していないことを示している。

◉**6B08**——ただし、最近 Ryan ら (2015) が報告した、後生動物の中で最も古い系統に相当するクシクラゲ (有櫛動物) の仲間、カブトクラゲ目に属するムネミオプシス・レイディ (*Mnemiopsis leidyi*) のゲノム、ならびにトランスクリプトーム解析によれば、ゲノムにみる動物としての標準的な遺伝子レパートリーがすでにある程度完備していたとはいえ、中胚葉由来の細胞型成立にかかわる遺伝子群が二次的に失われた可能性が高く、左右相称動物においては中胚葉に由来する筋細胞に加え、ニューロンのような高度に分化した細胞型までもが、有櫛動物においてはほかの動物とはまったく独立に獲得されているという。つまり、細胞型の進化においても、収斂に似た現象は生じているらしい。しかも、この研究はかつて海綿動物の祖先が神経系を備えていた可能性をも示唆している。

◉**6B09**——おそらく、左右相称動物における三胚葉の出現は、多くの細胞型の分化を経時的な分化方向の絞り込みを通じて安定的にもたらしてゆくために進化上発明された、便利な発生のための装置であり、そのゆえに広範に保存されているのであろう。しかしこれでは、細胞型の配置は、胚葉の広がりに依存するしかなく、それにより強く拘束され、ひいてはそのことが形態進化においては大きな足枷となってしまう。脊椎動物の神経堤は、いわばそのような胚葉によって縛られた細胞型のレパートリーをクロスオーバーさせることにより、形態パターンにより大きな可能性を与えている。実際、脊椎動物がこれほどまでに大型の動物として進化できた背景に、神経堤の、それに加えて胚における広範な間葉の獲得は有意義であったのであろう。このような視点からすれば、神経堤は、三胚葉のルールを破って胚発生に生じた、細胞系譜レヴェルでの新規形質ということになる。

◉**6B10**——ただし、その具体的運用については一八三七年にブタ胎児を解剖することにより、哺乳類のツチ骨と爬虫類の関節骨が相同であることを看破したReichertに遡ることができる。

◉**6B11**——Arendt & Nübler-Jung (1999) をみよ。これらの背腹特異化遺伝子群は、半索動物の胚にも発現する。

◉**6B12**——Arendt & Wittbrodt (2001)、Nilsson & Arendt (2008)、Arendt et al. (2008)、Tessmar-Raible et al. (2007) をみよ。

◉**6B13**——Denes et al. (2007) をみよ。たとえば、運動性神経細胞の起源となる*hb9/mnx*+ドメインの消失が半索動物において確認されている。これについては、Lowe et al. (2003) もみよ。

◉**6B14**——たとえば、Shenk & Steel (1993)、Slack et al. (1993)、Carroll et al. (2001) をみよ。

◉**6B15**——たとえば、歩帯動物における分節の不在と、脊索動物における分節の存在の間の関係（ポラリティ）を定めるにあたって、前口動物における分節の存在をもって外群とするとしよう。すると後口動物はもともと分節を持っていたことになるが、それを後口動物と前口動物における分節の相同性の根拠とするわけにはゆかない。後者はむしろ作業仮説である。

◉**6B16**——円口類に対するところの顎口類のように、現生の外群に相当する系統からの分岐地点をもってその定義とする方法もあるが、それはここでは考えない。

◉**6B17**——Holstein et al. (2011) に要約。近年は、その珍渦虫との近縁性が指摘され、一つのクレードとして後口動物に含められるケースもあるが、一種の思考実験として以下では、以前認められていたように、無腸類が前口動物と後口動物の分岐以前に分岐した系統であろうとの図式に従って議論を進める。たとえ無腸類の系統がそこにはなかったとしても、この議論は分節の起源についての考察にとって重要な布石となるはずだ。

◉**6B18**——系統ごとに安定化した発生機構の比較から、分節性の起源を探る困難さを論じた論文としてはBalavoine & Adoutte (2003) を。

◉**6B19**——Cameron et al. (2000)、Satoh (2008)、Brown et al. (2008) に要約。

●6B20——ちなみにこれは、巻き貝の殻の方向性にも機能する、極めて進化的保存性の高い分子機序である。それについては、Grande & Patel (2009) を。

●6B21——Bento & Pados (1997) をみよ。進化発生学的要約としてはBrown et al. (2008) を。

●6B22——Ruppert (2005) は*B. aurantiacus*において、背側腹側の正中二カ所に神経索を示しており、横断面においてそれらの形態的位置関係を頭索類と比べているが、両神経索とも脊索動物の神経管のホモプラジー (homoplasiy) であろうと述べている。ここで襟神経索に相当するものは二つの神経索のうちの背側のものである。すなわち、それはギボシムシの咽頭側に存在するものである。彼はただ、運動ニューロンが筋上皮 (myoepithelium) を支配する様式にのみ相同性を認め、これを進化的に同じ起源としている。

●6B23——デルスマンによれば、「昆虫の口」は脊椎動物の神経管の前方の開口部、すなわち神経孔 (neuropore) に見出され、脊椎動物の口は二次的に新しく作られる。これはおそらく正しい。

●6B24——Delsman (1913) を。要約はLange (1936)、Neal & Rand (1946) を。

●6B25——Tosches & Arendt (2013)、Singaglia et al. (2013) も参照。

●6B26——Tosches & Arendt (2013)、Arendt et al. (2001) をみよ

●6B27——しかし同時に、コラムに紹介した「ストロビラ仮説」は分節の特殊相同性を求める仮説としては棄却される。

●6B28——ここから分化した構造としては、脊椎動物では動眼神経によって支配される四つの外眼筋、ならびに蝶形骨の原基の一部である眼窩軟骨、そこから派生した哺乳類の鞍背、爬虫類の眼後柱などが数えられる。

●6B29——異なった哺乳類の系統に属するトラとシマウマの縞模様が、共通祖先に成立した縞に由来するとは、さすがに誰も思わないだろう。

●6B30——ヌタウナギ (*Eptatretus burgeri*) の顎前中胚葉を確認した論文はOisi et al. (2013) のみであろう。この動物では口前腸が下垂体原基のすぐ後方で肥厚した上皮性の袋を形成し、それがのちに一対の索状構造を左右に伸ばす。しかし、この細胞索は何にも分化しないままに消失してしまうのである。

●6B31——髄内知覚ニューロンについては、Anadon et al. (1989)、Dyer et al. (2014)、Yajima et al. (2014) とそれらの引用文献を参照。三叉神経中脳路核ニューロンがローハン＝ベアード細胞の系列相同物であるという考えは古くからあったが、これを疑問視し、両者が進化的にまったく異なった起源を持つとするデータも得られている。しかし、DSDの視点からこのような区別が本当に受け入れられるのかどうか、まだわかってはいないとした方がよいのかもしれない。

●6B32——つまり、内部淘汰を通して特定のボディプランを成就するゲノムのみが選別される。この非発生学的視点においては、ゲノムを安定化させるのは表現型なのであり、ゲノムが表現型に応答するのである。

●6B33——形態素とは、そもそも意味を伴いうる最小の単位を意味する言語学の用語だが、もとより言語学的性質の濃厚な形態学にこれを拡張してもそれほど有害ではあるまい。ここでいう発生的形態素とは、ボディプランを構成しうる形態学的単位であり、進化的に単体で保存されうる単位とあとづけ的に定義するのが当面妥当だろうと思われる。

●6B34——Slack et al. (1993)、Kalinka et al. (2010)、Domazet-Lošo & Tautz (2010)、Levin et al. (2012) などをみよ。

【追補】

試論――形態的相同性を記述するための、網目状円環モデル化の試み

序——反復説の不可能性について

サッカーにおける「オフサイド」ルール、そして阿弥陀籤《あみだくじ》を作る際に参加者がランダムに追加する「横線」には、互いによく似た側面がある。どちらも、あまりにストレートにすぎる因果関係（ゲームの予想可能な展開）と、それによって帰結する発展性のない単純なパターンを回避するために付加された、いわば「二次ルール」なのである。これと同様に、動物の発生と進化にみる様々な相互作用と、それによって帰結した多様性は、まさにその二次ルールの発明によってもたらされている。この二次ルールの追加が胚という系にもたらすのは、新しい要素間の結合や因果関係の付加、それによって得られるパターンの質的変更であり、このことは同じツールや材料のレパートリーを用いながら、いかに複雑多様な構造が出来上がるかについて大きなヒントを示している。

もし、受精卵から発展的に生じた細胞群が三胚葉をまず形成し、そのそれぞれがつねに限られた細胞型のレパートリーのみをもたらし、細胞自律的に組み上げられた分化過程が滞りなく自動的に進行するだけで細胞型のレパートリーが揃ってゆくだけだったとしたら……。あるいは、発生過程において、祖先が用いていた発生制御遺伝子と、それが惹起する制御ネットワークをそのまま用い、相同な遺伝子群が、つねに相同な細胞型のみをもたらし、それが相同的形態構造を作り出してゆくだけだとしたら……。そしてもし、子孫の発生過程の後期にもたらされたほんのわずかな揺らぎや変異を足がかりに、少しずつ変更を蓄積しては、代を重ねて累加する変更だけでより高度な適応を期待するとしたら……。ダーウィンやヘッケルが理想と考えたこのような形態進化の図式では、動物のボディプランは変化しえず、いまでもこの世には一つの型の動物しかいなかったのではないか。

ボディプラン進化は、様々な結合を乖離（decoupling）させ、あるいは再結合（coupling）させることによって、様々な保守性を破壊し、それによってもたらされた質的変更の結果として生じている。つまり、動物進化の中で最も顕著な新規形質の進化にあたる。一方、比較形態学的認識は相同性決定をもってその旨《むね》とし、相同性は変化しないネットワークによってその姿を露わにする。ならば、進化を通じて変わることのない相同性のみを抽出する比較形態学によってボディプラン進化の内訳を理解することは、そもそも原理的に不可能となる（第1章）。

生物進化をある種のシステムに生ずる現象としてとらえ、理解せざるをえないことは半ば必然だが、それは必ずしも現在行われているシステム生物学的方法の先鋭化、すなわち計測・定量可能な因子・事物の検出・解析で済むということを約束してはいない（図7-1）。相同性の認識がボディプラン理解と同じ地平にある限りはむしろ、この

図7-1▶共時的な生物システムの中で、還元論的に相同性をとらえる2つの認識の流れ。黒い矢印は、初期の先験論的形態学や、その延長としての還元論的形態学が内包していた考えであり、そこではボディプランという形態学的な1つの「系」が一致することによって、相同的な器官・構造が初めて同定できるとされた。つまり、ボディプランと独立に存在する器官の相同性はありえず、逆に器官の相同性はボディプランの潜在的な一致や型の統一を仮定することに繋がった。一方、遺伝子の相同性から立ち上げた機械論的な階層性に沿った考え（上向き、左向きの矢印）では、これを決定論的に上昇することで形態的相同性を再構成することができると期待される。が、枚挙的、網羅的研究に必要な物量を考慮すると絶望的な時間がかかる。また、形態形成における創発的要因という絶望的な仮説は、永遠に形態進化の理解を不可能にする。

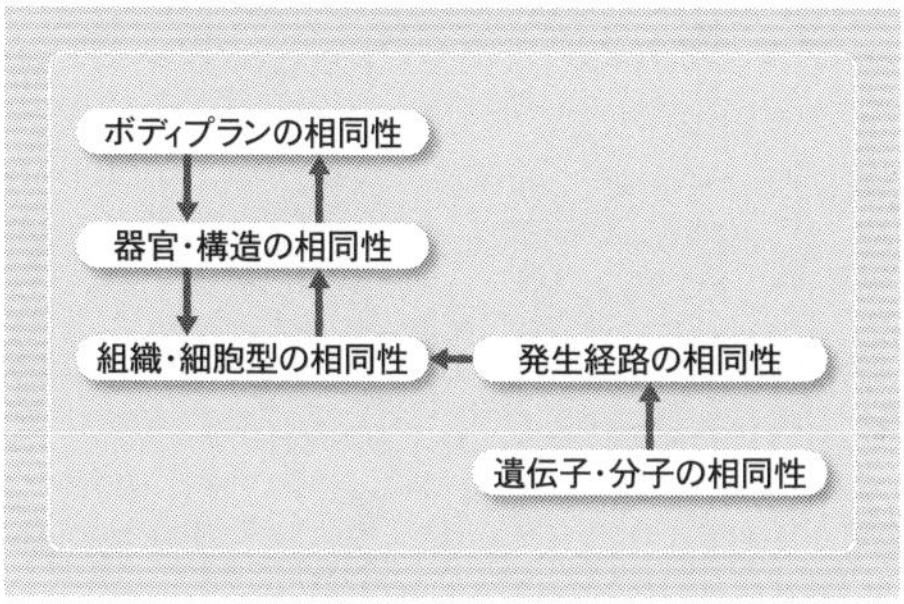

相同性という、本書を貫く中心的概念を、あらゆる認識と解析のレイヤーにおいていずれとり込む必要がある。そこには遺伝子のアミノ酸、塩基配列のみならず、叙述形式でしか表現できない形態的相同性も含められる。そのとり込みが可能かどうかが問題なのではなく、原理的にそうすることが妥当であると予測される。幸いにもその妥当性は、いくつかの客観的事実が示唆している。が、伝統的にこの種の作業にあたって理解を阻んできた誤謬の一つは、進化が織り成す体系と、生物の成り立ちや、その生活史に現れる、あくまで「見掛け上の」体系との間にあると仮定されてきた並行関係であったとおぼしい。

以下に示して行くように、体系をなすのはつねに通時的な進化プロセスの結果もたらされる変化による産物であり、一方で、共時的な生物システムそれ自体が体系をなすという法則はア・プリオリにはない（図7-1）。換言すれば、上に言及した複数の異なったレイヤーは、それら同士が同じ形に重なり合うのであり、それらの間にア・プリオリに階層的序列があるわけではない。煎じつめれば、形態学的相同性は、細胞型や遺伝子という下部構造の相同性によって構成的に成立しているのではなく、それら異なったレイヤーに存在する相同性が同じ形の系統樹の上に重なるだけなのである（図7-2下）。この、レイヤー間に張りめぐらされたネットワークの姿が問題となる。

それが何であれ、進化プロセスによって体系化されるものは、つねに分岐の序列と変化から生ずる関係としてであり、系統進化過程が共有されている以上、いくつかの例外を除いて、遺伝子、細胞型、形態要素、ボディプランの推移の経緯は、すべて必然的に同じ系統樹の上に見出される。結果、様々なタイプの類縁性はそれが属する独自のレイヤーの中で、同じ階層的序列を示すことになる（図7-2下）。

◎1——相同性

進化の結果として表出する以上、相同性もまた階層を成すと期待される。形態的相同性についてみるならば、タウツの提示した「相同性の深度（depth of homology）」（Tautz, 1998）や、オーウェンやゲーゲンバウアーの定義した「不完全相同（incomplete homology）」は、形態学的相同性がつねにタクサ特異的であることを述べており、それによって形態的同一性は入れ子関係と、そこに由来する階層性を示し、したがってそれらは進化系統樹と同一のツリー状システムを構成することになる。少々偏狭にいえば、ここでいう相同性はランケスターの定義した「ホモロジー(homogeny)」に近く、単系統群を定義する共有派生形質にほかならない。羊膜類にみる「手」の基本パターンが硬骨魚類の祖先に存在せず、硬骨魚類全般にわたる相同性を求めるためには、「胸鰭」という「深度(depth)」にまで降りなければならないように……。しかもその胸鰭とて、顎口類の一部に存在するものでしかなく、脊椎動物全般にみられる一般相同物では決してない。

この体系と同じ樹状システムは、アレントらが示した細胞型の類縁性と分布、そして遺伝子のアミノ酸配列の類似性にもみることができる。例を挙げるなら、脊椎動物の四肢筋を支配する外側運動ニューロンは、体性運動ニューロンのカテゴリーに含められ、さらにそれは神経上皮の基底板に発する遠心性ニューロンの一カテゴリーであり、それがまた神経細胞(ニューロン)に含められ、この大きな細胞型のカテゴリーは、その基本的な形態的、分子的類似性から内分泌細胞群とともに「パラニューロン」というより大きなカテゴリーを形成する。同じ入れ子関係は遺伝子の同一性にもみることができ、脊椎動物咽頭胚の第二咽頭弓の形態を特異化する*Hoxa2*遺伝子は、脊索動物全体

図7–2▶進化過程によってもたらされる特徴の分岐的階層関係(上)と、異なったレイヤーの相同性の階層性が同じ系藤樹の上に一致すること(下)を示す。

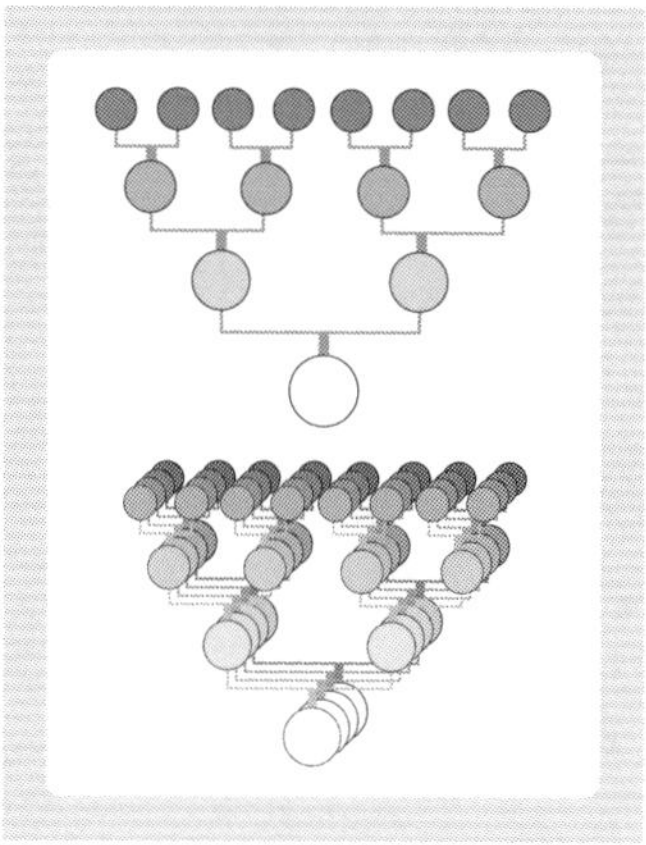

に共有されるゲノム重複前のＨｏｘクラスター内の*Hox2*遺伝子（ＰＧ２）と同起源（相同）のものであり、それはいうまでもなくＨｏｘ遺伝子群というファミリーの一つである。さらにＨｏｘ遺伝子群はホメオボックスを持つため、Msx遺伝子やＤｌｘ遺伝子などとともに「ホメオボックス遺伝子群」というより大きなカテゴリーの中の一つのクラスに属し、さらにこのＤＮＡ結合モチーフを持った転写調節遺伝子は動物以外にもみることができる。

形態要素、細胞型、遺伝子それぞれの枝分かれのパターンやヒエラルキーを伴ったカテゴリー化、そして生物種におけるその分布は、共有された進化的経緯のゆえに、互いに寸分なく重なり合う同一の系統樹の上に分布する（図7-2）。つまり、遺伝子のアミノ酸配列や塩基配列から推測された系統的序列（ただし、遺伝子の水平伝播、系統内に生じた遺伝子重複や細胞型の二次的重複や消失、形態的形質の二次的退化はここでは考えない）、あるいは形態的特徴における共有派生形質から推定された進化的分岐順序が同一ということである（図7-2下）。無論、遺伝子のファミリーの成立と、特定の細胞型のグループが期を同じくして出現する必然性はない。が、類似性にもとづいて体系立ったそれらの樹状の分布は、ただ一回の同一の進化系統樹の上に整合的に配列されなければならない。生物に限らず、多かれ少なかれ進化的分岐と先鋭化に伴う特殊化に似たプロセスを通してもたらされた数の増大と多様性は、これと同じ分類学的な樹状のヒエラルキーを示さずにはおれない。ここにみるのは、多様性や分岐に伴う類似性の階層の現れであり、我々が「相同」という概念で認識する進化的保守性は、それが遺伝子であれ、細胞型であれ、形態構造であれ、それぞれが属する相同性認識の樹状システムという個々の（独自の）平面（レイヤー）において、つねに同じ歴史的（系統進化的）入れ子関係、つまり階層を示す（図7-2下）。

◎2――形態的相同性の特殊事情

ここで、古典的な比較形態学の枠組みにおいて形態的パターンについてのみ認められてきた、奇妙で例外的なある仮説について言及するならば、形態要素の相同性は「ボディプランの共有を前提とする」と、半ば先験論的に考えられてきた。ゲーテの原型、キュヴィエによる動物の四大分類群や、オーウェンによる「原動物」というモデルは、そのような考え方の例である。ジョフロワの主張した「結合一致の法則」もまた、それを同一の分類群に限定すれば同じことを述べている(Geoffroy Saint-Hilaire, 1818)。つまり、「脊椎動物」というボディプランを共有するからこそ、脊柱や頭蓋や感覚器官をすべて過不足なく比較でき、それらの構造はすべての脊椎動物種のからだの中で同じ相対的位置を占め、それら構造が同じ順序で結合していると考えられた。

このような、「ボディプランの一致から個別的器官の相同性へ」という形態学的認識の流れは、経験論的に得られたものだが、実際のところは胚発生の中で動物群を通じて保存された胚形態と、それが約束する局所的な細胞間相互作用が保守的なやり方(分子的細胞生物学的機構)で、保守的なレパートリーの構造を「誘導」してきたという現実がその背景となっている。しかし、発生の因果連鎖の中から浮かび上がる法則や傾向と、形而上学的で認識論的な(異なったレイヤーを強引に結びつけるタイプの)階層性は同じものではない。同時に、古典的形態学におけるボディプランの優位性にも根拠はない。むしろ、右のような古典的方針の比較がゆき着くところ、すべての脊椎動物を導くことのできる「原型」という認識論的仮説が控えている(第1章、第2章参照)。いい換えれば、右のような立場に立つかぎりボディプランを共有しない動物群の間では、相同性を求めることが正当化できず、その試み自体が無意味とされる。したがって、昆虫の複眼と脊椎動物のカメラ眼の間に観る機能的類似性は、互いに無縁な、典型的な相似的現象の一例と認識されてしまう。[701]

しかしこのような古典的な文脈での形態学的相同性の枠組みは、大局的な形態プランを一つの「動かしがたい系」としてとらえ、そこに属する要素の連結の仕方、あるいは各要素が占める相対的位置にもとづいて同一性を定めるという構造主義的方針に沿っている。この典型がジョフロワの「結合一致の法則」であり、そこでは、異なった動物における器官構造の繋がり方の一致と、それによって導かれる「同等な相対的位置」を占める構造同士が相同であるといわれる。それは現在でも、最も応用可能な比較形態学的理念となっている(Hall, 1994, 1998)。しかし、ボディプランの一致は、すべての形態的構造の相対的位置関係を保存するものではなく、その中には位置関係が変化する、あるいは定まっていないいくつもの例が知られ、それらについてはレマーネがまとめている。[702] つまり、個々の形態的相同性は、細部に至るため解剖学的構築に依存して成立しているわけではないのである。

以上のことは、ボディプラン全体でなく、一つの器官の中の構成要素の相同性についてもあてはまる。たとえば、四肢動物の手足における多指症を考えるならば、相対的に定義される位置価でもって指の同一性を判定する限り、形態学者は増えた指がどれであるかをいいあてることはできない。そればかりか、「掌」という一つの系において構成要素が増えてしまった結果、すべての指がそれらの本来的同一性を失ったと判断されるかもしれない。ここでは、形而上学的な形態学の理念にのっとり、同等な位置価が系全体の中での相対的な関係によって定義されている。しかし、現代の発生生物学においては、特定の（Hoxのような）制御遺伝子の発現が機構的に位置価を指定することが知られ、それをもとに増えた指の正体を適切に、かつ整合的に同定できる。鳥の翼における指にみるように、発生上、指のアイデンティティが原基の並びの上をずれる「フレームシフト」現象も知られ、原理的には指の潜在的な相同性それ自体が、原基の上で時々刻々とシフトする（トランスフォーメーションする）様子すらいいあてることができる。[703]これと似た問題として興味深いのは、掌の上では、指の並びに前後軸が存在するが、それぞれの指それ自体には前と後ろが存在しないという事実である。少なくとも、形態学的にはそれは検出できない。

右の事例は、単に相同性決定についての手法が技術的に向上したことを物語るわけではない。むしろ、事態はより深刻であり、古くから認識されてきた形態的相同性のもつ、その本来的な構造論的、原型論的性格が根本から揺らいでいることが、ここに顕在しているのである。つまり、潜在的には存在している形態学的同一性が、それにもかかわらず形態学的認識の方法では原理的に求められないことが証明されているわけである。これは当然である。というのも、上に述べたように、遺伝子や細胞型の相同性が系統樹の上で進化的経路と整合的なパターンで分布しているにもかかわらず、同じ系統樹の上に分布するはずの形態要素の相同性だけが、構造相互の連関の仕方に依存し、ボディプランという系を離れて存在できないという道理はなく、そのパラダイム存立にかかわる矛盾がまさにここで問われているからである。おそらく、第1章に述べたような、進化なき時代の古典的な原型論こそが現実の生物に生じている形の論理から乖離していたのであり、むしろ、形態的相同性は（遺伝子や細胞型のように）それ自体「単体」として即時的にその同一性を纏い、個別的に保存されて系統樹の上に分布し、ときとして消失することもあると考えた方がより整合的であろうと予想される[◉704]。

右のことは次のようにもいい換えることもできる。すなわち、形態的相同性をもたらす発生上の様々な分子的背景、それをコードするゲノム上の情報、それを構成する細胞型のレパートリーのすべてが、ほかの要素とはかかわりなく単体で情報を担い、付随して相同性を備えつつ、進化を通じて単体で保存、もしくは消失するにもかかわらず、これら要素の総合的な作用や組み合わせの結果としてもたらされるはずの形態的相同性のみが、ボディプランの保存なしに存在できないと仮定する方がより不自然である。形態的相同性は記号論的に相対的に同定されるのではなく、むしろ、それ自体で存在しうる、より即自的な概念であると期待される。かつて構造論的形態理解の図式は、原型論が不可避的に内包する、最も反進化論的な仮説であった。おそらく現実は（かつての原型論的形態学の基本理念とは逆に）、形態的相同性とボディプランがそれぞれ別のレイヤーに存在する独自の同一性を担うか、もしくは、器官・構造の相同性のインテグリティとして二次的、あるいは受動的にボディプランが定義される、つまり、ボディプランは形態的諸要素の相同性の上に、結果として組み上げられている、と考えた方が適切なのである。かつてオーウエンがジョフロワを退けたように、動物門のボディプラン、もしくはファイロタイプを通じての保存を越えたところに、先験論的相同性は存在できなかった。しかし、形態的相同性の本当の広がりは、ファイロタイプを越えると予想されている。このことは、前口動物と後口動物の間で、互いに無関係に生じたようにみえる「体節的分節性（ソミトメリズム）」が動物門を越えて相同でありうるのかどうか、という問題に深くかかわってゆく。つまるところ頭蓋椎骨説や頭部分節問題は、形態学それ自体がそうであるように、様々なレヴェルでの相同性を整理するための問題群なのである。

◎3——反復

「反復」は形態学と進化生物学に長く棲息した由緒正しい概念であり、おそらくそれについての永らくの誤解は、反復現象の是非に対する議論そのものであった。つまり重要なのは、反復が是か非かではなく、「一見、発生が進化を反復せねばならないまっとうな理由がみあたらないにもかかわらず、しばしば発生が進化を反復するようにみえることがあるのはなぜなのか」という、進化と発生の間の「傾向」とその要因を見定めることなのである。ここに訝してくるのが、「発生負荷（developmental burden）」（Riedl, 1978）や「発生拘束（developmental constraints）」（Maynard-Smith et al., 1985）という、発生の経路やパターンにある種の保守性をもたらしてゆく進化的バイアスであり、これらと相同性の間に深い関係をみることは難しいことではない（後述）。

というのも、生物に対する我々の共時的な認識もまた一種の階層をなし、それは還元主義的な方針に従って、低次から高次へのレイヤーの重なりとなっている（図7-1）。つまり、ボディプラン以前に器官・構造があり、それ以前に組織構築があり、さらに組織タイプは一定の細胞型、もしくはその組み合わせよりなり、その細胞型を決めているのが遺伝子発現プロファイルとそれを成立させた遺伝子制御機構であると……。このような巨視的視野から微視的視野へ向かう指向性は古くよりあり、この基本的認識の方針を支えているのは決定論的機械論と、生物進化や発生に想定されている、単純から複雑へと向かうベクトルである。しかし、細胞型の分類によって明らかになる樹状の系統関係は、生物の進化分岐過程とは重なるが、それは必ずしも一生物個体の発生過程に生ずる細胞系譜の分岐過程とは重ならない。そして、このベクトルと進化的階層の間にみる並行性、あるいは、西洋形而上学の伝統にのっとり、異なったレイヤー間に階層を見出そうとするあらゆる思考が反復思想の根源となっている。

生成の過程におけるこのような反復的アナロジーは、形態的形質についてそもそも認められたものであり、一八世紀末より、胚発生過程において現れる形質の時間的序列を、分類体系や生物のみせる何らかの「階梯」になぞらえる試みは数多くなされてきた（第2章）。しかし、細胞型や形態形質のような、発生を通じて徐々に姿を現す相同的単位とは異なり、遺伝子やゲノムは発生過程とともに核の中に形を成すわけではなく、発生早期の胚であればあるほど、細胞核中に見つかるゲノムの雛形が原始的生物のそれに似るということもない。つまるところ、反復説は個体発生の中に現れる様々なリードアウトの序列と、系統樹の様々な地点に現れる表現型の出現プロセスの間に平行関係が生じがちな、一種の「傾向」とみるよりない。このように相同性の階層を個体発生にみる何らかの動的階層と同一視することが、いわゆる「反復論」である。生物現象にみる階層や体系は、原則的に進化史の中からしか生じえない。反復はそのことを認めず、異なったレイヤーに存在する相同性を結合する概念構築の最も原始的な手段となった。ならば、反復説を超えるところから進化発生学は始まらねばならない。

かくして、以下の論考はボディプランの進化を理解・把握するために、これまでのような形質の「あり・なし」にもとづく系統推定や「発生機構や遺伝子の負荷・消失」の判定にとどまることなく、むしろいま目の前にみている、この複雑な阿弥陀籤《あみだくじ》が出来上がった内訳、つまり「いつ、どこで、誰がこの横線を引いたのか」、「どのような経緯として、どんでん返しが生じたのか」、そしてそもそも「どの線が最初に引かれていたのか」を見出してゆかねばならず、頭部分節の問いもまた、同じ課題に包摂されるのである。以降の考察の主役はかくして、生物進化の様々なレイヤーにみる「相同性」である。相同性の実体は遺伝子でも、細胞でも、組織でもなく、ましてや記号論的関係性でもない。形態的相同性のしばしば示す「同一の位置関係」は、相同性表出の背景にあるプロセスやパターンの結果として二次的に表れている一つの側面にすぎず、位置関係それ自体が相同性の本質を示しているわけではない。むしろ進化の中で保存される情報の中から、様々な形をとって表出する同一性の円環が「相同性」の正体であり、それは進化と発生の中で「同一性を伴いつつ、保存された情報」とするのが当面は最も適切な定義となる（Van Valen, 1982; Thomson, 1993）。それは進化の中でたえず変形するモジュールでもあり、それは、形態的相同性決定の標的となる表現型と、それをもたらすありとあらゆる要因をともに含む。したがってこのような情報の形をとらない形態パターンは、進化する単位とはならず、ここで議論する必要もない。

◎4——形態の差別化

生物のからだには、遺伝発生的に規定されることもなく、ただ単に出来ているような、いわば予想不可能なパターンが多いと考えられている（予想不可能性については後述）。そうでなければ、このような複雑な人体を限られた遺伝子数で作り上げることはできないだろう。その実例を考察するうえで同一動物種の中で、多数の個体が精密な解剖学的精査を受けたことがあるものといえば、やはりホモ・サピエンスをおいてほかにはない。

日本の解剖学者、足立文太郎は、日本人の肉眼解剖を通じ、動静脈やリンパ管系を含む脈管系の形態が変異や多型を示しながらも、つねにいくつかのタイプに収まってしまうことを膨大な資料でもって報告した(Adachi & Hasebe, 1928; Adach, 1933, 1940, 1953ab)。これは大局的な脈管の分岐パターン形成を司る発生プロセスとパターンが、有限個の異なった遺伝子型にもとづくか、もしくは発生機構それ自体が潜在的に有限個の経路にキャナライズされていることを示す。しかし、この複数の型でもなおとり込むことのできない微少な脈管の分岐や経路がある。そういったものは、遺伝発生的に一々正確に、決定論的に決められて出来ているものではない。つまり、解剖学的形態パターンをもたらす発生プログラムは、からだの微細な領域、あるいは(人種によって変動しがちな、顎二腹筋と茎突舌骨筋の内外の位置関係のような)「どうでもよいパターン」の形成まで担うわけではない。そのような、「特定のやり方でプログラムされているのではなく、偶発的に出来ている非・発生遺伝学的な(すなわち、ゲノムの中の特定的な情報を用いない、発生の帰結が予測不可能な)構造群」は実は極めて多い。[705] たとえば、ショウジョウバエの剛毛の数は予想可能な決定論的・遺伝的形質であり、かつ、個別的淘汰の標的となりうるが、我々の頭皮の毛根や毛細血管の分布や数については、側方抑制に似た発生機構を司るシグナルの強度や、それによって帰結する確率分布以上のことは決められてはいない。したがって、これらの一つひとつを帰結するプログラムがない以上、その個物(ヒトの毛髪の一本)を単位とした淘汰もまたありえない。つまり、「髪の毛一本」は非・発生遺伝学的存在であり、またその理由で相同性決定の対象とはならない。形態形質の同一性は、個別的情報の結果として得られていると考えねばならない。

しばしば右とよく似た文脈において「変動する非対称性(fluctuating asymmetry：FA)」(Hall, 1998に要約)として考察されることの多かった「遺伝的形態形成の背景を個別的に明確に持たず、偶発的な変異を多く伴う構造」は、特定のパターンに強くキャナライズされて「いない」発生機構をベースとし、したがって単体として特定的に淘汰にかかることもないと考えられる。淘汰はただ、分布密度や太さ、あるいはランダムさをシフトさせるのみで(人為淘汰により、FA

自体の振れ幅を増大させうることは報告されている）、それら個別の形質をわざわざ「特定的に」作り上げるような発生プログラムや進化過程はそこにはない。である以上、たとえばヒトの頭蓋に偶発的に生ずる「縫合骨」と、板皮類から哺乳類に至るまで綿々と引き継がれてきた舌顎骨の相同物である「アブミ骨」とでは、同じ形態学的単体としての要素骨であっても、進化における「遺伝発生学的重み」が違うのである。偶発的構造やパターンは、進化的相同性に相当するいかなる情報をも伴わず、相同性決定には値せず、ただ単に、ごくあたり前のようにそこに出来ている。比較解剖学者や比較形態学者はこれまで、種の内部でランダムに変化しうる、機能的に中立な変異を多く見出していながら、あまりそれらには拘泥せず、進化を反映するとおぼしい真に重要なパターンにのみ確固とした名を与え、それらのシフトを選別してきた。解剖学用語は目にみえるすべてのものを表記しているわけではないのである。ならば、将来的に形態パターンを定量化するにあたっては、まず正しく「相同な情報を担う単体」を（多少乱暴にいえば、毛細血管を捨て、大動脈弓を拾い上げるような）選別しなければならない。

「遺伝発生的に予想可能」というのは、「観察者が形態形成の帰結を予想できる」ということをいうのではない。そうではなく、そこにある解剖学的パターンが確かに、淘汰を経て成立した発生過程においてわざわざ作り上げられた特定的な形態形成プログラムの帰結として、「予定通りに間違いなく出来ている」ということを指す。そのような発生機構はしたがって、系統の中で連続的に同一性を示し、今後も淘汰の篩《ふるい》にかけることができ、その同じ理由で「系統分類学の指標」ともなりえ、かつその指標は系統分類体系とパラレルな階層を示すことになる（たとえば、トンボ類の分類指標に用いられる翅脈には、いくつかの階層的なサイズの違いがあり、それぞれが異なったタクサのヒエラルキーに対応する）。それは必ずしも、一つの遺伝子型が一つの表現型を確実に帰結するものでなくともよい。むしろ、「発生的応答規準」（後述）と呼ぶことのできる、適応的な表現型のレパートリーや、許容できる幅を伴った表現型を間違いなく帰結する遺伝的要因が、淘汰を通じて選別可能な形で確実に存在している。「変動する非対称性」の文脈からみえてくるのは、形態形成の進化における「キャナライゼーション（canalization）」（Waddington, 1942）との拮抗であり、発生的応答規準は、発生経路がほどよくキャナライズされていなければ、「予想通りの」パターンを帰結しない。重要なのは、発生プログラムや形態的パターンの膨大なコレクションの中から、相同的形態形質と結合した発生的応答規準を選別し、モデル化することである。

かくして、目にみえるすべての「かたち」やパターンや配列を等しく形態的パターンとしてとり込もうとする枚挙・網羅的視点からは、進化発生学的な理解へは決してゆき着かない。ここで考察しているような進化的同一性を備えた情報がいったい、進化とゲノム・形態発生空間の中でどのような姿をとるのか、そして変化するのか。それを把握する方法の吟味がこの試論の内容である。

円環としての相同性

◎1——概念群［文脈の並列化の試み］

この試論の本来的目的は、相同性という現象を通じてボディプラン進化の実相に迫ることであり、そのためには、発生と進化におけるあらゆる切り口に表出する類似性や同一性を等しくとり込んだモデルを創出する必要がある。端的には、形態学と発生システム論を遺伝学的に結合させなければならない。このような無謀な作業を多少とも容易にする方法があるとすれば、その一つはこれまで進化発生学、あるいはそれと深いかかわりを持つ周辺のいくつかの研究分野において語られてきた概念群を、さしあたって一つの文脈の上であらためて結合・整理し、それをもって当面の概念的枠組みの構築とすることであろう。それら概念群は現在のところ、一見互いにバラバラに存在し、それぞれ独自の文脈で独自の目的を背負いながら個別的方法で定義されてきたようにみえる。それは、構造化されていない議論の中で、独立の問題が局所的にのみ扱われている状況にも等しい（図7-3）。

しかし、それぞれ独立に定義されているようにみえる進化発生学的概念のあるものは、実はほかのものと内容的に同じであるか、さもなければ非常に近い関係にあるか、互いに相補的な関係を示すこともあり、それをまとめると可能性として図7-4のようになる。

まず、「深層の相同性（deep homology）」（Shubin et al., 1997）とは本来、形態学的には相同でないか、系統的に隔たった起源を持ち、互いに無縁の構造へと変化してしまった複数の器官に、相同的遺伝子群や分子間相互作用が用いられることをいい（光受容器官形成における*Pax6*相同遺伝子の進化的変遷についての考察は、Arent & Wittbrodt, 2001を）、そのうちの一部はしばしば由来の古い遺伝子制御ネットワークや、同様に古い発生カスケードの上位に位置するマスターコントロール遺伝子の「コ・オプション」の結果としてもたらされている。コ・オプションによって得られた新しい形質は、形態レヴェルではその祖先に相当する前駆体が存在しない。そのため、こういった形質は「進化的新規形質」と評価される。「甲虫の角」や「鯨類の背鰭」がそのようなものである。すなわち、「深層の相同性」と「コ・オプション」は（すべてではないが）、一つの進化的イベントにみることのできる、互いに関係しあった二つの現象を指す概念であり、両者とも伝統的相同性や、それを保証する発生拘束を打ち破る（Müller & Wagner, 1991; Wagner & Müller, 2002）。また、このような進化においては、用いられた発生プログラムだけが祖先に存在しているようにみえるため、そのレヴェルでの相同性から、「前適応（pre-adaptation）」や「外適応（exaptation）」の概念があてられることも多かった。

また、コ・オプションの機構的要因、もしくはコ・オプションそのものは、発生における胚の中の位置、もしくは胚発生のタイムテーブルの変更としてみることが可能である。なぜなら、祖先的な遺伝子制御ネットワーク（gene regulatory network：GRN）と同一のものが、子孫において異なった場所や時間に発動するものとして理解できるためである。ならば、ヘッケルが発案した（反復的発生のアンチテーゼとしての）ヘテロトピー（異所性：heterotopy）、ならびにヘテロクロニー（異時性：heterochrony）がここにかかわることも自明であり、そもそもヘテロトピーとヘテロクロニーは、互いに独立事象として認識することができない（Hall, 1998に要約）。

一方、「発生システム浮動（developmental system drift：DSD）」（True & Haag, 2001）や「乖離」と呼ばれる現象は、それぞれ別のレイヤーにある複数の相同的事物同士の「繋がり（＝結合）」が変更したり、断ち切られたりすることをいう。具体的には、相同的器官構造の下部構造としての発生プロセスや、そこにかかわる遺伝子の相同性が失われることを指すが、相同的遺伝子の相同的制御において、関与する分子機構やＤＮＡ上の制御領域における認識配列や一部の制御蛋白質だけが変更するようなケースも該当する（たとえば、Sharif et al. 2013）。ＤＳＤが最も強調されるのは、相同的形態の発生に非相同的遺伝子（多くはツールキット遺伝子）がかかわるケースである。したがって、ＤＳＤと乖離もまた、多かれ少なかれ同じ進化発生的文脈上にあり、短絡的には「深層の相同性、およびコ・オプション」の裏返しの現象を示すと

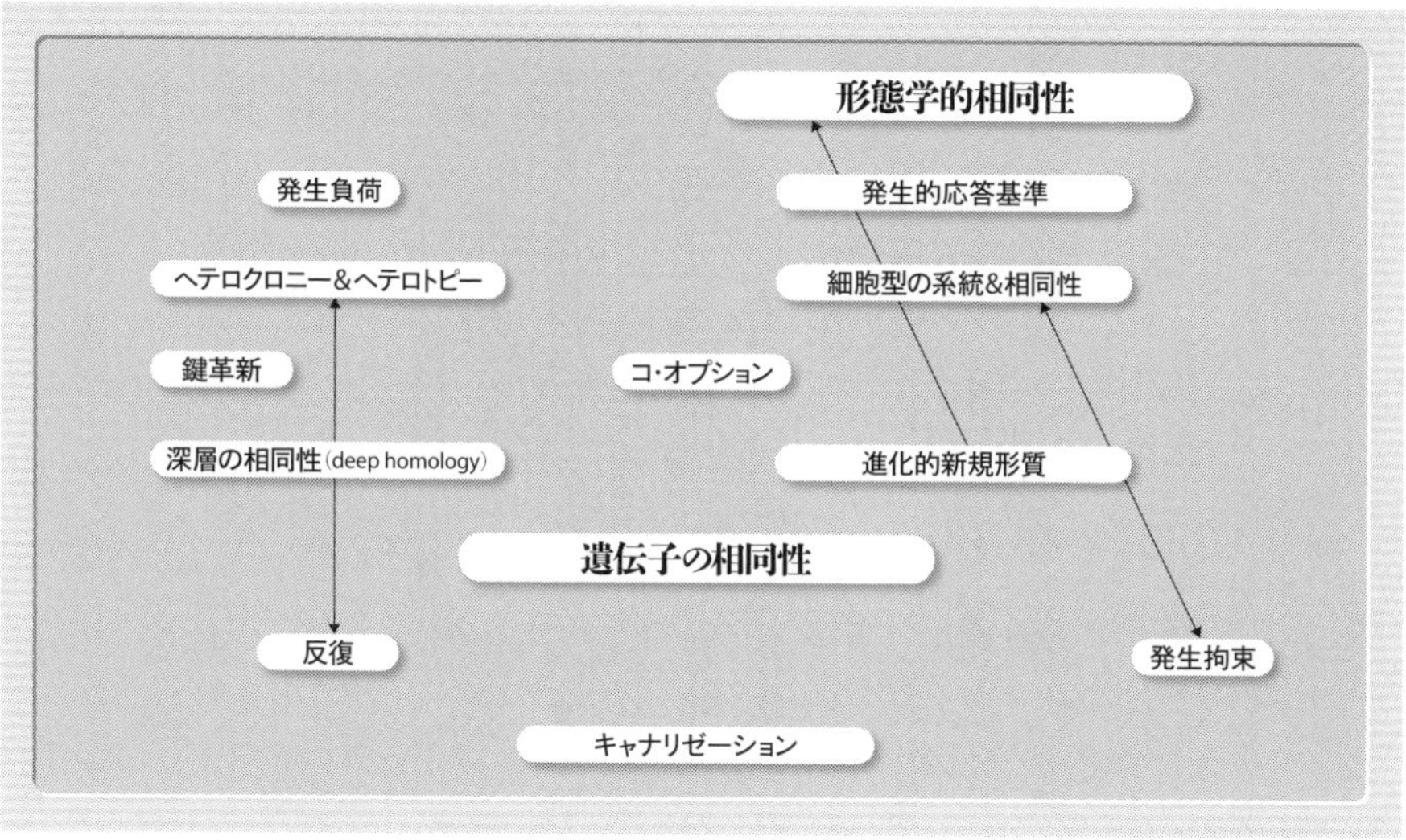

図7-3▶進化発生学の諸概念。

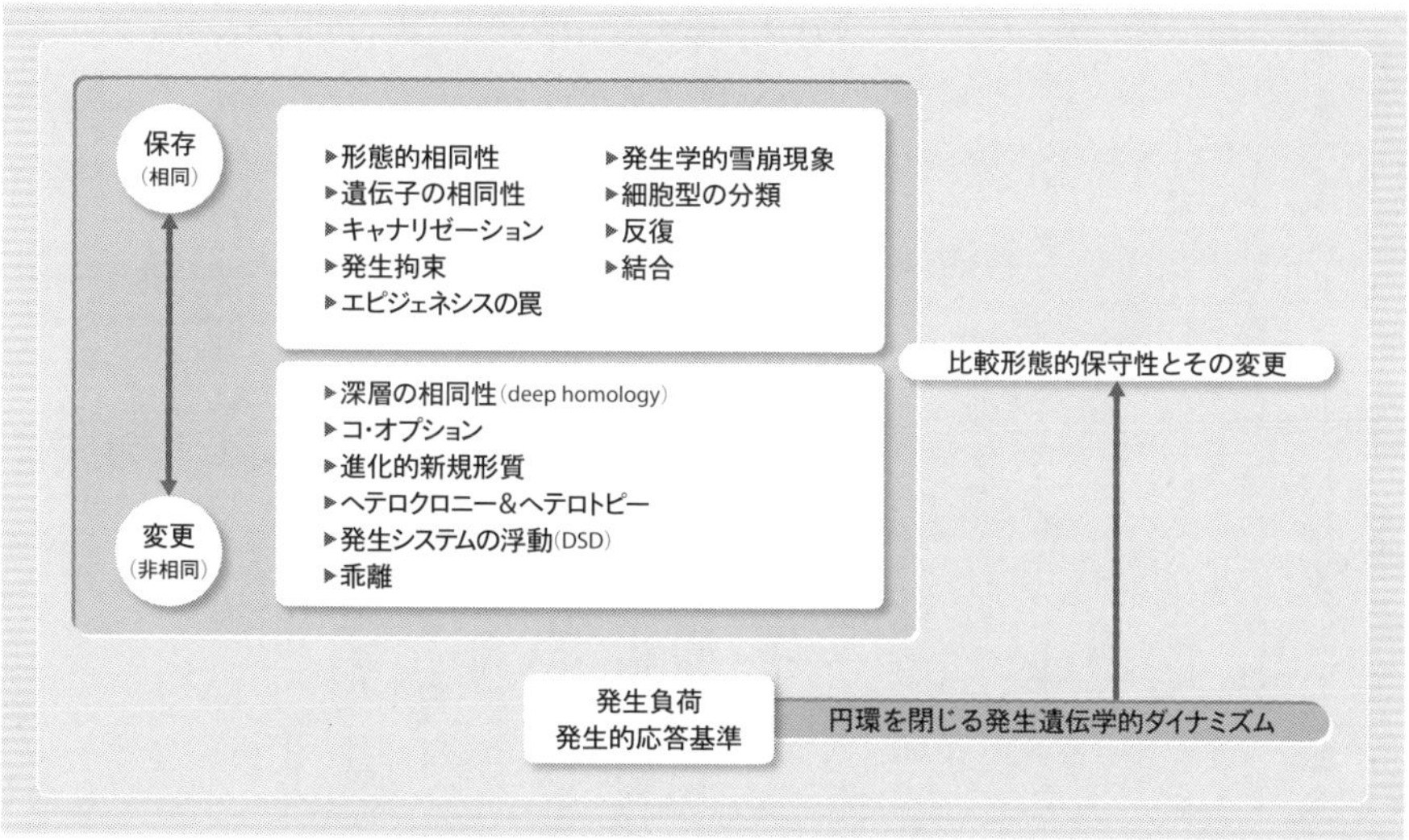

図7-4▶諸概念のグループ化と関係。

いってよい。とりわけ、DSDは、のちに述べる「エピジェネシスの罠」とは逆に、枷《かせ》が発生原基や表現型形質のパターンに偏重してかかっている状態を示すのであり、これら二つの概念が一見、ともに発生拘束のようにみえる現象を帰結しながら、実はまったく逆の作用の結果として表れている可能性を示す。

これら、進化的変更を代表する二グループの概念群に対し、ほぼ「対概念群」と呼んでよいものが、図7-4の上部に示した、形態的相同性に率いられた一連の概念となる。形態的相同性がいかなる下部構造にも還元できないことはつとに指摘されてきたが(Remane, 1956; Hall, 1998)、少なくとも現時点で予想可能なのは、発生過程のどこかの局面で、何らかの保守的な経路に入らなければ、いかなる形態的保守性も表出しないという必然である。●706 むしろDSDや乖離は、相同的表現型があるにもかかわらず発生過程のどこかの部分が変更していることを指すのであり(つまり、その性質が本質的に変形発生(caenogenetic)であり)、その限りにおいて形態的相同性の所在は、それに対応する発生経路が進化的に変更しない、つまり発生上のいずれかの範囲に「拘束されている」ことを示唆する。ならば、形態的相同性をもたらす要因は、ある理想化された状態においては相同的発生制御遺伝子群や、それらの織りなす制御ネットワーク、あるいは分子間相互作用によって成就されるのが「普通」であり、とりわけそれらが構造的に動かしがたいパターンとして構築されているとき、「エピジェネシスの罠(epigenetic trap)」と呼ばれる、ある種の保守的な「構造的ネットワーク」が成立する(Wagner, 1989ab)。これはまぎれもなく一種の「発生拘束」である。これら両者はイコールで結ぶことはできないが、進化を通じて変化しにくい発生経路を帰結する点においては、同質の因果的性質を示している。同時に、発生経路のうち進化的に変更しがたい部分が、エピジェネティックランドスケープにおいてキャナライズされていることも想像できる。

以上は総じて、進化を通じて情報がどのように保存されるか、あるいは変更されるかという二律背反を表現した概念群であり、それは相同性の保存と破棄に関する考察でもある。しかしそれが次世代に伝わり、同様の、あるいは多少変更されたプロセスが進行するためには、ゲノムにその情報がコーディングされ、取捨選択されねばならない。表現型レヴェルでの相同性が確保されるためには、そのそれぞれと何らかの形で結合した遺伝的因子が特定されている必要がある。その特定のされ方は単純ではなく、遺伝子座と表現型を、なるべく単純な写像関係を介してマップすることがそもそもの近代遺伝学の目的であった。また、発生生物学はゲノム型と表現型を繋げるための「ブラックボックス（あるいは不可解な因果連鎖過程）」と喩《たと》えられてきた。それ自体はいまでも本質的に変わっておらず、そのブラックボックスの中に潜んでいるネットワークの複雑さがようやくみえ始めてきた段階にある。ならば、その因果関係をどのように解きほぐしてゆけばよいのか。

枚挙的に遺伝子や分子、細胞の相互作用を記述し、最終的にそれら相互作用の素過程を再構築し、機械論的な形態理解に持ち込もうという動機はわかる。が、それは絶望的なまでの長時間を要する上、人間の理解力を越える。そこで、発生機構それ自体の構築を理解するために、進化生物学においてはこれまでいくつかの概念が建てられてきた。一つは「発生的応答規準（developmental reaction norm：DRN）」（Schlichting & Pigliucci, 1998）である。これは、一つのゲノムに依存した、ある変異幅を持った発生経路と、それが帰結する「変異幅を伴った表現型のひろがり」があるという考え方であり、環境に応じた表現型の変容を説明する作業仮説として、主として生態学的文脈に沿った表現型形質の進化理解のためのツールとして用いられてきた。これを逆の視点から眺めるならば、適応的で、淘汰を通じて守られる表現型が、ゲノムの中の限られたサブセットをコンスタントに、特定的に保存してゆくというダーウィニズム的過程が、発生プロセスの網目の中に切り込んでゆくさまが浮かび上がる。

右のような視点は、現在の進化発生学的理解とも相性がよい。というのも、動物にみる精妙な解剖学的構築が必ずしも無数の対立遺伝子群の創発的効果により形成されているのではなく、むしろ形態モジュールの広がりに合致する遺伝子発現プロファイルや、それを導く特定の制御ネットワークが構造特異的に作用していることがすでに知られているからである。形態要素は「予想可能な発生機構」によって、遺伝的かつ特定的に制御されているのだ。逆にいえば、発生プログラムの進化的変化に伴って変形する単位が、淘汰の篩にかかる表現型の単位であったり、比較形態学的吟味を通じて認識された形態要素に相当し、我々はそのような一連の共分散を認識することにより、形態学用語を整備すると同時に、間接的にボディプランの遺伝発生学的構造をも感知している。ならば、相同性という情報の流れも、理想的にはこのDRNに沿うであろうことは容易に想像できる。

発生のある時期以降、動物胚の形態はモジュラリティを増大させ、そのモジュール間の境界は、外界と相互作用する表現型の束としての解剖学的構築単位のそれに限りなく近づいてゆく。しかし、この「胚発生-ゲシュタルト境界」を成就するため、発生経路にある種の制約がかかっている（キャナライズされている）状況をみないわけにはゆかない。簡単にいえば、最終的な動物のゲシュタルトにかかわらず、どの動物も一過性に基本的ボディプラン構成を成就する発生ステージ、つまり「ファイロティピック段階」を、発生過程の器官形成期に経過するということを、我々は経験的に知っているのである。換言すれば、ゲシュタルトの背後にあるグローバルな形態的相同単位は、この「ファイロティピック段階」、すなわち脊椎動物における後期神経胚から初期咽頭胚にかけての時期に起源を持つ。この段階以降発現する形態形成遺伝子、とりわけ「ツールキット遺伝子群」と呼ばれてきた一部の発生制御遺伝子のうち、細胞自律的な機能を有するもの、端的には、転写制御因子をコードするものは、多かれ少なかれ原基特異的な発現を獲得し、それが形態学的同一性の分布と次第に一致し始める。つまり、遺伝子の相同性と形態の相同性が出会う、ありうべき特定の段階がまさにここであり、同時に形態的相同性が発生学的に還元不可能となる部分（いわば、我々の理解を阻む白日夢のような領域）が、これ以前の発生段階を充填している。DRNは相同的情報の流れを通じ、安定的ボディプランを外的淘汰に晒す。そして、祖先的に獲得されたゲノムの内容や、そのリードアウトとしての胚形態デフォルトパターンを少しずつ変更しては、適応の度合いを測る指針として働く。ゲノムと発生と表現型を繋ぎ、そこに確かに相関があることを示すのがDRNなのである。この発想の源泉はゲーテにまで遡る（第1章）。

対して、「発生負荷（developmental burden）」は基本的に内部淘汰をクリアする装置である（図7-5）。それはファイロティピック段階の前後に生ずる根本的な形態発生過程において、発生の時間を遡り、要因を特定するためのツールである。しかし、初期発生段階であればあるほどのちの発生過程に対して大きな責任を負うからといって、（リードルのいうように）それだけ初期発生過程がより保守的で、かつ、よりロバストでなければならないとは「限らない」。むしろ、リードルが最初に定義した発生負荷は、特定の表現型を成就するために特定的に存在しなければならないプロセスやパターンの重要性としてのそれであり、羊膜類の脊索や咽頭弓が、成体において不要であるにもかかわらず、進化を反復するかのごとくに胚に現れるのはなぜかをうまく説明する。つまり、脊索そのものや、鰓そのものが必要なのではなく、それらの存在に依存した諸構造（椎骨の分化、神経管の背腹軸上の特異化、鰓性器官の分化）の安定的な発生にとって、因果連鎖的に不可欠となっているのである。鰓性器官を分化しない後方の咽頭弓が、羊膜類においてはもはや発生しないように、発生初期胚の形態は、そのまま正直に保存されているのではなく、発生負荷を通じて特定的に省力化され、安定化している。

ならば、発生負荷もまた、保存された発生プログラムによって予想可能な発生パターンを成就する、もっぱら内部淘汰においてその効力を発揮しているダイナミックな要因でありうる。発生負荷が大きければ、相同性もより強く保存される。発生負荷のダイナミズムもまた、相同性という情報が流れる方向とつねにパラレルである。かくして、「発生負荷とDRN」はどちらも淘汰をとり入れた遺伝発生的ダイナミズムにあって、相同的表現型の束と相同遺伝子の束、そしてそれを繋ぐ発生経路の束を連続した因果連鎖として記述することを可能にし、両者の論理的なベクトルは互いに逆を向いている（後述・図7-11）。これら両概念は、それらなくしては発生各段階におけるあらゆる

図7-5▶上は多様性の系統的階層関係。下は、発生負荷の作用する方向。上の小さな円が発生後期に生ずる発生パターン。発生負荷のために、進化的系統樹に似た階層が発生プロセスに生ずることになると、リードルは説いた。この考えの是非はまだ明らかになっておらず、さりとて発生過程は、少なくとも進化系統関係の正確な反復とはなっていない。

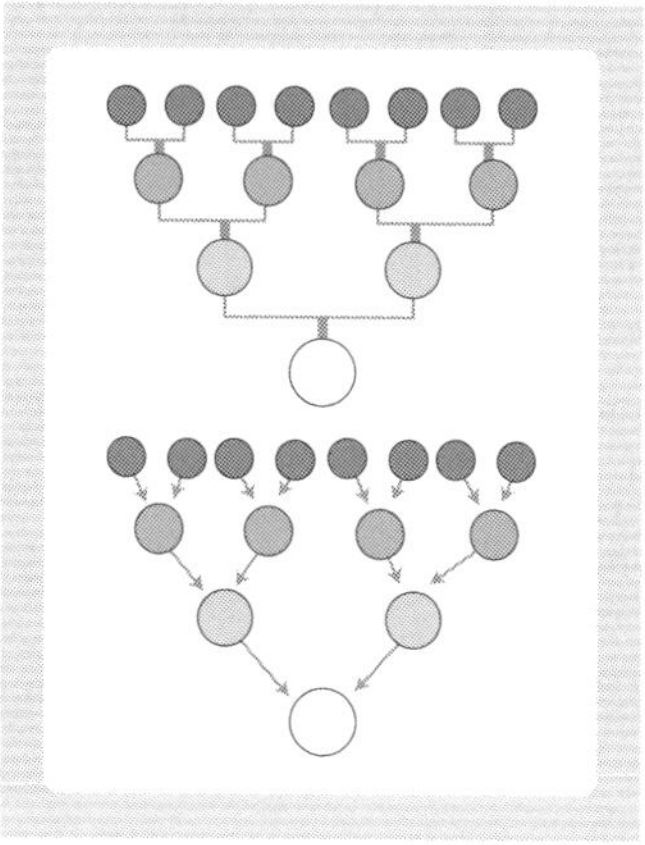

胚形質すべてを内部淘汰の関所にかけるタイプの複雑きわまりないモデルや発生プロセスを、表現型形質から完璧に切り離したような、志の低いモデル作製の回避には役立つであろう。これらダイナミズムがポジティヴに作用し、淘汰をくぐり抜けたとき、相同性は情報の流れとして完結し、次世代に受け継がれる。ならば、両概念は相同性を守る諸概念と、それを破棄し、新規なパターンをもたらす変化を表現する諸概念の相克にあって、その勝敗を定める行司の役割を買って出ているとみなすこともできる(図7-5)。

◎2――発生空間とゲノム空間をとり込んだ相同性のモデル化

実際に、進化を通じて「相同性という保存された情報」が流れ、変形してゆく過程を表現することは難しい。これはゲノム空間と形態発生学的空間をともにとり込んだネットワークとして表現されねばならない。

図7-6は、受精卵に始まり成体に至るまでの「細胞系譜の分岐と増加」の過程として発生プログラムを簡略に描いたものである。実験発生学がそもそも発生プログラムの構造を明らかにするものであり、その手法がもっぱらクローン解析によっていた限りは、このようなモデルが妥当であろうと考えられる。左右相称動物においては、原則として三胚葉がまず確立し、通常それが細胞分化の絞り込みの第一段階として認識されると同時に、形態パターンの最初の兆候が現れる段階ともみなされる。つまり、相同性に類似した形態学的「言分け」が最初に可能となるのがこのステージである。しかしボディプランに相当する形態的記号が充分に明瞭になるには、さらなる細胞系譜の分岐が必要であり、解剖学的構築の樹立とともに、細胞型もある一定の広がりを持ったレパートリーを完成させる。そして、胚原基が出揃った時点で、成体の形態学的相同性へ至るまっすぐな経路が形成される(developmental perspective)(図7-6)。

が、細胞系譜に従った多様化モデルとして発生過程をとらえる限り、形態学的相同性が単一か、もしくは複数有限個の系譜レパートリーに帰着することは、僅かな例外を除いてあまりなく、発生過程とともに相同性の構成要素は限りなく増加、放散してゆく。つまり、受精卵からファイロタイプ期へ至る樹状システムの形状は、我々が成体の解剖にみる器官系などの形態的要素、それらを構成する組織や細胞型、それを導いた胚葉の起源へと認識の拡大率を挙げ、還元論的に遡及する際に用いられる認識の樹形パターン（形態記号論的ヒエラルキー）の正確な鏡像とはなって「いない」。先に述べたように、西洋形而上学にもとづく従来の形態学的、解剖学的システム論的エピステーメーは、発生プログラムの持つ現実の階層構造と一致しないのである。また、形態学的なカテゴライゼーションは、客観的な細胞系譜とも別物である（脊椎動物の頭蓋形成における顔面頭蓋と神経頭蓋の区別が、必ずしも神経堤細胞と中胚葉という二つの細胞系譜とは正確に一致しなかったように）。ここで興味深いのは、これまで適応的な表現型であるとか、系統分類関係の解析のために用いられた解剖・形態学的形質（状態）が、形態記号論的認識（morphological perspective）（図7−6）の側に存在することであり、（この試論にとって幸運なことには）それが過去の系統分類学においてある程度まで正しい系統樹をもたらしてきたからには、形態学的認識それ自体はもはや、単なる形而上学や、人間的認識論にとってのみ自然な、単なる恣意的な記号システムではとどまらない。むしろ、解剖学的モジュラリティには一部、遺伝子や発生

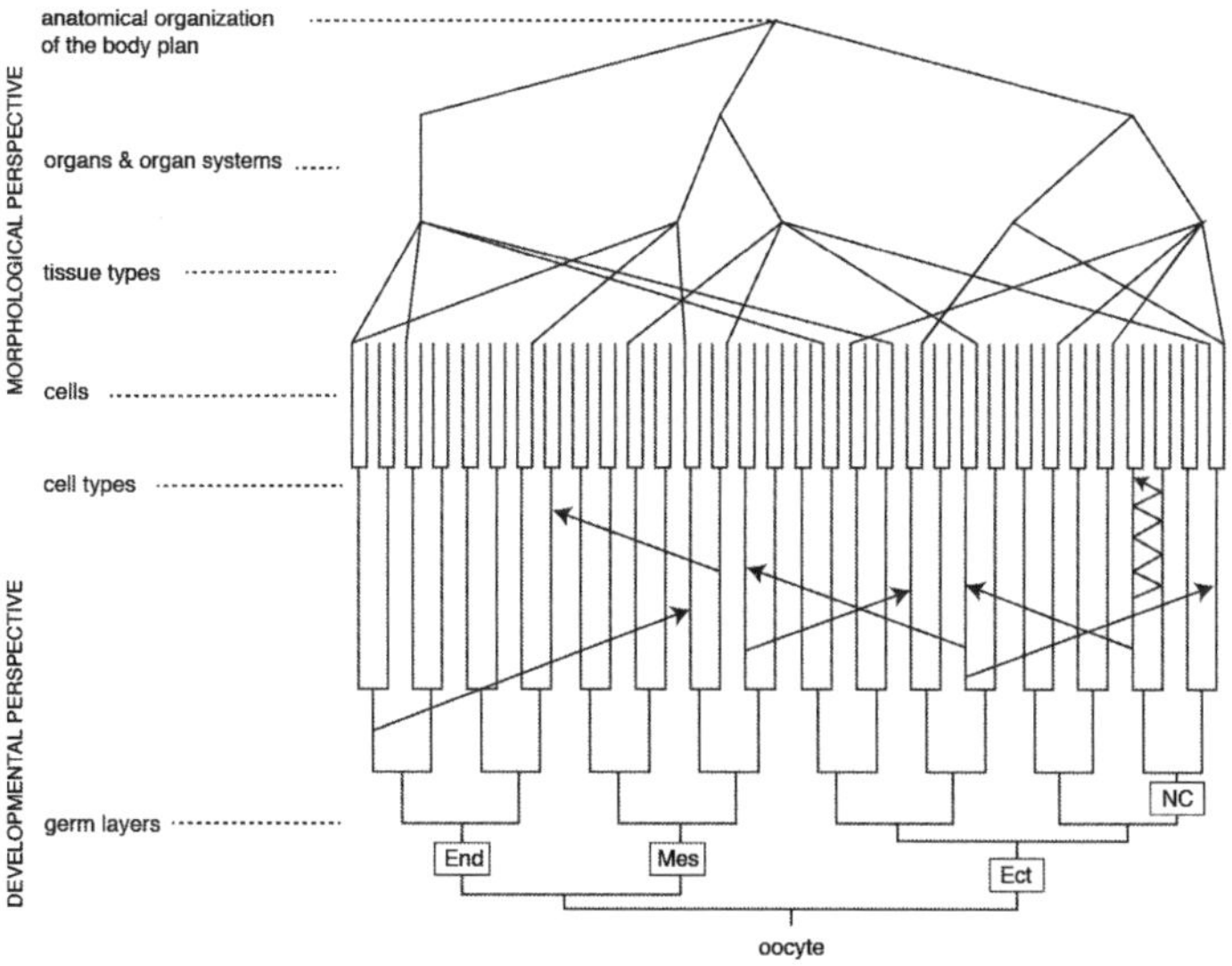

図7−6▶個体発生過程の1つのモデル化。

原基のモジュラリティ、そしてそれらの遺伝様式と重なり合う部分が存在すると期待できる。

形態学と発生学の不一致の要因を特定することは得策ではない。むしろ、それらが一致しなければならないという形而上学的観測を潔く捨てるべきである。ただ一点、発生のシステムを樹状ではなく網目状にし、還元論的なモデル化を頑《かたく》なに阻んでいる主たる要因の一つとして、あたかも阿弥陀籤《あみだくじ》に横線を引いてゆくような、細胞系譜「非依存」的な結合をここで強調することは有意義であろう。脊椎動物のような大型の胚を作り出す発生機構においてはとりわけ、遺伝子の局時的、局所的発現のためのキーとして、時々刻々と変化する胚の空間的パターンを利用し、結果、特定的な細胞と細胞の出会いが特定的な誘導的相互作用を惹起し、そこにパターンを作り出すというケースが非常に多い。すなわち、細胞系譜の形で示された個体発生の模式図においては、あたかも細胞自律的な分化や特異化が普遍的に生じているようにみえるが、高度な体制をもった左右相称動物の実際においては、胚発生の途中に生じた細胞、組織同士の間の位置関係が、一種の境界条件として、のちのステップにとって決定的に重要な相互作用の下地となる。この、本来的定義における「エピジェネティック発生要因」の作用の仕方を、細胞系譜を飛び越えたいくつかの矢印で示した[◉707]（図7-7）。動物のからだに三次元的な複雑さを与えるこの機構的要因が、ボディプラン獲得にとって大きな背景となっていることについてはすでに、本文において何度となく強調した。

では、このような形態学・発生学空間の上に、遺伝子群やそれらの作用はどのようにマップされるのか。本質的に重要なこの課題にあっては、ＤＲＮと発生負荷の指し示す二つのベクトル上での考察が必要となる。

たとえば、極めて単純化したモデルをもとに、発生負荷の視点でこれを考えるのであれば、一つの細胞系譜のある時点で発現する細胞自律的な制御遺伝子は、そこから以降、因果連鎖として派生する発生プロセスと、それによって成就するすべてのパターンに対して責任を負うことになる。ところが、細胞間のシグナリングにかかわる、「非・細胞自律的に機能する遺伝子群」、とりわけ拡散シグナル因子をコードし、細胞間相互作用の担い手となる遺伝子群（典型的には成長因子をコードする）は、それが発現する細胞よりも、むしろそれを受けとる側の細胞のゆく末により大きな責任を負う（図7-7）。したがって、発生負荷的視点にもとづいた遺伝子作用のマッピングは、あたかも阿弥陀籔をなぞるような経路を、個体発生の時間軸に沿って登ってゆき、いずれかは表現型形質にゆきあたる折れ線で示されることになる（図7-7）。ただし、ここで認識される表現型形質もまた多くの場合（器官や構造が細胞系譜のみで表現できないように）、形態学的認識空間の中にしか見出されない。

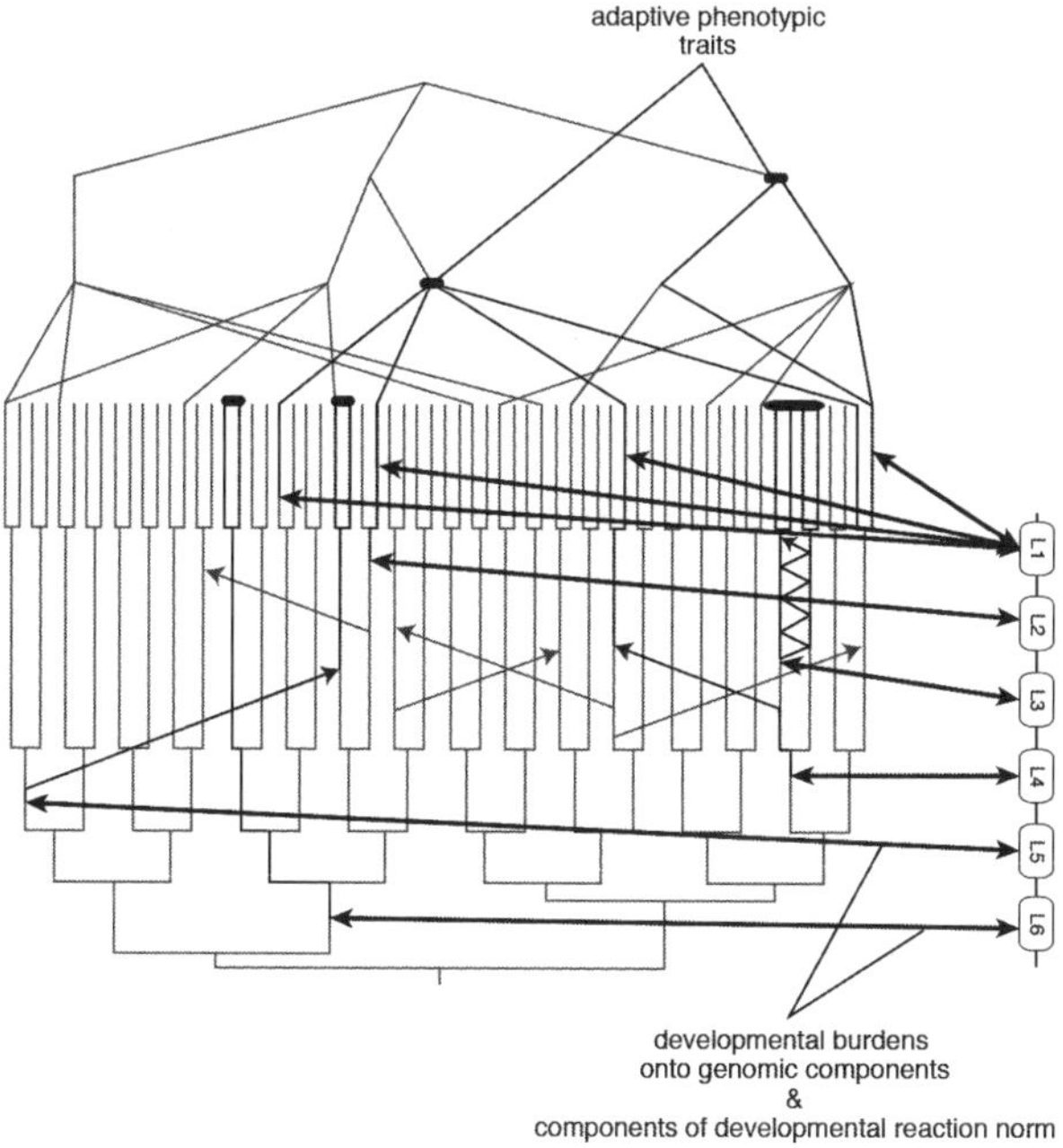

図7-7▶遺伝子作用の個体発生へのマッピング。右側に「L」で示されたものは単一の遺伝子座ではなく、むしろDNA上の複数の領域や遺伝子セットとみた方がよい。無論、そのようなセットのそれぞれが固定的に単一の表現型とリンクしているわけではない。

ゲノムの特定部分とリンクしたＤＲＮは、表現型にゆき着き、生態学的文脈で適応的との評価を受けた時点で、再び同じ遺伝子群の存在を正当化する。すなわち、淘汰を生き延びる（図7―8）。このように、相同な遺伝子群や、それらの織りなす相同的な遺伝子制御ネットワークは、保守的な発生経路を通るプログラムに従って胚原基を発生させ、その原基が分化することによって相同的な表現型を作出し、さらにそれを介して遺伝子群自らの存在を安定化させる。このようにして認識できる因果連鎖やロジカルなイベントの繋がりからなる閉じた円環が、以降「相同性の円環（ときに、単に円環）」と呼ぶ情報の、最も単純な形をなすことになる（後述・図7―9）。

　無論、一つの表現型や形質状態を作り出す遺伝子が単一であるということはありえない。したがって、この円環の実相はより複雑なものとなる。が、進化的に保存され、かつ変形しうる「情報」が単なる遺伝情報なのではなく、そのリードアウトをとり込んだ形で完結するトータルで、しかもモジュラーな性質を持つことはここに表現されている。発生中で細胞系譜やその相互作用という形でプログラムされ、その結果として完成する細胞型レパートリー、もしくは予想通りに構築された器官構造や解剖学的構築が成就するたび、「相同性という名の情報」は、我々の認識にある異なったレイヤーの中でつねにディスクリート、あるいはモジュラーな記号（遺伝子、発生プログラム、器官原基、形態要素、適応）を担い、相同性決定を可能にするような同一性（アミノ酸配列、トランスクリプトーム、細胞系譜、比較形態学用語）を伴いつつ、再びゲノムの中での保存される遺伝子レパートリーという形でもってコードされ、その時点でも過去と同一の相同性を纏《まと》い続ける。

　興味深いことにこの円環群は、そして骨格要素や解剖学的諸器官など、相同性決定の対象となる形態学的な構造群もまた、本来的に高々《たかだか》加算個のディスクリートなモジュール群でしかありえない。一つの円環を構成する諸現象、諸要因の多くが、転写活性や遺伝子産物の分子数、アミノ酸配列、エンハンサーの数と種類、細胞型とその数のように、定量可能である限りは、形態要素も、原理的には明瞭な境界を伴った定量可能な存在であることと、円環それ自体の半自律性でもって、形態学の定量性は担保される。●708 いい換えれば、以下に示してゆく円環のモジュラリティが、形態学の言語でもってディスクリートに叙述できる以上のレヴェルで、解剖学的諸構造の定量的性質を間接的に裏書きしている。このことを、円環における「形態的特徴の囲い込み」と表現する。

それは次のように考えることによって、背理的に確認できるかもしれない。すなわち、あらゆるディスクリートな表現型が、原理的に記述不可能な創発的現象によって帰結するのであれば、そのような表現型を淘汰によって選び出すことや、予想可能なプログラムによる表現型の創出をＤＮＡ上へハードコーディングすることが不可能になる。無論、このような仮説に立つと円環も仮定できず、おそらく、比較形態学的解析も不可能になる。むしろ、視覚的形態パターンの背景には、ゲーテの幻視したような背景が確かに存在するのであり、逆に比較形態学を成立させているのが右に述べたモジュラリティだという公算が強い。

ＤＲＮによって結びつけられた表現型と遺伝子との関係が非常にクリアな形で示されているのがＨｏｘコードであり、そこでは形態学的な相同性の言分けが、ＤＮＡ上にクラスターを形成するＨｏｘ遺伝子の並びの順序と一致する。この一致が何か神秘的な「魔法」などではないこと、個体発生においてボディプランを反映するかのようなマスターコントロール遺伝子が出

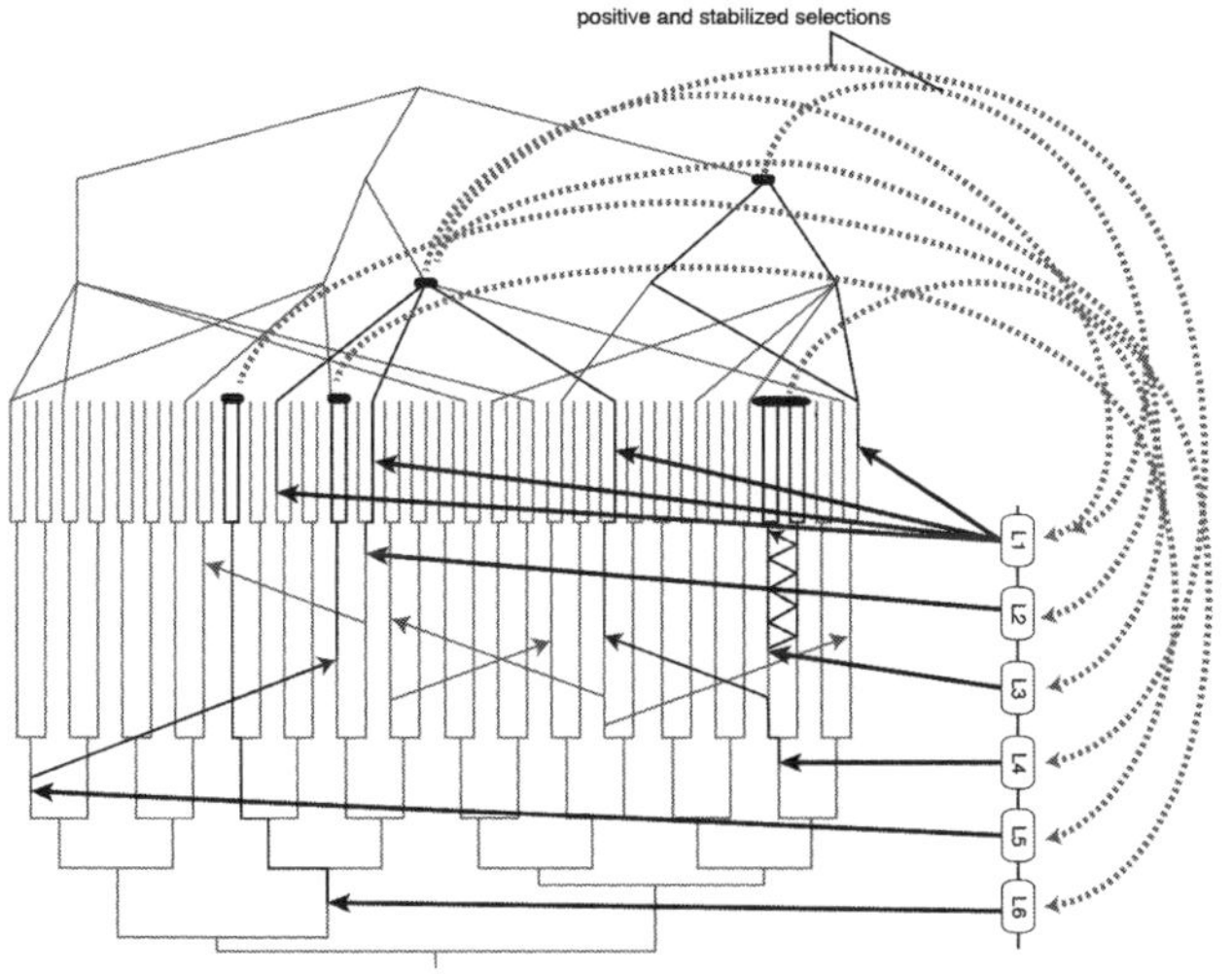

図7-8▶表現型を介した遺伝子の淘汰。

来上がってしまったこと、そして、多くの器官発生において、誘導するものとされるものの上位下位関係が、機能的作用の流れる方向と逆になっているという●709、まるでしつらえたような発生プログラムが成立していること、これらすべての背景にはつねに同じ要因が控えている。つまり、そのような設計図を作り出したのは紛れもなく、「発生負荷とDRN」という、互いに逆のベクトルを持ったダイナミズムが遺伝現象において淘汰にバイアスをかけ続けてきたからにほかならない。つまり、形態要素にみるモジュラリティは、進化の産物なのである。

右のような神々しい一致がみられたため、かつて「DNAの上に書き込まれたボディプランの設計プログラム」のような標語が横行し、科学にとって本来的に不必要なポピュリズムが蔓延した時代があった。しかし、これが絶望的に誤謬であることについては、過去二〇年間のゲノム科学、分子発生学が明らかにしてきた。つまるところ、我々の形態学的認識に浮上するボディプラン構成がそのままの形で、あるいは期待されたような明解さで、DNA上に構造化されていることなど「ない」。むしろ重要なことは、真に世代を通じて保存され、変化する情報、すなわち「相同性の円環」の姿を吟味することである（図7–10〜12）。

◎3——円環

右に説明したような方法で結合された、異なったレイヤーにある相同的要素群は、因果関係と遺伝によって閉じた円環をなす（図7–10〜12）。この関係を示したものを「相同性の円環」と呼ぶ。先ず注意すべきは、この円環の周囲が、動物の生活史や発生過程のような時間経過を示しているのではないという点である。つまり円環は、遺伝子Gから時計回りに進み、成体の解剖学的構造としての表現型形質（Pt）へ至る時間経過を示すのではない。曲線で結合された遺伝的要因、発生経路、ファイロタイプ期における器官原基、表現型形質は、時間経過ではなく、因果的過程が生起するロジックによって繋げられている。たとえば、発生の因果連鎖を遡るなら、相同性決定可能な表現型形質Aを生起する、高度にキャナライズされた発生経路は、多くの場合Aと直接比較可能な配置を示す原基（これを本文においては「発生的形態素」と表現した）A’と連鎖しており、A’を導く発生プロセスは、特異的な遺伝子群の作用A”によって構成される。そして、A"の存続はAの創出によって全うされる解剖学的構築に依存する。

この円環はしかし、実際のところ一曲線によって閉じられているわけではなく、一つの表現型をもたらす潜在的な複数の（あまり高度にキャナライズされていない）発生経路、遺伝子重複によって生じた複数のマスターコントロール遺伝子、のように所々バイパスを形成する。そして、発生プロセスにおける複数のパスが一本にまとまることは「キャナライゼーション」の一例とみなすことができ、その限りにおいてこれを導くのが、「遺伝的同化（genetic assimilation）」（Waddington, 1956）を含めた何らかの安定化淘汰である。敷衍すれば、おそらくキャナライゼーションは円環の至る所でパスを収束させることと等価である。簡単のため、以降では一曲線の円弧の集合によってできた円環を中心に扱う。

かくして相同性という情報は、遺伝子、形態要素、細胞型、組織型、発生過程のどこにも局在はせず、それらがいくつかの異なった淘汰の篩にかかりつつ、世代を超えて引き継がれることによって形をなす、一つか複数の「円環」となる。単に「形態要素の相同性と遺伝子の相同性は異なる」というのではなく、あるいは「形

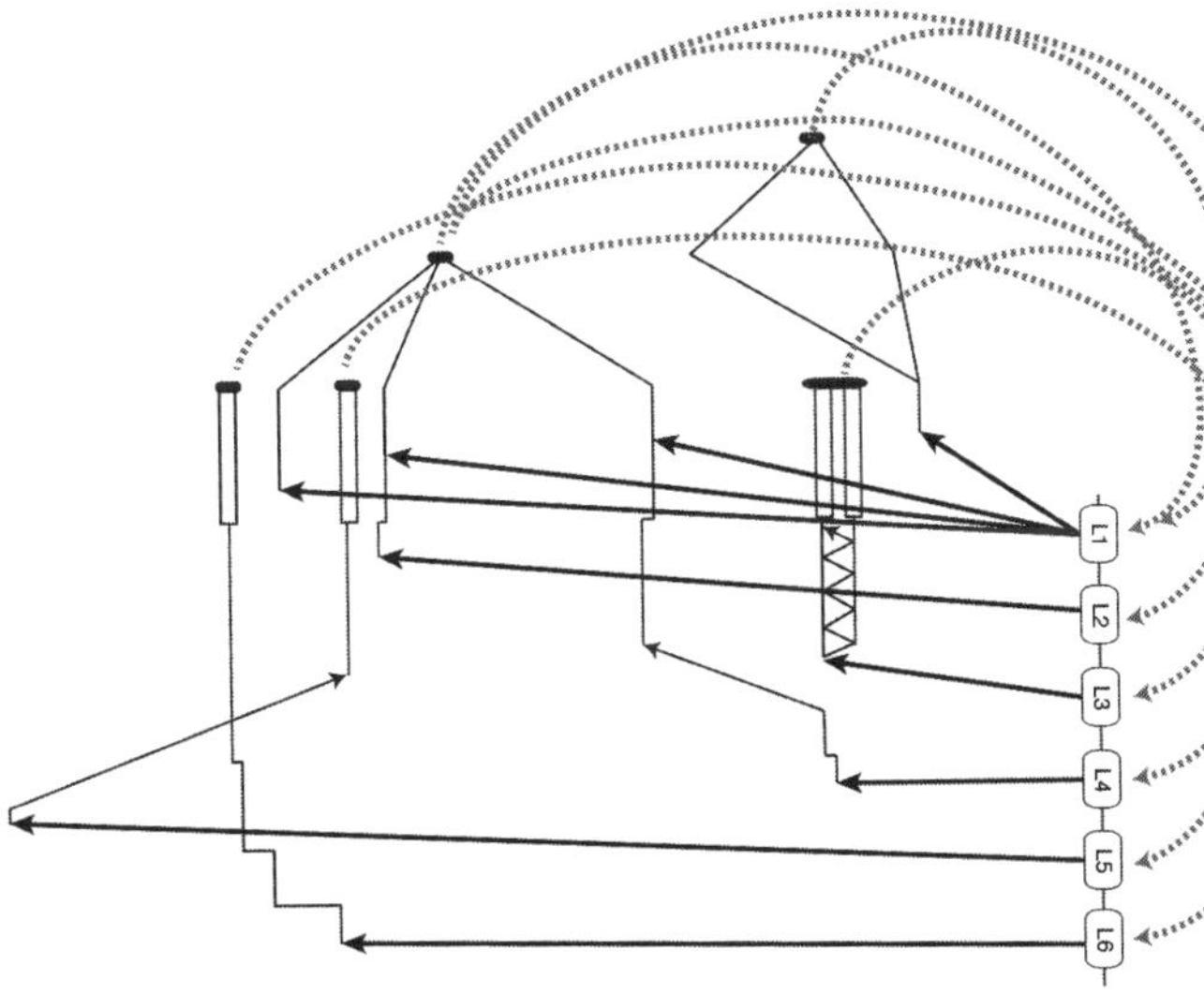

図7-9▶相同性という情報のなす円環の絡み合い。

態的相同性を遺伝子の相同性に還元できるかできないか」が問題なのでもなく、「一つの相同性の円環の中での、異なった時間と場所で表出する、異なったタイプの同一性がある」ということなのである。つまり、本文で例として揚げた「後肢と翅の摩擦ではなく、顎を用いて鳴くことを覚えたイナゴの鳴き声が、祖先的イナゴの声と相同である」という言明(第6章)は、この「鳴き声という表現型」を含めた相同的円環の全体が、イナゴの進化を通じて保存され、わずかに発声のための器官だけがシフトしていることを謳《うた》っているのである。

相同性の円環は、予想されるようにそれぞれがモジュールであると同時に、ほかの円環と相互作用をなし、全体として一つの統合された系を形作る。その中で脊索動物における「脊索」という相同モジュールは、体節という別のモジュールに対して骨格形成を誘導し、神経管原基モジュールに対しては腹側化因子の供給源として働き、結果的に運動ニューロンを分化させる基底板誘導源となる。こういった発生プロセス上の相互作用は、発生プログラムの中での必要条件であると同時に、解剖学的ボディプランの根元でもある。ならば、これら複数の円環が互いに関係を持ち、全体として統合されているさま(インテグリティ)、すなわち相同性の円環のなす「束」の形状が、ボディプランを現象的に抽象化したモデルにほかならなず、一つの束の形態が別の形態に変貌することがすなわちボディプラン進化に相当する(後述)(図7–13・16を参照)。

円環からなるこの系、もしくは「相同性の束」とでもいえるものは、円環と円環の相互作用を円環と円環の位置関係や結合として反映したものでなければならず、しかもそれは(発生上の細胞間相互作用のフェーズがシフトする以上)発生プロセスの各段階によって微妙に異なったパターンを示さなければならない。このような束の完成した姿は、ファイロタイプと極めて近いか、あるいはそれと同一のものになるはずであり、この束全体を正確に記述することはおよそ現実的ではない。我々はファイロタイプ期の胚形態に、この束と同質のロジックをすでにみており、胚のありのままの姿や発生に伴う変形の過程をつぶさに知る以上のことは望めない。むしろ、このようなボディプラン表記を通じて局所的な理解を求めるのが健全な方針でありうる(図7–13)。

図7-10▶円環を成す経路の考察—1。形態形成の経路や、その背景にある遺伝的要因は、強くキャナライズされていない限り、潜在的に複数のオプションを持ちうる。注意すべきは、この円環が時計回りに発生の時間経過を示しているのではなく、むしろ因果関係やロジックの流れによって繋がれ、完結した円環として、相同という情報が生物により活用されていることを示す。形態的相同性は、紛れもなくこの円環の中で（Pt=表現型形質の位置で）浮上する同一性であり、円環をなすほかの要素が加算であり、定量化可能である限りにおいて、相同な形態要素もまた定量可能でありえることが示唆される。これを本試論の中では、「形態的特徴の囲い込み」と表現する。Gは必ずしも単一の遺伝子や遺伝子座だけを示すのではなく、進化を通じて同定可能な遺伝的背景を示しうる。

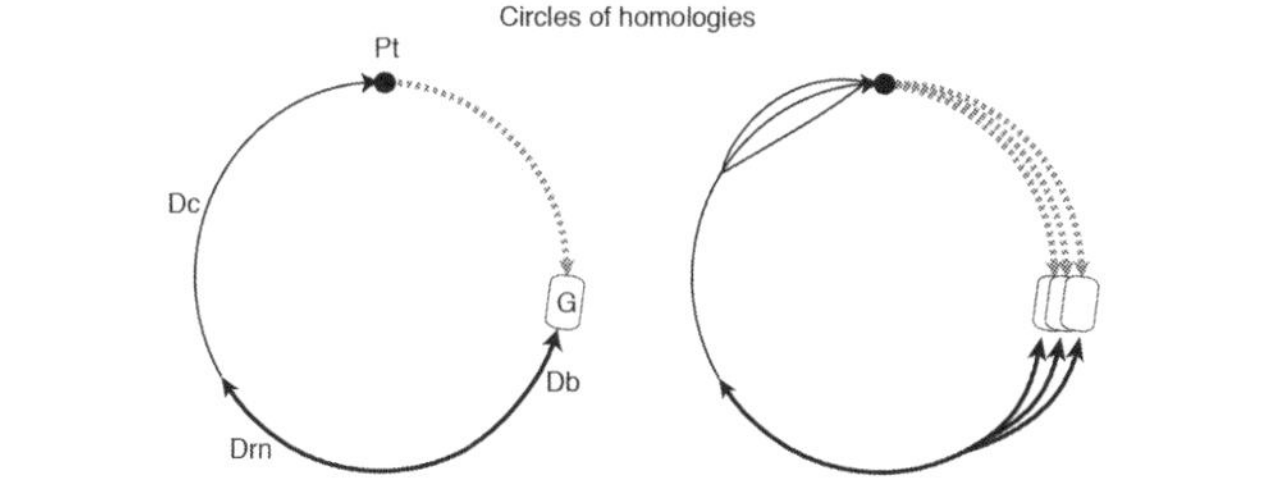

図7-11▶円環を成す経路の考察—2。進化的シフトの一例として、DSDを円環で示す。表現型形質（Pt）とファイロティピック段階の胚形質は、強く拘束（キャナライズ）された発生経路によって繋がれる。これは、ボディプラン成立期に出来たパターンや相同的原基の存在が、これ以降、本質的に変わらないことを示すが、高度にモジュール化され、発生後期に表出する特徴についてはこの限りではない。本来、遺伝的背景Gによってまかなわれていた1つの表現型形質のための形態形成過程が潜在的に複数の経路をとるとき、形態形成経路の安定化の帰結として、遺伝的背景もG1～G3のいずれかへ固定しうる。新しく固定したことによって、祖先とは異なった遺伝的基盤と、それによってシフトした発生のパスが同一の形質を形成しているとき、DSDが検知されることになる。

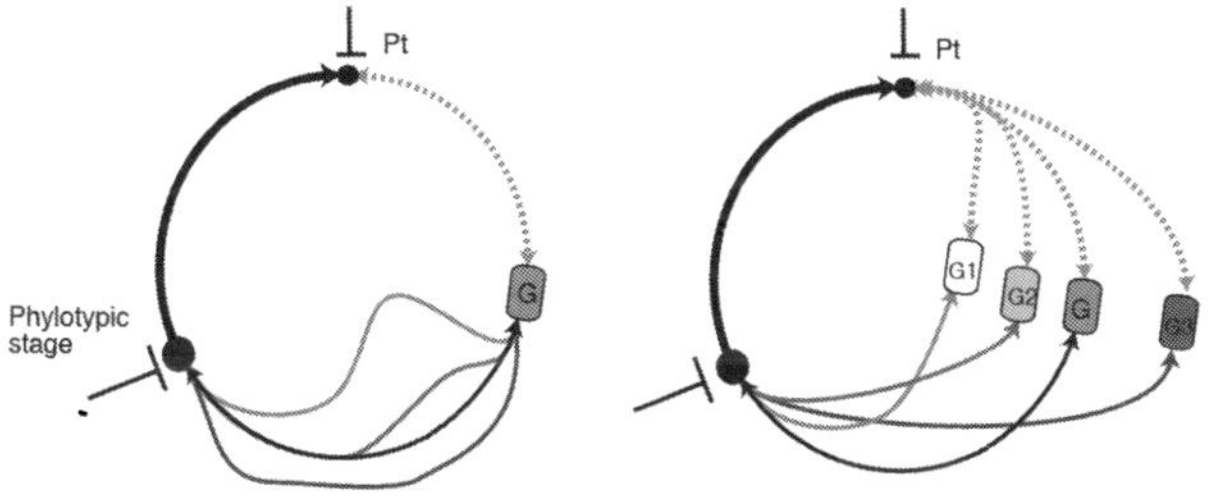

図7-12▶円環を成す経路の考察—3。コ・オプション。コ・オプションにおいては、ある形態形成プログラムの上位に位置する遺伝的因子と、それにより惹起される発生経路の一部（破線の四角で囲んだ）は変更せず、それがそのまま異なった表現型形質の創出に用いられる。つまり、もとの円環の一部を流用して新しい相同性の円環が作られる（太い矢印で示された円環）。これら2つの円環は、それぞれ別の形質（PtとPt'）として認識される。

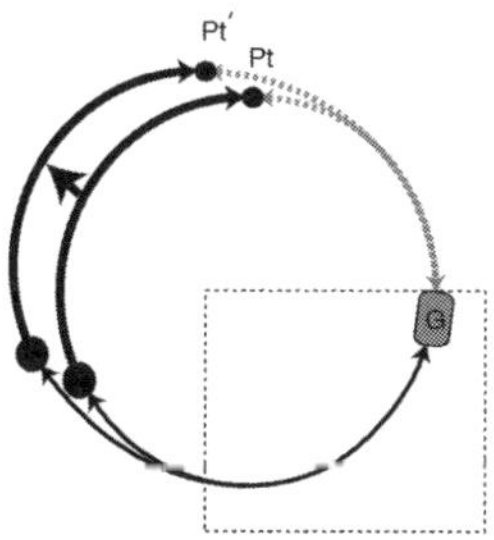

◎4——相互作用とボディプラン進化

円環と円環の相互作用のタイプは多岐にわたる。そして、その相互作用の多寡が発生拘束の強度へと連なる。ならば、発生拘束の機構的要因の解明や解析には、円環の相互作用の強度を測る方針で臨むことができよう。円環同士の相互作用のいくつかの例を挙げるのであれば、図7-14Aに示したのは遺伝子座同士の相互作用や連鎖をベースにした結合であり、エンハンサーの共有にその典型例をみるように、DNA構造それ自体に依拠した結合や、動かし難さが想定される。一方、Bは表現型形質同士の相互作用であり、上顎のサイズを無視して下顎が勝手に大きくなるようなことが通常はないように、機能的制約や解剖学的構築における依存、協調関係が円環の協調的進化を要請することを示す。また、Cは発生プロセス同士の相互作用であり、胚の中で局所化されていない相互作用を示し、その内容は最も複雑多岐に亘る。一つの例としては、先に示した脊索による誘導作用や、脊椎動物胚における神経堤細胞の脱上皮化とそれに続く移動や分布、そしてそれを可能にしている胚環境、とりわけ細胞外環境における細胞移動のためのサブストレート(中胚葉、表皮外胚葉、内胚葉上皮などが用意する細胞外基質)形成のタイミングにみる調和的関係などがある。ここに含まれる様々な要因は、細胞と細胞の空間的位置関係や、それをもとにした遺伝子発現機構など、大規模な下部構造の保守性をベースにしていると予想される。つまり、このタイプの種々の結合が、胚の形(ファイロタイプ)を安定化させているのである。このように、同一レイヤーに存在する諸要因が、複数の円環の連関を導くだけではなく、別のレイヤーにある事象が円環同士を結びつけることもあり、それもまたボディプランを決める発生拘束の要因となる。

たとえば、単純化した方法で図7-14Dに示したのは、表現型形質が遺伝子、もしくは遺伝子制御機構の変更を抑制しているケースであり、哺乳類の椎式を決定するHoxコード制御機構などがそれにあたる。すなわち、解剖学的、機能形態学的レヴェルで拘束を受けているとおぼしい哺乳類の頸椎数「七」は、いうまでもなくHoxコードの下流で成立する形態形質だが、この制御機構がシフトし、その結果として頸椎数が大きくシフトすると、哺乳類としてのボディプランが発生途上で瓦解してしまう。このようなタイプの内部淘汰はしたがって、つねに該当するＨｏｘ遺伝子群の制御機構の変異幅をつねに狭い範囲に縛り続けることになる。これと同様の連関や拘束は、四肢を欠くヘビのような動物には存在しえない。逆に、Ｈｏｘ遺伝子の制御機構に変更の幅が付随するとき、形態進化に発生拘束が現れることになる（たとえば、Woltering & Duboule, 2015をみよ）。ちなみに、この「レイヤー越え」連関が認められるとき、遺伝子の相同性と形態要素の相同性が一致する事例が多く見つかるとも期待される。

さらに、Ｅに示したのは発生途上のパターン、とりわけ細胞同士の空間的位置関係が特定的な遺伝子制御を導く

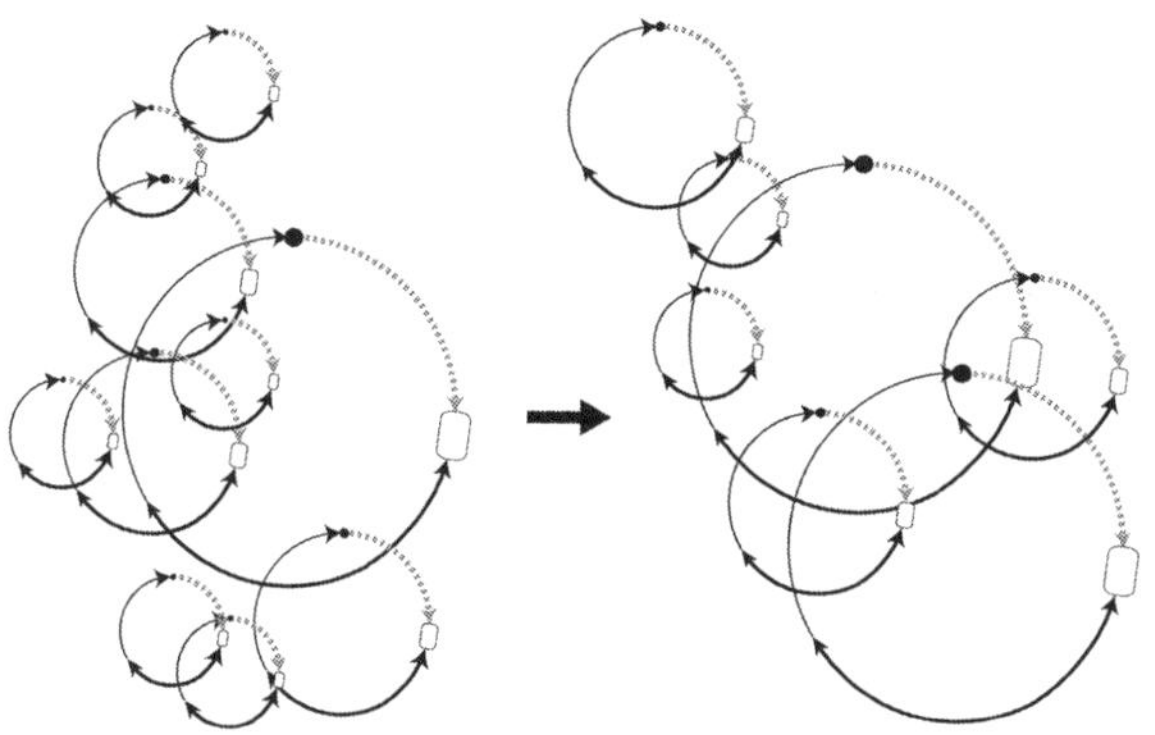

図7–13▶ボディプラン進化は「相同性の円環」のなす束の形状の変形と考えることができる。

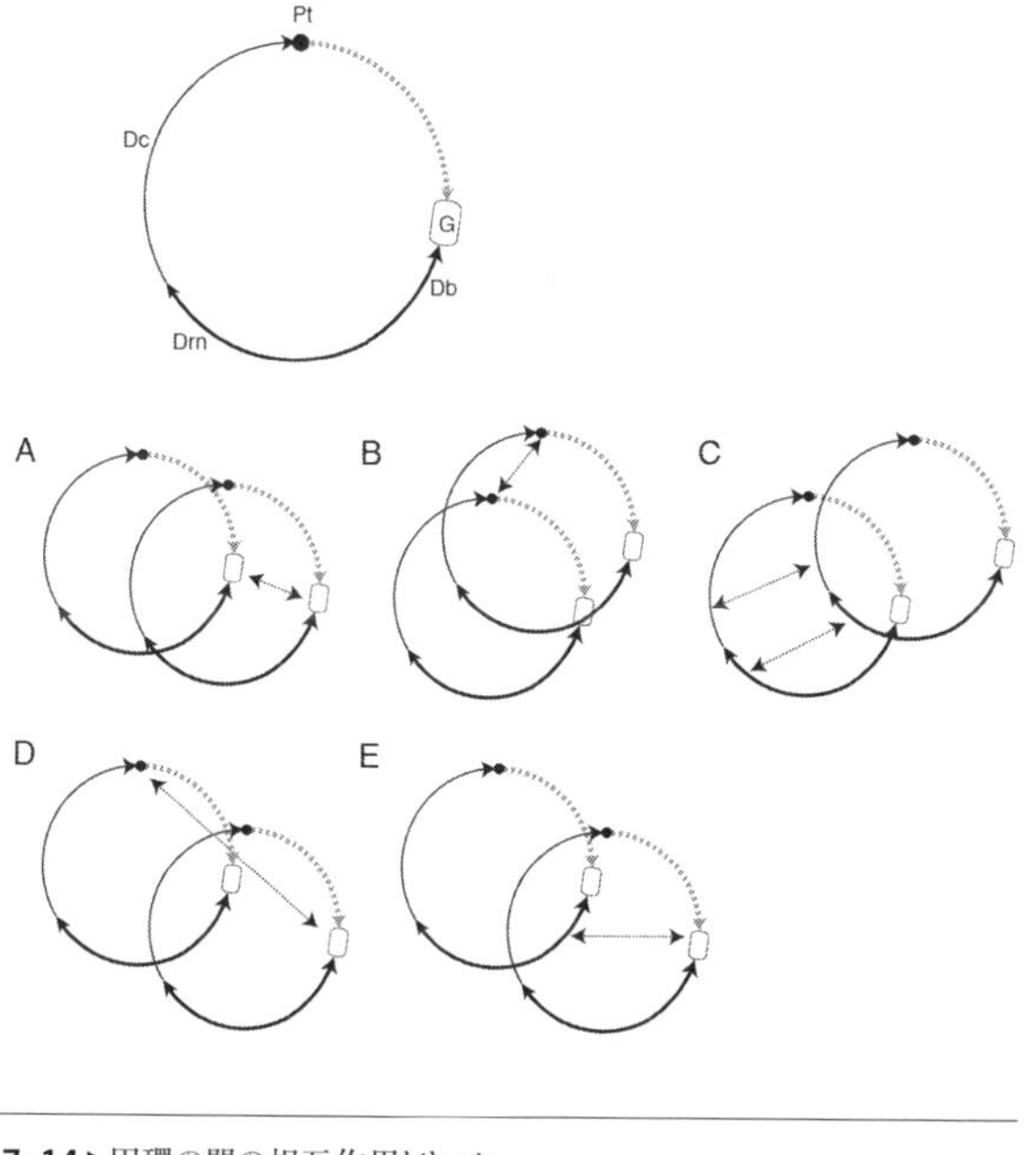

図7–14▶円環の間の相互作用とリンク。

という事例である。ここでは、典型的な細胞間相互作用に依存した遺伝子発現機構は、特定の発生段階における細胞の位置という情報を何らかの方法で、制御遺伝子の発現機構にリンクさせているのであり、したがってこの関係はもう一つのタイプの円環同士の結合を示す。そして、このリンクもまた異なったレイヤー間を繋ぐ。おそらく、最も不可解な連関がこのタイプのものであり、ファイロタイプ期の胚形態を決定している最大の要因がこれら連関によるインテグリティなのである。ボディプラン進化は、とりわけ左右相称動物の多様化においては、このようなリンクの繋ぎ替えが最も重要な機構的背景となったらしい。

円環の結合と同様、円環の消失も重要な進化要因となりうる。逆に消失しにくい円環は、動物門を超えて広範に分布する相同性（バイラテリアにおける前体腔のような）を作り出す。容易に想像できるように、円環モジュールの独立性が高まれば高まるほど、それはほかの円環とのリンクを失い、円環それ自体が消失することが可能となる。つまり、ボディプランのインテグリティに影響しない、独立性の高い円環は比較的簡単に除去できると予想される。が、それと逆の傾向を持つ円環は、おそらくほかの多くの円環との結合を密に有した、「多分岐結節（ハブ）円環」のような存在となる（図7-15B）。脊椎動物における脊索円環（後述）などはその典型であり、この種のハブ円環はボディプランの要となり、結果それぞれの動物門を定義し、その動物門の内部でしか見出すことができないような相同性やその動物門を定義する共有派生形質の要因ともなる（図7-17）。このようなハブ円環はボディプランのインテグリティを代表する因子であり、このような円環を進化上消失させることは極めて難しい（内部淘汰の不可能性に由来する発生負荷）。

個体発生上、ファイロタイプ期が存在するということは、すなわちこのような円環同士の相互作用が高まっていくプロセスが、発生前期に存在していることを示している（図7-16）。つまり、その発生初期過程は、円環と、円環同士の相互作用の増大の過程であり、それが最大値をとるのがファイロタイプ期に相当する。ここで予想される興味深い仮説は、ボディプランのシフトに相当する進化過程（動物門が創出される進化であり、必ずしも分岐過程をいうのではない）があるとすれば、それはおそらくファイロタイプ期以前の発生プロセスやパターンの変更として、すなわちゼヴェルツォッフによるアルシャラクシス（Sewertzoff, 1931）に相当する過程で生じたであろうということである。この仮説は、分子発生学的、形態学的イメージとして仮定されたウルバイラテリアのような理想化された祖先動物に近いものが実在しなかった可能性をも示唆する。相同性の円環の変更や除去が容易か困難かというのは、インテグリティの堅牢さにかかっており、アルシャラクシス的進化を受け入れることのできる胚は、必然的にファイロタイプ期以前の

図7-15▶円環の結合。

上：単純化した模式図。緩やかに結合した複数の円環群（A）と強く結合し、固定化された円環群（B）。リンクの多い中央の円環は「多分岐結節（ハブ）円環」と認識される。

下：円環同士の結合の内訳。Cは2つの円環が、表現型形質の相互作用のみで緩く結合している様を示す。このような結合は乖離しやすい。対してDでは、様々な質や強度（線の太さや破線で示す）の関係でもって、円環の様々なレイヤーに存在する因子同士（表現型形質と遺伝子、発生パターンと遺伝子制御、発生パターンと発生パターン、など）が複数のロジックで結合している。これを乖離させることは困難であり、その堅牢さが発生拘束である。

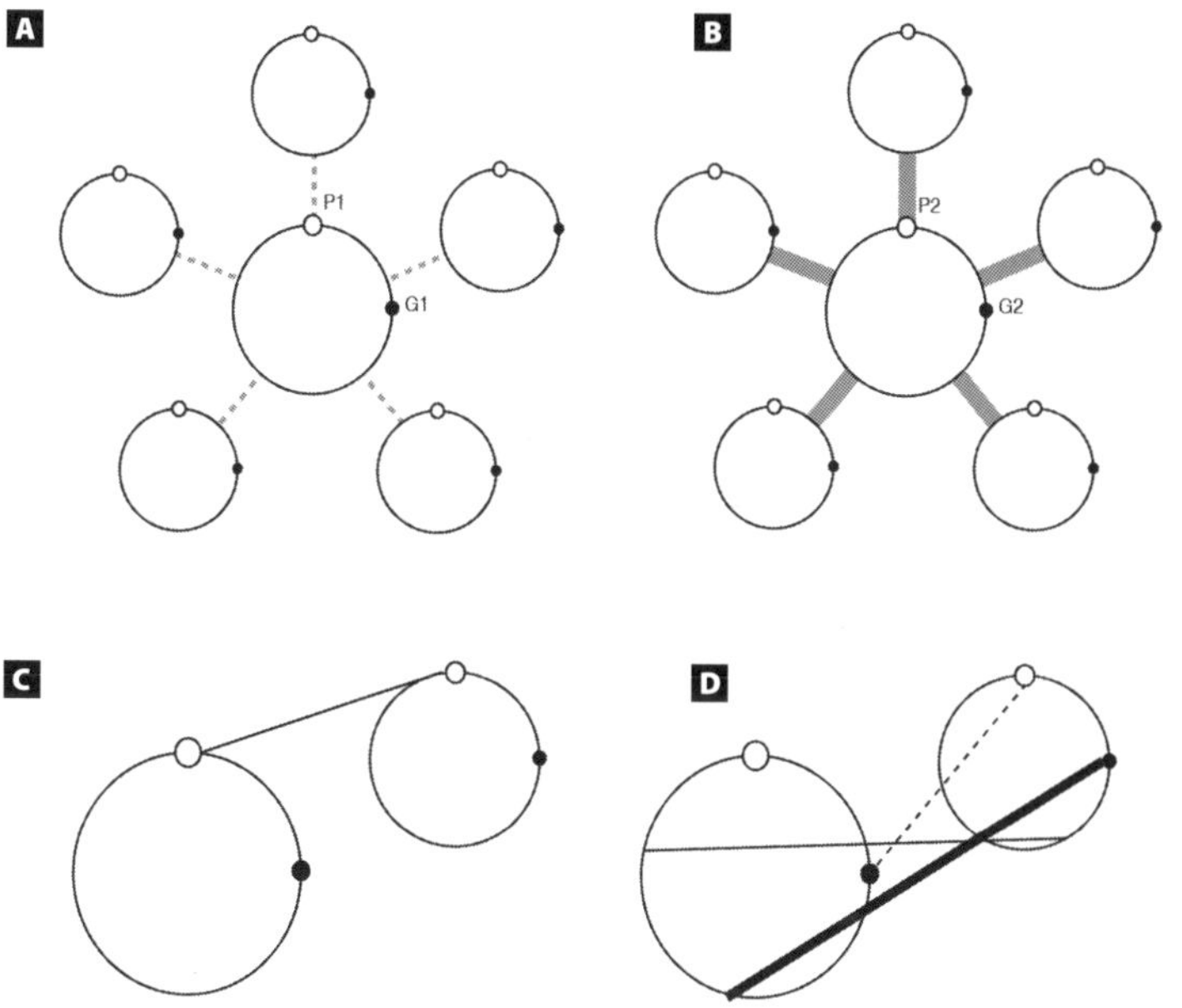

ものでなければならない。

円環の数やリンクの変化を含む進化現象の一例として、遺伝子重複に伴う相同性の変化を記述したものが図7–17となる。形質Pを含む一つの相同性の円環に付随する制御遺伝子Gが重複し、パラローグG1とG2を生み出したとき、当初はそれらは同じ円環の局所的バイパスを形成するだろう。が、その片方が失われない限り、安定化淘汰は（パスを一本にするために）以下の二つの道を選ぶことができる。一つは「新機能獲得（neo-functionalization）」として知られている現象であり、パラローグの数だけ単線からなる円環が増える。これは祖先が持っていなかった新しい形質の獲得となるか、あるいは一つの形質が倍加し、のちにそのそれぞれが独自の特殊化へ向かう。このような変化によって生じた二つの円環の特徴は、それによって生じた形質が互いに乖離する限り、どちらか一方が他方とは関係なく変化できる（モジュラリティを高めることができる）ことであり、このような乖離した形質の獲得はすでにコ・オプションとして考察した。重複で生じた姉妹円環のどちらに多く変化が生ずるかにより、形質の相同性が決まるのではなく、おそらく実相は、G1かもしくはG2の制御領域に生じた変化がただちにその遺伝子の属する円環の形態的位置を変えてしまうということであろう。それは形態進化過程としては新規形質の獲得として認識されるイベントに相当する。

いま一つの道である「機能分割（sub-functionalization）」は、本来の円環に伴う形質そのものは保存しておき、その形質を構成する要素を分割してパラローグが役割分担をする現象である。こうして出来る二つの円環はもはや別のものとして認識されるが、これらは同じ形質にかかわることによって、つねに関連し続けると想像できる。興味深いのは、このような重複現象が内包する形態進化の可能性であり、すなわち、一形質の中に別の発生経路によって独立に進化することのできるドメインやコンパートメントが、祖先には存在しなかったやり方で成立する可能性がある。進化的に新しいポラリティやセグメントが成立し、それらを独立に特異化するために用いられている遺伝子群が、互いにパラローグの関係にあることは実際多い。そのような事例のすべてが新機能獲得によるものであるかどうかの判定には、綿密な系統的解析が必要となろう。新しく成立したボディプランにおいて、新しい構造に見掛け上、パラローグ形成に伴う新機能獲得が働いているようにみえることもあろうが、パラローグであるからこそ類似した制御領域のゆえに、それらパラローグがこぞって用いられることになったというシナリオも、同じぐらいに確からしい。

図7-16▶次第に増加し、結合が変化する円環の束として個体発生を表現し、ボディプランの変更過程を解釈したもの。右端に見えるのは、充分に特化した、2つの異なった動物門のボディプラン。卵から成体へ至る途中で、リンクの変化した円環群から異なったボディプランA'が生ずることを示す。進化的変更は上向きの矢印で示す。が、これら2つのボディプラン、AとA'には、歴史的に共有した円環のセットを受け継ぐ以上、形態学的に相同とみなすことができる要素を多く確認できるはずである。つまり、器官・構造の相同性はボディプランの一致に依存しない。ボディプランの多様性が、幼生、もしくは単純な体制の祖先に生じたと考えられてきたのは、それが円環の束の変更可能性に依存することを形態学者が感知したからにほかならない。つまり、結合の変更がファイロタイプ期以前に生ずると、ボディプランのシフトが生ずる。これは、ゼヴェルツォッフのアルシャラクシスによる進化に相当する。ファイロタイプ以前の初期発生過程のパターンが放散し、さまざまなボディプランが生じたとするモデルとしては、ガースタングやニールセン、そしてラカーリ(Lacalli, 2005)らの考察、Hejnol & Martindale (2008a)による後生動物の放散モデルがある。

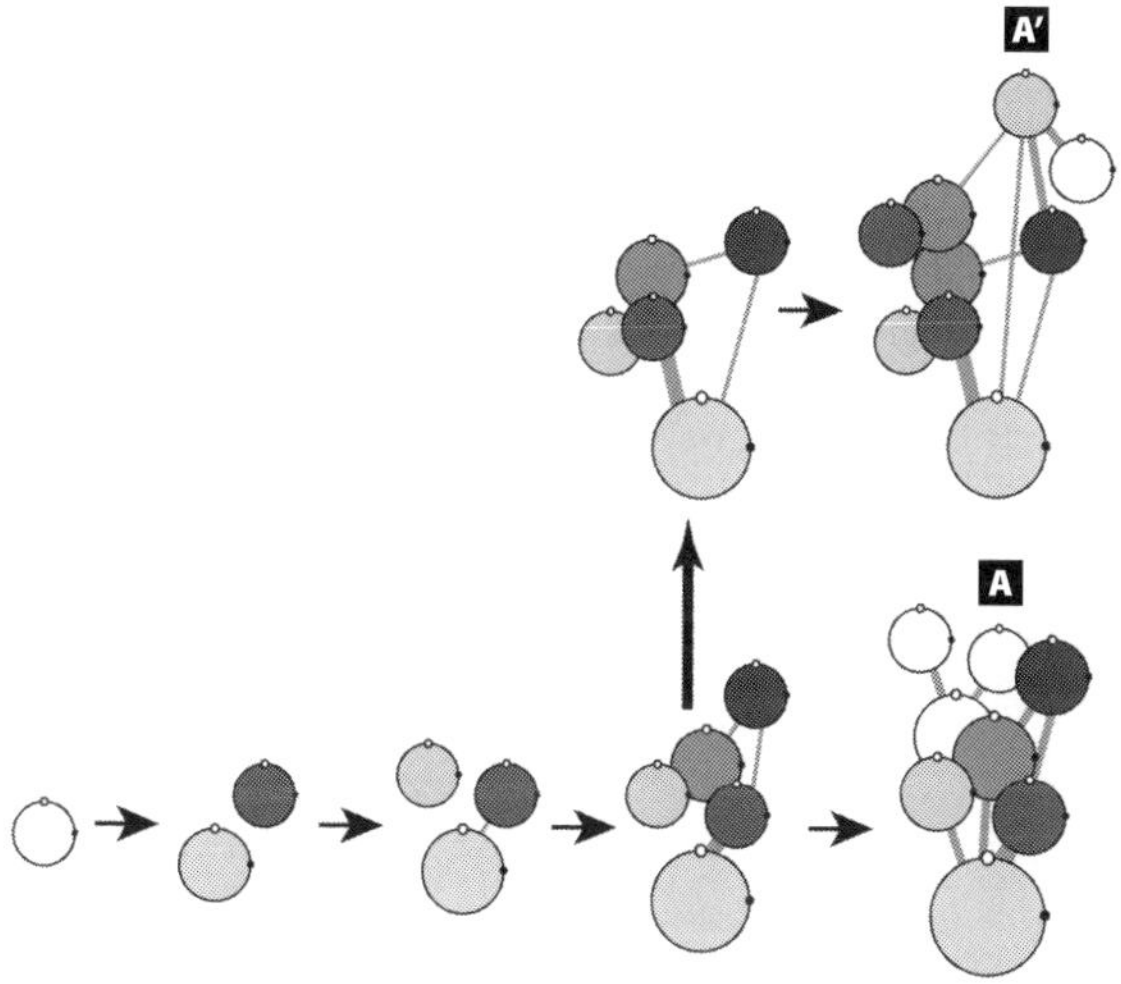

また、一つの円環がほかの円環との結合を替え、表現型としての価値を変化させる事例を考察するために、再び脊索の円環をとり上げる(図7–18)。まず、脊索それ自体が終生機能していたナメクジウオ、もしくはそれよりさらに祖先的な脊索動物を考える。その動物の脊索は、成体における支持器官として以上の機能を持っていなかったと仮定する(それが真実かどうかは、この思考実験にとってさして重要ではない)。このとき、脊索の円環は、モジュラリティのレヴェルの高い、つまり独立性の高い相同性の円環として存続し、その存在を保証するのは脊索のゲシュタルトとしての適応度のみである(図7–18A)。しかし、脊椎動物におけるように、個体発生上、脊索が「内側・腹側化シグナル」のセンターとして機能し始め、しかも陸上脊椎動物において本来の支持器官としての役割を失い、それが完璧に脊柱にとって代わられたとすると、脊索はもはやゲシュタルト表現型として浮上することはなくなり、本来の円環の一部であったものは、脊索が誘導する諸構造の適応度に肩代わりされることになる。つまり、成体における機能から発生負荷への完全な移行である。本来の脊索の相同性は、このような形で結合・融合した複数の「(脊索依存的)円環コンプレックス」の一部としてみることができる(図7–18B)。

同様に、ボディプランの構成要素としてのソミトメリズムは、体節、もしくはその派生物がほかの胚組織に与えるパターンとして認識できるため、体節に作用する負荷と、体節の存在によって得られた分節的構造(脊髄神経節や末梢神経系)、ならびに、体節から派生した分節的諸構造(椎骨、筋節)の発生的応答規準のゆき着く先として、多くの結合を持ったハブとなっていることがわかる(図7–19)。また体節それ自体には、脊索の存在により傍軸中胚葉としての同一性が付与される(脊索が中胚葉に対して傍軸部を誘導する)。この脊索の伸長に伴う軸形成時の分節時計遺伝子発現が、体節の整然とした配列を約束するが、分節化機構それ自体が中胚葉細胞の中に存在していることは、すでに知られている。このような体節の円環は脊索やソミトメリックな円環と結合しつつ、それ自体がモジュラーな存在であるため、ソミトメリズムの起源を問うためには、ほかの動物門の異なったボディプランの中にこれと同一の円環がどのように存在するのかを比較し、系統樹の上で体節の円環と、それをとり巻くほかの円環がどのような結合を樹立してきたのかを確かめなければならない。これまでなされてきた比較発生学的考察では、分節を構成する分子機構

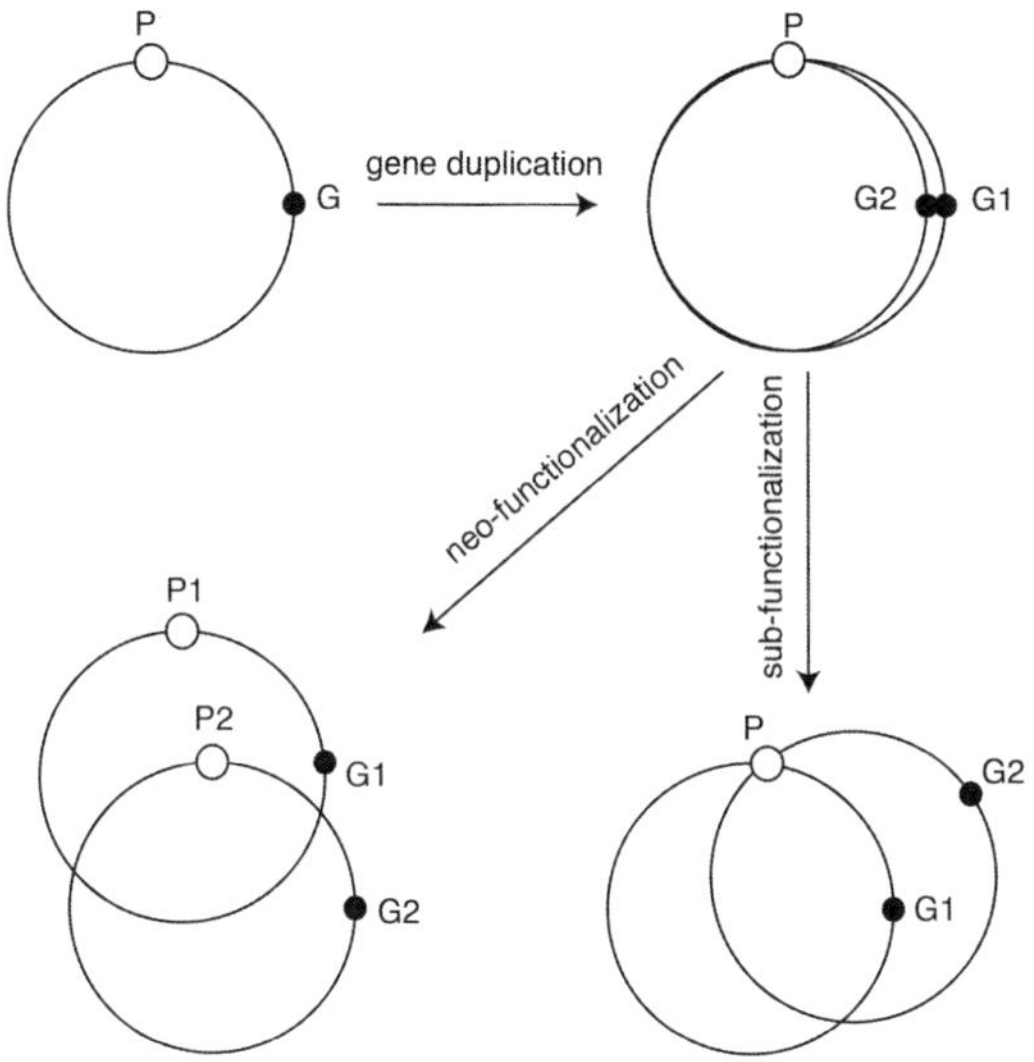

図7-17▶遺伝子の重複に伴う円環の変形の例。

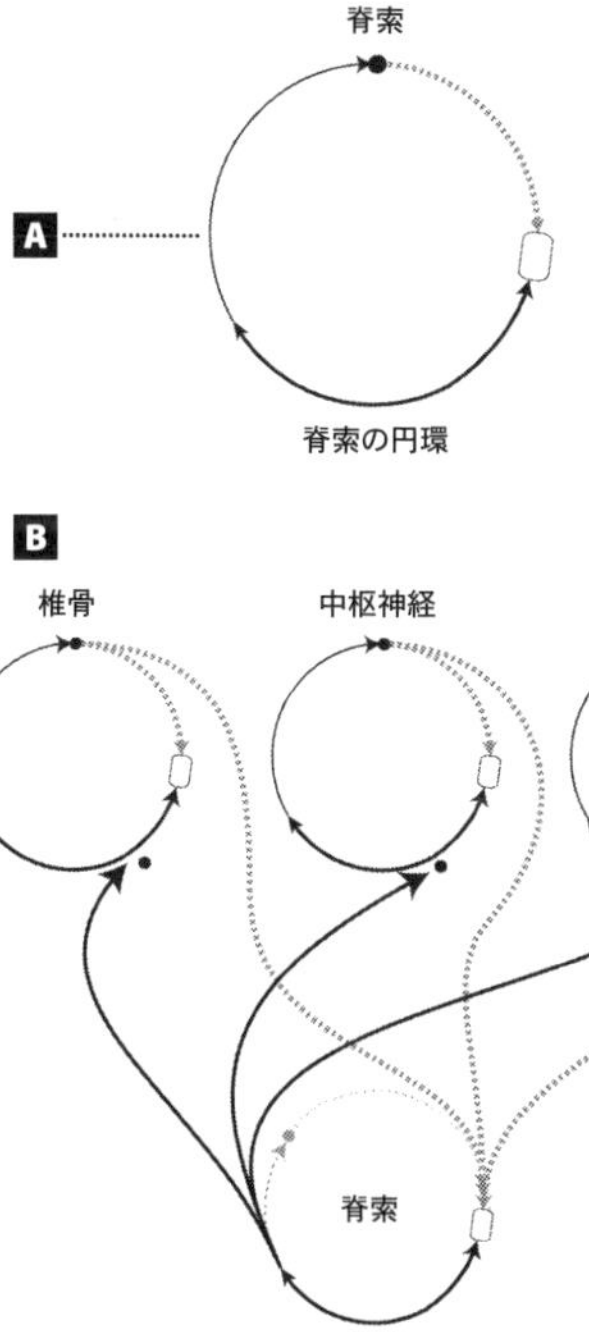

図7-18▶ボディプラン進化の一例。
Aは、脊索が終生存在する原索動物グレードの仮想的祖先における脊索モジュール。
Bの派生的脊椎動物（羊膜類のような）においては、もはや脊索は表現型として浮上することはなく、個体発生の中に埋もれて、それが負荷を負うところの、中枢、末梢神経系、中軸骨格系の発生のツールとしてタイトなネットワークを形成するに至っている。このような状態となった脊索の円環は、多分岐結節型である。脊索の存在は、実際にゲシュタルト表現型となる骨格、神経要素の適応度により守られることになる。「椎骨」、「中枢神経」、「末梢神経」それぞれの円環の下方右側に描かれた黒丸は、発生の途中にのみ現れ、これら3つの相同性モジュールの発生機構の一部となった脊索を現す。

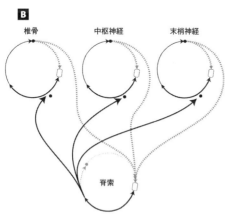

や細胞系譜を動物間で比較し、分子制御ネットワークを比較のキーとして用いるだけであったが、それでは相同性の二、三の切片を認識するにとどまり、ボディプランの変遷の中での分節性の起源や同一性を問うことには繋がってゆかない。

ボディプランの変遷の中での分節性の同一性が、つまるところは本書を貫くテーマであった。比較形態学的、ならびに実験発生学的結論は、脊椎動物のからだの中で、ブランキオメリズムとソミトメリズムが独自の存在であり、脊椎動物には二種か、あるいは三種の異なった分節性が存在する（図7-20C）ということなのであった。しかし、それは脊椎動物以前の祖先的動物においてもそうであったかどうかまでは保証しない。個体発生的に組み上げられた形態形成の仕組みそれ自体は、同一性の起源に言及しない。

ここで仮に、祖先的な動物にただ一つの分節性しかなかったと考えてみる（図7-20A）。このような仮説はとりあえず、マスターマンの体腔起源説とは部分的に相性がよい。そして、脊椎動物のような、複数のメタメリズムを有するボディプランに至る過程で、中間的段階があったと想像してみる（図7-20B、B'）。どのような過程で一つの分節性が二つに分離したのかといえば、一つの可能性は、何らかの新しい分節ジェネレーター（鰓孔のような）が突如として出現し、それが徐々に自らにかかる負荷を増大させていったか（B）、あるいは祖先的メタメリズムを構成するコンポーネントの一つが独自の負荷を増大させ、多くの構造にリンクを貼り、最初は親システム（メタメリズム）の要素としてハブ円環と結合を強く持っていたが、それが次第に希薄になったということもありうる。このような推測を可能にするためには、比較発生、比較形態学的検索、分子制御機構の比較検索に加え、何より多くの動物種における実験発生学的データの集積が必要となる。とりわけ最後のデータは、円環の束の形状を記述するためには不可欠である。

以上、「形態的特徴の囲い込み」による相同性の挙動の理解を通じ、ボディプラン進化を定性的に把握、理解し、解析する方法論へ向けてのモデル化を提示した。そして、それを通して、脊椎動物のメタメリズムの起源と進化を

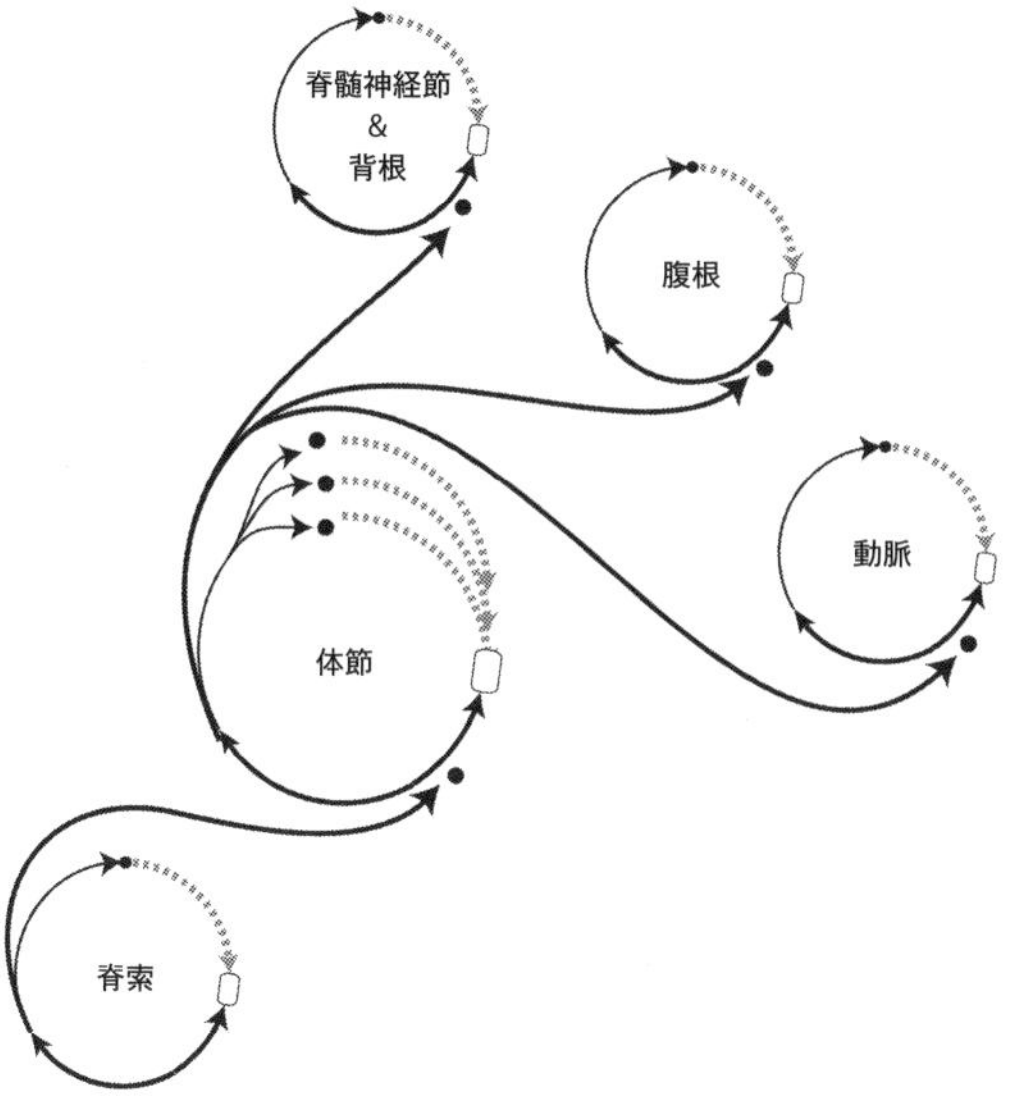

図7-19▶ソミトメリズムの円環表現。

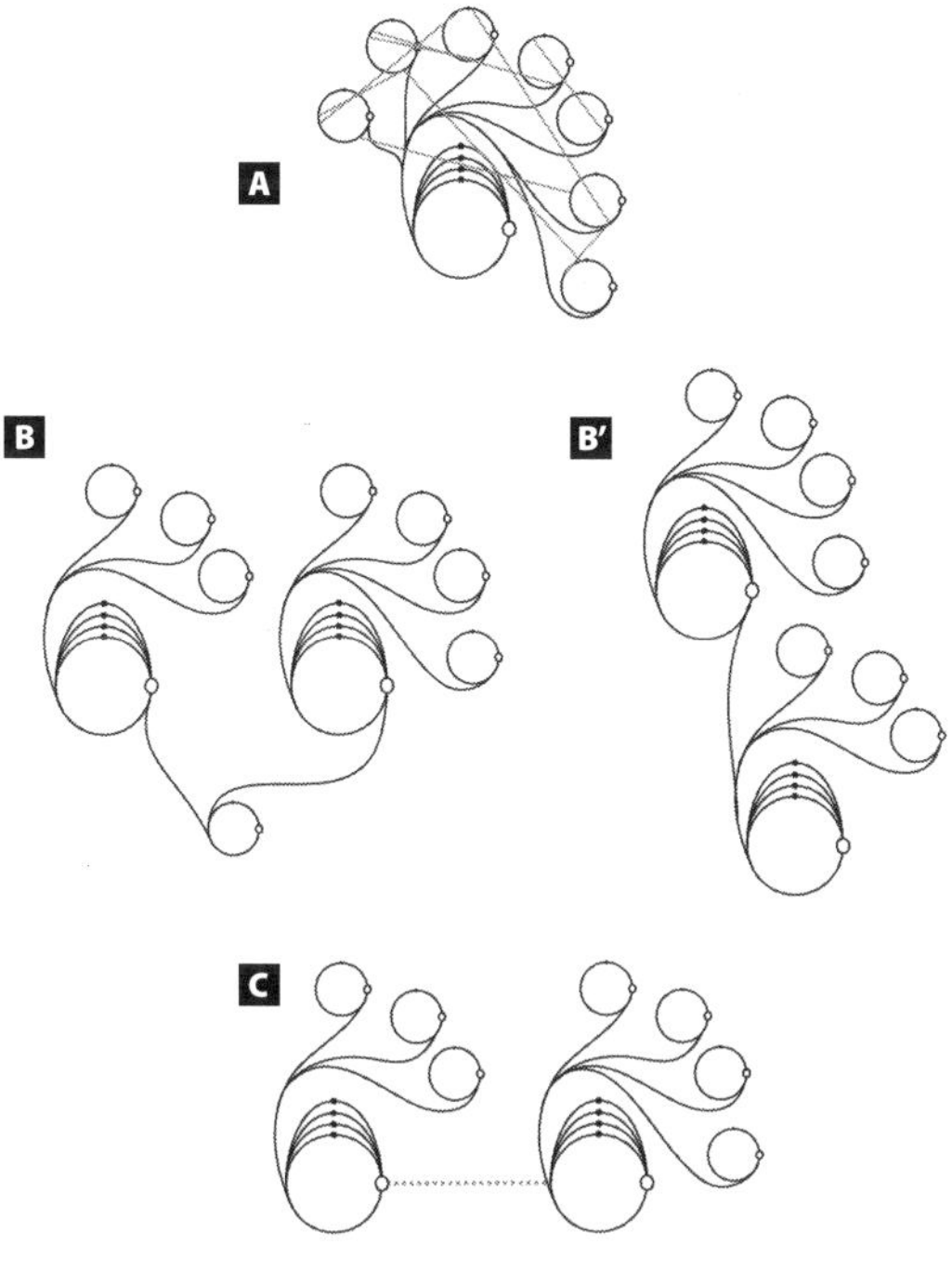

図7-20▶分岐する分節性。

A:形態学的に理想化された分節性。中央の大きな円環は、自ら複数の分節的形態要素を分化する傍ら、周囲の胚組織に分節的形態パターンを誘導する。

B:半ば独立しているが、同じ形態形成中心や誘導源により同じリズムを刻む2種の分節性がある。形態学的には1種の分節性のみしか認識されるかもしれない。

B':あるいは、1つの分節性の配下にある円環が特殊化し、それ自体が多くの「誘導された単位」を従えるようになり、見掛け上2つの分節性が存在するようにみえることもありえる。

C:完璧に独立した2種の分節性が存在している場合。脊椎動物におけるブランキオメリズムとソミトメリズムは、このようなモデルで表現できるかもしれないが、祖先的な段階のボディプランはA、B、B'のような構造を持っていたかもしれない。

理解するにあたっての、今後の進化発生学的研究の方向性を模索した。そこで提起した問題とは、相同性の考察において、形態パターンと遺伝子発現、そして発生現象を切り離すことではなく、それらが結びついて論理的な共時的円環をなし、それを、ある種の保守性や同一性を運ぶ、一種の固定された情報としてみることができるということ、そして、このような情報が流れている円環や、その円環からなる「相同性の束」がどのように変化するのか、その結果として変化の過程がどのように体系化できるのか、ということであった。

上に示したような試みにおいてしばしば指摘されるのは、形態的パターンをどのように定量化、数値化するかという問題である。様々なレイヤーにおいて異なった姿をみせる相同性は、形態的表現型のレイヤーにおいてのみ、「ゲシュタルトを纏う」。つまり、表現型は情報自らの適応度を問う、一種の帰結なのである。したがって、それは発生過程の中でコード化される必要がそもそもなく、そもそもそれが問題を複雑にしている。しかし、その問題はここに示したモデル化を鑑みれば、ある方法でもって回避可能となる。つまり、進化生物学的文脈においては、それが何であれ表現型は、「淘汰にかかり、発生においてパターンされ、DNA上にコードされるものしか存在できない」だけでなく、「円環、もしくはその複合体を単位としてしか進化しない」。ならば、それらは発生プロセスやゲノムのシフトにおいて同時に変化する、共分散の示唆する単位と等しく、また比較形態学的に相同とされる単位に等しく、古くはジョフロワ＝サンチレールですらも、何体かの奇形児の観察を通してそのような形態学のディスクリートな内実を感知していた。おそらく、我々の形態学的センスもまた、そのゲノム、発生学的背景を感知しており、すでにそれは円環をなしているのである。ならばおそらく、個々の形質を計測できずとも、

「我々のカウントすべき発生的形態素の数は、解剖学用語の数とほぼ等しい」

と予想されるのである。

要約と結論

①比較発生学と発生遺伝学を統合するために、本試論を執筆した。この試みにおいて具体的に扱った課題は、ボディプランの進化を理解することであり、そのために相同性の定義としてトムソンによる「発生的因果関係にみる共通性」、ヴァン＝ヴァーレンによる「情報の連続性」を採用した(Van Valen, 1982; Thomson, 1993)。いい換えるなら、相同性は進化の中で保存される、同一性を備えた情報であり、ボディプランの同定に依存して相対的に定義されるものでは「ない」。むしろ、形態的相同性は進化を通じて、即自的に保存され、定義されうる。また、

②現行の進化発生学や発生遺伝学、そして比較発生学において用いられた諸概念の関係を考察し、概念的枠組みの構築を目指した。結果、発生と進化における平行関係を重視する反復思想を放棄することから始めるのが妥当と示唆された。

③諸概念の整理・統合にもとづき、ゲノム空間と発生空間の統合の中での、「同一性を保った情報の因果連鎖」をマップし、「相同性の円環」を定義した。これは、進化の中を流れる「相同的情報」、「同一性を伴った情報」の実際の性質を反映する。

④「相同性の円環」はボディプラン進化におけるモジュールであり、その数と種類、そして各円環の結合性により表

現される「円環の束」として、ボディプランを表現した。したがって、ボディプランの進化的変更も、円環の束の変形として表現できる。その結果、

⑤右のようなモデル化から、「ボディプランの一致が見出されなくとも、相同的構造が異なった動物門の間に同定できる可能性」があらためて正当化された。

⑥右のことは、原型論や、形而上学的な影響を受けた、認識論としての形態学の階層性を否定し、同時に、左右相称動物の共通祖先としてのウルバイラテリアを想定することの妥当性に疑問を投げかけた。

⑦それをもとに、脊椎動物において複数存在するようにみえるメタメリズムの進化をモデル化して扱う方法を検討し、実験発生学的データの重要性を指摘し、さらに、シグナルの

⑧円環を用いて形態進化を表現することにより、形態的形質が高々加算で、しかも定量化することのできるような、ディスクリートな存在であるという可能性を示唆した。円環という「相同モジュール」を考える限りにおいて、その実体は円環の中に囲い込まれ、原理的に、遺伝子の相同性と同レヴェルで数理的に扱える可能性を持つ。

⑨以上のようにしてとらえられる発生的形態素（比較形態学的に扱うべき素量としての原基）の数は、大まかに解剖学用語の総数とほぼ等しいと予測された。

【注】

◉701——その背景に相同的遺伝子が機能することが現在、「深層の相同性」として解釈されている背景にも、古典的形態学やボディプラン崇拝の影響がみえ隠れしている。

◉702——哺乳類における腋下動脈と腕神経叢、斜角筋の間にみる相対的位置関係の多様性がそれに相当する。カメにおける肋骨の相同物である背甲と肩甲骨の位置関係の見掛け上の逆転、ニシキヘビにおける肋骨と骨盤の残存物の位置関係の逆転も、この範疇に入る可能性がある。これらの現象の中には、カメの肋骨と肩甲骨の関係のように、発生機構的に固定した位置関係が二次的に、カメ独特の発生中の「折れ込み」によって位置を変えている場合と、問題となる構造の位置関係が発生機構的に直接連関していないために、系統的に異なった関係に固定される場合が区別される。

◉703——鳥類の翼における指のアイデンティティの発生的シフトについては、Tamura et al. (2011)を、古生物学的レヴェルでの進化的なフレームシフトについてはWagner & Gauthier (1999)を参照。

◉704——さもなければ、「体節の相同性」、「側憩室と顎前腔の相同性」、「マスターマンの体腔起源説」、そのほか、ありとあらゆる動物門(脊椎動物)の起源論は意味をなさなくなる。にもかかわらず、ボディプランの共有に依存した形態的相同性の概念が長らく消えずに残ったのは、構造同士の相対的位置関係が専らの判断基準であったからでもあり、さらにそれは形態的相同性の還元不可能性(下部構造に分解できない)という、やっかいな性質のゆえでもある。

◉705——反応拡散波によって生じる縞模様や斑点は、全体的紋様パターンとして進化発生上予想可能に振る舞っており、個々のバンドや斑点が単位となって進化することは困難と考えられ、しかもそのような形態単位はしばしば種内の個体間のみならず、一個体の左右でもパターンが変異しうる。このような単位の形質はしたがって、分類指標として用いることができない。

◉706——形態的クォリティや相同性が定量化できないのであれば、逆に形態的相同性を定量化可能な要因で囲い込むことにより、それを数えてしまおうというのが本試論の目的の一つである。

◉707——本来的定義によるエピジェネティック制御と、単一ゲノムが潜在的に持つ発生経路の多型についての要約はHall (1998)、Dilbery & Epen (2009)、Gotoh et al. (2015)などをみよ。

◉708——形態的表現型の定量化と、その進化発生学的とり込みについての典型的な還元論的アプローチについてはMatamoro-Vidal et al. (2015)をみよ。この論文に書かれている内容はしかし、本試論における方針とは異なっている。

◉709——脊椎動物胚の前脳から眼胞(網膜)へ、眼胞からレンズへ、レンズから角膜へ、という誘導の連鎖とは「逆向きに」光刺激が入り、神経系へ情報が流れるというような現象のこと。同様のことは、味覚刺激を伝える知覚ニューロンと内胚葉の関係、鼓膜と耳道、内耳神経と後脳についてもいうことができる。

suggests a link between patterning and the segmentation clock. Cell 106, 207–217.
Zhu, M., Yu, X., Choo, B., Wang, J. & Jia, L. (2012) An antiarch placoderm shows that pelvic girdles arose at the root of jawed vertebrates. Biol. Lett. 8, 453–456.
Zhu, M., Yu, X., Ahlberg, P. E., Choo, B., Lu, J., Qiao, T., ... & Zhu, Y. A. (2013) A Silurian placoderm with osteichthyan-like marginal jaw bones. Nature 502, 188–193.
Ziegler, H. E. (1908) Die phylogenetische Entstehung des Kopfes der Wirbeltiere. Jena Z. Naturwiss. 43, 653–684.
Zimmermann, S. (1891) Über die Metamerie des Wirbeltierkopfes. Ver. Anat. Ges. 5, 107–114.

Willey, A. (1891) The later development of amphioxus. Quart. J. microsc. Sci. 32, 183–234.
Willey, A. (1894) *Amphioxus and the Ancestry of the Vertebrates.* McMillan and Co., London.
Williams, B. A. & Ordahl, C. P. (1994) *Pax-3* expression in segmental mesoderm marks early stages in myogenic cell specification. Development, 120, 785–796.
Willmer, E. N. (1970) Nervecells, neuroglia and schwann cells. In: *Cytology and Evolution* (p. 106). Academic Press.
Willmer, E. N. (1975) The possible contribution of nemertines to the problem of the phylogeny of the protochordates. Symp. Zool. Soc. Lond. 36, 319–345.
Willmer, P. G. (1990) *Invertebrate Relationships: Patterns in Animal Evolution,* Cambridge Univ. Press.
Wilson, S. W., Ross, L. S., Parrett, T. & Easter, S. S. (1990) The development of a simple scaffold of axon tracts in the brain of the embryonic zebrafish, *Brachydanio rerio.* Development 108, 121–145.
Wilson, M. V. H., Hanke, G. F. & Märss, T. (2007) Paired fins of jawless vertebrates and their homologies across the "Agnathan"-Gnathostome Transition. In: J. S. Anderson & H-D Sues (eds), *Major Transitions in Vertebrate Evolution: Indiana University Press,* pp. 122–149.
Windle, W. (1931) The sensory components of the spinal accessory nerve. J. Comp. Neurol. 53, 115–127.
Windle, W. (1970) Development of neural elements in human embryos of four to seven weeks gestation. Exp. Neurol. Suppl. 5, 44–83.
Windle, W. F. & Austin, M. F. (1936) Neurofibrillar development in the central nervous system of chick embryos up to 5 days of incubation. J. Comp. Neurol. 63, 431–463.
Windle, W. F. & Baxter, R. E. (1936) The first neurofibrillar development in albino rat embryos. J. Comp. Neurol. 63, 173–187.
Wingate, R. J. T. & Lumsden, A. (1996) Persistence of rhombomeric organization in the postsegmental hindbrain. Development 122, 2143–2152.
Winsor, M. P. & Coggon, J. (2007) The mystery of Richard Owen's winged-bull slayer. In: R. Amundson & B. K. Hall (eds) *On the Nature of Limbs: a discourse.* Univ. Chicago Press, pp. 93–102.
Woltering, J. M. & Duboule, D. (2015) Tetrapod axial evolution and developmental constraints; Empirical underpinning by a mouse model. Mech. Devel. 138, 64–72.
Wong, S. F. L., Agarwal, V., Mansfield, J. H., Denans, N., Schwartz, M. G., Prosser, H. M., ... & McGlinn, E. (2015) Independent regulation of vertebral number and vertebral identity by microRNA-196 paralogs. Proc. Nat. Acad. Sci. U.S.A. 201512655.
Wotton, K. R., Jiménez-Guri, E., Crombach, A., Janssens, H., Alcaine-Colet, A., Lemke, S., ... & Jaeger, J. (2015) Quantitative system drift compensates for altered maternal inputs to the gap gene network of the scuttle fly *Megaselia abdita.* eLife, 4, e04785.
Yajima, H., Suzuki, M., Ochi, H., Ikeda, K., Sato, S., Yamamura, K. I., ... & Kawakami, K. (2014) Six1 is a key regulator of the developmental and evolutionary architecture of sensory neurons in craniates. BMC Biol. 12, 40.
Yao, T., Ohtani, K., Kuratani, S. & Wada, H. (2011) Development of lamprey mucocartilage and its dorsal–ventral patterning by endothelin signaling, with insight into vertebrate jaw evolution. J. Exp. Zool. (Mol. Dev. Evol.) 316B, 339–346.
Yasui, K., Tabata, S., Ueki, T., Uemura, M. & Zhang, S. (1998) Early development of the peripheral nervous system in a lancelet species. J. Comp. Neurol. 393, 415–425.
Yasui, K., Zhang, S., Uemura, M. & Saiga, H. (2000) Left-right asymmetric expression of *BbPtx,* a *Ptx*-related gene, in a lancelet species and the developmental left-sidedness in deuterostomes. Development 127, 187–195.
Yntema, C. L. (1944) Experiments on the origin of the sensory ganglia of the facial nerve in the chick. J. Comp. Neurol. 81, 147–167.
Yntema, C. L. & Hammond, W. S. (1947) The development of the autonomic nervous system. Biol. Rev. 22, 344–359.
Yntema, C. L. & Hammond, W. S. (1954) The origin of intrinsic ganglia of trunk viscera from vagal neural crest in the chick embryo. J. Comp. Neurol. 101, 515–541.
Yoshida, T., Vivatbutsiri, P., Morriss-Kay, G., Saga, Y. & Iseki, S. (2008) Cell lineage in mammalian craniofacial mesenchyme. Mech. Dev. 125, 797–808.
Young, G. C. (2008) Number and arrangement of extraocular muscles in primitive gnathostomes: evidence from extinct placoderm fishes. Biol. Lett. 4, 110–114.
Young, J. Z. (1962) *The Life of Vertebrates 2nd Ed.* Oxford, Oxford.
Zákány, J., Kmita, M., Alarcon, P., de la Pompa, J.-L. & Duboule, D. (2001) Localized and transient transcription of *Hox* genes

suggests a role in branching morphogenesis and epithelial cell fate. Histochem. Cell Biol. 108, 495–504.
Volpe, M. V., Wang, K. T. W., Nielsen, H. C. & Chinoy, M. R. (2008) Unique spatial and cellular expression patterns of *Hoxa5, Hoxb4,* and *Hoxb6* proteins in normal developing murine lung are modified in pulmonary hypoplasia. Birth Defects Research Part A. Clin. Mol. Teratol. 82, 571–584.
Wachtler, F. & Jacob, M. (1986) Origin and development of the cranial skeletal muscles. Biblthka Anat. 29, 24–46.
Wachtler, F., Jacob, H. J., Jacob, M. & Christ, B. (1984) The extrinsic ocular muscles in birds are derived from the prechordal mesoderm. Naturewiss. 71, 379–380.
Wada, H. & Satoh, N. (1994) Details of the evolutionary history from invertebrates to vertebrates, as deduced from the sequences af 18S rDNA. Proc. Natl. Acad. Sci. U.S.A. 91, 1801–1804.
Wada, H., Saiga, H., Satoh, N. & Holland, P. W. (1998) Tripartite organization of the ancestral chordate brain and the antiquity of placodes: Insights from ascidian *Pax-2/5/8, Hox* and *Otx* genes. Development 125, 1113–1122.
Wada, H., Garcia-Fernandez, J. & Holland, P. W. H. (1999) Colinear and segmental expression of amphioxus Hox genes. Dev. Biol. 213, 131–141.
Wada, H., Ghysen, A., Satou, C., Higashijima, S. I., Kawakami, K., Hamaguchi, S., & Sakaizumi, M. (2010). Dermal morphogenesis controls lateral line patterning during postembryonic development of teleost fish. Dev. Biol. 340, 583–594.
Waddington, C. H. (1942) Canalization of development and the inheritance of acquired characters. Nature 150, 563–565.
Waddington, C. H. (1956) Genetic assimilation of the *bithorax* phenotype. Evolution 10, 1–13.
Wagner, G. (1959) Untersuchungen an *Bombinator-Triton*-Chimaeren. Roux's Arch. Ent. mech. Org. 151, 36–158.
Wagner, G. P. (1989a) The origin of morphological characters and the biological basis of homology. Evolution 43, 1157–1171.
Wagner, G. P. (1989b) The biological homology concept. Annu. Rev. Ecol. Syst. 20, 51–60.
Wagner, G. P. & Müller, G. B. (2002) Evolutionary innovations overcome ancestral constraints: A re-examination of character evolution in male sepsid flies (Diptera: Sepsidae). Evol. Dev. 4, 1–6.
Wagner, G. P. & Gauthier, J. A. (1999) 1, 2, 3= 2, 3, 4: a solution to the problem of the homology of the digits in the avian hand. Proc. Nati. Acad. Sci. U.S.A. 96, 5111–5116.
Wang, X. & Sommer, R. J. (2011) Antagonism of LIN-17/Frizzled and LIN-18/Ryk in nematode vulva induction reveals evolutionary alterations in core developmental pathways. PLoS-Biol. 9, 1487.
Ware, M., Dupé, V. & Schubert, F. R. (2015) Evolutionary Conservation of the Early Axon Scaffold in the Vertebrate Brain. Dev. Dyn. 244, 1202–1214.
Waters, B. H. (1892) Primitive segmenattion of the vertebrate brain. Quart. J. microsc. Sci. 33, 457–475.
Webb, J. F., Bird, N. C., Carter, L., & Dickson, J. (2014) Comparative development and evolution of two lateral line phenotypes in lake malawi cichlids. J. Morphol. 275, 678–692.
Wedin, B. (1949a) The development of the head cavities in *Alligator mississippiensis* Daud. Lunds Univ. Arssikr. NF avs. 2, 45, 1–32.
Wedin, B. (1949b) *The Anterior Mesoblast in Some Lower Vertebrates-A Comparative Study of the Ontogenetic Development of the Anterior Mesoblast in Petromyzon, Etmopterus, Torpedo, et al.* Lund: Hakan Ohlsson Boktryckeri.
Wedin, B. (1951) Die Verbindungsstränge zwischen den Prämandibularhöhle und der Rathkeschen Tasche. Proc. Akad. Sci. Amst. 54, 75.
Wedin, B. (1953a) The development of the head cavities in *Ardea cinerea* L. Act. Anat. 17, 240–252.
Wedin, B. (1953b) The development of the eye muscles in *Ardea cinerea* L. Act. Anat. 18, 30–48.
Westoll, T. S. (1938) Ancestry of the tetrapods. Nature 141, 127–128.
Wiedersheim, R. (1909) *Vergleichende Anatomie der Wirbeltiere.* für Studierende bearbeitet. Verlag von Gustav Fischer, Jena.
Wiedersheim, R. & Parker, W. N. (1886) *Elements of the Comparative Anatomy of Vertebrates.* McMillan & Co., London.
van Wijhe, J. W. (1882) Über die Mesodermsegmente und die Entwicklung der Nerven des Selachierkopfes. Ver. Akad. Wiss. Amsterdam, Groningen pp 1–50.
van Wijhe, J. W. (1883) Zool. Anz. 6, 657 (cited in Wedin, 1953).
van Wijhe, J. W. (1901) *Beiträge zur Anatomie der Kopfregion des Amphioxus Lanceolatus.*
van Wijhe, J. W. (1906) Die Homologisirung des Mundes des Amphioxus und die primitive Leibesgliederung der Wirbelthiere.
van Wijhe, J. W. (1919) On the anatomy of the larva of *Amphioxus lanceolatus* and the explanation of its asymmetry. Verh. K. Akad. Wet. Amsterdam 21, 1013–1023.

Tomsa, J. M. & Langeland, J. A. (1999) Otx expression during lamprey embryogenesis provides insights into the evolution of the vertebrate head and jaw. Dev. Biol. 207, 26–37.

Tosches, M. A. & Arendt, D. (2013) The bilaterian forebrain: an evolutionary chimaera. Curr. Opin. Neurobiol. 23, 1080–1089.

Tosney, K. W. (1988a) Proximal tissues ans patterned neurite outgrowth at the lumbosacral level of the chick embryo: partial and complete deletion of the somites. Dev. Biol. 127, 266–286.

Tosney, K. W. (1988b) Somites and axon guidance. Scann. Microsc. 2, 427–442.

Trainor, P. A. & Krumlauf, R. (2000) Patterning the cranial neural crest: Hinbrain segmentation and hox gene plasticity. Nature Rev. Neurosci. 1, 116–124.

Trainor, P. & Krumlauf, R. (2000) Plasticity in mouse neural crest cells reveals a new patterning role for cranial mesoderm. Nature cell biol. 2 (2), 96–102.

Trainor, P. A., Ariza-McNaughton, L. & Krumlauf, R. (2002) Role of the isthmus and FGFs in resolving the paradox of neural crest plasticity and prepatterning. Science 295 (5558), 1288–1291.

Trevarrow, B., Karks, D. L. & Kimmel, C. B. (1990) Organization of hindbrain segments in the zebrafish embryo. Neuron 4, 669–679.

True, J. R. & Haag, E. S. (2001) Developmental system drift and flexibility in evolutionary trajectories. Evol. Dev. 3, 109–119.

Turbeville, J. M., Schulz, J. R. & Raff, R. A. (1994) Deuterostome phyogeny and the sister group of the chordates: Evidence from molecules and morphology. Mol. Biol. Evol. 11, 648–655.

Turpin, P. J. F. (1837) Atlas contenant deux planches d'anatomie comparée, trois de botanique et duex de géologie etc. Paris et Denf 137, Planche 3.

Uchida, K., Murakami, Y., Kuraku, S., Hirano, S. & Kuratani, S. (2003) Development of the adenohypophysis in the lamprey: Evolution of epigenetic patterning programs in organogenesis. J. Exp. Zool. (Mol. Dev. Evol.) 300B, 32–47.

Van Valen, L. M. (1982) Homology and causes. J. Morphol. 173, 305–312.

Vaschon, G., Cohen, B., Pfeifle, C., McGuffin, M. E., Botas, J. & Cohen, S. M. (1992) Homeotic genes of the *Bithorax* complex repress limb development in the abdomen of the *Drosophila* embryo through the target gene *Distal-less*. Cell 71, 437–450.

Veit, O. (1911) Beiträge zur Kenntnis des Kopfes der Wirbeltiere. I: Die Entwicklung des Primordialcranium von *Lepisosteus osseus*. Anat. Heft. 1 abt. 44, 93–225.

Veit, O. (1924) Beiträge zur Kenntnis des Kopfes der Wirbeltiere. II: Frühstadien der Entwicklung des Kopfes von *Lepisosteus osseus* und ihre prinzipielle Bedeutung für die Kephalogenese der Wirbeltiere. Morphol. Jb. 53, 319–390.

Veit, O. (1939) Beiträge zur Kenntnis des Kopfes der Wirbeltiere. III: Beobachtungen zur Frühentwicklung des Kopfes von *Petromyzon planeri*. Morphol. Jb. 84, 86–107.

Veit, O. (1947) *Über das Problem Wirbeltierkopf*. Thomas-Verlag, Kempen-Niederrhein.

Vialleton, L. (1911) *Eléments de Morphologie des Vertébrés*. Paris, O. Doin et fils.

Vieux-Rochas, M., Coen, L., Sato, T., Kurihara, Y., Gitton, Y., Barbieri, O., Le Blay, K., Merlo, G., Ekker, M., Kurihara, H., Janvier, P. & Levi, G. (2007) Molecular Dynamics of Retinoic Acid-Induced Craniofacial Malformations: Implications for the Origin of Gnathostome Jaws. PLoS One 6, e510.

Vieux-Rochas, M., Mantero, S., Heude, E., Barbieri, O., Astigiano, S., Couly, G., Kurihara, H., Levi, G. & Merlo, G. R. (2010) Spatio-Temporal dynamics of gene expression of the *Edn1-Dlx5/6* pathway during development of the lower jaw. Genesis 48, 362–373.

Vicq d'Azyr, F. (1780) Observations anatomiques sur trois Singes appelés le Mandrill, le Callitriche et le Macaque; suivies de qu) elques Réflexions sur plusieurs points d'Anatomie comparée.Mém de Mathém.et Physique de l'Acad. Roy. d. Sciences.

Verbout, A. J. (1985) The development of the vertebral column. Adv. Anat. Emb. Cell Biol. 90, Springer.

Vogt, C. (1842) Untersuchungen über die Entwicklungsgeschichte der Geburtshelferkröte (*Alytes obstericans*). Verlag von Jent Gassmann, Soloturn.

Vogt, W. (1925) Gestaltungsanalyse am Amphibienkeim mit örtlicher Vitalfärbung. Vorwort über Wege und Ziele. Roux's Arch. Ent. mech. Org. 106, 542–610.

Vogt, W. (1929) Gestaltungsanalyse am Amphibienkeim mit örtlicher Vitalfärbung. Roux's Arch. Ent. mech. Org. 120, 384–706.

フォークト, W. (1992)『両生類胚における造形運動と器官形成』波磨忠雄訳 学会出版センター.

Volpe, M. V., Martin, A., Vosatka, R. J., Mazzoni, C. L. & Nielsen, H. C. (1997) *Hoxb-5* expression in the developing mouse lung and development of extra-ocular muscles in the lamprey reveals the ancestral head structure and its developmental mechanism of vertebrates. Zool. Lett.

Swalla, B. J. (2006) Building divergent body plans with similar genetic pathways. Heredity 97, 235–243.

Swalla, B. J. & Smith A. B. (2008) Deciphering deuterostome phylogeny: molecular, morphological and palaeontological perspectives. Phil. Trans. R. Soc. Lond B Biol. Sci. 363, 1557–1568.

Tagawa, K., Satoh, N. & Humphreys, T. (2001) Molecular studies of hemichordate development: a key to understanding the evolution of bilateral animals and chordates. Evol. Dev. 3, 443–454.

Taguchi, S., Tagawa, K., Humphreys, T., Nishino, A., Satoh, N. & Harada, Y. (2000) Characterization of a hemichordate *fork head/HNF-3* gene expression. Dev. Genes. Evol. 210, 11–17.

Takahashi, T. & Holland, P. W. H. (2004) Amphioxus and ascidian Dmbx homeobox genes give clues to the vertebrate origins of midbrain development. Development 131, 3285–3294.

高橋義人 (1988)『形態と象徴―ゲーテと「緑の自然科学」』岩波書店.

Takechi, M. & Kuratani, S. (2010) History of studies on mammalian middle ear evolution: a comparative morphological and developmental biology perspective. J. Exp. Zool. (Mol. Dev. Evol.) 314B, 417–433.

Takechi, M., Adachi, N., Hirai, T., Kuratani, S. & Kuraku, K. (2013) The Dlx genes as clues for vertebrate genomics and craniofacial evolution. Sem. Cell Dev. Biol. 24, 110–118.

Takezaki, N., Figueroa, F., Zaleska-Rutczynska, Z. & Klein, J. (2003) Molecular phylogeny of early vertebrates: monophyly of the agnathans as revealed by sequences of 35 genes. Mol. Biol. Evol. 20, 287–292.

Takio, Y., Pasqualetti, M., Kuraku, S., Hirano, S., Rijli, F. M. & Kuratani, S. (2004) Lamprey Hox genes and the evolution of jaws. Nature OnLine 429, 1 p following 262.

Takio, Y., Kuraku, S., Kusakabe, R., Murakami, Y., Pasqualetti, M., Rijli, F. M., Narita, Y., Kuratani, S. & Kusakabe, R. (2007) Hox gene expression patterns in *Lethenteron japonicum* embryos insights into the evolution of the vertebrate Hox code. Dev. Biol. 308, 606–620.

Tamura, K., Nomura, N., Seki, R., Yonei-Tamura, S. & Yokoyama, H. (2011) Embryological evidence identifies wing digits in birds as digits 1, 2, and 3. Science 331, 753–757.

Tarby, M. L., & Webb, J. F. (2003) Development of the supraorbital and mandibular lateral line canals in the cichlid, Archocentrus nigrofasciatus. J. Morphol. 255, 44–57.

Tautz, D. (1998) Debatable homologies. Nature 395, 17–19.

Tautz, D. (2004) Segmentation. Dev. Cell 7, 301–312.

Telford, M. J. (2008) Xenoturbellida: the fourth deuterostome phylum and the diet of worms. Genesis 46, 580–586.

Tello, J. F. (1923) Les différenciations neuronales dans l'embryon du poulet pendent les premiers jours de l'incubation. Trav. Lab. Invest. Biol. Univ. Madrid. 21, 1–93.

Tessmar-Raible, K., Raible, F., Christodoulou, F., Guy, K., Rembold, M., Hausen, H. & Arendt, D. (2007) Conserved sensory-neurosecretory cell types in annelid and fish forebrain: insights into hypothalamus evolution. Cell 129, 1389–1400.

Thomas, B. L., Tucker, A. S., Qui, M., Ferguson, C. A., Hardcastle, Z., Rubenstein, J. L. & Sharpe, P. T. (1997) Role of *Dlx-1* and *Dlx-2* genes in patterning of the murine dentition. Development 124, 4811–4818.

Thomas, T., Kurihara, H., Yamagishi, H., Kurihara, Y., Yazaki, Y., Olson, E. N. & Srivastava, D. (1998) A signaling cascade involving *endothelin-1*, *dHAND* and *msx1* regulates development of neural-crest-derived branchial arch mesenchyme. Development 125, 3005–3014.

Thomson, K. S. (1993) Segmentation, the adult skull, and the problem of homology. In: J. Hanken & B. K. Hall (eds.) *The Skull, vol. 3*, Univ. Chiago Press, pp. 36–68.

Thorogood, P. (1988) The developmental specification of the vertebrate skull. Development 103 (Supplement), 141–153.

Tiecke, E., Matsuura, M., Kokubo, N., Kuraku, S., Kusakabe, R., Kuratani, S. & Tanaka, M. (2007) Identification and developmental expression of two *Tbx1/10*-related genes in the agnathan *Lethenteron japonicum*. Dev. Genes Evol. 217, 691–697.

Timsit, S., Martinez, S., Allinquant, B., Peyron, F., Puelles, L. & Zalc, B. (1995) Oligodendrocytes originate in a restricted zone of the embryonic ventral neural tube defined by DM-20 mRNA expression. J. Neurosci. 15, 1012–1024.

Tomoyasu, Y., Wheeler, S. R. & Denell, R. E. (2005) *Ultrabithorax* is required for membranous wing identity in the beetle *Tribolium castaneum*. Nature 433, 643–647.

aboral domain development in a cnidarian. PLoS Biol. 11, e1001488.
Sive, H. L. & Cheng, P. F. (1991) Retinoic acid perturbs the expression of *Xhox.lab* genes and alters mesodermal determination in *Xenopus laevis*. Genes Dev. 5, 1321–1332.
Slack, J. M., Holland, P. W. & Graham, C. F. (1993) The zootype and the phylotypic stage. Nature 361, 490–492.
Small, K. M. & Potter, S. S. (1993) Homeotic transformations and limb defects in *HoxA-11* mutant mice. Genes Dev. 7, 2318–2328.
Somorjai, I., Bertrand, S., Camasses, A., Haguenauer, A. & Escriva, H. (2008) Evidence for stasis and not genetic piracy in developmental expression patterns of *Branchiostoma lanceolatum* and *Branchiostoma floridae*, two amphioxus species that have evolved independently over the course of 200 Myr. Dev. Genes Evol. 218, 703–713.
Soukup, V., Yong, L. W., Lu, T. M., Huang, S. W., Kozmik, Z. & Yu, J. K. (2015) The Nodal signaling pathway controls left-right asymmetric development in amphioxus. EvoDevo 6, 1–23.
Spitz, F., Gonzalez, F., Peichel, C., Vogt, T.F., Duboule, D. & Zákány, J. (2001) Large scale transgenic and cluster deletion analysis of the *HoxD* complex separate an ancestral regulatory module from evolutionary innovations. Genes Dev. 15, 2209–2214.
Spörle, R. (2001) Epaxial-adaxial-hypaxial regionalization of the vertebrate somite: evidence for a somitic organizer and a mirror-image duplication. Dev. Genes Evol. 211, 198–217.
Stadler, P. F., Fried, C., Prohaska, S. J., Bailey, W. J., Misof, B. Y., Ruddle, F. H. & Wagner, G. P. (2004) Evidence for independent Hox gene duplications in the hagfish lineage: a PCR-based gene inventory of Eptatretus stoutii. Mol. Phylog. Evol. 32, 686–694.
Starck, D. (1963) Die Metamerie des Kopfes der Wirbeltiere. Zool. Anz. 170, 393–428.
Starck, D. (1975) *Embryologie. Ein Lehrebuch auf allgemein biologischer Grunglage*. 3. Stuttgart.
Starck, D. (1978) *Vergleichende Anatomie der Wirbeltiere auf evolutionsbiologischer Grundlage. 1. Theoretische Grundlagen; Stammesgeschichte und Systematik unter Berücksichtung der diederen Chordata*. Springer.
Starck, D. (1979) *Vergleichende Anatomie der Wirbeltiere auf evolutionsbiologischer Grundlage. 2. Das Skeletsystem; Allgemeines, Skeletsubstanzen, Skelet der Wirbeltiere einschliesslich Locomotionstypen*. Springer.
Stern, C. D. & Foley, A. C. (1998) Molecular dissection of Hox gene induction and maintenance in the hindbrain. Cell 94, 143–145.
Stern, C. D., Jaques, K. F., Lim, T. M., Fraser, S. E. & Keynes, R. J. (1991a) Segmental lineage restrictions in the chick embryo spinal cord depend on the adjacent somites. Development 113, 239–244.
Stock, D. W., Ellies, D. L., Zhao, Z., Ekker, M., Ruddle, F. H. & Weiss, K. M. (1996) The evolution of the vertebrate *Dlx* gene family. Proc. Natl. Acad. Sci. U.S.A. 93, 10858–10863.
Stöhr, P. (1881) Zur Entwicklungsgeschichte des Annurenschädels. Z. wiss. Zool. 36, 68–103.
Stolfi, A., Ryan, K., Meinertzhagen, I. A. & Christiaen, L. (2015) Migratory neuronal progenitors arise from the neural plate borders in tunicates. Nature 527, 371–374.
Stokes, M. D. & Holland, N. D. (1995) Embryos and larvae of a lancelet, Branchiostoma floridae, from hatching through metamorphosis: growth in the laboratory and external morphology. Act. Zool. 76, 105–120.
Stokes, M. D. & Holland, N. D. (1996) Reproduction of the Florida lancelet (Branchiostoma floridae): spawning patterns and fluctuations in gonad indexes and nutritional reserves. Invertebrate Biology, 349–359.
Stollewerk, A., Schoppmeier, M. & Damen, W. G. (2003) Involvement of Notch and Delta genes in spider segmentation. Nature, 423 (6942), 863–865.
Straka, H., Baker, R. & Gilland, E. (2002) The frog as a unique vertebrate model for studying the rhombomeric organization of functionally identified hindbrain neurons. Brain Res. Bull. 57, 301–305.
Striedter, G. F. & Northcutt, R. G. (1991) Biological hierarchies and the concept of homology. Brain Behav. Evol. 38, 177–189.
Studer, M., Popperl, H., Marshall, H., Kuroiwa, A. & Krumlauf, R. (1994) Role of a conserved retinoic acid response element in rhombomere restriction of *Hoxb-1*. Science 265, 1728–1732.
Sundin, O. H. & Eichele, G. (1990) A homeodomain protein reveals the metameric nature of the developing chick hindbrain. Genes Dev. 4, 1267–1276.
Sundin, O. & Eichele, G. (1992) An early marker of axial pattern in the chick embryo and its respecification by retinoic acid. Development 114, 841–852.
Suemori, H., Takahashi, N. & Noguchi, S. (1995) *Hoxc-9* mutant mice show anterior transformation of the vertebrae and malformation of the sternum and ribs. Mech. Dev. 51, 265–273.
Suzuki, G. D., Fukumoto, Y., Kusakabe, R., Yamazaki, Y., Kosaka, J., Kuratani, S., and Wada, H. (2015/7/23, submitted). Morphology

Sedgwick, A. (1884) Memoirs: On the origin metameric segmentation and some other morphological question. Quart. J. Microsc. Scie. 2, 43–82.

Sefton, E. M., Piekarski, N., & Hanken, J. (2015) Dual embryonic origin and patterning of the pharyngeal skeleton in the axolotl (Ambystoma mexicanum). Evolution & Development 17, 175–184.

Semper, C. (1874) Die Stammesverwandtschaft der Wirbelthiere und Wirbellosen. Arb. zool.-zootom. Inst. Würzburg 2, 25–76.

Sensenig, E. C. (1948) The development of the vertebrae in humans. Anat. Rec. 100, 615–619.

Sewertzoff, A. N. (1892) Zur Frage über die Segmentierung des Kopfmesoderms bei *Pelobates fuscus*. Bull. Soc. Imp. Nat. Moscou. 1.

Sewertzoff, A. N. (1895) Die Entwicklung der occipital Region der niederen Vertebraten im Zusammenhang mit der Frage über die Metamerie des Kopfes. Bull. Soc. imp. Nat. Moscou, Annee 1895, 186–284.

Sewertzoff, A. N. (1898a) Die Metamerie des Kopfes von *Torpedo*. Anat. Anz. 14, 278–282.

Sewertzoff, A. N. (1898b) Studien zur Entwicklungsgeschichte der Wirbeltierkopfes. I. Die Metamerie des Kopfes des elektrischen Rochen. Bull. des Namr. de Moscou, 1898, 197–263.

Sewertzoff, A. N. (1899) Die Entwicklung des Selachierschädels. Festschr. f. L. v. Kupffer, Jena, 1899.

Sewertzoff, A. N. (1900) Zur Entwicklungsgeschichte von *Ascalabotes fascicularis*. Anat. Anz, 18, 33–40.

Sewertzoff, A. N. (1911) Die Kiemenbogennerven der Fische. Anat. Anz. 38, 487–495.

Sewertzoff, A. N. (1913) Das Visceralskelet der Cyclostomen. Anat. Anz. 82, 280–283.

Sewertzoff, A. N. (1916) Ètudes sur l'evolution des vertébré infériurs. 1. Morphologie du squelette et de la musculature de le tête des Cyclostomes. Arch. Russ. Anat. Hist. Emb. T. 1, 1–104.

Sewertzoff, A. N. (1927) Ètudes sur l'evolution des vertébré infériurs. Structure primitive de l'appareil viscéral des Elasmobranches. Pubbl. D. Statione Zool. D. Napoli 8, 475–554.

Sewertzoff, A. N. (1928a) The head skeleton and muscles of *Acipenser ruthenus*. Act. Zool. 9, 193–319.

Sewertzoff, A. N. (1928b) Directions of evolution. Act. Zool. 9, 59–141.

Sewertzoff, A. N. (1931) Morphologische Gesetzmässigkeiten der Evolution. Jena, Gustav Fischer.

Sharif, J., Endo, T. A., Ito, S., Ohara, O. & Koseki, H. (2013) Embracing change to remain the same: conservation of polycomb functions despite divergence of binding motifs among species. Curr. Opin. Cell Biol. 25, 305–313.

Sharman, A. C. & Brand, M. (1998) Evolution and homology of the nervous system: cross-phylum rescues of otd/Otx genes. Trends Genet. 14, 211–214.

Sharman, A. C. & Holland, P. W. (1998) Estimation of Hox gene cluster number in lampreys. Int. J. Dev. Biol. 42, 617–620.

Shigetani, Y., Sugahara, F., Kawakami, Y., Murakami, Y., Hirano, S. & Kuratani, S. (2002) Heterotopic shift of epithelial-mesenchymal interactions for vertebrate jaw evolution. Science 296, 1319–1321.

Shigetani, Y., Sugahara, F. & Kuratani, S. (2005) Evolutionary scenario of the vertebrate jaw: the heterotopy theory from the perspectives of comparative and molecular embryology. BioEssays 27, 331–338.

Shiino, K. (1914) Studien zur Kenntnis der Wirbeltierkopfes. I. Das Chondrocranium von *Crocodilus* mit Berruksichtigung der Gehirnnerven und der Kopfgesfasse. Anat. Hefte, 47, 1–37.

Shimada, A., Kawanishi, T., Kaneko, T., Yoshihara, H., Yano, T., Inohaya, K., Kinoshita, M., Kamei, Y., Tamura, K. & Takeda, H. (2013) Trunk exoskeleton in teleosts is mesodermal in origin. Nat. Commun. 4, 1639.

Shoguchi, E., Satoh, N. & Maruyama, Y. K. (1999) Pattern of Brachyury gene expression in starfish embryos resembles that of hemichordate embryos but not of sea urchin embryos. Mech. Dev. 82, 185–189.

Shubin, N., Tabin, C. & Carroll, S. (1997) Fossils, genes and the evolution of animal limbs. Nature, 388, 639–648.

Simeone, A., Acampora, D., Arcioni, L., Andrews, P. W., Boncinelli, E. & Mavilio, F. (1990) Sequential activation of *Hox 2* homeobox genes by retinoic acid in human embryonal carcinoma cells. Nature 346, 763–765.

Simeone, A., Acampora, D., Pennese, M., D'Esposito, M., Stornaiuolo, A., Gulisano, M., Mallamaci, A., Kastury, K., Druck, D., Huebner, K. & Boncinelli, E. (1994) Cloning and characterization of two members of the vertebrate *Dlx* gene family. Proc. Natl. Acad. Sci. U.S.A. 91, 2250–2254.

Simon, H. G., Kittappa, R., Khan, P. A., Tsilfidis, C., Liversage, R. A. & Oppenheimer, S. (1997) A novel family of T-box genes in urodele amphibian limb development and regeneration: candidate genes involved in vertebrate forelimb/hindlimb patterning. Development 124, 1355–1366.

Sinigaglia, C., Busengdal, H., Leclère, L., Technau, U. & Rentzsch, F. (2013) The bilaterian yead patterning gene *six3/6* controls

Sato T, Kurihara Y, Asai R, Kawamura Y, Tonami K, Uchijima Y, Heude E, Ekker M, Levi G, Kurihara H. (2008) An endothelin-1 switch specifies maxillomandibular identity. Proc. Natl. Acad. Sci. U.S.A. 105, 18806–18811.

Sato, A., White-Cooper, H., Doggett, K. & Holland, P. W. H. (2009) Degenerate evolution of the hedgehog gene in a hemichordate lineage. Proc. Natl. Acad. U.S.A. 106, 7491–7494.

Sato, A., Holland, P. W. H. (2008) Asymmetry in a pterobranch hemichordate and the evolution of left-right patterning. Dev Dyn. 237, 3634–3639.

Satoh, N. (2008) An aboral-dorsalization hypothesis for chordate origin. Genesis. 46, 614–622.

Satoh, N. (2009) An advanced filter-feeder hypothesis for urochordate evolution. Zool. Sci. 26, 97–111.

Satoh, N., Tagawa, K. & Takahashi, H. (2012) How was the notochord born? Evol. Dev. 14, 56–75.

Satokata, I., Benson, G. & Maas, R. (1995) Sexually dimorphic sterility phenotypes in *Hoxa10*-deficient mice. Nature 374, 460–463.

Sauka-Spengler, T., Le Mentec, C., Lepage, M. & Mazan, S. (2002) Embryonic expression of *Tbx1*, a DiGeorge syndrome candidate gene, in the lamprey *Lampetra fluviatilis*. Gene Expr. Patterns 2, 99–103.

Sauka-Spengler T., Meulemans D., Jones M. & Bronner-Fraser, M. (2007) Ancient evolutionary origin of the neural crest gene regulatory network. Dev. Cell 13: 405–420.

Sauka-Spengler, T. & Bronner-Fraser, M. (2008) Evolution of the neural crest viewed from a gene regulatory perspective. Genesis, 46 (11), 673–682.

Scammon, R. E. (1911) Normal plates of the development of *Squalus acanthias*. In: F. Keibel (ed.), *Normentafeln zur Entwicklungsgeschichte der Wirbeltiere*. Vol.12, pp. 1–140, Gustav Fischer.

Scemana, J.–L., Hunter, M., McCallum, J., Prince, V. & Stellwag, E. (2002) Evolutionary divergence of vertebrate *Hoxb2* expression patterns and transcriptional regulatory loci. J. Exp. Zool. (Mol. Dev. Evol.) 294, 285–299.

Schaeffer, B. (1987) Deuterostome monophyly and phylogeny. Evol. Biol. 21, 179–235.

Schilling, T. (2003) Evolution and development: Making jaws. Heredity 90, 3–5.

Schilling, T. F. & Knight, R. D. (2001) Origins of anteroposterior patterning and *Hox* gene regulation during chordate evolution. Phil. Trans. R. Soc. Lond. B. 356, 1599–1613.

Schilling, T. F., Prince, V. & Ingham, P. W. (2001) Plasticity in zebrafish hox expression in the hindbrain and cranial neural crest. Dev. Biol. 231, 201–216.

Schlichting, C. D. & Pigliucci, M. (1998) *Phenotypic Evolution-A Reaction Norm Perspective*. Sinauer.

Schlosser, G. (2005) Evolutionary origins of vertebrate placodes: insights from developmental studies and from comparisons with other deuterostomes. J. Exp. Zool. B 304, 347–399.

Schmitt, S. (2004) *Histoire d'une question anatomique: la répétition des paries*. Publ. Sci. MNHN.

Schneider, R. A. (1999) Neural crest can form cartilages normally derived from mesoderm during development of the avian head skeleton. Dev. Biol. 208, 441–455.

Schneider, R. A. & Helms, J. A. (2003) The cellular and molecular origins of beak morphology. Science 299, 55–58.

Schneider, A., Mijalski, T., Schlange, T., Dai, W., Overbeek, P., Arnold, H-H. & Brand, T. (1999) The homeobox gene *Nkx3.2* is a target of left-right signaling and is expressed on opposite sides in chick and mouse embryos. Curr. Biol. 9, 911–914.

Schneider-Maunoury, S., Seitanidou, T., Charnay, P. & Lumsden, A. (1997) Segmental and neuronal architecture of the hindbrain of *Krox-20* mouse mutants. Development 124, 1215–1226.

Schneider-Maunoury, S., Topilko, P., Seitanidou, T., Levi, G., Cohen-Tannoudji, M., Pournin, S., Babinet, C. & Carney, P. (1993) Disruption of *Krox20* results in alteration of rhombomeres 3 and 5 in the developing hindbrain. Cell 75, 1199–1214.

Scholtz, G. (2005) Homology and ontogeny: pattern and process in comparative developmental biology. Theory Biosci. 124, 121–143.

Schowing, J. (1968) Mise en évidence du rôle inducteur de l'encephale dans l'ostéogenèse du crâne embryonaire du poulet. J. Embryol. Exp. Morphol. 19, 83–94.

Schubert, M., Meulemans, D. Bronner-Fraser, M., Holland, L. Z. & Holland, N. D. (2003) Differential mesodermal expression of two amphioxus MyoD family members (*AmphiMRF1* and *AmphiMRF2*). Gene Exp. Pat. 3, 199–202.

Schultze, H. P. & Arsenault, M. (1985) The panderichthyid fish *Elpistostege*: a close relative of tetrapods? Palaeontology 28, 293–309.

Sechrist, J., Serbedzija, G.N., Sherson, T., Fraser, S. & Bronner-Fraser, M. (1993) Segmental migration of the hindbrain neural crest does not arise from segmental generation. Development 118, 691–703.

Rivera, A. S. & Weisblat, D. A. (2009) And Lophotrochozoa makes three: Notch/Hes signaling in annelid segmentation. Development genes and evolution, 219(1), 37–43.

De Robertis, E. (2008) Evo-Devo: variations on ancestral themes. Cell 132, 185–195.

De Robertis, E. M. & Sasai, Y. (1996) A common plan for dorsoventral patterning in Bilateria. Nature 380, 37–40.

Rodríguez-Mega, E., Piñeyro-Nelson, A., Gutierrez, C., García-Ponce, B., Sánchez, M. D. L. P., Zluhan-Martínez, E., ... & Garay-Arroyo, A. (2015) Role of transcriptional regulation in the evolution of plant phenotype: A dynamic systems approach. Devel. Dyn. 244, 1074–1095.

Romer, A. S. (1972) The vertebrate as a dual animal-somatic and visceral. Evol. Biol. 6, 121–156.

Romer, A. S. (1966) *Vertebrate Paleontology.* Chicago Univ. Press.

Romer, A. S. & Parsons, T. S. (1977) *The Vertebrate Body. 5th Ed.* Saunders, Philadelphia.

Rosenberg, E. (1884) *Untersuchungen über die Occipitalregion des Cranium und den proximalen Theil der Wirbelsäule einiger Serlachier.* Laakmann's Buch-und Steindruckerei, Dorpat.

Rouse, G. W., Wilson, N. G., Carvajal, J. I., & Vrijenhoek, R. C. (2016) New deep-sea species of Xenoturbella and the position of Xenacoelomorpha. Nature, 530(7588), 94–97.

Rubenstein, J. L. & Shimamura, K. (1997) Regulation of patterning and differentiation in the embryonic vertebrate forebrain. In: *Molecular and Cellular Approaches to Neural Development.* pp. 356–390, Oxford University Press.

Rubenstein, J. L. R., Martinez, S., Shimamura, K. & Puelles, L. (1994) The embryonic vertebrate forbrain: The prosomeric model. Science 266, 578–580.

Rubenstein, J. L. R., Shimamura, K., Martinez, S., Puelles, L. (1998) Regionalization of the prosencephalic neural plate. Annu. Rev. Neurosci. 21, 445–477.

Ruhin, B., Creuzet, S., Vincent, C., Benouaiche, L., Le Douarin, N. M. & Couly, G. (2003) Patterning of the hyoid cartilage depends upon signals arising from the ventral foregut endoderm. Dev. Dyn. 228, 239–246.

Ruiz-Trillo, I., Roger, A. J., Burger, G., Gray, M. W. & Lang, B. F. (2008) A phylogenomic investigation into the origin of metazoa. Mol. Biol. Evol. 25, 664–672.

Ruppert, E. E. (2005) Key characters uniting hemichordates and chordates: homologies or homoplasies? Can. J. Zool. 83, 8–23.

Russell, E. S. (1917) *Form and function: a contribution to the history of animal morphology.* EP Dutton (邦訳:ラッセル『動物の形態と進化』坂井訳 三省堂 1992).

Ryan, J. F., Pang, K., Schnitzler, C. E., Nguyen, A. D., Moreland, R. T., Simmons, D. K., ... & Baxevanis, A. D. (2013) The genome of the ctenophore *Mnemiopsis leidyi* and its implications for cell type evolution. Science 342, 1242592.

Rychel, A. L. & Swalla, B. J. (2007) Development and evolution of chordate cartilage. J. Exp. Zool. Part B: (Mol. Dev. Evol.) 308, 325–335.

Sagemehl, M. (1885) Beiträge zur vergleichenden Anatomie der Fische. III. Das Cranium von *Amia calva* L. Morphol. Jb. 9, 177–228.

Sagemehl, M. (1891) Beiträge zur vergleichenden Anatomie der Fische. IV. Das Cranium der Cyprinoden. Morphol. Jb. 17, 489–595.

Sakiyama, J., Yokouchi, Y. & Kuroiwa, A. (2000) Coordinated expression of *Hoxb* genes and signaling molecules during development of the chick respiratory tract. Dev. Biol. 227, 12–27.

Saldivar, J. R., Krull, C. E., Krumlauf, R., Ariza-McNaughton, L. & Bronner-Fraser, M. (1996) Rhombomere of origin determines autonomous versus environmentally regulated expression of *Hoxa3* in the avian embryo. Development 122, 895–904.

Sambasivan, R., Kuratani, S. & Tajbakhsh, S. (2011) An eye on the head: the evolution and development of craniofacial muscles. Development 138, 2401–2415.

Sánchez-Villagra, M. R., Narita, Y. & Kuratani, S. (2007) Thoracolumbar vertebral number: the first skeletal synapomorphy for afrotherian mammals. Systematics and Biodiversity (Cambridge Univ. Press) 5, 1–7.

Sander, K. (1983) The evolution of patterning mechanisms: gleanings from insect embryogenesis. In: B. C. Goodwin, N. Holder and C. C. Wilie (eds.), *Development and Evolution*, Cambridge. Cambridge Univ. Press, pp 137–159.

佐野豊 (2004)『組織学研究法—理論と術式』南山堂.

Sarnat, H. B. & Netsky, M. G. (1981) *Evolution of the Nervous System 2nd ed.* Oxford Univ. Press.

Sarnat, H. B., Campa, J. F. & Lloyd, L. M. (1975) Inverse prominence of ependyma and capillaries in the spinal cord of vertebrates: A comparative histochemical study. Am. J. Anat. 143, 439–450.

Qiu, M., Bulfone, A., Martines, S., Meneses, J. J., Shimamura, K., Pedersen, R. A., Rubenstein, J. L. R. (1995) Null mutation of *Dlx-2* results in abnormal morphogenesis of proximal first and second branchial arch derivatives and abnormal differentiation in the forebrain. Genes Dev. 9, 2523–2538.

Qiu, M., Bulfone, A., Ghattas, I., Meneses, J. J., Christensen, L., Sharpe, P. T., Presley, R., Pedersen, R. A., Rubenstein, J. L. R. (1997) Role of the *Dlx* homeobox genes in proximodistal patterning of the branchial arches: Mutations of *Dlx-1, Dlx-2*, and *Dlx-1* and-*2* alter morphogenesis of proximal skeletal and soft tissue structures derived from the first and second arches. Dev. Biol. 185, 165–184.

Qiu, Y., Cooney, A., Kuratani, S., Tsai, S. Y., Tsai, M.-J. (1994) Spatiotemporal expression patterns of chicken ovalbumin upstream promoter-transcription factors in the developing mouse central nervous system: Evidence for a role in segmental patterning of the diencephalon. Proc. Natl. Acad. Sci. U.S.A. 91, 4451–4455.

Rabl, C. (1887) Über das Gebiet des Nervus facialis. Anat. Anz. 2, 219–227.

Rabl, C. (1889) Theorie des Mesoderms. Morphol. Jb. 15, 113–252.

Rabl, C. (1892) Über die Metamerie des Wirbelthierkopfes. Verh. anat. Ges. 6, 104–135.

Raff, R. A. (1996) *The shape of life: genes, development, and the evolution of animal form.* University of Chicago Press, Chicago.

Rahimi, R. A., Allmond, J. J., Wagner, H., McCauley, D. W. & Langeland, J. A. (2008) Lamprey *snail* highlights conserved and novel patterning roles in vertebrate embryos. Dev. Genes. Evol. 219, 31–36.

Ramirez-Solis, R., Rivera-Pérez, J., Wallace, J. D., Wims, M., Zheng, H. & Bradley, A. (1993) *Hoxb-4* (*Hox-2.6*) mutant mice show homeotic transformation of a cervical vertebra and defects in the closure of the sternal rudiments. Cell 73, 279–294.

Rancourt, D. E., Tsuzuki, T. & Capecchi, M. R. (1995) Genetic interaction between *hoxb-5* and *hoxb-6* is revealed by nonallelic noncomplimentation. Genes Dev. 9, 108–122.

Rathke, H. (1832) Anatomisch-phyisiologische Untersuchungen über den Kiemenapparat und das Zungenbein. Riga and Dorpat (cited in Valentin, *Handbuch der Entwicklungsgeschichte des Menschen*, 1835).

Rathke, H. (1839) Entwickelungsgeschichte der Natter (*Coluber natrix*). Koenigsberg, Verlag der Gebrüder Bornträger.

Reichert, K. B. (1837) Über die Visceralbogen der Wirbelthiere im Allgemeinen und deren Metamorphosen bei den Vögeln und Säugethieren. Arch. Anat. Physiol. Wiss. Med. 1837, 120–220.

Reighard, J. & Phelps, J. (1908) The development of the adhesive organ and head mesoblast of *Amia*. J. Morphol. 19, 469–496.

Relaix, F., Rocancourt, D., Mansouri, A. & Buckingham, M. (2005) A *Pax3/Pax7*-dependent population of skeletal muscle progenitor cells. Nature 435, 948–953.

Remak, R. (1855) *Untersuchungen über die Entwickelung der Wirbelthiere.* Berlin, Reimer.

Remane, A. (1950) Die Entstehung der Metamerie der Wirbellosen. Zool. Anz. 14 (Suppl.), 16–23.

Remane, A. (1956) Der Homologiebegriff und Homologiekriterien. In: *Die Grundlagen des Natürlichen Systems, der Vergleichenden Anatomie und der Phylogenetik-Theoretische Morphologie und Systematik. 2te Auflage.* Academische Verlagsgesellschaft, Geest & Portig K.G., pp. 28–93.

Remane, A. (1963a) Zur Metamerie, Metamerism und Metamerisation bei Wirbeltiere. Zool. Anz. 170, 489–502.

Remane, A. (1963b) The enterocoelic origin of the coelom. In: E. C. Dougherty (ed.), *The lower Metazoa.* pp. 78–90.

Remane, A. (1967) Die Geschichte der Tiere. In: Heberer, G. (ed.), *Die Evolution der Organismen, vol. I, third ed.* Gustav Fischer, Jena, pp. 589–677.

Rendahl, H. (1924) Embryologische und morphologische Studien über das Zwischenhirn beim Huhn. Act. Zool. 5 (cited in Kuhlenbeck, 1935).

Richards, R. J. (1992) *The Meaning of Evolution: The morphological construction and ideological reconstruction of Darwin's theory.* Univ. Chicago Press, Chicago and London.

Richards, R. J. (2002) *The Romantic Conception of Life-Science and philosophy in the age of Goethe.* Univ. Chicago Press, Chicago and London.

Richards, R. J. (2008) *The Tragic Sense of Life-Ernst Haeckel and the Struggle over Evolutionary Thought.* Univ. Chicago Press, Chicago and London.

Riedl, R. (1978) *Order in Living Organisms,* Wiley.

Rijli, F. M., Mark, M., Lakkaraju, S., Dierich, A., Dollé, P. & Chambon, P. (1993) Homeotic transformation is generated in the rostral branchial region of the head by disruption of *Hoxa-2*, which acts as a selector gene. Cell 75, 1333–1349.

Rios, A. C. & Marcelle, C. (2009) Head Muscles: Aliens Who Came in from the Cold? Dev. Cell 16, 779–780.

Peyer, B. (1950) *Goethes Wirbeltheorie des Schädels.* Druck Gebr. Fretz AG. Zürich.
Pinkus, F. (1894) Die Hirnnerven des *Protopterus annectens.* Morphol. Arb. 4, 275–346.
Platt, J. B. (1890) The anterior head-cavities of *Acanthias* (Preliminary Notice). Zool. Anz. 13, 239.
Platt, J. B. (1891a) A contribution to the morphology of the vertebrate head, based on a study of *Acanthias vulgaris.* J. Morphol. 5, 79–106.
Platt, J. B. (1891b) Further contribution to the morphology of the vertebrate head. Anat. Anz. 6, 251–265.
Platt, J. B. (1893) Ectodermic origin of the cartilage of the head. Anat. Anz. 8, 506–509.
Platt, J. B. (1897) The development of the cartilaginous skull and of the branchial and hypoglossal musculatur in *Necturus.* Morphl. Jb. 25, 377–464.
Platt, J. B. (1894) Ontogenetische Differenzierung des Ectoderms in *Necturus.* Studie I. Arch. mikr. Anat. 43, 911–966.
Pollock, R. A., Gilbert, J. & Bieberich, C. J. (1992) Altering the boundaries of *Hox3.1* expression: evidence for antipodal gene regulation. Cell 71, 911–923.
Popperl, H. & Featherstone, M. S. (1993) Identification of a retinoic acid response element upstream of the murine *Hox-4.2* gene. Mol. Cell Biol. 13, 257–265.
Portmann, A. (1969) *Einführung in die vergleichende Morphologie der Wirbeltiere.* Schwabe & Co. (邦訳: ポルトマン, A.『脊椎動物比較形態学』島崎訳 岩波書店 1979).
Portmann, A. (1976) *Einführung in die vergleichende Morphologie der Wirbeltiere. 5. Aufl.* Schwabe & Co., Basel.
Portmann, A. (1960) *Die Tiergestalt: Studien über die Bedeutung der tierischen Erscheinung.* Basel. (邦訳: ポルトマン, A.『動物の形態: 動物の外観の意味について』島崎訳 うぶすな書院 1990).
Pourquie, O. (2001) The vertebrate segmental clock. J. Anat. 199, 169–175.
Powers, T. P., Hogan, J., Ke, Z., Dymbrowski, K., Wang, X., Collins, F. H. & Kaufman, T. C. (2000) Characterization of the *Hox* cluster from the mosquito *Anopheles gambiae* (Diptera: Culicidae). Evol. Dev. 2, 311–325.
Pradel, A., Maisey, J. G., Tafforeau, P., Mapes, R. H. & Mallatt, J. (2014) A Palaeozoic shark with osteichthyan-like branchial arches. Nature, 509, 608–611.
Presley, R. (1993b) Preconception of adult structural pattern in the analysis of the developing skull. In: J. Hanken and B. K. Hall (eds.), *The Skull, vol. 1,* Univ. Chicago Press, pp. 347–377.
Presley, R. & Steel, F. L. D. (1976) On the homology of the alisphenoid. J. Anat. 121, 441–459.
Presley, R. & Steel, F. L. (1978) The pterygoid and ectopterygoid in mammals. Anat. Emb. 154, 95–110.
Presly, R., Horder, T. J. & Slipka, J. (1996) Lancelet development as evidence of ancestral chordate structure. Israel J. Zool. 42, 97–116.
Prince, V. (2002) The *Hox* paradox: More complex (es) than imagined. Dev. Biol. 249, 1–15.
Prince, V. & Lumsden, A. (1994) *Hoxa-1* expression in normal and transposed rhombomeres: Independent regulation in the neural tube and neural crest. Development 120, 911–923.
Puelles, L. (1995) A segmental morphological paradigm for understanding vertebrate forebrains. Brain Behav. Evol. 46, 319–337.
Puelles, L., Amat, J. A. & Martinez-de-la-Torre, M. (1987) Segment-related, mosaic neurogenetic pattern in the forebrain and mesencephalon of early chick embryos: I. topography of AChE-positive neuroblasts up to stage HH18. J. Comp. Neurol. 266, 247–268.
Puelles, L. & Martinez-de-la-Torre, M. (1987) Autoradiographic and Golgi study on the early development of n. isthmi principalis and adjacent grisea in the chick embryo: a tridimensional viewpoint. Anat. Embryol. 176, 19–34.
Puelles, L. & Rubenstein, J. L. R. (1993) Expression patterns of homeobox and other putative regulatory genes in the embryonic mouse forebrain suggest a neuromeric organization. Trends Neurosci. 16, 472–479.
Puelles, L. & Rubenstein, J. L. (2003) Forebrain gene expression domains and the evolving prosomeric model. Trends Neurosci. 26, 469–476.
Puelles, L., Kuwana, E., Puelles, E., Bulfone, A., Shimamura, K., Keleher, J., Smiga, S. & Rubenstein, J. L. R. (2000) Pallial and subpallial derivatives in the embryonic chick and mouse telencephalon, traced by the expression of the genes, *Dlx-2, Emx-2, Nkx-2.1, Pax-6,* and *Tbr-1.* J. Comp. Neurol. 424, 409–438.
Putnam, N. H., Butts, T., Ferrier, D. E., Furlong, R. F., Hellsten, U., Kawashima, T., ... & Rokhsar, D. S. (2008) The amphioxus genome and the evolution of the chordate karyotype. Nature 453, 1064–1071.

Papalopulu, N., Clarke, J. D. W., Bradley, L., Wilkinson, D., Krumlauf, R. & Holder, N. (1992) Retinoic acid causes abnormal development and segmental patterning of the anterior hindbrain in *Xenopus* embryos. Development 113, 1145–1158.

Parker, H. J., Bronner, M. E. & Krumlauf, R. (2014) A Hox regulatory network of hindbrain segmentation is conserved to the base of vertebrates. Nature 514, 490–493.

Parker, K. W. (1883a) On the skeleton of the marsipobranch fishes. Part I. The Myxinoids (*Myxine* and *Bdellostoma*). Phil. Trans. R. Soc. Lond. 174, 373–409.

Parker, K. W. (1883b) On the skeleton of the marsipobranch fishes. Part II. *Petromyzon.* Phil. Trans. R. Soc. Lond. 174, 411–457.

Parker, W. K. & Bettany, G. T. (1877) *The Morphology of the Vertebrate Skull.* MacMillan.

Pascual-Anaya, J., Adachi, N., Álvarez, S., Kuratani, S., Aniello, S.D. & Garcia-Fernàndez, J. (2012) Broken colinearity of amphioxus Hox cluster. Evodevo 3, 28.

Pasqualetti, M. & Rijli, F. M. (2002) Developmental biology: the plastic face. Nature 416 (6880), 493–494.

Pasqualetti, M., Ori, M., Nardi, I. & Rijli, F. M. (2000) Ectopic *Hoxa2* induction after neural crest migration results in homeosis of jaw elements in *Xenopus.* Development 127, 5367–5378.

Patten, W. (1890) On the origin of vertebrates from arachnids. Quart. J. microsc. Sci. 31, 317–378.

Patten, W. M. (1912) *The Evolution of the Vertebrates and Their Kin.* The Blakiston Co., Philadelphia.

Patten, B. M. (1958) *Foundations of embryology.* McGraw Hill.

Pearse, R. V., Vogan, K. J. & Tabin, C. J. (2001) *Ptc1* and *Ptc2* transcripts provide distinct readouts of hedgehog signaling activity during chick embryogenesis. Dev. Biol. 239, 15–29.

Pearson, A. A. (1937) The spinal accessory nerve in human embryos. J. Comp. Neurol. 68, 243–266.

Peel, A. & Akam, M. (2003) Evolution of segmentation: Rolling back the clock. Curr. Biol. 13, R708–R710.

Pendleton, J. W., Nagai, B. K., Murtha, M. T. & Ruddle, F. H. (1993) Expansion of the *Hox* gene family and the evolution of chordates. Proc. Nat. Acad. Sci. U.S.A. 90, 6300–6304.

Peters, H., Neubüser, A., Kratochwil, K. & Balling, R. (1998) *Pax9*-deficient mice lack pharyngeal pouch derivatives and teeth and exhibit craniofacial and limb abnormalities. Genes Dev. 12, 2735–2747.

Peters, H., Wilm, B., Sakai, N., Imai, K., Maas, R. & Balling, R. (1999) *Pax1* and *Pax9* synergistically regulate vertebral column development. Development 126, 5399–5408.

Peterson, K. J. (1995) Dorsoventral axis inversion. Nature 373, 111–112.

Pearson, A. A. (1938) The spinal accessory nerve in human embryos. J. Comp. Neurol. 68, 243–266.

Peterson, K. L. (1995) A phylogenetic test of the calcichordate scenario. Lethaia 28, 25–38.

Peterson, K. J., Cameron, R. A., Tagawa, K., Satoh, N. & Davidson, E. H. (1999) A comparative molecular approach to mesodermal patterning in basal deuterostomes: the expression pattern of *Brachyury* in the enteropneust hemichordate *Ptychodera flava.* Development 126, 85–95.

Pearson, A. A. 1938. The spinal accessory nerve in human embryos. J. Comp. Neurol. 68, 243–266.

Pearson, A. A. (1939) The hypoglossal nerve in human embryos. J. Comp. Neurol. 71, 21–39.

Pearson, A. A. (1943) The trochlear nerve in human fetus. J. Comp. Neurol. 78, 29–43.

Pearson, A. A. (1941a) The development of the nervus terminalis in man. J. Comp. Neurol. 75, 39–66.

Pearson, A. A. (1941b) The development of the olfactory nerve in man. J. Comp. Neurol. 75, 199–217.

Pearson, A. A. (1944) The oculomotor nucleus in the human fetus. J. Comp. Neurol. 80, 47–63.

Pearson, A. A. (1946) The development of the motor nuclei of the facial nerve in man. J. Comp. Neurol. 85, 461–476.

Pearson, A. A. (1947) The roots of the facial nerve in human embryos and fetuses. J. Comp. Neurol. 87, 139–159.

Pearson, A. A. (1949a) The development and connections of the mesencephalic root of the trigeminal nerve in man. J. Comp. Neurol. 90, 1–46.

Pearson, A. A. (1949b) Further observations of the mesencephalic root of the trigeminal nerve. J. Comp. Neurol. 91, 147–194.

Pearson, A. A. & Sauter, R. W. (1971) Observations on the phrenic nerve and the ductus venosus in human embryos and fetuses. Am. J. Obstet. Gynecol. 15, 560–565.

Pearson, A. A., Sauter, R. W. & Oler, R. C. (1971) Relationships of the diaphragm to the inferior vena cava in human embryos and fetuses. Thorax 26, 348–353.

Peel, A., & Akam, M. (2003) Evolution of segmentation: rolling back the clock. Curr. Biol. 13, R708-R710.

Ogasawara, M., Wada, H., Peters, H. & Satoh, N. (1999b) Developmental expression of *Pax1/9* genes in urochordate and hemichordate gills: Insight into function and evolution of the pharyngeal epithelium. Development 126, 2539–2550.

O'Gorman, S. (2005) Second branchial arch lineages of the middle ear of wildtype and *Hoxa2* mutant mice. Dev. Dyn. 234, 124–131.

Ohya, Y.K., Kuraku, S. & Kuratani, S. (2005) Hox code in embryos of Chinese soft-shelled turtle *Pelodiscus sinensis* correlates with the evolutionary innovation in the turtle. J. Exp. Zool. (Mol. Dev. Evol.) 304B, 107–118.

Oisi, Y., Ota, K. G., Fujimoto, S. & Kuratani, S. (2013a) Craniofacial development of hagfishes and the evolution of vertebrates. Nature 493, 175–180.

Oisi, Y., Ota, K. G., Fujimoto, S. & Kuratani, S. (2013b) Development of the chondrocranium in hagfishes, with special reference to the early evolution of vertebrates. Zool. Sci. 30, 944–961.

Oisi, Y., Fujimoto, S., Ota, K. G. & Kuratani, S. (2015) On the peculiar morphology and development of the hypoglossal, glossopharyngeal and vagus nerves and hypobranchial muscles in the hagfish. Zool. Lett. 1:6.

Okazaki, K. (1975) Normal development to motamorphosis. The Sea Urchin. Biochemistry and Morphogenesis, Springer-Verlag, Berlin 178–232.

Oken, L. (1807) *Über die Bedeutung der Schädelknochen*. Göbhardt.

Olsson, L. & Hanken, J. (1996) Cranial neural crest migration and chondrogenic fate in the Oriental fire-bellied toad, *Bombina orientalis*: defining the ancestral pattern of head development in anuran amphibians. J. Morphol. 229, 105–120.

Olsson, L., Levit, G. S. & Hoßfeld, U. (2010) Evolutionary developmental biology: its concepts and history with a focus on Russian and German contributions. Naturwissenschaften 97, 951–969.

Orr, H. (1887) Contribution to the embryology of the lizard. J. Morphol. 1, 311–372.

Ortmann, R. (1943) Über Placoden und Neuralleiste beim Entenembryo, ein Beitrag zum Kopfproblem. Zeit. Anat. Ent-ges. 112, 537–587.

Osumi-Yamashita, N., Ninomiya, Y., Doi, H. & Eto, K. (1996) Rhombomere formation and hindbrain crest cell migration from prorhombomeric origins in mouse embryos. Dev. Growth Diff. 38, 107–118.

Ota, K. G. & Kuratani, S. (2006) History of scientific endeavours towards the hagfish embryology. Zool. Sci. 23, 403–418.

Ota, K. G. & Kuratani, S. (2008) Developmental biology of hagfishes, with a report on newly obtained embryos of the Japanese inshore hagfish, *Eptatretus burgeri*. In: *Special issue: Advances in Cyclostostome Research: Body plan and developmental programs before jawed vertebrates*. Zool. Sci. 25, 999–1011.

Ota, K. G., Kuraku, S. & Kuratani, S. (2007) Hagfish embryology with reference to the evolution of the neural crest. Nature 446, 672–675.

Ota, K. G., Fujimoto, S. Oisi, Y. & Kuratani, S. (2011) Identification of vertebra-like elements and their possible differentiation from sclerotomes in the hagfish. Nat. Commun. 2 373:1–6.

Ott, M. O., Bober, E., Lyons, G., Arnold, H. & Buckingham, M. (1991) Early expression of the myogenic regulatory gene, *myf5*, in precursor cells of skeletal muscle in the mouse embryo. *Development* 111, 1097–1107.

Otto, H. D. (1984) Der Irrtum der Reichert-Gauppschen Theorie. Ein Beitrag zur Onto-und Phylogenese des Kiefergelenks und der Gehöhrknöchelchen der Säugetiere. Anat. Anz. 155, 223–238.

Owen, R. (1848) *On the Archetype and Homologies of the Vertebrate Skeleton*. London.

Owen, R. (1849) *On the Nature of Limbs*. London, John Van Voorst.

Owen, R. (1853) *Descriptive catalogue of the osteological series contained in the museum of the Royal College of Surgeons of England*. London: Royal College of Surgeons.

Owen, R. (1866) *On the Anatomy of Vertebrates*. Vol. 1, Longmans, Green & Co.

Ozeki, H., Kurihara, Y., Tonami, K., Watatani, S. & Kurihara, H. (2004) Endothelin-1 regulates the dorsoventral branchial arch patterning in mice. Mechanisms of development, 121, 387–395.

Padian, K. (1995) A missing Hunterian lecture on vertebrate by Richard Owen, 1837. J. Hist. Biol. 28, 333–368.

Padian, K. (2007) Richard Owen's quadrophenia. In: R. Amundson & B. K. Hall (eds) *On the Nature of Limbs: a discourse*. Univ. Chicago Press, pp. 54–91.

Pani, A. M., Mullarkey, E. E., Aronowicz, J., Assimacopoulos, S., Grove, E. A. & Jowe, C. J. (2012) Ancient deuterostome origins of vertebrate brain signalling centres. Nature 483, 289–295.

Nielsen, C. (2013) Life cycle evolution: was the eumetazoan ancestor a holopelagic, planktotrophic gastraea? BMC Evol. Biol. 13, 171.

Nielsen, C., Scharff, N. & Eibye-Jacobsen, D. (1996) Cladistic analysis of the animal kingdom. Biol. J. Linnean Soc. 57, 385–410.

Nieto, M. A., Gilardi-Hebenstreit, P., Charnay, P. & Wilkinson, D. G. (1992) A receptor protein tyrosine kinase implicated in the segmental patterning of the hindbrain and mesoderm. Development 116, 1137–1150.

Nieuwenhuys, R., ten Donkelaar, H. J. & Nicholson, C. (1998) *The Central Nervous System of Vertebrates.* Vol. 1–3. Springer Verlag, Berlin.

Nilsson, D. E. & Arendt, D. (2008) Eye evolution: the blurry beginning. Curr. Biol. 18(23), R1096–R1098.

西野敦雄, 和田洋, 倉谷滋(2007)「無脊椎動物から脊椎動物を導く」『動物の形態進化のメカニズム』(佐藤矩行、倉谷滋編), pp. 108–116.(シリーズ21世紀の動物科学 第3巻)日本動物学会, 培風館.

Noden, D. M. (1975) An analysis of the migratory behavior of avian cephalic neural crest cells. Dev. Biol. 42, 106–130.

Noden, D. M. (1978a) The control of avian cephalic neural crest cytodifferentiation. I. skeletal and connective tissues. Dev. Biol. 67, 296–312.

Noden, D. M. (1978b) The control of avian cephalic neural crest cytodifferentiation. II. Neural tissues. Dev. Biol. 67, 313–329.

Noden, D. M. (1983a) The embryonic origins of avian cephalic and cervical muscles and associated connective tissues. Am. J. Anat. 168, 257–276.

Noden, D. M. (1983b) The role of the neural crest in patterning of avian cranial skeletal, connective, and muscle tissues. Dev. Biol. 96, 144–165.

Noden, D. M. (1984) Craniofacial development: New views on old problems. Anat. Rec. 208, 1–13.

Noden, D. M. (1986) Origins and patterning of craniofacial mesenchymal tissues. J. Craniofac. Genet. Dev. Biol. Suppl. 2, 15–31.

Noden, D. M. (1988) Interactions and fates of avian craniofacial mesenchyme. Development 103 Suppl, 121–140.

Noden, D. M. (1992) Spatial integration among cells forming the cranial peripheral nervous system. J. Neurobiol. 24, 248–261.

Noden, D. M. & Francis-West, P. (2006) The Differentiation and Morphogenesis of Craniofacial Muscles. Dev. Dyn. 235, 1194–1218.

Noden, D. M. & Trainor, P. A. 2005. Relations and interactions between cranial mesoderm and neural crest populations. J. Anat. 207, 575–601.

Noden, D. M., Schneider, R. A. 2006. Neural crest cells and the community of plan for craniofacial development: historical debates and current perspectives. Adv. Exp. Med. Biol. 589, 1–23.

Noden, D. M. & van de Water, T. R. (1986) The developing ear: Tissue origins and interactions. In: R. J. Ruben & T. R. Van de Water (eds.), *The Biology of Change in Otolaryngology,* pp. 15–46, Elsvier.

Noden, D. M., Marcucio, R., Borycki, A. G. & Emerson, C. P. Jr. (1999) Differentiation of avian craniofacial muscles: I. Patterns of early regulatory gene expression and myosin heavy chain synthesis. Dev. Dyn. 216, 96–112.

Nomaksteinsky, M., Kassabov, S., Chettouh, Z., Stoeklé, H. C., Bonnaud, L., Fortin, G., ... & Brunet, J. F. (2013) Ancient origin of somatic and visceral neurons. BMC Biol. 11, 53.

Northcutt, R. G. (1993) A reassessment of Goodrich's model of cranial nerve phylogeny. Act. anat. 148, 71–80.

Northcutt, R. G. (1996a) The origin of craniates: Neural crest, neurogenic placodes, and homeobox genes. Israel J. Zool. 42, 273–313.

Northcutt, R. G. (1996b) The agnathan ark: The origin of craniate brains. Brain Behav. Evol. 48, 237–247.

Northcutt, R. G. & Gans, C. (1983) The genesis of neural crest and epidermal placodes: A reinterpretation of vertebrate origins. Quart. Rev. Biol. 58, 1–28.

Novacek, M. J. (1993) Patterns of diversity in the mammalian skull. J. Hanken & B. K. Hall (eds) *The Skull, vol. 2*, pp. 438–545, Chicago Univ. Press.

Nowicki, J. L. & Burke A. C. (2000) Hox genes and morphological identity: axial versus lateral patterning in the vertebrate mesoderm. Development 127, 4265–4275.

Nozaki, M. & Gorbman, A. (1992) The question of functional homology of Hatschek's pit of amphioxus (Branchiostoma belcheri. Zool. Sci. 9, 387–395.

Ogasawara, M., Di Lauro, R. & Satoh, N. (1999a) Ascidian homologs of mammalian thyroid peroxidase genes are expressed in the thyroid-equivalent region of the endostyle. J. Exp. Zool. (Mol. Dev. Evol.) 285, 158–169.

Morrison, A., Moroni, M. C., Ariza-McNaughton, L., Krumlauf, R. & Mavilio, F. (1996) *In vitro* and transgenic analysis of a human *HOXD4* retinoid-responsive enhancer. Development 122, 1895–1907.

Müller, T. S., Ebensperger, C., Neubüser, A., Koseki, H., Balling, R., Christ, B. & Wilting, J. (1996) Expression of avian *Pax1* and *Pax9* is intrinsically regulated in the pharyngeal endoderm, but depens on environmental influences in the paraxial mesoderm. Dev. Biol. 178, 403–417.

Müller, G. B. & Wagner, G. P. (1991) Novelty in evolution: Restructuring the concept. Annu. Rev. Ecol. Syst. 22, 229–256.

Mungpakdee, S., Seo, H. C., Angotzi, A. R., Dong, X., Akalin, A. & Chourrout, D. (2008) Differential evolution of the 13 Atlantic salmon Hox clusters. Mol. Biol. Evol. 25 (7), 1333–1343.

村上安則(2015)『脳の進化形態学』(ブレインサイエンス・レクチャー 2)共立出版.

Murakami, Y., Ogasawara, M., Sugahara, F., Hirano, S., Satoh, N. & Kuratani, S. (2001) Identification and expression of the lamprey *Pax-6* gene: Evolutionary origin of segmented brain of vertebrates. Development 128, 3521–3531.

Murakami, Y., Ogasawara, M., Satoh, N., Sugahara, F., Myojin, M., Hirano, S. & Kuratani, S. (2002) Compartments in the lamprey embryonic brain as revealed by regulatory gene expression and the distribution of reticulospinal neurons. Brain Res. Bull. 57, 271–275.

Murakami, Y., Pasqualetti, M., Takio, Y., Hirano, S., Rijli, F. & Kuratani, S. (2004) Segmental development of reticulospinal and branchiomotor neurons in the lamprey: insights into evolution of the vertebrate hindbrain. Development 131, 983–995.

Murakami, Y., Uchida, K., Rijli, F. M., Kuratani, S. (2005) Evolution of the brain developmental plan: insights from amphioxus and lamprey. Dev. Biol. 280, 249–259.

Myojin, M., Ueki, T., Sugahara, F., Murakami, Y., Shigetani, Y., Aizawa, S., Hirano, S. & Kuratani, S. (2001) Isolation of *Dlx* and *Emx* gene cognates in an agnathan species, *Lampetra japonica*, and their expression patterns during embryonic and larval development: Conserved and diversified regulatory patterns of homeobox genes in vertebrate head evolution. J. Exp. Zool. (Mol. Dev. Evol.) 291, 68–84.

Nakano, H. (2015) What is Xenoturbella? Zool. Lett. 1:22.

Nakano, H., Lundin, K., Bourlat, S. J., Telford, M. J., Funch, P., Nyengaard, J. R., ... & Thorndyke, M. C. (2013) *Xenoturbella bocki* exhibits direct development with similarities to Acoelomorpha. Nat. Commun. 4, 1537.

Narita, Y. & Kuratani, S. (2005) Evolution of the vertebral formulae in mammals-a perspective from the developmental constraints. J. Exp. Zool. (Mol. Dev. Evol.) 304B, 91–106.

Nathan, E., Monovich, A., Tirosh-Finkel, L., Harrelson, Z., Rousso, T., Rinon, A., Harel, I., Evans, S.M. & Tzahor, E. (2008) The contribution of Islet1-expressing splanchnic mesoderm cells to distinct branchiomeric muscles reveals significant heterogeneity in head muscle development. Development 135, 647–657.

Neal, H. V. (1896) A summary of studies on the segmentation of the nervous system in *Squalus acanthias*. Anat. Anz. 12, 377–391.

Neal, H. V. (1897) The development of the hypoglossus musculature in *Petromyzon* and *Squalus*. Anat. Anz. 13, 441–463.

Neal, H. V. (1898a) The problem of the vertebrate head. Comp. Zool. 8, 153–161.

Neal, H. V. (1898b) The segmentation of the nervous system in *Squalus acanthias*. Bull. Mus. Comp. Zool. 31, 147–294.

Neal, H. V. (1903) *The Segmentation of the Nervous System in Squalus acanthias: A Contribution to the Morphology of the Vertebrate Head.*

Neal, H. V. (1914) Morphology of the eye muscle nerves. J. Morphol. 25, 1–186.

Neal, H. V. (1918a) The history of the eye muscles. J. Morphol. 30, 433–453.

Neal, H. V. (1918b) Neuromeres and metameres. J. Morphol. 31, 293–315.

Neal, H. V. & Rand, H. W. (1946) *Comparative Anatomy.* Blakiston, Philadelphia.

Neidert, A. H., Virupannavar, V., Hooker, G. W. & Langeland, J. A. (2001) Lamprey Dlx genes and early vertebrate evolution. Proc. Natl. Acad. Sci. U.S.A. 98, 1665–1670.

Nelsen, O. E. (1953). *Comparative embryology of the vertebrates. Comparative embryology of the vertebrates.*

Niehrs, C. (2010) On growth and form: a Cartesian coordinate system of Wnt and BMP signaling specifies bilaterian body axes. Development 137 (6), 845–857.

Niehrs, C. & Pollet, N. (1999) Synexpression groups in eukaryotes. Nature 402, 483–487.

Nielsen, C. (1994) Larval and adult characters in animal phylogeny. Am. Zool. 34, 492–501.

Nielsen, C. (1999) Origin of the chordate central nervous system-and the origin of chordates. Dev. Genes Evol. 209, 198–205.

Nielsen, C. (2010) After all: *Xenoturbella* is an acoelomorph! Evol. Dev. 12, 241–243.

Meier, S. (1981) Development of the chick embryo mesoblast: Morphogenesis of the prechordal plate and cranial segments. Dev. Biol. 83, 49–61.

Meier, S. & Packard, D. S. Jr. (1984) Morphogenesis of the cranial segments and distribution of neural crest in embryos of the snapping turtle, *Chelydra serpentina*. Dev. Biol. 102, 309–323.

Meier, S. & Tam, P. P. L. (1982) Metatmeric pattern development in the embryonic axis of the mouse. I. Differentiation of the cranial segments. Differentiation 21, 95–108.

Meinhardt, H. (2002) The radial-symmetric hydra and the evolution of the bilateral body plan: an old body became a young brain. BioEssays 24, 185–191.

Meinhardt, H. (2004a) Symmetry breaking in the left–right pattern and why vertebrates are better off. BioEssays 26, 1260–1260.

Meinhardt, H. (2004b) Models for the generation of the embryonic body axes: ontogenetic and evolutionary aspects. Curr. Opin. Genet. & Dev. 14, 446–454.

Meinhardt, H. (2004c) Different strategies for midline formation in bilaterians. Nature Rev. Neurosci. 5, 502–510.

Meinhardt, H. (2006) Primary body axes of vertebrates: Generation of a near-Cartesian coordinate system and the role of Spemann-type organizer. Dev. Dyn. 235, 2907–2919.

Mendelson, B. (1986a) Development of reticulospinal neurons of the zebrafish. I. Time of origin. J. Comp. Neurol. 251, 160–171.

Mendelson, B. (1986b) Development of reticulospinal neurons of the zebrafish. II. Early axonal outgrowth and cell body position. J. Comp. Neurol. 251, 172–184.

Mendelsohn, C., Lohnes, D., Démico, D., Lufkin, T., LeMeur, M., Chambon, P. & Mark, M. (1994) Function of the retinoic acid receptors (RARs) during development (II) Multiple abnormalities at various stages of organogenesis in RAR double mutants. Development 120, 2749–2771.

Metcalfe, W. K., Kimmel, C. B. & Schabtach, E. (1985) Anatomy of the posterior lateral line system in young larvae of the zebrafish. J. Comp. Neurol. 233, 377–389.

Metcalfe, W. K., Mendelson, B. & Kimmel, C. B. (1986) Segmental homologies among reticulospinal neurons in the hindbrain of the zebrafish larva. J. Comp. Neurol. 251, 147–159.

Metscher, B. D., Takahashi, K., Crow, K., Amemiya, C., Nonaka, D. F. & Wagner, G. (2005) Expression of *Hoxa-11* and *Hoxa-13* in the pectoral fin of a basal ray-finned fish, *Polyodon spathula*: implications for the origin of tetrapod limbs. Evol. Dev. 7, 186–195.

Meulemans, D. & Bronner-Fraser, M. (2007) Insights from amphioxus in to the evolution of vertebrate cartilage. PLoS ONE 2, e787.

Minguillon, C., Nishimoto, S., Wood, S., Vendrell, E., Gibson-Brown, J. J. & Logan, M. P. O. (2012) Hox genes regulate the onset of *Tbx5* expression in the forelimb. Development 139, 3180–3188.

Minot, C. S. (1892) *Human Embryology*, William Wood.

Mitchell, P. C. (1900) *Thomas Henry Huxley: A sketch of his life and work*. G. P. Putnam's Sons, New York and London.

Miyamoto, N. & Wada, H. (2013) Hemichordate neurulation and the origin of the neural tube. Nat. Commun. 4, 2713.

Modrell, M. S., Hockman, D., Uy, B., Buckley, D., Sauka-Spengler, T., Bronner, M. E. & Baker, C. V. (2014) A fate-map for cranial sensory ganglia in the sea lamprey. Devel. Biol. 385, 405–416.

Moody, S. A. & Heaton, M. B. (1983a) Developmental relationships between trigeminal ganglia and trigeminal motoneurons in chick embryos. I. Ganglion development is necessary for motoneuron migration. J. Comp. Neurol. 213, 327–343.

Moody, S. A. & Heaton, M. B. (1983b) Developmental relationships between trigeminal ganglia and trigeminal motoneurons in chick embryos. II. Ganglion axon ingrowth guides motoneuron migration. J. Comp. Neurol. 213, 344–349.

Moody, S. A. & Heaton, M. B. (1983c) Developmental relationships between trigeminal ganglia and trigeminal motoneurons in chick embryos. III. Ganglion perikarya direct motor axon growth in the periphery. J. Comp. Neurol. 213, 350–364.

Moore, W. J. (1981) *The Mammalian Skull*. Cambridge Univ. Press.

Mootoosamy, R. C. & Dietrich, S. (2002) Distinct regulatory cascades for head and trunk myogenesis. Development 129, 573–583.

Moreno, E., Nadal, M., Baguñà, J. & Martínez, P. (2009) Tracking the origins of the bilaterian Hox patterning system: insights from the acoel flatworm *Symsagittifera roscoffensis*. Evol. Dev. 11, 574–581.

Morriss-Kay, G. M., Murphy, P., Hill, R. E. & Davidson, D. R. (1991) Effects of retinoic acid excess on expression of *Hox-2.9* and *Krox-20* and on morphological segmentation in the hindbrain of mouse embryos. EMBO 10, 2985–2995.

Nematostella vectensis. In Mec. Dev. 122, S159–S159.
Marshall, A. M. (1878) The development of the cranial nerves of the chick. Quart. J. microsc. Sci. 18, 10–40.
Marshall, A. M. (1881) On the head cavities and associated nerves in elasmobranchs. Quart. J. microsc. Sci. 21, 72–97.
Marshall, A. M. & Spencer, W. B. (1881) Observations on the cranial nerves of *Scyllium*. Quart. J. Microsc. Sci. 23, 469–499.
Marshall, H., Nonchev, S., Sham, M. H., Lumsden, A. & Krumlauf, R. (1992) Retinoic acid alters hindbrain Hox code and induces transformation of rhombomeres 2/3 into 4/5 identity. Nature 360, 737–741.
Martinez, S., Geijo, E., Sánchez-Vives, M. V., Puelles, L. & Gallego, R. (1992) Reduced junctional permeability at interrhombomeric boundaries. Development 116, 1069–1076.
Martinez, S., Alvarado-Mallart, R. M., Martinez-de-la-Torre, M. & Puelles, L. (1991) Retinal and tectal connections of embryonic nucleus superficialis magnocellularis and its mature derivatives in the chick. Anat. Embryol. 183, 235–243.
Martinez-De-La-Torre, M., Martinez, S. & Puelles, L. (1990) Acetylcholinesterase-histochemical differential staining of subdivisions within the nucleus rotundus in the chick. Anat. Embryol. 181, 129–135.
Martínez-de-la-Torre, M., Pombal, M. A. & Puelles, L. (2011) Distal-less-like protein distribution in the larval lamprey forebrain. Neuroscience 178, 270–284.
Masterman, A. T. (1898) On the theory of archimeric segmentation and its bearing upon the phyletic classification of the chordata. Proc. Roy. Acad. Sci. Edinburgh 22, 270–310.
Matamoro-Vidal, A., Salazar-Ciudad, I. & Houle, D. (2015) Making quantitative morphological variation from basic developmental processes: Where are we? The case of the Drosophila wing. Devel. Dyn. 244, 1058–1073.
松永俊男(2005)『ダーウィン前夜の進化論争』名古屋大学出版会.
Matsuo, I., Kuratani, S., Kimura, C., Takeda, N. & Aizawa, S. (1995) Mouse *Otx2* functions in the formation and patterning of rostral head. Genes Dev. 9, 2646–2658.
Matsuura, M., Nishihara, H., Kokubo, N., Kuraku, S., Kusakabe, R., Okada, N., Kuratani, S. & Tanaka, M. 2008. Identification of four *Engrailed* genes in the Japanese river lamprey, *Lethenteron japonicum*. Dev. Dyn. 237, 1581–1589.
Maynard-Smith, J., Burian, R., Kauffman, S., Alberch, P., Campbell, J., Goodwin, B., Lande, R., Raup, D. & Wolpert, L. (1985) Developmental constraints and evolution. Quart. Rev. Biol. 60, 265–287.
Mazet, F., Hutt, J. A., Milloz, J., Millard, J., Graham, A. & Shimeld, S. M. (2005) Molecular evidence from *Ciona intestinalis* for the evolutionary origin of vertebrate sensory placodes. Dev. Biol. 282, 494–508.
McBratney-Owen, B., Iseki, S., Bamforth, S. D., Olsen, B. R. & Morriss-Kay, G. M. (2008) Development and tissue origins of the mammalian cranial base. Dev Biol. 322, 121–132.
McClintock, J. M., Carlson, R., Mann, D. M. & Prince, V. E. (2001) Consequences of Hox gene duplication in the vertebrates: An investigation of the zebrafish Hox paralogue group 1 genes. Development 128, 2471–2484.
McClure, C. F. W. (1889) The primitive segmentation of the vertebrate brain. Zool. Anz. 12, 435–438.
McClure, C. F. W. (1890) The segmentation of the primitive vertebrate brain. J. Morphol. 4, 35–56.
McGinnis, W. & Krumlauf, R. (1992) Homeobox genes and axial patterning. Cell 68, 283–302.
McIntyre, D. C., Rakshit, S., Yallowitz, A. R., Loken, L., Jeannotte, L., Capecchi, M. R. & Wellik, D. M. (2007) Hox patterning of the vertebrate rib cage. Development 134, 2981–2989.
McLain, K., Schreiner, C., Yager, K. L., Stock, J. L. & Potter, S. S. (1992) Ectopic expression of *Hox-2.3* induces craniofacial and skeletal malformations in transgenic mice. Mech. Dev. 39, 3–16.
Meckel, J. F. (1820) *Handbuch der menschlichen Anatomie. Vol. 4,* Halle and Berlin.
Medeiros, D. M. & Crump, J. G. (2012) New perspectives on pharyngeal dorsoventral patterning in development and evolution of the vertebrate jaw. Dev. Biol. 371, 121–135.
Medina, L., Puelles, L. & Smeets, W. J. (1994) Development of catecholamine systems in the brain of the lizard Gallotia galloti. J. Comp. Neurol. 350, 41–62.
Mehta, T. K., Rave, V., Yamasaki, S., Lee, A. P., Lian, M. M., Tay, B. H., Tohari, S., Yanai, S., Tay, A, Brenner, S. & Venkatesh, B. (2013) Evidence for at least six Hox clusters in the Japanese lamprey (*Lethenteron japonicum*). Proc. Natl. Acad. Sci. U.S.A. 110, 16044–16049.
Meier, S. (1979) Development of the chick mesoblast. Formation of the embryonic axis and establishment of the metameric pattern. Dev. Biol. 73, 25–45.

hemichordates: insights into early chordate evolution. PLoS biology 4, e291.
Lowe, C. J., Clarke, D. N., Medeiros, D. M., Rokhsar, D. S. & Gerhart, J. (2015) The deuterostome context of chordate origins. Nature 520, 456–465.
Lufkin, T., Dierich, A., LeMeur, M., Mark, M. & Chambon, P. (1991) Disruption of the *Hox-1.6* homeobox gene results in defects in a region corresponding to its rostral domain of expression. Cell 66, 1105–1119.
Lufkin, T., Mark, M., Hart, C. P., Dollé, P., Le Meur, M. & Chambon, P. (1992) Homeotic transformation of the occipital bones of the skull by ectopic expression of a homeobox gene. Nature 359, 835–841.
Lumsden, A. & Keynes, R. (1989) Segmental patterns of neuronal development in the chick hindbrain. Nature 337, 424–428.
Lumsden, A. & Krumlauf, R. (1996) Patterning the vertebrate neuraxis. Science 274, 1109–1115.
Lumsden, A., Sprawson, N. & Graham, A. (1991) Segmental origin and migration of neural crest cells in the hindbrain region of the chick embryo. Development 113, 1281–1291.
Lumsden, A., Clarke, J. D. W., Keynes, R. & Fraser, S. (1994) Early phenotypic choices by neuronal precursors, revealed by clonal analysis of the chick embryo hindbrain. Development 120, 1581–1589.
Ma, L. H., Gilland, E., Bass, A. H. & Baker, R. (2010) Ancestry of motor innervation to pectoral fin and forelimb. Nat. Commun. 1:49.
MacBride, E. W. (1909) The formation of the layers in Amphioxus and its bearing on the interpretation of the early ontogenetic process in the other vertebrates. Quart. J. microsc. Sci. 54.
MacBride, E. W. (1914) *Text-book of embryology. Vol. I: Invertebrates*, London: Macmillan.
MaCauley, D. W. & Bronner-Fraser, M. (2002) Conservation of *Pax* gene expression in ectodermal placodes of the lamprey. Gene 287, 129–139.
McCauley, D. W. & Bronner-Fraser, M. (2003) Neural crest contributions to the lamprey head. Development 130, 2317–2327.
McCauley, D. W. & Bronner-Fraser, M. (2006) Importance of SoxE in neural crest development and the evolution of the pharynx. Nature 441, 750–752.
Maden, M., Hunt, P., Eriksson, U., Kuroiwa, A., Krumlauf, R. & Summerbell, D. (1991) Retinoic acid-binding protein, rhombomeres and the neural crest. Development 111, 35–44.
Maden, A., Horton, C., Graham, A., Leonard, L., Pizzey, J., Siegenthaler, G., Lumsden, A. & Eriksson, U. (1992) Domains of cellular retinoic acid-binding protein I (CRABP I) expression in the hindbrain and neural crest of the mouse embryo. Mech. Dev. 37, 13–27.
Mahadevan, N. R., Horton, A. C. & Gibson-Brown, J. J. (2004) Developmental expression of the amphioxux *Tbx1/10* gene illuminates the evolution of vertebrate branchial arches and sclerotome. Dev. Genes. Evol. 214, 559–566.
Mallatt, J. (1984) Early vertebrate evolution: Pharyngeal structure and the origin of gnathostomes. J. Zool. 204, 169–183.
Mallatt, J. & Sullivan, J. (1998) 28S and 18S rDNA sequences support the monophyly of lampreys and hagfishes. Mol. Biol. Evol. 15, 1706–1718.
Mallatt, J. & Winchell, C. J. (2007) Ribosomal RNA genes and deuterostome phylogeny revisited: More cyclostomes, elasmobranchs, reptiles, and a brittle star. Mol. Phylogenet. Evol. 43, 1005–1022.
Manley, N. R. & Capecchi, M. R. (1995) The role of *Hoxa-3* in mouse thymus and thyroid development. Development 121, 1989–2003.
Manley, N. R. & Capecchi, M. R. (1998) Hox group 3 paralogs regulate the development and migration of the thymus, thyroid, and parathyroid glands. Dev. Biol. 195, 1–15.
Mansfield, J. & Abzhanov, A. (2010) Hox expression in the American alligator and evolution of archosaurian axial patterning. J. Exp. Zool. (Mol. Dev. Evol.) 314B, 629–644.
Manzanares, M., Wada, H., Itasaki, N., Trainor, P.A., Krumlauf, R. & Holland, P. W. (2000) Conservation and elaboration of *Hox* gene regulation during evolution of the vertebrate head. Nature 408, 854–857.
Marigo, V. & Tabin, C. J. (1996) Regulation of *Patched* by *Sonic hedgehog* in the developing neural tube. Proc. Natl. Acad. Sci. U.S.A. 93, 9346–9351.
Marin, F. & Puelles, L. (1994) Patterning of the embryonic avian midbrain after experimental inversions: a polarizing activity from the isthmus. Dev. Biol. 163, 19–37.
Marlow, H. A., Matus, D. Q. & Martindale, M. Q. (2005) Specification and patterning of the cnidarian nervous system in

Mech. Dev. 38, 217–227.
Langston, A. W., Thompson, J. R. & Gudas, L. J. (1997) Retinoic acid-responsive enhancers located 3' of the Hox A and Hox B homeobox gene clusters. Functional analysis. J. Biol. Chem. 272, 2167–2175.
Lankester, E. R. (1870) II.—On the use of the term homology in modern zoology, and the distinction between homogenetic and homoplastic agreements. Ann. Mag. Nat. Hist. 6, 34–43.
Lankester, R. (1875) On the invaginate planula, or diploblastic phase of *Paludina vivipara*. Quart. J. microsc. Sci, 15, 159.
Lankester, E. R. (1877) Notes on the embryology and classification of the animal kingdom: Comprising a revision of speculations relative to the origin and significance of germ layers. Quart. J. microsc. Sci. 17, 399–454.
Lankester, E. R. & Willey, A. (1890) The development of the atrial chamber of amphioxus. Quart. J. microsc. Sci. 31, 445–466.
Larsson, H. C. E. & Wagner, G. P. (2002) Pentadactyl ground state of the avian wing. J. Exp. Zool. (Mol. Dev. Evol.) 294, 146–151.
Lauri, A., Brunet, T., Handberg-Thorsager, M., Fischer, A. H., Simakov, O., Steinmetz, P. R., ... & Arendt, D. (2014) Development of the annelid axochord: insights into notochord evolution. Science 345, 1365–1368.
Lee, R. K., Eaton, R. C. & Zottoli, S. J. (1993) Segmental arrangement of reticulospinal neurons in the goldfish hindbrain. J. Comp. Neurol. 329, 539–556.
Le Guyader, H. (1998) *Étienne Geoffroy Saint-Hilaire (1772–1884): Un naturaliste visionnaire.* Belin, Paris.
Ledje, C., Kim, C. B. & Ruddle, F. H. (2002) Characterization of *Hox* genes in the bichir, *Polypterus palmas*. J. Exp. Zool. (Mol. Dev. Evol.) 294, 107–111.
Le Douarin, N. M. & Dupin, E. (1993) Cell lineage analysis in neural crest ontogeny. J. Neurobiol. 24, 146–161.
Le Douarin, N. M. & Teillet, M. A. (1973) The migration of neural crest cells to the wall of the digestive tract in avian embryo. J. Emb. Exp. Morphol. 30, 31–48.
Le Douarin, N. M. (1982) *The Neural Crest.* Cambridge Univ. Press.
Le Douarin, N. M. & Kalcheim, C. (1999) *The Neural Crest 2nd Ed.*, Developmental and Cell Biology Series, Cambridge Univ. Press.
Le Lièvre, C. S. (1974) Rôle des cellules mesectodermiques issues des crêtes neurales céphaliques dans la formation des arcs branchiaux et du skelette viscéral. J. Emb. Exp. Morphol. 31, 453–577.
Le Lièvre, C. S. (1978) Participation of neural crest-derived cells in the genesis of the skull in birds. J. Emb. Exp. Morphol. 47, 17–37.
Le Lièvre, C. S. & Le Douarin, N. M. (1975) Mesenchymal derivatives of the neural crest: Analysis of chimeric quail and chick embryos. J. Emb. Exp. Morphol. 34, 125–154.
Le Mouellic, H. Lallemand, Y. & Brulet, P. (1992) Homeosis in the mouse induced by a null mutation in the *Hox-3.1* gene. Cell 69, 251–264.
Levin, M., Hashimshony, T., Wagner, F. & Yanai, I. (2012) Developmental milestones punctuate gene expression in the Caenorhabditis embryo. Dev. cell, 22, 1101–1108.
Lewis, E. (1978) A gene complex controlling segmentation in *Drosophila*. Nature 276, 565–570.
Lichtneckert, R. & Reichert, H. (2005) Insights into the urbilaterian brain: conserved genetic patterning mechanisms in insect and vertebrate brain development. Heredity 94, 465–477.
Lim, T. M., Lunn, E. R., Keynes, R. J. & Stern, C. D. (1987) The differing effects of occipital and trunk somites on neural development in the chick embryo. Development 100, 525–533.
Lim, T. M., Jaques, K.F., Stern, C. D. & Keynes, R. J. (1991) An evaluation of myelomeres and segmentation of the chick embryo spinal cord. Development 113, 227–238.
Lindahl, P. E. (1944) Zur Kenntnis der Entwicklung von Haftorgan und Hypophyse bei Lepidosteus. Act. Zool. 25, 97–133.
Liu, J., Steiner, M., Dunlop, J. A., Keupp, H., Shu, D., Ou, Q., Han, J., Zhang, Z. & Zhang, X. (2011) An armoured Cambrian lobopodian from China with arthopod-like appendiges. Nature 470, 526–530.
Locy, W. A. (1895) Contributions to the structure and development of the vertebrate head. J. Morphol. 11, 497–594.
Lowe, C. J. (2008) Molecular genetic insights into deuterostome evolution from the direct-developing hemichordate *Saccoglossus kowalevskii*. Phil. Trans. Roy. Soc. B: Biological Sciences 363, 1569–1578.
Lowe, C. J. & Pani, A. M. (2011) Animal evolution: a soap opera of unremarkable worms. Curr. Biol. 21, R151–R153.
Lowe, C. J., Wu, M., Salic, A., Evans, L., Lander, E., Stange-Thomann, N., ... & Kirschner, M. (2003) Anteroposterior patterning in hemichordates and the origins of the chordate nervous system. Cell 113, 853–865.
Lowe, C. J., Terasaki, M., Wu, M., Freeman Jr, R. M., Runft, L., Kwan, K., ... & Gerhart, J. (2006) Dorsoventral patterning in

Kuratani, S. & Ota, K. (2008b) My favorite animal: hagfish: identifying ancestral developmental traits for vertebrates. BioEssays 30, 167–172.
Kuratani, S. & Schilling, T. (2008) Head segmentation in vertebrates. Integ. Comp. Biol. 48, 604–610.
Kuratani, S. & Tanaka, S. (1990a) Peripheral development of avian trigeminal nerves. Am. J. Anat. 187, 65–80.
Kuratani, S. C. & Wall, N. A. (1992) Expression of Hox 2.1 protein in a restricted population of neural crest cells and pharyngeal ectoderm. Dev. Dyn. 194, 15–28.
倉谷 滋, 大隅典子 (1997)『神経堤細胞』(UPバイオロジー97) 東京大学出版会.
Kuratani, S., Tanaka, S., Ishikawa, Y. & Zukeran, C. (1988a) Early development of the hypoglossal nerve in the chick embryo as observed by the whole-mount staining method. Am. J. Anat. 182, 155–168.
Kuratani, S., Matsuo, I. & Aizawa, S. (1997a) Developmental patterning and evolution of the mammalian viscerocranium: Genetic insights into comparative morphology. Dev. Dyn. 209, 139–155.
Kuratani, S., Ueki, T., Aizawa, S. & Hirano, S. (1997b) Peripheral development of the cranial nerves in a cyclostome, *Lampetra japonica*: Morphological distribution of nerve branches and the vertebrate body plan. J. Comp. Neurol. 384, 483–500.
Kuratani, S., Horigome, N., Ueki, T., Aizawa, S. & Hirano, S. (1998) Stereotyped axonal bundle formation and neuromeric patterns in embryos of a cyclostome, *Lampetra japonica*. J. Comp. Neurol. 391, 99–114.
Kuratani, S., Horigome, N. & Hirano, S. (1999) Developmental morphology of the cephalic mesoderm and re-evaluation of segmental theories of the vertebrate head: Evidence from embryos of an agnathan vertebrate, *Lampetra japonica*. Dev. Biol. 210, 381–400.
Kuratani, S., Nobusada, Y., Saito, H. & Shigetani, Y. (2000) Morphological development of the cranial nerves and mesodermal head cavities in sturgeon embryos from early pharyngula to mid-larval stages. Zool. Sci. 17, 911–933.
Kuratani, S., Murakami, Y., Nobusada, Y., Kusakabe, R. & Hirano, S. (2004) Developmental fate of the mandibular mesoderm in the lamprey, *Lethenteron japonicum*: comparative morphology and development of the gnathostome jaw with special reference to the nature of trabecula cranii. J. Exp. Zool. (Mol. Dev. Evol.) 302B, 458–468.
Kuratani, S., Adachi, N., Wada, N., Oisi, Y. & Sugahara, F. (2013) Developmental and evolutionary significance of the mandibular arch and prechordal/premandibular cranium in vertebrates: revising the heterotopy scenario of gnathostome jaw evolution. J. Anat. 222, 41–55.
Kuratani, S., Oisi, Y. & Ota, K. G. (2016) Evolution of the vertebrate cranium: viewed from the hagfish developmental studies. Zool. Sci. 33, 229–238.
Kusakabe R., Kuraku S. & Kuratani S. (2010) Expression and interaction of muscle-related genes in the lamprey imply the evolutionary scenario for vertebrate skeletal muscle, in association with the acquisition of the neck and fins. Dev. Biol. 350, 217–227.
Lacalli, T. C. (2005) Protochordate body plan and the evolutionary role of larvae: old controversies resolved? Can.J. Zool. 83, 216–224.
Lacalli, T. C. (2008) Head organization and the head/trunk relationship in protochordates: problems and prospects. Integ. Comp. Biol. 48, 620–629.
Lamarck, J. (1809) *Philosophie zoologique: ou exposition des considérations relatives a lahistoire naturelle des animaux*.
Lamarck, J. B. (1816) *Histoire naturelle des animaux sans vertèbres*. vol. 3, Paris, Verdière.
Lamb, A. B. (1902) The development of the eye muscles in *Acanthias*. Am. J. Anat. 1 (cited by Wedin, 1949).
Landacre, F. L. (1910) The origin of the cranial ganglia in Ameiurus. J. Comp. Neurol. 20, 309–411.
Landacre, F. L. 1912. The epibranchial placodes of *Lepidosteus osseus* and their relation to the cerebral ganglia. J. Comp. Neurol. 22, 1–69.
Landacre, F.L., McLellan, M. F. (1912) The cerebral ganglia of the embryo of *Rana pipiens*. J. Comp. Neurol. 22, 461–486.
De Lange, D. (1936) The head problem in chordates. J. Anat. 70, 515–547.
Langille, R. M. & Hall, B. K. (1988) Role of the neural crest in development of the trabeculae and branchial arches in embryonic sea lamprey, *Petromyzon marinus* (L). Development 102, 301–310.
Langille, R. M. & Hall, B. K. (1993) Pattern formation and the neural crest. In: J. Hanken & B. K. Hall (eds.) *The Skull vol. 1*, Univ. Chicago Press, pp. 77–111.
Langston, A. W. & Gudas, L. J. (1992) Identification of a retinoic acid responsive enhancer 3' of the murine homeobox gene *Hox-1.6*.

constraint. Theor. Biosci. 122, 230–251.
Kuratani, S. (2004) Evolution of the vertebrate jaw: comparative embryology reveals the developmental factors behind the evolutionary novelty. J. Anat. 205, 335–347.
Kuratani, S. (2005a) Craniofacial development and evolution in vertebrates: the old problems on a new background. Zool. Sci. 22, 1–19.
Kuratani, S. (2005b) Cephalic crest cells and evolution of the craniofacial structures in vertebrates: morphological and embryological significance of the premandibular-mandibular boundary. Zoology 108, 13–26.
Kuratani, S. (2005c) Developmental studies of the lamprey and hierarchical evolution towards the jaw. J. Anat. 207, 489–499.
Kuratani, S. (2008a) Evolutionary developmental studies of cyclostomes and origin of the vertebrate neck. Dev. Growth Diff. 50, Suppl 1, S189–194.
Kuratani, S. (2008b) Is the vertebrate head segmented?-evolutionary and developmental considerations. Integ. Comp. Biol. 48, 647–657.
Kuratani, S. (2009a) Modularity, comparative embryology and evo-devo: developmental dissection of evolving body plans. Dev. Biol. 332, 61–69
Kuratani, S. (2009b) JEEM essay. Insights into neural crest migration and differentiation from experimental embryology. Development 136, 1585–1589.
Kuratani, S. (2012) Evolution of the vertebrate jaw from developmental perspectives. Evol. Dev. 14, 76–92.
Kuratani, S. (2013) Evolution. A muscular perspective on vertebrate evolution. Science 341, 139–140.
倉谷滋 (1993a)「耳小骨の謎 I: 比較形態学最大のミステリー. Mysteries of ear ossicles I. The splendid history of comparative morphology.」The Bone メディカルレビュー社 7, 113–123.
倉谷滋 (1993b)「耳小骨の謎 II: 残された問題と将来への展望. Mysteries of ear ossicles II. Unsolved problems and molecular approaches.」The Bone メディカルレビュー社 7, 125–135.
倉谷滋 (1994a)「後頭骨をめぐる諸問題 I: 頭蓋に分節性はあるか?Mysteries of occipital bones I. Is the skull segmented?」The Bone メディカルレビュー社 8, 121–136.
倉谷滋 (1994b)「後頭骨をめぐる諸問題 II: 骨格の分節的形成の機構. Mysteries of occipital bones II. Developmental biology of the occipital bone.」The Bone メディカルレビュー社 8, 137–150.
倉谷滋 (1994c)「蝶形骨を考えるI: 哺乳類の神経頭蓋はどこにある?Mysteries of the sphenoid bone I. Where is the mammalian neurocranium?」The Bone メディカルレビュー社 8, 137–150.
倉谷滋 (1995a)「蝶形骨を考えるII: 比較形態学の応用問題. Mysteries of the sphenoid bone II. How is the sphenoid bone made?」The Bone メディカルレビュー社 9, 161–173.
倉谷滋 (1995b)「蝶形骨を考えるIII: 蝶形骨と発生生物学. Mysteries of the sphenoid bone III. Developmental scheme of the sphenoid bone.」The Bone メディカルレビュー社 9, 123–137.
倉谷滋 (2004)『動物進化形態学』東京大学出版会.
倉谷滋 (2015)『形態学— 形づくりにみる動物進化のシナリオ』丸善出版.
Kuratani, S. & Adachi, N. (2016) What are head cavities?-History of studies on the vertebrate head segmentation. Zool. Sci. 33, 213–228.
Kuratani, S. C. & Eichele, G. (1993) Rhombomere transplantation repatterns the segmental organization of cranial nerves and reveals autonomous expression of a homeodomain protein. Development 117, 105–117.
Kuratani, S. C. & Hirano, S. (1990) Appearance of trigeminal ectopic ganglia within the surface ectoderm in the chick embryo. Arch. Histol. Cytol. 53, 575–583.
Kuratani, S. & Horigome, N. (2000) Development of peripheral nerves in a cat shark, *Scyliorhinus torazame,* with special reference to rhombomeres, cephalic mesoderm, and distribution patterns of crest cells. Zool. Sci. 17, 893–909.
Kuratani, S. C. & Kirby, M. L. (1991) Initial migration and distribution of the cardiac neural crest in the avian embryo: An introduction to the concept of the circumpharyngeal crest. Am. J. Anat. 191, 215–227.
Kuratani, S. C. & Kirby, M. L. (1992) Migration and distribution of the circumpharyngeal crest cells in the avian embryo: Formation of the circumpharyngeal ridge and E/C8+ crest cells in the vertebrate head region. Anat. Rec. 234, 263–280.
Kuratani, S. & Ota, K. G. (2007) Primitive versus derived traits in the developmental program of the vertebrate head: views from cyclostome developmental studies. J. Exp. Zool. (Mol. Dev. Evol.) 310B, 294–314.

Kulesa, P. M. & Fraser, S. E. (2000) In ovo time-lapse analysis of chick hindbrain neural crest cell migration shows cell interactions during migration to the branchial arches. Development 127, 1161–1172.

Kulesa, P., Bronner-Fraser, M. & Fraser, S. (2000) In ovo time-lapse analysis after dorsal neural tube ablation shows rerouting of chick hindbrain neural crest. Development 127, 2843–2852.

Kundrát. M., Janáček, J. & Martin, S. (2009) Development of transient head cavities during early organogenesis of the Nile Crocodile (*Crocodylus niloticus*). J Morphol.

Kuntz, A. (1910a) The development of the sympathetic nervous system in mammals. J. Comp. Neurol. Physiol. 20, 211–258.

Kuntz, A. (1910b) The development of the sympathetic nervous system in birds. J. Comp. Neurol. Physiol. 20, 284–308.

Kuntz, A. (1920) The development of the sympathetic nervous system in man. J. Comp. Neurol. 32, 173–229.

Kuntz, A. (1921) Experimental studies on the histogenesis of the sympathetic nervous system. J. Comp. Neurol. 34, 1–36.

Kuntz, A. & Batson, O. V. (1920) Experimental observations on the histogenesis of the sympathetic trunks in the chick. J. Comp. Neurol. 32, 335–345.

von Kupffer, C. (1885) *Primäre Metamerie des Neuralrohrs der Vertebraten*. Situngsber. Math. Physik. Kl. München.

von Kupffer, C. (1888) Über die Entwicklung von *Petromyzon planeri*. Sitzberichte Akad. Wiss. München, Bd18, 71–79.

von Kupffer, C. (1891a) Die Entwicklung der Kopfnerven der Vertebraten. Ver. Anat. Ges. 1891, 22–55.

von Kupffer, C. (1891b) The development of the cranial nerves of vertebrates. J. Comp. Neurol 1. 246–264.

von Kupffer, C. (1893) Die Entwicklung des Kopfes von *Acipenser sturio*, an Medianschnitten untersucht. Studien zur vergleichenden Entwicklungsgeschichte des Kopfes der Cranioten, Heft 1, München und Leipzig.

von Kupffer, C. (1894) Studien zur vergleichenden Entwicklungsgeschichte des Kopfes der Kranioten. 2. Heft, Die Entwicklung des Kopfes von *Ammocoetes planeri*. J.F. Lehmann.

von Kupffer, C. (1895) Ueber die Entwickelung des Kiemenskelets von Ammocoetes und die organogene Bestimmung des Exoderms. Ver. Anat. Ges. 10, 105–123.

von Kupffer, C. (1899) Zur Kopfentwicklung von *Bdellostoma*. Sitzungsber. Ges. Morphol. Physiol. 15, 21–35.

von Kupffer, C. (1900) Studien zur vergleichenden Entwicklungsgeschichte des Kopfes der Kranioten. 4 Heft: Zur Kopfentwicklung von *Bdellostoma*. J. F. Lehmann.

von Kupffer, C. (1906) Die Morphologie des Centralnervensystems. In: O. Hertwig (ed.), *Handbuch der vergleichenden und experimentellen Entwicklungslehre der Wirbelthiere*. Bd. 2, 3ter Theil, Gustav Fischer, Jena, pp. 1–272.

Kuraku, S. & Kuratani, S. (2006) Timescale for cyclostome evolution inferred with a phylogenetic diagnosis of hagfish and lamprey cDNA sequences. Zool. Sci. 23, 1053–1064.

Kuraku, S., Hoshiyama, D., Katoh, K., Suga, H. & Miyata, T. (1999) Monophyly of lampreys and hagfishes supported by nuclear DNA-coded genes. J. Mol. Evol. 49, 729–735.

Kuraku, S., Meyer, A. & Kuratani, S. (2008a) Timing of genome duplications: Did cyclostomes diverge before, or after? Mol. Biol. Evol. 26, 47–59.

Kuraku, S., Takio, Y., Tamura, K., Aono, H., Meyer, A. & Kuratani, S. (2008b) Non-canonical role of *Hox14* by its expression pattern in lamprey and shark. Proc. Nat. Acad. Sci. U.S.A. 105, 6679–6683.

Kuraku, S., Ota, K. G. & Kuratani, S. (2009) Jawless fishes (Cyclostomata) In: Hedges, S. B. & Kumar, S. (eds), The *Timetree of Life*, Oxford University Press, pp. 317–319.

Kuraku, S., Takio, Y., Sugahara, F., Takechi, M. & Kuratani, S. (2010) Evolution of oropharyngeal patterning mechanisms involving Dlx and endothelins in vertebrates. Dev. Biol. 341, 315–323.

Kuratani, S. (1987) The development of the orbital region of *Caretta caretta* (Chelonia, Reptilia). J. Anat. 154, 187–200.

Kuratani, S. (1989) Development of the orbital region in the chondrocranium of *Caretta caretta*. Reconsideration of the vertebrate neurocranium configuration. Anat. Anz. 169, 335–349.

Kuratani, S. (1990) Development of glossopharyngeal nerve branches in the early chick embryo with special reference to morphology of the Jacobson's anastomosis. Anat. Embryol. 181, 253–269.

Kuratani, S. C. (1991) Alternate expression of the HNK-1 epitope in rhombomeres of the chick embryo. Dev. Biol. 144, 215–219.

Kuratani, S. (1997) Spatial distribution of postotic crest cells defines the head/trunk interface of the vertebrate body: embryological interpretation of peripheral nerve morphology and evolution of the vertebrate head. Anat. Embryol. 195, 1–13.

Kuratani, S. (2003) Evolutionary developmental biology and vertebrate head segmentation: A perspective from developmental

301–308.
Keynes, R. J. & Stern, C. D. (1984) Segmentation in the vertebrate nervous system. Nature 310, 786–789.
Keyser, A. (1972) The development of the diencephalon of the Chinese hamster. Act. anat. Suppl. 59, 1–161.
Kielmeyer, C. F. (1793) Ueber die Verhältnisse der organischen Kräfte untereinander in der Reihe derr verscheidenen Organisationen, die Gesetze und Folgen dieser Verhältnisse. Sudhoff's Archiv 23, 247–267.
Kimmel, C. B., Powell, S. L. & Metcalfe, W. K. (1982) Brain neurons which project to the spinal cord in young larvae of the zebrafish. J. Comp. Neurol. 205, 112–127.
Kimmel, C. B., Metcalfe, W. K. & Schabtach, E. (1985) T reticular interneurons: A class of serially repeating cells in the zebrafish hindbrain. J. Comp. Neurol. 233, 365–376.
Kimmel, C. B., Sepich, D. S. & Trevarrow, B. (1988) Development of segmentation in zebrafish. Development 104, 197–207.
Kimura, N. (1980) *Goethe's Natural Science.* Ushio Shuppan (in Japanese).
Killian, C. (1891) Zur Metamerie des Selachierkopfes. Verh. anat. Ges. 5, 85–107.
Kingsbury, B. F. (1922) The fundamental plan of the vertebrate brain. J. Comp. Neurol. 34, 461–484.
Kingsbury, B. F. & Adelmann, H. B. (1924) The morphological plan of the head. Quart. J. microsc. Sci. 68, 239–285.
Kingsbury, B. F. (1926) Branchiomerism and the theory of head segmentation. J. Morphol. 42, 83–109.
Kirby, M. L. & Stewart, D. E. (1983) Neural crest origin of cardiac ganglion cells in the chick embryo: Identification and extirpation. Dev. Biol. 97, 433–443.
Kitamura, K., Miura, H., Miyagawa-Tomita, S., Yanazawa, M., Katoh-Fukui, Y., Suzuki, R., Ohuchi, H., Suehiro, A., Motegi, Y., Nakahara, Y. et al. (1999) Mouse *Pitx2* deficiency leads to anomalies of the ventral body wall, heart, extra-and periocular mesoderm and right pulmonary isomerism. Development 126, 5749–5758.
Kitazawa, T., Takechi, M., Hirasawa, T., Hirai, T., Narboux-Nême, N., Kume, H., Oikawa, S., Maeda, K., Miyagawa-Tomita, S., Kurihara, Y., Hitomi, J., Levi, G., Kuratani, S. & Kurihara, H. (2015) Independent origins of tympanic membranes and middle ears in amniotes. Nat. Commun. 6, 6853.
Kmita, M., van der Hoeven, F., Zákány, J., Krumlauf, R. & Duboule, D. (2000) Mechanisms of Hox gene colinearity: Transposition of the anterior *Hoxb1* gene into the posterior HoxD complex. Genes Dev. 14, 198–211.
Kmita, M., Fraudeau, N., Hérault, Y. & Duboule, D. (2002) Serial deletions and duplications suggest a mechanism for the collinearity of Hoxd genes in limbs. Nature 420, 145–150.
Koh, E. G. L., Lam, K., Christoffels, A., Erdmann, M. V., Brenner, S. & Venkatesh, B. (2003) Hox gene clusters in the Indonesian coelacanth, *Latimeria menadoensis*. Proc. Nat. Acad. Sci. U.S.A. 100, 1084–1088.
Kölliker, A. (1884) *Grundriß der Entwicklungsgeschichte des Menschen und der höheren Tiere. 2* Auflage, Leipzig.
Kollmann, J. (1891) Die Rumpfsegmente menschlicher Embryonen von 13 bis 35 Urwirbeln. Arch. Anat. Physiol. 1891, 39–88.
Koltzoff, N. K. (1901) Entwicklungsgeschichte des Kopfes von *Petromyzon planeri.* Bull. Soc. Nat. Moscou 15, 259–289.
Kondo, T. & Duboule, D. (1999) Breaking colinearity in the mouse *HoxD* complex. Cell 97, 407–417.
Kondo, T., Zákány, J. & Duboule, D. (1998) Control of colinearity in *AbdB* genes of the mouse *HoxD* complex. Mol. Cell 1, 289–300.
Köntges, G. & Lumsden, A. (1996) Rhombencephalic neural crest segmentation is preserved throughout craniofacial ontogeny. Development 122, 3229–3242.
Köntges, G. & Matsuoka, T. (2002) Jaws of the fates. Science 298, 371–373.
Koseki, H., Wallin, J., Wilting, J., Mizutani, Y., Kispert, A., Ebensperger, C., Herrmann, B. G., Christ, B. & Balling, R. (1993) A role for *Pax-1* as a mediator of notochordal signals during the dorsoventral specification of vertebrae. Development 119, 649–660.
Kostic, D. & Capecchi, M. R. (1994) Targeted disruptions of the murine *hoxa-4* and *hoxa-6* genes result in homeotic transformations of components of the vertebral column. Mech. Dev. 46, 231–247.
Kowalevsky, A. (1866) Entwickelungsgeschichte der einfachen Ascidien. Mem. Acad. Sci. St. Petersbourg (7) 10, no. 15, 1–19 (cited in Gee, 1996).
Kowalevsky, A. (1867) Entwickelungsgeschichte des *Amphioxus lanceolatus.* Mem. L'Acad. Imper. Sci. St.-Petersbourg 7e 11, 1–17.
Krol, A. J., Roellig, D., Dequéant M., Tassy, O., Glynn, E., Hattem, G., Mushegian, A., Oates, A. C. & Pourquié, O. (2011) Evolutionary plasticity of segmentation clock networks. Development 138, 2783–2792.
Krumlauf, R. (1993) *Hox* genes and pattern formation in the branchial region of the vertebrate head. Trend. Genet. 9, 106–112.
Kuhlenbeck, H. (1935) Uber die morphologische Bewertung der sekundaren Neuromerie. Anat. Anz., 81, 129–148.

vault. Dev. Biol. 241, 106–116.
Johnels, A. G. (1948) On the development and morphology of the skeleton of the head of *Petromyzon*. Act. Zool. 29, 139–279.
Jollie, M. (1962) *Chordate Morphology*. Reinhold Books in the Biological Sciences. Chapman & Hall, London.
Jollie, M. (1971) A theory concerning the early evolution of the visceral arches. Act. Zool. 52, 85–96.
Jollie, M. T. (1977) Segmentation of the vertebrate head. Am. Zool. 17, 323–333.
Jollie, M. (1981) Segment theory and the homologizing of cranial bones. Am. Nat. 118, 785–802.
Johnson, C. E. (1913) The development of the pro-otic head somites and eye muscles inChelydra serpentina. Am. J. Anat. 14, 119–185.
Johnston, J. B. (1902) The brain of *Petromyzon*. J. Comp. Neurol. 12, 1–86.
Johnston, J. B. (1905a) The cranial nerve components of *Petromyzon*. Morphol. Jb. 34, 149–203.
Johnston, J. B. (1905b) The morphology of the vertebrate head from the viewpoint of the functional division of the nervous system. J. Comp. Neurol. 15, 175–275.
Jostes, B., Walther, C. & Gruss, P. (1991) The murine paired box gene, *Pax7*, is expressed specifically during the development of the nervous and muscular system. Mech. Dev. 33, 27–38.
Jouve, C., Iimura, T. & Pourquie, O. (2002) Onset of the segmentation clock in the chick embryo: Evidence for oscillations in the somite precursors in the primitive streak. Development 129, 1107–1117.
Jung, H. S., Francis-West, P. H., Widelitz, R. B., Jiang, T. X., Ting-Berreth, S., Tickle, C., Wolpert, L. & Chuong, C. M. (1998) Local inhibitory action of BMPs and their relationships with activators in feather formation: Implications for periodic patterning. Dev. Biol. 196, 11–23.
Jung, H., Mazzoni, E. O., Soshnikova, N., Hanley, O., Venkatesh, B., Duboule, D. & Dasen, J. S. (2014) Evolving hox activity profiles govern diversity in locomotor systems. Dev. cell 29, 171–187.
Kague E, Gallagher M, Burke S, Parsons M, Franz-Odendaal T, Fisher S. (2012) Skeletogenic fate of zebrafish cranial and trunk neural crest. PLoS ONE 7, e47394.
Kaji, T., Aizawa, S., Uemura, M. & Yasui, K. (2001) Establishement of left-right asymmetric innervation in the lancelet oral region. J. Comp. Neurol. 435, 394–405.
Kalinka, A. T., Varga, K. M., Gerrard, D. T., Preibisch, S., Corcoran, D. L., Jarrells, J., ... & Tomancak, P. (2010) Gene expression divergence recapitulates the developmental hourglass model. Nature 468, 811–814.
Källen, B. (1956a) Experiments on neuromery in *Ambystoma punctatum* embryos. J. Embryol. Exp. Morphol. 4, 66–72.
Källen, B. (1956b) Contribution to the knowledge of the regulation of the proliferation processes in the vertebrate brain during ontogenesis. Act. Anat. 27, 351–360.
Källen, B. (1962) Mitotic patterning in the central nervous system of chick embryos, studied by a colchicine method. Z. Anat. Ent.-ges. 123, 309–319.
Kappers, C., Ariens, U., Huber, G. C. & Crosby, E. C. (1936) *The Comparative Anatomy of the Nervous System of Vertebrates, Including Man*. Hafner, New York.
Karaulanov, E., Knöchel, W. & Niehrs, C. (2004) Transcriptional regulation of BMP4 synexpression in transgenic *Xenopus*. EMBO J. 23, 844–856.
Kastschenko, N. (1887) Das Schlundspaltengebiet des Hühnchens. Arch. Anat. Physiol. 1887, 258–300.
Kastschenko, N. (1888) Zur Entwicklungsgeschichte des Selachierembryos. Anat. Anz. 3, 445–467.
Kaul, S. & Stach, T. (2010) Ontogeny of the collar cord: Neurulation in the hemichordate *Saccoglossus kowalevskii*. J. Morphol. 271, 1240–1259.
Keibel, F., Mall, F. P. 1910. *Manual of Human Embryology*. JB Lippincott Company, Philadelphia and London.
Kelly, R. G., Jerome-Majewska, L. A. & Papaioannou, V. E. (2004) The *del22q11.2* candidate gene *Tbx1* regulates branchiomeric myogenesis. Hum. Mol. Genet. 13, 2829–2840.
Kessel, M. (1992) Respecification of vertebral identities by retinoic acid. Development 115, 487–501.
Kessel, M. & Gruss, P. (1990) Variations of cervical vertebrae after expression of a *Hox-1.1* transgene in mice. Cell 61, 301–308.
Kessel, M. & Gruss, P. (1991) Homeotic transformations of murine vertebrae and concomitant alteration of *Hox* codes induced by retinoic acid. Cell 67, 89–104.
Kessel, M., Balling, R. & Gruss, P. (1990) Variations of cervical vertebrae after expression of a *Hox-1.1* transgene in mice. Cell 61,

expression in development. Proc. Natl. Acad. Sci. U.S.A. 101, 15118–15123.
Inoue, T., Chisaka, O., Matsunami, H. & Takeichi, M. (1997) *Cadherin-6* expression transiently delineates specific rhombomeres, other neural tube subdivisions, and neural crest subpopulations in mouse embryos. Dev. Biol. 183, 183–194.
Irie, N. & Kuratani, S. (2011) Comparative transcriptome analysis detects vertebrate phylotypic stage during organogenesis. Nat. Commun. 2, 248.
Irie, N. & Kuratani, S. (2014) The developmental hourglass model: a predictor of the basic body plan? Development 141, 4649–4655.
Irvine, S. Q., Carr, J. L., Bailey, W. J., Kawasaki, K., Shimizu, N., Amemiya, C. T. & Ruddle, F. H. (2002) Genomic analysis of *Hox* clusters in the sea lamprey *Petromyzon marinus*. J. Exp. Zool. 294, 47–62.
Irving, C. & Mason, I. (2000) Signalling by FGF8 from the isthmus patterns anterior hindbrain and establishes the anterior limit of Hox gene expression. Development 127, 177–186.
Ishikawa, Y., Yamamoto, N., Yoshimoto, M. & Ito, H. (2012) The primary brain vesicles revisited: are the three primary vesicles (forebrain/midbrain/hindbrain) universal invertebrates? Brain Behav. Evol. 79, 75–83.
Itasaki, N., Sharpe, J., Morrison, A. & Krumlauf, R. (1996) Reprogramming Hox expression in the vertebrate hindbrain: Influence of paraxial mesoderm and rhombomere transposition. Neuron 16, 487–500.
Jackson, W. H. & Clarke, W. B. (1876) The brain and cranial nerves of *Echinorhinus spinosus*, with notes on the other viscera. J. Anat. Physiol. 10, 74.2 (cited in Goodrich, 1930).
Jacob, M., Jacob, H. J., Wachtler, F. & Christ, B. (1984) Ontogeny of avian extrinsic ocular muscles. I. A light-and electron-microscopic study. Cell Tiss. Res. 237, 549–557.
Jacob, M., Wachtler, F., Jacob, H. J. & Christ, B. (1986) On the problem of metamerism in th head mesenchyme of chick embryos. In: Bellairs R. et al. (eds.) NATO ASI series. *Somites in Developing Embryos.* Plenum Press New York, London, pp. 79–89.
Jacobson, A. G. (1988) Somitomeres: Mesodermal segments of vertebrate embryos. Development 104 suppl., 209–220.
Jacobson, A. G. (1993) Somitomeres: Mesodermal segments of the head and trunk. In: J. Hanken, and B. K. Hall (eds.), *The Skull vol. 1*, Chicago Press, Chicago and London, pp 42–76.
Jacobson, A. G. & Meier, S. (1984) Morphogenesis of the head of the newt: Mesodermal segments, neuromeres, and distribution of neural crest. Dev. Biol. 106, 181–193.
Janvier, P. (1996) *Early Vertebrates.* Oxford Scientific Publications.
Janvier, P. (2004) Early specializations in the branchial apparatus of jawless vertebrates: a consideration of gill number and size. In: G. Arratia et al. (eds.) *Recent advances in the origin and early radiation of vertebrates.* Honoring Hans-Peter Schultze. München: Verlag Dr. Friendrich Pfeil, 29–52.
Janvier, P. (2007) Homologies and evolutionary transitions in early vertebrate history. In: J. S. Anderson, H.-D. Sues (eds) *Major Transitions in Vertebrate Evolution*. Indiana Univ. Press, pp. 57–121.
Janvier, P. (2015) Facts and fancies about early fossil chordates and vertebrates. Nature 520, 483–489.
Jarvik, E. (1954) On the visceral skeleton in *Eustenopteron*, with a discussion of the parasphenoid and palatoquadrate in fishes. Kungliga Svenska Vetenskapakademiens, Handlingar 5, 1–114 (cited by Thompson, 1993).
Jarvik, E. (1980) *Basic Structure and Evolution of Vertebrates. vol. 2*, Academic Press, New York.
Jeannotte, L., Lemieux, M., Charron, J., Poiier, F. & Robertson, E. J. (1993) Specification of axial identity in the mouse: Role of the *Hoxa-5* (*Hox1.3*) gene. Genes Dev. 7, 2085–2096.
Jefferies, R. P. S. (1986) *The Ancestry of the Vertebrates.* British Museum (Natural History), London.
Jeffery, W. R. & Swalla, B. J. (1992) Evolution of alternate modes of development in ascidians. Bioessays 14, 219–226.
Jeffery, W. R., Strickler, A.G. & Yamamoto, Y. (2004) Migratory neural crest-like cells form body pigmentation in a urochordate embryo. Nature 431, 696–699.
Jeffery, W. R., Chiba T., Krajka, F. R., Deyts, C., Satoh, N. & Joly, J. S. (2008) Trunk lateral cells are neural crest-like cells in the ascidian Ciona intestinalis: insights into the ancestry and evolution of the neural crest. Dev. Biol. 324, 152–160.
Jeffs, P. S. & Keynes, R. J. (1990) A brief history of segmentation. Sem. Dev. Biol. 1, 77–87.
Jegalian, B. G. & De Robertis, E. (1992) Homeotic transformations in the mouse induced by overexpression of a human *Hox3.3* transgene. Cell 71, 901–910.
Jiang, X., Iseki, S., Maxson, R.E., Sucov, H. M. & Morriss-Kay, G. M., (2002) Tissue origins and interactions in the mammalian skull

Holland, L. Z., Carvalho, J. E., Escriva, H., Laudet, V., Schubert, M., Shimeld, S. M. & Yu, J. K. (2013) Evolution of bilaterian central nervous systems: a single origin. EvoDevo 4, 27.
Holmgren, N. (1940) Studies on the head of fishes. Part I. Development of the skull in sharks and rays. Acta Zool. Stockh. 21, 51–267.
Holstein, T. W., Watanabe, H. & Özbek, S. (2011) Signaling pathways and axis formation in the lower metazoa. Curr. Top. Dev. Biol. 97, 137–177.
Horan, G. S. B., Ramírez-Solis, R., Featherstone, M. S., Wogelmuth, D. J., Bradley, A. & Behringer, R. R. (1995) Compound mutants for the paralogous *hoxa-4*, *hoxb-4*, and *hoxd-4* genes show more complete homeotic transformations and a dose-dependent increase in the number of vertebrae transformed. Genes Dev. 9, 1667–1677.
Horder, T. J., Presley, R. & Slipka, J. (1993) The segmental bauplan of the rostral zone of the head in vertebrates. Funct. Dev. Morphol. 3, 79–89.
Horder, T. J., Presley, R. & Slipka, J. (2010) The head problem. The organizational significance of segmentation in head development. Acta. Univ. Carol. Med. Monogr. 158, 1–165.
Hörstadius, S. & Sellman, S. (1946) Experimentelle Untersuchungen über die Determination des Knorpeligen Kopfskelettes bei Urodelen. Nova Acta R. SOC. Scient. Upsal., Ser, 4, l–170.
Horigome, N., Myojin, M., Hirano, S., Ueki, T., Aizawa, S. & Kuratani, S. (1999) Development of cephalic neural crest cells in embryos of *Lampetra japonica*, with special reference to the evolution of the jaw. Dev. Biol. 207, 287–308.
Huang, R., Zhi, Q., Neubüser, A., Müller, T. S., Brand-Saberi, B., Christ, B. & Wilting, J. (1996) Function of somite and somitocoele cells in the formation of the vertebral motion segment in avian embryos. Cells Tiss. Organs 155, 231–241.
Hubrecht, A. A. W. (1883) On the ancestral form of the Chordata. J. Cell Sci. 1883 s2-23, 349-368.
Hubrecht, A. A. W. (1905) Die Gastrulation der Wirbeltiere. Anat. Anz, 26, 353–366.
Hunt, P. & Krumlauf, R. (1991) Deciphering the Hox code: Clues to patterning branchial regions of the head. Cell 66, 1075–1078.
Hunt, P., Wilkinson, D. & Krumlauf, R. (1991a) Patterning the vertebrate head: Murine hox 2 genes mark distinct subpopulations of premigratory and migrating cranial neural crest. Development 112, 43–50.
Hunt, P., Whiting, J., Muchamore, I., Marshall, H. & Krumlauf, R. (1991b) Homeobox genes and models for patterning the hindbrain and branchial arches. Development Suppl. 1, 187–196.
Hunt, P., Gulisano, M., Cook, M., Sham, M.-H., Faiella, A., Wilkinson, D., Boncinelli, E. & Krumlauf, R. (1991c) A distinct Hox code for the branchial region of the vertebrate head. Nature 353, 861–864.
Hunt, P., Ferretti, P., Krumlauf, R. & Thorogood, P. (1995) Restoration of normal Hox code and branchial arch morphogenesis after extensive deletion in hindbrain neural crest. Dev. Biol. 168, 584–597.
Hunt, P., Clarke, J.D., Buxton, P., Ferretti, P. & Thorogood, P. (1998) Stability and plasticity of neural crest patterning and branchial arch Hox code after extensive cephalic crest rotation. Dev. Biol. 198, 82–104.
Hunter, M. P. & Prince, V. E. (2002) Zebrafish *Hox* paralogue group 2 genes function redundantly as selector genes to pattern the second pharyngeal arch. Dev. Biol. 247, 367–389.
Huschke, E. H. (1824) *Beiträge zur Physiologie und Naturgeschichte*. 1, Weimar.
Huxley, T. H. (1858) The Croonian Lecture: On the theory of the vertebrate skull. Proc. Zool. Soc. London 9, 381–457.
Huxley, T. H. (1869) On the representatives of the malleus and the incus of the Mammalia in the other Vertebrata. Proc. Zool. Soc. London 37, 391–408.
Huxley, T. H. (1864) Lecture XIV: On the structure of the vertebrate skull. In: *Lectures on the Elements of Comparative Anatomy*. John Churchill & Sons, pp. 278–303. Originally published in: Proceedings of the royal society of London, vol. 9 1857–59); delivered 17. IV, 1858.
Huxley, T. H. (1876) On the nature of the craniofacial apparatus of *Petromyzon*. J. Anat. Physiol. 18, 412–429.
Hyman, L. H. (1922) *Comparative Vertebrate Anatomy*. Univ. Chicago Press, Chicago.
Hyman, L. H. (1951) *The Invertebrates Vol–3*.
Ikuta, T. & Saiga, H. (2005) Organization of Hox genes in ascidians: present, past, and future. Dev. Dyn. 233, 382–389.
Ikuta, T. & Saiga, H. (2007) Dynamic change in the expression of developmental genes in the ascidian central nervous system: revisit to the tripartite model and the origin of the midbrain-hindbrain boundary region. Dev. Biol. 312, 631–643.
Ikuta, T., Yoshida, N., Satoh, N. & Saiga, H. (2004) *Ciona intestinalis* Hox gene cluster: Its dispersed structure and residual colinear

Hirakow R. & Kajita, N. (1991) Electron microscopic study of the development of amphioxus, *Branchiostoma belcheri tsingtauense*. J. Morphol. 207, 37–52.

Hirakow, R. & Kajita, N. (1995) Electron microscopic study of the development of amphioxus, *Branchiostoma belcheri tsingtauense*. Acta Anat. Nippon 69, 1–13.

Hirasawa, T., Pascual-Anaya, J., Kamezaki, N., Taniguchi, N., Mine, K. & Kuratani, S. (2015) The evolutionary origin of the turtle shell grounded on the axial arrest of the embryonic rib cage. J. Exp. Zool. (Mol. Dev. Evol.) 324, 194–207.

Hirasawa, T. & Kuratani, S. (2015) Evolution of the vertebrate skeleton-morphology, embryology and development. Zool. Lett. 1: 2.

Hirasawa, T., Nagashima, H. & Kuratani, S. (2013) The endoskeletal origin of the turtle carapace. Nat. Commun. 4, 2107.

Hirth, F., Kammermeier, L., Frei, E., Walldorf, U., Noll, M. & Reichert, H. (2003) An urbilaterian origin of the tripartite brain: developmental genetic insights from *Drosophila*. Development 130, 2365–2373.

His, W. (1888) Zur Geschichte des Gehirns, sowie der centralen und peripherischen Nervenbahnen beim menschlichen Embryo. Abh. math. phys. Kl. Königl. Sächsischen Ges. Wiss. 14, 341–392.

van der Hoeven, F., Zákány, J. & Duboule, D. (1996) Gene transposition in the *HoxD* complex reveal a hierarchy of regulatory controls. Cell 85, 1025–1035.

Hoffmann, C. K. (1889) Ueber die Metamerie des Nachhirns und Hinterhirns und ihre Beziehung zu den segmentalen Kopfnerven bei Reptilienembryonen. Zool. Anz. 12, 337–339.

Hoffmann, C. K. (1894) Zur Entwicklungsgeschichte des Selachierkopfes. Anat. Anz. 9, 638–653.

Holder, N. & Hill, J. (1992) Retinoic acid modifies development of the midbrain-hindbrain border and affects cranial ganglion formation in zebrafish emrbyo. Development 113, 1159–1170.

Holland, P. W. (1988) Homeobox genes and the vertebrate head. Development 103 suppl., 17–24.

Holland, P. W. (2000) Embryonic development of heads, skeletons and amphioxus: Edwin S. Goodrich revisited. Int. J. Dev. Biol. 44, 29–34.

Holland, P. W. H. (2001) Beyond the Hox: How widespread is homeobox gene clustering? J. Anat. 199, 13–23.

Holland, N. D. (2003) Early central nervous system evolution: an era of skin brains? Nature Rev. 4, 1–11.

Holland, L. Z. (2005) Non-neural ectoderm is really neural: Evolution of developmental patterning mechanisms in the non-neural ectoderm of chordates and the problem of sensory cell homologies. J. Exp. Zool. (Mol. Dev. Evol.) 304B, 304–323.

Holland, P. W. & Hogan, B. L. (1988) Expression of homeo box genes during mouse development: a review. Genes & Dev. 2, 773–782.

Holland, L. Z. & Holland, N. D. (1996) Expression of *AmphiHox-1* and *AmphiPax-1* in amphioxus embryos treated with retinoic acid: Insights into evolution and patterning of the chordate nerve cord and pharynx. Development 122, 1829–1838.

Holland, L. Z. & Holland, N. D. (2001) Evolution of neural crest and placodes: Amphioxus as a model for the ancestral vertebrate? J. Anat. 199, 85–98.

Holland, N. D. & Holland, L. Z. (2010) Laboratory spawning and development of the Bahama lancelet, *Asymmetron lucayanum* (cephalochordata): fertilization through feeding larvae. Biol. Bull. 219, 132–141.

Holland, N. D., Holland, L. Z., Honma, Y. & Fujii, T. (1993) *Engrailed* expression during development of a lamprey, *Lampetra japonica*: A possible clue to homologies between agnathan and gnathostome muscles of the mandibular arch. Dev. Growth Diff. 35, 153–160.

Holland, P. W. H., Koschorz, B., Holland, L. Z. & Herrmann, B. G. (1995a) Conservation of *Brachyury T*. Development 121, 4283–4291.

Holland, N. D., Holland, L. Z. & Kozmik, Z. (1995b) An amphioxus Pax gene, *AmphiPax-1*, expressed in embryonic endoderm, but not in mesoderm: implications for the evolution of class I paired box genes. Mol. Mar. Biol. Biotechnol. 4, 206–214.

Holland, N. D., Panganiban, G., Henyey, E. & Holland, L. Z. (1996) Sequence and developmental expression of *AmphiDll*, *Distal-less*. Development 122, 2911–2920.

Holland, L. Z., Kene, M., Williams, N. A. & Holland, N. D. (1997) Sequence and embryonic expression of the amphioxus *engrailed* gene (*AmphiEn*): The metameric pattern of transcription resembles that of its segment-polarity homolog in *Drosophila*. Development 124, 1723–1732.

Holland, L. Z., Holland, N. D. & Gilland, E. (2008) Amphioxus and the evolution of head segmentation. Integ. Comp. Biol. 48, 630–646.

Naturwiss. 8, 1–55.

Haeckel, E. (1875) Die Gastrea und die Eifurchung der Thiere. Jena Z. Naturwiss. 9, 402–508.

Haeckel, E. (1891) *Anthropogenie oder Entwickelungsgeschichte des Menschen. Keimes-und Stammesgeschichte.* 4th ed., Wilhelm Engelmann.

Haeckel, E. (1897) *The Evolution of Man: A popular exposition of the principal points of human ontogeny and phylogeny. Vol. 1*, D. Appleton & Co., New York.

Halanych, K. M. (1995) The phylogenetic position of the pterobranch hemichordates based on 18S rDNA sequence data. Mol. Phylogenet. Evol. 4, 72–76.

Hall, B. K. (1994) (ed.) *Homology: The hierarchical basis of comparative biology*. Acad. Press.

Hall, B. K. (1998) *Evolutionary Developmental Biology*, 2nd Ed., Chapman & Hall. (邦訳ブライアン・K. ホール『進化発生学— ボディプランと動物の起源』倉谷滋訳 工作舎 2001).

Hall, B. K. & Hörstadius, S. (1988) *The Neural Crest.* Oxford Univ. Press.

Haller, B. (1896) Untersuchungen über die Hypophyse und die Infundibular-Organe. Morphol. Jb. 25, 31–114.

Haller, G. (1923) Über die Bildung der Hypophyse bei Selachiern. Morphol. Jb. 53, 95–135.

Hamburger, V. & Hamilton, H. L. (1951) A series of normal stages in the development of the chick embryo. J. Morphol. 88, 49–92.

Hanken, J. & Hall. B.K. (1993) (eds.) *The Skull vols. 1–3*, Univ. of Chicago Press.

Hanström, B. (1928) *Vergleichende Anatomie des Nervensystems der Wirbellosen Tiere.* Berlin, Springer.

Hanoré, E. & Hemmati-Brivanlou, A. (1996) *In vivo* evidence for trigeminal nerve guidance by the cement gland in *Xenopus.* Dev. Biol. 178, 363–374.

Hardisty, M. W. (1981) The Skeleton. In: M. W. Hardisty & I. C. Potter (eds.), *The Biology of the Lampreys.* Vol. 3, Acad. Press, pp. 333–376.

Harrison, F. W. & Ruppert, E. E. (1997) Vol. 15: *Hemichordata, Chaetognatha, and the invertebrate Chordates.* New York [etc.]: Wiley-Liss.

Harvey, R. P. & Melton, D. A. (1988) Microinjection of synthetic *Xhox-1A* homeobox mRNA disrupts somite formation in developing *Xenopus* embryos. Cell 53, 687–697.

Hatschek, B. (1881) Studien über die Entwicklung des Amphioxus. Arb. Zool. Inst. Univ. Wien 4, 1–88.

Hazelton, R. D. (1970) A radioautographic analysis of the migration and fate of cells derived from the occipital somites in the chick embryo with specific reference to the development of the hypoglossal musculature. J. Emb. Exp. Morphol. 24, 455–466.

Heider, K. (1909) Zur Entwicklung von *Balanoglossus clavigerus.* Zool. Anz. 34, 695–704.

Heimberg, A. M., Coper-Sal-lari, R., Sémon, M., Donoghue, P. C. J. & Peterson, K. J. (2010) microRNAs reveal the interrelationships of hagfish, lampreys, and gnathostomes and the nature of the ancestral vertebrate. Proc. Natl. Acad. Sci. U.S.A. 107, 19379–19383.

Heintz, A. (1963) Phylogenetic aspect of myxinoids. In: A. Brodal & R. Fänge (eds), *The Biology of Myxine,* Universitetsforlaget, Oslo, pp 9–21.

Hejnol, A. & Martindale, M. Q. (2008a) Acoel development indicates the independent evolution of the bilaterian mouth and anus. Nature 456, 382–386.

Hejnol, A. & Martindale, M. Q. (2008b) Acoel development supports a simple planula-like urbilaterian. Phil. Trans. the Roy. Soc. B vol. 363, 1493–1501.

Herrick, C. J. (1848) *The Brain of the Tiger Salamander.* Chicago.

Herrick, C. J. (1899) The metameric value of the sensory components of the cranial nerves. Science. 9, 312–313.

Hertwig, O. (1906) (ed.) *Handbuch der vergleichenden und experimentellen Entwicklungslehre der Wirbeltiere.* Gustav Fischer.

Heude, E., Bouhali, K., Kurihara, Y., Couly, G., Janvier, P. & Levi, G. (2010) Jaw muscularization requires Dlx expression by cranial neural crest cells. Proc. Natl. Acad. Sci. U.S.A. 107, 11441–11446.

Heyman, I., Kent, A. & Lumsden, A. (1993) Cellular morphology and extracellular space at rhombomere boundaries in the chick embryo hindbrain. Dev. Dyn. 198, 241–253.

Higashiyama, H. & Kuratani, S. (2014) On the maxillary nerve. J. Morphol. 275, 17–38.

Hill, C. (1899) Primary segment of the vertebrate head. Anat. Anz. 16 (cited in Kuhlenbeck, 1935).

Hill, C. (1900) Developmental history of primary segments of the vertebrate head. Zool. Jb. 13, 393–446.

Hirakow, R. & Kajita, N. (1990) An electron microscopic study of the development of amphioxus, *Branchiostoma belcheri tsingtauense.* J. Morphol. 203, 331–344.

1911, 101–120.
Goodrich, E. S. (1913) Metameric segmentation and homolgoy. Quart. J. microsc. Sci. 2.234, 227–248.
Goodrich, E. S. (1917) "Proboscis pores" in craniate vertebrates, a suggestion concerning the premandibular somites and hypophysis. Quart. J. microsc. Sci. 62, 539–553.
Goodrich, E. S. (1918) On the development of the segments of the head in *Scyllium*. Quart. J. microsc. Sci. 63, 1–30.
Goodrich, E. S. (1930) *Studies on the Structure and Development of Vertebrates*. McMillan.
Goodsir, J. (1844) *On the anatomy of Amphioxus lanceolatus; lancelet*, Yarrell. Cambridge Univ. Press.
Gorbman, A. (1983) Early development of the hagfish pituitary gland: Evidence for the endodermal origin of the adenohypophysis. Am. Zool. 23, 639–654.
Gorbman, A. (1997) Hagfish development. Zool. Sci. 14, 375–390.
Gorbman, A. & Tamarin, A. (1985) Early development of oral, olfactory and adenohypophyseal structures of agnathans and its evolutionary implications. Evolutionary Biology of Primitive Fishes 103, 165–185.
Gorbman, A. & Tamarin, A. (1986) Pituitary development in cyclostomes compared to higher vertebrates. In: F. Yoshimura & A. Gorbman (eds.), *Pars Distalis of the Pituitary Gland – Structure, Function and Regulation*, Elsevier Sci. Publ. B.V., pp. 3–14.
Gotoh, H., Hust, J. A., Miura, T., Niimi, T., Emlen, D. J. & Lavine, L. C. (2015) The Fat/Hippo signaling pathway links within-disc morphogen patterning to whole-animal signals during phenotypically plastic growth in insects. Devel. Dyn. 244, 1039–1045.
Götte, A. (1875) *Entwickelungsgeschichte der Unke*. Leipzig.
Götte, A. (1900) Über die Kiemen der Fische. Z. wiss. Zool. 69, 533–577.
Gould, A., Itasaki, N. & Krumlauf, R. (1998) Initiation of rhombomeric *Hoxb4* expression requires induction by somites and a retinoid pathway. Neuron 21, 39–51.
Graham, A., Heyman, I. & Lumsden, A. (1993) Even-numbered rhombomeres control the apoptotic elimination of neural crest cells from odd-numbered rhombomeres in the chick hindbrain. Development 119, 233–245.
Graham, A., Francis-West, P., Brickell, P. & Lumsden, A. (1994) The signalling molecule BMP-4 mediates apoptosis in the rhombencephalic neural crest. Nature 372, 684–686.
Graham, A., Köntges, G. & Lumsden, A. (1996) Neural crest apoptosis and the establishment of craniofacial pattern: An honorable death. Mol. Cell Neurosci. 8, 76–83.
Grammatopoulos, G. A., Bell, E., Toole, L., Lumsden, A. & Tucker, A. S. (2000) Homeotic transformation of branchial arch identity after *Hoxa2* overexpression. Development 127, 5355–5365.
Grande, C. & Patel, N. H. (2009) Nodal signaling is involved in left-right asymmetry in snails. Nature 457, 1007–1011.
Grapin-Botton, A., Bonnin, M. A., McNaughton, L. A., Krumlauf, R. & Le Douarin, N. M. (1995) Plasticity of transposed rhombomeres: Hox gene induction is correlated with phenotypic modifications. Development 121, 2707–2721.
Gregory, W. K. (1933) *Fish Skulls: A study of the evolution of natural mechanisms*. Am. Philos. Society.
Grifone, R. & Kelly, R. G. (2007) Heartening news for head muscle development. Trends Genet. 23, 365–369.
Gross, J. B. & Hanken, J. (2008a) Review of fate-mapping studies of osteogenic cranial neural crest in vertebrates. Dev. Biol. 317, 389–400.
Gross, J. B. & Hanken, J. (2008b) Segmentation of the vertebrate skull: neural-crest derivation of adult cartilages in the clawed frog, *Xenopus laevis*. Intg. Comp. Biol. 48, 681–696.
Guerreiro, I., Nunes, A., Woltering, J. M., Casaca, A., Nóvoa, A., Vinagre, T., ... & Mallo, M. (2013) Role of a polymorphism in a Hox/Pax-responsive enhancer in the evolution of the vertebrate spine. Proc. Nat. Acad. Sci. U.S.A. 110, 10682–10686.
Guthrie, S. & Lumsden, A. (1991) Formation and regeneration of rhombomere boundaries in the developing chick hindbrain. Development 112, 221–229.
Guthrie, S. & Lumsden, A. (1992) Motor neuron pathfinding following rhombomere reversals in the chick embryo hindbrain. Development 114, 663–673.
Guthrie, S., Muchamore, I., Kuroiwa, A., Marshall, H., Krumlauf, R. & Lumsden, A. (1992) Neuroectodermal autonomy of *Hox-2.9* expression revealed by rhombomere transpositions. Nature 356, 157–159.
Hacker, A. & Guthrie, S. (1998) A Distinct developmental programme For the cranial paraxial mesoderm in the chick embryo. Development 125, 3461–3472.
Haeckel, E. (1874) Die Gastrea-Theorie, die phylogenetische Klassification des Tierreiches und Homologie der Keimblätter. Jena Z.

Gegenbaur, C. (1872) *Untersuchungen zur vergleichenden Anatomie der Wirbelthiere.* 3. Heft: Das Kopfskelet der Selachier, als Grundlage zur Beurtheilung der Genese des Kopfskeletes der Wirbelthiere. Wilhelm Engelmann.

Gegenbaur, C. (1887) Die Metamerie des Kopfes und die Wirbeltheorie des Kopfskelets. Morphol. Jb. 13, 1-114.

Gendron-Maguire, M., Mallo, M., Zhang, M. & Gridley, T. (1993) *Hoxa-2* mutant mice ehibit homeotic transformation of skeletal elements derived from cranial neural crest. Cell 75, 1317-1331.

Geoffroy Saint-Hilaire, E. (1818) *Philosophie Anatomique* (tome premiere). (cited in Le Guyader, 1998).

Geoffroy Saint-Hilaire, E. (1822) *Philosophie anatomique* (*Vol. 2*). J.-B. Baillière. (cited in Le Guyader, 1998).

Gerhart, J. (2000) Inversion of the chordate body axis: Are there alternatives?. Proc. the Nat. Acad. Sci. U.S.A. 97, 4445-4448.

Gerhart, J. (2006) The deuterostome ancestor. J. Cell. Physiol. 209, 677-685.

Gerhart, J., Lowe, C. & Kirschner, M. (2005) Hemichordates and the origin of chordates. Curr. Opin. Genet. Dev., 15, 461-467.

Gilbert, P. W. (1952) The origin and development of the head cavities in the human embryo. J. Morphol. 90, 149-187.

Gilbert, P. W. (1953) The premandibular head cavities of the opossum, *Didelphys virginiana*. Anat. Rec. 115: 392-393.

Gilbert, P. W. (1954) The premandibular head cavities in the opossum, *Didelphys virginiana*. J. Morphol. 95, 47-75.

Gilbert, P. W. (1957) The origin and development of the human extrinsic ocular muscles. Cont. Embryol. 36, 59-78.

Gilbert, S. F. & Epel, D. (2009) *Ecological Developmental Biology: integrating epigenetics, medicine, and evolution.* Sinauer.

Gilland, E. & Baker, R. (1993) Conservation of neuroepithelial and mesodermal segments in the embryonic vertebrate head. Act. Anat. 148, 110-123.

Gillis, J. A. & Shubin, N. H. (2009) The evolution of gnathostome development: Insight from chondrichthyan embryology. genesis 47, 825-841.

Gillis, J. A., Dahn, R. D. & Shubin, N. H. (2009) Shared developmental mechanisms pattern the vertebrate gill arch and paired fin skeletons. Proc. Nat. Nat. Acad. U.S.A. 106, 5720-5724.

Gillis, J. A., Modrell, M. S. & Baker, C. V. (2013) Developmental evidence for serial homology of the vertebrate jaw and gill arch skeleton. Nat. Commun. 4, 1436.

Gifford, E. M. & Foster, A. S. (1989) *Morphology and evolution of vascular plants* (*Vol. 626*). W. Freeman: New York. (邦訳:アーネスト・ギフォード&エイドリアンス・フォスター『維管束植物の形態と進化』長谷部、鈴木、植田監訳・中澤ほか訳 文一総合出版 2002).

Goddard, J. M., Rossel, M., Manley, N. R. & Capecchi, M. R. (1996) Mice with targeted disruption of *Hoxb-1* fail to form the motor nucleus of the VIIth nerve. Development 122, 3217-3228.

Goethe, J. W. (1790) Das Schädelgrüt aus sechs Wirbelknochen aufgebaut. Zur Naturwissenschaft überhaupt, besonders zur Morphologie. II 2 (cited in Gaupp 1898).

Goethe, J. W. (1817) Den Menschen wie den Thieren ist ein Zwischenknochen der obern Kinnlade zuzuschreiben. Jena 1786. Nachträge I-VIII. *Zur Morphologie*, Band 1. Cotta'sche Buchhandlung, Stuttgart und Tübingen 1817 (cited by Veit, 1947).

Goethe, J. W. (1820a) *Zur Naturwissenschaften überhaupt, besonders zur Morphologie* (cited in de Beer, 1937).

Goethe, J. W. (1820b) *Die Metamorphose der Pflanzen.*

Goethe, J. W. (1824) Schädelgerüst aus sechs Wirbelknochen aufgebaut. *Zur Morphologie*, Band 2, Heft 2.

Goethe, J. W. (1831) *Über den Zwischenkiefer des Menschen und der Thiere.* Jena 1786. Verhandlungen der kaiserlichen Leopoldinisch-Carolinischen Akademie der Naturforscher, Band 7.

Goethe, J. W. (1837) *Oeuvres d'Histoire Naturelle de Goethe.* Translated and annotated by C. F. Martins. (Paris: A.B. Cherbuliez).

ゲーテ『自然と象徴:自然科学論集』(高橋義人編訳・前田富士男訳)冨山房百科文庫33 (1982).

ゲーテ『ゲーテ形態学論集・動物編』(木村直司編訳)ちくま学芸文庫 (2009).

ゲーテ『ゲーテ形態学論集・植物編』(木村直司編訳)ちくま学芸文庫 (2009).

Goldschmidt, R. (1905) Amphioxides. Wiss Ergebn deutschen Tiefsee-Expedition 12, 1-92.

Goodrich, E. S. (1897) On the relation of the arthropod head to the annelid prostomium. Quart. J. microsc. Sci. 40, 247-268.

Goodrich, E. S. (1898) On the nephridia of the Polycheata. Quart. J. microsc. Sci. 40, 185.

Goodrich, E. S. (1899) On the nephridia of the Polychaeta. Part II. Quart. J. microsc. Sci. 41, 439.

Goodrich, E. S. (1900) On the nephridia of the Polychaeta. Part III.-The phyllodocidae, Syllidae, Amphinomidae, etc., with summary and conclusions. Quart. J. microsc. Sci. 43, 699-748.

Goodrich, E. S. (1909) Vertebrata Craniata (First Fascicle: Cyclostomes and Fishes) In: Ray Lankester (ed.) *A Treatise on Zoology 1.*

Goodrich, E. S. (1911) On the segmentation of the occipital region of the head in the batrachian urodela. Proc. Zool. Soc. London

Fuchs, H. (1905) Bemerkungen über die Herkunft und Entwicklungsgeschichte der Gehöhrknöchelchen bei Kaninchen-Embryonen. Arch. Anat. Ent.–Ges. 1905, 1–178.

Fuchs, H. (1931) Über das Os articulare mandibulae bipartitum einer Echse (*Physignathus lesueurii*) Morphol. Jb. 67, 318–370.

Fujita, T., Kanno, T. & Kobayashi, S. (1988) *The Paraneuron*. Springer, Tokyo.

Fürbringer, M. (1897) Über die spino-occipitalen Nerven der Selachier und Holocephalen ind ihre vergleichende Morphologie. Festschr. Carl Gegenbaur. 3, 349–788.

Fujimoto, S., Oisi, T., Kuraku, S., Ota, K. G. & Kuratani, S. (2013) Non-parsimonious evolution of the Dlx genes in the hagfish. BMC Evol. Biol. 13, 15.

Gage, P. J., Suh, H. & Camper, S. A. (1999) Dosage requirement of *Pitx2* for development of multiple organs. Development 126, 4643–4651.

Galis, F. (1999a) On the homology of structures and *Hox* genes: The vertebral column. Novartis Found. Symp. 222, 80–91; discussion 91–94.

Galis, F. (1999b) Why do almost all mammals have seven cervical vertebrae? Developmental constraints, *Hox* genes, and cancer. J. Exp. Zool. 285, 19–26.

Gans, C. & Northcutt, R. G. (1983) Neural crest and the origin of vertebrates: A new head. Science 220, 268–274.

Garcia-Fernandez. J. & Holland, P. W. H. (1994) Archetypal organization of the amphioxus Hox gene cluster. Nature 370, 562–566.

Gardner, C. A. & Barald, K. F. (1992) Expression patterns of engrailed-like proteins in the chick embryo. Dev. Dyn. 193, 370–388.

Garg, V., Yamagishi, C., Hu, T., Kathiriya, I. S., Yamagishi, H. & Srivastava, D. (2001) *Tbx1*, a DiGeorge syndrome candidate gene, is regulated by sonic hedgehog during pharyngeal arch development. Dev. Biol. 235, 62–73.

Garstang, W. (1894) Preliminary note on a new theory of the phylogeny of the Chordata. Zool. Anz, 17, 122–125.

Garstang, W. (1922) The theory of recapitulation: A critical re-statement of the biogenetic law. J. Linn. Soc. Lond. Zool. 35, 81-101.

Garstang, W. (1928) Memoirs: The Morphology of the Tunicata, and its Bearings on the Phylogeny of the Chordata. Quart. J. Microsc. Sci. 2, 51–187.

Gaskell, W. H. (1908) *On the Origin of Vertebrates*. Longmans, Green & Co., London and New York.

Gasparini, F., Degasperi, V., Shimeld, S. M., Burighel, P. & Manni, L. (2013) Evolutionary conservation of the placodal transcriptional network during sexual and asexual development in chordates. Dev. Dyn. 242, 752–766.

Gaupp, E. (1898) Die Metamerie des Schädels. Erg. Anat. Ent.-ges. 7, 793–885.

Gaupp, E. (1900) Das Chondrocranium von *Lacerta agilis*. Anat. Hefte 14, 435–592.

Gaupp, E. (1902) Über die Ala temporalis des Säugerschädels und die Regio orbitalis einiger anderer Wirbeltierschädels. Anat. Heft. 15, 433–595.

Gaupp, E. (1906) Die Entwicklung des Kopfskelettes. In: *Handbuch der vergleichenden und experimentalen Entwickelungsgeschichte der Wirbeltiere, Bd. 3, Theil. 2.*

Gaupp, E. (1910) Säugerpterygoid und Echidnapterygoid. Anat. Heft. 42, (cited in Goodrich, 1930).

Gaupp, E. (1911a) Beiträge zur Kenntnis des Unterkiefers der Wirbeltiere. I. Der Processus anterior (Folli) des Hammers der Säuger und das Goniale der Nichtsäuger. Anat. Anz. 39, 97–135.

Gaupp, E. (1911b) Beiträge zur Kenntnis des Unterkiefers der Wirbeltiere. II. Die Zusammensezung des Unterkiefers der Quadrupeden. Anat. Anz. 39, 433–473.

Gaupp, E. (1912) Die Reichertsche Theorie. Arch. Anat. Physiol. Suppl. 1912, 1–416.

Gavalas, A., Davenne, M., Lumsden, A., Chambon, P. & Rijli, F. M. (1997) Role of *Hoxa-2* in axon pathfinding and rostral hindbrain patterning. Development 124, 3693–3702.

Gavalas, A., Studer, M., Lumsden, A., Rijli, F. M., Krumlauf, R. & Chambon, P. (1998) *Hoxa1* and *Hoxb1* synergize in patterning the hindbrain, cranial nerves and second pharyngeal arch. Development 125, 1123–1136.

Gee, H. (1996) *Before the Backbone*. Chapman & Hall.

Gee, H. (2006) Evolution: careful with that amphioxus. Nature 439, 923–924.

Gee, H. (2007) This worm is not for turning. Nature 445, 33–34.

Gee, H. (2012) Developmental Biology: A brainy background. Nature 483, 280.

Gegenbaur, C. (1871) Ueber die Kopfnerven von *Hexanchus* und ihre Verhältniss zur "Wirbeltheorie" des Schädels. Jena. Z. Med. Naturwiss. 6, 497–599.

hypothalamus. Frontiers Neuroanat. 9.

Ferrier, D. E., Minguillon, C., Holland, P. W. & Garcia-Fernandez, J. (2000) The amphioxus Hox cluster: deuterostome posterior flexibility and *Hox1.4*. Evol. Dev. 2, 284–293.

Figdor, M. C. & Stern, C. D. (1993) Segmental organization of embryonic diencephalon. Nature 363, 630–634.

Finkelstein, R. & Boncinelli, E. (1994) From fly head to mammalian forebrain: the story of *otd* and *Otx*. Trends Genet. 10, 310–315.

Flood, P. R. (1974) Histochemistry of cholinesterase in amphioxus (*Branchiostoma lanceolatum*, Pallis) J. Comp. Neurol. 157, 407–438.

Force, A., Amores, A. & Postlethwait, J. H. (2002) Hox cluster organization in thejawless vertebrate *Petromyzon marinus*. J. Exp. Zool. (Mol. Dev. Evol.) 294, 30–46.

Franz, V. (1927) Morphologie der Akranier. Z. Ges. Anat. 27, 465–692.

Frasch, M., Chen, X. & Lufkin, T. (1995) Evolutionary-conserved enhancers direct region-specific expression of the murine *Hoxa-1* and *Hoxa-2* loci in both mice and *Drosophila*. Development 121, 957–974.

Fraser, E. A. (1915) The head cavities and development of the eye muscles in *Trichosurus vulpecula*, with notes on some other marsupials. Proc. Zool. Soc. London 22, 299–346.

Fraser, S., Keynes, R. & Lumsden, A. (1990) Segmentation in the chick embryo hindbrain is defined by cell lineage restriction. Nature 344, 431–435.

Freitas, R., Zhang, G. & Cohn, M. J. (2006) Evidence that mechanisms of fin development evolved in the midline of early vertebrates. Nature 442, 1033–1037.

Freund, R., Dörfler, D., Popp, W. & Wachtler, F. (1996) The metameric pattern of the head mesoderm-does it exist? Anat. Embryol. 193, 73–80.

Frick, Von H. (1986) Zur Entwicklung des Kopfschädels der Albinomaus. Nova acta Leopoldina NF 58, Nr. 262, 305–317.

Fried, C., Prohaska, S. J. & Stadler, P. F. (2003) Independent Hox-cluster duplications in lampreys. J. Exp. Zool. Part B: Mol. Dev. Evol. 299, 18–25.

Friedman, W. & Diggle, P. K. (2011) Charles Darwin and the origins of plant evolutionary developmental biology. Plant Cell 23, 1194–2107.

Fritzsch, B. & Northcutt, G. (1993) Cranial and spinal nerve organization in amphioxus and lampreys: evidence for an ancestral craniate pattern. Act. Anat. 148, 96–109.

Frohman, M., Boyle, M. & Martin, G. (1990) Isolation of the mouse *Hox-2.9* gene: Analysis of embryonic expression suggests that positional information along the anterior-posterior axis is specified by mesoderm. Development 110, 589–607.

Fromental-Ramain, C., Warot, X., Lakkaraju, S., Favier, B., Haack, H., Birling, C., Dierlich, A., Dollé, P. & Chambon, P. (1996) Specific and redundant functions of the paralogous *Hoxa-9* and *Hoxd-9* genes in forelimb and axial skeleton patterning. Development 122, 461–472.

Froriep, A. (1882) Über ein Ganglion des Hypoglossus und Wirbelanlagen in der Occipitalregion. Arch. Anat. Physiol. 1882, 279–302.

Froriep, A. (1883) Zur Entwickelungsgeschichte der Wirbelsäule, insbesondere des Atlas und Epistropheus und der Occipital Region. I. Beobachtung an Hühnerembryonen. Arch. Anat. Physiol. 1883, 177–234.

Froriep, A. (1885) Über Anlagen von Sinnesorganen am Facialis, Glossopharyngeus und Vagus, über die genetische Stellung des Vagus zum Hypoglossus, und über die Herkunft der Zungenmusculatur. Arch. Anat. Physiol. 1885, 1–55.

Froriep, A. (1886) Zur Entwickelungsgeschichte der Wirbelsäule insbesondere des Atlas und Epistropheus und der Occipitalregion. II. Beobachtung an Säugetierembryonen. Arch. f. Anat. u. Physiol. Anat. Abt. 69–150.

Froriep, A. (1891) Entwicklungsgeschichte des Kopfes. Anat. Heft. 2, 561–605.

Froriep, A. (1892) Zur Frage der sogenannten Neuromerie. Verh. Anat. Ges. 6, 162–167.

Froriep, A. (1893) Entwicklungsgeschichte des Kopfes. Anat. Heft. 3, 391–459.

Froriep, A. (1902a) Zur Entwicklungsgeschichte des Wirbeltierkopfes. Verh. Anat. Ges. 1902, 34–46.

Froriep, A. (1902b) Einige Bemerkungen zur Kopffrage. Anat. Anz. 21, 35–53.

Froriep, A. (1905a) Die occipitalen Urwirbel der Amnioten im Vergleich mit denen der Selachier. Verh. Anat. Ges. 1905, 111–120.

Froriep, A. (1905b) Sur la genése de la partie occipitale du crâne. CR. Ass. des Anat. 7, 156.

Froriep, A. (1917) Die Kraniovertebralgrenze bei den Amphibien (*Salamandra atra*) Arch. Anat. Physiol. 1917, 61–103.

Depew, M. J., Lufkin, T. & Rubenstein, J. L. (2002) Specification of jaw subdivisions by Dlx genes. Science 298, 371–373.

Detwiler, S. R. (1934) An experimental study of spinal nerve segmentation in *Amblystoma* will reference to the plurisegmental contribution to the brachial plexus. J. Exp. Zool. 67, 395–441.

Dias, A. S., de Almeida, I., Belmonte, J. M., Glazier, J. A. & Stern, C. D. (2014) Somites without a clock. Science 343, 791–795.

Diogo, R. & Ziermann, J. M. (2014) Development, metamorphosis, morphology and diversity: The evolution of chordate muscles and the origin of vertebrates. Devel. Dyn. 244, 1046–1057.

Doerksen, L. F., Bhattacharya, A., Kannan, P., Pratt, D. & Tainsky, M. A. (1996) Functional interaction between a RARE and an AP-2 binding site in the regulation of the human *HOX A4* gene promoter. Nucleic Acids Res. 24, 2849–2856.

Dohrn, A. (1875) *Der Ursprung der Wirbeltiere und das Prinzip des Funktionswechsels.* Engelmann.

Dohrn, A. (1885) Studien zur Urgeschichte des Wirbeltierkörpers. VII. Entstehung und Differenzierung des Zungenbein-und Kiefer-Apparattus der Serlachier. Mit. Zool. Stat. Neapel. 6, 1–92.

Dohrn, A. (1889–1891) Studien zur Urgeschichte des Wirbeltierkörpers. XV. Neue Grundlagen zur Beurtheilung der Metamerie des Kopfes. Mit. Zool. Stat. Neapel. 9, 331–434.

Dohrn, A. (1890a) Bemerkungen über den neuesten Versuch einer Lösung des Wirbelthierkopf-Problems. Anat. Anz. 5, 53–64, 78–85.

Dohrn, A. (1890b) Neue Grundlagen zur Beurteilung der Metamerie des Kopfes. Zool. Station Neapel 9 (cited by Killian 1891).

Dohrn, A. (1904) Studien No. 23, Die Mandibularhöhle der Selachier, and No. 24, Die Prämandibularhöhle, Mitt. Geol. Sta. Neapel, Vol. 17, 1904.

Domazet-Lošo, T. & Tautz, D. (2010) A phylogenetically based transcriptome age index mirrors ontogenetic divergence patterns. Nature 468, 815–818.

Duboule, D. (1994) Temporal colinearity and the phylotypic progression: a basis for the stability of a vertebrate Bauplan and the evolution of morphologies through heterochrony. Development, 1994 (Supplement), 135–142.

Dunn, C. W., Hejnol, A., Matus, D. Q., Pang, K., Browne, W. E., Smith, S. A., ... & Sørensen, M. V. (2008) Broad phylogenomic sampling improves resolution of the animal tree of life. Nature, 452, 745–749.

Dupret, V., Sanchez, S., Goujet, D., Tafforeau, P. & Ahlberg, P. E. (2014) A Primitive placoderm sheds light on the origin of the jawed vertebrate face. Nature 507, 500–503.

Dyer, C., Linker, C., Graham, A. & Knight, R. (2014) Specification of sensory neurons occurs through diverse developmental programs functioning in the brain and spinal cord. Devel. Dyn. 243, 1429–1439.

Dzik, J. (2003) Anatomical information content in the Ediacaran fossils and their possible zoological affinities. Integ. Comp. Biol. 43, 114–126.

Easter, S. S., Ross, L. S. & Frankfurter, A. (1993) Initial tract formation in the mouse brain. J. Neurosci. 13, 285–299.

Ebner, V. von (1889) Urwirbel und Neugliederung der Wirbelsäule. Sitzungsber. Akad. Wiss. Wien. III 97, 194–206.

Echevarría, D., Vieira, C., Gimeno, L. & Martínez, S. (2003) Neuroepithelial secondary organizers and cell fate specification in the developing brain. Brain Res. Rev. 43, 179–191.

Edgeworth, F. H. (1911) On the morphology of the cranial muscles in some vertebrates. Quart. J. microsc. Sci. 56 (cited in Wedin, 1949).

Edgeworth, F. H. (1935) *The Cranial Muscles of Vertebrates.* Cambridge Univ. Press.

Eickholt, B. J., Mackenzie, S. L., Graham, A., Walsh, F. S. & Doherty, P. (1999) Evidence for collapsin-1 functioning in the control of neural crest migration in both trunk and hindbrain regions. Development 126, 2181–2189.

Erwin, D. H. & Davidson, E. H. (2009) The evolution of hierarchical gene regulatory networks. Nat. Rev. Genet. 10, 141–148.

Fan, C. M., Kuwana, E., Bulfone, A., Fletcher, C. F., Copeland, N. G., Jenkins, N. A., ... & Tessier-Lavigne, M. (1996) Expression patterns of two murine homologs of *Drosophila* single-minded suggest possible roles in embryonic patterning and in the pathogenesis of Down syndrome. Mol. Cell. Neurosci. 7, 1–16.

Farlie, P. G., Kerr, R., Thomas, P., Symes, T., Minichiello, J., Hearn, C. J. & Newgreen, D. (1999) A paraxial exclusion zone creates patterned cranial neural crest cell outgrowth adjacent to rhombomeres 3 and 5. Dev. Biol. 213, 70–84.

Favier, B., Rijli, F. M., Fromental-Ramain, C., Fraulob, V. & Chambon, P. (1996) Functional cooperation between the non-paralogous genes *Hoxa-10* and *Hoxd-11* in the developing forelimb and axial skeleton. Development 122, 449–460.

Ferran, J. L., Puelles, L. & Rubenstein, J. L. (2015) Molecular codes defining rostrocaudal domains in the embryonic mouse

Neurol. 286, 488–503.
Cuvier, G. & Valenciennes, A. (1828) *Histoire naturelle des poissons*. Tome 1, Paris.
Cuvier, G. (1836) *Leçons d'anatomie comparée. Troisieme édition*. Tome 1, Bruxelles.
Damas, H. (1944) Recherches sur le développment de *Lampetra fluviatilis* L.-contribution à l'étude de la cephalogénèse des vertébrés. Arch. Biol., Paris 55, 1–289.
D'Amico-Martel, A. & Noden, D. M. (1983) Contributions of placodal and neural crest cells to avian peripheral ganglia. Am. J. Anat. 166, 445–468.
Darras, S., Gerhart, J., Terasaki, M., Kirschner, M. & Lowe, C. J. (2011) β-catenin specifies the endomesoderm and defines the posterior organizer of the hemichordate *Saccoglossus kowalevskii*. Development 138, 959–970.
Darwin, C. (1959) *The Origin of Species by Means of Natural Selection*. John Murray, London.
Davidian, A., & Malashichev, Y. (2013) Dual embryonic origin of the hyobranchial apparatus in the Mexican axolotl (*Ambystoma mexicanum*). Int. J. Dev. Biol. 57, 821–828.
Davis, C. A., Holmyard, D. P., Millen, K. J. & Joyner, A. L. (1991) Examining pattern formation in mouse, chicken and frog embryos with an *En*-specific antiserum. Development 111, 287–298.
Davis, A. P. & Capecchi, M. R. (1994) Axial homeosis and appendicular skeleton defects in mice with a targeted disruption of *hoxd-11*. Development 120, 2187–2198.
Davis, G. K. & Patel, N. H. (1999) The origin and evolution of segmentation. Trends Cell Biol. 9, M68–M72.
Davis, M. C., Dahn, R. D. & Shubin, N. H. (2007) An autopodial-like pattern of Hox expression in the fins of a basal actinopterygian fish. Nature 447, 473–476.
Dean, B. (1899) On the embryology of *Bdellostoma stouti*. A genera account of myxinoid development from the egg and segmentation to hatching. Festschrift zum 70ten Geburtstag Carl von Kupffer, Jena pp. 220–276.
Dean, B. (1900) The seventieth birthday of Carl Von Kupffer-his life and works. Science 271, 364–369.
Dean, B. (1906) *Chimaeroid fishes and their development* (No. 32). Carnegie institution of Washington.
de Beer, G. R. (1922) The segmentation of the head in *Squalus acanthias*. Quart. J. microsc. Sci. 66, 457–474.
de Beer, G. R. (1924) The prootic somites of *Heterodontus* and of *Amia*. Quart. J. microsc. Sci. 68, 17–38.
de Beer, G.R. (1926a) Studies of the vertebrate head II. The orbital region of the skull. Quart. J. microsc. Sci. 70, 263–370.
de Beer, G.R. (1926b) *Experimental Embryology*. Oxford Univ. Press.
de Beer, G.R. (1931) On the nature of the trabecula cranii. Quart. J. microsc. Sci. 74, 701–731.
de Beer, G. R. (1937) *The Development of the Vertebrate Skull*. Oxford Univ. Press.
de Beer, G. R. (1955) Thecontinuity between the cavities of the premandibular somites and of Rathke's pocket in *Torpedo*. Quart. J. microsc. Sci. 96, 279–283.
de Beer, G. R. (1958) *Embryos and Ancestors*. Oxford Univ. Press, Oxford.
de Beer, G. R. (1971) *Homology, An Unsolved Problem*, Oxford Biology Readers, J. J. Head and O. E. Lowenstein (eds.) Oxford Univ. Press, Oxford.
Degenhardt, K. & Sassoon, D. A. (2001) A role for *Engrailed-2* in determination of skeletal muscle physiologic properties. Dev. Biol. 231, 175–189.
Delarbre, C., Gallut, C., Barriel, V., Janvier, P. & Gachelin, G. (2002) Complete mitochondrial DNA of the hagfish, *Eptatretsu burgeri*: The comparative analysis of mitochondrial DNA sequences strongly supports the cyclostome monophyly. Mol. Phylogenet. Evol. 22, 184–192.
Delsman, H. C. (1913) *Der Ursprung der Vertebraten: eine neue Theorie*.
Delsman, H. C. (1918) Short history of the head of vertebrates. Koninklijke Nederlandse Akademie van Wetenschappen Proceedings Series B Physical Sciences, 20, 1005–1020.
Depew, M. J., Lufkin, T. & Rubenstein, J. L. (2002) Specification of jaw subdivisions by Dlx genes. Science 298, 371–373.
Dequéant M. & Pourquié, O. (2008) Segmental patterning of the vertebrate embryonic axis. Nature Rev. Genet, 9, 370–382.
Delsuc, F., Brinkmann, H., Chourrout, D. & Philippe, H. (2006) Tunicates and not cephalochordates are the closest living relatives of vertebrates. Nature 439, 965–968.
Denes, A. S., Jékely, G., Steinmetz, P. R., Raible, F., Snyman, H., Prud'Homme, B., ... & Arendt, D. (2007) Molecular architecture of annelid nerve cord supports common origin of nervous system centralization in bilateria. Cell 129, 277–288.

Carus, C. G. (1828) *Von den Ur-Theilen des Knochen-und Schalengerrüstes*. Leipzig (G. Fleischer).

Cerny, R., Cattell, M., Sauka-Spengler, T., Bronner-Fraser, M., Yu, F. & Medeiros, D. M. (2010) Evidence for the prepattern/cooption model of vertebrate jaw evolution. Proc. Nat. Acad. Sci. U.S.A. 107, 17262–17267.

Chai, Y., Jiang, X., Ito, Y., Bringas, Jr P., Han, J., Rowitch, D. H., Soriano, P., McMahon, A. P. & Sucov, H. M. (2000) Fate of the mammalian cranial neural crest during tooth and mandibular morphogenesis. Development 127, 1671–1679.

Chambers, R. (1844) *Vestiges of the Natural History of Creation*. John Churchil, London.

Chang, S., Fan, J. & Nayak, J. (1992) Pathfinding by cranial nerve VII (facial) motoneurons in the chick hindbrain. Development 114, 815–823.

Charité, J., de Graaff, W. & Deschamps, J. (1995) Specification of multiple vertebral identities by ectopically expressed *Hoxb-8*. Dev. Dyn. 204, 13–21.

Cheng, L., Alvares, L. E., Ahmed, M. U., El-Hanfy, A. S. & Dietrich, S. (2004) The epaxial-hypaxial subdivision of the avian somite. Dev. Biol. 274, 348–369.

Chisaka, O. & Capecchi, M. R. (1991) Regionally restricted developmental defects resulting from targeted disruption of the mouse homeobox gene *Hox 1.5*. Nature 350, 473–479.

Chisaka, O., Muski, T. S. & Capecchi, M. R. (1992) Developmental defects of the ear, cranial nerves and hindbrain resulting from targeted disruption of the mouse homeobox gene *Hox-1.6*. Nature 355, 516–520.

Chitnis, A. B. & Kuwada, J. Y. (1990) Axonogenesis in the brain of zebrafish embryos. J. Neurosci. 10, 1892–1905.

Church, V., Yamaguchi, K., Tsang, P., Akita, K., Logan, C. & Francis-West, P. (2005) Expression and function of *Bapx1* during chick limb development. Anat. Embryol. 209, 461–469.

Clark, R. B. (1964) *Dynamics in Metazoan Evolution. The Origin of the Coelom and Segments*. Clarendon.

Clark, R. B. (1980) Natur und Entstehungen der metameren Segmentierung. Zool. Jb. Anat. Abt. 103, 169–195.

Clarke, J. D. W. & Lumsden, A. (1993) Segmental repetition of neuronal phenotype sets in the chick embryo hindbrain. Development 118, 151–162.

Cohn, M. J. (2002) Evolutionary biology: lamprey *Hox* genes and the origin of jaws. Nature 416, 386–387.

Cole, N. J., Hall, T. E., Don, E. K., Berger, S., Boisvert, C. A., Neyt, C., Ericsson, R., Joss, J., Gurevich, D. B. & Currie, P. D. (2011) Development and evolution of the muscles of the pelvic fin. PLoS Biol. 9, e1001168.

Condie, B. G. & Capecci, M. R. (1993) Mice homozygous for a targeted disruption of *Hoxd-3* (*Hox-4.1*) exhibit anterior transformations of the first and second cervical vertebrae, the atlas and the axis. Development 119, 579–595.

Condie, B. G. & Capecchi, M. R. (1994) Mice with targeted disruptions in the paralogous genes *hoxa-3* and *hoxd-3* reveal synergistic interactions. Nature 370, 304–307.

Conklin, E. (1932) The embryology of amphioxus. J. Morphol. 54, 69–151.

Costa, O. G. (1834) Cenni zoologici ossia descrizione sommaria delle specie nuove di animali. Ann. Zool. 1834, 49–50.

Couly, G. & Le Douarin, N. M. (1988) The fate map of the cephalic neural primordium at the presomitic to the 3-somite stage in the avian embryo. Development 103 Suppl., 101–113.

Couly, G. F., Colty, P. M. & Le Douarin, N. M. (1992) The developmental fate of the cephalic mesoderm in quail-chick chimeras. Development 114, 1–15.

Couly, G. F., Coltey, P. M. & Le Douarin, N. M. (1993) The triple origin of skull in higher vertebrates: A study in quail-chick chimeras. Development 117, 409–429.

Couly, G., Grapin-Botton, A., Coltey, P. & Le Douarin, N. M. (1996) The regeneration of the cephalic neural crest, a problem revisited: the regenerating cells originate from the contralateral or from the anterior and posterior neural fold. Development 122, 3393–3407.

Couly, G., Grapin-Botton, A., Coltey, P., Ruhin, B. & Le Douarin, N. M. (1998) Determination of the identity of the derivatives of the cephalic neural crest: Incompatibility between Hox gene expression and lower jaw development. Development 125, 3445–3459.

Couly, G., Creuzet, S., Bennaceur, S., Vincent, C., Le Douarin, N. M. (2002) Interactions between Hox-negative cephalic neural crest cells and the foregut endoderm in patterning facial skeleton in the vertebrate head. Development 129, 1061–1073.

Couso, J. P. (2009) Segmentation, metamerisum and the Cambrian explosion. Int. J. Dev. Biol. 53, 8–10.

Covell, D. A. & Noden, D. M. (1989) Embryonic development of the chick primary trigeminal sensory-motor complex. J. Comp.

Saunders. 4th Edition, Cambridge.
Bothe, I. & Dietrich, S. (2006) The molecular setup of the avian head mesoderm and its implication for craniofacial myogenesis. Dev. Dyn. 235, 2845–2860.
Bothe, I., Ahmed, M. U., Winterbottom, F. L., von Scheven, G. & Dietrich, S. (2007) Extrinsic versus intrinsic cues in avian paraxial mesoderm patterning and differentiation. Dev. Dyn. 236, 2397–2409.
Boulet, A.M. & Capecchi, M.R. (1994) Targeted disruption of *Hoxc-4* causes esophagal defects and vertebral transformations. Dev. Biol. 177, 232–249.
Bourlat, S. J., Juliusdottir, T., Lowe, C. J., Freeman, R., Aronowicz, J., Kirschner, M., ... & Telford, M. J. (2006) Deuterostome phylogeny reveals monophyletic chordates and the new phylum Xenoturbellida. Nature, 444, 85–88.
Bremer, J. L. (1908) Aberrant roots and branches of the abducent and hypoglossal nerves. J. Comp. Neurol. 18, 619–639.
Bremer, J. L. (1921) Recurrent branches of the abducens nerve in human embryos. Am. J. Anat. 28, 371–397.
Brooke, N. M., Garcia-Fernandez, J. & Holland, P. W. (1998) The *ParaHox* gene cluster is an evolutionary sister of the *Hox* gene cluster. Nature 392, 920–922
Brown, F. D., Prendergast, A. & Swalla, B. J. (2008) Man is but a worm: chordate origins. Genesis. 46, 605–613.
Bryson-Richardson, R. J. & Currie, P. D. 2008. The genetics of vertebrate myogenesis. Nature Rev. Genet. 9, 632–646.
Brusca, R. C. & Brusca, G. J. (2003) *Invertebrates. Second Edition*. Sinauer Associates Inc., Publishers, Sunderland, Mass. 936 pp. http://en.wikipedia.org/wiki/Taxonomy_of_invertebrates_%28Brusca_%26_Brusca,_2003%29.
Buckingham, M. & Relaix, F. (2007) The role of Pax genes in the development of tissues and organs: *Pax3* and *Pax7* regulate muscle progenitor cell functions. Annu. Rev. Cell. Dev. Biol. 23, 645–673.
Buckingham, M. & Vincent, S. D. (2009) Distinct and dynamic myogenic populations in the vertebrate embryo. Curr. Opin. Genet. Dev. 19, 444–453.
Bullock, T. H. (1965) The nervous system of hemichordates. In: *Structure and Function in the Nervous Systems of Invertebrates*, pp. 1559–1592. San Francisco: WH Freeman and Co.
Burdach, K. F. (1837) *Die Physiologie als Erfahrungswissenschaft*. 1st ed., Leipzig, L. Voss, 2.
Burke, A. C., Nelson, C. E., Morgan, B. A. & Tabin, C. (1995) Hox genes and the evolution of vertebrate axial morphology. Development 121, 333–346.
Burrill, J. D. & Easter, S. S. (1994) Development of the retinofugal projections in the embryonic and larval zebrafish (*Brachydanio rerio*). J. Comp. Neurol. 346, 583–600.
Butts, T., Holland, P. W. H. & Ferrier, D. E. K. (2008) The urbilaterian Super-Hox cluster. Trends Genet. 24, 259–262.
Cajal, S. R. (1995) *Histology of the nervous system of man and vertebrates*. Oxford University Press.
Cameron, C. B., Garey, J. R. & Swalla, B. J. (2000) Evolution of the chordate body plan: New insights from phylogenetic analyses of deuterostome phyla. Proc. Natl. Acad. Sci. U.S.A. 97, 4469–4474.
van Campenhout, E. (1936) Contribution a l'étude l'origine des ganglion des nerfs craniens mixtes chez le porc. Arch. Biol. 47, 585–605.
van Campenhout, E. (1937) Le developpement du system nerveux cranien chez le poulet. Arch. Biol. 48, 611–672.
van Campenhaut, E. (1948) La contribution des placodes epiblastiques au developpement des ganglions craniens chez l'embryon humain. Arch. Biol. 59, 253–266.
Cañestro, C., Bassham, S. & Postlethwait, J. (2005) Development of the central nervous system in the larvacean *Oikopleura dioica* and the evolution of the chordate brain. Dev. Biol. 285, 298–315.
Cannon, J. T., Vellutini, B. C., Smith, J, 3rd, Ronquist, F., Jondelius, U. & Hejnol, A. (2016) Xenacoelomorpha is the sister group to Nephrozoa. Nature 530, 89–93.
Carpenter, E. M., Goddard, J. M., Chisaka, O., Manley, N.R. & Capecchi, M. R. (1993) Loss of *Hox-A1* (*Hox-1.6*) function results in the reorganization of the murine hindbrain. Development 118, 1063–1075.
Carr, J. L., Shashikant, C. S., Bailey, W. J. & Ruddle, F. H. (1998) Molecular evolution of *Hox* gene regulation: cloning and transgenic analysis of the lamprey *HoxQ8* gene. J. Exp. Zool. 280, 73–85.
Carroll, S. B. (2005) *Endless forms most beautiful: the new science of evo devo and the making of the animal kingdom* (No. 54). WW Norton & Company.
Carroll, S. B., Greiner, J. K. & Weatherbee, S. D. (2001) *From DNA to Diversity*. Blackwell.

Balfour, W. E. & Willmer, E. N. (1967) Iodine accumulation in the nemertine *Lineus ruber.* J. Exp. Biol. 46, 551–556.

Ballard, W. W., Mellinger, J. & Lechenault, H. A. (1993) A series of normal stages for development of *Scyliorhinus canicula*, the lesser spotted dogfish (Chondrichthyes: Scyliorhinidae). J. Exp. Zool. 267, 318–336.

Balling, R., Mutter, G., Gruss, P. & Kessel, M. (1989) Craniofacial abnormalities induced by ectopic expression of the homeobox gene *Hox-1.1* in transgenic mice. Cell 58, 337–347.

Balser, E. J. & Ruppert, E. E. (1990) Structure, ultrastructure, and function of the preoral heart-kidney in *Saccoglossus kowalevskii* (Hemichordata, Enteropneusta) Including new data on the stomochord. Act. Zool. 71, 235–249.

Bateson, W. (1884) The early stages in the development of *Balanoglossus* (sp. incert.). Quart. J. microsc. Sci. 24, 208–236.

Bateson, W. (1886) The ancestry of the Chordata. Quart. J. microsc. Sci. 26, 535–571.

Bateson, W. (1892) On numerical variation in teeth, with a discussion of the conception of homology. Proc. zool. Soc. London 1892, 102–115.

Bateson, W. (1894) *Materials for the Study of Variation: Treated with especial regard to discontinuity in the origin of species.* Johns Hopkins Univ. Press, Baltimore and London.

Batsch, J. G. C. (1788) *Versuch einer Anleitung, zur Kenntinis und Geschichte der Thiere und Mineralien, erster Theil.* Jena, Akademische Buchhandlung.

Batten, E. H. (1957) The activity of the trigeminal placode in the sheep embryo. J. Anat. 91, 174–187.

Baur, R. (1969) Zum problem der neugliederung der wirbelsäule. Cells Tiss. Organs, 72, 321–356.

Beard, J. (1885) The system of branchial sense organs and their associated ganglia in ichthyopsida: a contribution to the ancestral history of vertebrates... n. pub..

Beaster-Jones, L., Horton, A. C., Gibson-Brown, J. J., Holland, N. D. & Holland, L. Z. (2006) The amphioxus T-box gene, *AmphiTbx15/18/22*, illuminates the origins of chordate segmentation. Evol. Dev. 8, 119–129.

Beklemishev, W. N. (1964) *Principles of Comparative Anatomy of Invertebrates.* Publ. By Nauka, Moscow, Translated by J.M. MacLennan (1969), Ed. By Z. Kabata, Univ. Chicago Press.

Bellairs, A. D'A. & Gans, C. (1983) A reinterpretation of the amphisbaenian orbitosphenoid. Nature 302, 243–244.

Belon, P. (1555) *L'histoire de la nature des oiseaux, avec leurs descriptions, et naïfs portraicts retirez du naturel, écrite en sept livres.* Paris: Gilles Corrozet.

Benito, J. & Pardos, F. (1997) Hemichordata. Microscopic Anatomy of Invertebrates. 15, 15–101.

Beraneck, E. (1887) Etude sur les replis medullaires du poulet. Rec. Zool. Suisse. 4, 305–364.

Bergquist, H. (1952) Studies on the cerebral tube in vertebrates. The neuromeres. Act. Zool. Stockholm 33, 117–187.

Bergquist, H. (1956) Die Neuromerie. Anat. Anz. 102

Bergquist, H. B. & Källen, B. (1954) Notes on the early histogenesis and morphogenesis of the central nervous system in vertebrates. J. Comp. Neurol. 100, 627–660.

Bertrand, S., Camasses, A., Somorjai, I., Belgacem, M. R., Chabrol. O., Escande, M-L., Pontarotti, P. & Escriva, H. (2011) Amphioxus FGF signaling predicts the acquisition of vertebrate morphological traits. Proc. Natl. Acad. Sci. U.S.A. 108, 9160–9165.

Bertmar, G. (1959) On the ontogeny of the chondral skull in Characidae, with a discussion on the chondrocranial base and the visceral chondrocranium in fishes. Act. zool. 40, 203–364.

Bertucci, P. & Arendt, D. (2013) Somatic and visceral nervous systems – an ancient duality. BMC Biol. 11, 54.

Bjerring, H. C. (1967) Does a homology exist between basicranial muscle and the polar cartilage? Colloques internationaux, Centre national de la recherche scientifique 163, 223–267 (cited by Thompson, 1993).

Bjerring, H. C. (1977) A contribution to structural analysis of the head of craniate animals. Zool. Scrpt. 6, 127–183.

Bjerring, H. C. (2014) *Cephalic axial muscles of craniates and their innervations.* Nomen Förlag, Visby (Sweden).

Bodemer, C. W. (1957) The origin and development of the extrinsic ocular muscles in the gar pike (*Lepisosteus osseus*). J. Morphol. 100, 83–111.

Boorman, C. J. & Shimeld, S. M. (2002a) Cloning and expression of a *Pitx* homeobox gene from the lamprey, a jawless vertebrate. Dev. Genes Evol. 212, 349–353.

Boorman, C. J. & Shimeld, S. M. (2002b) *Pitx* homeobox genes in *Ciona* and amphioxus show left-right asymmetry is a conserved chordate charactoer and define the ascidian adenohypophysis. Evol. Dev. 4, 354–365.

Borradaile, L. A. & Potts, F. A. (1963) *The Invertebrata: A Manual for the Use of the Students.* with chapters by L. E. S. Eastham and J. T.

137–153.
Allis, E. P. (1923) Are the polar and trabecular cartilages of vertebrate embryos the pharyngeal elements of the mandibular and premandibular arches? J. Anat. 58, 37–51.
Allis, E. P. (1924a) Is the ramus ophthalmicus profundus the ventral nerve of the premandibular segment? J. Anat. 59, 217–223.
Allis, E. P. (1924b) On the homologies of the skull of the cyclostomata. J. Anat. 58, 256–265.
Allis, E. P. (1925) In further explanation of my theory of the polar and trabecular cartilages. J. Anat. 59, 333–335.
Allis, E. P. (1931a) Concerning the homologies of the hypophyseal pit and the polar and trabecular cartilages of fishes. J. Anat. 65, 247–265.
Allis, E. P. (1931b) Concerning the development of the prechordal portion of the vertebrate head. J. Anat. 72, 584–607.
Allis, E. P. (1938) Concerning the development of the prechordal portion of the vertebrate head. J. Anat. 72, 584.
Alvares, L. E., Schubert, F. R., Thorpe, C., Mootoosamy, R. C., Cheng, L., Parkyn, G., Lumsden, A. & Dietrich, S. (2003) Intrinsic, *Hox*-dependent cues determine the fate of skeletal muscle precursors. Dev. Cell 5, 379–390.
Amores, A., Force, A., Yan, Y.-L., Amemiya, C., Fritz, A., Ho, R. K., Joly, L., Langeland, J., Prince, V., Wang, Y. L., Westerfield, M., Effer, M. & Postlethwait, J. H. (1998) Genome duplication in vertebrate evolution: evidence from zebrafish *Hox* clusters. Science 282, 1711–1714.
Anadón, R., De Miguel, E., Gonzalez-Fuentes, M. J. & Rodicio, C. (1989) HRP study of the central components of the trigeminal nerve in the larval sea lamprey: organization and homology of the primary medullary and spinal nucleus of the trigeminus. J. Comp. Neurol. 283, 602–610.
Aoyama, H & Asamoto, K. (1988) Determination of somite cells: independence of cell differentiation and morphogenesis. Development, 104, 15–28.
Appel, T. A. (1987) *The Cuvier-Geoffroy Debate: French biology in the decades before Darwin*. Oxfrod Univ. Press, Oxford.
Arendt, D. (2008) The evolution of cell types in animals: emerging principles from molecular studies. Nature Rev. Genet. 9, 868–882.
Arendt, D. & Nübler-Jung, K. (1994) Inversion of dorsoventral axis? Nature 371, 26.
Arendt, D. & Nübler-Jung, K. (1996) Common ground plans in early brain development in mice and flies. Bioessays 18, 255–259.
Arendt, D. & Nübler-Jung, K. (1999) Rearranging gastrulation in the name of yolk: evolution of gastrulation in yolk-rich amniote eggs. Mech. Dev. 81, 3–22.
Arendt, D. & Wittbrodt, J. (2001) Reconstructing the eyes of the Urbilateria. Philos Trans. R. Soc. Lond. B Biol. Sci. 356, 1545–1563.
Arendt, D., Technau, U. & Wittbrodt, J. (2001) Evolution of the bilaterian larval foregut. Nature 409, 81–85.
Arendt, D., Benito-Gutierrez, E., Brunet, T., & Marlow, H. (2015) Gastric pouches and the mucociliary sole: setting the stage for nervous system evolution. Phil. Trans. R. Soc. B 370 (1684), 20150286.
Assheton, R. (1905) On growth centres in vertebrate embryos. Anat. Anz, 27 (790.5).
Aubin, J., Lemieux, M., Tremblay, M., Berard, J. & Jeannotte, L. (1997) Early postnatal lethality in *Hoxa-5* mutant mice is attributable to respiratory tract defects. Dev. Biol. 192, 432–445.
Ayer-Le Lièvre, C. S. & Le Douarin, N. M. (1982) The early development of cranial sensory ganglia and the potentialities of their component cells studied in quail-chick chimeras. Dev. Biol. 94, 291–310.
von Baer, K. E. (1828) *Entwicklungsgeschichte der Thiere: Beobachtung und Reflexion*. Born Träger, Königsberg.
Baker, R. & Noden, D. M. (1990) Segmental organization of VIth nerve related motoneurons in the chick hindbrain. Soc. Neurosci. Abstr. 16, 142. 6.
Baker, R., Gilland, E. & Noden, D. M. (1991) Rhombomeric organization in the embryonic vertebrate hindbrain. Soc. Neurosci. Abstr. 17.
Balavoine, G. & Adoutte, A. (2003) The segmented Urbilateria: a testable scenario. Integ. Comp. Biol. 43, 137–147.
Balfour, F. M. (1877) The development of the elasmobranch fishes. J. Anat. Physiol. 11, 406.
Balfour, F. M. (1878a) The development of the elasmobranchial fishes. J. Anat. Physiol. 11, 405–706.
Balfour, F. M. (1878b) *A monograph on the development of elasmobranch fishes*. Macmillan.
Balfour, F. M. (1881) *A Treatise on Comparative Embryology, vol. 2*. MacMillan & Co.
Balfour, F. M. (1885) *A Treatise on Comparative Embryology, vol. 1*. MacMillan & Co

引用・参考文献

Abitua, P. B., Gainous, T. B., Kaczmarczyk, A. N., Winchell, C. J., Hudson, C., Kamata, K., ... & Levine, M. (2015) The pre-vertebrate origins of neurogenic placodes. Nature 524, 462–465.

Abzhanov, A. (2013) von Baer's law for the ages: lost and found principles of developmental evolution. Trends. Genet.29, 712–722.

Adachi, B. (1933) Anatomie der Japaner II: Das Venensystem der Japaner. Erste Lieferung. Kenkyusha, Tokyo.

Adachi, B. (1940) Anatomie der Japaner II: Das Venensystem der Japaner. Zweite Lieferung: Vv. thoracicae longitudinales u. Vv. intercostales, V. cava caudalis. Kenkyusha, Tokyo.

Adachi, B. (1953a) Anatomie der Japaner III: Das Lymphgefäßsystem der Japaner. Erste Lieferung: Der Ductus thoracicus der Japaner. Kenkyusha, Tokyo.

Adachi, B. (1953b) Anatomie der Japaner III: Das Lymphgefäßsystem der Japaner. Zweite Lieferung: Das tiefe Lymphgefäßsystem der Japaner. Kenkyusha, Tokyo.

Adachi, N. & Kuratani, S. (2012) Development of head and trunk mesoderm in a dogfish, *Scyliorhinus torazame*. I. Embryology and morphology of the head cavities and related structures. Evol. Dev. 14, 234–256.

Adachi, B. & Hasebe, K. (1928) Anatomie der Japaner I: Das Arteriensystem der Japaner. Band I u. II. Verlag der Kaiserlich-Japanischen Universität zu Kyoto, in Kommission bei Maruzen Co., Tokyo, Kyoto, Gedruckt von Kenkyusha, Tokyo.

Adachi, N., Takechi, M., Hirai, T. & Kuratani, S. (2012) Development of the head and trunk mesoderm in the dogfish, *Scyliorhinus torazame*. II. Comparison of gene expressions between the head mesoderm and somites with reference to the origin of the vertebrate head. Evol. Dev. 14, 257–276.

Adelmann, H. B. (1922) The significance of the prechordal plate: An interpretative study. Am. J. Anat. 31, 55–101.

Adelmann, H. B. (1925) The development of the neural folds and cranial ganglia of the rat. J. Comp. Neurol. 39, 19–171.

Adelmann, H. B. (1926) The development of the premandibular head cavities and the relations of the anterior end of the notochord in the chick and robin. J. Morphol. Physiol. 42, 371–439.

Adelmann, H. B. (1927) The development of the eye muscles of the chick. J. Morphol. Physiol. 44, 29–87.

Adelmann, H. B. (1932) The development of the prechordal plate and mesoderm of *Amblystoma punctatum*. J. Morphol. 54, 1–54.

Ahlborn, Fr. (1883) Untersuchungen über das Gehirn der *Petromyzonten*. Z. wiss. Zool. 29, 191–194.

Ahlborn, F. (1884) Ueber die Segmentation des Wirbelthierkörpers. Z. wiss. Zool. 40, 309–337.

Ahmed, M. U., Cheng, L. & Dietrich, S. (2006) Establishment of the epaxial-hypaxial boundary in the avian myotome. Dev. Dyn. 235, 1884–1894.

Akam, M. (1989) *Hox* and *HOM*: homologous gene clusters in insects and vertebrates. Cell 57, 347–349.

Akazawa, H., Komuro, I., Sugitani, Y., Yazaki, Y., Nagai, R. & Noda, T. (2000) Targeted disruption of the homeobox transcription factor Bapx1 results in lethal skeletal dysplasia with asplenia and gastroduodenal malformation. Genes to Cells, 5, 499–513.

Alcock, R. (1898) The peripheral distribution of the cranial nerves of *Ammocoetes*. J. Anat. Physiol. 33, 131–153.

Allis, E. P. (1897a) The anatomy and development of the lateral line system in *Amia calva*. J. Morphol. 2, 487–808.

Allis, E. P. (1897b) The cranial muscles and cranial and first spinal nerves in *Amia calva*. J. Morphol. 2, 485–491.

Allis, E. P. (1901) The lateral sensory canals, the eye-muscles, and the peripheral distribution of certain of the cranial nerves of *Musterus laevis*. Quart. J. microsc. Sci. 45, 87–236.

Allis, E. P. (1914) The pituitary fossa and trigemino-facial chamber in selachians. Anat. Anz. 46, 225–253.

Allis, E. P. (1915) The homologies of hyomandibular of gnathostome fishes. J. Morphol. 26, 563–624.

Allis, E. P. (1917) The homologies of the muscles related to the visceral arches of the gnathostome fishes. Quart. J. microsc. Sci. 62, 303–406.

Allis, E. P. (1918a) On the homologies of the auditory ossicles and the chorda tympani. J. Anat. Physiol. 53, 363–370.

Allis, E. P. (1918b) The homologies of the alisphenoid of the sauropsida. J. Anat. Physiol. 53, 209–222.

Allis, E. P. (1920) The branches of the branchial nerves of fishes, with special reference to *Polyodon spathula*. J. Comp. Neurol. 32,

ら

ま

や

な

は

た

さ

か

や・わ

事項索引

あ

著作・論文・雑誌索引

『*Anatomischer Anzeiger*』(雑誌)▶196, 418
『*Development*』(雑誌)▶496
『*Journal of Anatomy and Physiology*』(雑誌)▶145
『*Journal of Comparative Neurology*』(雑誌)▶268
『*Journal of Morphology*』(雑誌)▶373
『*Nature*(ネイチャー)』(雑誌)▶299, 485
『*Quarterly Journal of Miscroscopic Science*』(雑誌)▶216
『*Science*(サイエンス)』(雑誌)▶319, 536
『*Zoologica Scripta*』(雑誌)▶406

か

『カエルの解剖(*Anatomie des Frosches*)』▶192
『魚類の頭蓋(*Fish Skulls: A study of the evolution of natural mechanisms*)』▶460, 744
「クルーニアン・レクチャー(On the Theory of the Vertebrate Skull)」▶098
「クルーニアン・レクチャー――脊椎動物の理解について」▶094
『形態学―形づくりに見る動物進化のシナリオ』▶233, 744
『形態学雑誌(*Morphologischer Jahrbücher*)』(雑誌)▶130
『形態学について(*Zur Morphologie*)』▶022, 028
『形態変異の実例(*Materials for the Study of Variation*)』▶581
『ゲーテ形態学論集・植物編』▶071
『幻想博物誌』▶854
『古脊椎動物学(*Vertebrate Paleontology*)』▶396
『個体発生と系統発生(*Ontogeny and Phylogeny*)』▶855
『痕跡(*Vestiges of the Natural History of Creation*)』▶083

さ

『自然科学一般、とりわけ形態学について(*Zur Naturwissenschaften überhaupt, besonders zur Morphologie*)』▶026
『自然創造史(*Natürliche Schöpfungsgeschichte*)』▶005
『自然の体系と比較解剖学、ならびに系統分類学の基礎――理論形態学と系統学(*Die Grundlagen des Natürlichen Systems, der Vergleichenden Anatomie und der Phylogenetik - Theoretische Morphologie und Systematik. 2te Auflage. Academische Verlagsgesellschaft*)』▶235
『種の起源(*On the Origin of Species*)』▶073, 083–4, 098, 227, 234, 358
『初期の脊椎動物(*Early Vertebrates*)』▶744
『植物の変態(*Die Metamorphose der Pflanzen*)』▶051
「植物のメタモルフォーゼ・第二試論」▶031
『進化における形態学的規則性(*Morphologische Gesetzmässigkeiten der Evolution*)』▶356
『神経堤(*The Neural Crest*)』▶462
『人類創成史(*Anthropogenie*)』▶124–5, 127, 129
『人類の起源(*The Evolution of Man*)』(『*Anthropogenie*』英訳版)▶124
『頭蓋(*The Skull*)』▶348, 744
「頭蓋骨の意義について(Über die Bedeutung der Schädelknochen)」▶026
『頭蓋の形態学(*The Morphology of the Skull*)』▶108
『精神と自然(*Mind and Nature*)』▶003
『脊索動物の形態(*Chordate Morphology*)』▶108
「脊索動物の頭部問題(The head problem in chordates)」▶475
『脊椎動物頭蓋の発生(*The Development of the Vertebrate Skull*)』▶108, 346, 348, 744
『脊椎動物における頭部筋(*The Cranial Muscles of Vertebrates*)』▶460
『脊椎動物の解剖について(*On the Anatomy of Vertebrates*)』▶060
『脊椎動物のからだ(*Vertebrate Body*)』▶396
『脊椎動物の起源(*The Origin of Vertebrates*)』▶604
『脊椎動物の基本構造と進化(*Basic Structure and Evolution of Vertebrates*)』▶196, 404, 406, 418, 744
『脊椎動物の構造と発生の研究(*Studies on the Structure and Development of Vertebrates*)』▶216, 346, 744
『脊椎動物の祖先(*The Ancestry of the Vertebrates*)』▶744
『脊椎動物の中枢神経系(*The Central Nervous System of Vertebrates*)』▶461, 744
『脊椎動物比較、ならびに実験発生学(*Handbuch der vergleichenden und experimentellen Entwicklungslehre der Wirbelthiere*)』▶199, 309
『脊椎動物比較解剖学叢書(*Vergleichende Anatomie der Wirbeltiere*)』▶382, 744
『脊椎動物比較形態学(*Einfühlung in der vergleichenden Morphologie der Wirbeltiere*)』▶382
『脊椎動物比較形態学入門(*Einfühlung in der vergleichenden Morphologie der Wirbeltiere*)』▶382
『千のプラトー(*Mille Plateaux*)』▶071
『組織学研究法』▶167–8

た

『胎児の世界』▶233
『動物学論集(*A treatise on zoology*)』▶234
『動物進化形態学』▶008, 744
『動物哲学(*Philosophie zoologique*)』▶062
『動物の形態(*Die Tiergestalt*)』▶036
『動物の発生について』▶076
『都市の解剖学』▶076

な・は

『ナポリ動物学研究所年報第九巻(*Mitteilungen aus der Zoologischen*

Philipp August Haeckel, 1834–1919) ▶005, 008, 062, 067, 073, 083–4, 086, 092, 098, 100, 104, 115–7, 124–30, 138, 142, 149–50, 208, 219, 222, 233–4, 236, 319, 332, 348, 358, 361, 426, 461, 470, 473, 476, 484, 556, 567–8, 576, 602, 621, 624, 628, 645, 652, 674, 689, 692, 712, 727, 745, 754, 768
ヘーニック(Emil Hans Willi Hennig, 1913–1976) ▶067
ヘニョール(Andreas Hejnol) ▶645, 662, 688
ベラネック(E. Beraneck) ▶276
ヘリック(C. J. Herrick) ▶263, 268
ベルグクイスト(H. Bergquist) ▶290–6, 301, 313, 320–2, 408, 463, 498
ヘールシュタディウス(Sven Hörstadius, 1898–1996) ▶406, 507, 539–40
ヘルダー, カロリーヌ(Karoline Herder, 1750–1809) ▶022, 071
ヘルトヴィッヒ(Oskar Hertwig, 1849–1922) ▶092, 199, 309
ベルナール, クロード (Claude Bernard, 1813–1878) ▶466
ポイエース(Luis Puelles) ▶296, 313–4, 316–8
ホーガン, ブリジッド(Brigid Hogan, 1943–) ▶299
ホフマン(C. K. Hoffmann) ▶171, 177, 227, 439, 465
ボヤヌス(Ludwig Heinrich Bojanus, 1776–1827) ▶040
ホランド, ピーター(Peter W.H. Holland) ▶238, 299
ホランド夫妻(Linda & Nick Hollands) ▶426, 460, 618, 619, 622, 694, 702
ホール(Brian K. Hall, 1941–) ▶154, 347, 569, 651, 744
ボルク(Louis Bol, 1866–1930) ▶382, 461
ホルトフレーター(Johannes Holtfreter, 1901–1992) ▶482
ポルトマン(A. Portmann) ▶036, 360, 382–3, 386–7, 408, 502, 744
ホルムグレン(N. Holmgren) ▶111, 406

ま

マイヤー(S. Meier) ▶420–2, 463–4
マインハルト(H. Meinhardt) ▶710
マクブライド (Ernest MacBride, 1866–1940) ▶362, 663
マーシャル(A. M. Marshall) ▶147–9, 155, 160, 226, 244, 249, 494
マスターマン(A. T. Masterman) ▶115, 117–23, 343, 438, 630, 663, 689, 692, 695, 709–11, 716–7, 721, 737, 739, 792, 797
マーティンデイル(Martindale) ▶645, 662, 688
マラット(Jon Mallatt) ▶365–6, 392
マルピーギ(Marcello Malpighi, 1628–1694) ▶233
箕作佳吉(1858–1909) ▶150
宮本教生▶660–1, 701
ミュラー, ヨハネス(Johannes Peter Müller, 1801–1858) ▶091, 605
ムーディー(Sally A. Moody) ▶496
メッケル(Johann Friedrich Meckel: 1781–1833) ▶082, 086, 088, 165, 233
メトカルフェ(W. K. Metcalfe) ▶271
モリス=ケイ(G. M. Morriss-Kay) ▶508, 551–2, 555

ら・わ

ライヘルト(Karl Bogislaus Reichert: 1811–1883) ▶088, 091–3, 100, 105-6, 143, 192–7, 213, 215, 233, 417, 526
ラッセル(E. S. Russell, 1887–1954) ▶233
ラトケ(Heinrich Rathke, 1793–1860) ▶088–91, 100, 105–6, 150, 233–4, 409
ラーブル(Carl Rabl, 1853–1917) ▶105, 176, 181, 196, 213, 226, 238, 276, 415, 439–40, 443, 526
ラマルク(Jean-Baptiste Pierre Antoine de Monet, Chevalier de Lamarck: 1744–1829) ▶003, 062, 070, 082, 105, 233, 651, 671
ラム(A. B. Lamb) ▶233
ラムスデン(A. Lumsden) ▶298, 302, 495–6
ラング(B. F. Lang) ▶116
ランゲ(D. de Lange) ▶475–9, 480, 483, 561
ランケスター(E. Ray Lankester, 1847–1929) ▶033, 047, 114–6, 216, 234, 238, 742, 757
ランデイカー(F. L. Landacre) ▶248
リジリ, フィリッポ(Filippo M. Rijli) ▶196, 526, 529, 536–7
リードル(R. Riedl) ▶772–3
ルー, ウィルムヘルム(Wilhelm Roux, 1850–1924) ▶470, 567
ル=ドワラン(Nicole M. Le Douarin) ▶298, 485, 506, 508, 518–9, 548, 551–2, 554, 564
ルパート(E. E. Ruppert) ▶660
ルーベンスタイン(John Rubenstein) ▶313, 316–7
レオーニ, レオ(Leo Lionni, 1910–1999) ▶854
レチウス(Anders Retzius, 1796–1860) ▶609
レマーネ(A. Remane) ▶033, 072, 119–21, 235, 648, 663, 759
ロウ, クリス(Chrstopher Lowe) ▶642–3, 645–6, 648, 660, 722
ローシー(W. A. Locy) ▶243, 262, 264, 266–7, 276, 280, 294, 720
ローゼンバーグ(E. Rosenberg) ▶208
ローマー(A. S. Romer, 1894–1973) ▶220, 326, 387, 396–403, 483, 499, 561, 614, 621
和田洋▶660–1, 701
ワハトラー(F. Wachtler) ▶422

1775–1840) ▶056–7
デルスマン(H. C. Delsman) ▶208–9, 610, 660, 701–4, 712, 752
ドゥブール(D. Duboule) ▶515
ドゥルーズ(Gilles Deleuze, 1925–1995) ▶071
ド=ビア(Gavin de Beer, 1899–1972) ▶ 033, 068, 090, 100, 108, 111, 172, 179, 203, 205, 208, 223, 235–6, 326, 346, 348–55, 405, 446, 471, 480, 515, 524, 570, 618, 621, 718, 744
トムソン(K. S. Thomson) ▶490, 562, 795
ドールン(Dohrn, 1889–1891) ▶ 149–50, 174–6, 183–4, 188, 225, 227–8, 236, 438–41, 443–4, 446, 598–9, 602, 652, 656, 677
トレイナー(P. A. Trainor) ▶318, 536

な

ニウエンフイス(R. Nieuwenhuys) ▶461
ニール(H. V. Neal) ▶242, 262, 264, 268, 271, 276–82, 284–9, 291, 297–8, 300, 304, 307, 312, 314, 318, 320–1, 336, 338, 408, 446, 469, 494–5, 624, 720, 747
ニールセン(C. Nielsen) ▶698–9, 712, 789
ノースカット(R. Glenn Northcutt) ▶237, 405, 474, 514, 601, 615, 617–8, 638, 735
ノーデン, ドゥルー(Drew M. Noden) ▶ 079, 211, 248, 298, 322, 398, 464, 495, 508–9, 511–2, 514, 518–9, 523–4, 534–5, 548, 550–1, 553, 558, 562, 564
ノマクスタインスキー(M. Nomaksteinsky) ▶684
ノムラ・ジュウジロウ(野村重次郎) ▶ 373, 375
ノリス(H. W. Norris) ▶256

は

ハーヴェイ(William Harvey, 1578–1657) ▶233
パーカー(William Kitchen Parker, 1823–1890) ▶108–9, 249, 333, 349, 460
バーク(A. C. Burke) ▶590–1, 593
ハクスレー, トマス(Thomas H. Huxley, 1825–1895) ▶042, 044, 054, 056, 059–60, 066, 071, 073, 083, 089–102, 104–8, 112, 114–5, 124, 130, 132–3, 140, 142, 178, 180, 221–2, 226, 228–9, 233, 238, 329, 349–50, 368, 373–4, 384, 386–7, 398, 409, 470, 472, 510, 517–8, 561, 621, 646, 655
バーチュ(J. G. C. Batsch) ▶003
八田三郎(1865–1935) ▶338
パッテン(William Patten: 1861–1932) ▶163, 218, 597–8, 601–2, 605, 607, 609–16, 619, 656, 666, 668, 723
パテル(Patel) ▶695
バリンスキー(Boris I. Balinsky, 1905–1997) ▶744
バルフォー, フランシス(Francis Balfour, 1851–1882) ▶008, 115–8, 142, 145–50, 152–5, 157, 160, 172, 175, 223, 226, 236, 270, 286, 337, 342, 452, 460, 581, 599, 652, 694
ハンケン, ジェームズ(James Hanken) ▶ 347, 505, 509, 551, 559, 744
ハンター, ジョン(John Hunter, 1728–1793) ▶042
ビエリング(Hans Christian Bjerring, 1931–) ▶081, 112, 179, 224, 239, 360, 387392, 394, 404–6, 411, 414–5, 419
ヒス, ウィルヘルム(Wilhelm His, 1831–1904) ▶255–6, 262, 292, 313, 319–20, 408, 470, 473, 568, 745
ビーダーマン(Biedermann) ▶608
ヒートン(Marieta B. Heaton) ▶496
ヒュブレヒト(Ambrosius Hubrecht, 1853–1915) ▶116, 480
ヒル(C. Hill) ▶243, 262, 264–7, 276, 280, 294, 321, 720
ファイト(O. Veit) ▶226
ファブリキウス(Johan Christian Fabricius, 1745–1808) ▶233
フィグドー(M. C. Figdor) ▶307–8, 310, 312–3, 316
フォークト(Walther Vogt, 1927–1988) ▶ 094–5, 507
フォン=ベーア(Karl Ernst von Baer, 1792–1876) ▶063–4, 076, 082–3, 088, 090–2, 095, 100, 105, 115, 150, 170, 178, 208, 233, 262, 319, 342, 348, 358, 426, 458, 606, 672, 674, 727
藤田恒夫(1929–2012) ▶672
フシュケ(Emil Huschke: 1797–1858) ▶ 091, 233
フュークス(Hugo Fuchs; 1875–1954) ▶ 196, 418
フュールブリンガー(Max Fürbringer: 1846–1920) ▶204–8, 210, 223, 225, 235, 238, 519, 547, 581, 585, 590, 746
プラット, ジュリア(Julia Barlow Platt: 1857–1935) ▶008, 171–3, 176–7, 179, 227, 236, 281, 393, 398, 432, 439, 450, 506, 563, 716
プルキエ(O. Pourquie) ▶422
ブルダッハ, カール・フリードリッヒ(Karl Friedrich Burdach, 1776–1847) ▶ 071
フレーザー(S. Fraser) ▶308
ブレーマー(J. L. Bremer) ▶275, 321
フロリープ(August Froriep: 1849–1917) ▶008, 071, 092, 095, 176, 181, 183–91, 204, 217, 223–6, 228, 235, 238, 250, 254, 257, 266, 312, 320, 377, 379, 398, 420, 438, 440–1, 443–4, 447, 478, 503
ブロン(Pierre Belon: 1517–1564) ▶ 040–1, 072
ブロンナー, マリアン(M. E. Bronner) ▶ 615, 620, 727
ブロンナー=フレーザー(Marianne Bronner-Fraser) ▶302, 562
ベアード(J. Beard) ▶250, 252–4, 320
ベイトソン, ウィリアム(William Bateson, 1861–1926) ▶454, 567, 581–6, 639–40, 745
グレゴリー, ベイトソン(Gregory Bateson, 1904–1980) ▶003
ベタニー(G. T. Bettany) ▶108, 460
ヘッケル, エルンスト(Ernst Heinrich

598, 600, 602, 604, 618–9, 622, 632–3, 635, 652, 718, 721, 744, 748
グートマン（Gutmann）▶118
クプファー（Karl/Carl Wilhelm von Kupffer, 1829–1902）▶226, 250, 254–5, 266, 276, 309, 319
グラハム（A. Graham）▶302
クーリー（G. Couly）▶393, 398, 508, 510–2, 516–7, 519, 535–8, 540, 545, 548, 550–1, 553, 555, 557–8, 564
グールド, スティーヴン・ジェイ（Stephen Jay Gould, 1941–2002）▶855
グレーパー（Gräper）▶280
ケインズ（R. J. Keynes）▶298–9, 485
ゲーゲンバウアー（Carl Gegenbaur: 1826–1893）▶008, 089–90, 092, 105–6, 130–3, 135–6, 138–42, 152, 156, 160, 164, 180, 183, 186–7, 204, 206, 223, 235, 237–8, 242–4, 249–50, 280, 290, 312, 377, 398, 414, 458, 582, 609, 756
ケッセル（M. Kessel）▶590, 593
ゲッテ, アレグザンダー（Akexander W. von Götte, 1840–1922）▶149–50, 152, 250
ゲーテ（Johann Wolfgang von Goethe: 1749–1832）▶003, 007, 022–40, 044–7, 050–4, 056–8, 062–5, 069–71, 073, 078, 081, 085, 089, 091, 095–6, 098, 103, 110, 113, 140, 142, 172, 179–80, 196, 204, 206, 219, 222–3, 229, 231, 260, 312, 392, 403, 406, 408, 419, 421, 424, 456, 459, 479, 482–3, 515, 517, 554–5, 582, 619, 655, 670, 721, 758, 772, 778, 854, 857
ケリカー（Rudolf Albert von Kölliker, 1817–1905）▶223
コルツォッフ（N. K. Koltzoff）▶223, 320, 337–8, 340, 342, 352, 415, 628
ゴルトシュミット, リヒャルト（Richard Goldschmidt, 1878–1958）▶088, 361, 462, 567, 631–2, 744
コワレフスキー（Alexander Kovalevsky, 1840–1901）▶124, 127, 387, 478, 624, 640, 652

さ

ザーゲメール（M. Sagemehl）▶095, 208, 223
サンディン, オロフ（Olof Sundin）▶496
ジー（Henry Gee, 1962–）▶154
ジェイコブソン（A. G. Jacobson）▶420, 422, 464
ジェフリーズ（R. P. S. Jefferies）▶067, 178, 601, 744, 746
ジャーヴィック（Anders Erik Vilhelm Jarvik, 1907–1998）▶068, 112, 179, 196, 224, 237, 239, 267, 320, 360, 387, 392, 394, 404–16, 418–9, 421, 463, 465, 546, 548, 554, 744
シャリーン（B. Källen）▶296–7, 498
シャンボーン, ピエール（Pierre Chambon: 1931–）▶526
シュタルク（Dietrich Starck, 1908–2001）▶026, 119, 140, 475, 479, 481–3, 502, 561, 744
シュテール（P. Stöhr）▶095, 153
シュテュンプケ, ハラルト（Harald Stümpke）▶854
シュービン（J. Schowing）▶578
シュペーマン, ハンス（Hans Spemann, 1869–1941）▶567, 569, 744
ジョフロワ=サンチレール（Étienne Geoffroy Saint-Hilaire, 1772–1844）▶033, 038, 040, 047, 049, 061, 063–6, 072–3, 084–6, 088, 093–4, 111, 115, 122, 144, 218, 233, 490, 598–9, 602, 614, 620, 651–3, 655–6, 658, 670, 677–8, 682, 685, 700, 704, 722, 732, 734, 746–7, 759, 761, 794, 856
ジョリー（Malcolm Jollie）▶025, 223, 108, 111, 225, 377, 387–95, 410–1, 463, 546, 554
ジョンストン（J. B. Johnston）▶235, 256, 268–9, 271–5, 307, 320, 399, 408, 414
スキャモン（R. E. Scammon, 1883–1952）▶374, 381, 436
スターン（Stern）▶277, 307–8, 310, 312–3, 316, 485, 498
スタック（Stach）▶700–1
ステンシエー（Erik Stensiö, 1891–1984）▶334, 406, 462
ストライダー（Streider）▶735
スナイダー, リチャード（Richard Schneider）▶530, 558
スピックス（Johann Baptist Ritter von Spix, 1781–1826）▶040
ゼヴェルツォッフ（A. N. Sewertzoff）▶008, 067, 100, 153, 180, 194, 208, 237, 242, 262, 334, 348, 350, 352–4, 356–62, 364–70, 372, 384, 387–8, 390–1, 412, 415–6, 443–5, 461–2, 521–2, 542, 576, 602, 621, 628, 741, 786, 789
セジウィック（Adam Sedgwick, 1785–1873）▶115–7, 492
雪舟（1420–1506）▶076–7
セール（Étienne Serres, 1786–1868）▶086–8, 093, 233
セールマン（Sellman）▶507, 539–40
センパー（C. Semper）▶288, 598–9, 610, 652, 656, 677

た

ダーウィン（Charles Robert Darwin, 1809–1882）▶042, 047, 062, 066, 073, 083–4, 098, 100, 130, 142, 234, 356, 358, 360, 461, 608, 667, 671, 734, 742, 754
タウツ（D. Tautz）▶693, 756
ダーマス（H. Damas）▶226, 338, 342, 407, 415
チェインバース（Robert Chambers, 1802–1871）▶083
チャーニー, ロバート（Robert Cerny）▶542
ツィーグラー（H. E. Ziegler）▶223
ツィンマーマン（S. Zimmerman）▶177, 227, 262–3
デイヴィス（G. K. Davis）▶695
ティーデマン（Friedrich Tiedemann, 1781–1861）▶233
ディートリッヒ（Dietrich）▶453
デトウィラー（S. R. Detwiler）▶484, 506
デピュー, マイケル（Michael Depew）▶540
テュルパン（Pierre Jean François Turpin,

索引

主要人名索引

あ

アグネス（Agnes Huschke）▶233
アシュトン（R. Assheton）▶479, 480
足立文太郎（1865–1945）▶513, 764
アーデルマン（H. B. Adelmann）▶226, 294, 561
アニング, メアリー（Mary Anning, 1799–1847）▶236
アリス（Edward Phelps Allis, 1851–1947）▶256, 373–5, 378, 380–1, 388, 448
アールボーン（Friedrich Ahlborn, 1858–1937）▶152, 164, 225–6, 235, 249, 561
アルコック（Miss R. Alcock）▶331–2, 602, 605, 610
アルドロヴァンディ（Ulisse Aldrovandi, 1522–1605）▶854
アレント, デトレフ（Detlev Arendt）▶147, 319, 645, 660, 662, 665, 669, 671, 673–4, 676, 678, 697–8, 704, 709–11, 722, 725, 730, 757
入江直樹▶743
ヴァン=ヴァーレン（L. M. Van Valen）▶490, 795
ヴァン=ヴィージェ（J. W. van Wijhe, 1856–1935）▶008, 121–3, 138, 141, 149, 155–62, 164–5, 171–3, 175–8, 183–4, 186, 204, 215, 217, 220, 223, 225–8, 235, 242, 244, 249–50, 259–60, 270, 286, 386, 397, 408, 413–4, 432, 451–2, 475, 494, 512, 516, 632–3, 717, 720
ヴィクダジール（Félix Vicq d'Azyr, 1746–1794）▶029
ヴィーダースハイム（Robert Wiedersheim, 1848–1923）▶108, 173, 223, 225, 249–51, 254, 275, 384–5
ヴィルマー（Pat Willmer）▶705–6
ウェストン（James A. Weston）▶562
ウェディン（Bertil Wedin）▶177, 342, 422, 426–9, 433–4, 446–7, 450, 632, 721, 747
ウォルフ, C・F（Caspar Friedrich Wolff, 1733–1794）▶052, 233
ウルリッヒ（Ulrich）▶120
エジワース（F. H. Edgeworth, 1864–1943）▶223–4, 460
オーウェン, リチャード（Sir Richard Owen, 1804–1892）▶007, 022, 024, 038–9, 042–51, 053–61, 066, 069, 072–3, 080, 083, 086–7, 093–6, 098, 105, 130, 136, 138, 140, 142, 179, 192, 194, 196, 219–23, 226, 233–4, 260, 275, 312, 381, 384, 386, 391–3, 406, 410, 416, 419, 459, 483, 548, 620, 670, 686, 712, 721–2, 732, 747, 756, 758, 761
オーケン（Lorenz Oken, 1779–1851）▶003, 022–6, 028–9, 035, 038–40, 044, 050, 054, 062, 064, 070–1, 081, 084, 086, 088, 095, 110, 113, 126, 142, 172, 180, 223, 226, 103, 419, 459, 476, 483, 516, 582, 619, 680
オール（H. Orr）▶262
オルトマン（R. Ortmann）▶475–6, 478, 483, 561

か

ガウプ, エルンスト（Ernst Wilhelm Theodor Gaupp, 1865–1916）▶026, 081, 111, 192–203, 213, 223, 354, 390, 418, 526, 554
カウル（S. Kaul）▶700–1
ガスケル（Walter Holbrook Gaskell, 1847–1914）▶149, 218, 597–8, 602–10, 612, 615, 666, 723, 746
ガースタング（Walter Garstang, 1868–1949）▶236, 400, 610, 689–9, 789
ガスリー（S. Guthrie）▶496
ガタリ（Pierre-Félix Guattari, 1930–1992）▶071
カッチェンコ（N. Kastschenko, 1855–1935）▶208, 226, 582
カッパーズ（C. Kappers）▶461
カナレット（Canaletto: ジョヴァンニ・アントニオ・カナル Giovanni Antonio Canal, 1697–1768）▶076
カービー（Margaret L. Kirby）▶562
カールス（Carl Gustav Carus: 1789–1869）▶026, 037–40, 043–4, 050, 060, 095, 219
ガンス（Carl Gans）▶237, 474, 601, 615, 618, 638
キュヴィエ, ジョルジュ（Baron Georges Léopold Chrétien Frédéric Dagobert Cuvie, 1769–1832）▶042, 049, 054, 056, 063–6, 073, 084–5, 093–5, 102, 233, 470, 651, 645–5, 758, 856
ギルバート（P. W. Gilbert）▶550 •
キールマイヤー（Carl Friedrich Kielmeyer, 1765–1844）▶082, 233
キングスベリー（Kingsbury）▶226, 294
キンメル（C. B. Kimmel）▶271
グッドリッチ, エドウィン・S（Edwin Stephen Goodrich, 1868–1946）▶066–7, 077, 081, 111, 150, 164, 178, 184, 197–8, 202–3, 205, 208–10, 215–23, 225, 227, 232, 238, 260, 275, 289, 332, 342, 346, 350, 356–7, 372–3, 405, 407–8, 416, 419, 446, 461, 474–5, 483, 490, 503, 505, 511–2, 516, 585,

浪漫の行方——あとがきに代えて

ネジバナ（*Ophrys spiralis*）は著しく曲がっているので、すべての花が片側によっている。

——ゲーテ「植物の螺旋的傾向について」木村直司訳

書店で見掛ける書籍に、「幻想博物誌」というジャンルのものがある。比較的最近のものでは、レオ・レオーニが「時空のあわいに棲み、われらの知覚を退ける植物群」を解説したという『平行植物（*La botanica parallela*）』、あるいはハラルト・シュテュンプケという架空の人物が、ハイアイアイ群島に生息するという架空の動物を解説した『鼻行類（*Bau und Leben der Rhinogradentia*）』が有名だが、このような確信犯的な書物とは異なり、現在からみると「幻想」としか呼ぶことができないものの、書かれた当時は大まじめに信じられていた「幻動植物」の数々を解説したものも歴史的には多くあり、我が国の『和漢三歳図会』、イタリアの博物学者、アルドロヴァンディが一六世紀に著したいくつかの動物誌などがそれにあたる。このような博物誌をまとめて解説したものには、澁澤龍彦氏の『幻想博物誌』がある。

学者はおろか、西洋人の多くが、実物のサイやキリンをみたことがないにもかかわらず、噂や伝承をもとに、想像力をたくましうしながら解説せねばならなかったとしたら、現実の奇獣と伝説上の幻獣との間に、はたしていかほどの差があったであろう。ドラゴンや一角獣が幻視されていたというのであれば、現実の動物の扱いもまた、それと似たようなものだったのである。見えないものを幻視し、想像と現実の境界があやふやなままに世界観をつかみとろうとした博物学者たちにとって、自然の真理はいまとはまったく異なった形をしていたに違いない。科学的常識もまた、自然認識の歴史的な変遷からまぬがれてはおらず、現在の科学も同じ流れの中にある。私はそこに浪漫の所在を見、またそれを興味深いとも思う。

本書における「幻想」にも、私は同じ思いを込めた。現実に目にみえている頭蓋骨の形の奥底にしか分節的原型は現れない。それもまた、類い希な想像力を発揮し、なおかつ現実の動物形態に忠実であろうとした学者たちの、いわば感性の賜物なのである。かつて細胞の働きも、発生機構も、それを突き動かす遺伝子機能も知られていなかった時代（それをいうなら、現在とて形態を帰結するゲノムや、その構成要素である遺伝子の機能は、まだ「理解された」というにはほど遠い段階にあるが……）、進化ならぬ造物主の「プラン」として感知された「原型」とは、その意味で同時に「幻型」でもあったのだ。そしてより重要なことは、「幻をみずしては、科学もまた前へは決して進まない」ということなのである。形態学研究の初期にあって、原型論が進化論の不在を埋めていたように……。

おそらく多くの読者は、動物の骨や胚の形態を目のあたりにし、あるいは実験データを手にして、そこから先に科学者の想像力が活躍する余地があることを知り、驚かれたことだろう。いやむしろ、科学者の幻視した崇高な分節パターンが、一時期、形態学や発生学を牽引していたことを知って意外と思われたかもしれない。私はそれがあたり前なのであると思う。私自身、頭部分節論という、数十年前まである意味タブー視されかねなかったテーマについて学会で語るうち、研究者がどれほど過去の教養の反復でしかものをいわないことを知って驚いたことがある。スティーヴン・ジェイ・グールドもまた、名著『個体発生と系統発生（*Ontogeny and Phylogeny*）』の執筆にあたって反復説を再考した際、その話題を持ち出すたびに周囲から奇異な目でみられることに閉口したとの由。幻より危険なのは、むしろ政治的なキャンペーンか。

「ドラゴン」が現実の動物ではなく、幻獣であることが判明するや、ドラゴンは科学にとってのタブーとなる。かつて口角泡飛ばし、議論していた者たちがみな、見て見ぬ振りをし始める。かつての反復説がそうであったし、頭部分節論もまた、華やかなりしロマン主義の徒花か、さもなければひ弱なディレッタンティズムとの烙印を押されかねない風潮があった。それが一転するのが二〇世紀最後の一〇年間。反復説も頭部分節論も、確かにまっとうな科学的問題として返り咲き、キュヴィエに敗北したジョフロワさえも、様々な書籍の中で復活した。実際には、いまだかつてどちらも勝利したことなどないのだが……。そして、過去の沈黙など忘れたかのように、「その重要性について、つねづね気にはなっていたのだが」などといい始める。私が本書を通じて書きたかったのは、頭部分節論というテーマをめぐる、科学と人間の相互作用の、時代的推移のおもしろさなのである。決して、「昔はお伽噺でしかなかった思弁を、いまは科学で扱えるようになった」などと形態学を復権をせしめんがためではなく、現代科学の進歩を紹介したいためでもない。そうではなく、反復説も、分節論も、つねに変わらずそこにあったのだが、時代と科学者の態度だけが一方的に変化してきたことが興味深く、我々自身がいまもその変化の流れの中にあることを伝えたかったのである。それこそ、自然観の形成や変遷がいまでも引き続いて起こっていることの証しであり、多少大げさな物いいをするならば、我々の様々な自然・人文科学分野の体系を作り出すに至った、自然の内訳、そしてそれを目のあたりにした観察者による認識の変化の歴史なのである。深読みするならば、構造主義や比較言語学の真の源は、DNAか、もしくはそれにもとづいた形態形成機構の安定化した帰結にある。つまるところ科学とは、自然と人間の間に成立する相互作用の一つなのである。

小学校二年生の頃だったか、校庭でネジバナを発見し、その花のつき方があまりに幾何学的で、しかも野生の草花の形態として常軌を逸していると思えたもので、しばらくその花のことばかり調べていたことがある。思い返せば、私のゲーテ的体験は脊椎動物頭蓋の比較骨学ではなく、植物形態学であったらしい。ゆき着くべくしてゲーテにゆき着いたわけだ。ただし、私がゲーテ形態学にことのほか心酔していると誤解されることが多いのでこの際明言しておかねばならないが、私はゲーテや構造主義に好意的なのではなく、むしろ批判的なのである。白状すれば、ほかならぬ生物進化の実相が、構造主義の終焉をこれ以上ないほどに体現しているとさえいってはばからない。分節も螺旋も一種のメタメリズムであり、ゲーテの自然認識を作り出したのは紛れもなく自然の発明しがちな発生機構なのである。いわば科学思想の変遷は、人間の認識と自然の相互作用が、歴史的文脈によってどのように形をなしてゆくかということにつき、ゲーテに始まる脊椎動物の頭部分節論争は、いわばそれを最も端的に象徴している。

いまの世にあって、脊椎動物の頭部に分節性を追い求める研究者など、いわゆる「猟奇の徒」とみなされて仕方がなかろうが、分節の存在を執拗に否定しようとする、たとえば筆者のような研究者もまたしかりである。なぜなら、脊椎動物の頭部に中胚葉分節がないとしても、それならばナメクジウオに分節があるようにみえるのはなぜなのか、ナメクジウオと脊椎動物はいかに繋げることができるのか、そしてそもそも両者の共通祖先の頭部に分節はあったのか、あったとすればそれはいつ起源したのか、などなど、答えられねばならない問題はまだ山積しており、その問題のそれぞれが、脊椎動物の頭部問題とほぼ同じ形をなしているからである。そしてすでにみてきたように、脊椎動物の進化的起源を探ろうとするものはみな等しくこの問題に直面し、その意味で進化発生学者の多くが猟奇の徒であり、同時にしかるべくしてアナクロニズムからまぬがれないとさえ、いえるのかもしれない。

このような本を書くぐらいだから、私は昔の本や論文を集めるのが滅法好きで、それはひょっとしたら骨董屋通いや古書蒐集と同じようなものなのではないかと最近思い始めている。それは一面、「イノベーション」と称する功利主義に疲弊した、世知辛い現代科学からの逃避かもしれない。かつて、頭のよい学者があれこれと知恵を絞り、当時はまだなかった「発生拘束」であるとか、「発生システムの浮動」であるとかの概念に相当するアイデアに辿り着き、それを何とかレトリックを駆使して文学的に語ろうとしたあげくに綴られ、印刷されてしまった非科学的な叙述に出会うたび、私はまるで、昔からの知己に邂逅したような気がする。ならば彼らは、いまでも知られていない、彼らだけが感知していながら墓の中まで持っていってしまった何かをどこかに書き残しているかもしれない。すっかり忘れ去られたからこそ、現代の定義に汚されていないからこそ意味があり、だからこそ掘り起こすべき何かがあるような……。が、本書の執筆にあたって自分がいかに「昔の論文を読めていないか」ということを思い知らされた。読めば読むほど知らないことが増えてくる。「自分はこんなことも知らなかったのか」、「こんなことでよくいままで研究できたものだ」と、蒼くなったり赤くなったりしながら書いていた。本書の中に、何かひどく勘違いなことを書いてしまったのではないかと、内心ひやひやしているのだが、キリがないのでここら辺で筆を置くことにした。あらためて白状するが、まだまだ当時の論文は充分に読みこなせていない。そもそも時間がたりない。情けない話だが、誰かがそのうち本書の誤謬を暴いてくれるのではと、期待すらしている。

脊椎動物の頭部問題は時代とともに様々に姿を変え、それ自体が生物学の変化を示しているといって決して過言ではない。同じ現象を目のあたりにしながらも、時代背景が変われば問いもまた変わる。すなわち、先験論的原型論の時代には、脊椎動物の頭蓋とは、すべて椎骨からなるような原型がこの世に降臨したものなのかが問題とされ、比較発生学は椎骨原基に等しい分節が頭部にあるのかと問い、現代発生学であれば、頭部は体幹と同じような機構で形作られるのかを問い、進化(発生)生物学は、脊椎動物は体軸すべてにわたって分節からなる祖先を持つのか、と問いかける。問いが変われば答えも変わり、当然結論も変わる。こうして思想は変遷し、変貌してしまった問いや結論を前に当惑する我々は、人間が自然を前に、どのような秩序を見出してきたのか、あるいは動物の発生と進化それ自体が多様性の中にどのような法則を生み出し、結果として人間の認識にどのようにバイアスをかけてきたのかに思い至る。頭部分節の問い自体がこのように変化してゆく中で、我々が自然をみるやり方がどのように変化してきたのかを同時にみつめなおそうというのも、本書の本来の目的であった。

現代の進化発生学者の中には、様々な背景を持った研究者がいる。米国のハーバード学派や、ヨーロッパの伝統的動物学を学んだ研究者、そして多かれ少なかれドイツ系比較解剖学の影響を残した日本の解剖学者の一部のように、もともと比較動物学者、もしくは進化形態学者であった者が、二次的に実験発生学や分子生物学のツールを用い始めたという経歴の持ち主。逆に現在の日米の進化発生学者に多くみるように、最初から発生生物学者であった者が、分子遺伝学のツールを用いると同時に進化に目覚めた、あるいは本来の嗜好性を思い出したという研究者が存在する。また、古生物学者が実験発生学を応用し始めたり、分子進化学やゲノム科学の研究者も、この分野の興隆には深くかかわっている。願わくは、本書を通じて本来出会うことが叶わなかった異質の知恵が出会い、分野とコンセプトの垣根をとり払ってくれればと思う。

本書の執筆にあたっては、多くの研究者との長年にわたる議論が役に立っている。彼らのいく人かは恩師であり、またいく人かはライバルであり、同僚であり、部下であり、先輩であり、さらには個人的な悩みを打ち明けることのできる程の親友も含まれている。彼らの名前を列記して、感謝の意を表したい。Kiyokazu Agata、Per Ahlberg、Ann Burke、Robert Cerny、Cheng-Ming Chuong、Michael Depew、Gregor Eichele、Alexander Ereskovsky、Michael Figdor、Takema Fukatsu、Zhikun Gai、Frietson Galis、Chikara Furusawa、Henry Gee、James Hanken、Mitsuyasu Hasebe、Shigeo Hayashi、Shigeki Hirano、Tatsuya Hirasawa、Linda & Nick Holland、Peter Holland、Naoki Irie、Philippe Janvier、Kunihiko Kaneko、Margaret Kirby、Taro Kitazawa、Shigehiro Kuraku、Hiroki Kurihara、Rie Kusakabe、Raj Ladher、Nicole Le Douarin、Giovanni Levi、Jon Mallatt、Fumio Matsuzaki、David McCauley、Atsushi Mochizuki、Yasunori Murakami、Hiroshi Nagashima、Drew Noden、Filippo Rijli、Marcelo Sánchez、Richard Schneider、Fuiaki Sugahara、Masaki Takechi、Koji Tamura、Günter Wagner、Yoko Ogawa、Yasuhiro Oisi、Lennart Olsson、Takayuki Onai、Kinya Ota、Juan Pascual Anaya、Yoshiki Sasai、Claudio Stern、Shahragim Tajbakhsh、Yoshiko Takahashi、Masaki Takechi、Hiroyuki Takeda、Mikiko Tanaka、Shigenori Tanaka、Motoo Tasumi、Eldad Tzahor、Hiroshi Wada、Yoshiyuki Yamamoto、Kinya Yasui（アルファベット順、敬称略）の面々である。

最後になったが、本書に執筆にあたっては、とりわけ図版の作成を手伝って頂いた廣藤裕子さん、引用文献のチェック、リストの整備をお願いした南奈永子さんと小柳知子さん、原稿を通読しコメント戴いた小藪大輔博士、安井金也博士、村上安則博士、尾内隆行研究員、平沢達矢研究員に特にお礼申し上げる。そして、執筆期間を通して激励戴いた工作舎の米澤敬さんにも深くお礼申し上げる。

平成二七年晩秋　神戸・北野にて　　筆者記す

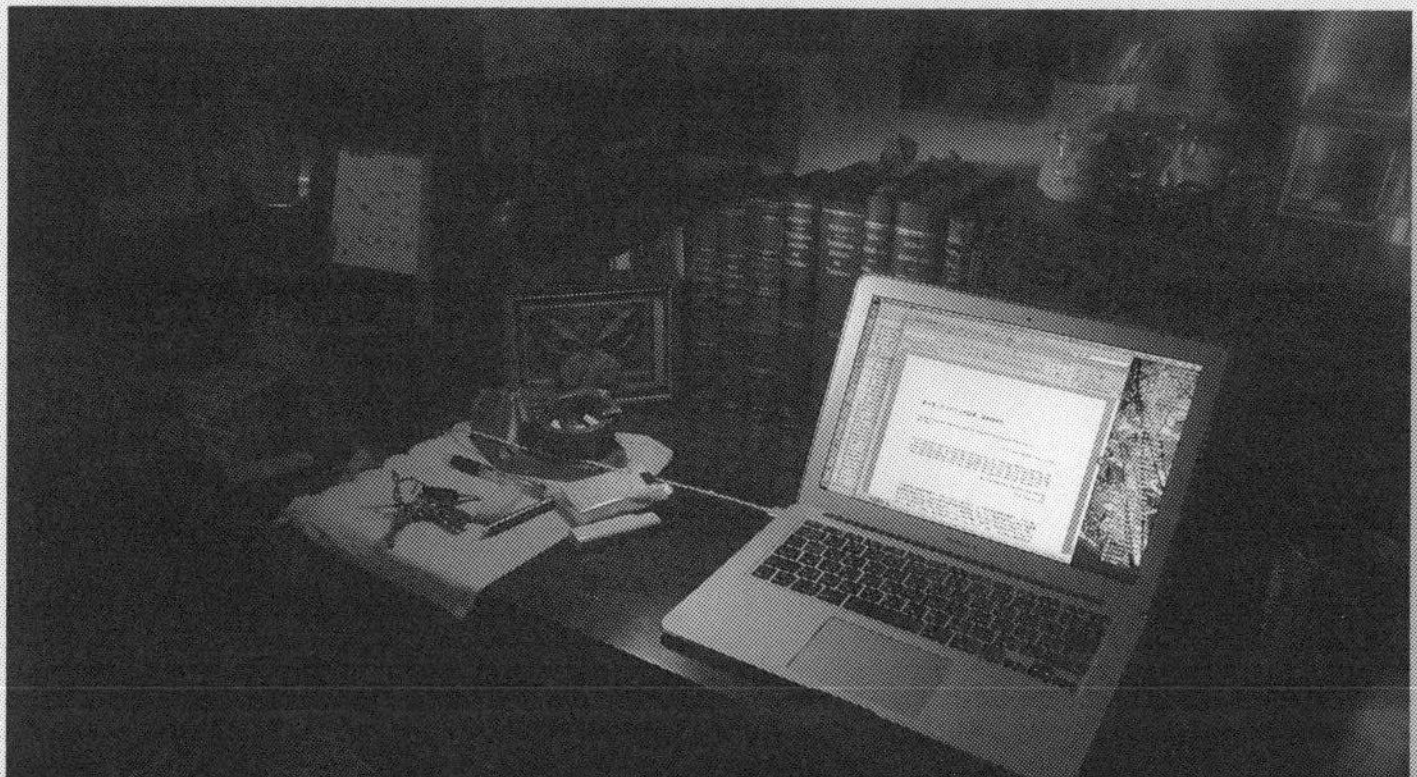

◎著者紹介

倉谷 滋【くらたにしげる】

一九五八年、大阪府出身。京都大学大学院博士課程修了、理学博士。米国ジョージア大学、ベイラー医科大学への留学の後、熊本大学医学助教授、岡山大学理学部教授を経て、現在、理化学研究所主任研究員。主な研究テーマは、「脊椎動物頭部の起源と進化」、「カメの甲をもたらした発生プログラムの進化」、「脊椎動物筋骨格系の進化」など。

主な編著書に『神経堤細胞―脊椎動物のボディプランを支えるもの』（共著）東京大学出版会（1997）、『かたちの進化の設計図』岩波書店（1997）、『動物進化形態学』東京大学出版会（2004）、『発生と進化』（共著）岩波書店（2004）、『個体発生は進化をくりかえすのか』岩波書店（2005）、『動物の形態進化のメカニズム』（共編）培風館（2007）、『生物のなかの時間』（共著）ＰＨＰ研究所（2011）、『岩波 生物学辞典 第５版』（共編）岩波書店（2013）、『形態学 形づくりにみる動物進化のシナリオ』丸善出版（2015）、訳書にＢ・Ｋ・ホール『進化発生学―ボディプランと動物の起源』工作舎（2001）がある。

分節幻想——動物のボディプランの起源をめぐる科学思想史

発行日——二〇一六年一一月二〇日
著者——倉谷 滋
編集——米澤 敬
エディトリアル・デザイン——宮城安総＋小倉佐知子
印刷・製本——中央精版印刷株式会社
発行者——十川治江
発行——工作舎 editorial corporation for human becoming
〒169-0072 東京都新宿区大久保2-4-12 新宿ラムダックスビル12F
phone：03-5155-8940 fax：03-5155-8941
www.kousakusha.co.jp saturn@kousakusha.co.jp
ISBN978-4-87502-478-1